长白松 *Pinus densiflora* var. *sylvestriformis*

枫杨 *Pterocarya stenoptera*

狗枣子 *Actinidia kolomikta*

杜松 *Juniperus rigida*

日本赤杨 *Alnus japonica*

山桃 *Prunus davidiana*

大花圆锥绣球 *Hydrangea paniculata* var. *grandiflora*

齿叶白鹃梅 *Exochorda serratifolia*

太平花 *Philadelphus pekinensis*

东北绣线梅 *Neillia uekii*

长白茶藨 *Ribes komarovii*

风箱果 *Physocarpus amurensis*

杏 *Prunus armeniaca*

重瓣白花麦李 *Prunus glandulosa* var. *albiplena*

山桃稠李 *Prunus maackii*

李子 *Prunus salicina*

稠李 *Prunus padus*

毛樱桃 *Prunus tomentosa*

花盖梨 *Pyrus ussuriensis*

李枝：由山桃与榆叶梅嫁接成小乔木状

榆叶梅 *Prunus triloba*

黄刺玫 *Rosa xanthina*

黄刺玫 *Rosa xanthina*（左） 樱草蔷薇 *Rosa primula*（右）

樱草蔷薇 *Rosa primula*

山玫瑰 *Rosa davurica*

玫瑰 *Rosa rugosa*

珍珠梅 *Sorbaria sorbifolia*

粉花绣线菊 *Spiraea japonica*

石蚕叶绣线菊 *Spiraea chamaedryfolia*

珍珠绣线菊 *Spiraea thunbergii*

黄檗　*Phellodendron amurense*

雷公藤　*Tripterygium regelii*

火炬树　*Rhus typhina*

地锦　*Parthenocissus tricuspidata*

复叶槭　*Acer negundo*（雄花）

东北连翘　*Forsythia mandshurica*

文冠果　*Xanthoceras sorbifolia*

文冠果　*Xanthoceras sorbifolia*

红瑞木 *Cornus alba*

金银忍冬 *Lonicera maackii*

短果杜鹃 *Rhododendron brachycarpum*

长白忍冬 *Lonicera ruprechtiana*

暴马丁香 *Syringa reticulata* var. *mandshurica*

鸡树条荚蒾 *Viburnum sargentii*

杠柳 *Periploca sepium*

锦带花 *Weigela florida*

吉林树木图志

赵毓棠　主编

中国林业出版社

主　编：赵毓棠

副主编：谢　航　周道玮

绘　图：吴志学　于　欣　谢　航　赵毓棠　于振洲

摄　影：赵毓棠

策　划：赵毓棠　张文仲

图书在版编目(CIP)数据

吉林树木图志/赵毓棠主编. —北京：中国林业出版社，2009.4

ISBN 978-7-5038-5326-5

Ⅰ. 吉…　Ⅱ. 赵…　Ⅲ. 木本植物－植物志－吉林省－图集　Ⅳ. S717.234-64

中国版本图书馆 CIP 数据核字(2008)第 145877 号

出版　中国林业出版社(100009　北京西城区德内大街刘海胡同 7 号)

网址　http://www.cfph.com.cn　电话：(010)83224477-2028

E-mail：cfphz@public.bta.net.cn

发行　新华书店北京发行所

印刷　北京地质印刷厂

版次　2009 年 4 月第 1 版

印次　2009 年 4 月第 1 次

开本　787mm×1092mm　1/16

印数　1000 册

彩插　8 面

印张　44.25

字数　1049 千字

定价　150.00 元

前　言

吉林省位于我国东北的中部，东部与俄罗斯接壤，东南与朝鲜隔江相望，北部与黑龙江接壤，南与辽宁相邻，西靠内蒙古自治区。地形为东高西低，东侧有东北最高峰——长白山，西部有一望无际的大草原，地形因素决定了植物的种类和分布。经多年的调查，本书共收集了木本植物 329 种 38 变种及 8 变型。

《吉林树木图志》的出版，结束了吉林省没有“植物志”的历史。20 世纪 80 年代，东北及内蒙古各省（自治区）的植物志相继出版，同时，我们也成立了编写组，但随着人员的退休、调动、自然减员及出国等原因，编志的工作一直处在写写停停的状态。近来，在东北师范大学科技处有关领导的鼓励与支持下，又重新开始了整理、编写工作。本人虽然已退休多年，但身体尚可，自觉尚有些余热，正像谚语中说的“老马自知黄昏短，无须扬鞭自奋蹄”。

吉林省的植物种类与周围兄弟省份有许多相同之处，因此，本图志在编写过程做出了一些新的尝试，那就是考虑到吉林省的冬季大约在半年以上，如何用树木的冬态识别植物，因此在图版方面增加了冬季枝、芽的状态图；同时又借鉴国外一些植物志的做法，把叶片用复写纸制作成拓图。这些都需亲自观察、采集实物标本，如果没有实物标本，这些图是无法完成的。在文字描述方面也增加了一些其他的内容，如拉丁学名的属名和种加词的解释；识别要点、英文的特征集要（diagnosis）；树皮；枝条及冬芽的形态；染色体数目以及耐寒指数等。

书中曾参考并引用《辽宁植物志》、《黑龙江树木志》、《中国高等植物图鉴》、《中国树木志》等书上的部分图，或根据该书上的图改绘，在此向原作者表示谢忱。

感谢吉林省生态恢复与生态系统管理重点实验室的赞助，编写过程中得到了东北师范大学校领导及科技处领导盛连喜教授、冯江教授的关怀与支持；中科院长春地理与农业生态研究所标本室、省中医中药研究院标本室、吉林农业大学植物标本室提供蜡叶标本，长春市动植物公园、长春市第一育苗场提供新鲜及冬态植物标本；感谢白城师范学院初静华教授惠赠草原区树木标本、长白山科学研究院宗占江研究员赠送杨柳科植物标本。

由于理论水平及实践经验有限，如有讹误之处，敬请广大读者批评指正。

赵毓棠

2008 年 2 月于长春

使用说明

1. 本书中记载的每种植物都有一页文字描述及一个图版。

2. 有分门、分科、分属及分种的检索表，便于检索和鉴别每种植物。

3. 本书的编排系统，裸子植物根据郑万均 1978 年的系统；被子植物是按照恩格勒 1964 年的书排列。各科内的植物属、种是按属名及种加词拉丁文字母的先后顺序排列。

4. 每个图版由 4 部分组成，①冬态枝条及芽图；②叶片拓图，是用叶片实物拓印，形象真实，能反映出叶片的大小、形状、叶缘以及叶脉的走向等；③植株枝条的外形图；④花、果详图。考虑到我国北方的冬季漫长，尤其吉林省的冬季将近半年，增加了冬季枝条及冬芽的图，对冬季识别树木很有帮助，但除了有明显的特征，如翅、刺、树皮颜色、树皮质地和冬季宿存在枝梢的果实外，其他特征都很近似，所以每种植物的冬态图可供专业人员和初学人员参考。书中叶片的拓图和冬态的枝、芽图都是自己创造的原图，为本书首创。

5. 描述部分又可依次分为：科名；中名；拉丁学名；识别要点(突出主要特征)；Diagnoses(英文的特征集要)；染色体数目；体态；树皮；枝条；冬芽；木材；叶；花；果；花期；习性；分布；抗寒指数；用途及备注等项。其中每种植物的识别要点、Diagnoses(英文的特征集要)、染色体数目等，为本书首先使用。

6. 抗寒指数是指该植物在长春市的抗寒程度，是经过连续 5 年观察的结果，可划分为 5 级。

I 级：植物无任何冻害；

II 级：芽、叶或枝梢略有冻害，枝条冻害少于 1/2，正常生长略受影响；

III 级：茎干遭受冻害，枯死程度不超过 1/2，枝条受害程度少于 2/3；

IV 级：茎干枯死程度超过 1/2，但未及基部，仍能萌发；

V 级：地上部分及地下根部枯死，植株死亡。

7. 本书根据国际植物命名法规，运用了“加词重复”(repetition of epithet)的法则。例如：山楂 Crataegus pinnatifida Bunge，在种下有两个变种，即无毛山楂 var. psilosa Schineid. 和大果山楂 var. major N. E. Br.。在植物志中描述时必须将“种加词”“pinnatifida”降为变种加词，“var. pinnatifida”后面不加命名人。因为山楂是“种”级单位，而其他变种为“变种”级单位，单位的等级不同，不可比较，但要记住，后面不要加命名人。

山楂 Crataegus pinnatifida Bunge

山楂 var. pinnatifida

无毛山楂 var. psilosa Schneid.

大果山楂 var. major N. E. Br.

目　　录

吉林省树木检索表

分门检索表

1. 无真正的花被；胚珠(种子)裸露 …………………………………………………… 裸子植物门 GYMNOSPERMAE
1. 有真正的花被；胚珠(种子)包藏于子房(果皮)内 ………………………… 被子植物门 ANGIOSPERMAE

裸子植物门分科检索表

1. 乔木或灌木；花无假花被，胚珠完全裸露
  2. 叶扇形，种子核果状 …………………………………………… 1. 银杏科 GINKGOACEAE(30～31，图1)
  2. 叶针形、鳞片形、条形
    3. 种子单生，外围有肉质的假种皮………………………………… 4. 红豆杉科 TAXACEAE(72～73，图22)
    3. 果实为球果，种子无肉质的假种皮
      4. 叶针形或条形；种鳞与苞鳞分离，种子2枚 ……………… 2. 松科 PINACEAE(32～57，图2～14)
      4. 叶刺状或鳞片状；种鳞与苞鳞合生，种子1～9枚 ……………………………………………………………… 3. 柏科 CUPRESSACEAE(58～71，图15～21)
1. 草本状灌木；叶退化成膜质；有假花被………………………… 5. 麻黄科 EPHEDRACEAE(74～75，图23)

被子植物门分科检索表

1. 花无花被或只有萼片无花瓣
  2. 花无花被，只有花盘及蜜腺 ………………………………… 7. 杨柳科 SALICACEAE(82～167，图26～68)
  2. 花只有萼片无花瓣
    3. 具柔荑花序
      4. 雌雄花序皆为柔荑花序
        5. 果为坚果或有翅的小坚果………………………… 8. 桦木科 BETULACEAE(168～193，图69～81)
        5. 小坚果，花被肉质化，聚花果 …………………… 11. 桑科 MORACEAE(224～227，图97～98)
      4. 雄花序为柔荑花序，雌花序穗状或单生
        6. 羽状复叶，核果或带翅坚果 ………………… 6. 胡桃科 JUGLANDACEAE(78～81，图24～25)
        6. 单叶，坚果，总苞鳞片状或具针刺………………… 9. 壳斗科 FAGACEAE(194～207，图82～88)
    3. 不为柔荑花序
      7. 半寄生植物……………………………………… 12. 桑寄生科 LORANTHACEAE(228～229，图99)
      7. 自养植物
        8. 高大藤本，花被筒弯曲 ……………… 18. 马兜铃科 ARISTOLOCHIACEAE(246～247，图108)
        8. 非藤本
          9. 植株密被绒毛或鳞片状毛
            10. 植株密被鳞片状毛 …………… 38. 胡颓子科 ELAEAGNACEAE(542～545，图256～257)
            10. 植株密被灰白色的绒毛 ………… 14. 藜科 CHENOPODIACEAE(232～235，图101～102)
          9. 植株无毛
            11. 乔木；翅果或核果……………………… 10. 榆科 ULMACEAE(208～223，图89～96)

11. 灌木
12. 雌雄异株；蒴果3裂 ………… 25. 大戟科 EUPHORBIACEAE(442～443，图206)
12. 雌雄同株；浆果 ………… 37. 瑞香科 THYMELAEACEAE(540～541，图255)
1. 有萼片及花瓣
13. 花瓣分离着生
14. 花萼及花瓣不易区分
15. 藤本植物 ………… 16. 五味子科 SCHISANDRACEAE(238～239，图104)
15. 非藤本植物
16. 乔木，花大乳白色，雄蕊紫红色；聚合蓇葖果 ………… 15. 木兰科 MAGNOLIACEAE(236～237，图103)
16. 灌木，托叶变成刺；浆果 ………… 17. 小檗科 BERBERIDACEAE(240～245，图105～107)
14. 花萼及花瓣区分明显
17. 藤本植物
18. 攀缘植物，有卷须 ………… 35. 葡萄科 VITACEAE(518～533，图244～251)
18. 缠绕植物，无卷须
19. 蒴果，假种皮红色 ………… 31. 卫矛科(南蛇藤属)CELASTRACEAE(484～487，图227～228)
19. 浆果 ………… 20. 猕猴桃科 ACTINIDIACEAE(250～255，图110～112)
17. 乔木或灌木
20. 花大，雄蕊多数；肉质蓇葖果 ………… 19. 芍药科 PAEONIACEAE(248～249，图109)
20. 花较小
21. 叶对生
22. 单叶
23. 叶5～11裂；翅果 ………… 29. 槭树科 ACERACEAE(456～479，图213～224)
23. 叶全缘或有锯齿
24. 常绿 ………… 33. 黄杨科 BUXACEAE(504～505，图237)
24. 落叶
25. 叶侧脉弧形
26. 花4基数；蒴果 ………… 21. 虎耳草科(山梅花属)SAXIFRAGACEAE(266～271，图113～120)
26. 花5基数；核果 ………… 41. 山茱萸科 CORNACEAE(550～553，图260～261)
25. 叶侧脉不为弧形
27. 大形圆锥花序 ………… 21. 虎耳草科(八仙花属)SAXIFRAGACEAE(264～265，图117)
27. 非大形圆锥花序
28. 花4基数；假种皮红色 ………… 31. 卫矛科 CELASTRACEAE(488～499，图229～234)
28. 花5基数；种子无假种皮 ………… 21. 虎耳草科(溲疏属)SAXIFRAGACEAE(256～263，图113～116)
22. 复叶
29. 三出复叶 ………… 32. 省沽油科 STAPHYLEACEAE(502～503，图236)
29. 羽状复叶

30. 双翅果 …………………………… 29. 槭树科(复叶槭)ACERACEAE(466～467，图218)
30. 核果 …………………………………………… 26. 芸香科 RUTACEAE(444～445，图207)
21. 叶互生
31. 单叶
32. 叶鳞片状 ………………………………… 39. 柽柳科 TAMARICACEAE(546～547，图258)
32. 叶为条形、椭圆形或心形
33. 叶条形；花瓣及萼片各3枚 …… 44. 岩高兰科 EMPETRACEAE(596～597，图283)
33. 叶椭圆形、卵圆形或心形
34. 矮小灌木；结核果…………… 24. 蒺藜科 ZYGOPHYLLACEAE(440～441，图205)
34. 高大的乔木或灌木
35. 叶片心形；坚果 ……………… 36. 椴树科 TILIACEAE(534～539，图252～254)
35. 叶片椭圆形或卵圆形或有大形锯齿及缺刻
36. 叶卵圆形或长圆形，无大的缺刻
37. 浆果状的核果 ……………………………………………………………………
……………………… 34. 鼠李科 RHAMNACEAE(508～517，图238～243)
37. 蓇葖果、核果或梨果 ……………………………………………………………
…………………………… 22. 蔷薇科 ROSACEAE(288～407，图129～188)
36. 叶缘有大的锯齿或缺刻
38. 叶片先端3～5裂
39. 梨果 ………………………… 22. 蔷薇科 ROSACEAE(302～303，图136)
39. 核果 …………… 42. 五加科(刺楸属)ARALIACEAE(560～561，图265)
38. 叶先端渐尖 ……………… 22. 蔷薇科 ROSACEAE(288～407，图129～188)
31. 复叶
40. 羽状复叶
41. 1回羽状复叶
42. 果实开裂
43. 大形蒴果，果皮肉质，厚 ………………………………………………………
……………………… 30. 无患子科(文冠果属)SAPINDACEAE(482～483，图226)
43. 荚果或蓇葖果
44. 荚果 ……………………………… 23. 豆科 FABACEAE(408～439，图189～204)
44. 蓇葖果 ……………… 22. 蔷薇科(珍珠梅属)ROSACEAE(378～379，图174)
42. 果不开裂
45. 翅果 ………………………… 27. 苦木科 SIMAROUBACEAE(446～447，图208)
45. 非翅果
46. 梨果 ……………………………………………………………………………
……………………… 22. 蔷薇科(花楸属)ROSACEAE(380～383，图175～176)
46. 蔷薇果或小核果
47. 蔷薇果或聚合小核果植株有刺 ………………………………………………
…………………………… 22. 蔷薇科 ROSACEAE(352～375，图161～173)
47. 小核果，植株无刺 ……………………………………………………………
……………………… 28. 漆树科 ANACARDIACEAE(448～455，图209～212)
41. 2～3回复叶
48. 果皮膨大成泡状 ……… 30. 无患子科(栾树属)SAPINDACEAE(480～481，图225)

48. 小核果 …………………… 42. 五加科(楤木属)ARALIACEAE(558～559, 图264)
40. 掌状复叶；有刺 ……………………………………………………………………………………
…………………………… 42. 五加科(五加属)ARALIACEAE(554～557, 图262～263)
13. 花瓣基部合生
49. 藤本植物
50. 叶披针形；果为长形蓇葖果 ………………… 48. 萝藦科 ASCLEPIADACEAE(638～639, 图304)
50. 叶片卵圆形或椭圆形；浆果 ……… 53. 忍冬科(金银花)CAPRIFOLIACEAE(658～659, 图314)
49. 乔木或灌木
51. 叶对生
52. 复叶
53. 掌状复叶；小核果 ……………………… 49. 马鞭草科 VERBENACEAE(640～641, 图305)
53. 羽状复叶
54. 单翅果 ……………………………… 47. 木犀科(梣属)OLEACEAE(610～615, 图290～292)
54. 浆果 ………………… 53. 忍冬科(接骨木属)CAPRIFOLIACEAE(672～679, 图321～324)
52. 单叶
55. 花辐射对称；蒴果或核果 …………………………………………………………………
……………… 47. 木犀科 OLEACEAE(602～609, 616～637, 图314～317, 图293～303)
55. 花左右对称
57. 灌木
58. 矮小灌木；
59. 花蓝紫色，顶生轮伞花序 ……… 50. 唇形科 LABIATAE(642～645, 图306～307)
59. 花成对生长 ……… 53. 忍冬科(林奈木属)CAPRIFOLIACEAE(650～651, 图310)
58. 灌木，高1m以上；浆果 ……………………………………………………………
……………………………… 53. 忍冬科 CAPRIFOLIACEAE(652～671, 图311～320)
57. 乔木；叶先端5裂；长形蒴果 ……… 52. 紫葳科 BIGNONIACEAE(648～649, 图309)
51. 叶互生
60. 花药孔裂；蒴果或浆果
61. 有枝刺；浆果上萼片宿存 ……………………… 51. 茄科 SOLANACEAE(646～647, 图308)
61. 枝无刺；叶片常绿或落叶 …………… 43. 杜鹃花科 ERICACEAE(564～595, 图267～282)
60. 花药纵裂
62. 核果
63. 叶片3～5裂，花瓣细长，反卷；果蓝黑色 ………………………………………
……………………………………… 40. 八角枫科 ALANGIACEAE(548～549, 图259)
63. 叶全缘；果蓝色 ………………………… 46. 山矾科 SYMPLOCACEAE(600～601, 图285)
62. 蒴果；叶大；总状花序 ……………………… 45. 安息香科 STYRACACEAE(598～599, 图284)

吉林省树木分属、分种检索表

一、裸子植物门 GYMNOSPERMAE

（一）银杏科 GINKGOACEAE

1. 银杏属 Ginkgo L.

银杏 G. biloba L.（30，图 1）

（二）松科 PINACEAE

1. 落叶乔木 ………………………………………………………………………… 2. 落叶松属 Larix
1. 常绿乔、灌木
  2. 叶成束，由 2～5 针组成 ……………………………………………………………… 4. 松属 Pinus
  2. 叶单一，不成束
    3. 叶基部有叶枕，叶四棱或扁平 …………………………………………………… 3. 云杉属 Picea
    3. 叶基部无叶枕，叶扁平……………………………………………………………… 1. 冷杉属 Abies

1. 冷杉属 Abies Mill.

1. 叶先端尖，不凹陷……………………………………………… 1. 沙松 A. holophylla Maxim.（32，图 2）
1. 叶先端凹陷成两个尖 …………………………………………… 2. 臭松 A. nephrolepis Maxim.（34，图 3）

2. 落叶松属 Larix Mill.

长白落叶松 L. olgensis A. Henry（36，图 4）

3. 云杉属 Picea Dietr.

1. 叶片扁平，背部有两条气孔带 ………………………………………………………………………
  ………………………… 1. 长白鱼鳞云杉 P. jezoensis Carr. var. komarovii Cheng et L. K. Fu（38，图 5）
1. 叶四棱形
  2. 小枝红褐色，有毛
    3. 叶先端尖锐 ……………………………………………… 2. 红皮云杉 P. koraiensis Nakai（40，图 6）
    3. 叶先端钝尖 ……………………………………………… 3. 白杄 P. meyeri Rehd. et Wils.（42，图 7）
  2. 小枝灰褐色，无毛……………………………………………………… 4. 青杄 P. wilsonii Mast.（44，图 8）

4. 松属 Pinus L.

1. 针形叶 5 针 1 束，叶鞘早落
  2. 大乔木，叶长 5～12cm ………………………………… 3. 红松 P. koraiensis Sieb. et Zucc.（50，图 11）
  2. 灌木，叶长 4～8cm ………………………………………………… 4. 偃松 P. pumila Regel（52，图 12）
1. 针形叶 2 针 1 束

3. 叶短，扭曲，长2～4cm …………………………………… 1. 短叶松 P. banksiana Lamb.（46，图9）
3. 叶较长
4. 1年生枝有白粉，叶细，不扭曲 …………………… 2. 赤松 P. densiflora Sieb. et Zucc.（48，图10）
4. 1年生枝无白粉，叶较粗壮，略扭曲
5. 幼果直立 …………………………………………… 6. 油松 P. tabulaeformis Carr.（56，图14）
5. 幼果下垂 ………………………………… 5. 樟子松 P. sylvestris L. var. mongolica Litv.（54，图13）

(三)柏科 CUPRESSACEAE

1. 叶针形，对生或轮生，无鳞片叶，球果肉质 …………………………………………… 1. 刺柏属 Juniperus
1. 针形叶与鳞片叶混生或全为鳞片叶
2. 全为鳞片叶
3. 小枝水平伸展，叶背有灰白色的气孔带 …………………………………………………… 4. 崖柏属 Thuja
3. 小枝垂直或斜向伸展，叶两面同形 …………………………………………… 2. 侧柏属 Platycladus
2. 针形叶与鳞片叶混生 ……………………………………………………………………… 3. 圆柏属 Sabina

1. 刺柏属 Juniperus L.

1. 乔木，叶坚硬，端面"V"字形，生于干燥山坡 ……………… 1. 杜松 J. rigida Sieb. et Zucc.（58，图15）
1. 灌木，叶较软，端面近扁平，生于亚高山带 …………… 2. 西伯利亚刺柏 J. sibirica Burgs.（60，图16）

2. 侧柏属 Platycladus Spach

侧柏 P. orientalis（L.）Franco（62，图17）

3. 圆柏属 Sabina Mill.

1. 直立乔木 …………………………………………………………… 1. 桧 S. chinensis（L.）Ant.（64，图18）
1. 匍匐性灌木
2. 壮龄及老龄植株都为两型叶，生于山顶石砬………… 2. 兴安桧 S. davurica（Pall.）Ant.（66，图19）
2. 壮龄及老龄植株为鳞片叶，偶有针形叶 ……………………… 3. 砂地柏 S. vulgaris Ant.（68，图20）

4. 崖柏属 Thuja L.

朝鲜崖柏 Th. koraiensis Nakai（70，图21）

(四)红豆杉科 TAXACEAE

1. 红豆杉属 Taxus L.

东北红豆杉 T. cuspidata Sieb. et Zucc.（72，图22）

(五)麻黄科 EPHEDRACEAE

1. 麻黄属 Ephedra Tourn. ex L.

草麻黄 E. sinica Stapf（74，图23）

二、被子植物门 ANGIOSPERMAE

（六）胡桃科 JUGLANDACEAE

1. 果实为核果，叶轴上无翅 …… 1. 胡桃属 Juglans
1. 果实为带翅的坚果，叶轴上有翅 …… 2. 枫杨属 Pterocarya

1. 胡桃属 Juglans L.

胡桃楸 J. mandshurica Maxim.（78，图 24）

2. 枫杨属 Pterocarya Kunth

枫杨 P. stenoptera DC.（80，图 25）

（七）杨柳科 SALICACEAE

1. 芽鳞多片，雌雄花序下垂，花下的苞片掌状细裂，有花盘 …… 2. 杨属 Populus
1. 芽鳞 1 片，雌花序直立或斜伸，花下的苞片全缘，无花盘
  2. 雄花序下垂，花无蜜腺 …… 1. 钻天柳属 Chosenia
  2. 雄花序直立，花有蜜腺 …… 3. 柳属 Salix

1. 钻天柳属 Chosenia Nakai

钻天柳 Ch. arbutifolia (Pall.) A. Skv.（82，图 26）

2. 杨属 Populus L.

1. 叶片较宽，非椭圆形或卵圆形
  2. 叶片三角形，叶柄侧扁
    3. 叶基部截形，树冠卵圆形 …… 2. 加拿大杨 P. canadensis Moench.（86，图 28）
    3. 叶基部近圆形，树冠长柱状 …… 7. 钻天杨 P. nigra L. var. italica (Moench.) Koehne（96，图 33）
  2. 叶片近圆形，边缘有裂片或波状大齿
    4. 叶背有灰色或白色的绒毛
      5. 叶缘 3～5 裂，叶背有白色的绒毛 …… 1. 银白杨 P. alba L. 新疆杨 var. pyramidalis Bunge（84，图 27）
      5. 叶缘不裂，有波状的大齿 …… 10. 毛白杨 P. tomentosa Carr.（102，图 36）
    4. 叶背无绒毛 …… 4. 山杨 P. davidiana Dode（90，图 30）
1. 叶片较狭窄，椭圆形或卵圆形
  6. 叶最宽处在中部以下
    7. 叶基部圆形或心形，叶缘的锯齿均匀 …… 3. 青杨 P. cathayana Rehd.（88，图 29）
    7. 叶基部宽楔形或近圆形，叶缘锯齿上下交错 …… 8. 小青杨 P. pseudo-simonii Kitag.（98，图 34）
  6. 叶最宽处在中部以上
    8. 叶较狭窄，基部楔形或宽楔形 …… 9. 小叶杨 P. simonii Carr.（100，图 35）
    8. 叶较宽，基部圆形或心形
      9. 小枝无毛，叶背白色略带红色 …… 6. 香杨 P. koreana Rehd.（94，图 32）

9. 小枝有毛，叶背不为白色
10. 小枝圆柱形 ………………………………………… 5. 东北杨 P. girinensis Skv.（92，图 31）
10. 小枝有棱 ………………………………………… 11. 大青杨 P. ussuriensis Kom.（104，图 37）

3. 柳属 Salix L.

1. 匍匐灌木；叶圆形或宽卵形
2. 花序有 5～10 朵花 ………………………………………… 24. 圆叶柳 S. rotundifolia Trautv.（152，图 61）
2. 花序有 10～20 朵花 ……………………………………………………………………………………
19. 多腺柳 S. polyadenia Hand.-Mazz. 长白柳 var. changbaishanica(Chou et Cheng) Y. L. Chou(142，图 56)
1. 直立乔木或灌木
3. 叶片宽，长圆形或宽卵形
4. 灌木
5. 叶背有明显的毛
6. 叶背有灰色的绒毛 ………………………………………… 21. 大黄柳 S. raddeana Laksch.（146，图 58）
6. 叶背有金黄色的柔毛 ………………………………………… 8. 细柱柳 S. gracilistyla Miq.（120，图 45）
5. 叶背无毛或有少量的柔毛
7. 叶质厚，叶背白色 ………………………………………… 5. 崖柳 S. floderusii Nakai（114，图 42）
7. 叶质薄
8. 托叶大，半圆形 ………………………………………… 20. 鹿蹄柳 S. pyrolaefolia Ledeb.（144，图 57）
8. 托叶不为半圆形
9. 植株基部半匍匐，叶长 3～6cm ………………………………………… 3. 长圆叶柳 S. divaricata Pall. var. meta-formosa（Nakai）Kitag.（110，图 40）
9. 植株直立
10. 叶片宽倒卵形 ………………………………………… 17. 五蕊柳 S. pentandra L.（138，图 54）
10. 叶片最宽处在中部以下
11. 叶长 6～10cm ………………………………………… 28. 谷柳 S. taraikensis Kimura（160，图 65）
11. 叶长 1～2.5cm ………………………………………… 16. 越橘柳 S. myrtilloides L.（136，图 53）
4. 乔木 ………………………………………… 14. 大白柳 S. maximowiczii Kom.（132，图 51）
3. 叶片狭条形或披针形
12. 叶条形或狭披针形
13. 叶背有银色的绢毛 ………………………………………… 30. 蒿柳 S. viminalis L.（164，图 67）
13. 叶背无银色绢毛
14. 叶条形宽 2～6mm
15. 小枝黄色，生于沙丘上 ………………………………………… 6. 黄柳 S. gordejevii Y. L. Chang et Skv.（116，图 43）
15. 小枝紫褐色，生于沙丘间湿地 ……………………………………………………………………
………… 15. 小红柳 S. microstachya Turcz. var. bordensis（Nakai）C. F. Fang（134，图 52）
14. 叶片条形，中部略宽，宽 6～15mm
16. 叶长 7～15cm ………………………………………… 12. 筐柳 S. linearistipularis(Franch.) Hao(128，图 49)
16. 叶长 3～8cm
17. 叶宽 5～7mm ………………………………………… 7. 细枝柳 S. gracilior（Siuz.）Nakai（118，图 44）
17. 叶宽 8～12mm ………… 31. 白河柳 S. yanbianica C. F. Fang et Ch. Y. Yang(166，图 68)
12. 叶披针形或倒披针形
18. 叶对生或近对生 ………………………………………… 9. 杞柳 S. integra Thunb.（122，图 46）

18. 叶互生
19. 小枝上有毛或白粉
20. 小枝上有毛……………………………………… 2. 毛枝柳 S. dasyclados Wimm.（108，图 39）
20. 小枝上有白粉 ……………………………………… 22. 粉枝柳 S. rorida Laksch.（148，图 59）
19. 小枝上无毛或白粉
21. 枝条下垂………………………………………………………… 1. 垂柳 S. babylonica L.（106，图 38）
21. 枝条不下垂
22. 叶缘波状略反卷 ………………………………… 26. 卷边柳 S. siuzevii Seem.（156，图 63）
22. 叶缘非波状，不反卷
23. 树皮灰白色 ………………………………………… 18. 白皮柳 S. pierotii Miq.（140，图 55）
23. 树皮非灰白色
24. 叶背有毛
25. 叶背有绢毛，小枝也有毛 …… 25. 龙江柳 S. sachaliensis F. Schmidt（154，图 62）
25. 叶背有褐色或白色的柔毛
26. 叶背有白色柔毛 ……………………… 10. 江界柳 S. kangensis Nakai（124，图 47）
26. 叶背有褐色柔毛 ………………………………………………………………………………
23. 细叶沼柳 S. rosmarinifolia L. var. brachypoda（Trautv. et Mey.）Y. L. Chou（150，图 60）
24. 叶背无毛
27. 雄花有 3 枚雄蕊 ……………………………… 29. 三蕊柳 S. triandra L.（162，图 66）
27. 雄花有 2 枚雄蕊
28. 叶背面淡蓝绿色，花丝下部合生 ……………………………………………………………
……………………………… 4. 长柱柳 S. eriocarpa Franch. et Sav.（112，图 41）
28. 叶背面苍白色或带白色
29. 叶背苍白色 ………………………………………………………………………………
……………… 27. 司氏柳 S. skvortzovii Y. L. Chang et Y. L. Chou（158，图 64）
29. 叶背带白色
30. 小枝黄褐色，叶长渐尖 ……… 13. 旱柳 S. matsudana Koidz.（130，图 50）
30. 小枝灰褐色，叶渐尖 ……… 11. 朝鲜柳 S. koreensis Anderss.（126，图 48）

（八）桦木科 BETULACEAE

1. 灌木，坚果球形，有叶状或筒状的总苞 …………………………………………………… 4. 榛属 Corylus
1. 乔木，小坚果
2. 果序外包有扁平的叶状总苞 ………………………………………………… 3. 鹅耳枥属 Carpinus
2. 果序总苞非叶状
3. 果苞薄，先端 3 裂 ……………………………………………………………………… 2. 桦木属 Betula
3. 果苞厚，木质化，先端 5 裂 ……………………………………………………… 1. 赤杨属 Alnus

1. 赤杨属 Alnus L.

1. 叶近圆形，边缘有钝齿……………………………… 3. 水冬瓜赤杨 A. sibirica Fisch. et Turcz.（172，图 71）
1. 叶宽卵形或长椭圆形
2. 叶宽卵形或宽椭圆形 ……………………… 2. 东北赤杨 A. mandshurica（Call.）Hand. -Mazz.（170，图 70）
2. 叶椭圆形或宽披针形……………………………… 1. 日本赤杨 A. japonica（Thunb.）Steud.（168，图 69）

2. 桦木属 Betula L.

1. 灌木 ……………………………………………………………………… 5. 柴桦 B. fruticosa Pall.（182，图 76）
1. 乔木
  2. 叶脉通常在 8 对以下
    3. 树皮白色，成片状剥裂 ………………………………… 6. 白桦 B. platyphylla Suk.（184，图 77）
    3. 树皮黑褐色，龟裂 ……………………………………… 3. 黑桦 B. davurica Pall.（178，图 74）
  2. 叶脉在 8 对以上
    4. 叶脉 9 ~ 16 对，树皮黄褐色，片状剥裂 ……………………… 2. 枫桦 B. costata Trautv.（176，图 73）
    4. 叶脉 8 – 10 对，树皮不为黄褐色
      5. 树皮灰白色，片状剥裂 ………………………………… 4. 岳桦 B. ermanii Cham.（180，图 75）
      5. 树皮暗灰色，或紫褐色
        6. 树皮暗灰色 ………………………………………… 1. 坚桦 B. chinensis Maxim.（178，图 72）
        6. 树皮紫褐色 ………………………………………… 7. 赛黑桦 B. schmidtii Regel（186，图 78）

3. 鹅耳枥属 Carpinus L.

千金鹅耳枥 C. cordata Blume（188，图 79）

4. 榛属 Corylus L.

1. 叶先端渐尖；总苞筒状，全包住坚果 …………… 2. 毛榛 C. mandshurica Maxim. et Rupr.（192，图 81）
1. 叶先端平截或三裂，总苞半包住坚果 …………… 1. 榛 C. heterophylla Fisch. et Trautv.（190，图 80）

（九）壳斗科 FAGACEAE

1. 雄花序直立，总苞有长刺，包住坚果 ……………………………………………………… 1. 栗属 Castanea
1. 雄花序下垂，总苞壳斗状，半包住坚果 …………………………………………………… 2. 栎属 Quercus

1. 栗属 Castanea Mill.

板栗 C. mollissima Blume（194，图 82）

2. 栎属 Quercus L.

1. 叶宽卵形或狭卵形，边缘有均匀的芒状锯齿
  2. 叶背灰白色，树皮木栓层发达 …………………………… 6. 栓皮栎 Qu. variabilis Blume（206，图 88）
  2. 叶背淡绿色，树皮的木栓层不发达 ………………………… 1. 麻栎 Qu. acutissima Carr.（196，图 83）
1. 叶倒卵形，边缘有不规则的圆齿
  3. 叶缘为粗锯齿 ……………………………………………… 2. 槲栎 Qu. aliena Blume（198，图 84）
  3. 叶缘为圆齿
    4. 叶背有黄色绒毛 ………………………………………… 3. 槲树 Qu. dentata Thunb.（200，图 85）
    4. 叶背无毛
      5. 叶缘有 5 ~ 7 对圆齿 ……………………… 4. 辽东栎 Qu. liaotungensis Koidz.（202，图 86）
      5. 叶缘有 7 ~ 10 对圆齿 ………………… 5. 蒙古栎 Qu. mongolica Fisch. ex Turcz.（204，图 87）

（十）榆科 ULMACEAE

1. 果为核果，叶主脉 3 条 ……………………………………………………………………… 1. 朴属 Celtis

1. 果为翅果，叶脉羽状
  2. 小枝成刺状，翅果仅一侧有翅 ………………………………………………… 2. 刺榆属 Hemiptelea
  2. 小枝不成刺状，翅果的四周都有翅 ……………………………………………………… 3. 榆属 Ulmus

1. 朴属 Celtis L.

1. 叶较小，卵圆形，先端不分裂 ………………………………… 1. 小叶朴 C. bungeana Blume(208，图 89)
1. 叶大，宽卵形，先端分裂成大齿状 ……………………………… 2. 大叶朴 C. koraiensis Nakai(210，图 90)

2. 刺榆属 Hemiptelea Planch.

刺榆 H. davidii (Hance) Planch. (212，图 91)

3. 榆属 Ulmus L.

1. 叶先端 3～7 裂 ………………………………………… 3. 裂叶榆 U. laciniata (Trautv.) Mayr. (218，图 94)
1. 叶先端不裂
  2. 叶片最宽处位于中部以下 ……………………………………………… 5. 榆树 U. pumila L. (222，图 96)
  2. 叶片最宽处位于中部以上
    3. 翅果大，长达 3.5cm ………………………………… 4. 大果榆 U. macrocarpa Hance (220，图 95)
    3. 翅果较小
      4. 叶长 4～7cm ……………………………………………… 1. 黑榆 U. davidiana Planch. (214，图 92)
      4. 叶长 4～12cm ………………………………………… 2. 春榆 U. japonica (Rehd.) Sarg. (216，图 93)

(十一) 桑科 MORACEAE

1. 桑属 Morus L.

1. 叶缘的锯齿钝，不为芒状尖 ………………………………………… 1. 桑树 M. alba L. (224，图 97)
1. 叶缘锯齿先端为芒状尖 ………………………………………… 2. 蒙桑 M. mongolica Schneid. (226，图 98)

(十二) 桑寄生科 LORANTHACEAE

1. 槲寄生属 Viscum L.

槲寄生 V. coloratum (Kom.) Nakai (228，图 99)

(十三) 蓼科 POLYGONACEAE

1. 木蓼属 Atriplexis L.

木蓼 A. mandshurica Kitag. (230，图 100)

(十四) 藜科 CHENOPODIACEAE

1. 叶扁平，有密毛 ………………………………………………………………………… 1. 驼绒蒿属 Ceratoides
1. 叶肉质，基部下延 ………………………………………………………………………… 2. 盐爪爪属 Kalidium

1. 驼绒蒿属 Ceratoides (Tourn.) Gagnebin

华北驼绒蒿 C. latens (J. F. Gmel.) Roveal et Holmgre(232，图 101)

2. 盐爪爪属 Kalidium Moq.

盐爪爪 K. foliatum (Pall.) Moq. (234，图 102)

（十五）木兰科 MAGNOLIACEAE

1. 木兰属 Magnolia L.

天女木兰 M. sieboldii K. Koch（236，图 103）

（十六）五味子科 SCHISANDRACEAE

1. 五味子属 Schisandra Michx.

北五味子 S. chinensis（Turcz.）Bailey（238，图 104）

（十七）小檗科 BERBERIDACEAE

1. 小檗属 Berberis L.

1. 刺单一，细长，叶片倒卵形 ………………………………………… 3. 小檗 B. thunbergii DC.（244，图 107）
1. 刺分三叉
  2. 刺细长，叶片宽倒卵形，边缘有芒状齿 ……………… 1. 大叶小檗 B. amurensis Rupr.（240，图 105）
  2. 刺短，叶狭倒披针形，全缘 …………………………… 2. 细叶小檗 B. poiretii Schneid.（242，图 106）

（十八）马兜铃科 ARISTOCHIACEAE

1. 马兜铃属 Aristolochia L.

木通 A. manshuriensis Kom.（246，图 108）

（十九）芍药科 PAEONIACEAE

1. 芍药属 Paeonia L.

牡丹 P. suffruticosa Andr.（248，图 109）

（二十）猕猴桃科 ACTINIDIACEAE

1. 猕猴桃属 Actinidia Lindl.

1. 小枝的髓实心 ………………… 3. 葛枣子 A. polygama（Sieb. et Zucc.）Planch. ex Maxim.（254，图 112）
1. 小枝的髓为片状
  2. 髓红褐色，果实的先端渐尖 ……… 2. 狗枣子 A. kolomikta（Maxim. ex Rupr.）Maxim.（252，图 111）
  2. 髓灰白色，果实的先端钝圆 …… 1. 软枣子 A. arguta（Sieb. et Zucc.）Planch. ex Miq.（250，图 110）

（二十一）虎耳草科 SAXIFRAGACEAE

1. 叶对生，结蒴果
  2. 叶有星状毛，花五基数 ……………………………………………………………… 1. 溲疏属 Deutzia
  2. 叶无星状毛
    3. 圆锥花序，花不孕性 …………………………………………………………… 2. 八仙花属 Hydrangea
    3. 总状花序，花可孕 ……………………………………………………………… 3. 山梅花属 Philadelphus
1. 叶互生，结浆果 ………………………………………………………………………… 4. 茶藨子属 Ribes

1. 溲疏属 Deutzia Thunb.

1. 花 1～3 朵 ………………………………………………… 3. 李叶溲疏 D. hamata Koehne（260，图 115）
1. 花多数

2. 花直径1.5cm，叶和果实上无星状毛 ······················· 2. 光萼溲疏 D. glabrata Kom.（258，图114）
2. 花直径约1cm，叶和果上有星状毛
3. 叶背有8~12条辐射状星毛，主脉上有单毛 ········ 4. 小花溲疏 D. parviflora Bunge（262，图116）
3. 叶背有4~8条辐射状星毛，主脉上无单毛 ·· 1. 东北溲疏 D. amurensis（Regel）Airy-Shaw（256，图113）

2. 八仙花属 Hydrangea L.

大花圆锥绣球（木绣球）H. paniculata Sieb. var. grandiflora Sieb.（264，图117）

3. 山梅花属 Philadelphus L.

1. 花梗无毛·· 1. 太平花 Ph. pekinensis Rupr.（266，图118）
1. 花梗有毛
2. 花柱无毛，叶质薄·· 3. 薄叶山梅花 Ph. tenuifolius Rupr.（270，图120）
2. 花柱有毛，叶质较厚····································· 2 东北山梅花 Ph. schrenkii Rupr.（268，图119）

4. 茶藨子属 Ribes L.

1. 植株有刺
2. 小枝及果上都有密刺 ······································ 1. 刺李 R. burejense Fr. Schmidt（272，图121）
2. 小枝仅在节上有刺
3. 节上的刺2枚，叶倒卵状楔形 ···························· 2. 楔叶茶藨 R. diacantha Pall.（274，图122）
3. 节上的刺1~3枚，叶近圆形 ································· 3. 圆茶藨 R. grossularia L.（276，图123）
1. 植株无刺
4. 枝匍匐横卧·· 8. 矮茶藨 R. triste Pall.（286，图128）
4. 枝直立
5. 雌雄异株，单性花
6. 叶近圆形，3~5裂，裂片钝圆形 ·············· 4. 长白茶藨 R. komarovii A. Porjark.（278，图124）
6. 叶掌状，3~5裂，裂片尖 ························· 6. 尖叶茶藨 R. maximowiczii Kom.（282，图126）
5. 雌雄同株，两性花
7. 花筒细长黄色 ··· 7. 香茶藨 R. odoratum Wendl.（284，图127）
7. 花筒短，黄绿色 ······················· 5. 东北茶藨 R. mandshuricum（Maxim.）Kom.（280，图125）

（二十二）蔷薇科 ROSACEAE

1. 果实为开裂的蓇葖果或蒴果
2. 果实为蓇葖果
3. 单叶
4. 心皮5
5. 心皮离生，蓇葖果沿腹缝线开裂 ··· 16. 绣线菊属 Spiraea
5. 心皮基部合生，蓇葖果的背腹缝线同时开裂 ······························· 7. 风箱果属 Physocarpus
4. 心皮1~2，蓇葖果外包有宿存的萼筒 ··· 6. 绣线梅属 Neillia
3. 复叶 ··· 14. 珍珠梅属 Sorbaria
2. 果为蒴果·· 4. 白鹃梅属 Exochorda
1. 果实非蓇葖果
6. 果实为瘦果或小核果

7. 瘦果生于扁平的花托上
8. 花有副萼
9. 茎上无刺 ………………………………………………………………………… 8. 金老梅属 Potentilla
9. 茎上有刺 ………………………………………………………………………… 13. 悬钩子属 Rubus
8. 花无副萼，花瓣8，花柱宿存，羽毛状 ……………………………………………… 3. 仙女木属 Dryas
7. 瘦果生于坛状的花托内 ………………………………………………………………… 12. 蔷薇属 Rosa
6. 果实为核果或梨果
10. 果实为梨果，子房下位
11. 心皮成熟时为坚硬骨质小核状
12. 叶全缘 …………………………………………………………………………… 1. 栒子属 Cotoneaster
12. 叶有缺刻或大齿 ………………………………………………………………… 2. 山楂属 Crataegus
11. 心皮成熟时为膜质
13. 复伞房花序，果期萼片脱落 …………………………………………………… 15. 花楸属 Sorbus
13. 伞形花序
14. 花柱分离，果肉有石细胞………………………………………………………… 11. 梨属 Pyrus
14. 花柱下部合生，果肉无石细胞 ………………………………………………… 5. 苹果属 Malus
10. 果实为核果，子房上位
15. 枝有刺，花柱侧生……………………………………………………………………… 9. 扁核木属 Prinsepia
15. 枝无刺，花柱顶生 …………………………………………………………………… 10. 李属 Prunus

1. 栒子属 Cotoneaster E. Ehrh.

水栒子 C. multiflora Bunge（288，图 129）

2. 山楂属 Crataegus L.

1. 叶缘羽状深裂，叶背无密生的绒毛 ……………………………… 2. 山楂 C. pinnatifida Bunge(292，图 131)
1. 叶缘羽状浅裂，叶背密生绒毛 ………………………… 1. 毛山楂 C. maximowiczii Schneid.（290，图 130）

3. 仙女木属 Dryas L.

宽叶仙女木 D. octopetala L. var. asiatica Nakai（294，图 132）

4. 白鹃梅属 Exochorda Lindl.

齿叶白鹃梅 E. serratifolia S. Moore（296，图 133）

5. 苹果属 Malus Mill.

1. 叶卵圆形或椭圆形
2. 果实小，直径 1cm 左右，萼片脱落 …………………… 2. 山荆子 M. baccata（L.）Borkh.（300，图 135）
2. 果实大，直径 4cm 以上，萼片宿存
3. 叶缘为钝锯齿，果实扁球形 ………………………………4. 苹果 M. pumila Mill(304，图 137)
3. 叶缘为尖锯齿，果实卵形 ……………………………………… 1. 花红 M. asiatica Nakai(298，图 134)
1. 叶的先端三裂…………………………………… 3. 山楂海棠 M. komarovii(Sarg.) Rehd.（302，图 136）

6. 绣线梅属 Neillia D. Don

东北绣线梅 N. uekii Nakai（306，图 138）

7. 风箱果属 Physocarpus (Cambess.) Maxim.

风箱果 Ph. amurensis (Maxim.) Maxim.(308，图 139)

8. 金老梅属 Potentilla L.

1. 花黄色 …… 2. 金老梅 P. fruticosa L.(312，图 141)
1. 花白色 …… 1. 银老梅 P. davurica Nestl.(310，图 140)

9. 扁核木属 Prinsepia Royle

东北扁核木 P. sinensis Oliv. ex Bean (314，图 142)

10. 李属 Prunus L.

1. 花序为总状花序
  2. 每朵花下无宿存的叶状苞片
    3. 树皮黑灰色，叶背面无腺点 …… 9. 稠李 P. padus L.(332，图 151)
    3. 树皮黄褐色，有光泽，叶背面有腺点 …… 5. 山桃稠李 P. maackii Rupr.(324，图 147)
  2. 每朵花下有 1 枚叶状苞片，宿存 …… 7. 黑樱桃 P. maximowiczii Rupr.(328，图 149)
1. 花单生、簇生或为伞形花序
  4. 灌木
    5. 叶片倒卵状椭圆形，先端多为三裂 …… 14. 榆叶梅 P. triloba Lindl.(342，图 156)
    5. 叶卵圆形或椭圆形
      6. 叶背面密生有绒毛 …… 13. 毛樱桃 P. tomentosa Thunb.(340，图 155)
      6. 叶背面无毛或仅在叶脉上有少量的柔毛
        7. 叶片卵圆形，基部近圆形 …… 8. 长梗郁李 P. nakaii Levl.(330，图 150)
        7. 叶片倒卵状披针形或椭圆状披针形，中部最宽
          8. 叶椭圆状披针形，小枝无毛 …… 3. 麦李 P. glandulosa Thunb.(320，图 145)
          8. 叶倒卵状披针形，小枝有毛 …… 4. 欧李 P. humilis Bunge(322，图 146)
  4. 乔木
    9. 果实的表面有纵沟
      10. 果实的表面有白粉，无毛 …… 10. 李子 P. salicina Lindl.(334，图 152)
      10. 果实的表面有毛，无白粉
        11. 叶片披针形或宽披针形 …… 2. 山桃 P. davidiana (Carr.) Franch.(318，图 144)
        11. 叶宽卵形或近圆形
          12. 叶有单锯齿
            13. 叶宽卵形或近圆形，先端短浅尖 …… 1. 杏 P. armeniaca L.(316，图 143)
            13. 叶菱形，中部最宽，先端尾状尖 …… 12. 山杏 P. sibirica L.(338，图 154)
          12. 叶缘有重锯齿 …… 6. 辽杏 P. mandshurica (Maxim.) Koehne(326，图 148)
    9. 果实的表面无纵沟
      14. 叶近圆形或倒卵形，中部最宽 …… 15. 山樱 P. verecunda (Koidz.) Koehne (344，图 157)
      14. 叶卵圆形，中部以下最宽
        15. 花单瓣 …… 16. 东京樱花 P. yedoensis Matsum.(346，图 158)
        15. 花重瓣 …… 11. 樱花 P. serrulata Lindl.(336，图 153)

11. 梨属 Pyrus L.

1. 果实小，直径在 1cm 以下，萼片脱落……………………………… 1. 杜梨 P. betulaefolia Bunge(348，图 159)
1. 果实大，直径 2 ~6cm，萼片宿存 ………………………… 2. 花盖梨 P. ussuriensis Maxim.（350，图 160)

12. 蔷薇属 Rosa L.

1. 花黄色………………………………………………………………… 9. 黄刺玫 R. xanthina Lindl.（368，图 169)
1. 花红色或白色
  2. 托叶边缘篦齿状或有不规则的锯齿
    3. 托叶边缘篦齿状 ……………………………………… 6. 多花蔷薇 R. multiflora Thunb.（362，图 166)
    3. 托叶边缘有不规则的锯齿 ……………………………… 5. 伞花蔷薇 R. maximowiczii Regel(360，图 165)
  2. 托叶全缘
    4. 刺的表面有柔毛 ………………………………………………… 8. 玫瑰 R. rugosa Thunb.（366，图 168)
    4. 刺的表面无毛
      5. 复叶具 3 ~9 枚小叶片
        6. 刺的基部扁平
          7. 柱头伸出花托之外，萼羽状裂……………………… 2. 月季 R. chinensis Jacq.（354，图 162)
          7. 柱头不伸出花托之外，萼非羽状裂 ……………… 3. 山玫瑰 R. davurica Pall.（356，图 163)
        6. 刺的基部不扁平 ……………………………………… 1. 刺蔷薇 R. acicularis Lindl.（352，图 161)
      5. 复叶有 9 枚以上的小叶
        8. 刺扁平，叶背有腺点，花初开时黄色，后变白 ………………………………………………………
          ……………………………………………………… 7. 樱草蔷薇 R. primula Bouleng.（364，图 167)
        8. 刺针形，叶背有柔毛，花粉红或白色 ……………… 4. 长白蔷薇 R. koreana Kom.（358，图 164)

13. 悬钩子属 Rubus L.

1. 单叶 ………………………………………………………………… 1. 托盘 R. crataegifolius Bunge(370，图 170)
1. 复叶
  2. 叶背有白色绒毛
    3. 小叶片近圆形，先端钝 ……………………………… 4. 茅莓悬钩子 R. parvifolius L.（376，图 173)
    3. 小叶卵圆形，先端渐尖 …………… 3. 库页悬钩子 R. matsumuranus Levl. et Vant.（374，图 172)
  2. 叶背无绒毛，绿色……………………… 2. 绿叶悬钩子 R. kanayamensis Levl. et Vant.（372，图 171)

14. 珍珠梅属 Sorbaria（Ser.）A. Br. ex Aschers.

珍珠梅 S. sorbifolia（L.）A. Br.（378，图 174)

15. 花楸属 Sorbus L.

1. 单叶，叶片背面无白色的绒毛………………… 1. 水榆 S. alnifolia（Sieb. et Zucc.）K. Koch(380，图 175)
1. 复叶，叶背有白色的绒毛 …………………… 2. 花楸 S. pohuashanensis（Hance）Hedl.（382，图 176)

16. 绣线菊属 Spiraea L.

1. 圆锥花序 ………………………………………………………… 8. 柳叶绣线菊 S. salicifolia L.（398，图 184)
1. 伞形花序或伞房花序
  2. 复伞房花序
    3. 花粉红色……………………………………………………… 5. 粉花绣线菊 S. japonica L. f.（392，图 181)

3. 花白色
4. 叶近全缘…………………………………………… 11. 毛果绣线菊 S. trichocarpa Nakai(404，图 187)
4. 叶有齿 …………………………………………… 4. 华北绣线菊 S. fritschiana Schneid.(390，图 180)
2. 伞形花序或伞形总状花序
5. 伞形花序无柄 …………………………… 10. 珍珠绣线菊 S. thunbergii Sieb. ex Blume(402，图 186)
5. 伞形花序有柄或伞形总状花序
6. 叶近圆形，先端三裂 ………………………………… 12. 三裂绣线菊 S. trilobata L.(406，图 188)
6. 叶卵圆形或宽卵形
7. 雄蕊长，超出花瓣…………………………… 2. 美丽绣线菊 S. elegans A. Pojark.(386，图 178)
7. 雄蕊比花瓣短
8. 叶背有柔毛
9. 果仅腹缝线上有毛，叶菱状卵形或椭圆形 ……………………………………………………
…………………………………………………… 7. 土庄绣线菊 S. pubescens Turcz.(396，图 183)
9. 果实有毛
10. 小枝近无毛，叶长 1～2.5cm ……… 6. 欧亚绣线菊 S. media Schmidt (394，图 182)
10. 小枝有毛，叶长 1.5～4cm …………… 9. 绢毛绣线菊 S. sericea Turcz.(400，图 185)
8. 叶背无毛
11. 叶长卵形或长圆形，中部以上有锯齿……………………………………………………
……………………………… 3. 曲萼绣线菊 S. flexuosa Fisch. ex Cambess.(388，图 179)
11. 叶宽卵形，叶缘有重锯齿 ………… 1. 石蚕叶绣线菊 S. chamaedryfolia L. (384，图 177)

(二十三) 豆科 FABACEAE

1. 花为假蝶形花冠；有分枝的大刺 ……………………………………………………… 3. 皂角属 Gleditsia
1. 花为真蝶形花冠
2. 花冠仅有 1 枚旗瓣 …………………………………………………………………… 1. 紫穗槐属 Amorpha
2. 花冠为完整的蝶形花冠
3. 雄蕊 10 枚分离
4. 荚果念珠状，多汁…………………………………………………………………… 8. 槐属 Sophora
4. 荚果扁平，干燥 ………………………………………………………………… 6. 檫槐属 Maackia
3. 雄蕊 10 枚，二体雄蕊
5. 植株有刺
6. 奇数羽状复叶，总状花序………………………………………………………… 7. 洋槐属 Robinia
6. 偶数羽状复叶，花单生或簇生 ………………………………………………… 2. 锦鸡儿属 Caragana
5. 植株无刺
7. 复叶由 3 小叶组成………………………………………………………… 5. 胡枝子属 Lespedeza
7. 复叶有多数小叶组成 …………………………………………………… 4. 花木蓝属 Indigofera

1. 紫穗槐属 Amorpha L.

紫穗槐 A. fruticosa L. (408，图 189)

2. 锦鸡儿属 Caragana Fabr.

1. 偶数羽状复叶，小叶 8～14 枚
2. 小叶片长 0.8～2.5cm，宽 0.6～1.4cm ……… 1. 树锦鸡儿 C. arborescens (Amm.) L. (410，图 190)

2. 小叶片长0.3~1cm，宽0.2~0.5cm ……………… 3. 小叶锦鸡儿 C. microphylla Lam.（414，图192）
1. 掌状复叶，小叶4枚
3. 花黄色，带有红色边缘 …………………………………… 4. 红花锦鸡儿 C. rosea Turcz.（416，图193）
3. 花黄色，无红色边缘 ………………………… 2. 金雀锦鸡儿 C. frutex（L.）K. Koch（412，图191）

3. 皂角属 Gleditsia L.

山皂角 G. japonica Miq.（418，图194）

4. 花木蓝属 Indigofera L.

花木蓝 I. kirilowii Maxim. ex Palibin.（420，图195）

5. 胡枝子属 Lespedeza Michx.

1. 植株高1m以上
2. 花序比叶长 …………………………………………………… 1. 胡枝子 L. bicolor Turcz.（422，图196）
2. 花序比叶短 ……………………………………………… 2. 短梗胡枝子 L. cyrtobotrya Miq.（424，图197）
1. 植株高1m以下
3. 蝶形花冠紫红色 ……………………………………… 4. 多花胡枝子 L. floribunda Bunge（428，图199）
3. 蝶形花冠黄白色
4. 小叶片长3~5cm，叶被有黄柔毛 ……………………………………………………………………………
……………………………… 6. 绒毛胡枝子 L. tomentosa（Thunb.）Sieb. ex Maxim.（432，图201）
4. 小叶片长3cm以下
5. 叶卵形或狭卵形 ……………………… 3. 兴安胡枝子 L. davurica（Laxm.）Schindl.（426，图198）
5. 叶狭披针形 ………………………………… 5. 尖叶胡枝子 L. juncea（L. f.）Pers.（430，图200）

6. 槐槐属 Maackia Rupr. et Maxim.

槐槐 M. amurensis Rupr. et Maxim.（434，图202）

7. 洋槐属 Robinia L.

洋槐 R. pseudoacacia L.（436，图203）

8. 槐属 Sophora L.

槐 S. japonica L.（438，图204）

（二十四）蒺藜科 ZYGOPHYLLACEAE

1. 白刺属 Nitraria L.

白刺 N. sibirica Pall.（440，图205）

（二十五）大戟科 EUPHORBIACEAE

1. 叶底珠属 Securinega Juss.

叶底珠 S. suffruticosa（Pall.）Rehd.（442，图206）

（二十六）芸香科 RUTACEAE

1. 黄檗属 Phellodendron Rupr.

黄檗 Ph. amurense Rupr. (444, 图 207)

(二十七) 苦木科 SIMAROUBACEAE

1. 臭椿属 Ailanthus Desf.

臭椿 A. altissima (Mill.) Swingle (446, 图 208)

(二十八) 漆树科 ANACARDIACEAE

1. 单叶 ………………………………………… 1. 黄栌属 Cotinus
1. 羽状复叶
  2. 叶轴上多有狭翅 ………………………………………… 2. 盐肤木属 Rhus
  2. 叶轴上无翅 ………………………………………… 3. 漆树属 Toxicodendron

1. 黄栌属 Cotinus (Tourn.) Mill.

黄栌 C. coggygria Scop.

var. cinerea Engler (448, 图 209)

2. 盐肤木属 Rhus (Tourn.) L.

1. 小叶片 7~13 枚，叶轴有狭翅 ………………… 1. 盐肤木 Rh. chinensis Mill. (450, 图 210)
1. 小叶片 9~13 枚，叶轴无翅，有柔毛 ………………… 2. 火炬树 Rh. typhina L. (452, 图 211)

3. 漆树属 Toxicodendron (Tourn.) Mill.

漆树 T. venicifluum (Stokes) F. A. Barkl. (454, 图 212)

(二十九) 槭树科 ACERACEAE

1. 槭树属 Acer L.

1. 复叶
  2. 小叶片 3 枚
    3. 叶缘有细锯齿，叶柄无毛 ………………… 4. 白牛槭 A. mandshuricum Maxim. (462, 图 216)
    3. 叶缘有 2~3 个粗齿，叶柄有毛 ………………… 10. 柠筋槭 A. triflorum Kom. (474, 图 222)
  2. 小叶片多枚 ………………… 6. 复叶槭 A. negundo L. (466, 图 218)
1. 单叶
  4. 叶片掌状 7~11 裂
    5. 叶 7~9 裂，叶柄无毛 ………………… 7. 鸡爪槭 A. palmatum Thunb. (468, 图 219)
    5. 叶 9~11 裂，叶柄有毛 ………………… 8. 假色槭 A. pseudo-sieboldianum (Pax) Kom. (470, 图 220)
  4. 叶掌状 3~7 裂
    6. 裂片边缘无细锯齿
      7. 叶基部平截，果翅与坚果等长 ………………… 11. 元宝槭 A. truncatum Bunge (476, 图 223)
      7. 叶基部非平截，翅长为坚果的 1.5 倍 ………………… 5. 色木槭 A. mono Maxim. (464, 图 217)
    6. 裂片边缘有细锯齿
      8. 叶片无毛
        9. 叶片三角形，中裂片大，果实之间成锐角或近平行 ………………………………………… 2. 茶条槭 A. ginnala Maxim. (458, 图 214)

9. 叶片近圆形，中裂片与其他裂片等大，翅果之间为钝角或平直 ……………………………………………………………………………… 9. 青楷槭 A. tegmentosum Maxim.（472，图 221）

8. 叶片上有毛

10. 叶片背面密生绒毛 ………………… 12. 花楷槭 A. ukurunduense Trautv. et Mey.（478，图 224）

10. 叶片背面疏生柔毛

11. 叶缘有单锯齿 ……………………………… 1. 簇毛槭 A. barbinerve Maxim.（456，图 213）

11. 叶缘有重锯齿 ……………………………… 3. 小楷槭 A. komarovii Pojark.（460，图 215）

（三十）无患子科 SAPINDACEAE

1. 果皮膜质，膨大成囊状；2 回 3 出复叶 ………………………………………………… 1. 栾树属 Koelreuteria

1. 果皮厚，非膜质；奇数羽状复叶 ………………………………………………………… 2. 文冠果属 Xanthoceras

1. 栾树属 Koelreuteria Laxm.

栾树 K. paniculata Laxm.（480，图 225）

2. 文冠果属 Xanthoceras Bunge

文冠果 X. sorbifolia Bunge（482，图 226）

（三十一）卫矛科 CELASTRACEAE

1. 藤本，叶互生

2. 蒴果，开裂 ……………………………………………………………………………… 1. 南蛇藤属 Celastrus

2. 翅果，不开裂 ………………………………………………………………………… 3. 雷公藤属 Tripterygium

1. 乔灌木，叶对生 ………………………………………………………………………………… 2. 卫矛属 Euonymus

1. 南蛇藤属 Celastrus L.

1. 枝上有钩刺 ……………………………………………… 1. 刺南蛇藤 C. flagellaris Rupr.（484，图 227）

1. 枝上无钩刺 ……………………………………………… 2. 南蛇藤 C. orbiculatus Thunb.（486，图 228）

2. 卫矛属 Euonymus L.

1. 小枝上有木栓质翅 ……………………………………… 1. 卫矛 E. alatus（Thunb.）Sieb.（488，图 229）

1. 小枝上无翅

2. 枝上有小黑瘤 ……………………………………… 5. 瘤枝卫矛 E. pauciflorus Maxim.（496，图 233）

2. 枝上无瘤

3. 蒴果上有翅

4. 果实上的翅较长，叶长倒卵形 ………………… 4. 翅果卫矛 E. macropterus Rupr.（494，图 232）

4. 果实上有短翅，叶卵圆形 ………………… 6. 短翅卫矛 E. planipes（Koehne）Koehne（498，图 234）

3. 蒴果上无翅

5. 叶柄长达 3cm ……………………………………… 2. 桃叶卫矛 E. bungeanus Maxim.（490，图 230）

5. 叶柄长约 1cm ………………………………………… 3. 华北卫矛 E. maackii Rupr.（492，图 231）

3. 雷公藤属 Tripterygium Hook. f.

雷公藤 T. regelii Sprague et Takeda（500，图 235）

（三十二）省沽油科 STAPHYLEACEAE

1. 省沽油属 Staphylea L.

省沽油 S. bumalda DC.（502，图 236）

（三十三）黄杨科 BUXACEAE

1. 黄杨属 Buxus L.

小叶黄杨 B. microphylla Sieb. et Zucc.（504，图 237）

（三十四）鼠李科 RHAMNACEAE

1. 鼠李属 Rhamnus L.

1. 叶对生或近对生：
  2. 小枝顶端为芽 ………… 1. 鼠李 Rh. davurica Pall.（506，图 238）
  2. 小枝顶端为刺
    3. 叶片长圆形 ………… 5. 乌苏里鼠李 Rh. ussuriensis J. Vassil.（514，图 242）
    3. 叶片倒卵形或近圆形
      4. 叶片近圆形，叶柄长 1～2cm ………… 2. 金刚鼠李 Rh. diamantiaca Nakai（508，图 239）
      4. 叶片倒卵形，叶柄长约 1cm ………… 4. 小叶鼠李 Rh. parvifolia Bunge（512，图 241）
1. 叶互生或近对生
  5. 叶基部近圆形，叶两面有密毛 ………… 3. 朝鲜鼠李 Rh. koraiensis Schneid.（510，图 240）
  5. 叶基部楔形或宽楔形，叶两面有疏毛 ………… 6. 东北鼠李 Rh. yoshinoi Makino（516，图 243）

（三十五）葡萄科 VITACEAE

1. 圆锥花序，花瓣顶部粘连；枝上无皮孔，髓褐色 ………… 3. 葡萄属 Vitis
1. 聚伞花序，花瓣分离；枝上有皮孔；髓白色
  2. 卷须顶端成圆形吸盘 ………… 2. 地锦属 Parthenocissus
  2. 卷须顶端不成吸盘 ………… 1. 蛇葡萄属 Ampelopsis

1. 蛇葡萄属 Ampelopsis Michx.

1. 单叶浅裂或中裂
  2. 叶缘 3 浅裂，果实鲜蓝色 ………… 2. 蛇葡萄 A. brevipedunculata（Maxim.）Trautv.（520，图 245）
  2. 叶缘 3～5 中裂，果实淡黄色 ………… 3. 葎叶蛇葡萄 A. humilifolia Bunge（522，图 246）
1. 掌状复叶或全裂
  3. 叶轴上有狭翅，植株无毛 ………… 4. 白蔹 A. japonica（Thunb.）Makino（524，图 247）
  3. 叶轴上无翅，叶背面有疏毛 ………… 1. 乌头叶蛇葡萄 A. aconitifolia Bunge（518，图 244）

2. 地锦属 Parthenocissus Planch.

1. 单叶，先端 3 裂或 3 小叶的复叶 ………… 2. 地锦 P. tricuspidata（Sieb. et Zucc.）Planch.（528，图 249）
1. 复叶由 5 小叶组成 ………… 1. 五叶地锦 P. quinquefolia（L.）Planch.（526，图 248）

3. 葡萄属 Vitis L.

1. 叶基部深心形，叶缘有粗大锯齿 ………… 1. 山葡萄 V. amurensis Rupr.（530，图 250）

1. 叶基部浅心形，叶缘的锯齿较小 ………………………………………… 2. 葡萄 V. vinifera L.（532，图 251）

（三十六）椴树科 TILIACEAE

1. 椴树属 Tilia L.

1. 花有退化雄蕊
  2. 枝叶上密布黄褐色的星状毛 …………………… 2. 糠椴 T. mandshurica Rupr. et Maxim.（536，图 253）
  2. 小枝无毛，叶背面脉腋处有褐色的簇毛 …………………… 3. 蒙椴 T. mongolica Maxim.（538，图 254）
1. 花无退化雄蕊 ………………………………………………………… 1. 紫椴 T. amurensis Rupr.（534，图 252）

（三十七）瑞香科 THYMELAEACEAE

1. 瑞香属 Daphne L.

长白瑞香 D. koreana Nakai（540，图 255）

（三十八）胡颓子科 ELAEAGNACEAE

1. 花两性或杂性；萼 4 裂；果长椭圆形 …………………………………………………… 1. 胡颓子属 Elaeagnus
1. 雌雄异株，萼 2 裂，果实球形 …………………………………………………………… 2. 沙棘属 Hippophae

1. 胡颓子属 Elaeagnus L.

银柳 E. angustifolia L.（542，图 256）

2. 沙棘属 Hippophae L.

沙棘 H. rhamnoides L.（544，图 257）

（三十九）柽柳科 TAMARICACEAE

1. 柽柳属 Tamarix L.

柽柳 T. chinensis Lour.（546，图 258）

（四十）八角枫科 ALANGIACEAE

1. 八角枫属 Alangium Lam.

八角枫 A. platanifolium (Sieb. et Zucc.) Harmus（548，图 259）

（四十一）山茱萸科 CORNACEAE

1. 山茱萸属 Cornus L.

1. 灌木，小枝红色，叶对生 ………………………………………… 1. 红瑞木 C. alba L.（550，图 260）
1. 乔木，枝非红色，叶互生 ……………………… 2. 灯台树 C. controversa Hemsl. ex Prain（552，图 261）

（四十二）五加科 ARALIACEAE

1. 叶为 2～3 回羽状复叶 …………………………………………………………………… 2. 楤木属 Aralia
1. 叶为掌状复叶或单叶
  2. 单叶
    3. 乔木，茎上有扁刺 ……………………………………………………………………… 3. 刺楸属 Kolopanax

3. 灌木，茎叶上密生针状刺……………………………………………………… 4. 刺参属 Oplopanax

2. 掌状复叶，由3－5小叶组成 ………………………………………………… 1. 五加属 Acanthopanax

1. 五加属 Acanthopanax Miq.

1. 花无梗，多花聚成头状；茎上刺基部扁平………………… 2. 短梗五加 A. sessiliflorus Seem.（556，图263）

1. 花有梗，伞形花序，刺针状 ………… 1. 刺五加 A. senticosus（Rupr. et Maxim.）Harms.（554，图262）

2. 楤木属 Aralia L.

龙芽楤木 A. elata（Miq.）Seem.（558，图264）

3. 刺楸属 Kalopanax Miq.

刺楸 K. septemlobus（Thunb.）Koidz.（560，图265）

4. 刺参属 Oplopanax Miq.

刺参 O. elatus Nakai（562，图266）

（四十三）杜鹃花科 ERICACEAE

1. 结蒴果

2. 叶狭窄，条形

3. 花白色，直立；植株密被褐色腺毛 …………………………………………… 3. 杜香属 Ledum

3. 花粉红色，下垂；植株无腺毛 ………………………………………… 5. 松毛翠属 Phyllodoce

2. 叶较宽，卵圆形或长圆形

4. 花序顶生；花冠大，宽钟形或喇叭形；蒴果圆柱形 …………………… 6. 杜鹃花属 Rhododendron

4. 花序生于一侧；花小；蒴果扁球形 ………………………………………… 2. 侚杜属 Chamaedaphne

1. 结浆果

5. 叶长1cm以上，花冠壶形或坛形

6. 子房上位；叶倒卵形，叶片基部下延到叶柄 ……………………………… 1. 天栌属 Arctous

6. 子房下位，叶基部不下延 ……………………………………………………… 7. 越橘属 Vaccinium

5. 叶长1cm以下；花冠4裂，裂片向上反卷 ……………………………… 4. 毛蒿豆属 Oxyccocus

1. 天栌属 Arctous（A. Gray）Niedenzu

天栌 A. ruber（Rehd. et Wils.）Nakai（564，图267）

2. 侚杜属 Chamaedaphne Moench

侚杜 Ch. calyculata Moench（566，图268）

3. 杜香属 Ledum L.

1. 叶片宽0.5～0.8cm …………………………… 1a. 杜香 L. palustre L. var. dilatatum Wahl.（568，图269）

1. 叶片宽0.2～0.5cm ………………… 1b. 狭叶杜香 L. palustre L. var. angustum E. Burch（568，图269）

4. 毛蒿豆属 Oxycoccus Hill.

1. 花单朵；叶片长3～6mm；浆果直径约6mm …… 1. 毛蒿豆 O. microcarpus Turcz. et Rupr.（570，图270）

1. 花多朵；叶片长达1cm；浆果直径约1cm ……………… 2. 大果毛蒿豆 O. palustris Pers.（572，图271）

5. 松毛翠属 Phyllodoce Salisb.

松毛翠 Ph. caerulea Babington (574，图 272)

6. 杜鹃花属 Rhododendron L.

1. 常绿或半常绿
  2. 常绿
    3. 叶片较大，革质，长 5cm 以上
      4. 小乔木，叶长达 15(20)cm，花黄白色 ……………………………………………… 2. 短果杜鹃 Rh. brachycarpum D. Don (578，图 274)
      4. 灌木，叶长 5~8cm，花黄色 ……………………… 1. 牛皮杜鹃 Rh. aureum Georgi(576，图 273)
    3. 叶片较小，长 1.5cm 以下
      5. 直立灌木，花直径约 2cm，雄蕊 10 枚 ………… 6. 小叶杜鹃 Rh. parvifolium Adams(586，图 278)
      5. 茎基部匍匐，花直径 1.5cm，雄蕊 7 枚 ……………………………………………… 3. 毛毡杜鹃 Rh. confertissimum Nakai (580，图 275)
  2. 半常绿；花紫红色 ………………………………… 4. 兴安杜鹃 Rh. dauricum L. (582，图 276)
1. 落叶灌木
  6. 花冠漏斗形或钟形
    7. 叶片较大，宽倒卵形，先端钝圆…………… 8. 大字杜鹃 Rh. schlippenbachii Maxim. (590，图 280)
    7. 叶片较小，卵圆形，先端短渐尖 ……………… 5. 迎红杜鹃 Rh. mucronulatum Turcz. (584，图 277)
  6. 花冠裂片成掌状 …………………………………… 7. 苞叶杜鹃 Rh. redowskianum Maxim. (588，图 279)

7. 越橘属 Vaccinium L.

1. 落叶灌木；浆果黑紫色 ……………………………………… 1. 笃斯越橘 V. uliginosum L. (592，图 281)
1. 常绿灌木；浆果红色 ………………………………………… 2. 越橘 V. vitis - idaea L. (594，图 282)

(四十四) 岩高兰科 EMPETRACEAE

1. 岩高兰属 Empetrum L.

东北岩高兰 E. nigrum L. var. japonicum K. Koch(596，图 283)

(四十五) 安息香科 STYRACACEAE

1. 安息香属 Styrax L.

玉玲花 S. obossia Sieb. et Zucc. (598，图 284)

(四十六) 山矾科 SYMPLOCACEAE

1. 山矾属 Symplocos Jacq.

白檀 S. paniculata (Thunb.) Miq. (600，图 285)

(四十七) 木犀科 OLEACEAE

1. 果为核果 …………………………………………………………………………… 4. 女贞属 Ligustrum
1. 果为蒴果或翅果
  2. 蒴果

3. 花黄色；叶缘有齿 ………………………………………………… 2. 连翘属 Forsythia
3. 花紫色，白色；叶全缘 ……………………………………………… 5. 丁香属 Syringa
2. 翅果
4. 单叶；果周围有翅 ………………………………………………… 1. 雪柳属 Fontanesia
4. 复叶；果一端有翅 ………………………………………………… 3. 白蜡树属 Fraxinus

1. 雪柳属 Fontanesia Labill.

雪柳 F. fortunei Carr.（602，图 286）

2. 连翘属 Forsythia Vahl.

1. 叶片宽卵形至圆形 ………………………… 1. 东北连翘 F. mandshurica Uyeki(604，图 287)
1. 叶卵圆形或宽披针形
2. 叶卵圆形 ………………………………………… 2. 卵叶连翘 F. ovata Nakai(606，图 288)
2. 叶宽披针形 ………………………………… 3. 金钟连翘 F. viridissima Lindl.（608，图 289）

3. 白蜡树属 Fraxinus L.

1. 羽状复叶，顶端的小叶片大，圆头 ……………… 3. 花曲柳 F. rhynchophylla Hance(614，图 292)
1. 羽状复叶，顶端的小叶较小，先端尖
2. 小叶 7～11 枚 …………………………………… 1. 水曲柳 F. mandshurica Rupr.（610，图 290）
2. 小叶 5～9 枚 ………………………… 2. 美国白蜡树 F. pennsylvenica Marsh.（612，图 291）

4. 女贞属 Ligustrum L.

小叶女贞 L. obtusifolium Sieb. et Zucc.（616，图 293）

5. 丁香属 Syringa L.

1. 花冠筒短，与萼片等长
2. 叶片卵圆形，花白色 ……………………………………………………………………………
……………… 6. 暴马丁香 S. reticulata（Blume）Hera var. mandshurica（Maxim.）Hara(628，图 299)
2. 叶片长椭圆形；花黄白色 ………………………… 4. 北京丁香 S. pekinensis Rupr.（624，图 297）
1. 花筒长
3. 叶片有毛
4. 叶小，长 3～4cm ………………………………… 2. 小叶丁香 S. microphylla Diels(620，图 295)
4. 叶较大，长 4～8cm
5. 叶卵圆形，先端长渐尖 ……………………… 5. 毛丁香 S. pubescens Turcz.（626，图 298）
5. 叶椭圆形，先端渐尖 ………………………… 7. 关东丁香 S. velutina Kom.（630，图 300）
3. 叶无毛
6. 叶椭圆形或长圆形，先端短尖
7. 叶表面有皱纹；花粉红色 ………………………… 8. 红丁香 S. villosa Vahl.（632，图 301）
7. 叶表面无皱纹；花紫青色 ……………………… 10. 辽东丁香 S. wolfi Schneid.（636，图 303）
6. 叶宽卵形，基部截形或浅心形
8. 叶大，长 6.5～12cm ……………………………… 9. 洋丁香 S. vulgaris L.（634，图 302）
8. 叶较小，长 5～8cm
9. 花筒长 10～12mm ……………………………… 3. 丁香 S. oblata Lindl.（622，图 296）

9. 花筒长12~15mm ………………………………… 1. 朝鲜丁香 S. dilatata Nakai（618，图294）

（四十八）萝藦科 ASCLEPIADACEAE

1. 杠柳属 Periploca R. Br.

杠柳 P. sepium Bunge（638，图304）

（四十九）马鞭草科 VERBENACEAE

1. 黄荆属 Vitex L.

牡荆 V. negundo L. var. heterophylla（Franch.）Rehd.（640，图305）

（五十）唇形科 LABIATAE

1. 百里香属 Thymus L.

1. 叶片长圆形，侧脉3~4对，无毛 ……………………… 1. 兴安百里香 Th. dahuricus Serg.（642，图306）
1. 叶片椭圆形，侧脉2~3对，有毛 ………… 2. 兴凯百里香 Th. przewalskii（Kom.）Nakai（644，图307）

（五十一）茄科 SOLANACEAE

1. 枸杞属 Lycium L.

枸杞 L. chinensis Mill.（646，图308）

菱叶枸杞 f. rhombifolium（Dip.）S. Z. Liou（646，图308）

（五十二）紫葳科 BIGNONIACEAE

1. 梓树属 Catalpa L.

梓树 C. ovata G. Don（648，图309）

（五十三）忍冬科 CAPRIFOLIACEAE

1. 奇数羽状复叶 …………………………………………………………………… 3. 接骨木属 Sambucus
1. 单叶
  2. 常绿小灌木 …………………………………………………………………… 1. 林奈木属 Linnaea
  2. 落叶灌木
    3. 花冠左右对称 ……………………………………………………………… 2. 忍冬属 Lonicera
    3. 花冠辐射对称
      4. 伞房花序顶生，多花；核果 ……………………………………………… 4. 荚蒾属 Viburnum
      4. 花腋生，3~5朵；蒴果 …………………………………………………… 5. 锦带花属 Weigela

1. 林奈木属 Linnaea Grob.

林奈木（双花蔓）L. borealis L.（650，图310）

2. 忍冬属 Lonicera L.

1. 缠绕藤本 ………………………………………………… 4. 金银花 L. japonica Thunb.（658，图314）
1. 直立灌木
  2. 花单朵 ……………………………………………… 7. 单花忍冬 L. monantha Nakai（664，图317）
  2. 花成对着生

3. 花冠裂片近辐射状；果蓝黑色 ………………………… 2. 蓝靛果忍冬 L. edulis Turcz.（654，图 312）
3. 花冠裂片成二唇形
4. 花淡紫色或紫红色
5. 叶质厚，背面有绒毛 ……………… 6. 紫枝忍冬 L. maximowiczii（Rupr.）Regel（662，图 316）
5. 叶质薄，背面无绒毛
6. 花梗短 …………………………………………… 8. 早花忍冬 L. praeflorens Batalin（666，图 318）
6. 花梗长 ……………………………………… 10. 藏花忍冬 L. tatarinowii Maxim.（670，图 320）
4. 花黄色或白色
7. 花梗短
8. 无壳斗包被 ………………………… 5. 金银忍冬 L. maackii（Rupr.）Maxim.（660，图 315）
8. 有壳斗包被 ……………………………………… 3. 波叶忍冬 L. vesicaria Kom.（656，图 313）
7. 花梗较长
9. 花黄色；叶片基部楔形 ……………………… 1. 黄花忍冬 L. chrysantha Turcz.（652，图 311）
9. 花白色后变黄；叶基部近圆形 …………… 9. 长白忍冬 L. ruprechtiana Regel（668，图 319）

3. 接骨木属 Sambucus L.

1. 花序梗及花柄有柔毛…………………………… 1. 毛接骨木 S. buergeriana Blume ex Nakai（672，图 321）
1. 花序无毛
2. 果成熟时深紫红色 ……………………………………… 4. 接骨木 S. williamsii Hance（678，图 324）
2. 果成熟时红色
3. 小叶片长圆形至椭圆形 ………………………… 3. 东北接骨木 S. mandshurica Kitag.（676，图 323）
3. 小叶片披针形或宽披针形 ………… 2. 朝鲜接骨木 S. coreana（Nakai）Kom. et Alis.（674，图 322）

4. 荚蒾属 Viburnum L.

1. 花序边花大，不孕性 ……………………………………… 3. 鸡树条荚蒾 V. sargentii Koenhe（684，图 327）
1. 花序边缘无不孕花
2. 花多数，白色 …………………………… 1. 暖木条荚蒾 V. burejaeticum Regel et Hard.（680，图 325）
2. 花 5 ~ 7 朵，绿白色 ……………………………………… 2. 朝鲜荚蒾 V. koreanum Nakai（682，图 326）

5. 锦带花属 Weigela Thunb.

1. 叶柄明显；枝上有两条纵棱 …………………………… 1. 锦带花 W. florida（Bunge）DC.（686，图 328）
1. 叶近无柄，枝上无棱 ………………………… 2. 早开锦带花 W. praecox（Lemoine）Bailey（688，图 329）

一

裸子植物门

（GYMNOSPERMAE）

银杏科（GINKGOACEAE）

银杏

科名：银杏科（GINKGOACEAE）

中名：银杏 图1

学名：Ginkgo biloba L.（属名为日语银杏的原名；种加词为“二裂的”）。

识别要点：落叶乔木；叶扇形，幼树的叶多裂或二裂；雌雄异株；雌雄花皆无花被，雄花序柔荑状，雌花2朵；种子核果状。

Diagnoses：Deciduous tree；Leaves fan-shaped，apex many-lobes or two-lobes on young tree，Dioecious；no perianthe on female or male flowers；male flowers catkin-shaped，female flowers 2；seeds drupe-shaped.

树形：落叶乔木，高可达20m，胸径可达1.5m。树冠为倒卵形或宽卵形。

树皮：表皮纵浅裂，灰褐色。

枝条：雄株枝条多斜上，雌株则略下垂伸展；有长短枝之分，当年枝黄褐色，老枝灰色。

芽：黄褐色，卵圆形，多生于短枝顶端。

木材：质地轻软，木纹通直，有光泽，不裂不翘，比重0.45。

叶：在短枝上丛生，长枝上互生；叶有长柄，叶片扇形，幼树或萌发条上的叶二裂或多裂，叶脉叉状分枝，无主脉，无毛，基部楔形，先端波状缘，宽5～8cm，长10～17cm。

花：雌雄异株；雌雄球花皆生于短枝顶端，无花被，雄球花柔荑花序状，黄绿色，雌球花成对着生在长梗上，每个球花只1枚直立的胚珠。

种子：具长梗，下垂，核果状，种皮外层肉质，熟时黄色，果皮中层骨质化，内包有淡黄色的胚乳。

花期：5月；果期：10月。

习性：喜光，耐干旱，不耐寒，抗病虫害能力强。

抗寒指数：幼苗期IV，成苗期III。

分布：银杏在我国浙江天目山有野生的，其他各地皆为栽培；在吉林省种植，幼苗期冻害严重，但偶见成株大树。

用途：木材软硬适中，纹理通直，可供建筑及细木工雕刻用；叶入药，可治疗血管堵塞症；种子胚乳可食及制造糕点；为优良绿化树种。

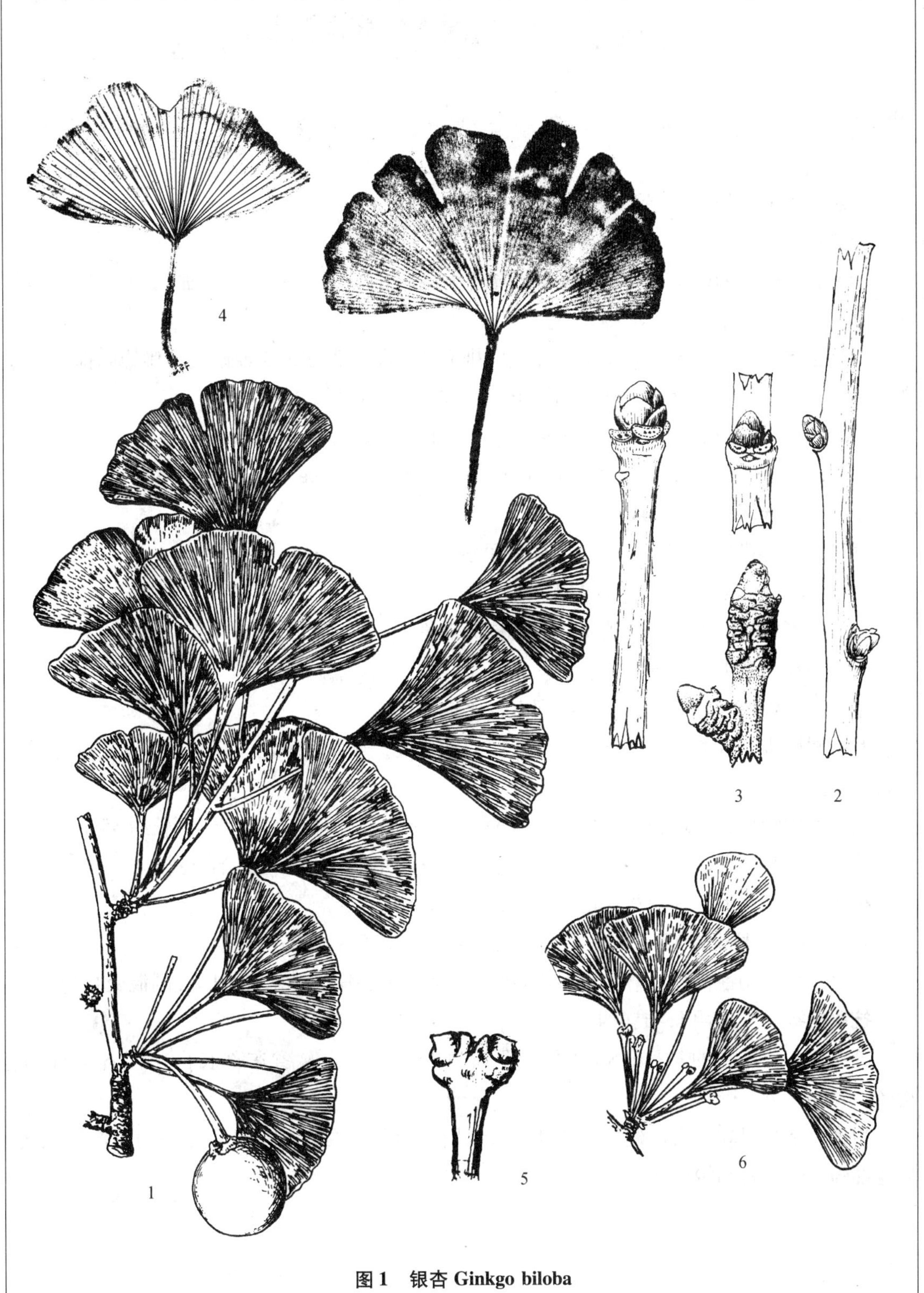

图1　银杏 Ginkgo biloba

1. 带种子枝　2. 冬季枝　3. 芽　4. 叶　5. 胚珠　6. 雌花枝（1、5、6自中国植物志）

松科（PINACEAE）

沙松

科名：松科（PINACEAE）

中名：沙松　杉松冷杉　沙冷杉　图2

学名：Abies holophylla Maxim.　（属名为冷杉的拉丁文原名；种加词为“全缘叶子的”）。

识别要点：常绿乔木；叶条形，互生，排成2列状；先端锐尖或渐尖；雌雄同株，雄球花圆筒形，雌球花长圆筒形；球果圆柱形，种鳞倒宽三角形。

Diagnoses：Evergreen tree；Leaves narrowly linear，alternate，appearing 2-ranked，apex acute or acuminate；monoecious；Male cone cylindric，Female cone oblong-cylindrical；Cone cylindrical，scales broad-obtriangular.

树形：树冠塔形，高40m以上，胸径可达1m。

树皮：灰褐色或暗褐色，浅纵裂。

枝条：当年枝淡黄灰色或黄褐色，老枝灰褐色。

芽：冬芽卵圆形，有树脂。

木材：黄白色，材质轻而软，纹理直，比重0.37。

叶：螺旋排列成假2列，坚硬，狭条形，先端尖，表面淡绿色，背面有2条灰白色的气孔带，长3~5cm，宽1.5~2mm。

花：雌雄同株；雄球花圆筒形，黄绿色，长15mm，雌球花长圆筒形，长约35mm。

果：球果圆柱形，黄褐色或淡褐色。种鳞近宽三角形，苞鳞短，不外露。

种子：倒三角形，种翅宽，连同种子长约2.6mm。

花期：4~5月；果期：10月。

习性：为半阴性树种，喜生于海拔800m以下的土层厚，排水良好的针阔混交林内。

抗寒指数：幼苗期I，成苗期I。

分布：东北三省的林区；朝鲜及俄罗斯也有分布；吉林省东部长白山区各县（市）均产。

用途：木材轻软，可供建筑、电杆、造纸用；种子含油率30%，可工业用；树姿优美，适应性强，为优良的绿化造林树种。

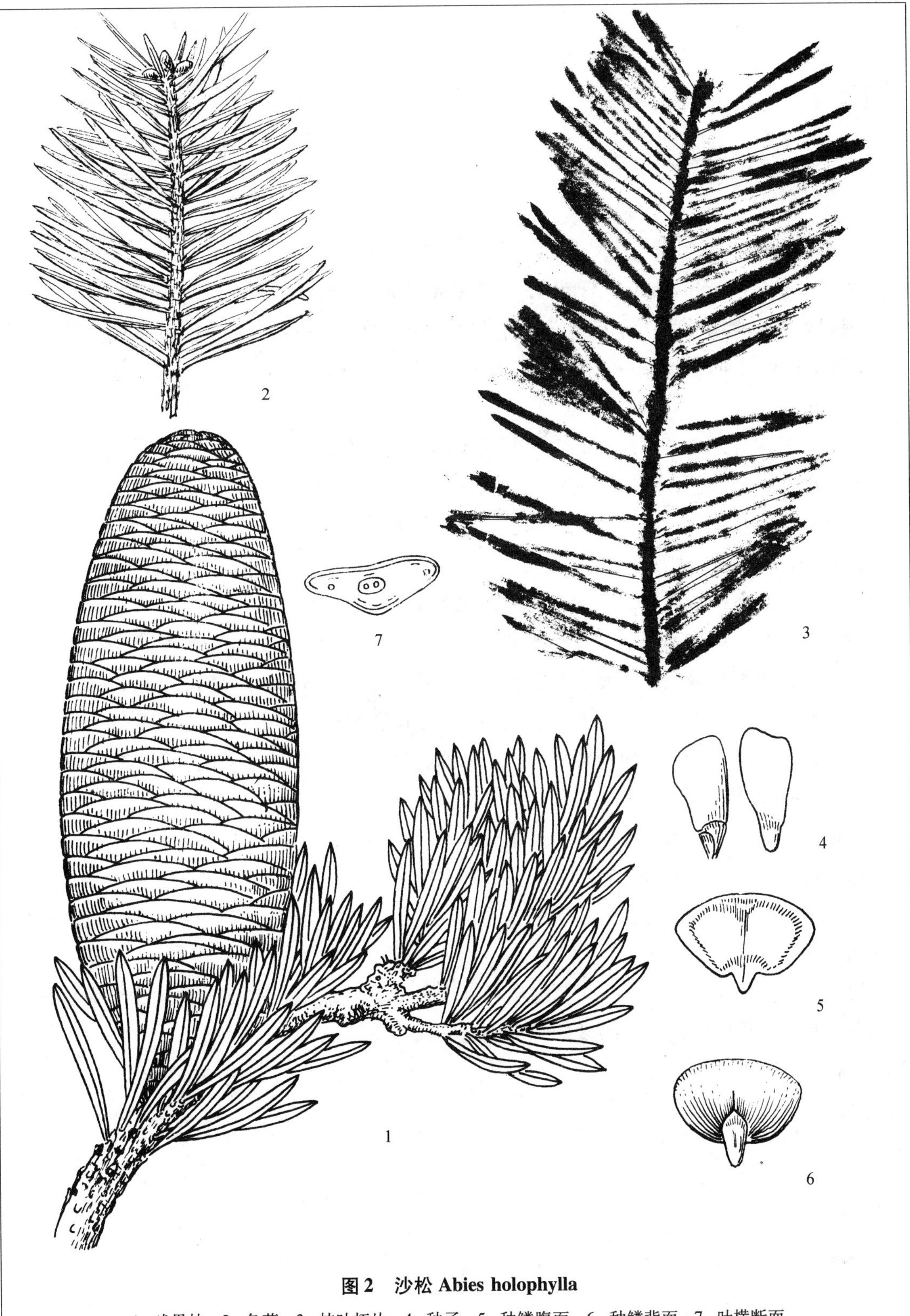

图 2　沙松 Abies holophylla

1. 球果枝　2. 冬芽　3. 枝叶拓片　4. 种子　5. 种鳞腹面　6. 种鳞背面　7. 叶横断面

臭松

科名：松科（PINACEAE）

中名：**臭松**　臭冷杉　图3

学名：**Abies nephrolepis（Trautv.）Maxim.**（种加词意思是“具有肾形鳞片的”）。

识别要点：常绿乔木；叶互生，条形，叶先端有凹陷；球果圆柱形，种鳞成肾形。

Diagnoses：Evergreen tree；Leaves alternate，linear，apex retuse；Cone cylindrical，scales kidney-formed.

树形：常绿乔木，高可达30m，树冠圆锥形。

树皮：老树皮灰色，裂成鳞片状，幼树皮光滑，有疣状突起，内含透明树脂。

枝条：老枝灰褐色，当年枝淡黄褐色，密被短柔毛。

芽：圆锥形，有树脂。

木材：黄白色，材质松软，耐朽力差，比重0.34。

叶：条形，螺旋排列着生，叶片基部扭转或假2列；营养枝的叶先端微凹，但果枝上的叶先端锐尖，表面深绿色，背面有灰白色的气孔带，长15～35mm，宽1.5～1.8mm。

花：雌雄同株；雄球花圆柱形，长约1cm；雌球花生于2年生枝，长圆柱形。

果：球果圆柱形，成熟的为紫黑色，中部鳞种肾形，长4.5～10cm，直径2～3cm。

花期：4～5月；果期：8～10月。

习性：耐阴性及耐水湿性能强，常生于坡地及谷地上，形成小面积纯林。

抗寒指数：幼苗期Ⅰ，成苗期Ⅰ。

分布：东北三省及河北、山西各地；朝鲜及俄罗斯也有分布；吉林省东部及南部山区各县（市）均产。

用途：木材质地松软，只适于制造电杆、一般用具及造纸；树皮及种鳞中含大量丹宁，可制造栲胶；皮瘤中的树脂透明度好，可供光学仪器使用。

图 3　臭松 Abies nephrolepis

1. 球果枝　2. 冬芽　3. 枝叶拓片　4. 叶　5. 种鳞脱落的小枝　6. 种鳞腹面
7. 种鳞背面　8. 种子（5. 自中国树木志）

长白落叶松

科名：松科（PINACEAE）

中名：长白落叶松　黄花松　图4

学名：Larix olgensis Henry（属名为落叶松的希腊文原名；种加词为俄罗斯远东西伯利亚地区地名）。

识别要点：落叶乔木；当年生枝黄褐色，有明显的短枝；叶条形，在长枝上互生或在短枝上簇生；球果果鳞有腺状短柔毛。

Diagnoses：Deciduous tree；New branches yellow-brown，with dwarf shoots；Leaves narrowly linear，alternate in leading shoots，but mainly clusters on dwarf shoots；Seed scales with glandular pubescent.

树形：落叶乔木，高可达30m。

树皮：灰褐色，纵向剥裂，裂缝红褐色。

枝条：黄褐色，树皮纵裂，皮孔近圆形，略突出，短枝明显。

芽：多年于短枝顶端，红褐色，近圆形。

木材：边材淡褐色或黄白色，心材红褐色，坚硬致密，芳香有光泽，耐朽，纹理通顺，容易加工，比重0.74。

叶：狭线形，草质，基部狭，先端渐尖或钝，表面平滑，鲜绿色，背面灰绿色，气孔带明显，长1～2.8cm，宽约1mm。

花：雌雄同株，异花；雄球花生于短枝顶端，椭圆形，黄色；雌球花圆球形，鳞片深红褐色，苞鳞较种鳞长。

果：球果卵形或卵状椭圆形，长1.5～2cm，鳞片16～20枚，卵形，熟时黄褐色，先端圆形或微凹，坚硬，密生腺状短柔毛；苞鳞卵状椭圆形，较果鳞短，暗紫暗色；种子近倒卵形，长约4mm，白色，有褐色点，翅长约7mm。

花期：5月；果期：9月。

习性：喜光，耐水湿。在长白山区常成片生于草甸水湿地，也生长于阴湿的山坡，常与红松、杉松等混生。

抗寒指数：幼苗期Ⅰ，成苗期Ⅰ。

分布：主要分布于东北东部的长白山区，为长白山区特有植物，如今已在东北、华北各地大量种植成落叶松纯林。

用途：木材可供建筑用，也可用于枕木、坑木、电杆及建筑用等；树皮可制造栲胶，用于鞣制皮革；树脂及松节油供药用及工业用；为我国北方优良的绿化树种。

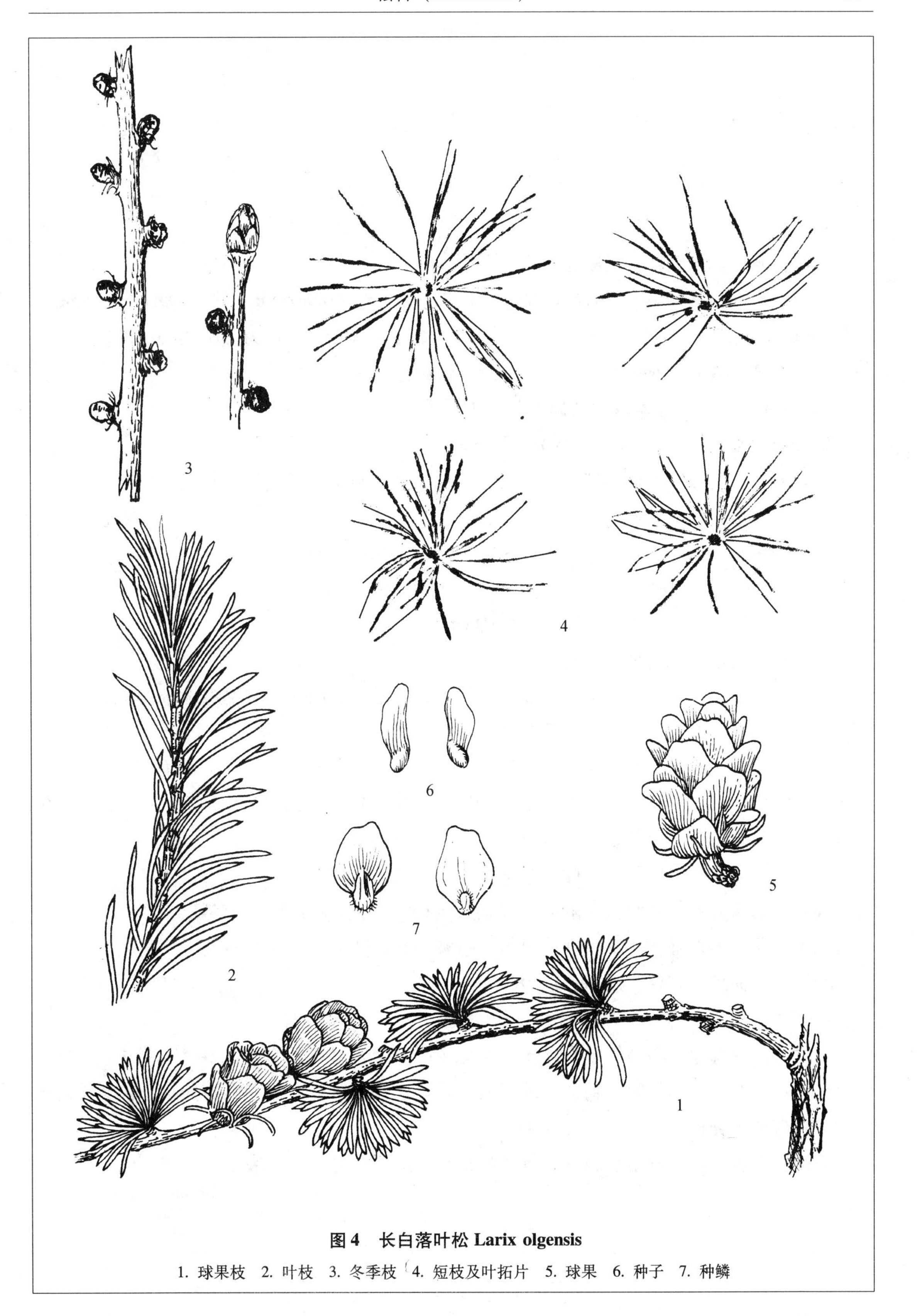

图 4　长白落叶松 Larix olgensis

1. 球果枝　2. 叶枝　3. 冬季枝　4. 短枝及叶拓片　5. 球果　6. 种子　7. 种鳞

长白鱼鳞云杉

科名：松科（PINACEAE）

中名：长白鱼鳞云杉 鱼鳞松 图5

学名：Picea jezoensis（Sieb. et Zucc.）Carr. var. komarovii（V. Vassil.）Cheng et L. K. Fu（属名来自拉丁文picea松脂；种加词为地名“虾夷的”，为日本北海道的古称；变种加词为人名：V. L. Komarov，1869～1946，俄国植物学家）。

A. **鱼鳞云杉 var. jezoensis**（原变种）中国不产。

B. **长白鱼鳞云杉 var. komarovii**（V. Vassil.）Cheng et L. K. Fu（变种）

识别要点：常绿乔木；小枝上有明显的叶枕；叶片扁平，背部有白色气孔线；球果卵圆形或卵状椭圆形；种子有翅。

Diagnoses：Evergreen tree；Branchlets with leaf-cushion；Leaves compressed，white bands beneath；Cones cylindrical-oblong or ovate-elliptic；Seeds with wings.

树形：常绿乔木，高20～40m，胸径达1m。

树皮：灰褐色，成鳞片状开裂。

枝条：小枝平展或斜上，淡黄色或淡黄褐色，无毛或有微毛，叶枕螺旋排列。

芽：圆锥状卵形，红褐色，上部芽鳞疏松，表面有树脂。

叶：着生于螺旋排列的叶枕上，叶基部扭转成假二列，叶片条形，横断面扁平，长1～2cm，宽1.2～1.8mm，先端钝尖，叶缘无齿，表面深绿色，有光泽，背面有两条白色的气孔带（因叶基部扭转，有的资料将有气孔带的一面认为表面）。

花：雌雄同株；单性花；雄球花短圆柱形，黄色，略带红色。

果：雌球果卵圆形或卵状椭圆形，成熟后黄褐色，长3～4.5cm，直径2～2.2cm，种鳞较薄，不脱落，先端圆，有不规则的缺齿，苞鳞卵状长圆形，先端有短尖，淡黄色。

种子：倒卵形，有翅，连翅长7～8.5mm。

花期：4～5月；果期：9～10月。

习性：性喜温凉而潮湿气候，喜光，但也耐阴。生于1000m以上的针叶林带中。

分布：东北三省的林区；朝鲜、俄罗斯及日本也有分布；吉林省主要分布于东部长白山区针叶林带，与臭松及红皮云杉等共生。

用途：木材轻软，可用于制造建筑辅料；也可造纸；树皮、球果可制栲胶；也可供绿化观赏。

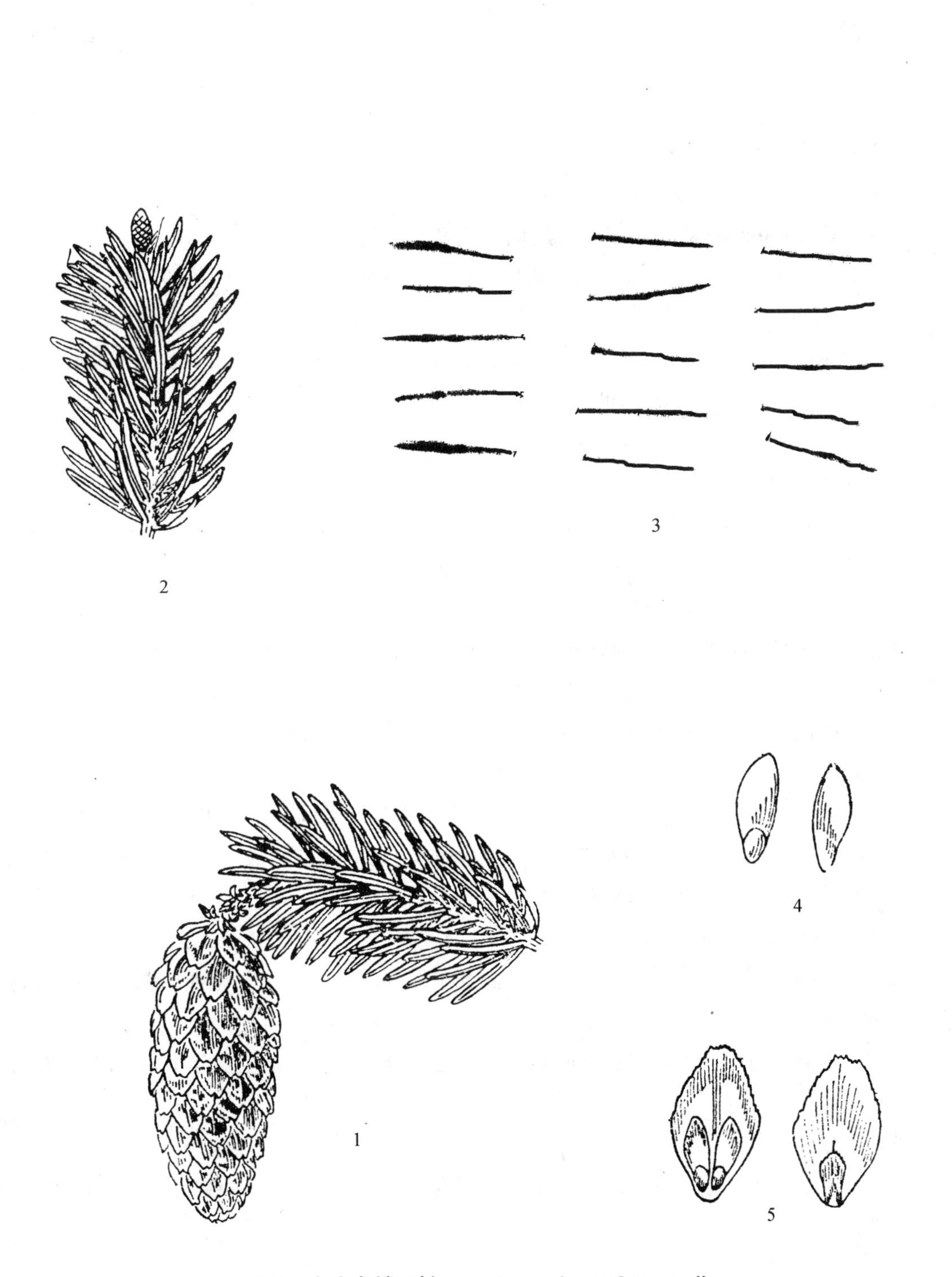

图 5　长白鱼鳞云杉 Picea jezoensis var. komarovii

1. 球果枝　2. 冬季枝条　3. 叶　4. 种子　5. 种鳞（1. 自黑龙江树木志）

红皮云杉

科名：松科（PINACEAE）

中名：红皮云杉　图6

学名：**Picea koraiensis Nakai**（种加词为地名"朝鲜的"）。

识别要点：常绿乔木；小枝黄褐色或橘红色；叶四棱状条形，有明显的叶枕；雌球花圆柱状，种鳞倒卵形；球果成熟后种鳞不脱落。

Diagnoses：Evergreen tree；Branchlets yellowish brown or orange，with leaf-cushions；Leaves 4-angled；Cones ovate-cylindric，with persistent obovate scales.

树形：常绿乔木，高达30m，胸径达60～80cm，树冠尖塔形。

树皮：灰褐色或淡红褐色，粗糙，老树皮呈方块状开裂。

枝条：幼枝黄色或淡红褐色，2至3年生枝淡红褐色或黄褐色，有明显的木楔状叶枕。

芽：圆锥形，淡黄褐色，先端尖，表面被有树脂。

木材：木材质地轻软，淡黄白色，比重0.59～0.66。

叶：常绿条形；先端尖，断面四棱形，四面有气孔线，螺旋状着生于小枝的叶枕上，有些叶柄扭转，使叶片排列于两侧，成假二列状。

花：雌雄同株，异花；雄球花椭圆形，簇生，淡黄褐色；雌球花幼小时为红紫色，后变绿，待成熟时变黄褐色。

果：长卵圆柱形，长5～8cm，直径2.2～3.5cm，种鳞倒卵形，先端钝圆，基部为楔形，有光泽，宿存，不脱落，苞鳞线状，长约5mm，先端钝或微尖，中下部略窄，边缘有小齿；种子倒卵圆形，有翅，淡褐色，全长1.3～1.6cm。

花期：5～6月；**果期**：10月。

习性：幼树喜阴，但成树喜光，喜冷凉而潮湿的气候及湿润、肥沃的土壤。多生于海拔800～1500m的针阔混交林中。

分布：东北三省以及内蒙古；朝鲜及俄罗斯也有分布；吉林省主要分布于东部长白山区各县（市）。

抗寒指数：幼苗期II，成苗期II。

用途：可供建筑、家具及造纸；树皮及果可制栲胶；树形美观，供绿化观赏，但不耐干旱及污染，不宜作行道树。

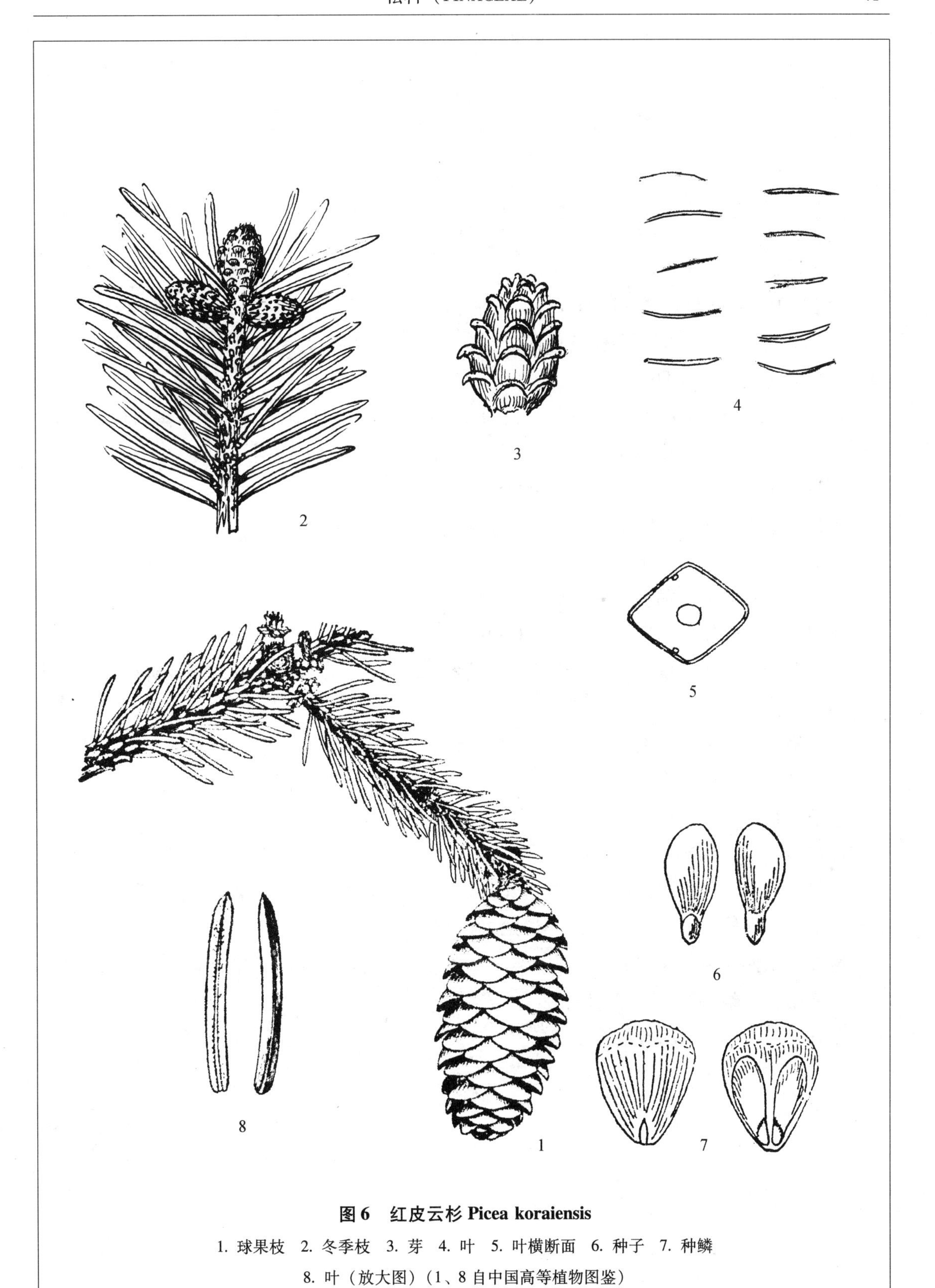

图 6　红皮云杉 Picea koraiensis

1. 球果枝　2. 冬季枝　3. 芽　4. 叶　5. 叶横断面　6. 种子　7. 种鳞

8. 叶（放大图）（1、8 自中国高等植物图鉴）

白杄

科名： 松科（PINACEAE）

中名： 白杄　图 7

学名： **Picea meyeri Rehd. et Wils.**（种加词为人名：F. N. Meyer，美国植物学家）。

识别要点： 常绿乔木；小枝黄色或淡褐色，初有毛，第 2 年光滑；叶片四棱形，先端钝，灰白蓝绿色，略弯曲。

Diagnoses：Evergreen tree；Branchlets yellowish or light brown，pubescent nearly glabrous the next year；Leaves 4-angled，obtuse，glaucous green，always curved.

树形： 常绿乔木，高达 30m，胸径约 60cm。

树皮： 灰褐色，不规则块状脱落。

枝条： 枝近平展，当年枝黄褐色或褐色，初有柔毛，第 2 年变光滑。

芽： 冬芽圆锥形，褐色，表面有树脂，上部芽鳞略反折。

木材： 材质轻软，纹理通直，比重 0. 46。

叶： 单叶，互生，螺旋排列，着生在叶枕上，叶片四棱状条形，先端钝或有短尖，气孔带明显，灰白色，长 1. 3 ~ 3cm，宽约 2mm。

花： 嫩球果绿色，成熟时黄褐色，长圆柱形，长 6 ~ 9cm，直径 2. 5 ~ 3. 5cm，种鳞倒卵形，先端钝圆，背部有条纹。

种子： 倒卵形，有翅，全长约 1. 3cm。

花期： 4 月；果期：9 ~ 10 月。

习性： 喜光，稍耐阴，喜生于湿润、排水良好的酸性土壤。原产地多生长在 1600 ~ 2700m 的高山森林地带，与其他针叶树或阔叶树混生。

分布： 山西、河北及内蒙古等地；各地广为栽培；吉林省各城市常见栽培。

抗寒指数： 幼苗期 III，成苗期 I。

用途： 可供建筑、家具及造纸用。

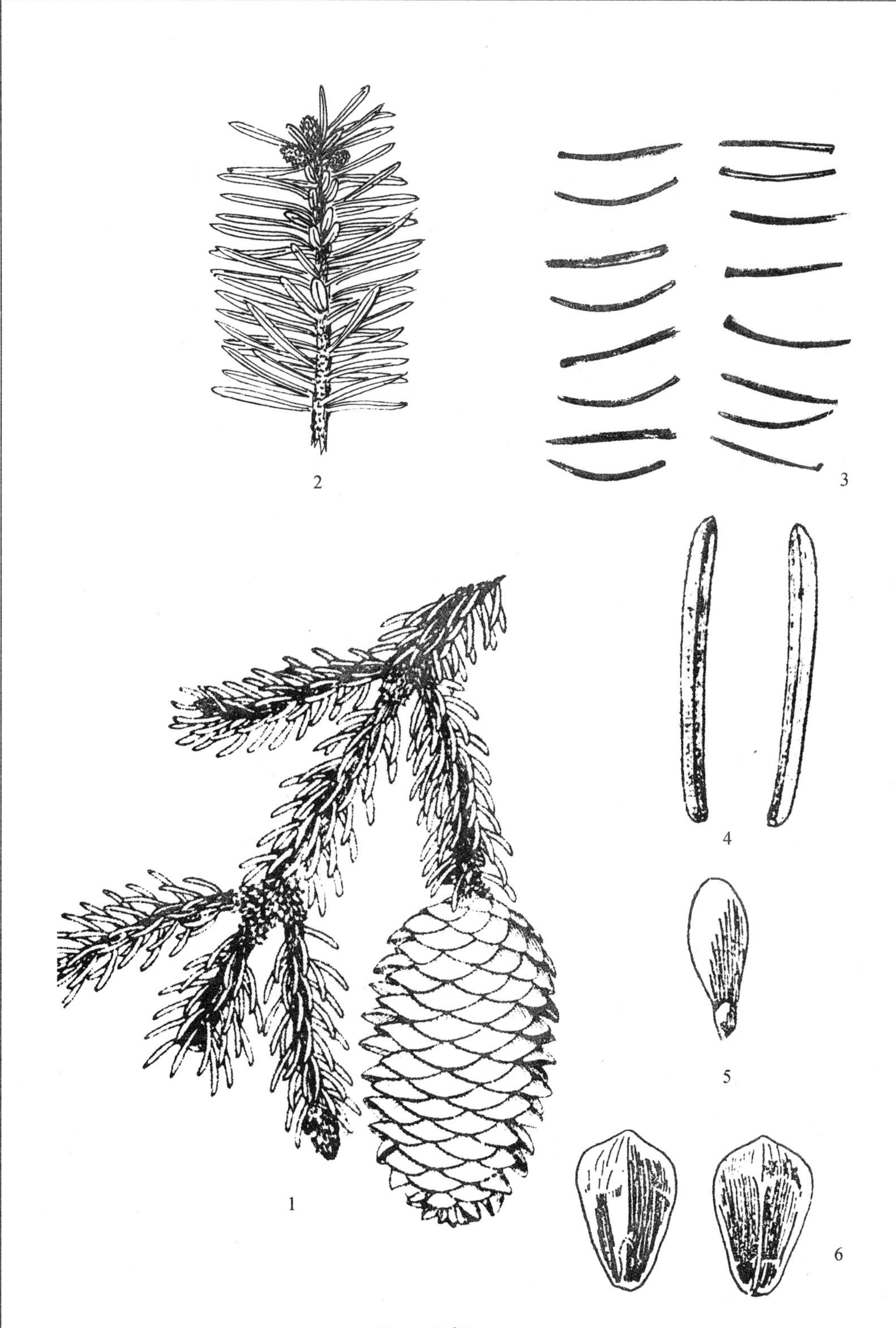

图7　白杄 Picea meyeri

1. 球果枝　2. 冬季枝芽　3. 叶　4. 叶（放大图）　5. 种子　6. 种鳞（1、4自中国高等植物图鉴）

青杆

科名：松科（PINACEAE）

中名：青杆　图 8

学名：Picea wilsonii Mast.（种加词为人名 E. H. Wilson，1858～1936，美国植物学家，曾数次到中国西南地区采集）。

识别要点：常绿乔木；小枝淡黄绿色或黄灰色；叶条状四棱形，先端尖锐，叶长 0. 8～1. 3cm。

Diagnoses：Evergreen tree；Branchlets pale greenish yellow or yellowish gray；Leaves linear，4-sided，apex acute，0. 8～1. 3cm long.

树形：常绿乔木，高可达 50m，胸径达 1. 3m，树冠尖塔形。

树皮：灰色或暗灰色，成片状剥离。

枝条：当年枝黄灰褐色，老枝灰褐色，叶枕短小，明显。

芽：卵圆形，无树脂，淡褐色。

木材：淡黄白色，质地轻软，比重 0. 45。

叶：条状四棱形，直或微弯曲，先端尖，长 0. 8～1. 5cm，宽 1. 2～1. 5mm，有白粉。

花：雌雄同株；雄球花长椭圆形，黄褐色；雌球花近球形。

果：球果卵状圆柱形，成熟后黄褐色，长 5～8cm，直径 2. 5～4cm，中部种鳞倒卵形，先端圆或有急尖；苞鳞长圆形，先端钝。

种子：倒卵圆形，有翅，全长 1. 2～1. 5cm。

花期：4～5 月；果期：10 月。

习性：喜光，也耐阴，喜生于湿润、排水良好的微酸性土壤。

抗寒指数：幼苗期 III，成苗期 II。

分布：内蒙古、河北、山西、陕西、甘肃、湖北、青海、四川等省（自治区）；吉林省各城市中常见栽培。

用途：木材黄白色，较轻软，可供建筑、电杆、造纸等；适应性强，可供省内绿化观赏用。

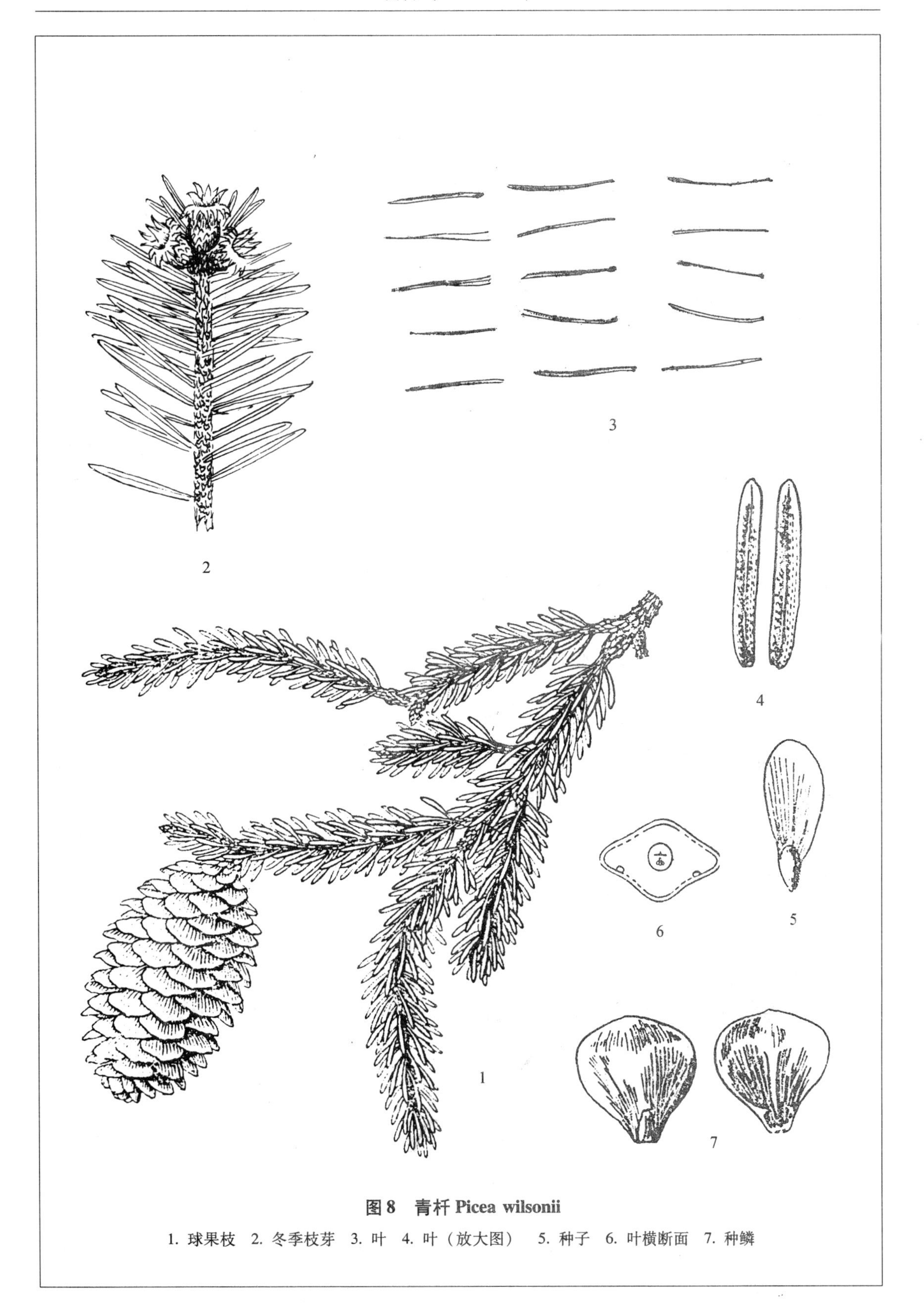

图8　青杄 *Picea wilsonii*

1. 球果枝　2. 冬季枝芽　3. 叶　4. 叶（放大图）　5. 种子　6. 叶横断面　7. 种鳞

短叶松

科名：松科（PINACEAE）

中名：短叶松 班克松 图9

学名：Pinus banksiana Lamb.（属名为松树的拉丁原名；种加词为人名：J. Banks，1743～1820，英国植物学家）。

识别要点：常绿乔木；叶针形，2针1束，叶鞘永存，叶短，长2～4cm，扭曲；球果，狭圆锥形，弯曲，种鳞薄。

Diagnoses：Evergreen tree；Leaves needle-like，2 in 1 fascicle，sheath of leaf-cluster persistent；Leaves short，2～4cm long，twisted；Cones narrowly conic，curved；Scales thiner.

染色体数目：2n＝24。

树形：常绿乔木，高25m。

树皮：暗褐色，略带红色，老皮呈不规则形鳞片状。

枝条：灰紫色或黄褐色。

芽：长圆状卵形，褐色，外被树脂。

叶：针形，2针1束，叶鞘宿存，长2～4cm，扭曲，短而硬，先端钝尖，全缘无齿，横切面扁平圆形。

花：雄球花黄褐色，长椭圆形；雌球花红紫色，生于新枝顶端。

果：球果直立，狭圆锥形，先端渐尖，向一侧弯曲，长3～5cm，直径1.5～2.5cm，成熟时淡黄褐色，不脱落，一般情况不张开，种鳞薄，长椭圆形。

种子：黑褐色，卵圆形，有翅，翅长为种子的3倍。

花期：4～5月；果期：球果在次年9月成熟。

习性：喜光树种，耐寒，适应性强，但生长缓慢。

抗寒指数：幼苗期II，成苗期I。

分布：原产北美东北部；我国北方各地普遍引种栽培，长势良好；吉林省各大苗圃及植物园常有栽植。

用途：为庭园绿化观赏的优良树种。

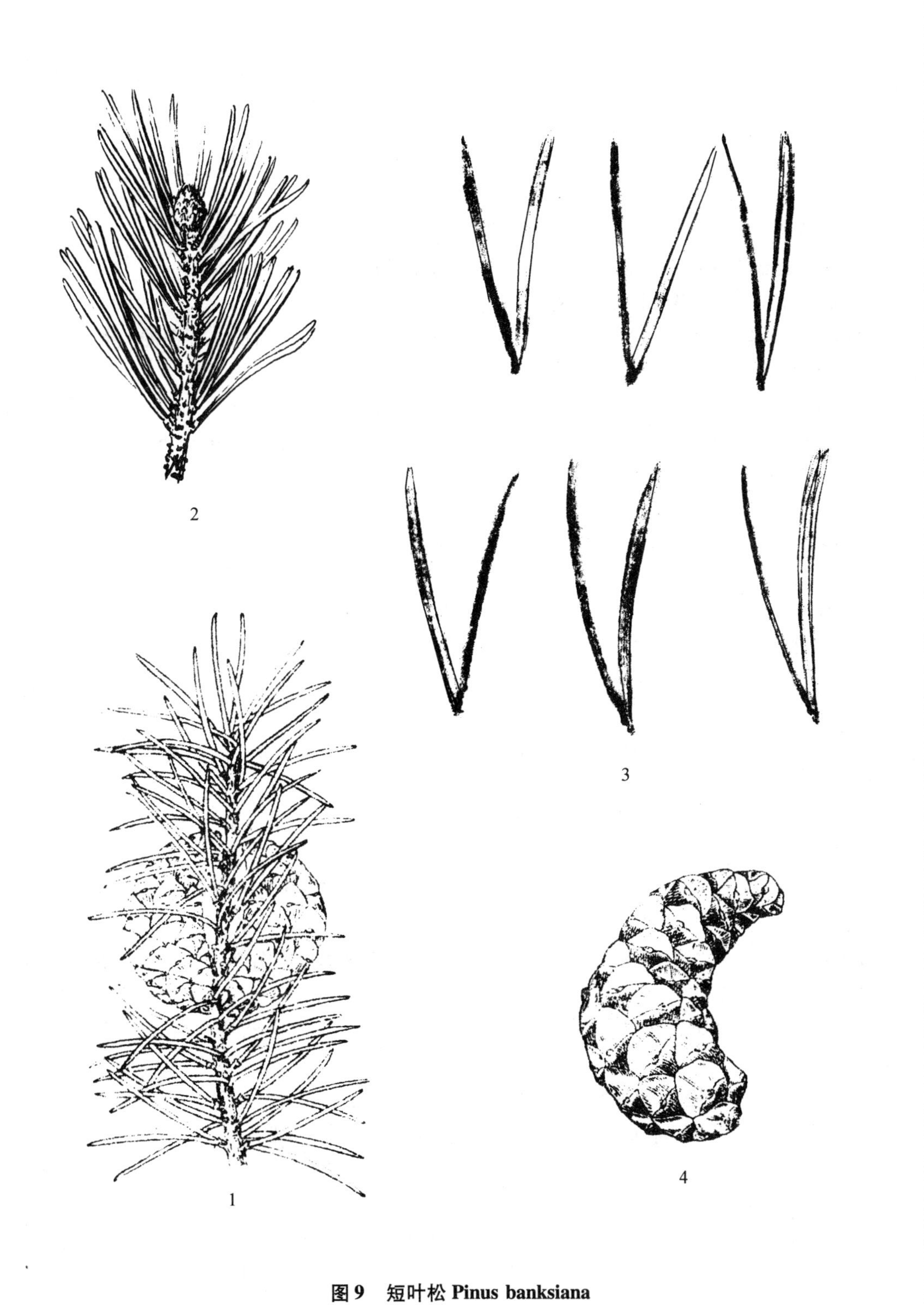

图 9　短叶松 Pinus banksiana

1. 球果枝　2. 冬季枝　3. 叶　4. 球果（1、4 自黑龙江树木志）

赤松

科名： 松科（PINACEAE）

中名： 赤松　图 10

学名： **Pinus densiflora Sieb. et Zucc.** （种加词为“密花的”）。

A. **赤松 var. densiflora**（原变种）

识别要点： 常绿乔木；叶针形，2 针 1 束，叶鞘永存，叶片细长，不扭曲，长 5～12cm；球果成熟后脱落，种鳞较薄。

Diagnoses： Evergreen tree；Leaves needle-like，2 in 1 fascicle，long and thiner，not twiste，sheath of leaf-cluster persistent，5～12cm long；Cones deciduous when maturity；Scales thiner.

树形： 常绿乔木，高达 30m，胸径达 1.5m。

树皮： 暗褐色，有不规则的裂片脱落，树干上部树皮红褐色。

枝条： 当年生枝条淡黄色或红黄色，略被白粉，无毛。

芽： 冬芽长圆状卵圆形，红褐色，有树脂，芽鳞线状披针形，先端尖，反卷。

叶： 针形，2 针 1 束，叶鞘永存，先端微尖，横断面半圆形，边缘有细锯齿，长 5～12cm，宽约 1mm。

花： 雄球花短圆柱形，聚生于新枝基部，淡黄褐色，长 5～12mm；雌球花生于新枝顶端，1～3 个聚生，淡红紫色。

果： 球果卵圆形或卵状圆锥形，有短梗，黄褐色，长 3～5.5cm，直径 2.5～4.5cm，种鳞张开后即脱落，种鳞较薄。

种子： 卵圆形或倒卵状椭圆形，有小翅，全长 9～14mm。

花期： 4～5 月；果期：次年 9 月。

习性： 喜光树种，耐干旱及瘠薄土壤，常生于海拔 200～800m 之间的向阳干燥山坡和裸露岩石的石缝中。

分布： 东北、华北及山东、江苏；朝鲜、俄罗斯及日本也有分布；吉林省东部长白山区各县（市）皆有分布。

用途： 木材供建筑、坑木或造纸；可提取松脂及松节油供药用；可栽植庭园供绿化观赏。

B. **长白松**　美人松（变种）**var. sylvestriformis（Takenouchi）Q. L. Wang**—P. sylvestriformis（Taken.）T. Wang et C. D. Chu（变种加词为“欧洲赤松形状的）。

本变种与原变种的区别在于：树干通直，高达 30m，幼枝无白粉；球果半下垂；种鳞上的鳞盾突出，树皮金黄色。

习性： 喜光树种，生于海拔 900～1400m 的火山灰形成的土壤上。

分布： 吉林安图县二道白河镇成纯林；目前，各地相继引种栽培，适应性较强。

抗寒指数： 幼苗期 I，成苗期 I。

用途： 与赤松相同。

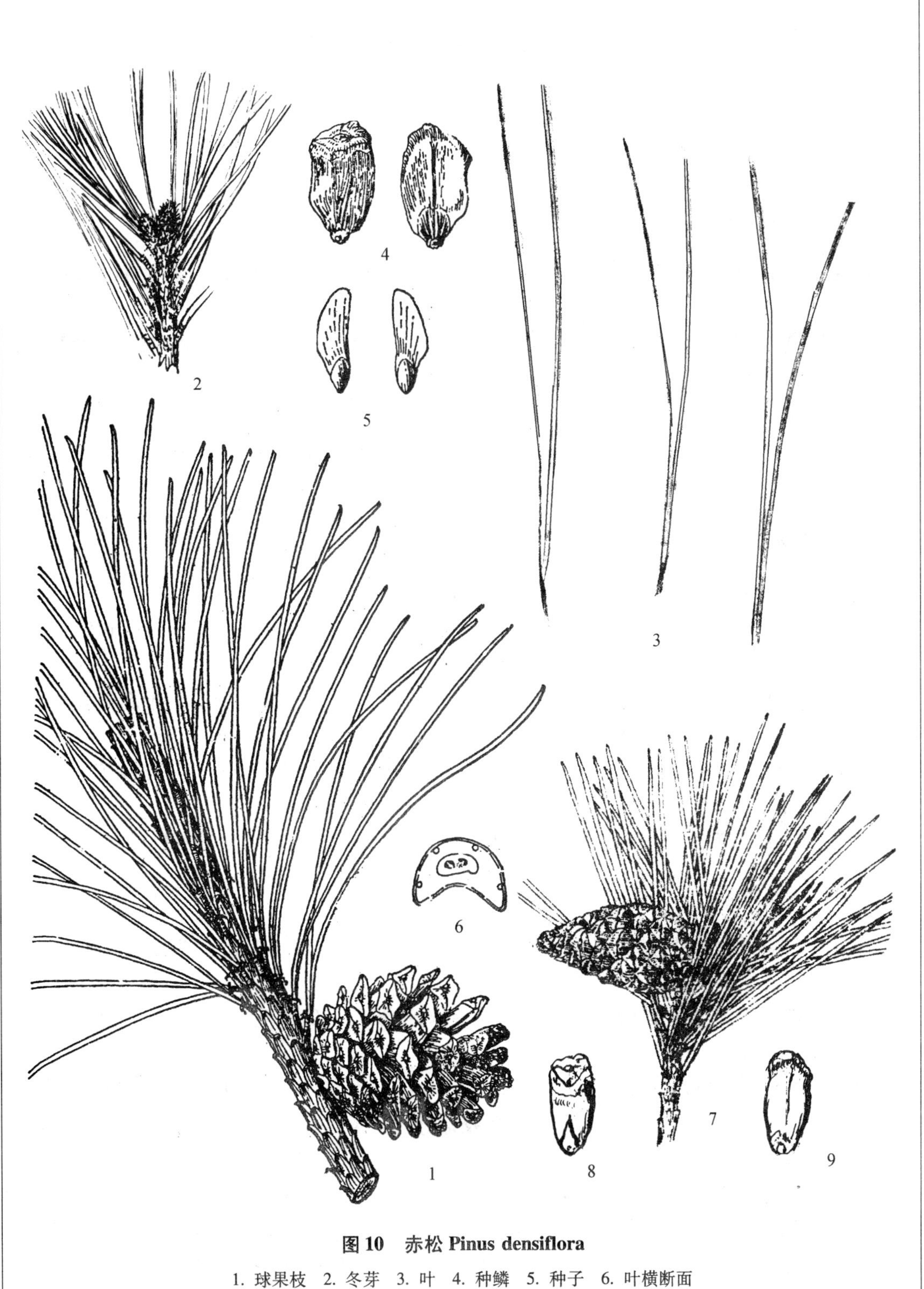

图 10　赤松 Pinus densiflora

1. 球果枝　2. 冬芽　3. 叶　4. 种鳞　5. 种子　6. 叶横断面

7. 长白松 var. sylvestriformis 的果枝　8. 种鳞背面　9. 种鳞腹面（7、8、9 自黑龙江树木志）

红松

科名：松科（PINACEAE）

中名：**红松** 果松 图11

学名：**Pinus koraiensis Sieb. et Zucc.** —P. prokoraiensis Zhao et al. （种加词为地名“朝鲜的”）。

识别要点：常绿乔木；叶针形，5针1束，叶鞘脱落，叶长6～12cm，断面三角形；球果卵圆锥形，不开裂，种鳞先端钝，反折；种子无翅。

Diagnoses：Evergreen tree；Leaves needle-like，in fascicle of 5，sheaths deciduous，6～12cm long，triangles on cross section；Cones conic-ovoid，not dehiscent，scales with recurved obtuse apex.

树形：常绿乔木，高可达35m，胸径可达1m。

树皮：灰褐色或灰色，纵裂，呈不规则的长方形鳞片状，内皮为红色。

枝条：当年生枝条密被黄褐色或红褐色绒毛，枝近平展。

芽：长卵圆形，先端尖，淡红褐色。

叶：针形，5针1束，长6～12cm，深绿色，内面两侧具6～8条气孔线，边缘有细锯齿，横断面为三角形，中有单维管束，树脂道3个，叶鞘早落。

花：雄球花椭圆柱形或卵状长圆形，黄褐色，长7～10mm，多个集生于新枝基部；雌球花绿褐色，卵圆形，常1～8个生于新枝顶端，具梗。

果：球果大，卵状圆锥形，深绿色，长9～20cm，直径6～10cm，种鳞先端钝头，略向外反卷，外被树脂，不开裂。

种子：每枚种鳞内下部着生有2枚种子，无翅，倒卵状三角形，红褐色，种皮坚硬，长1.2～1.5cm，直径0.7～1cm。

花期：6月；果期：种子在次年9～10月成熟。

习性：幼树喜庇阴环境，成树则喜光，耐寒，不甚耐干旱，喜生于潮湿而阴凉的环境，常与枫、椴、杨等树种形成针阔混交林。

分布：东北三省的林区各地均有分布；朝鲜、俄罗斯、日本也有分布；吉林省东部长白山区各地皆有分布。

用途：木材淡红色，软硬适中，纹理通直，不翘、不裂、不遭虫蛀，为建筑及制家具的优等木材；树皮种鳞含大量丹宁，可制造栲胶；籽仁为著名“干果”；主要造林树种，也可栽植庭园，供绿化观赏。

讨论：作者等曾发表松属的一个新种，名叫前红松（P. prokoraiensis Zhao et al.），主要在木材中发现螺纹管胞，但外部形态上与红松没有明显的差别，因此作者同意将前红松作为红松的异名处理。再者，“前红松”的采集地点吉林省九台市土们岭林场中的松树皆为人工种植，曾有人认为它是人工培育出的早熟、高产种子的红松一个品种。至于是“种”还是“品种”，待以后深入研究再作定论。

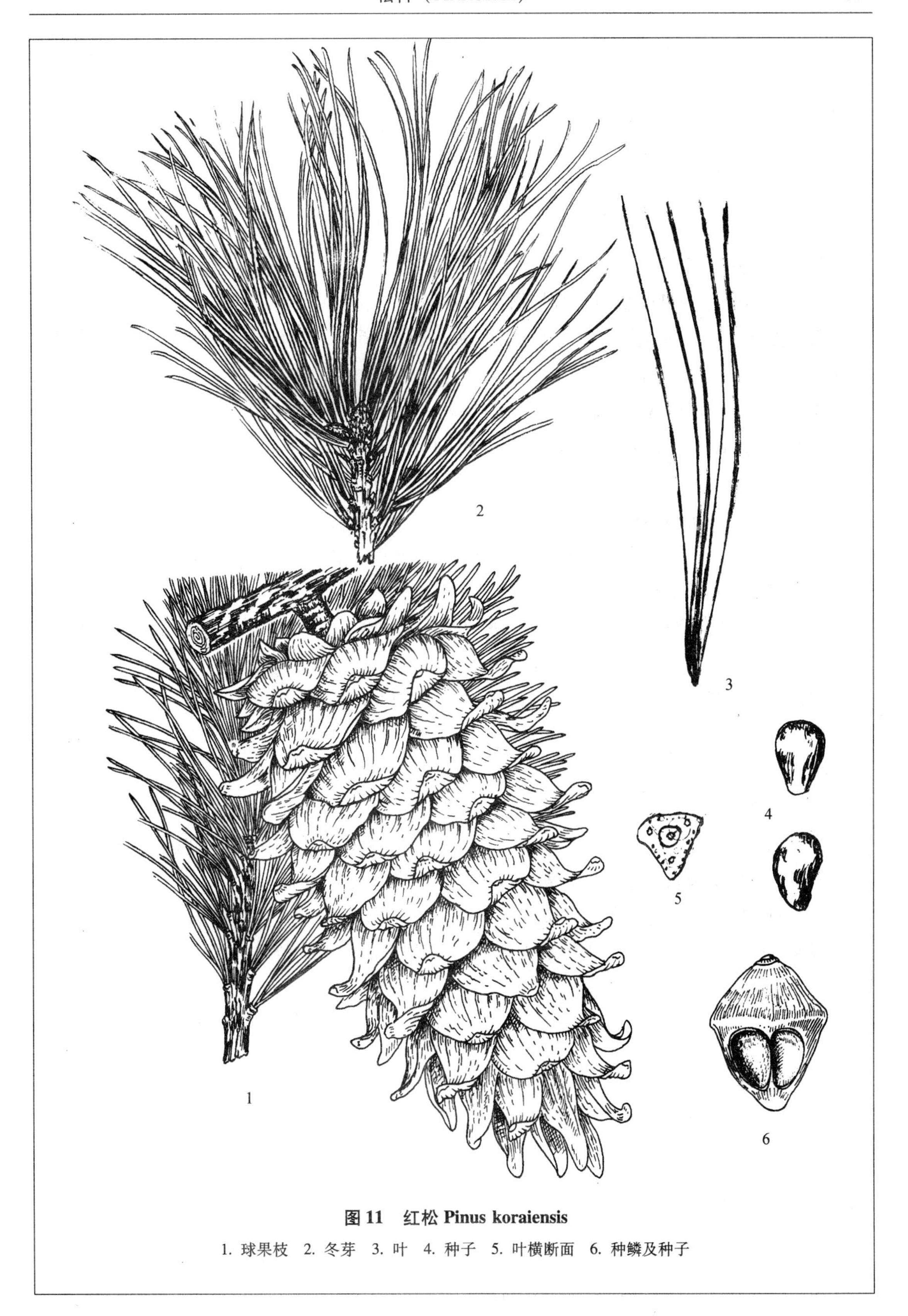

图 11　红松 Pinus koraiensis

1. 球果枝　2. 冬芽　3. 叶　4. 种子　5. 叶横断面　6. 种鳞及种子

偃松

科名：松科（PINACEAE）

中名：偃松 图 12

学名：Pinus pumila Regel（种加词为“矮小的”）。

识别要点：常绿乔木灌木状；叶 5 针 1 束，长 4～6cm，叶鞘早落，球果直立，卵状圆锥形；种子无翅。

Diagnoses：Evergreen tree, shrub like; Leaves needle-like, 5 in 1 fascicle, 4～6cm long, sheath of leaf-cluster deciduous; Cones erect, ovoid-conic; Seeds wingless.

树形：灌木状常绿乔木，高 3～6m；树干通常伏卧状。

树皮：灰褐色至暗褐色，片状剥裂。

枝条：多分枝，当年生枝绿褐色或紫褐色，有柔毛，老枝紫红色或暗褐色，无毛。

芽：卵形，先端细长尖，褐色。

叶：针形，5 针 1 束，叶鞘早落，长 4～6cm，横断面三角形，边缘无锯齿，内有单维管束及 2～3 个树脂道。

花：雄球花椭圆形，长约 1cm，黄色；雌球花卵形，紫色。

果：球果卵形，紫褐色，长 3～4.5cm，果鳞宽卵形，鳞脐位于先端，色暗，有突尖。

种子：无翅，三角状卵形，长 0.6～0.9cm，红褐色。

花期：6～7 月；果期：次年的 9 月。

习性：喜光，耐阴。多生于海拔 1300～2000m 的阴湿山坡、山脊或山顶。

分布：吉林及黑龙江的林区；朝鲜及俄罗斯也有分布；吉林省分布于长白山区的长白、抚松、安图、临江及敦化等县（市）。

用途：用于山区自然状态下的水土保持；也可移栽作绿化观赏用。

图 12　偃松 Pinus pumila

1. 球果枝　2. 冬芽　3. 叶　4. 球果　5. 种鳞腹面　6. 种鳞背面（1 张桂芝绘）

樟子松

科名：松科（PINACEAE）

中名：**樟子松** 图 13

学名：**Pinus sylvestris L. var. mongolica Litv.**（种加词为“森林生的、森林的”；变种加词为“蒙古的”）。

A. **欧洲赤松 var. sylvestris**，我国不产（原变种）

B. **樟子松 var. mongolica Litv.**（变种）

识别要点：常绿乔木；树皮下部黑褐色，上部黄褐色；叶针形，2 叶 1 束，叶鞘永存，粗硬，常扭曲，长 3～7cm；球果长圆锥形。

Diagnoses: Evergreen tree; Bark red or red-brown on the upper part of trunk, darker and fissured below; Leaves needle-like, 2 in 1 fascicle, sheath of leaf-cluster persistent, rigid, twisted, 3～7cm long; Cones conic-oblong.

染色体数目：2n = 24。

树形：常绿乔木，高达 30m，胸径可达 1m。

树皮：树干下部黑褐色，深纵裂，呈块状剥裂，上部树皮褐黄色，成薄片状剥落。

枝条：黄褐色或金黄色，老枝灰褐色，平展或斜伸，无毛。

芽：冬芽长卵形，褐色或淡黄褐色。

叶：针形，2 针 1 束，基部叶鞘永存，较硬，扭曲，长 4～10cm，宽 1.5～2mm，先端尖，边缘有细锯齿，横断面半圆形。

花：雄球花卵圆柱形，簇生于新枝基部，黄褐色，长 5～10mm；雌球果生于新枝顶端，紫褐色。

果：球果，长卵圆形，成熟后灰褐色，长 3～6cm，直径 2～3cm，种鳞厚，鳞盾菱形，中部生有鳞脐，上有小刺；种子黑褐色，侧卵形，有薄翅，全长 1.1～1.5cm。

花期：5 月末；果期：次年 9～10 月。

习性：喜光，耐干旱、耐风沙、耐盐碱土壤。原产地为内蒙古的固定沙丘。

分布：内蒙古及黑龙江；蒙古及俄罗斯也有分布；吉林省各地常见栽培。

用途：材质较软，纹理通直，可供建筑、家具、造纸用；树皮及球果含大量丹宁，可制造栲胶；可栽植于庭园供绿化观赏，但不耐污染，作为行道树，尤其汽车通行量较大的街路，需慎重考虑。

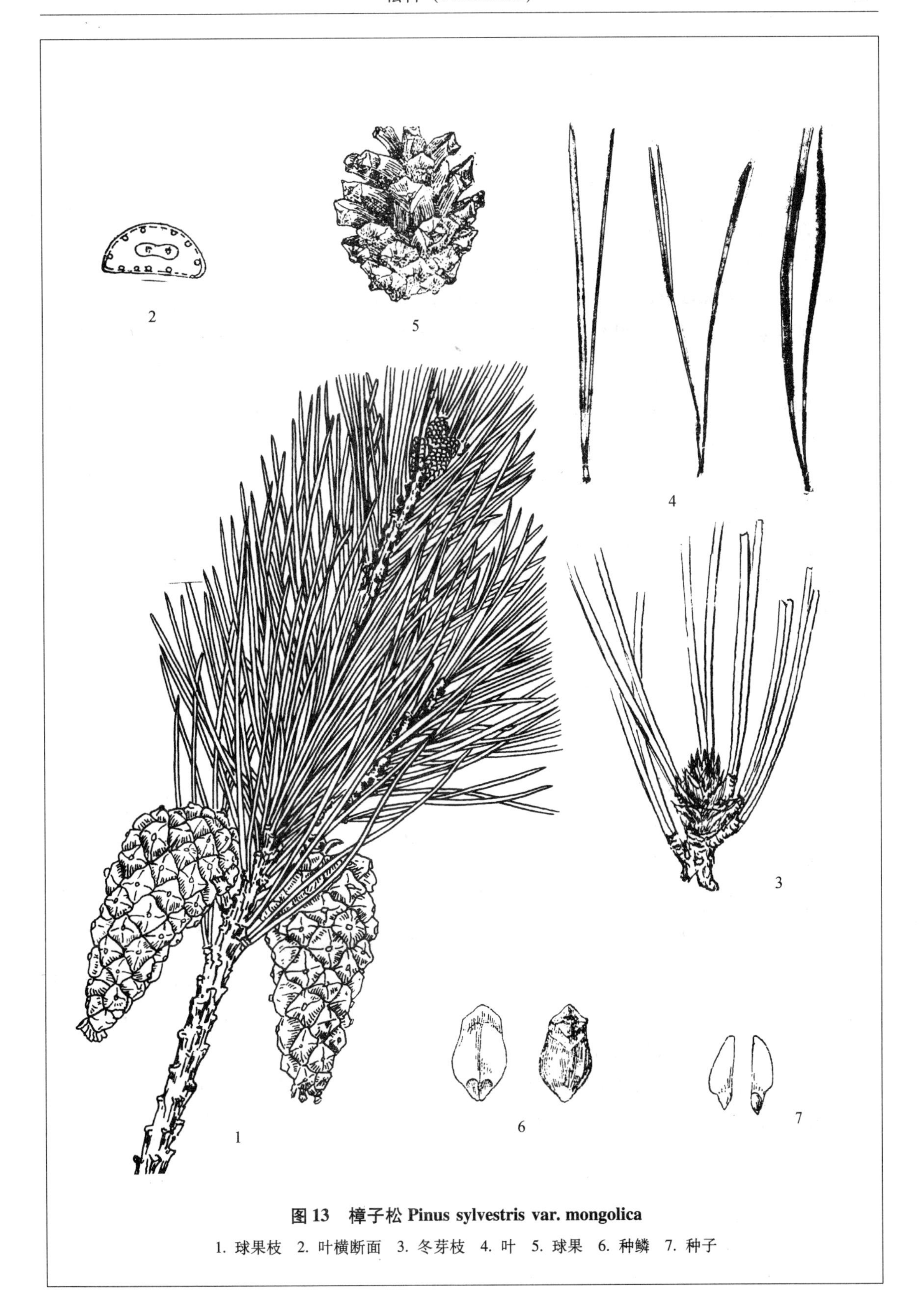

图 13 樟子松 Pinus sylvestris var. mongolica

1. 球果枝 2. 叶横断面 3. 冬芽枝 4. 叶 5. 球果 6. 种鳞 7. 种子

油松

科名：松科（PINACEAE）

中名：油松 黑松 图14

学名：Pinus tabulaeformis Carr.（种加词为“平板状的、台状的”）。

识别要点：常绿乔木；叶针形，2叶1束，叶鞘永存，叶缘有细锯齿，粗硬，长10～15cm；球果卵圆形。

Diagnoses：Evergreen tree；Leaves needle-like，2 in 1 fascicled，sheath of leaf-cluster persistent，margin with small serrulates，stout，10～15cm long；Cones ovoid.

树形：常绿乔木，高10～25m，胸径可达1m；树冠卵形，生于旷地或林缘者为“平台形”或“桌形”。

树皮：灰褐色或暗灰褐色，成块状分裂，裂片厚，裂片及上部树皮红褐色。

枝条：平展或向下倾斜，黄褐色，无毛。

芽：长圆形，先端尖，芽鳞红褐色。

叶：针形，2叶1束，基部的叶鞘不脱落，深绿色，粗而硬，略扭转，横断面半圆形，长10～15cm，宽1.5mm。

花：雄球花短圆柱形，多个丛生于新枝基部，黄褐色；雌球花生于新枝顶端，紫红色，长1.2～2cm。

果：球果卵圆形，淡黄色或黄褐色，宿存于树上数年之久，种鳞长圆状倒卵形，鳞片肥厚，鳞盾菱形，鳞脐有刺尖，长4～9cm，直径4～6cm。

种子：卵圆形，浅褐色，上有翅，全长15～18mm。

花期：5月末；果期：次年10月。

习性：喜光，不耐阴，耐干旱及瘠薄土壤。多生于山坡或山顶。

分布：辽宁、河北、内蒙古以及西南、西北各省（自治区）；吉林省各地皆为引种栽植。

用途：材质较硬，纹理通直，富含树脂，可供建筑、家具、造车、船用材；树皮及球果富含丹宁，可制栲胶；松叶及花粉及松节油可入药；该树种抗干旱、抗严寒、抗汽车尾气污染能力强，为吉林省常见的绿化行道树。

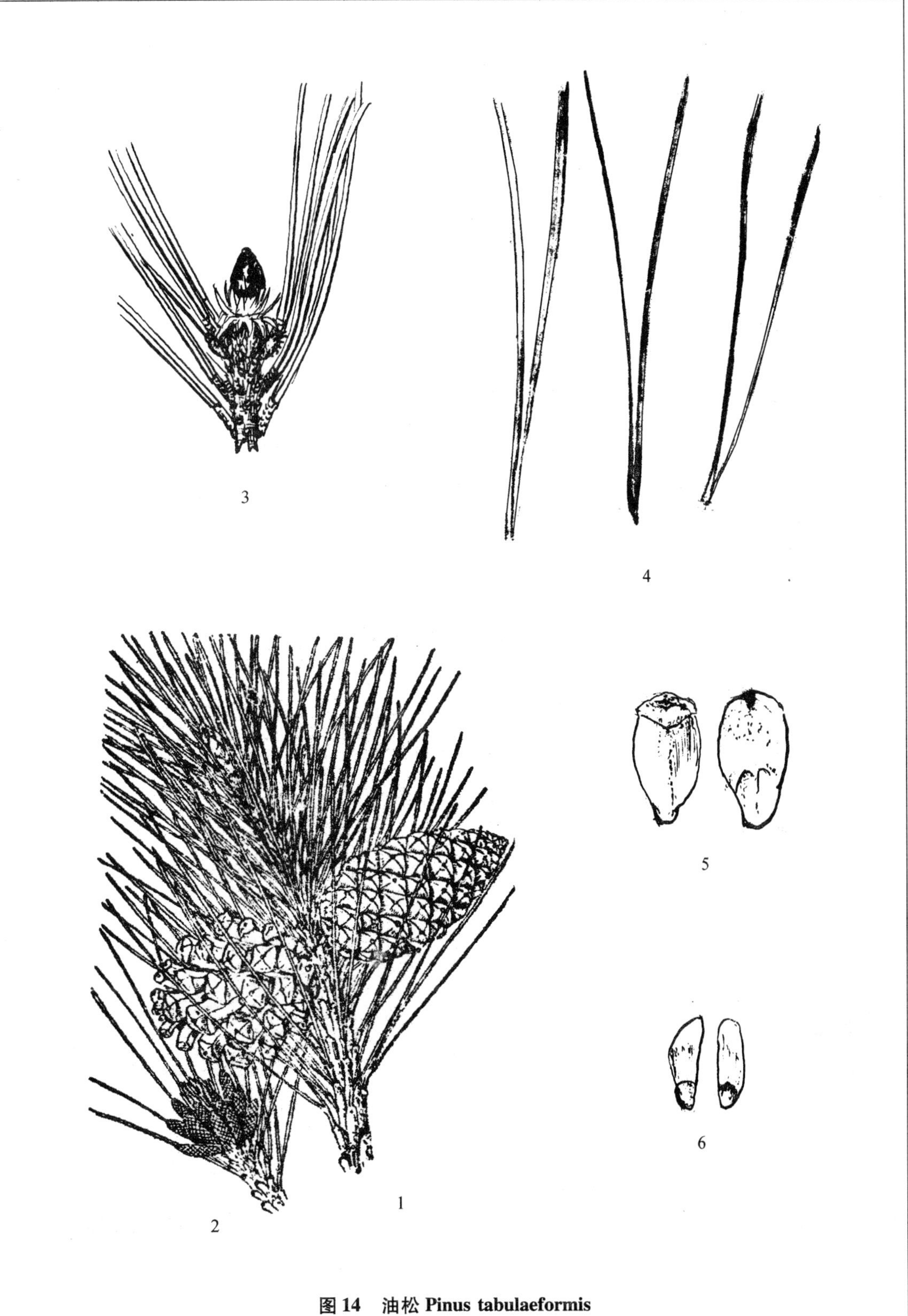

图 14　油松 Pinus tabulaeformis

1. 球果枝　2. 雄球花枝　3. 冬芽枝　4. 叶　5. 种鳞　6. 种子（1、2 自中国高等植物图鉴）

柏科（CUPRESSACEAE）

杜松

科名： 柏科（CUPRESSACEAE）

中名：杜松 崩松 刺柏 图15

学名：Juniperus rigida Sieb. et Zucc.（属名为刺柏类植物的拉丁原名，来自凯尔特语juniperus粗糙的、有刺的；种加词为“坚硬的、坚挺的”）。

识别要点： 常绿小乔木或灌木；叶针形，3叶轮生；雌、雄球花生于叶腋；球果浆果状，近球形，熟时蓝黑色，有白粉。

Diagnoses： Evergreen small tree or shrub; Leaves needle-like, 3 in verticillate; Female and male cones axillary; Cones berry-like, subglobose, bluish-black when maturity, covered with white powder.

树形： 常绿小乔木或灌木，高约15m；树冠圆锥塔形。

树皮： 灰褐色，纵裂或狭条状，易剥落。

枝条： 幼枝黄绿色，2年生枝黄褐色，老枝暗灰褐色，直立或稍下垂。

芽： 卵圆形，淡绿色，长约1.5mm。

叶： 叶针形，3叶轮生，先端尖锐成针状，表面下凹成沟形，内有灰白色的气孔带，叶背隆起，长约12mm。

花： 雄球花生于叶腋，卵圆形，黄褐色，长4.5mm；雌球花球形，绿色或褐绿色，长约3mm。

果： 球果浆果状，不开裂，球形，暗紫褐色，外被有白粉，直径7～8mm。

花期： 5月；果期：10月。

习性： 喜光，耐旱，不耐阴。喜生于石质山坡或石砬子上。

分布： 东北三省的林区以及华北、西北各地；朝鲜、日本及俄罗斯也有分布；吉林省分布于东部长白山区各县（市）。

抗寒指数： 幼苗期II，成苗期I。

用途： 木材可供建筑、家具等用；为庭园绿化观赏优良树种，惟老树基部枝条的叶子易脱落，影响美观，有逐渐被淘汰的趋势，如果管理得当，仍不失为树形优美的常绿树种。

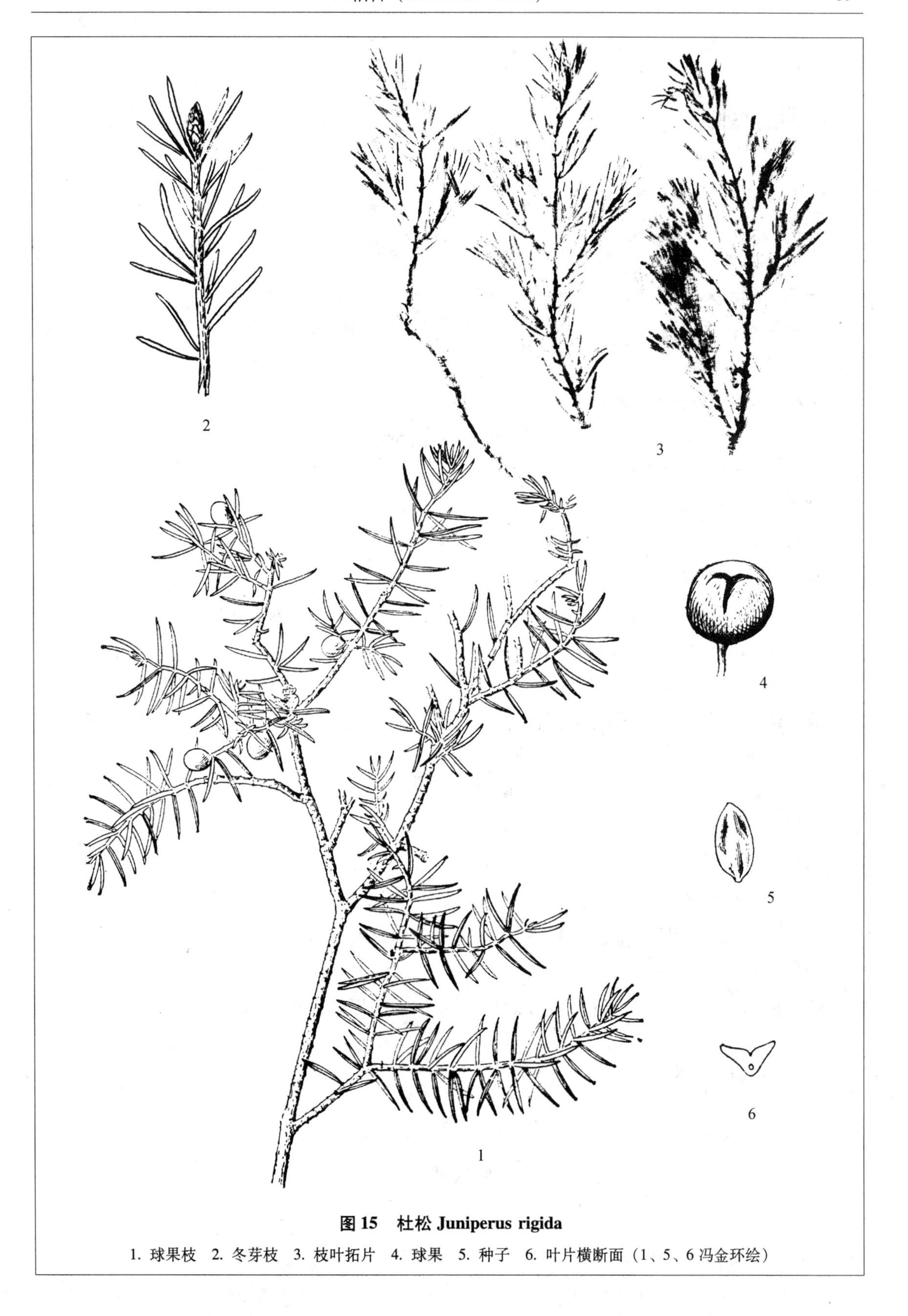

图 15　杜松 Juniperus rigida

1. 球果枝　2. 冬芽枝　3. 枝叶拓片　4. 球果　5. 种子　6. 叶片横断面（1、5、6 冯金环绘）

西伯利亚刺柏

科名：柏科（CUPRESSACEAE）

中名：西伯利亚刺柏　高山桧　西伯利亚桧　图 16

学名：Juniperus sibirica Burgs.（种加词为地名“西伯利亚的”）。

识别要点：常绿灌木；针形叶，3 叶轮生；雄、雌球花生于叶腋；球果浆果状，球形，熟时蓝黑色，有白粉。

Diagnoses: Evergreen shrub; Leaves needle-like, 3 in verticillate; Male or female cones axillary; Cones berry-like, globose, bluish-black when ripping, covered with white powder.

树形：常绿灌木，高约 1m。

树皮：暗紫灰色，不规则浅裂并剥离。

枝条：幼枝紫褐色，无毛，渐变为暗褐色。

芽：较小，红褐色。

叶：全为针形叶，3 个轮生，先端尖锐成针状，表面下凹，内有灰白色气孔线，叶背隆起，长 0.9 ~ 1.4cm，宽约 1.5mm。

花：雄、雌球花均生于去年枝的叶腋处。

果：球果浆果状，球形，熟时蓝黑色，直径 5 ~ 7mm，顶部有 3 条浅沟，内含 1 ~ 3 粒种子。

种子：卵状三棱形，先端钝，基部圆形。

花期：6 月；**果期：**9 ~ 10 月。

习性：强喜光树种，耐寒、耐干旱、耐瘠薄土壤。生于海拔 1500 ~ 2300m 的高山冻原带及石砾山地或疏林下。

分布：黑龙江、吉林以及新疆、西藏；朝鲜及俄罗斯也有分布；吉林省主要分布于东部长白山区的抚松、长白及安图等县。

用途：是高山带水土保持的优良树种；可栽植庭园供绿化观赏。

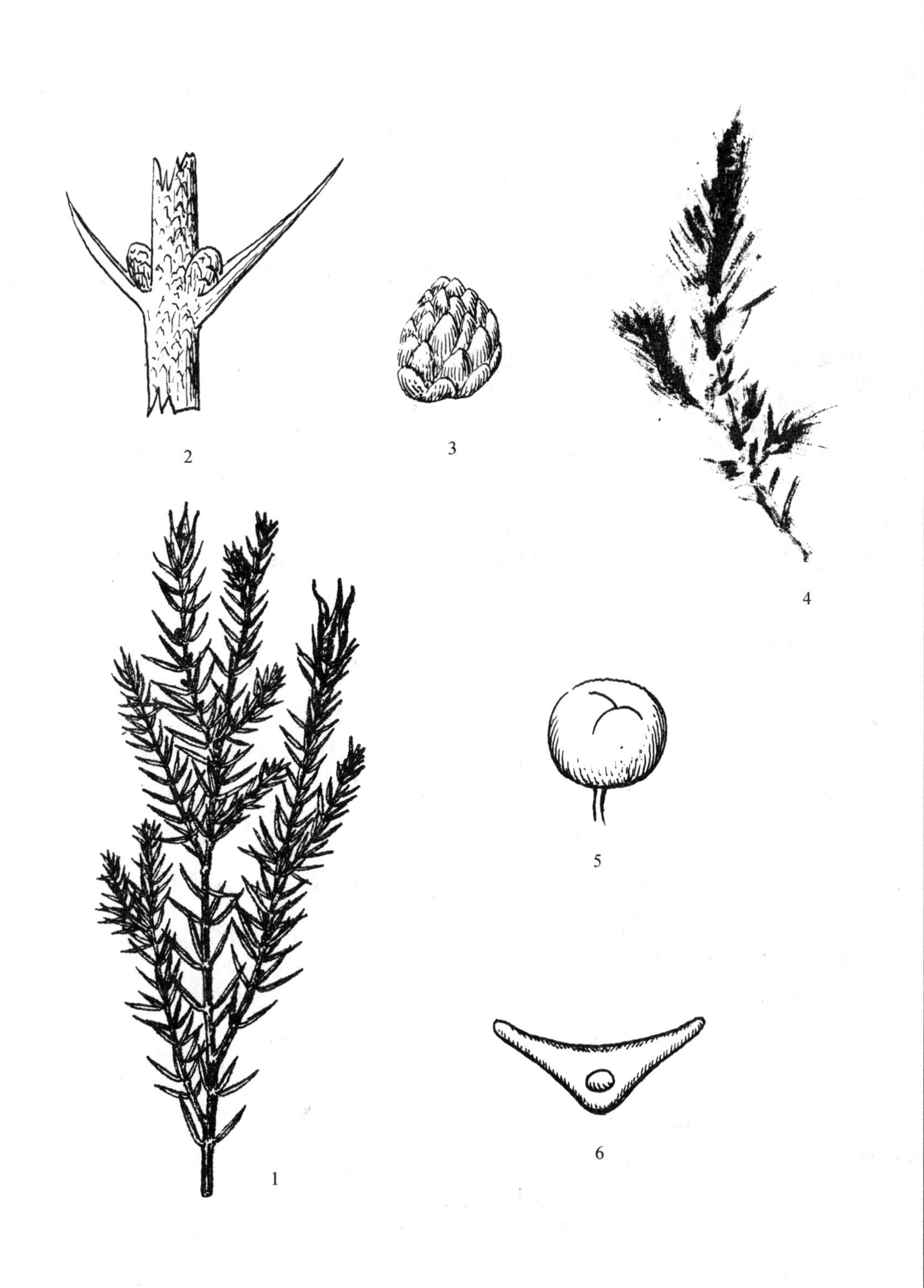

图 16　西伯利亚刺柏 Juniperus sibirica

1. 带叶枝　2. 冬季枝　3. 芽　4. 枝叶拓片　5. 球果　6. 叶片横断面（1 自长白山植物药志）

侧柏

科名： 柏科（CUPRESSACEAE）

中名： 侧柏　扁柏　图 17

学名： **Platycladus orientalis**（L.）**Franco**—Biota orientalis（L.）Endl. —Thuja orientalis L.（属名为希腊文 platys 宽的、平的 + klados 树枝；种加词为“东方的”）。

识别要点： 常绿乔木；小枝垂直方向开展；叶鳞片状，交互对生；雌雄球花皆顶生；球果近卵圆形，有种鳞 6 片，木质；种子卵形，无翅。

Diagnoses：Evergreen tree；Branchlets disposed in vertical planes；Leaves scale-like，decussate；Female and male cones on tops；Cones nearly ovoid，seed-scales 6，woody；seeds ovoid，wingless.

树形： 常绿乔木，高约 20m，胸径可达 1m，树冠卵形或圆锥形，后变成宽卵形。

树皮： 暗灰色，纵裂成细条状剥落。

枝条： 小枝扁平，绿色，垂直方向伸展。

芽： 小，不明显，与小枝同色。

叶： 鳞片状，交互对生；中央排列的叶片三角形，背部中央有条状腺槽，长 1 ~ 3mm，两侧的叶片成舟形，先端略内曲，尖头的下方有腺点。

花： 雌雄同株，雌、雄球花皆生于枝端；雄球花黄褐色，卵圆形，长约 2mm；雌球花近球形，红褐色。

果： 球果未成熟时绿色，近球形，成熟后变褐色，木质化，开裂，种鳞一般 6 片，最内一对狭窄，近柱状，中间一对卵形，下部一对很小。

花期： 4 月；**果期：** 10 月。

习性： 喜光树种，但苗期需庇阴，耐干旱，对土壤要求不严，不甚耐寒，不耐水湿。

分布： 产于华北、西北等地；朝鲜也有分布；吉林省各地常见栽培。

抗寒指数： 幼苗期 III，成苗期 II。

用途： 木材浅黄褐色，有光泽、有香味，耐腐力强，可制造家具、车船、农具及细木工等；枝叶入药，用于止血、利尿、健胃；种子入药，可滋补、安神、润肠、止泄等；树形优美，耐修剪，可栽植庭园供绿化观赏或种植成绿篱。

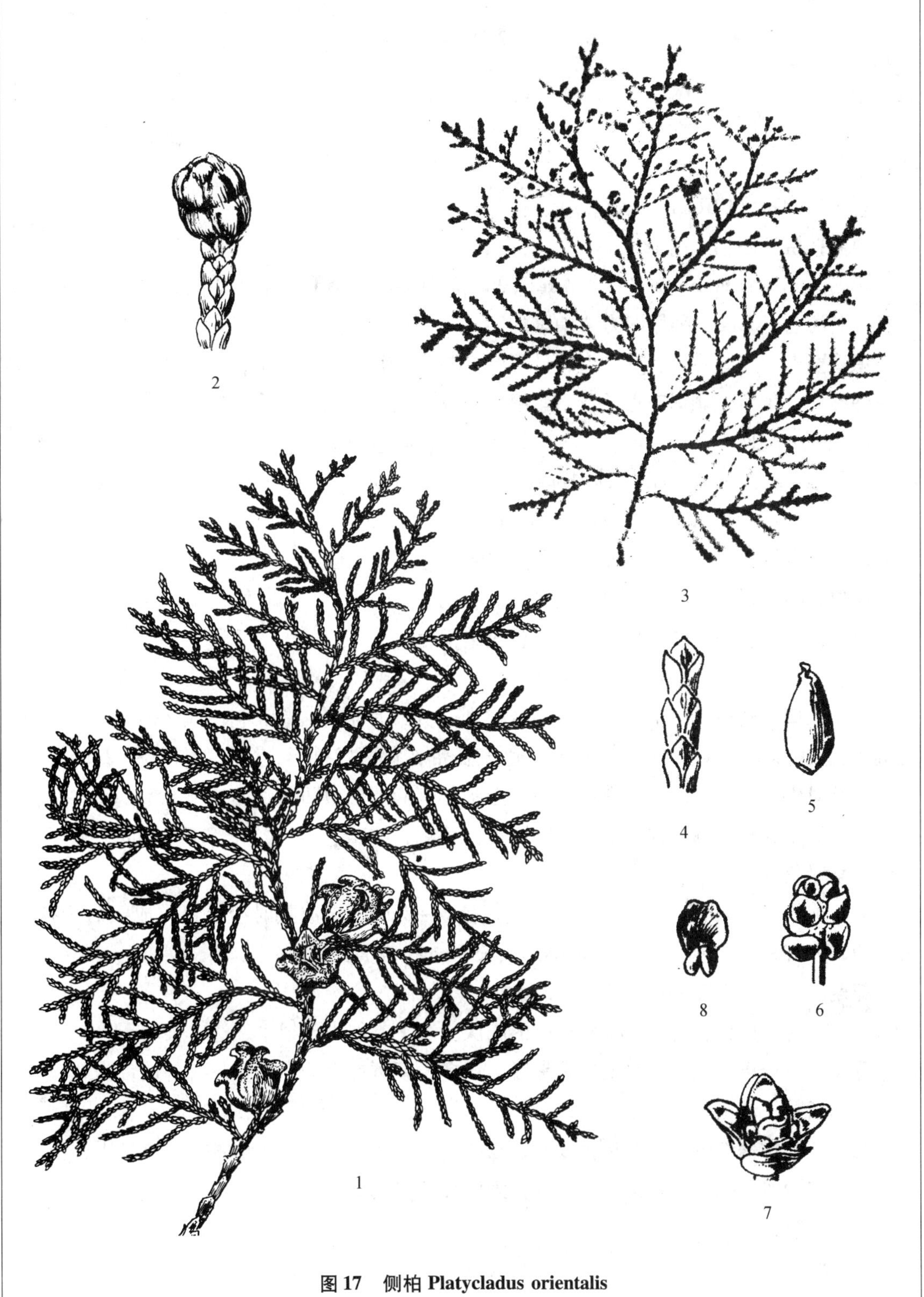

图 17　侧柏 Platycladus orientalis

1. 球果枝　2. 芽　3. 枝叶拓片　4. 小叶放大图　5. 种子　6. 雄球花　7. 雌球花　8. 雄蕊

桧

科名：柏科（CUPRESSACEAE）

中名：桧　圆柏　图18

学名：Sabina chinensis（L.）Ant. —Juniperus chinensis L.（属名为圆柏的拉丁原名，来自意大利河名Sabine；种加词为“中国的”）。

识别要点：常绿乔木；叶二型，针形叶，3叶轮生，鳞片形叶交互对生；雌雄异株，雄球花椭圆形，黄色；雌球花近圆形，紫绿色；球果肉质，近球形，被有白粉。

Diagnoses：Evevgreen tree；Leaves 2 kinds，acicular ones spin pointed，3 whorled，scale-formed decussate；Dieocious；Male cones yellow；Female cones nearly globose，purplish-green；Cones subglobose，bacciformed，covered with white powder.

树形：常绿乔木，高达20m；树冠圆锥形，老时成宽圆形。

树皮：暗灰褐色，纵裂，狭片状剥落。

枝条：当年生枝条绿色，后变红褐色至紫褐色。

芽：小，卵圆形，绿色。

叶：二型，幼树几乎全为针形叶，老树则全为鳞片形叶；针形叶3叶轮生，基部下延，先端渐尖成针刺状，表面下凹，有灰白色气孔带，背面成拱形，绿色，长6～12mm；鳞片形叶交互对生，菱状卵形，先端钝，背面近中部有椭圆形微凹的腺体，长1.5～2mm。

花：雌雄异株，稀同株；雄球花椭圆形，黄色，雄蕊5～7对，长2.5～3mm；雌球花圆球形，紫绿色。

果：球果，浆果状，多汁，近圆形，直径6～8mm，未成熟时蓝绿色，成熟后变褐色，有白粉，内有种子1～4粒；种子卵圆形，长3mm，表面三棱形。

花期：4月；果期：第2年9～10月。

习性：喜光树种，喜生于排水良好的肥沃土壤上，但由于根系发达，很耐干旱。

分布：原产于华北、西北及华东地区；日本、朝鲜也有分布；吉林省各地皆为栽植。

抗寒指数：幼苗期II，成苗期I。

用途：木材褐红色，有香味，致密，较硬，可供建筑及雕刻、细木工及文具用；枝、叶可入药，主治风寒感冒、风湿关节炎等；为优良的绿化观赏树种。

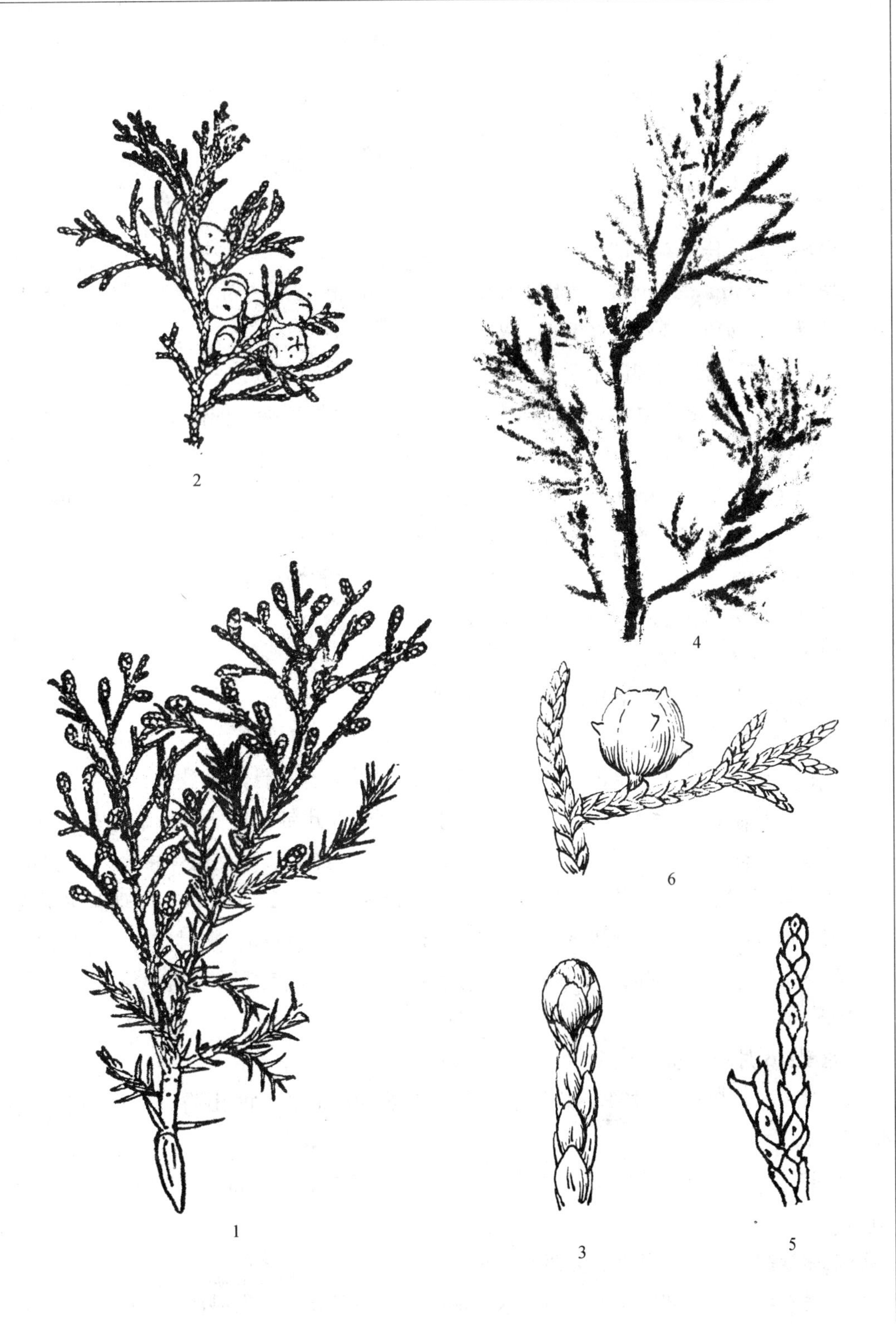

图 18　桧 Sabina chinensis

1. 雄球花枝　2. 球果枝　3. 芽　4. 枝叶托片　5. 鳞片叶　6. 球果枝（1、2、5 自中国树木志）

兴安桧

科名：柏科（CUPRESSACEAE）

中名：兴安桧 兴安圆柏 图 19

学名：Sabina davurica（Pall.）Ant. —Juniperus davurica Pall.（种加词为“达乌尔的”，泛指俄罗斯的西伯利亚东部及我国兴安岭一带）。

识别要点：常绿匍匐灌木；叶二型，针形叶常生于幼树上，成株上二型叶并存，针形叶 3 枚轮生，鳞片叶交互对生；雌雄异株，雄球花生于幼枝顶端，卵圆形；球果浆果状，紫蓝色，有白粉。

Diagnoses：Evergreen spreading shrub；Leaves 2 kinds，acicular ones spiny pointed，always on the young plants，scales-formed decussate；Dieocious；Male cones on top of young branchlets，ovoid；Cones bacciformed，purplish-blue，covered with white powder.

树形：常绿匍匐灌木，高 50～80cm。

树皮：暗紫褐色或暗灰褐色，成薄片状剥裂。

枝条：斜上或直立，老枝红褐色，幼枝绿色。

芽：小，不明显。

叶：二型，幼树几乎全为针形叶，成株上二型叶并存；针形叶狭披针形或条状披针形，先端成针刺状，长 3～6mm，表面凹下，有灰白色的气孔带，背面拱形，近基部处有腺体；鳞片叶交互对生，排列紧密，菱状卵形，长 1～2mm，钝头，叶背部有椭圆形的腺体。

花：雄球花生于幼枝顶端，卵圆形，有雄蕊 6～8 对，长 4～5mm；雌球花生于枝顶。

果：球果浆果状，倒卵状球形，长 4～6mm，直径 6～8mm，熟时紫蓝色，有白粉。

种子：每个球果内有 1～4 粒种子；种子扁卵形，黄褐色或淡红褐色，有 3 条棱脊，长 3～4mm。

花期：6 月；果期：9～10 月。

习性：喜光树种，耐寒、耐干旱。生于海拔 900m 以上的山脊、向阳石质山坡或石缝中。

分布：大兴安岭及长白山区；朝鲜、俄罗斯及蒙古也有分布；吉林省主产于南部老岭山脉。

抗寒指数：幼苗期 II，成苗期 I。

用途：可栽植于坡地及水坝用于水土保持；也用于庭园绿化观赏，并可制成盆景。

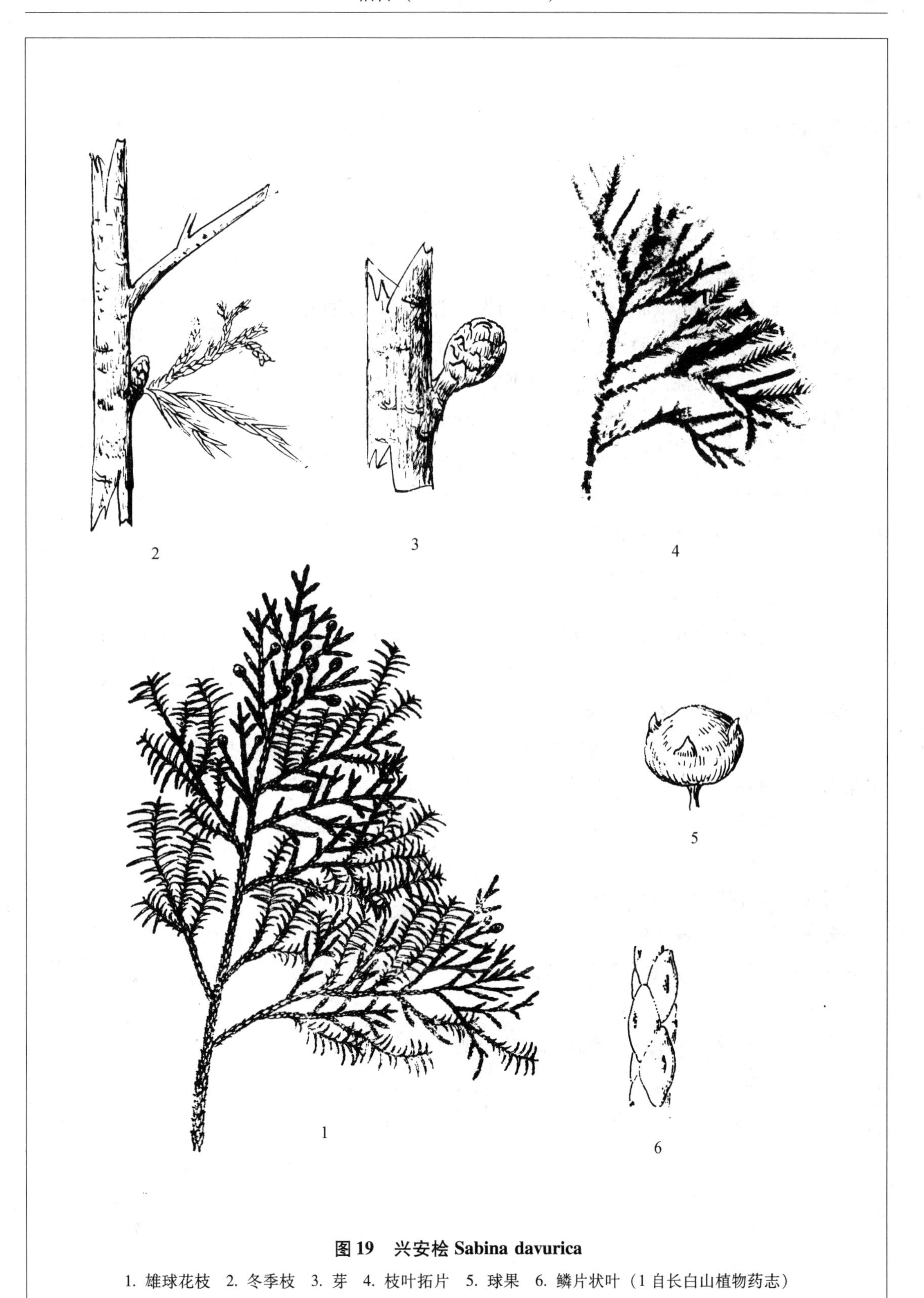

图 19　兴安桧 Sabina davurica

1. 雄球花枝　2. 冬季枝　3. 芽　4. 枝叶拓片　5. 球果　6. 鳞片状叶（1 自长白山植物药志）

砂地柏

科名：柏科（CUPRESSACEAE）

中名：砂地柏 叉子圆柏 图20

学名：Sabina vulgaris Ant.（种加词为“普通的、普遍的”）。

识别要点：常绿匍匐灌木，叶二型，针形叶常生于幼树上，鳞片叶交互对生，灰绿色；雌雄异株；雄球花长椭圆形；雌球花下垂；球果近圆形，紫蓝色，有白粉。

Diagnoses：Evergreen spreading shrub；Leaves 2 kinds，acicular ones spiny pointed，always on the young plants，scales-formed decussate，glaucous；Dieocious；Male cones oblong-elliptic；Female cones pendulous，subglobose，bluish-purple，with white powder.

树形：常绿匍匐灌木，高约1m，主干基部匍匐，枝上部斜上或直立。

树皮：红褐色，成条状剥裂。

枝条：斜上或直立，圆柱形。

叶：二型，针形叶常生于幼树上，3叶轮生或交互对生，排列紧密，先端渐尖成针刺状，表面下凹，有灰白色气孔带，背面拱圆，长3～7mm；鳞片叶交互对生，排列紧密，斜方形或菱状卵形，背部有椭圆形或卵形腺体，长1～2.5mm。

花：雌雄异株，稀同株；雄球花椭圆形或长圆形，长2～3mm，雄蕊5～7对，药隔钝三角形；雌球花下垂，为倒三角状球形，长5～8mm，直径5～7mm。

果：幼时蓝绿色，熟后蓝黑褐色，有白粉，内有2～3粒种子；种子卵圆形，微扁，顶端略钝，长4～5mm。

习性：喜光树种，耐寒、耐干旱性能强。

分布：原产于新疆、内蒙古、宁夏、青海、甘肃及陕西等省（自治区）；也产于中亚及欧洲南部；吉林省各地庭园广为栽植。

抗寒指数：幼苗期I，成苗期I。

用途：耐干旱，可供庭园绿化观赏及护坝、护坡，防止水土流失。

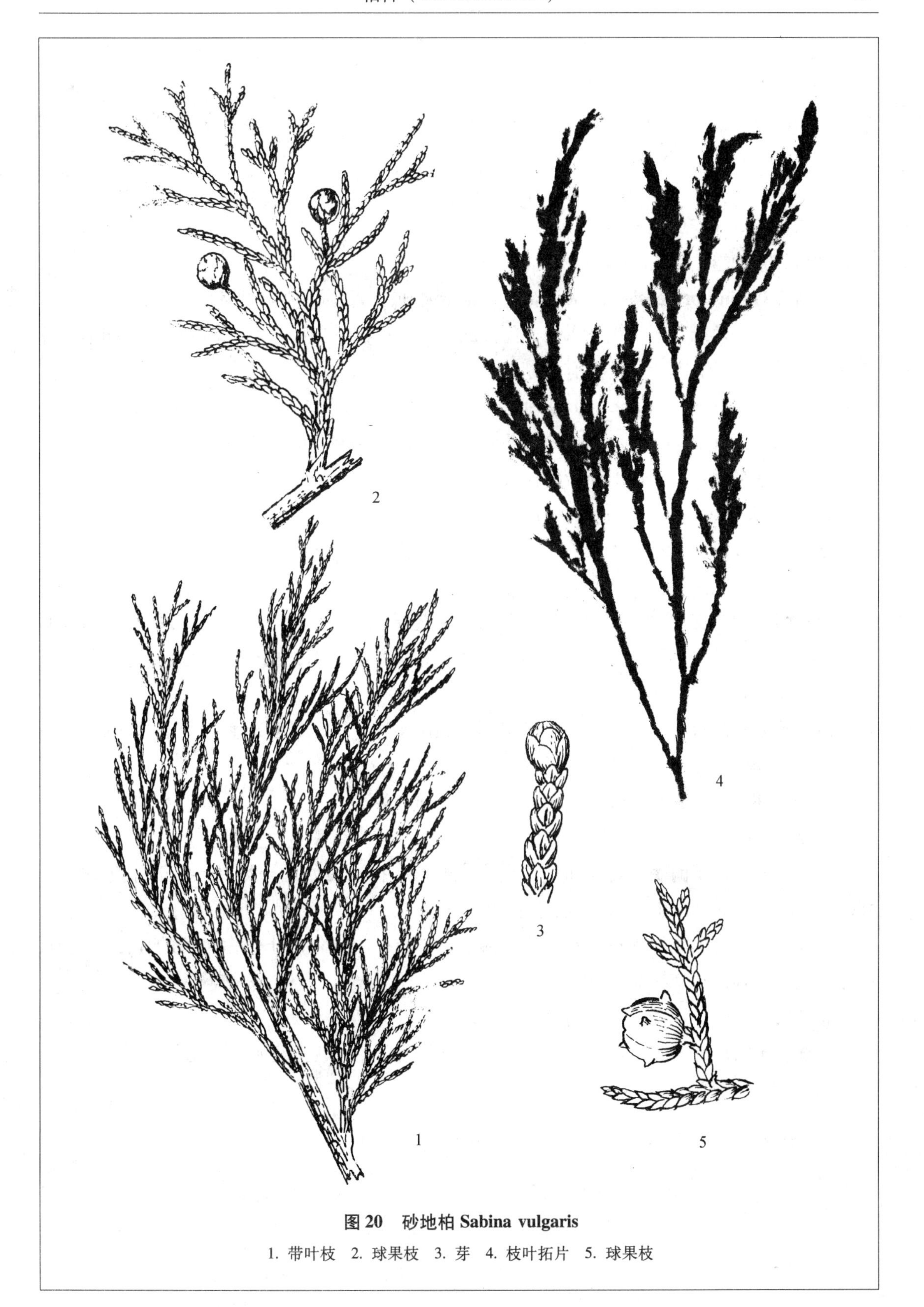

图 20　砂地柏 Sabina vulgaris

1. 带叶枝　2. 球果枝　3. 芽　4. 枝叶拓片　5. 球果枝

朝鲜崖柏

科名：柏科（CUPRESSACEAE）

中名：朝鲜崖柏 长白侧柏 图 21

学名：Thuja koraiensis Nakai（属名为希腊文 thyia 薰香；种加词为“朝鲜的”）。

识别要点：常绿乔木；小枝水平方向开展；叶鳞片状，交互对生；球果椭圆状卵形，种鳞薄，木质；种子椭圆形，两侧有小翅。

Diagnoses：Evergreen tree；Brachlets disposed in horizontal planes；Leaves scale-formed，decussate；Cones elliptic ovoid，cone-scales thin，woody；Seeds elliptic，winged.

树形：常绿乔木，高达 10m，胸径可达 75cm；树冠圆锥形。

树皮：薄，鳞片状；灰褐色，平滑，有光泽，幼树皮红褐色。

枝条：幼枝绿色，2 年生枝红褐色，3 年生枝灰褐色，小枝密生，以水平方向开展。

芽：小，绿色。

叶：鳞片状，交互对生；中央叶近斜方形，先端略钝，背面有腺点，长约 1mm，侧面叶舟形，先端钝尖，小枝表面（背地面）绿色，背面（向地面）的叶有灰白色气孔带。

花：雄球花卵形，黄色；雌球花卵形，生于枝端。

果：球果椭圆状卵形，长约 8mm，淡褐色，有种鳞 8 片，交互对生，最下部的椭圆形，中间的两对近长圆形，最内的种鳞不育，窄长。

种子：椭圆形，扁平，长约 4mm，宽约 1.5mm，两侧有狭翅。

花期：5 月；果期：9～10 月。

习性：喜光但稍耐阴，喜生于空气湿润，肥沃、排水良好的土壤中。生于海拔 1000～1800m 之间的湿润肥沃山谷、山坡、路旁及林缘。

分布：吉林及黑龙江的林区；朝鲜北部也有分布；吉林省产于长白山区的长白、安图、抚松、集安、临江、江源等县（市）。

抗寒指数：幼苗期 V，成苗期 IV。

用途：木材质地较硬，可供建筑、家具及农具等用；可栽植庭园供绿化观赏。

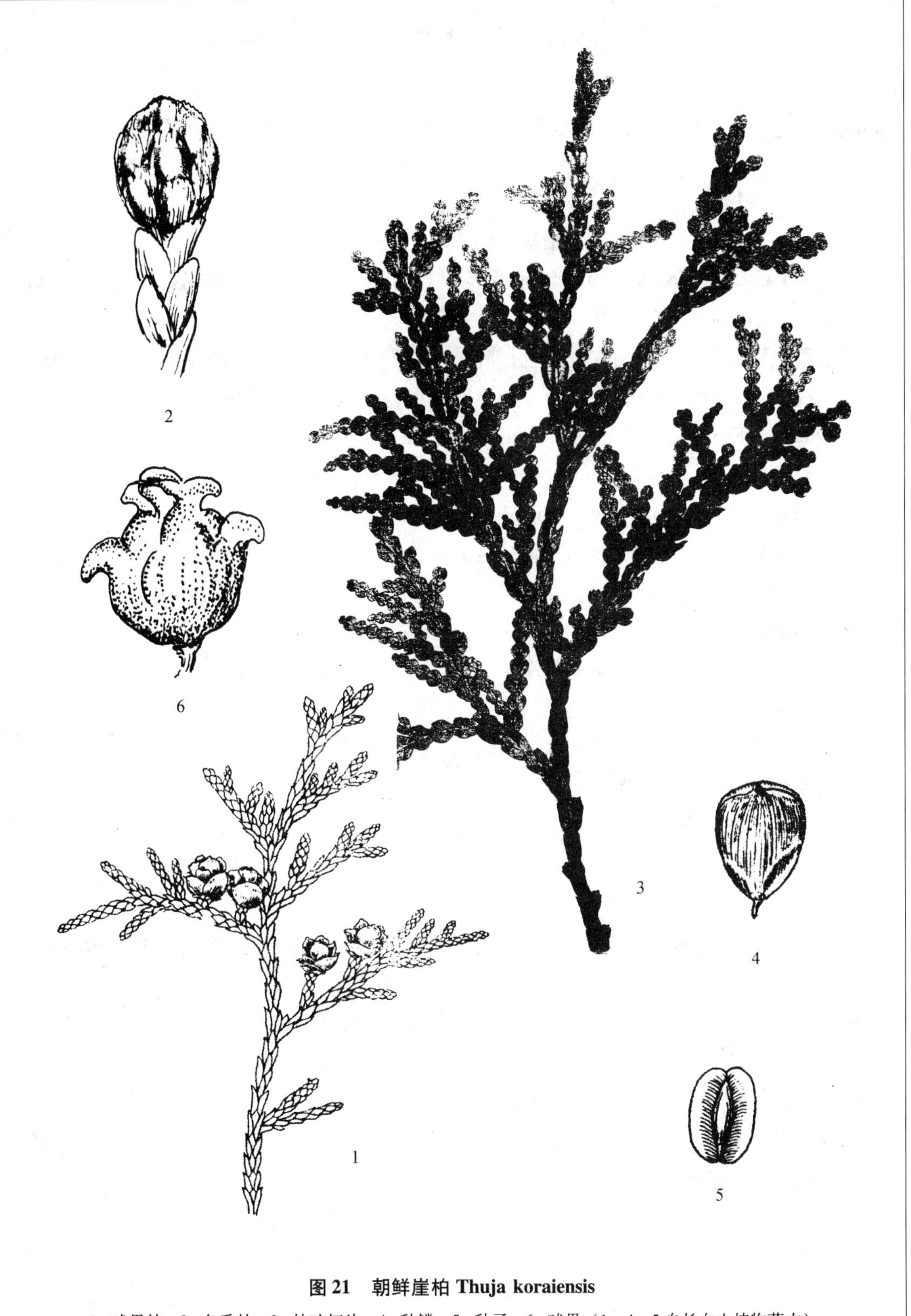

图 21　朝鲜崖柏 Thuja koraiensis

1. 球果枝　2. 冬季枝　3. 枝叶拓片　4. 种鳞　5. 种子　6. 球果（1、4、5 自长白山植物药志）

红豆杉科（TAXACEAE）

东北红豆杉

科名： 红豆杉科（TAXACEAE）

中名：东北红豆杉　紫杉　赤柏松　图 22

学名：Taxus cuspidata Sieb. et Zucc.（属名为红豆杉的拉丁文原名，可能来自希腊文 Taxon 弓；种加词为“具凸尖的”）。

识别要点： 常绿乔木，树皮红褐色；叶排成二列，条形，先端凸尖；雌雄异株，雄球花具 9 ~ 14 枚雄蕊，每雄蕊有 5 个花药；种子卵圆形，外包有肉质假种皮，鲜红色。

Diagnoses： Evergreen tree; Bark reddish brown; Leaves spreading in 2 ranks, linear, cuspidate on top; Dioecious,; Male flowers with 9 ~ 14 stamens, 5 anthers in each stamen; Seed ovoid, surrounded by red fleshy cup, open at apex.

树形： 常绿乔木，高可达 20m，胸径达 1m。

树皮： 红褐色，成条状纵裂。

枝条： 平展或斜上，幼枝绿色，二三年生枝红褐色或黄褐色。

芽： 淡黄褐色，卵圆形，芽鳞先端渐尖。

木材： 边材黄白色，心材红褐色，坚硬，致密，比重 0. 51。

叶： 在小枝上螺旋着生，但叶基部扭转成 2 列，叶片条形，基部狭窄，有短柄，先端凸尖，表面深绿色，有光泽，背面有 2 条灰白色的气孔带，长 1 ~ 3cm，宽 2 ~ 3mm。

花： 雌雄异株；雄球花有 9 ~ 14 枚雄蕊，每个雄蕊具 5 个花药；胚珠卵圆形，初为绿色，后变黑褐色，略具棱，长约 6mm，基部包有肉质、红色的杯状假种皮。

花期： 5 ~ 6 月；种子成熟期：8 ~ 9 月。

习性： 喜光但也颇耐阴，喜生于肥沃、排水良好的土壤中。生于海拔 500 ~ 1000m 的针叶林或混交林中，与其他针叶树混生。

分布： 东北三省的林区；朝鲜、俄罗斯及日本也有分布；吉林省分布在东部长白山区各县（市）。

抗寒指数： 幼苗期 II，成苗期 I。

用途： 可供家具、细木工、雕刻用；叶片含有紫杉醇（Taxin $C_{37}H_{51}NO_{10}$），可治疗癌症；假种皮多汁，味道甜美，可食；栽植于庭园供绿化观赏用。

图 22　东北红豆杉 *Taxus cuspidata*

1. 带种子枝　2. 冬季枝　3. 芽　4. 枝叶拓片　5. 雌花　6. 种子

麻黄科（EPHEDRACEAE）

草麻黄

科名：麻黄科（EPHEDRACEAE）

中名：草麻黄　图23

学名：Ephedra sinica Stapf —E. distachya L.（属名为希腊文：epi 在…上面 + hedra 场所、位置；种加词为“中国的”；异名种加词为“二穗状花序的”）。

识别要点：小灌木，主茎匍匐；小枝对生或轮生，绿色，圆筒状，有节；叶退化或膜质，在节上对生；雌雄异株；雄球花3～5个集成复穗花序，卵圆形，生于枝端；苞片交互对生，雄蕊2～8枚；雌球花具2～8对苞片，雌花外有囊状假花被，胚珠珠被变成管状，种子成熟时苞片变成红色，肉质多汁。

Diagnoses：Small shrub；Main stem creeping；Branchlets opposite or whorled，green，terete，with nodes；Leaves reduced as membranceous，opposite on nodes；Dioecious；Male cones 3～5，compound spike，ovoid，terminate；bracts decussate，stamens 2～8；Female cones with bracts 2～8 pairs，ovule enclosed by urceolate integument，contracted as a tube，bracts become freshy and reddish when seeds maturity.

树形：小灌木，高20～41cm，木质茎短，呈匍匐状。

枝条：小枝直立或微曲，绿色，表面有不明显的纵纹，节间长3～4.5cm，直径1～2mm。

叶：退化成膜质鞘状，着生在节上，2裂，裂片锐三角形，先端急尖。

花：雌雄异株；雄球花复穗状，由3～5个组成，苞片通常为4对；雌球花生于茎顶，由多数苞片集成，仅顶部1～3片生有胚珠，具有顶端开口的囊状假花被，包于胚珠外，胚珠具一层膜质珠被，上部延伸成珠孔管。

种子：2粒，黑红色或灰褐色，卵圆形，包于肉质化的苞片内，红色，多汁，甜美。

花期：5～6月；果期：8～9月。

习性：喜光，耐干；喜生于干燥荒地、沙丘等处。

分布：东北三省及河北、内蒙古；蒙古也有分布；吉林省生于西部草原区的镇赉、大安、乾安、白城、通榆等县（市）。

用途：全株含麻黄碱，供药用；果熟时苞片肉质化，多汁，味甘甜，可食用；为固定沙丘的先锋树种。

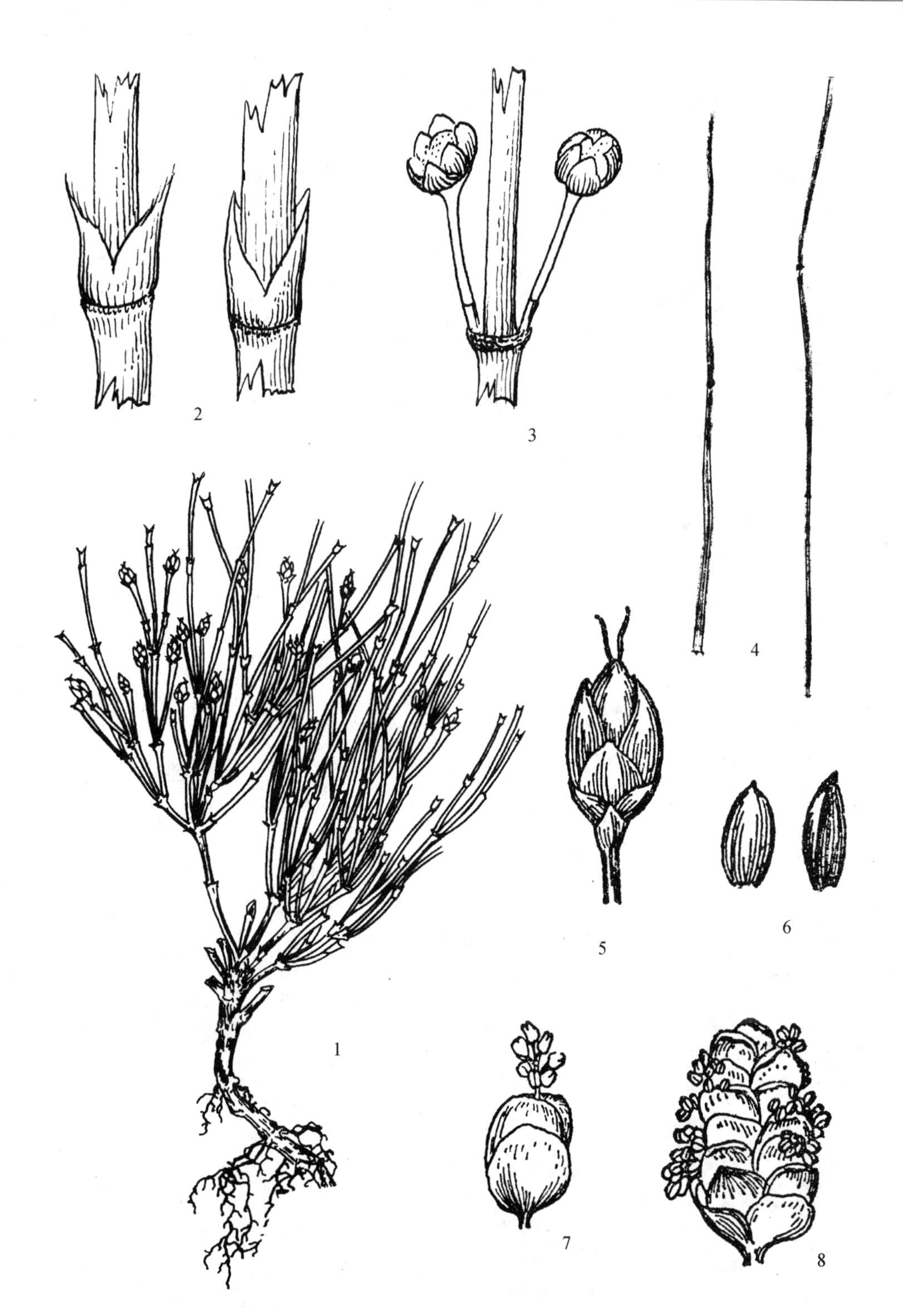

图 23　草麻黄 Ephedra sinica

1. 植株　2. 叶片　3. 花芽　4. 枝叶拓片　5. 雌花　6. 苞片　7. 雄花　8. 雄球花

二
被子植物门
（ANGIOSPERMAE）

胡桃科（JUGLANDACEAE）

胡桃楸

科名： 胡桃科（JUGLANDACEAE）

中名： **胡桃楸**　核桃楸　楸子　图24

学名： **Juglans mandshurica Maxim.**（属名为拉丁文胡桃的原名；种加词为“我国东北的”）。

识别要点： 落叶大乔木；羽状复叶，互生；雌雄同株，雄柔荑花序，下垂，雌花为穗状花序；核果，卵球形或长卵形。

Diagnoses： Deciduous big tree；Leaves compound pinnate，alternate；Flower dioecious；Male catkin pendulous；Female flowers as a spike；Fruit nut，ovoid or oblong-ovoid.

染色体数目： 2n＝32。

树形： 落叶大乔木，高达20m，胸径可达60cm，树冠伸展，宽卵形。

树皮： 灰白色或暗灰色，有纵浅裂的细沟。

枝条： 分枝稀疏，粗壮，髓部褐色成片状；小枝有短柔毛，皮孔长椭圆形，灰色，略隆起；叶痕倒三角形，似“猴面状”。

芽： 顶芽较大，黄褐色，卵形，有长柔毛；侧芽较小，宽卵形，生于叶痕的上方。

木材： 边材淡灰黄色，心材红褐色，质地较坚硬，纹理通顺，结构致密，容易加工，比重0.45～0.55。

叶： 奇数羽状复叶，有小叶15～23枚，小叶片长圆形或卵状长圆形，基部斜，圆形或宽楔形，先端渐尖或钝圆，边缘有细锯齿，表面深绿色，无毛，背面浅绿色，被短柔毛；复叶总长40～60cm；小叶片长6～20cm，宽3～7cm。

花： 雌雄同株，异花；雄柔荑花序柔软下垂，长10～30cm，小花具1苞片，2小苞片及3～4个花被片，雄蕊12～14枚，花药黄色；雌花4～10朵组成直立的穗状花序，雌花卵形，绿色，外有花被包被，于花柱基部有4个裂片，柱头2裂，红色。

果： 核果，卵球形或长卵状球形，绿色，长4～7cm，直径3～4cm，顶端尖，密被褐色腺毛，果核表面有不规则的花纹。

花期： 5月；果期：8～9月。

习性： 耐寒，喜光，但也耐阴，喜生长于土层深厚、肥沃、湿润且排水良好的土壤中。常生于针阔林或杂木林中。

分布： 东北三省以及华北、内蒙古等地；俄罗斯及朝鲜也有分布；吉林省东部山区各县（市）皆有分布。

抗寒指数： 幼苗期Ⅰ，成苗期Ⅰ。

用途： 木材软硬适中，纹理通顺，可作家具及军用枪托等；子叶含大量油脂，可做糕点等食品；树皮可入药。

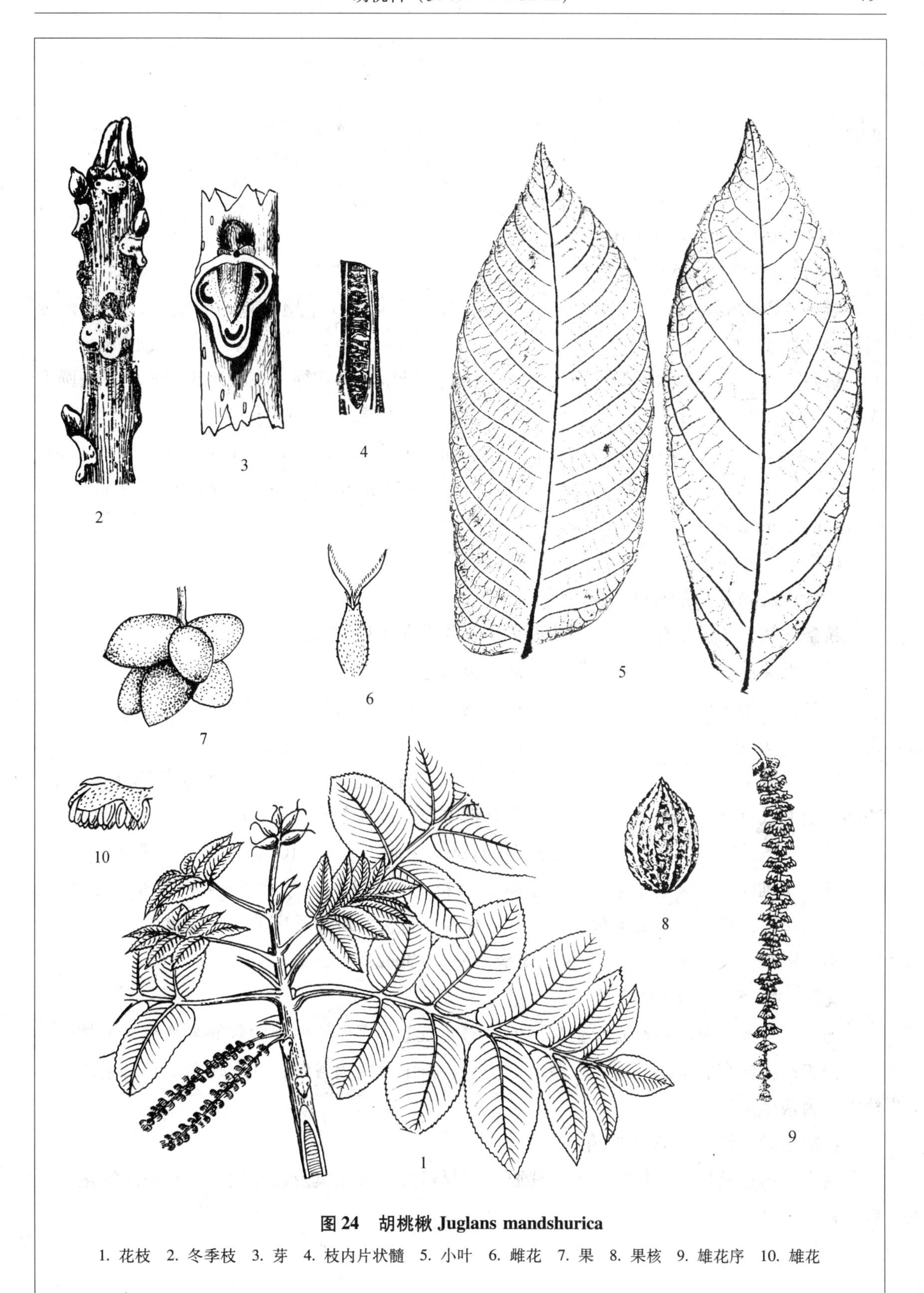

图 24　胡桃楸 Juglans mandshurica

1. 花枝　2. 冬季枝　3. 芽　4. 枝内片状髓　5. 小叶　6. 雌花　7. 果　8. 果核　9. 雄花序　10. 雄花

枫杨

科名：胡桃科（JUGLANDACEAE）

中名：枫杨 图25

学名：Pterocarya stenoptera DC.（属名为希腊文 pteron 翅 + karyon 坚果；种加词为"具狭翅的"）。

识别要点：落叶乔木；偶数羽状复叶，互生；叶轴上有狭翅，小叶片 8 ~ 18 枚，长圆形或狭长圆形；雌雄同株，雄、雌柔荑花序下垂；果为坚果，有 2 个小翅。

Diagnoses：Deciduous tree；Paripinnate compound leaf，alternate；Rachis narrow winged，leaflets 8 ~ 18，oblong to narrowly oblong；Monoecious；Male and female catkins are hanging down；Fruit nut，with 2 wings.

树形：落叶乔木，高 20 ~ 30m，胸径可达 1m。

树皮：灰褐色，有纵沟浅裂。

枝条：灰色，树皮有不太明显的纵棱，皮孔纵向生长，灰白色，椭圆形。

芽：无芽鳞，为裸芽，长卵形，有柄，黄褐色。

木材：淡褐色至灰褐色，边材与心材不明显，质轻，致密，纹理通直，易加工，性脆，比重 0.44 ~ 0.58。

叶：偶数羽状复叶；小叶片 8 ~ 18 枚，叶轴上有狭翅，小叶片长圆形或长圆状披针形，基部斜楔形或近圆形，先端短渐尖，边缘有细锯齿，表面深绿色，背面淡绿色，沿叶脉生有短柔毛，脉腋处有褐色簇毛，复叶全长 7 ~ 16cm，小叶片长 5 ~ 10cm，宽 1.5 ~ 3cm。

花：雌雄同株；雄柔荑花序明显下垂；雄花的苞片 3 枚，另有 1 ~ 4 枚萼片，无花瓣，雄蕊 6 ~ 18 枚；雌花外有 2 个苞片，内有 4 枚花萼包被，雌蕊子房 1 心皮构成，柱头 2 裂。

果：坚果，长 1.5 ~ 2cm，有两个翅膀，长 2 ~ 3cm。

花期：4 ~ 5 月；果期：9 月。

习性：喜光，喜湿潮及肥沃土壤，但耐寒性较差。多生于河流两侧的灌丛或杂木林中。

分布：我国东北南部、华北、西北、华东、华中及西南各地；辽宁省南部有野生的，吉林省皆为栽植。

抗寒指数：幼苗期 IV，成苗期 II。

用途：树皮及根皮含鞣质，可制栲胶；木材可加工成家具及建筑用材；是庭园绿化的优良树种。

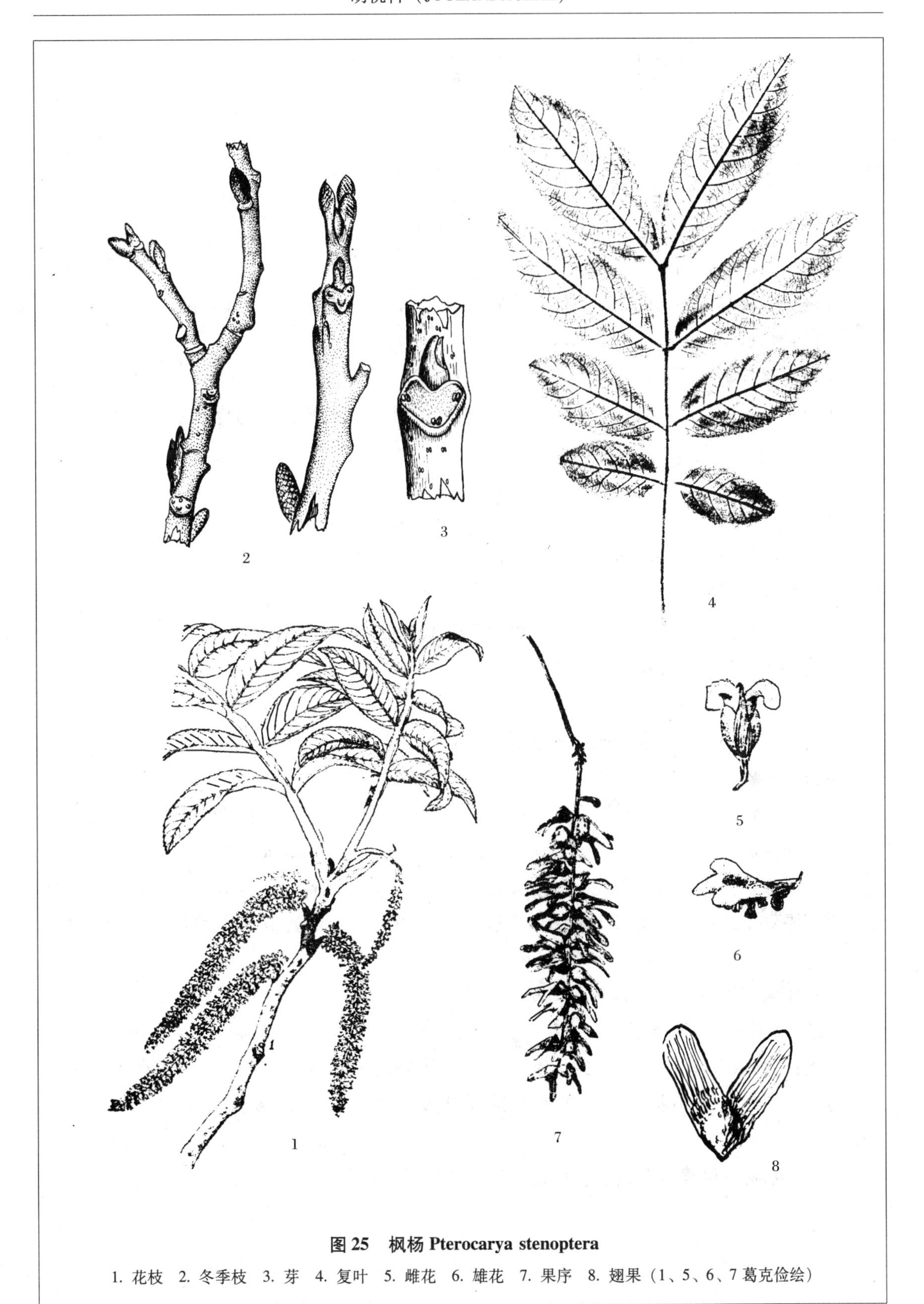

图 25 枫杨 Pterocarya stenoptera

1. 花枝 2. 冬季枝 3. 芽 4. 复叶 5. 雌花 6. 雄花 7. 果序 8. 翅果（1、5、6、7 葛克俭绘）

杨柳科（SALICACEAE）

钻天柳

科名： 杨柳科（SALICACEAE）

中名： 钻天柳　朝鲜柳　图26

学名： **Chosenia arbutifolia**（**Pall.**）**A. Skv.**（属名来自国名和地名“朝鲜”；种加词为“杜鹃花科浆果鹃 Arbutus 叶的”）。

识别要点： 落叶乔木；单叶，互生；叶片椭圆形或宽披针形；雌雄异株；雄柔荑花序下垂；雄花无蜜腺，雄蕊5枚；雌花序直立或斜伸；雌花无腺体，子房卵状长圆柱形；蒴果2裂。

Diagnoses： Deciduous tree；Leaves simple alternate；Blade elliptic or broadly lanceolate；Dioecious；Male catkin pendent；Male flower no nectar，stamens 5；Female catkin erect or nearly erect；Female flower no nectar，ovary ovoid terete；Capsule，2 lobed.

染色体数目： 2n＝38。

树形： 落叶大乔木，高25～30m，胸径50～100cm；树冠长圆形。

树皮： 灰褐色，有片状纵裂。

枝条： 小枝黄色带紫红色，有白粉。

芽： 扁，卵圆形，芽鳞1枚，紫红褐色，有光泽。

木材： 材质较软，边材黄褐色，心材浅黑褐色，比重0.37。

叶： 单叶，互生；叶片椭圆形或长圆状披针形，基部楔形，先端短渐尖，无毛，表面灰绿色，背面淡灰绿色，常有白粉，边缘有小齿或近全缘，长6～8cm，宽1.5～2.5cm。

花： 雌雄异株；雄柔荑花序下垂；雄花苞片宽卵形，无蜜腺，雄蕊5，花药球形，黄色；雌花序直立或斜伸；雌花具苞片1，长卵形或椭圆形，无蜜腺，子房长圆柱形，柱头4裂。

果： 蒴果，成熟时自顶端向下开裂。

花期： 5月；果期：6月。

习性： 喜光，喜湿润、肥沃的土壤；多生于山区低海拔的河流两岸。

分布： 东北三省；也分布到朝鲜、俄罗斯及日本；吉林省多分布于东部山区各县（市）。

用途： 木材可供建筑及造纸；也是优良的绿化观赏树种。

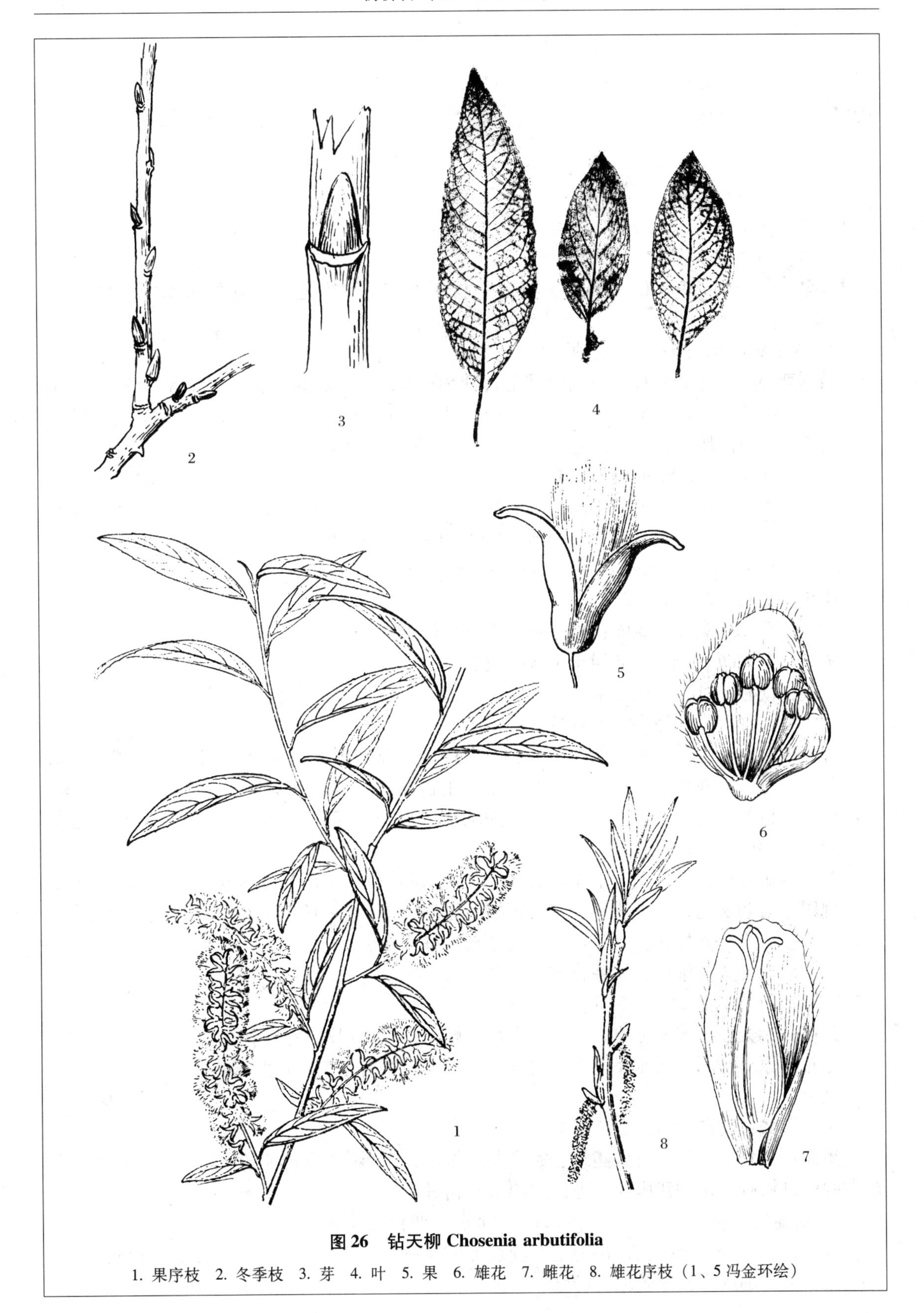

图 26　钻天柳 Chosenia arbutifolia

1. 果序枝　2. 冬季枝　3. 芽　4. 叶　5. 果　6. 雄花　7. 雌花　8. 雄花序枝（1、5 冯金环绘）

银白杨

科名：杨柳科（SALICACEAE）

中名：银白杨 图27

学名：Populus alba L.（属名为杨树的拉丁原名，意思是“大众的树木”；种加词为“白色的”）。

A. **银白杨 var. alba**（原变种）

识别要点：乔木；幼枝上有白色绒毛；叶片卵圆形，掌状5浅裂，背面有白色绒毛；雌雄异株；柔荑花序先叶开放，下垂；雄花苞片宽椭圆形，边缘有不规则齿和粗毛，花盘浅杯形，雄蕊8~10；雌花子房生于花盘内，花柱短，柱状4裂。

Diagnoses: Tree; Young-branchlets and buds with white-tomentose; Leaves ovate, palmately 3~5 lobed, tomentose beneath; Dioecious; Catkins bloom before leaves, hanging down; Male flower bract membraneous, broad-elliptic, irregular toothed and shaggy, cap-shaped disk, stamens 8~10; Female flower pistil sitting in disc, style short, stigma 4 lobed.

染色体数目：2n=38，57。

树形：乔木，高15~30m；树冠宽大，雌株树干歪斜。

树皮：灰白色，光滑，老树干下部树皮粗糙。

枝条：幼枝粗壮，有白绒毛。

芽：扁卵形，先端短尖，红褐色，有绒毛。

叶：单叶，互生；生长于萌发枝或长枝上的叶片宽卵形，边缘有3~5掌状深裂，先端钝或急尖，基部宽楔形或截形，边缘有不规则的波状齿，表面深绿色，初有绒毛，后脱落，背面密生白色氈绒毛，短枝上的叶较小，卵圆形或椭圆状卵形，边缘有不规则的波状钝齿，长4~8cm，宽4~8.5cm。

花：雌雄异株；柔荑花序下垂，长3~6cm；雄花苞片膜质，红紫色，宽椭圆形，边缘有不规则的齿和长毛，花盘浅杯形，有短柄，歪斜，雄蕊8~10枚，花药红紫色；雌花子房长圆锥形，下半部着生在杯状花盘内，花柱短，柱头4裂。

果：蒴果，长圆锥形，无毛，成熟后2瓣裂。

花期：4~5月；**果期：**6月。

习性：喜光，喜湿润土壤，但也耐干旱，抗风力强，但耐寒性能稍差。

分布：原产欧洲、北非及亚洲西北部，我国新疆有野生的；目前东北、华北、西北各地广为栽植。

抗寒指数：幼苗期II，成苗期I。

用途：木材较轻软，可供建筑、家具及造纸等；树形高耸，枝叶美观，为各地庭院绿化观赏的优良树种，也是我国西北地区平原造林树种。

B. **新疆杨**（变种）**var. pyramidalis Bunge**（变种加词为“金字塔形的”）。

本变种的枝条直上生长，树冠呈窄圆柱形或尖塔形，其他性状特征与原变种相同。

因本变种的耐寒性能较原变种强，目前吉林省各地多种植此变种。

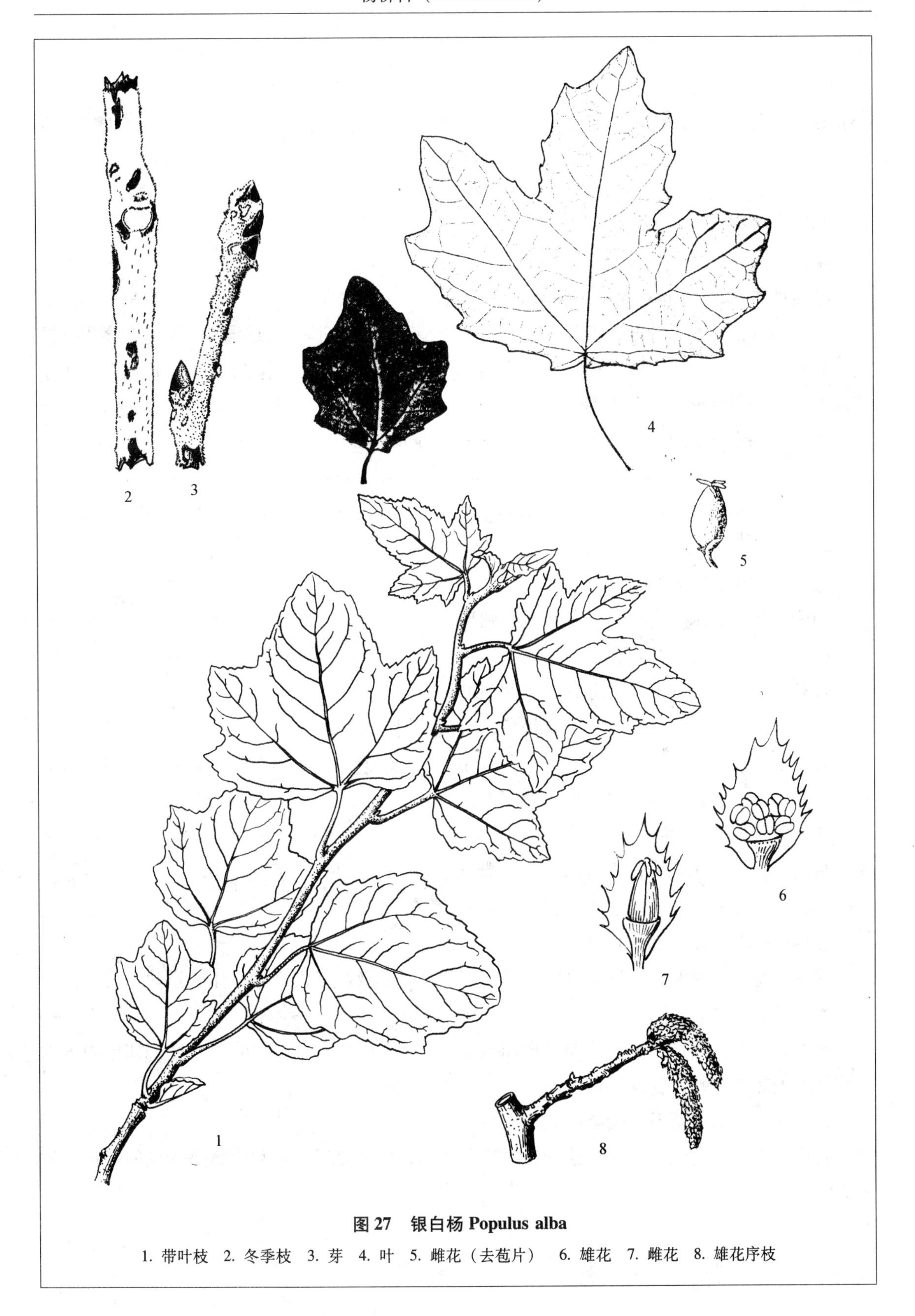

图 27　银白杨 Populus alba

1. 带叶枝　2. 冬季枝　3. 芽　4. 叶　5. 雌花（去苞片）　6. 雄花　7. 雌花　8. 雄花序枝

加拿大杨

科名：杨柳科（SALICACEAE）

中名：加拿大杨 加杨 图28

学名：Populus canadensis Moench.（种加词为“加拿大的”）。

识别要点：乔木；单叶，互生；叶片三角形或三角状卵形；雌雄异株；柔荑花序先叶开放；雄花苞片近圆形，膜质，边缘有丝状深裂，花盘浅杯形，雄蕊15~20；雌蕊下部生于花盘上，子房卵圆形，柱头4裂。

Diagnoses: Tree; Leaves simple, alternate; Blades deltoid or deltoid-ovate; Dioecious; Catkins bloom before leaves; Male flower bract nearly rounded, membraceous, silky-serrate on margin, disc cup-form, stamens 15 ~ 20; Female flower pistil sitting on the disc, ovary ovoid, stigma 4 lobed.

染色体数目：2n=38。

树形：落叶乔木，高约30m；树冠卵圆形。

树皮：粗糙，老皮暗灰色，浅沟裂。

枝条：斜上，圆柱形，无毛，有不明显的棱。

芽：大，卵圆形，先端渐尖，黄褐色，有黏质树脂。

叶：单叶，互生；叶片三角形或三角状卵形，先端渐尖，基部截形，常有1~2枚腺体，边缘半透明，有圆齿，表面暗绿色，背面淡绿色，长7~11cm，宽4~8cm。

花：雌雄异株；柔荑花序，下垂，长7~10cm；雄花苞片近圆形，膜质，边缘丝状深裂，黄褐色，花盘浅杯形，雄蕊15~20；雌花子房基部着生于花盘上，卵圆形，柱头4裂。

果：蒴果，卵圆形，先端尖，成熟时2~3瓣裂。

花期：4月；果期：5~6月。

习性：喜光，喜温暖、湿润气候，耐干旱、耐瘠薄及微碱性土壤，生长迅速，抗风能力强，耐寒性能不强。

分布：原产欧洲，为美洲黑杨（P. deltoid）与黑杨（P. nigra）的杂交种，如今国内除一些气候炎热地区外，普遍栽培。

抗寒指数：幼苗期II，成苗期I。

用途：木材质地轻软可作火柴杆、木箱及家具；树形美观，叶片大，是优良的绿化造林及观赏树种。

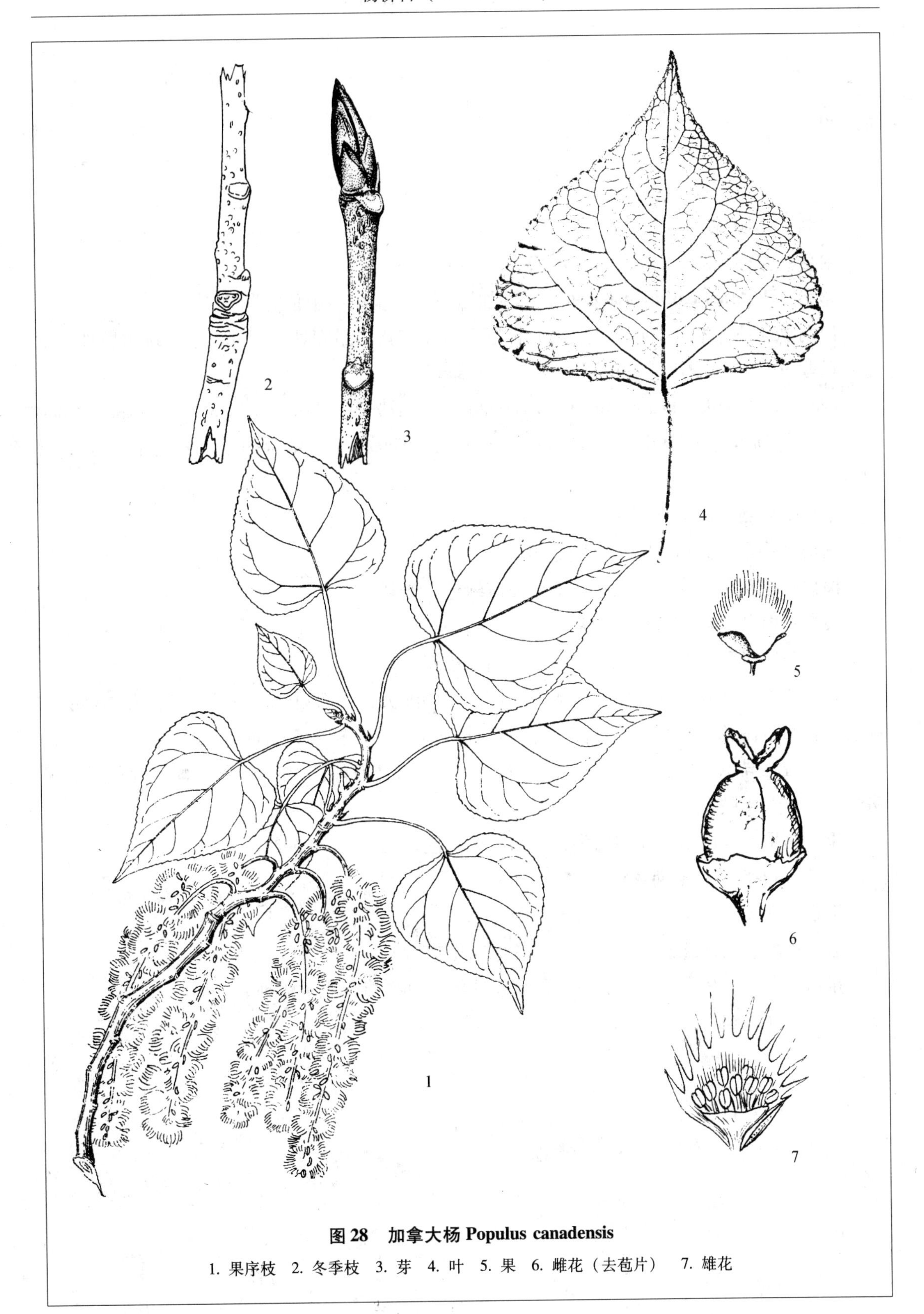

图 28　加拿大杨 *Populus canadensis*

1. 果序枝　2. 冬季枝　3. 芽　4. 叶　5. 果　6. 雌花（去苞片）　7. 雄花

青杨

科名：杨柳科（SALICACEAE）

中名：青杨 图 29

学名：Populus cathayana Rehd.（种加词为“华夏的、中华的”）。

识别要点：乔木，单叶互生；叶片卵圆形或狭卵形，最宽处在中部以下；雌雄异株；雄花有雌蕊 30～35；雌花子房光滑，柱头 2～4 裂。

Diagnoses：Tree，Leaves simple，alternate；Blades ovate or narrowly ovate，broadest below the middle；Dioecious；Male flower stamens 30～35；Female flower pistil glabrous，stigma 2～4 lobed.

染色体数目：2n＝38。

树形：乔木，高达 30m；树冠宽卵形。

树皮：暗灰色，有浅裂纵沟，幼树皮灰绿色，光滑。

枝条：橙黄色或灰黄色，无毛。

芽：长圆锥形，紫褐色或黄褐色，有黏性树脂。

叶：单叶，互生；叶片卵圆形或狭卵形，先端渐尖，基部圆形，边缘有腺锯齿，表面深绿色，背面带白色，有 5～7 条弧形的侧脉，长 6～10cm，宽 3.5～7cm。

花：雌雄异株；柔荑花序下垂，长约 5～6cm；雄花有雌蕊 30～35 枚；雌花序较长，子房光滑，柱头 4 裂。

果：蒴果，卵圆形，先端急尖，无柄，黄褐色，成熟后 2～4 裂。

花期：4～5 月；果期：5～6 月。

习性：喜光，耐旱；喜生于杂木林中及林缘。

分布：华北、西北及四川；吉林省各地偶见栽培。

用途：木材轻软，可制造家具、门窗及造纸；可作绿化观赏树种。

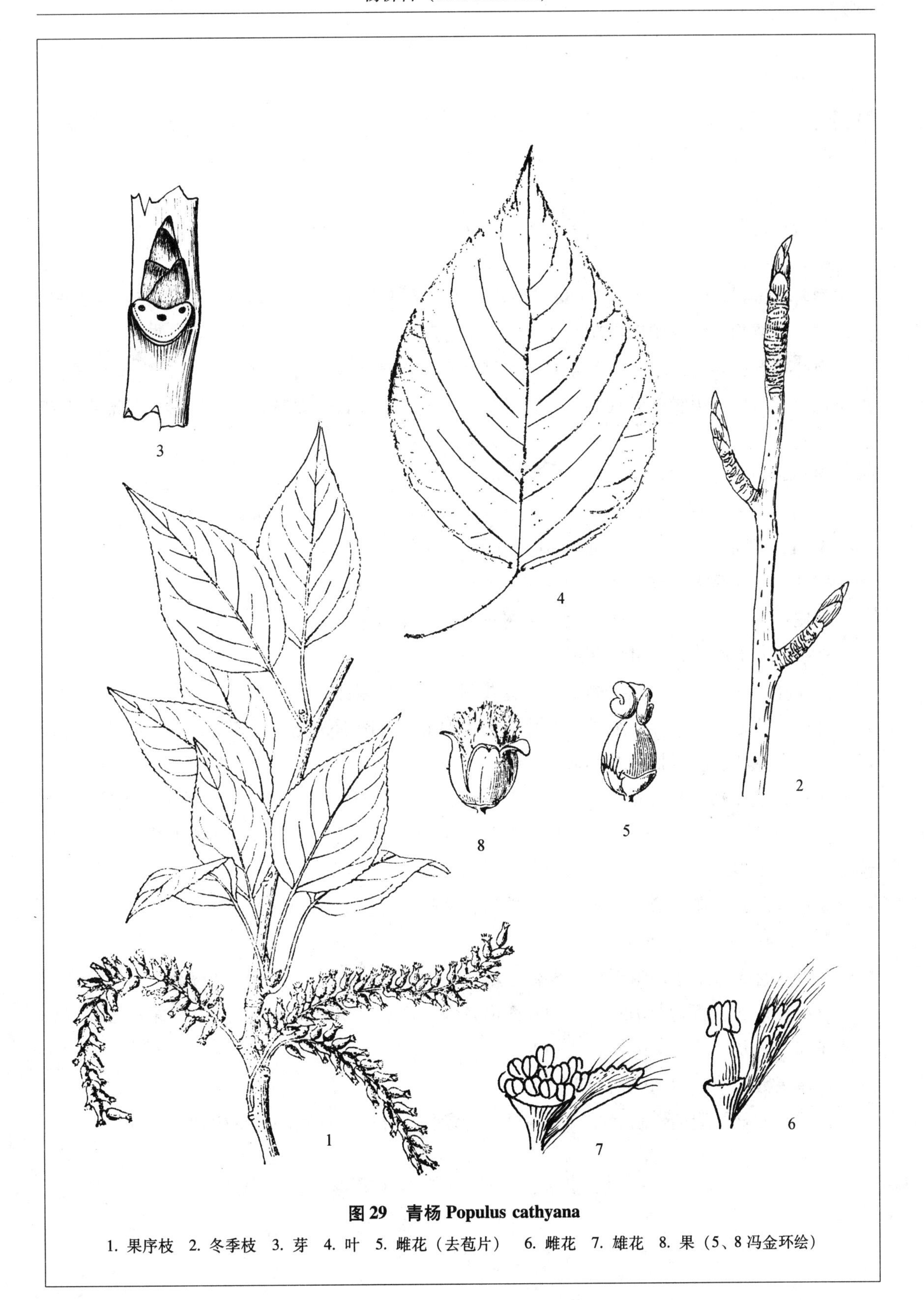

图 29　青杨 Populus cathyana

1. 果序枝　2. 冬季枝　3. 芽　4. 叶　5. 雌花（去苞片）　6. 雌花　7. 雄花　8. 果（5、8 冯金环绘）

山杨

科名：杨柳科（SALICACEAE）

中名：山杨　图 30

学名：Populus davidiana Dode（种加词为人名 Jean Pierre Armand David，1826 ~ 1900，法国神父兼植物学家，曾到中国采集）。

识别要点：乔木；单叶，互生；叶片卵圆形或近圆形；雌雄异株，柔荑花序先叶开放；雄花苞片近圆形，边缘掌状细裂，花盘杯形，雄蕊 5 ~ 12 枚；雌花子房圆锥形，基部生于花盘内，柱头 4 裂。

Diagnoses：Tree；Leaves simple，alternate，blades ovate or nearly globose；Dioecious；Catkins bloom before leaves；Male flower bract nearly rounded，silky serrates，disc cup-shaped，anthers 5 ~ 12；Female pistil conical，base sitting on disc，stigma 4 lobed.

树形：落叶乔木，高达 25m；树冠圆形或卵圆形。

树皮：光滑，灰绿色或灰白色，老树皮粗糙，深褐色。

枝条：向上斜伸，光滑，灰绿色。

芽：叶芽卵圆形，无毛，先端尖，花芽宽卵形，先端钝，有黏质树脂。

叶：单叶，互生；叶柄细长；叶片三角状卵形或近圆形，先端短渐尖或钝尖，基部近圆形，边缘有波状浅齿，长与宽相似，各为 3 ~ 6cm。

花：雌雄异株；柔荑花序，长 4 ~ 9cm；雄花苞片膜质，近圆形，红褐色，边缘细裂，有长毛，花盘浅杯形，雄蕊 5 ~ 12 枚；雌花苞片及花盘同雄花，子房基部生于花盘内，卵圆锥形，柱头 4 裂。

果：蒴果，卵圆锥形，黄褐色，成熟后自顶端 2 裂。

花期：4 月；果期：5 ~ 6 月。

习性：喜光，耐寒、耐干旱及瘠薄土壤。多生于低海拔的阔叶林中及林缘。

分布：东北、西北、华北、华中及西南各地；日本、朝鲜及俄罗斯也有分布；吉林省分布于东部山区及中部半山区各县（市）。

抗寒指数：幼苗期 I，成苗期 I。

用途：木材可造纸，制造家具及用具；为绿化造林以及观赏的重要树种。

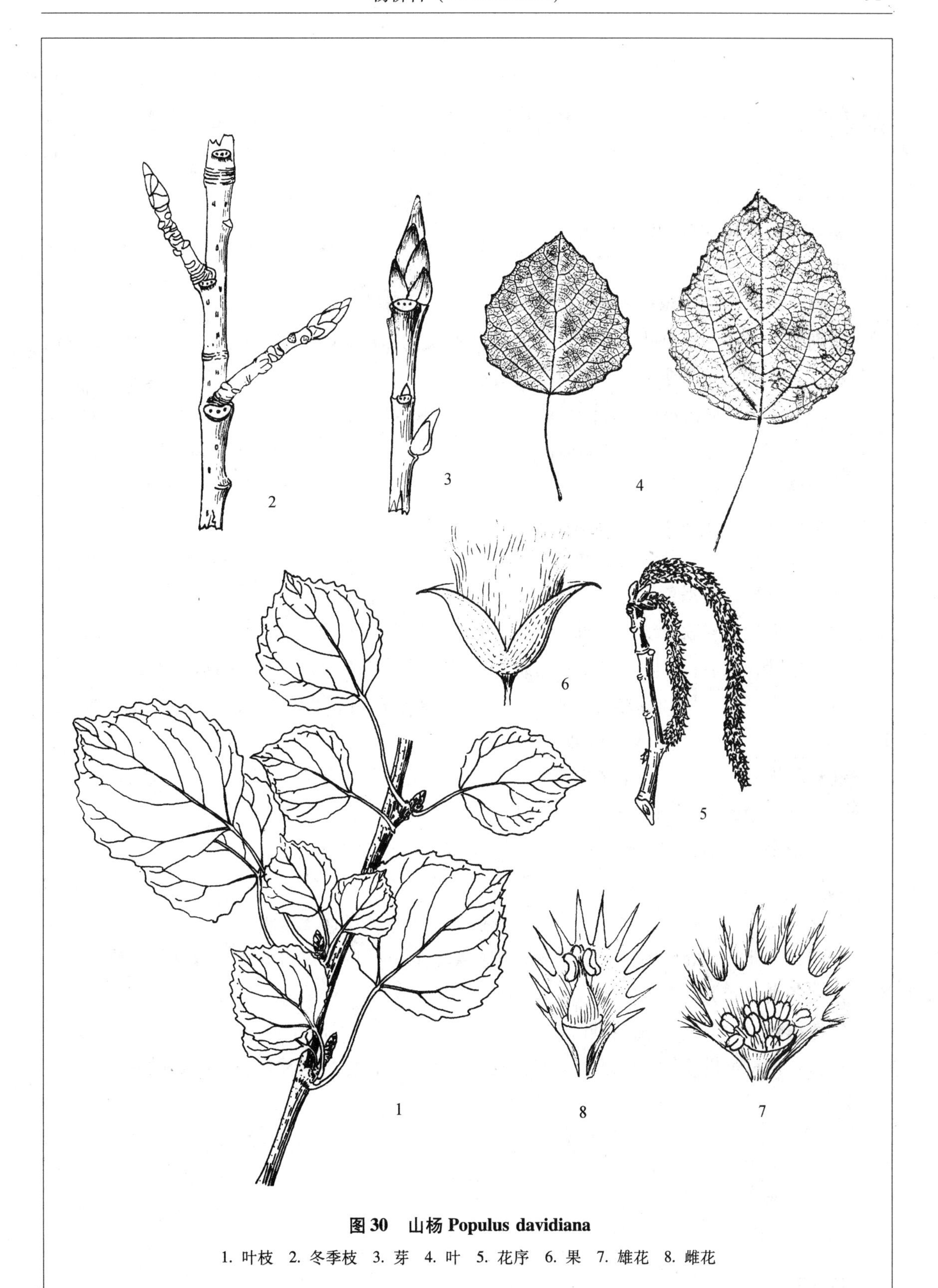

图 30　山杨 Populus davidiana

1. 叶枝　2. 冬季枝　3. 芽　4. 叶　5. 花序　6. 果　7. 雄花　8. 雌花

东北杨

科名：杨柳科（SALICACEAE）

中名：东北杨 图 31

学名：Pouplus girinensis Skv.（种加词为“吉林省的”）。

识别要点：乔木；单叶，互生；叶片椭圆形或宽卵形，两面脉上有短柔毛；雌雄异株，柔荑花序长 5～10cm；雄花具雄蕊 30～40 枚。

Diagnoses：Tree；Leaves simple，alternate；Blades elliptic or broad-ovate，nerves with pubescent on both sides；Dioecious；Catkins，5～10 cm long；Male flower with stamens 30～40.

染色体数目：2n＝38。

树形：乔木，高约 30m；树冠开展。

树皮：灰色，有浅裂纵沟，幼枝初为淡红色，后变灰绿色，有短柔毛。

芽：卵圆形，黄褐色，有黏性树脂。

木材：白色，轻软，纹理通直，致密，耐腐，比重 0.5。

叶：单叶，互生；叶片椭圆形或宽卵形，先端短渐尖或急尖，基部圆形或近心形，边缘有腺锯齿，有睫毛，表面深绿色，有浅皱纹，背面苍白色，两面脉上均有短柔毛，长 5～10cm，宽 3～6cm。萌发枝上的叶较大。

花：雌雄异株；雄柔荑花序长 5～10cm，苞片宽卵形，边缘成丝状深裂，有长柔毛，雄蕊 30～40 枚；雌柔荑花序细长，子房长圆锥形，柱头 4 裂。

果：蒴果，无柄，卵圆形，成熟后 3～4 瓣裂。

花期：4 月；果期：5～6 月。

习性：喜光，稍耐阴，耐寒，生长于林内溪谷附近的肥沃土壤上。

分布：东北、华北、内蒙古及陕西；俄罗斯、日本及朝鲜也有分布；吉林省主要分布于东部山区各县（市）。

抗寒指数：幼苗期 I，成苗期 I。

用途：木材可供建筑、造纸、火柴杆及制造胶合板；也是森林更新的主要树种之一。

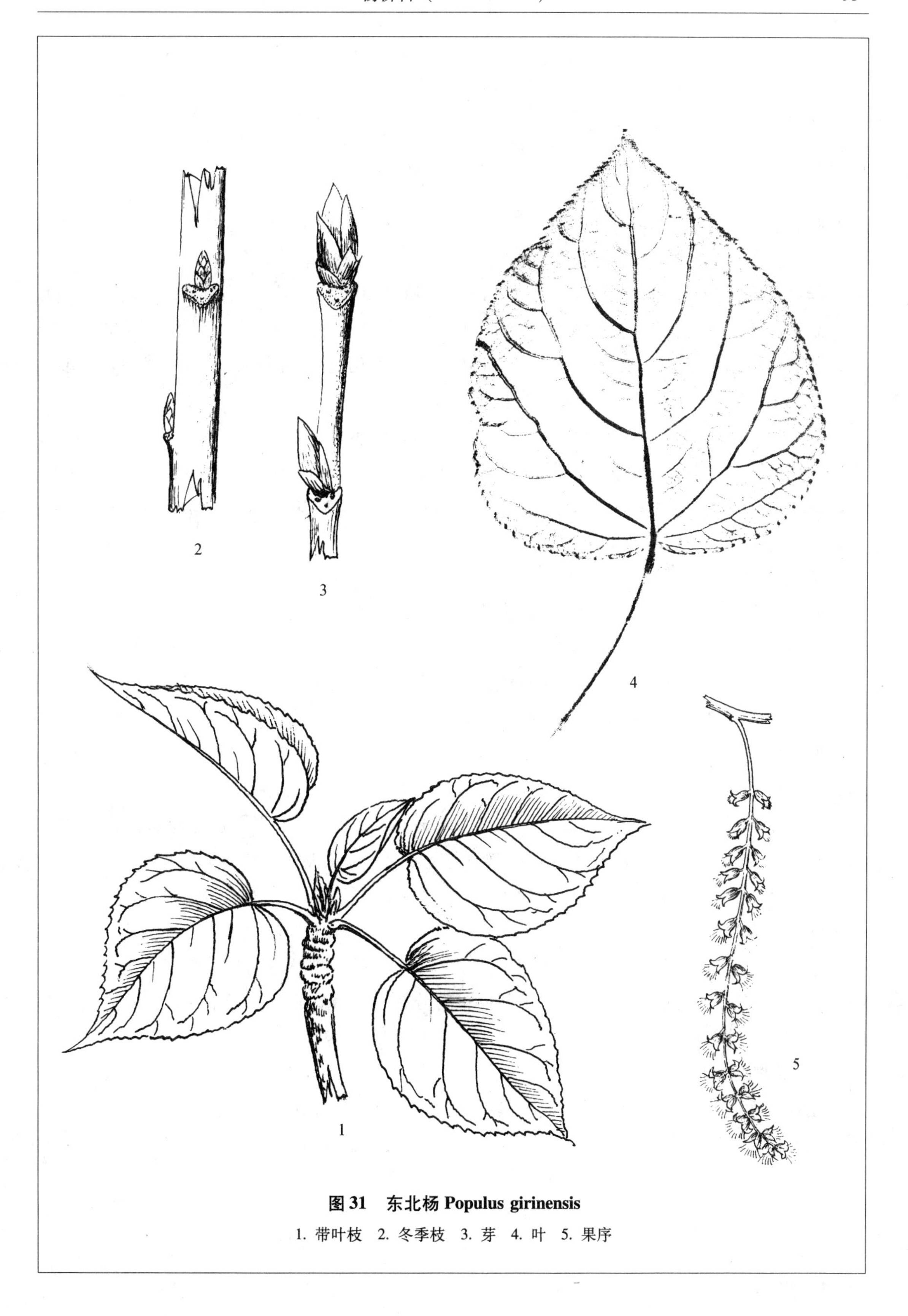

图 31　东北杨 Populus girinensis

1. 带叶枝　2. 冬季枝　3. 芽　4. 叶　5. 果序

香杨

科名：杨柳科（SALICACEAE）

中名：香杨 朝鲜杨 图32

学名：Populus koreana Rehd.（种加词为“朝鲜的”）。

识别要点：乔木；芽卵圆形，有香味的树脂；单叶，互生；叶片椭圆形或倒卵状椭圆形，背面白色或略带粉红色；雌雄异株，柔荑花序；雄花苞片近圆形，边缘掌状细裂，雄蕊10~30枚；雌花的花盘杯状，子房长卵圆形，柱头4裂。

Diagnoses：Tree；Buds ovoid，covered with sweet smell resin；Leaves simple，alternate；Blades elliptic or obovate-elliptic，white or light pink beneath；Dioecious；Catkins；Male flower bract nearly rounded，palmatly silky serrates on margin，stamens 10~30；Female flower disc cup-form，pistil ovoid，stigma 4 lobed.

染色体数目：2n=38。

树形：落叶乔木，高达30m；树冠宽卵圆形。

树皮：老树皮暗灰色，有纵沟裂。

枝条：粗壮，绿褐色，幼枝常有黏性树脂，有香味，无毛。

芽：大，卵圆形，先端渐尖，红褐色或黄褐色，有黏性树脂，有香味。

叶：单叶，互生；叶片椭圆形或倒卵状椭圆形，先端渐尖，基部圆形，边缘有细小的锯齿，表面深绿色，有明显的皱纹，背面白色或稍带有粉红色，长5~15cm，宽4~8cm。

花：雌雄异株；柔荑花序下垂，长3.5~5cm；雄花苞片近圆形，边缘丝状深裂，并有长柔毛，花盘浅杯形，雄蕊20~30枚；雌花花盘浅杯形，子房长圆锥形。

果：蒴果，黄褐色，卵圆形，无柄，成熟时2~4瓣裂。

花期：4~5月；果期：5月下旬。

习性：喜光，喜潮湿、肥沃的土壤。多生于低海拔的杂木林或阔叶林的上层。

分布：东北三省的林区；朝鲜、俄罗斯也有分布；吉林省多分布于东部长白山区及中部半山区各县（市）。

抗寒指数：幼苗期Ⅰ，成苗期Ⅰ。

用途：木材轻软，色白洁，可制家具、用具、胶合板、造纸等；可供绿化观赏。

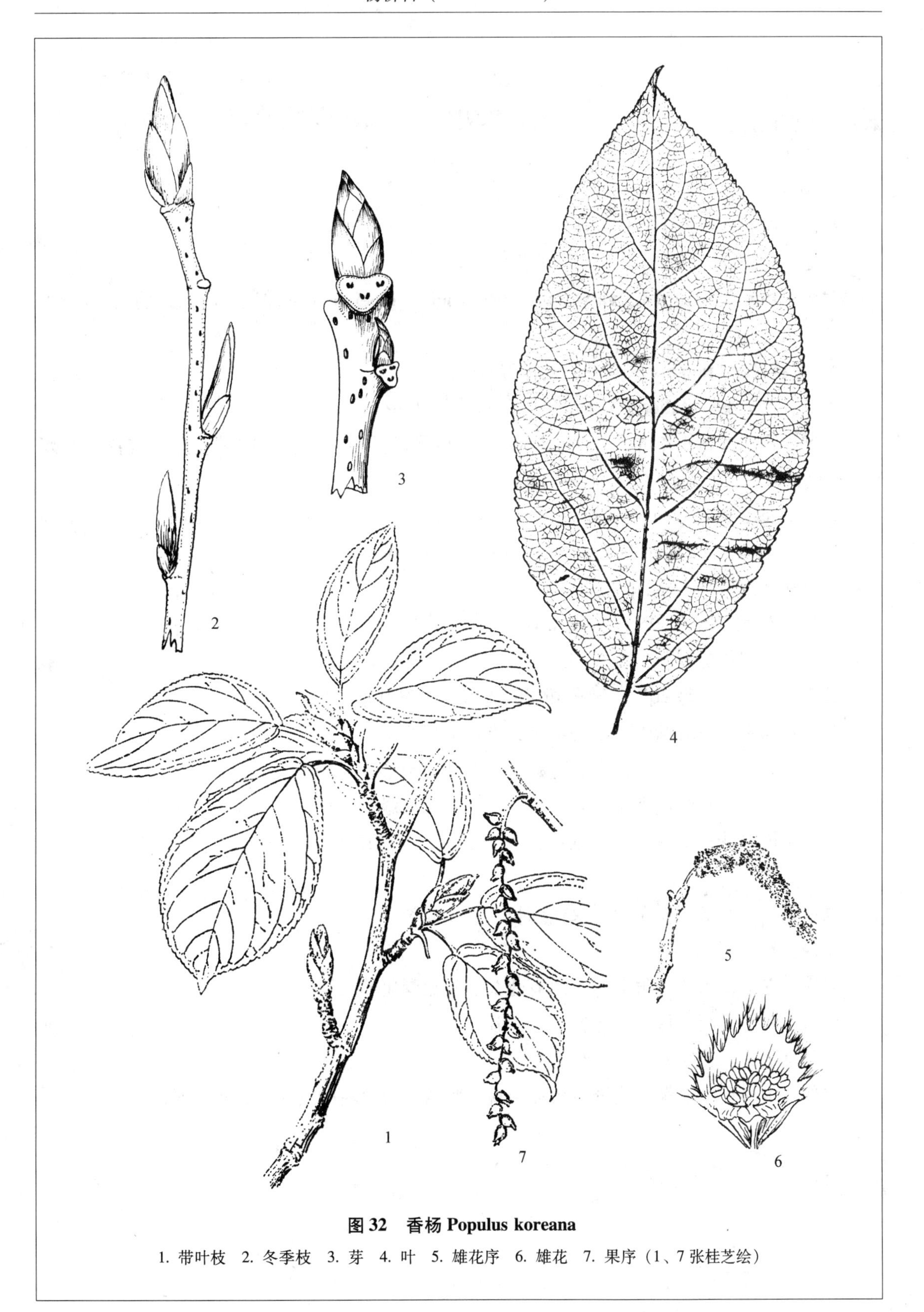

图 32　香杨 Populus koreana

1. 带叶枝　2. 冬季枝　3. 芽　4. 叶　5. 雄花序　6. 雄花　7. 果序（1、7 张桂芝绘）

钻天杨

科名：杨柳科（SALICACEAE）

中名：钻天杨 图33

学名：Populus nigra L. var. italica（Moench.）Koehne（种加词为“黑色的”；变种加词为“意大利的”）。

A. **黑杨 var. nigra**（原变种）吉林省不产。

B. **钻天杨 var. italica（Moench.）Koehne**（变种）

识别要点：乔木；单叶，互生；叶片菱状卵圆形；雌雄异株；柔荑花序，雄花有雌蕊6～30枚；雌花子房长圆锥形，柱头4裂。

Diagnoses: Tree; Leaves simple, alternate; Blades rhombic-ovate; Dioecious; Catkins; Male flowers stamens 6～30; Female flowers pistil elongate-conic, stigma 4 lobed.

染色体数目：2n＝38，57。

树形：乔木，高约30m；树冠成圆柱形。

树皮：老树皮黑褐色，有浅裂纵沟。

枝条：黄褐色，呈20°～30°角开展，光滑，幼枝有短柔毛。

芽：长卵形，先端渐尖，淡红褐色，有黏的树脂。

叶：单叶，互生或于短枝上丛生；叶片菱状卵圆形，先端渐尖，基部截形或宽楔形，边缘有半透明的边，具细钝锯齿，表面深绿色，背面淡绿色，长5～10cm，宽4～9cm。

花：雌雄异株；柔荑花序；雄花花盘淡黄色，有雄蕊15～30枚；雌花子房狭卵形，柱头4裂。

果：蒴果卵圆形，先端尖，果柄细长，成熟开裂。

花期：4月；**果期：**5～6月。

习性：喜光，耐寒、耐干旱、耐瘠薄及轻度盐碱化的土壤。

分布：起源不明，目前世界各地广为栽培。

抗寒指数：幼苗期II，成苗期I。

用途：木材可供建筑及造纸；树形美观、壮丽，是著名的庭园及行道树种。

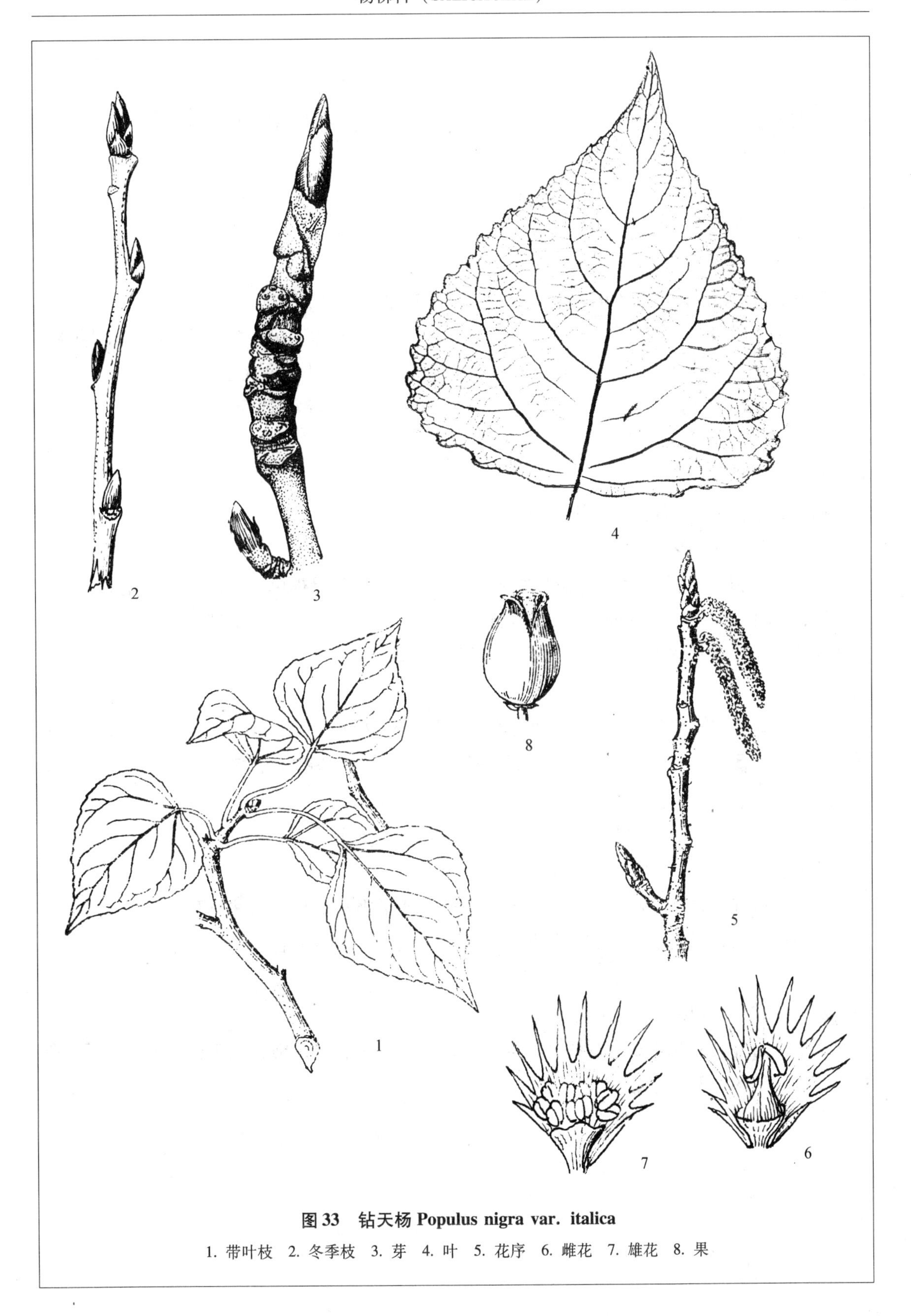

图 33　钻天杨 Populus nigra var. italica

1. 带叶枝　2. 冬季枝　3. 芽　4. 叶　5. 花序　6. 雌花　7. 雄花　8. 果

小青杨

科名： 杨柳科（SALICACEAE）

中名：小青杨 图 34

学名：Populus pseudo-simonii Kitag.（种加词为“假的小叶杨 P. simonii”）。

识别要点： 乔木；单叶，互生；叶片卵圆形或菱状卵圆形，最宽处在中部以下；雌雄异株；柔荑花序下垂；雄花有雌蕊 10～30 枚；雌花子房狭圆锥形，无毛。

Diagnoses：Tree；Leaves simple，alternate；Blades ovate or rhombic ovate，broadest below middle；Dioecious；Catkins pendulous；Male flower with stamens 10～30；Female flower pistil narrowly conic，glabrous.

树形： 落叶乔木，高 20m；树冠宽卵形。

树皮： 暗灰色，老皮浅纵沟裂。

枝条： 绿褐色，粗壮，有长短枝之分，幼枝淡绿色或黄绿褐色，有浅棱条，无毛。

叶： 单叶，互生；叶片卵圆形或菱状卵圆形，最宽处位于叶片中下部，基部宽楔形，先端渐尖或短渐尖，边缘有小的锯齿，表面深绿色，有光泽，背面淡绿色，无毛，长 4～9cm，宽 2～7cm。

花： 雌雄异株；柔荑花序下垂；雄花苞片近圆形，边缘丝状齿裂，并有长毛，花盘浅杯形，雄蕊 10～30 枚，花药红紫色；雌花子房狭长圆锥形，基部生于花盘内，花柱短，柱头 4 裂。

果： 蒴果，黄褐色，卵圆形，无毛，成熟时自顶端向下开裂。

花期： 4 月下旬；果期：6 月初。

习性： 喜光，耐寒，耐干旱及瘠薄土壤。自生于低海拔的林区山坡及河流两岸。

分布： 内蒙古以及东北三省、华北、西北、西南各地；吉林省多分布于半山区的杂木林中及林缘。

抗寒指数： 幼苗期 I，成苗期 I。

用途： 为优良的绿化观赏树种，作为行道树，抗干旱、抗污染、抗病虫害的能力强，但树龄较短，约 50 年。

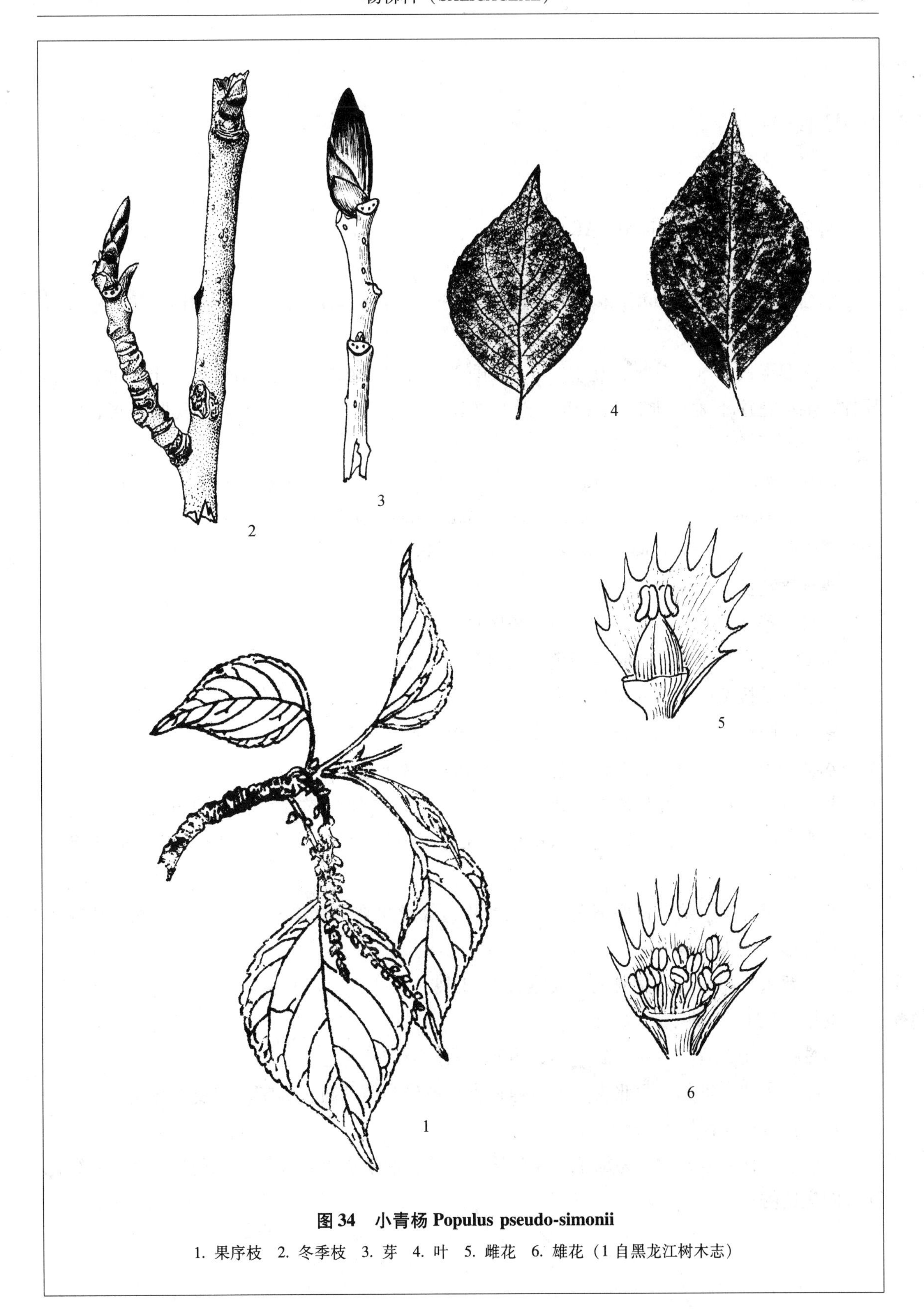

图 34　小青杨 Populus pseudo-simonii

1. 果序枝　2. 冬季枝　3. 芽　4. 叶　5. 雌花　6. 雄花（1 自黑龙江树木志）

小叶杨

科名：杨柳科（SALICACEAE）

中名：小叶杨 图 35

学名：Populus simonii Carr.（种加词为人名：Simon-Louis，1834～1913，法国植物学家）。

识别要点：乔木；单叶，互生；叶片倒卵形或菱状倒卵形，最宽处在叶片上半部；雌雄异株，柔荑花序下垂；雄花苞片近圆形，雄蕊 8～9（25）枚；雌花子房狭圆锥形，柱头 4 裂。

Diagnoses：Tree；Leaves simple，alternate；Blades obovate or rhombic-obovate，broadest on upper part；Dioecious；Catkins，pendulous；Male flower bract nearly rounded，stamens 8～9（25）；Female flower pistil narrowly conic，stigma 4 lobed.

染色体数目：2n＝38。

树形：落叶乔木，高达 20m；树冠长圆形。

树皮：幼时灰绿色，老时暗灰色，浅沟裂。

枝条：幼枝黄褐色，有明显的纵棱，成年枝灰绿色。

芽：卵圆形，红褐色，先端尖，表面有黏性树脂。

木材：边材淡褐色，心材红褐色，纹理通顺，材质轻软，比重 0.42。

叶：单叶，互生；叶片倒卵形或菱状倒卵形，基部楔形，先端短渐尖或急尖，边缘有细锯齿，表面深绿色，背面淡绿色或灰绿色，无毛，长 3～12cm，宽 2～8cm；萌发枝上叶倒卵形，先端圆头。

花：雌雄异株，柔荑花序下垂；雄花苞片边缘丝状裂，具雄蕊 8～9（25）枚；雌花子房狭圆锥形，柱头 4 裂。

果：蒴果，卵圆形，黄褐色，成熟后 2～3 裂。

花期：4 月；果期：5～6 月。

习性：喜光，适应性强，耐干旱、耐寒、耐瘠薄和轻度盐碱土壤。

分布：东北、华北、西北及华中各地；吉林省作为西部防护林带的主要造林树种。

抗寒指数：幼苗期 I，成苗期 I。

用途：木材质地轻软，易加工，供建筑、农具、造纸、火柴杆等用；是防风固沙、绿化观赏的优良树种。

图 35　小叶杨 Populus simonii

1. 带叶枝　2. 冬季枝　3. 芽　4. 叶　5. 雌花　6. 雄花　7. 果序枝　8. 果

毛白杨

科名：杨柳科（SALICACEAE）

中名：毛白杨　图 36

学名：**Populus tomentosa Carr**.（种加词为“被绒毛的”）。

识别要点：乔木；小枝有灰白色绒毛；单叶，互生；叶片宽卵形或三角状卵形，背面有灰白色绒毛；雌雄异株；柔荑花序下垂，苞片膜质，边缘细裂；雄花具雄蕊 6 ~ 12 枚；雌花子房长圆锥形。

Diagnoses：Tree；Branchlets glaucous tomentose，Leaves simple，alternate；Blades broad ovate or deltoid-ovate，glaucous beneath；Dioecious；Catkins pendulous；Bract membranaceous，silky-dissected；Male flower with stamens 6 ~ 12；Female flower pistil elongate-conic.

染色体数目：2n = 38。

树形：乔木，高达 25m，胸径达 1m；树冠为卵圆形。

树皮：灰白色，老皮黑灰色，浅纵裂，皮孔菱形。

枝条：侧枝开展，被有灰色毡毛，后光滑无毛。

芽：卵圆形或近球形，红褐色，被有绒毛或无毛，芽鳞边缘有睫毛。

叶：单叶，互生；叶片宽卵形或三角状卵形，先端渐尖，基部近心形或平截，边缘有重锯齿，表面深绿色，背面有灰白色毡毛，长 10 ~ 15cm，宽 7 ~ 13cm。

花：雄柔荑花序长 10 ~ 15cm；雄花苞片膜质，边缘深裂，有长毛，雄蕊 6 ~ 15 枚，花药红色；雌花序长 4 ~ 7cm；苞片同雄花，子房长圆锥形，柱头 4 裂。

果：蒴果卵圆形，2 裂。

花期：3 月；果期：4 ~ 5 月。

习性：喜光，耐干旱、耐污染，生长迅速，但不耐寒。

分布：华北及西北各地；吉林省南部有栽种。

抗寒指数：幼苗期 III，成苗期 II。

用途：木材轻软，可用于建筑、造纸、火柴杆等；树形高大，叶背灰白色，是优良的绿化、观赏及行道树造林树种。

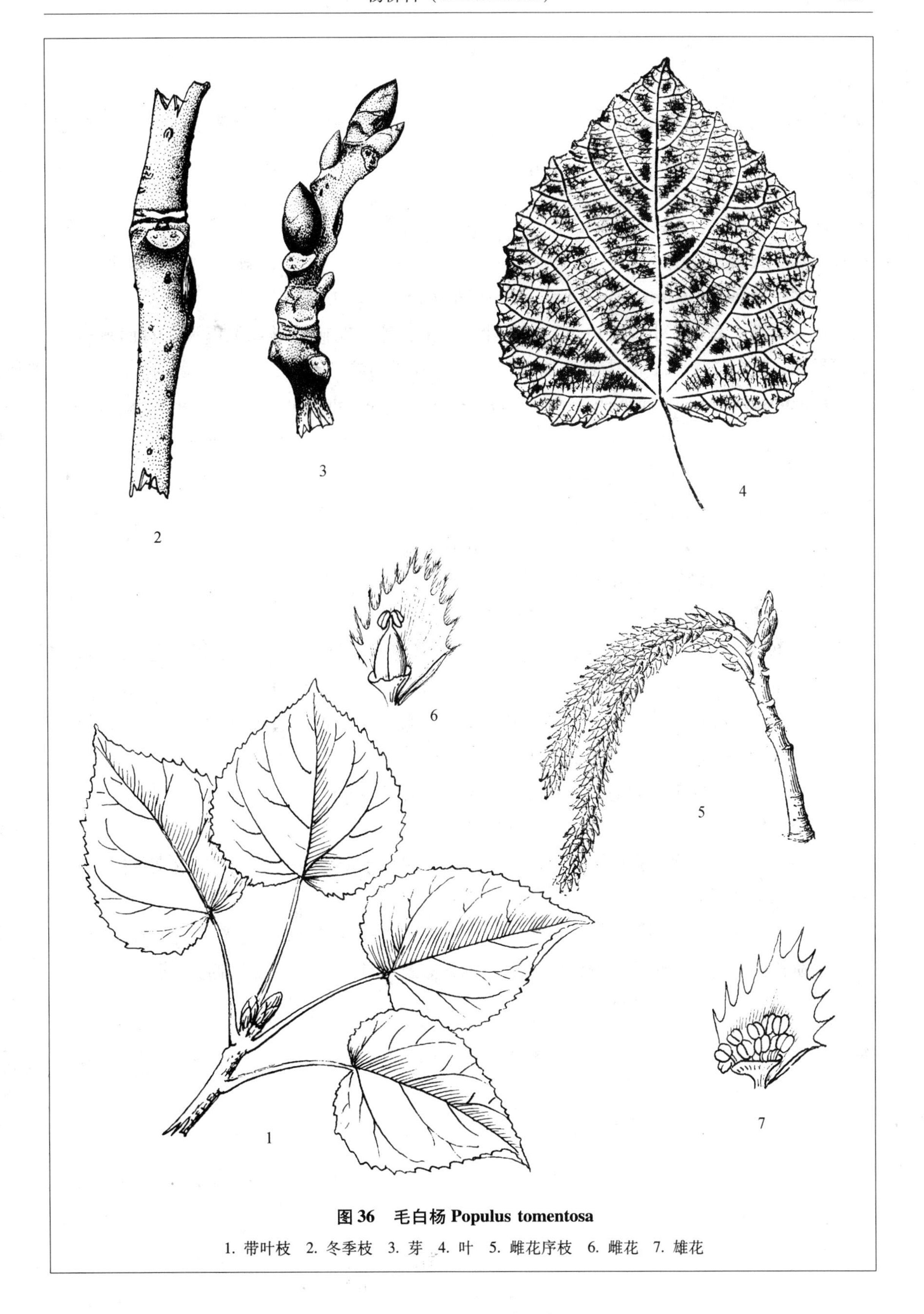

图 36　毛白杨 Populus tomentosa

1. 带叶枝　2. 冬季枝　3. 芽　4. 叶　5. 雌花序枝　6. 雌花　7. 雄花

大青杨

科名：杨柳科（SALICACEAE）

中名：大青杨 图 37

学名：Populus ussuriensis Kom.（种加词为“乌苏里江的”）。

识别要点：乔木；小枝有短柔毛；单叶，互生；叶片宽椭圆形或宽卵形，背面绿白色；雌雄异株，柔荑花序；雄花具雄蕊 10～15 枚；雌花子房狭圆锥形，柱头 4 裂。

Diagnoses：Tree；Branchlets pubescent；Leaves simple，alternate；Blades broadly elliptic or broadly ovate，glaucous beneath；Dioecious；Catkins；Male flower with stamens 10～15；Female flower pistil narrowly conic，stigma 4 lobed.

树形：大乔木，高达 20m，树冠圆形。

树皮：幼时灰绿色，较光滑，老树皮暗灰色，有浅纵沟裂。

枝条：嫩枝灰绿色，有短柔毛。

芽：长卵形，先端渐尖，外有黏质树脂。

叶：单叶，互生；叶片宽卵形或宽椭圆形，基部圆形或近心形，先端短渐尖，边缘有细锯齿，表面深绿色，背面灰绿色，两面沿叶脉生有短柔毛，长 5～12cm，宽 3～7cm。

花：雌雄异株；柔荑花序下垂，长 8～12cm；苞片宽卵形，边缘细丝裂，生有长柔毛；雄花具雄蕊 8～15 枚；雌花子房长圆锥形，花盘发达，包住子房大半部。

果：蒴果，黄褐色，无毛，成熟时自顶端向下开裂。

花期：4～5 月；果期：5～6 月。

习性：喜光，耐寒，喜较潮湿而肥沃的土壤。多生于低海拔的杂木林或混交林内，常单株生长于林木的上层。

分布：东北各地林区；朝鲜、俄罗斯也有分布；吉林省多分布于东部山区各县（市）。

用途：材质轻软，纹理通顺，便于加工成家具及用具，并可造纸、制胶合板等。

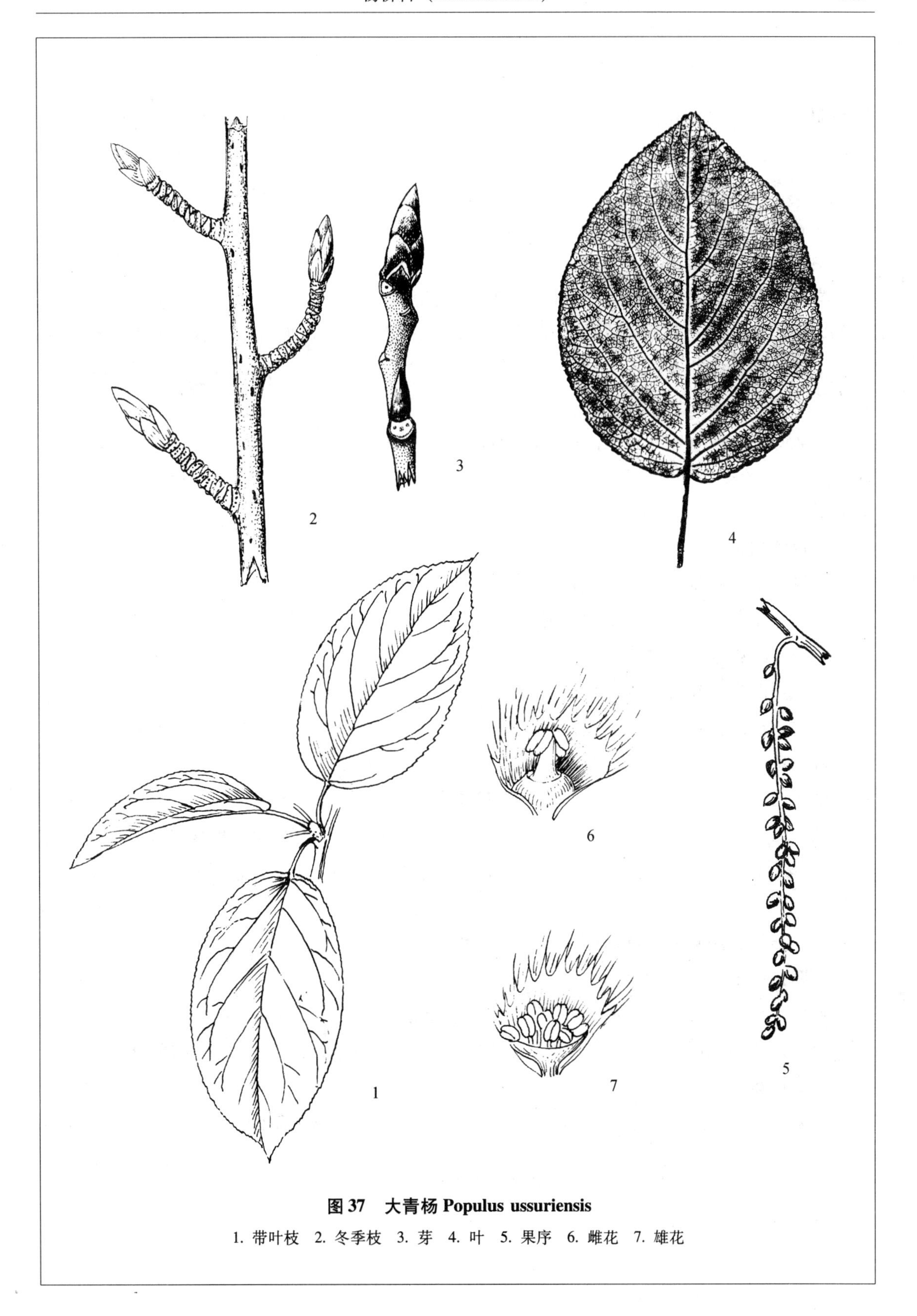

图 37 大青杨 Populus ussuriensis

1. 带叶枝 2. 冬季枝 3. 芽 4. 叶 5. 果序 6. 雌花 7. 雄花

垂柳

科名：杨柳科（SALICACEAE）

中名：垂柳 图38

学名：Salix babylonica L.（种加词为“巴比伦的”）。

识别要点：落叶乔木；枝条明显下垂；单叶，互生；叶片披针形或狭披针形；雌雄异株；柔荑花序；雄花有苞片1，雄蕊2，蜜腺2；雌花苞片1，子房卵圆柱形，蜜腺1；果为蒴果，成熟后2裂。

Diagnoses：Deciduous tree；Branches pendulous；Leaves simple，alternate；Blades lanceolate or narrowly lanceolate；Dioecious；Catkins；Male flower with bract 1，stamens 2，nectars 2；Female flower bract 1，pistil ovoid-terete，nectar only one；Capsule open 2 lobes when maturity.

染色体数目：2n =76。

树形：落叶乔木，高10～18m。

树皮：暗灰色，有不规则的浅裂。

枝条：小枝细长，柔软下垂，黄褐色或略带紫红色，光滑无毛。

芽：卵圆形，先端钝圆，芽鳞上有柔毛。

木材：淡红褐色，纹理通直，轻软而坚韧。

叶：单叶，互生；叶片狭披针形或披针形，先端有尾状渐尖，基部楔形，边缘有细锯齿，表面深绿色，背面淡绿色，无毛或略有微毛，长9～15cm，宽0.5～1.5cm。

花：雌雄异株；雌雄花皆组成柔荑花序；雄花有苞片1，有柔毛，卵圆形或披针形，雄蕊2，花药红黄色，花丝基部有柔毛，蜜腺2，背腹各1；雌花苞片1，子房长圆柱形，柱头4裂，基部只有1枚腹蜜腺。

果：蒴果，卵圆形，黄绿色，成熟时自上向下开裂。

花期：4月；**果期：**6月。

习性：喜光，喜水湿环境。多生长在河流及湖泊岸边，但也能适应较干旱土壤。

分布：我国长江及黄河流域；全国各地广为栽培；吉林省各县（市）皆有栽植。

抗寒指数：幼苗期Ⅰ，成苗期Ⅰ。

用途：木材可加工成家具及用具；为早春蜜源植物；树皮可制栲胶；是优良而美观的绿化树种。

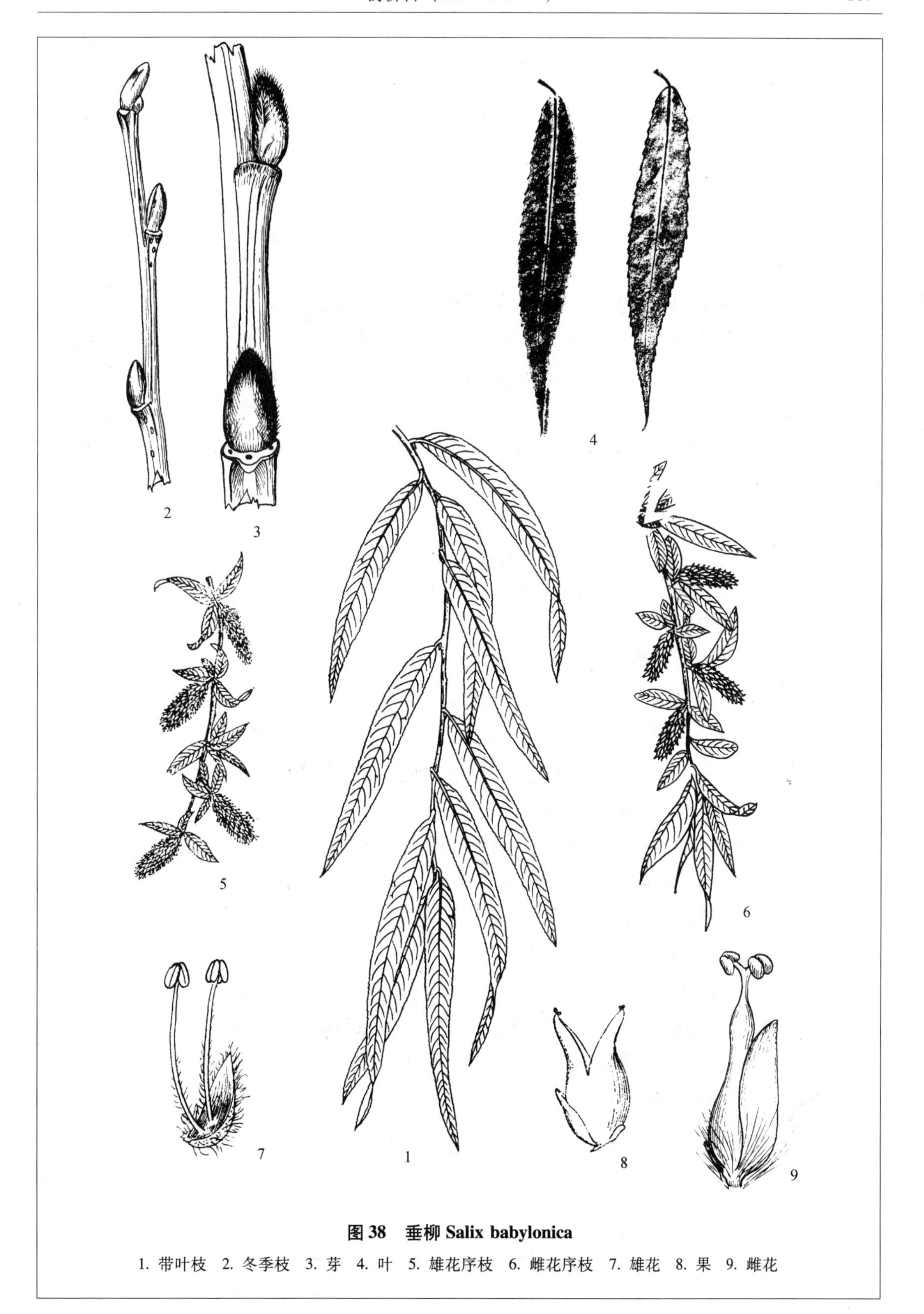

图 38　垂柳 Salix babylonica

1. 带叶枝　2. 冬季枝　3. 芽　4. 叶　5. 雄花序枝　6. 雌花序枝　7. 雄花　8. 果　9. 雌花

毛枝柳

科名：杨柳科（SALICACEAE）

中名：毛枝柳　图 39

学名：**Salix dasyclados Wimm.**（种加词为“具有粗毛枝的”）。

识别要点：灌木或乔木；小枝上有灰白色柔毛；单叶，互生；叶片宽披针形或倒披针形；雌雄异株；柔荑花序；雄花有 2 雄蕊，1 腺体；雌花子房卵状圆锥形，有柔毛，花柱长，柱头 2 裂。

Diagnoses：Shrub or tree；Brachlets with glauco-pubescent；Leaves simple，alternate；Blades broadly lanceolate or oblanceolate；Dioecious；Catkins；Male flower with 2 stamens，gland 1；Female flower pistil ovato-conic，pubescent，style longer，stigma 2 lobed.

染色体数目：2n＝38，57，76。

树形：灌木或乔木，高 5～8m。

树皮：褐色或黄褐色。

枝条：褐色，有灰白色长柔毛，或无毛。

芽：卵圆形，先端钝圆，褐色，有长柔毛。

叶：单叶，互生；叶片宽披针形或倒披针形，最宽处一般在中部以上，基部楔形，先端渐尖，边缘有不规则的腺锯齿，常反卷，表面深绿色，稍有短柔毛或无毛，背面灰色，有绢质短柔毛，长 5～20cm，宽 2～3.5cm。

花：雌雄异株；柔荑花序先叶开放；苞片长卵形，上半部黑色，有长柔毛；雄花具雄蕊 2，花丝分离，无毛，腺体 1，腹生；雌花子房卵状圆锥形，无柄，有柔毛，花柱细长，柱头 2 裂，腺体 1，细长，棒状。

果：蒴果，长卵形，成熟后自顶端向下 2 裂。

花期：4 月；果期：5～6 月。

习性：喜光，耐寒，喜水湿环境。多生于山区的河流两岸和湖泊周围的湿地。

分布：东北三省以及陕西、内蒙古、新疆；蒙古、俄罗斯、日本及朝鲜也有分布；吉林省多分布于东部山区各县（市）。

用途：木材可供薪炭或制造用具；可作为水土保持、绿化观赏的重要树种。

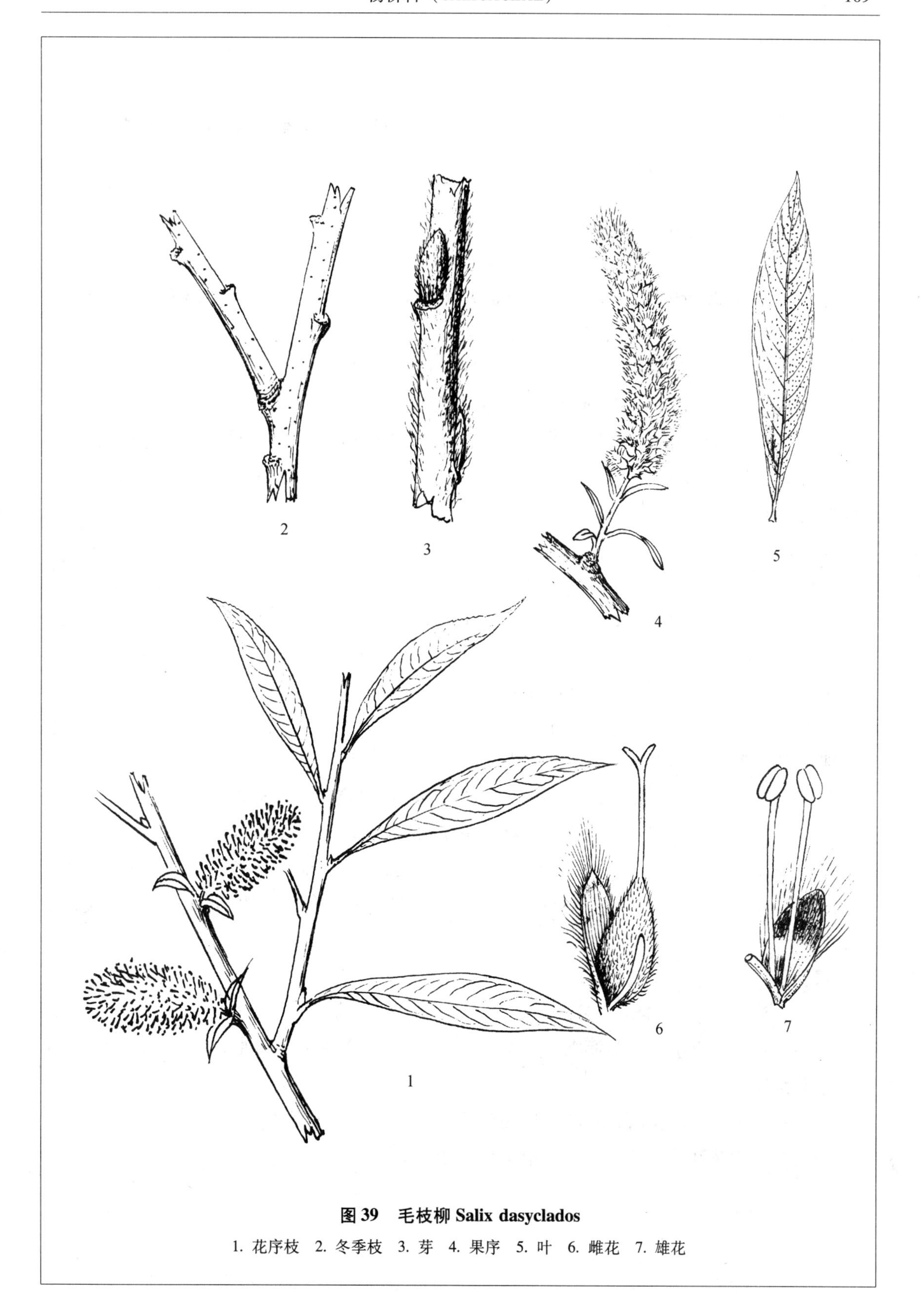

图 39　毛枝柳 Salix dasyclados

1. 花序枝　2. 冬季枝　3. 芽　4. 果序　5. 叶　6. 雌花　7. 雄花

长圆叶柳

科名： 杨柳科（SALICACEAE）

中名：长圆叶柳 图 40

学名：Salix divaricata Pall. var. meta-formosa（Nakai）Kitag.（种加词为“叉形的、展枝的”；变种加词为“晚出的、后出的 + 美丽的”）。

A. **叉枝柳 var. divaricata**（原变种）我国不产

B. **长圆叶柳 var. meta-formosa（Nakai）Kitag.**（变种）

识别要点： 匍匐或斜生灌木；单叶，互生；叶片椭圆形，倒卵形或卵圆形；雌雄异株，柔荑花序，苞片椭圆形或倒卵形，上半部黑色，有长毛；雄花中有雄蕊 2，花丝略联合，腺体 1；雌花子房有绒毛，柱头 2 裂，腺体 1。

Diagnoses： Creeping or ascending shrub；Leaves simple，alternate；Blades elliptic，obovate or ovate；Dioecious；Catkins；Bract elliptic or obovate，upper part black，pubescent；Male flower stamens 2，filaments united at base，nectar 1；Female flower pistil tomentose，stigma 2 lobed，nectar 1.

树形： 匍匐或斜生的灌木，高约 80cm。

枝条： 淡黄色，幼枝有毛，后无毛。

芽： 长卵形，先端尖，黄红色，光滑。

叶： 单叶互生；叶片椭圆形，倒卵形或卵圆形，先端渐尖，基部近圆形，边缘有不明显的锯齿，表面深绿色，背面灰绿色，无毛，长 3 ~ 6cm，宽 2.5 ~ 3.5cm。

花： 雌雄异株；柔荑花序；苞片长倒卵形，上部黑色；雄花有雄蕊 2，花丝基部常合生，无毛，花药球形，红黄色，腺体 1；雌花子房有绒毛，花柱长约 1mm，柱头 2 裂，腺体 1。

果： 蒴果，褐色，有疏毛。

花期： 5 月下旬；果期：7 月。

习性： 喜光，喜阴凉、湿润条件，耐寒；多生于海拔 1800 ~ 2300m 的高山冻原，与牛皮杜鹃等混生。

分布： 吉林省东部长白、安图、抚松等县的长白山高山冻原带。

用途： 幼嫩枝叶可作鹿的食料；用于高山带水土保持。

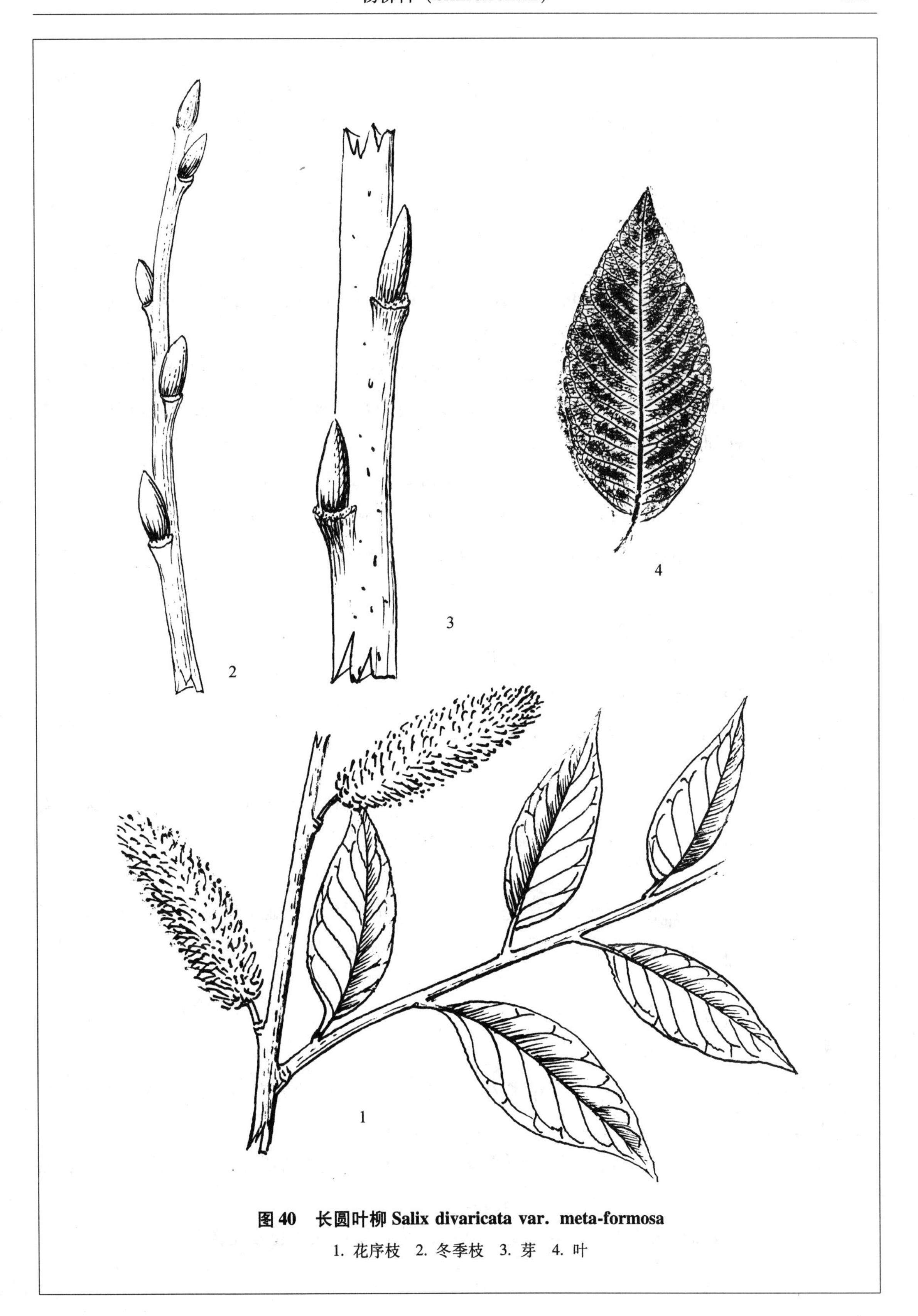

图 40　长圆叶柳 Salix divaricata var. meta-formosa

1. 花序枝　2. 冬季枝　3. 芽　4. 叶

长柱柳

科名：杨柳科（SALICACEAE）

中名：长柱柳 图41

学名：Salix eriocarpa Franch. et Sav. —S. dolichostyla Seemen（种加词为“具有绵毛果实的”；异名种加词为“具有长花柱的”）。

识别要点：灌木或乔木；单叶，互生，倒披针形或长圆状披针形；雌雄异株；柔荑花序；苞片卵状长圆形或卵圆形；雄花有2枚雄蕊，花丝离生或下半部合生，基部有长毛，腺体2；雌花子房卵形，有毛，柱头2裂，腺体2。

Diagnoses：Shrub or tree；Leaves simple，alternate，；Blades oblanceolate or elongate-lanceolate；Dioecious；Catkins；Bract ovato-elongate or ovate；Male flower stamens 2，filaments always united at base，pubescent，nectars 2；Female flower pistil ovoid，pubescent，stigma 2 lobed，nectar 2.

染色体数目：2n =76，95。

树形：灌木或乔木，高10～20m；胸径50～60cm。

树皮：灰黑色，粗糙，有浅裂纵沟。

枝条：黄褐色，幼时有丝状柔毛，老枝无毛。

芽：长圆形，黄红色，无毛或先端略有毛。

叶：单叶，互生；叶片倒披针形或长圆状披针形，中部以上较宽，基部楔形，先端长渐尖，边缘有锯齿，表面深绿色，背面带有灰绿色，沿中脉有长毛，长6.5～9cm，宽1～1.7cm。

花：雌雄异株；花先叶开放，柔荑花序；苞片卵状椭圆形；雄花具雄蕊2，花丝下半部合生或离生，花药黄色略带红色，腺体2；雌花子房卵形，有柔毛，花柱细长，柱头4裂，腺体2。

果：蒴果，卵圆形，成熟后2裂。

花期：5月；果期：6月。

习性：喜光，耐寒，喜水湿环境；多生于海拔50～600m的低山带，沿河流两岸或湖泊湿地生长。

分布：东北三省；俄罗斯、日本和朝鲜也有分布；吉林省多分布于东部及中部各县（市）。

用途：材质较软，可供建筑、小农具等用；又为护岸护堤防止水土流失的优良树种。

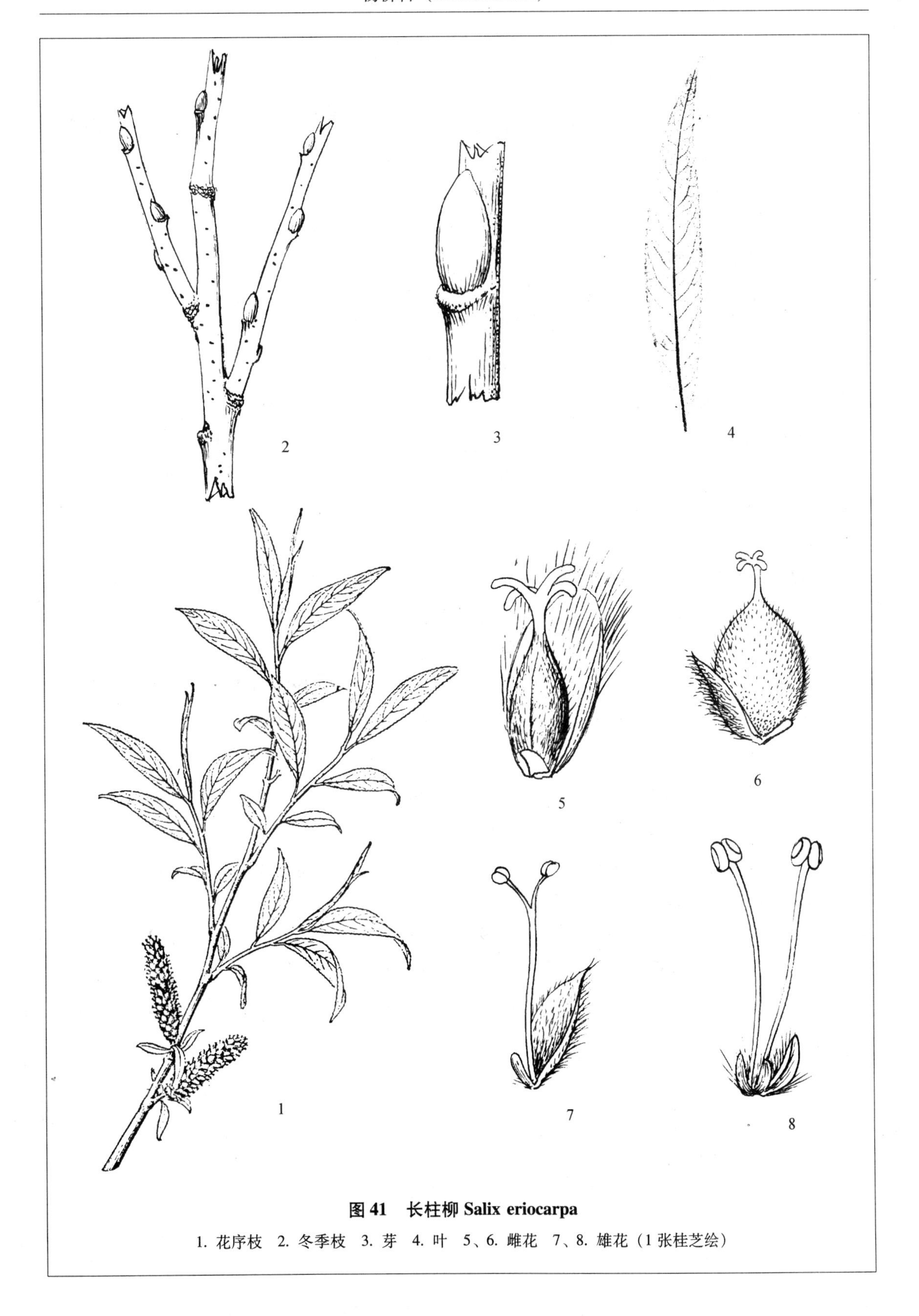

图 41　长柱柳 Salix eriocarpa

1. 花序枝　2. 冬季枝　3. 芽　4. 叶　5、6. 雌花　7、8. 雄花（1 张桂芝绘）

崖柳

科名：杨柳科（SALICACEAE）

中名：崖柳　山柳　图42

学名：Salix floderusii Nakai（种加词为人名 B. G. Floderus，1687～1741，瑞典植物学家）。

识别要点：灌木或小乔木；单叶，互生；叶片椭圆形、背面有绒毛；雌雄异株；雄花具2雄蕊，1腺体；雌花子房狭长，圆柱形，有长柄，腺体1。

Diagnoses：Deciduous shrub or small tree；Leaves simple，alternate；Blades elliptic，tomentose beneath；Dioecious；Male flower stamens 2，nectar 1；Female flower pistil narrowly terete，with long stalk，nectar 1.

树形：落叶灌木或小乔木，高4～6m。

树皮：暗灰色，老皮有浅裂纵沟。

枝条：嫩枝淡绿色，有毛，冬季淡红色，老枝无毛。

芽：卵圆形，先端短尖，芽鳞红褐色，有柔毛。

叶：单叶，互生；叶片椭圆形，卵圆形或倒卵形，基部圆形或宽楔形，先端短渐尖或突尖，边缘近全缘，表面深绿色，有绒毛，无明显皱纹，背面淡绿色，密被白色绒毛，长2.5～7cm，宽2～4cm。

花：雌雄异株：雄柔荑花序较短；每朵雄花具长椭圆形苞片1，雄蕊2及腺体1，腹生；雌花苞片1，子房长卵状圆柱形，上部渐细，有密绢毛，有柄，蜜腺1。

果：蒴果，卵状圆柱形，上部渐细，长约1cm，有柄，外被绢毛，成熟后2裂。

花期：5～6月；果期：6～7月。

习性：喜光，耐干旱但喜肥沃土壤。多生于低海拔的次生林的林缘及疏林内。

分布：东北三省及内蒙古、河北、山西等省（自治区）；朝鲜、蒙古、俄罗斯及北欧均有分布；吉林省多生长在低海拔的山区各县（市）。

用途：为早春蜜源植物；又可用于庭院绿化观赏。

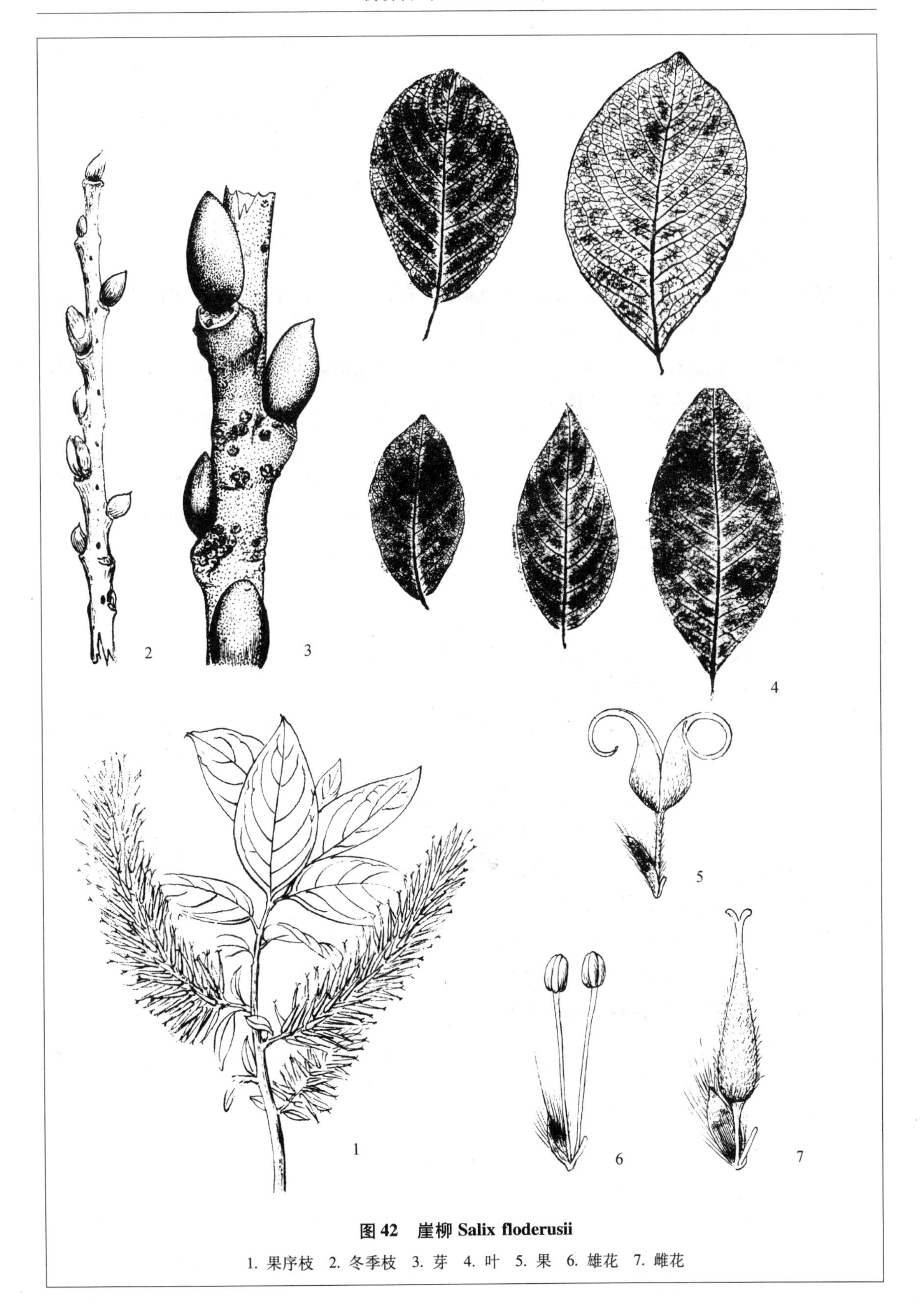

图 42　崖柳 Salix floderusii

1. 果序枝　2. 冬季枝　3. 芽　4. 叶　5. 果　6. 雄花　7. 雌花

黄柳

科名：杨柳科（SALICACEAE）

中名：黄柳 砂柳 图43

学名：Salix gordejevii Y. L. Chang et Skv.（种加词为人名Gordejev，俄国人，后放弃国籍，长期在我国哈尔滨工作，后移民巴西）。

识别要点：小灌木；小枝黄色；单叶，互生；叶片条形或狭披针形；雌雄异株；柔荑花序；苞片长卵圆形，有长柔毛；雄花中雄蕊2，蜜腺1；雌花子房长卵形，柱头4深裂，蜜腺1。

Diagnoses：Small shrub；Branchlets yellow；Leaves simple，alternate；Blades linear or linear-lanceolate；Dioecious；Catkins；Bract of flower oblong-ovate，pubescent；Male flower stamens 2，nectar 1；Female flower pistil oblong-ovoid，stigma 4 lobed，nectar 1.

树形：落叶小灌木，高1～2m。

树皮：灰白色，有光泽。

枝条：小枝黄色，无毛，有光泽，基部枝条近匐匐，下半部往往被砂埋。

芽：长卵圆形，黄色带红色，无毛。

叶：单叶，互生；叶片条形或条状披针形，基部楔形，先端短尖，边缘有腺锯齿，表面绿色，背面黄绿色，幼叶有短柔毛，长2～8cm，宽3～6mm。

花：雌雄异株；柔荑花序；苞片长圆形，先端钝圆形，有长柔毛；雄花有雄蕊2枚，花药黄色，长圆形，蜜腺1；雌花子房长卵形，有稀疏柔毛，柱头4裂。

果：蒴果，卵圆形，黄褐色，无毛，成熟后自顶端向下2裂。

花期：4月；果期：5月。

习性：喜光，耐干旱；喜生于沙丘上。

分布：吉林、辽宁西部平原以及内蒙古；也分布于蒙古。

用途：为优良的固沙树种；枝条可供编织用。

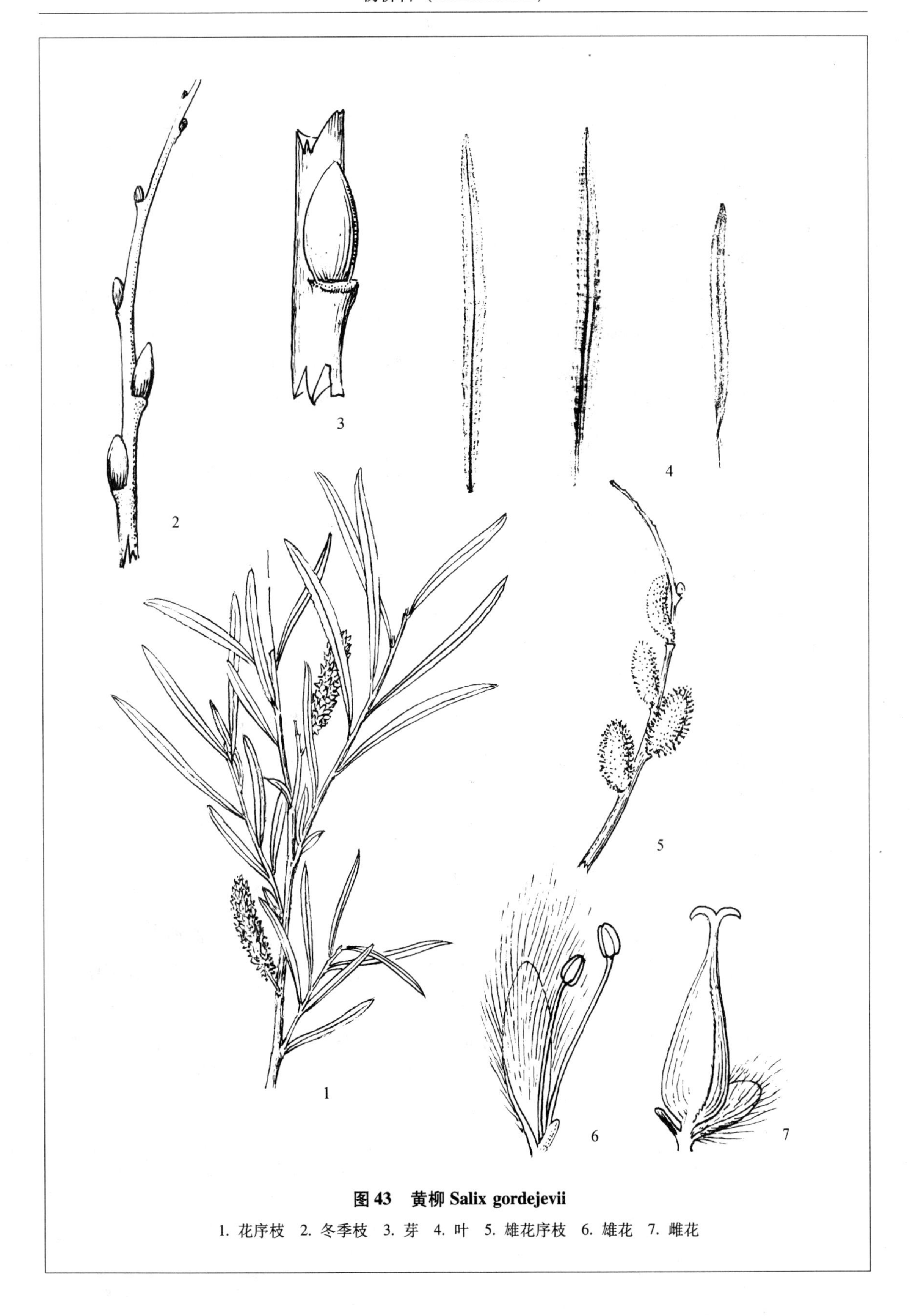

图 43　黄柳 Salix gordejevii

1. 花序枝　2. 冬季枝　3. 芽　4. 叶　5. 雄花序枝　6. 雄花　7. 雌花

细枝柳

科名：杨柳科（SALICACEAE）

中名：细枝柳 狭叶蒙古柳 图44

学名：*Salix gracilior*（Siuz.）Nakai—*S. mongolica* Siuzev f. *gracilior* Siuz.（种加词为“较纤细的”；异名种加词为“蒙古的”）。

识别要点：灌木；单叶，互生；叶片条形或狭披针形；雌雄异株；柔荑花序；苞片卵圆形，淡褐色，上部不为黑色；雄花具雄蕊2，合生成1枚，蜜腺1；雌花子房卵圆形，密被柔毛，无柄，蜜腺1。

Diagnoses：Shrub；Leaves simple，alternate；Blades linear or narrowly lanceolate；Dioecious；Catkins；Bract ovate，lightly brown，upper part not black；Male flower stamens 2，united to 1，nectar 1；Female flower pistil ovoid，pubescent，sessile，nectar 1.

树形：灌木，高2~3m。

树皮：灰色。

枝条：细长，淡黄色或黄绿色，无毛。

芽：卵圆形，红褐色，无毛。

叶：单叶，互生；叶片条形或条状狭披针形，最宽处在叶的中上部，基部狭楔形，先端渐尖，边缘有腺锯齿，表面深绿色，背面淡绿色，长3~6cm，宽5~7mm。

花：雌雄异株；柔荑花序细圆柱形；苞片长倒卵形，淡褐色，有柔毛；雄花具2枚雄蕊，合生成1枚，蜜腺1枚；雌花子房卵圆形，有柔毛，无柄，花柱短，柱头2裂。

果：卵圆形，黄褐色，有柔毛，成熟后2裂。

花期：5月；果期：5~6月。

习性：喜光，耐寒，喜水湿环境。生于平原或低海拔的河渠岸边及低湿地。

分布：东北三省及华北北部和内蒙古东部各地；吉林省多分布于中部半山区和平原区各县（市）。

用途：枝条可供编织；早春提供蜜源；护坡、护堤、保持水土流失；可作薪炭烧柴。

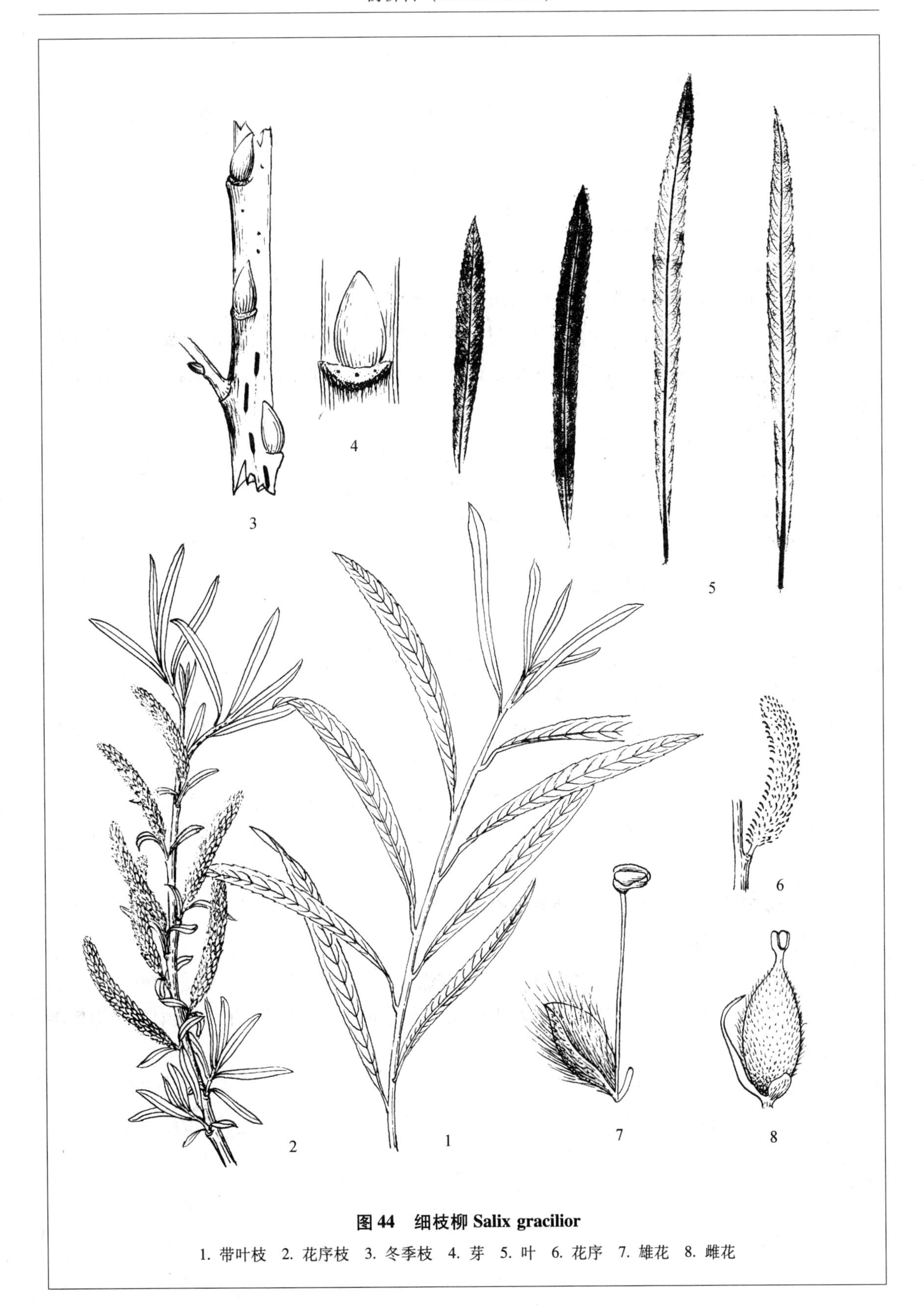

图 44　细枝柳 Salix gracilior

1. 带叶枝　2. 花序枝　3. 冬季枝　4. 芽　5. 叶　6. 花序　7. 雄花　8. 雌花

细柱柳

科名：杨柳科（SALICACEAE）

中名：细柱柳 猫柳 红毛柳 图45

学名：Salix gracilistyla Miq.（种加词为“具细长花柱的”）。

识别要点：落叶灌木；单叶，互生；叶片狭椭圆形或长圆形；叶背面密被银白色绢毛；雄花苞片上部黑色，雄蕊2，合生成1枚，蜜腺1；雌花子房椭圆柱形，有柔毛，无柄，蜜腺1。

Diagnoses: Deciduous shrub; Leaves simple, alternate; Blades narrow-elliptic or elongate, covered with silky pilosity beneath; Male flower bract with black-purple top, stamens 2, united as 1, nectar 1; Female pistil elliptical terete, pubescent, sessile, nectar 1.

染色体数目：2n = 38。

树形：落叶灌木，高2～3m。

树皮：幼时灰褐色，老树皮暗褐色。

枝条：幼枝黄褐色、绿色或带红褐色，有柔毛，后光滑。

芽：长圆状卵形，红褐色，有柔毛。

叶：单叶互生；叶片狭椭圆形或长圆形，基部楔形，先端渐尖，边缘有细锯齿，表面深绿色，无毛，背面生有灰白色的绢毛，叶脉突起，长5～12cm，宽1.5～2.5cm。

花：雌雄异株；柔荑花序；雄花苞片1，上半部黑褐色，有长柔毛，雄蕊2，合生成1枚，花药红色，腹腺1；雌花苞片1，子房长圆柱形，上部渐细，花柱细长，柱头2裂，腹腺细长，棒状。

果：蒴果，卵圆形，有柔毛，成熟后自顶部2裂。

花期：4月；果期：5～6月。

习性：喜光，喜水湿环境。多生于山区的河流两岸的湿地，为河岸林的主要树种。

分布：东北三省各地；朝鲜、日本及俄罗斯也有分布；吉林省东部山区及中部半山区各市、县皆产。

抗寒指数：幼苗期Ⅰ，成苗期Ⅰ。

用途：枝条可供编织工艺品；可作烧柴；是护岸、水土保持及绿化观赏的优良树种。

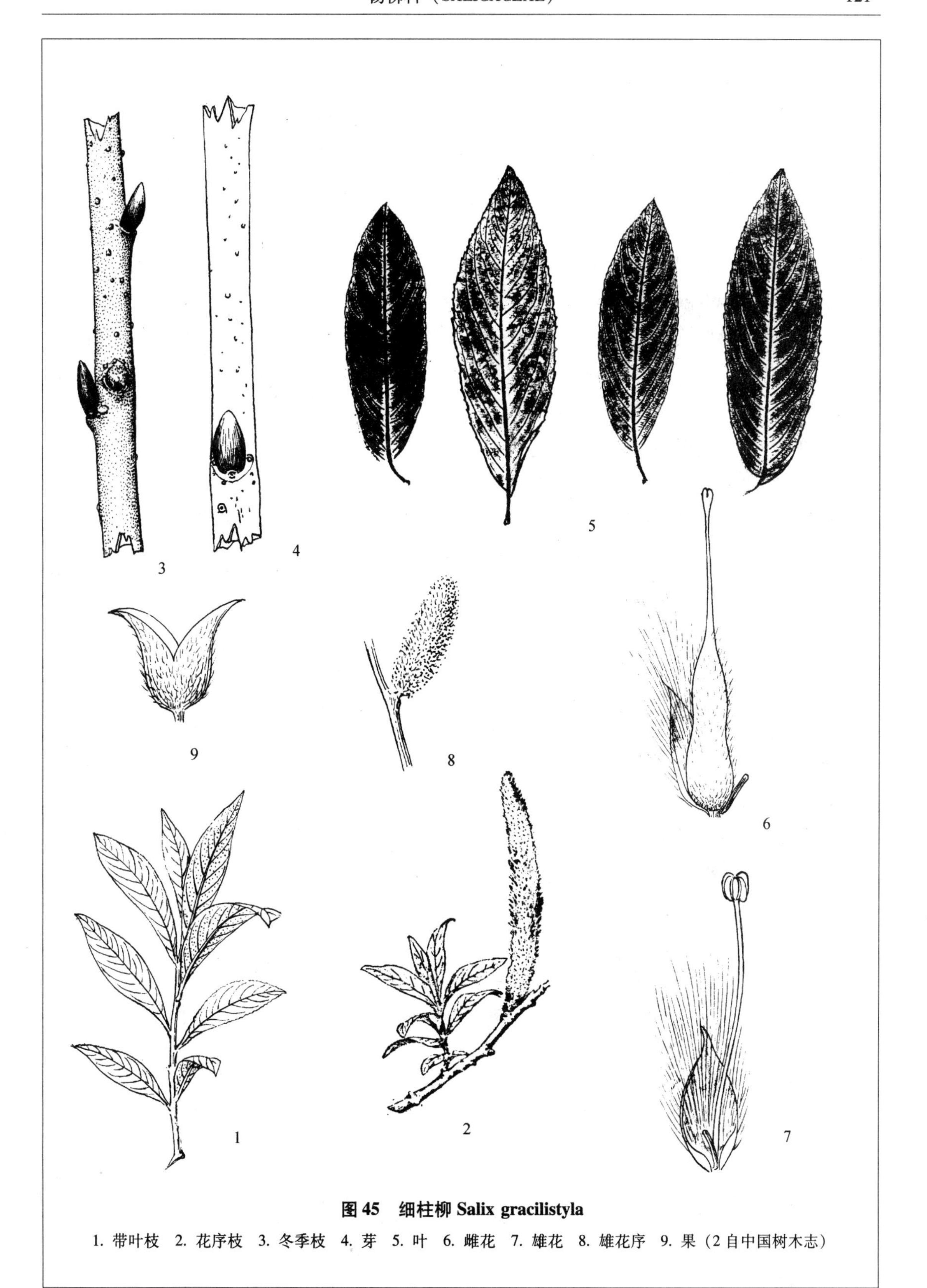

图 45　细柱柳 *Salix gracilistyla*

1. 带叶枝　2. 花序枝　3. 冬季枝　4. 芽　5. 叶　6. 雌花　7. 雄花　8. 雄花序　9. 果（2 自中国树木志）

杞柳

科名： 杨柳科（SALICACEAE）

中名： **杞柳** 白杞柳 图46

学名： **Salix integra Thunb.**（种加词为“全缘的”）。

识别要点： 落叶灌木；单叶，对生或近对生；叶片椭圆状长圆形或倒披针状椭圆形，柄短或无柄；雌雄异株；柔荑花序对生；雄花苞片1，雄蕊1，由2枚合生，腺体1；雌花苞片1，雌蕊子房长卵圆形，腺体1；蒴果，成熟时2裂。

Diagnoses： Deciduous shrub; Leaves simple, opposite or nearly opposite; Blades elliptic-oblong or oblanceolate-elliptic, short petiole or sessile; Dioecious; Catkins opposite or nearly; Male flower bract 1, stamen 1, united from 2, nectar 1; Female flower bract 1, pistil elongated-ovate, nectar 1; Capsule, 2 lobed when maturity.

染色体数目： $2n = 38$。

树形： 落叶灌木，高1～3m。

树皮： 灰绿色，光滑，皮孔黄褐色。

枝条： 小枝淡黄色或带红色，无毛，有光泽。

芽： 卵圆形，先端钝尖，黄褐色，有光泽。

叶： 单叶，对生或近对生；叶片长圆状椭圆形，先端短渐尖，基部圆形，表面深绿色，背面苍白色，无毛，全缘或上半部有稀齿，长2～5cm，宽1～2cm。

花： 雌雄异株；柔荑花序直立或斜上，先叶开放；雄花苞片1，雄蕊1，由2枚合生，花药8室；雌花苞片1，子房长卵圆形，无柄，柱头2～4裂，腺体1。

果： 蒴果，长圆形，有毛，成熟后自顶端2裂。

花期： 5月；**果期：** 6月。

习性： 喜光、喜水、耐淹涝。常丛生在林区的溪流旁或沼泽水湿地内。

分布： 东北三省以及河北、内蒙古；俄罗斯、朝鲜、日本也有分布；吉林省全省各地都有分布。

抗寒指数： 幼苗期Ⅰ，成苗期Ⅰ。

用途： 枝条可供编织；可用于水土保持及绿化观赏。

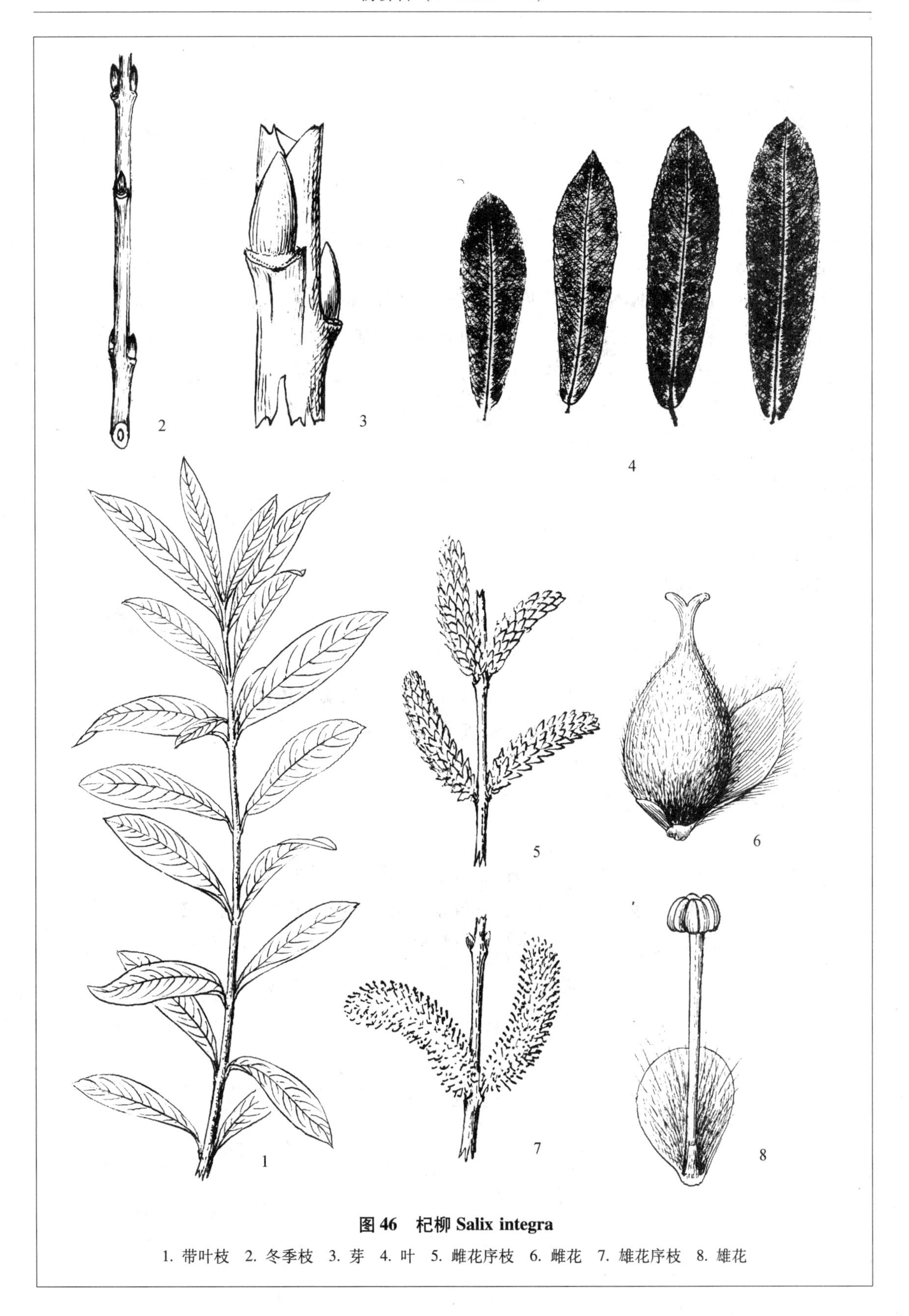

图 46　杞柳 Salix integra

1. 带叶枝　2. 冬季枝　3. 芽　4. 叶　5. 雌花序枝　6. 雌花　7. 雄花序枝　8. 雄花

江界柳

科名：杨柳科（SALICACEAE）

中名：**江界柳** 图 47

学名：**Salix kangensis Nakai**（种加词为地名“江界的”，位于朝鲜半岛北部）。

识别要点：乔木；叶披针形，互生；雌雄异株；柔荑花序先叶开放；雄花具雄蕊 2，花丝离生或下半部合生，腺体 1；雌花子房披针状圆锥形，有柔毛，有柄，花柱细长，腺体 1。

Diagnoses：Tree；Leaves lanceolate，alternate；Dioecious；Catkins bloom before leaves；Male flower with stamens 2，filaments united at base or not，nectar 1；Female flower pistil lanceolate-conic，pubescent，stalked，style thin and longer，nectar 1.

树形：小乔木，高可达 8m。

枝条：直立，细长，绿色或黄绿色，无毛，萌发幼枝上有长毛，果枝上近于无毛。

芽：卵圆形，红褐色，有毛。

叶：单叶，互生；叶片披针形或狭披针形，基部楔形，先端渐尖，叶缘有细小的腺锯齿，表面无毛，但沿中脉有稀疏柔毛，背面有长毛，长 4～10cm，宽 1～3cm。

花：雌雄异株；柔荑花序先叶开放；苞片倒卵形，先端黑色，有长毛；雄花有雄蕊 2，花丝基部合生或分离，腺体 1，长圆形；雌花子房披针状圆锥形，有短柔毛，有柄，花柱细长，柱头 2 裂，腺体 1，腹生。

果：蒴果，卵圆形，有毛，成熟后 2 裂。

花期：5 月；**果期**：6 月。

习性：喜光，耐寒，喜水湿生长条件。多生于山区河岸两侧或湖泊周围的湿地。

分布：东北三省；朝鲜也有分布；吉林省东部山区各县（市）皆有分布。

用途：枝条可供编织；早春蜜源植物；是护岸护堤、水土保持的重要树种。

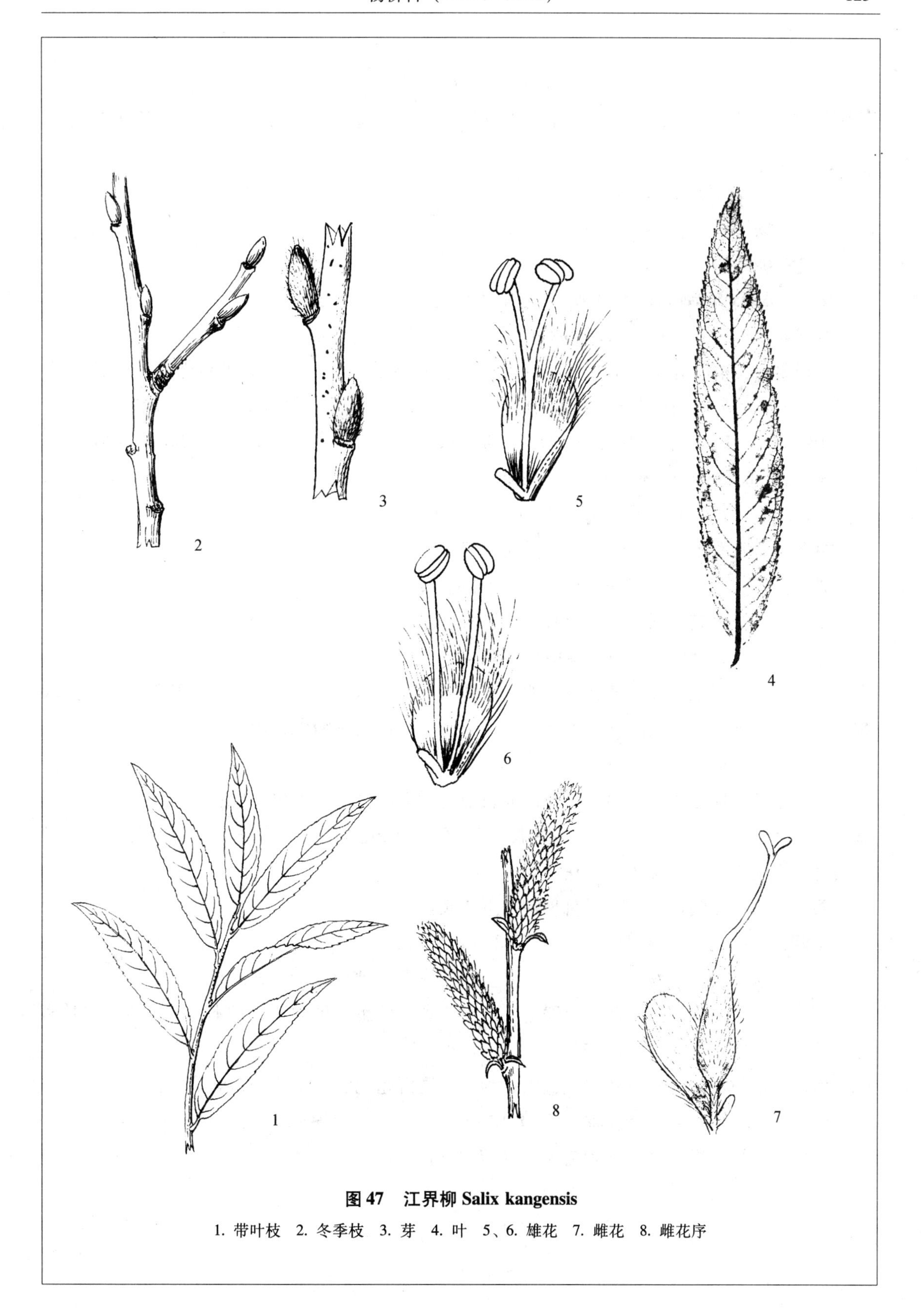

图 47　江界柳 Salix kangensis

1. 带叶枝　2. 冬季枝　3. 芽　4. 叶　5、6. 雄花　7. 雌花　8. 雌花序

朝鲜柳

科名：杨柳科（SALICACEAE）

中名：**朝鲜柳** 图48

学名：**Salix koreensis Anderss.**（种加词为地名"朝鲜的"）。

A. **朝鲜柳**（原变种）**var. koreensis**

识别要点：落叶乔木；单叶，互生；叶片披针形或宽披针形；雌雄异株；雄花苞片1，雄蕊2，分离，腺体2；雌花子房卵圆形，花柱细长，有柔毛，腺体2；蒴果，成熟2裂。

Diagnoses：Deciduous tree；Leaves simple，alternate，；Blades lanceolate or broad-lanceolate；Dioecious；Male flower with bract 1，stamens 2，nectar 2；Female flower pistil ovoid，style long，pubescent，nectars 2；Capsule，open 2 lobes when maturity.

树形：落叶乔木，高10～20m，树冠宽卵形。

树皮：暗灰色，有浅裂的纵沟。

枝条：灰褐色或绿褐色，小枝有毛，后脱落。

芽：长卵形，常歪向一侧，黄绿色或略带红色，光滑，无毛。

叶：单叶，互生；叶片披针形、卵状披针形或长圆状披针形，略弯曲，基部圆形，先端渐尖，边缘有细锯齿，齿端常有腺点，表面深绿色，背面灰绿色，沿中脉有短柔毛，长6～10cm，宽1～2cm。

花：雌雄异株；柔荑花序；雄花序狭圆柱形，基部有3～5枚小叶；雄花苞片1，卵圆形，有柔毛，雄蕊2，相互分离，背、腹腺体各1；雌花苞片1，子房卵圆形，有柔毛，花柱细而长，柱头4裂，腺体2或缺背腺。

果：蒴果，卵圆形，成熟时自顶端向下2裂。

花期：5月；果期：6月。

习性：喜光，喜潮湿、肥沃土壤。常生于河岸两侧坡地或杂木林的林缘。

分布：东北三省以及陕西、内蒙古、甘肃等地；朝鲜、俄罗斯、日本也有分布；吉林省多生长于山区或半山区各县（市）。

用途：木材可供建筑、薪炭及造纸；为早春蜜源植物；为优良的绿化观赏树种。

B. **短柱朝鲜柳 var. brevistyla Y. L. Chang et Skv.**（变种加词为"具有短花柱的"）。

本变种花柱极短，其他性状与原变种相同（图48-7）。

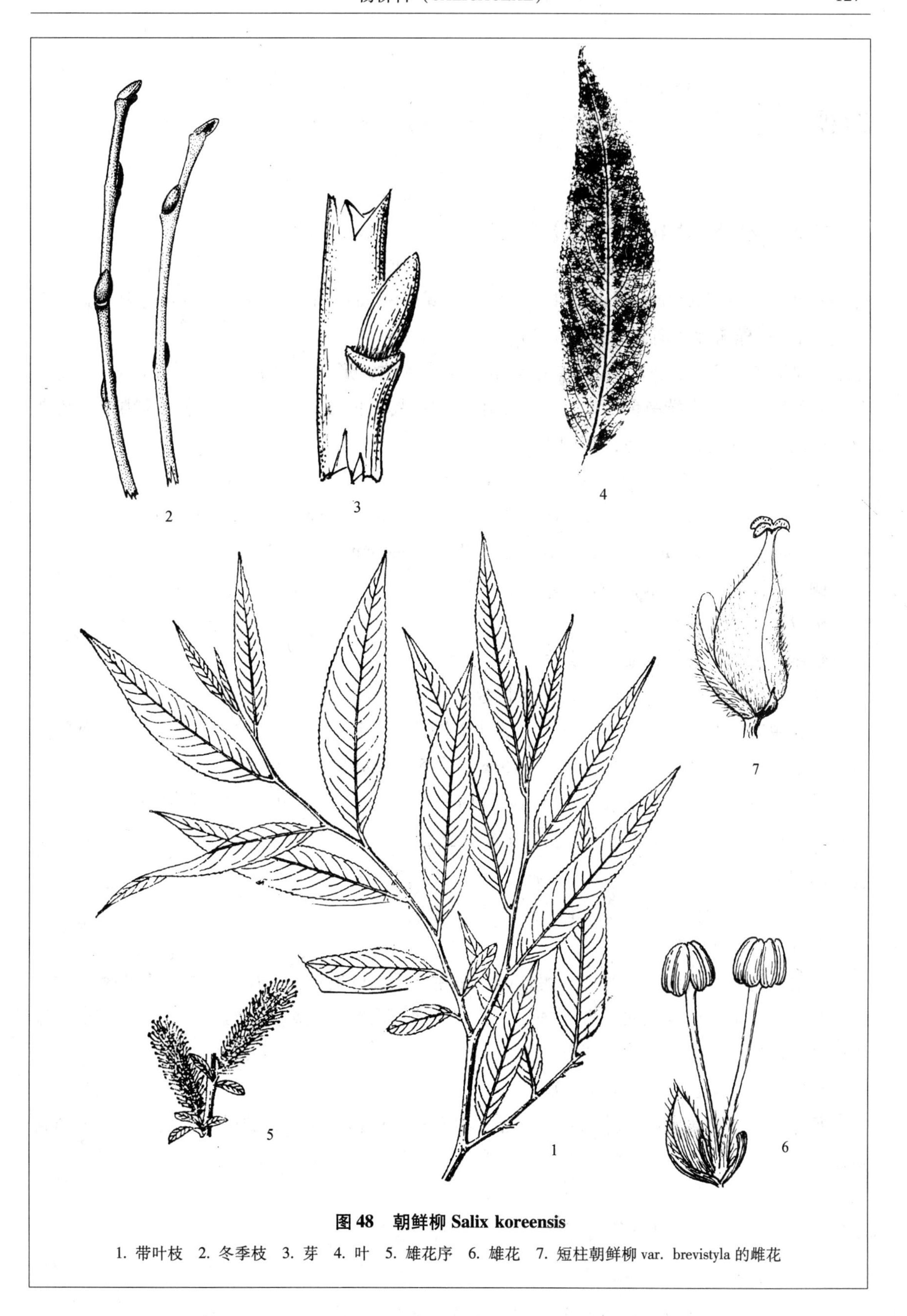

图 48　朝鲜柳 Salix koreensis

1. 带叶枝　2. 冬季枝　3. 芽　4. 叶　5. 雄花序　6. 雄花　7. 短柱朝鲜柳 var. brevistyla 的雌花

筐柳

科名：杨柳科（SALICACEAE）

中名：**筐柳** 蒙古柳 图 49

学名：**Salix linearistipularis（Franch.）Hao** —S. mongolica Siuzev（种加词为“具有条形托叶的”；异名种加词为“蒙古的”）。

识别要点：灌木或小乔木；单叶互生；叶片狭披针形或倒披针形；雌雄异株；柔荑花序；苞片卵圆形，先端黑色，有白色长柔毛，雄花具 2 枚雄蕊，合生成 1 枚，蜜腺 1；雌花子房卵圆形，无柄，有柔毛，蜜腺 1。

Diagnoses：Shrub or small tree；Leave simple，alternate；Blades narrowly lanceolate or oblanceolate；Dioecious；Catkins；Bract ovate，black on top，pubescent；Male flower stamens 2，united to 1，nectar 1；Female flower pistil ovoid，sessile，pubescent，nectar 1.

树形：灌木或小乔木，高 3～8m。

树皮：灰黄色或暗灰色。

枝条：细长，黄绿色或略带红色。

芽：卵圆形，先端尖，黄褐色或淡褐色，无毛。

叶：单叶，互生；叶片狭披针形、或狭倒披针形，基部狭楔形，先端渐尖，边缘有腺锯齿，表面深绿色，背面灰绿色，长 7～15cm，宽 5～12mm。

花：雌雄异株；柔荑花序圆柱形与叶同时开放，无梗；苞片卵圆形，先端黑紫色，有白色长柔毛；雄花具雄蕊 2，花丝合生成 1 枚，蜜腺 1 枚；雌花子房卵圆锥形，无柄，有短柔毛，蜜腺 1。

果：蒴果长卵形，黄褐色，长 3～4mm。

花期：5 月；果期：6～7 月。

习性：喜光、喜湿润、耐寒、耐盐碱。多生于低山区的河流两岸、低湿地及水泡岸边。

分布：内蒙古以及东北三省、华北、西北各地；俄罗斯及蒙古也有分布；吉林省多分布于中部半山区和西部平原区。

抗寒指数：幼苗期 I，成苗期 I。

用途：枝条可供编织工艺品及日用品；早春蜜源植物；固沙、护堤、水土保持；可作薪炭用。

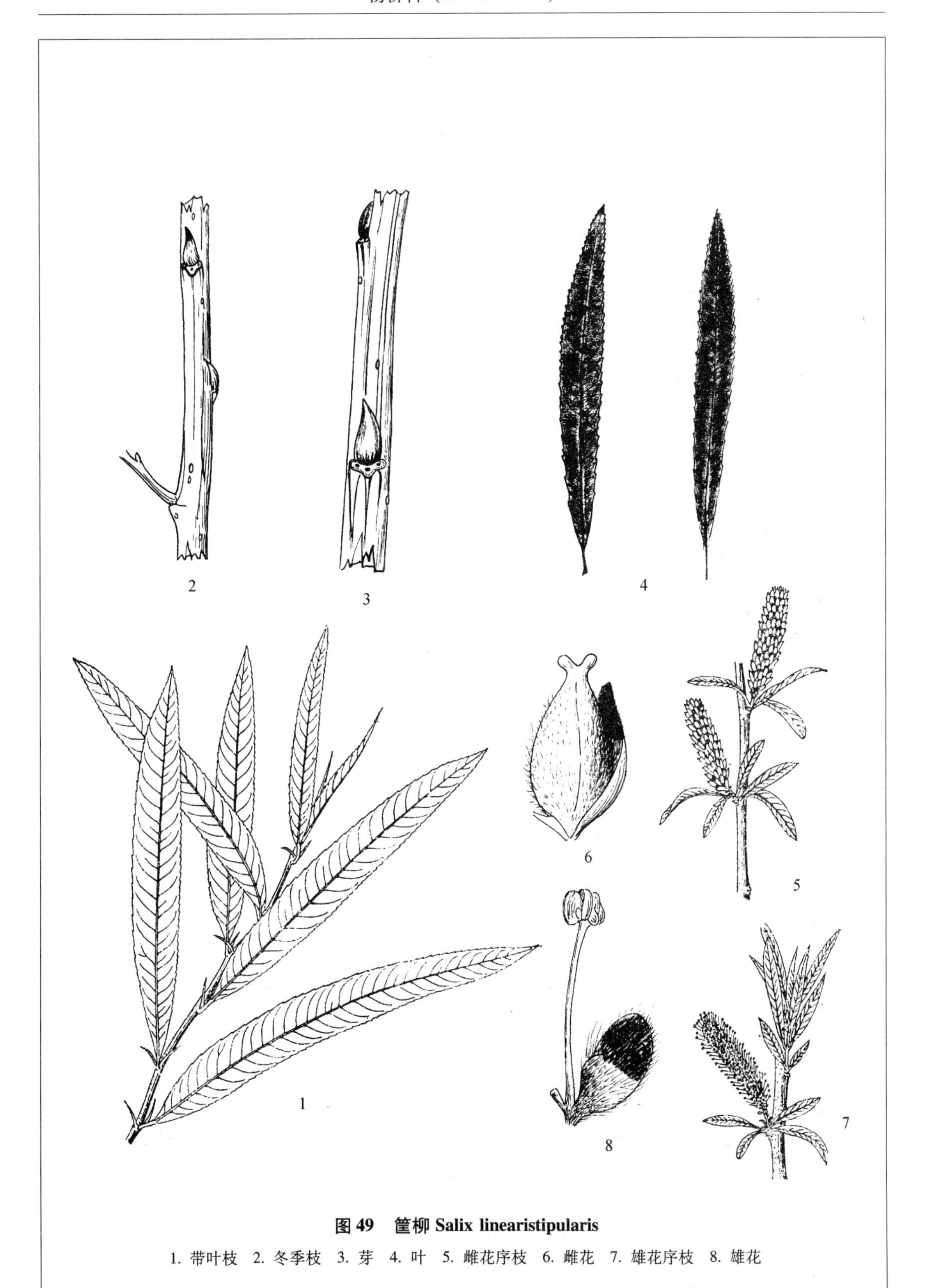

图 49　筐柳 Salix linearistipularis

1. 带叶枝　2. 冬季枝　3. 芽　4. 叶　5. 雌花序枝　6. 雌花　7. 雄花序枝　8. 雄花

旱柳

科名：杨柳科（SALICACEAE）

中名：**旱柳** 图 50

学名：**Salix matsudana Koidz.**（种加词为人名松田定久，1857～1921，日本植物学家）。

A. **旱柳**（原变种）**var. matsudana**

识别要点：落叶乔木；单叶，互生；叶片披针形；雌雄异株；柔荑花序；雄花具苞片 1，雄蕊 2，蜜腺 2；雌花苞片 1，子房卵圆形，腺体 2，果为蒴果。

Diagnoses：Deciduous tree；Leaves simple，alternate；Blades lanceolate；Dioecious；Catkins；Male flower with bract 1，stamens 2，nectars 2；Female flower with bract 1 pistil ovoid；Fruit capsule.

染色体数目：2n＝76。

树形：落叶乔木，高 20m；胸径达 80cm。

树皮：暗灰色，有浅裂纵沟。

枝条：小枝细长，黄褐色或绿褐色，幼枝上有柔毛，后无毛。

芽：卵形，先端钝圆，红褐色或黄褐色，有微毛。

木材：白色，质轻软，比重 0.45。

叶：单叶，互生；叶片披针形，先端长渐尖，基部圆楔形，表面深绿色，背面带灰绿色，有细锯齿缘，长 5～10cm，宽 1～1.5cm。

花：雌雄异株；柔荑花序；雄花具苞片 1 枚，卵圆形，有柔毛，雄蕊 2 枚，花丝细长，蜜腺 2，背腹各 1；雌花苞片 1，子房卵圆柱形，柱头 2 裂，蜜腺 1。

果：蒴果，卵圆形，黄褐色，成熟后 2 裂。

花期：4 月；**果期**：5～6 月。

习性：喜光，喜湿润及肥沃土壤；多为栽植，常逸为半野生；多生于河岸或平原。

分布：东北、华北及西北各地；朝鲜、日本、俄罗斯也有分布；吉林省各地多为栽植。

抗寒指数：幼苗期 I，成苗期 I。

用途：木材质地较软，可用于建筑、车船、用具等，也可造纸；枝条可用于编织工艺品及日用品；为早春蜜源植物；树皮可制栲胶。

B. **龙爪柳**（变种）（图 50-8）**var. tortuosa（Vilm.）Rehd.**（变种加词的意思是“扭曲的”）。

与原变种的区别是小枝弯曲；吉林省各地皆有种植。

C. **旱垂柳**（变种）**var. pseudo-matsudana（Y. L. Chou et Skv.）Y. L. Chou**（变种加词的意思是“假的旱柳”）。

本变种枝条下垂，雌花具 1 枚蜜腺。

D. **绦柳**（变种）倒栽柳（图 50-9）**var. pendula Schneid.**（变种加词的意思是“下垂的”）。

本变种的枝条细长而下垂。

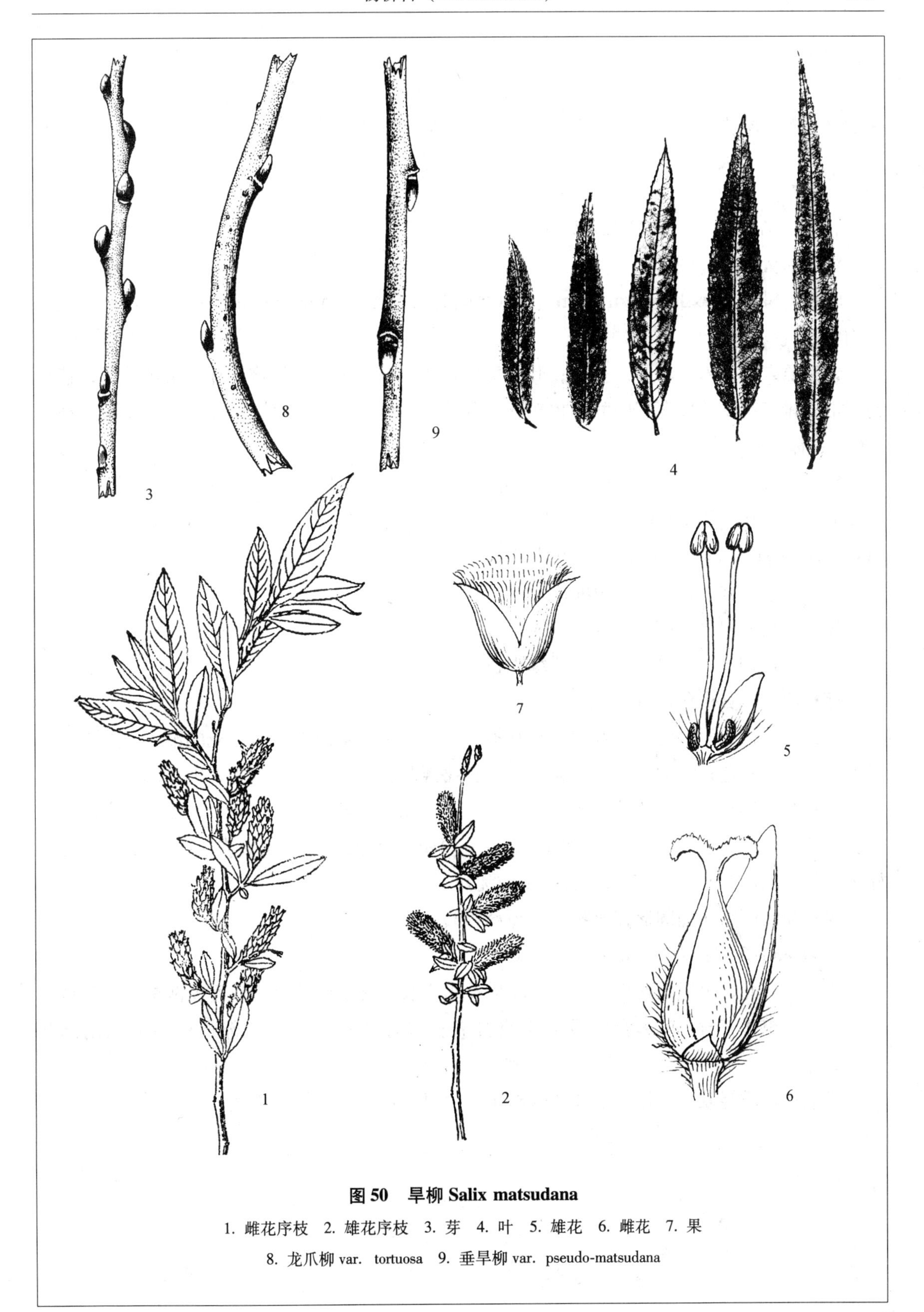

图 50　旱柳 Salix matsudana

1. 雌花序枝　2. 雄花序枝　3. 芽　4. 叶　5. 雄花　6. 雌花　7. 果

8. 龙爪柳 var. tortuosa　9. 垂旱柳 var. pseudo-matsudana

大白柳

科名：杨柳科（SALICACEAE）

中名：大白柳 图51

学名：Salix maximowiczii Kom.（种加词为人名 C. J. Maximowicz，1827～1891，俄国植物学家）。

识别要点：乔木；单叶，互生；叶片宽卵形或卵状长圆形；雌雄异株；柔荑花序；苞片倒卵形，雄花有5枚雄蕊，中间3枚较长，腺体2；雌花子房卵状披针形，花柱2裂，柱头4裂，腺体2或3。

Diagnoses：Deciduous tree; Leaves simple, alternate; Blades broadly ovate or ovato-elongate; Dioecious; Catkins; Bract obovate; Male flower stamens 5, 3 longer, nectars 2; Female pistil ovoid lanceolate, style 2 lobed, stigma 4 lobed, nectars 2～3.

树形：落叶乔木，高10～20m，胸径可达1m。

树皮：暗灰褐色，有浅裂纵沟。

枝条：枝细长，无毛，灰绿色或绿褐色。

芽：卵形，黄褐色，有光泽。

叶：单叶，互生；叶片宽卵形或卵状披针形，基部圆形或近心形，先端渐尖，边缘有细锯齿，表面暗绿色，背面苍白色，无毛，叶脉略隆起，长6～12cm，宽2.8～3.4cm。

花：雌雄异株；柔荑花序；雄花序直立，圆柱状，雄花苞片卵圆形，雄蕊5，中间3个较长，腺体2；雌花序长，柔软下垂，长11～14cm，雌花子房长卵形或狭披针形，花柱2，柱头4裂，腺体2或3，腹生2，背生1或无。

果：蒴果倒卵状椭圆形，成熟时自顶部开裂。

花期：5～6月；果期：6～7月。

习性：喜光，也适当耐阴，喜水湿环境；多生长于林区的溪流旁或河流两岸的水湿地。

分布：东北三省；朝鲜及俄罗斯也有分布；吉林省多分布于东部长白山区及南部集安市。

用途：材质轻软，可作火柴杆及薪炭用；也可栽植庭园内供绿化观赏。

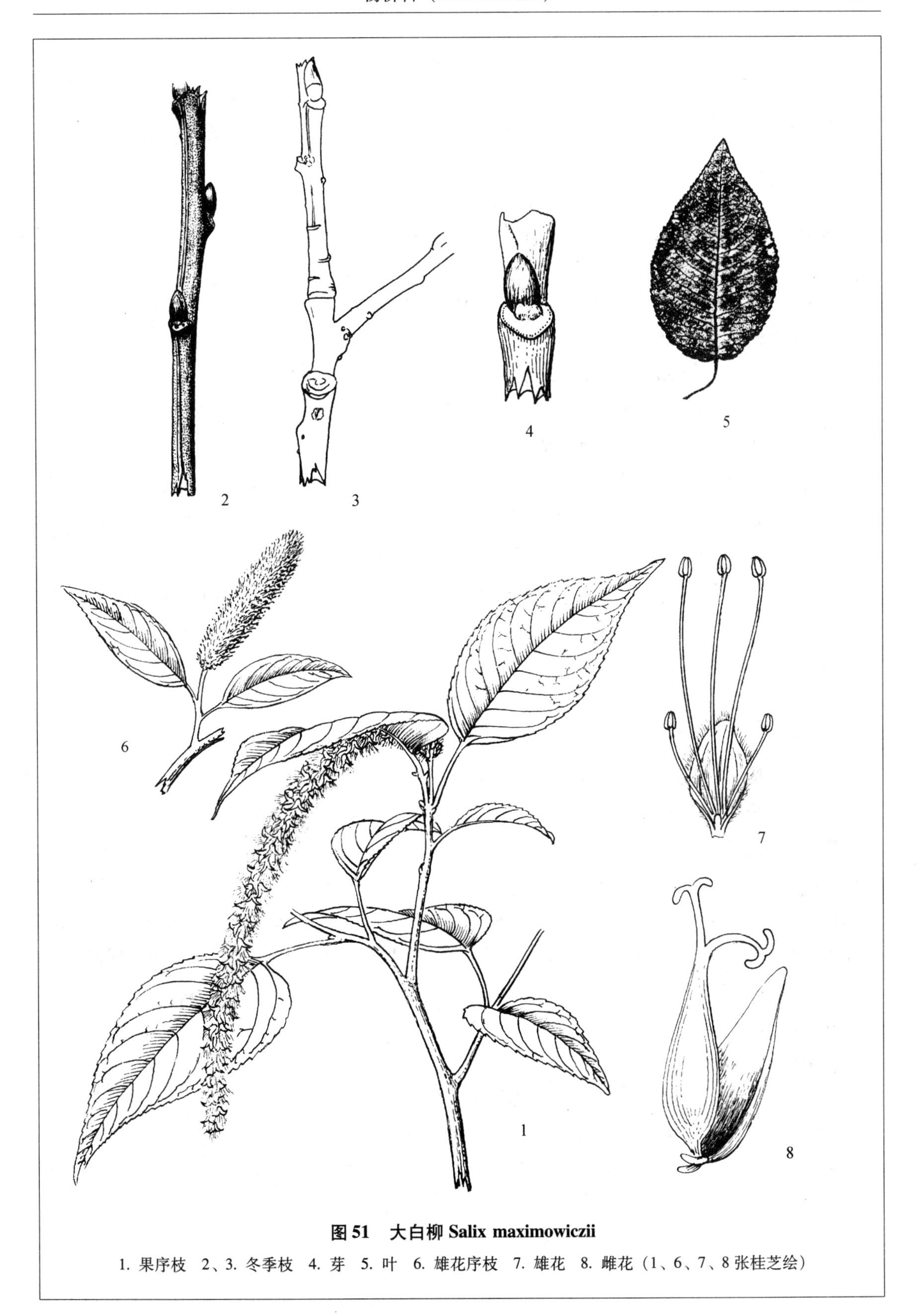

图 51　大白柳 Salix maximowiczii

1. 果序枝　2、3. 冬季枝　4. 芽　5. 叶　6. 雄花序枝　7. 雄花　8. 雌花（1、6、7、8 张桂芝绘）

小红柳

科名：杨柳科（SALICACEAE）

中名：**小红柳** 图52

学名：**Salix microstachya Turcz. var. bordensis（Nakai）C. F. Fang**（种加词为“小穗的”，变种加词为地名）。

A. **小穗柳 var. microstachya**（原变种）

吉林省不产，只产于内蒙古东部海拉尔附近。

B. **小红柳 var. bordensis（Nakai）C. F. Fang**

识别要点：灌木；叶片条形或条状倒披针形；雌雄异株；雄花苞片长圆形，具2雄蕊，花药红色，腺体1；雌花子房卵状圆锥形，无柄，花柱短，柱头红褐色，2裂，腺体1。

Diagnoses：Shrub；Leaves linear or linear-oblanceolata；Dioecious；Male flower bract elongate，stamens 2，united as 1，anther red，nectar 1；Female flower pistil ovoid conical，sessile，style short，stigma reddish brown，2 lobed，nectar 1.

树形：灌木，高约1m。

树皮：灰褐色。

枝条：小枝灰紫褐色或灰绿色。

芽：卵圆形，红褐色，先端钝，有丝状毛。

叶：单叶，互生；叶片狭长，条形或条状披针形，略弯曲，初有丝状毛，后光滑无毛，叶基狭楔形，先端狭长渐尖，边缘有不明显的细齿或近于全缘，表面深绿色，有光泽，背面色较淡，长1～4cm，宽2～4mm。

花：雌雄异株；柔荑花序，圆柱形，后于叶开放，无柄；雄花苞片倒卵圆形，淡褐色或黄绿色，基部有毛，具2雄蕊，合生成1枚，花药红色，蜜腺1枚；雌花子房长圆锥形，无柄，花柱甚短，柱头2裂，具蜜腺1。

果：蒴果，长圆形，无毛。

花期：5月；果期：6月。

习性：喜光，耐干旱；喜生于沙漠地区的河边及沙丘间低湿地。

分布：东北三省的西部及内蒙古；吉林省西部平原区各县均产。

用途：枝条细软，可供编织；为固沙造林及水土保持的先锋树种。

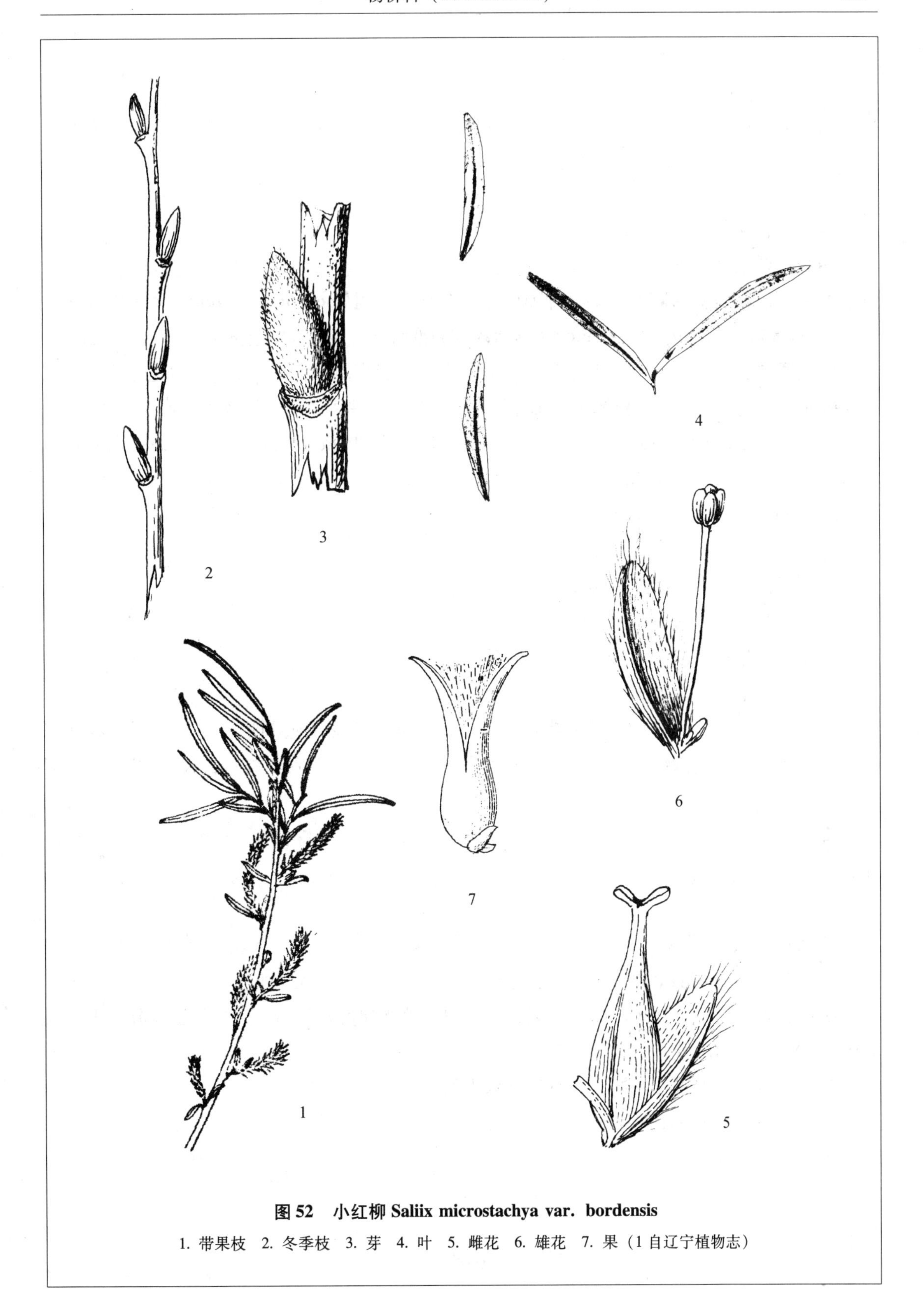

图 52　小红柳 Saliix microstachya var. bordensis

1. 带果枝　2. 冬季枝　3. 芽　4. 叶　5. 雌花　6. 雄花　7. 果（1 自辽宁植物志）

越橘柳

科名：杨柳科（SALICACEAE）

中名：越橘柳 图53

学名：Salix myrtilloides L.（种加词为“与欧洲越橘 Vaccinum myrtillus 相似的”）。

A. **东北越橘柳 var. mandshurica Nakai** 与原变种区别为，幼枝上有绢毛。

识别要点：灌木；单叶，互生；叶片椭圆形或长椭圆形；雌雄异株；柔荑花序；雄花苞片椭圆形，有毛，雄蕊2，腺体1；雌花子房长圆锥形，柱头2裂，腺体1。

Diagnoses：Shrub；Leaves simple，alternate；Blades elliptic or elongate-elliptic；Dioecious，Catkins；Male flower bract elliptic，pubescent，stamens 2，nectar 1；Female flower pistil elongate-conic，stigma 2 lobed，nectar 1.

染色体数目：2n＝38。

树形：落叶小灌木，高30～80cm。

树皮：灰色。

枝条：幼枝黄色或红褐色，初有毛，后无毛。

芽：卵圆形，先端钝圆，无毛，黄褐色。

叶：单叶，互生；叶片椭圆形或长椭圆形，基部宽楔形或近圆形，先端短渐尖或钝圆形，两面无毛，表面深绿色或带紫色，背面灰绿色，全缘，干后变黑色，长1～3.5cm，宽0.7～1.5cm。

花：雌雄异株；柔荑花序；雄花苞片椭圆形，雌蕊2枚，腺体1，腹生；雌花子房长圆锥形，有柄，花柱短，柱头2裂，腺体1。

果：蒴果长圆锥形，淡红色，无毛。

花期：5月；果期：6月。

习性：喜光，喜水湿环境，耐寒；生长于山区的沼泽地，成片生长。

分布：东北三省的林区；朝鲜、蒙古、俄罗斯及欧洲也有分布；吉林省主要分布于海拔1500m以上的亚高山带。

用途：嫩叶可作兽类的饲料；有保持水土的作用。

B. **越橘柳 var. myrtilloides**

图 53　越橘柳 Salix myrtilliodes

1. 果序枝　2. 冬季枝　3. 芽　4. 叶　5. 雄花　6. 雌花

7. 东北越橘柳 var. mandshurica 带叶枝（1 冯金环绘）

五蕊柳

科名：杨柳科（SALICACEAE）

中名：五蕊柳　图54

学名：*Salix pentandra* L.（种加词为“具有5枚雄蕊的”）。

识别要点：落叶灌木或小乔木；单叶，互生；叶片宽披针形或椭圆形；雌雄异株；柔荑花序；雄花中有5个雄蕊，稀4或6枚，蜜腺2；雌花子房长卵圆柱形，柱头2裂，蜜腺2或1。

Diagnoses：Deciduous shrub or tree；Leaves simple，alternate；Blades broadly lanceolate or elliptic；Dioecious；Catkins；Male flower with stamens 5，rare 4，6，nectars 2；Female flower pistil oblong-terete，stigma 2 lobed，nectars 2 or 1.

染色体数目：2n＝57，76。

树形：落叶灌木或乔木，高1～5m。

树皮：灰褐色或暗灰色。

枝条：幼枝褐绿色或灰绿色，有光泽。

芽：卵圆形，红褐色，表面有黏性树脂。

叶：单叶，互生；叶片宽披针形、卵状长圆形或椭圆形，基部楔形或近圆形，先端短渐尖，边缘有不明显的锯齿，最宽部往往在中部以上，表面深绿色，背面淡绿色，长3～13cm，宽2～4cm。

花：雌雄异株；雄柔荑花序长2～7cm，圆柱形；每朵雄花具苞片1枚，椭圆形或倒卵形，有毛，雄蕊5枚，偶4枚，蜜腺2；雌花序长2～6cm，雌花具苞片1，子房长卵状柱形，柱头2裂，蜜腺1或2。

果：蒴果，卵圆形，黄褐色，无毛，有光泽，成熟自顶端2裂。

花期：6月；果期：8月。

习性：喜光，喜水湿环境；常生于林区河流两岸及积水的草甸或沼泽地。

分布：东北及内蒙古、河北等地；朝鲜、蒙古和俄罗斯以及欧洲都有分布；吉林省多分布于东部山区海拔较高的林区。

用途：木材可供制造家具及用具，并可作烧柴用；花期较其他柳树晚，可作为蜜源植物；树皮含丹宁可制栲胶。

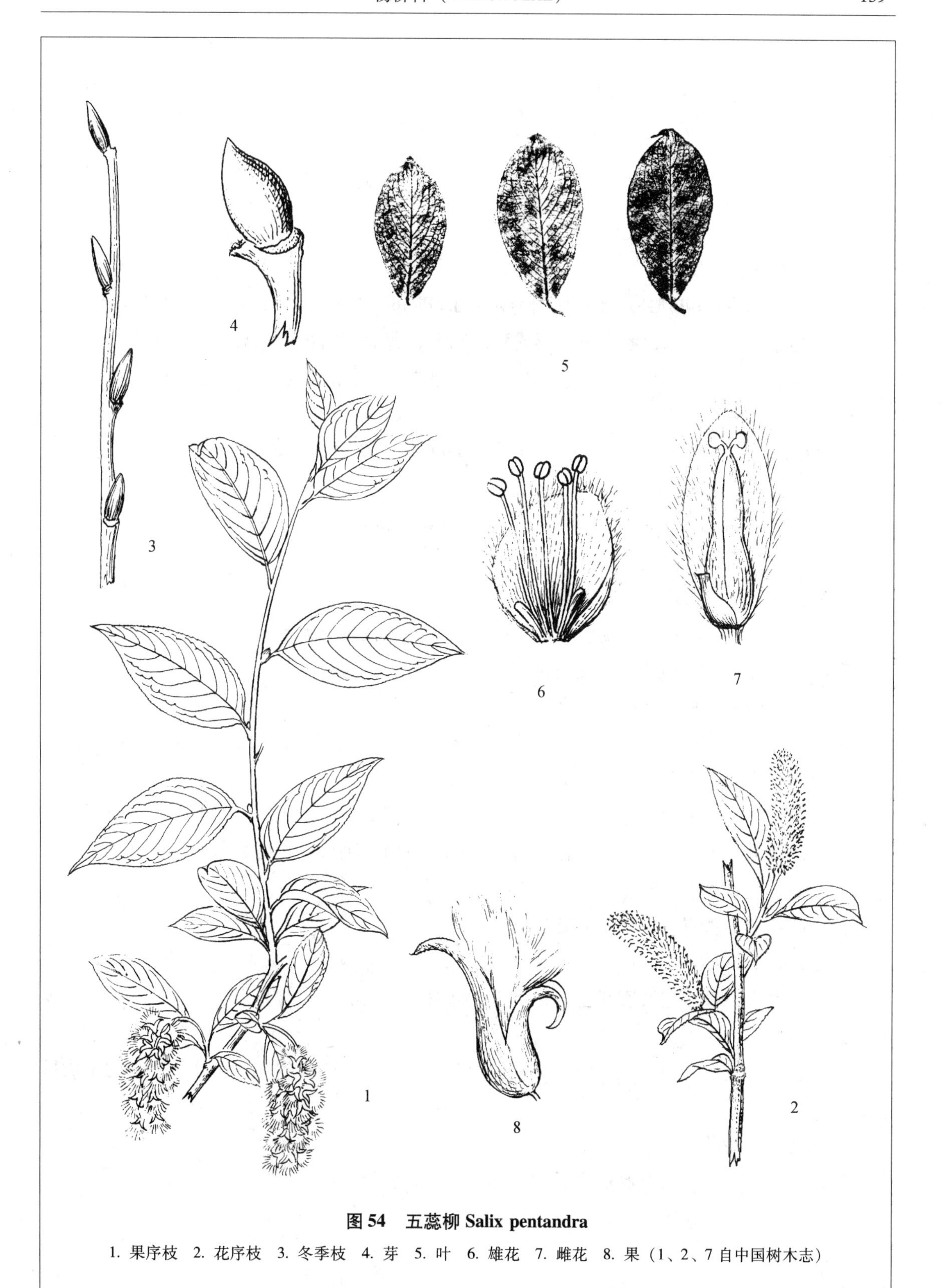

图 54　五蕊柳 Salix pentandra

1. 果序枝　2. 花序枝　3. 冬季枝　4. 芽　5. 叶　6. 雄花　7. 雌花　8. 果（1、2、7 自中国树木志）

白皮柳

科名：杨柳科（SALICACEAE）

中名：白皮柳　图55

学名：Salix pierotii Miq.（种加词为人名J. Pierot，1812~1841，荷兰植物学家）。

识别要点：落叶乔木；叶宽披针形或狭椭圆形，背面苍白色；雌雄异株；柔荑花序；雄花苞片卵圆形，有柔毛，雄蕊2，合生成1枚，腺体1；雌花子房宽卵形或圆形，无柄，有毛，花柱短，柱头4裂。

Diagnoses：Deciduous tree；Leaves simple，alternate；Blades broad-lanceolate or narrowly elliptic，glaucous beneath；Dioecious；Catkin；Male flower bract ovate，pubescent，stamens 2，united as 1，nectar 1；Female flower pistil globose or broad-ovoid，sessile，style short，stigma 4 lobed.

树形：落叶乔木，高达18m。

树皮：暗灰色或灰褐色，有纵裂浅沟。

枝条：灰绿色、灰黄色或褐色，幼枝有白柔毛，老枝光滑无毛。

芽：卵圆形，先端钝圆形，红褐色，初有柔毛。

木材：黄白色，材质较松软，富韧性。

叶：单叶，互生；叶片宽披针形或狭椭圆形，基部圆楔形，先端渐尖，边缘有细锯齿，表面深绿色，背面苍白色，长8~12cm，宽2~3cm。

花：雌雄异株；柔荑花序；雄花序长2.5cm，直径0.5cm，雄花具苞片1，卵圆形，有长柔毛，雄蕊2，合生成1，花药紫红色，蜜腺1；雌花苞片1，子房宽卵形或近球形，有绒毛，花柱短，柱头4裂，蜜腺1枚。

果：卵圆形，黄褐色，成熟时开裂。

花期：4月；果期：6月。

习性：喜光，喜水湿及肥沃土壤；多生于低海拔的河流两岸，是东北山区河岸林的主要树种之一。

分布：东北三省各地；也分布于日本、朝鲜和俄罗斯；吉林省东部山区及中部的半山区普遍生长。

抗寒指数：幼苗期Ⅰ，成苗期Ⅰ。

用途：木材可供建筑及制造家具和用具；为早春蜜源植物。

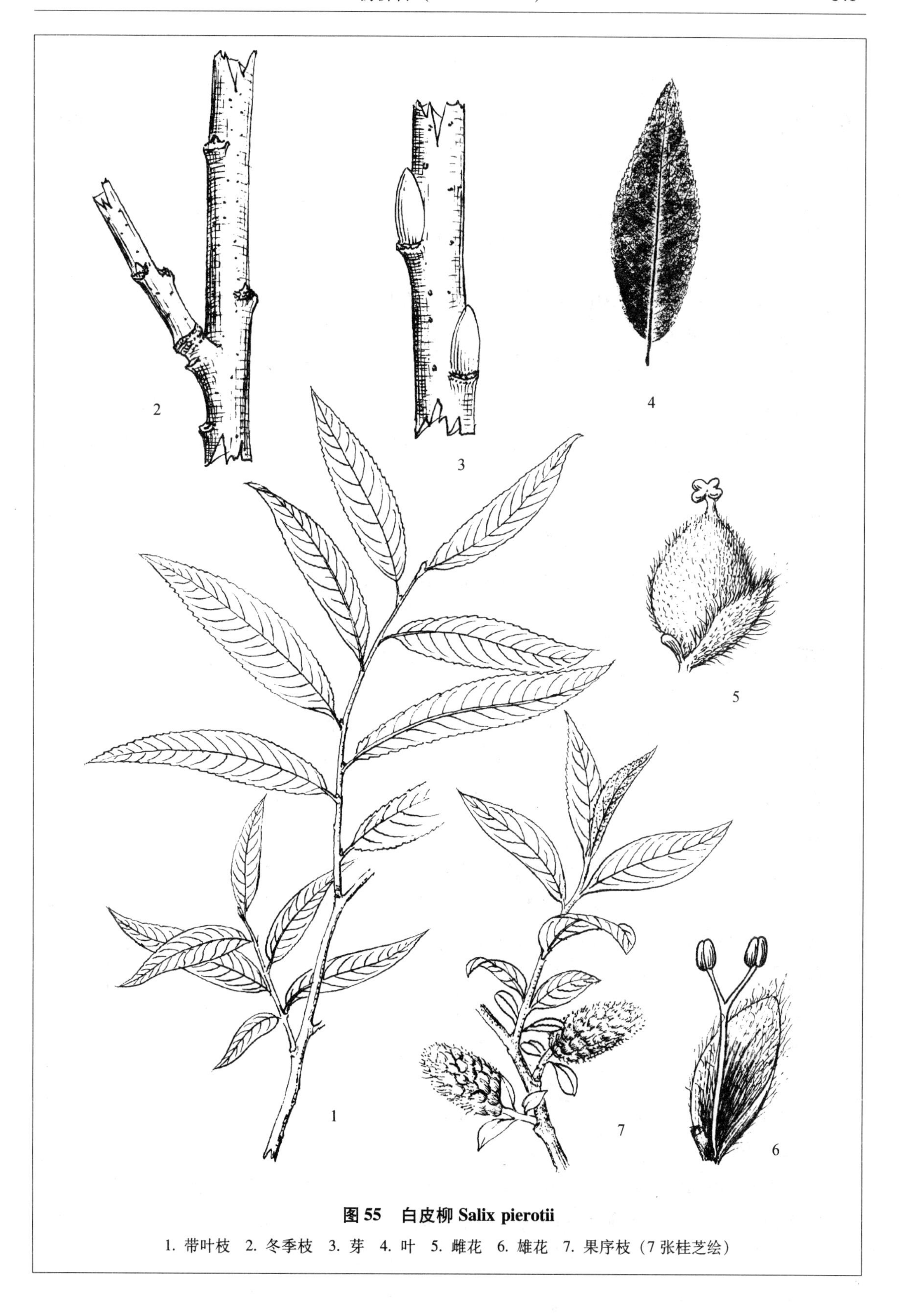

图 55　白皮柳 Salix pierotii

1. 带叶枝　2. 冬季枝　3. 芽　4. 叶　5. 雌花　6. 雄花　7. 果序枝（7 张桂芝绘）

多腺柳

科名：杨柳科（SALICACEAE）

中名：多腺柳 图56

学名：Salix polyadenia Hand. -Mazz. （种加词为“多腺体的”）

A. 多腺柳（原变种）

var. polyadenia

识别要点：匍匐性灌木，枝不生不定根；单叶，互生；叶片近圆形或倒卵状椭圆形；雌雄异株，柔荑花序圆柱形，有10~20朵花；雄花有雄蕊2，腺体2，又2裂；雌花子房长卵形，柱头4裂，腺体2，又2裂。

Diagnoses：Creeping shrub；Not adventitious root on branchelets；Leaves simple，alternate，almost rounded or obvato-elliptic；Dioecious；Catkins terete，with 10~20 flowers；Male flower stamens 2，nectars 2，always 2 lobed；Female flower pistil oblong-ovoid，stigma 4 lobed，nectars 2，always 2 lobed.

树形：落叶匍匐性灌木。

树皮：红褐色。

枝条：长约40cm，直径可达1cm，黄褐色，无毛，没有不定根。

芽：长椭圆状卵形，先端钝尖，红褐色，无毛。

叶：近圆形或倒卵状椭圆形，基部圆形或圆楔形，先端圆形，钝头或微凹，革质，表面深绿色，背面淡绿色，长0.5~1.7cm，宽0.5~1.5cm。

花：雌雄异株；柔荑花序，有花10~20朵；苞片圆形，黄褐色；雄花有雄蕊2，腺体2，背腹生，常2裂；雌花子房长圆锥形，先端长渐尖，有柄，无毛，柱头4裂，腺体2，腹生腺体常3~4裂，背腺较短。

果：蒴果，无毛，成熟后自顶端2裂。

花期：7月上旬；果期：7月中下旬。

习性：喜光，耐寒；生于2000~2500m的高山冻原带。

分布：吉林省长白山区的抚松、长白及安图等县；朝鲜也有分布。

用途：可供野生动物食用；并可保持水土。

B. **长白柳**（变种）

var. changbaishanica（Chou et Cheng）Y. L. Chou（变种加词为“长白山的”）。

本变种与原变种的主要区别为茎较细长，枝上有不定根；叶质地较薄；腺体不开裂，其他特征、习性及分布与原变种相同。

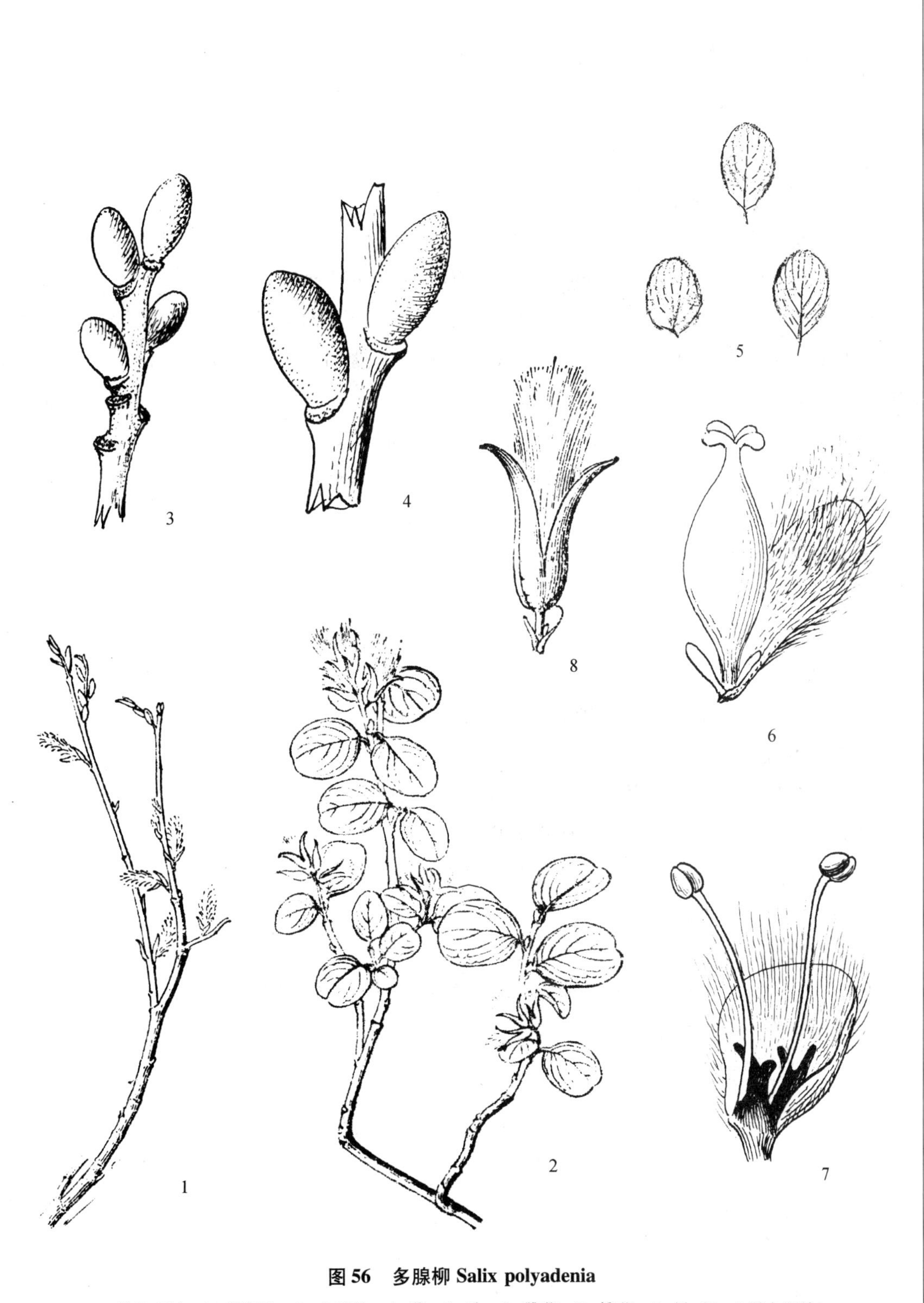

图 56　多腺柳 Salix polyadenia

1. 雄花序枝　2. 果序枝　3. 冬季枝　4. 芽　5. 叶　6. 雌花　7. 雄花　8. 果（2、8 冯金环绘）

鹿蹄柳

科名： 杨柳科（SALICACEAE）

中名： **鹿蹄柳** 图 57

学名： **Salix pyrolaefolia Ledeb.**（种加词为“鹿蹄草 Pyrola 叶子的”）。

识别要点： 大灌木或小乔木；单叶，互生；叶片圆形、卵圆形或卵状椭圆形，托叶大，肾形；雌雄异株；柔荑花序；雄花具苞片 1，雄蕊 2，蜜腺 1；雌花子房圆锥形，有柄，柱头 2 裂。

Diagnoses: Large shrub or small tree; Leaves simple, alternate; Blades rounded, ovate or ovato-elliptic, stipule reniformed; Dioecious; Catkin; Male flower bract 1, anthers 2, nectar 1; Female flower pistil conic, stalked, stigma 2 lobed.

树形： 灌木或小乔木。

枝条： 幼枝淡黄褐色或红褐色，有疏毛。

芽： 卵圆形，黄褐色，无毛。

叶： 单叶，互生；托叶较大，肾形，边缘有锯齿；叶片圆形、卵圆形或卵状椭圆形，基部圆形或微心形，先端短渐尖，边缘有锯齿，表面深绿色，背面灰绿色，两面无毛，长 2～8cm，宽 2～6cm。

花： 雌雄异株；柔荑花序；雄花苞片倒卵形，有长柔毛，雄蕊 2，蜜腺 1，腹生；雌花子房长卵圆柱形，无毛，有短柄，柱头 2 裂。

果： 蒴果，卵圆形，黄褐色，无毛，成熟时自顶端 2 裂。

花期： 5～6 月；果期：6～7 月。

习性： 喜光，耐寒，喜水湿环境。多生于高海拔的山地河谷或林缘。

分布： 东北北部的山区以及内蒙古、新疆等地；蒙古、俄罗斯及欧洲各地也有分布；吉林省主要生长在东部长白山区。

用途： 可用于防止水土流失；嫩叶可作鹿饲料。

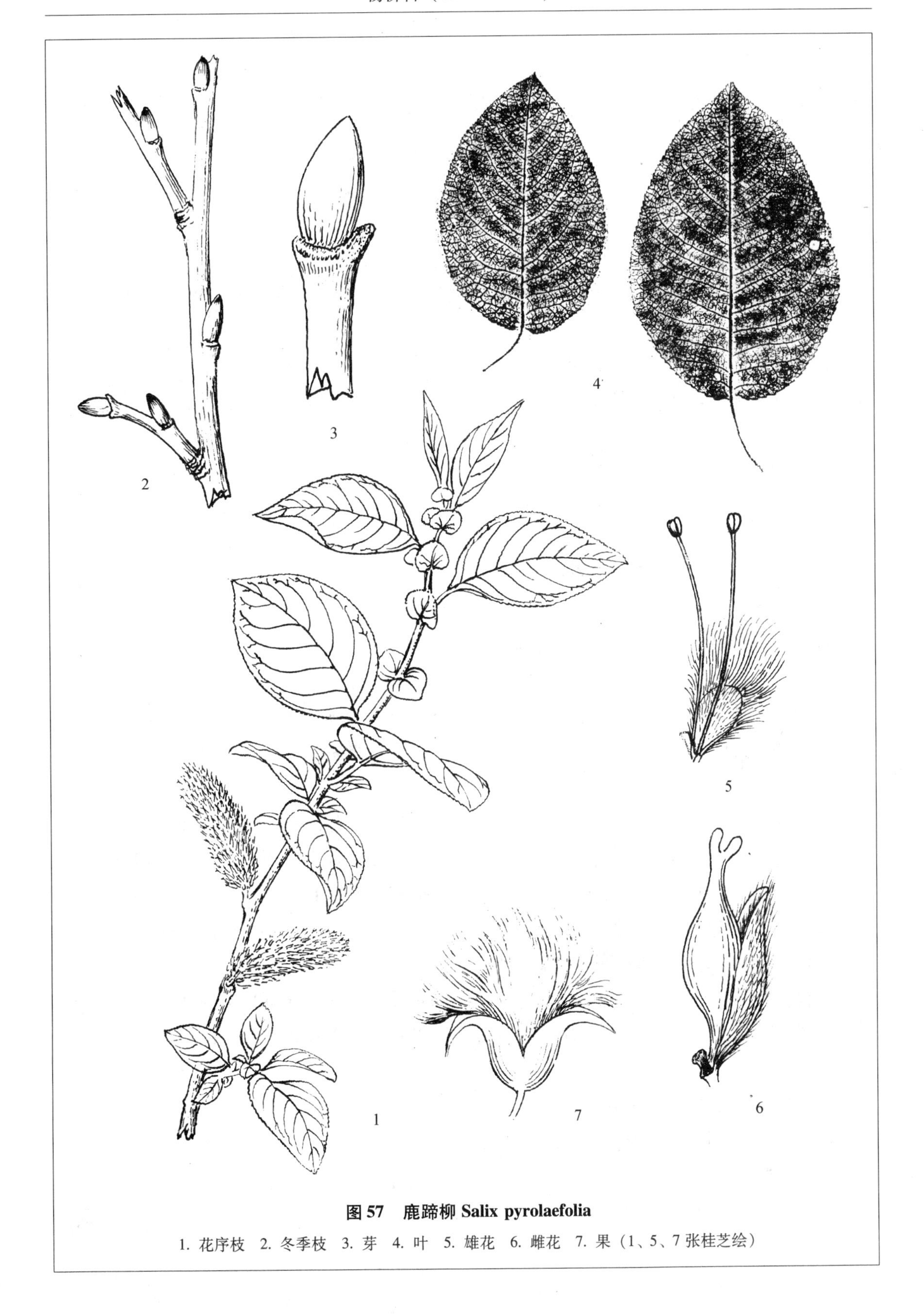

图 57　鹿蹄柳 Salix pyrolaefolia

1. 花序枝　2. 冬季枝　3. 芽　4. 叶　5. 雄花　6. 雌花　7. 果（1、5、7 张桂芝绘）

大黄柳

科名：杨柳科（SALICACEAE）

中名：大黄柳 图 58

学名：Salix raddeana Laksch.（种加词为人名 G. J. Radde，1831～1903，俄国植物学家）。

识别要点：灌木或小乔木；单叶，互生；叶片厚，革质，椭圆形，卵圆形或倒卵形，背面有灰白色的绒毛；雌雄异株；雄柔荑花序椭圆形，雄花有雄蕊 2；雌花子房长卵状圆柱形，有毛；蒴果，2 裂。

Diagnoses: Deciduous shrub or small tree; Leaves simple, alternate, thick, leathery, elliptic, ovate or obovate, glaucous tomentose beneath; Dioecious; Male catkin elliptic, male flower stamens 2; Female flower pistil ovoid-terete, pubescent; Capsule, 2 lobes when maturity.

树形：落叶灌木或小乔木，高 1.5～3m。

树皮：暗褐色，有浅裂的纵沟。

枝条：淡黄褐色或红褐色，幼枝有柔毛。

芽：大，卵圆形，先端圆头，芽鳞 1 片，深红褐色，有毛。

叶：单叶，互生；叶片革质，椭圆形、倒卵形，先端短渐尖或急尖，基部宽楔形，全缘或有不整齐的波状齿，表面深绿色，叶脉下陷成皱纹，背面密生有灰白色的绒毛，长 5～10cm，宽 3～6cm。

花：雌雄异株；花先叶开放；雄柔荑花序，直立或斜上，椭圆形；每朵雄花有苞片 1 枚，椭圆形，上半部黑褐色，有长毛，雄蕊 2，花丝细长，花药长圆形，黄色，腺体 1；雌花苞片 1，子房长圆柱形，上部渐细，柱头 4 裂，基部生腺体 1。

果：蒴果，长卵形，长约 1cm，先端细长，柱头宿存，成熟后 2 裂；种子有白色长毛。

花期：4 月中旬；**果期：**5～6 月。

习性：性喜光，但也耐荫，喜生于肥沃而潮湿的土壤；多生于低山带的林缘及疏林中。

分布：东北三省以及内蒙古的山区或半山区；朝鲜及俄罗斯也有分布；吉林省多分布于中部半山区各县（市）。

抗寒指数：幼苗期 I，成苗期 I。

用途：为早春蜜源植物；树皮可做栲胶。

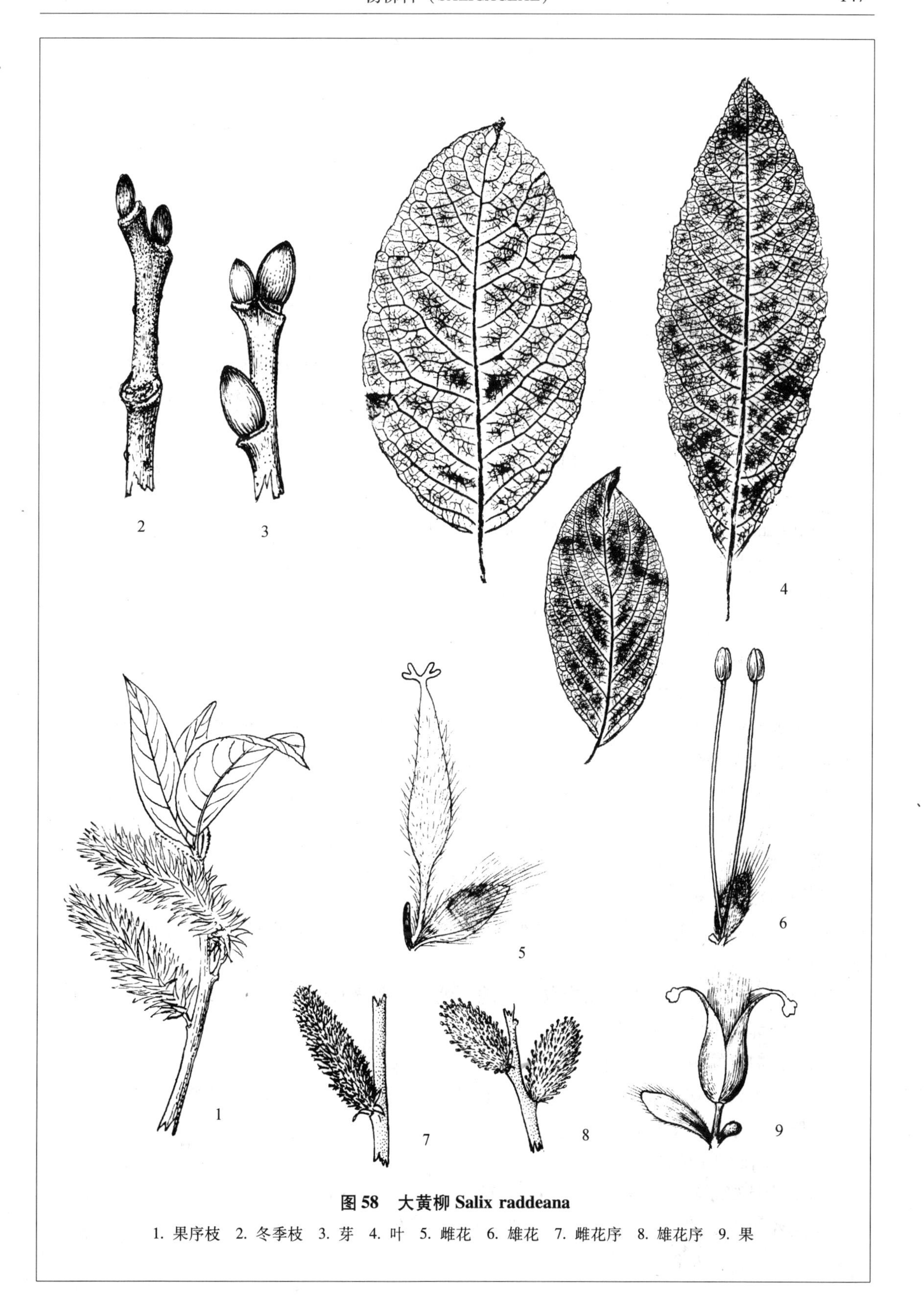

图 58　大黄柳 Salix raddeana

1. 果序枝　2. 冬季枝　3. 芽　4. 叶　5. 雌花　6. 雄花　7. 雌花序　8. 雄花序　9. 果

粉枝柳

科名：杨柳科（SALICACEAE）

中名：**粉枝柳** 图59

学名：**Salix rorida Laksch.**（种加词为"露水珠湿润的"）。

A. **粉枝柳**（原变种）**var. rorida**

识别要点：落叶乔木；2年生枝上有白粉；单叶，互生；叶片披针形或倒披针形；雌雄异株，柔荑花序；苞片基部有腺点3~4对；雄花中雄蕊2，蜜腺1；雌花子房卵圆形，有长柄，柱头2裂。

Diagnoses：Deciduous tree；Elder branches with white powder；Leaves simple，alternate；Blades lanceolate or oblanceolate；Dioecious；Catkins；3~4 pair glands on the base of bract；Male flower with stamens 2，nectar 1；Female flower pistil ovoid，long stalked，stigma 2 lobed.

染色体数目：2n=38。

树形：落叶乔木，高可达15m。

树皮：灰褐色，幼时为灰绿色。

枝条：当年生枝条绿色，2年生枝条上有白粉。

芽：卵圆形或长卵形，黄绿色，有光泽，无毛。

叶：单叶，互生；叶片披针形或倒披针形，基部楔形，先端渐尖，边缘有细锯齿，齿端有腺点，表面深绿色，背面苍白色，长8~12cm，宽1~2cm。

花：雌雄异株；柔荑花序；雄花及雌花的苞片卵圆形，基部两侧生有3~4对腺点；雄蕊2枚，花丝光滑无毛，蜜腺1枚；雌花中的子房卵圆柱形，有柄，柱头2裂，蜜腺1枚。

果：蒴果卵圆形，黄褐色，成熟时2裂。

花期：5月；果期：6月。

习性：喜光，喜湿润并耐过湿土壤。多自生于山区海拔较低处的河岸，为河岸林主要树种之一。

分布：东北三省、华北以及内蒙古等地；朝鲜和俄罗斯也有分布；吉林省多生长于东部山区以及中部半山区各地。

抗寒指数：幼苗期Ⅰ，成苗期Ⅰ。

用途：木材轻软，纹理直顺，可加工成用具及建筑材料；为早春蜜源植物；树皮可制栲胶；可作庭园绿化观赏植物。

B. **伪粉枝柳**（变种）

var. roridiformis（**Nakai**）**Ohwi**（变种加词为"粉枝柳形状的"）。

本变种与原变种区别在于：托叶不发育；花苞片基部无腺点。

分布于黑龙江及吉林的山区。

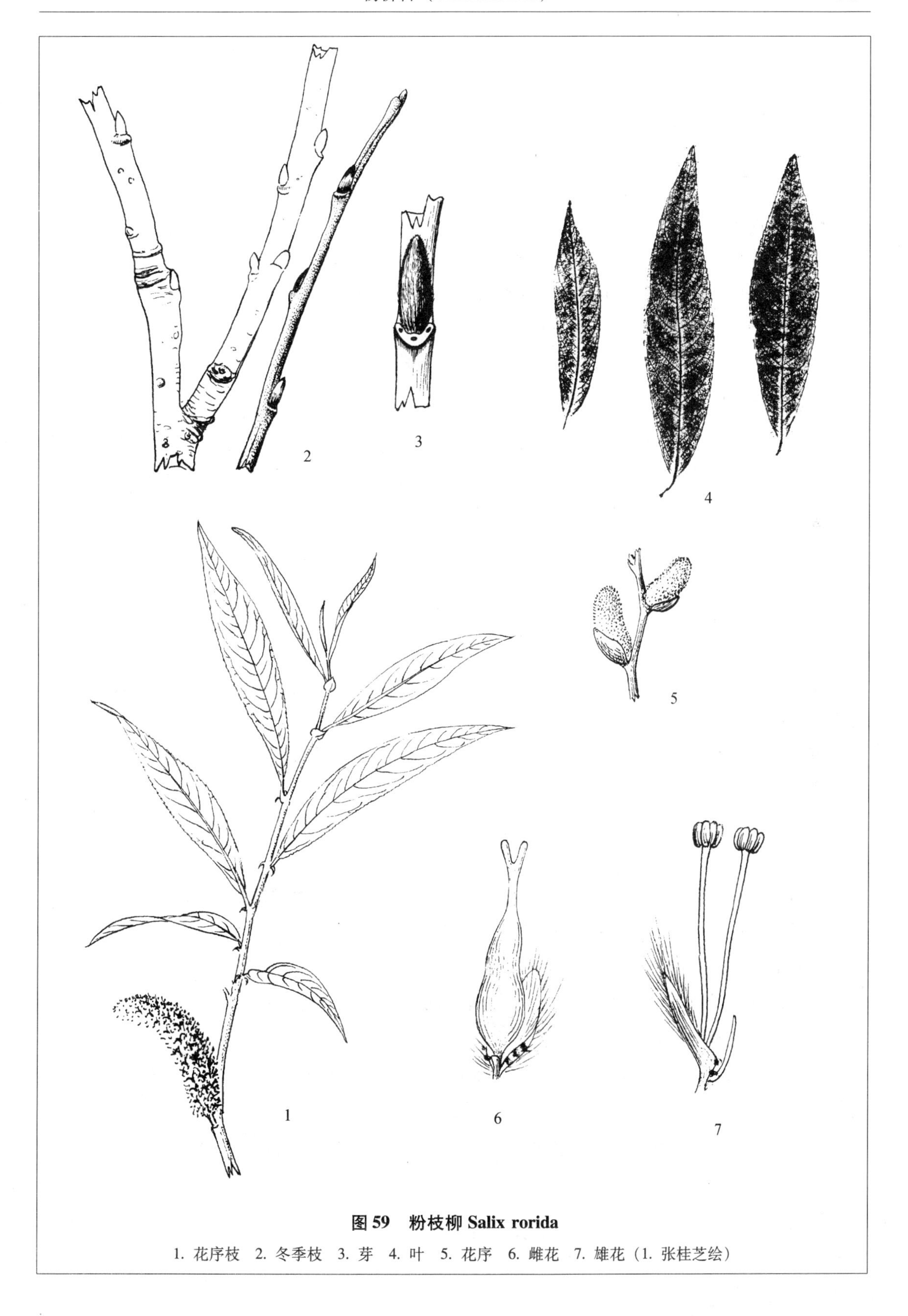

图 59　粉枝柳 Salix rorida

1. 花序枝　2. 冬季枝　3. 芽　4. 叶　5. 花序　6. 雌花　7. 雄花（1. 张桂芝绘）

细叶沼柳

科名：杨柳科（SALICACEAE）

中名：细叶沼柳 图 60

学名：Salix rosmarinifolia L.（种加词为“迷迭香 Rosmarinus 叶子的”）。

A. **细叶沼柳**（原变种）**var. rosmarinifolia**

识别要点：小灌木；单叶，互生；叶片狭披针形，嫩叶两面有黄色柔毛；雌雄异株，柔荑花序；雄花具雄蕊 2，蜜腺 1；雌花子房有柄，柱头 4 裂，蜜腺 1。

Diagnoses：Small shrub；Leaves simple，alternate，narrowly lanceolate，young leaves with yellow pubescent；Dioecious；Catkins；Male flower with stamens 2，nectar 1；Female flower pistil with longer stalk，stigma 4 lobed，nectar 1.

树形：落叶小灌木，高 0.5～1m。

树皮：灰褐色。

枝条：纤细，老枝褐色或黄褐色，无毛，嫩枝绿褐色，干后变黑褐色，有长柔毛。

芽：卵圆形，先端钝圆，带红褐色，初有毛，后光滑无毛。

叶：单叶，互生；叶片披针形或狭披针形，基部楔形，先端短渐尖，近全缘，表面深绿色，背面灰白色，侧脉 10～12 对，长 2～5cm，宽 3～8mm。

花：雌雄异株，柔荑花序；苞片倒卵形，有长毛；雄花具雄蕊 2 枚，蜜腺 1；雌花子房长圆锥形，有短柄，柱头 4 裂，蜜腺 1 枚。

果：蒴果，长卵圆形，有毛，成熟后 2 裂。

花期：5 月；果期：6 月。

习性：喜光，耐寒，耐水湿。常生长于山区的沼泽湿地及湿润砂地。

分布：吉林、黑龙江、内蒙古及新疆；也产于俄罗斯及欧洲；吉林省多分布于东部山区的沼泽地带。

用途：枝条可供编织用具及工艺品；为早春蜜源植物；树皮含丹宁，可制栲胶；可用于水土保持，护岸及绿化观赏。

B. **沼柳**（变种）**var. brachypoda（Trautv. et Mey.）Y. L. Chou**（变种加词为“具有短柄的”）。

本变种与原变种区别处在于：叶宽达 1.5cm，密生黄褐色绒毛，干后不变黑。

其他项目与原变种相同。

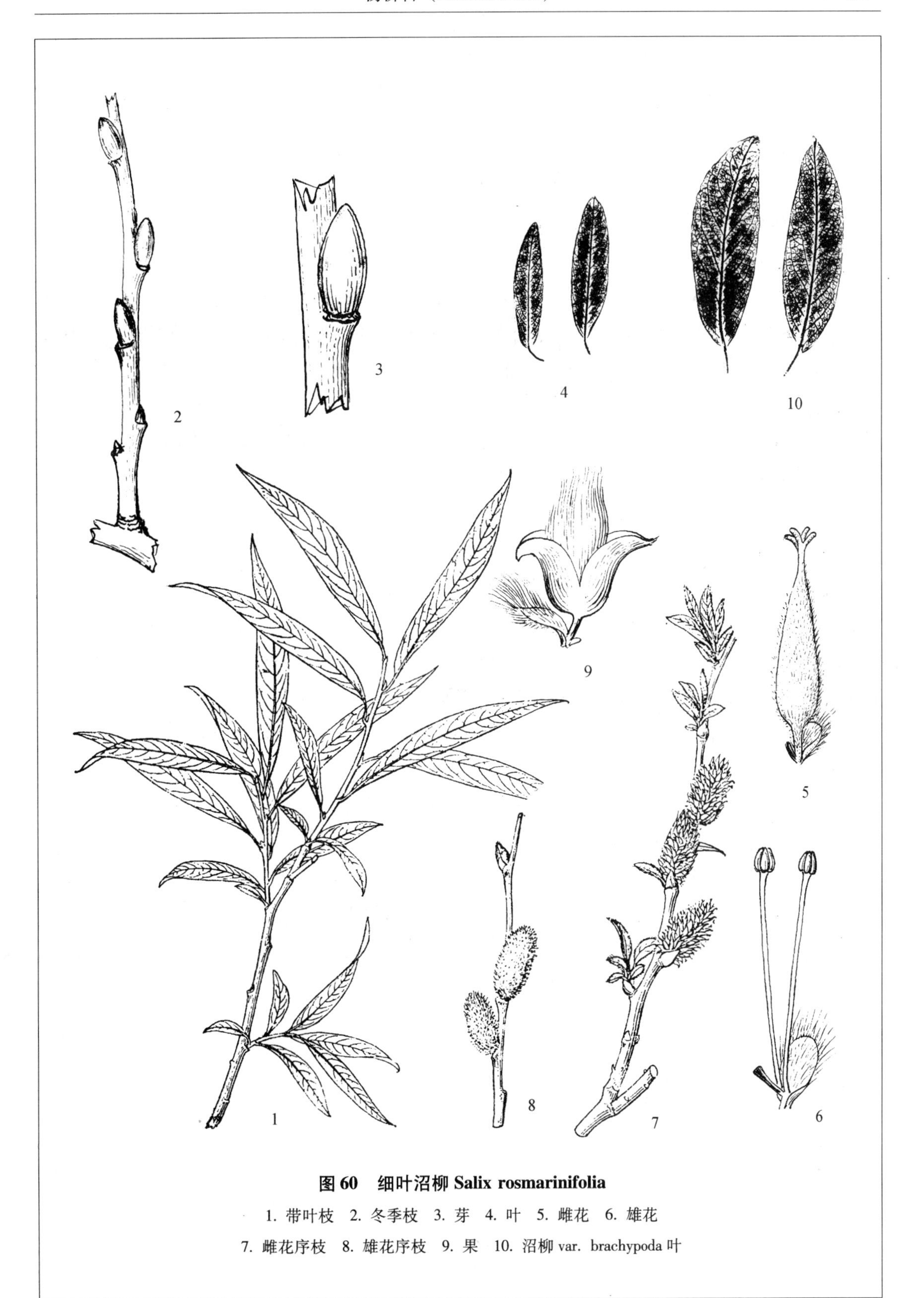

图 60　细叶沼柳 *Salix rosmarinifolia*

1. 带叶枝　2. 冬季枝　3. 芽　4. 叶　5. 雌花　6. 雄花
7. 雌花序枝　8. 雄花序枝　9. 果　10. 沼柳 var. brachypoda 叶

圆叶柳

科名：杨柳科（SALICACEAE）

中名：圆叶柳　图61

学名：Salix rotundifolia Trautv.（种加词为“具有圆形叶的”）。

识别要点：匐伏小灌木；单叶，互生；叶片椭圆形或倒卵状椭圆形；雌雄异株，柔荑花序具5~8朵花；雄花中有2枚雄蕊，2蜜腺；雌花子房长圆锥形，柱头2~4裂，蜜腺1枚。

Diagnoses: Creeping shrub; Leaves simple, alternate; Blades elliptic or obovato-elliptic; Dioecious; Catkins with 5~8 flowers; Male flower with 2 stamens, 2 nectars; Female flower pistil elongated conic, stigma 2~4 lobed, nectar 1.

树形：匐伏小灌木，长30~50cm。

树皮：红褐色。

枝条：小枝红褐色或黄褐色，幼枝有柔毛。

芽：长圆状卵形，先端短尖，红褐色，无毛。

叶：单叶，互生；叶片椭圆形或倒卵状椭圆形，先端圆形或钝头，基部圆形，全缘，表面深绿色，背面绿色，幼时有毛，长0.6~1.8cm，宽0.5~1.2cm。

花：雌雄异株；雌雄柔荑花序短，具5~8朵小花；雄花具雄蕊2，蜜腺2；雌花子房长圆锥形，柱头2~4裂，蜜腺1。

果：蒴果，长卵形，无毛，表面有小疣状突起。

花期：7月上旬；果期：7~8月。

习性：喜光，耐寒。

分布：我国长白山区海拔1900~2600m间的高山冻原带。

用途：幼嫩枝叶可作野生鹿的饲料。

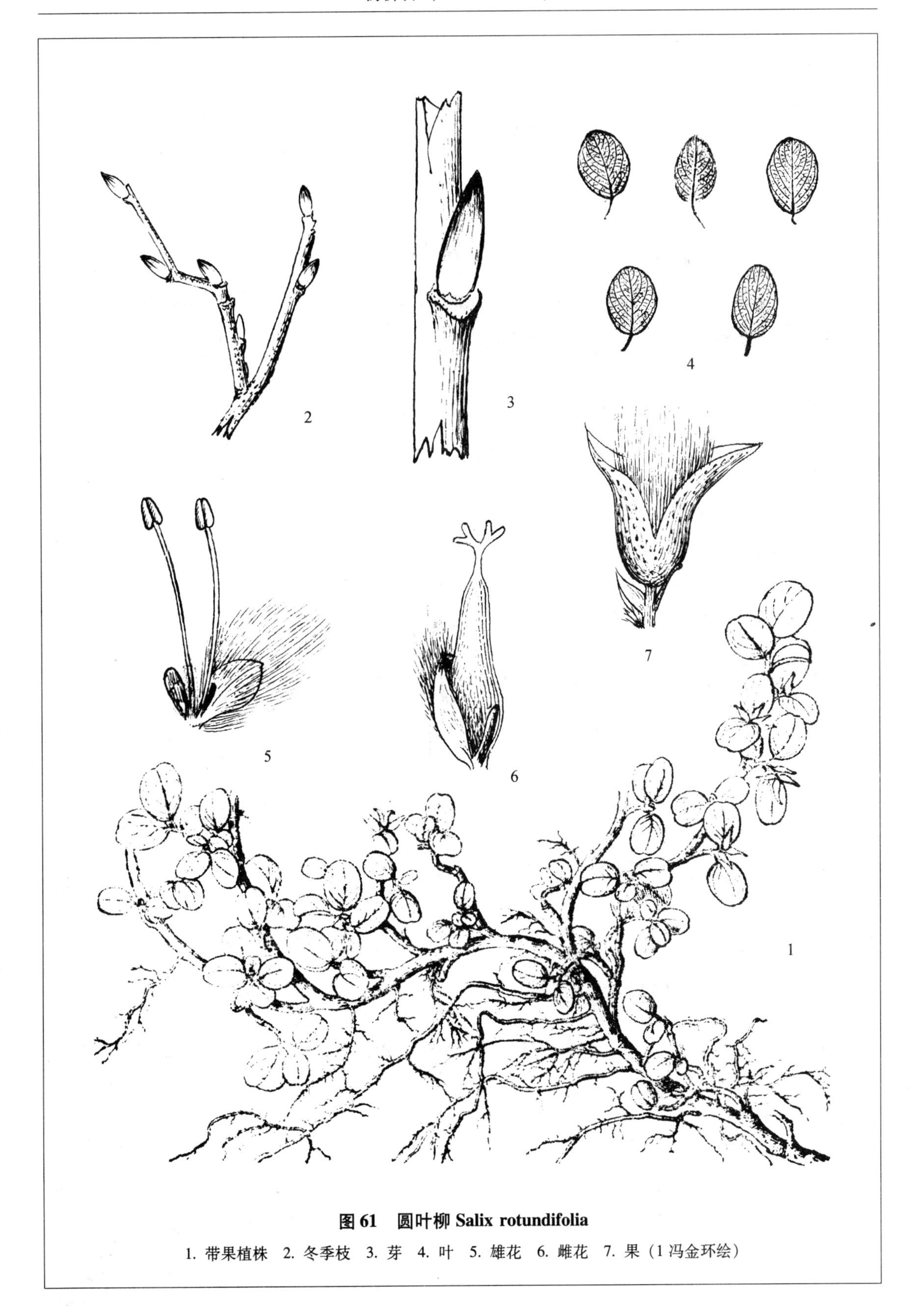

图 61　圆叶柳 Salix rotundifolia

1. 带果植株　2. 冬季枝　3. 芽　4. 叶　5. 雄花　6. 雌花　7. 果（1 冯金环绘）

龙江柳

科名：杨柳科（SALICACEAE）

中名：龙江柳 图 62

学名：Salix sachaliensis F. Schmidt（种加词为俄罗斯地名"萨哈林岛即库页岛的"）。

识别要点：灌木或乔木；单叶，互生；叶片宽披针形或长圆状披针形；雌雄异株；柔荑花序先叶开放；雄花中雄蕊 2，腺体 1；雌花子房卵状圆锥形，有短柄，有丝状毛，花柱长，柱头 2 裂，腺体 1。

Diagnoses: Shrub or tree; Leaves simple, alternate; Blades broad-lanceolate or oblong-lanceolate; Dieocious; Catkins bloom before leaves; Male flower stamens 2, nectar 1; Female flower ovary ovato-conic, sessile, silky pubescent, style longer, stigma 2 lobed, gland 1.

树形：灌木或乔木，高可达 20m。

树皮：平滑，黄褐色，有光泽。

枝条：小枝灰色，有短柔毛。

芽：卵圆形，褐色，有短柔毛。

叶：单叶，互生；叶片宽披针形或长圆状披针形，表面深绿色，背面苍白色，有短柔毛，长 6 ~ 15cm，宽 1.5 ~ 3.5cm。

花：雌雄异株；柔荑花序先叶开放；苞片狭卵形，上半部近黑色，有白色长毛；雄花有雄蕊 2，花丝离生，腺体 1；雌花子房卵状圆锥形，无柄，有丝状长柔毛，花柱长，柱头 2 裂，腺体 1 枚，长棍棒形。

果：蒴果，成熟后自顶端向下开裂。

花期：5 月；果期：6 月。

习性：喜光，喜水湿生长环境；常生于低海拔的河流两岸或湖边湿地。

分布：东北三省的林区；也分布于朝鲜、日本及俄罗斯；吉林省多分布于东部山区各县（市）。

用途：枝条可用于编织；早春蜜源植物；护岸、护堤，水土保持；木材可供薪炭及制造用具。

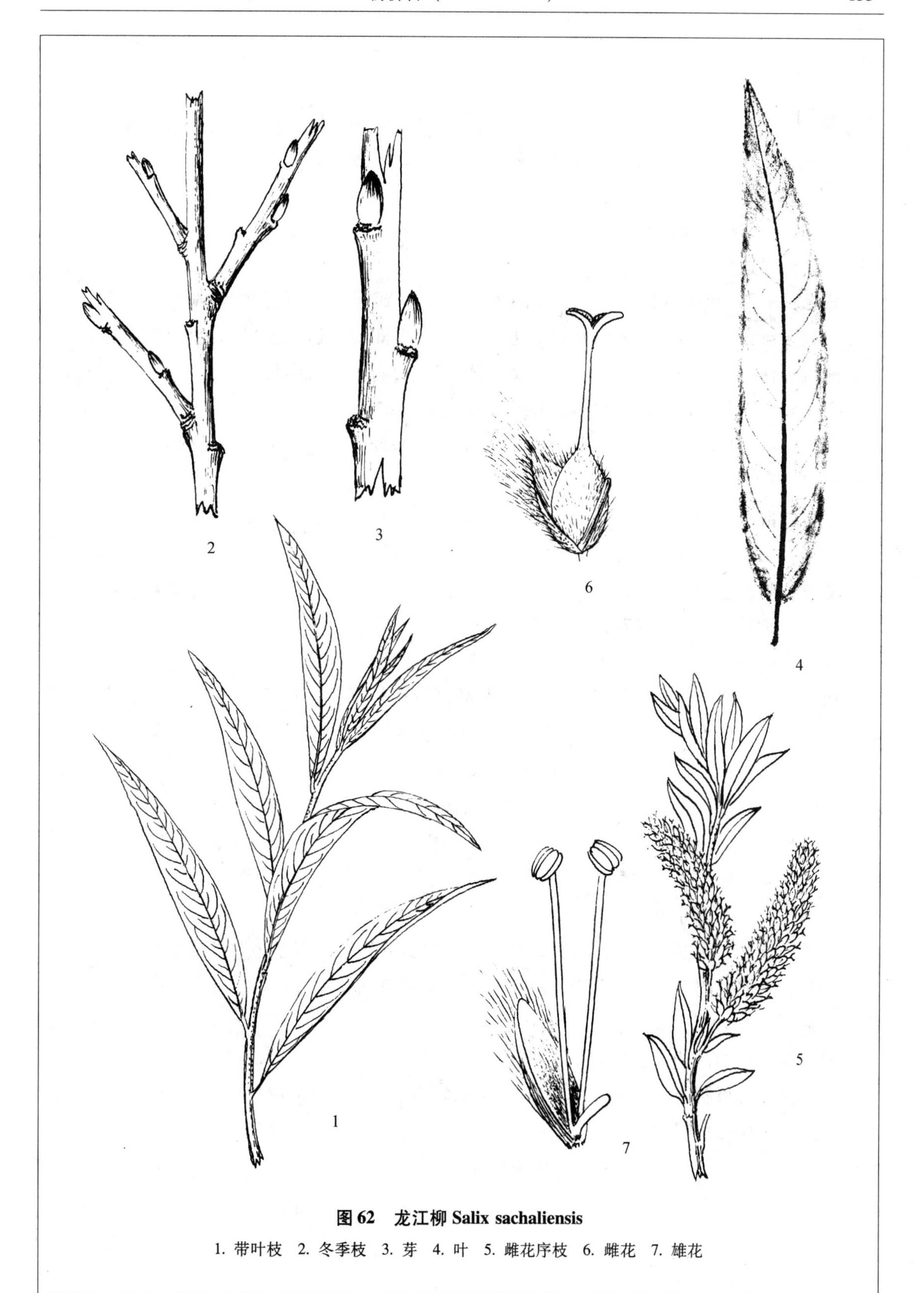

图 62　龙江柳 Salix sachaliensis

1. 带叶枝　2. 冬季枝　3. 芽　4. 叶　5. 雌花序枝　6. 雌花　7. 雄花

卷边柳

科名：杨柳科（SALICACEAE）

中名：卷边柳　图 63

学名：**Salix siuzevii Seem.**（种加词为人名 P. V. Siuzev，俄国植物学家）。

识别要点：灌木或小乔木；单叶，互生；叶片披针形，边缘波状或近全缘，叶背灰白色；雌雄异株；柔荑花序；雄花中雄蕊 2，腺体 1；雌花子房长卵形，腺体 1。

Diagnoses：Shrub or small tree；Leaves simple，lanceolate，margin wavy or nearly entire，whitish beneath；Dioecious；Catkins；Male flower with stamens 2，gland 1；Female flower pistil oblong-ovoid，nectar 1.

染色体数目：2n = 76。

树形：灌木或小乔木，高达 6m。

树皮：暗灰色或灰绿色。

枝条：细长，黄绿色或灰绿色，略带红褐色。

芽：长圆形，先端钝圆，红褐色，初有毛，后无毛。

叶：单叶，互生；叶片披针形，基部楔形，先端长渐尖，边缘呈波状，近全缘，微内卷，表面暗绿色，有光泽，无毛，背面灰白色，无毛或近脉处有疏柔毛，长 7 ~ 12cm，宽 1 ~ 1. 5cm。

花：雌雄异株；柔荑花序；苞片卵圆形或倒卵形，有长毛；雄花有雄蕊 2，蜜腺 1；雌花子房有短柄，纺锤形，有柔毛，花柱细长，蜜腺 1。

果：蒴果，卵圆形，黄色，成熟后自顶端 2 裂。

花期：5 月；果期：6 ~ 7 月。

习性：喜光，耐寒，耐水湿环境。多生于山区低海拔的河流岸边及林缘湿地。

分布：东北及内蒙古；也分布于朝鲜、日本、俄罗斯及蒙古；吉林省东部山区及中部半山区各县（市）均有分布。

抗寒指数：幼苗期 I，成苗期 I。

用途：木材可制造家具及用具；为早春蜜源植物；有保护河岸堤防及水土保持的功效；可种植庭院中供绿化观赏。

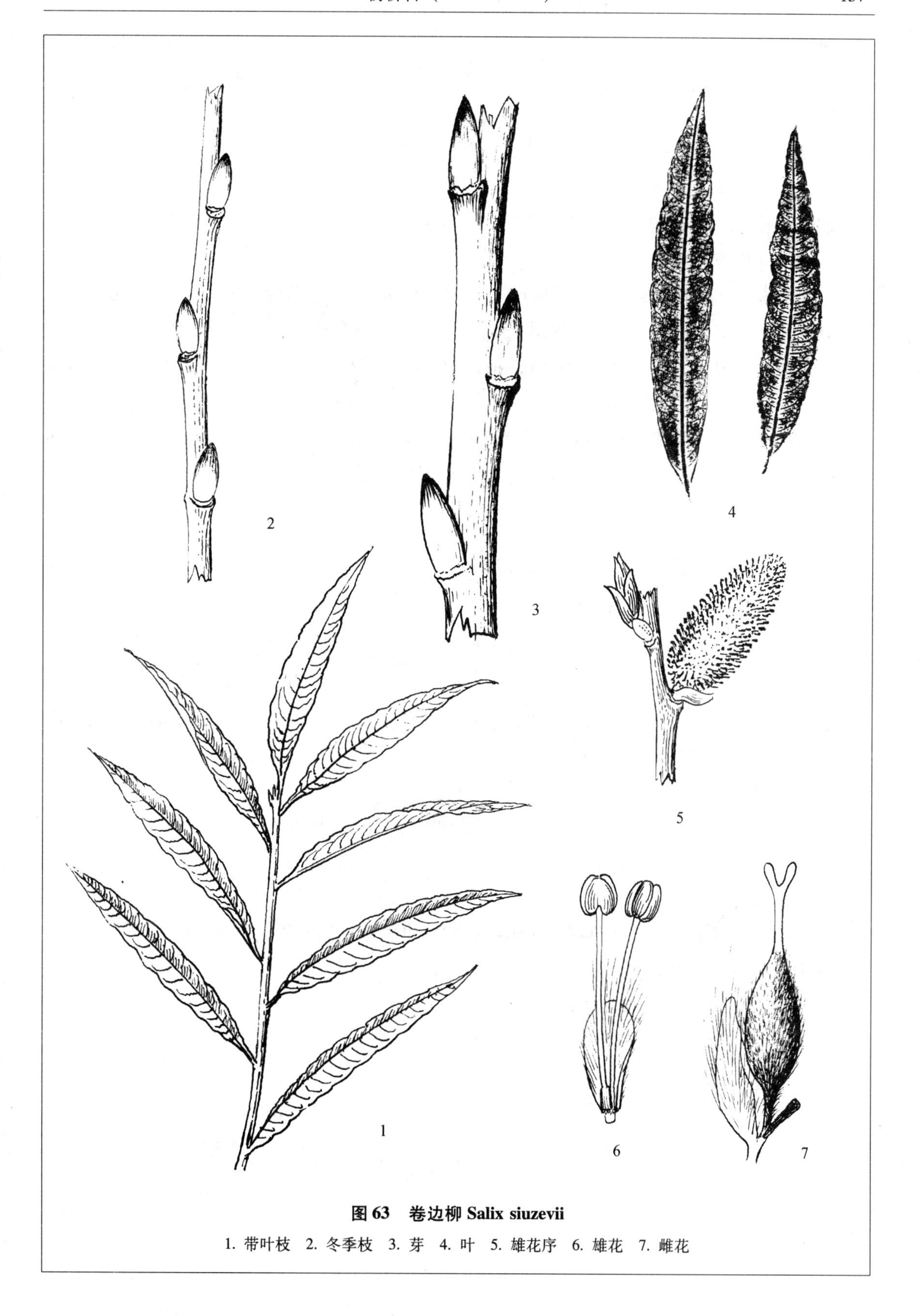

图 63　卷边柳 Salix siuzevii

1. 带叶枝　2. 冬季枝　3. 芽　4. 叶　5. 雄花序　6. 雄花　7. 雌花

司氏柳

科名：杨柳科（SALICACEAE）

中名：**司氏柳** 图 64

学名：**Salix skvortzovii Y. L. Chang et Y. L. Chou**（种加词为人名 B. V. Skvortzov，俄国植物学家，放弃国籍，曾长期在我国哈尔滨工作，后旅居巴西）。

识别要点：灌木；单叶，互生；叶片披针形；雌雄异株，柔荑花序先叶开放；雄花具雄蕊 2，腺体 1；雌花子房卵圆锥形，有长柄及长花柱，腺体 1。

Diagnoses：Shrub；Leaves simple，alternate；Blades lanceolate；Dioecious；Catkins bloom before leaves；Male flower with stamens 2，nectar 1；Female flower pistil ovoid-conical，stalked and style longer，nectar 1.

树形：灌木，高 3 ~ 4m。

枝条：绿色，黄绿色或红褐色，无毛。

芽：卵圆形，先端尖，无毛。

叶：单叶，互生；叶片披针形，基部楔形，先端渐尖，边缘有细小的腺锯齿，表面深绿色，背面苍白色，无毛，长 5 ~ 10cm，宽 0.8 ~ 1.7cm。

花：雌雄异株；柔荑花序先叶开放；苞片倒卵形或宽卵形，有长毛；雄花有雄蕊 2，花丝分离，腺体 1；雌花子房长卵圆锥形，有柔毛，有长柄，花柱细长，柱头 2 裂，腺体 1。

果：蒴果，有长柔毛。

花期：5 月；果期：6 月。

习性：喜光，耐寒，喜水湿环境；多生于山区低海拔河流附近湿地。

分布：东北三省；吉林省多生于东部山区各县（市）。

用途：枝条可供编织；为早春蜜源植物；木材供薪炭或制造用具；为护岸、护堤、水土保持优良树种。

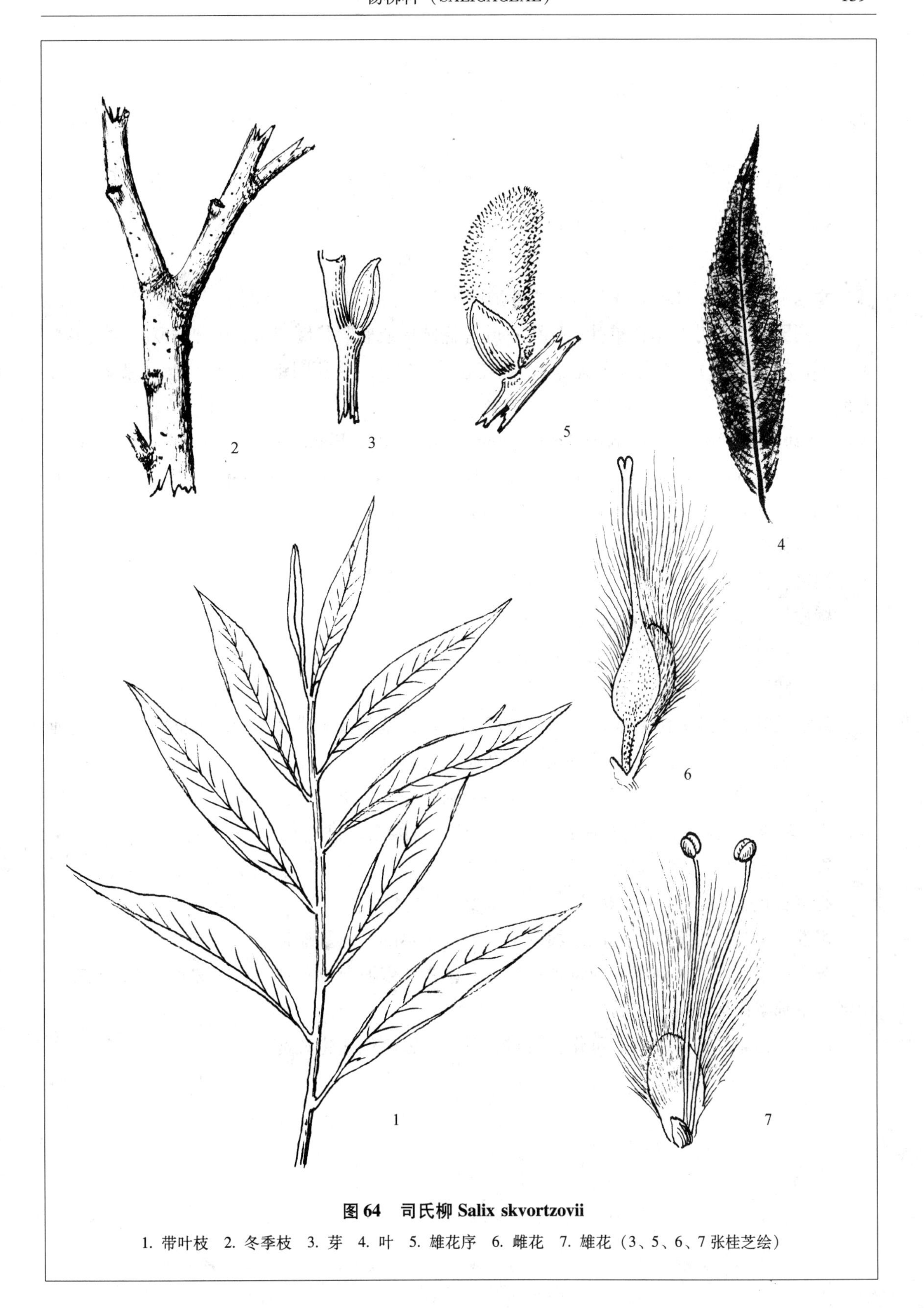

图 64　司氏柳 Salix skvortzovii

1. 带叶枝　2. 冬季枝　3. 芽　4. 叶　5. 雄花序　6. 雌花　7. 雄花（3、5、6、7 张桂芝绘）

谷柳

科名：杨柳科（SALICACEAE）

中名：谷柳 图 65

学名：Salix taraikensis Kimura（种加词为日本北海道地名“钏路的”）。

识别要点：落叶灌木；单叶，互生；叶片椭圆形或椭圆状倒卵形；雌雄异株；柔荑花序椭圆形；雄花苞片 1，雄蕊 2，腺体 1；雌花苞片 1，子房狭长圆锥形，有柔毛，腺体 1；果为蒴果。

Diagnoses: Deciduous shrub; Leaves simple, alternate; Blades elliptic or elliptical obovate; Dioecious; Catkins elliptic; Male flower with bract 1, stamens 2, nectar 1; Female flower bract 1, pistil narrowly terete, pubescent, nectar 1; Fruit a capsule.

染色体数目：2n = 38。

树形：落叶灌木，高 3 ~ 5m。

树皮：皮褐色，常带有灰白色斑。

枝条：嫩枝绿褐色，初有毛，后光滑。

芽：卵圆形，黄褐色，无毛。

叶：单叶，互生；叶片椭圆形或椭圆状倒卵形，基部圆形或宽楔形，表面深绿色，背面黄白色，无毛，边缘无齿，全缘，长 6 ~ 10cm，宽 4 ~ 6cm。

花：雌雄异株；花后叶开放；柔荑花序椭圆状柱形；雄花具苞片 1，雄蕊 2，花丝甚长，腺体 1；雌花具苞片 1，子房狭圆锥形，有长柄，有柔毛，腺体 1。

果：蒴果长圆锥形，有毛，长约 7mm。

花期：4 月下旬；果期：6 月。

习性：喜光，喜潮湿及肥沃土壤。常生于次生林的林缘及疏林内。

分布：东北三省及新疆、内蒙古；朝鲜、蒙古和俄罗斯也有分布；吉林省多生长在东部山区及中部半山区各县（市）。

用途：为早春蜜源植物；可作薪炭材；可栽植庭园供绿化观赏。

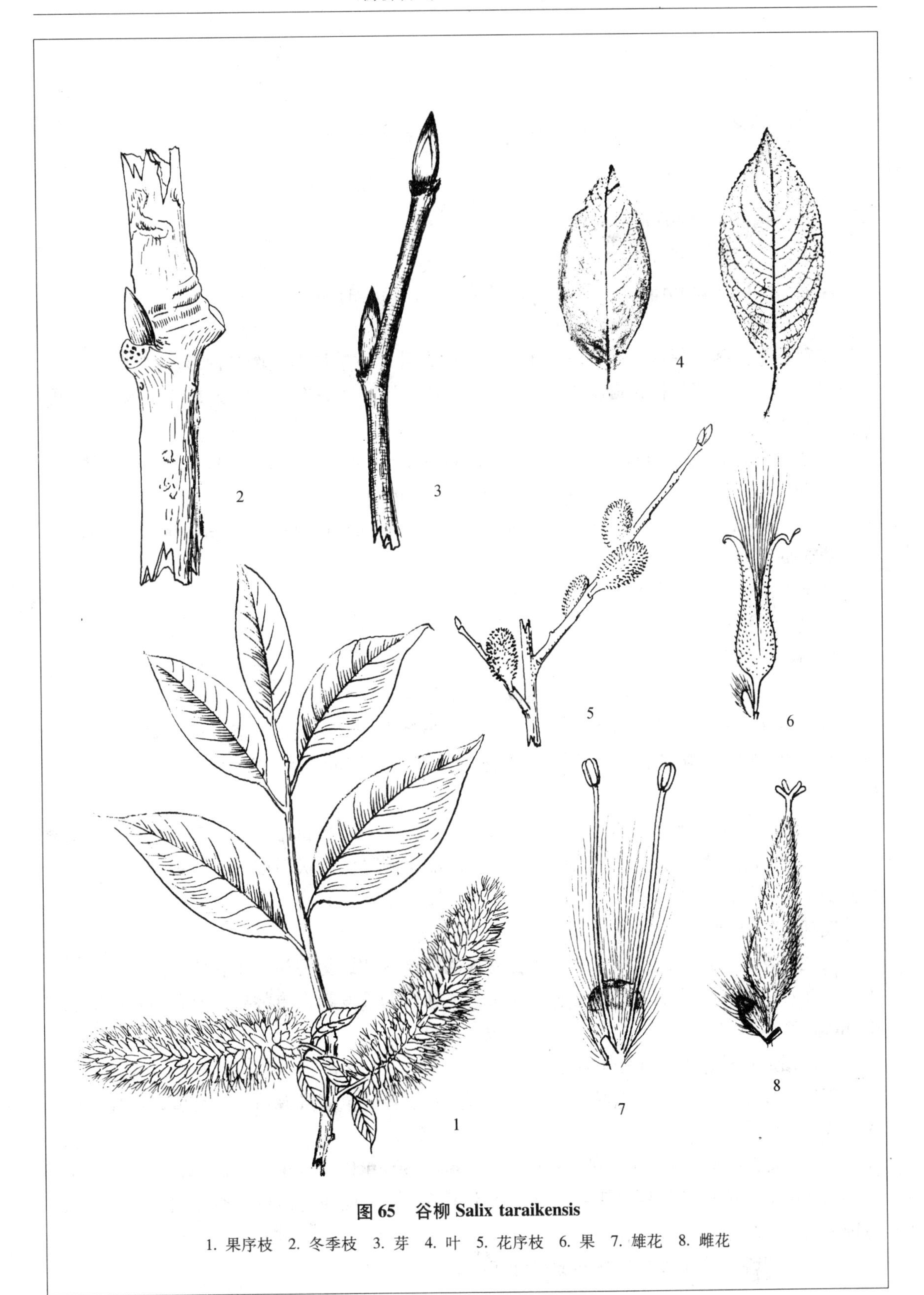

图 65　谷柳 Salix taraikensis

1. 果序枝　2. 冬季枝　3. 芽　4. 叶　5. 花序枝　6. 果　7. 雄花　8. 雌花

三蕊柳

科名：杨柳科（SALICACEAE）

中名：三蕊柳 图66

学名：Salix triandra L.（种加词为“具有三枚雄蕊的”）。

A. **三蕊柳**（原变种）**var. triandra**

识别要点：落叶灌木或小乔木；单叶，互生；叶片宽披针形或倒披针形；雌雄异株，柔荑花序；雄花中雄蕊3枚，蜜腺2；雌花中子房长卵形，柱头4裂，蜜腺1~2；蒴果，卵圆形，成熟2裂。

Diagnoses：Deciduous shrub or small tree；Leaves simple，alternate；Blades broadly lanceolate or oblanceolate；Dioecious；Catkins；Male flower with 3 stamens and 2 nectars；Female flower with pistil elongated ovoid，stigma 4，nectars 1~2；Fruit capsule，ovoid，open when maturity.

染色体数目：2n=38，44，88。

树形：落叶灌木或小乔木，高达10m。

树皮：暗褐色或近黑色。

枝条：小枝绿褐色，初有柔毛，后变无毛。

芽：卵形或宽卵形，先端钝尖，黄褐色，光滑无毛。

叶：单叶，互生；叶片宽长圆状披针形或倒披针形，基部圆形或楔形，先端渐尖，边缘有锯齿，齿端生有腺体，表面深绿色，有光泽，背面苍白色，无毛，长7~10cm，宽1.5~3cm。

花：雌雄异株；雄柔荑花序长3~5cm；雄花具苞片1，卵圆形，两面有长的纤毛，雄蕊3枚，蜜腺2枚，背、腹生；雌花具苞片1枚，雌蕊子房长卵状圆锥形，柱头4裂，基部着生蜜腺1或2枚。

花期：4~5月；果期：6月。

习性：喜光，喜水湿土壤。多生于低海拔的河流两侧，为河岸林主要树种。

分布：东北、华北及内蒙古；也产于日本、朝鲜和俄罗斯；吉林省多分布于东部山区和中部半山区各县（市）。

抗寒指数：幼苗期Ⅰ，成苗期Ⅰ。

用途：枝条用于编织工艺品；木材可做家具及用具；早春蜜源植物；是植树造林绿化环境的优良树种。

B. **日本三蕊柳** 剑柳（变种）**var. nipponica（Franch. et Sav.）Seemen**

本变种与原变种的区别在于：小枝上密生柔毛；叶背面非苍白色；柔荑花序上的小花排列较为紧密，花下的苞片较长。

花期、习性、分布以及用途与原变种相同。

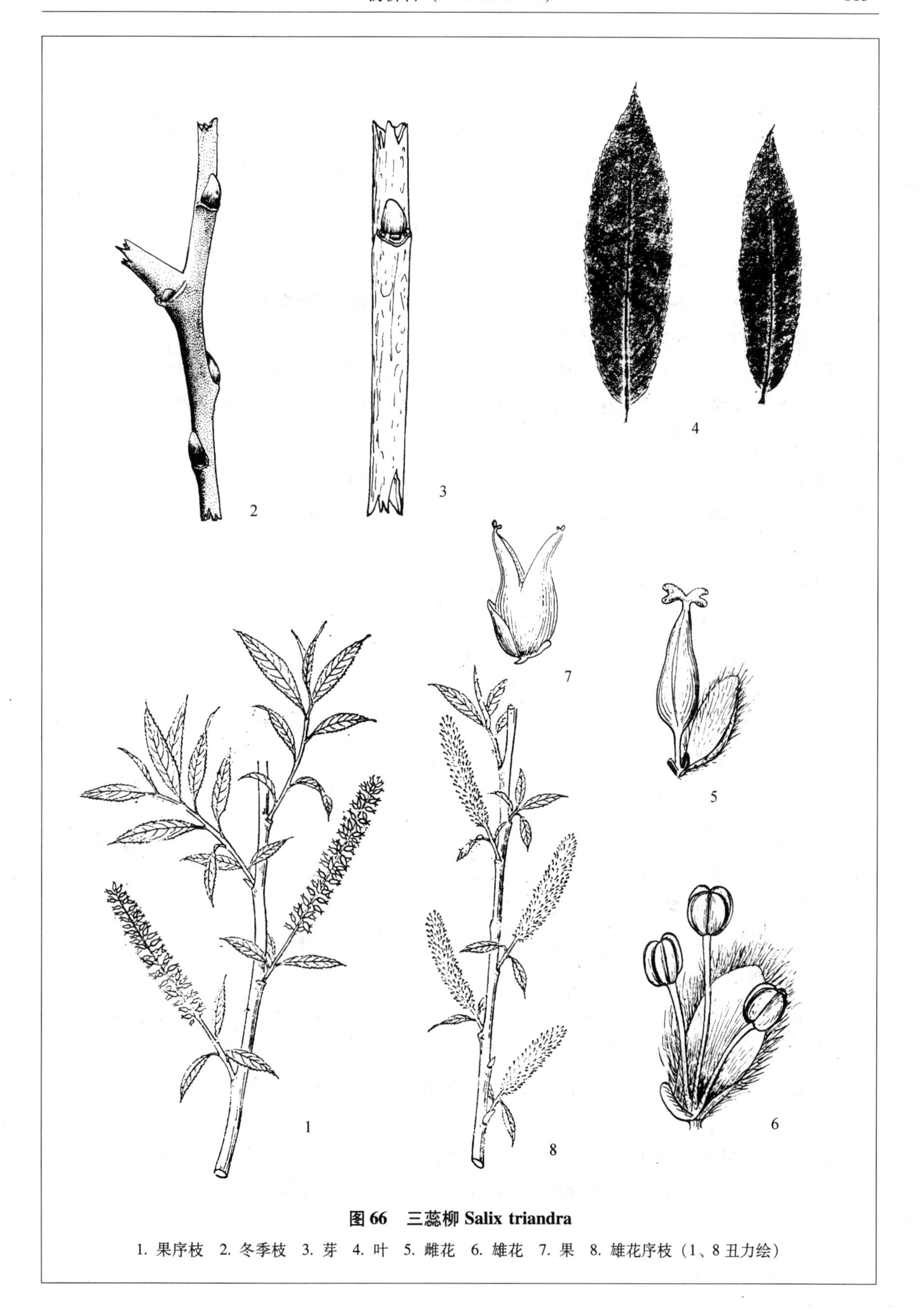

图 66 三蕊柳 Salix triandra

1. 果序枝 2. 冬季枝 3. 芽 4. 叶 5. 雌花 6. 雄花 7. 果 8. 雄花序枝（1、8 丑力绘）

蒿柳

科名：杨柳科（SALICACEAE）

中名：蒿柳 绢柳 图67

学名：Salix viminalis L.（种加词为“柳条状的”或“如柳树枝的”）。

A. **蒿柳 var. viminalis**（原变种）

识别要点：灌木或小乔木；单叶，互生；叶片条状披针形，边缘无齿，叶背有银白色丝状长毛；雌雄异株；柔荑花序；雄花苞片倒卵形，雄蕊2，蜜腺1；雌花苞片1，子房卵形，花柱细长，有柔毛，蜜腺1。

Diagnoses：Shrub or small tree；Leaves simple，alternate；Blades linear-lanceolate，entire，silvary hairy beneath；Dioecious；Catkin；Male flower with obovate bract 1，stamens 2，nectar 1；Female flower，bract 1，pistil ovoid，macrostylous，pubescent，nectar 1.

树形：落叶灌木或小乔木，高3～5m。

树皮：老皮灰褐色，有浅裂纵沟。

枝条：灰绿色或黄绿色，幼枝上有灰色短柔毛。

芽：叶芽扁平，长圆形，黄绿色，花芽生于枝条上部，卵圆形，较大，红褐色，无毛。

叶：单叶互生；叶片带状披针形，最宽处在中部以下，基部狭楔形，先端长渐尖，边缘无齿，叶缘略内卷；表面深绿色，背面银灰白色有丝状毛，长15～20cm，宽0.5～1.5cm。

花：雌雄异株；雄柔荑花序椭圆状卵形，雄花具苞片1，雄蕊2，花丝细长，腺体1；雌花序长圆柱形，雌花具苞片1，子房无柄，卵圆形，花柱细长，柱头4裂，腺体1。

果：蒴果，成熟2裂。

花期：4～5月；果期：6月。

习性：喜光，耐寒，喜水湿及肥沃土壤。多生于排水不畅的低洼地，与其他柳树形成纯林，俗称“柳条通”。

分布：东北三省以及内蒙古、河北、陕西等省（自治区）；朝鲜、日本、俄罗斯及欧洲皆有分布；吉林省东部山区及中部各县（市）皆产。

用途：枝条可供编织；早春蜜源植物；可栽植于庭院供绿化观赏；还可作烧柴。

蒿柳尚有如下变种：

B. **细叶蒿柳 var. angustifolia Turcz.** 叶片较狭窄，宽约2～4mm（图67－10）。

C. **伪蒿柳 var. gmelinii（Pall.）Anderss.** 叶较短，最宽处在中部或中部以上（图67－9）。

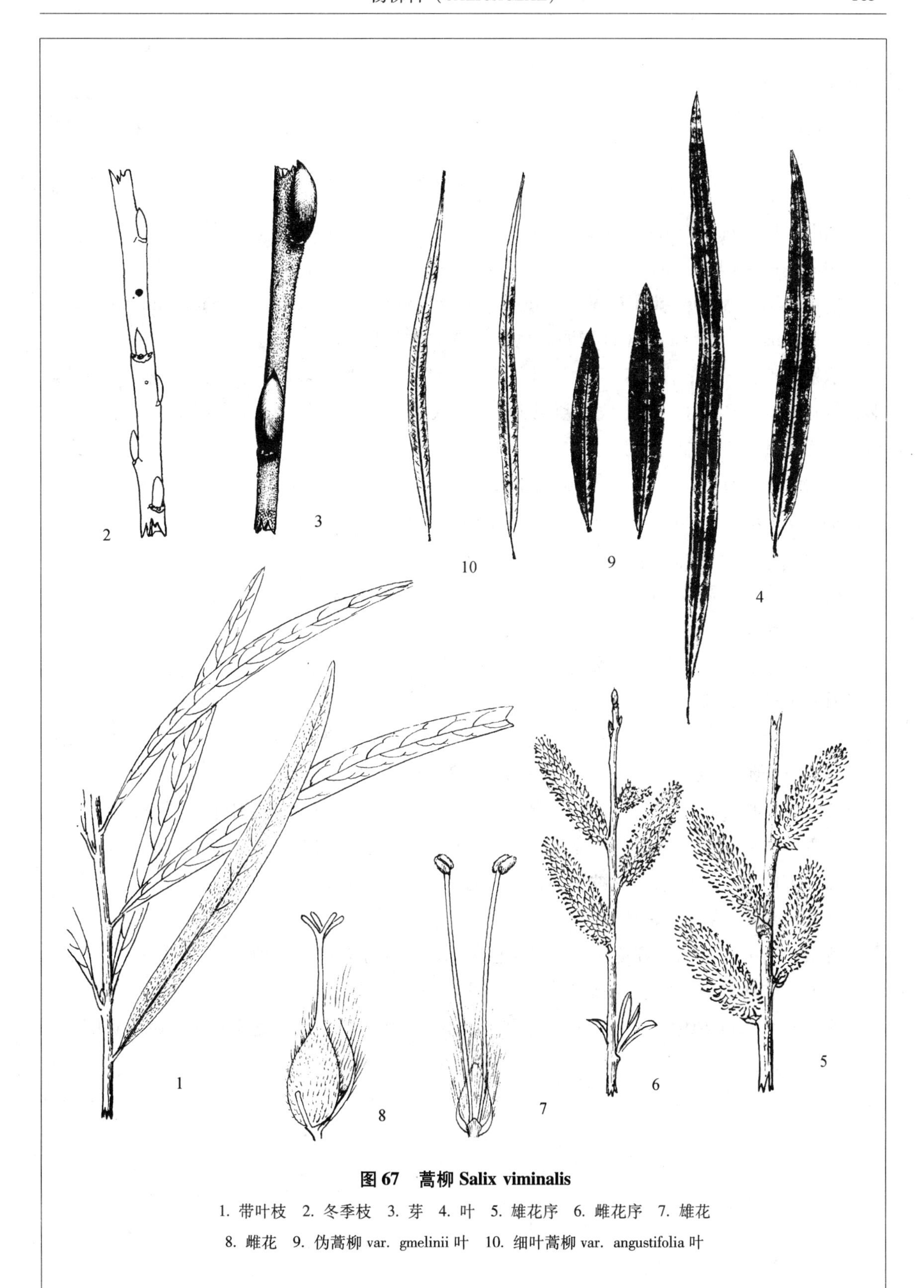

图 67　蒿柳 Salix viminalis

1. 带叶枝　2. 冬季枝　3. 芽　4. 叶　5. 雄花序　6. 雌花序　7. 雄花
8. 雌花　9. 伪蒿柳 var. gmelinii 叶　10. 细叶蒿柳 var. angustifolia 叶

白河柳

科名：杨柳科（SALICACEAE）

中名：白河柳 图 68

学名：Salix yanbianica C. F. Fang et Ch. Y. Yang —S. mongolica Siuz. var. yanbianica（Fang et Yang）Y. L. Chou（种加词为地名“吉林省东部延边的”）。

识别要点：灌木；单叶，互生；叶片披针形或倒披针形；雌雄异株；柔荑花序；苞片匙形；雄花有雄蕊 2，合生成 1 枚，蜜腺 1；雌花淡褐色，有白毛，子房卵圆形，密生灰白色绒毛，无柄，花柱甚短，蜜腺 1。

Diagnoses：Shrub；Leaves simple，alternate；Blades lanceolate or oblanceolate；Dioecious；Catkins；Bract spoon-like；Male flower stamens 2，united as 1，nectar 1；Female flower pistil ovoid，densely tomentose，sessile，style short，nectar 1.

树形：灌木，高 2～4m。

树皮：暗灰色。

枝条：细长，当年生枝绿褐色，老枝黄褐色，无毛。

芽：卵圆形，黄褐色。

叶：单叶，互生；叶片披针形或倒披针形，基部楔形，先端渐尖，边缘有腺锯齿，表面深绿色，背面淡绿色，初有柔毛，后无毛，长 3～6cm，宽 8～12mm。

花：雌雄异株；柔荑花序；苞片匙形，有长柔毛，淡褐色；雄花中有雄蕊 2，合生成 1 枚，基部有蜜腺 1 枚；雌花子房卵圆锥形，无柄，花柱甚短或无，基部有蜜腺 1。

果：卵圆形，淡褐色，密被绒毛，成熟后 2 裂。

花期：4 月；果期：6 月。

习性：喜光，喜水湿环境；多生于林区低海拔的河流两岸及湿地。

分布：吉林省东部山区的临江、安图等县（市）。

用途：枝条可供编织；早春蜜源植物；护堤、护坡、防止水土流失；又可供薪炭用。

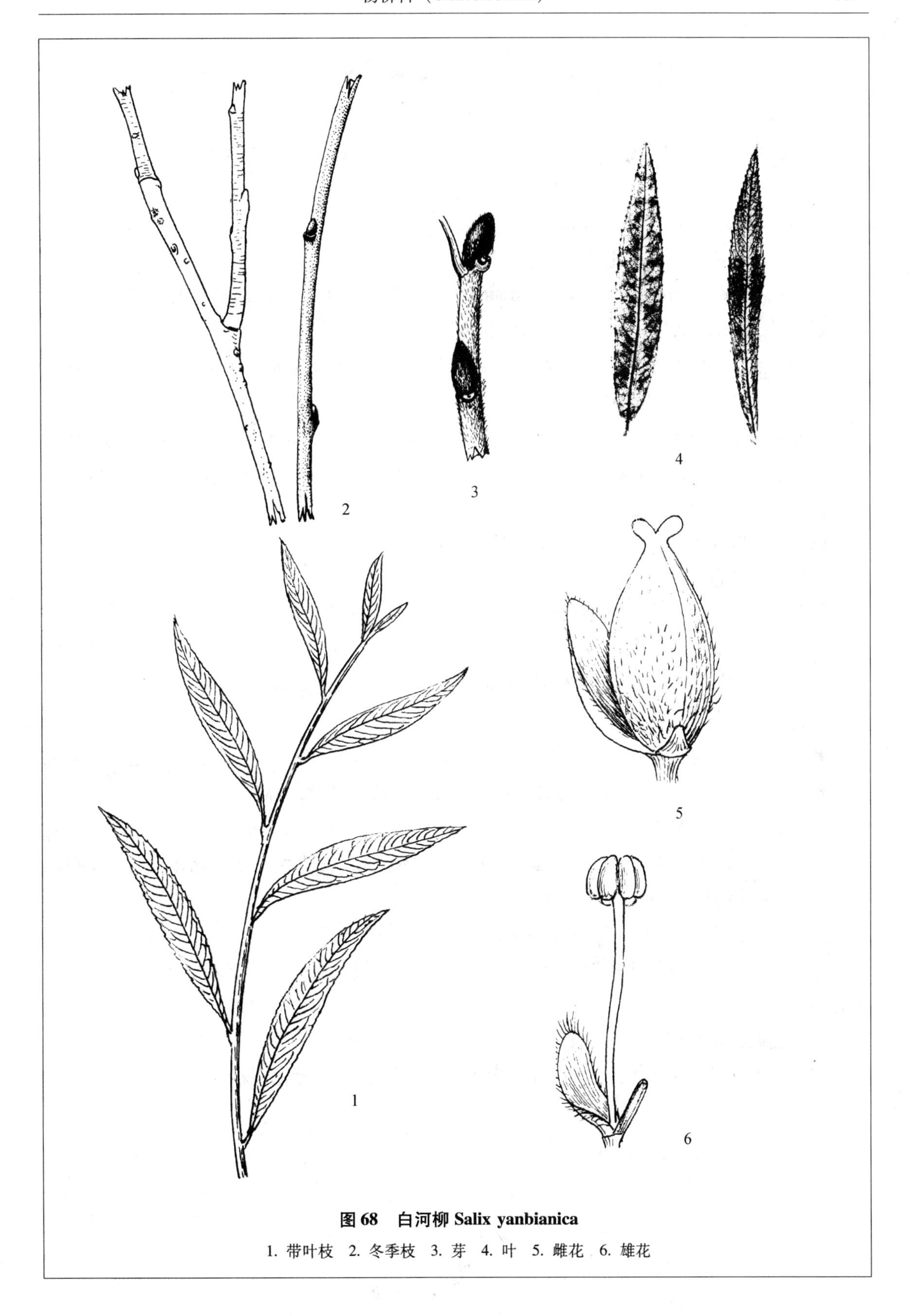

图 68　白河柳 Salix yanbianica

1. 带叶枝　2. 冬季枝　3. 芽　4. 叶　5. 雌花　6. 雄花

桦木科（BETULACEAE）

日本赤杨

科名：桦木科（BETULACEAE）

中名：日本赤杨　日本桤木，赤杨　图69

学名：Alnus japonica（Thunb.）Steud.（属名来自拉丁文赤杨的拉丁文原名，源自凯尔特语 al 靠近 + lan 河边；种加词为"日本的"）

识别要点：落叶乔木；单叶互生，叶片狭椭圆形或狭卵状椭圆形；雌雄同株，雄花序在枝上过冬；果序木质化，宿存。

Diagnoses: Deciduous tree; Leaves simple, alternate, blades narrow-elliptical or narrow ovato-elliptical; Monoecium; Male catkins through winter on tips of branches; Female catkins woody.

染色体数目：2n = 28。

树形：落叶乔木，高约20m，胸径可达60cm。

树皮：暗灰色，粗糙，明显纵裂。

枝条：暗灰色，平滑；当年枝红褐色，有明显柔毛；皮孔椭圆形，灰白色，略成丘状突起。

芽：长椭圆形，紫红褐色，光滑，有短柄，外被2片大的芽鳞。

木材：淡褐色或红褐色，材质松软。

叶：单叶，互生；叶片狭椭圆形或狭卵状椭圆形，基部宽楔形，先端渐尖，边缘有疏锯齿，长6～8cm，宽约4cm，幼叶有柔毛，后变无毛或仅沿叶脉及脉腋有柔毛。

花：雌雄同株，异花；雄柔荑花序去年秋季形成，2～6个，长圆柱形，红紫色；雌花序2～6个集生，成熟时卵圆形或椭圆形，长1～2cm，果鳞黑褐色，木质化，先端5浅裂。

花期：4～5月；果期：9～10月。

习性：生于低海拔的河岸、水边湿地、山坡、林缘等地。

分布：东北南部及华北各地；也产于朝鲜、日本及俄罗斯；吉林省东部山区各县（市）皆有生长。

抗寒指数：幼苗期Ⅰ，成苗期Ⅰ。

用途：木材可烧制木炭及作成板箱；可作为低湿地造林、绿化树种。

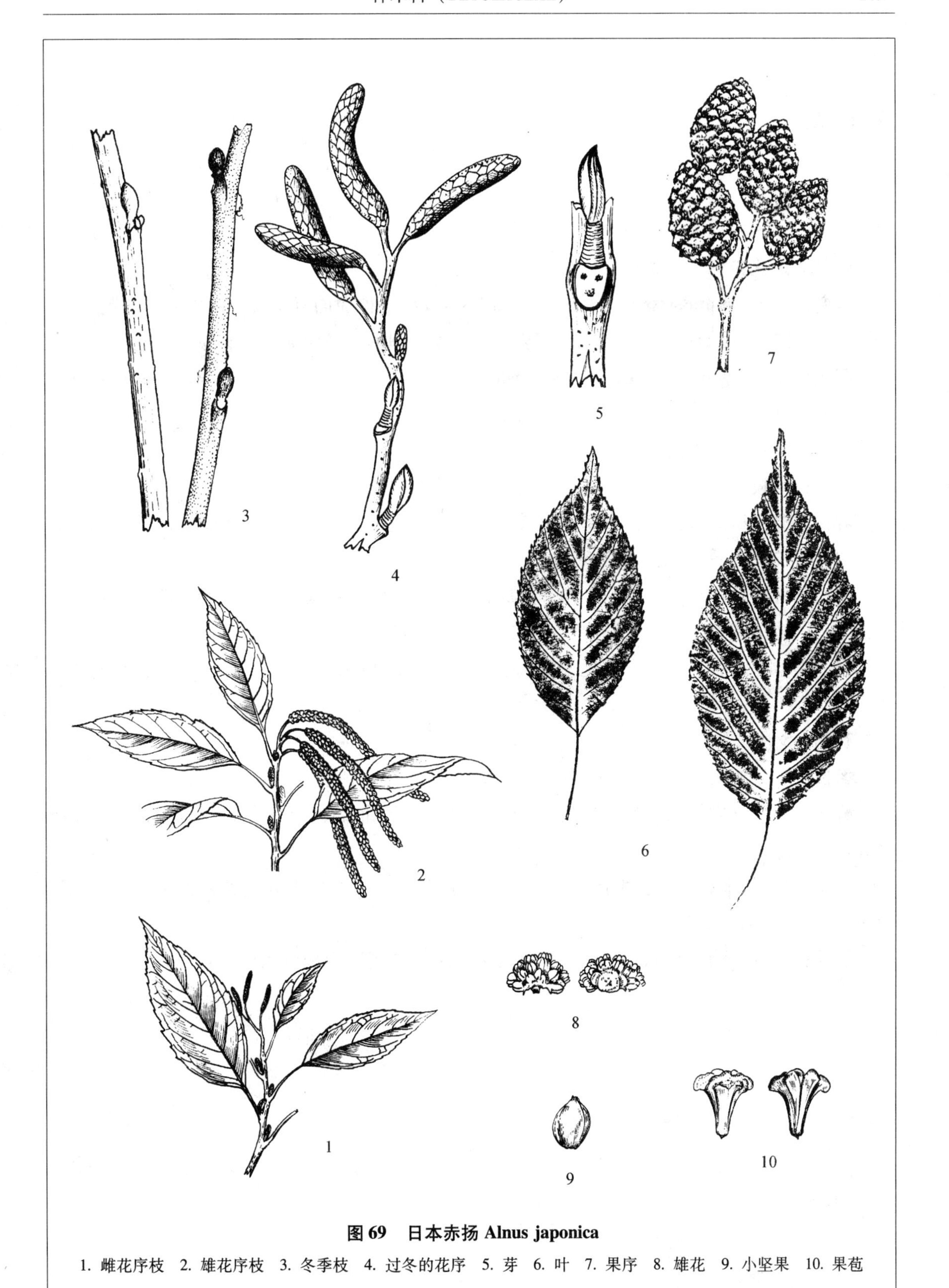

图 69　日本赤杨 Alnus japonica

1. 雌花序枝　2. 雄花序枝　3. 冬季枝　4. 过冬的花序　5. 芽　6. 叶　7. 果序　8. 雄花　9. 小坚果　10. 果苞

东北赤杨

科名：桦木科（BETULACEAE）

中名：东北赤杨　东北桤木　图 70

学名：**Alnus mandshurica（Call.）Hand. -Mazz.**（种加词意思为“我国东北的”）

识别要点：落叶乔木；叶互生，宽椭圆形，或宽卵形；冬芽无柄，芽鳞 3～6。

Diagnoses：Deciduous tree；Leaves simple，alternate，broad-elliptical or broad-ovate；Buds no stalk，scales 3～6.

树皮：暗灰色，平滑。

枝条：老枝灰色或黄灰色，幼枝红褐色，皮孔灰白色，椭圆形。

叶：宽椭圆形或宽卵形，基部楔形或近心形，先端钝尖，边缘有锯齿，表面暗绿色，背面苍白色，长 7～8cm，宽 2.5～8cm。

花：雌雄同株；雄柔荑花序于秋季形成，圆柱形，常数枚集生，于早春开放；雌柔荑花序簇生于短枝顶端，冬季包于芽内，不裸露，春季与叶同时开放。

果：果穗卵圆状球形，木质化，果苞楔形，顶端 5 浅裂，小坚果卵状椭圆形，有宽的膜状翅。

花期：5 月；果期：7～9 月。

习性：生于海拔 1500m 以上的杂木林中，常与岳桦等混生。

分布：东北三省的高山地区；也分布俄罗斯及朝鲜北部；吉林省长白山区海拔 2000m 处大量生长。

用途：木材浅黄色，可用于建筑及烧材；东北赤杨的根部为列当科草苁蓉（不老草）（Boschniakia rossica）的寄主。

备注：本种植物生长范围较狭，数量较少，所以应当适当加以保护。

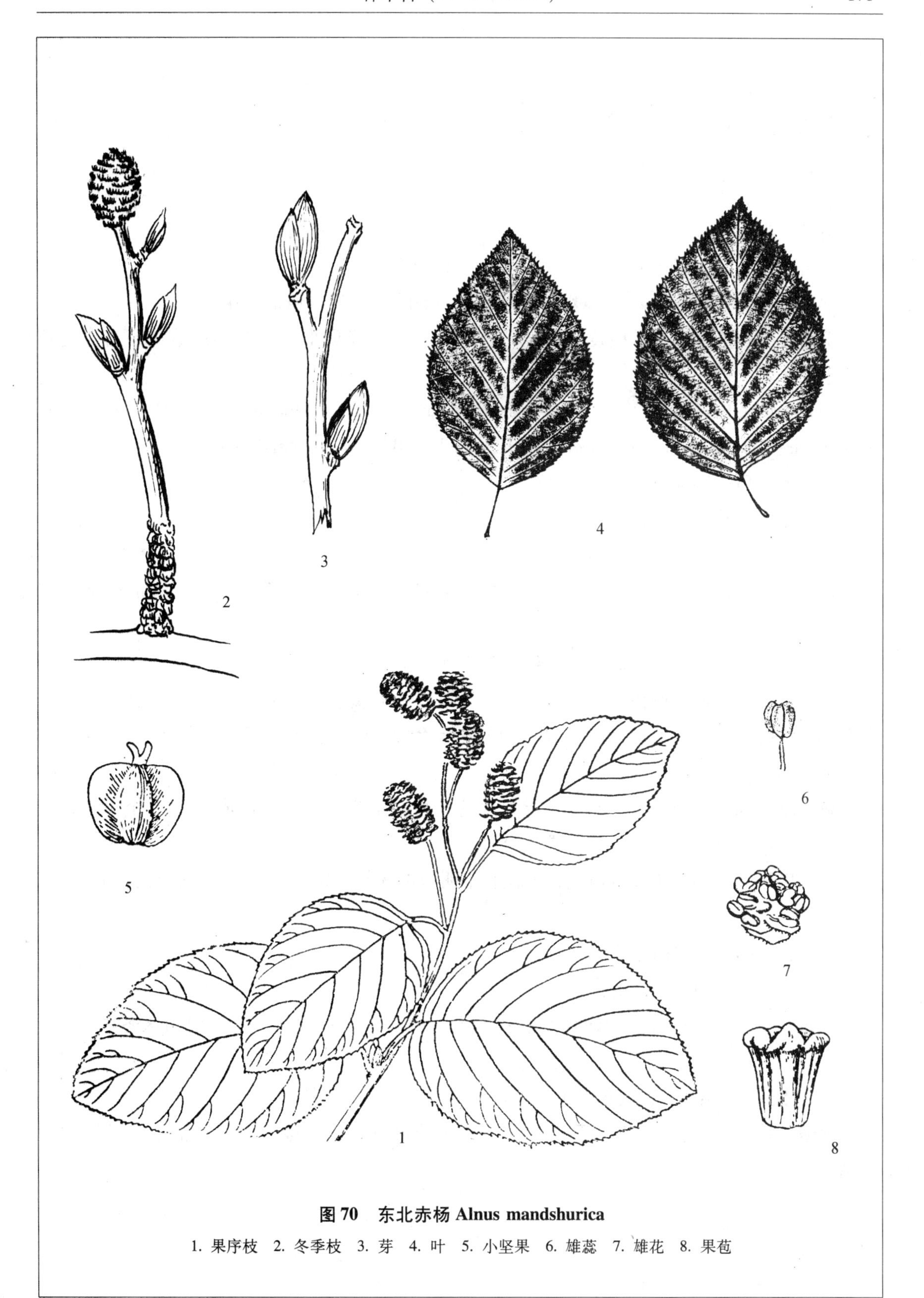

图 70　东北赤杨 Alnus mandshurica

1. 果序枝　2. 冬季枝　3. 芽　4. 叶　5. 小坚果　6. 雄蕊　7. 雄花　8. 果苞

水冬瓜赤杨

科名：桦木科（BETULACEAE）

中名：水冬瓜赤杨　毛赤杨　西伯利亚赤杨　辽东赤杨　图 71

学名：Alnus sibirica Fisch. et Turcz.（种加词的意思为“西伯利亚的”）

识别要点：落叶乔木；树皮光滑；单叶互生，叶片宽卵形或近圆形；雄花序为柔荑花序；果穗木质，宿存。

Diagnoses：Deciduous tree；Bark smooth；Leaves simple，alternate，blades broad-ovate or subglobular；Flower：Male catkins clustered；Female catkins woody persistent.

染色体数目：2n＝28。

树形：落叶乔木，高 5～20m。

树皮：灰黑色，较光滑，不开裂，有黄褐色横条纹。

枝条：灰黑色，不裂，略有光泽，幼枝红褐色，有柔毛，皮孔灰白色，圆形或宽椭圆形，略突出。

芽：卵形，红褐色，有短柄，外包有 2 片有光泽的芽鳞。

叶：叶片近圆形或倒卵形，先端钝，基部圆形或宽楔形，边缘有粗大锯齿或波状缺刻，表面暗绿色，散生长毛，背面淡绿色或粉绿色，密生褐色的短毛，长 4～12cm，宽 2.5～10cm。

花：雌雄同株，花单性；雌雄花皆为柔荑花序；雄花序于秋季形成，2～6 个集生，长柱形，紫褐色；雌花序短，卵圆形或椭圆形。

果：果序椭圆形，果苞木质化，先端有不明显的 5 裂，宿存于枝端；小坚果广卵形，有短翅。

花期：4～5 月；果期：8～10 月。

习性：多生于河流两岸的湿地。

分布：东北三省；日本、朝鲜及俄罗斯也有分布；吉林省东部的长白山区各县（市）都有分布。

抗寒指数：幼苗期Ⅰ，成苗期Ⅰ。

用途：黄白色，质地较硬，可制造家具；树形美观，叶片较大，可栽植于庭院绿化观赏用。

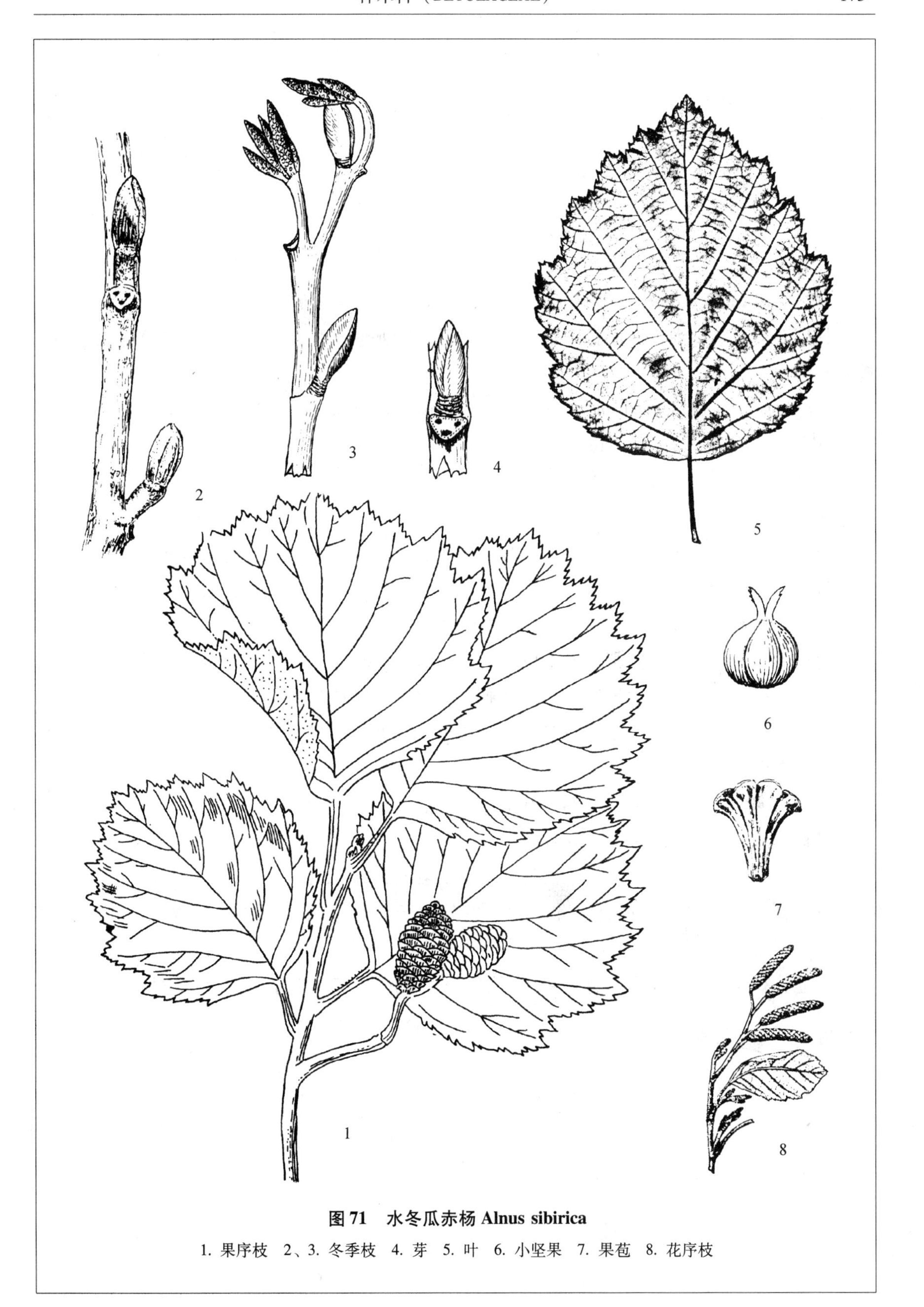

图 71　水冬瓜赤杨 Alnus sibirica

1. 果序枝　2、3. 冬季枝　4. 芽　5. 叶　6. 小坚果　7. 果苞　8. 花序枝

坚桦

科名：桦木科（BETULACEAE）

中名：**坚桦** 杵榆桦 图72

学名：**Betula chinensis Maxim.**（种加词的意思是“中国的”）。

识别要点：落叶灌木或小乔木；叶卵形或椭圆状卵形，侧脉6~8对，近革质；小坚果，翅很狭窄。

Diagnoses：Deciduous shrub or small tree；Leaves ovate or ovate-elliptical，veins 6~8 pairs，subleather；Nut with narrowly wings.

树形：落叶灌木或乔木，高1~5m。

树皮：暗灰色或黑灰色，不剥裂。

枝条：幼枝常有柔毛，老枝无毛，暗灰色或紫红色，略有光泽；皮孔明显。

芽：冬芽卵圆形或长圆形，红褐色，外包柔毛。

木材：质地较坚硬，边材黄白色，心材红褐色，纹理通顺。

叶：单叶互生，叶片卵圆形至长卵形，先端渐尖，基部圆形或近截形，边缘有不规则的重锯齿，表面暗绿色，背面淡绿色，沿叶脉有长柔毛，侧脉6~8对。

花：雌雄同株，异花；雄柔荑花序长圆柱形，下垂；雌花序成椭圆球形，生于叶腋。

果：果序椭圆形，直立，长1.5~2.2cm，直径约1cm，果苞木质化，3裂，中间裂片细长，侧裂片向两侧伸展；小坚果倒卵圆形，果翅狭窄。

花期：5~6月；**果期**：9~10月。

习性：喜光，耐干旱，常生于山脊，干旱山坡或石砬子地段。

分布：我国东北、华北及西北各地；也分布于朝鲜及俄罗斯；吉林省东部山区各县（市）均产。

用途：材质坚硬，纹理通直，多作车轴、家具用；树皮含单宁，可制造栲胶。

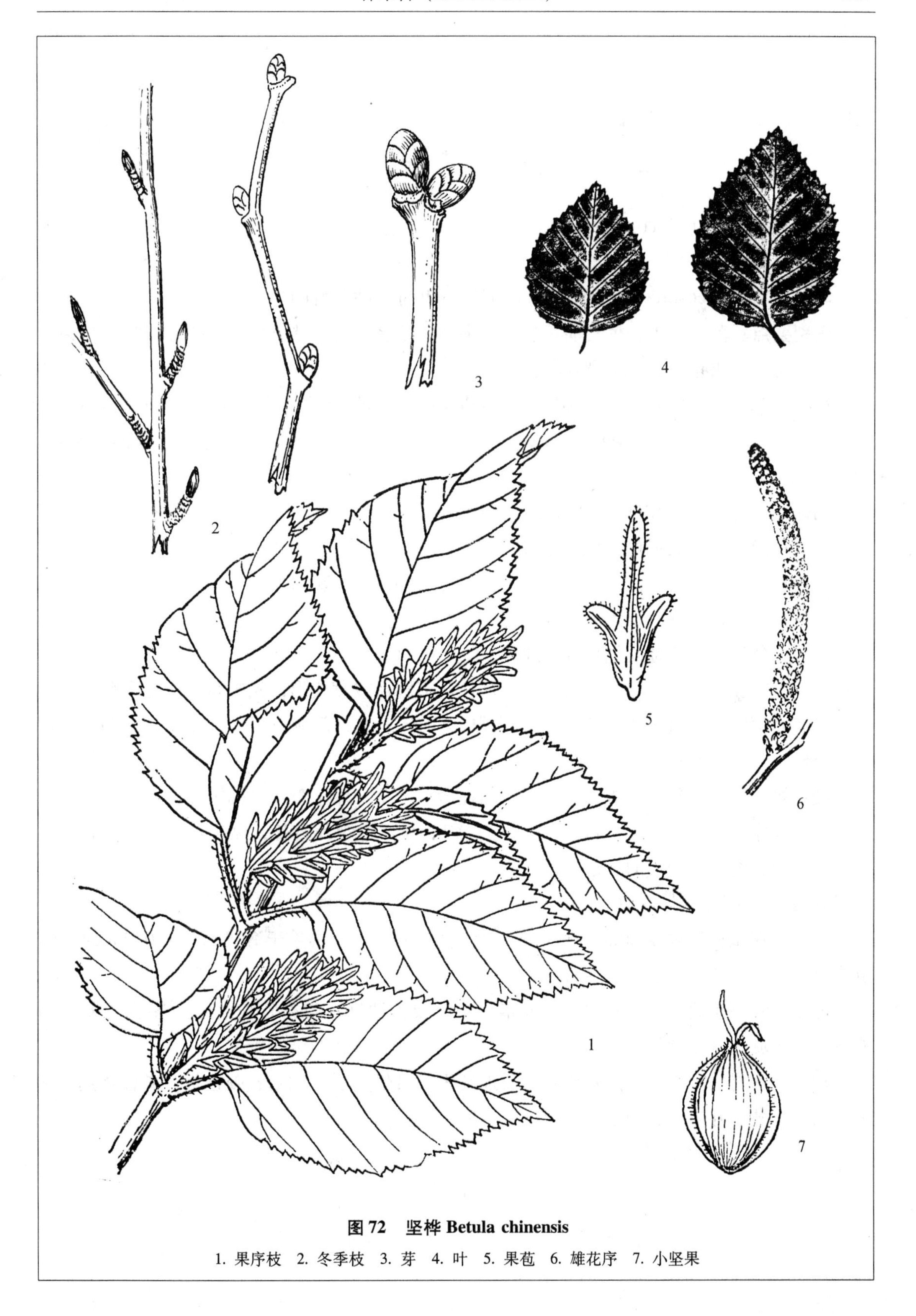

图 72　坚桦 Betula chinensis

1. 果序枝　2. 冬季枝　3. 芽　4. 叶　5. 果苞　6. 雄花序　7. 小坚果

枫桦

科名：桦木科（BETULACEAE）

中名：枫桦 硕桦 黄桦 图 73

学名：Betula costata Trautv.（种加词的意思为“肋条骨的”）。

识别要点：落叶乔木；树皮淡黄色或黄褐色，纸状剥裂；叶卵形或长卵形，叶缘有尖锯齿；果穗短粗，果苞 3 裂，中裂片较长。

Diagnoses：Deciduous tree；Bark paler yellow or brownish-yellow，separating into papery layer；Leaves ovate or oblong-ovate，sharply serrates；Fruit catkin short and thick，bracts with 3 lobes，center lobe is longer.

树形：落叶乔木，高可达 30m，胸径 1.5m。

树皮：淡黄色或黄褐色，纸状分层剥裂。

枝条：小枝红褐色，光滑，无毛，皮孔白色，椭圆形，灰白色。

芽：狭卵形，先端尖，无毛，红褐色，芽鳞 4 ~ 5 片。

木材：色淡黄，质地硬重，纹理通直，比重 0.71。

叶：单叶互生，叶片卵形或长圆状卵形，基部圆形或宽楔形，先端渐尖，边缘有锐的细锯齿，表面深绿色，背面淡绿色，脉上及脉腋处有柔毛，侧脉 9 ~ 16 对，长 2 ~ 7cm，宽 1.2 ~ 5cm。

花：雌雄同株，异花；雄柔荑花序长圆柱形，下垂；雌柔荑花序椭圆形。

果：果序长椭圆形，果苞木质化，3 裂，裂片狭，中裂片较长，侧裂片向两侧伸展；小坚果卵圆形，两侧有膜质的小翅。

花期：5 月；**果期：**9 月。

习性：喜湿凉气候及潮湿、肥沃以及排水良好的土壤。喜生于海拔 500 ~ 1000m 的针阔混交林中，常与红松、云杉、冷杉混生。

分布：我国东北、华北等地；也分布于朝鲜及俄罗斯；吉林省长白山区各县（市）均有分布。各城市常见栽培。

用途：木材纹理通直，结构细致，质地硬重，可供建筑、枕木、胶合板、矿柱等用；树形及树干、枝、叶美观，为庭园绿化优良树种。

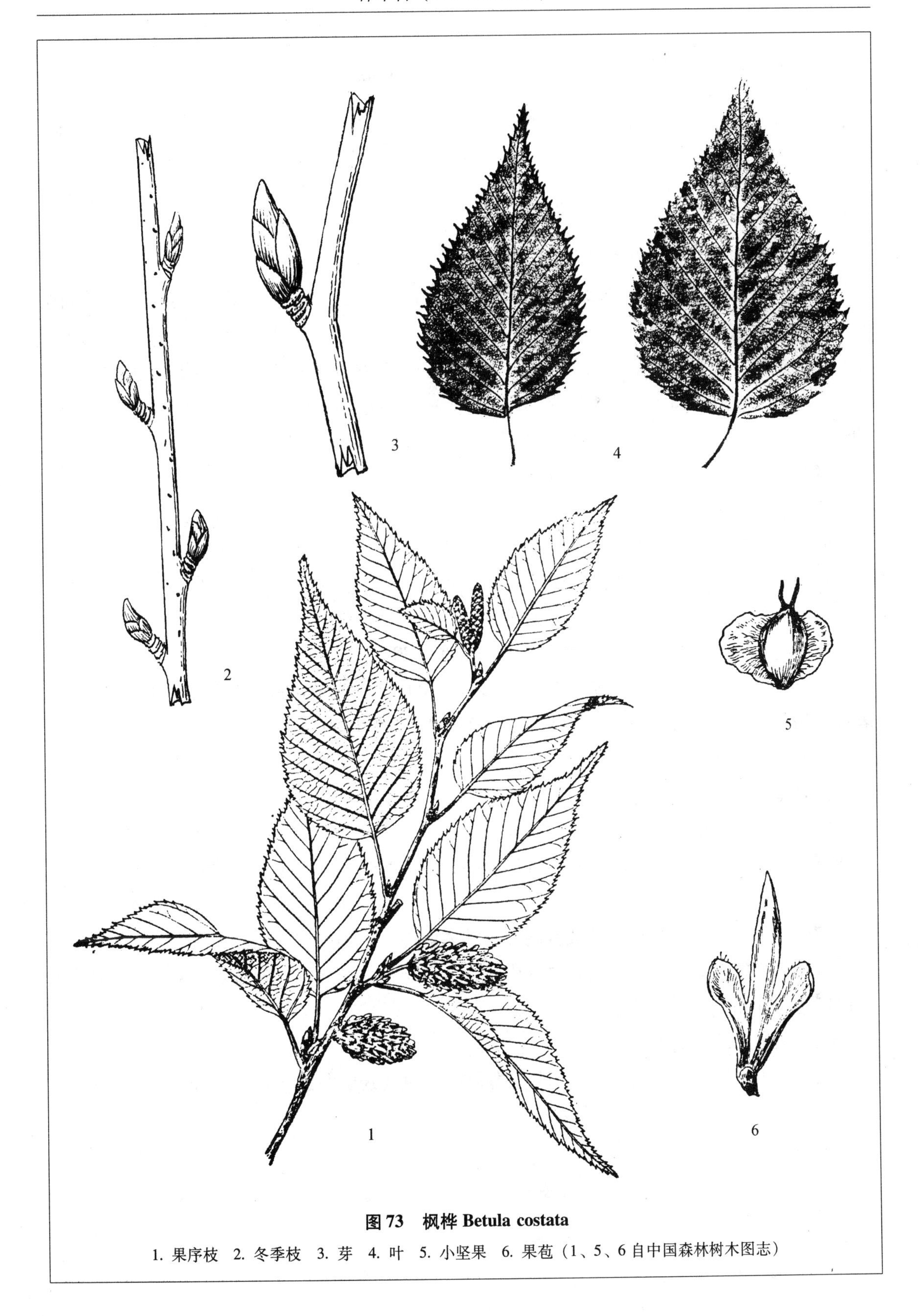

图 73　枫桦 Betula costata

1. 果序枝　2. 冬季枝　3. 芽　4. 叶　5. 小坚果　6. 果苞（1、5、6 自中国森林树木图志）

黑桦

科名：桦木科（BETULACEAE）

中名：**黑桦**　臭桦　棘皮桦　图 74

学名：**Betula davurica Pall.**（种加词的意思是“达乌尔的”，泛指俄罗斯东部西伯利亚和我国大小兴安岭一带）

识别要点：落叶乔木；树皮暗灰色，块状剥裂；叶互生，叶片卵形或椭圆状卵形。

Diagnoses：Deciduous tree；Bark dark-gray，separating into platelike scales；Leaves simple，alternate，ovate or ovato-elliptical.

染色体数目：2n =56。

树形：落叶乔木，高约 20m，胸径可达 60cm。

树皮：幼树时光滑，灰白色；老树的皮灰褐色或暗灰色，龟裂或小块状剥落。

枝条：幼枝红褐色，密生油腺点，无毛；老枝红褐色，无毛，皮孔灰白色。

芽：长卵形，先端尖，红褐色，芽鳞平滑，边缘有短睫毛。

木材：淡黄色，材质坚硬，纹理细致，比重 0.70。

叶：单叶互生；叶片卵形或椭圆状卵形，基部楔形，先端渐尖，边缘有不规则的锯齿，表面无毛，绿色，仅脉上有少量柔毛，长 3.5 ~8cm，宽 1.5 ~5cm。

花：雌雄同株，异花；雄柔荑花序柱状，下垂，于去年秋季形成，在枝梢越冬；雌柔荑花序圆柱形，直立，较粗。

果：果序圆柱形；果苞三叉形，木质化，中裂片较长，近线形或披针形，侧裂片开展，短而宽；小坚果倒卵形，顶端两枚花柱宿存，长约 2.5mm，边缘有较狭窄的膜质翅。

花期：5 月；**果期**：9 月。

习性：生于低海拔的阔叶林或针阔混交林内的向阳干燥山坡或丘陵山脊处。

分布：我国东北、华北及内蒙古的山区；也产于蒙古、日本、朝鲜及俄罗斯；吉林省长白山区各县（市）均有分布。

抗寒指数：幼苗期Ⅰ，成苗期Ⅰ。

用途：木材质地坚硬，细致，但纹理扭转，可供建筑、制造枕木、胶合板等。

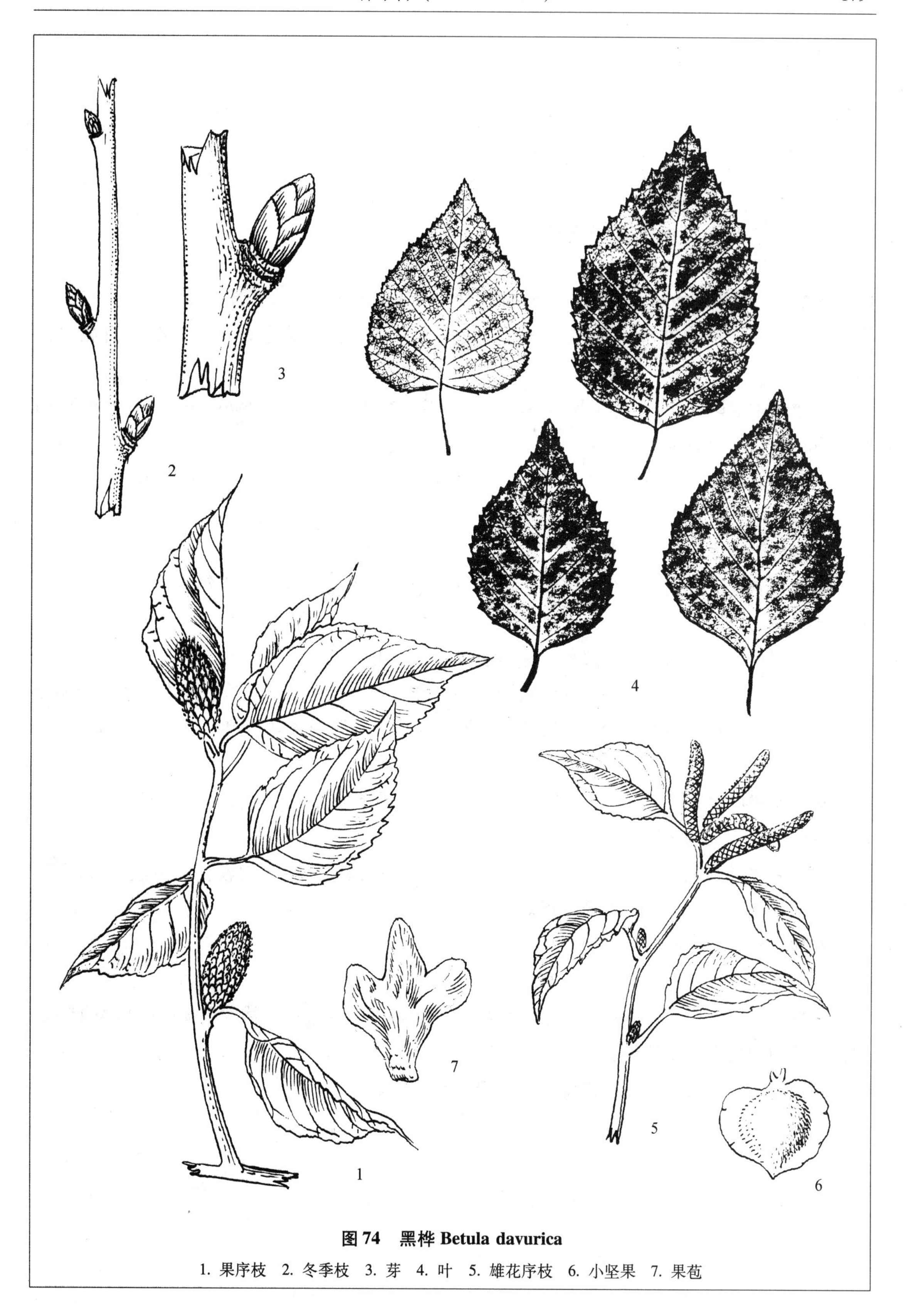

图 74　黑桦 Betula davurica

1. 果序枝　2. 冬季枝　3. 芽　4. 叶　5. 雄花序枝　6. 小坚果　7. 果苞

岳桦

科名：桦木科（BETULACEAE）

中名：**岳桦** 图 75

学名：**Betula ermanii Cham.**（种加词为人名 Adolph Erman，德国人）

识别要点：落叶乔木；树皮灰白色，叶片宽卵形，边缘有重锯齿；小坚果有狭窄的果翅。

Diagnoses：Deciduous tree；Bark white gray；Blades broad ovate，double serrates on margin；Nut with narrowly wings.

染色体数目：2n = 56。

树形：落叶乔木，高 10 ~ 20m。

树皮：灰白色，常大片剥裂。

枝条：老枝灰褐色，具纵裂条纹；小枝绿褐色，有腺点及柔毛，2 年生枝褐色，无毛，皮孔灰白色。

芽：卵形或长圆状卵形，褐色，芽鳞边缘有长睫毛。

叶：单叶互生；叶片宽卵形或卵状椭圆形，基部圆形或截形，先端短渐尖，边缘有不整齐的重锯齿，表面暗绿色，无光泽，背面淡绿色，沿叶脉有柔毛及腺点，长 2 ~ 6cm，宽 1.5 ~ 5cm。

花：雌雄同株，异花；雄柔荑花序秋季形成，长圆柱形，红褐色，2 ~ 4 个于枝端下垂；雌花序椭圆形或长椭圆形。

果：果序椭圆状柱形，果苞木质化，3 裂，裂片长圆形，中间的较长；小坚果椭圆形，有 2 枚宿存的花柱及狭窄的膜质果翅。

花期：5 月；果期：9 ~ 10 月。

习性：喜光，耐寒，喜生于亚高山带，形成纯林。

分布：东北、内蒙古等地；日本、朝鲜和俄罗斯也有分布；吉林省东部山区海拔 1500m 以上的长白山区形成岳桦纯林。

用途：木材质硬而脆，可供烧柴及建筑一般用材。

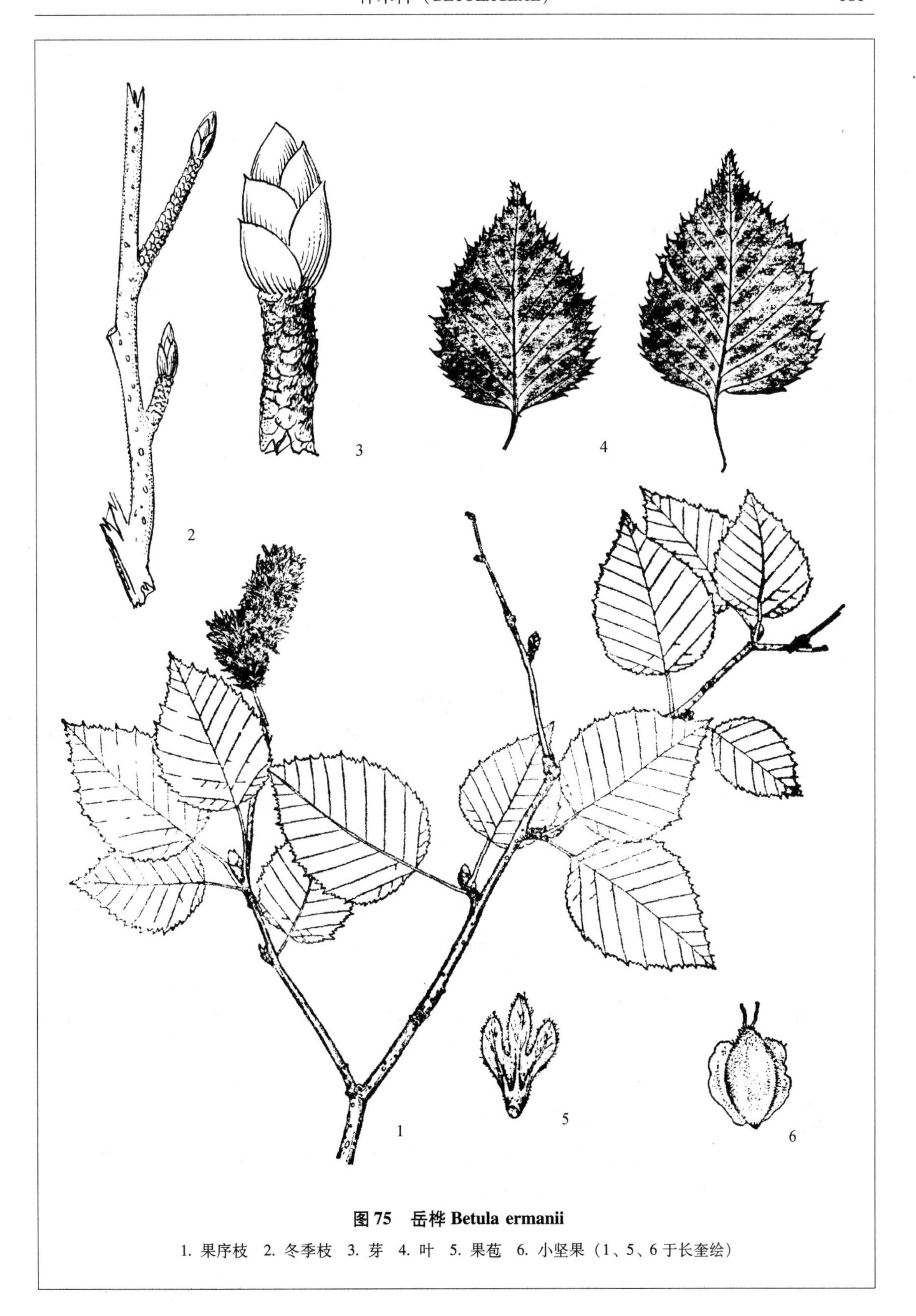

图 75　岳桦 Betula ermanii

1. 果序枝　2. 冬季枝　3. 芽　4. 叶　5. 果苞　6. 小坚果（1、5、6 于长奎绘）

柴桦

科名：桦木科（BETULACEAE）

中名：柴桦 丛桦 图76

学名：Betula fruticosa Pall.（种加词的意思为“灌木的”）。

A. **柴桦 var. fruticosa**（原变种）

识别要点：落叶灌木；单叶互生，叶片卵形或长卵形；果序长椭圆柱形；小坚果有较宽的果翅。

Diagnoses：Deciduous shrub；Leaves simple，alternate，blades ovate or elongete-ovate；Fruit catkin elliptical-cylindric；Nut with broad wings.

染色体数目：2n=56。

树形：落叶灌木，丛生，高0.5~2.5m。

树皮：灰褐色。

枝条：小枝暗红褐色，有白粉及短柔毛，老枝紫褐色，无毛，有腺点；皮孔多而不甚明显。

芽：卵圆形，先端钝，浅褐色，芽鳞边缘有睫毛。

叶：卵形或卵状椭圆形，质地较薄，基部近圆形，先端短渐尖，边缘有细锯齿，表面暗绿色，无毛，背面淡白绿色，叶脉4~6对，叶脉上有长柔毛；长1.5~2.5cm，宽约1.5cm。

花：雌雄同株，异花；雄柔荑花序在枝端越冬，红褐色，长圆柱形；雌花序卵圆状柱形，于叶腋处单生。

果：果序单一，生于叶腋处，卵圆状柱形，直立，基部有2个叶片；果苞楔形，顶端3个小裂片，裂片钝，中裂片较长；小坚果椭圆形或倒卵形，果翅较宽。

花期：6月；果期：8~9月。

习性：喜光，喜水湿，多生在山区的低海拔处的沼泽地中，与苔草形成塔头柴桦沼泽群落。

分布：东北东部及北部；也分布于朝鲜及俄罗斯；吉林省东部山区各县市皆有。

用途：可作北方湿地的绿化树种；又可作烧柴。

B. **卵叶柴桦 var. ovalifolia（Rupr.）Tung**（变种）（变种加词为“卵形叶片的”）。

本变种叶片较原变种略大，长1.5~4cm，宽1.2~3cm。

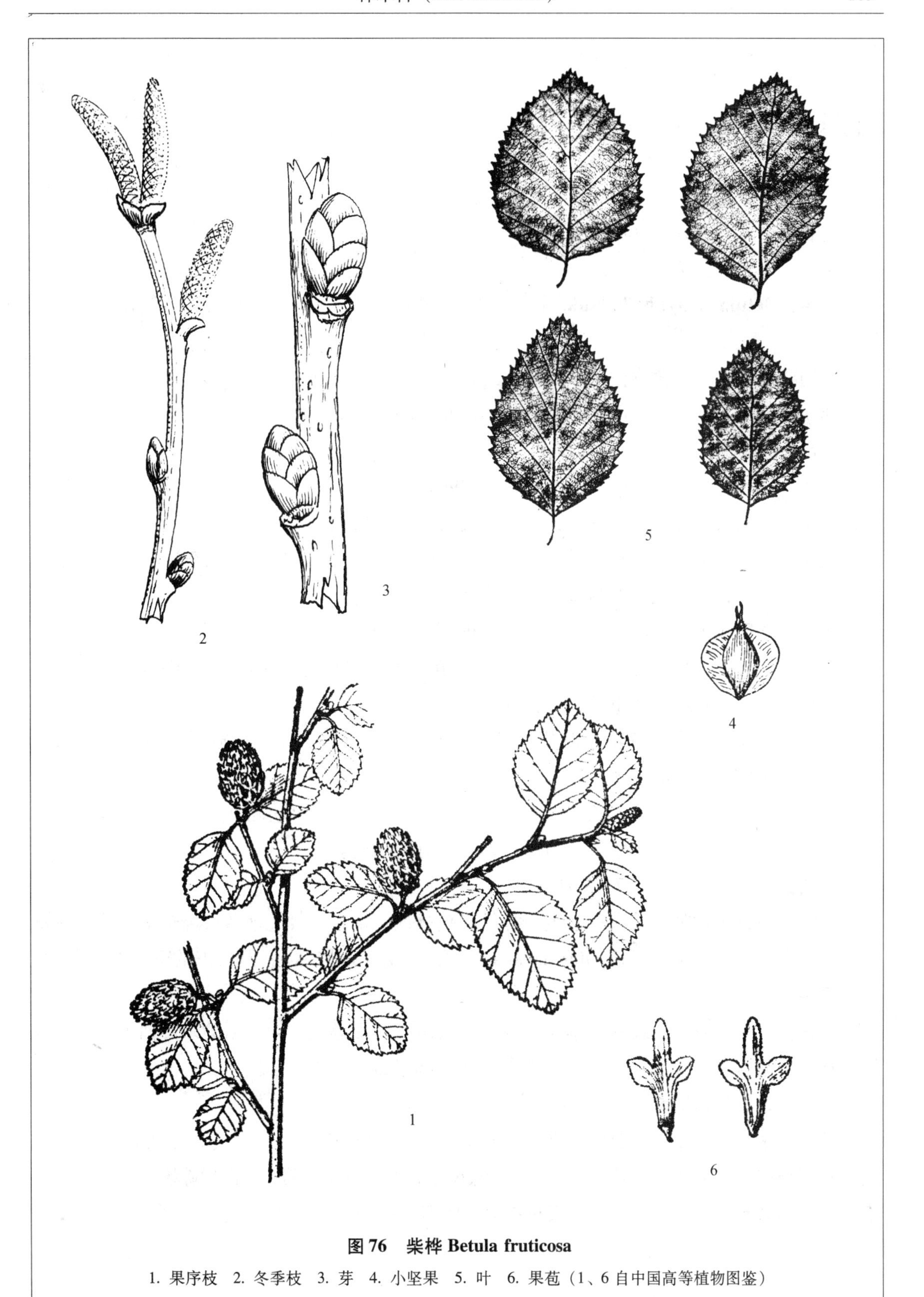

图 76　柴桦 Betula fruticosa

1. 果序枝　2. 冬季枝　3. 芽　4. 小坚果　5. 叶　6. 果苞（1、6 自中国高等植物图鉴）

白桦

科名： 桦木科（BETULACEAE）

中名：白桦　图 77

学名：Betula platyphylla Suk.（属名为桦树的拉丁文原名；种加词为希腊文“宽叶的”）。

识别要点： 乔木；树皮白色；叶片宽三角形；雄花序芽在枝端过冬。

Diagnoses：Tree；Bark white；Leaves broad triangles；Male flowering catkin through winter on the top of branches.

树形： 乔木，高约 20m；树干胸径 30 ~ 50cm。

树皮： 小树紫红褐色，大树为白色，有白粉，可剥离成薄纸状。

枝条： 小枝紫褐色，有圆形的皮孔及腺点，枝梢有紫褐色的以花序状态过冬的雄花序。

芽： 卵圆形，顶端尖，芽鳞多片，边缘有纤毛。

木材： 材质较硬，黄白色，有弹性，纹理直，结构细，但易腐烂及翘裂。

叶： 叶柄长 1 ~ 2.5cm；叶片宽三角形或三角状卵形，侧脉 5 ~ 8 对，基部截形、宽楔形或浅心形，边缘有不明显的重锯齿，长 3 ~ 9cm，宽 2.5 ~ 6cm。

花： 雌、雄花皆为柔荑花序，雄花序常成对生于小枝的顶端，开放时柔软下垂，长约 7cm；雌花序单生于叶腋，不下垂。

果： 果序圆柱形，下垂，长 2.2 ~ 4cm，直径 0.8 ~ 1cm；果苞略成“T”字形，两侧的裂片伸展，先端略下垂；小坚果，纺锤形，边缘有薄的翅。

花期： 5 ~ 6 月；果期：7 ~ 8 月。

习性： 为喜光树种，耐寒；喜生于林缘或疏林内，常在皆伐迹地及火烧迹地上成大片的生长，形成纯林或与山杨（Populus davidiana）混生成“杨桦林”。但白桦的寿命相对较短，大约 70 ~ 80 年。

分布： 东北三省及内蒙古、华北、西北、四川、西藏等地；俄罗斯的东部西伯利亚、朝鲜、日本及蒙古东部皆有分布；吉林省东部及中部半山区各市、县皆产。

抗寒指数： 幼苗期 I，成苗期 I。

用途： 木材适于制造胶合板、造纸、矿柱、枕木等；树皮为健胃药，还可以提取桦树油，并可制造工艺品等；树皮中含有 11% 的单宁，可以制造栲胶，用于制革；早春时，收集树液可制饮料或酿酒；白桦是优良的绿化观赏树种。

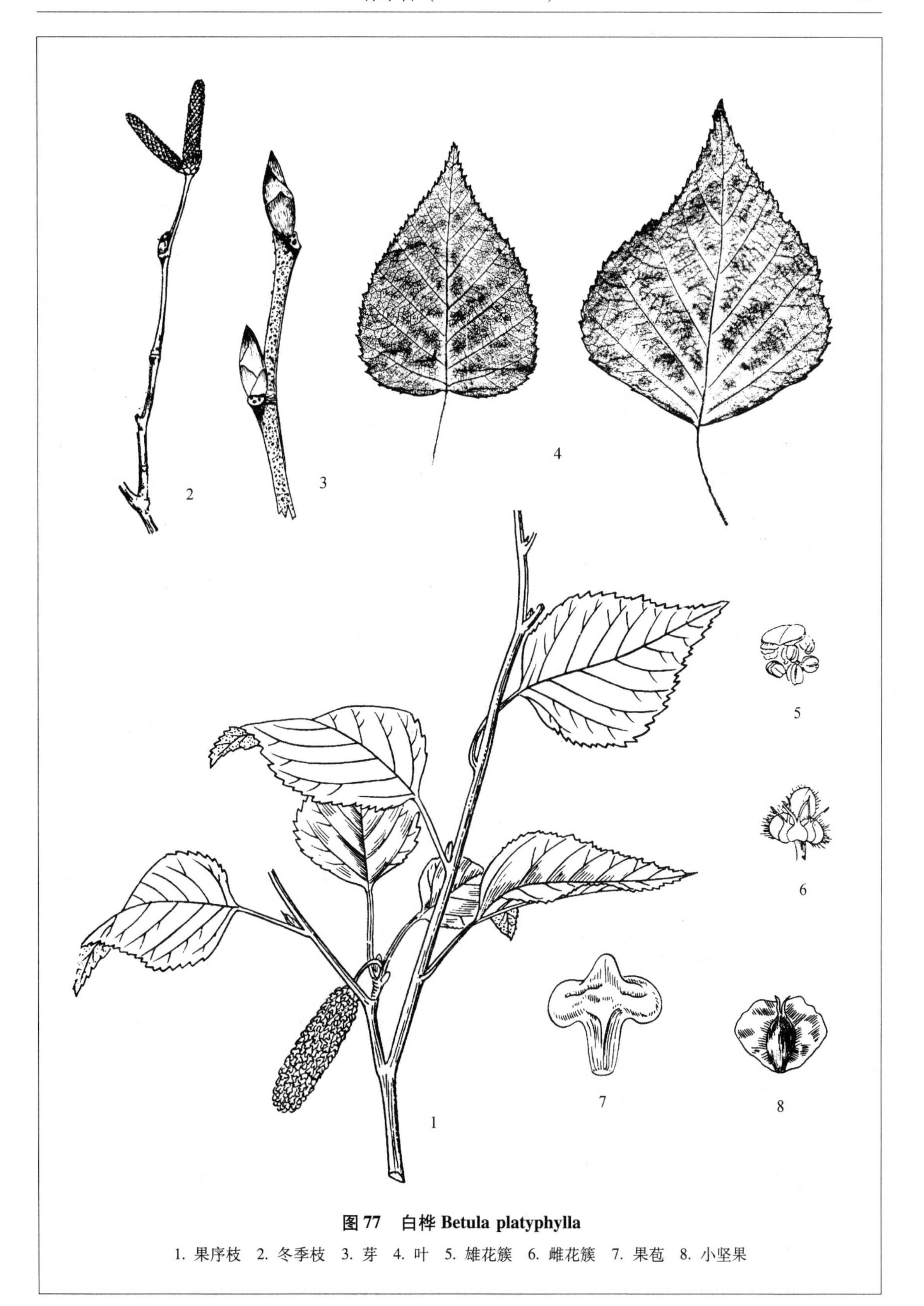

图 77　白桦 Betula platyphylla

1. 果序枝　2. 冬季枝　3. 芽　4. 叶　5. 雄花簇　6. 雌花簇　7. 果苞　8. 小坚果

赛黑桦

科名：桦木科（BETULACEAE）

中名：赛黑桦 图 78

学名：Betula schmidtii Regel（种加词为人名 J. A. Schmidt，1823～1905，德国植物学家）

识别要点：落叶乔木；叶互生，单叶，质厚，卵形；果穗圆柱形，直立；果苞3裂，中央裂片长；小坚果，近无翅，有宿存花柱。

Diagnoses：Deciduous tree；Leaves alternate，simple，thicker，ovate；Fruit a catkin，cylindrical，erect；Bract 3 lobes，center one much longer；Nut nearly wingless，styles 2 persistent.

树形：大乔木，高 10～20m。

树皮：黑紫色，粗糙，片状浅裂。

枝条：幼枝紫褐色，有柔毛，2 年生；小枝紫黑褐色，无毛，具明显的气孔。

芽：长卵形，褐色或紫褐色，无毛，先端钝。

木材：质地较坚硬，边材黄褐色，心材红褐色，比重0.92～0.99。

叶：单叶互生；叶片卵形，质地较厚，基部圆形，先端短渐尖，边缘有不规则的重锯齿，表面深绿色，有光泽，背面淡绿色，沿主脉生有长柔毛，侧脉 6～10 对，长 4～5.5cm，宽2.5～4cm。

花：雌雄同株，异花；雄柔荑花序于秋季生于枝端，长圆柱形，紫褐色；雌花序圆柱形，直立。

果：果序圆柱形，直立，长 2～3cm；果苞 3 裂，中央裂片较长；小坚果椭圆形，有两枚宿存的花柱，果翅极狭窄近于无。

花期：5 月中、下旬；果期：9～10 月。

习性：喜光，耐干旱及瘠薄土壤，多生于向阳山坡及多岩石处。

分布：我国东北东部的山区；也分布于日本、朝鲜及俄罗斯；吉林省东部长白山区各县（市）均有分布。

用途：木材质硬，心材红褐色，可供雕刻、细木工、家具及建筑用。

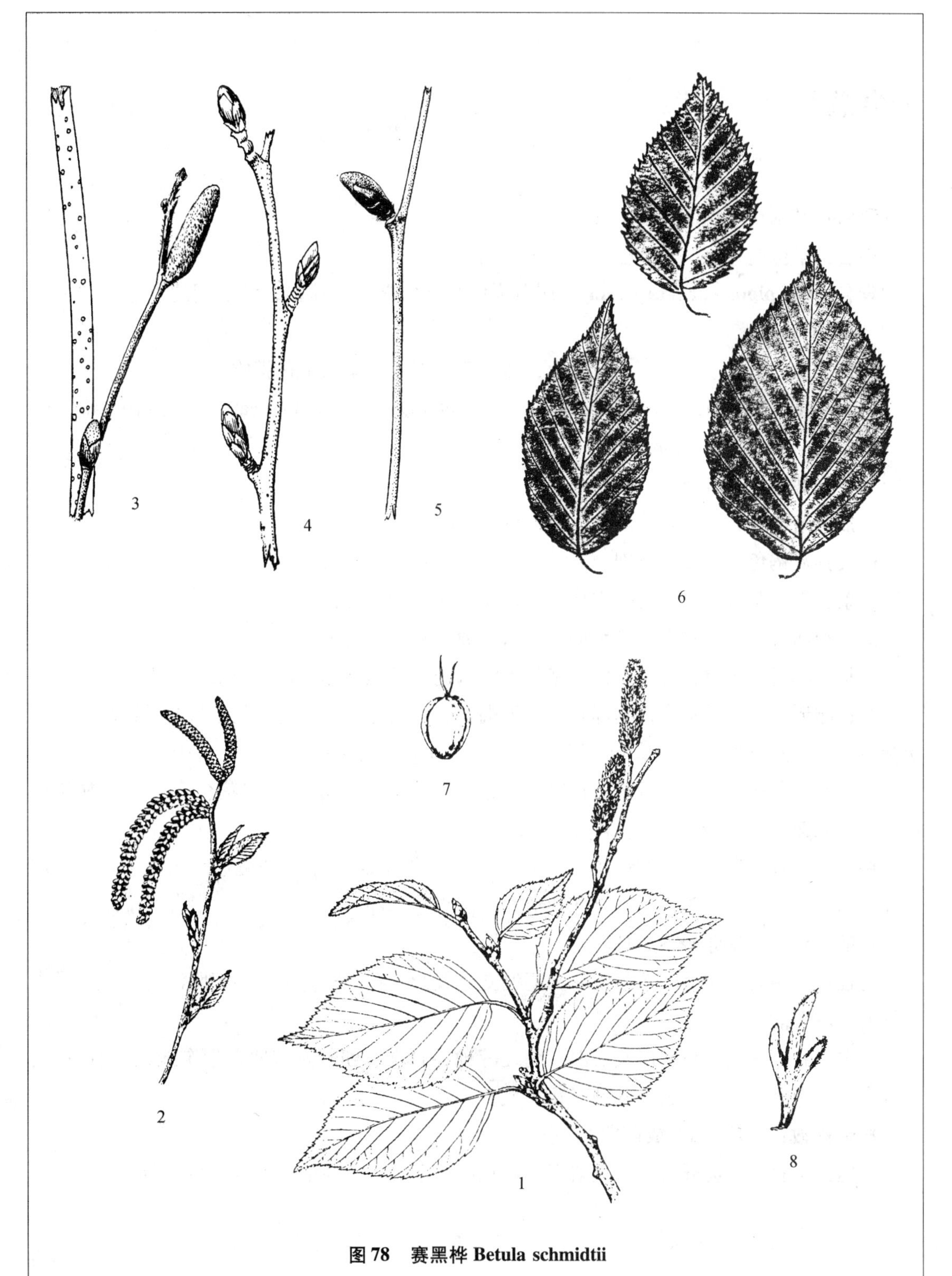

图 78　赛黑桦 *Betula schmidtii*

1. 果序枝　2. 花序枝　3、4. 冬季枝　5. 芽　6. 叶　7. 小坚果　8. 果苞（1、2、7、8 自中国森林植物图志）

千金鹅耳枥

科名：桦木科（BETULACEAE）

中名：**千金鹅耳枥** 千金榆 半拉子 图 79

学名：**Carpinus cordata Blume**（属名为鹅耳枥的拉丁文原名；种加词的意思为“心形的”）。

识别要点：落叶小乔木；单叶互生，卵状椭圆形；小坚果果苞膜质。

Diagnoses：Deciduous tree，Leaves simple，alternate，ovato-elliptical；Fruit：a small nut，bract leaf-like，membranaceous.

染色体数目：2n＝16。

树形：落叶小乔木，高约 15m，胸径可达 70cm。

树皮：灰褐色，有菱形浅裂。

枝条：老枝灰褐色，无毛，皮孔明显，幼枝淡褐色，有长柔毛。

芽：长卵形，顶芽较大，纺锤形，芽鳞多数淡棕色或褐色。

木材：心材与边材皆为黄白色，略具淡红褐色，纹理斜行，难以加工，比重 0.70。

叶：卵形或卵状椭圆形，基部心形，先端渐尖，边缘有不规则的刺毛状的重锯齿；背面淡绿色，沿叶脉有柔毛，侧脉 14～21 对，长 6～14cm，宽 4～6cm。

花：雌雄同株，异花；雄柔荑花序下垂，生于枝梢，长 5～6cm，花苞紫红色，内有 10 枚雄蕊；雌花序长约 2cm，花苞有毛。

果：果序圆柱形；果苞卵形或卵状椭圆形，膜质，脉纹明显，两侧边缘向内卷折，上部边缘有锯齿，先端有尖头；小坚果椭圆形，藏于果苞基部。

花期：5 月；果期：8～9 月。

习性：性耐阴，多生于低海拔的针阔混交林或杂木林内，喜生于土壤肥沃且潮湿，排水良好的山坡上。

分布：我国东北、华北以及陕西、湖北等地；日本、朝鲜及俄罗斯远东地区也有分布；吉林省东部山区及中部低山带各县（市）均产。

抗寒指数：幼苗期 I，成苗期 I。

用途：木材干后易开裂，纹理斜行，不宜制作家具；是种植“木耳”的上等材料。

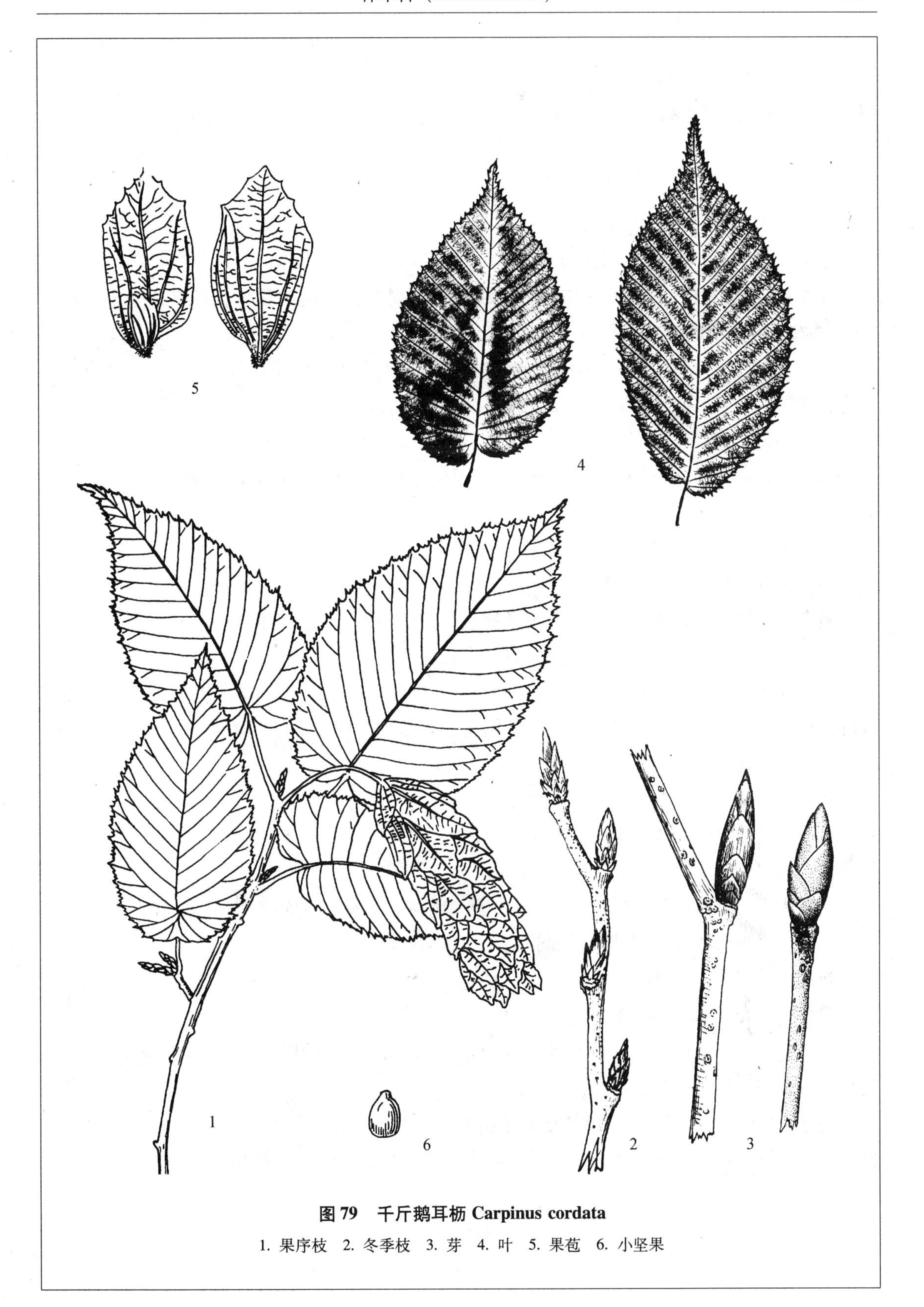

图 79 千斤鹅耳枥 Carpinus cordata

1. 果序枝 2. 冬季枝 3. 芽 4. 叶 5. 果苞 6. 小坚果

榛

科名： 桦木科（BETULACEAE）

中名：榛 榛子 平榛 图80

学名：Corylus heterophylla Fisch. et Trautv.（属名为榛树的拉丁文原名，来自希腊文korys头盔；种加词的意思“异形叶的”）。

识别要点： 落叶灌木；单叶互生，叶宽椭圆形或近方形，先端近截形，中央有突尖；雄花为柔荑花序，长圆柱形；果为坚果，球形，外有叶状总苞。

Diagnoses: Deciduous shrub; Leaves simple alternate, broad-elliptical or nearly square, about truncated, but a little acute on top; Male catkins long; Fruit a nut, globose, covered with leaf-like involucres.

染色体数目： 2n = 28。

树形： 落叶灌木，高1~2m。

枝条： 灰褐色，有光泽，当年生枝条褐色，密生褐色绒毛，皮孔少数，明显。

芽： 卵形或宽卵形，芽鳞暗褐色，边缘有长睫毛。

叶： 互生，单叶；叶片宽椭圆形、宽卵形、倒卵圆或近方形，基部圆形或心形，先端近截形，中央有小型突尖，边缘有不规则的锯齿，表面暗绿色，无毛，背面灰绿色，脉上有短柔毛，长与宽皆为5~10cm。

花： 雌雄同株，异花；雄柔荑花序于上年秋季形成，2~3个生于枝端，下垂，圆柱形；雄蕊8枚，花药黄色；雌花无柄，生于芽的顶端，花柱鲜红色，伸出芽外，子房平滑，被绿褐色的芽鳞包住。

果： 为坚果，近球形，1~4个生于枝端，直径1.5cm，果皮淡褐色，外包有两片绿色的叶状总苞，边缘浅裂，密被柔毛及腺毛。

花期： 4~5月；果期：9月。

习性： 喜光，耐干旱，多生于林区的山坡或林缘。

分布： 我国东北、华北及西北各省（自治区）；日本、朝鲜、蒙古和俄罗斯也有分布；自生于吉林省东部山区及中部、南部各地。

用途： 果仁为著名干果，可食用及制造糕点；并可榨油，含油量0.516%；木材可做手杖及手柄或做烧材；生性喜光，耐干旱，叶大，果可食，可供庭园绿化观赏用。

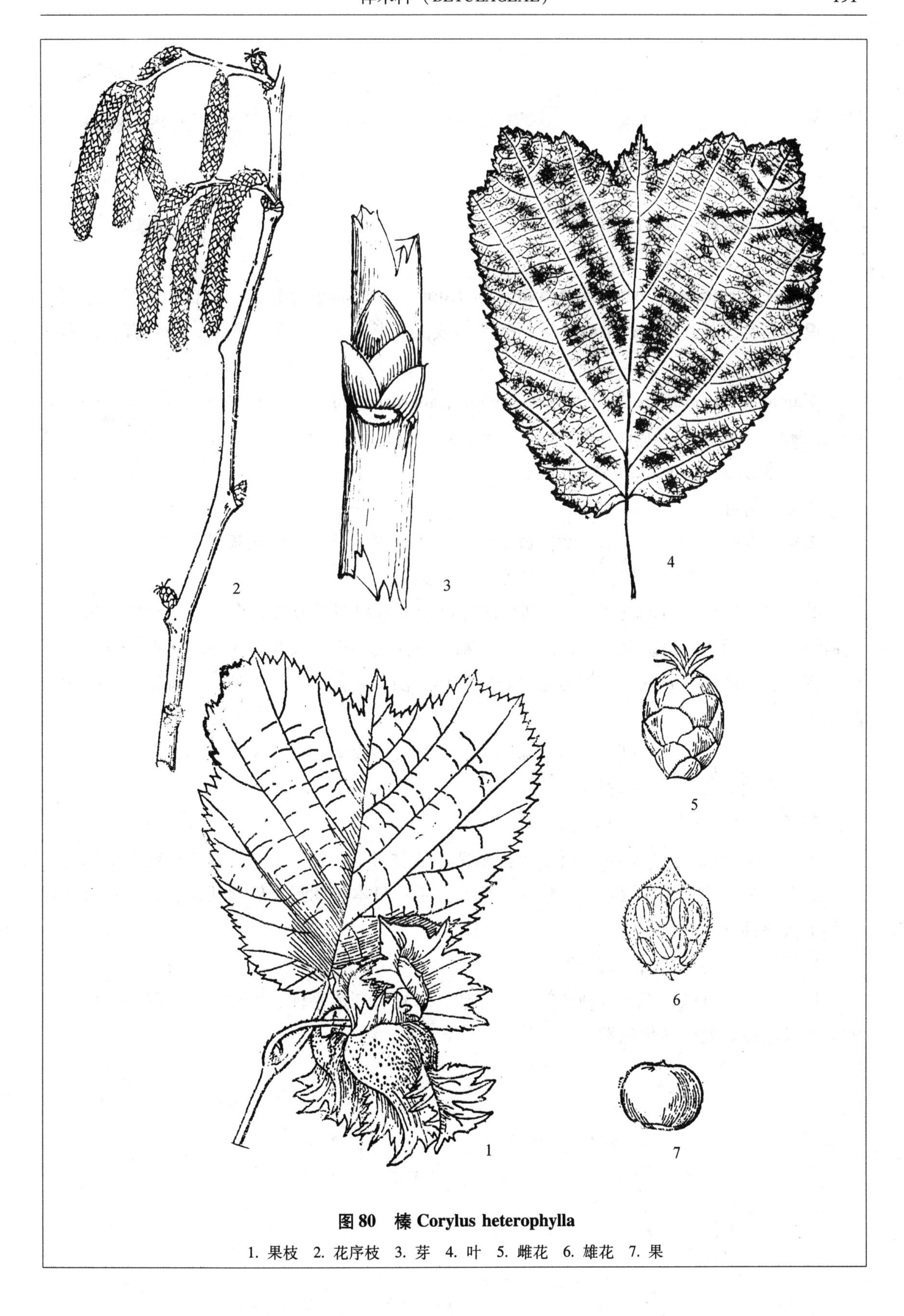

图 80　榛 Corylus heterophylla

1. 果枝　2. 花序枝　3. 芽　4. 叶　5. 雌花　6. 雄花　7. 果

毛榛

科名：桦木科（BETULACEAE）

中名：毛榛　胡榛　图81

学名：Corylus mandshurica Maxim. et Rupr.（种加词的意思为“我国东北的”）。

识别要点：落叶灌木；单叶互生，椭圆形或倒卵形，先端渐尖；坚果，外包有长筒形的总苞。

Diagnoses：Deciduous shrub；Leaves simple，alternate，elliptic or obovate，acuminate on top；Fruit：Nut，covered with long tube-like involucres.

染色体数目：2n＝22。

树形：落叶灌木，高3～5m。

枝条：老枝灰褐色，无毛；幼枝黄褐色，密生淡褐色绒毛，皮孔灰褐色。

芽：卵形，深褐色，先端钝，芽鳞密被灰色柔毛。

叶：单叶互生；质地较薄；宽椭圆形或宽卵形，基部圆形或微心形，先端渐尖，边缘有重锯齿，表面绿色，有疏毛，背面淡绿色，沿叶脉柔毛显著，长5～10cm，宽4～9cm。

花：雌雄同株，异花；雄柔荑花序长圆柱形，淡灰褐色，常数个腋生；雌花序2～4个，腋生于雄花序上方。

果：坚果，簇生，稀单生，卵状球形，先端稍尖，表面有毛，果脐较小；总苞管状，密被刺毛，先端具披针形的小裂片，长4～5cm。

花期：5月；果期：9～10月。

习性：耐阴植物，稍喜光，喜生于排水良好的腐殖土，常生于针阔混交林或杂木林内。

分布：主要分布在我国东北、华北、西北一带；日本、朝鲜及俄罗斯也有分布；吉林省东部山区各县（市）皆产。

抗寒指数：幼苗期I，成苗期I。

用途：果仁可供食用，可制造糕点及榨油；木材可制造手杖、手柄等；性耐阴，可考虑种植在庭园蔽荫处供绿化观赏。

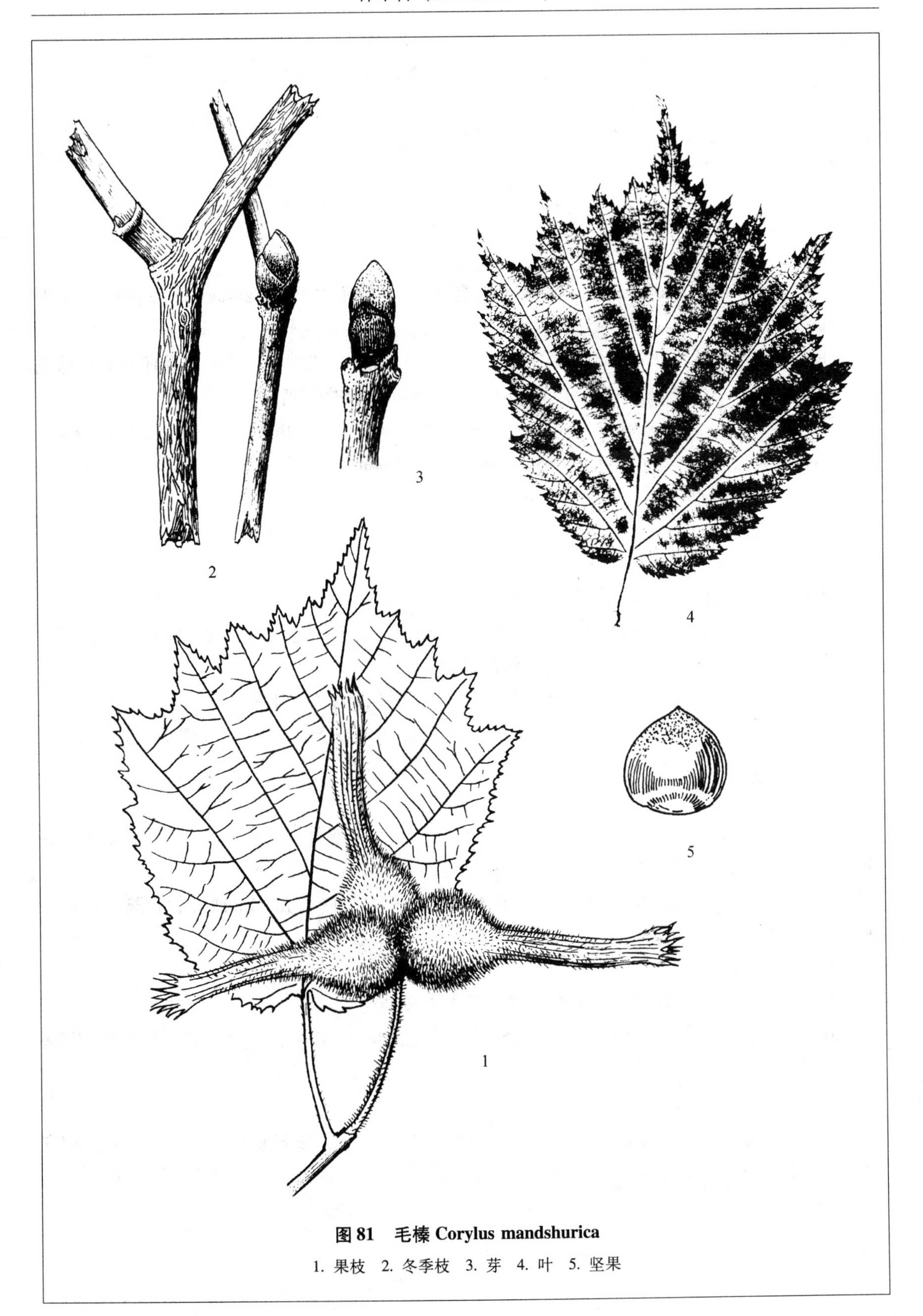

图 81 毛榛 Corylus mandshurica

1. 果枝 2. 冬季枝 3. 芽 4. 叶 5. 坚果

壳斗科（FAGACEAE）

板栗

科名：壳斗科（FAGACEAE）

中名：板栗　栗　图82

学名：Castanea mollissima Blume（属名为栗的拉丁文原名 kastano，来自地名希腊 Thessaly 的 Castania，因那里有大量栗树；种加词是“极柔软的”）。

识别要点：落叶乔木；单叶，互生，长椭圆形，边缘有芒刺状粗齿；雄花序直立；雌花常3朵集生于基部；坚果2~3，于壳斗内，壳斗外有针状的长刺。

Diagnoses：Deciduous tree；Leaves simple，alternate，oblong-elliptical，coarsely serrates with spreading teeth；Male catkin erect，unisexual；Female flowers near their base，always 3 clustered；Fruit：Nut，2~3，enclosed in bur with branched spines.

染色体数目：2n=24。

树形：落叶乔木，高达20m。

树皮：深灰褐色，老叶灰黑色，有深的纵裂。

枝条：淡灰褐色，常具纵沟，皮孔灰黄色，圆形，幼枝绿色或绿褐色，偶带红褐色。

芽：宽卵形，先端钝，深褐色，芽鳞内被短柔毛。

木材：边材薄，淡褐色，心材深褐色，坚硬、强韧，耐朽，比重0.67。

叶：单叶，互生；叶柄长达1~2cm；叶片长椭圆形或长圆形，基部楔形，先端渐尖，边缘有刺芒状的锯齿，表面暗绿色，有光泽，背面淡绿色，有白色绒毛，长9~18cm，宽4~8cm。

花：雌雄同株；雄柔荑花序直立，每朵雄花只有6枚萼片，无花瓣，雄蕊约10枚，花丝细长；雌花序生于雄花序下部，常3朵花集生，子房下位，花柱5~9枚，外包有总苞。

果：坚果，红褐色，椭圆形，常2~3枚生于同一壳斗内，壳斗密被针状长刺，最初全包坚果，后开裂。

花期：5月；果期：9~10月。

习性：喜光，耐寒性差，喜疏松、排水良好的砂质土壤。

分布：原产于我国黄河流域，现华北、华中、西北、西南各地广为栽培。吉林省南部集安市大量栽植。多用蒙古栎（Quercus mongolica）嫁接而成。

抗寒指数：幼苗期V，成苗期III。

用途：果实为著名的干果，味甘美，可炒食或制造糕点；木材坚硬，强韧，耐磨，耐腐朽，可制造家具、车、船等；壳斗及树皮中含大量丹宁，可制造栲胶；叶可饲养柞蚕。

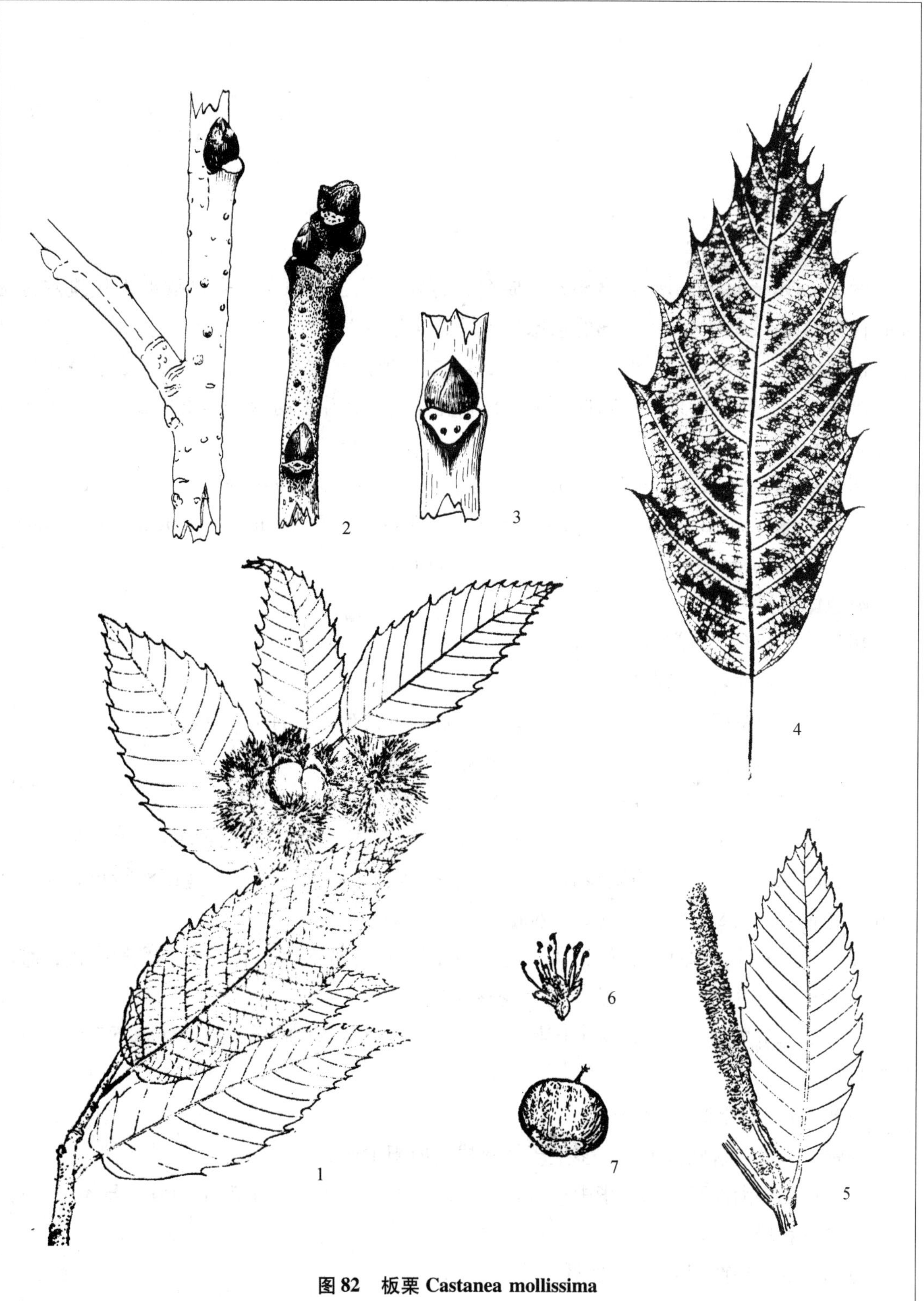

图 82　板栗 Castanea mollissima

1. 果枝　2. 冬季枝　3. 芽　4. 叶　5. 雄花序枝　6. 雄花　7. 坚果（1、5、6 于长奎绘）

麻栎

科名：壳斗科（FAGACEAE）

中名：麻栎 图 83

学名：Quercus acutissima Carr.（属名为栎树的拉丁文原名，来自欧洲古代凯尔特语 quar 优良的 + cues 木材；种加词的意思为“非常尖锐的”）。

识别要点：落叶乔木；叶片长椭圆形，叶缘成刺芒状锯齿；雌雄同株；雄柔荑花序下垂，雌花簇生；果为坚果，长圆形，生于杯状壳斗内，壳斗上的鳞片膜质，披针状，下部的鳞片先端反折。

Diagnoses：Deciduous tree；Leaves simple，alternate；prickle-serrates on margin；Monoecious；Male catkins hang down；Female flowers 1 ~ 3 clustered；Fruit nut，oblong，bur cuplike，scales membranaceous，lanceolate，some reflexed on top.

染色体数目：2n = 24。

树形：落叶乔木，高达 10 ~ 20m。

树皮：暗灰褐色，纵深裂，裂缝带灰白色。

枝条：小枝黄褐色，嫩叶密生细毛，老枝青褐色，有明显的淡黄色皮孔。

芽：卵圆形，先端钝，芽鳞灰褐色，有短柔毛。

木材：边材灰白色，心材淡褐色，纹理致密，但易开裂；比重 0.77。

叶：单叶，互生；叶片革质，长椭圆状披针形或长椭圆形，先端渐尖，基部圆形，常不对称，侧脉 16 ~ 18 对，延伸至叶缘，形成刺芒状锯齿，表面暗绿色，背面淡绿色，无毛或于脉腋处有毛，长 8 ~ 20cm，宽 2 ~ 6cm。

花：雌雄同株，单性花；雄柔荑花序下垂，雄花花被 5 裂，花瓣 0，雄蕊 4 枚；雌花 1 ~ 3 朵生于 2 年生的枝上，子房 3 室，花柱 3 裂。

果：果为坚果，长圆形，生于杯状壳斗内，壳斗上的鳞片膜质，披针状，下部的鳞片先端反折。

花期：5 月；果期：9 ~ 10 月。

习性：喜光，喜肥沃土壤，多生于低海拔的向阳山坡。

分布：辽宁南部至华北、华中、华东、华南以及西南各地；也产于朝鲜、日本及印度；吉林省偶见栽培，生长良好。

抗寒指数：幼苗期 III，成苗期 I。

用途：木材纹理通直，质地较硬，可制造家具、车、船；果可作饲料；叶可饲养柞蚕；壳斗及树皮可提取栲胶。

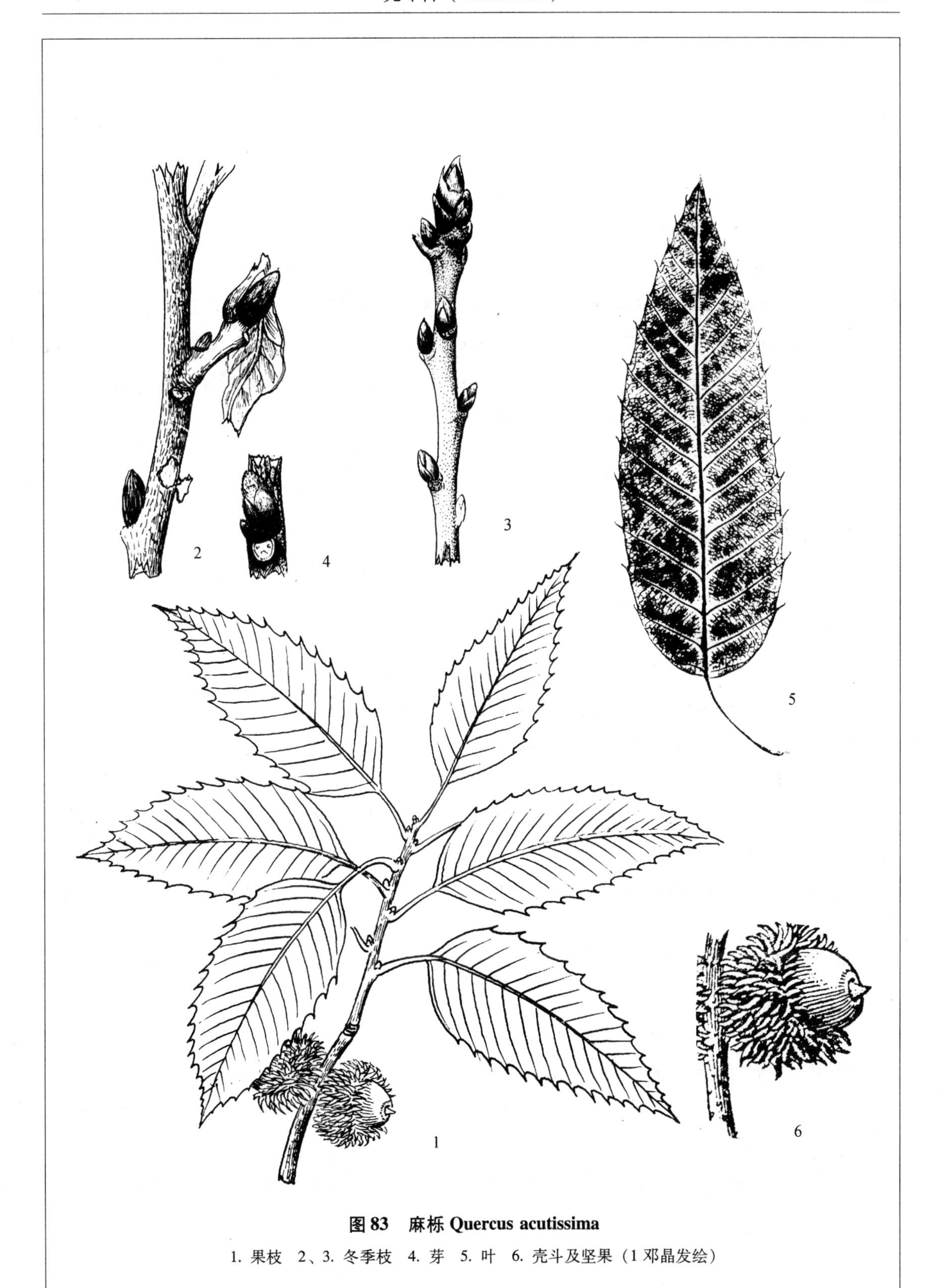

图 83　麻栎 Quercus acutissima

1. 果枝　2、3. 冬季枝　4. 芽　5. 叶　6. 壳斗及坚果（1 邓晶发绘）

槲栎

科名：壳斗科（FAGACEAE）

中名：槲栎　图84

学名：Quercus aliena Blume（种加词的意思为“外国的、外来的、非近缘的”）。

识别要点：落叶乔木；单叶，互生，叶片倒卵形或倒卵状椭圆形，侧脉11~18对，边缘有波状齿；雌雄同株，异花；雄柔荑花序下垂；雌花1~3枚集生；坚果，壳斗杯状，壳斗上的鳞片短卵状披针形，暗褐色，先端颜色较淡，有灰色绒毛。

Diagnoses: Deciduous tree; Leaves simple, alternate, blades obovate or obovato-elliptical, lateral vein 11~18 pairs, sinuate-crenate teeth on both side; Monoecious; Male catkins hang down; Female flowers 1~3 clustered; Fruit: Nut, bur cup-formed, scales ovate-lanceolate, dark brown, lighter on top, with gray pubescent.

树形：落叶乔木，高约25m。

树皮：暗灰色至灰黑色，有深纵裂沟。

枝条：小枝黄褐色，光滑无毛，老枝暗褐色，皮孔黄白色，隆起。

芽：卵形，先端渐尖，红褐色，芽鳞光滑，边缘略有白色睫毛。

木材：边材淡褐色，心材黄褐色，纹理美丽，比重0.77。

叶：单叶，互生；叶片近革质，倒卵形或倒卵状椭圆形，先端钝尖或急尖，基部宽楔形或近圆形，边缘有波状大齿，表面绿色或微带黄绿色，背面密生灰白色的星状毛，长10~25cm，宽5~15cm。

花：雌雄同株，单性花；雄柔荑花序下垂；雌花单生或2~3个集生，雌蕊子房3室，柱头3。

果：坚果，柱状卵圆形，1/3部分坐落在杯状的壳斗内，壳斗上的鳞片短卵状披针形，暗褐色，先端颜色较淡，有灰色绒毛。

花期：4月末到5月初；**果期：**10月。

习性：喜光，但也耐阴。自生于向阳坡地的杂木林中或林缘。

分布：辽宁东南部以及华北、西北、华中、华东及西南各地；朝鲜及日本也有分布；吉林省庭园及植物园中偶见栽培。

用途：木材可供建筑、车、船用；果实可提淀粉，作饲料；树皮及壳斗可制造栲胶。

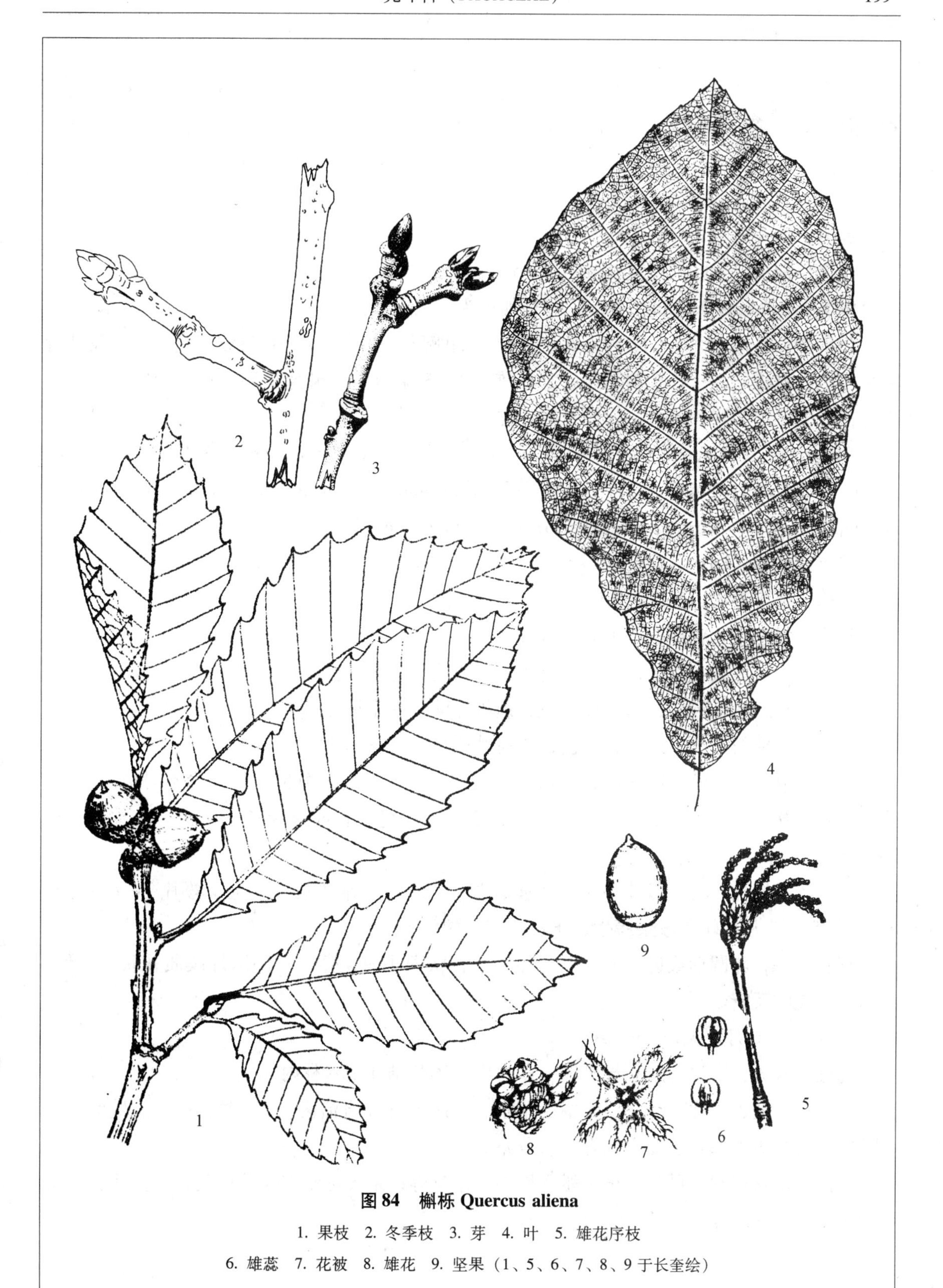

图 84　槲栎 Quercus aliena

1. 果枝　2. 冬季枝　3. 芽　4. 叶　5. 雄花序枝

6. 雄蕊　7. 花被　8. 雄花　9. 坚果（1、5、6、7、8、9 于长奎绘）

槲树

科名：壳斗科（FAGACEAE）

中名：槲树　大叶柞　菠萝叶　图 85

学名：*Quercus dentata* Thunb.（种加词为“具牙齿的”）。

识别要点：落叶乔木；单叶，互生，叶片倒卵形，边缘有 4～10 对波状裂；小枝及叶背密生绒毛；雌雄同株；雄柔荑花序下垂；雌花 1～3 朵簇生；果为坚果，长圆形，生于杯状壳斗内，壳斗上的鳞片膜质，狭披针形，先端反折。

Diagnoses：Deciduous tree；Leaves simple，alternate，blades obvate，4～10 pairs rounded lobed；Monoecious；Male catkins hang down，female flowers 1～3 clustered；Fruit：Nut，oblong，bur cup-like，scales membraneous，narrow-lanceolate，reflexed.

染色体数目：2n＝24。

树形：落叶乔木，高可达 15m。

树皮：暗灰色，粗糙，有纵裂的沟纹。

枝条：当年生枝条粗壮，有棱，有黄色短柔毛；老枝灰色，有毛。

芽：卵形，先端钝头，鳞片棕黑色，边缘色淡，密生绒毛。

木材：材质较坚硬，边材苍白色，心材黄褐色，比重 0.59。

叶：单叶互生，叶片倒卵形或倒卵状长圆形，先端钝或短渐尖，基部为不对称的楔形，边缘有 4～10 对波状的大齿，齿先端钝圆，表面深绿色，背面黄绿色，密被黄色柔毛，长 10～20cm，宽 6～13cm。

花：雌雄同株；雄柔荑花序柔软下垂，长 8～12cm，雄花数朵簇生，萼片 7～8，花瓣 0，雄蕊 8～10 枚；雌花数朵簇生，子房 3 室，柱头 3。

果：坚果，卵圆形或近球形，下半部生于杯状壳斗内，壳斗上的鳞片膜质，狭披针形，深褐色，先端反折。

花期：5～6 月；果期：9～10 月。

习性：喜光，喜湿润及肥沃土壤，多自生于落叶阔叶杂木林内。

分布：东北、华北、西北、华中、华东、西南各省（自治区）；朝鲜、日本及俄罗斯也有分布；吉林省南部及东部山区有少量分布。

用途：木材质硬，可制作车、船、地板、家具等；果实可制淀粉及作饲料；壳斗及树皮可提取工业用栲胶。

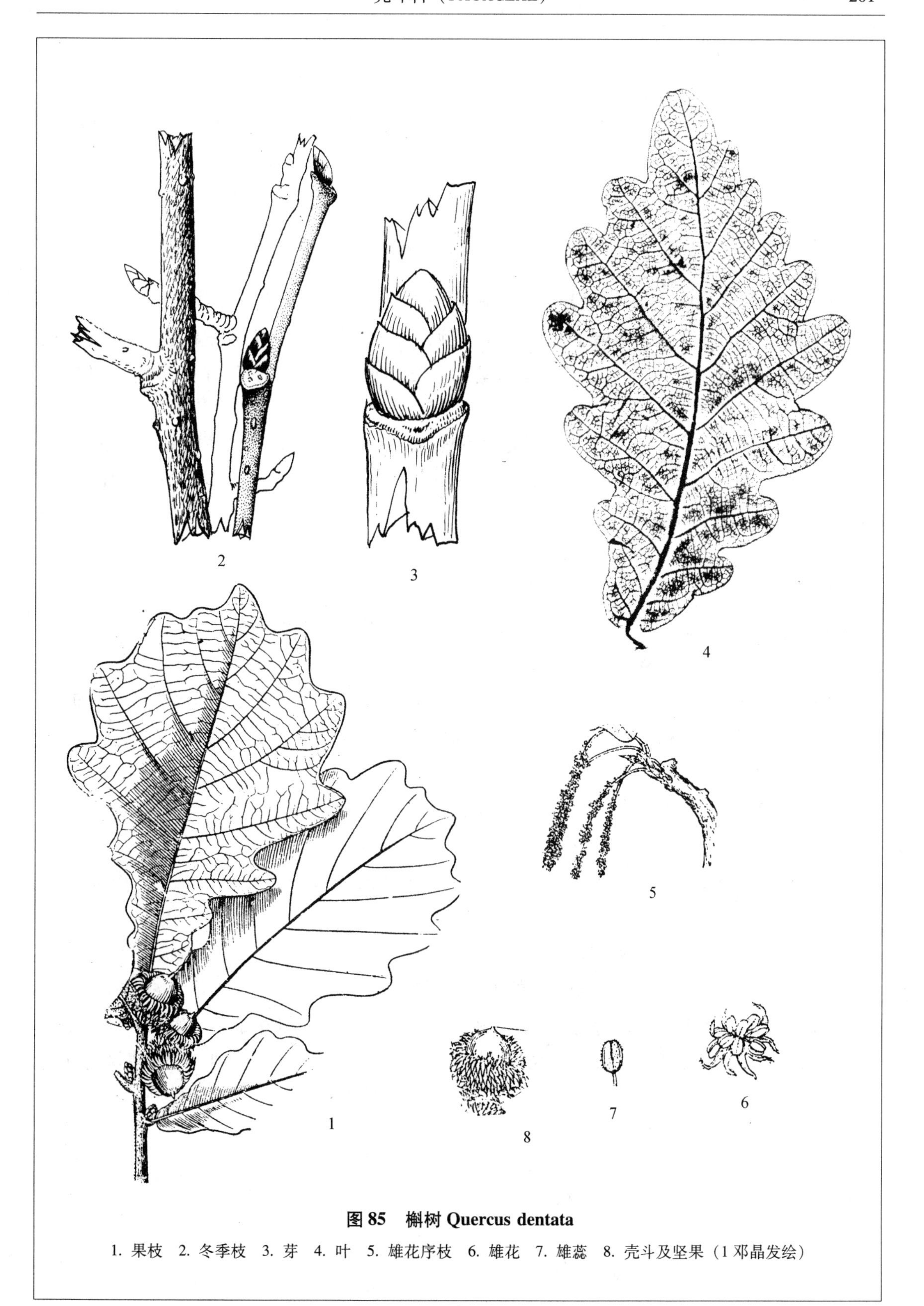

图 85　槲树 Quercus dentata

1. 果枝　2. 冬季枝　3. 芽　4. 叶　5. 雄花序枝　6. 雄花　7. 雄蕊　8. 壳斗及坚果（1 邓晶发绘）

辽东栎

科名：壳斗科（FAGACEAE）

中名：辽东栎 图 86

学名：Quercus liaotungensis Koidz.（种加词为地名“辽东的”）。

识别要点：落叶乔木；单叶，互生，叶片倒卵形，边缘有 5 ~7 对波状齿；雌雄同株；雄柔荑花序下垂；雌花 1 ~3 朵簇生；果为坚果，长圆形，生于杯状壳斗内，壳斗上的鳞片扁平，不成疣状突起。

Diagnoses：Deciduous tree；Leaves simple，alternate；blades obovate，5 ~7 pairs lobed，lobes rounded；Monoecious；Male catkins hang down，female flowers 1 ~3 clustered；Fruit：Nut，oblong，bur cup-like，scales on bur not as warts.

树形：落叶乔木，高约 15m。

树皮：暗灰褐色，浅纵裂。

枝条：幼枝褐色，无毛，小枝灰褐色，较粗壮，皮孔圆形，淡褐色。

芽：卵形或长卵形，褐色，鳞片边缘具白色睫毛。

叶：单叶，互生；叶片倒卵形或倒卵状长圆形，先端钝或短渐尖，基部为不对称的楔形，边缘有 5 ~7 对波状大齿，表面绿色，背面淡绿色，无毛或沿叶脉生有短柔毛，长 5 ~17cm，宽 2.5 ~10cm。

花：雌雄同株；雄柔荑花序下垂，雄花数朵簇生，萼片 7 ~8，无花瓣，雄蕊 8 ~10 枚；雌花 1 ~3 朵，簇生，子房 3 室，花柱 3 枚。

果：坚果，卵圆形，生在杯形的壳斗内，壳斗上的鳞片小，卵形，扁平，不成疣状突起。

花期：5 ~6 月；果期：9 ~10 月。

习性：喜光，喜温暖气候及较干燥的土壤，常与蒙古栎混生。

分布：东北、华北、西北等地；朝鲜也有分布；吉林省东部及中部普遍生长。

用途：果可制造淀粉及作饲料；壳斗及树皮可制造栲胶；木材较坚韧，可供建筑及制造车船、家具等。

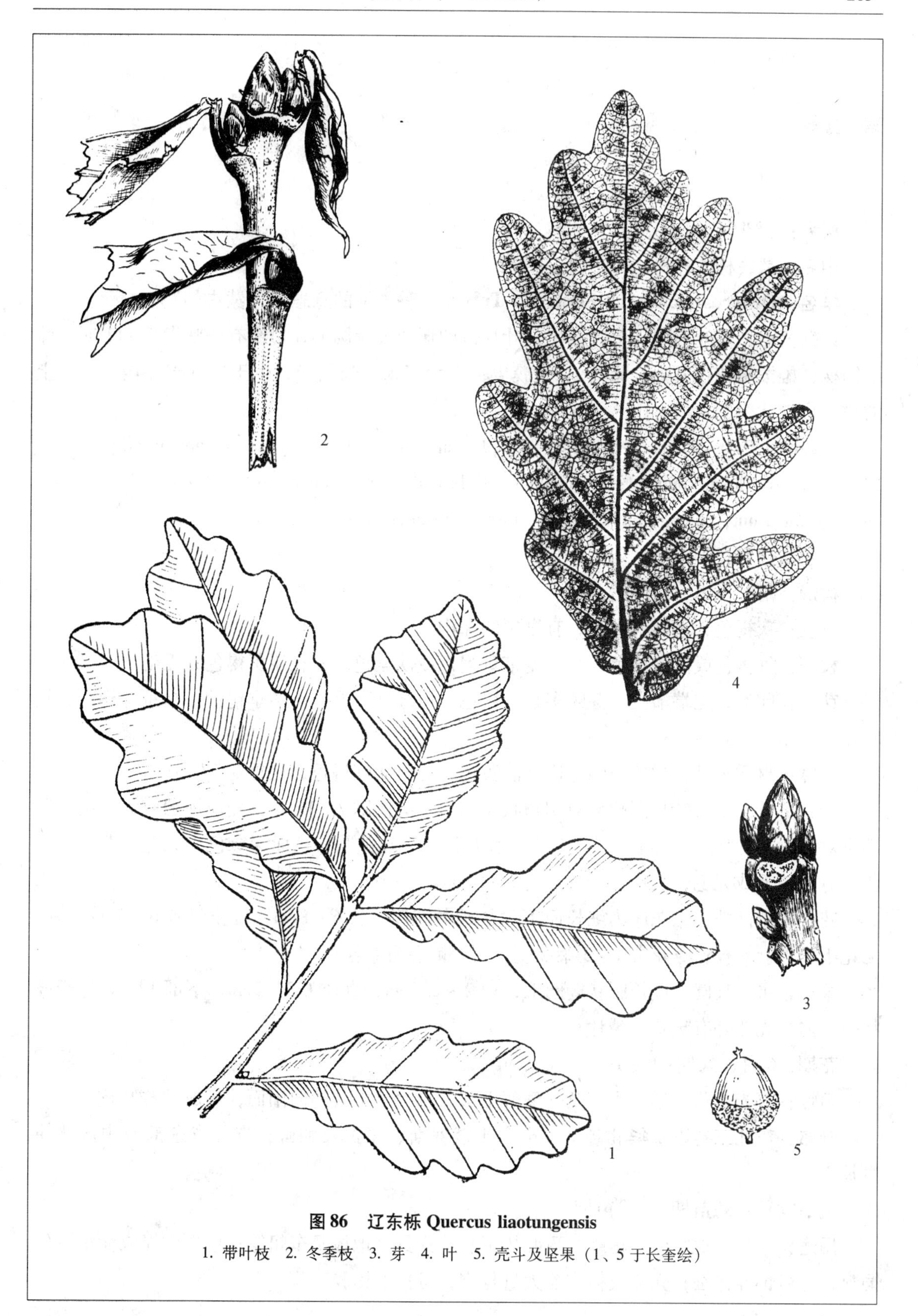

图86　辽东栎 Quercus liaotungensis

1. 带叶枝　2. 冬季枝　3. 芽　4. 叶　5. 壳斗及坚果（1、5于长奎绘）

蒙古栎

科名：壳斗科（FAGACEAE）

中名：蒙古栎 柞树 橡子树 图 87

学名：Quercus mongolica Fisch. ex Turcz.（种加词的意思为“蒙古的”）。

识别要点：落叶乔木；单叶互生，叶片倒卵形或长椭圆形，边缘有波状齿 7~11 对；雌雄同株；雄柔荑花序下垂；雌花 1~3 簇生；果为坚果，长圆形，生于杯状壳斗内，壳斗上的鳞片呈疣状突起。

Diagnoses：Deciduous tree；Leaves simple，alternate，blades obovate or oblong-elliptic，7~12 pairs lobed，lobes rounded；Monoecious；Male catkins pendulous；Female flowers 1~3，clustered；Fruit a nut，oblong，bur cup-like，wart-like scales on it.

染色体数目：2n=24。

树形：落叶乔木，高可达 30m。

树皮：灰褐色，老叶灰黑色，有纵裂的深沟。

枝条：红褐色或带青绿色，小枝略带青褐色或淡紫色，皮孔淡黄褐色，无毛。

芽：长卵形，先端渐尖，芽鳞多数，褐色，边缘有睫毛，于冬季包被在枯黄叶柄内，枯叶在第 2 年春季脱落。

木材：材质坚硬，耐朽力强，边材淡黄色，心材淡红褐色，比重 0.67~0.78。

叶：单叶互生；叶片倒卵形或倒卵状长圆形，有侧脉 7~11 对，先端钝圆或短渐尖，基部不对称，歪楔形，边缘有 7~12 对大的波状齿，先端钝圆，表面深绿色，无毛，背面淡绿色，有稀疏毛或无毛，长 6~18cm，宽 4~10cm。

花：雌雄同株；雄花序为细长而下垂的柔荑花序，长 6~8cm；雄花只有 6~7 枚萼片，无花瓣，雄蕊 8 枚；雌花常 1~3 朵簇生，每朵雌花有 6 枚萼片。

果：坚果，长圆形或长圆状椭圆形，长 2~2.5cm，直径 1.3~2cm，下部 1/3 着生于杯状壳斗内，壳斗外有疣状的鳞片。

花期：6 月；果期：9~10 月。

习性：喜光，耐干旱、耐寒及耐瘠薄土壤，自生于山坡的向阳面，形成“柞树岗”。

分布：东北三省以及华北各地；也产于俄罗斯、蒙古及朝鲜；吉林省东部及中部普遍生长。

抗寒指数：幼苗期 I，成苗期 I。

用途：木材质地坚硬，耐磨、耐腐朽可制造家具、地板及车船等；果实可提取淀粉或作饲料；叶可饲养柞蚕；壳斗及树皮含大量丹宁，可提取栲胶。

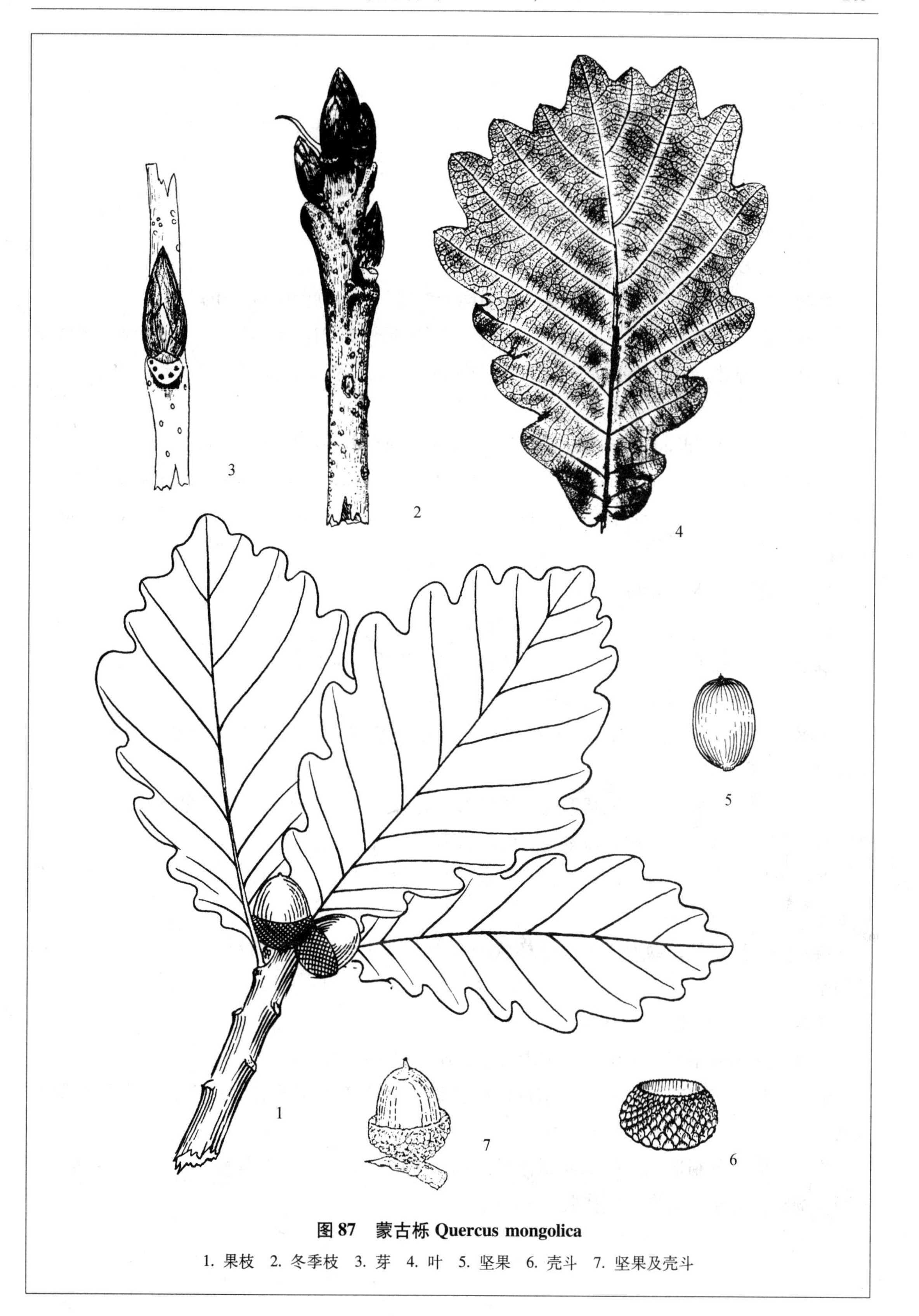

图 87　蒙古栎 Quercus mongolica

1. 果枝　2. 冬季枝　3. 芽　4. 叶　5. 坚果　6. 壳斗　7. 坚果及壳斗

栓皮栎

科名：壳斗科（FAGACEAE）

中名：栓皮栎 图88

学名：Quercus variabilis Blume（种加词的意思是“可变的、易变的”）。

识别要点：落叶乔木；单叶，互生，叶片长椭圆形或披针形，侧脉11～18对，延伸至芒刺状锯齿；雌雄同株，单性花；雄柔荑花序下垂；雌花簇生；坚果，长圆形，杯状壳斗，鳞片细长，丝状，有细毛，反折。

Diagnoses：Deciduous tree；Leaves simple，alternate，blades oblong-elliptic or lanceolate，lateral veins 11～18 pairs，terminating to each curved teeth；Monoecious；Male catkins hang down；Female flower clustered；Fruit：Nut，oblong，bur cup-sharped scales swollen or silk-like，reflexed on top.

树形：落叶乔木，高约25m。

树皮：黑褐色，深纵裂，木栓层发达，柔软。

枝条：暗褐色或灰紫色，幼枝淡黄褐色，密生细毛，皮孔黄褐色。

芽：宽卵形，先端钝头，灰褐色，芽鳞有毛。

木材：边材淡褐色，较薄，有栗色斑纹，心材赤褐色，材质较硬且粗，易劈裂，比重0.59。

叶：单叶，互生；叶片长圆形或宽披针形，先端渐尖，基部近圆形或宽楔形，边缘有芒刺状锯齿，表面深绿色，初有短柔毛，背面灰白色，密被星状毛，长8～16cm，宽3～6cm。

花：雌雄同株，异花；雄柔荑花序下垂，雄花萼片2～3，稀4，花瓣0，雄蕊5枚；雌花单生，子房3室，花柱3。

果：坚果近球形，约1/2坐落于杯状壳斗中，壳斗外的鳞片细长或线形，上部向外反折，密生细毛。

花期：5月；果期：9～10月。

习性：喜光略耐阴，喜生于向阳山坡，土质肥厚的杂木林中。

分布：辽宁东南部，华北、华东及西南各地；也产于朝鲜及日本；吉林省庭园中偶有栽植。

用途：树皮可制造木栓瓶塞或隔音板；木材可供家具、车、船等使用；果实可制淀粉，又可作饲料；壳斗及树皮可制栲胶。

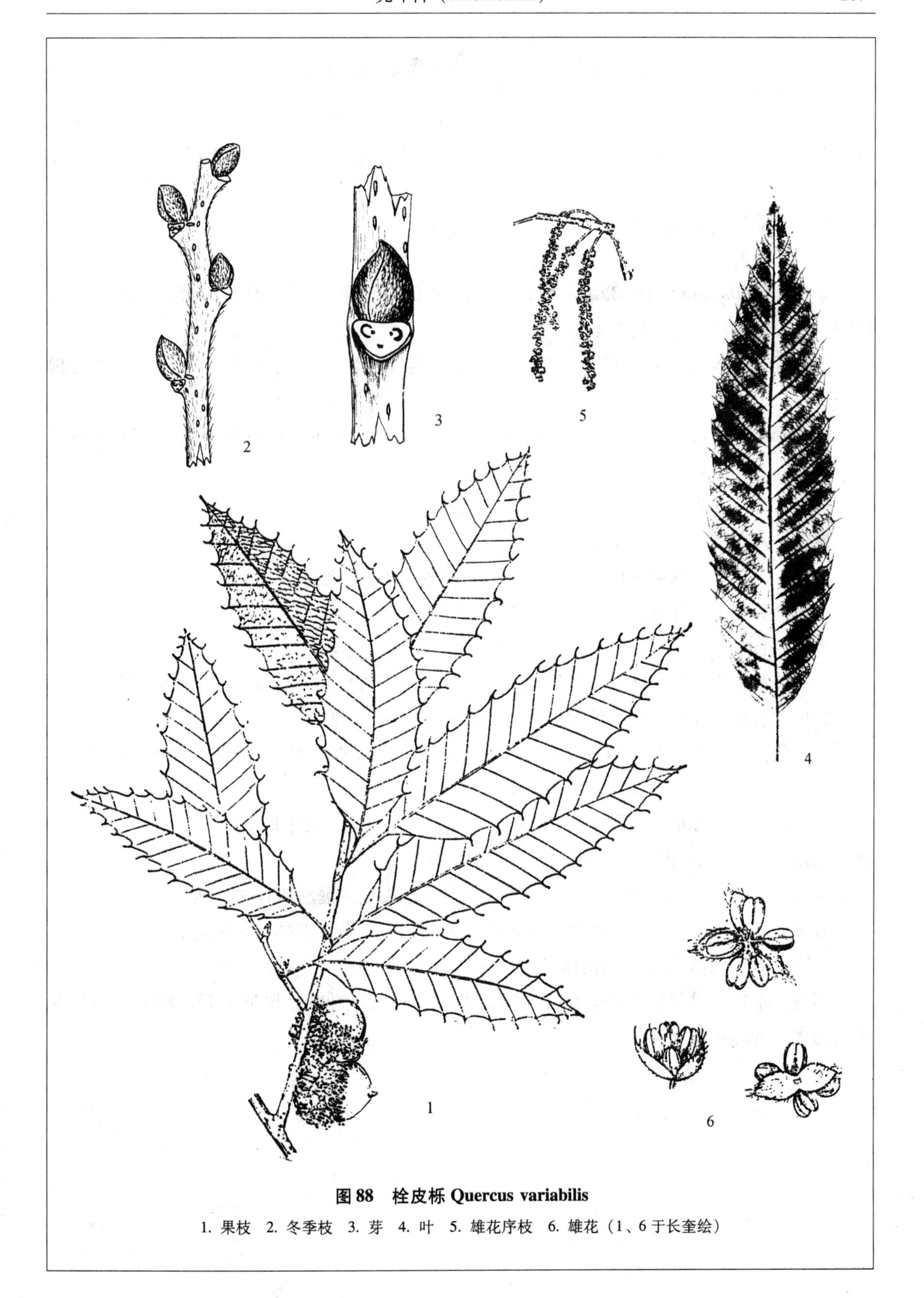

图 88　栓皮栎 Quercus variabilis

1. 果枝　2. 冬季枝　3. 芽　4. 叶　5. 雄花序枝　6. 雄花（1、6 于长奎绘）

榆科（ULMACEAE）

小叶朴

科名：榆科（ULMACEAE）

中名：小叶朴 图 89

学名：Celtis bungeana Blume（属名为拉丁文的植物原名；种加词为人名 A. V. Bunge，1803～1890，爱沙尼亚植物学家）。

识别要点：落叶乔木；单叶互生；叶片卵状披针形；果为小核果，球形，成熟时黑紫色。

Diagnoses：Deciduous tree；Leaves simple，alternate；Blades ovato-lanceolate；Fruit small drupe，globose，dark purple when maturity.

树形：落叶乔木，高达 15m。

树皮：灰色或暗灰色，平滑。

枝条：当年生枝淡褐色或带绿色，老枝灰褐色，无毛或略被短柔毛。

芽：冬芽卵形，先端尖，棕褐色，边缘有睫毛。

木材：黄白色，纹理致密，比重 0.70。

叶：单叶互生；叶片卵状披针形或狭卵形，基部不对称，先端渐尖，叶片中部以上边缘有粗锯齿，表面暗绿色，背面淡绿色，无毛，长 3～7cm，宽 2～3.5cm。

花：花两性，具长柄，黄绿色；单花被，萼片 4，长披针形；花瓣 0；雄蕊花丝细长，与萼片对生；雌蕊子房长卵状柱形，柱头 2 裂。

果：核果，近球形，直径 4～5mm，成熟时紫黑色，生于长果柄上。

花期：4～5 月；果期：9～10 月。

习性：喜光，耐阴、耐干旱及瘠薄土壤，自生于山坡的灌丛或林缘等地。

分布：辽宁以南至华中、西南广大地区；朝鲜也有分布；吉林省偶见栽培。

抗寒指数：幼苗期 III，成苗期 II。

用途：木材可供建筑，制造家具等用；树皮可制人造纤维；树形美观，耐寒、耐旱性强，为优良的绿化观赏树种。

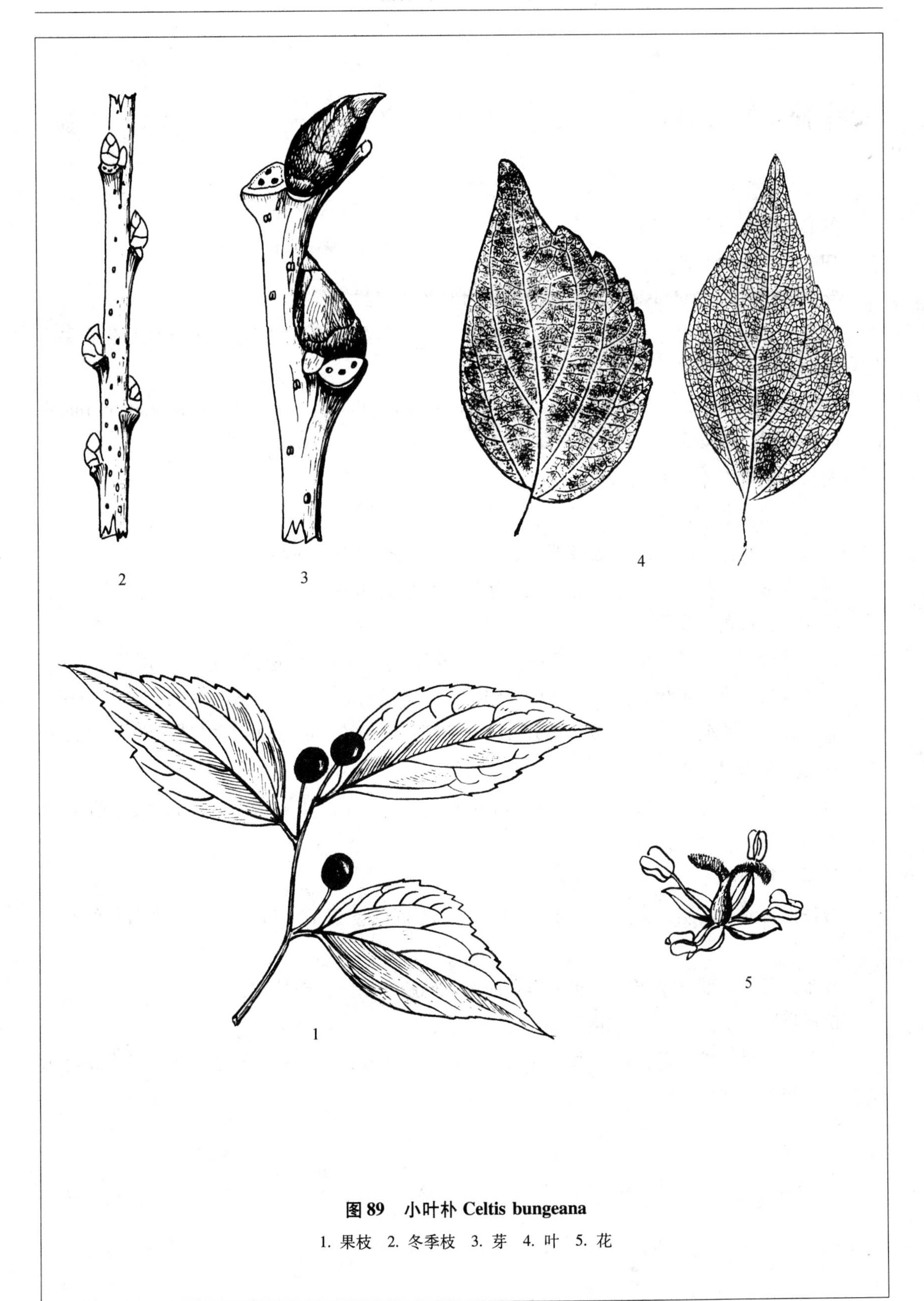

图 89　小叶朴 Celtis bungeana

1. 果枝　2. 冬季枝　3. 芽　4. 叶　5. 花

大叶朴

科名：榆科（ULMACEAE）

中名：大叶朴 图89

学名：**Celtis koraiensis Nakai**（种加词为地名“朝鲜的”）。

识别要点：落叶乔木；单叶，互生；叶片大，宽椭圆形，先端截形，有尾状长尖；果实为核果，球形，黑褐色。

Diagnoses：Deciduous tree；Leaves simple，alternate；Blades wide-elliptic，truncate or rounded and abruptly cuspidate at apex；Fruit a drupe，globose，dark brown.

树形：落叶乔木，高约10m。

树皮：暗灰色，微裂。

枝条：当年生枝红褐色，老枝淡灰色，无毛，皮孔明显，淡褐色。

芽：卵形，芽鳞暗红褐色，有柔毛，边缘有白色的睫毛。

木材：黄白色，比重0.58。

叶：单叶互生；叶片倒卵形或椭圆形，基部不对称，先端截形或圆形，有尾状的长尖，边缘有粗锯齿，表面绿色，无毛，背面淡绿色，无毛或有短柔毛，长6~18cm，宽4~8cm。

花：黄绿色，两性；单花被，萼片4，长卵形；花瓣0；雄蕊4，与萼片对生，花丝细长，花药长圆形。

果：核果，单生于叶腋；果柄，长约2cm；果实近球形，直径约1cm，成熟后变暗橙色至深褐色；种子卵状椭圆形，有凸起的网纹。

花期：4~5月；果期：9~10月。

习性：喜光但耐阴，喜生于肥沃潮湿、排水良好的土壤中，自生于山坡或沟谷的杂木林中。

分布：辽宁南部、华北、西北及华东地区；也产于朝鲜；吉林省皆为引种栽培。

抗寒指数：幼苗期III，成苗期II。

用途：木材可供建筑、制造家具等用；树皮可制纸及人造棉；本种植物叶片较大，叶形奇特，可作为绿化观赏树种。

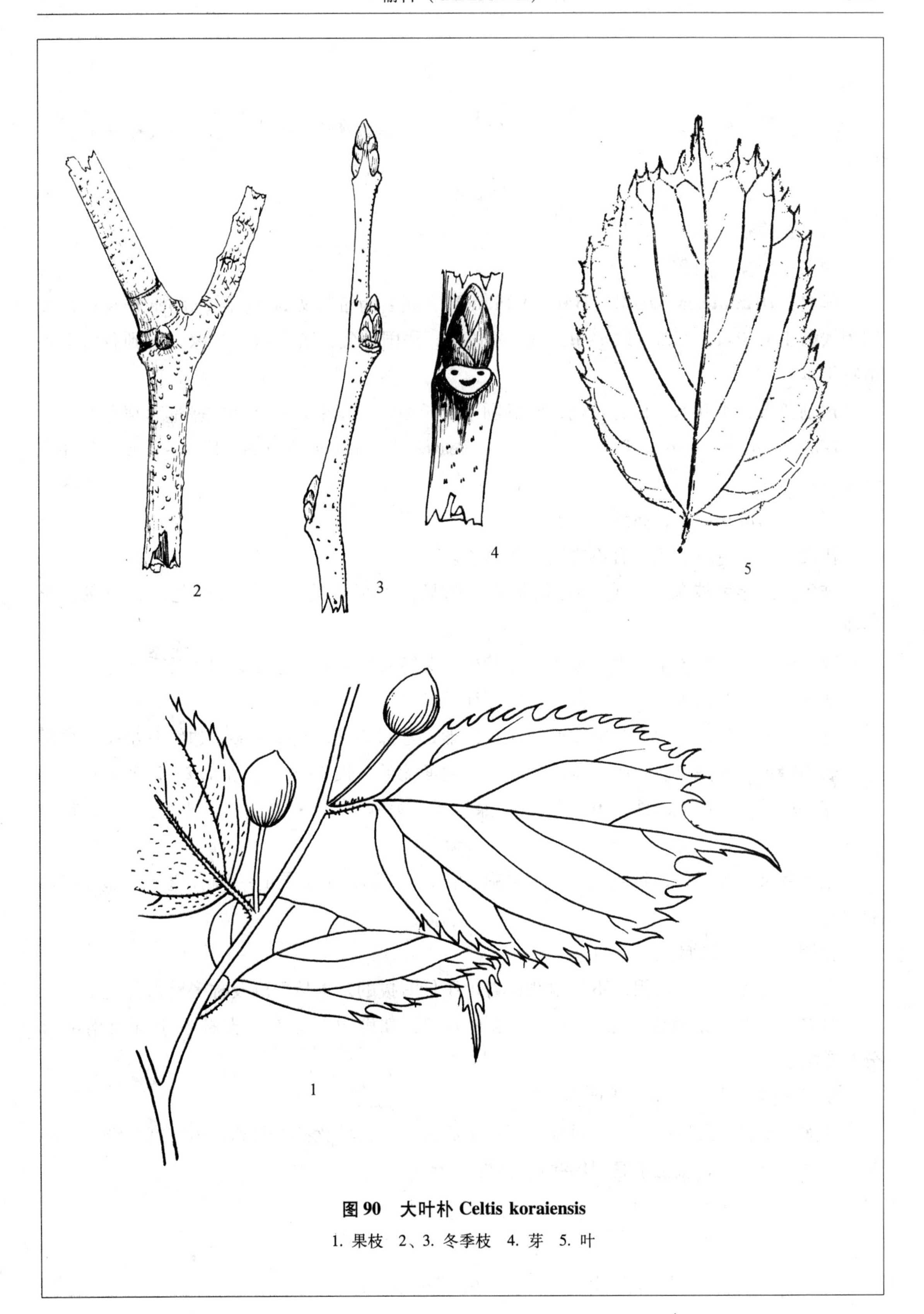

图 90　大叶朴 Celtis koraiensis

1. 果枝　2、3. 冬季枝　4. 芽　5. 叶

刺榆

科名：榆科（ULMACEAE）

中名：刺榆　图 91

学名：Hemiptelea davidii（Hance）Planch.（属名为希腊文 hemi 半 + ptelea 榆树；种加词为人名 Jean Pierre Armand David，1826 ~ 1900，法国神父，著名博物学家，曾到我国采集植物标本）。

识别要点：小乔木；枝有长刺；叶椭圆形或长圆形；翅果，具半翅，基部有宿存萼片。

Diagnoses：Small tree；Twigs with thorns；Leaves elliptical or elongate；Fruit samara with half wing，persistent sepals at base.

树形：落叶小乔木，高约 10m。

树皮：暗灰色或紫色，有不规则的条状裂。

枝条：当年生枝条红褐色，皮孔灰色，明显，有短柔毛，老枝灰褐色，具枝刺，长 2 ~ 8cm。

芽：卵圆形，常 3 个并生，聚集于叶腋处，芽鳞有短柔毛，边缘有白色睫毛。

木材：边材黄白色，心材淡褐色，坚硬而致密。

叶：单叶互生；叶片椭圆形或椭圆状长圆形；基部圆形，先端急尖，边缘有整齐的粗锯齿，表面绿色，有圆点状突起，背面淡绿色，两面无毛，长 2 ~ 6cm，宽 1. 2 ~ 2. 5cm。

花：单性与两性花同株，单生或 2 ~ 4 朵簇生；萼片 4 或 5；花瓣 0；雄蕊通常 4，花药长圆形。

果：翅果，黄绿色，斜卵圆形，两侧扁，长 5 ~ 7mm，小坚果的一侧有翅，基部有宿存的萼片。

花期：5 月；果期：6 ~ 7 月。

习性：喜光，也能耐阴，不甚耐寒；喜生于低海拔的杂木林中以及林旁路边等地。

分布：东北南部直至华北、华中、西北等地；朝鲜也有分布；吉林省中部及南部有分布。

抗寒指数：幼苗期 III，成苗期 I。

用途：木材软硬适中，纹理通直，可加工成家具、农具及各种器具；树皮富含纤维，可制作绳索、麻袋等；栽植于庭园供绿化观赏。

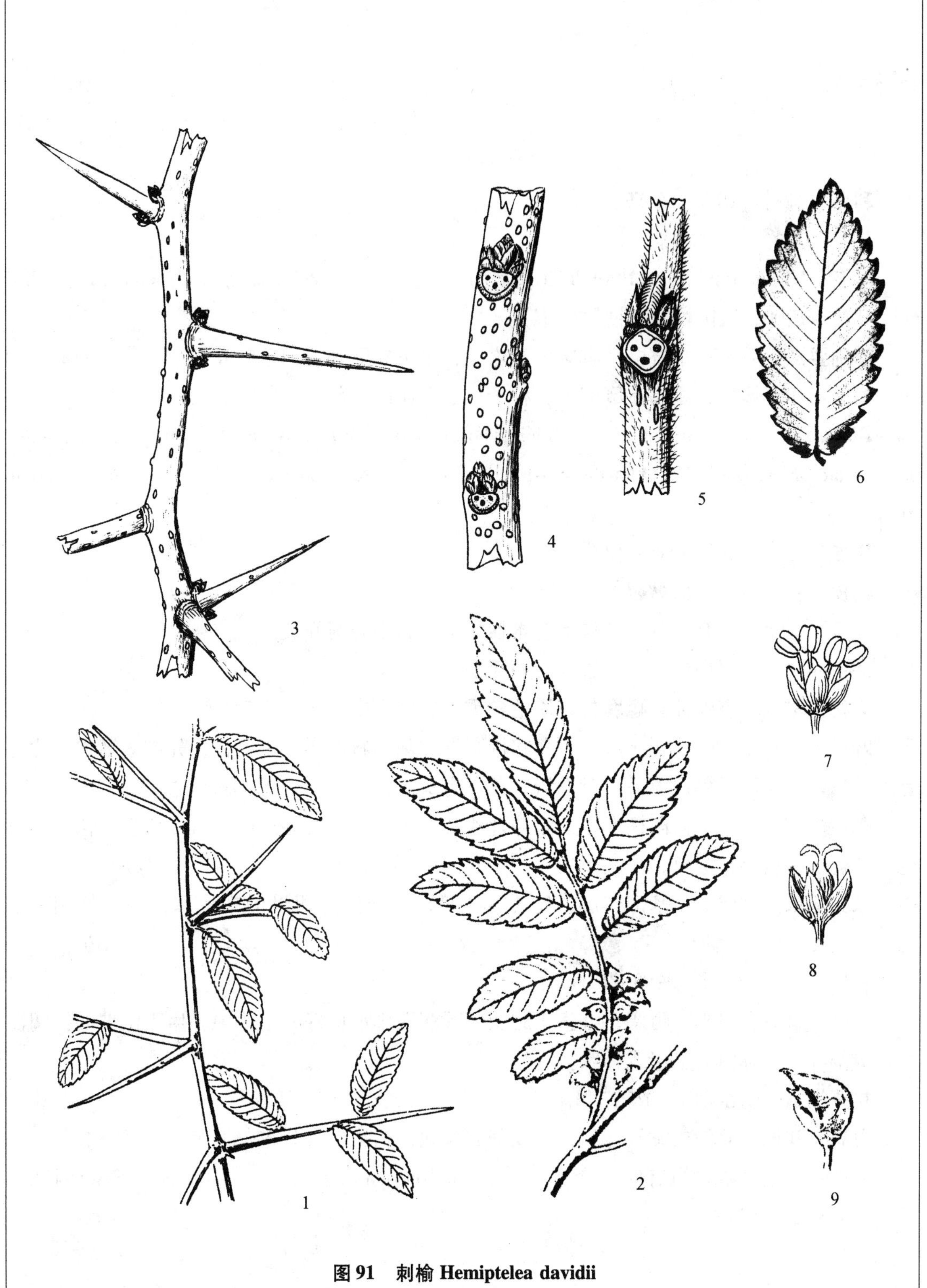

图 91　刺榆 Hemiptelea davidii

1. 带叶枝　2. 果枝　3. 冬季枝　4、5. 芽　6. 叶　7. 雄花　8. 雌花　9. 果（1、2 冯金环绘）

黑榆

科名：榆科（ULMACEAE）

中名：黑榆　东北黑榆　图 92

学名：**Ulmus davidiana Planch**.（属名为榆树的拉丁文原名；种加词为人名 J. P. A. David，1826～1900，法国神父兼博物学家）。

识别要点：乔木；小枝上常有木栓质增厚，呈不规则开裂；单叶互生，叶片倒卵形或倒卵状椭圆形；花簇生；翅果，倒卵形，种子位于果实的上部。

Diagnoses：Tree；Branchlets developing corky bark，irregularly rend；Leaves simple，alternate，ovate or ovato-elliptic；Flowers clustered；Fruit samara，obovate，seed on the upper part of fruit.

树形：乔木，高约 15m。

树皮：灰白色，表面纵裂。

枝条：暗褐色，有柔毛，幼枝上有木栓质增厚，不规则开裂。

芽：卵圆形，黑褐色，芽鳞边缘有短睫毛。

木材：坚韧、有弹性、耐腐朽，质地较重，软硬宜中，比重 0.76。

叶：单叶互生；叶片倒卵形或倒卵状椭圆形，基部斜楔形，不对称，先端短渐尖，边缘有细锯齿，表面深绿色，无毛，背面淡绿色，有灰白色柔毛，长 4～7cm，宽 2～4cm。

花：多花簇生，花被筒杯形，先端萼片 4 裂；雄蕊 4，花丝较长，稍带紫色，花药红紫色；雌蕊子房扁形，绿色，柱头 2 裂。

果：翅果，倒卵形，基部楔形，先端有缺口，种子位于翅果的中上部，种子外侧有柔毛，果翅无毛。

花期：4～5 月；果期：5～6 月。

习性：喜光也耐阴、耐寒，喜生于肥沃、湿润而排水良好的土壤中。生于山坡的针阔混交林或阔叶杂木林内的上层或林缘。

抗寒指数：幼苗期 I，成苗期 I。

分布：我国东北的吉林及辽宁，以及华北各地；朝鲜也有分布。

用途：据记载本种尚有两个变种：var. mandshurica Skv. 及 var. pubescens Skv. 因特征不稳定，故予以合并。

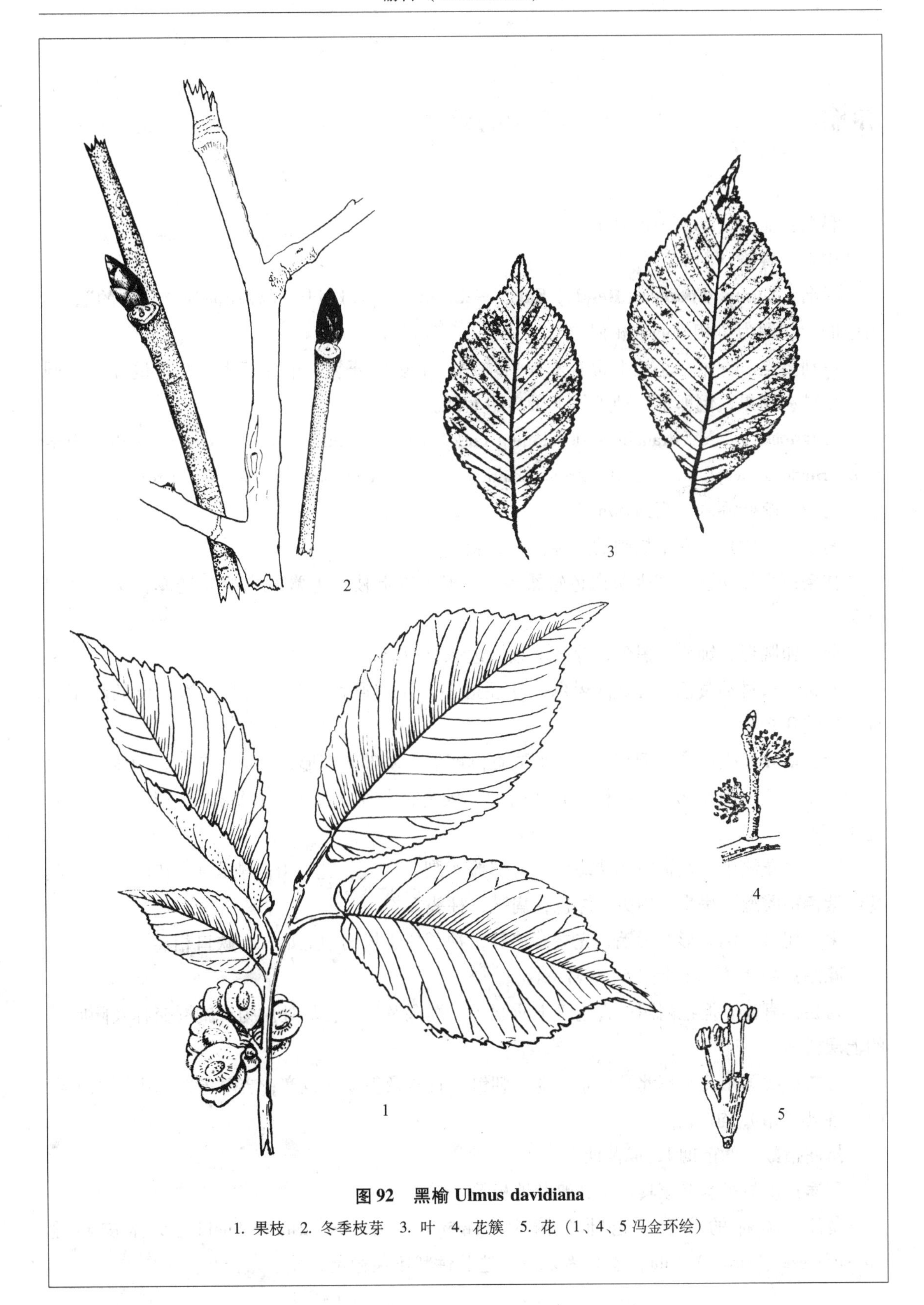

图 92　黑榆 Ulmus davidiana

1. 果枝　2. 冬季枝芽　3. 叶　4. 花簇　5. 花（1、4、5 冯金环绘）

春榆

科名：榆科（ULMACEAE）

中名：春榆　图93

学名：Ulmus japonica（Rehd.）Sarg. —U. propinqua Koidz.（种加词为“日本的”；异名中的种加词为“相近的、相似的”）。

识别要点：乔木；小枝上常有木栓质增厚，不规则开裂；单叶互生，叶片倒卵状椭圆形，粗糙；翅果，倒卵形，种子位于果实的上部。

Diagnoses：Tree；Branchlets developing corky bark，irregularly rend；Leaves simple，alternate；Blade ovato-elliptic，rough；Fruit samara，obovate，seed on the upper part of fruit.

树形：落叶乔木，高约30m。

树皮：灰白色，有不规则的条裂，表层剥落。

枝条：小枝褐色，密生灰白色短柔毛，2年生以上枝条上常有木栓质增厚，呈不规则开裂。

芽：卵圆形，钝头，黑色，芽鳞多数，边缘有短睫毛。

木材：边材褐黄色，心材淡褐色，软硬适中，纹理通直，花纹美观，为重要的材用树种，比重0.6。

叶：单叶互生；叶片倒卵状椭圆形或宽倒卵形，基部斜楔形，先端短渐尖，边缘有不规则的重锯齿，表面深绿色，粗糙，有稀疏的短硬毛，背面淡绿色，有短柔毛，长4～12cm，宽3～7cm。

花：多花簇生；花被筒杯状绿色，上部萼4裂，褐色；花瓣0；雄蕊4，花丝较长，花药红紫色；雌蕊子房生于中央，绿色，扁平，柱头2裂。

果：翅果，倒卵形，无毛，先端有缺口，种子位于果的中上部，与缺口相连。

花期：4～5月；果期：5～6月。

习性：喜光，但也耐阴，喜生于土质肥沃、潮湿及排水良好处。为针阔混交林及阔叶林的上层树种。

分布：我国东北、华北及华东各地；朝鲜、日本及俄罗斯也产；吉林省东部山区以及半山区各县（市）均产。

抗寒指数：幼苗期Ⅰ，成苗期Ⅰ。

用途：木材可制造家具、车、船及地板等。

备注：本种的变种，光叶春榆 U. japonica var. laevigata Schneid. 及栓皮春榆 var. suberosa（Turcz.）Kitag. 据作者观察，这些性状不甚稳定，故予以合并。

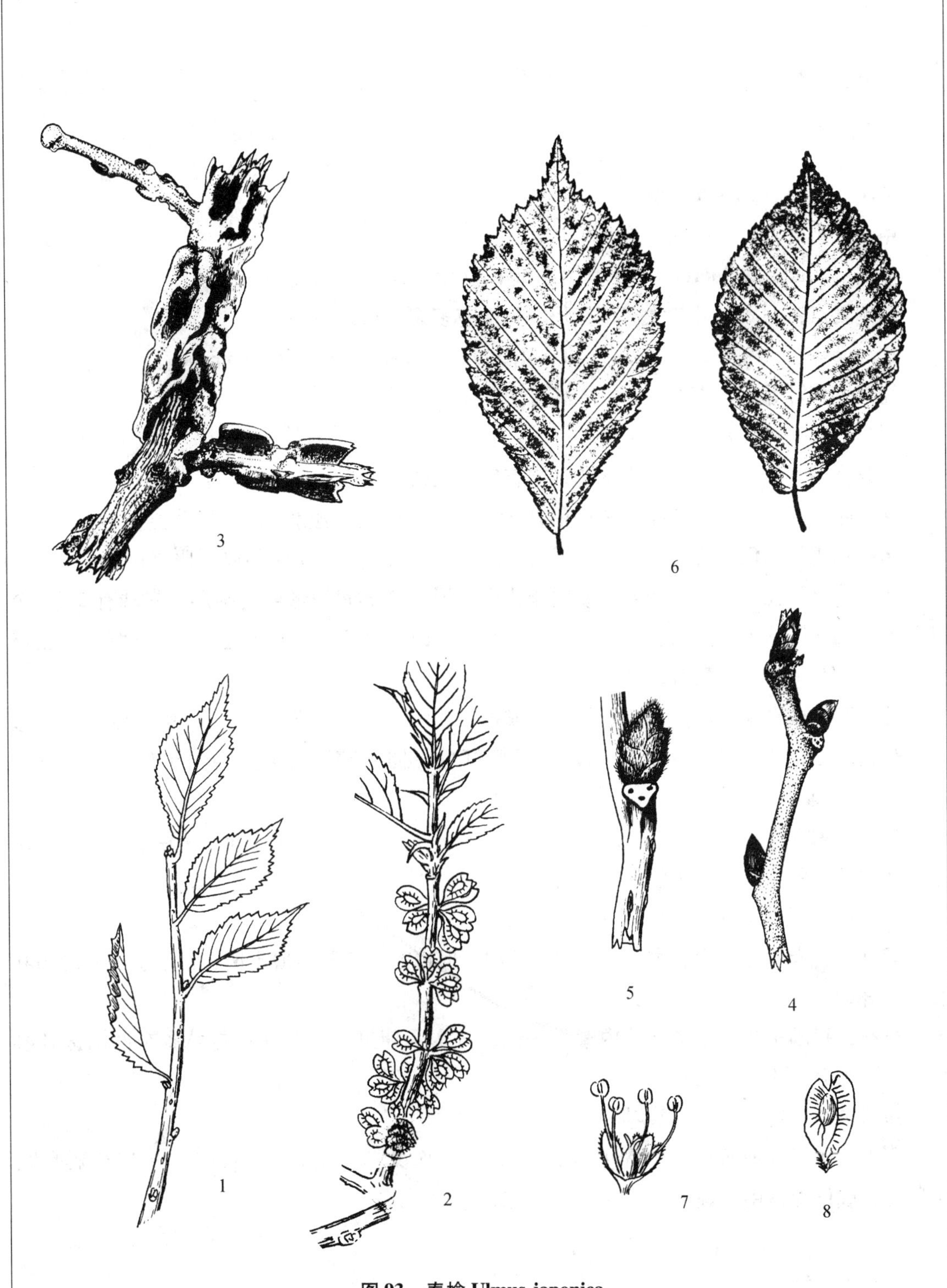

图 93　春榆 Ulmus japonica

1. 带叶枝　2. 果枝　3. 枝上的木栓　4. 冬季枝　5. 芽　6. 叶　7. 花　8. 翅果

裂叶榆

科名：榆科（ULMACEAE）

中名：**裂叶榆** 大叶榆 图94

学名：**Ulmus laciniata**（**Trautv.**）**Mayr.**（种加词为“撕裂的”）。

识别要点：乔木；叶片大，倒卵形，先端有多裂；翅果。

Diagnoses：Tree；Leaves larger，obovate，multi-lobes on top；Fruit samara。

树形：落叶乔木，高约10m，最高可达25m。

树皮：灰褐色，常成片状纵裂并剥落。

枝条：当年生枝黄褐色或带绿色，初有毛，老枝灰褐色，后无毛。

芽：卵圆球形，先端钝圆，黑褐色，芽鳞复瓦状排列，边缘有白色睫毛。

木材：边材褐色，心材黑红褐色，有光泽，纹理通直，结构略粗糙，比重0.5。

叶：单叶，互生；叶片倒卵状或倒卵状椭圆形，基部斜楔形或近圆形，先端有5~7个裂片，渐尖或尾状尖，边缘有不整齐的粗锯齿，表面深绿色，有疏柔毛，背面淡绿色，密被短柔毛，长5~15cm，宽3.5~9cm。

花：簇生成聚伞花序；花萼基部联合成钟形，绿色，上部萼5~6裂，裂片红褐色，边缘有褐色缘毛；花瓣0；雄蕊5~6，花药紫红色，伸出花萼之外；雌蕊子房绿色，花柱2裂。

果：翅果扁平，椭圆形或卵状椭圆形，长1.5~2cm，宽1~1.3cm，花萼宿存，种子位于果实的中下部。

花期：4~5月；果期：5~6月。

习性：喜光但也耐阴、耐寒，喜肥沃土壤，但也耐干旱和瘠薄土壤；常生于山坡的阔叶林中及林缘。

分布：我国东北以及华北、内蒙古等地；日本及朝鲜也有分布；吉林省东部山区各县（市）皆产。

抗寒指数：幼苗期Ⅰ，成苗期Ⅰ。

用途：木材纹理通直，红褐色，有光泽，可制作家具、农具、车辆等；树皮富含纤维，可制绳索或作编织用；栽植于庭院可供绿化观赏。

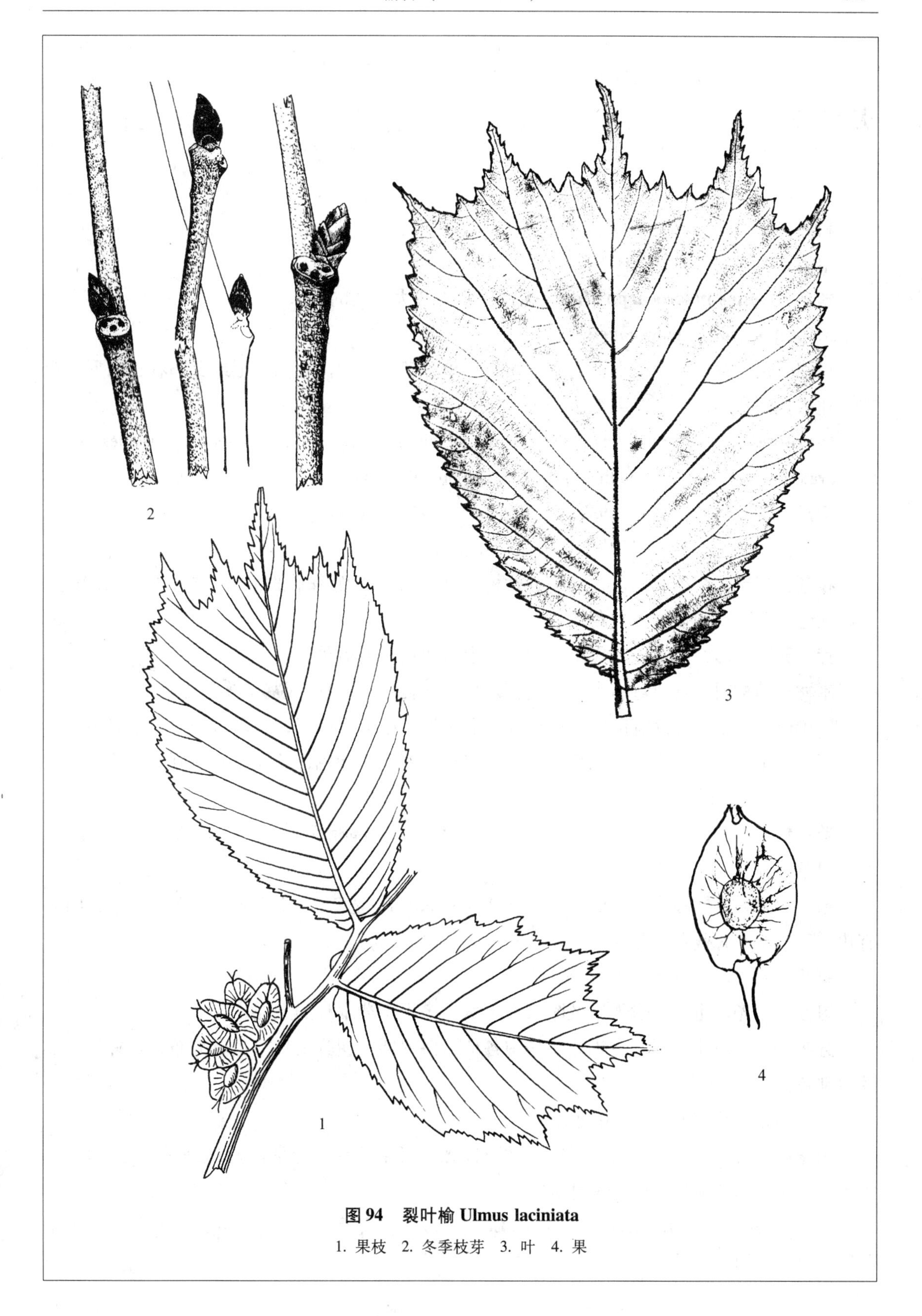

图 94　裂叶榆 Ulmus laciniata

1. 果枝　2. 冬季枝芽　3. 叶　4. 果

大果榆

科名： 榆科（ULMACEAE）

中名：大果榆 黄榆 图 95

学名：Ulmus macrocarpa Hance（种加词为“大果实的”）。

A. **大果榆 var. macrocarpa**

识别要点： 乔木；幼枝上常有木栓质翅；单叶互生；叶片宽倒卵形或倒卵状长圆形，粗糙；翅果宽倒卵形，两面有柔毛。

Diagnoses：Tree；Branchlets developing corky wings；Leaves simple，alternate；Bladès broadly obovate or ovate-oblong，rough；Fruit samara，broadly ovate，pubescent on both sides.

树形： 落叶乔木，高达 20m，胸径达 40cm，树冠卵圆形。

树皮： 灰褐色，有浅裂的纵沟。

枝条： 当年生绿色或褐色，有毛，幼树小枝常有对生而扁平的木栓质翅，老枝暗褐色，光滑无毛，皮孔椭圆形，灰白色。

芽： 卵圆球形，先端钝，黑褐色，芽鳞上有灰白色的短柔毛。

木材： 结构粗，材质重、硬，弯挠性及耐磨性良好，但易干裂。

叶： 单叶互生；叶片宽倒卵形或倒卵状椭圆形，中上部最宽，基部宽楔形，不对称，先端短渐尖或尾状尖，边缘有重锯齿，表面深绿色，背面淡绿色，两面密被短硬毛，粗糙，长 5 ~ 10cm，宽 3 ~ 7cm。

花： 数朵簇生，先叶开放；花萼筒钟形，褐色，上部有 5 ~ 6 个裂片；雄蕊长于花被；雌蕊绿色，扁平，柱头 2 裂。

果： 翅果，宽椭圆形或宽倒卵形，长 2.5 ~ 3.5cm，宽 2.2 ~ 2.5cm，顶端有凹陷，两面有短柔毛，基部有残存的萼片。

花期： 4 ~ 5 月；果期：5 ~ 6 月。

习性： 喜光，耐寒、耐干旱及耐碱性土壤；多生于杂木林的上层。

分布： 我国东北、西北、华北及华中各地；俄罗斯、朝鲜及日本也有分布；吉林省中部及西部各县（市）皆产。

抗寒指数： 幼苗期 I，成苗期 I。

用途： 木材可加工车船及地板等；适应性强，可生长在草原区的轻碱地及固定沙丘上，为水土保持及庭园绿化的优良树种。

B. **蒙古黄榆 var. mongolica Liou et Li** 翅果较小，有毛，椭圆形，边缘有小齿。多生于西部草原区的固定沙丘上。

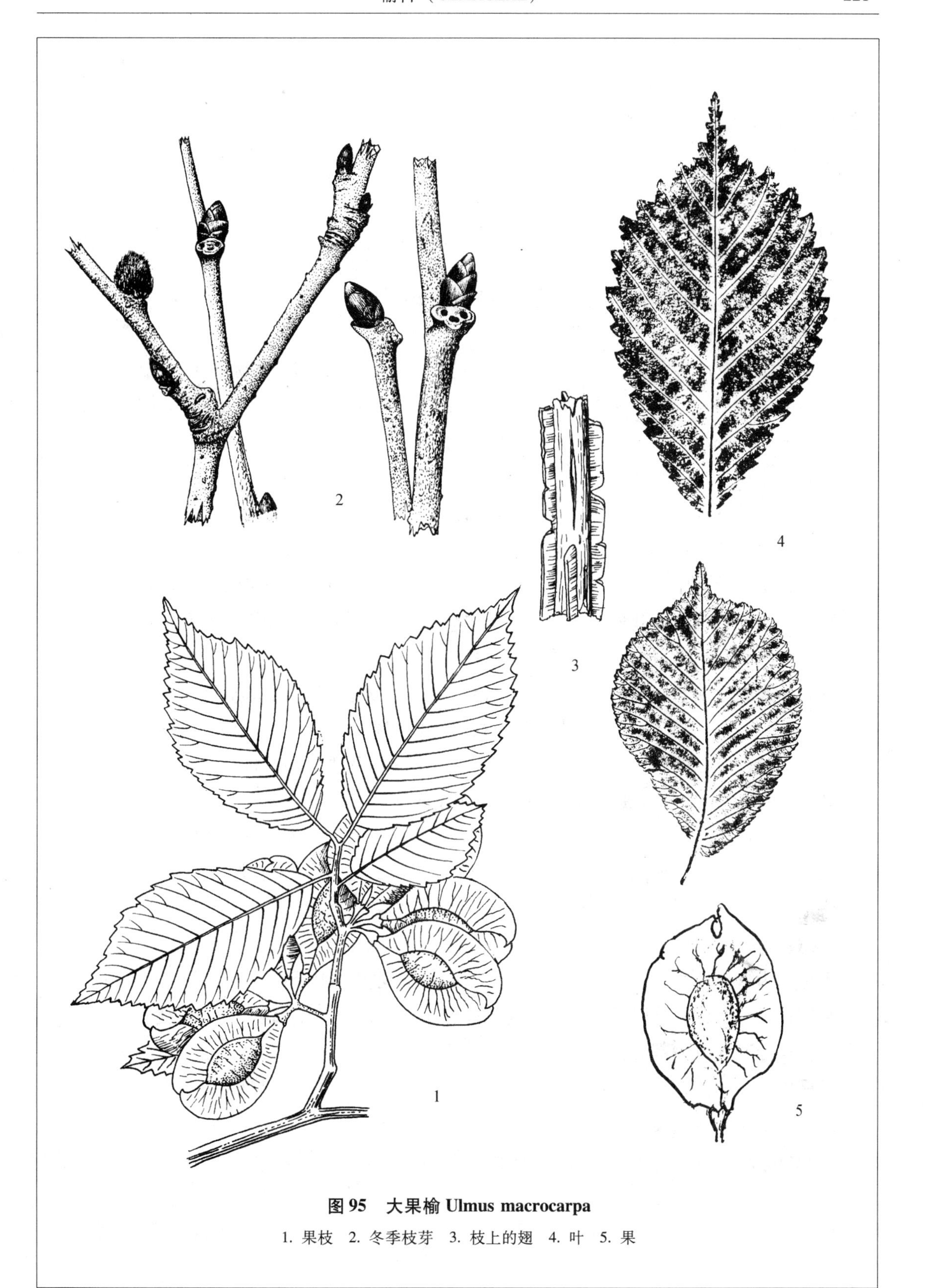

图 95　大果榆 Ulmus macrocarpa

1. 果枝　2. 冬季枝芽　3. 枝上的翅　4. 叶　5. 果

榆树

科名：榆科（ULMACEAE）

中名：榆树 家榆 白榆 图96

学名：Ulmus pumila L.（种加词的意思为“矮生的”）。

A. **榆树 var. pumila**（原变种）

识别要点：落叶乔木；叶互生；花先叶开放，簇生，无花瓣；果为翅果，倒卵形。

Diagnoses：Deciduous tree；Leaves alternate；Flower before the leaves，clustered；pelala 0；Fruit a samara，obovate.

染色体数目：2n＝28，30。

树形：落叶乔木，高可达20m，树冠阔卵形。

树皮：深灰色，有不规则深纵裂。

枝条：灰褐色，小枝黄灰褐色，无毛，皮孔椭圆形，多纵向排列着生，棕色，略隆起。

芽：叶芽黑褐色，卵圆形，先端钝，芽鳞无毛，芽顶端生有白色短柔毛；花芽近球形，红棕色，芽鳞多片，光滑无毛，边缘具有白色短柔毛。

木材：边材较狭窄，淡黄褐色，心材暗红褐色，质地坚硬，比重0.70。

叶：互生，叶柄长2～7mm；叶片偏椭圆形或卵状椭圆形，基部楔形，顶端渐尖，表面粗糙，深绿色，背面淡绿色，边缘有锯齿，长2～7cm，宽2～2.5cm。

花：两性，早春先叶开放，数朵簇生；花萼基部联合，上部4～5裂，裂片近半圆形，基部绿色，中部以上带红色；雄蕊4～5枚，花药紫色；雌蕊子房扁平，花柱及柱头2裂。

果：翅果，倒卵形或近圆形，长1～1.5cm，光滑无毛，顶端有小的缺口，种子位于翅果中央。

花期：4月；果期：5～6月。

习性：为喜光树种，多生于平原或低海拔，土壤潮湿、肥沃处。

分布：我国北方各地以及华中、西南各省皆有分布；也产于朝鲜、日本及俄罗斯；吉林省各地皆有分布，以中部居多。

抗寒指数：幼苗期Ⅰ，成苗期Ⅰ。

用途：木材质地硬度中等，纹理通直，结构细，花纹美丽，可供制造家具、农具、桥梁及建筑用材；树皮的韧皮部有黏液，可代替胶作糊料；嫩叶、嫩果及树皮均可食用；为优良的绿化树种。

B. **垂榆 var. pendula（Kirchn.）Rehd.** 为园艺变种，枝条下垂，多嫁接在榆树上。

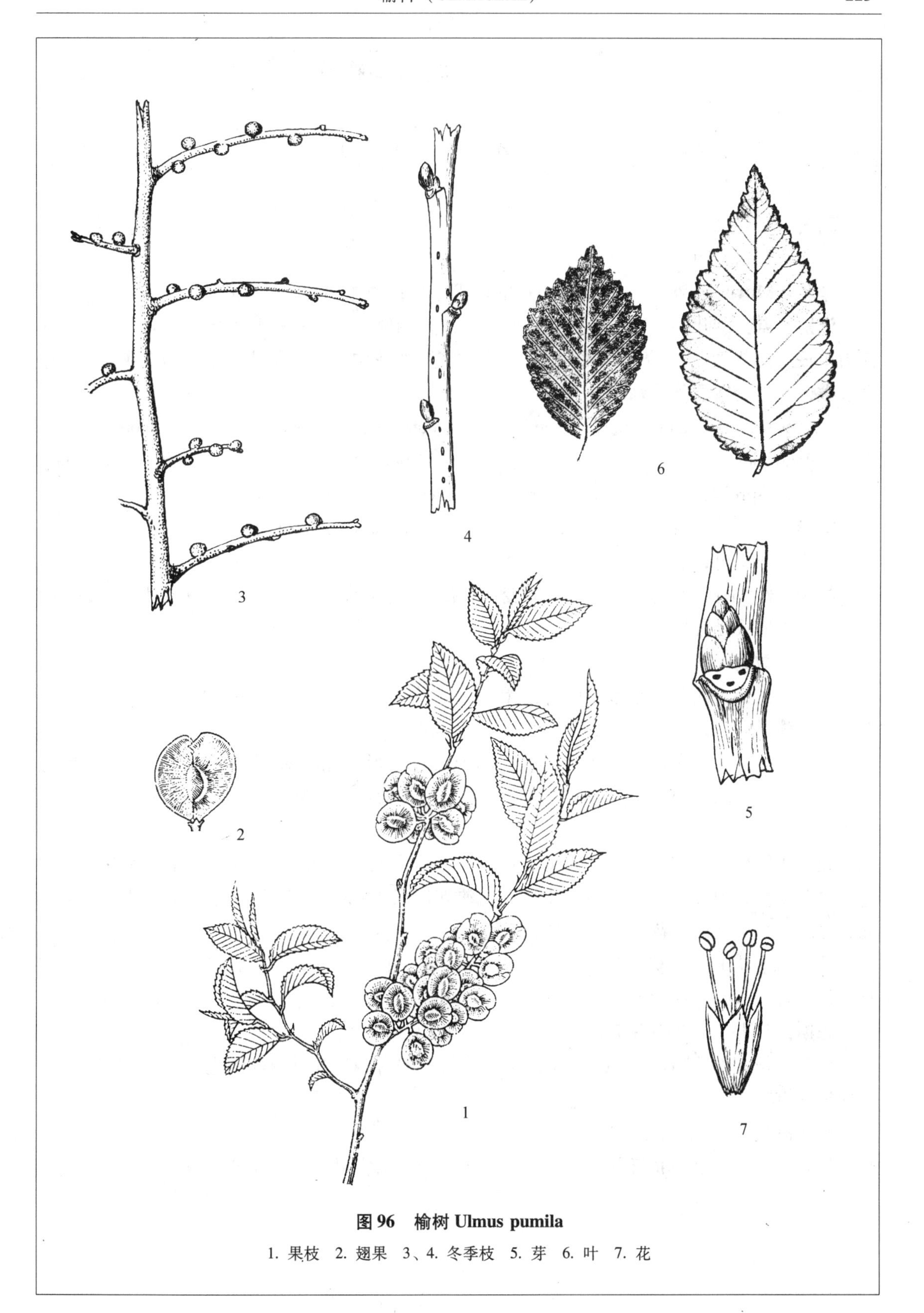

图 96　榆树 Ulmus pumila

1. 果枝　2. 翅果　3、4. 冬季枝　5. 芽　6. 叶　7. 花

桑科（MORACEAE）

桑树

科名：桑科（MORACEAE）

中名：**桑树**　图 97

学名：**Morus alba L.**（属名为桑树的拉丁原名；种加词为“白色的”）。

识别要点：落叶乔木；单叶互生；叶片卵形，两侧常有缺刻；雌雄异株；柔荑花序，小花为单被花，花萼 4，花瓣 0，雄花中有 4 枚雄蕊；雌花中有 1 枚雌蕊；果实为聚花果，小坚果多数，外包有肉质化的萼片。

Diagnoses：Deciduous tree；Leaves simple，alternate；Blades ovate，always lobed on both sides；Monoecious；Catkin；Male flower with sepels 4，petal 0，stamens 4；Female flower with pistil 1，stigma 2，spread；Fruit，multiple of drupes，covered with sweeten sepals.

树形：落叶乔木或灌木，树冠宽卵形，一般高 7～8m，最高 15m。

树皮：灰褐色，老皮灰褐色，鳞片状开裂。

枝条：幼时有短柔毛，灰褐色，后变成黄褐色，折断后有白色乳汁，皮孔浅棕色，叶痕半圆形，束痕成半圆形排列。

染色体数目：2n＝28。

芽：无顶芽，侧芽短卵形，褐色，无毛，长 3～4mm，黄褐色，有光泽，生于叶痕之斜上方，芽鳞膜质，3～6 片，复瓦状排列。

叶：单叶互生；卵形或宽卵形，基部圆形或近心形，先端短渐尖，边缘有整齐的圆锯齿，或呈不规则的分裂，表面绿色，下面沿叶脉有短柔毛，脉腋处有簇毛，长 6～15cm，宽 3～6cm。

花：雌雄异株；雌雄花序皆为柔荑花序；雄花序腋生，长 1～2.5cm，花被 4 片，黄绿色，雄蕊 4 枚，中央有不孕性的退化雌蕊；雌花序长 1～2cm，每朵雌花具 4 枚萼片，无雄蕊，雌蕊子房扁圆形，花柱极短，柱头 2 裂，向外反卷，宿存。

果：为聚花果（由整个花序形成的复果）；每个小果为小坚果，上有宿存的花柱，外包有 4 片肉质宿存的萼片为可食部分，长 1～2.5cm。

花期：5 月；果期：6～7 月。

分布：长江流域和黄河流域栽植最多；朝鲜、蒙古、日本以及欧洲也有分布；吉林省南部的集安市有半野生的，全省各地庭院中常见栽培，生长旺盛。

抗寒指数：幼苗期 II，成苗期 I。

用途：桑叶可以饲养家蚕，缫丝供制造丝绸用；果实可食用，叫“桑葚”。

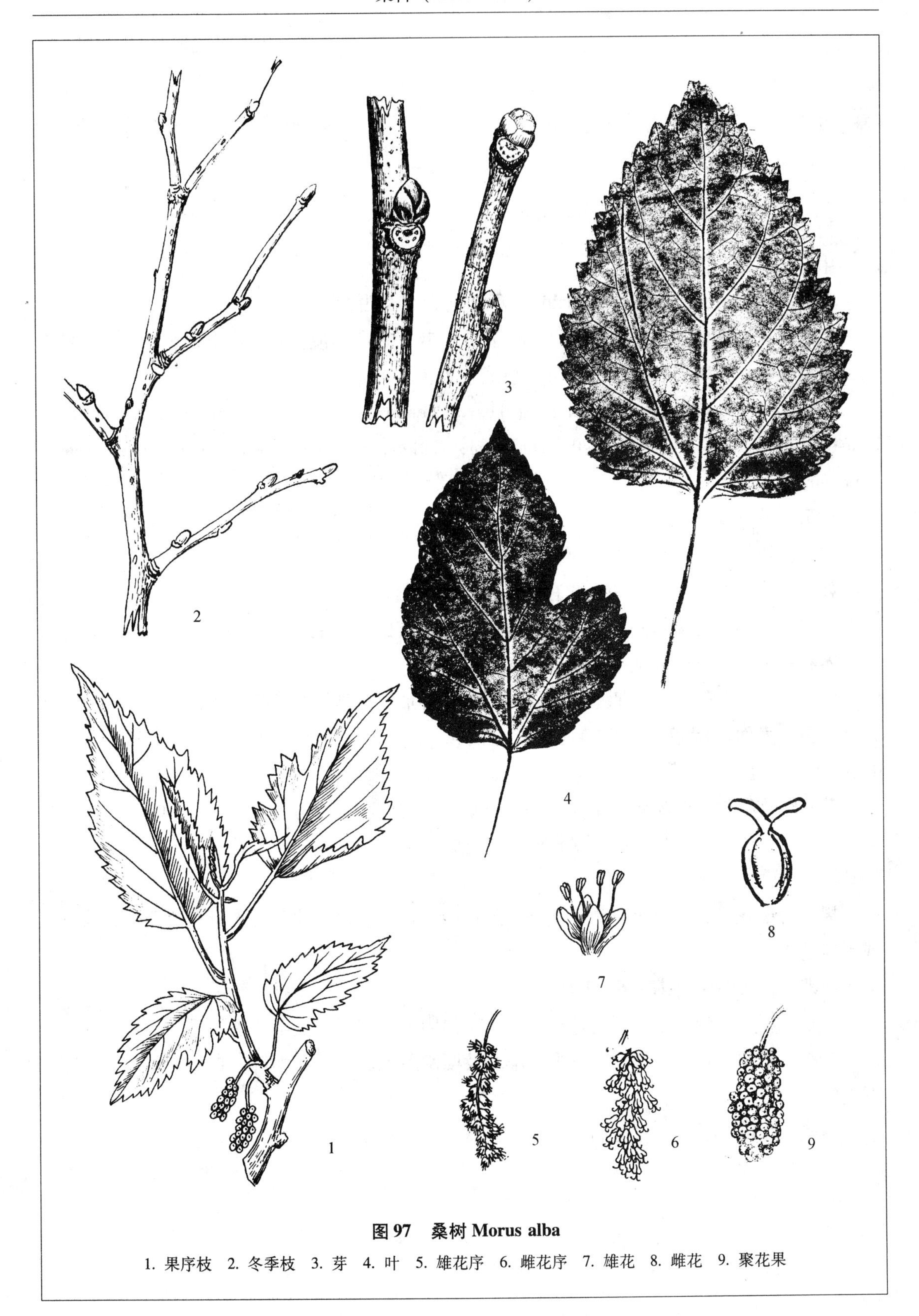

图 97　桑树 Morus alba

1. 果序枝　2. 冬季枝　3. 芽　4. 叶　5. 雄花序　6. 雌花序　7. 雄花　8. 雌花　9. 聚花果

蒙桑

科名：桑科（MORACEAE）

中名：蒙桑 图 98

学名：Morus mongolica Schneid.（种加词为“蒙古的”）。

识别要点：落叶灌木或小乔木；单叶互生；叶片宽卵形或长圆状卵形，边缘为刺芒状粗齿；雌雄异株；柔荑花序；聚花果红紫色或紫黑色。

Diagnoses：Deciduous shrub or tree；Leaves simple，alternate，wide ovate or oblong-ovate，coarsely serrates with cuspidate teeth；Dioecium；Catkin；Fruit multiple of drupes，red purple or dark purple.

树形：落叶灌木或小乔木，高约 5m。

树皮：灰褐色，有纵裂的条纹。

枝条：小枝黄褐色，开展，初有黄色柔毛后光滑。

芽：卵圆形，先端钝头，红褐色，芽鳞光滑，有白色睫毛。

木材：黄褐色，软硬适中，纹理通直。

叶：单叶，互生，有长柄；叶片宽卵形或近心形，先端尾状渐尖，基部心形，边缘有刺芒状锯齿，表面暗绿色，背面淡绿色，有时形成缺刻，幼叶有短柔毛，长 6 ~ 15cm，宽 4 ~ 8cm。

花：雌雄异株；雌雄皆为柔荑花序，下垂；雄花中花被（萼片）4，花瓣 0，雄蕊 4 枚，与花被对生，花丝内曲，有不育雌蕊；雌花中花被 4，花瓣 0，雌蕊 1，花柱长，柱头 2 深裂。

果：为聚花果；每个小果为小坚果，外包的 4 枚萼片肉质化贮有大量水及糖分，紫红色或黑紫色。

花期：5 ~ 6 月；果期：6 ~ 7 月。

习性：喜光，耐干旱，耐瘠薄土壤；生于向阳坡地、平原及疏林内。

分布：东北三省的西部、内蒙古、华北及西南各地；也产于朝鲜；吉林省西部草原区有野生的。

用途：叶可饲蚕；木材可制作家具及器具；果可食用。

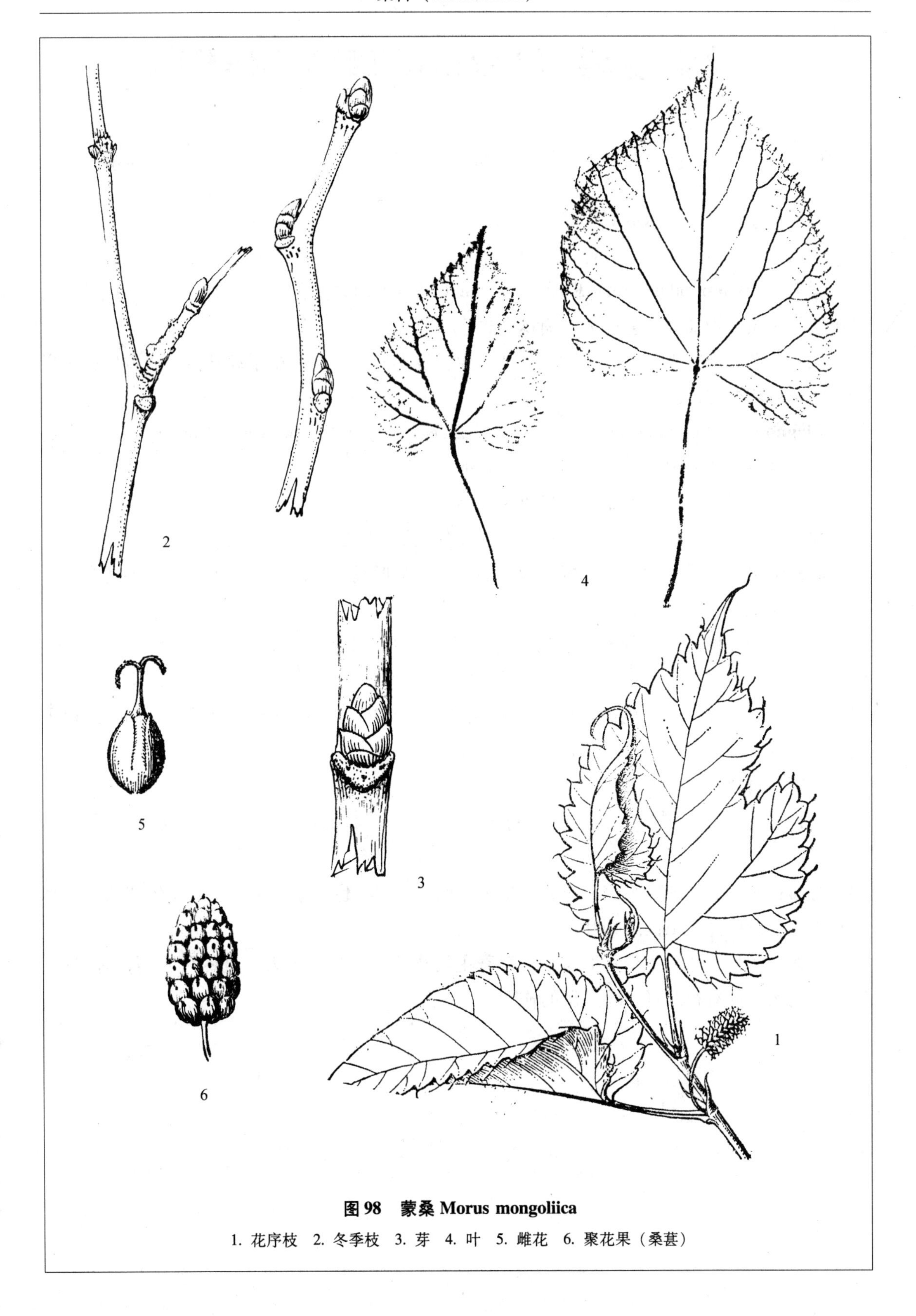

图 98　蒙桑 Morus mongoliica

1. 花序枝　2. 冬季枝　3. 芽　4. 叶　5. 雌花　6. 聚花果（桑葚）

桑寄生科（LORANTHACEAE）

槲寄生

科名：桑寄生科（LORANTHACEAE）

中名：槲寄生　冬青　冻青　图99

学名：Viscum coloratum（Kom.）Nakai（属名为槲寄生的拉丁文原名，意为粘鸟胶，指果实具胶质；种加词的意思为“有颜色的”）。

识别要点：半寄生，常绿小灌木；叶对生，近无柄，革质；花雌雄异株，淡黄色；浆果球形，黄色或橙红色。

Diagnoses：Semi-parasitic evergreen shrub；Leaves opposite，subsessile leathery；Dioecious；Flower yellowish；Fruit berry，globose，yellow or orange.

树形：半寄生，常绿小灌木，高40～100cm。

枝条：圆柱形，绿色，多为二歧状分枝，分枝处节略膨大。

叶：常绿，革质，对生，无柄或近无柄，狭长圆形或倒披针形，有光泽，先端圆头，基部狭楔形，全缘，长3～8cm，宽1～1.5cm。

花：雌雄异株；雄花多3～5朵簇生于茎顶端的两叶之间；雄花萼片厚，4枚，花瓣0；雌花萼片3～4，子房下位，1室，无花柱，柱头大，扁平。

果：浆果，球形，黄色或橙红色，有光泽，中果皮富含黏液质，直径5～7mm；种子扁平。

花期：4～5月；果期：9～10月。

习性：为半寄生植物，喜寄生于杨树、柳树、榆树、野梨等树顶部，靠鸟啄食果实传播。

分布：东北三省的林区以及华北、华中、西北各地；也产于日本、朝鲜及俄罗斯；吉林省东部山区及中部半山区的阔叶树上常见生长。

用途：本种植物寄生于其他树上，对寄主植物的生长危害很大；全株可入药，有安胎、防冻疮之效，并有补肝肾、除风湿的作用。

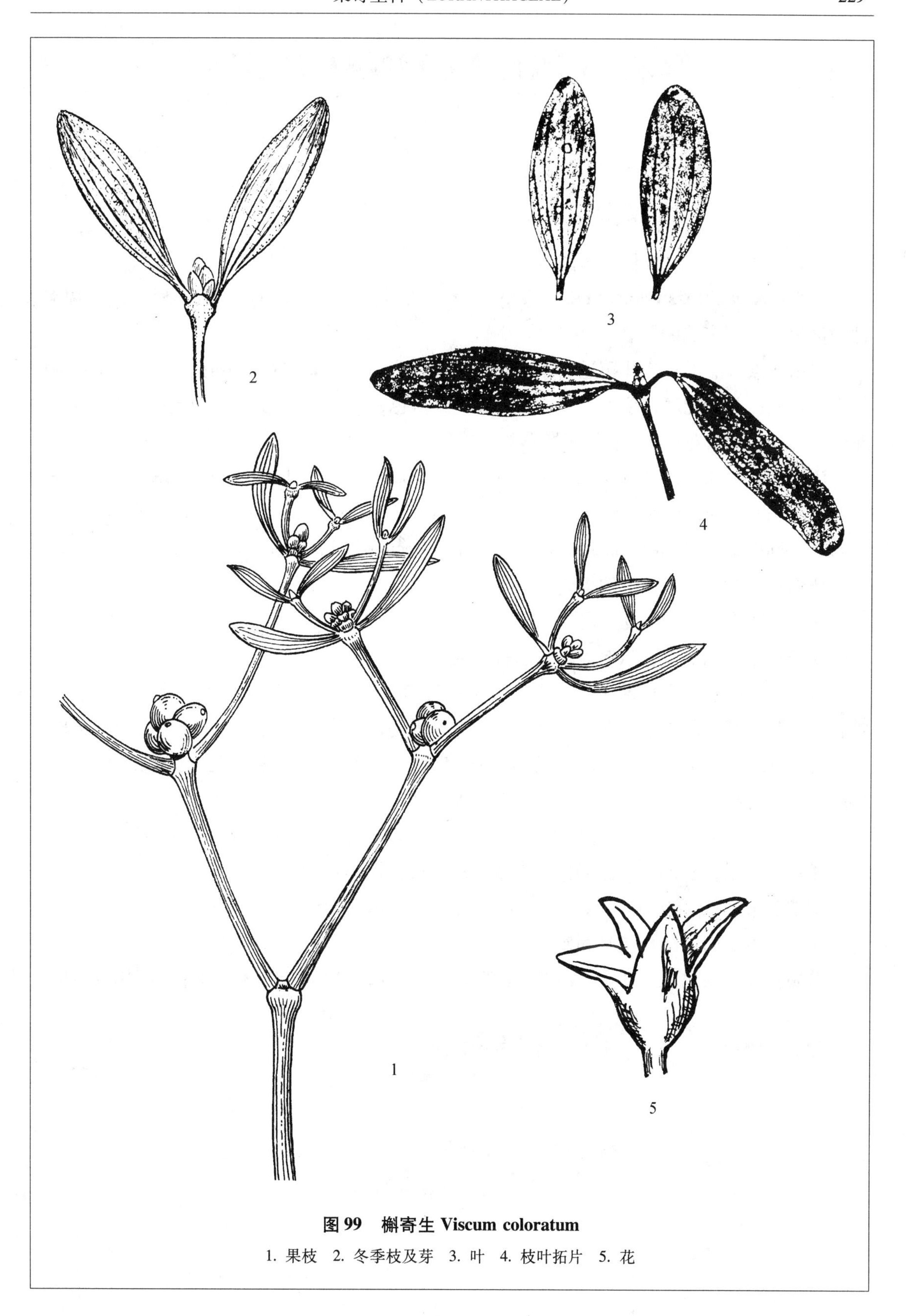

图 99 槲寄生 Viscum coloratum

1. 果枝 2. 冬季枝及芽 3. 叶 4. 枝叶拓片 5. 花

蓼科（POLYGONACEAE）

木蓼

科名：蓼科（POLYGONACEAE）

中名：**木蓼**　东北针枝蓼　图 100

学名：**Atraphaxis manshurica Kitag**.（属名为希腊文 atraphaxys，是滨藜的植物原名；种加词为“中国东北的”）。

识别要点：灌木；托叶鞘透明，膜质，长约为节间的 1/2 左右；单叶，互生；叶片倒披针形，全缘；总状花序，顶生；花被 5 深裂，红褐色，外侧 2 枚较小，反折；雄蕊 6 ~ 8 枚，花丝基部相结合，花柱 3；坚果三棱形。

Diagnoses：Shrub；Ochrea conspicuous membranous，about as long as 1/2 to internode；Leaves simple，alternate，blades oblanceolate，entire；Raceme terminated；Sepal 5，reddish-brown，the outer 2 smaller and reflexed，stamens 6 ~ 8，filaments connected at base，style 3；Nutlet triangular.

树形：落叶小灌木，高约 1m。

树皮：灰褐色，呈长片状剥裂。

枝条：小枝无毛，有纵向条纹，老枝树皮纵裂。

叶：托叶鞘膜质，长约为节间的 1/3 至 1/2；叶互生，近无柄；叶片披针状长圆形或倒披针形，基部渐狭，先端短渐尖，全缘，无齿，无毛，两面绿色或稍带灰绿色，中脉明显。

花：顶生总状花序，再组成圆锥花序；苞片透明膜质，着生 1 至数朵花；花梗长约 3mm，花被（萼片）5 深裂，椭圆形或椭圆状卵形，红色或红褐色，全缘，外面的 2 片较小，常反折；雄蕊 6 ~ 8 枚，花药近球形，花丝基部扩大，并相互结合；花柱 3。

果：小坚果，三棱形，深褐色，光滑，外包有宿存的花被。

花期及果期：8 ~ 9 月。

习性：生于固定沙丘或半固定沙丘。

分布：我国黑龙江、辽宁、河北、内蒙古等平原沙化地区；吉林省分布于西部草原区各县（市）。

用途：固定流沙，用于水土保持；可作饲料。

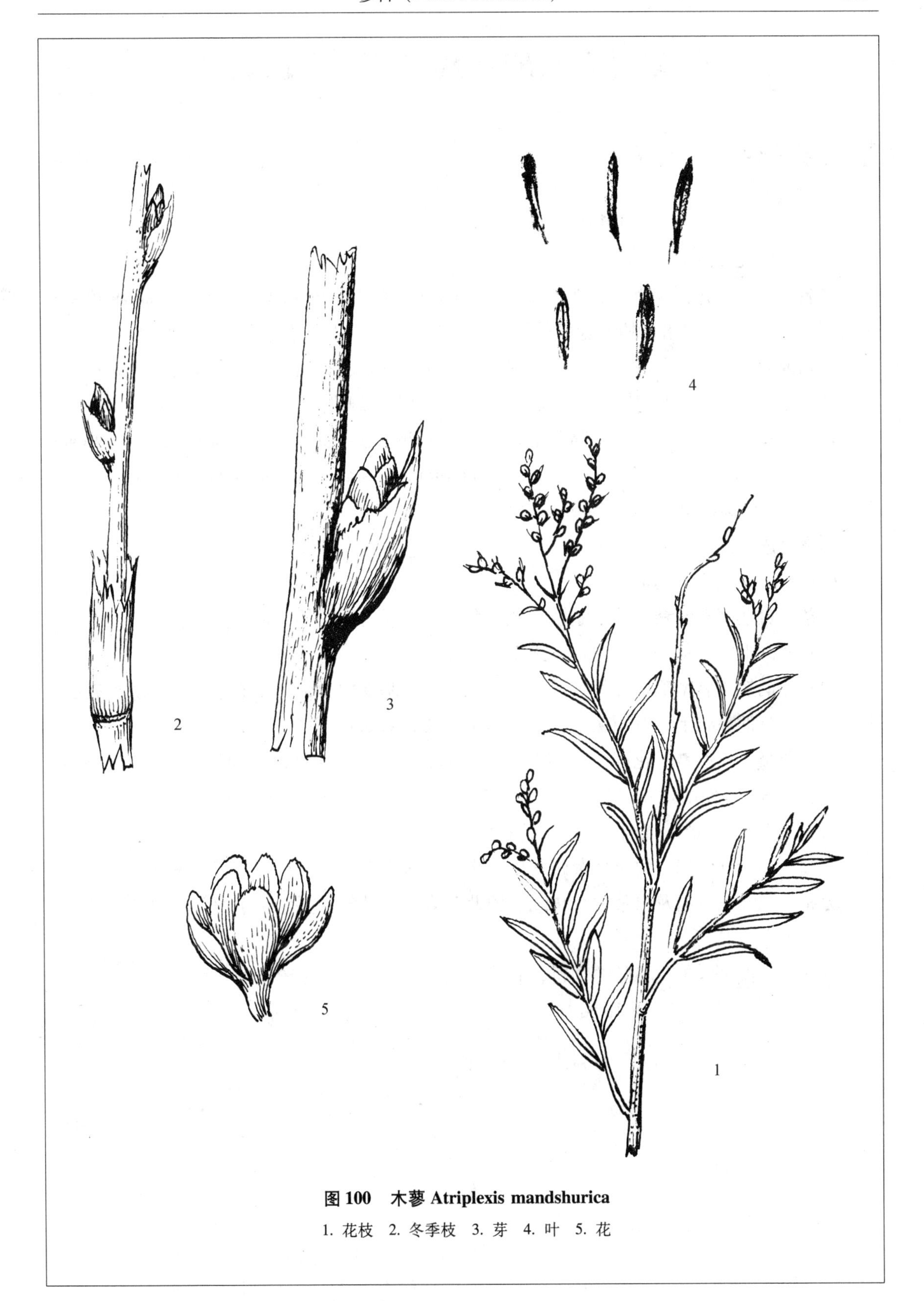

图 100　木蓼 Atriplexis mandshurica

1. 花枝　2. 冬季枝　3. 芽　4. 叶　5. 花

藜科（CHENOPODIACEAE）

华北驼绒藜

科名： 藜科（CHENOPODIACEAE）

中名： **华北驼绒藜**　图 101

学名： **Ceratoides latens**（**J. F. Gmel.**）**Roveal et Holmgre**（属名为希腊文 keras 角 + eides 相似；种加词为“潜伏的、隐藏的”）。

识别要点： 灌木；单叶，互生；叶片全缘，披针形或狭长圆形，有星状毛；花小，单性，雄花萼片 4，雄蕊 4；雌花无花被；胞果，椭圆形，扁平，有毛。

Diagnoses: Shrub; Leaves: simple, alternate, entire, lanceolate or narrowly oblong, with stellate hairs; Flowers small, unisexual; Male flower with sepals 4, stamens 4; Female flower naked; Fruit utricle, elliptic, flattened, pubescent.

树形： 落叶灌木，高 40～100cm。

树皮： 黄白色，表皮呈条状剥裂。

枝条： 自茎基部分枝，枝条丛生，淡褐色，枝上留有残留的叶柄，坚硬。

芽： 卵圆形，稍扁平，黄白色，无毛。

叶： 叶柄短，有密毛；叶片披针形或狭长圆形，基部楔形，先端短渐尖，全缘，表面绿色，生有稀疏的星状毛，背面灰白色，有密毛，长 2～5cm，宽 8～16mm。

花： 花小，单性；雄花簇生，多花排成穗状，萼片 4，黄色，倒卵形，先端钝或圆形，外有毛，雄蕊 4，伸出萼外，花丝线形；雌花生于雄花下面的叶腋处，无萼片。

果： 胞果，椭圆形，扁平，苞上有白色柔毛及星状毛。

习性： 喜光，耐寒、耐干旱及耐盐碱性土壤。多生于荒地、路旁及轻盐碱地上。

分布： 东北三省以及内蒙古、华北、西北各省；吉林省主要生长于西部草原区白城、通榆、乾安等市（县）。

用途： 可做牛、羊及骆驼的饲料；有防止水土流失和改良盐碱土的作用。

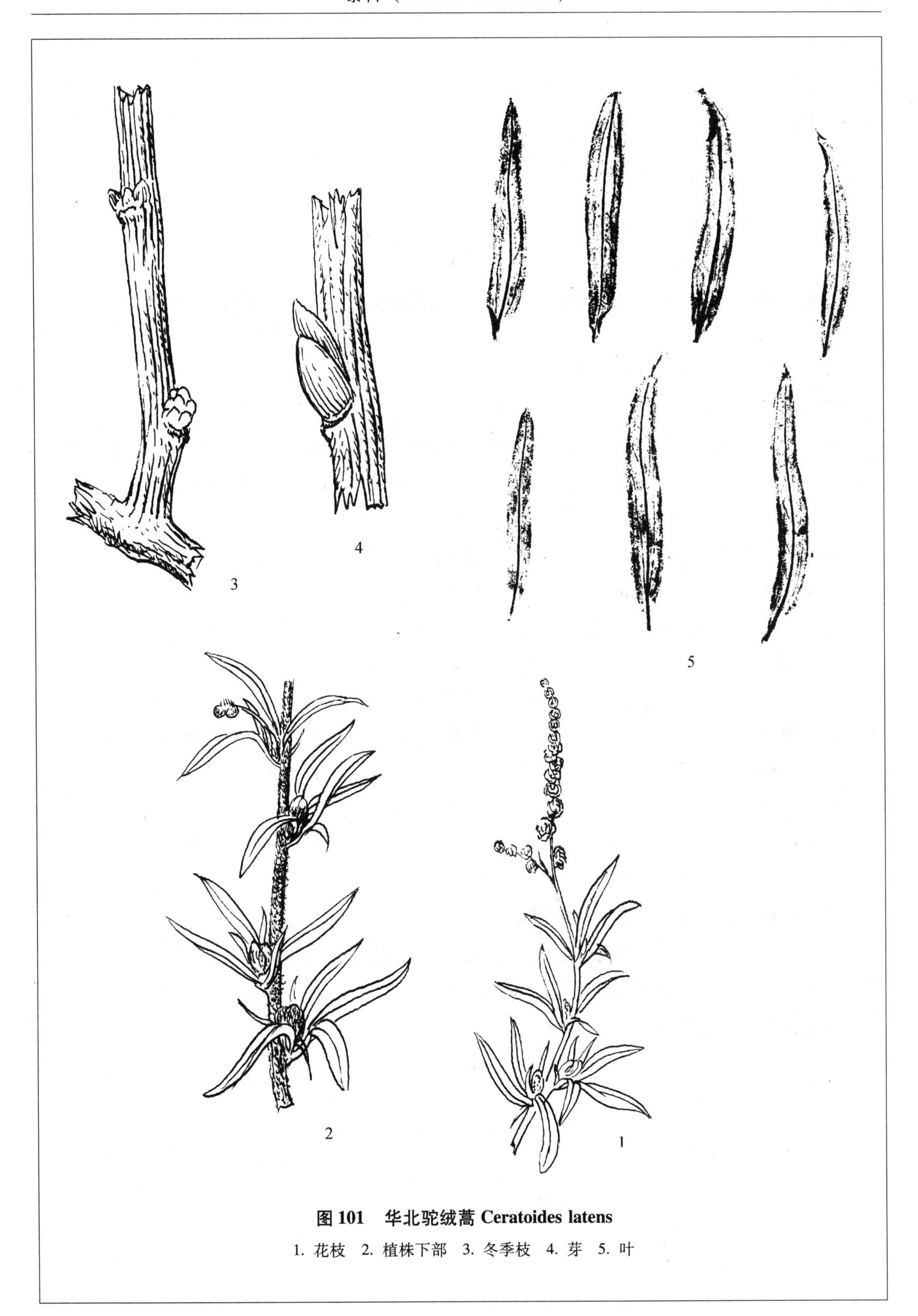

图 101　华北驼绒蒿 Ceratoides latens

1. 花枝　2. 植株下部　3. 冬季枝　4. 芽　5. 叶

盐爪爪

科名： 藜科（CHENOPODIACEAE）

中名： 盐爪爪　图 102

学名： **Kalidium foliatum**（**Pall.**）**Moq.**（属名为拉丁文 kalium 钾；种加词为“具有小叶的”）。

识别要点： 小灌木；单叶，互生；叶片圆柱形，多汁，灰绿色；花序穗状，无柄，3 朵花生于一个苞内；花被合生；雄蕊 2；胞果，近圆形，密生疣状小突起。

Diagnoses：Small shrub；Leaves simple，alternate；Blades ternate，succulent，glaucous；Speculate，sessile，3 flowers in 1 bract；Perianth connected；Stamens 2；Utricle，nearly globose，covered with small wart-like.

树形： 小灌木，高 20～50cm，茎直立或平卧，上部直立。

枝条： 灰褐色，小枝上部半木质化，黄绿色。

叶： 单叶，互生；叶片圆柱形，肉质，灰绿色，先端钝，基部下延，半抱茎，长 4～10mm，宽 2～3mm。

花： 穗状花序，顶生，长 8～15mm，直径 3～4mm；每 3 朵花生于 1 个鳞状苞片内；花被合生，顶端有 4～5 个小齿，上部扁平呈盾状，盾片宽五角形，周围有狭窄的翅状边缘；雄蕊 2，花药长圆形，伸出花被以外；雌蕊子房卵形，柱头 2，钻形。

果： 胞果近圆形，果皮膜质，密被乳头状突起。

种子： 直立，圆形，两侧压扁。

花期： 7 月；果期：7～8 月。

习性： 喜光，耐干旱，喜生于盐碱地。

分布： 黑龙江、吉林、内蒙古、河北、甘肃、宁夏及新疆等地；蒙古及俄罗斯也有分布；吉林省西部平原的盐碱地及碱泡子附近。

用途： 为改良盐碱地的先锋植物。

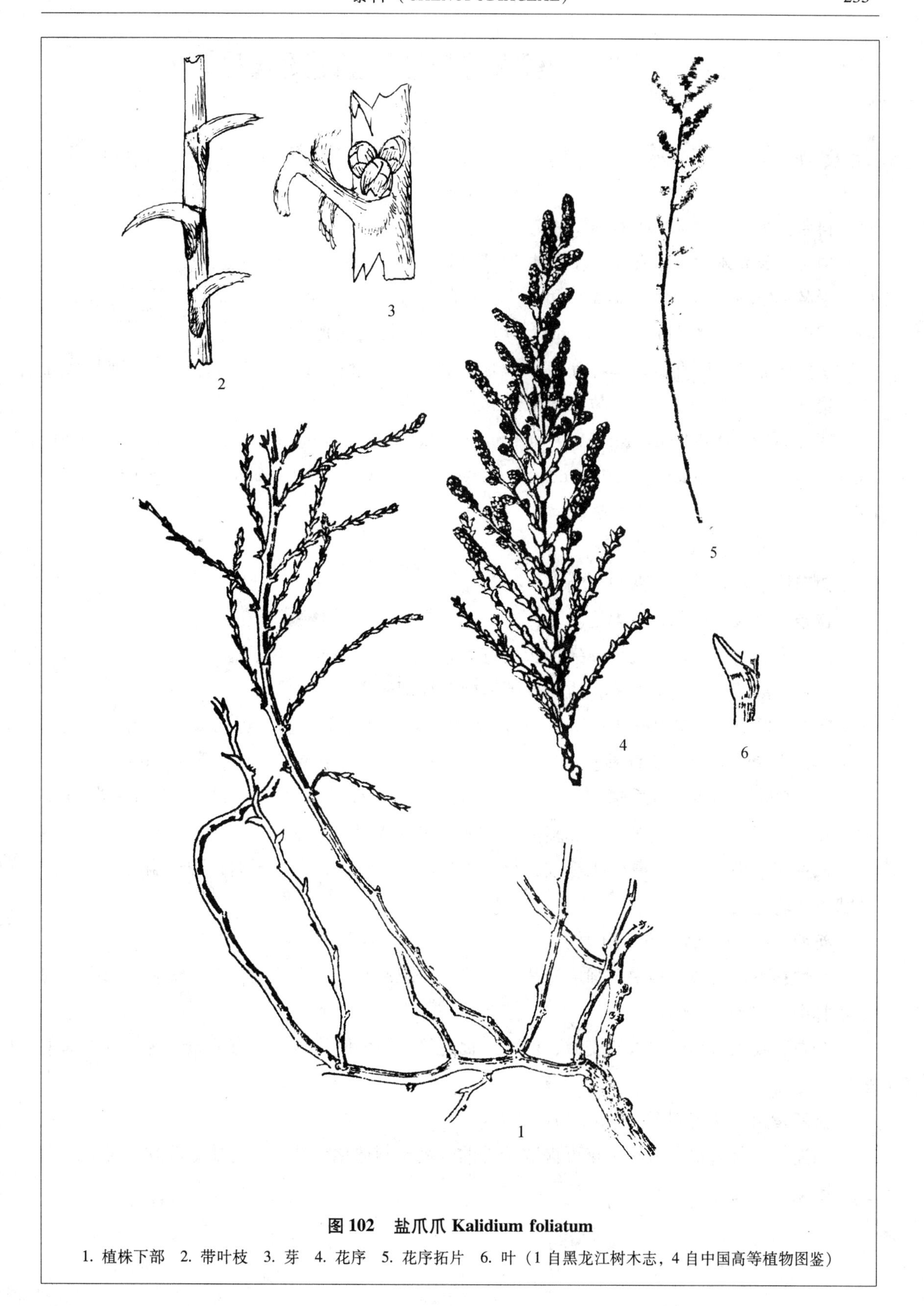

图 102　盐爪爪 *Kalidium foliatum*

1. 植株下部　2. 带叶枝　3. 芽　4. 花序　5. 花序拓片　6. 叶（1 自黑龙江树木志，4 自中国高等植物图鉴）

木兰科（MAGNOLIACEAE）

天女木兰

科名：木兰科（MAGNOLIACEAE）

中名：天女木兰　天女花　小花木兰　图 103

学名：Magnolia sieboldii K. Koch（属名为人名：Pierre Magnol，1638～1715，法国人；种加词也为人名：Ph. Fr. von Siebold，1796～1866，德国人）。

识别要点：落叶乔木；单叶互生；叶片倒卵形或宽椭圆形；花单生，白色，雄蕊紫红色；聚合果，长圆柱状，由多数蓇葖果组成。

Diagnoses：Deciduous tree；Leaves simple，alternate，obovate or broadly-elliptical；Flower single，white，androecium purplish-red；Fruit aggregated，with many follicles，elongated cylindrical.

染色体数目：2n＝38。

树形：落叶小乔木，高约 10m。

枝条：小枝淡褐色，有柔毛。

芽：大、长卵形，先端长渐尖，灰褐色，有短柔毛，外被芽鳞 2 片。

木材：淡黄色，结构致密，质地软硬适中，纹理通顺。

叶：单叶互生；叶柄长 1～5cm；叶片倒卵形或宽椭圆形，基部近圆形，先端短渐尖或急尖，边缘平滑无齿，表面绿色，背面灰绿色，有短柔毛，长 6～18cm，宽 4～10cm。

花：单生；白色；有香味，直径 8～10cm；花被片 9，倒卵形或倒卵状长圆形；雄蕊多数，花药为紫红色，花丝短；雌蕊多数，分离，螺旋状着生在柱状的花托上。

果：聚合果，由多数蓇葖果组成，全形为长卵形，红色，室背开裂；种子橘红色，常由丝状物相连挂在果外。

花期：6 月；果期：9～10 月。

习性：不甚耐寒；喜中等强度光线，喜湿润、肥沃并排水良好的土壤。常生于山阴坡的杂木林中。

分布：我国东北南部以及安徽、江西、福建等省；朝鲜及日本也有分布；吉林省南部集安市有分布。

抗寒指数：幼苗期 V，成苗期 II。

用途：为著名观赏树木；花可提取芳香油，用于制造化妆品；木材质地轻软，可作细木工、雕刻、乐器等用。

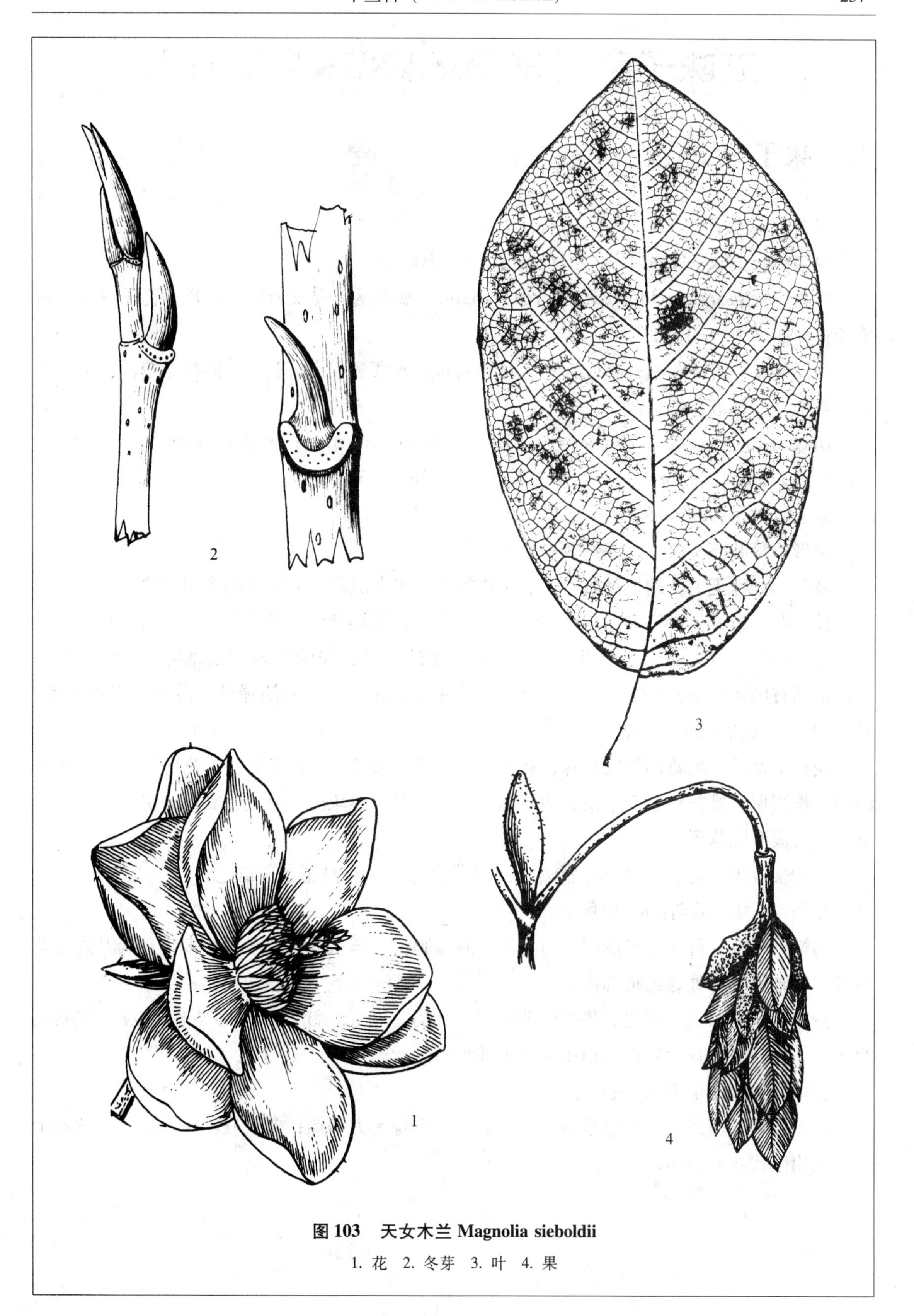

图 103　天女木兰 Magnolia sieboldii

1. 花　2. 冬芽　3. 叶　4. 果

五味子科（SCHISANDRACEAE）

北五味子

科名：五味子科（SCHISANDRACEAE）

中名：北五味子　五味子　山花椒　图 104

学名：Schisandra chinensis（Turcz.）Baill.（属名为希腊文 schizo 分开、裂开 + andros 雄蕊；种加词为“中国的”）。

识别要点：落叶藤本；单叶互生，叶片倒卵形或宽椭圆形；花雌雄同株，单性花，乳白色；浆果，近球形，红色。

Diagnoses：Deciduous climber vein；Leaves simple，alternate；Blades obovate or broadly-elliptic；Monoecium，unisexual；Flower cream color；Berry，nearly globular，red.

染色体数目：2n = 28。

树形：落叶缠绕藤本，高约 8 ~ 10m。

枝条：全株无毛，幼枝红褐色，老枝灰褐色，稍有纵棱，有圆形略突出的皮孔。

芽：卵圆形，先端钝尖，生在突起的叶痕之上，深褐色，芽鳞数枚，无毛。

叶：单叶互生；叶片宽椭圆形或倒卵形，基部楔形，先端短渐尖或急尖，边缘有粗锯齿，齿端有腺体，下部 1/3 为全缘无齿，表面绿色，无毛，背面淡绿色，沿叶脉有疏柔毛，长 5 ~ 8cm，宽 2 ~ 6cm。

花：单性花，雌雄同株或异株；花乳白色，单生或 2 ~ 4 朵花簇生，花梗细长；花被片 6 ~ 9，长圆形；雄花中有 5 个发育的雄蕊，中间有退化的雌蕊；雌花中雌蕊子房多数，互相分离，组成椭圆球形。

果：聚合果，总长 2 ~ 8cm，上生多数分离的浆果，近球形，鲜红色。

花期：5 月；果期：8 ~ 9 月。

习性：耐寒，喜光及半遮阴环境，喜湿润、肥沃、排水良好的土壤。多生在低海拔的杂木林或针阔混交林林缘或疏林内。

分布：我国东北、西北、华北以及南方的湖南、湖北、江西、四川等地；也产于朝鲜、日本及俄罗斯；吉林省东部长白山区及中部半山区皆产。

抗寒指数：幼苗期 I，成苗期 I。

用途：果入药，主治神经衰弱、失眠盗汗、全身无力等症；茎、枝可作香料，吉林省山区居民用以代花椒使用。

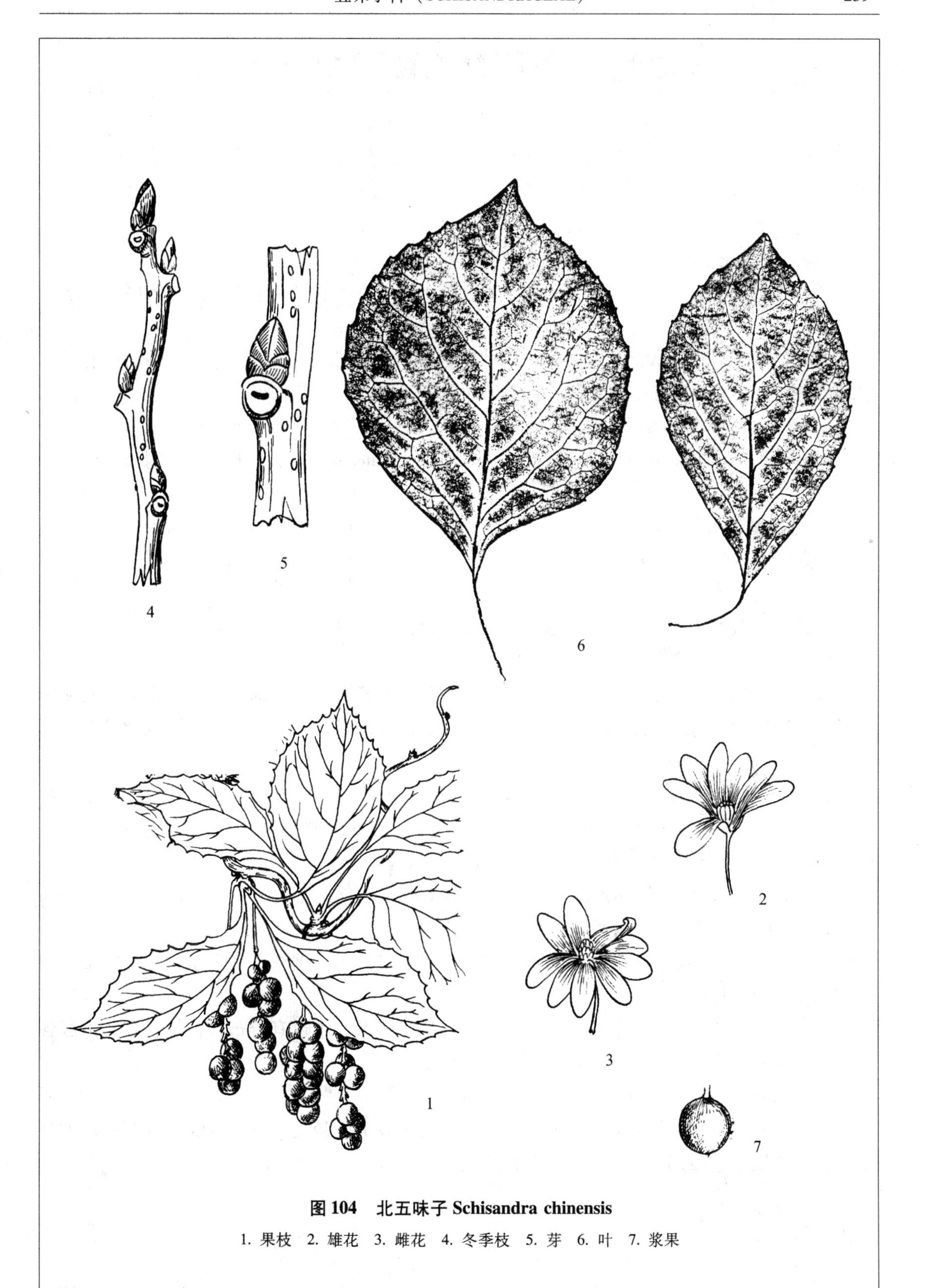

图 104　北五味子 Schisandra chinensis

1. 果枝　2. 雄花　3. 雌花　4. 冬季枝　5. 芽　6. 叶　7. 浆果

小檗科（BERBERIDACEAE）

大叶小檗

科名：小檗科（BERBERIDACEAE）

中名：大叶小檗　狗奶子　三棵针　图105

学名：Berberis amurensis Rupr.（属名为阿拉伯语小檗的原名；种加词为地名，“黑龙江的”）。

识别要点：落叶灌木；茎上有3分枝的刺；单叶互生或丛生；叶片倒卵形或长椭圆形，边缘有芒状齿；总状花序，花黄色；果为浆果，长椭圆形，红色。

Diagnoses：Deciduous shrub；Stem armed with 3 parted spines；Leaves simple，alternate or cluster，blade ovate or elongate-elliptic，densely setose-serrates on margin；Raceme；Flower yellow；Berry，ellipsoid，red.

染色体数目：2n＝28。

树形：落叶灌木，高约1.5～2m。

树皮：暗灰色。

枝条：灰黄色，有纵棱；短枝基部生有单一或三叉的锐刺，长1～3cm。

芽：长卵形，黄褐色，生于短枝顶端。

叶：多簇生于短枝顶端，叶片近无柄，倒卵形或长椭圆形，基部楔形或狭楔形，先端钝圆形或成短钝尖，边缘有细锯齿，齿尖成芒状，表面深绿色，背面淡绿色，网状叶脉明显而突出，长6～8cm，宽2～3.5cm。

花：总状花序，生于短枝顶端，长5～8cm，有花10～20朵；小花黄色，直径约0.5cm；萼片与花瓣各6枚，近同形，花瓣基部有一对长圆形的腺体；雄蕊6，较花瓣略短；雌蕊子房长卵状柱形，柱头头状扁平。

果：浆果，长椭圆形，长约1cm，直径约0.6cm，红色。

花期：6月；果期：8～9月。

习性：喜半光或弱光，喜生于肥沃、潮湿、排水良好的土壤中。多生于低海拔的山坡阔叶林的林缘或疏林内。

分布：我国东北、华北及西北各地；朝鲜、俄罗斯及日本也有分布；吉林省东部山区各县（市）皆有分布。

抗寒指数：幼苗期Ⅰ，成苗期Ⅰ。

用途：根皮供药用，含大量黄连素，主治痢疾、肠炎、消化不良、急性肾炎等症；木材坚韧，可作细木工雕刻用；树皮可作黄色染料。

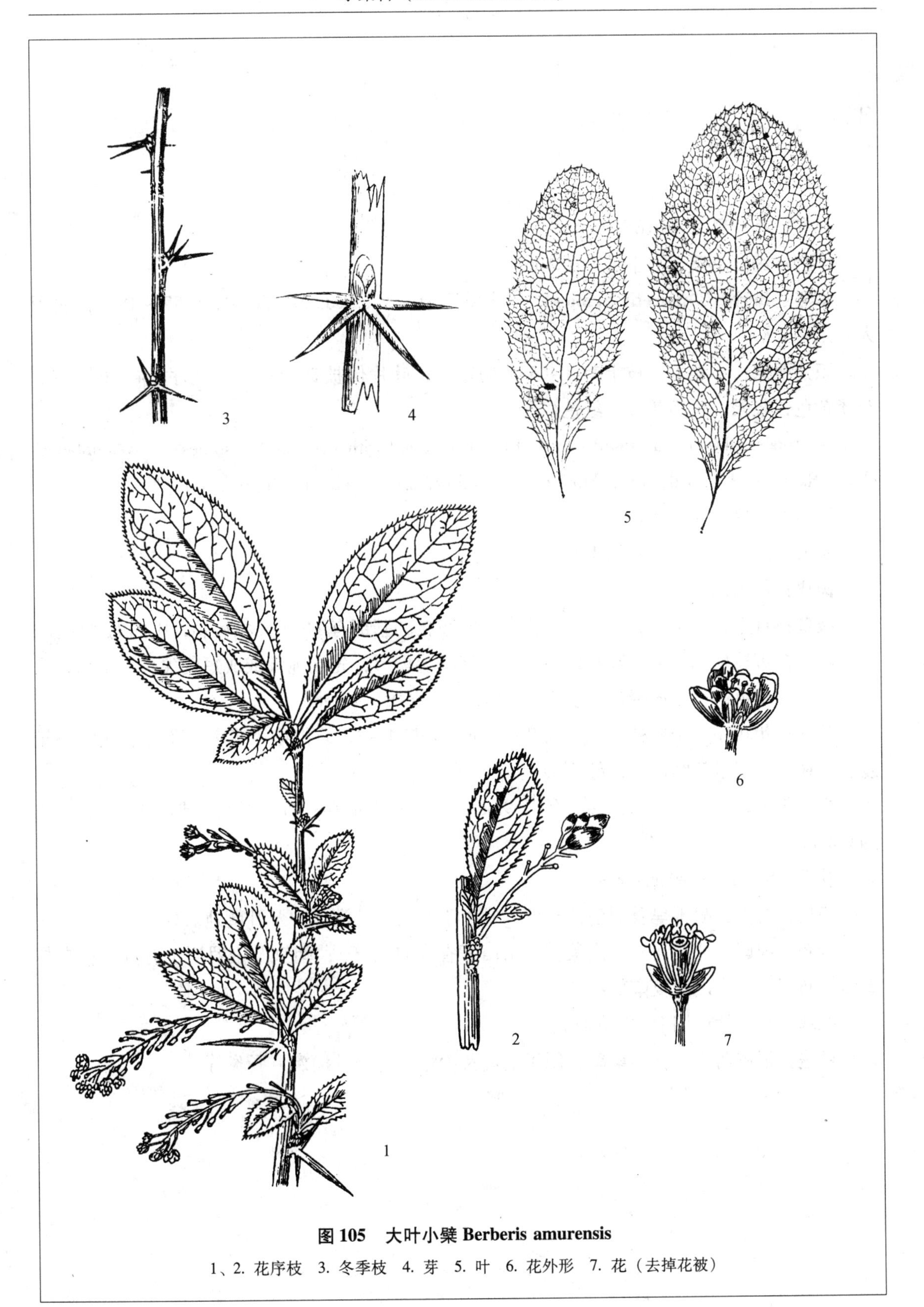

图 105　大叶小檗 Berberis amurensis

1、2. 花序枝　3. 冬季枝　4. 芽　5. 叶　6. 花外形　7. 花（去掉花被）

细叶小檗

科名：小檗科（BERBERIDACEAE）

中名：细叶小檗 泡小檗 图106

学名：Berberis poiretii Schneid.（种加词为人名，J. L. M. Poiret，1755～1834，法国人）。

识别要点：小灌木，枝上有1～3叉的短刺；叶片倒披针形；总状花序，4～10朵花；花淡黄色；浆果，长椭圆形，红色。

Diagnoses：Deciduous small shrub；Branches armed with 1～3 parted spines；Leaves oblanceolate；Raceme，4～10 flowers；Flowers pale yellow；Berry，oblong-elliptic，red.

染色体数目：2n＝28。

树形：落叶小灌木，高约1m。

树皮：灰褐色。

枝条：直立，丛生，有纵棱，灰褐色，在短枝的基部有1～3叉状针刺，中间的刺较长。

叶：在短枝顶端簇生，叶片倒披针形，基部狭楔形，先端钝圆或成短刺尖头，全缘，无齿，表面深绿色，背面淡绿色，长1.5～4.5cm，宽0.5～1cm。

花：总状花序生于短枝顶端，长3～5cm，有花4～10朵；花淡黄色，萼片、花瓣及雄蕊各6枚，雌蕊子房圆柱形，柱头头状。

果：浆果，长圆形，鲜红色，约长9mm，先端柱头宿存；种子长纺锤形，1～2枚，长约6mm。

花期：5～6月；果期：8～9月。

习性：喜光，耐干旱及耐瘠薄土壤。常生于石质山坡灌丛中及开阔地。

分布：我国东北及河北、内蒙古、山西等省（自治区）；朝鲜及俄罗斯也有分布；吉林省多分布于中部半山区及南部各地。

抗寒指数：幼苗期Ⅰ，成苗期Ⅰ。

用途：根皮药用，含小檗碱，用于消炎及治疗气管炎、痢疾、肠炎等。

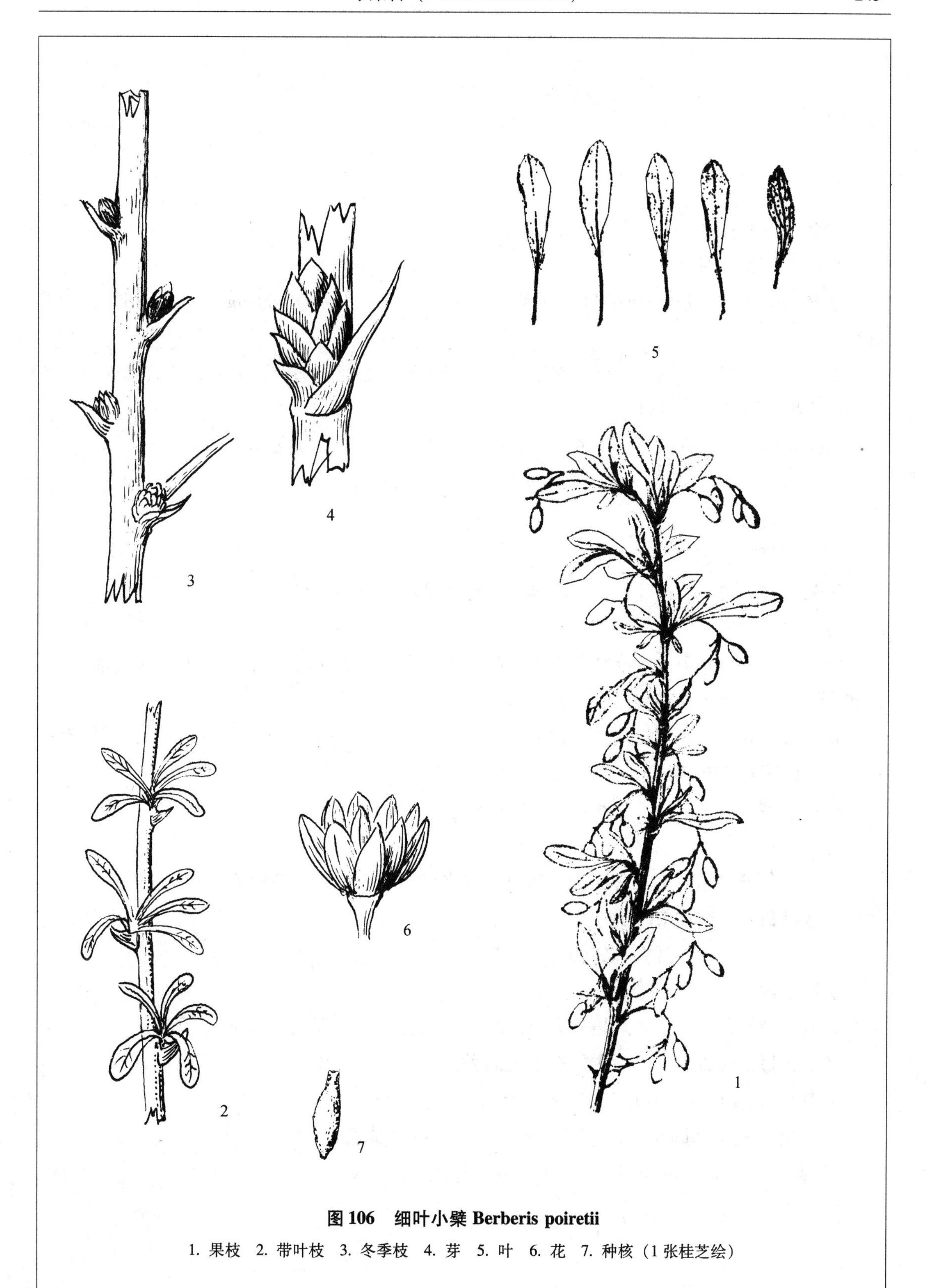

图 106　细叶小檗 Berberis poiretii

1. 果枝　2. 带叶枝　3. 冬季枝　4. 芽　5. 叶　6. 花　7. 种核（1 张桂芝绘）

小檗

科名：小檗科（BERBERIDACEAE）

中名：小檗 图 107

学名：Berberis thunbergii DC.（种加词为人名 Carl Peter Thunberg，1743～1828，瑞典植物学家）。

识别要点：落叶小灌木；茎上有不分枝的刺；叶倒卵形或匙形，全缘；花数朵簇生，淡黄色；浆果，椭圆形，鲜红色。

Diagnoses：Deciduous dwarf shrub；Stem armed with simple spines；Leaves obovate or spatulate，entire；Few flowers clustered，pale yellow；Berry，elliptic，bright red.

染色体数目：2n＝28。

树形：落叶小灌木，高1.5～2m。

枝条：多分枝，枝条暗红色，有纵棱，短枝基部生有不分枝的刺。

芽：小，卵形。

叶：簇生于短枝顶端，叶柄甚短或无柄，叶片倒卵形或匙形，全缘无齿，表面深绿色，背面淡绿色，网状叶脉略突出，长1～3cm，宽6～10mm。

花：数朵簇生于短枝枝端，有花2～5朵；淡黄色；花萼6；花瓣6，倒卵形，基部有一对腺体；雄蕊6，与花瓣近等长；雌蕊子房椭圆状柱形，花柱短粗，柱头头状。

果：浆果，长椭圆形，长约1cm，鲜红色。

花期：5月；果期：9月。

习性：喜光，稍耐阴，喜肥沃、潮湿、排水良好土壤；耐寒性较差。

抗寒指数：幼苗期III，成苗期II。

分布：原产日本。现吉林省各地常见栽培。

抗寒指数：幼苗期III，成苗期II。

用途：观赏花灌木，多栽培于庭园或广场、路旁，作绿篱或作成模纹花坛。

备注：目前在吉林省内引种的有下列品种：

1. 紫叶小檗 B. thunbergii DC. var. atropurpurea Chenault 叶紫红色。

2. 金叶小檗 B. thunbergii DC. f. aurea Hort. 叶金黄色。

3. 绿叶小檗 B. thunbergii DC.‘Green Carpet’叶鲜绿色。

图 107　小檗 Berberis thunbergii

1. 花枝　2. 冬季枝　3. 芽　4. 叶　5. 花　6. 果

马兜铃科（ARISTOLOCHIACEAE）

木通

科名：马兜铃科（ARISTOLOCHIACEAE）

中名：木通　木通马兜铃　关木通　图108

学名：Aristolochia manshuriensis Kom. —Hocquatia manshuriensis（Kom.）Nakai（属名为希腊语马兜铃的原名，来自 aristos 最好的 + locheia 分娩；种加词为“我国东北的”）。

识别要点：落叶木质藤本；单叶互生，叶片心形；花两侧对称，花被长筒状，弯曲，3裂；果实蒴果，长圆柱形，有6棱，成熟时开裂。

Diagnoses：Deciduous woody climber；Leaves simple，alternate，cordate；Flower irregular，perianth tubular，bent，3 lobed；Fruit capsule oblong-sylindric，6 ridges，dehiscent when maturity.

染色体数目：$2n = 28$。

树形：落叶木质藤本，高约20m。

树皮：灰色木栓层较厚，有纵纹浅裂。

枝条：小枝灰紫色，有毛，老枝灰色，皮孔长圆形，淡褐色。

芽：卵圆形或宽卵形，生于分枝处，有白色长柔毛。

木材：黄色，导管孔径大，成放射状排列。

叶：单叶，互生；叶片圆状心形，基部深心形，先端短渐尖或突尖，全缘无齿，表面灰绿色，背面淡绿色，密生短柔毛；长11～26cm，宽11～20cm。

花：单生于叶腋处，花被管筒形，弯曲，黄色，有紫褐色条纹，先端3裂，裂片宽卵形，盛开时平展；雄蕊与雌蕊合生成合蕊柱，三棱形，雄蕊成对贴附于柱头下面；子房圆柱形，柱头3浅裂。

果：蒴果，黄褐色，长圆状柱形，有6条纵棱，先端短渐尖，成熟时开展为6瓣，长9～12cm，直径3～4cm；种子三角形。

花期：5月；**果期：**8～9月。

习性：喜光也耐阴，喜肥沃、潮湿及排水良好的土壤。多生于1000m以上的针阔混交林或杂木林内，攀援于其他高大树木上。

分布：我国东北以及河南、陕西等地的山区；朝鲜及俄罗斯也有分布；吉林省东部长白山区各县（市）均有分布。

抗寒指数：幼苗期 VI，成苗期 III。

用途：茎入药，有利尿、通乳之功效，但目前发现木通中的马兜铃酸对肾脏有损害，故应慎用。

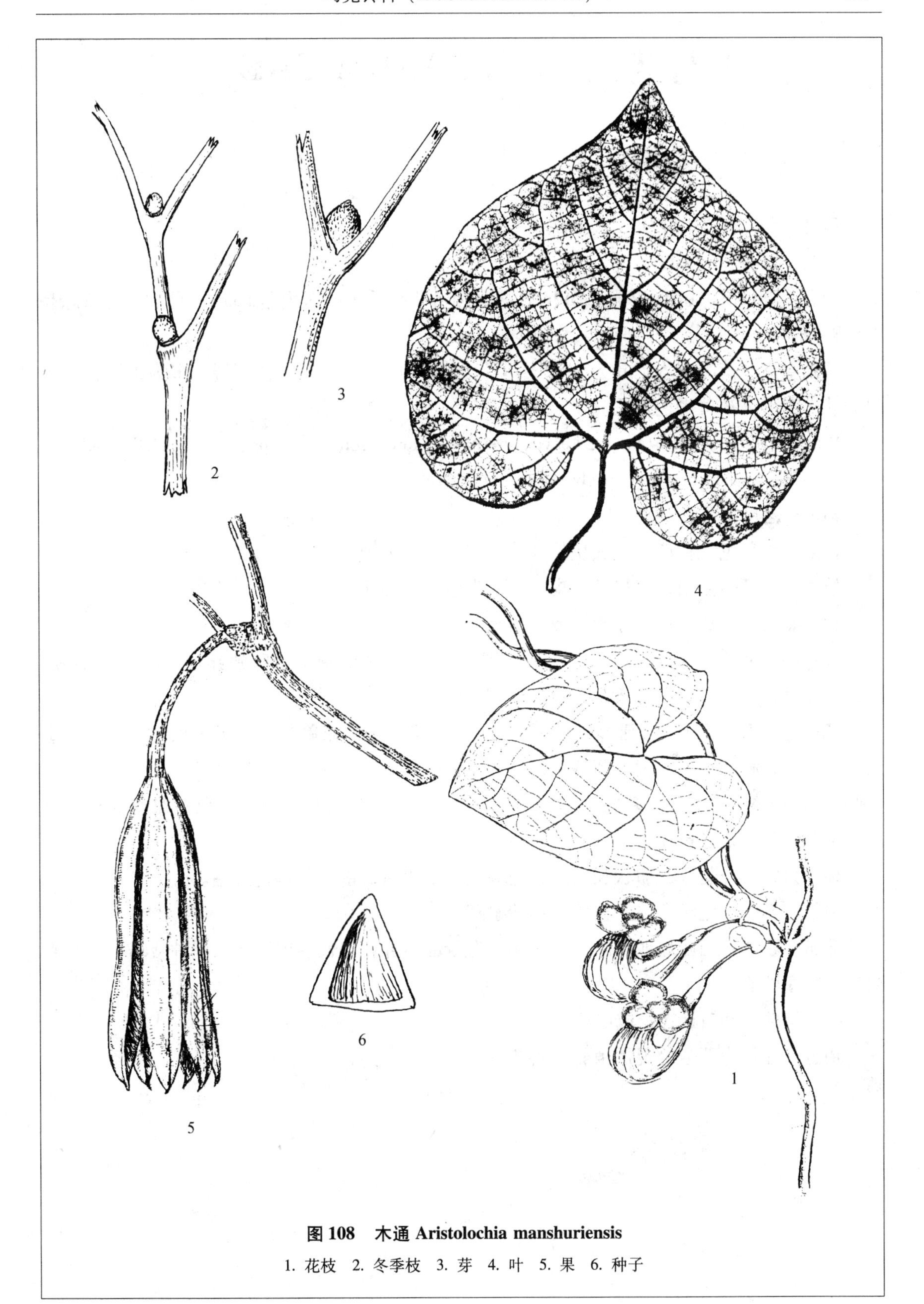

图 108　木通 *Aristolochia manshuriensis*

1. 花枝　2. 冬季枝　3. 芽　4. 叶　5. 果　6. 种子

芍药科（PAEONIACEAE）

牡丹

科名：芍药科（PAEONIACEAE）

中名：牡丹 图 109

学名：Paeonia suffruticosa Andr.（属名为希腊神话中的医生名 Paion；种加词的意思是“亚灌木的”）。

识别要点：落叶灌木；叶为 1～2 回羽状复叶；花大，单生于枝顶端，多为重瓣；蓇葖果卵状长圆形，被黄褐色柔毛。

Diagnoses：Deciduous shrub；Leaves biternate；Flower solitary on top，large，mostly doubled；Fruit follicles，ovato-oblong，densely pubescent.

树形：落叶灌木，高 1～2m。

树皮：黑灰色，粗糙，有成块的鳞片状裂及条状纵裂。

枝条：上部多分枝，灰褐色，皮孔小，黑色，不明显。

芽：黑灰色，宽卵形，芽鳞多数，粗糙。

叶：1～2 回三出复叶；顶生小叶宽卵形，多为 3 裂，侧生小叶狭卵形，浅裂或不裂，表面深绿色，背面灰绿色，长 5～7cm，宽 4～6cm。

花：苞片 5，绿色，长圆形；萼片 5，绿色，卵圆形；花单朵，生于茎顶，大，多为重瓣，花色红、粉红、白、黄、紫等色，直径 9～20cm，花瓣倒卵形，长 5～7cm，宽 3～5cm，先端钝圆或为波状；雄蕊多数，花丝粉红色或红紫色，花药长圆形，黄色；雌蕊 5 枚，分离，被紫红色的花盘包住。

果：为肉质蓇葖果，卵状长圆形，先端尖，略弯曲，密被黄褐色柔毛。

习性：喜光及肥沃潮湿的土壤，不甚耐寒。

分布：原产我国西北地区。全国各地广为栽培。吉林省长春市近年来引种栽培，冬季需要进行防寒处理。

抗寒指数：幼苗期 V，成苗期 III。

用途：牡丹为著名的观赏植物；根皮为“丹皮”可入药，治吐血、衄血、闭经及跌打淤血等。

图 109　牡丹 Paeonia suffruticosa

1. 花枝　2. 冬季枝　3. 芽　4. 叶

猕猴桃科（ACTINIDIACEAE）

软枣子

科名：猕猴桃科（ACTINIDIACEAE）

中名：软枣子　软枣猕猴桃　图110

学名：Actinidia arguta（Sieb. et Zucc.）Planch. ex Miq.（属名为希腊文 aktis 辐射状 + eidos 形状；种加词为“尖锐的”）。

识别要点：落叶藤本；枝中髓褐色，片状；单叶互生，叶片卵圆形或椭圆状卵形；聚伞花序，3～6朵花；花白色，花药黑紫色；果为浆果，扁圆柱形或球形，深绿色，无毛，花柱宿存于果实顶端。

Diagnoses：Deciduous climber；Pith of branches brown，lamellet；Leaves simple，alternate，blades ovate or elliptical-ovate；Cyme，3～6 flowers，white，anther purplish-black；Fruit berry，flatten cylindric，dark green，glabrous，persistent styles on top.

染色体数目：2n＝116。

树形：落叶缠绕藤本，高30m。

树皮：淡灰褐色，片状剥裂。

枝条：幼枝灰色或淡灰色，有疏柔毛，皮孔长圆形，淡灰色；髓淡褐色，片状分离；老枝光滑无毛。

芽：宽卵形，褐色，基部被叶痕的突起所包被。

叶：单叶互生；叶片质地较厚，卵圆形、长圆形或椭圆状卵形，基部圆形或近心形，先端短渐尖或尾状尖，表面暗绿色，有光泽，无毛，背面淡绿色，无毛或仅脉腋处有棕色丛毛，长5～15cm，宽3～10cm。

花：腋生聚伞花序，由3～6朵花组成；花杂性，白色，直径1.2～2cm；花萼5，长圆状卵形；花瓣倒卵形；雄花中雄蕊多数，花药紫黑色，雌蕊退化，不孕；雌花中雄蕊发育不全，雌蕊的子房圆柱状，无毛。

果：浆果，扁圆柱形，深绿色，光滑无毛，先端有残留花柱。

花期：6～7月；果期：9～10月。

习性：喜光但也耐阴，喜肥沃较干燥的土壤。多生于杂木林中，但主要枝叶攀援于其他树顶部。

分布：我国东北、华北、西北及华东各地；也分布至日本、朝鲜及俄罗斯；吉林省东部山区及中部半山区各县（市）均有分布。

抗寒指数：幼苗期Ⅰ，成苗期Ⅰ。

用途：果实味道鲜美，可生食，也可酿酒，制果酱；茎干可制手杖、手柄；药用，有强壮解热、收敛之功效；栽植庭园中作立体绿化植物材料。

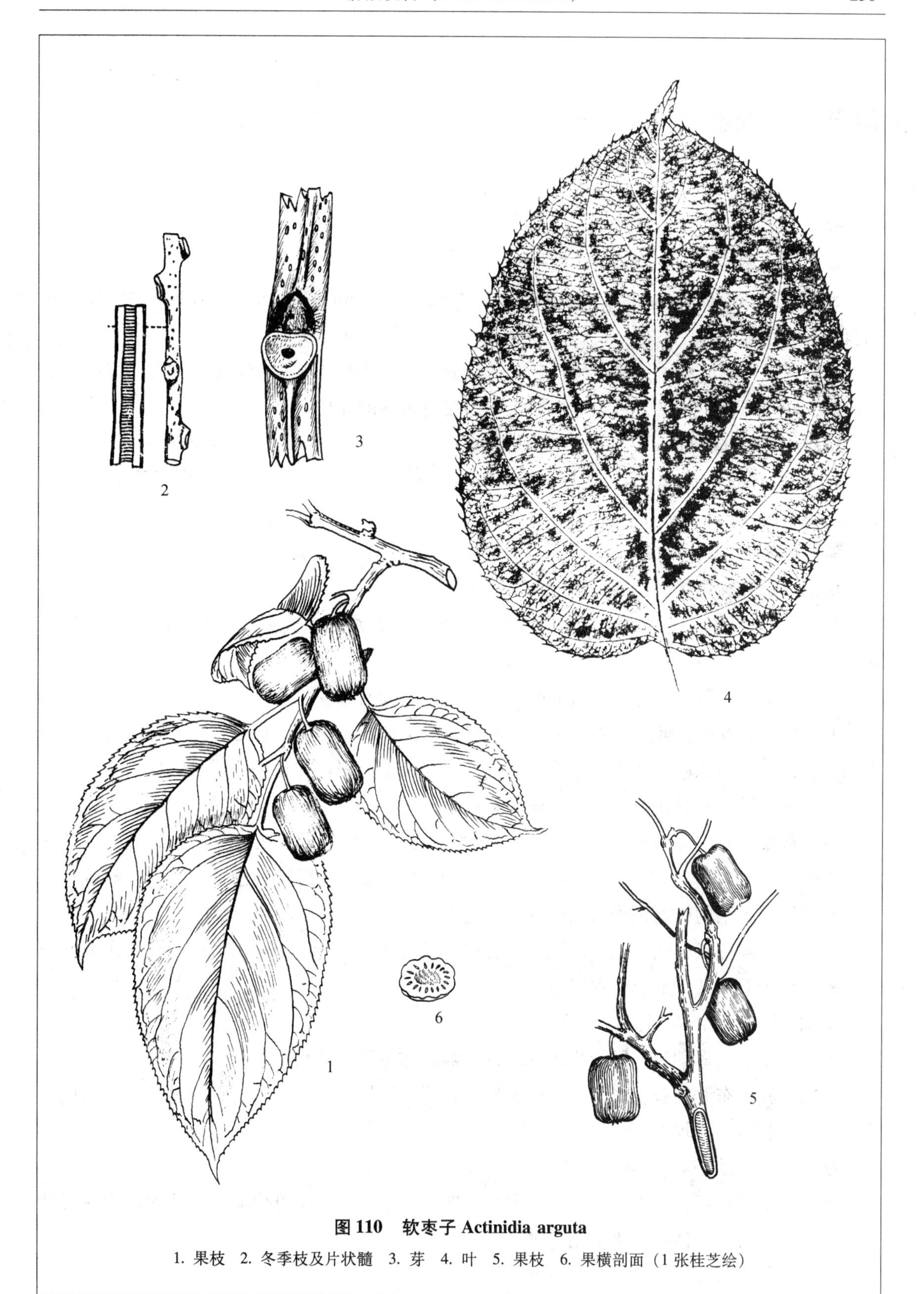

图 110　软枣子 Actinidia arguta

1. 果枝　2. 冬季枝及片状髓　3. 芽　4. 叶　5. 果枝　6. 果横剖面（1 张桂芝绘）

狗枣子

科名：猕猴桃科（ACTINIDIACEAE）

中名：狗枣子 狗枣猕猴桃 图 111

学名：*Actinidia kolomikta*（Maxim. ex Rupr.）Maxim.（种加词为狗枣子的俄罗斯东部西伯利亚土名）。

识别要点：落叶藤本；枝中髓褐色，片状分离；叶倒卵形，常有白色斑纹，后变红色；花白色，花药黑色；浆果，长圆形，柱状，顶端有宿存的花柱。

Diagnoses：Deciduous climber；Pith of branches brown，lamellate；Leaves obovate，always variegated with white，become pink；Flower white，anthers black；Fruit berry，oblong-ovoid cylindric，persistent styles on top.

染色体数目：2n＝112。

树形：落叶缠绕藤本，高可达 15m。

枝条：1 年生枝条紫褐色，2 年生枝条灰褐色，皮孔圆形或椭圆形，黄色，枝内髓褐色，成片状。

芽：卵形，褐色，被老叶突起的叶痕所包被，表面有柔毛。

叶：单叶，互生；叶片质地较薄，倒卵形，长圆形，基部圆形或心形，先端渐尖，边缘有细锯齿，表面深绿色，无光泽，雄株的叶片中部以上成白色，逐渐变成紫红色，背面淡绿色，沿主脉及脉腋处有褐色短柔毛，长 6～10cm，宽 3～7cm。

花：雌雄异株；单性花；聚伞花序，腋生，由 1～5 个花组成；花白色，直径 1.2～2cm；萼片长圆状卵形，外被黄色柔毛，雄花中雄蕊多数，花药紫黑色，有退化的雌蕊；雌花中常具发育不全的雄蕊，子房圆柱状，无毛。

果：浆果圆柱状长圆形，基部钝圆，有残存的花萼，先端有尖的“嘴”，平滑无毛，宿存花柱存留于果顶端，成熟时深绿色。

花期：6～7 月；果期：8～9 月。

习性：耐寒、喜潮湿，肥沃排水良好的土壤。常生于针阔混交林或杂木林的林缘。

分布：我国东北三省及华北、西南各地；朝鲜、俄罗斯及日本也有；吉林省东部山区及中部半山区各市、县均产。

抗寒指数：幼苗期Ⅰ，成苗期Ⅰ。

用途：果可食用，富含维生素 C，也可制果酱、果酒；茎皮可代绳索；叶片的白色后转为红色花斑，可供立体绿化观赏用。

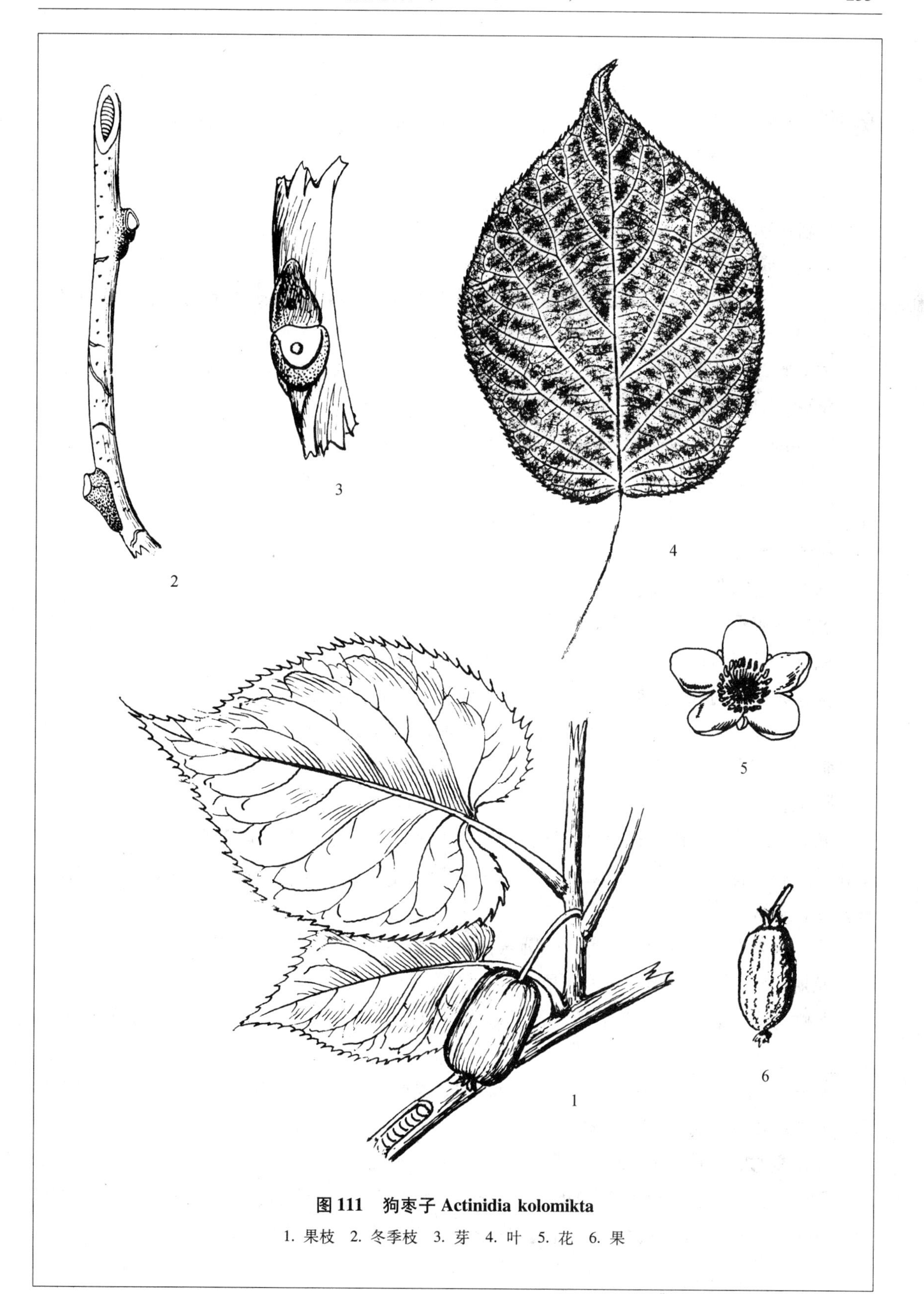

图 111　狗枣子 *Actinidia kolomikta*

1. 果枝　2. 冬季枝　3. 芽　4. 叶　5. 花　6. 果

葛枣子

科名：猕猴桃科（ACTINIDIACEAE）

中名：葛枣子　葛枣猕猴桃　木天蓼　图112

学名：Actinidia polygama（Sieb. et Zucc.）Planch. ex Maxim.（种加词为“杂性的、多雌的”）。

识别要点：落叶藤本；枝中的髓为实心，白色；叶宽卵形至卵状长圆形；花白色或淡黄色；浆果长圆形至卵圆柱形，黄色，先端成短喙。

Diagnoses：Deciduous climber；Pith of branches white，solid；Leaves broadly ovate to ovato-oblong；Flower white or paler yellow；Fruit berry，cylindric，oblong to ovoid，yellow，short beak on tip.

染色体数目：2n＝58，116。

树形：落叶藤本，高达4～6m。

树皮：灰褐色，稍成鳞片状脱落。

枝条：当年生枝灰褐色，皮孔稀疏，灰白色，髓实心，白色。

芽：卵形，褐色，被老叶突起的叶痕所包被，表面有柔毛。

叶：单叶，互生；叶片宽卵形至卵状长圆形，质地较薄，基部圆形、楔形或稍心形，先端渐尖或短渐尖，边缘有整齐的细锯齿，表面灰蓝绿色，有光泽，背面浅绿色，沿叶脉有疏柔毛，脉腋处有褐色簇毛，长8～15cm，宽4～8cm。

花：单生或数朵簇生；白色或淡黄色；萼片5，内侧有细毛；花瓣5，圆形或倒卵形；雄花的子房发育不全，雄蕊多数，花药黄色或略带橘红色；雌花中雄蕊不育，子房长圆柱形，花柱多数。

果：浆果，黄色或淡橘红色，长圆状柱形，先端有短的喙，上有宿存的花柱。

花期：6～7月；果期：9～10月。

习性：喜光也耐阴，喜生于肥沃、潮湿、排水良好的土壤中。多生于杂木林缘或疏林中。

分布：我国东北、华北、华南、华中各地；也产于朝鲜、俄罗斯及日本；吉林省中部半山区及东部山区各县（市）皆产。

抗寒指数：幼苗期Ⅰ，成苗期Ⅰ。

用途：虫瘿的果实可入药，叫“木天蓼”，治疝气及腰腿疼痛；果实可食，但水分较少也不甚可口。可以栽植于庭园中，作立体绿化的植物材料。

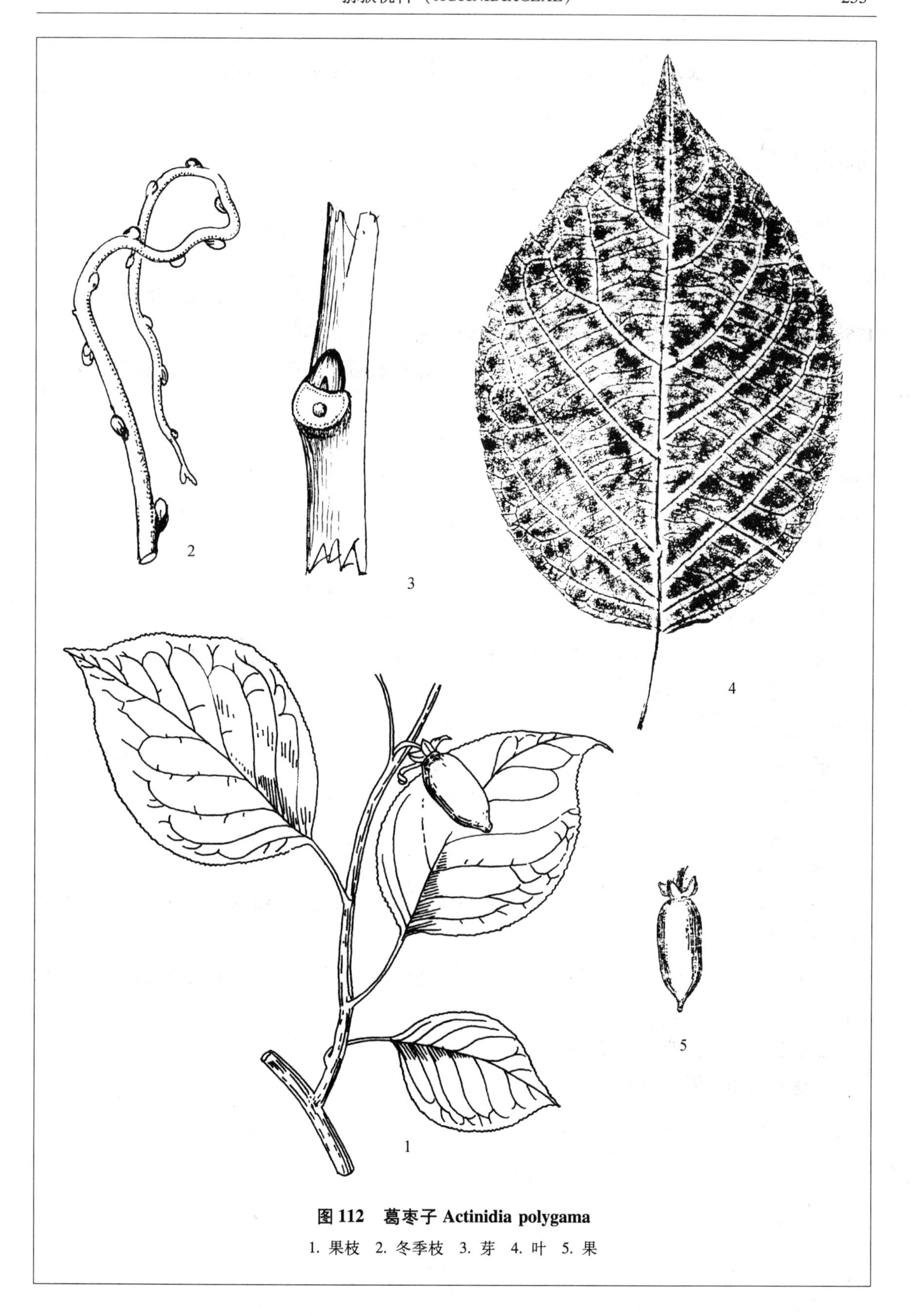

图 112　葛枣子 *Actinidia polygama*

1. 果枝　2. 冬季枝　3. 芽　4. 叶　5. 果

虎耳草科（SAXIFRAGACEAE）

东北溲疏

科名：虎耳草科（SAXIFRAGACEAE）

中名：东北溲疏 图 113

学名：Deutzia amurensis（Regel）Airy-Shaw（属名为人名 Johann van der Deutz，1743 ~ 1788，曾任荷兰首都阿姆斯特丹市长；种加词为地名“黑龙江的”）。

识别要点：灌木；枝条及叶皆为对生；叶片卵状椭圆形，有星状毛；伞房花序，多花，花五基数，白色；蒴果扁球形，有星状毛。

Diagnoses：Shrub；Branchlets and leaves all opposite，blades ovato-elliptic，with stellate hairs；Corymbose much flowers，flower pentamerous，white；Fruit：Capsule，compressed globose，with stellate hairs.

树形：落叶灌木，高约 1m。

枝条：老枝暗褐色，小枝多对生，红褐色。

芽：多边形，先端钝圆，灰褐色，芽鳞密生星状毛。

叶：单叶，对生；叶片卵圆形或长圆形，基部宽楔形或圆形，先端渐尖或钝尖，边缘有细锯齿，表面绿色，散生星状毛，背面淡绿色，密生星状毛，沿叶脉还生有单毛，长 3 ~ 10cm，宽 2.5 ~ 6cm。

花：顶生伞房花序，有小花 15 ~ 20 个；花白色；萼齿 5 裂，三角形，密生星状毛；花瓣 5，圆状倒卵形；花丝上部有 2 个齿；雌蕊子房下位，花柱 3 裂。

果：蒴果，扁球形，有星状毛，萼片宿存。

花期：6 月；果期：8 ~ 9 月。

习性：喜光，但也耐阴，喜生于肥沃而排水良好的土壤中。常生长于针阔混交林或杂木林内或林缘。

分布：东北三省的林区；朝鲜、俄罗斯也有分布；吉林省多生长于东部长白山区各县（市）。

抗寒指数：幼苗期 I，成苗期 I。

用途：栽植庭园供绿化观赏。

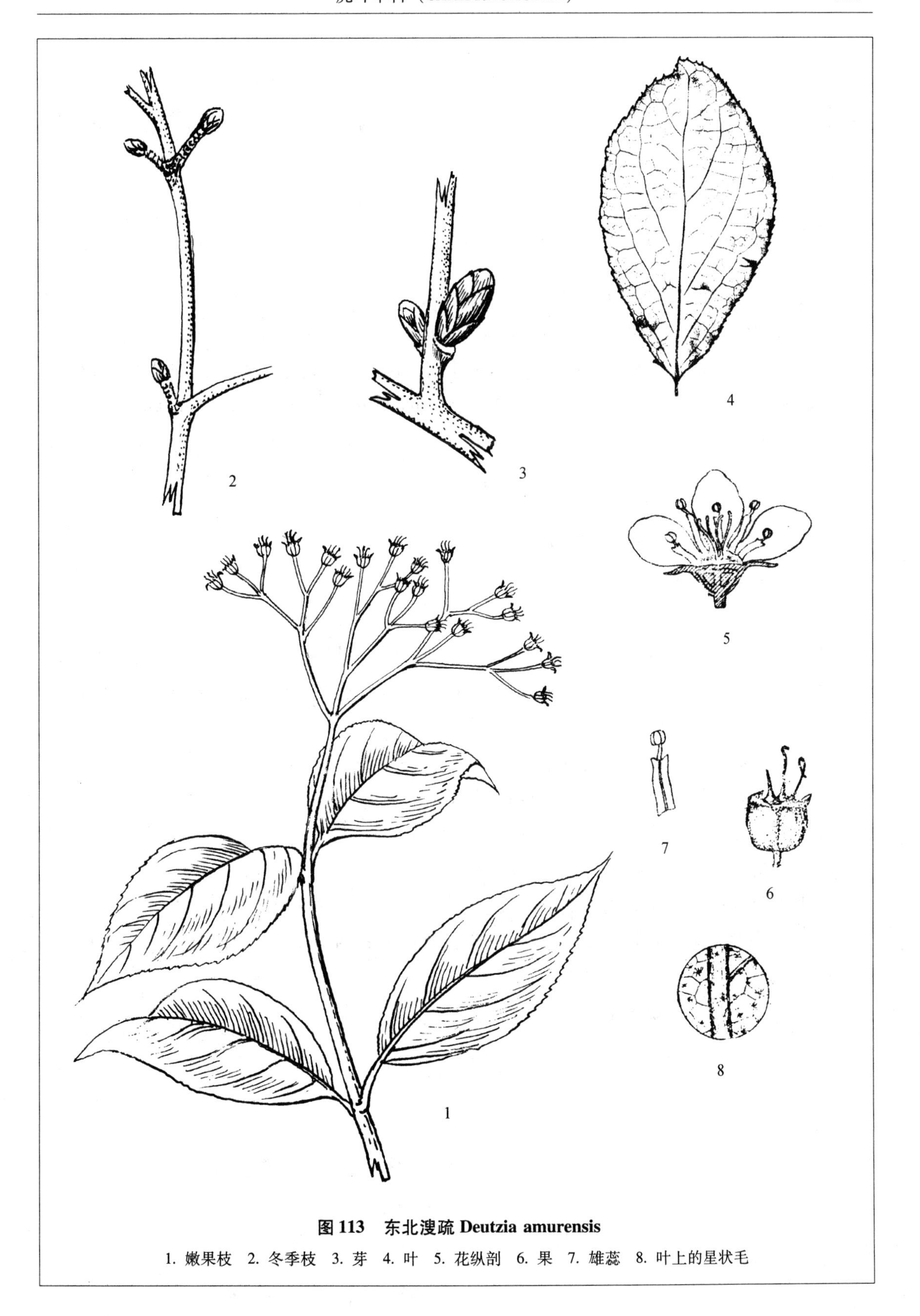

图 113　东北溲疏 Deutzia amurensis

1. 嫩果枝　2. 冬季枝　3. 芽　4. 叶　5. 花纵剖　6. 果　7. 雄蕊　8. 叶上的星状毛

光萼溲疏

科名：虎耳草科（SAXIFRAGACEAE）

中名：**光萼溲疏**　图 114

学名：**Deutzia glabrata Kom**.（种加词为“变光秃的，变成无毛的”）。

识别要点：灌木；单叶，对生；叶卵状长圆形或长圆状椭圆形，有稀疏的星状毛；伞房花序，花白色；五基数；花丝扁而宽，无齿；子房下位；蒴果，近球形，花萼宿存，无毛。

Diagnoses：Shrub；Leaves：Simple，alternate，blades ovato-oblong or oblong-elliptic，sparse stellated hairs；Corymbose；Flower pentamerous，white；filaments subulate，ovary inferior；Capsule nearly globose，sepals persistent，glabrous.

树形：落叶灌木，高 1 ~ 2m。

树皮：灰褐色，条状剥裂。

枝条：小枝红褐色，有光泽，无毛。

芽：对生，卵圆形，紫褐色，有稀疏的星状毛。

叶：单叶，对生；叶片卵状长圆形或长圆状椭圆形，基部圆形或宽楔形，先端短渐尖，边缘细锯齿，表面绿色，散生有稀疏的星状毛，背面淡绿色，无毛，长 4 ~ 11cm，宽 2 ~ 3.5cm。

花：伞房花序，多花；萼筒钟形，萼裂片 5，三角形；花瓣 5，白色，倒卵圆形或近圆形；雄蕊 10 枚，花丝宽扁形，上部渐细，无齿；子房下位，花柱 3 ~ 4，花盘无毛。

果：近球形，萼片宿存，直径 4 ~ 5mm，无毛。

花期：6 ~ 7 月；果期：9 月。

习性：性耐阴；生于针阔混交林下或杂木林中。

分布：东北及华北各地；朝鲜及俄罗斯也有分布；吉林省多产于东部长白山区各县（市）。

用途：栽植供绿化观赏用。

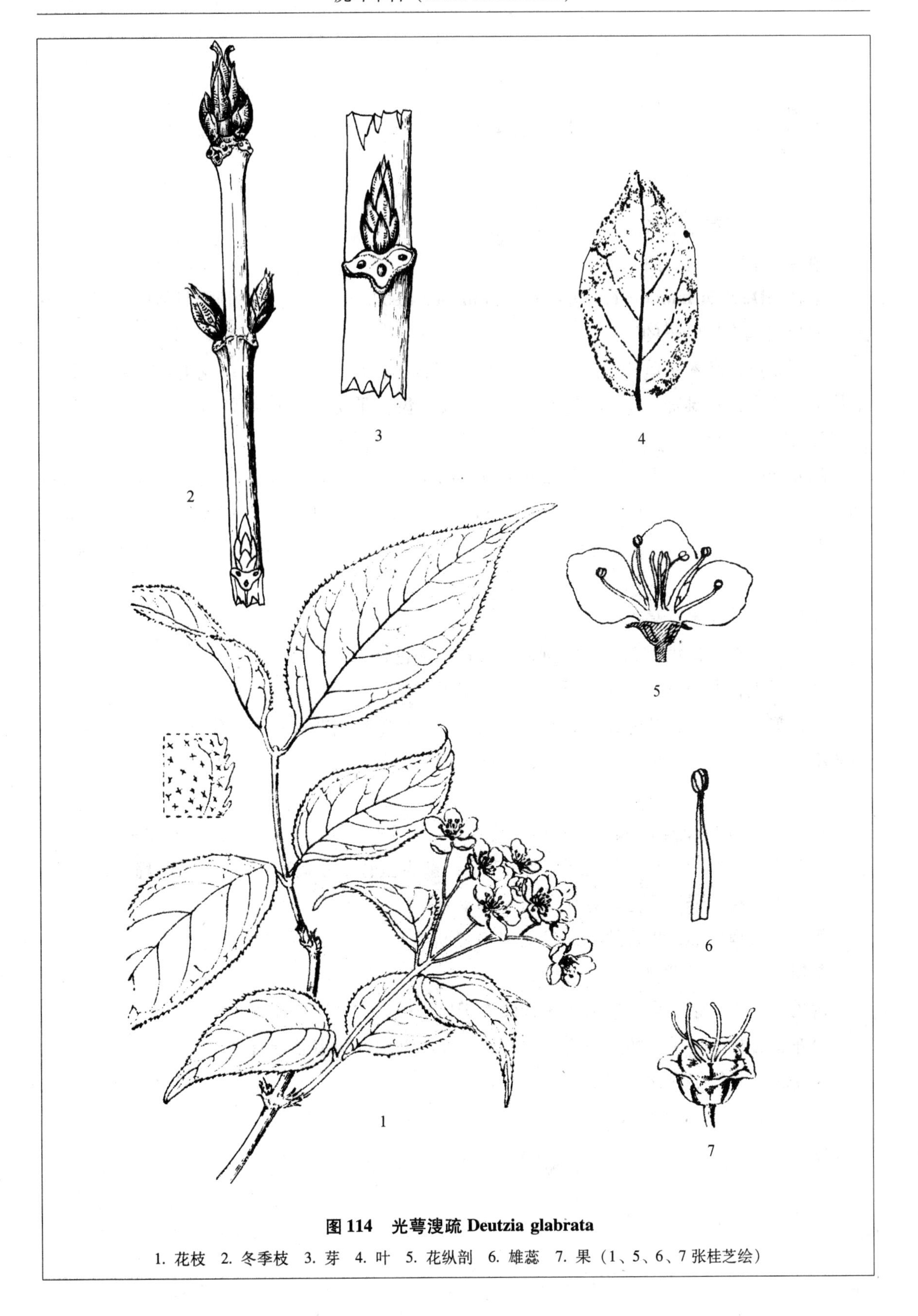

图 114　光萼溲疏 Deutzia glabrata

1. 花枝　2. 冬季枝　3. 芽　4. 叶　5. 花纵剖　6. 雄蕊　7. 果（1、5、6、7 张桂芝绘）

李叶溲疏

科名：虎耳草科（SAXIFRAGACEAE）

中名：李叶溲疏 图 115

学名：Deutzia hamata Koehne—D. prunifolia Rehd.（种加词为“顶端具钩的”；异名的种名词为“具李树叶子的”）。

识别要点：灌木；单叶，对生；卵圆形或卵状披针形，有星状毛；花 1 ~ 3 朵，萼筒有星状毛；花白色；雄蕊 10，花丝上部有 2 个大牙齿；子房下位；蒴果扁球形，具星状毛，萼裂片及花柱宿存。

Diagnoses：Shrub；Leaves：Simple alternate，ovate or ovato-lanceolate，with stellate hairs；Flowers 1 ~ 3；white；calyx tube with stellate hairs；stamens 10，filaments with 2 teeth；ovary inferior；Fruit：Capsule，compressed globose，covered with stellate hairs，sepal lobes and style persistent.

树形：落叶灌木，高 1m 左右。

枝条：老枝灰褐色，老皮条状剥裂，小枝红褐色，无毛。

芽：对生，卵圆形，先端钝圆，褐色，有毛。

叶：单叶，对生；叶片卵形或卵状椭圆形，基部圆形或宽楔形，先端渐尖，边缘有不规则的细锯齿，表面深绿色，有星状毛，背面淡绿色，密生有星状毛，叶脉上有单毛，长 3 ~ 8cm，宽 1.5 ~ 5cm。

花：通常由 1 ~ 3 朵花簇生；花白色，直径约 1.5 ~ 2.5cm；萼筒灰色，外被有白毛及星状毛，萼 5 裂，裂片较长，条形，长 5 ~ 7mm，散生星状毛；雄蕊 10 枚，花丝扁平，白色，上部有 2 个大齿；子房下位，花柱 3 ~ 5。

果：蒴果扁球形，直径约 5mm，外被有星状毛。

花期：5 ~ 6 月；果期：8 ~ 9 月。

习性：喜光，耐干旱及瘠薄土壤；多生于向阳山坡或岩石缝隙处。

分布：吉林、辽宁；朝鲜也有分布；吉林省东部山区各市县皆有分布。

用途：可栽植供绿化观赏。

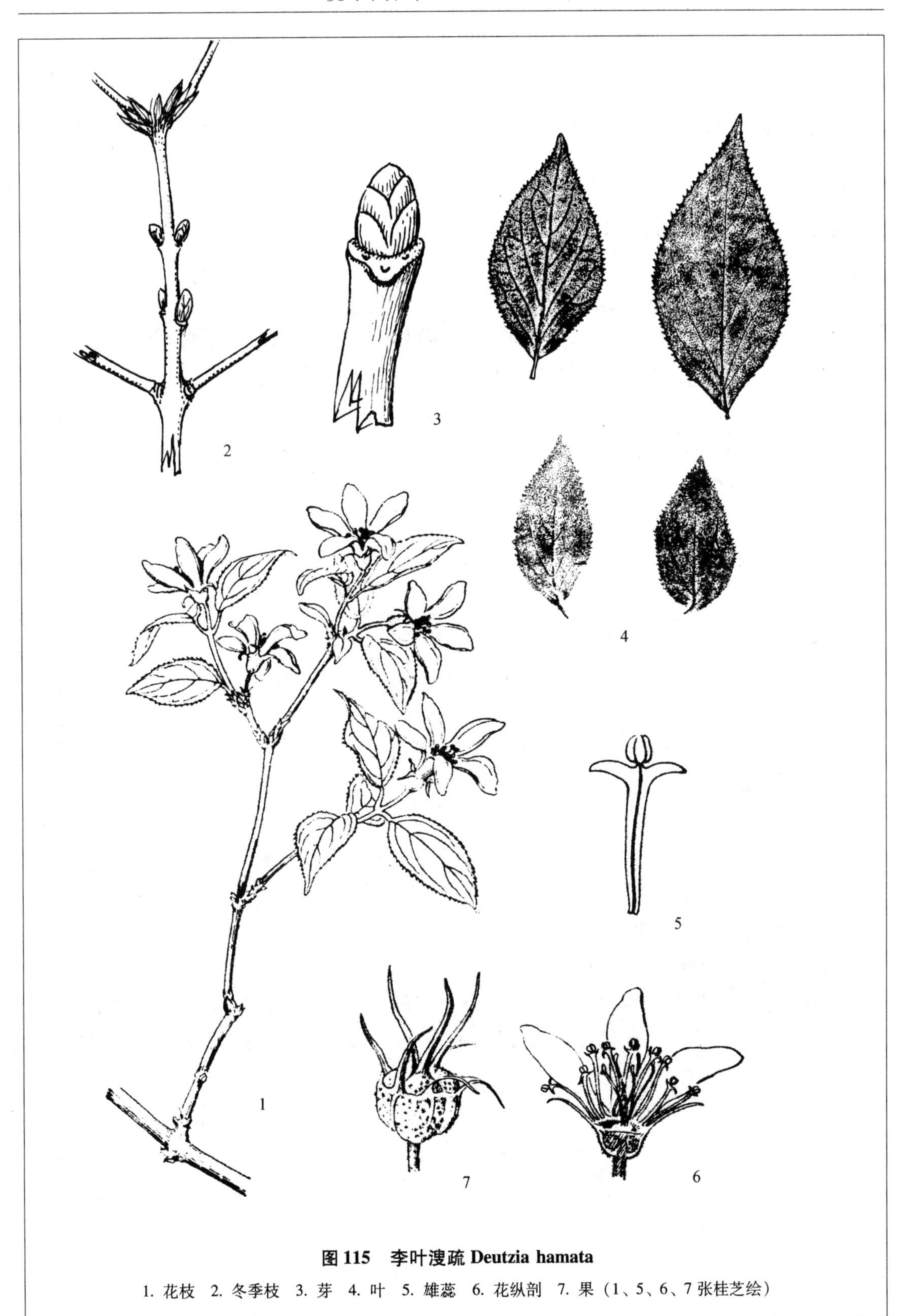

图 115　李叶溲疏 Deutzia hamata

1. 花枝　2. 冬季枝　3. 芽　4. 叶　5. 雄蕊　6. 花纵剖　7. 果（1、5、6、7 张桂芝绘）

小花溲疏

科名：虎耳草科（SAXIFRAGACEAE）

中名：小花溲疏 图 116

学名：Deutzia parviflora Bunge（种加词为“小花的”）。

识别要点：灌木；单叶，对生；叶片卵形或椭圆形，有星状毛；伞房花序；萼有星状毛；五基数，花白色；花丝宽，上部有短齿；子房下位，花柱 3；蒴果扁球形，外有星状毛。

Diagnoses：Shrub；Leaves：Simple，alternate，blades ovate or elliptic，with stellate hairs；Corymbose，much flowers；sepal with stellate hairs；pentamerous；Fruit：Capsule，compressed globose，with stellate hairs.

染色体数目：2n = 26。

树形：灌木，高 1～2m。

树皮：灰褐色，剥裂。

枝条：小枝褐色，散生星状毛，老枝灰色。

芽：卵状圆锥形，褐色，密生星状毛。

叶：单叶，对生；叶片卵圆形或椭圆形，基部圆形或宽楔形，先端渐尖，边缘有细锯齿，表面深绿色，背面淡绿色，具 6～12 条放射形星状毛，沿主脉有长柔毛，长 3.5～8cm，宽 2～5cm。

花：伞房花序，具多花；萼筒钟形，5 裂，裂片三角形，外被星状毛；花瓣 5，白色，倒卵形或近圆形；雄蕊 10，花丝宽而平，顶端有 2 个小齿；子房下位，花柱 3。

果：蒴果，扁球形，外被星状毛，萼齿及花柱宿存。

花期：6 月；果期：8～9 月。

习性：性喜光也耐阴，喜生于肥沃、排水良好的土壤。自生于杂木林缘或灌丛中。

分布：吉林、辽宁、内蒙古以及华北各地；朝鲜及俄罗斯也有分布；吉林省东部各市县皆产。

用途：栽培供绿化观赏。

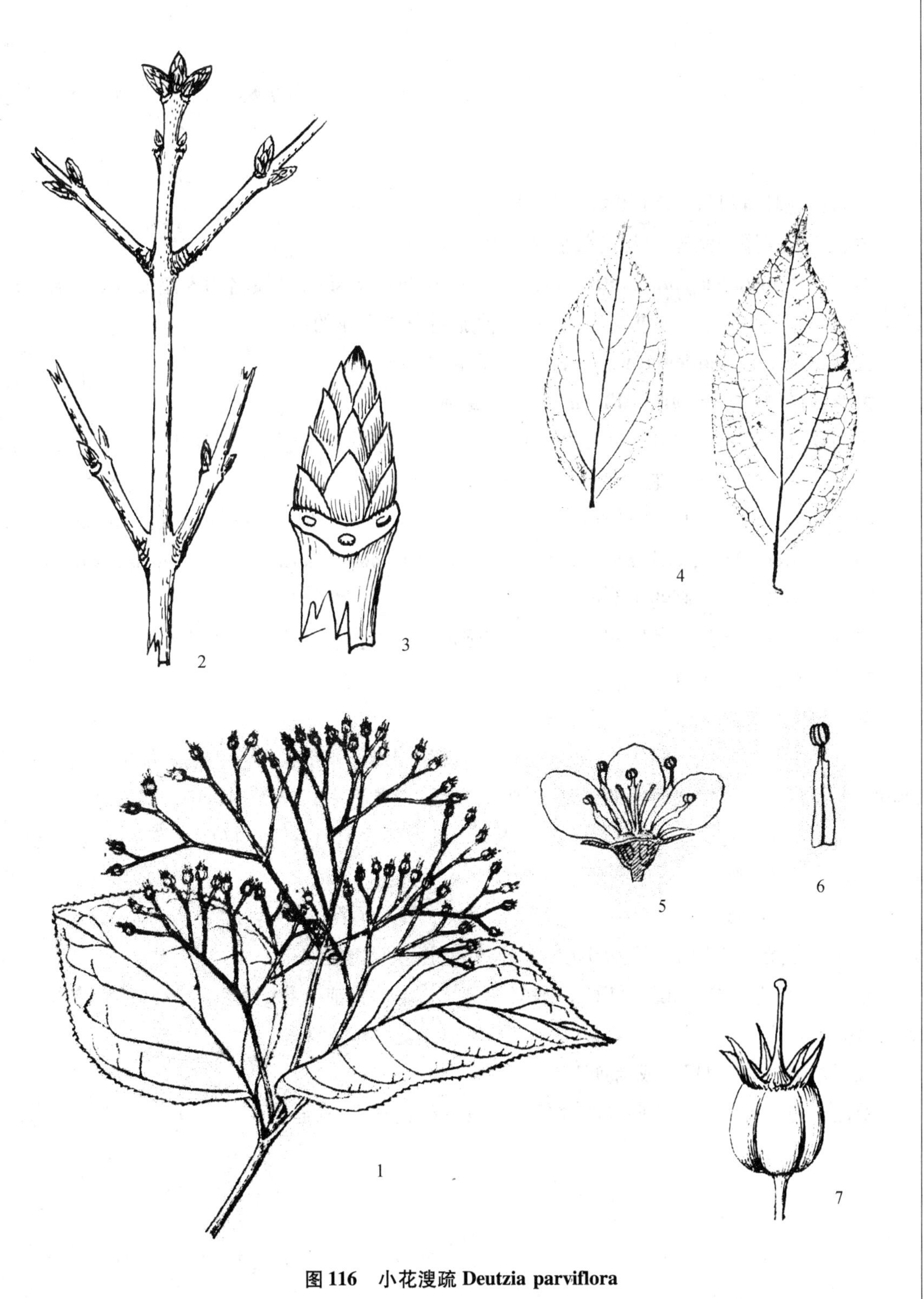

图 116 小花溲疏 Deutzia parviflora

1. 嫩果枝 2. 冬季枝 3. 芽 4. 叶 5. 花纵剖 6. 雄蕊 7. 果（1 自中国树木志）

大花圆锥绣球

科名：虎耳草科（SAXIFRAGACEAE）

中名：大花圆锥绣球 大花水亚木 木绣球 图 117

学名：Hydrangea paniculata Sieb. var. grandiflora Sieb.（属名为希腊文 hydor 水 + angieion 容器；种加词为“圆锥花序的”；变种加词为“大花的”）。

圆锥绣球 var. paniculata（原变种），吉林省不产。

大花圆锥绣球 var. grandiflora Sieb.（变种）

识别要点：灌木；单叶，对生或 3 叶轮生，椭圆形或长圆形；圆锥花序大，顶生；花白色后变红褐色，皆为不孕花，萼片 4，倒卵形。

Diagnoses：Shrub；Leaves：Simple，opposite or whorled，elliptic or elongate；Panicle，large，terminal；Flowers white，changing later to purplish，all flowers sterile，with 4 sepals，obovate.

树形：落叶灌木，高约 1.5m。

树皮：黄褐色或红褐色，粗糙，皮孔椭圆形，灰白色。

枝条：不分枝或少分枝。

芽：对生或轮生，近球形，芽鳞褐色，对生。

叶：单叶，对生或 3 叶轮生，叶片椭圆形或长圆形，基部楔形，先端短渐尖，边缘有粗锯齿，表面深绿色，背面色较淡，伏生刚毛，叶脉处尤其多，长 7～10cm，宽 3～5cm。

花：大型圆锥花序生于枝端，长达 20cm，直径可达 15cm；花白色，后变红褐色，皆为不孕花；花萼 4，倒卵形或近圆形。本变种未见果实。

花期：6～10 月。

习性：喜光，喜潮湿、肥沃土壤，抗寒性能强。栽培植物。

分布：原产于我国福建、江西、湖南、贵州等地；目前，我国北方习见栽培；吉林省各地栽培甚多。

抗寒指数：幼苗期 I，成苗期 I。

用途：药用，有清热抗疟等功效；为优良的绿化观赏植物。

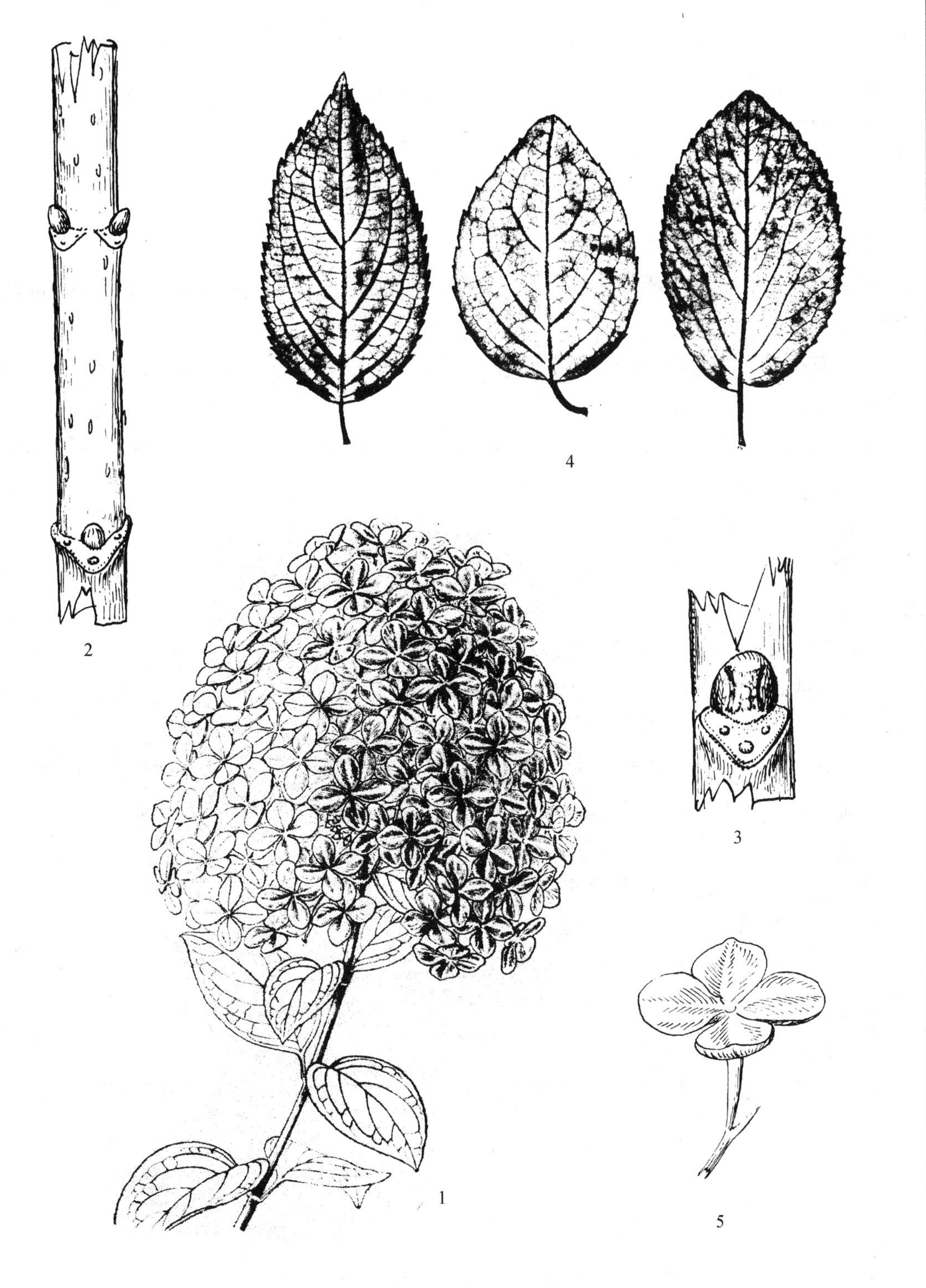

图 117　大花圆锥绣球 Hydrangea paniculata var. grandiflora

1. 花序枝　2. 冬季枝　3. 芽　4. 叶　5. 花（1 张桂芝绘）

太平花

科名：虎耳草科（SAXIFRAGACEAE）

中名：太平花 京山梅花 图118

学名：Philadelphus pekinensis Rupr.（属名为希腊文 Philadelphon 一种花很香的灌木；种加词的意思为“北京的”）。

识别要点：落叶灌木；叶卵形，或宽披针形，对生；萼4裂；花瓣4片，白色；子房半下位；蒴果。

Diagnoses：Deciduous shrub；Leaves ovate or broad-lanceolate，opposite；Flower：Sepals 4 lobes，petals 4，white；Ovary half-inferior；Fruit：Capsule.

树形：落叶灌木，高1.5～3m。

枝条：老枝树皮灰色条状剥裂，当年生枝红褐色，对生，光滑无毛，有纵棱及浅裂，皮孔不明显。

芽：宽卵形或半圆球形，黑褐色，先端钝，外略有白色柔毛。

叶：对生；叶片卵形或椭圆状卵形，质地较厚，基部宽楔形至圆形，先端渐尖，边缘有小锯齿，两面无毛或仅沿主脉有疏毛。

花：总状花序，生于枝端，由5～7朵花组成；花白色，直径5～7mm；萼筒钟状，基部半包住子房，上部萼片4裂；花瓣4枚，白色，离生，倒卵形或长圆形；雄蕊多数，比花瓣略短；雌蕊子房半包于萼筒内，为子房半下位，4室，花柱基部合生，柱头4裂。

果：蒴果，倒圆锥形，4枚萼片及花柱宿存其上，成熟时沿室背4裂。

花期：5月；果期：7～8月。

习性：生于山坡阔叶林缘或疏林内。

分布：产于我国华北、东北南部；也分布于朝鲜；吉林省各城市常见栽培。

抗寒指数：幼苗期Ⅰ，成苗期Ⅰ。

用途：树形美观，叶色翠绿，花开时雪白色覆盖整个植株，为优良的绿化用花灌木。

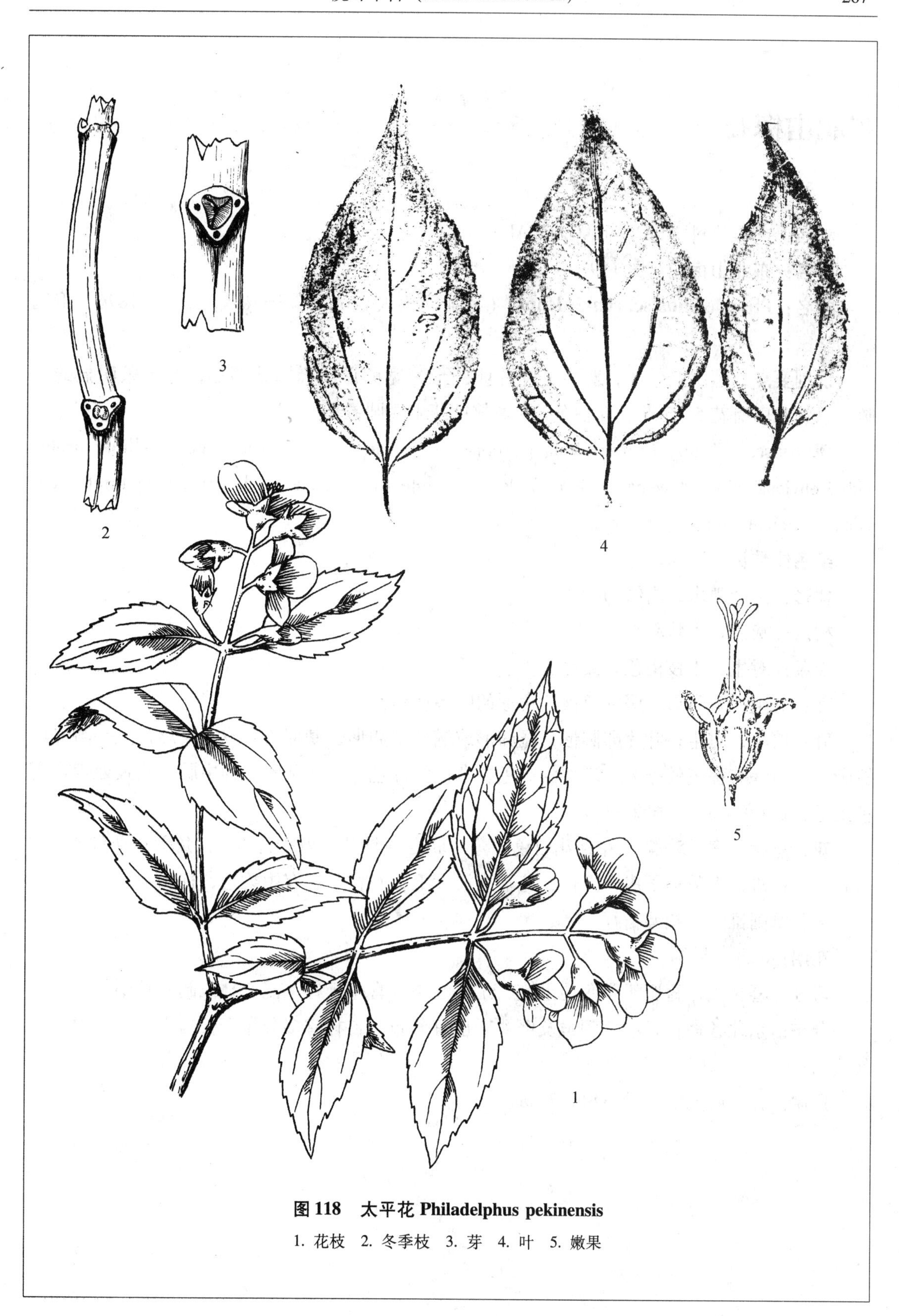

图 118　太平花 Philadelphus pekinensis

1. 花枝　2. 冬季枝　3. 芽　4. 叶　5. 嫩果

东北山梅花

科名：虎耳草科（SAXIFRAGACEAE）

中名：东北山梅花 图119

学名：Philadelphus schrenkii Rupr.（种加词为人名 A. G. Schrenk，1816～1876，俄国植物学家）。

识别要点：灌木；单叶，对生，叶片卵圆形，宽卵形或椭圆状卵形，有3条明显的叶脉；总状花序有花5～7朵，花白色，4基数；蒴果倒圆锥形。

Diagnoses：Shrub；Leaves：Simple，opposite，blades ovate，broad-ovate or elliptic-ovate，with 3 obvious veins；Raceme，with 5～7 flowers，white，tetramerous，style pubescent；Fruit：Capsule，obconical，sepals persistent.

染色体数目：2n＝26。

树形：落叶灌木，高约2m。

树皮：灰色，条状剥裂。

枝条：对生，小枝褐色，无毛。

芽：对生，宽卵形，深褐色被三角形的叶痕所包围。

叶：单叶，对生；叶片卵圆形，宽卵形或椭圆状卵形，基部圆形或宽楔形，先端渐尖或短渐尖，边缘有稀疏的锯齿，表面深绿色，背面淡绿色，有3条明显的主脉，脉腋处生有褐色柔毛，长4～12cm，宽2～6cm。

花：总状花序，5～7朵花，花白色；萼片联合成钟状，萼裂片4，三角形；花瓣4，倒卵状圆形；雄蕊多数；子房半下位，花盘光滑无毛，花柱下部有短柔毛，柱头4裂。

果：倒圆锥形，花萼宿存。

花期：6月；果期：9月。

习性：喜半光，喜肥沃及潮湿土壤，耐寒性强，喜生于针阔混交林或阔叶林中。

分布：东北各地；日本、朝鲜及俄罗斯也有分布；吉林省多分布于长白山区及半山区各县（市）。

用途：花、叶美丽，可供绿化观赏。

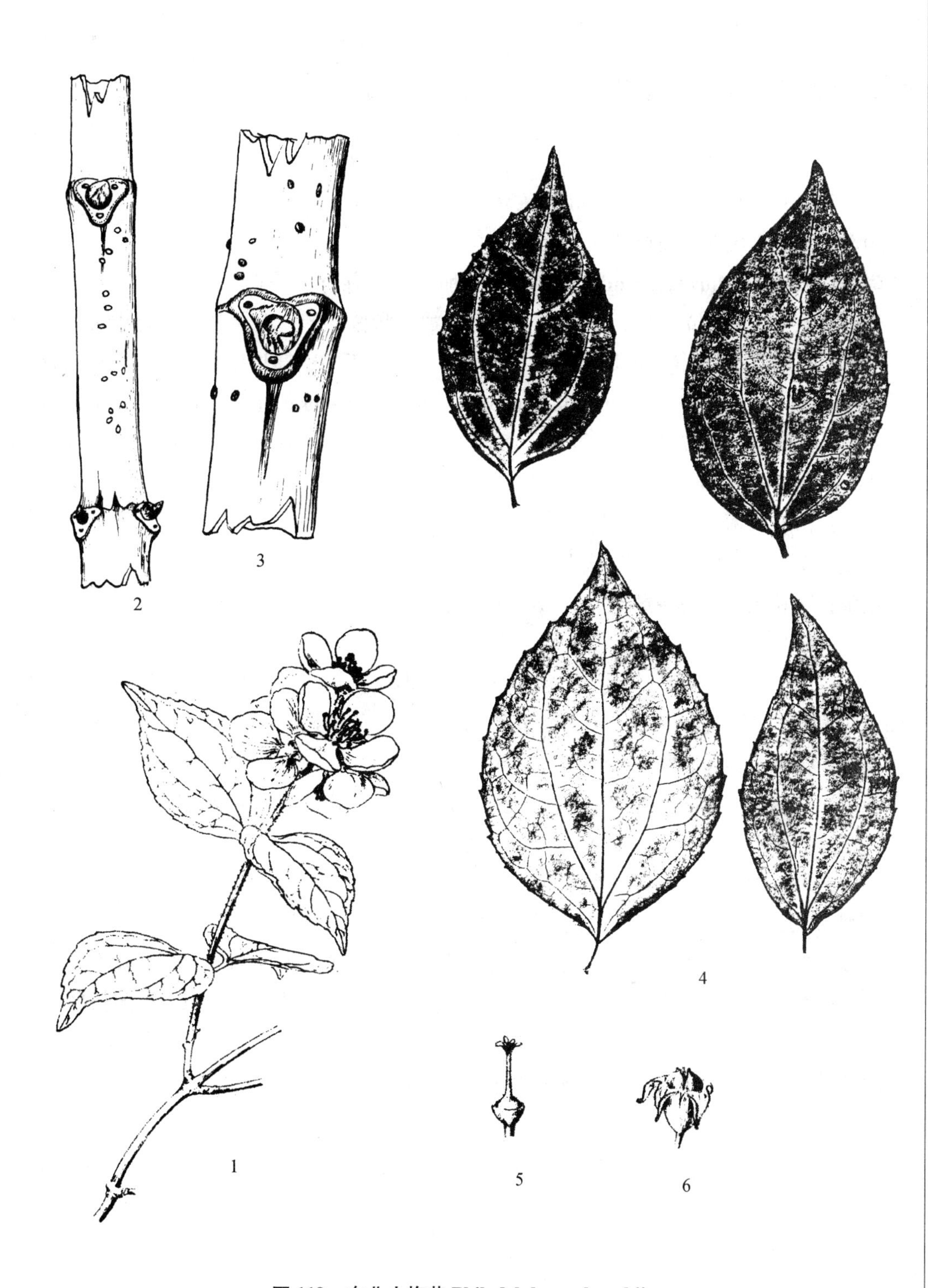

图 119　东北山梅花 *Philadelphus schrenkii*

1. 花枝　2. 冬季枝　3. 芽　4. 叶　5. 雌蕊　6. 果（1、5、6 张桂芝绘）

薄叶山梅花

科名： 虎耳草科（SAXIFRAGACEAE）

中名：薄叶山梅花 堇叶山梅花 图 120

学名：Philadelphus tenuifolius Rupr.（种加词为“有薄叶子的”）。

识别要点： 灌木；单叶，对生，叶片卵圆形或卵状披针形，有 3 条明显的叶脉；总状花序，具 5 ~ 7 朵花，花白色，4 基数，子房半下位，花柱无毛；蒴果倒圆锥形，花萼宿存。

Diagnoses： Shrub；Leaves：Simple，opposite；blades ovate or ovato-lanceolate，with 3 obvious veins；Raceme，with 5 ~ 7 flowers，flower white，tetramerous，ovary half-inferior，style glabrous；Capsule obconical，sepals persistent.

树形： 落叶灌木，高约 3m。

树皮： 栗褐色或灰褐色，条状剥裂。

枝条： 小枝无毛或有短柔毛，花枝有长柔毛。

芽： 卵圆形，对生，先端短尖，深褐色。

叶： 单叶，对生，叶片狭卵形、椭圆形或宽卵形，基部楔形或宽楔形，先端渐尖，边缘有稀疏的锯齿，表面深绿色，无毛，背面淡绿色，有 3 条明显的大叶脉，脉腋处有红褐色的簇生柔毛，长 4 ~ 10cm，宽 2 ~ 5cm。

花： 总状花序，具 5 ~ 7 朵花；花白色；萼联合成杯状，边缘 4 萼裂，萼裂片三角形，无毛，花瓣倒卵形，直径 2.5 ~ 3cm；雄蕊多数；子房半下位，花柱平滑无毛。

果： 蒴果，倒卵圆锥形，花萼宿存。

花期： 6 月；果期：9 月。

习性： 喜中光，耐阴并耐寒，喜生于肥沃的土壤中。多生于针阔混交林或杂木林中。

分布： 东北三省以及内蒙古；俄罗斯、朝鲜也有分布；吉林省多分布于东部长白山区各县（市）。

用途： 树形、花及叶美观，可栽植供绿化观赏。

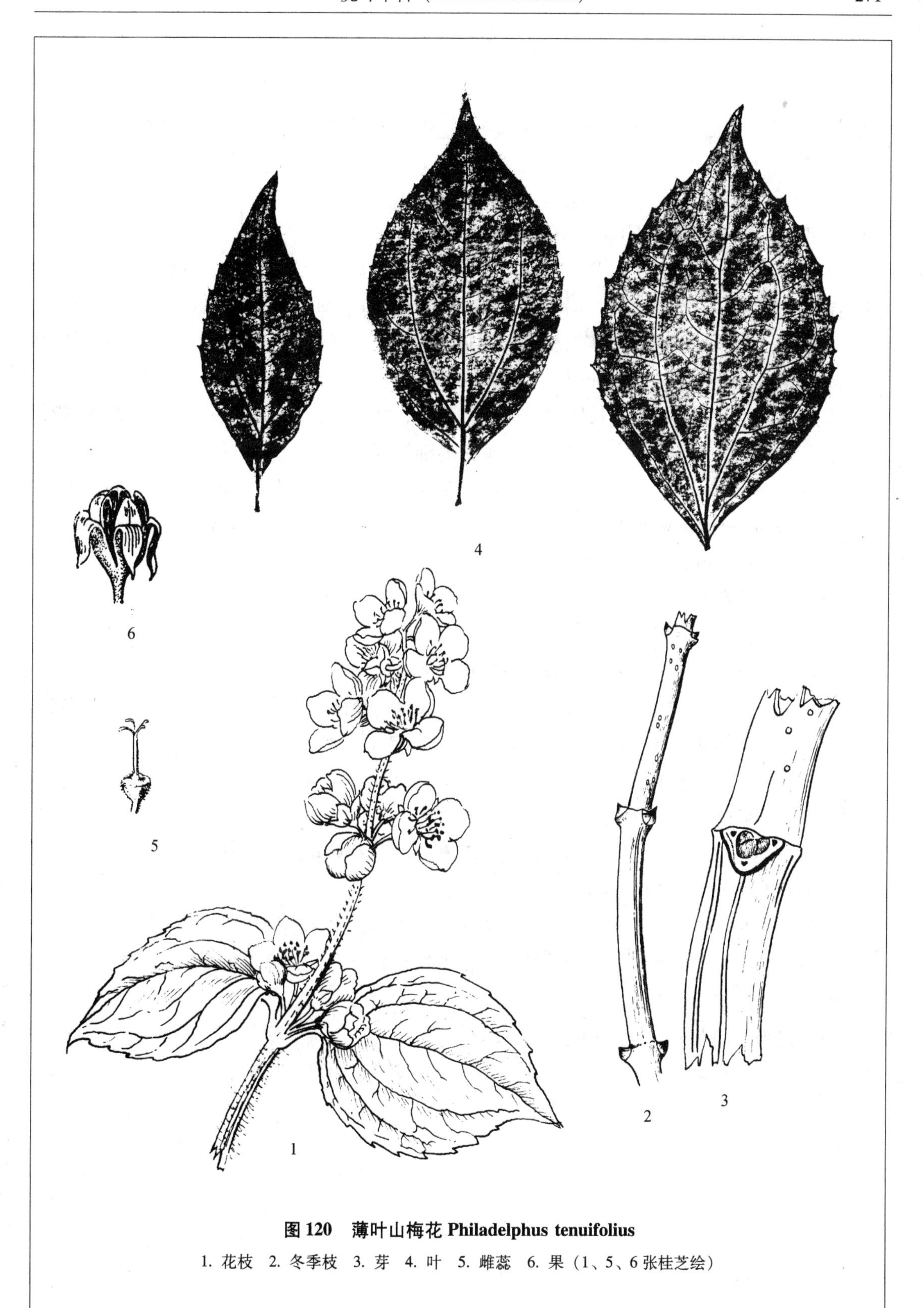

图 120　薄叶山梅花 Philadelphus tenuifolius

1. 花枝　2. 冬季枝　3. 芽　4. 叶　5. 雌蕊　6. 果（1、5、6 张桂芝绘）

刺李

科名：虎耳草科（SAXIFRAGACEAE）

中名：刺李 刺果茶藨 图 121

学名：Ribes burejense Fr. Schmidt —Grossularia burejensis（Fr. Schmidt）Berg.（属名为波斯语 ribas，指一种结酸味果实的植物；种加词为地名“布列亚山”，位于俄罗斯东西伯利亚；属的异名为法文植物名 grosielle，为醋栗的原名）。

识别要点：灌木；枝上有长针刺；单叶，互生，叶片掌状 3～5 深裂；花 1～2，淡粉红色，子房下位；浆果圆球形，紫黑色，有黄色的细针刺。

Diagnoses：Shrub；Brachlets with small prickles；Leaves：Simple，alternate，blades palmate deeply 3～5 lobed；Flowers 1～2，pale pink，ovary inferior，Fruit：Berry，globose，purplish-black，with yellow prickles.

树形：落叶灌木，高 1～1.5m。

树皮：灰黑色，平滑。

枝条：幼枝带黄褐色，密生长短不齐的针状刺，叶基部通常有 3 至多个刺。

叶：单叶，互生，叶片宽卵形，掌状 3～5 深裂，基部心形，裂片具圆齿，先端突尖，表面深绿色，背面淡绿色，两面及边缘有毛，长 2～5cm，宽 2～6cm。

花：两性；单生或 1～2 个腋生；萼基部联合成杯形，萼裂片 5，长圆形；花瓣 5，菱形或披针形，淡粉红色；雄蕊 5；子房下位，有刺毛。

果：浆果，圆球形，直径约 1cm，成熟后黑紫色，表面生有很多细针刺，萼裂片宿存。

花期：5～6 月；果期：7～8 月。

习性：性喜光但也耐阴，喜生于肥沃而潮湿的土壤；多生于针阔混交林或杂木林。

分布：东北三省以及华北各地；朝鲜、俄罗斯也有分布；吉林省主要生长于东部长白山区各县（市）。

抗寒指数：幼苗期 I，成苗期 I。

用途：果酸甜可食，并可制造果酱及果酒；根浸泡酒中可治风湿症。

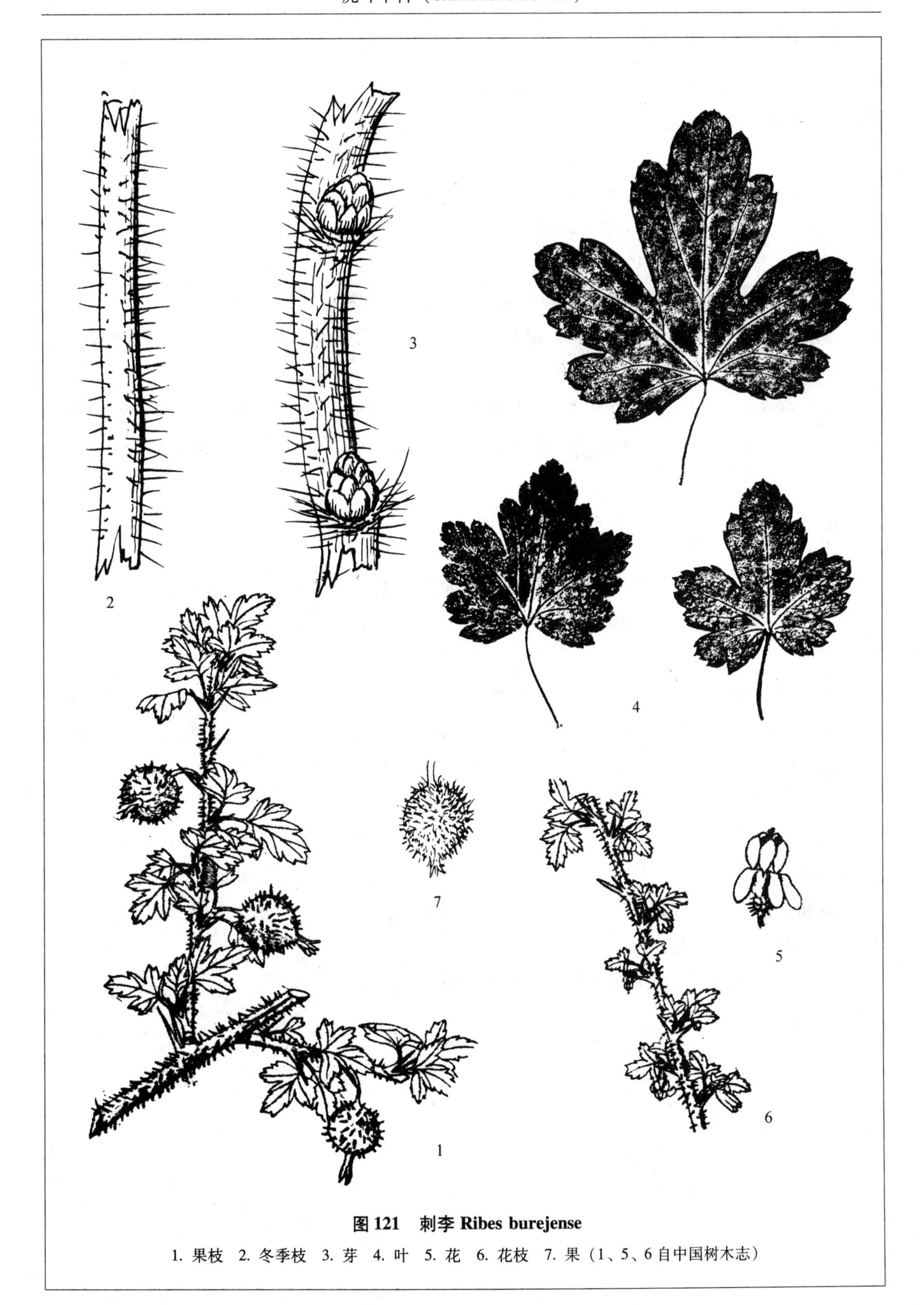

图 121　刺李 Ribes burejense

1. 果枝　2. 冬季枝　3. 芽　4. 叶　5. 花　6. 花枝　7. 果（1、5、6 自中国树木志）

楔叶茶藨

科名：虎耳草科（SAXIFRAGACEAE）

中名：**楔叶茶藨**　图 122

学名：**Ribes diacantha Pall.**（种加词为“具有二刺的”）。

识别要点：灌木，枝上有小刺；单叶，互生；叶片倒卵形，先端 3 浅裂；雌雄异株；总状花序，花黄绿色；浆果球形，红色。

Diagnoses：Shrub；Branchlets with small prickles；Leaves：Simple，alternate，blades obovate，terminal 3 lobed；Dioecious；Raceme，flowers greenish yellow；Fruit：Berry，globose，red.

树形：落叶灌木，高 1～1.5m。

枝条：密集，灰褐色，剥裂，小枝淡褐色，平滑，节上有一对托叶刺。

芽：小，卵圆形，先端钝尖，常数个簇生。

叶：单叶，互生或在短枝上簇生；叶片倒卵形，先端三浅裂，裂片钝圆，有突尖的齿，基部楔形，无齿，表面深绿色，有光泽，背面淡绿色，两面无毛，长 1.5～4cm，宽 1～2.5cm。

花：雌雄异株；总状花序，长 2～4cm，有花 10～20 朵；花黄绿色；雄花直径约 5mm；萼筒杯状，萼裂片卵形；花瓣 5，比萼裂片短，倒卵形；雄蕊 5，着生于花冠筒内，花丝短，花药近球形，雌蕊不发育；雌花比雄花的直径略小，雄蕊退化，子房近球形。

果：浆果，近球形，红色，直径 0.6～1cm。

花期：6 月；果期：7～8 月。

习性：喜光，耐干旱及瘠薄土壤；多生于草原区的固定沙丘、山坡或疏林下。

分布：黑龙江、吉林及内蒙古；朝鲜、蒙古及俄罗斯有分布；吉林省多分布于西部草原区的山坡及固定沙丘上。

用途：可栽植于庭园供绿化观赏；果可食用。

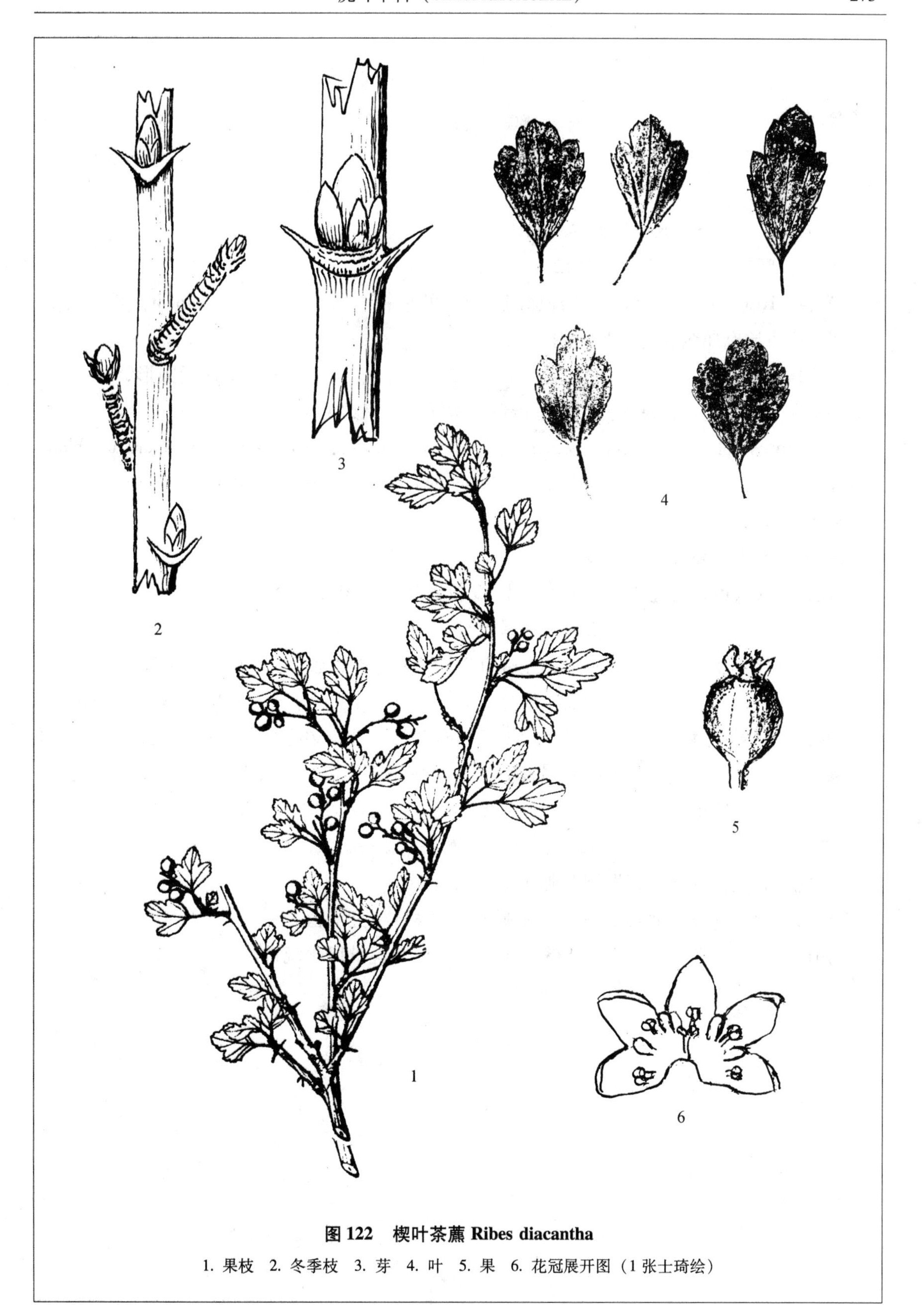

图 122　楔叶茶藨 Ribes diacantha

1. 果枝　2. 冬季枝　3. 芽　4. 叶　5. 果　6. 花冠展开图（1 张士琦绘）

圆茶藨

科名：虎耳草科（SAXIFRAGACEAE）

中名：圆茶藨　圆醋栗　图 123

学名：Ribes grossularia L.（种加词为醋栗的植物原名 Grossularia reclinata，后并入 Ribes 属，而将原有属名作为种加词用）。

识别要点：灌木；枝条上的节处生有 1 ~ 3 个刺；单叶，互生，叶片近圆形，3 ~ 5 裂；花 1 ~ 3 朵，黄绿色；浆果椭圆形或近球形，黄绿色，有柔毛。

Diagnoses：Shrub；Brachlets with 1 ~ 3 spickles on nodes；Leaves：Simple，alternate，blades nearly rounded，3 ~ 5 lobed ；Flowers 1 ~ 3，greenich-yellow；Berry，elliptic or nearly globose，greenish-yellow，pubescent.

树形：灌木，高约 1m。

枝条：淡灰色，有短柔毛，节处有 1 ~ 3 枚针状刺，刺长 5 ~ 8mm。

芽：长卵形，先端尖，灰褐色，芽鳞光滑。

叶：单叶，互生；叶片近圆形，先端有 3 ~ 5 裂，裂片钝，锯齿粗钝，基部浅心形或近截形，表面绿色，散生短毛，背面淡绿色，沿叶脉处生于柔毛，长 2 ~ 4cm，宽 2 ~ 6cm。

花：1 ~ 3 朵簇生，花柄上密生柔毛；萼筒椭圆形，外有柔毛，萼裂片 5，长圆形，外有柔毛；花瓣 5，楔形，先端近截形；雄蕊 5；花柱中下部分离，有长柔毛。

果：浆果，球形或椭圆形，黄绿色或带红色，有毛。

花期：5 ~ 6 月；果期：7 ~ 8 月。

习性：喜光，耐寒，喜潮湿及肥沃土壤。

分布：原产欧洲、北美及喜马拉雅地区；吉林省习见栽植。

用途：果实可食，又可制造果酱及果酒；栽植庭院供绿化观赏。

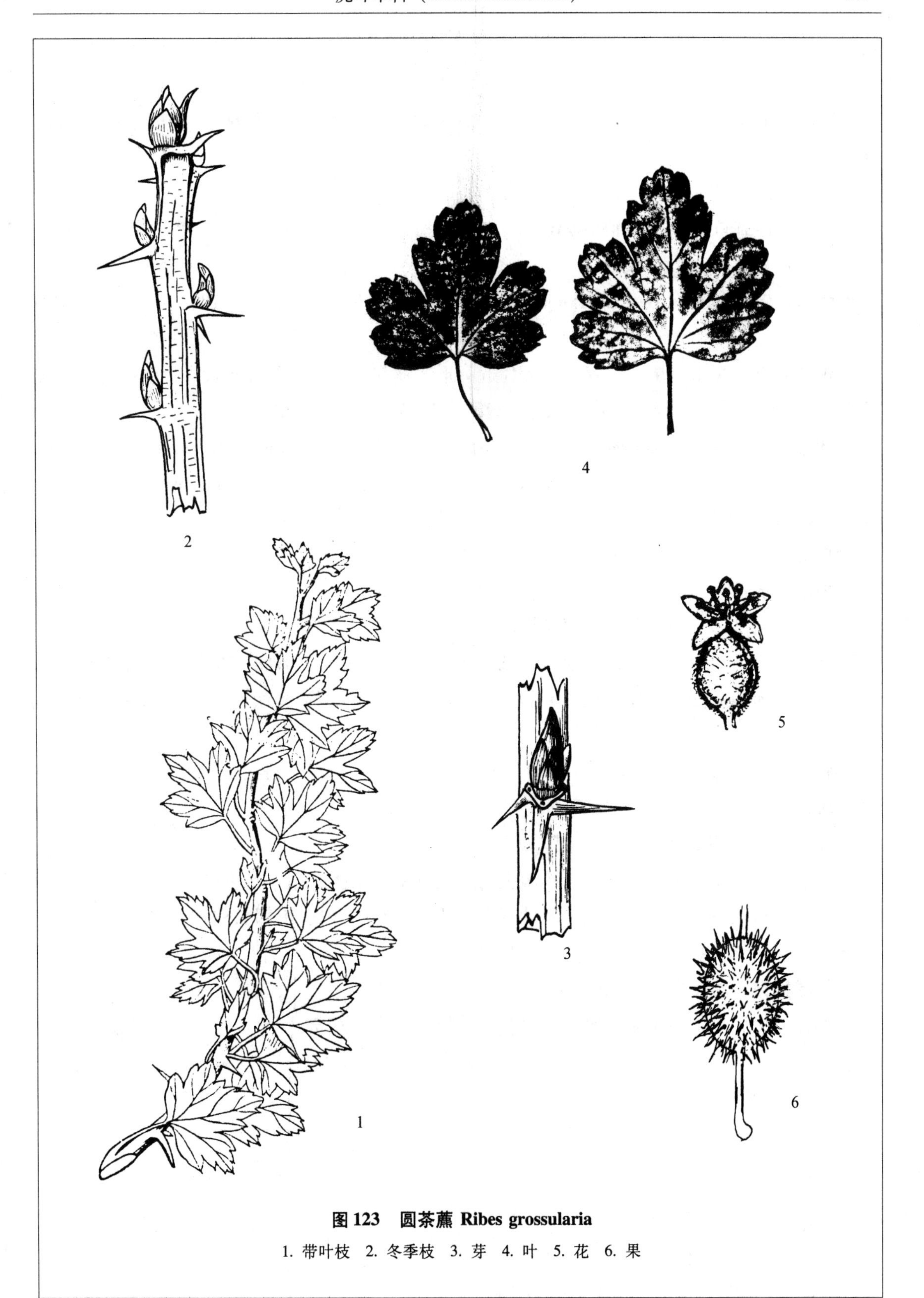

图 123　圆茶藨 Ribes grossularia

1. 带叶枝　2. 冬季枝　3. 芽　4. 叶　5. 花　6. 果

长白茶藨

科名：虎耳草科（SAXIFRAGACEAE）

中名：长白茶藨 图124

学名：Ribes komarovii A. Porjak.（种加词为人名V. L. Komarov，1869～1946，俄国植物学家）。

识别要点：灌木；单叶，互生，叶片近圆形，掌状3裂，中裂片较大，边缘有钝齿；雌雄异株；总状花序，花绿色，小；浆果，球形，红色。

Diagnoses：Shrub；Leaves：Simple，alternate，blades nearly rounded，palmately 3 lobed，central lobe larger，margin with obtuse serrates；Dioecious；Raceme，flowers green small，Fruit：Berry，globose，red.

树形：落叶灌木，高1.5～2m。

枝条：灰褐色，无毛。

芽：细圆锥形，灰褐色，先端尖锐。

叶：单叶，互生，叶片近圆形，掌状三裂，中裂片较大，卵状三角形，基部心形或圆形，先端短渐尖，边缘有稀疏的钝锯齿，表面深绿色，背面淡绿色，长2～5cm，宽3～7cm。

花：雌雄异株；总状花序，花绿色；萼裂片卵圆形；花瓣椭圆状楔形；雄花中子房不发育；雄蕊5，花药大；雌花中雄蕊不发育。

花期：5～6月；果期：8～9月。

习性：喜半光，耐寒，喜生于潮湿及肥沃土壤中。多生于杂木林中或林缘。

分布：东北三省的林区；朝鲜及俄罗斯也有分布；吉林省东部长白山区各县（市）皆有分布。

抗寒指数：幼苗期Ⅰ，成苗期Ⅰ。

用途：果可食，并可制造果酱及果酒；栽植用于绿化观赏。

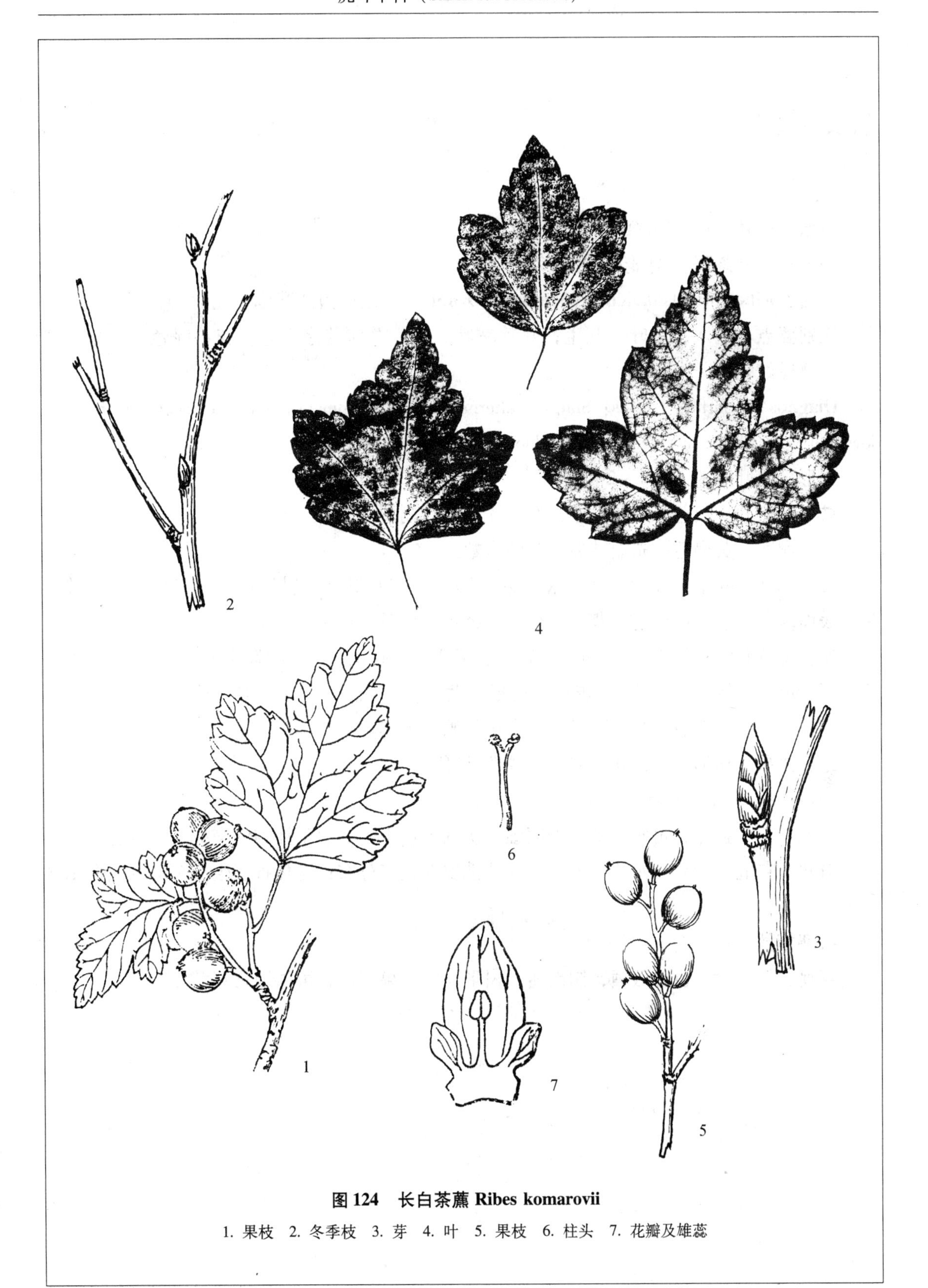

图 124　长白茶藨 Ribes komarovii

1. 果枝　2. 冬季枝　3. 芽　4. 叶　5. 果枝　6. 柱头　7. 花瓣及雄蕊

东北茶藨

科名：虎耳草科（SAXIFRAGACEAE）

中名：**东北茶藨**　灯笼果　图125

学名：**Ribes mandshuricum**（**Maxim.**）**Kom.**（种加词为“我国东北的”）。

识别要点：灌木；单叶，互生；叶片掌状3裂；总状花序下垂，花黄绿色；浆果，球形，成熟后红色。

Diagnoses：Shrub；Leaves：Simple，alternate，blades palmately 3 lobed；Raceme，hanging down，flowers yellowish-green；Berry，globose，red when maturity.

树形：落叶灌木，高1~2m。

枝条：粗壮，灰色，小枝褐色，有光泽，条状剥裂。

芽：卵圆，黄褐色，先端钝尖，芽鳞多数。

叶：单叶，互生，叶片掌状3裂，稀5裂，基部心形，中裂片较大，三角形，先端尖锐，表面绿色，生有短柔毛，背面淡绿色，密被白绒毛，长4~10cm，宽5~13cm。

花：总状花序，长2.5~9cm，初直立，后下垂；花两性；萼片联合成杯状，萼裂片5，倒卵形，反卷，绿色；花瓣5，较小，楔形，黄绿色；雄蕊5，几乎与萼片等长；子房半下位，花柱长，上部2裂，花盘边缘有5个小的腺状突起。

果：浆果，球形，直径0.7~1cm，熟后红色。

花期：5~6月；果期：7~10月。

习性：不耐强光，耐寒，喜生于潮湿肥沃的土壤中。多生于针阔混交林及阔叶林中。

分布：东北、华北及西北各地；朝鲜及俄罗斯也有分布；吉林省多生于东部的长白山区各市、县。

抗寒指数：幼苗期Ⅰ，成苗期Ⅰ。

用途：果可食，也可酿酒，制果酱；树形、叶、果美观，可供绿化观赏用。

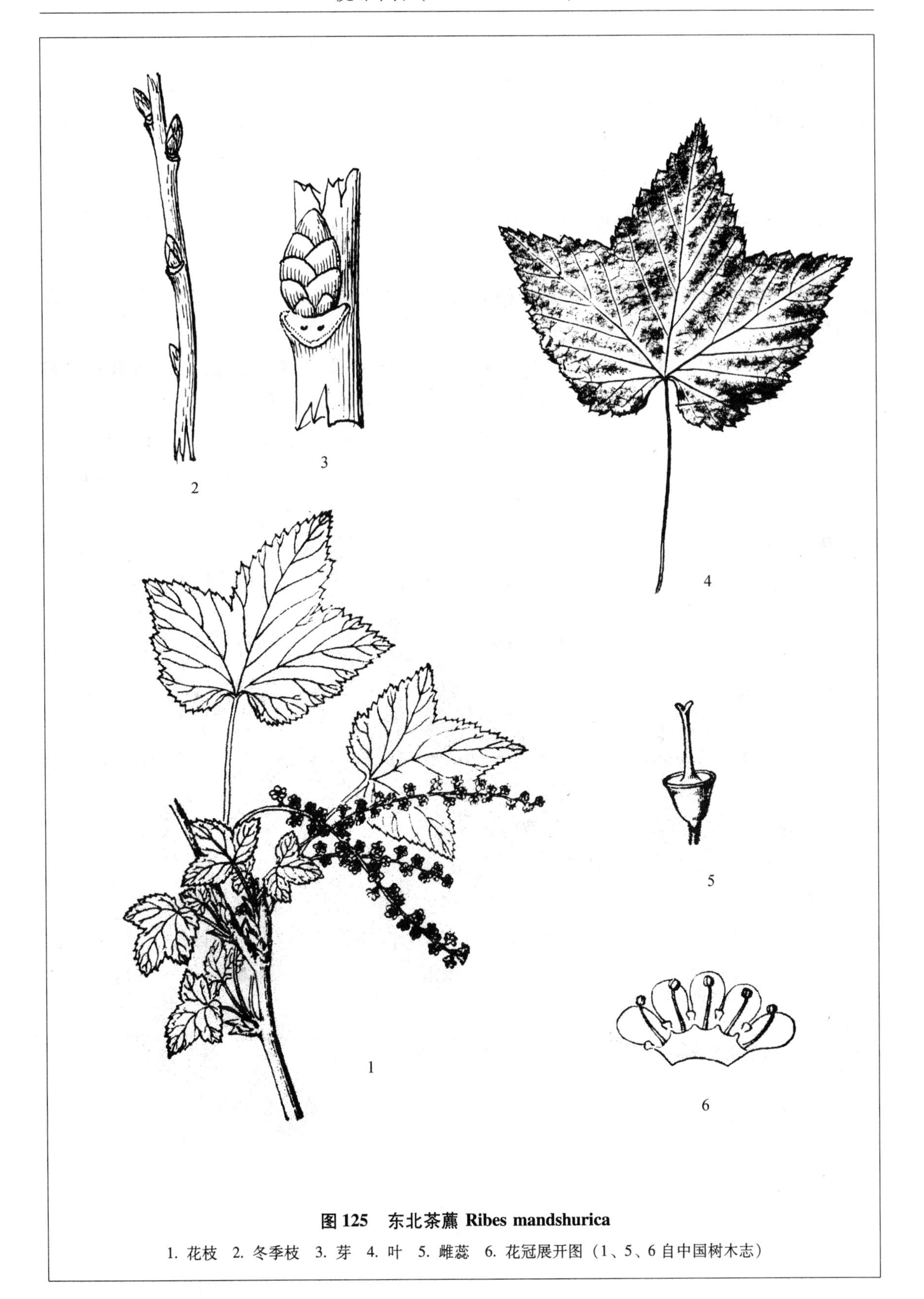

图 125　东北茶藨 Ribes mandshurica

1. 花枝　2. 冬季枝　3. 芽　4. 叶　5. 雌蕊　6. 花冠展开图（1、5、6 自中国树木志）

尖叶茶藨

科名：虎耳草科（SAXIFRAGACEAE）

中名：**尖叶茶藨**　图 126

学名：**Ribes maximowiczii Kom.**（种加词为人名 C. J. Maximowicz，1827 ~ 1894，俄国植物学家）。

识别要点：灌木；单叶，互生；叶片卵形，掌状 3 ~ 5 裂；雌雄异株；总状花序；萼裂片卵状长圆形，花瓣很小；雄蕊 5；浆果，卵状椭圆形或倒卵形，橙红色。

Diagnoses：Shrub；Leaves：Simple，alternate，blades ovate，palmately 3 ~ 5 lobed；Dioecious；Raceme；Sepals ovato-elongate；petals small；stamens 5；Fruit：Berry，ovato-elliptic or obovate，orange.

树形：落叶灌木，高约 1m。

枝条：老枝灰褐色，树皮剥裂，幼枝红褐色或褐色。

芽：细长，狭圆锥形，淡绿褐色。

叶：单叶，互生；叶片卵圆形，掌状 3 ~ 5 裂，中裂片三角形，较侧裂片大，基部心形或截形，先端渐尖，侧裂片卵状三角形，比中裂片小，边缘有不整齐的锯齿，表面深绿色，背面淡绿色，叶脉上散生腺毛或无毛，长 2 ~ 5cm，宽 2 ~ 5cm。

花：雌雄异株；总状花序，花稀疏，8 ~ 10 朵；雄花花萼联合成杯状，萼裂片卵状长圆形，先端钝，具 3 条脉；花瓣甚小，先端截形；雄蕊 5，花丝短，花药宽。

果：浆果卵状椭圆形或倒卵形，橙红色。

花期：5 ~ 6 月；果期：8 ~ 9 月。

习性：喜半光，耐寒，喜生于潮湿而肥沃的土壤中。生于针阔混交林或杂木林中。

分布：东北三省的林区；朝鲜及俄罗斯也有分布；吉林省东部长白山区各市、县均产。

用途：浆果可食，也可制果酱及果酒；可栽植庭园中，用于绿化观赏。

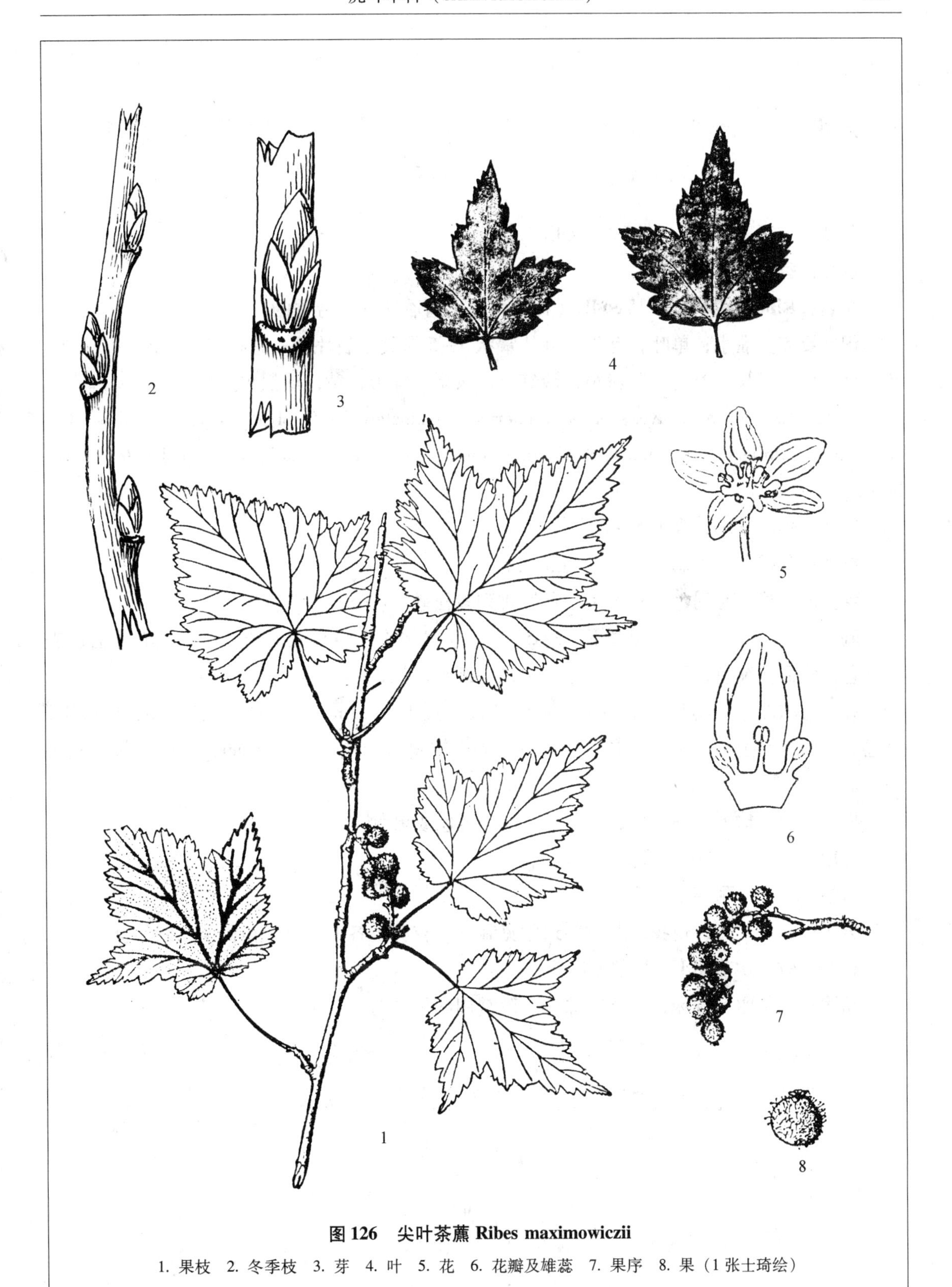

图 126　尖叶茶藨 Ribes maximowiczii

1. 果枝　2. 冬季枝　3. 芽　4. 叶　5. 花　6. 花瓣及雄蕊　7. 果序　8. 果（1 张士琦绘）

香茶藨

科名：虎耳草科（SAXIFRAGACEAE）

中名：**香茶藨**　图 127

学名：**Ribes odoratum Wendl.**（种加词为“有香味的、芳香的”）。

识别要点：灌木；单叶，互生；叶片掌状 3～5 深裂，裂片钝；总状花序具 5～10 朵花，花两性；萼筒细长，黄色；花瓣小，淡红色；浆果，球形，黄色或黑色。

Diagnoses：Shrub；Leaves：Simple，alternate，palmately 3～5 lobed，segments obtuse；Raceme，5～10 flowers；monoecious；Sepal tubes long，yellow；petals small，lightly pink；Berry，globose，yellow or black.

树形：落叶灌木，高 1.5～2m。

枝条：灰褐色，无刺，被短柔毛或无毛。

芽：多边形，红褐色，有柔毛，芽鳞排列较松散。

叶：单叶，互生；叶片扁圆形，有 5～7 个掌状深裂，裂片先端钝，全缘或有牙齿，表面绿色，背面淡绿色，无毛或具微毛，边缘有纤毛，长 3～4.5cm，宽 3～6cm。

花：总状花序，具 5～10 朵花；萼筒细长，长 14～18mm，黄色，萼裂片 5，卵圆形，反卷；花瓣 5，甚小，淡粉红色，长 2～3mm；雄蕊短，花丝长约 1mm；花柱细长，柱头头状。

果：浆果，球形或椭圆形，直径约 1cm，黄色或黑色。

花期：5 月；果期：7 月。

习性：喜光，耐寒也耐干旱。

分布：原产北美，现我国北方各地常见栽培；吉林省各大公园及苗圃常见栽培。

抗寒指数：幼苗期 I，成苗期 I。

用途：花美丽有香味，为庭园绿化、观赏用的优良树种。

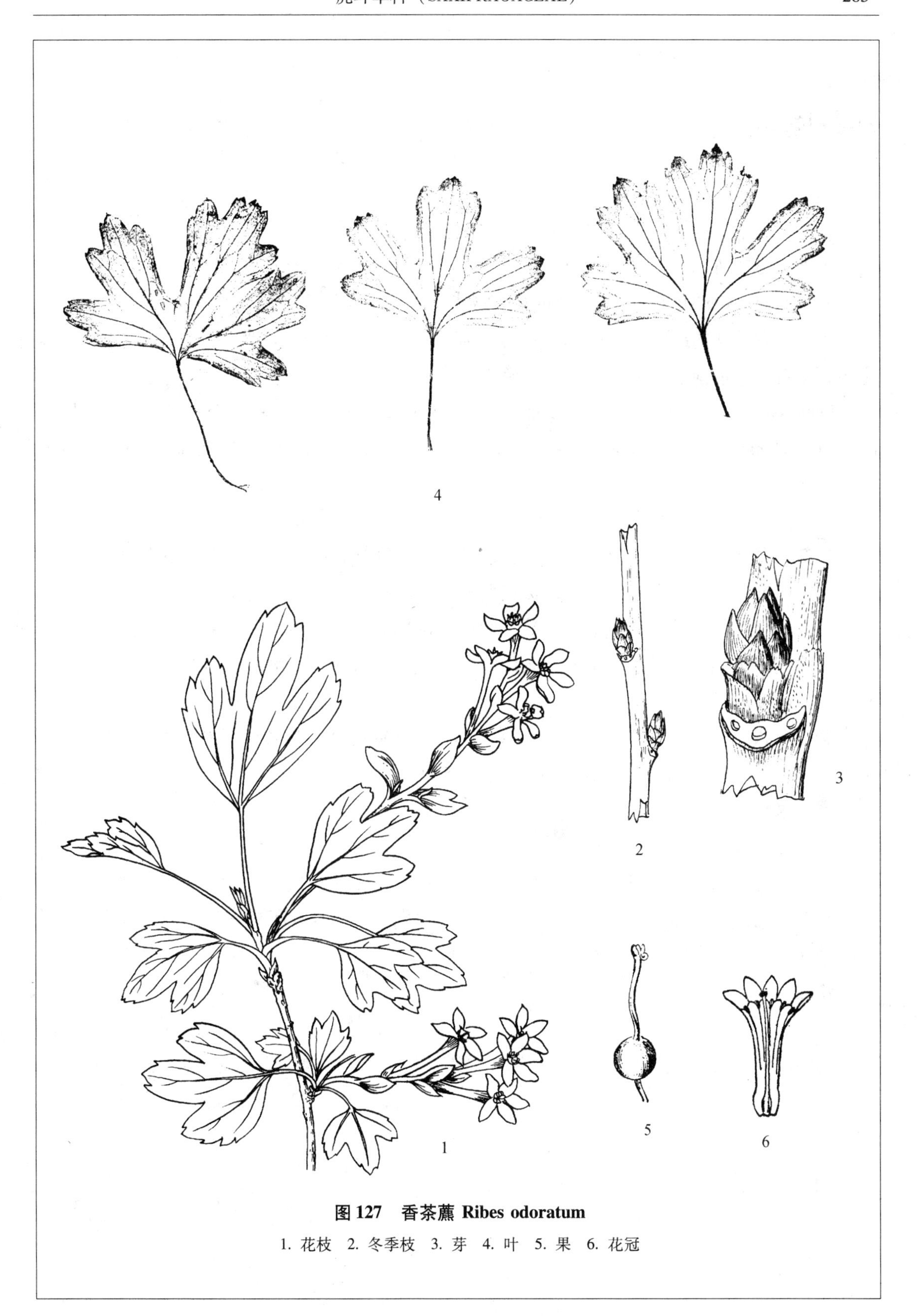

图 127　香茶藨 Ribes odoratum

1. 花枝　2. 冬季枝　3. 芽　4. 叶　5. 果　6. 花冠

矮茶藨

科名：虎耳草科（SAXIFRAGACEAE）

中名：矮茶藨　图 128

学名：**Ribes triste Pall.**（种加词为“暗淡的、悲惨的”）。

识别要点：匍匐或斜上的灌木；单叶，互生，叶片肾形或圆状肾形，3～5 浅裂；总状花序，花黄绿色带紫色；果为浆果，红色。

Diagnoses：Creeping or ascending shrub；Leaves：Simple，alternate，kidney shaped or orbicular-kidney-shaped，3 ～ 5 lobed；Raceme；Flowers greenish-yellow with lightly pink；Fruit：Berry，red.

树形：匍匐或斜上灌木，长达 1m。

枝条：老枝灰褐色，常成片状剥落，幼枝褐色，匍匐着地部分生有多数不定根。

芽：卵圆形，先端尖，红褐色，被白色短柔毛。

叶：单叶互生或在短枝上簇生，叶片肾形或圆状肾形，基部心形或截形，先端 3～5 浅裂，裂片宽三角形，边缘有圆锯齿，表面深绿色，背面淡绿色，沿叶脉有白色柔毛，长 3～6cm，宽 4～9cm。

花：总状花序；两性花，有花 4～7 朵，直立；萼筒杯状，裂片 5，黄绿色带红紫色；花瓣 5，小，长圆形；雄蕊 5；雌蕊子房下位，花柱上部 2 裂。

果：浆果，鲜红色，直径 7～10mm。

花期：5～6 月；果期：8 月。

习性：喜半光，耐阴湿，多生于针叶林下与苔藓、地衣同生。

分布：黑龙江、吉林及内蒙古的林区；朝鲜及俄罗斯也有分布；吉林省多生长于东部长白山区海拔 900m 以上的针叶林内。

用途：果可食用。

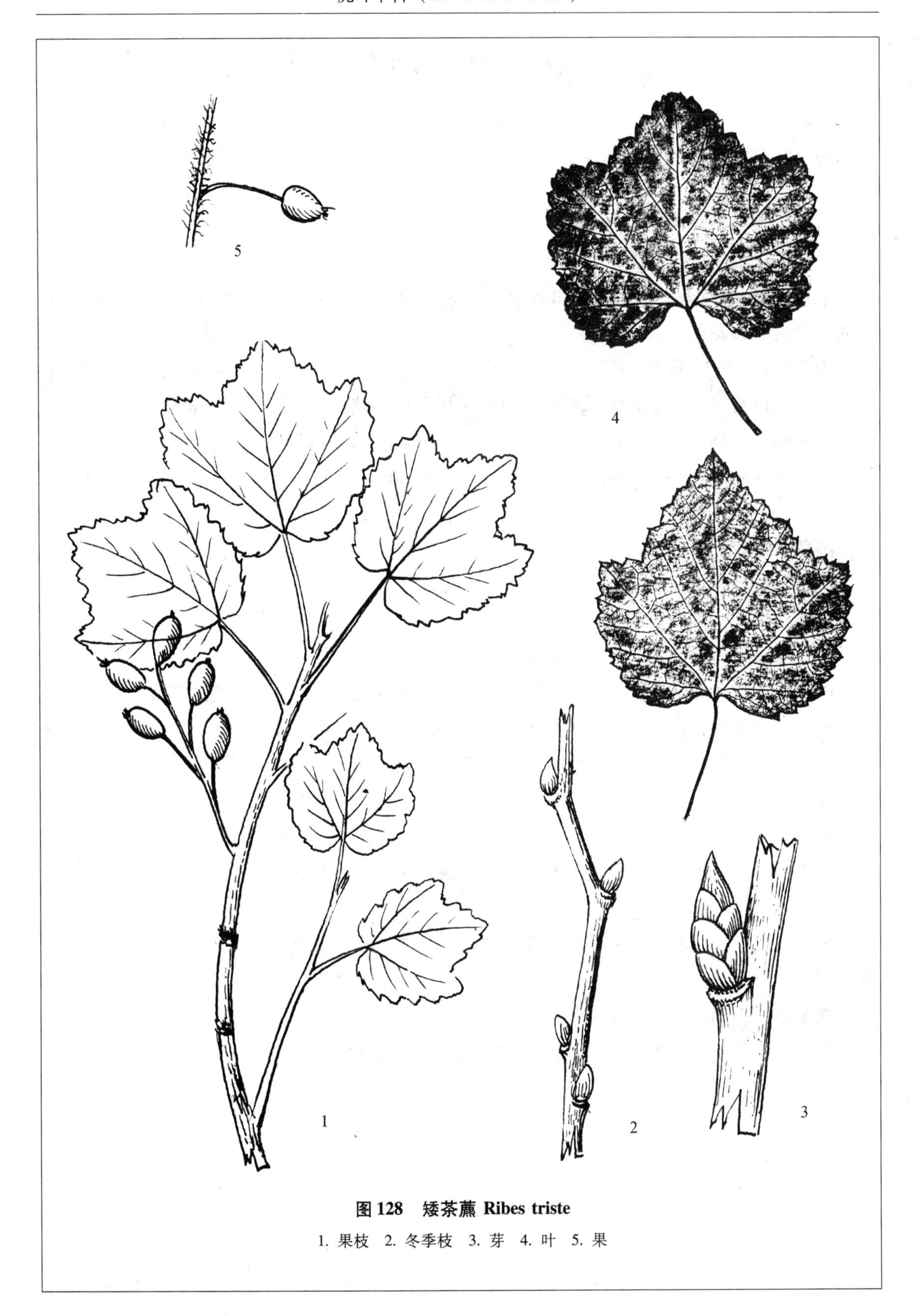

图 128　矮茶藨 Ribes triste

1. 果枝　2. 冬季枝　3. 芽　4. 叶　5. 果

蔷薇科（ROSACEAE）

水栒子

科名：蔷薇科（ROSACEAE）

中名：水栒子 图129

学名：Cotoneaster multiflora Bunge（属名为拉丁文 Cotoneum 榅桲 + 相似-aster；种加词的意思为“多花的”）。

识别要点：落叶灌木；单叶互生；叶片卵圆形或宽卵形；聚伞花序；花多数，白色，直径1～1.2cm；花瓣5，近圆形；雄蕊20枚；子房下位，花柱2，分离；果球形，红色。

Diagnoses：Deciduous shrub；Leaves simple，alternate；Blades ovate or broadly ovate；Cyme，multiflowers，1～1.2cm across；Sepals 5，nearly rounded；Stamens 20；Ovary inferior，styles 2；Fruit pome globose，red.

染色体数目：2n＝68。

树形：落叶灌木，高约2～4m。

枝条：细长，常弓形弯曲。

芽：卵圆形，芽鳞边缘有白色睫毛。

叶：卵形或宽卵形，先端锐尖或钝圆，基部宽楔形或圆形，表面无毛或有稀疏绒毛。

花：聚伞花序，花多数；花梗长4～6mm；花白色，直径1～1.2cm；萼片三角形；花瓣近圆形，先端圆形或微缺，基部有短爪；雄蕊约20枚；子房下位，花柱2，离生。

果：梨果，近球形或倒卵形，直径约8mm，红色，内有小核。

花期：5～6月；**果期：**8～9月。

习性：喜光但也耐庇荫，耐干旱及瘠薄土壤。常生于海拔400～1000m的沟谷、山坡杂木林。

分布：辽宁、内蒙古以及华北、西北及西南各地；俄罗斯及中、西亚各国；吉林省皆为栽培。

抗寒指数：幼苗期II，成苗期I。

用途：可做苹果的矮化砧木；栽植于庭院用于绿化观赏。

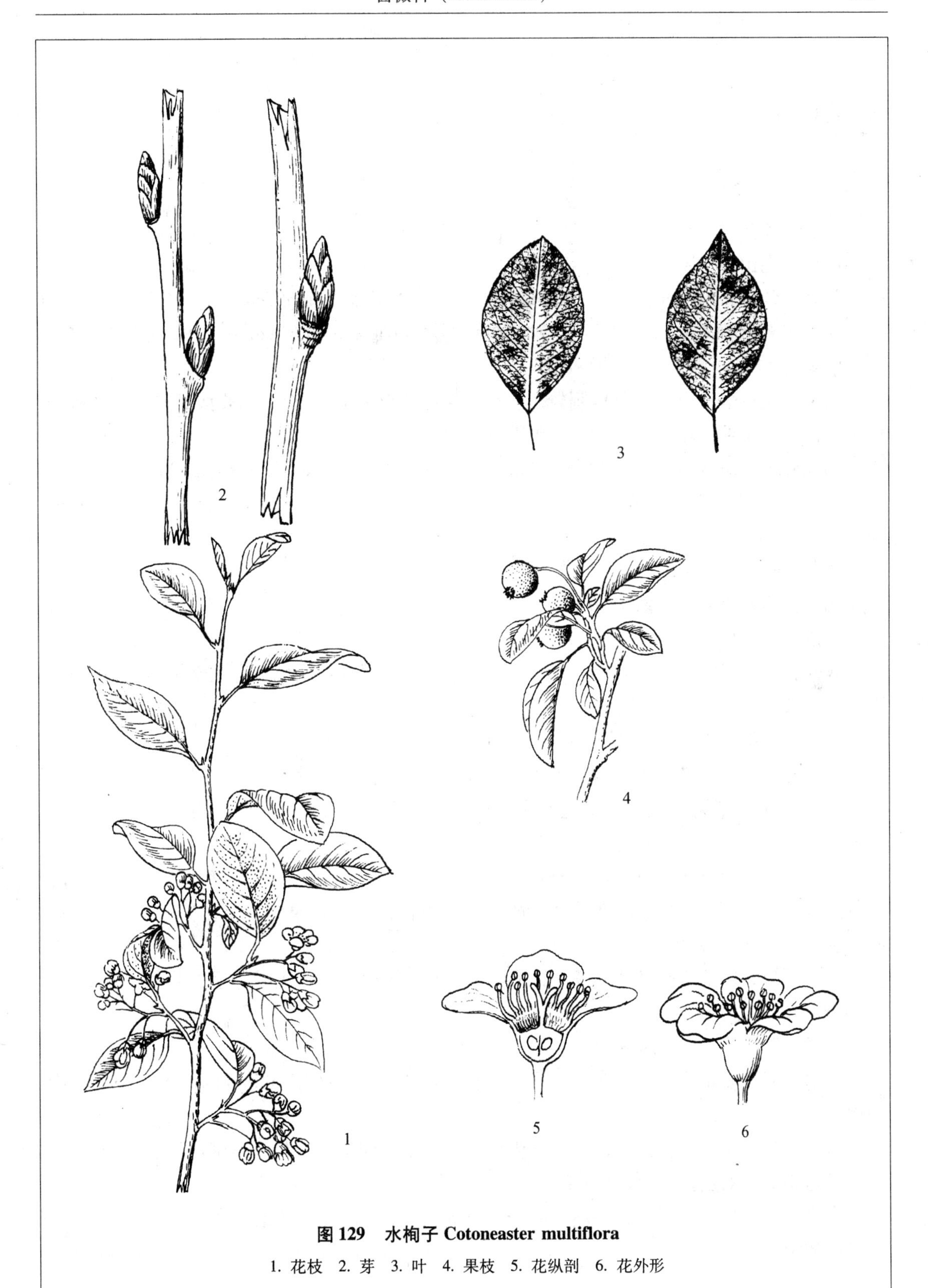

图 129　水栒子 *Cotoneaster multiflora*

1. 花枝　2. 芽　3. 叶　4. 果枝　5. 花纵剖　6. 花外形

毛山楂

科名： 蔷薇科（ROSACEAE）

中名： 毛山楂　图 130

学名： **Crataegus maximowiczii Schneid**.（属名为希腊文 krataigos 指一种多刺的开花灌木，来自 kratos 坚固的 + ago 携带；种加词为人名 Carl Johann Maximowicz，1827～1891，俄国植物学家）。

识别要点： 落叶小乔木；枝刺较短；单叶互生，叶片宽卵形，边缘有 3～5 对浅裂，背面密生白色长柔毛；花白色；果实球形，橙红色。

Diagnoses： Deciduous small tree；Branchlet thorns shorter；Leaves simple，alternate；Blades broad-ovate，3～5 pairs lobes on margins，white tomentose beneath；Flower white；Fruit a pome，globular，scarlet.

染色体数目： 2n＝34。

树形： 落叶小乔木，高 5～7m。

树皮： 红褐色，有光泽。

枝条： 小枝密被灰白色柔毛，2 年生枝条光滑，无毛，红紫色，老枝灰褐色，疏生长圆形皮孔，枝刺长约 1.5～3.5cm。

芽： 长卵形，先端钝圆，无毛，紫褐色。

叶： 托叶较大，半月形，边缘有粗大牙齿；单叶互生；叶片倒卵形，基部楔形，先端短渐尖，边缘有 3～5 对浅裂，裂片边缘有不规则的重锯齿，表面深绿色，有短柔毛，背面密生灰白色长绒毛，长 4～6cm，宽 3～5cm。

花： 顶生伞房花序；花白色，直径约 1.5cm；萼筒钟状，有灰白色柔毛，5 裂，裂片三角状披针形；花瓣近圆形；雌蕊多数；雌蕊子房下位；包埋在萼筒内，花柱 3～5 枚，基部有白色柔毛，柱头头状。

果： 梨果，球形，直径约 0.8cm，橙红色，幼时被柔毛，后光滑无毛，萼片宿存，内有 3～5 个硬骨质的小核。

花期： 5～6 月；果期：8～9 月。

习性： 喜光亦耐阴，喜肥沃、潮湿、排水良好的土壤。生于低海拔的杂木林中、林缘、河岸及路旁。

分布： 我国东北、内蒙古；也产于俄罗斯、日本及朝鲜；吉林省东部山区各地均产。

抗寒指数： 幼苗期 I，成苗期 I。

用途： 果可食，也可制造果酒、果酱；树形及叶、花、果，美观，可供绿化观赏用；又是良好的蜜源植物。

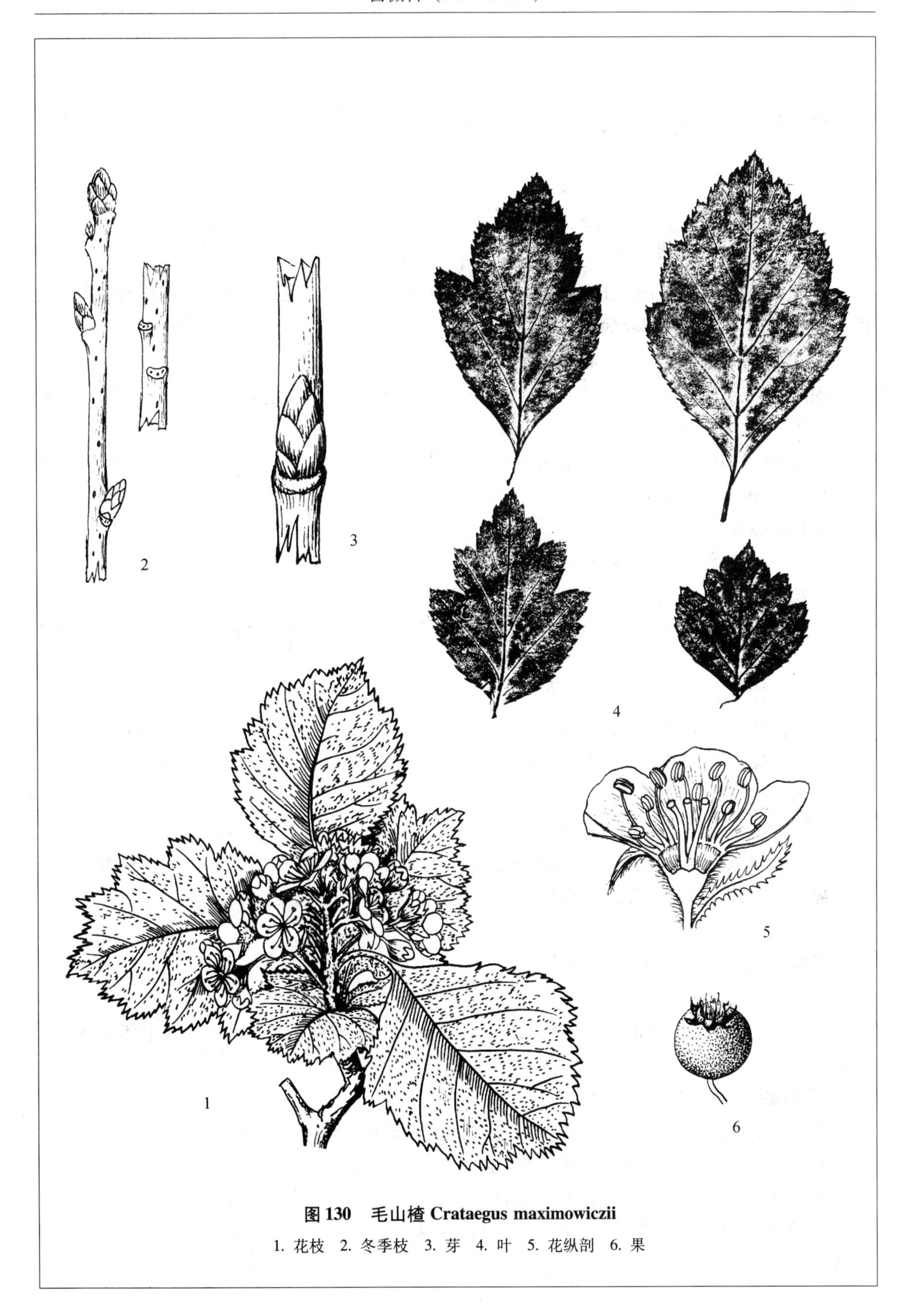

图 130 毛山楂 Crataegus maximowiczii

1. 花枝 2. 冬季枝 3. 芽 4. 叶 5. 花纵剖 6. 果

山楂

科名：蔷薇科（ROSACEAE）

中名：山楂 山里红 图 131

学名：Crataegus pinnatifida Bunge（属名源自希腊文 krataigos，是一种多刺的灌木；种加词的意思为“具羽状裂片的”）。

A. **山楂**（原变种）var. pinnatifida

识别要点：落叶小乔木；枝有刺；单叶互生，羽状深裂；花白色；梨果，近球形，有 3~5 个小核。

Diagnoses: Deciduous tree, armed with sharp thorns; Leaves alternate, pinnately lobed; Flowers white; Fruit a pome, subglobose, with 3~5 hard pits.

染色体数目：2n=34。

树形：落叶乔木，高 5~7m。

树皮：暗灰色，粗糙，纵浅裂。

枝条：老枝灰褐色，无毛，有刺，当年生枝紫褐色，有光泽，有纵棱，皮孔椭圆形，灰白色。

芽：宽卵形，先端钝圆，紫褐色，无毛，芽鳞多片。

叶：托叶大，半圆形，边缘有锯齿；叶片互生，宽卵形或长圆状卵形，基部楔形或截形，先端渐尖，边缘有 5~7 裂，叶缘有锯齿，表面暗绿色，背面淡绿色，脉上有短柔毛，长 6~8cm，宽 5~6.5cm。

花：复伞房花序，由 15~20 朵花组成；花直径 7~12mm，白色或略带粉红色；萼 5 裂，裂片三角形或宽披针形；花瓣 5，倒卵形或近圆形；雄蕊多数；花柱 3~5，基部有柔毛。

果：梨果，近球形，深红色有灰白色的斑点，花萼宿存，直径 1~1.5cm，内有 3~5 个小核。

花期：5~6 月；果期：9~10 月。

习性：喜光，耐干旱及瘠薄土壤。常生于低海拔的山坡、林缘。

分布：我国东北、华北及西北各地；也产于朝鲜、俄罗斯；吉林省东部及中部各地都有分布。

抗寒指数：幼苗期 I，成苗期 I。

用途：果可食，味道酸甜，还可酿酒，制造山楂糕、果丹皮等食品；花白，叶绿，果红，是庭园绿化、彩化的优良树种；又是良好的蜜源植物。

B. **无毛山楂**（变种）var. psilosa Schneld. 叶片，花梗及花萼上无毛。

C. **大果山楂**（变种）var. major N. E. Br. 果大，直径达 3cm，叶片大，分裂较浅。为重要栽培果树。

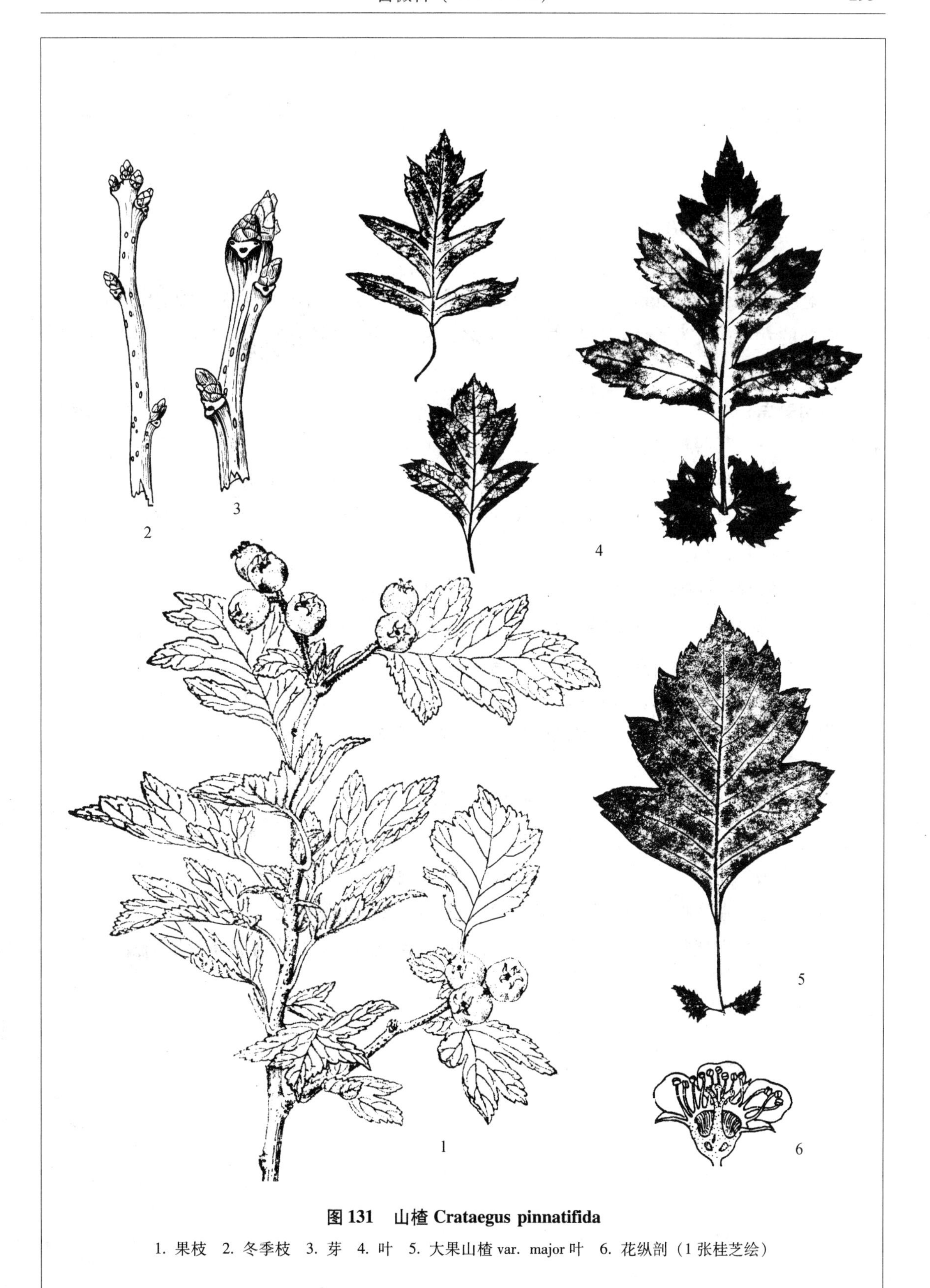

图 131　山楂 Crataegus pinnatifida

1. 果枝　2. 冬季枝　3. 芽　4. 叶　5. 大果山楂 var. major 叶　6. 花纵剖（1 张桂芝绘）

宽叶仙女木

科名： 蔷薇科（ROSACEAE）

中名：宽叶仙女木　八瓣莲　图 132

学名：Dryas octopetala L. var. asiatica Nakai（属名为希腊神话中女神名 Dryades，是主神宙斯的女儿；又为居住在森林中的女神名；种加词为“具有八个花瓣的”；变种加词为“亚洲的”）。

识别要点： 常绿灌木；主茎匍匐；叶椭圆形或长圆形，圆形齿，互生，叶背有白绒毛；花单生，白色，花瓣 8 枚；瘦果，花柱宿存，羽毛状。

Diagnoses： Evergreen shrub；Stem creeping；Leaves elliptic or oblong，crenate，alternate，white-tomentose beneath；Flower solitary，white，petals 8；Fruit achenes，plumose styles persistent.

染色体数目： 2n = 18。

树形： 常绿小灌木，主茎匍匐，直立茎高约 10cm。

枝条： 主茎红褐色，皮粗糙，纵裂，成条状，在节上有不定根生出。

芽： 卵形，红褐色，先端钝圆头，芽鳞多数复瓦状排列。

叶： 常绿；单叶互生，有长柄，叶柄基部渐宽；叶片近革质，椭圆形或长圆形，基部圆形，先端钝圆形，边缘有钝齿，表面暗绿色，背面密被白色绵绒毛，长 1 ~ 1.3cm，宽 0.7 ~ 1cm。

花： 单生，花梗密被白色棉毛；萼片 8 ~ 9 枚，披针形，边缘有长柔毛，背部有腺毛；花瓣 8 ~ 9，白色，倒狭卵形；雄蕊多数；雌蕊多数，分离，子房长圆状，上有长的花柱。

果： 瘦果，卵形，有柔毛，上有宿存的花柱，羽毛状，白色。

习性： 喜生在海拔 2000m 左右的高山冻原或高山砾石地。

分布： 吉林省抚松、安图及长白等县的长白山高山冻原带；也分布于俄罗斯及朝鲜。

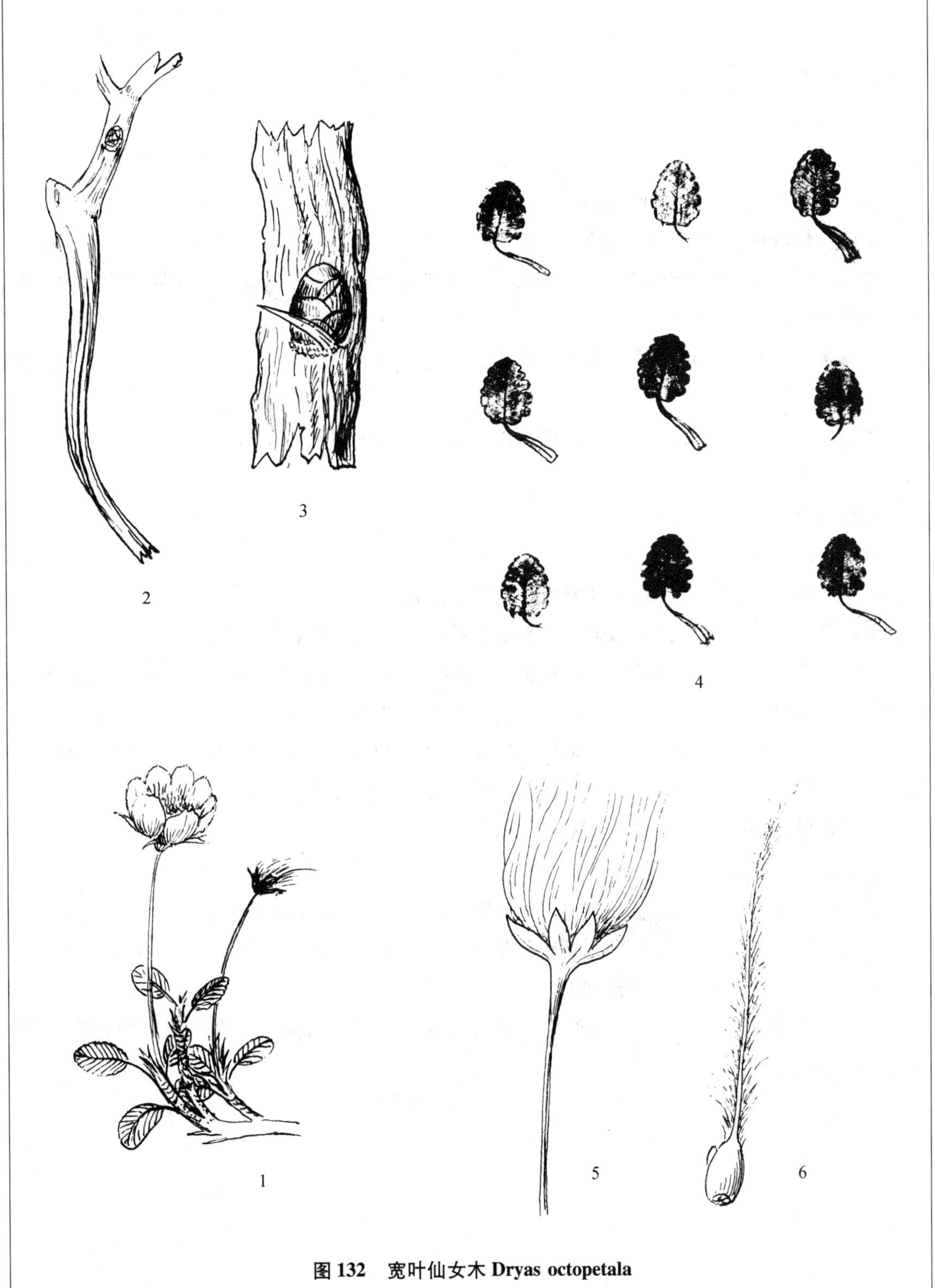

图 132　宽叶仙女木 Dryas octopetala

1. 带花植株　2. 冬季枝　3. 芽　4. 叶　5. 果枝　6. 瘦果

齿叶白鹃梅

科名：蔷薇科（ROSACEAE）

中名：齿叶白鹃梅　榆叶白鹃梅　图133

学名：Exochorda serratifolia S. Moore（属名为希腊文 exo 外部 + chorde 绳索；种加词为“锯齿叶子的)。

识别要点：落叶灌木；单叶互生；花大，白色，直径3～4cm；果为蒴果，有5棱，倒卵形。

Diagnoses: Deciduous shrub; Leaves simple, alternate; Flowers white, 3～4 cm in diam; Capsule, 5 ridges, obovoid.

染色体数目：2n＝16。

树形：落叶灌木，高约3m。

枝条：圆柱形，无毛，幼时红紫色，老枝灰紫色。

芽：冬芽显著，卵形，先端微钝，无毛，芽鳞紫红色，复瓦状排列。

叶：单叶互生；叶片无托叶，叶柄长1～2cm；叶片椭圆形或长圆状倒卵形，基部楔形，先端急尖，叶缘中部以上有锯齿，表面无毛，背面有簇毛，长3～5cm，宽1.5～3cm。

花：总状花序；花白色，大，直径3～4cm；萼裂片5，裂片三角状卵形，无毛；花瓣长圆形或倒卵形，先端钝圆或微凹，基部有长爪；雄蕊多数；雌蕊由5心皮构成，花柱分离。

果：蒴果，倒圆锥形，有5条棱脊，无毛。

花期：5～6月；果期：7～9月。

习性：喜光，喜肥沃及略潮湿土壤。多生于低海拔的林缘及灌丛中。

分布：我国华北及东北南部；朝鲜也有分布；吉林省南部的集安市古马岭有野生的。

抗寒指数：幼苗期III，成苗期II。

用途：花大，鲜艳而美丽，可作为庭园绿化观赏树木；目前在长春市苗圃中有栽培的，生长及越冬情况良好。

图 133　齿叶白鹃梅 Exochorda serratifolia

1. 花枝　2. 冬季枝　3. 芽　4. 叶　5. 果　6. 花纵剖

花红

科名：蔷薇科（ROSACEAE）

中名：花红　沙果　图 134

学名：**Malus asiatica Nakai**（属名为苹果属的拉丁文原名；种加词意思为“亚洲的”）。

识别要点：落叶小乔木；单叶互生，叶片卵形或倒卵形；花淡粉红色；果直径 4 ~5cm。

Diagnoses：Deciduous tree；Leaves alternate，blades ovate or obovate；Flowers light pink；Fruit a pome，4 ~5 cm in diameter.

树形：落叶小乔木，高 3 ~5m。

树皮：树皮光滑，灰褐色，有浅的纵裂。

枝条：有长、短枝之别，紫褐色，幼枝有柔毛，皮孔灰白色，不太明显。

芽：卵圆形，红褐色，芽鳞多片，生有白色柔毛，枝端的顶芽较大。

叶：互生或在短枝端丛生；叶片卵圆形或椭圆形，基部圆形或宽楔形，先端急尖或圆形略具突尖，边缘有细锯齿，表面深绿色，有柔毛，背面淡绿色，密被短柔毛，长 5 ~11cm，宽 4 ~5. 5cm。

花：伞房花序生于短枝顶端，4 ~7 朵花；花淡粉色，直径 3 ~4cm；萼筒钟形，裂片三角形，有柔毛；花瓣倒卵形；雄蕊多数，花柱 4 ~5，基部联合，具长柔毛。

果：扁卵形或扁球形，红色或黄色，皮光滑，果柄处和顶端凹陷，花萼宿存，直径 4 ~5cm。

花期：5 月；果期：8 ~9 月。

习性：喜光，喜生于肥沃、略干旱的土壤中。

分布：原产于华北及西北，目前全国各地皆有栽培，品种很多，变异大；吉林省中部半山区常见栽植。

抗寒指数：幼苗期 II，成苗期 I。

用途：树形美观，春季赏花，秋季尝果，是常见的果树和绿化、彩化的树种；又是良好的蜜源植物。

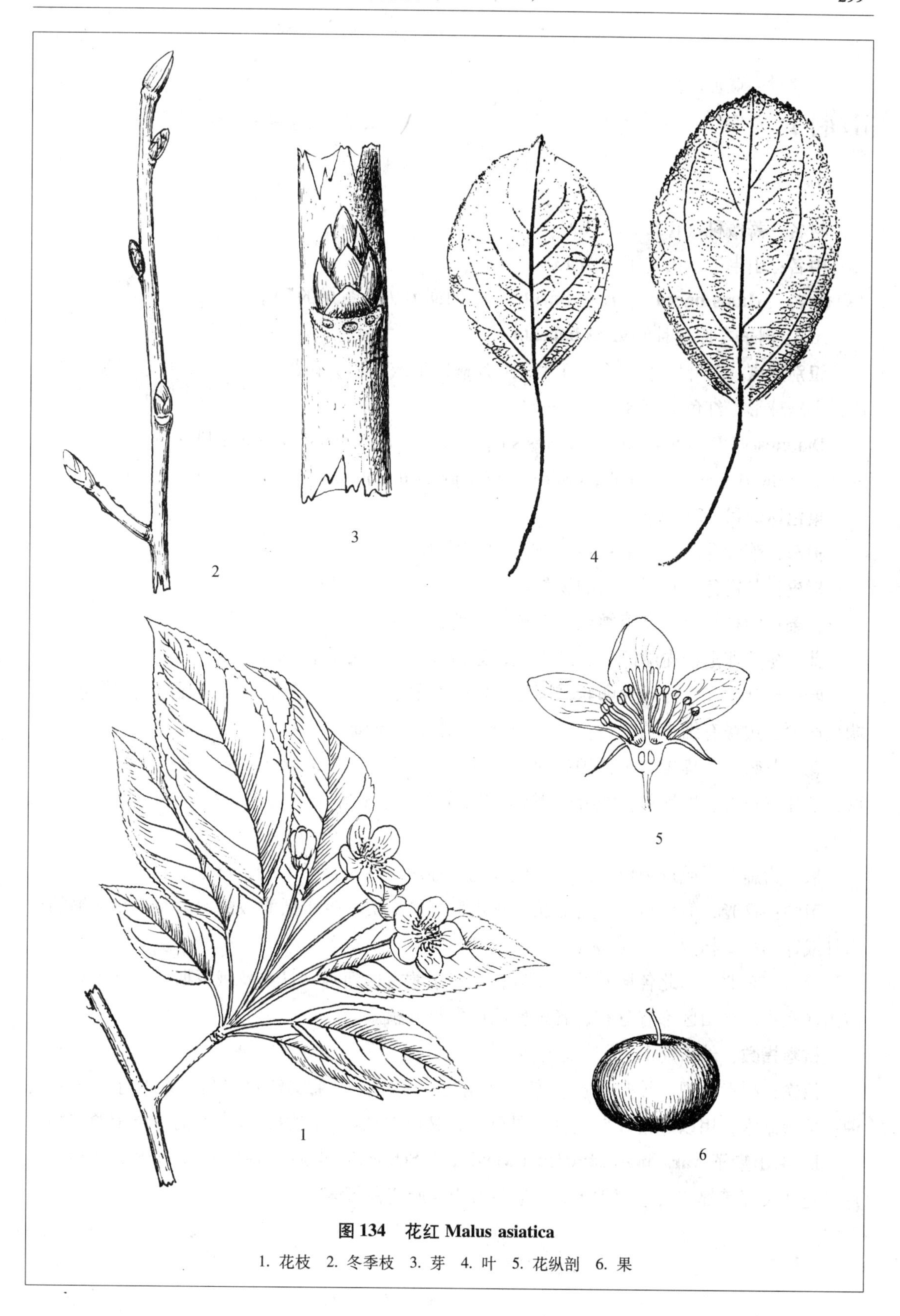

图 134　花红 Malus asiatica

1. 花枝　2. 冬季枝　3. 芽　4. 叶　5. 花纵剖　6. 果

山荆子

科名：蔷薇科（ROSACEAE）

中名：山荆子 山定子 图135

学名：Malus baccata（L.）Borkh.（种加词为“具浆果的”）。

A. **山荆子**（原变种）**var. baccata**

识别要点：落叶乔木；单叶互生，叶片椭圆形或卵形；花数朵，集生在短枝顶端，粉红色；果扁球形，红色，直径8～10mm。

Diagnoses： Deciduous tree；Leaves simple，alternate，elliptic or ovate；Flowers few growth on the top of dwarf branches，pink；Fruit a pome，pressed globular，red，8～10 mm in diameter.

染色体数目：2n＝34。

树形：落叶乔木，高4～10m；树冠宽卵圆形。

树皮：灰褐色，有不规则的纵裂。

枝条：幼枝绿色，有短柔毛，老枝灰褐色，无毛。

芽：冬芽卵形，先端渐尖，红褐色，芽鳞多数，有柔毛。

叶：单叶，互生；叶片卵状椭圆形，嫩叶有柔毛，老叶无毛，基部近圆形或宽楔形，顶端短渐尖，边缘有细小的锯齿，长2～8cm，宽1.2～6cm。

花：花数朵，集生于短枝顶端成伞形花序；花直径3～3.5cm，粉红色；萼片基部成筒形，裂片三角形、披针形；花瓣长圆形；雄蕊多数，不等长；花柱5枚，基部合生，有长柔毛。

果：为扁圆形或近圆形，红色或橘红色，萼片脱落，直径1～1.3cm。

习性：喜光，但也耐阴，喜肥沃、排水良好的土壤。生于低海拔的山坡及河流两侧的杂木林或针阔混交林内。

分布：东北、西北各地及黄河流域；也产于蒙古、朝鲜、日本及俄罗斯；吉林省东部长白山区及中部半山区都有分布，各地庭园中常见栽植。

抗寒指数：幼苗期Ⅰ，成苗期Ⅰ。

用途：树形美观，枝叶繁茂，春季开花粉红色，秋季果实红色，为优良的绿化观赏树种；可做砧木，用以嫁接优良品种；果可食，又可作糕点及酿酒；是春季的重要蜜源植物。

B. **毛山荆子 var. mandshurica（Maxim.）Schneid.** 与原变种区别处在于：叶柄、叶片、花梗及萼筒都有白色短柔毛，其他各项均与原变种相同。

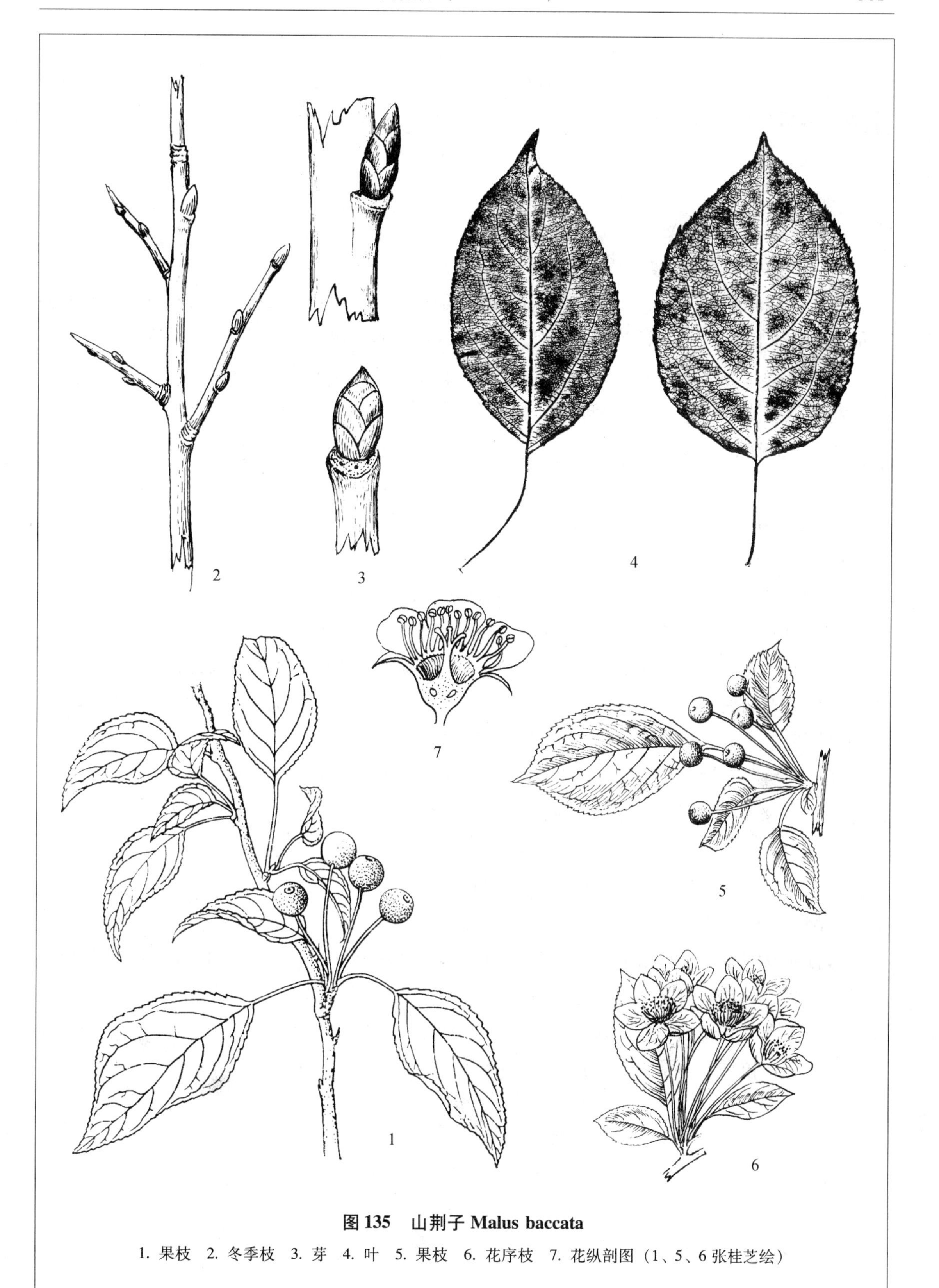

图 135　山荆子 *Malus baccata*

1. 果枝　2. 冬季枝　3. 芽　4. 叶　5. 果枝　6. 花序枝　7. 花纵剖图（1、5、6 张桂芝绘）

山楂海棠

科名：蔷薇科（ROSACEAE）

中名：山楂海棠　薄叶山楂　山苹果　图136

学名：Malus komarovii（Sarg.）Rehd.—Crataegus komarovii Sarg.—Crataegus tenuifolia（non Britton）Kom.（种加词为人名V. L. Komarov，1869~1946，俄国植物学家）。

识别要点：落叶小乔木；单叶，互生；叶片宽椭圆形或近圆形，3~5掌状裂；伞房花序，花白色或淡粉红色；果实为梨果，橘红色。

Diagnoses：Deciduous small tree；Leaves simple，alternate；Blades broad-elliptical or nearly orbicular，3~5 lobed；Corymb；Flowers white to light pink；Fruit a pome，scarlet.

树形：落叶小乔木，高2~5m。

树皮：灰褐色。

枝条：小枝灰红褐色，分枝少，直立或稍弯曲，有节瘤。

芽：卵形，短枝顶端的宽卵形，红褐色，芽鳞多片，边缘有白色睫毛。

叶：单叶互生或于短枝上簇生，有长柄；叶片质地较薄，宽椭圆形或近圆形，基部心形或近圆形，先端短渐尖或突尖，叶缘有5~7裂，裂片宽三角形，边缘有锯齿，表面深绿色，背面淡绿色，无毛，长3~5cm，宽2.5~4.5cm。

花：伞房花序生于枝端，有花5~10朵；花白色或淡粉红色；花梗无毛，苞片线形；萼筒宽钟形，萼裂片三角状卵形，先端渐尖；花瓣5，近圆形，先端钝圆形，基部有爪；雄蕊20枚，花药淡红色；花柱3~4，基部愈合。

果：梨果，近球形，直径8~10mm，萼片宿存。

花期：6月；果期：8~9月。

习性：喜光并耐阴，喜肥沃、潮湿土壤。多生于海拔1000~1300m的针阔混交林或针叶林的林缘、疏林中及林间空地等处。

分布：吉林省长白山区的长白、抚松、安图、珲春及和龙等县。

备注：本植物为珍稀物种，是国家二级保护植物。

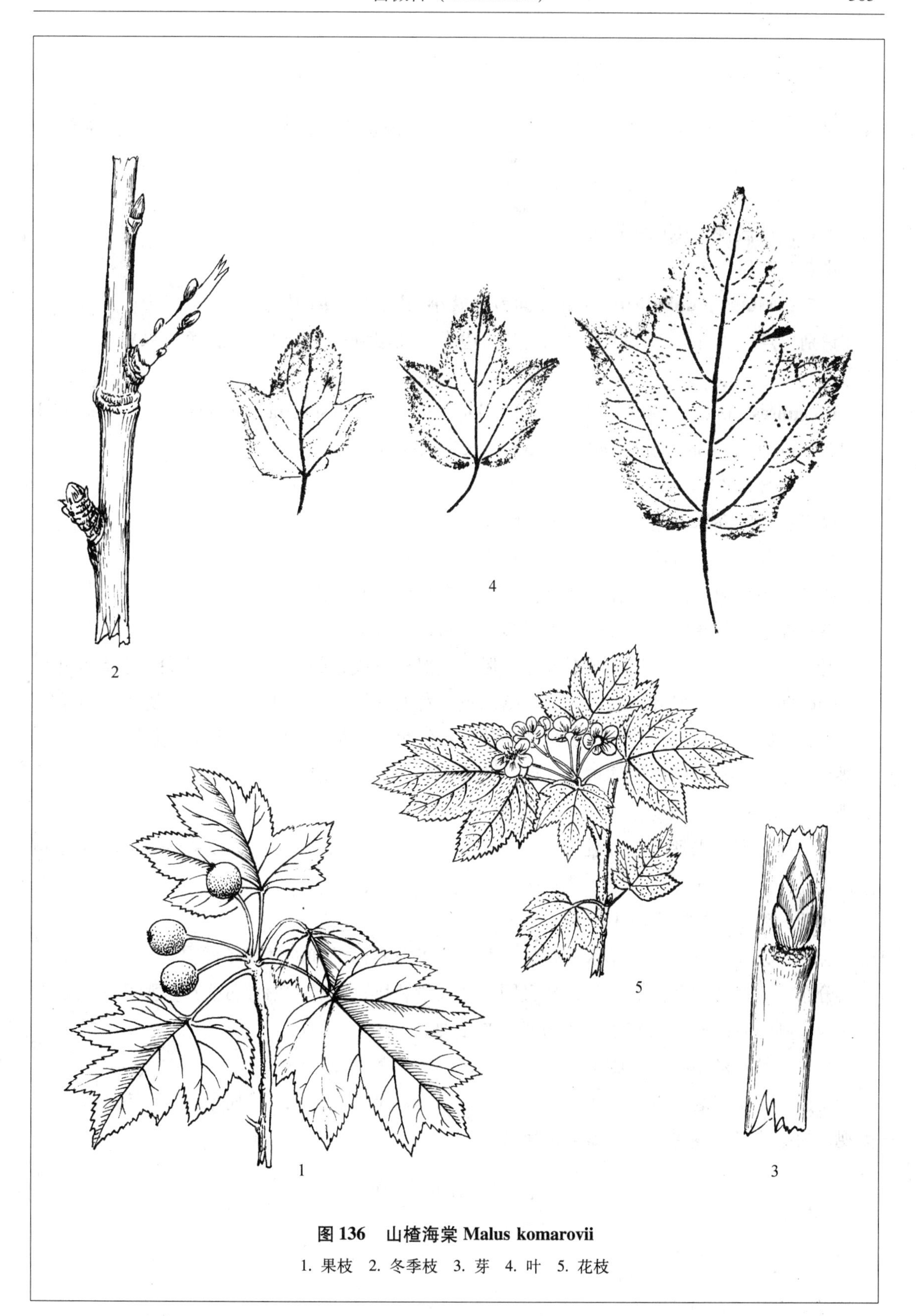

图 136　山楂海棠 Malus komarovii

1. 果枝　2. 冬季枝　3. 芽　4. 叶　5. 花枝

苹果

科名：蔷薇科（ROSACEAE）

中名：苹果　图 137

学名：Malus pumila Mill.（种加词为“矮小的”、“矮生的”）。

识别要点：落叶乔木；叶互生，单叶，边缘有钝锯齿；花粉红色或白色；果扁球形；萼片宿存。

Diagnoses：Deciduous tree；Leaves alternate，simple，obtuse serrates on margin；Flowers pink or white；Fruit a pome，depressed globuler，sepals persistent.

染色体数目：2n = 34。

树形：落叶乔木，高达 12m；树冠卵圆形。

树皮：灰褐色，有浅裂。

枝条：短而粗，圆柱形，幼枝密被绒毛，老枝紫褐色，无毛。

芽：卵形，先端钝，红褐色，芽鳞多片，密被短绒毛。

叶：单叶，互生；叶片椭圆形或卵圆形，基部楔形或近圆形，先端短渐尖，边缘有钝锯齿，幼时两面有毛，成叶后表面无毛，暗绿色，背面淡绿色，长 4.5 ~ 10cm，宽 3 ~ 6cm。

花：数朵生于短枝顶端，成伞形花序状，粉红色，直径 3 ~ 4cm；萼筒外被有白色绒毛，萼裂片三角形，全缘，内外均被有绒毛；花瓣倒卵形，基部有短爪；雄蕊多数；花柱 5，下半部合生，密被白色绒毛。

果：扁球形，果柄及花萼处凹陷；有光泽，颜色因品种而异，红、黄、绿等，花萼宿存，直径一般在 5cm 以上。

花期：5 月；果期：8 ~ 10 月。

习性：喜光，喜肥沃、排水良好的土壤，要求凉爽而温和的气候条件。

分布：原产欧洲及亚洲中部，现我国北方大量栽培；吉林省南部可生产大型苹果，老岭以北地区则适宜栽植果实较小、较为耐寒的品种。

抗寒指数：幼苗期 II，成苗期 I。

用途：为世界著名果树，可生食或加工成果脯、果酱、果酒等；树形、叶、花、果都很美观，为绿化良好树种；又是重要的蜜源植物。

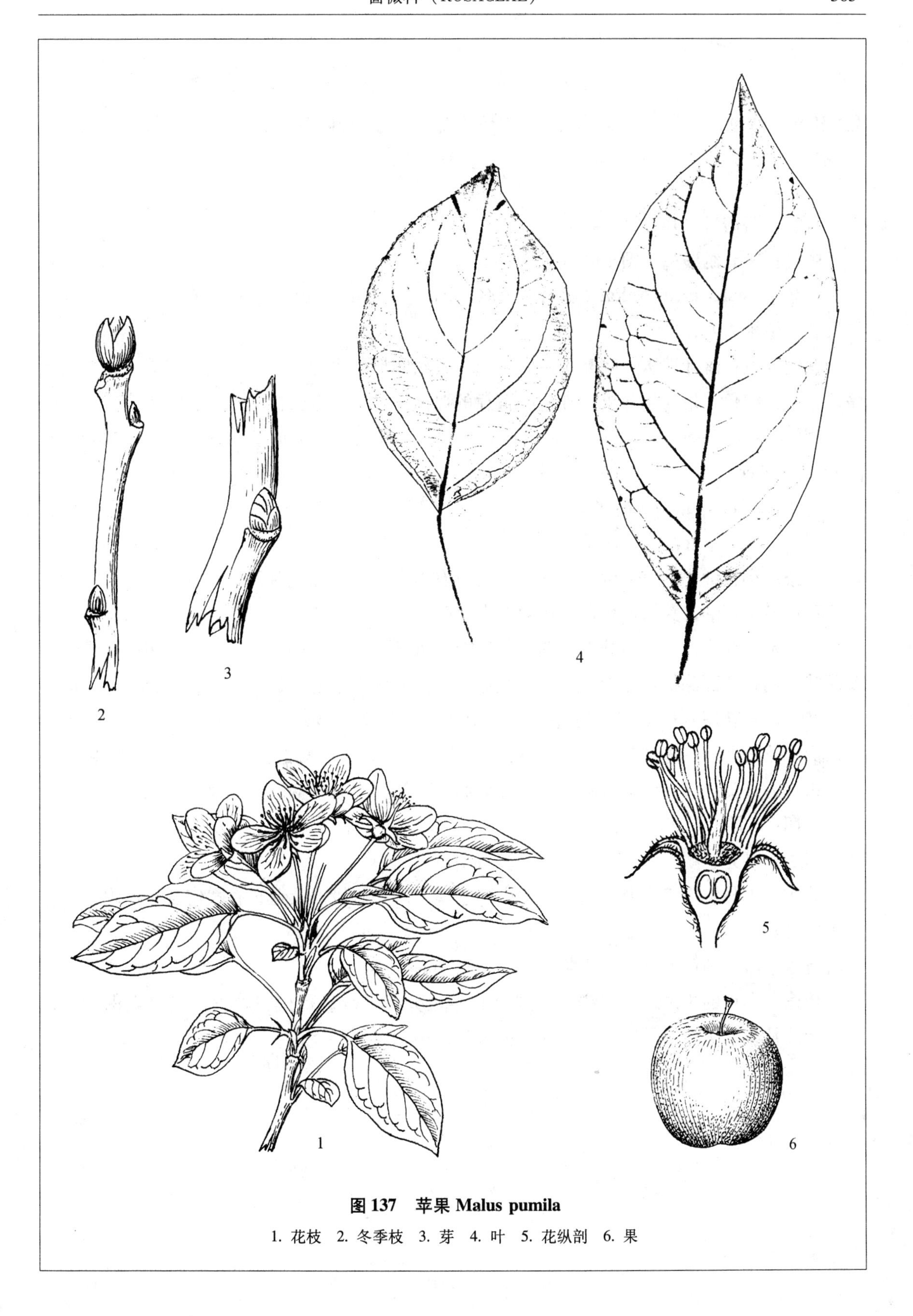

图 137　苹果 Malus pumila

1. 花枝　2. 冬季枝　3. 芽　4. 叶　5. 花纵剖　6. 果

东北绣线梅

科名： 蔷薇科（ROSACEAE）

中名：东北绣线梅 图 138

学名：Neillia uekii Nakai（属名为人名，Patrick Neill，1766～1858，英国人；种加词也是人名，植木秀幹，1882～？日本人）。

识别要点： 落叶灌木；叶互生，卵形或椭圆状卵形，边缘有重锯齿或羽状缺刻；总状花序，花浅粉红色；果为蓇葖果，外包有宿存的萼筒，萼筒上有长柄的腺毛及短柔毛。

Diagnoses： Deciduous shrub；Leaves alternate，ovate or elliptical-ovate，double serrates or pinnate-notched；Raceme；Flowers light pink；Fruit follicle，covered with persistent calyx tube，stalked glands and pubescent on it.

树形： 直立落叶灌木，高达 1～1.5m。

枝条： 小枝细弱，有纵棱，红褐色，幼时有短柔毛，老时脱落，紫褐色。

芽： 冬芽卵形，芽鳞紫褐色，边缘有白色睫毛。

叶： 单叶互生；叶片卵圆形至椭圆状卵形，基部圆形至截形，先端渐尖，边缘有重锯齿及羽状缺刻，表面深绿色，无毛，背面淡绿色，沿叶脉有柔毛，长 3～6cm，宽 2～4.5cm。

花： 总状花序，有花 10～25 朵；花浅粉红色，直径 5～6mm；萼筒钟状，萼 5 裂，裂片三角形；花瓣匙形，先端钝；雄蕊 15 枚，着生于萼筒边缘；雌蕊子房 1～2，花柱顶生。

果： 为蓇葖果，外包有椭圆形的宿存萼筒，萼筒上生有带柄的腺毛及短柔毛。

花期： 6 月；果期：8 月。

习性： 喜光，耐寒，耐干旱，生于多石山坡灌丛中。

分布： 吉林省集安市老虎哨，位于中朝边境中国一侧境内及辽宁省宽甸县长甸附近；也产于朝鲜。

抗寒指数： 幼苗期 II，成苗期 I。

用途： 本种的主产地在朝鲜，我国只有零星分布，数量稀少，珍贵，应重点保护；枝条、叶片及花朵美丽，是珍稀的园林绿化观赏树种。

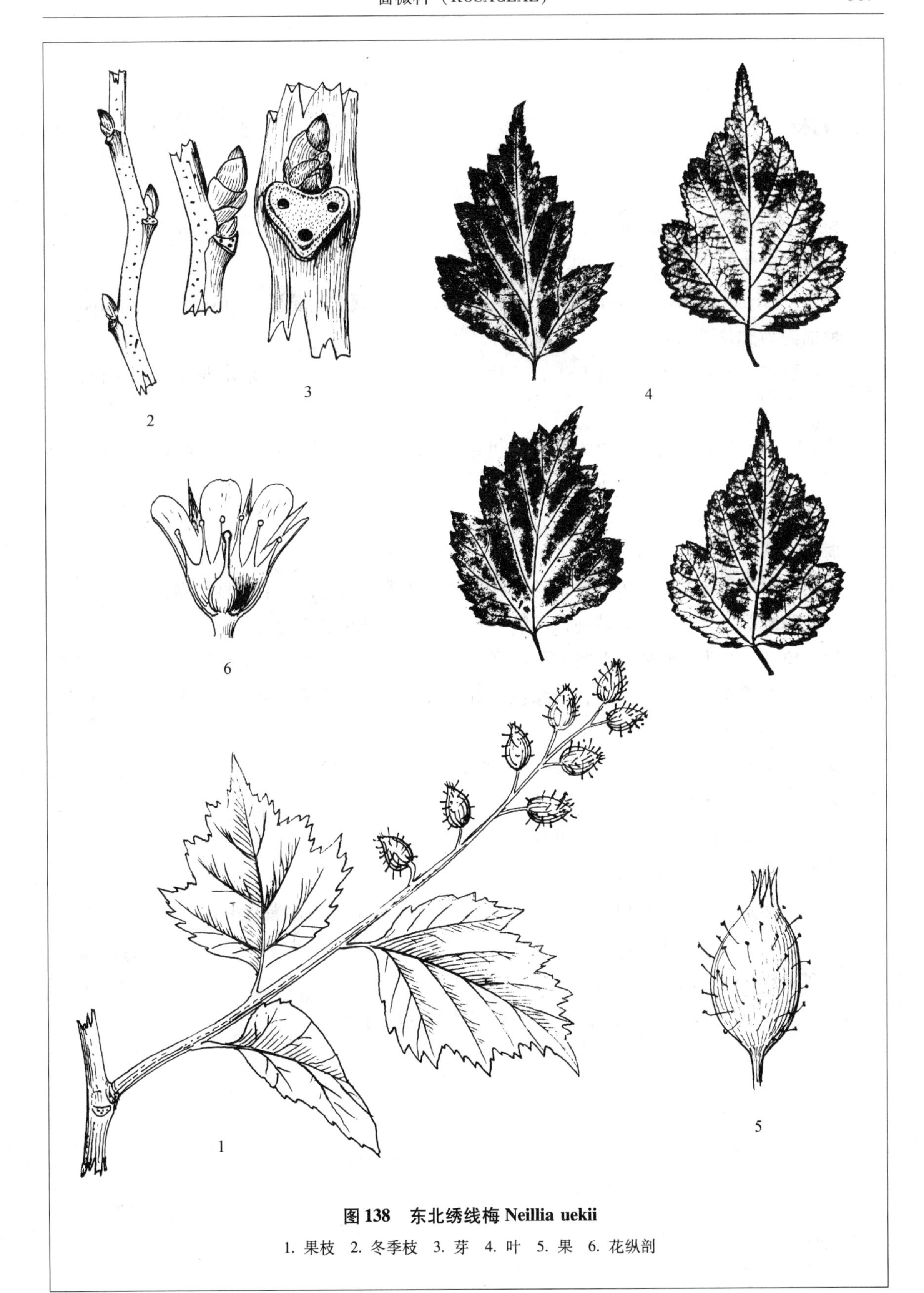

图 138　东北绣线梅 Neillia uekii

1. 果枝　2. 冬季枝　3. 芽　4. 叶　5. 果　6. 花纵剖

风箱果

科名：蔷薇科（ROSACEAE）

中名：风箱果 托盘幌子 图139

学名：Physocarpus amurensis（Maxim.）Maxim.（属名为希腊文 physa 汽囊 + carpos 果实；种加词为黑龙江的）。

识别要点：落叶灌木；单叶互生，叶片宽卵形，有3～5浅裂；伞房花序，花白色；蓇葖果。

Diagnoses：Deciduous shrub；Leaves simple，alternate，blades broadly ovate，3～5 lobed；Corymb，flowers white；Fruit follicles.

染色体数目：2n＝18。

树形：落叶灌木，高达3m。

枝条：树皮纵向剥裂，黄褐色，幼枝红褐色，光滑，无毛，有不明显的纵棱。

芽：卵圆形，紫褐色，先端钝，芽鳞多片，边缘有短的白色睫毛。

叶：单叶，互生；叶片三角状卵形或宽卵形，上部3～5裂，基部心形或宽楔形，顶端渐尖，边缘有重锯齿，表面无毛，暗绿色，背面淡绿色，有柔毛，沿主脉处较密，长3.5～5.5cm，宽3～5cm。

花：顶生伞房花序，直径3～4cm；花白色，萼片三角形，有星状绒毛；花瓣倒卵形；雄蕊多数，花药紫褐色；雌蕊2～4，有星状绒毛。

果：蓇葖果，卵形，开裂，黄褐色，有星状毛。

花期：6月；果期：8月。

习性：喜光，喜肥沃及潮湿的土壤。多生于700m以上的山地灌丛中。

分布：黑龙江及河北有野生的；朝鲜、俄罗斯也有分布；吉林省各地庭园常见栽培。

抗寒指数：幼苗期Ⅰ，成苗期Ⅰ。

用途：花、叶及果很美观，是北方城市绿化的优良树种。

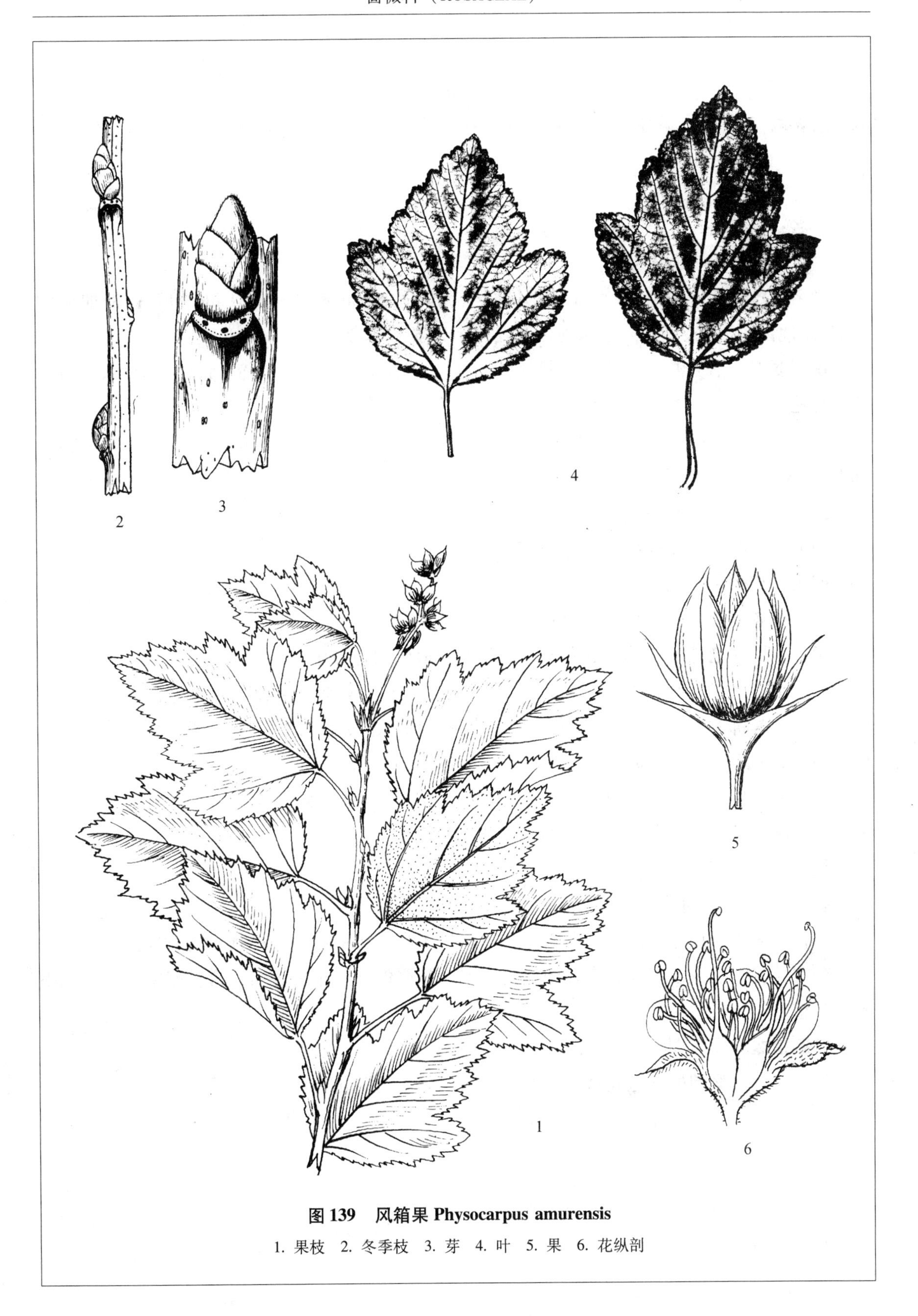

图 139　风箱果 Physocarpus amurensis

1. 果枝　2. 冬季枝　3. 芽　4. 叶　5. 果　6. 花纵剖

银老梅

科名：蔷薇科（ROSACEAE）

中名：银老梅 图 140

学名：Potentilla davurica Nestl.（属名为拉丁文 potens 强有力 + illo 扭转；种加词为“达乌尔地区”，泛指俄罗斯远东地区和我国小兴安岭一带）。

识别要点：落叶灌木；叶为羽状复叶，互生；小叶片多 5 枚，稀 3 枚；花单生，白色；瘦果有毛。

Diagnoses：Deciduous shrub；Leaves pinnate compound，alternate；Leaflets 5，rare 3；Flower solitary，white；Fruit achenes pubescent.

染色体数目：2n = 14。

树形：落叶灌木，高约 50cm，分枝茂密，斜生。

树皮：灰褐色，纵向条裂。

枝条：老枝有纵向条裂，幼枝有柔毛。

芽：包埋在老叶柄基部残留和膜质托叶共同形成的包被中。

叶：奇数羽状复叶，由 5 小叶组成，稀 3 枚；托叶膜质，与总叶柄基部合生，有长柔毛；小叶片基部圆形或楔形，先端钝头，全缘无齿，表面深绿色，背面灰绿色，无毛，长 1 ~ 1.5cm，宽 0.5 ~ 0.8cm。

花：通常生于叶腋处，单朵，白色，直径 1.5 ~ 2.5cm；萼筒钟形，有密柔毛，萼 5 裂，三角形，副萼 5，狭三角形，先端有时 2 裂；花瓣倒卵形，全缘。

果：瘦果，有柔毛。

花期：6 月；果期：8 ~ 9 月。

习性：喜光，耐寒，对土质要求不严。多生于高海拔的山坡、山顶多岩石处。

分布：我国黑龙江省大兴安岭地区；俄罗斯东西伯利亚也有分布；吉林省庭园及苗圃中常见栽植。

抗寒指数：幼苗期 I，成苗期 I。

用途：用于庭园的绿化观赏；花及叶可入药，主治消化不良及中暑等。

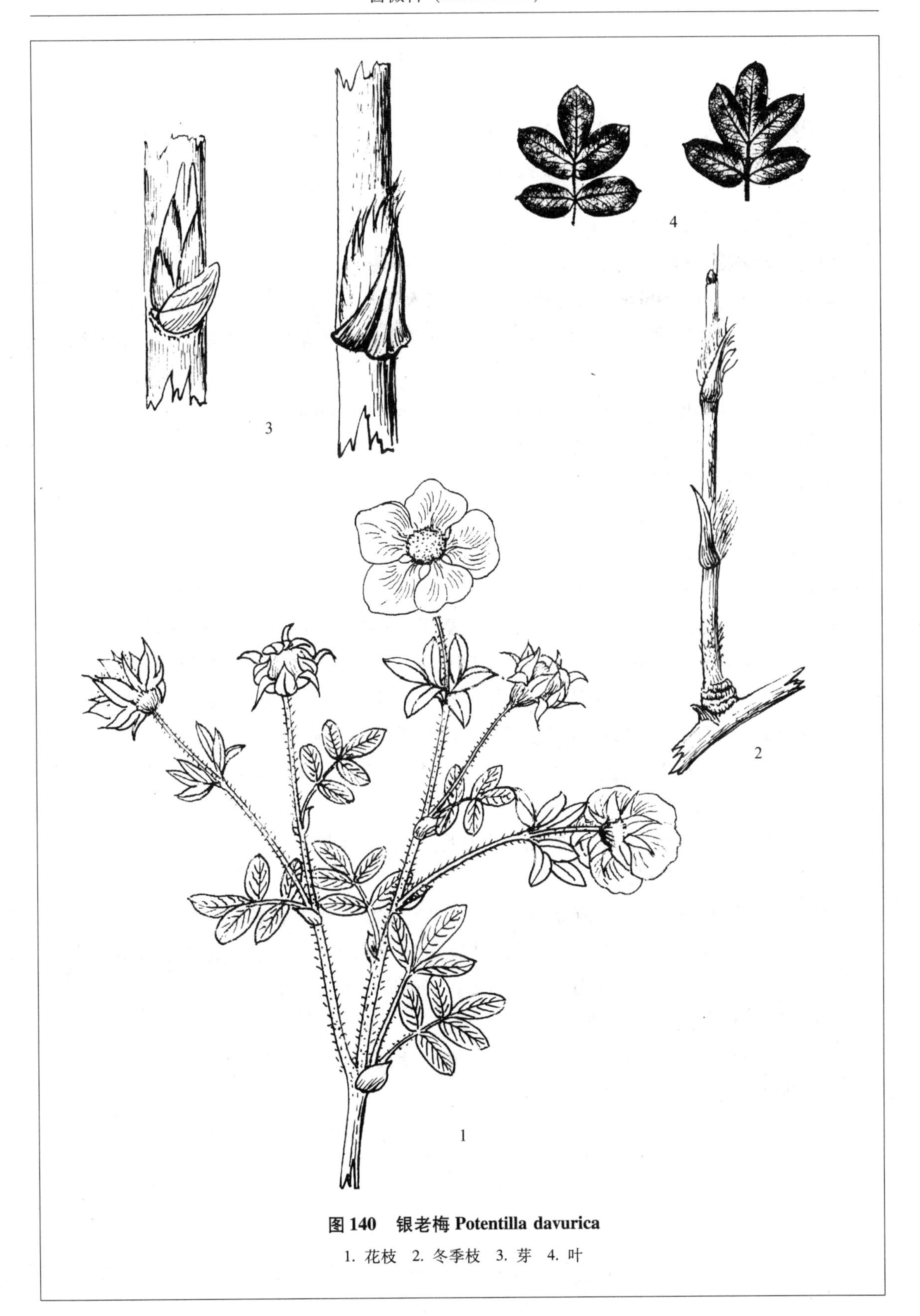

图 140　银老梅 *Potentilla davurica*

1. 花枝　2. 冬季枝　3. 芽　4. 叶

金老梅

科名：蔷薇科（ROSACEAE）

中名：金老梅 金露梅 图 141

学名：Potentilla fruticosa L.（种加词为“灌木状的”）。

识别要点：落叶灌木；叶复叶，互生；有 5 ~ 7 小叶；花单生或数朵组成伞房花序，黄色；结瘦果。

Diagnoses：Deciduous shrub；Leaves alternate，pinnately compound；Leaflets 5 ~ 7；Flower solitary or few on corymb，yellow；Fruit many achenes.

染色体数目：2n = 14，28，42。

树形：落叶灌木，高 1 ~ 1.5m。

树皮：灰色或灰褐色，成片状纵向剥裂。

枝条：红褐色，光滑无毛，有纵条裂。

芽：被老叶叶柄的基部包被，同时，叶柄基部的膜质托叶存留，有保护冬芽的作用。

叶：奇数羽状复叶，由 5 枚，稀 3 ~ 7 枚小叶组成；托叶膜质，与总叶柄下部合生，叶脱落后，托叶与叶柄基部宿存于枝上，有保护冬芽的作用；小叶片基部楔形，先端圆形，全缘，表面深绿色，有柔毛，背面浅绿色有毛，长 1 ~ 2.5cm，宽 3 ~ 7mm。

花：花萼 5 与 5 枚副萼合生成花托，绿色，有长毛；花瓣圆形，黄色，有爪；雄蕊多数；雌蕊多数，互相分离。

果：瘦果卵形，褐色，有宿存的花柱及柔毛。一般很少结果。

花期：6 ~ 10 月；果期：9 ~ 11 月。

习性：喜光，耐寒，喜潮湿肥沃的土壤。自生于林缘、草地和多石的山坡地。

分布：我国东北、西北、华北及西南各地。也产于俄罗斯、朝鲜、蒙古、日本，欧洲，北美也有分布。吉林省东部山区各地都有分布，各地庭园常见栽培。

抗寒指数：幼苗期 I，成苗期 I。

用途：是庭园绿化、彩化的优良花灌木，花期特长，自 6 月初直至 10 月末；幼叶可代茶；花入药可治消化不良、中暑等症。

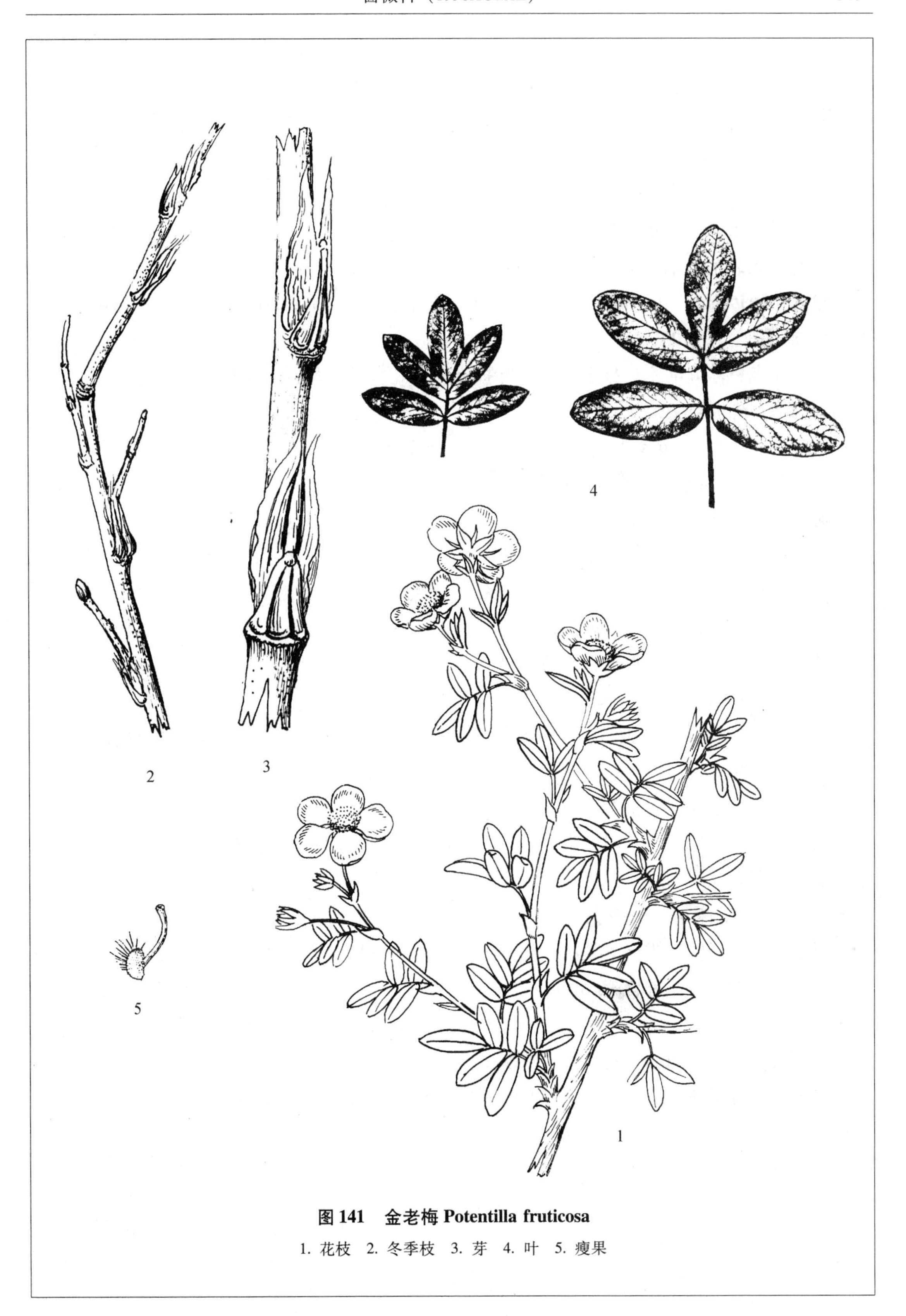

图 141　金老梅 *Potentilla fruticosa*

1. 花枝　2. 冬季枝　3. 芽　4. 叶　5. 瘦果

东北扁核木

科名：蔷薇科（ROSACEAE）

中名：东北扁核木 扁枣胡子 图142

学名：Prinsepia sinensis Oliv. ex Bean（属名为人名 James Princep，1977 ~1840，英国人；种加词是“中国的”）。

识别要点：落叶灌木；枝上有刺；叶披针形；花黄色，雌蕊的花柱生于子房的侧面；核果侧扁圆形，熟时红色。

Diagnoses： Deciduous shrub；armed with thorn on branches；Flower yellow，style on one side of ovary；Fruit drupe，depressed globular，red at ripping.

树形：落叶灌木，高1 ~3m。

枝条：直立，先端成拱形下垂；树皮灰褐色，小枝灰色或灰褐色，无毛，枝刺生于叶腋的芽上方，长约5 ~10mm，微弯，先端尖锐，无毛。

芽：小，灰褐色，生于叶腋处，枝刺之下，鳞片多数，无毛。

叶：单叶，互生；叶片披针形或宽披针形，基部楔形或圆形，先端渐尖，全缘无齿，两面无毛，长4 ~8cm，宽1 ~3cm。

花：1 ~4 朵簇生于叶腋；黄色；花柄长1 ~1.7cm；花直径1 ~1.5cm；萼筒浅杯形，无毛，萼裂片三角形，花后反折；花瓣黄色，倒卵形，先端钝圆；雄蕊10枚，生于萼筒边缘；雌蕊子房扁球形，花柱着生于一侧，无毛。

果：核果，圆形，两侧扁，直径1 ~1.5cm，鲜红色或暗红色，有长柄，果肉多汁，果核坚硬，表面有深的沟纹。

花期：5月；果期：8 ~9月。

习性：喜生于低海拔土壤肥沃、潮湿的杂木林内或林缘。

分布：我国东北三省皆有分布；也分布于朝鲜；吉林省东部山区及中部半山区各县（市）皆产。

抗寒指数：幼苗期Ⅰ，成苗期Ⅰ。

用途：木材坚硬，可沉水中，可制造手柄、炊具及细木工雕刻；适应性强，可作庭园观赏灌木。

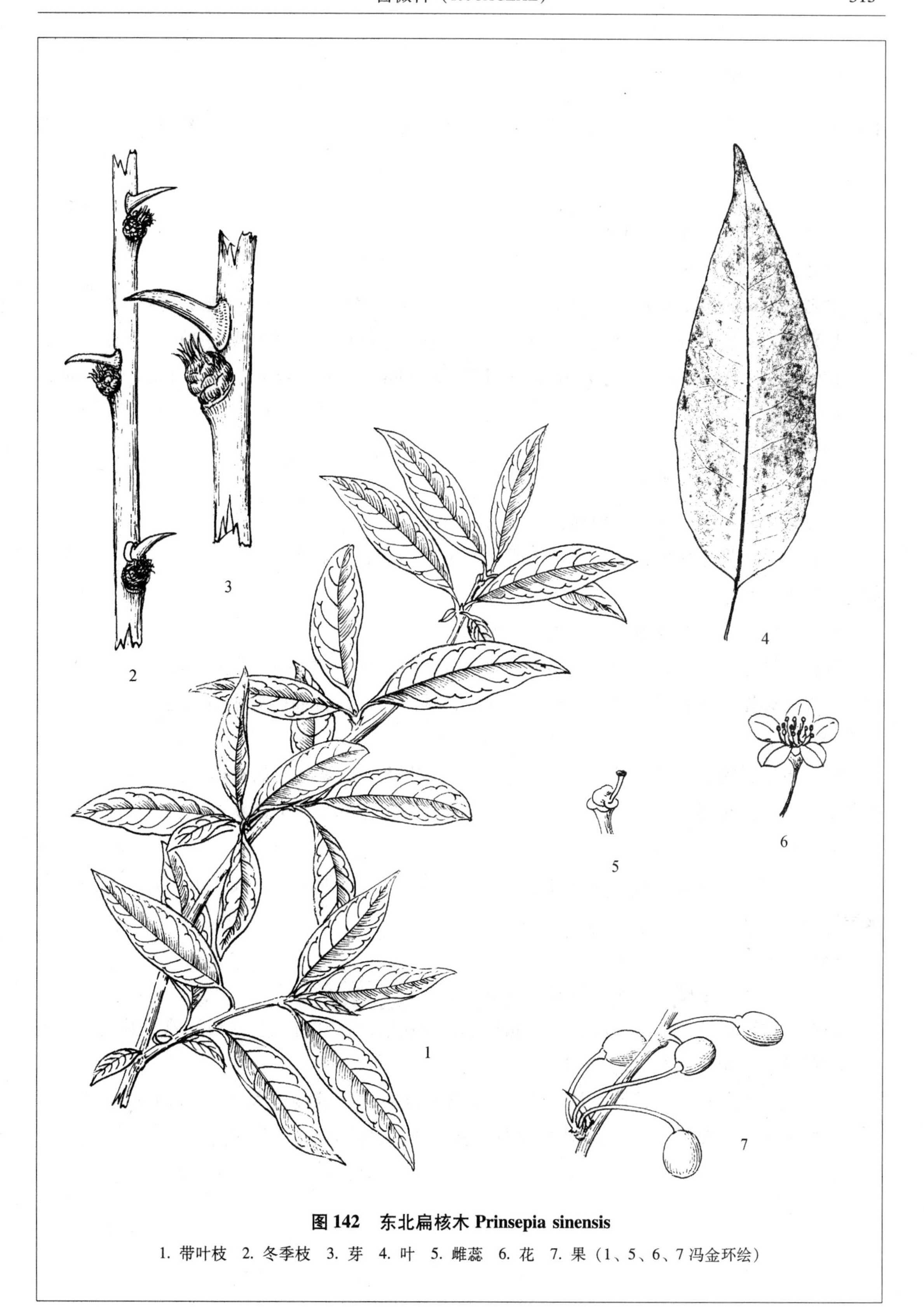

图 142　东北扁核木 *Prinsepia sinensis*

1. 带叶枝　2. 冬季枝　3. 芽　4. 叶　5. 雌蕊　6. 花　7. 果（1、5、6、7 冯金环绘）

杏

科名： 蔷薇科（ROSACEAE）

中名：杏 图 143

学名：Prunus armeniaca L.（属名为杏的拉丁文原名；种加词为“亚美尼亚的”）。

识别要点： 落叶乔木；叶宽卵形；花单生，粉红色；核果，黄色或橙黄色，可食。

Diagnoses： Deciduous tree；Leaves broad ovate；Flower single，pink；Fruit drupe，yellow or orange-yellow，edible.

染色体数目： 2n = 16。

树形： 落叶乔木，高 5 ~ 10m，树冠较松散。

树皮： 黑褐色或紫褐色，粗糙，有浅的纵裂条沟。

枝条： 小枝带红褐色，无毛，有不明显的纵向条棱，老枝淡褐色，有明显的大形皮孔，灰色，横生。

芽： 卵圆形，簇生或单生，灰褐色，无毛。

叶： 叶柄近叶片处有两个腺体；叶片宽卵形或近圆形，基部圆形或宽楔形，先端短渐尖，边缘有钝锯齿，表面暗绿色，背面淡绿色，两面无毛或背面叶脉上有柔毛，长 5 ~ 9cm，宽 4 ~ 8cm。

花： 单生；粉红色或白色，直径 2 ~ 3cm，先叶开放；萼筒圆筒形，5 裂，裂片三角状椭圆形，无毛；花瓣倒卵形，先端钝圆形；雄蕊多数；雌蕊子房椭圆状柱形，有柔毛，花柱比雄蕊略长。

果： 核果，近球形，黄色或橙黄色，带有红晕，腹缝线明显，表皮光滑，有短柔毛；果核扁圆形。

花期： 4 月；果期：6 ~ 7 月。

习性： 喜光，喜肥沃而排水良好的土壤。

分布： 原产亚洲西部，如今我国南北各地皆为栽培；吉林省各县（市）常见栽培。

抗寒指数： 幼苗期 I，成苗期 I。

用途： 为著名水果，其特点是成熟较早，优良品种必须嫁接；木材硬，可制造家具、车船及手柄等；花期较早，为早春蜜源植物；是优良的果树和绿化兼用树种。

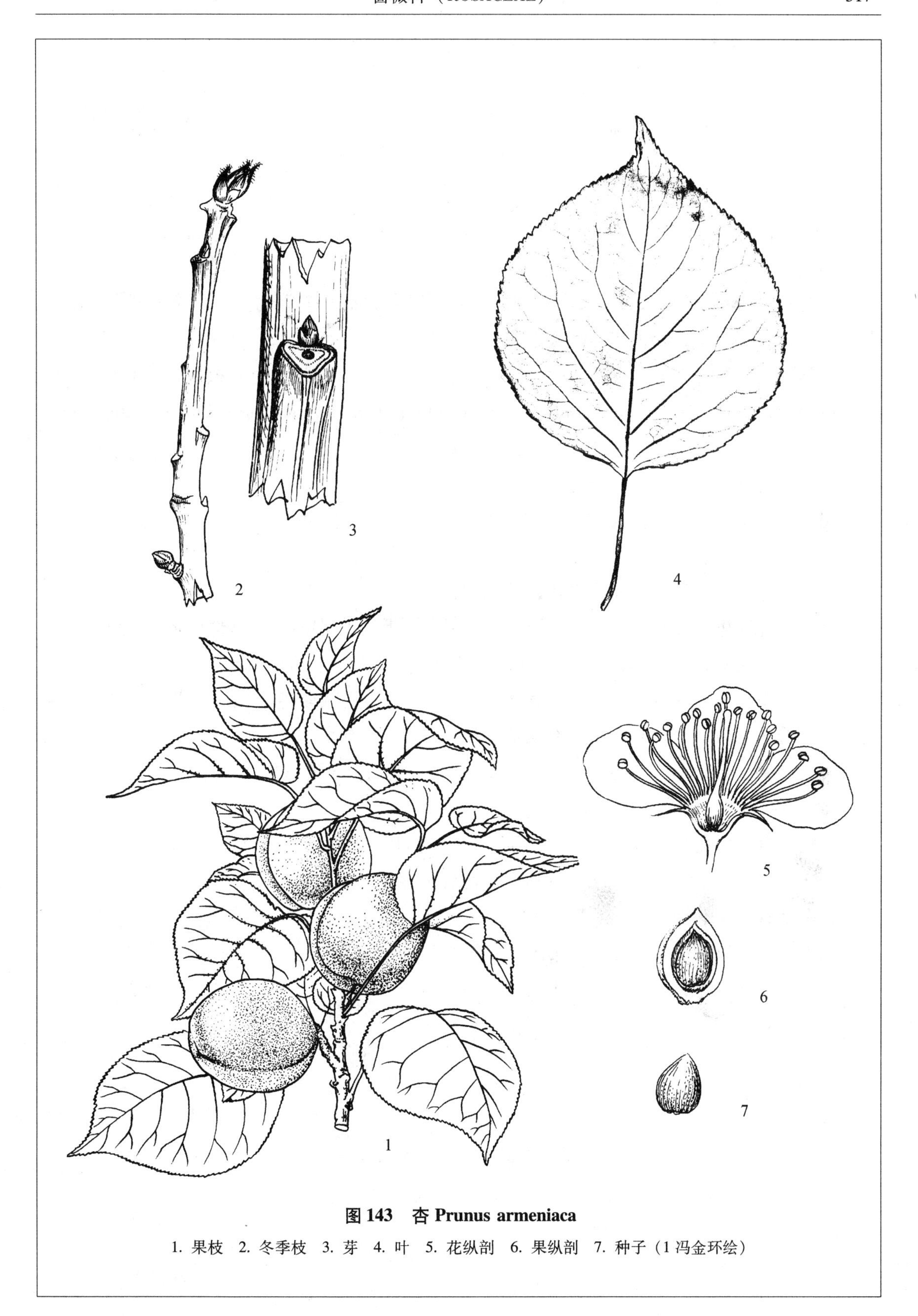

图 143　杏 Prunus armeniaca

1. 果枝　2. 冬季枝　3. 芽　4. 叶　5. 花纵剖　6. 果纵剖　7. 种子（1 冯金环绘）

山桃

科名：蔷薇科（ROSACEAE）

中名：山桃　山毛桃　京桃　图 144

学名：Prunus davidiana（Carr.）Franch.（属名为梅、李等的拉丁原名；种加词是人名 A. David，1826～1900，法国植物学家）。

识别要点：落叶乔木；树皮红色，有光泽；叶披针形；花淡红色；核果，外有绒毛。

Diagnoses：Deciduous tree；Bark red and shiny；Leaves lanceolate；Flower lightly pink；Fruit a drupe，pubescent.

树形：落叶小乔木，高约 10m。

树皮：光滑，有光泽，紫红色，皮孔苍白色，长，横向生长。

枝条：小枝灰色，2 年以上枝灰色，有明显的纵裂条纹。

芽：冬芽卵形，顶端尖，黑褐色，芽鳞多片。

叶：单叶互生；叶片窄卵状披针形或椭圆状披针形，先端渐尖，基部楔形，边缘有细锯齿，两面光泽无毛；叶柄细，长 1～2cm；叶片长 5～12cm，宽 2～4cm。

花：单生，先叶开放；淡红色，直径 2.5～4cm；萼筒淡紫色，无毛，萼齿 5 裂；花瓣倒卵形；雄蕊多数；雌蕊花柱基部有柔毛。

果：核果，近球形，直径 2～2.5cm，表面有密绒毛，核近球形，有沟纹及小孔穴。

花期：4 月末；果期：9～10 月。

习性：喜光，耐旱、耐寒。多自生于华北各地的山坡。

分布：华北及黄河流域各地；吉林省各地皆为栽培。

抗寒指数：幼苗期 I，成苗期 I。

用途：木材纹理细致，可用于细木工、雕刻等；树皮紫红色，有光泽，花粉红色，为优良的美化、绿化树种；果核可雕制工艺品。

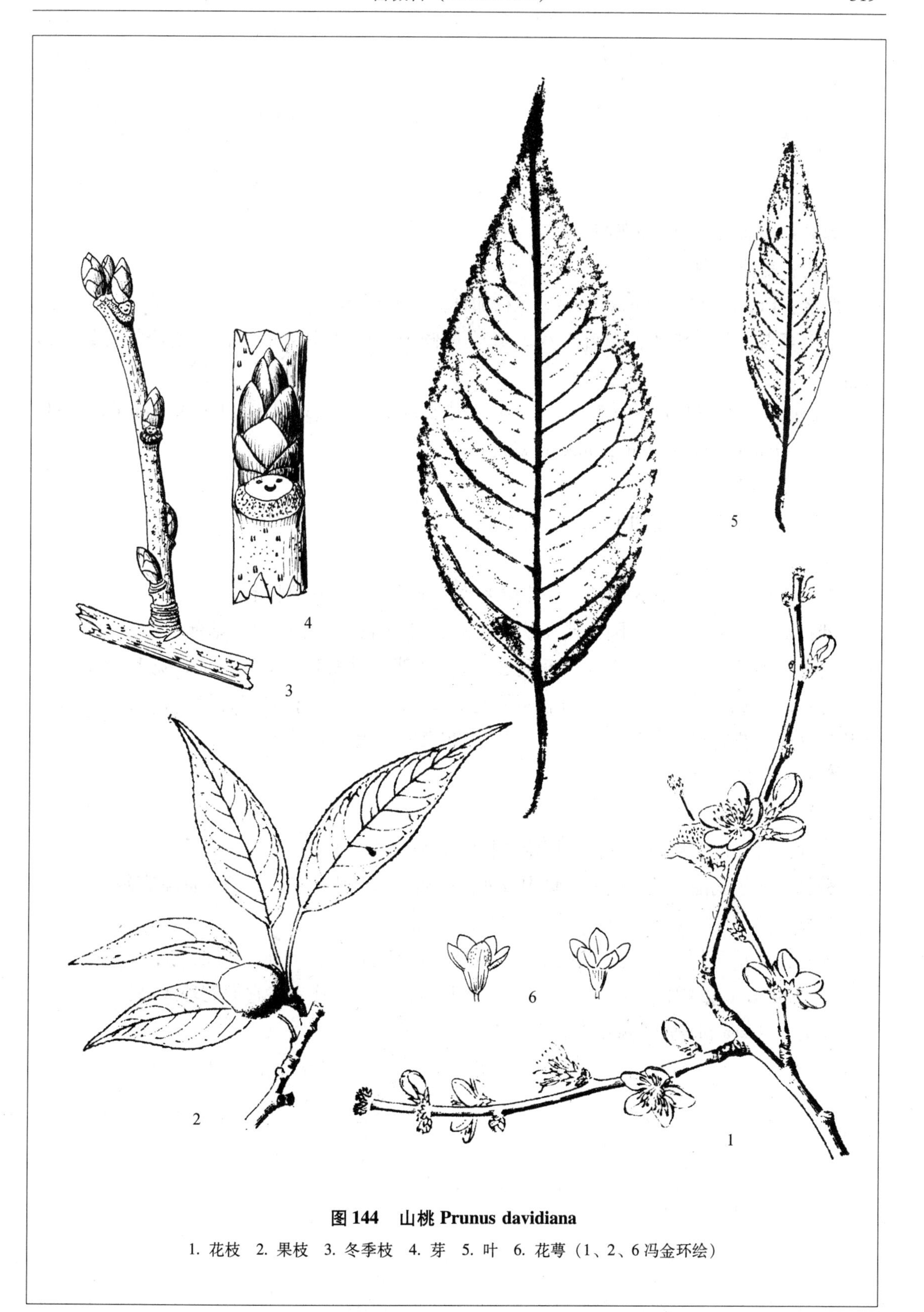

图 144　山桃 Prunus davidiana

1. 花枝　2. 果枝　3. 冬季枝　4. 芽　5. 叶　6. 花萼（1、2、6 冯金环绘）

麦李

科名：蔷薇科（ROSACEAE）

中名：麦李　图 145

学名：**Prunus glandulosa Thunb**.（种加词为“具腺体的”）。

识别要点：落叶灌木；单叶互生，卵状长圆形，叶片中部最宽；花重瓣，粉红色或白色。

Diagnoses：Deciduous shrub；Leaves simple，alternate，ovato-oblong，broadest on the middle of leaves；Flower double petals，pink or white.

染色体数目：2n = 16。

树形：落叶灌木，高约 1.5m。

枝条：黄褐色，无毛。

芽：卵形，红褐色，先端钝圆，芽鳞多数，光滑，边缘有短睫毛。

叶：单叶互生；叶片长圆形或卵状长圆形，最宽部位位于中部，基部楔形，先端短渐尖，边缘有小锯齿，齿端有腺点，两面无毛或叶背部有短柔毛，长 3 ~ 8cm，宽 1 ~ 3cm。

花：2 ~ 3 朵并生；重瓣，粉红色或白色，直径 1.5 ~ 2cm；萼筒钟形，无毛，萼 5 裂，裂片三角形，花后反折，两面无毛；雄蕊大部花瓣状；雌蕊花柱不明显。

果：未见结果。

花期：5 月。

习性：喜光但能耐荫。喜生于肥沃及排水良好的潮湿土壤。

分布：产于我国华北、西北、华中及西南；吉林省无野生的，各庭园偶见有栽培。

抗寒指数：幼苗期 II，成苗期 I。

备注：根据花的颜色及重瓣与否，不同作者处理各异；如重瓣粉红麦李 var. sinensis（Pers.）Koehne；重瓣白花麦李 var. albiplena Koehne，有的作者将它们处理成品种：重瓣粉红麦李为‘Rosea plena’，重瓣白花麦李为‘Alba plena’。

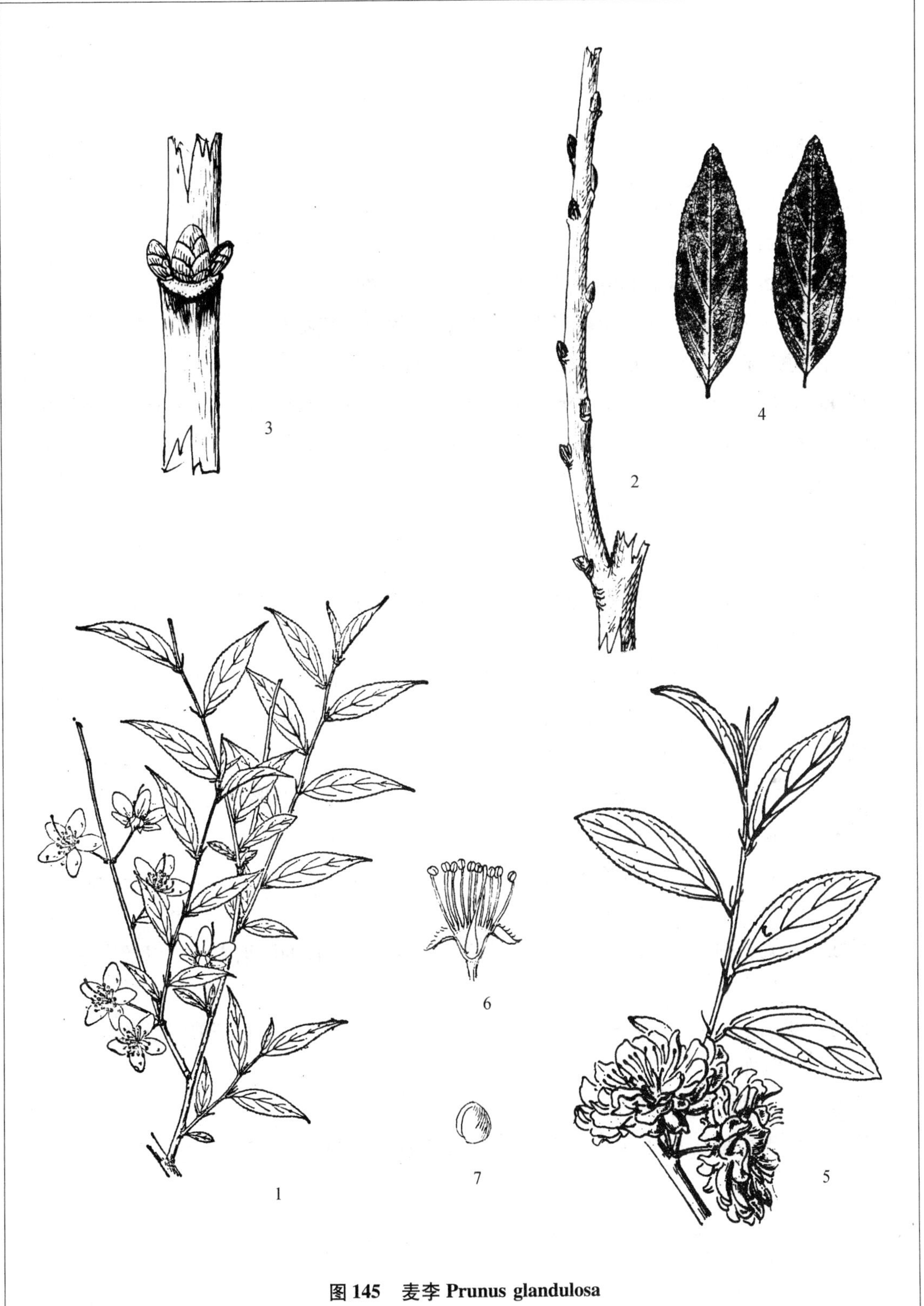

图 145　麦李 Prunus glandulosa

1. 花枝　2. 冬季枝　3. 芽　4. 叶　5. 重瓣白花麦李 var. albiplena 花枝（1、2 冯金环绘）

欧李

科名：蔷薇科（ROSACEAE）

中名：欧李　图 146

学名：**Prunus humilis Bunge**（种加词为“矮小的”）。

识别要点：落叶小灌木；单叶互生，叶片狭椭圆形或宽披针形，无毛；花 1～2 朵，淡粉红色或白色；核果，近球形，表面光亮无毛，鲜红色。

Diagnoses：Deciduous small shrub；Leaves simple，alternate；Blades narrowly elliptic or broadly lanceolate，glabrous；Flowers 1～2，light pink or white；Fruit a drupe，nearly globular，glabrous，fresh-red.

树形：落叶小灌木，高 0.5～1m。

枝条：分枝多而密，小枝纤细，红褐色至紫褐色，有短柔毛。

芽：多为 3 个并生，中间为叶芽，两侧为花芽，单生的多为叶芽，卵形，先端钝尖，红褐色，芽鳞光滑无毛。

叶：单叶，互生；叶片狭椭圆形或宽披针形，基部楔形，先端短渐尖，边缘有不明显的细锯齿，表面深绿色，背面淡绿色，长 2.5～5cm，宽 0.7～1.5cm。

花：1～2 朵并生，淡粉红色或白色，直径 1.5cm；花梗长 0.8～1.5cm；萼筒钟状，萼 5 裂，裂片长卵状三角形，两面无毛，花后反折；花瓣椭圆状卵形，基部有爪，先端钝圆；雄蕊多数；雌蕊子房包于萼筒内，长圆柱形，无毛，花柱比雄蕊略长，无毛。

果：核果，近球形，先端略有突尖，直径 1～1.5cm，表面光亮，无毛，鲜红色。

花期：4～5 月；果期：7～8 月。

习性：喜光，耐干旱、耐寒及耐盐碱土壤。多生于低海拔的阳坡灌丛中以及半固定砂丘和草地上。

分布：我国东北三省、内蒙古、华北及山东、河南等地；也分布于俄罗斯及蒙古；吉林省西部草原有分布。

抗寒指数：幼苗期 I，成苗期 I。

用途：用于草原区的水土保持及绿化；果可食也可制造果酱、果酒；为优良的蜜源植物。

图 146 欧李 Prunus humilis

1. 果枝 2. 冬季枝 3. 芽 4. 叶 5. 花纵剖（1 冯金环绘）

山桃稠李

科名：蔷薇科（ROSACEAE）

中名：山桃稠李　斑叶稠李　图 147

学名：Prunus maackii Rupr. —Padus maackii（Rupr.）Maxim.（种加词为人名 R. Maack 1825～1886，俄国博物学家）。

识别要点：落叶乔木；单叶互生，叶背面有腺点；总状花序，花白色；结核果，圆形，黑色。

Diagnoses：Deciduous tree；Leaves alternate，a lot of glands beneath；Raceme；Flowers white；Fruit a drupe，globose，black.

树形：落叶乔木，高约 10m。

树皮：黄褐色，有光泽，皮孔横向，灰褐色。

枝条：小枝黄褐色，光滑，有光泽，皮孔椭圆形，横向，灰白色。

芽：长卵形，先端渐尖，红褐色，芽鳞多片，螺旋状排列，膜质，有光泽。

木材：淡褐色，纹理细致，材质坚韧，可供小器具、手柄、家具等使用。

叶：单叶互生；叶片倒卵状椭圆形或卵状长圆形，先端渐尖，基部宽楔形或近圆形，有一对腺体，表面暗绿色，无毛，背面淡绿色，有多数散生近透明的腺体，长 5～10cm，宽 2.5～5cm。

花：总状花序，有 10～20 朵花；花瓣白色，5 枚，倒卵形，先端钝；雄蕊多数，花药黄褐色；雌蕊子房无毛，花柱具微毛。

果：核果，近球形，直径约 5mm，黑色，果核表面有皱纹。

花期：5 月；果期：8 月。

习性：喜光，喜生于肥沃、排水良好的土壤。生于低海拔的林缘或疏林内。

分布：我国东北三省的山区或半山区；也分布于朝鲜、俄罗斯；吉林省东部各县（市）皆有生长。

抗寒指数：幼苗期 I，成苗期 I。

用途：木材纹理细致，可用于细木工、雕刻；为良好的早春蜜源植物及庭园绿化观赏植物。

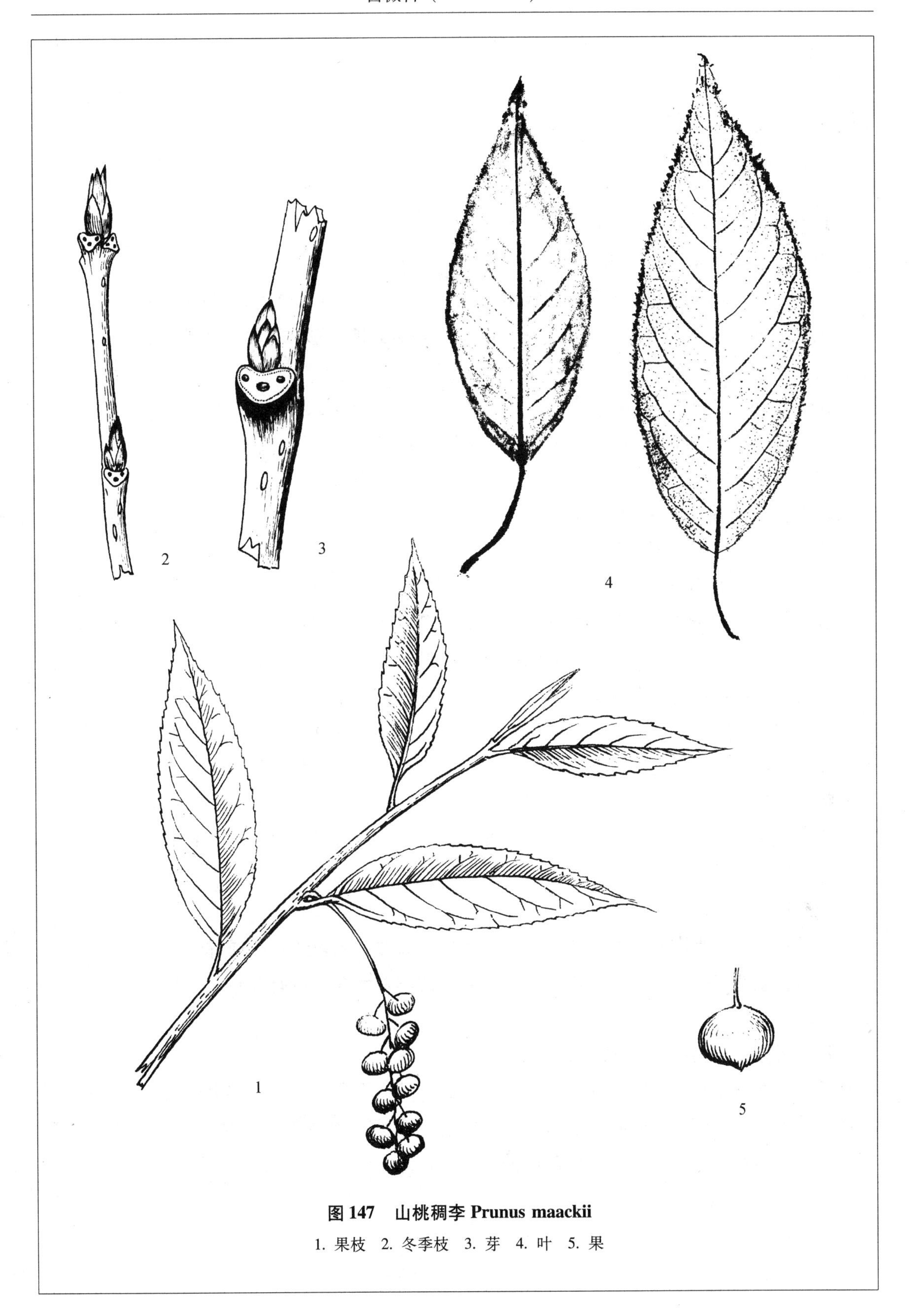

图 147　山桃稠李 Prunus maackii

1. 果枝　2. 冬季枝　3. 芽　4. 叶　5. 果

辽杏

科名： 蔷薇科（ROSACEAE）

中名： **辽杏** 东北杏 图 148

学名： **Prunus mandshurica**（**Maxim.**）**Koehne**（种加词为“我国东北的”）。

识别要点： 落叶乔木；单叶，互生；叶片宽卵形或近圆形，边缘有重锯齿；花单朵或 2 朵簇生，粉红色或白色；果为核果，黄色，有柔毛。

Diagnoses：Deciduous tree；Leaves simple，alternate；Blades broad-ovate or nearly rounded，double serrates in margin；Fruit a drupe，yellow，pubescent.

染色体数目： 2n = 16。

树形： 落叶乔木，高 10 ~ 15m。

树皮： 暗灰色，有不规则深裂，木栓质但无弹性。

枝条： 小枝红褐色，无毛，皮孔灰白色，不明显。

芽： 宽卵形，紫褐色，先端钝头，单生或数芽丛生，芽鳞多数互生，边缘有白色睫毛。

叶： 单叶互生；叶片宽卵形或近圆形，基部圆形或宽楔形，先端短渐尖，叶缘有明显的钝重锯齿，表面深绿色，背面淡绿色，无毛或脉腋间有簇毛，长 5 ~ 12cm，宽 3 ~ 7cm。

花： 先叶开放；单生或 2 朵丛生，粉红色或白色；萼筒钟形，无毛，萼 5 裂，三角状卵形，无毛，花后反折；花瓣倒卵形或圆形，先端圆形；雄蕊多数；雌蕊子房有柔毛，花柱略长于雄蕊。

果： 核果，近球形，黄色或有红晕，直径约 2. 5cm，腹缝沟明显，外被柔毛，核两侧扁，卵状球形。

花期： 4 ~ 5 月；果期：7 月。

习性： 喜光，喜潮湿土壤，耐寒性强。生于低海拔的山坡疏林内或林缘。

分布： 东北三省的山区或半山区各市、县；朝鲜及俄罗斯也有分布；吉林省各地园林中常见栽培。

抗寒指数： 幼苗期 I，成苗期 I。

用途： 木材质硬，花纹美观，可制造家具或农具；果实酸涩，不宜生食，可作优良品种杏树的砧木；杏仁可食用或制造糕点，并有理肺、祛痰、镇咳之效；树形美观，枝叶繁茂，开花鲜艳、美丽，是庭园绿化的优良树种；是早春重要的蜜源植物。

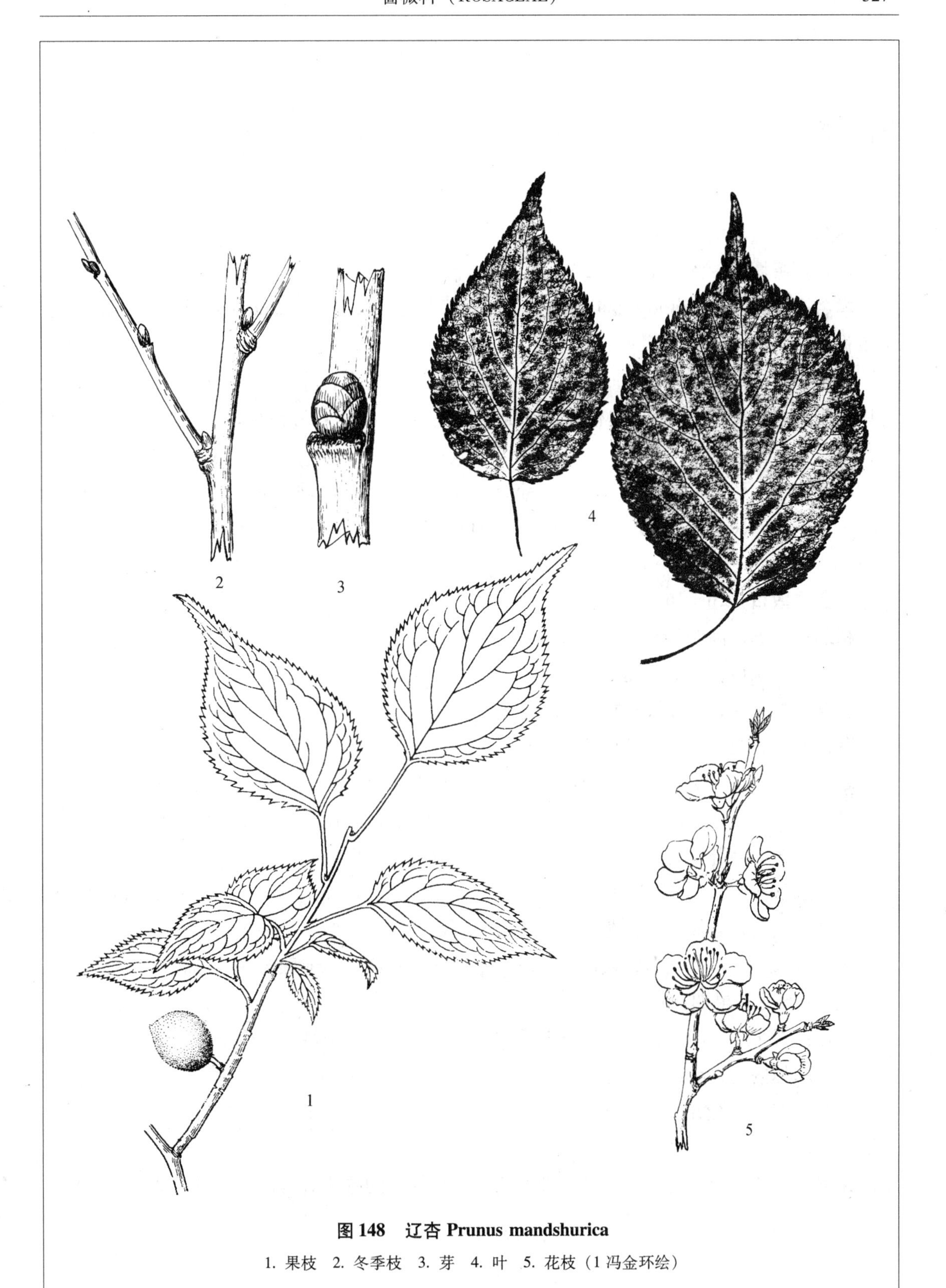

图 148　辽杏 *Prunus mandshurica*

1. 果枝　2. 冬季枝　3. 芽　4. 叶　5. 花枝（1 冯金环绘）

黑樱桃

科名：蔷薇科（ROSACEAE）

中名：**黑樱桃**　深山樱　图 149

学名：**Prunus maximowiczii Rupr.**（种加词为人名 C. L. Maximowicz，1827～1891，俄国植物学家）。

识别要点：落叶乔木；单叶互生，叶柄上部有两枚腺点；叶片卵形或卵状椭圆形；总状花序；花白色，每花下有 1 枚苞片，卵圆形，有粗牙齿；果为核果，卵圆形，紫红色变黑色。

Diagnoses：Deciduous tree；Leaves simple，alternate，2 glands on petiole；Blades ovate or ovato-elliptic；Raceme；Flower white，with a ovate bract，dentate on margin：Fruit a drupe，ovato-globular，purple-red become black soon.

染色体数目：2n = 16。

树形：乔木，高约 7m。

树皮：暗灰色，表面粗糙。

枝条：暗灰色，幼枝浅褐色，密生柔毛。

芽：卵形，先端尖，芽鳞褐色，有短柔毛。

木材：边材窄，黄白色，心材红褐色，材质中等。

叶：卵形或卵状椭圆形，基部宽楔形或圆形，先端短渐尖，边缘有重锯齿，表面深绿色，无毛，背面叶脉上有短柔毛，长 3.5～9cm，宽 1.8～5cm。

花：总状花序，由 5～9 朵花组成；小花白色，直径 1.5cm，每花下有一枚卵圆形的苞片，边缘有粗齿；萼筒钟形，萼 5 裂；花瓣 5，倒卵形。

果：核果，长卵状球形，表面有光泽，未成熟时紫红色，成熟时变黑色。

花期：6 月；果期：9 月。

习性：喜半光，耐寒，喜湿润空气及潮湿、排水良好的土壤。多生于海拔较高的针阔混交林或杂木林内、林缘或河岸旁。

分布：东北三省的山区；也分布于朝鲜、俄罗斯及日本；吉林省东部长白山区各县（市）。

用途：材质中等，可制作家具，细木工等；是优良的绿化观赏植物及蜜源植物。

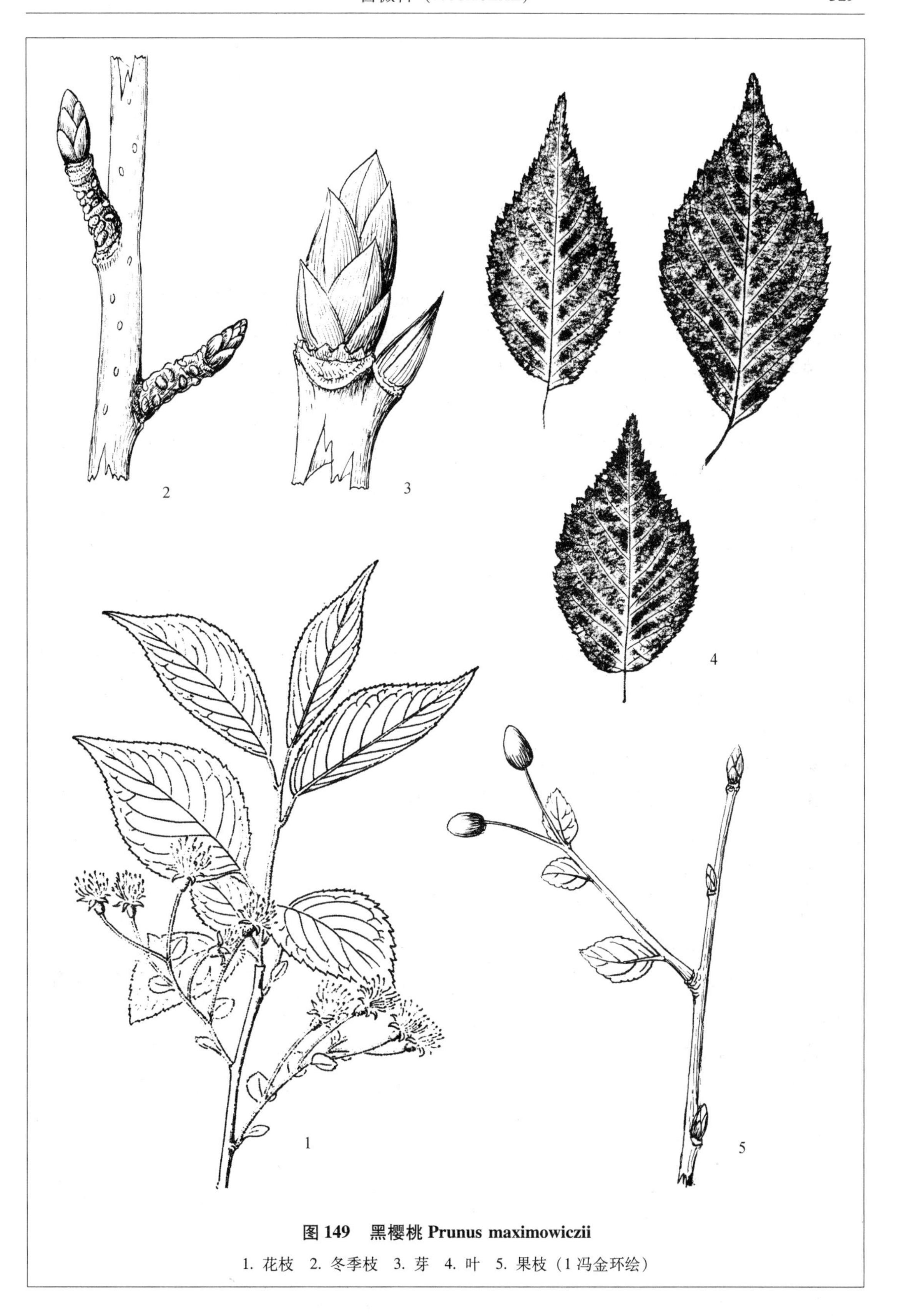

图 149　黑樱桃 Prunus maximowiczii

1. 花枝　2. 冬季枝　3. 芽　4. 叶　5. 果枝（1 冯金环绘）

长梗郁李

科名：蔷薇科（ROSACEAE）

中名：长梗郁李 图 150

学名：Prunus nakaii Levl. —P. japonica Thunb. var. nakaii (Levl.) Rehd. —Cerasus nakaii (Levl.) Bar. et Liou（种加词为人名：中井猛之进，1882～1952，日本植物学家）。

识别要点：落叶灌木；单叶互生，长卵形；花数朵簇生，花柄长 1～2cm，粉红色；核果，球形，果柄长。

Diagnoses: Deciduous shrub; Leaves simple, alternate, elongato-ovate; Few flowers clustered, pink; Pedicel 1～2 cm long; Fruit a drupe, globular with a longer stalk.

染色体数目：2n＝16。

树形：灌木，高约 1m。

枝条：纤细，灰褐色，有光泽，无毛。

芽：卵形，先端钝圆，棕褐色，芽鳞边缘有短睫毛。

叶：单叶，互生；叶片长卵形或椭圆状卵形，基部圆形或宽楔形，先端尾状长渐尖，边缘有细锯齿，表面深绿色，背面浅绿色，无毛或仅叶脉处有短柔毛，长 4.5～10cm，宽 2.5～5.5cm。

花：多花簇生；花粉红色，直径约 1.5cm；花柄较长，约 1～2cm；萼筒浅杯形，萼 5 裂，无毛；花瓣倒宽卵形，先端钝圆，基部有短爪；雄蕊多数；雌蕊子房长圆柱形，花柱基部有毛，比雄蕊略长。

果：核果，球形，鲜红色，有光泽，直径约 1.5cm。

花期：5 月；果期：6～7 月。

习性：喜光，稍耐荫，耐寒，耐干旱及瘠薄土壤。生于山阳坡的灌丛及林缘。

分布：东北三省的山区及半山区；朝鲜也有分布；吉林省南部的集安市老岭山脉有野生的。

用途：果肉多汁，可食，但不甚可口；种仁可入药叫“郁李仁”，有清肺、祛痰、健胃、消肿之效；树形、花、叶、果美观，可作为绿化用花灌木；又是良好的蜜源植物。

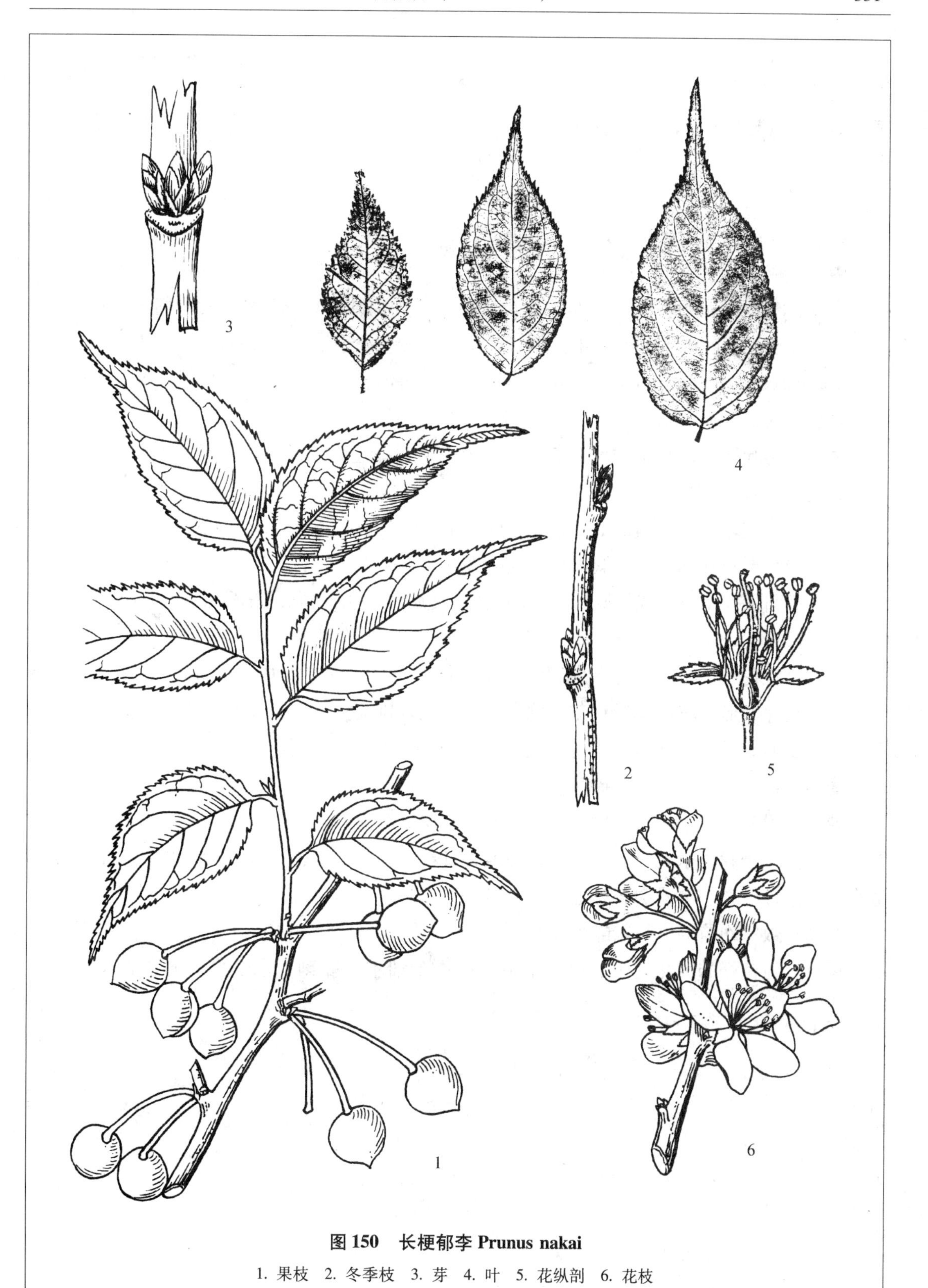

图 150　长梗郁李 Prunus nakai

1. 果枝　2. 冬季枝　3. 芽　4. 叶　5. 花纵剖　6. 花枝

稠李

科名：蔷薇科（ROSACEAE）

中名：稠李 臭李子 图 151

学名：Prunus padus L. —Padus asiatica Kom.（种加词的意思为稠李的希腊名 pados）

识别要点：落叶乔木；叶互生；总状花序，花白色；小核果，黑色。

Diagnoses：Deciduous tree；Leaves alternate；Raceme；Flowers white；Fruit a black drupe.

染色体数目：2n = 32。

树形：落叶乔木，高 5 ~ 15m；树干基部常有大量蘖生的萌条。

树皮：黑褐色或灰褐色，有明显的皮孔，老树皮纵裂。

枝条：小枝光滑，黄褐色，无光泽，树皮不开裂，皮孔纵向生长，灰白色。

芽：卵圆形，顶端略尖，黑褐色，芽鳞多片，互生。

叶：椭圆形、倒卵形或椭圆形，先端渐尖，边缘有小的锯齿，表面无毛，背面叶脉处有短柔毛，长 4 ~ 12cm，宽 2 ~ 6cm，叶柄长 1 ~ 2cm，有两枚腺体。

花：总状花序，由 10 ~ 30 朵花组成，长 5 ~ 10cm，下垂；花白色，直径 1 ~ 1.5cm；花萼绿色，裂片卵形，花后反折；花瓣倒卵形，白色；雄蕊多数；花柱及子房无毛。

果：小形核果，近球形，黑色，直径 6 ~ 10mm，表面有光泽。

花期：4 月末至 5 月初；果期：8 ~ 9 月。

习性：耐寒、耐干旱及瘠薄土壤。生于山中溪流沿岸及沟谷地带。

分布：产于我国东北、华北、西北各地；日本、朝鲜、蒙古、俄罗斯以及欧洲北部各国也有分布；吉林省东部及中部各地均有分布。

抗寒指数：幼苗期 I，成苗期 I。

用途：为良好的绿化树种；材质细腻，可用于细木工雕刻；也是良好的蜜源植物；果可食。

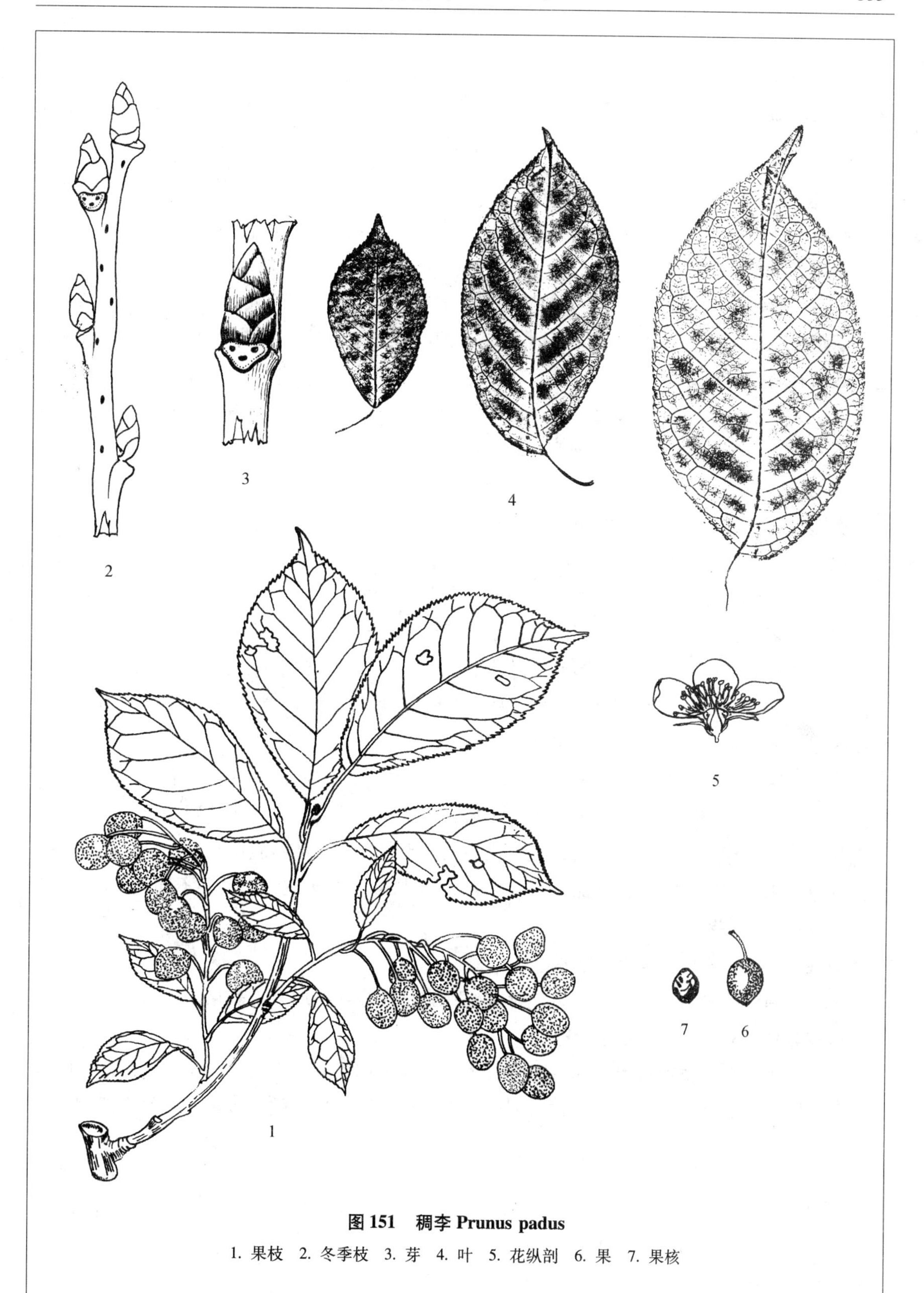

图 151　稠李 Prunus padus

1. 果枝　2. 冬季枝　3. 芽　4. 叶　5. 花纵剖　6. 果　7. 果核

李子

科名：蔷薇科（ROSACEAE）

中名：李子　李　图 152

学名：Prunus salicina Lindl.（种加词为“象柳树的”）。

识别要点：落叶小乔木；叶宽披针形或狭椭圆形；花白色；核果，近球形，红色或黄色，表面有蜡质白霜。

Diagnoses：Deciduous small tree；Leaves broad-lanceolate or narrowly elliptic；Flowers white；Drupe，nearly globular，red or yellow，white waxy powder on surface.

染色体数目：2n＝16。

树形：落叶小乔木，高达 10m，树冠宽圆球形。

树皮：灰褐色，粗糙。

枝条：小枝平滑无毛，紫褐色或灰褐色，有光泽。

芽：常多枚丛生，卵圆形，灰褐色，芽鳞多片，无毛。

叶：单叶互生；叶片宽披针形或狭椭圆形，基部楔形或狭楔形，先端短渐尖，边缘有细小的锯齿，表面暗绿色，背面淡绿色，无毛或偶在背面叶脉处有柔毛，长 6～10cm，宽 3～5cm。

花：2～4 朵簇生，白色，直径 1.5～2cm；萼筒钟形，无毛，萼裂片三角形；花瓣倒卵形或近圆形，基部有爪，先端钝圆；雄蕊多数；雌蕊子房无毛，花柱比雄蕊略长。

果：核果近球形，果柄处凹陷，腹缝线明显，果皮无毛，被蜡质白霜，红色、黄色、绿色或紫色，果肉肥厚，多汁，味甜，直径 2～7cm，果核微有皱纹，因品种不同而异。

花期：4 月；果期：7 月。

习性：喜光，喜肥沃及潮湿土壤。

分布：原产我国西北，现全国各地都栽培；吉林省全省各地常见栽培。

抗寒指数：幼苗期 I，成苗期 I。

用途：为著名的早熟水果，品种繁多，为优良的绿化树种兼果树；果可生食，也可以制造果酒、罐头、果酱、果脯等；核仁可入药，有祛痰、活血的功效；也是良好的蜜源植物。

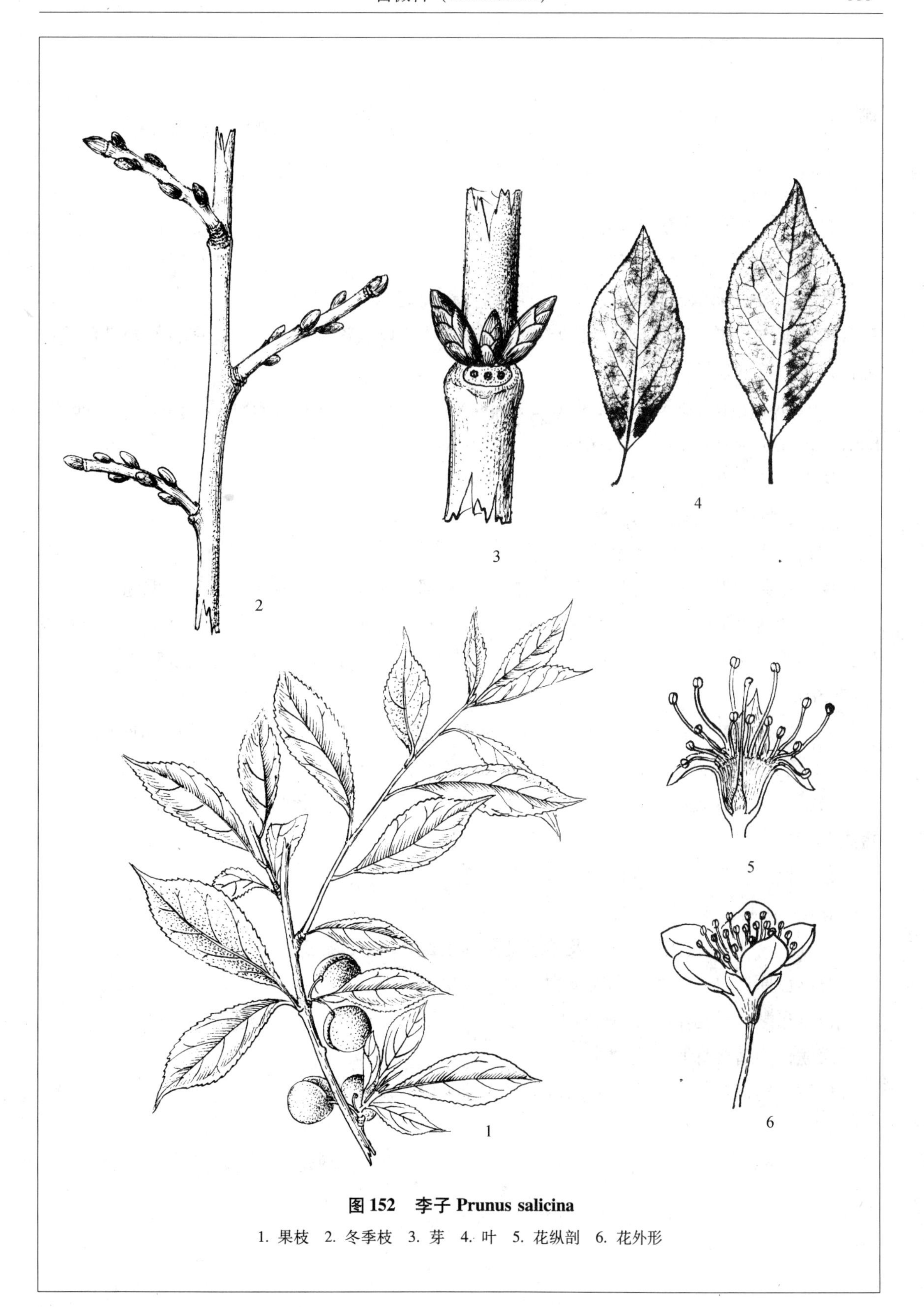

图 152　李子 Prunus salicina

1. 果枝　2. 冬季枝　3. 芽　4. 叶　5. 花纵剖　6. 花外形

樱花

科名：蔷薇科（ROSACEAE）

中名：樱花 图153

学名：Prunus serrulata Lindl.（种加词为“具细锯齿的”）。

识别要点：落叶乔木；单叶，互生，卵圆形或倒卵状披针形；总状花序，花粉红色或白色；核果，近球形，黑色。

Diagnoses：Deciduous tree；Leaves simple，alternate，ovate or obovato-lanceolate；Raceme，flowers pink or white；Drupe，nearly globular，black.

树形：落叶乔木，高25m。

树皮：深栗灰褐色，有光泽。

枝条：小枝黄褐色，无毛。

芽：冬芽卵形，先端钝尖，芽鳞红褐色，基部两片近对生，其余为互生，无毛。

叶：叶柄无毛，近叶基部有两枚腺体；叶片互生，卵圆形或倒卵状宽披针形，基部宽楔形或近圆形，先端渐尖，两面无毛，边缘有重锯齿，齿端为刺芒状，长5～10cm，宽3～5.5cm。

花：短总状花序；花粉红色或白色，重瓣，直径3～4cm，先于叶开放，花梗长1.3～3cm，无毛；萼筒杯状，萼5裂，裂片卵状三角形，边缘有细锯齿；花瓣椭圆形或倒卵形，先端微凹，基部有短爪；雄蕊多数，比花瓣略短；雌蕊子房卵状圆柱形，无毛，花柱基部有短柔毛。

果：核果，近球形，直径约1cm，紫黑色。

花期：4月；果期：7月。

习性：喜光，喜肥沃、湿润及排水良好的土壤。

分布：原产日本；长春市动植物公园有栽培。

抗寒指数：幼苗期III，成苗期II。

用途：为著名绿化观赏树木。

备注：幼树期间需适当作防寒保护，成株可以安全过冬。

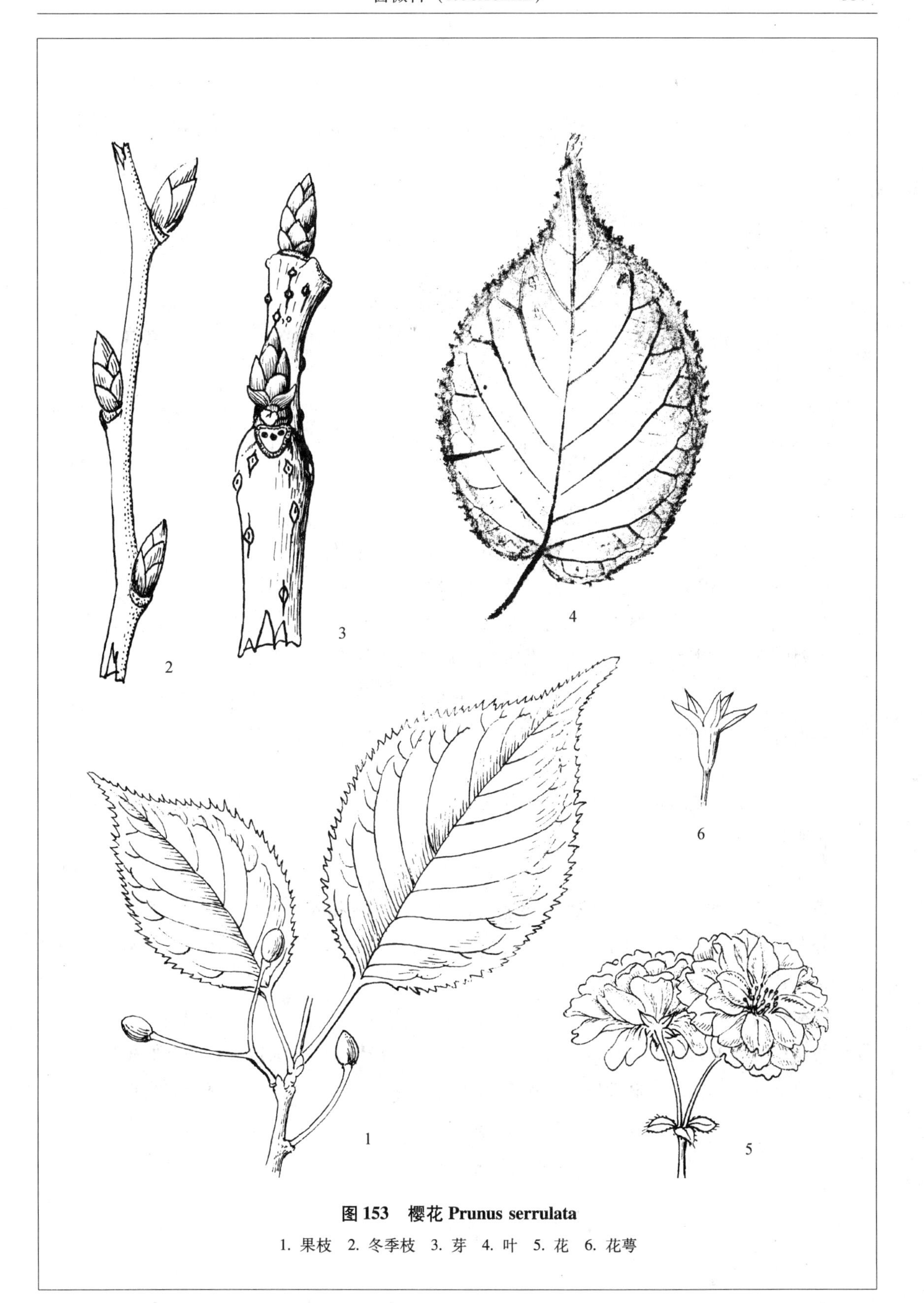

图 153　樱花 Prunus serrulata

1. 果枝　2. 冬季枝　3. 芽　4. 叶　5. 花　6. 花萼

山杏

科名：蔷薇科（ROSACEAE）

中名：山杏 西伯利亚杏 图154

学名：Prunus sibirica L.（种加词为“西伯利亚的”）。

识别要点：落叶小乔木；叶宽卵形或近圆形，先端尾状渐尖；花单生，粉红或白色；核果黄色，直径1.5~2.5cm。

Diagnoses： Deciduous small tree; Leaves broadly ovate or nearly rounded, cuspidate on top; Flower single, pink or white; Fruit a drupe, yellow, 1.5~2.5 cm in diameter.

树形：落叶小乔木，高2~5m，树冠近圆形。

树皮：暗灰色，有浅的纵裂沟。

枝条：老枝浅褐色，小枝淡红褐色，皮孔明显，有光泽。

芽：冬芽狭卵形或椭圆形，多枚簇生，芽鳞褐色，多数，无毛。

叶：单叶互生；叶片宽卵形或近圆形，基部宽楔形或圆形，先端有尾状渐尖，边缘有细锯齿，两面无毛，表面暗绿色，背面淡绿色，脉腋处有簇毛，长3~8cm，宽2.5~6cm。

花：单生，粉红色或白色，直径1.5~2cm；花柄极短；萼筒圆筒状，无毛，上部5裂，花后反折；花瓣倒卵形或近圆形，先端钝，基部有爪；雄蕊多数；雌蕊子房长椭圆形，有柔毛，花柱1条，比雄蕊稍长。

果：核果，成熟时黄色略带红色，外被短柔毛，果肉薄，味酸涩，熟时开裂，果核扁球形，有明显的棱。

花期：4月；果期：6~7月。

习性：性耐寒、耐干旱，喜光。多生于固定沙丘或杂木林的林缘。

分布：我国东北三省西部及内蒙古；蒙古和俄罗斯也有分布；吉林省西部各县（市）有分布，各地广为栽培。

抗寒指数：幼苗期Ⅰ，成苗期Ⅰ。

用途：可作杏的砧木；是东北三省西部造林用以水土保持和固定砂丘的良好树种；为良好的蜜源及观赏植物；木材较硬，可制造农具及手柄；杏仁入药，有祛痰止咳之功效。

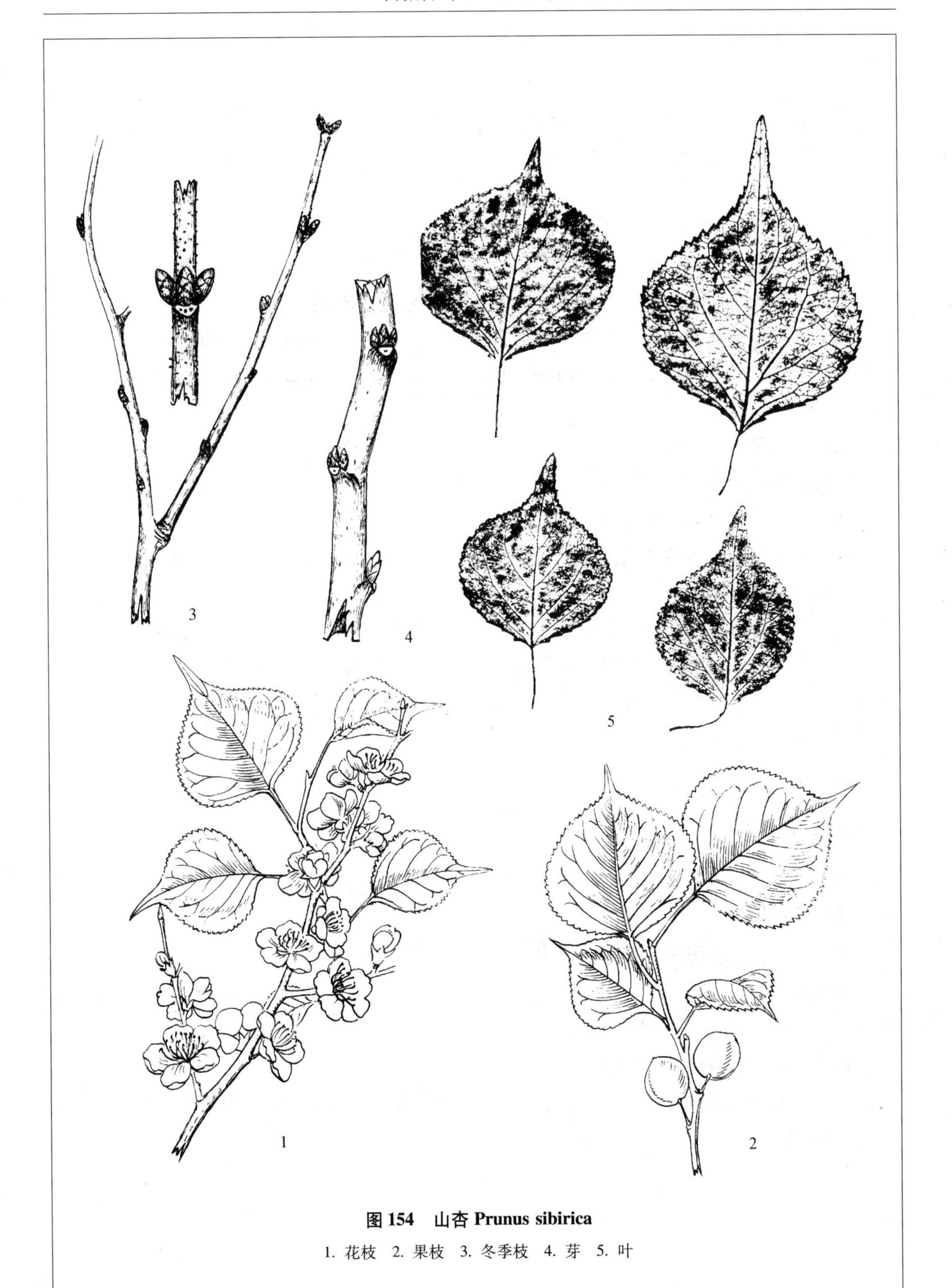

图 154　山杏 Prunus sibirica

1. 花枝　2. 果枝　3. 冬季枝　4. 芽　5. 叶

毛樱桃

科名： 蔷薇科（ROSACEAE）

中名： 毛樱桃　野樱桃　图155

学名： **Prunus tomentosa Thunb.**（种加词的意思是“有绒毛的”或“有毡毛的”）。

识别要点： 落叶灌木；叶互生，叶背有绒毛；核果红色，近球形，果柄甚短。

Diagnoses： Deciduous shrub；Leaves alternate，tomentose beneath；Drupe，light red，globular，nearly sessile.

染色体数目： 2n = 16。

树形： 落叶灌木，高2～3m。

树皮： 灰褐色，有不规则的片状开裂。

枝条： 灰褐色，当年枝被绒毛，2年以上枝条光滑无毛，有光泽，有条状纵裂，皮孔灰白色，椭圆形。

芽： 芽长卵形，先端钝，单生或数枚丛生，红褐色，芽鳞多片，上有绒毛。

叶： 单叶互生；叶片倒卵形，卵形或椭圆形，基部宽楔形，先端短渐尖或突尖，边缘有不整齐的锯齿或重锯齿，表面有皱纹，并有柔毛，叶背有黄白色的密毡毛，长3～6cm，宽2～3.5cm。

花： 单生或数朵丛生，先叶开放，花梗极短，长约2mm；萼筒管状，外具微毛或无毛，裂片卵形；花瓣白色或略带粉红色，倒卵形；雄蕊多数，花药黄色；雌蕊子房有柔毛，花柱细，无毛。

果： 球形，直径约1cm，鲜红色，光滑，有不明显的腹缝，果核椭圆形。

花期： 5月；**果期：** 7月。

习性： 喜光，喜肥沃、潮湿的土壤。生于山坡灌丛中。

分布： 我国东北、华北、西北及西南各地皆有分布；日本、朝鲜及俄罗斯也有分布；吉林省各地常见栽培。

抗寒指数： 幼苗期Ⅰ，成苗期Ⅰ。

用途： 枝叶茂盛，花期较早，为常见的绿化观赏植物；果可食，味酸甜；又是很好的春季蜜源植物。

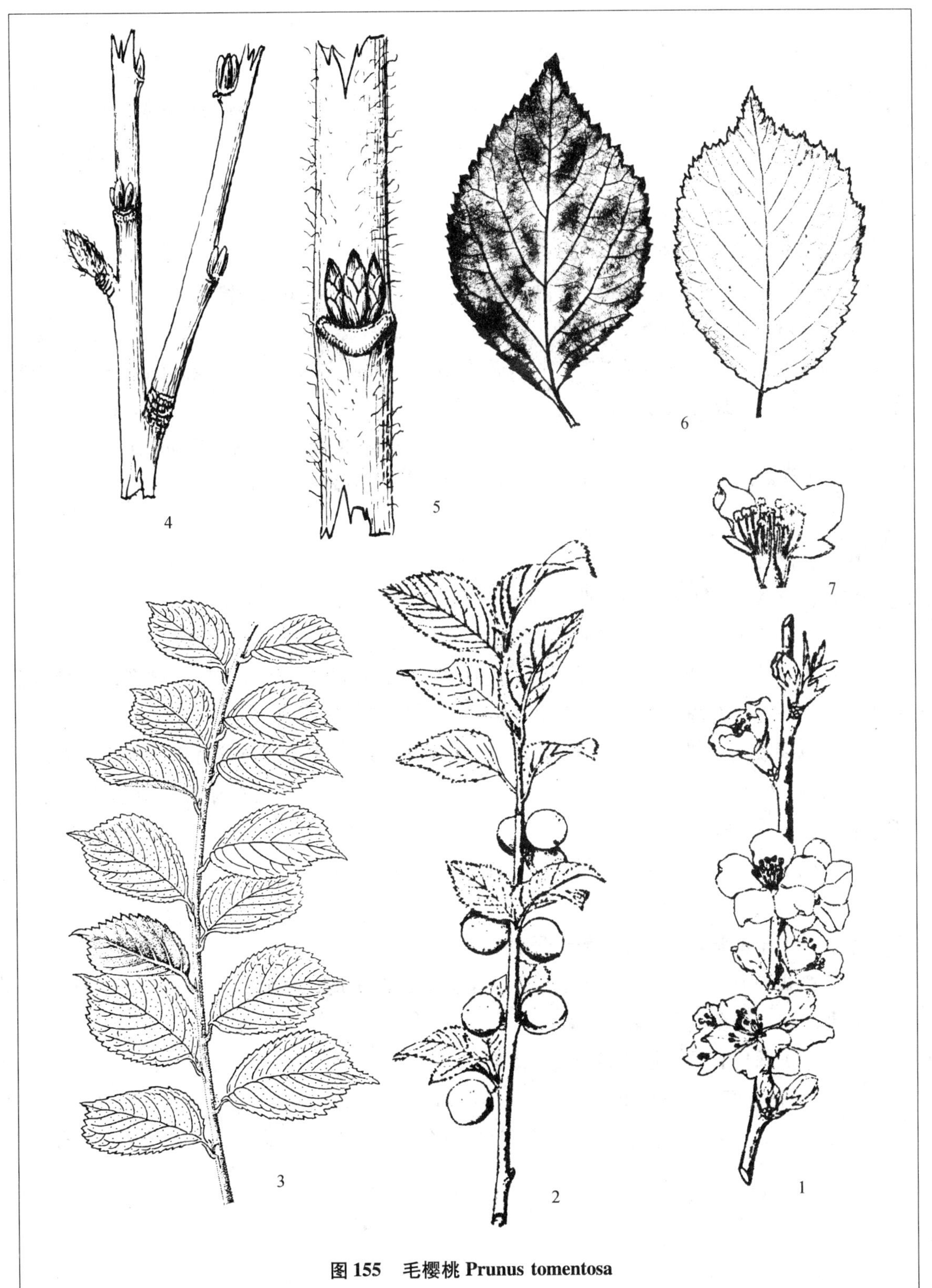

图 155　毛樱桃 Prunus tomentosa

1. 花枝　2. 果枝　3. 带叶枝　4. 冬季枝　5. 芽　6. 叶　7. 花纵剖（1、2 自中国果树分类学）

榆叶梅

科名：蔷薇科（ROSACEAE）

中名：榆叶梅　小桃红　图 156

学名：Prunus triloba Lindl.（种加词为拉丁文“tri 三 + loba 裂片”）。

A. **榆叶梅 var. triloba**（原变种）

识别要点：落叶灌木；单叶互生；叶片先端多为 3 裂；花单朵或 2 朵，先叶开花，粉红色；花瓣 5 枚；核果近球形，有柔毛。

Diagnoses：Deciduous shrub；Leaves alternate，always 3 lobed apex；Flower single or twin，flowering before leaves，pink；petals 5；Drupe globose，pubescent on surface.

染色体数目：2n = 16。

树形：落叶灌木，高 2 ~ 4m。

枝条：紫褐色，无毛，有不明显的纵棱，皮孔纺锤形，纵向排列。

芽：冬芽近圆球形，黑褐色，芽鳞多数。

叶：单叶互生；叶片倒卵状椭圆形，先端渐尖、3 裂或成截形，基部宽楔形，边缘有重锯齿，表面无毛，背面幼时有毛，长 2.5 ~ 6cm，宽 1.5 ~ 3cm。

花：单朵或 2 ~ 3 朵并生，直径约 2cm，先叶开放；萼基部结合成筒状，上部 5 裂，绿色；花瓣 5，粉红色，倒卵形，先端钝或微凹；雄蕊多数，比花瓣略短；雌蕊子房上有柔毛。

果：核果，球形，果肉薄，成熟后变红色，开裂，不可食用。

花期：5 月；**果期：**6 ~ 7 月。

习性：生于山阳坡，喜光，耐干旱。

分布：我国河北、辽宁、山西、陕西、河南、山东等地；我国北方各城市普遍栽培。

抗寒指数：幼苗期 I，成苗期 I。

用途：供绿化观赏；是早春的蜜源植物。

B. **重瓣榆叶梅 var. plena Dipp.**（变种加词 plena 为重瓣）

与原变种的主要区别在于：花重瓣，深粉红色，花梗长于萼筒。其他与原变种相同。

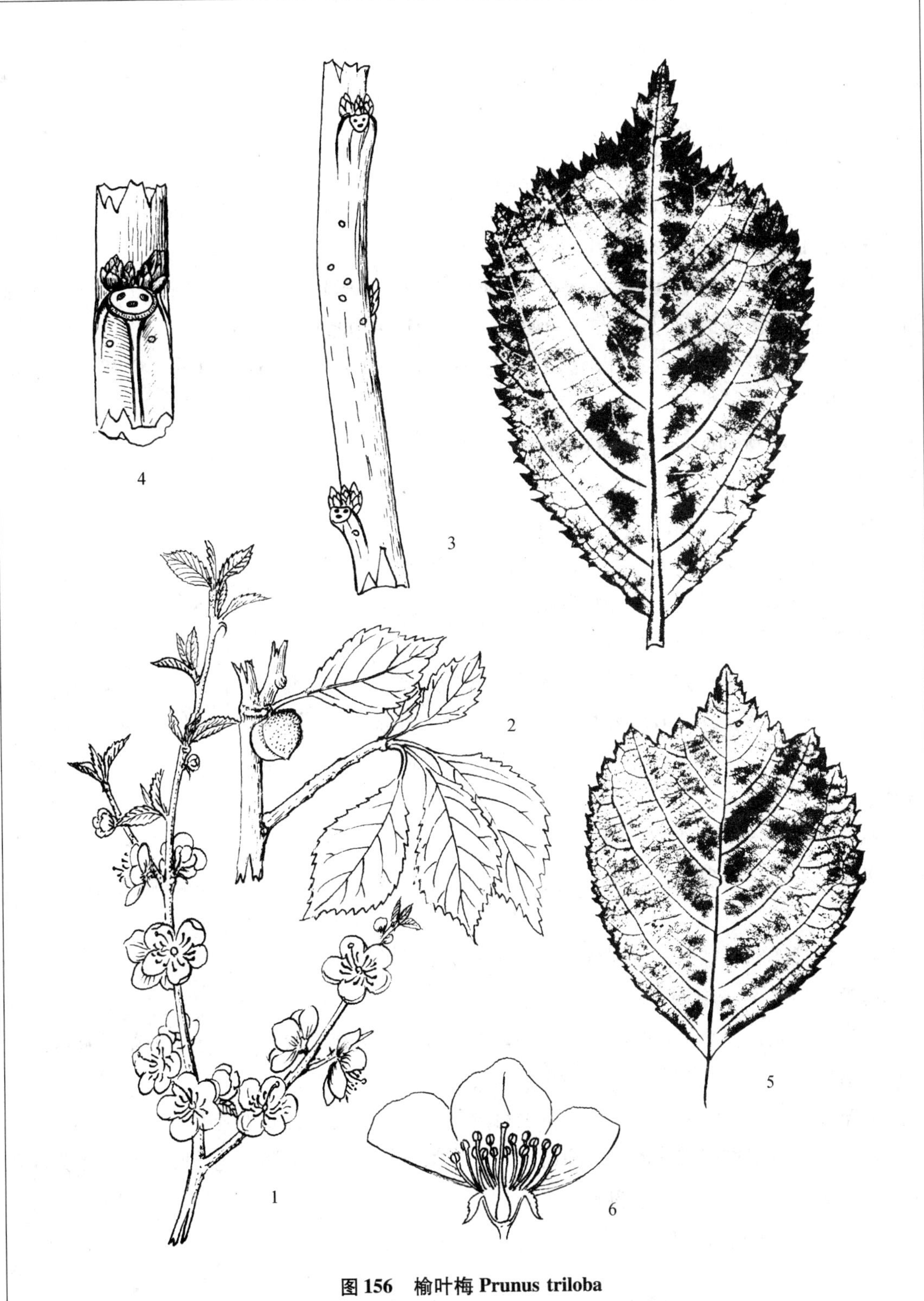

图 156　榆叶梅 *Prunus triloba*

1. 花枝　2. 果枝　3. 冬季枝　4. 芽　5. 叶　6. 花纵剖

山樱

科名：蔷薇科（ROSACEAE）

中名：山樱 辽东山樱 图157

学名：Prunus verecunda（Koidz.）Koehne —P. sachalinensis（Fr. Schn.）Kom.（种加词为“害羞的、羞怯的”；异名的种加词是“萨哈林岛，即库页岛的”）。

识别要点：落叶大乔木；叶倒卵形；花1~3朵，丛生，淡粉色或白色；核果卵圆球形，紫红色。

Diagnoses：Deciduous tree；Leaves obovate；Flowers 1 ~ 3 clustered，light pink or white；Drupe，ovato-globular，purplish-red.

染色体数目：2n =16。

树形：落叶乔木，高10~15m，胸径可达50cm；树冠卵圆形。

树皮：灰褐色，光滑，具环状条纹。

枝条：暗灰色，无毛，有灰白色皮孔。

芽：长卵形，先端钝，红褐色，芽鳞多数，边缘有灰白色睫毛，枝端的芽比侧芽略大。

叶：单叶互生；叶柄上部有两枚腺体；叶片倒卵形或卵状椭圆形，基部宽楔形或圆形，先端尾状短渐尖，边缘有锯齿，齿端有小腺体，表面深绿色，无毛，背面淡绿色，沿叶脉上有柔毛，长4~13cm，宽3~7cm。

花：1~3朵丛生，先叶开放；初开时为淡粉红色，后变成白色，直径2~3cm；萼筒管状近无毛，萼5裂，裂片狭卵形，全缘；花瓣5，倒卵形，先端微凹；雄蕊多数；雌蕊子房长圆柱形，无毛。

果：核果，卵状球形，紫红色，直径约1cm，无毛。

花期：4~5月；果期：7~6月。

习性：喜光，喜潮湿、肥沃、排水良好的土壤，但耐寒性较差。生于山坡阔叶林缘或山谷溪流沿岸。

分布：我国东北南部；朝鲜、日本也有分布；吉林省南部集安市老岭有自生的。

用途：本种植物木材致密，纹理通直，可作家具、车具及手柄；花、叶美观可作为绿化树种；也是优良的春季蜜源植物。

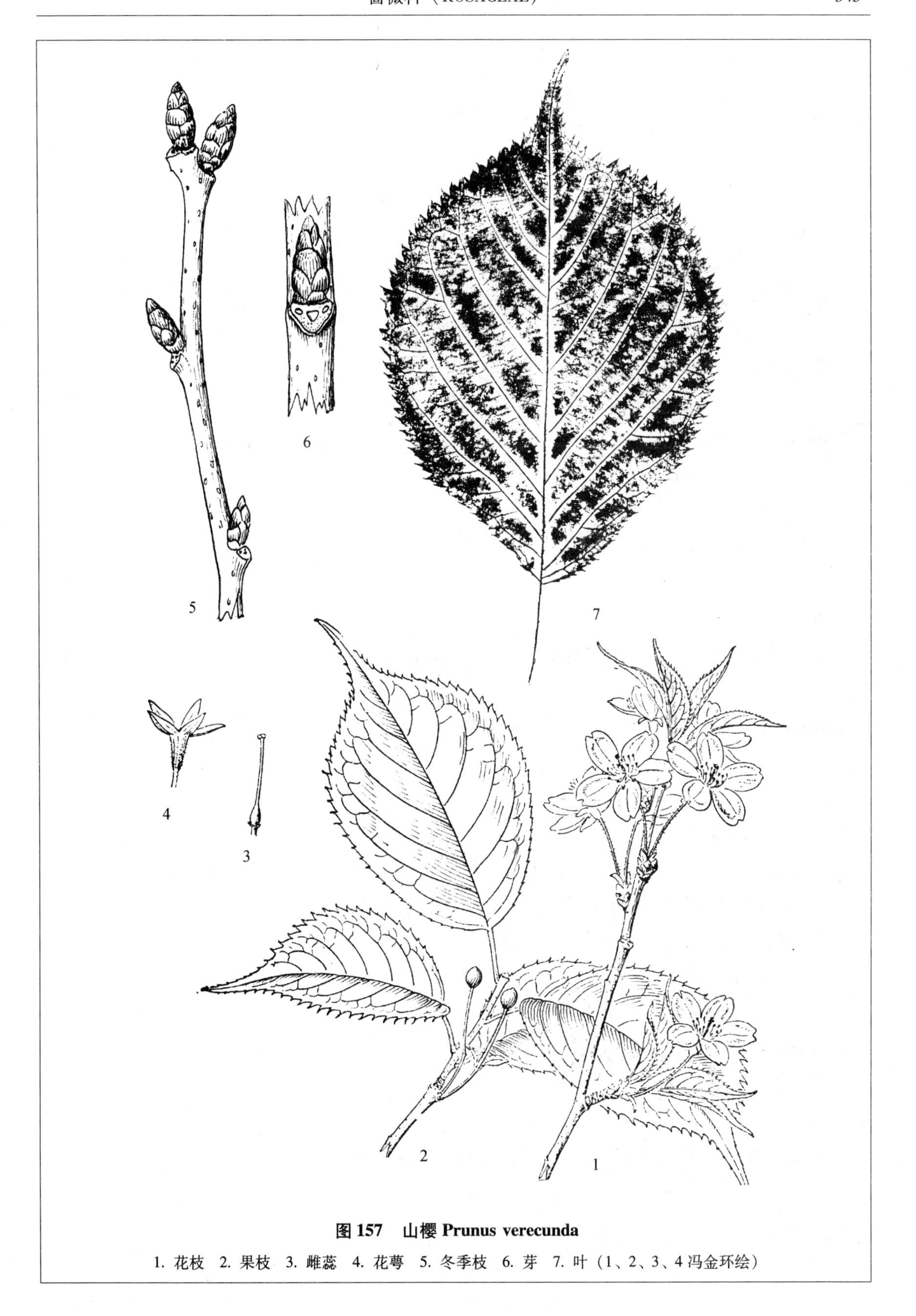

图 157　山樱 Prunus verecunda

1. 花枝　2. 果枝　3. 雌蕊　4. 花萼　5. 冬季枝　6. 芽　7. 叶（1、2、3、4 冯金环绘）

东京樱花

科名：蔷薇科（ROSACEAE）

中名：东京樱花　图158

学名：Prunus yedoensis Matsum.（种加词为日本地名“江户的”，是日本东京的古称）。

识别要点：落叶乔木；单叶，互生，卵圆形或倒卵状椭圆形；总状花序，花粉红色或白色；核果，近球形，黑色。

Diagnoses：Deciduous tree；Leaves simple，alternate，ovate or obovato-elliptic；Raceme，flowers pink or white；Drupe，nearly globular，black.

染色体数目：2n＝16。

树形：落叶乔木，高5～16m。

树皮：深灰褐色，有光泽。

枝条：小枝黄褐色，无毛。

芽：冬芽卵形，先端钝尖，芽鳞红褐色，基部两片近对生，其余为互生，边缘有白色睫毛。

叶：叶柄有短柔毛，近叶基部有两枚腺体；叶片互生，卵圆形或倒卵状长圆形，基部宽楔形或近圆形，先端渐尖，两面无毛，边缘有重锯齿，长5～10cm，宽3～5.5cm。

花：短总状花序，有花2～5朵；花粉红色或白色，直径2～3cm，先于叶开放，花梗长1.3～3cm，有短柔毛，基部具膜质小苞片；萼筒杯状，外有短柔毛，萼5裂，裂片卵状三角形，边缘有细锯齿；花瓣5，椭圆形或倒卵形，先端微凹，基部有短爪；雄蕊多数，比花瓣略短；雌蕊子房卵状圆柱形，无毛，花柱基部有短柔毛。

果：核果，近球形，直径约1cm，紫黑色。

花期：4月；**果期：**7月。

习性：喜光，喜肥沃、湿润及排水良好的土壤。

分布：原产日本；长春市动植物公园有栽培。

抗寒指数：幼苗期Ⅳ，成苗期Ⅱ。

用途：为著名绿化观赏树木。

备注：幼树期间需适当作防寒保护，成株可以安全过冬。

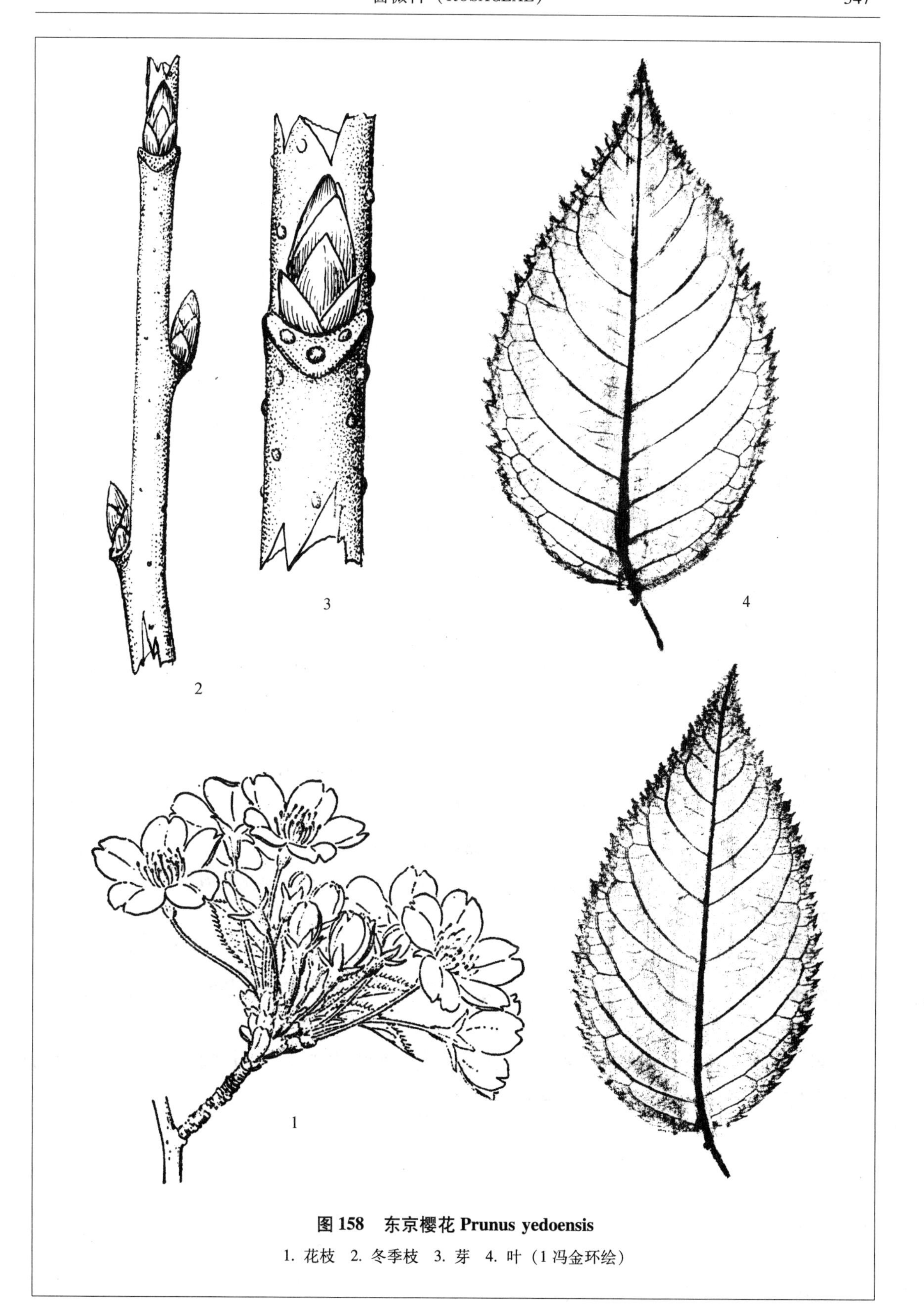

图 158　东京樱花 Prunus yedoensis

1. 花枝　2. 冬季枝　3. 芽　4. 叶（1 冯金环绘）

杜梨

科名：蔷薇科（ROSACEAE）

中名：杜梨　棠梨　图159

学名：Pyrus betulaefolia Bunge（属名为梨树的拉丁文原名；种加词为“桦树叶的”）。

识别要点：落叶乔木；叶互生，卵形或长圆状卵形；伞房花序，有花10朵至15朵；花瓣白色；果为梨果，褐色，顶端花萼早落。

Diagnoses：Deciduous tree；Leaves alternate，ovate or elongated-ovate；Corymb，10～15 flowers，petals white；Fruit a pome，brown，sepal absent.

染色体数目：2n＝34。

树形：落叶小乔木，高约10m，树冠卵圆形，枝条伸展。

树皮：灰褐色，有纵的浅条裂。

枝条：小枝先端常变态为刺，幼时密被灰白色绒毛，2年生枝近无毛。

芽：卵形，先端渐尖，外被灰白色绒毛。

叶：单叶互生；叶片卵形或长圆状卵形，基部宽楔形或圆形，先端短渐尖或成尾状尖，边缘有粗锐锯齿，表面深绿色，无毛，背面淡绿色，无毛或微被柔毛，长4～8cm，宽2.5～3.5cm。

花：由10～15朵花组成伞房花序；花白色；萼筒外被灰白色柔毛，萼裂片5，三角形，全缘；花瓣白色，倒卵形，先端钝圆，基部有短爪；雄蕊多数，花药紫黑色；雌蕊子房下位，花柱2～3条，相互分离，基部微具柔毛。

果：梨果，近球形，褐色有灰白色的斑点，直径5～10mm，顶端花萼脱落。

花期：5月；果期：8～9月。

习性：耐干旱，喜光但也耐阴。喜生于阔叶林缘或河谷、山坡。

分布：我国华北、西北及华中各地，东北地区无野生的；吉林省各地庭园中偶见栽培。

抗寒指数：幼苗期Ⅰ，成苗期Ⅰ。

用途：木材致密，可制造各种器具；树形、花、叶及果美观，可作园林绿化树种；又可作优良品种梨的砧木；是优良的蜜源植物。

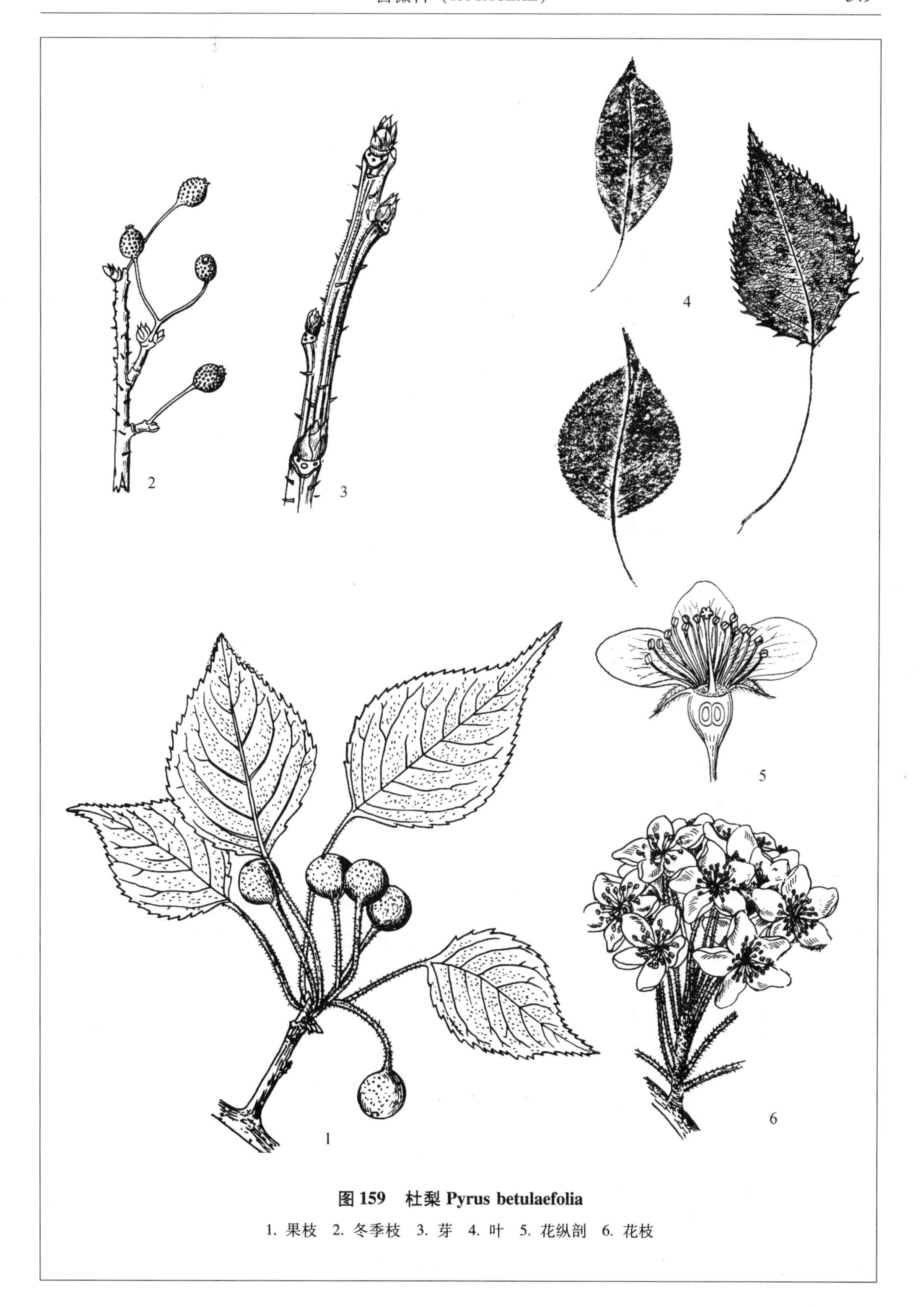

图 159　杜梨 Pyrus betulaefolia

1. 果枝　2. 冬季枝　3. 芽　4. 叶　5. 花纵剖　6. 花枝

花盖梨

科名： 蔷薇科（ROSACEAE）

中名： **花盖梨**　秋子梨　野梨　图 160

学名： **Pyrus ussuriensis Maxim.**（种加词的意思是“乌苏里的”）。

识别要点： 落叶乔木；叶集生于短枝顶端；叶片卵形或宽卵形，叶缘有芒状齿；花白色；果近球形，黄绿色。

Diagnoses： Deciduous tree；Leaves on the top of dwarf branches；ovate or broad-ovate，conspicuously setose-serrates；Flower white；Fruit a pome，globose，greenish-yellow.

树形： 灰黑色，树皮纵裂。

枝条： 幼枝紫褐色至黄灰褐色，无毛，略有光泽，有多数短枝，短枝上布满老叶的叶痕，短枝顶端有芽，皮孔“梭形”纵向排列，灰白色。

芽： 卵形，肥大，黑棕色，芽鳞互生，边缘有白色绒毛。

木材： 淡红色，软硬适中。

叶： 互生或集生于短枝顶端；叶片卵形或宽卵形，先端渐尖，基部圆形或心形，边缘有刺芒状的齿，两面皆无毛，叶柄长 2 ~ 5cm，叶片长 5 ~ 10cm，宽4 ~ 6cm。

花： 5 ~ 7 朵集生于短枝顶端，花梗长 1 ~ 5cm；萼片 5，宽三角状披针形，边缘有腺状齿，长 5 ~ 8mm；花瓣倒卵形或宽卵形，长约 1. 3cm，宽约 1. 2cm，无毛，白色；雄蕊多数，花药紫黑色；花柱 5，分离生，基部有柔毛。

果： 梨果，近扁球形，绿色，成熟变黄色，表面有细小的褐色斑点，萼片宿存。

花期： 5 ~ 6 月；果期：8 ~ 10 月。

习性： 耐寒，喜光，多生于林缘或河流两旁的肥沃土地上。

分布： 我国东北、西北、华北各地都有；也分布于朝鲜及俄罗斯；吉林省东部山区及中部半山区各县（市）皆产。

抗寒指数： 幼苗期 I，成苗期 I。

用途： 供绿化；果可食用；蜜源植物；木材可制造家具。

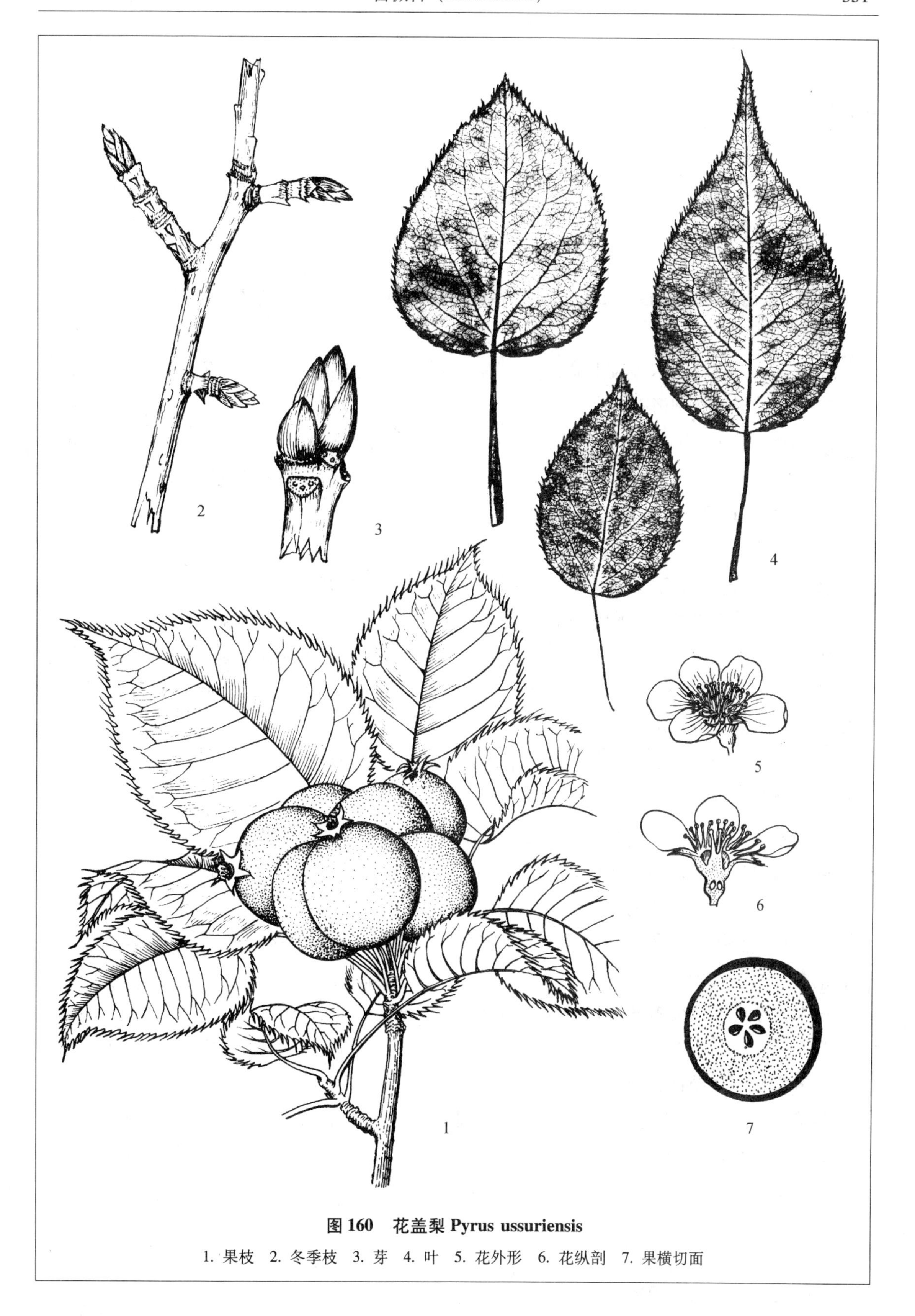

图 160　花盖梨 Pyrus ussuriensis

1. 果枝　2. 冬季枝　3. 芽　4. 叶　5. 花外形　6. 花纵剖　7. 果横切面

刺蔷薇

科名：蔷薇科（ROSACEAE）

中名：刺蔷薇　大叶蔷薇　图161

学名：Rosa acicularis Lindl.（属名为拉丁文蔷薇花或玫瑰花的原名；种加词为“针状的”）。

识别要点：落叶灌木，枝上有针状皮刺；奇数羽状复叶；小叶片5～7枚，叶背无腺体；花粉红色；蔷薇果椭圆形。

Diagnoses: Deciduous shrub; Branches armed with needle-like spickles; Leaves odd-pinnate compound, leaflets 5～7, no glands beneath; Flowers pink; Fruit a fresh hip, elliptic.

染色体数目：2n＝14，28，42，56。

树形：落叶灌木，高1.5～2m。

枝条：枝红紫色，有针状皮刺，老枝紫褐色，密生针状皮刺。

芽：卵形，红褐色，芽鳞多数，无毛。

叶：奇数羽状复叶；小叶5～7枚，质薄，椭圆形或卵状椭圆形，基部宽楔形，先端急尖，微钝，边缘有较大的锯齿，表面无毛，深绿色，背面淡绿色，沿叶脉有短柔毛，长2.5～5.5cm，宽1.5～4cm。

花：单生，粉红色或深粉红色，直径4～5cm；花托壶状，长圆状球形；萼5裂，裂片披针形，全缘，外侧有腺毛和刺毛；花瓣倒卵形，先端微凹，外侧有短柔毛；雄蕊多数，花药黄色；雌蕊多数，分离，子房藏于壶形花托内，柱头略伸出。

果：为蔷薇果，椭圆形或倒卵形，光滑，鲜红色或橘红色，萼片宿存。

花期：6～7月；果期：9月。

习性：性喜半光，喜潮湿、肥沃、排水良好的土壤。生于500m以上的杂木林或针阔混交林的林缘及疏林内。

分布：东北及华北各地；也分布于朝鲜、俄罗斯、日本以及欧洲各国；吉林省东部山区各县均产。

抗寒指数：幼苗期Ⅰ，成苗期Ⅰ。

用途：植物体内含大量丹宁（鞣酸）可制栲胶；树形、绿叶、红花、红果很美观，可供庭园栽培绿化用。

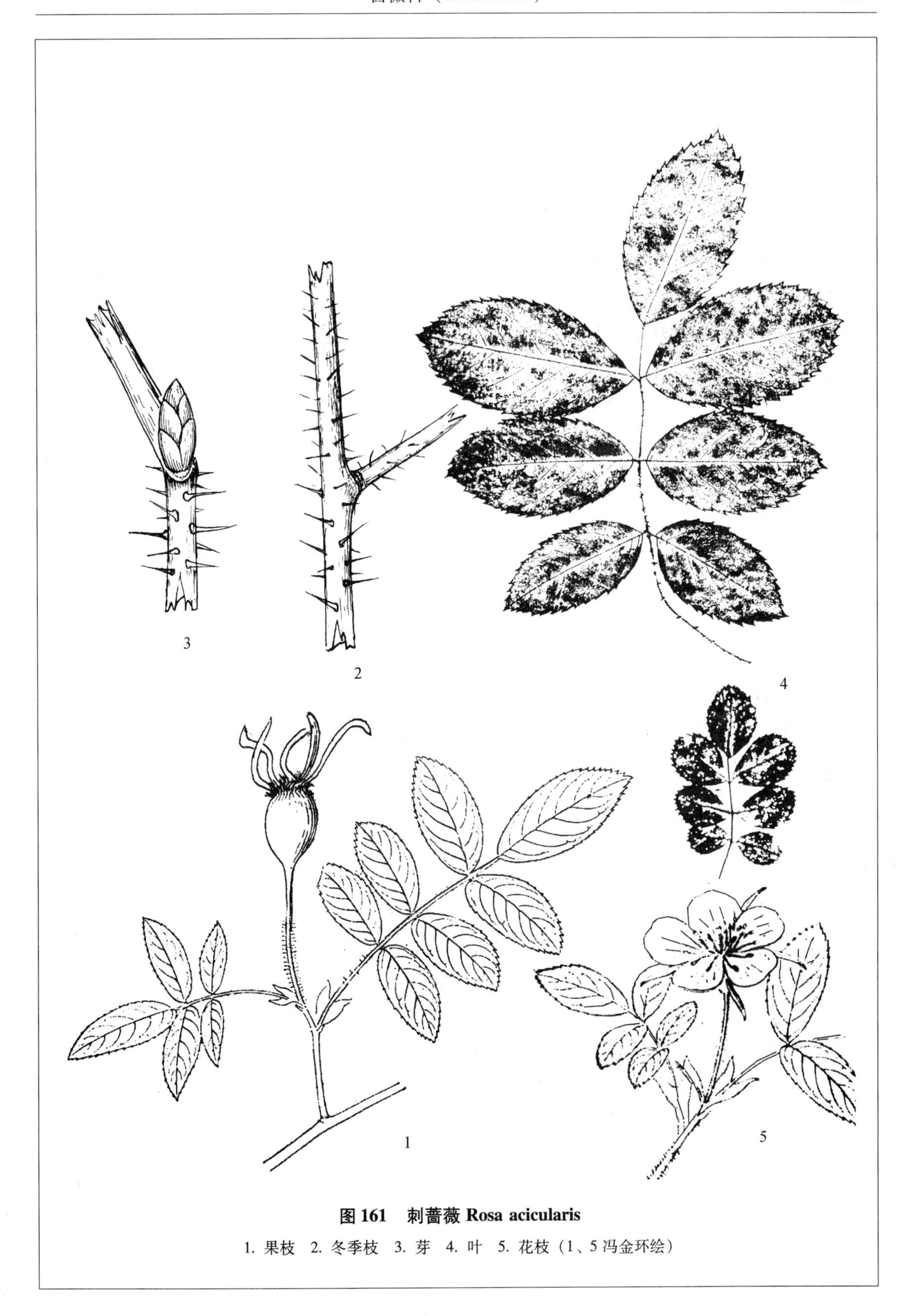

图 161　刺蔷薇 Rosa acicularis

1. 果枝　2. 冬季枝　3. 芽　4. 叶　5. 花枝（1、5 冯金环绘）

月季

科名：蔷薇科（ROSACEAE）

中名：月季　月季花　图162

学名：Rosa chinensis Jacq.（属名为蔷薇及玫瑰的拉丁文原名，来自凯尔特语 rhod 红色；种加词的意思是“中国的”）。

识别要点：落叶灌木，有皮刺；叶为羽状复叶，互生；小叶3~5枚；花大，花瓣5或为重瓣。

Diagnoses: Deciduous shrub; Stem armed with prickles; Leaves pinnate compound, alternate; Leaflets 3~5; Flower large, petals 5 or double.

染色体数目：2n＝14，21，28。

树形：落叶灌木，高1~2m。

枝条：老枝树皮红褐色，有纵向的条棱及浅裂，幼枝绿色，光滑，皆具略弯曲的皮刺，皮孔近椭圆形，褐色。

芽：卵形，红褐色，先端钝圆形，芽鳞多片，光滑或于边缘处略有睫毛。

叶：奇数羽状复叶；托叶与总叶柄基部合生；小叶片3~5，少为7枚，宽卵形或卵状椭圆形，基部圆形或宽楔形，顶端急尖或短渐尖，边缘有锯齿，表面暗绿色，背面淡绿色，长2~6cm，宽1~3cm。

花：常多朵集生于茎顶；花托近球形；萼裂片5，披针形，有尾状尖头，有腺毛，内侧有短柔毛；花瓣5，或重瓣，倒宽卵形，红色、白色、粉红色、黄色等；雄蕊多数；雌蕊多数，子房有毛，花柱伸出花托之外，离生。

果：为蔷薇果，椭圆形或长圆形，红色，萼片宿存，一般很少结果。

习性：喜光，喜肥沃、排水良好的土壤，但抗寒性差，很多品种需要冬季防寒。

分布：原产我国；世界各地广为栽培；吉林省各地常见栽培。

抗寒指数：幼苗期Ⅳ，成苗期Ⅱ。

用途：为优良的观赏花灌木；花可提取香精及制造糕点食品。

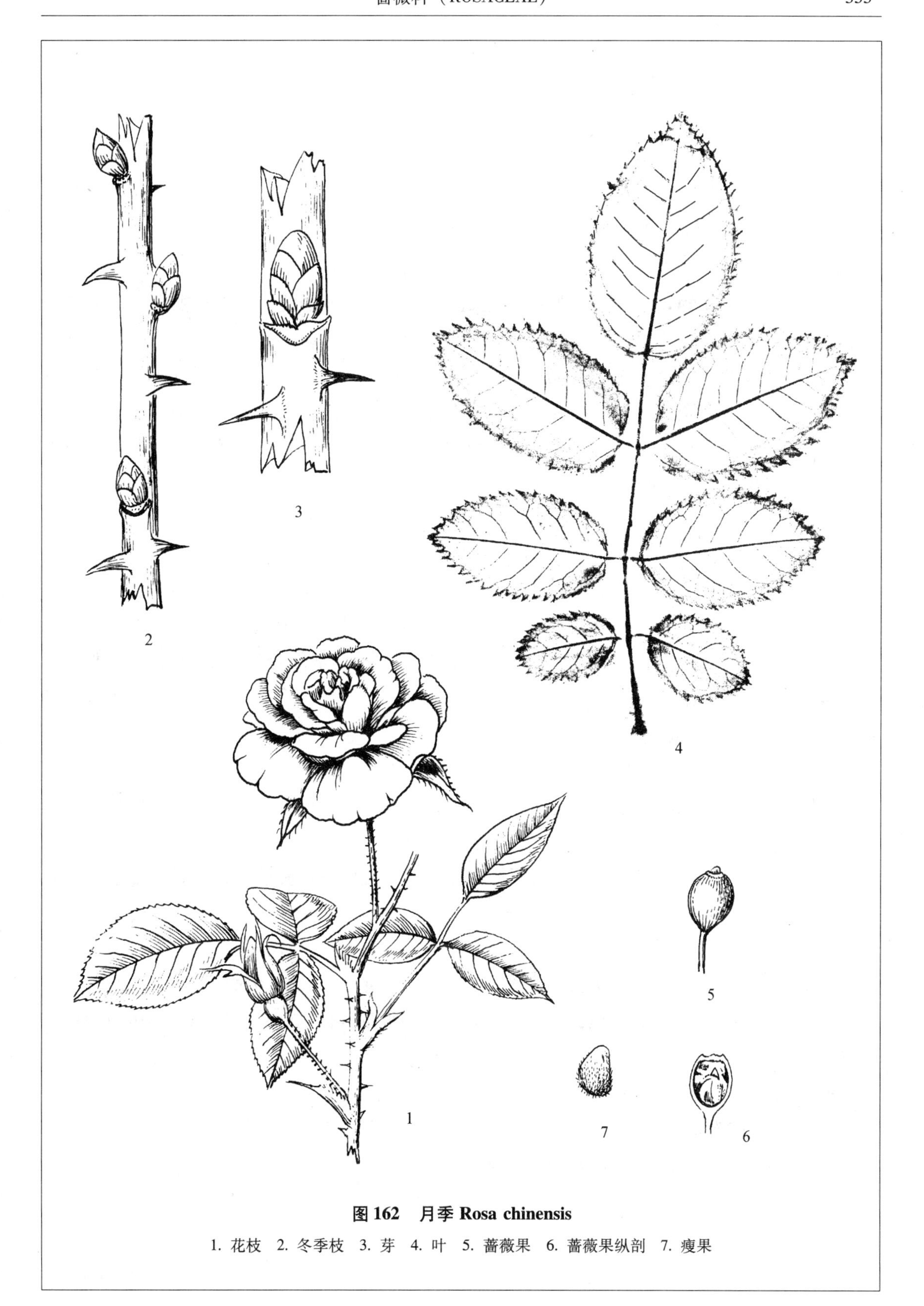

图 162　月季 Rosa chinensis

1. 花枝　2. 冬季枝　3. 芽　4. 叶　5. 蔷薇果　6. 蔷薇果纵剖　7. 瘦果

山玫瑰

科名：蔷薇科（ROSACEAE）

中名：山玫瑰 刺玫蔷薇 刺玫果 图 163

学名：Rosa davurica Pall.（种加词的意思为“达乌尔地区的”泛指俄罗斯的东西伯利亚和我国大小兴安岭一带）。

识别要点：落叶灌木；枝上有刺；羽叶复叶，小叶片 5 ~ 9 枚，卵形或椭圆形，叶背有白色粒状腺体；花瓣 5，红色；果为肉质蔷薇果，球形或卵圆形。

Diagnoses：Deciduous shrub, armed with prickles; Leaves pinnately compound, leaflets 5 ~ 9, ovate or elliptic, with white glands beneath; Flower petal 5, red; Fruit freshy hip. globular or o-void.

染色体数目：2n = 14。

树形：落叶灌木，高 1 ~ 1.5m。

枝条：多分枝，直立，枝条暗紫色，无毛，有成对的皮刺，刺基部略扁，先端略弯曲。

叶：奇数羽状复叶，互生；托叶狭窄，大部分与叶总柄基部合生；小叶片 5 ~ 9 枚，卵形或椭圆形，基部宽楔形，先端短渐尖，叶缘有锯齿，表面深绿色，背面灰白色，有腺体和柔毛，长 1.5 ~ 3cm，宽 0.8 ~ 1.5cm。

花：单一或 2 ~ 3 朵并生，红色，直径约 4cm；花托无毛，壶形；萼 5 裂，披针形；花瓣 5，倒卵形，先端微凹；雄蕊多数；雌蕊多数，分离；子房密被白色柔毛，花柱伸出花托之外。

果：蔷薇果，扁圆形或球形，5 枚萼片宿存其上，内藏多数瘦果，成熟时鲜红色或橘红色，直径 1 ~ 1.5cm。

花期：6 月；果期：8 ~ 9 月。

习性：喜光，喜肥沃、排水良好土壤。常生于开阔地、林缘或疏林内。

分布：我国东北及华北各地；也分布于朝鲜、俄罗斯及蒙古；吉林省东部山区及中部半山区的各县（市）均产。

抗寒指数：幼苗期 I，成苗期 I。

用途：花可提取芳香油或制造食用玫瑰酱；果可制造果酱又可酿酒；枝、叶、根含大量丹宁，可制栲胶；为庭园绿化优良树种。

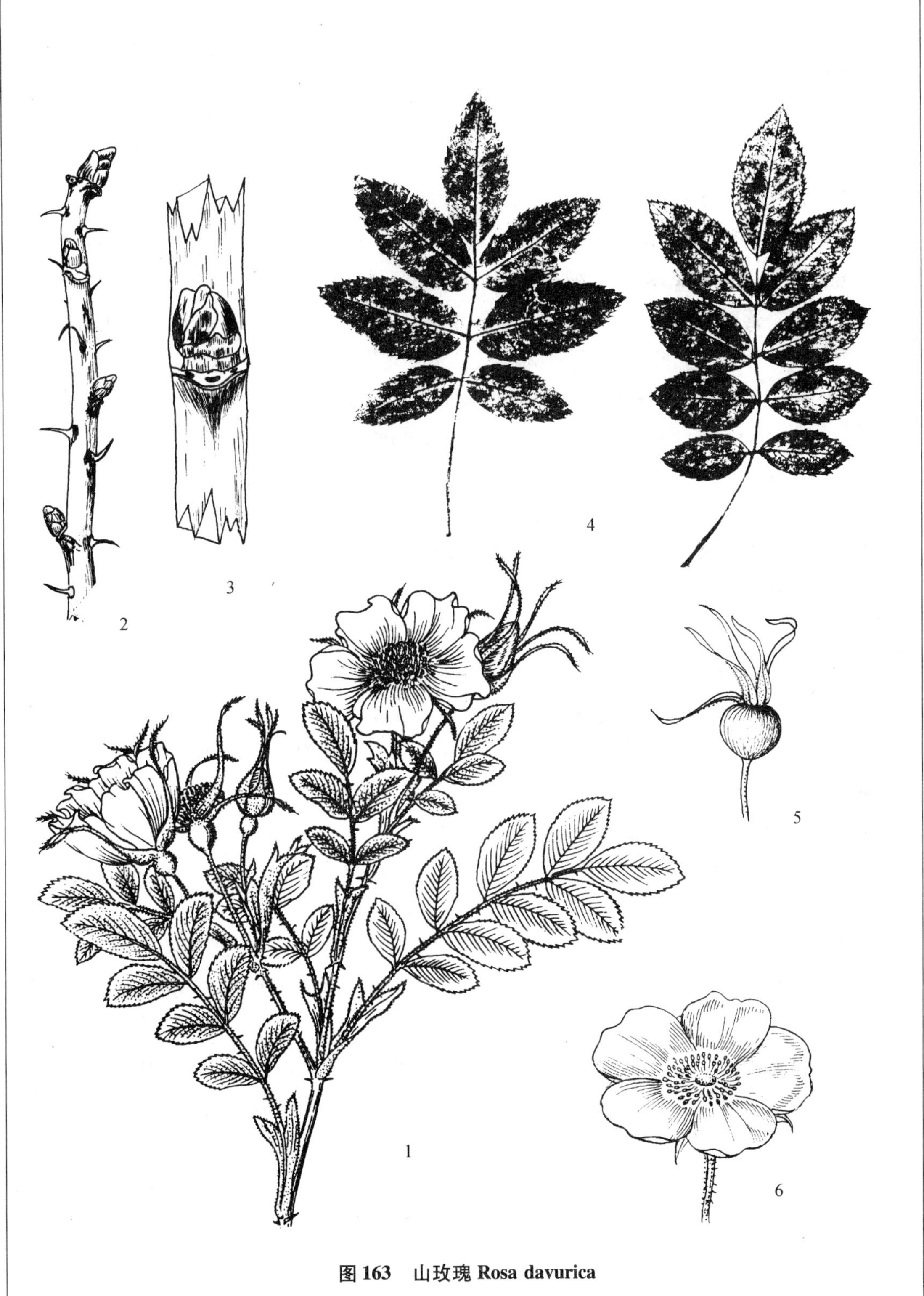

图 163　山玫瑰 Rosa davurica

1. 花枝　2. 冬季枝　3. 芽　4. 复叶　5. 蔷薇果　6. 花

长白蔷薇

科名：蔷薇科（ROSACEAE）

中名：长白蔷薇 图164

学名：Rosa koreana Kom.（种加词为“朝鲜的”）。

识别要点：落叶灌木；羽状复叶，互生，小叶片较小，7～13枚；花单生，浅粉红色或白色；蔷薇果倒卵圆形，橘红色，萼片宿存。

Diagnoses：Deciduous shrub；Leaves pinnate compound，leaflets 7～13，smaller；Flower solitary，light-pink or white；Fruit freshy hip，obovoid，scarlet，sepals persistent.

染色体数目：2n＝14。

树形：落叶灌木，高约1m。

枝条：紫褐色，密生针刺，刺基部略扁化成椭圆形基盘。

芽：芽卵圆形，单生，偶有2个并生；先端钝头，芽鳞多片，红褐色，边缘有睫毛。

叶：奇数羽状复叶，互生；托叶大部分与叶总柄合生；小叶片7～13（15）枚，椭圆形或倒卵状椭圆形，基部圆形，先端钝圆形，边缘有锐锯齿，齿端有腺点，表面深绿色无毛，背面淡绿色，沿主脉有小刺，长0.5～2cm，宽4～7mm。

花：单生，浅粉红色或白色，直径2.5～3cm；花托倒卵状壶形，上部萼5裂，狭披针形；雄蕊多数；雌蕊多数，分离，子房长圆柱形，包在壶形的花托内，有毛，花柱伸出花托之外。

果：蔷薇果，倒卵形，外皮肉质，橘红色或鲜红色，长1～1.5cm，直径约0.8cm；瘦果多数，分离，外有白色长柔毛。

花期：5～6月；**果期：**9～10月。

习性：喜阴湿环境，排水良好的土壤中；常在1000m以上的针叶林或混交林下与苔藓植物等共生。

分布：黑龙江及吉林的山区；也分布到朝鲜及俄罗斯；吉林省东部长白山常见生长。

用途：花可提取香精；果含大量维生素，可制造糕点；根、枝含有大量丹宁，可提取栲胶。

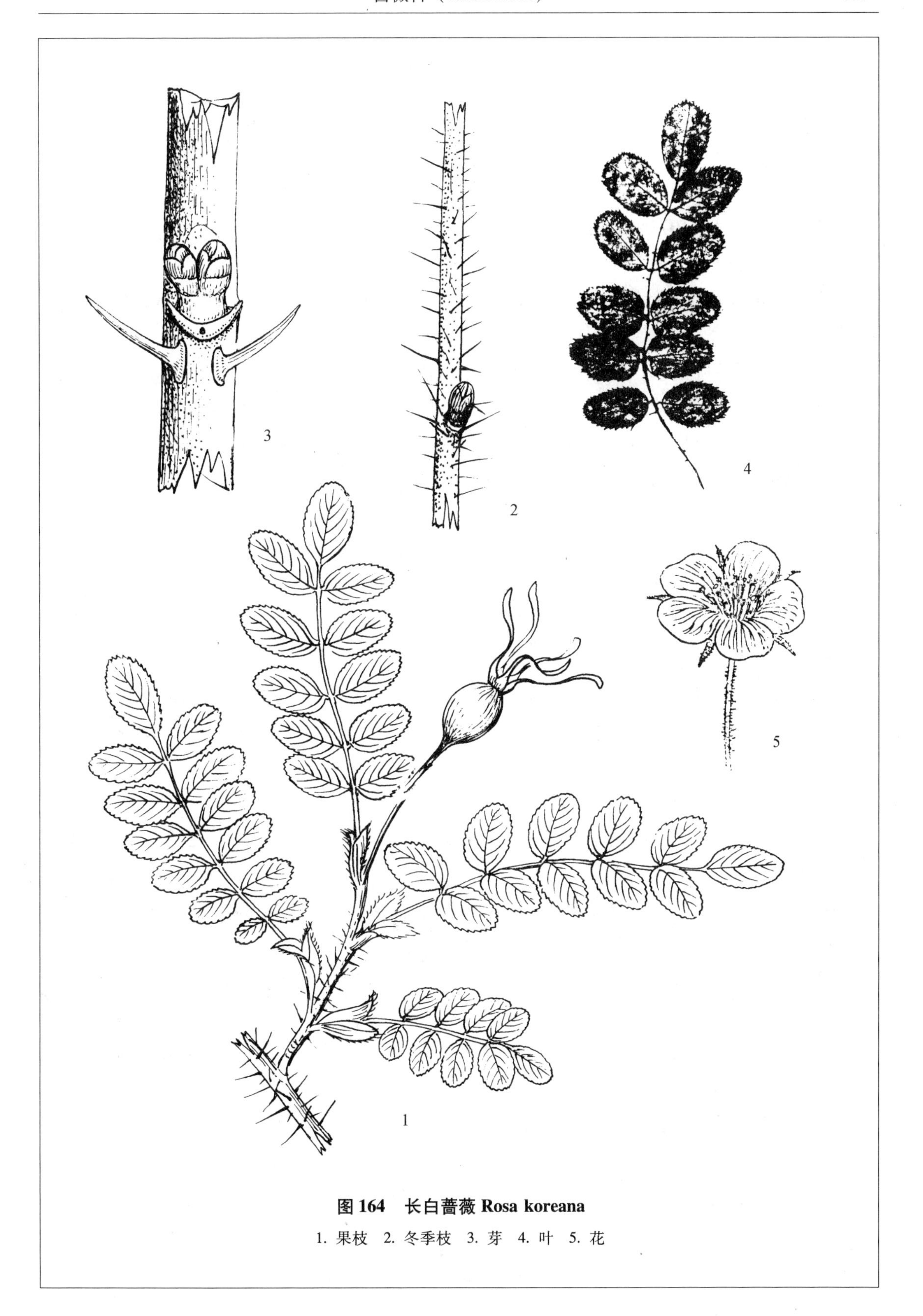

图 164　长白蔷薇 Rosa koreana

1. 果枝　2. 冬季枝　3. 芽　4. 叶　5. 花

伞花蔷薇

科名：蔷薇科（ROSACEAE）

中名：伞花蔷薇 图165

学名：Rosa maximowiczii Regel（种加词为人名 C. J. Maximowicz，1827~1891，俄国植物学家）。

识别要点：落叶灌木；枝细长，匍匐，有钩状皮刺；羽状复叶；小叶片7~9枚，椭圆形或倒卵状椭圆形，叶背无毛；伞房花序，花白色；果为蔷薇果，红色，近球形。

Diagnoses：Deciduous shrub；Branches slender，armed with hooklike prickles；Leaves compound pinnate；Leaflets 7~9，elliptic or obovato-elliptic，no pubescent beneath；Corymb clustered many flowers，white；Fruit a fresh hip，red，nearly globular.

染色体数目：2n=14。

树形：落叶灌木，高约1m。

枝条：细长，成弓形弯曲，小枝无毛，紫褐色或黄褐色，具皮刺，钩状，无毛。

芽：宽卵形，外有两枚大形芽鳞包被。

叶：奇数羽状复叶；托叶有不规则的锯齿；小叶片7~9枚，椭圆形或倒卵状椭圆形，基部楔形，先端急尖，表面深绿色，背面淡绿色，无毛，叶缘有锐锯齿，长1.5~4.5cm，宽0.6~1.8cm。

花：伞房花序，具多花；花白色；花托近球形，无毛；萼5裂，裂片三角形，先端渐尖；花瓣倒卵形，先端微凹，基部有短爪；雄蕊多数；雌蕊子房有柔毛，花柱伸出壶形花托之外，合生，约与雄蕊等长。

果：蔷薇果，近球形，直径约0.8cm，光滑无毛，有光泽，鲜红色，先端萼片脱落。

花期：6月；果期：9~10月。

习性：喜光，喜肥沃、潮湿、排水良好的土壤。多生长于低海拔的山坡灌丛及杂木林中。

分布：我国东北南部及山东省；朝鲜也有分布；吉林省各地庭园及公园内屡见栽培。

抗寒指数：幼苗期Ⅰ，成苗期Ⅰ。

用途：供绿化观赏。

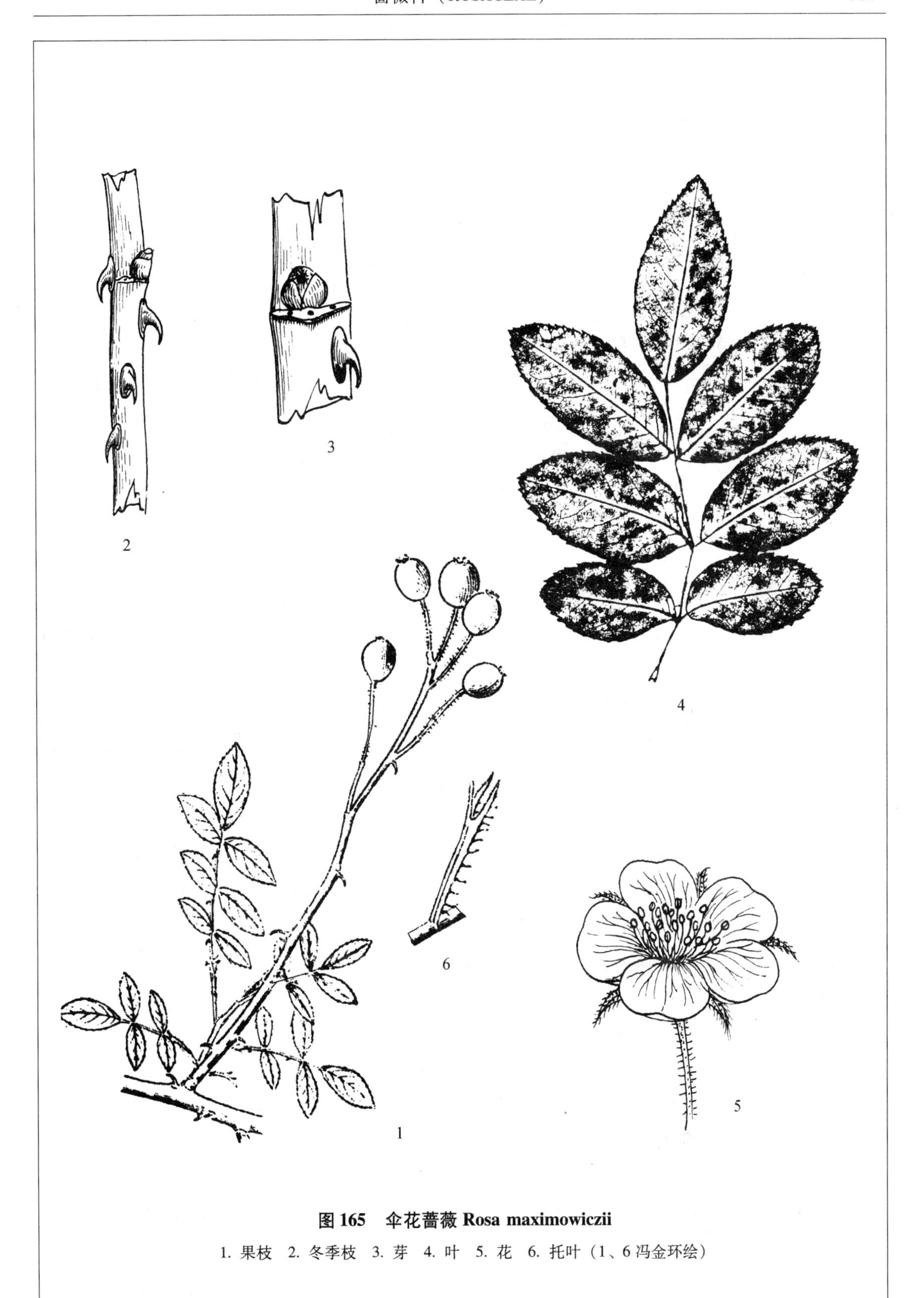

图 165　伞花蔷薇 Rosa maximowiczii

1. 果枝　2. 冬季枝　3. 芽　4. 叶　5. 花　6. 托叶（1、6 冯金环绘）

多花蔷薇

科名：蔷薇科（ROSACEAE）

中名：多花蔷薇 野蔷薇 图 166

学名：Rosa multiflora Thunb.（种加词的意思是“多花的”）。

A. **多花蔷薇 f. multiflora**

识别要点：落叶灌木；枝细长，有钩状皮刺，无毛；羽状复叶，小叶 5～9 枚，倒卵形或椭圆形，叶背有柔毛；花序伞房状，多花，花白色；蔷薇果球形，褐红色。

Diagnoses：Deciduous shrub；Twigs slender，armed with hooklike prickles，glabra；Leaves compound pinnate，leaflets 5～9，ovate or elliptic，pubescent beneath；Corymb clustered many flowers，white；Fruit red hip，globular，brown-red.

染色体数目：2n＝14。

树形：落叶灌木，高 1～2m。

枝条：细长，斜上或蔓生，幼枝绿色，老枝红褐色，具钩状皮刺，光滑无毛，基部膨大，单生或对生于托叶基部。

芽：卵形，红褐色，芽鳞多片。

叶：奇数羽状复叶，由 5～9 枚小叶组成；托叶大部分与总叶柄基部合生；小叶片倒卵形或椭圆形，基部宽楔形，先端急尖或微钝，边缘有单锯齿，表面无毛，背面淡绿色，有毛，长 2～4cm，宽 1～2.5cm。

花：多数，圆锥状伞房花序；花白色，直径 2～3cm，单瓣；壶形花托外具腺毛；萼裂片 5，长三角形，先端长渐尖；花瓣倒卵形，先端微凹；雄蕊多数，花药黄色；雌蕊多数，分离，子房有柔毛，花柱合生，伸出花托口之外。

果：蔷薇果球形，直径 7mm，褐红色，光滑无毛。

花期：5～6 月；果期：8～9 月。

习性：喜生于山坡、林缘土质肥沃处。

分布：我国华北、华中、华东、西北及西南；朝鲜及日本也有分布；吉林省各庭园屡见栽培。

抗寒指数：幼苗期 I，成苗期 I。

用途：枝叶繁茂，花色美丽，为优良的园林绿化花灌木。

B. **白玉堂 f. albo-plena Xu et Ku**（变型加词意思为重瓣白色花的）花重瓣，白色。长春市庭园中屡见栽培。

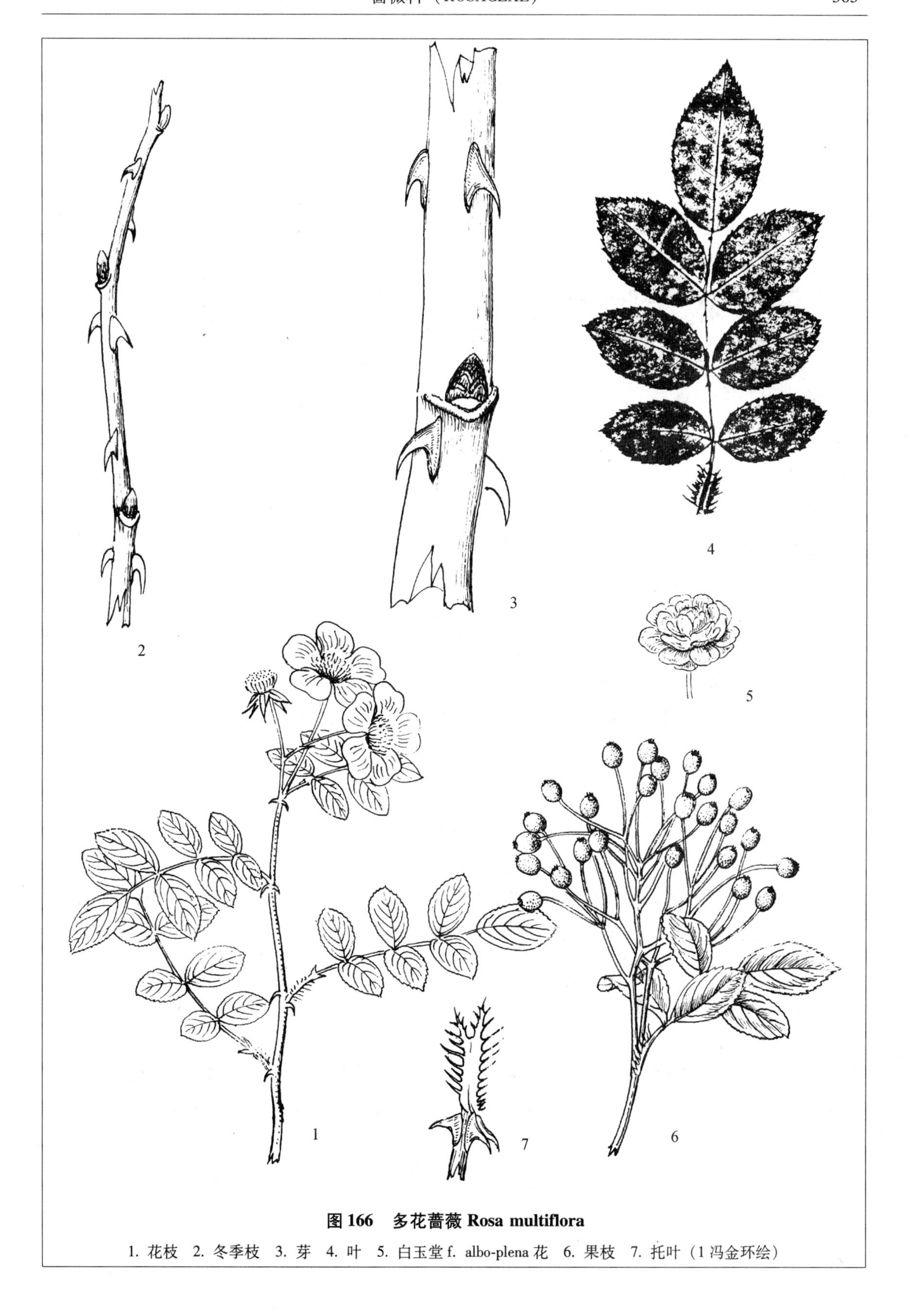

图 166　多花蔷薇 Rosa multiflora

1. 花枝　2. 冬季枝　3. 芽　4. 叶　5. 白玉堂 f. albo-plena 花　6. 果枝　7. 托叶（1 冯金环绘）

樱草蔷薇

科名：蔷薇科（ROSACEAE）

中名：**樱草蔷薇** 图 167

学名：**Rosa primula Bouleng**.（种加词为“樱草”）。

识别要点：落叶灌木，有皮刺；叶羽状复叶；小叶 9～13 枚，叶背面有黄色腺点；花单瓣，5 枚，初为黄色后变白色；蔷薇果，扁球形，鲜红色。

Diagnoses：Deciduous shrub，armed with prickles；Leaves pinnate compound；Leaflets 9～13，yellow glands beneath；Flower petals 5，origin yellow，become white later；Fruit a freshy hip，depressed globular，red.

染色体数目：2n＝14。

树形：落叶灌木，高 2～3m。

枝条：粗壮而直立，黄褐或紫褐色，生有大量扁平的皮刺，皮孔不甚明显，灰白色。

芽：长卵形，红褐色，芽鳞粗糙，多数，边缘有睫毛。

叶：为奇数羽状复叶；小叶片 9～13 枚，卵圆形或椭圆形，基部圆形，先端钝圆，边缘有细的钝齿，表面深绿色，背面浅绿色，有黄色腺点，长 0.5～1.5cm，宽 0.5～1cm。

花：单生；黄色后来变成纯白色；花托壶形，萼 5 裂，裂片长披针形；花瓣 5 枚，不为重瓣，倒宽卵形，先端有凹陷；雄蕊多数；雌蕊包在花托内，多数，分离，柱头伸出花托之外。

果：蔷薇果，扁圆球形或圆球形，鲜红色或橘红色，光滑，萼裂片宿存。

花期：5 月；果期：9～10 月。

习性：耐寒，喜光，但也耐阴，喜肥沃、排水良好的土壤。多生于林缘或山坡灌丛内。

分布：华北、西北；目前吉林省各地常见栽培。

抗寒指数：幼苗期 I，成苗期 I。

用途：本植物枝叶繁茂，花黄色变白，美丽；秋季果红色挂满枝头，是良好的庭园绿化的花灌木。

备注：本植物的树形、枝及叶与黄刺玫 R. xanthina 非常相似，惟叶背面有黄色腺点；花为单瓣，由黄变白色；果实扁圆形等与黄刺玫不同，引种栽培时切不可混淆。

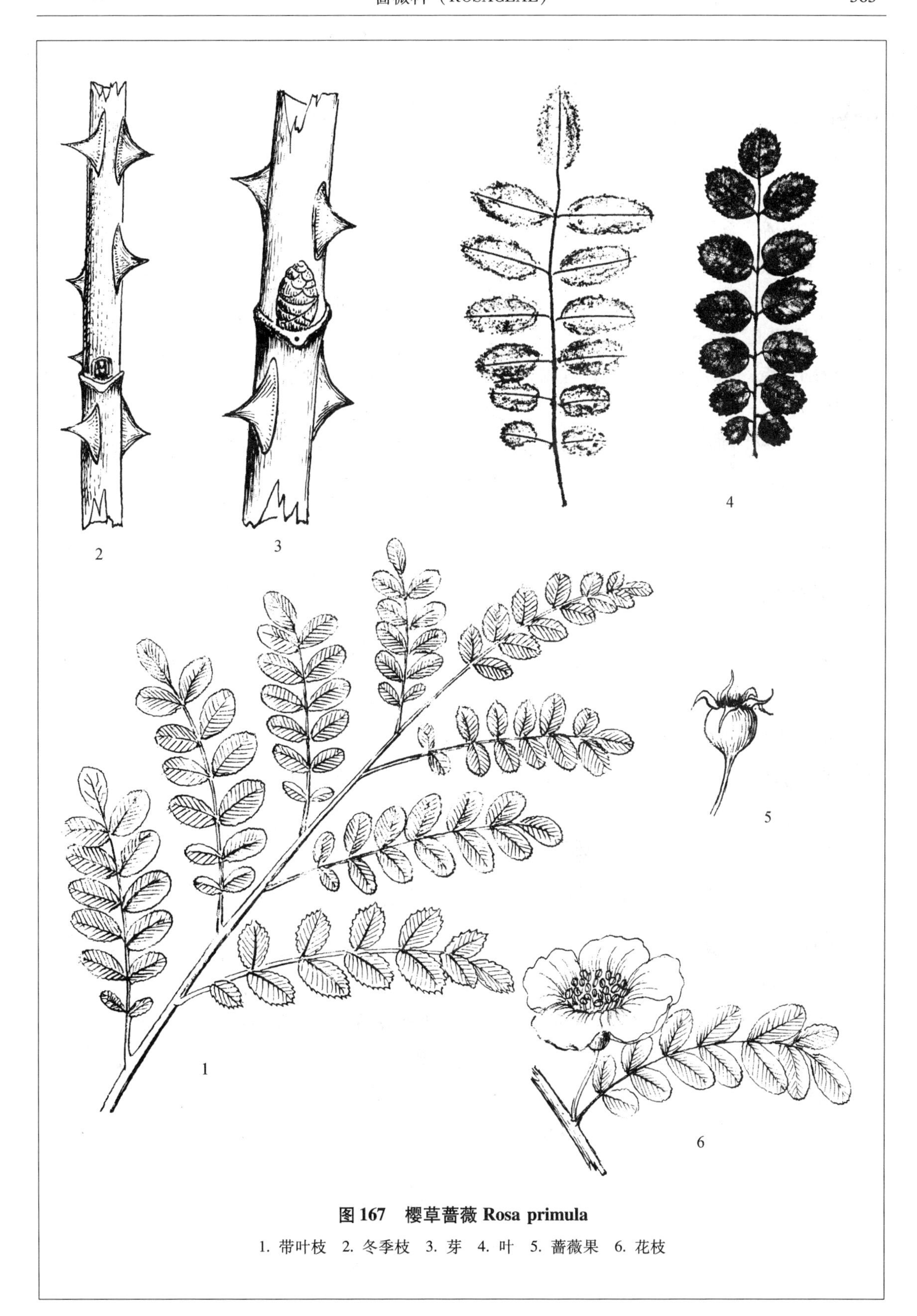

图 167 樱草蔷薇 Rosa primula

1. 带叶枝 2. 冬季枝 3. 芽 4. 叶 5. 蔷薇果 6. 花枝

玫瑰

科名：蔷薇科（ROSACEAE）

中名：玫瑰 红刺玫 图168

学名：Rosa rugosa Thunb.（种加词意思为“多皱纹的”）。

A. **玫瑰 f. rugosa**（原变型）

识别要点：落叶灌木；枝上有刺，刺上有柔毛；羽状复叶，互生；花红色，单瓣或重瓣，蔷薇果橙红色。

Diagnoses：Deciduous shrub，Branches armed with prickles，pubescent on surface. Leaves compound pinnate，leaflets 5～9，alternate；Flowers red，single or double；Fruit，hip，orange.

染色体数目：2n＝14。

树形：落叶灌木，高2m。

枝条：粗壮，灰褐色，生有皮刺，皮刺上有绒毛。

芽：卵圆形，紫红色，外被短绒毛，芽鳞多数。

叶：奇数羽状复叶，互生；小叶5～9枚，椭圆形或倒卵状椭圆形，表面深绿色，叶脉下陷成明显的皱纹，背面灰绿色，密被柔毛和腺体，长2～5cm，宽1～2.5cm。

花：单生或数朵丛生，花梗上密被刺毛和腺毛；花直径6～8cm；花托壶形；萼裂片长披针形，长2～4cm；花瓣紫红色，倒卵形，长3～4cm；雄蕊多数，长约7mm；花柱离生，密被绒毛，柱头伸出壶形花托之外。

果：蔷薇果扁圆球形，直径2～2.5cm，橙红色，平滑无毛，上有宿存的萼裂片。

花期：5月；果期：8～9月。

习性：生长于沿海砂质地及海滩。

分布：吉林省珲春市的敬信乡；也产于辽宁、山东；日本、朝鲜及俄罗斯也有分布。

抗寒指数：幼苗期I，成苗期I。

用途：为优良的绿化、彩化树种；花可提取玫瑰香精；果可制造糖果。

B. **重瓣玫瑰 f. plena（Regel）Rehd.**（变型）

花重瓣，紫红色，各地常见栽培。

C. **白玫瑰 f. alba（Ware）Rehd.**（变型）

花重瓣，纯白色，各地偶有栽培。

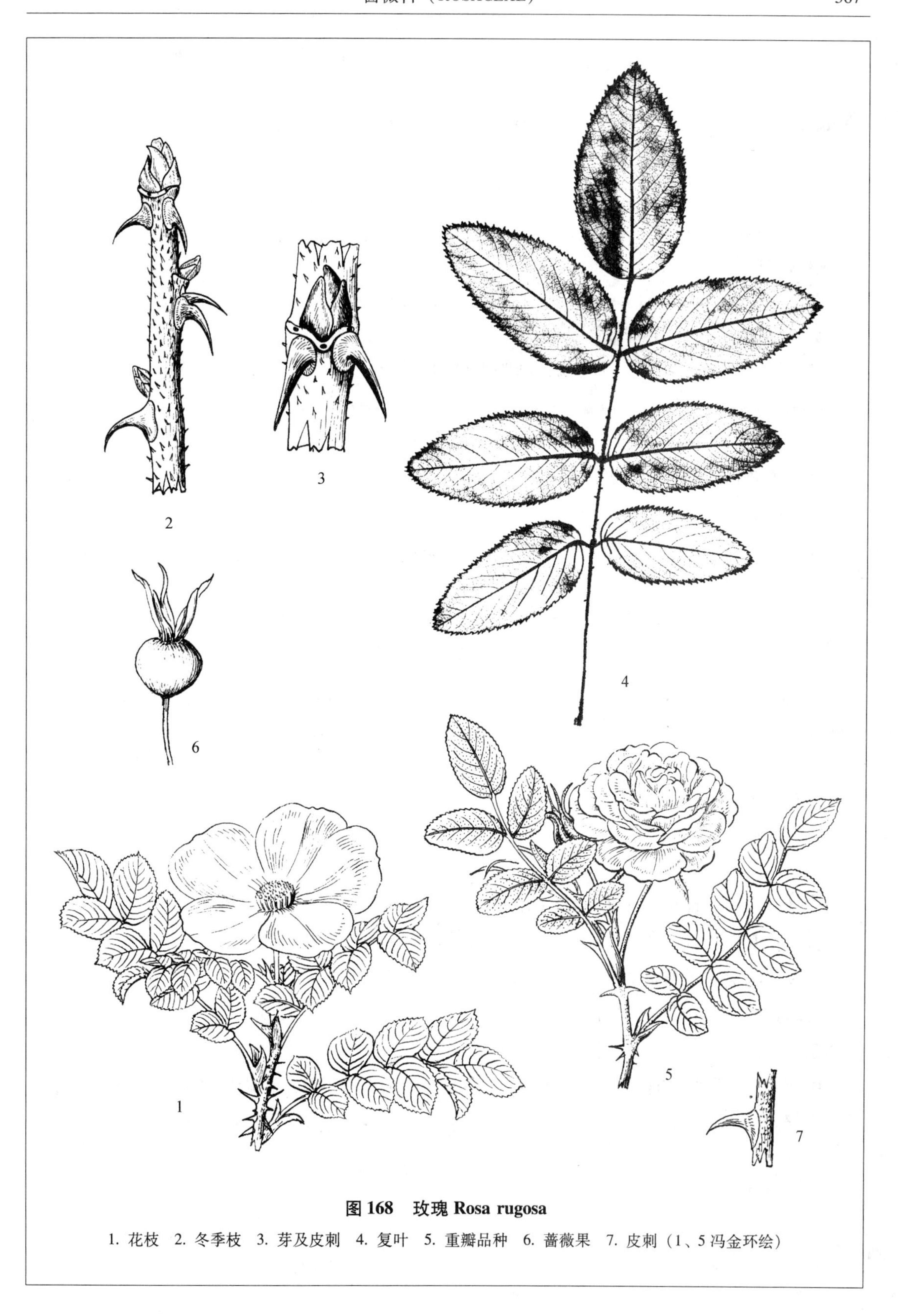

图 168　玫瑰 Rosa rugosa

1. 花枝　2. 冬季枝　3. 芽及皮刺　4. 复叶　5. 重瓣品种　6. 蔷薇果　7. 皮刺（1、5 冯金环绘）

黄刺玫

科名：蔷薇科（ROSACEAE）

中名：**黄刺玫**　图 169

学名：**Rosa xanthina Lindl.**（种加词为“黄色的”）。

A. **黄刺玫 f. xanthina**（原变型）

识别要点：落叶灌木，有皮刺；叶为羽状复叶，小叶片 9～13 枚；花黄色，重瓣。

Diagnoses：Deciduous shrub，armed with prickles；Leaves pinnate，compound；Leaflets 9～13；Flower yellow，double.

染色体数目：2n＝14，28。

树形：落叶灌木，高达 3m。

枝条：密集，细长，紫褐色或深红褐色，有皮刺，刺的基部扁平，刺上无毛，皮孔近圆形，灰褐色，多数。

芽：卵形，红褐色，无毛。

叶：奇数羽状复叶；小叶片 9～13 枚，椭圆形或卵圆形，基部圆形，先端钝圆，边缘有钝锯齿，表面无毛，深绿色，背面淡绿色，仅在叶脉上有疏柔毛；托叶披针形，全缘，大部与叶总柄基部合生。

花：单生，黄色，重瓣，直径约 5cm；花托圆球形；萼裂片披针形；花瓣倒卵形，先端微凹；雄蕊多数；雌蕊藏于球形花托内，花柱相互分离，微伸出花托之外。

果：本种未见结果。

花期：5～6 月。

习性：喜光，耐阴、耐寒、耐干旱。喜生于肥沃、排水良好的土壤。

分布：我国华北、西北等地，如今吉林省各地庭园大量栽培。

用途：为著名的绿化观赏花灌木。

抗寒指数：幼苗期 I，成苗期 I。

备注：因不结果实，故用插枝法扩繁。

B. **单瓣黄刺玫 f. spontanea Rehd.**（变型加词为“野生的”）花为单瓣，吉林省内很少见有栽培。

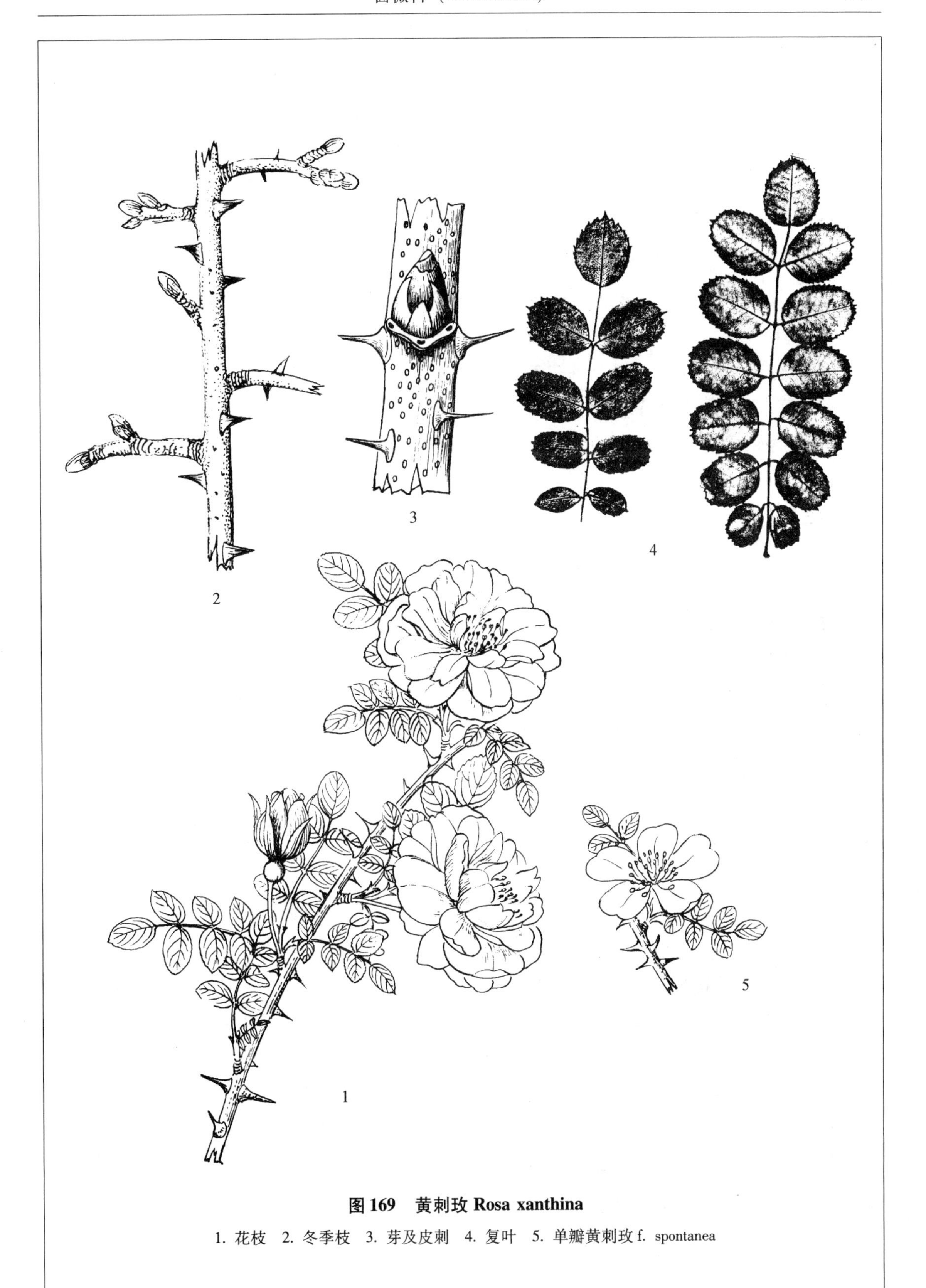

图 169　黄刺玫 Rosa xanthina

1. 花枝　2. 冬季枝　3. 芽及皮刺　4. 复叶　5. 单瓣黄刺玫 f. spontanea

托盘

科名：蔷薇科（ROSACEAE）

中名：托盘　蓬虆悬钩子　山楂叶悬钩子　图 170

学名：Rubus crataegifolius Bunge（属名为悬钩子的拉丁文原名；种加词为“山楂叶子的”）。

识别要点：落叶灌木；茎上的皮刺弯曲；叶片宽卵形或长卵形，3～5 裂；花白色；聚合果，红色，有光泽，由多数小核果组成。

Diagnoses: Deciduous shrub; Stem armed with hooked prickles; Leaves broad-ovate or oblong-ovate, 3～5 lobes; Flower white; Fruit aggregated of small drupelets.

染色体数目：2n = 14。

树形：落叶灌木，高 0.8～1.5m。

树皮：红紫色或紫绿色，光滑无毛。

枝条：红紫色，幼时有短柔毛和红色腺体，有钩状刺。

芽：卵圆形，常数枚丛生，中间的一枚较大，芽鳞多数，边缘有睫毛。

叶：单叶，互生；叶片宽卵形至长卵形，基部宽楔形或心形，先端短渐尖，边缘有 3～5 裂及不规则的粗锯齿，表面近无毛，叶背面中脉上有小的钩状刺，长 5～12cm，宽 3.5～8cm。

花：数朵，簇生或成短的伞房花序；花白色；直径约 1.5cm；萼片三角形，先端尖，边缘有白毛及腺体；花瓣卵形，先端微凹，基部有爪；雄蕊多数；雌蕊多数，分离，花柱与雄蕊等长。

果：为聚合小核果，直径 1～1.5cm，深红色，有光泽，味酸甜。

花期：6 月；果期：7～8 月。

习性：喜光，不耐庇荫。多生于低海拔的较干燥的山坡灌丛中或阔叶林的林缘。

分布：我国东北、华北及湖南、内蒙古等地；也分布于朝鲜、俄罗斯及日本；吉林省东部山区及中部半山区各县（市）均产。

抗寒指数：幼苗期 I，成苗期 I。

用途：果味酸甜可口，可生食或制造果酱、果酒等；幼嫩的果可入药，叫“复盆子”，可治肝病；根也入药，药效同复盆子。

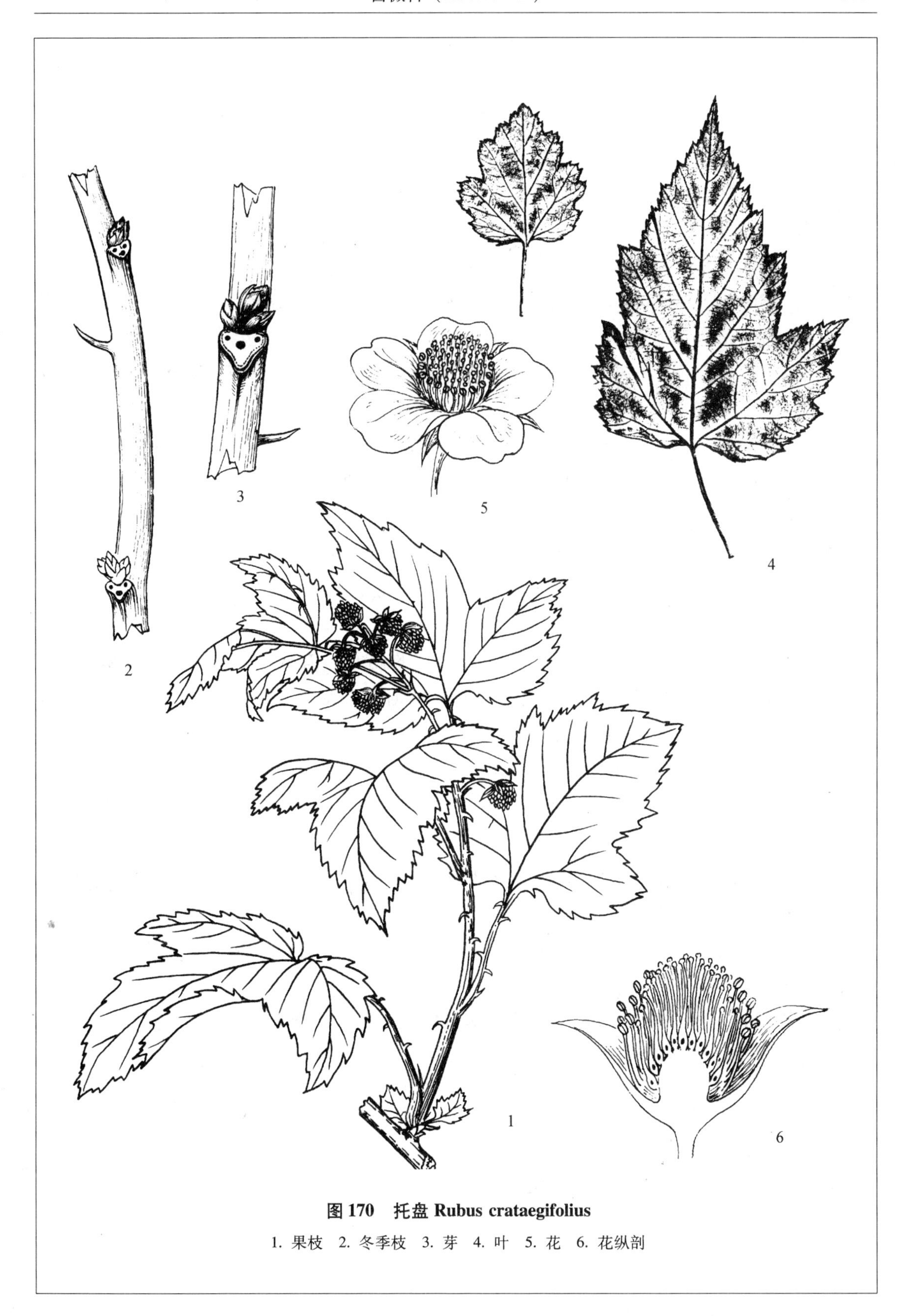

图 170　托盘 *Rubus crataegifolius*

1. 果枝　2. 冬季枝　3. 芽　4. 叶　5. 花　6. 花纵剖

绿叶悬钩子

科名：蔷薇科（ROSACEAE）

中名：**绿叶悬钩子** 图 171

学名：**Rubus kanayamensis Lévl. et Vant.** —R. komarovii Nakai（种加词为日本地名“金山的”；异名的种加词为人名 V. L. Komarov，1869 ~ 1946，俄国植物学家）。

识别要点：落叶灌木；枝上密被针刺；复叶具3小叶，叶片卵形或斜卵形，两面均为绿色；花数朵并生，白色；聚合小核果，球形，红色。

Diagnoses：Deciduous shrub；Branches armed with needle-like prickles；Leaves pinnate compound，leaflets 3；Blades ovate or oblique-ovate，green on both sides；Flowers few as cluster，white；Fruit aggregated drupelets，globular，red.

树形：落叶灌木，高 50 ~ 100cm。

枝条：茎直立密被针刺；幼枝黄褐色，有时被白粉或腺毛。

芽：卵形，顶端钝尖，芽鳞红褐色，边缘有睫毛。

叶：羽状复叶由3小叶组成；中间叶片较大，卵圆形，有长柄，侧生小叶斜卵形，无柄，基部宽楔形，先端短渐尖，边缘有不整齐的重锯齿，表面深绿色，背面淡绿色，无绒毛，长 4 ~ 10cm，宽 2.5 ~ 6cm。

花：数朵，顶生成短伞房花序；花白色，直径约 1cm；萼筒浅杯状，萼裂片 5，三角状披针形，外有刺毛和腺毛；花瓣倒卵形，先端钝圆，基部有爪；雄蕊多数；雌蕊多数，分离，花柱比雄蕊略短。

果：为聚果合，由多数小核果组成，近球形，直径 0.8 ~ 1cm，红色。

花期：5 ~ 6 月；果期：8 ~ 9 月。

习性：喜半光，喜生长于肥沃、排水良好土壤，能耐瘠薄土质。多生于疏林下、林缘和针阔混交林中。

分布：东北三省；也产于朝鲜、俄罗斯及日本；吉林省多产于东部山区各县（市）。

用途：果味酸甜，可食用或制果酱及果酒。

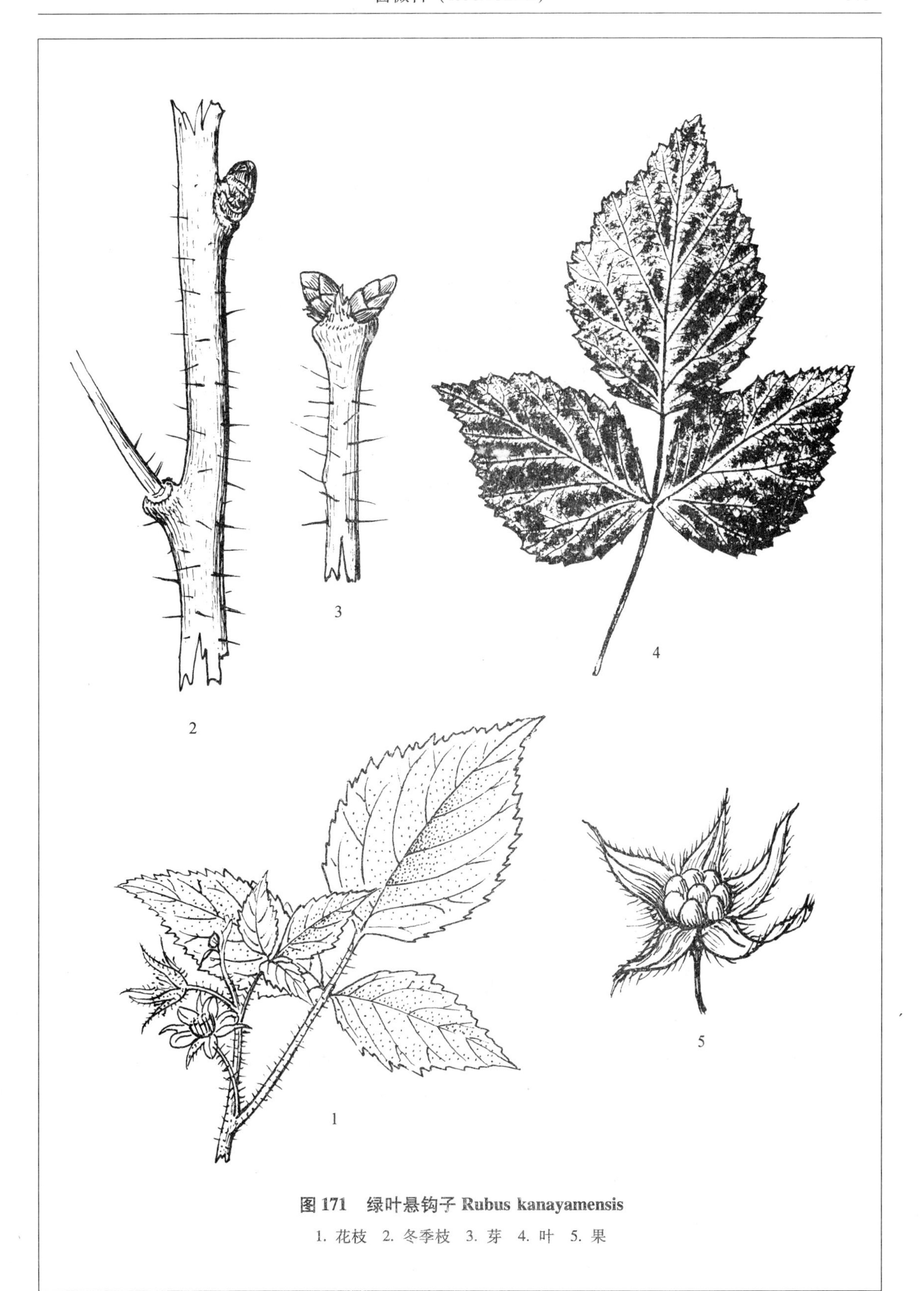

图171　绿叶悬钩子 Rubus kanayamensis

1. 花枝　2. 冬季枝　3. 芽　4. 叶　5. 果

库页悬钩子

科名：蔷薇科（ROSACEAE）

中名：库页悬钩子 毛叶悬钩子 图 172

学名：Rubus matsumuranus Lévl. et Vant. —R. sachalinensis Lévl.（种加词为人名 J. Matsumura 松村任三，1855～1923，日本植物学家；异名种加词为"萨哈林岛的"）。

识别要点：落叶灌木；枝上有针状刺；叶为三出复叶，先端尖头，叶背有灰白色的密绒毛；花白色；聚合小核果，红色。

Diagnoses：Deciduous shrub；Branches armed with needle-like prickles；Leaves pinnately compound；Leaflets 3，blade acuminate，gray-white tomentose beneath；Flower white；Fruit aggregated of drupelets.

染色体数目：2n＝28。

树形：落叶灌木，高约1m。

枝条：直立，有针状的皮刺，小枝黄褐色或灰褐色，有毛及腺毛。

芽：卵形，单生或2～3枚丛生，先端钝圆，芽鳞多数，复瓦状排列。

叶：奇数羽状复叶，具3小叶，互生；顶生小叶片有柄，宽卵形，基部圆形，先端渐尖，长3～7cm，宽1.5～5.5cm，侧小叶近无柄，叶片斜卵形，基部楔形，先端渐尖，表面深绿色，叶背有灰白色密绒毛，长1.5～5cm，宽1～3cm。

花：1至多朵形成短的伞房花序；花白色，直径约1cm；萼筒杯状，外有刺毛和腺毛，萼5裂，裂片三角状披针形，外被刺毛和腺毛；花瓣倒卵形，有爪；雄蕊多数；雌蕊多数，分离，子房长卵形，花柱比雄蕊长。

果：聚合果由多数小核果组成，近球形，直径约8mm，红色，密被灰白色短柔毛。

花期：6月；果期：8～9月。

习性：喜光，也耐荫，耐干燥及瘠薄土壤。常生于海拔1000m以上的疏林、林缘、林中旷地或灌丛中。

分布：我国东北、华北及西北；也分布于朝鲜、日本及俄罗斯；吉林省多分布于东部山区以及中部半山区各县（市）。

用途：果可鲜食，亦可制作果酱。

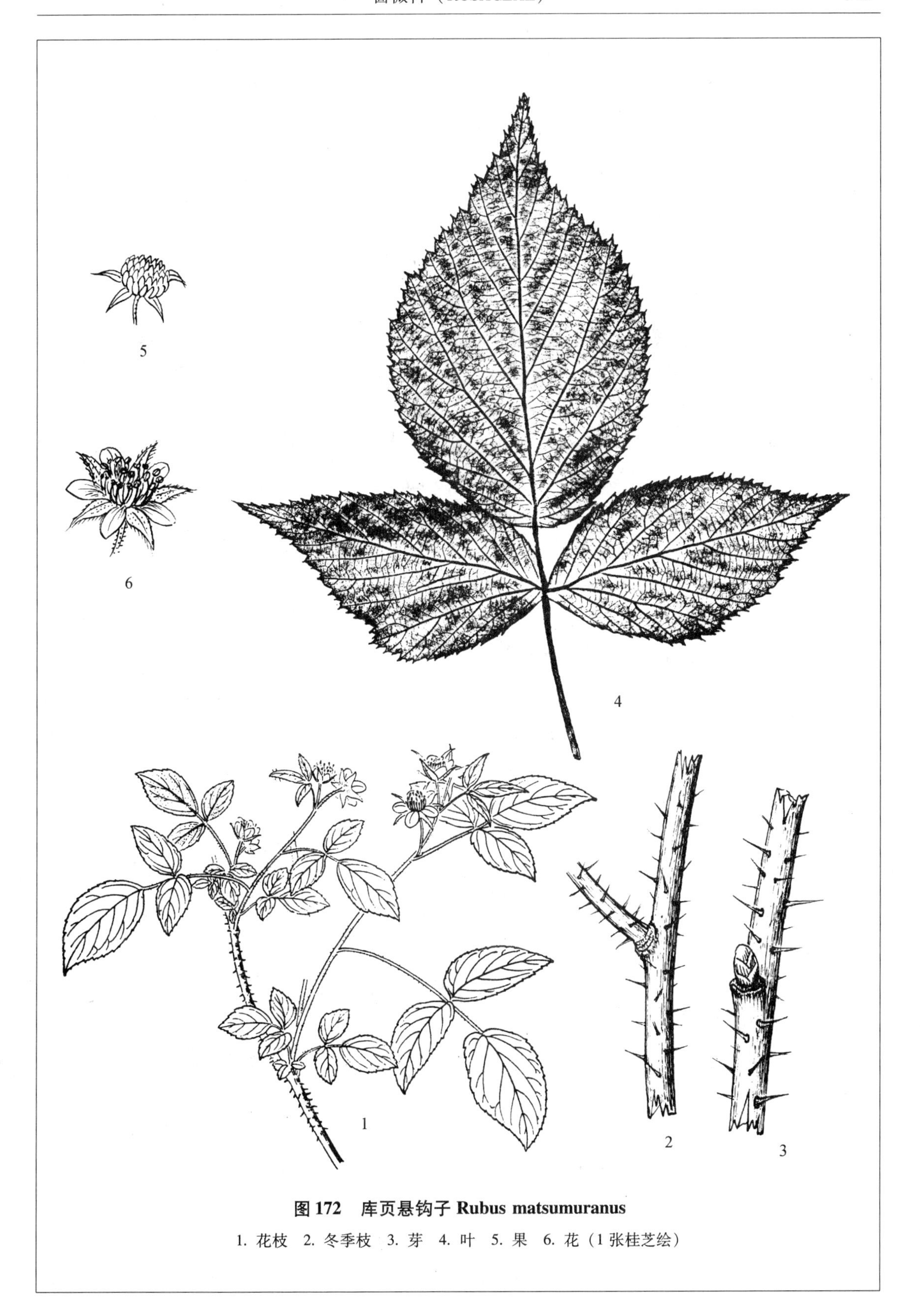

图 172　库页悬钩子 Rubus matsumuranus

1. 花枝　2. 冬季枝　3. 芽　4. 叶　5. 果　6. 花（1 张桂芝绘）

茅莓悬钩子

科名：蔷薇科（ROSACEAE）

中名：茅莓悬钩子 小叶悬钩子 茅莓 图173

学名：Rubus parvifolius L.（种加词为"小叶的"）。

识别要点：灌木；枝条上有毛及钩状皮刺；叶为复叶，由3小叶组成，顶生小叶宽卵形，有柄，侧生小叶椭圆状卵形，叶背有白色绒毛；花粉红色或紫红色；果为聚合果，球形，由多数小核果组成，红色。

Diagnoses：Shrub；Branches armed with hooklike prickles；Leaves compound，3 leaflets，terminal leaflet broadly ovate，lateral blades elliptical-ovate，nearly sessile，white pubescent beneath；Flower pink or purple-red；Fruit aggregated druplets，globular，red.

染色体数目：2n=14。

树形：落叶灌木，高约2m。

枝条：直立或拱形匍卧，黄褐色，有钩形的皮刺及灰白色柔毛。

芽：卵圆形，红褐色，芽鳞有白柔毛。

叶：复叶，互生，由3小叶组成；顶端小叶宽卵形，有短柄，侧生小叶椭圆状卵形，基部宽楔形或近圆形，顶端钝圆形或有急尖，边缘有不整齐的粗齿，近无柄，表面近无毛，背面有灰白色的绒毛，长2~8cm，宽1.5~7cm。

花：簇生于枝端成不整齐的伞房花序，花粉红色或紫红色，直径0.8cm；萼筒杯形，裂片5，三角状卵形，全缘，有柔毛及刺毛；花瓣卵状披针形，先端短渐尖，两面光滑无毛；雄蕊多数；雌蕊子房分离，具柔毛。

果：为聚合果，近球形，由小核果组成直径约1cm，红色。

花期：5~6月；果期：8月。

习性：喜光，但耐阴，喜肥沃潮湿土壤。多生于低海拔的杂木林内及林缘。

抗寒指数：幼苗期Ⅰ，成苗期Ⅰ。

分布：东北三省以及华北、西南、华南各地；也分布于朝鲜、越南、日本及澳大利亚；吉林省多分布于东部山区各县（市）。

用途：果可食用或酿酒、制果酱；枝及叶可入药，有祛风、活血、消肿止痛之效。

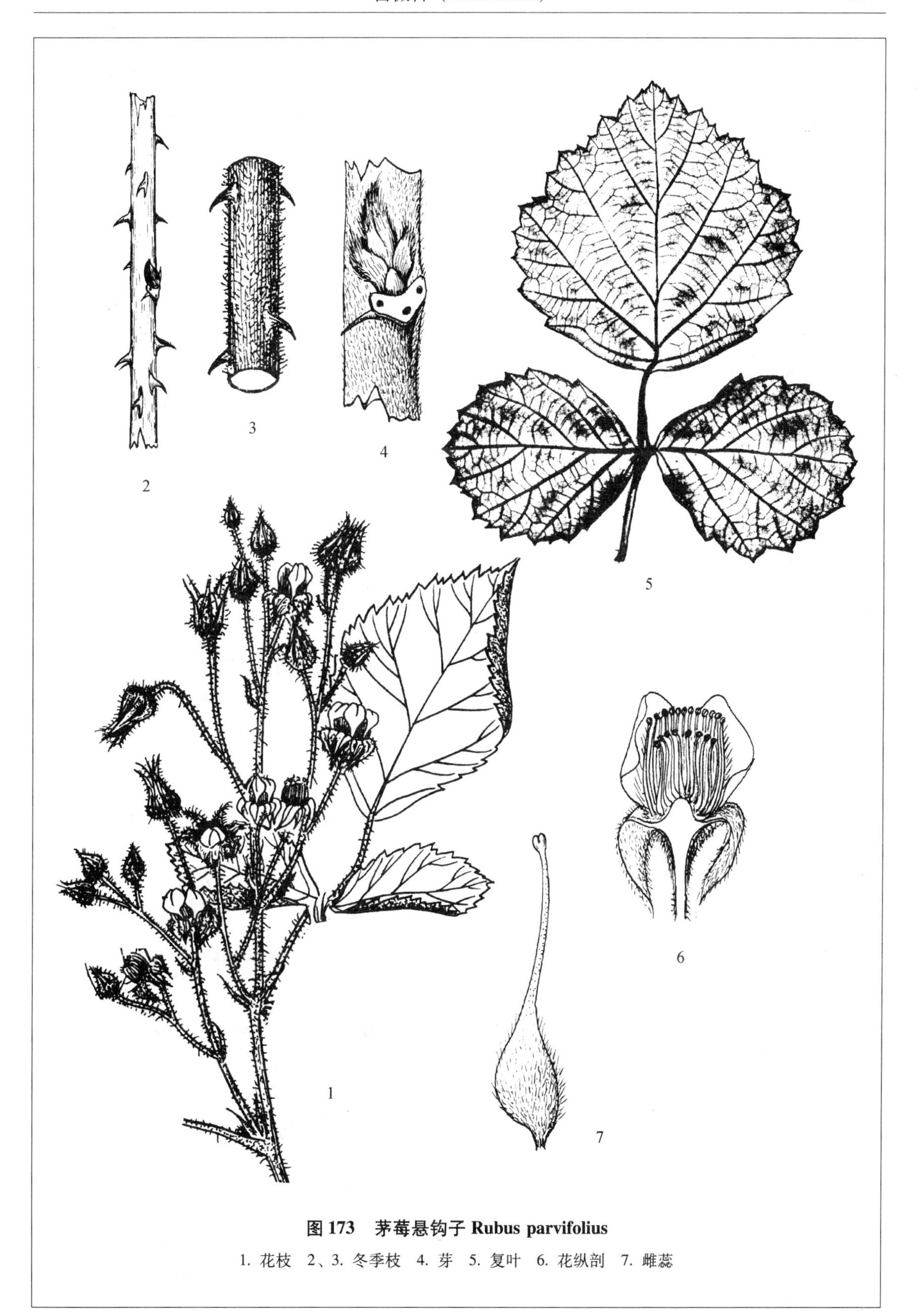

图 173　茅莓悬钩子 Rubus parvifolius

1. 花枝　2、3. 冬季枝　4. 芽　5. 复叶　6. 花纵剖　7. 雌蕊

珍珠梅

科名：蔷薇科（ROSACEAE）

中名：珍珠梅 山高粱 图 174

学名：Sorbaria sorbifolia（L.）A. Br.（属名为 Sorbus 花楸属 + -aria 相似；种加词为“花楸叶的”）。

识别要点：落叶灌木；叶为羽状复叶，互生；小叶片 11 ~ 17 枚；圆锥花序，花白色；蓇葖果。

Diagnoses：Deciduous shrub；Leaves pinnate compound，leaflets 11 ~ 17；Panicle，flowers white，on top of branches；Fruit follicles.

染色体数目：2n = 36。

树形：落叶灌木，高 1.5 ~ 3m。

枝条：伸展，小枝呈“之”字形屈曲，黄褐色，光滑无毛或被短柔毛。

芽：扁，圆形，先端钝而平，灰褐色，芽鳞粗糙。

叶：奇数羽状复叶，互生；小叶片 11 ~ 17 枚，无柄，基部圆形或宽楔形，先端渐尖或长渐尖，边缘有尖锐的重锯齿，有侧脉 12 ~ 16 对，表面深绿色，背面淡绿色，长 5 ~ 7cm，宽 1.5 ~ 2.5cm。

花：圆锥花序顶生，长 10 ~ 20cm，宽 5 ~ 12cm；小花白色，直径约 1 ~ 1.2cm；萼片 5，三角状卵形；花瓣 5，倒卵形，基部爪短，先端钝圆形；雄蕊约 40 ~ 50 枚，比花瓣长；雌蕊心皮 5，花柱顶生，向外伸展。

果：蓇葖果，长圆形，5 枚，腹缝线开裂，基部有宿存的萼片，果序在冬季仍挂枝端。

花期：7 月；果期：9 ~ 10 月。

习性：耐寒，喜光，喜生于土质肥沃、排水良好处。多生于河岸或溪流附近以及杂木林的林缘等处。

分布：我国东北各省以及内蒙古等地皆有分布；也分布于朝鲜、俄罗斯、日本、蒙古等国；吉林省东部及中部各地普遍生长。

抗寒指数：幼苗期 I，成苗期 I。

用途：植株耐寒，枝叶繁茂，花蕾未绽放时，圆润洁白，似珍珠，因而得名，为北方常见的绿化观赏植物。

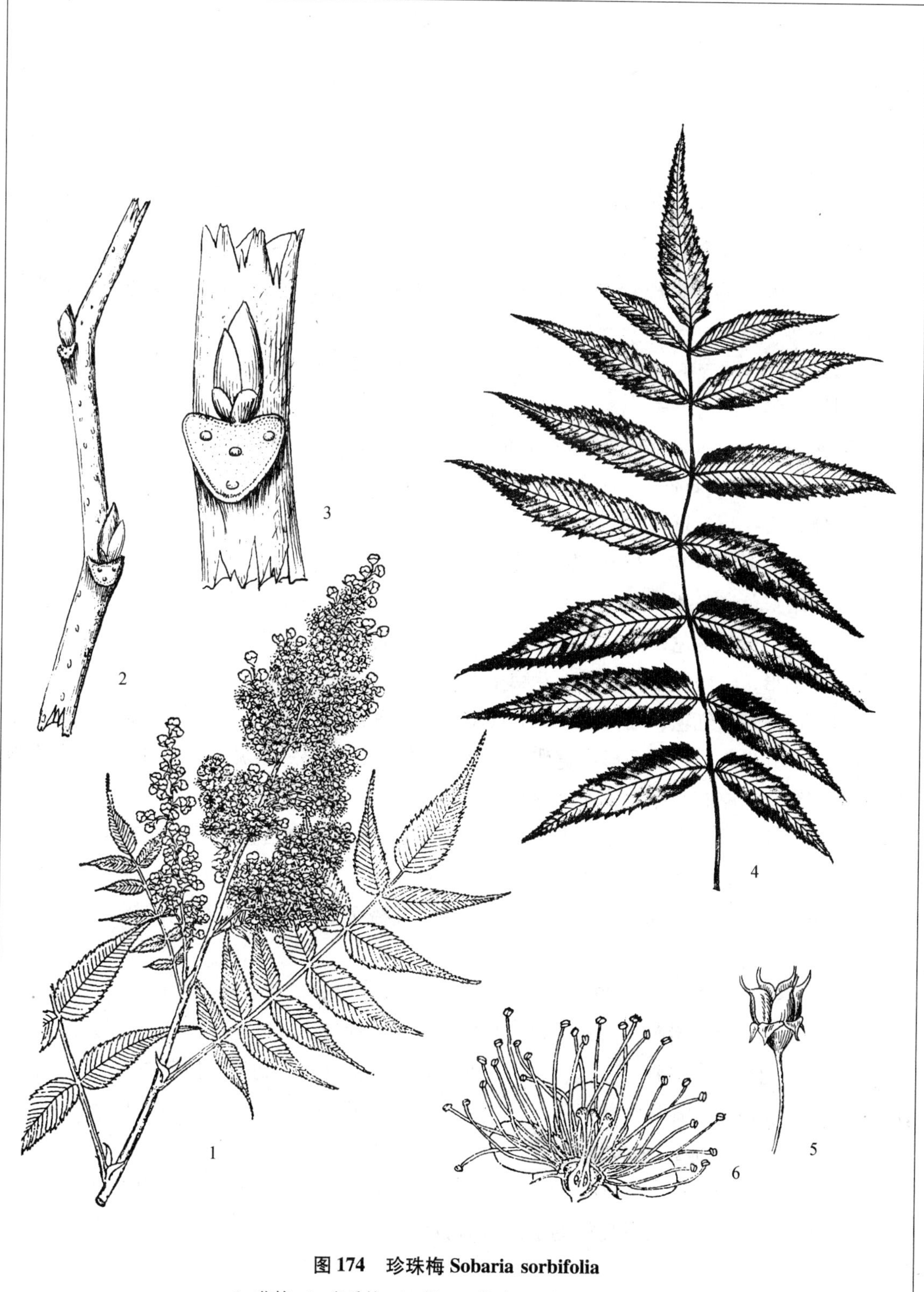

图 174　珍珠梅 Sobaria sorbifolia

1. 花枝　2. 冬季枝　3. 芽　4. 复叶　5. 果　6. 花纵剖面

水榆

科名：蔷薇科（ROSACEAE）

中名：水榆 水榆花楸 图175

学名：Sorbus alnifolia（Sieb. et Zucc. ）K. Koch（属名为花楸的拉丁文原名；种加词为“赤杨叶的”）。

识别要点：落叶乔木；单叶互生；叶片较大，卵圆形，叶缘有重锯齿；花白色；果为梨果，卵圆形，鲜红色，萼片早落。

Diagnoses：Deciduous tree；Leaves simple alternate，larger，ovate，double serrate on margin；Flowers white；Fruit a pome，ovoid，red，sepals fall off.

染色体数目：2n＝34。

树形：小乔木，高10～15m，树冠松散。

树皮：暗灰色，浅裂。

枝条：当年枝灰褐色，初有柔毛，后脱落，老枝暗红色。

芽：卵圆形，红褐色，有光泽，芽鳞多数。

木材：白色带微红色，结构细致，软硬适中，比重为0.81。

叶：单叶互生；叶片卵圆形或宽卵形，基部近圆形，先端短渐尖，边缘有不规则的重锯齿，表面深绿色，略有光泽，背面淡绿色，长5～10cm，宽3～6cm。

花：伞房花序；花白色，直径1～1.5cm；萼片三角形，有白色柔毛；花瓣倒卵形或圆形；雄蕊多数；雌蕊子房下位，柱头2，基部合生，光滑无毛，较雄蕊短。

果：梨果，倒卵形或椭圆形，长1～1.3cm，直径7～10mm，深红色或橘红色，带有白粉。

花期：5～6月；果期：8～9月。

习性：中生树种，耐荫，耐寒性强。常生于林内、林缘或河流两岸山坡。

分布：我国东北、华北、西北、华中及西南各地；也分布于朝鲜、俄罗斯及日本；吉林省分布于东部长白山区各县（市）。

抗寒指数：幼苗期Ⅰ，成苗期Ⅰ。

用途：木材色泽美丽、软硬适中，可制造家具、细木工、雕刻等；叶和果在秋季变红，是优美的绿化观赏树种；又是良好的蜜源植物。

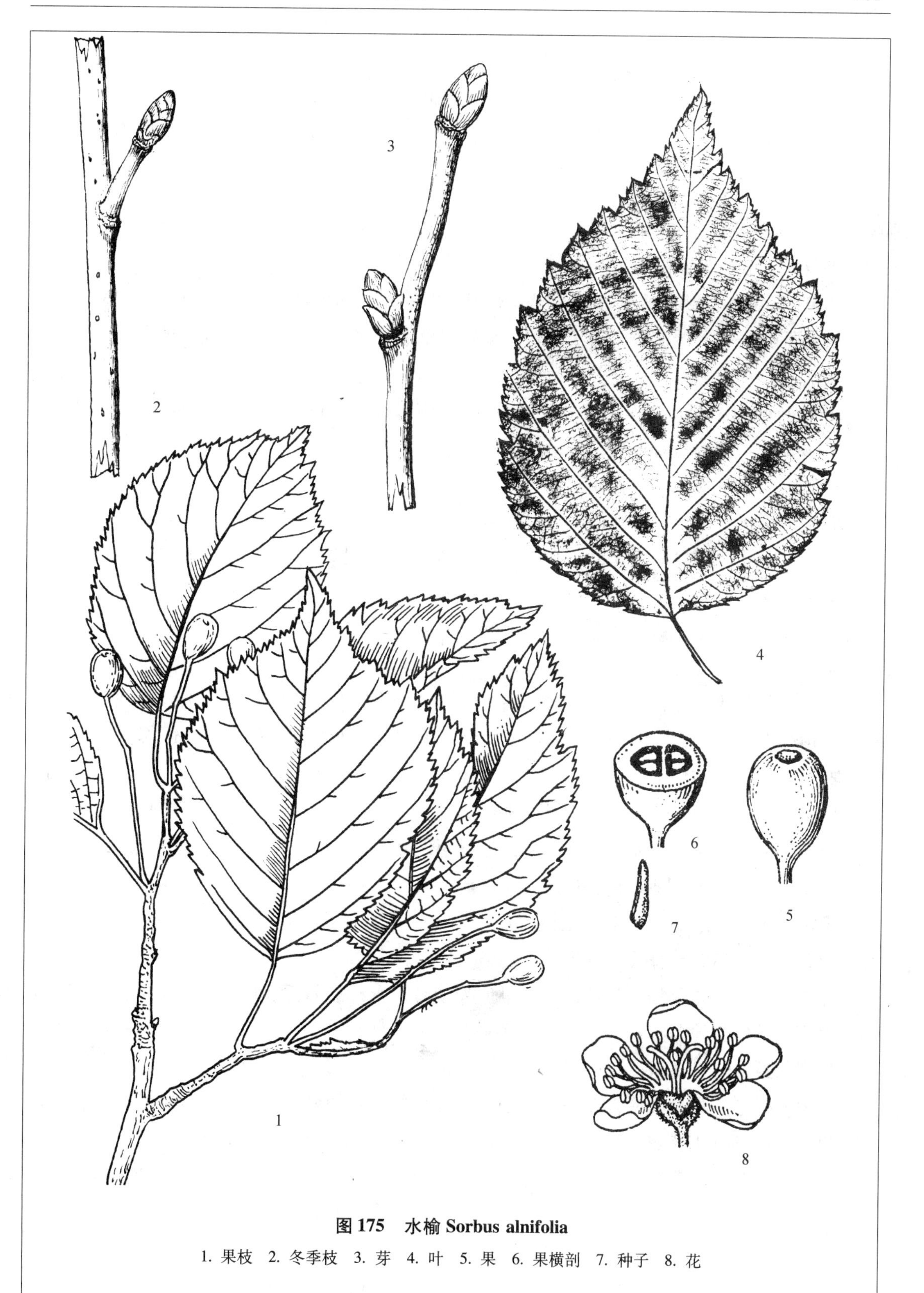

图 175　水榆 Sorbus alnifolia

1. 果枝　2. 冬季枝　3. 芽　4. 叶　5. 果　6. 果横剖　7. 种子　8. 花

花楸

科名： 蔷薇科（ROSACEAE）

中名： **花楸** 花楸树 图 176

学名： **Sorbus pohuashanensis**（**Hance**）**Hedl**.（种加词为“百花山的”）。

识别要点： 落叶小乔木；羽状复叶，互生；伞房花序，顶生，花白色；果为梨果，近球形，橘红色。

Diagnoses： Deciduous tree；Leaves pinnately compound，alternate；Cyme terminal；Flowers white；Fruit a pome，subglobose，brightly orange red.

树形： 落叶乔木，高约 10m。

树皮： 棕灰色，光滑不开裂，老时浅裂。

枝条： 粗壮，紫褐色，光滑，嫩枝上有柔毛；皮孔椭圆形，灰白色，纵向排列；节处膨大，上生有冬芽。

芽： 长卵形，先端钝尖，黑褐色，芽鳞大 3 ~4 片，有灰白色的柔毛。

木材： 黄紫色，有红斑，质地粗硬而脆。

叶： 奇数羽状复叶，小叶片 5 ~7 对；叶片长圆形至长圆状披针形，基部近圆形，先端钝尖，边缘 1/3 以上有锯齿，表面有柔毛，背面密被灰白色绒毛，长 3 ~5cm，宽 1. 5 ~2cm。

花： 复伞房花序，生枝端；花白色，直径 6 ~8mm；萼片三角形；花瓣倒卵形或近圆形；雄蕊多数；雌蕊子房下位，花柱 3 条，基部具短柔毛。

果： 梨果，近球形，光滑，鲜红色或橘红色，直径 6 ~8mm，果顶端有宿存的萼片。

花期： 5 ~6 月；果期：9 ~10 月。

习性： 耐寒，耐阴，喜生于土壤肥沃、湿润、排水良好处。生于海拔 1000m 以上的针叶林或针阔混交林的林缘及疏林内。

分布： 我国东北及华北各地山区；也产于朝鲜；吉林省东部长白山区各市、县的高海拔山区普遍生长；各地园林常见栽培。

抗寒指数： 幼苗期 II，成苗期 I。

用途： 树形美观，叶绿，花白，果红，为优良的绿化树种；木材质地硬而脆，可做家具用。果、茎皮等有止咳、生津之效，可入药。

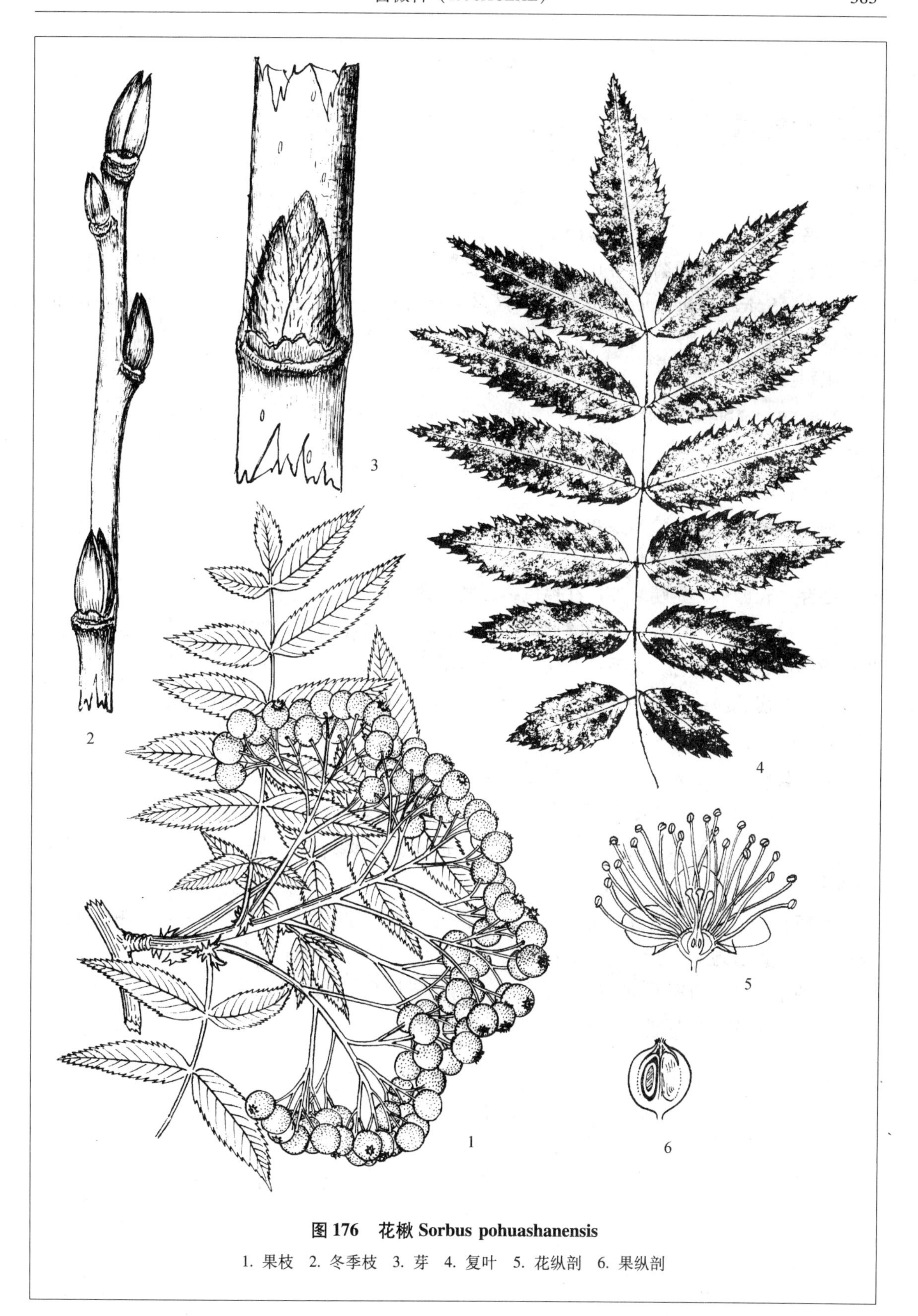

图 176　花楸 Sorbus pohuashanensis

1. 果枝　2. 冬季枝　3. 芽　4. 复叶　5. 花纵剖　6. 果纵剖

石蚕叶绣线菊

科名：蔷薇科（ROSACEAE）

中名：石蚕叶绣线菊　乌苏里绣线菊　图 177

学名：*Spiraea chamaedryfolia* L.（属名来自希腊文绣线菊原名；种加词为 Chamaedrys 唇形科石蚕属 + folia 叶子）。

识别要点：灌木；叶宽卵形；伞房花序，花白色；蓇葖果直立，有柔毛。

Diagnoses：Shrub；Leaves broad-ovate；Corymb，flowers white；Fruit follicles，erect，pubescent.

染色体数目：2n = 18，36。

树形：落叶灌木，高 1 ~ 2m。

枝条：小枝细弱，稍有纵棱，无毛。

冬芽：长卵形，先端渐尖，红褐色，芽鳞多数，最下面两片稍大。

叶：单叶，互生；叶片长椭圆形或宽卵形，基部楔形，先端急尖或短渐尖，边缘有细锯齿或重锯齿，表面绿色，无毛，背面脉腋处有柔毛，长 2.5 ~ 4.5cm，宽 1 ~ 3cm。

花：伞房花序；花白色，直径 6 ~ 9mm；雄蕊多数；雌蕊子房微具短柔毛，花柱短于雄蕊。

果：蓇葖果，直立，具平伏短柔毛，宿存花柱生于果实顶端。

花期：5 ~ 6 月；果期：7 ~ 9 月。

习性：喜光，耐寒，耐干旱及瘠薄土壤。常生于山坡杂木林或针阔混交林的林中旷地、疏林中。

分布：我国东北三省及新疆；朝鲜、俄罗斯和日本也有分布；吉林省多生长在东部山区及中部半山区各地。

抗寒指数：幼苗期 I，成苗期 I。

用途：可作观赏花灌木；又是良好的蜜源植物。

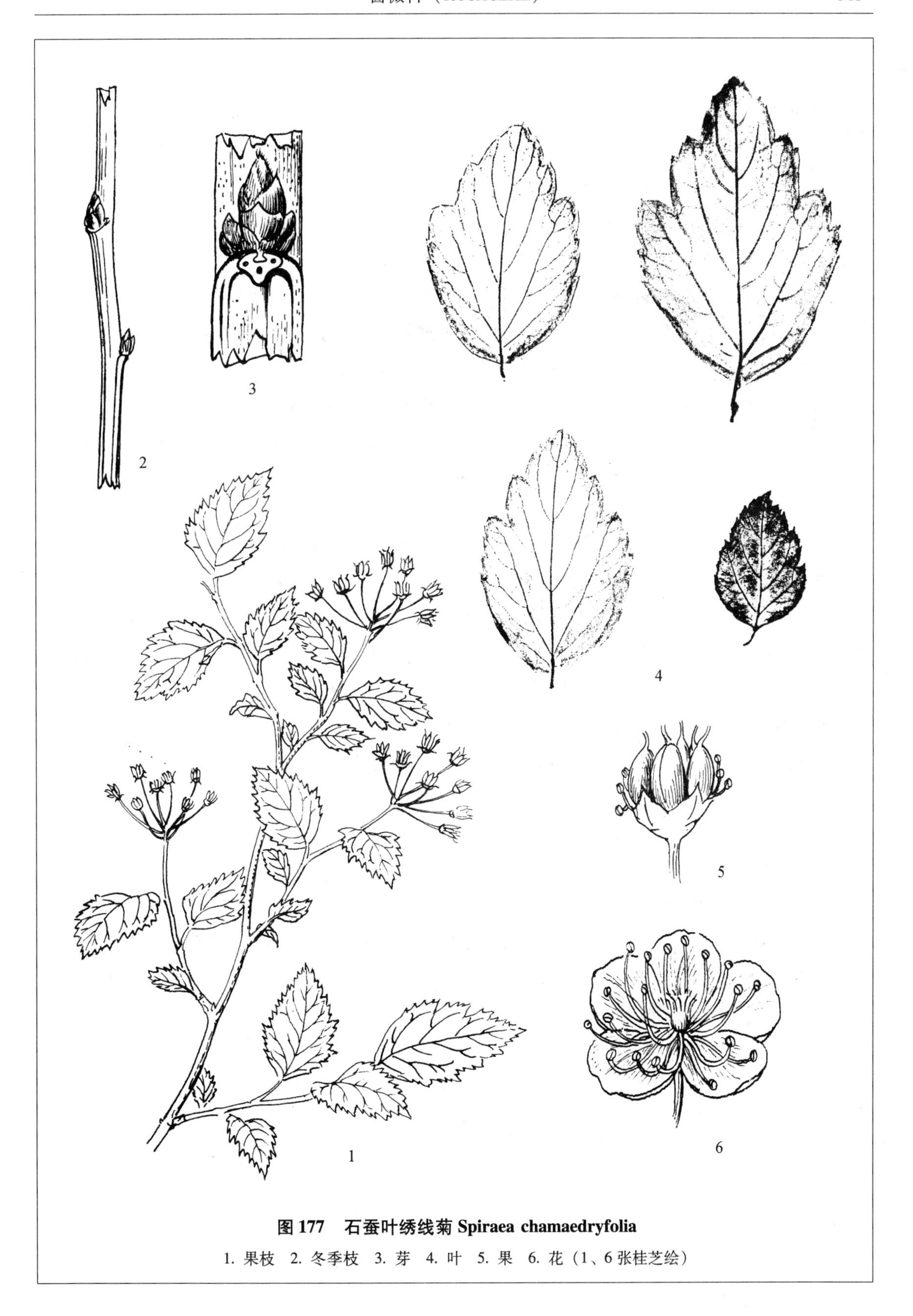

图 177　石蚕叶绣线菊 *Spiraea chamaedryfolia*

1. 果枝　2. 冬季枝　3. 芽　4. 叶　5. 果　6. 花（1、6 张桂芝绘）

美丽绣线菊

科名：蔷薇科（ROSACEAE）

中名：美丽绣线菊 丽绣线菊 图 178

学名：Spiraea elegans A. Porjak.（种加词为“雅致的、美丽的”）。

识别要点：灌木；单叶，互生；叶片宽卵形或椭圆形，边缘有不整齐的重锯齿；伞房花序，小花白色，直径 5 ~ 8mm；蓇葖果有短柔毛，宿存萼片直立。

Diagnoses: Shrub; Leaves simple, alternate; Blades broadly ovate or elliptic, double serrates on margin; Corymb; Flowers white, 5 ~ 8 mm in diam.; Follicles pubescent, sepals persistent, erect.

树形：落叶灌木，高 1 ~ 2m。

枝条：开展，小枝上有不明显的纵棱，无毛，红褐色，老枝树皮灰褐色，成条状剥裂。

芽：冬芽卵形，先端钝圆形，芽鳞红褐色，多枚。

叶：单叶，互生；叶片宽卵形或椭圆形，基部宽楔形或圆形，先端急尖或钝尖，边缘有不整齐的重锯齿，表面深绿色，无毛，背面仅脉腋间生有短柔毛，长 1.5 ~ 4cm，宽 1 ~ 2.5cm。

花：伞房花序，无毛，有花 6 ~ 20 朵；花白色，直径 5 ~ 8mm；萼筒浅钟形，萼 5 裂，裂片三角形；花瓣近圆形，先端圆，基部有爪；雄蕊多数，比花瓣略长；雌蕊子房有短柔毛。

果：蓇葖果，被黄色短柔毛，宿存萼片直立，不反折。

花期：5 月；果期：7 ~ 8 月。

习性：喜光，耐寒，耐干旱。常生于向阳山坡的杂木林及灌丛中。

分布：黑龙江、吉林及内蒙古；也分布于蒙古、俄罗斯；吉林省东、中部的山区和半山区也有分布。

用途：可供绿化观赏及水土保持用；又是蜜源植物。

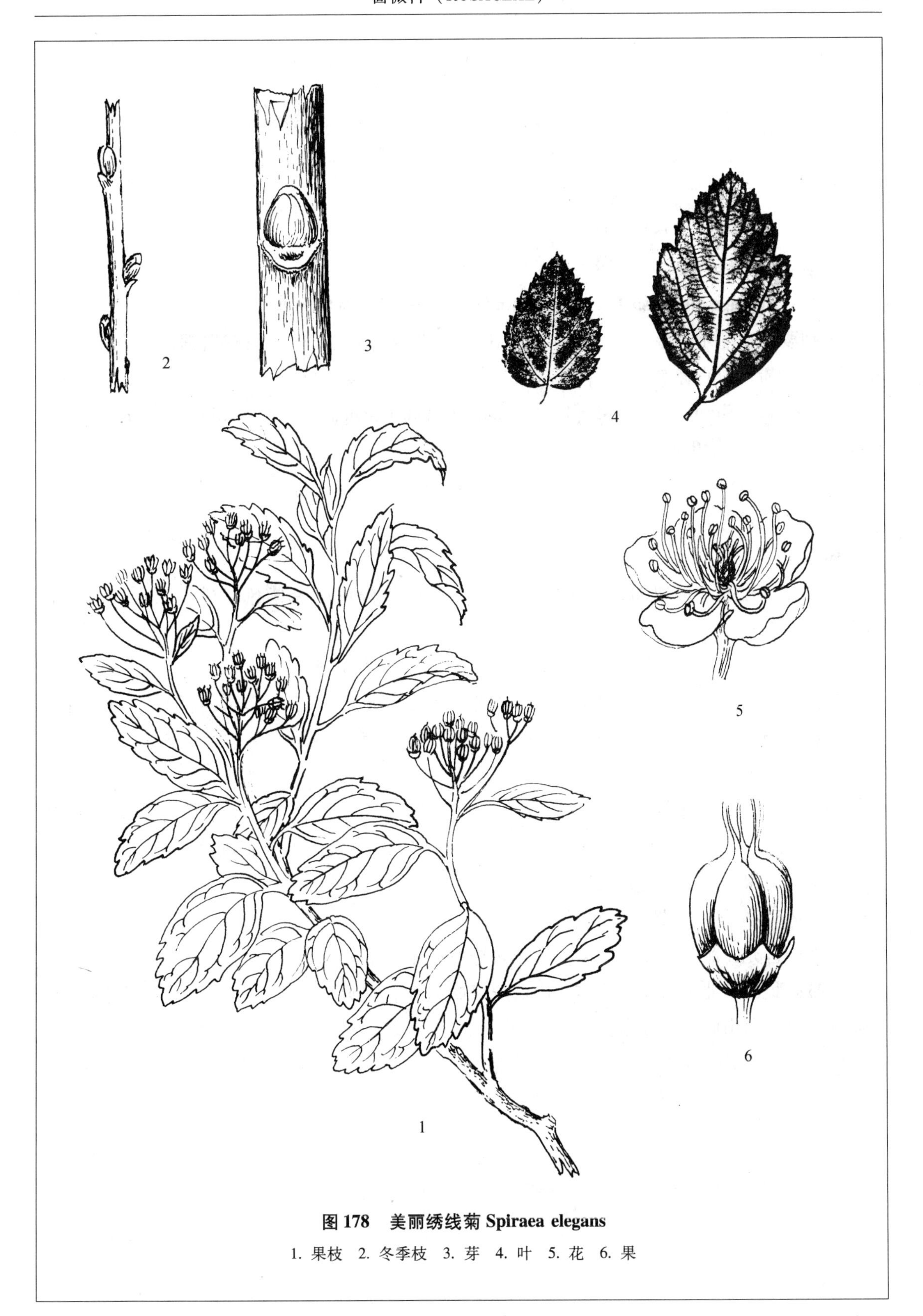

图 178 美丽绣线菊 Spiraea elegans

1. 果枝 2. 冬季枝 3. 芽 4. 叶 5. 花 6. 果

曲萼绣线菊

科名： 蔷薇科（ROSACEAE）

中名： **曲萼绣线菊** 图179

学名： **Spiraea flexuosa Fisch. ex Cambess.**（种加词为“多曲折的”）。

识别要点： 灌木；单叶，互生；叶片长圆状卵形或椭圆形，叶缘有重锯齿；伞房花序；花白色或浅粉色，直径5～8mm；蓇葖果有短柔毛，宿存萼片反折。

Diagnoses: Shrub; Leaves simple, alternate; Blades elongate-ovate or elliptic, double serrates on margin; Corymb, flowers white or light pink, 5～8 mm in diameter; Follicles, pubescent, persistent sepals reflex.

染色体数目： 2n = 18。

树形： 落叶灌木，高约1.5m，树形开展。

枝条： 小枝细，稍屈曲，有棱脊，无毛，老枝灰褐色或暗紫色，树皮灰色，成片状剥落。

芽： 卵圆形，先端钝头，红褐色，芽鳞多片，基部两片较大。

叶： 单叶互生；叶片长圆状卵形或椭圆形，基部宽楔形，先端短渐尖或急尖，叶缘在中部以上有不规则的重锯齿，表面深绿色，背面淡绿色，无毛或有少量柔毛，长1～5cm，宽0.9～2.5cm。

花： 伞房花序，有小花4～10朵；花白色，偶有淡粉红色，直径5～8mm；萼筒杯状，萼裂片5，宽三角形；花瓣倒卵形或长圆形；雄蕊多数，比花瓣略长；雌蕊子房有短柔毛。

果： 蓇葖果，直立，有短柔毛，宿存萼片反折。

花期： 5～6月；果期：8～9月。

习性： 喜光，耐寒，耐干旱。常生于林缘及林中旷地以及岩石坡地。

分布： 我国东北三省、内蒙古、山西及陕西等地；也分布蒙古、朝鲜、日本及俄罗斯；吉林省东部长白山区常见分布。

用途： 可供绿化观赏；又是良好的蜜源植物。

图 179 曲萼绣线菊 Spiraea flexuosa

1. 花枝 2. 冬季枝 3. 芽 4. 叶 5. 花 6. 果（1、6 刘春荣绘）

华北绣线菊

科名：蔷薇科（ROSACEAE）

中名：华北绣线菊 图 180

学名：Spiraea fritschiana Schneid.（种加词为人名 K. Fritsch，1812～1878，奥地利人）。

识别要点：灌木；单叶互生，卵形或椭圆形；伞房花序顶生，花白色；蓇葖果，花柱宿存，顶生。

Diagnoses：Shrub；Leaves simple，alternate，ovate or elliptic；Corymb terminal；Flowers white；Fruit follicle，styles persistent.

树形：落叶灌木，高 1～2m。

枝条：粗壮，有显著的棱角，无毛，有光泽，紫褐色或浅褐色。

芽：长卵形，先端钝圆，红褐色，芽鳞多数，下部数片较大。

叶：单叶，互生；叶片卵形或椭圆形，基部楔形或宽楔形，先端短渐尖或急尖，边缘有不规则的单锯齿，近基部全缘，表面深绿色，背面淡绿色，两面无毛，长 3～6cm，宽 2～3cm。

花：复伞房花序，直径 3～5cm；花白色，直径 5～6mm；萼筒钟状，萼 5 裂，裂片三角形；花瓣倒卵形，先端钝圆；雄蕊多数，比花瓣略长；雌蕊子房有短柔毛。

果：蓇葖果，无毛，花柱顶生，直立或稍向外倾斜，下部有宿存的萼片，反折。

花期：6 月；果期：7～8 月。

习性：耐干旱，但不甚耐寒，喜光但也耐阴。生于山坡杂木林、林缘及多石的坡地、石崖处。

分布：产辽宁以及华北、西北及华中各地；朝鲜也有分布；吉林省各地庭园偶见栽植。

抗寒指数：幼苗期 I，成苗期 I。

用途：为优良的绿化花灌木；又是蜜源植物。

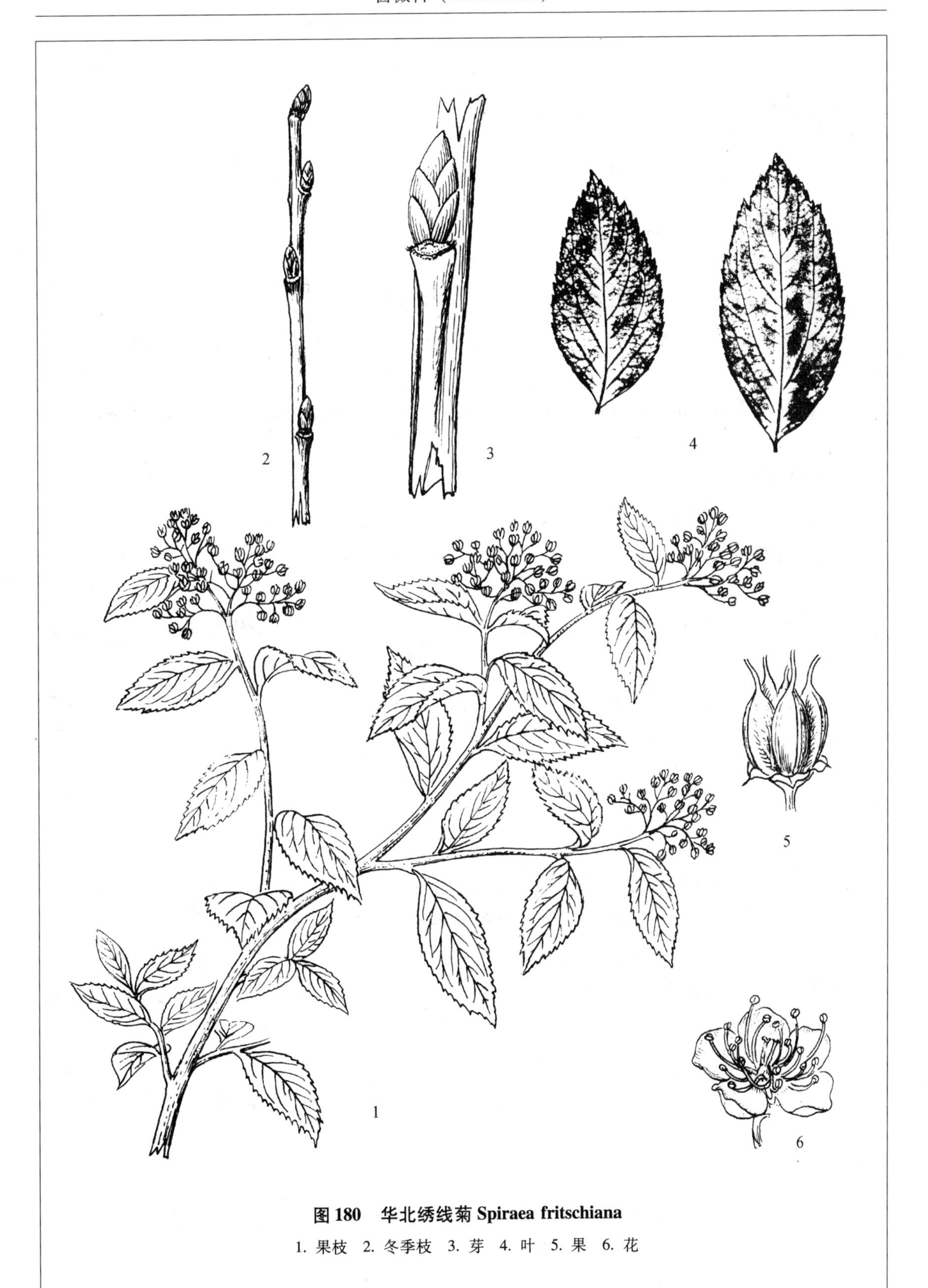

图 180　华北绣线菊 *Spiraea fritschiana*

1. 果枝　2. 冬季枝　3. 芽　4. 叶　5. 果　6. 花

粉花绣线菊

科名：蔷薇科（ROSACEAE）

中名：粉花绣线菊 日本绣线菊 图 181

学名：Spiraea japonica L. f.（种加词为“日本的”）。

识别要点：落叶灌木；叶互生，卵形或宽披针形；伞房花序，顶生，花粉红色，蓇葖果。

Diagnoses：Deciduous shrub；Leaves alternate，ovate or broad-lanceolate；Corymb terminal；Flowers pink；Fruit follicles.

染色体数目：2n＝18，34。

树形：灌木，高 50～80cm。

枝条：细长，紫褐色，有短柔毛，有不明显的纵棱及短的裂隙，皮孔不明显。

芽：宽卵形，红褐色，芽鳞质厚，螺旋排列着生。

叶：单叶互生；叶片卵形或宽披针形，基部楔形，先端渐尖，边缘有重锯齿或单锯齿，长 2～8cm，宽 1～3cm，表面暗绿色，无毛，背面淡绿色，仅沿叶脉处有柔毛。

花：复伞房花序生于顶端；花密集，粉红色，直径 4～7mm；花萼绿色，萼裂片三角形；花瓣倒卵形；雄蕊多数，比花瓣长。

果：果为蓇葖果，常与宿存的萼筒共同着生，花柱顶生，稍向外倾斜，宿存萼片向外翻卷。

花期：6 月；果期：8～9 月。

习性：喜光，耐寒、耐干旱及瘠薄土壤。

分布：主要生长于日本及朝鲜；我国北方各地常见栽培。

抗寒指数：幼苗期 I，成苗期 I。

用途：植株矮而多分枝，叶暗绿色，花粉红色生于枝端，耐修剪，为优良的绿化树种，适合群植或作绿篱。

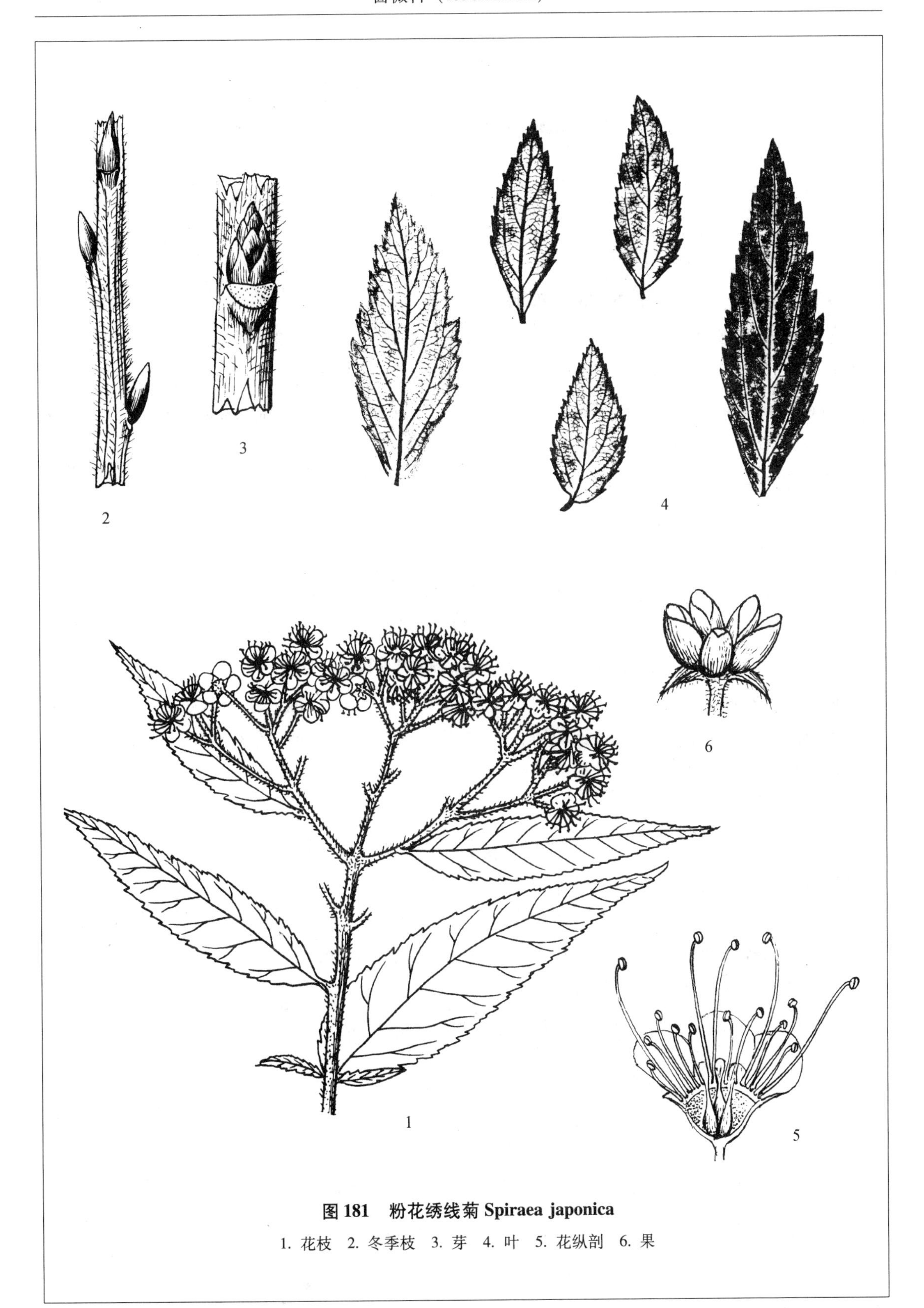

图 181　粉花绣线菊 Spiraea japonica

1. 花枝　2. 冬季枝　3. 芽　4. 叶　5. 花纵剖　6. 果

欧亚绣线菊

科名：蔷薇科（ROSACEAE）

中名：欧亚绣线菊　石棒子　石棒绣线菊　图 182

学名：Spiraea media Schmidt（种加词为“介于中间的”）。

识别要点：灌木；叶互生，单叶；叶片椭圆形或披针形，全缘或有数个粗锯齿；伞房花序，9~30 朵花，小花白色，直径0.7~1cm；蓇葖果，有短柔毛。

Diagnoses：Shrub；Leaves simple，alternate；Blades elliptic or lanceolate，entire or few serrates；Corymb，9~30 flowers，white，0.7~1 cm in diameter；Fruit follicles，pubescent.

染色体数目：2n=10，18。

树形：落叶灌木，高0.5~2m。

枝条：细，灰褐色。

芽：冬芽卵形，先端钝尖，棕褐色，芽鳞多枚，基部芽鳞略大。

叶：单叶互生；叶片椭圆形或披针形，基部楔形或近圆形，先端钝尖，全缘或先端有2~5 个大齿，表面深绿色，无毛，背面淡绿色，脉间有微毛，长1~2.5cm，宽0.5~1.5cm。

花：伞房花序，有9~30 朵花；白色，直径0.7~1cm；萼筒宽钟形，萼裂片5，三角状卵形；花瓣近圆形；雄蕊多数，比花瓣长；雌蕊子房有短毛，花柱较短。

果：蓇葖果，有短柔毛，宿存萼片反折。

花期：5~6 月；**果期：**7~8 月。

习性：耐干旱，耐寒，对土壤及水分要求不严。常生于多石山地、山坡草地或杂木林内，有时生于林缘或林中旷地及灌丛中。

分布：东北三省及新疆、内蒙古等省（自治区）；也分布于朝鲜、俄罗斯及蒙古、日本、中亚及欧洲东南部；吉林省多分布于中部半山区各县（市）。

抗寒指数：幼苗期Ⅰ，成苗期Ⅰ。

用途：可作绿化观赏花灌木；又是水土保持树种；亦是蜜源植物。

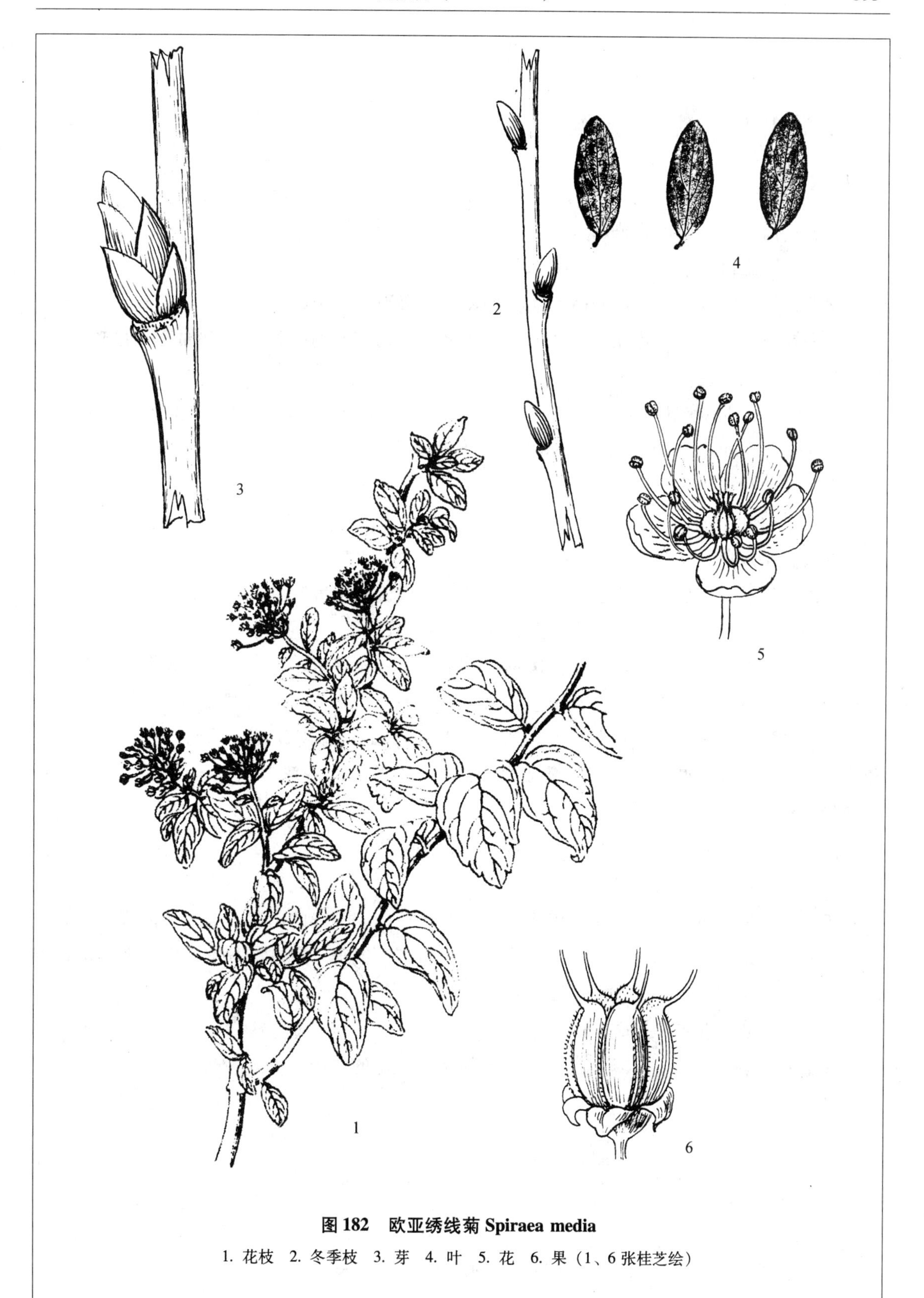

图 182　欧亚绣线菊 Spiraea media

1. 花枝　2. 冬季枝　3. 芽　4. 叶　5. 花　6. 果（1、6 张桂芝绘）

土庄绣线菊

科名：蔷薇科（ROSACEAE）

中名：土庄绣线菊　土庄花　图 183

学名：Spiraea pubescens Turcz.（种加词为“被有短柔毛的”）。

识别要点：灌木；单叶互生；叶片卵形或椭圆形，先端有粗锯齿，背面有灰色短柔毛；伞形花序，小花白色；蓇葖果。

Diagnoses：Shrub；Leaves simple，alternate，blades ovate or elliptic，few big serrates on top，gray pubescent beneath；Umbel，flowers white；Follicles.

染色体数目：2n = 18。

树形：落叶灌木，高 1 ~ 2m，树形开展。

树皮：暗灰色，微纵裂。

枝条：细长，伸展，灰褐色，有纵棱，幼枝淡褐色或略带紫色，有柔毛。

芽：小，近球形，外有数个大的芽鳞包被，红褐色。

叶：单叶互生；叶片卵圆形或椭圆形，基部楔形，先端短渐尖，有数个大齿，中部以下近全缘，表面深绿色无毛，背面灰绿色，密生短柔毛，长 0. 7 ~ 3cm，宽 0. 6 ~ 1. 2cm。

花：伞形花序生于枝端；花白色，直径 0. 6 ~ 0. 8cm；萼筒钟状，无毛，萼 5 裂，裂片卵状三角形；花瓣近圆形，先端钝圆或微凹；雄蕊多数，与花瓣等长；雌蕊 5，子房无毛，花柱较雄蕊短。

果：蓇葖果，花柱宿存，顶生，基部有宿存的萼片。

花期：5 ~ 6 月；果期：7 ~ 8 月。

习性：喜光，耐寒，耐干旱及瘠薄土壤。多生于向阳干燥的山坡、杂木林内或林缘。

分布：我国东北、华北、西北及华中各地；也产于朝鲜、蒙古、日本及俄罗斯等国；吉林省中部半山区各县（市）均产。

抗寒指数：幼苗期 I，成苗期 I。

用途：可栽植供绿化、观赏用；对水土保持有一定的作用。

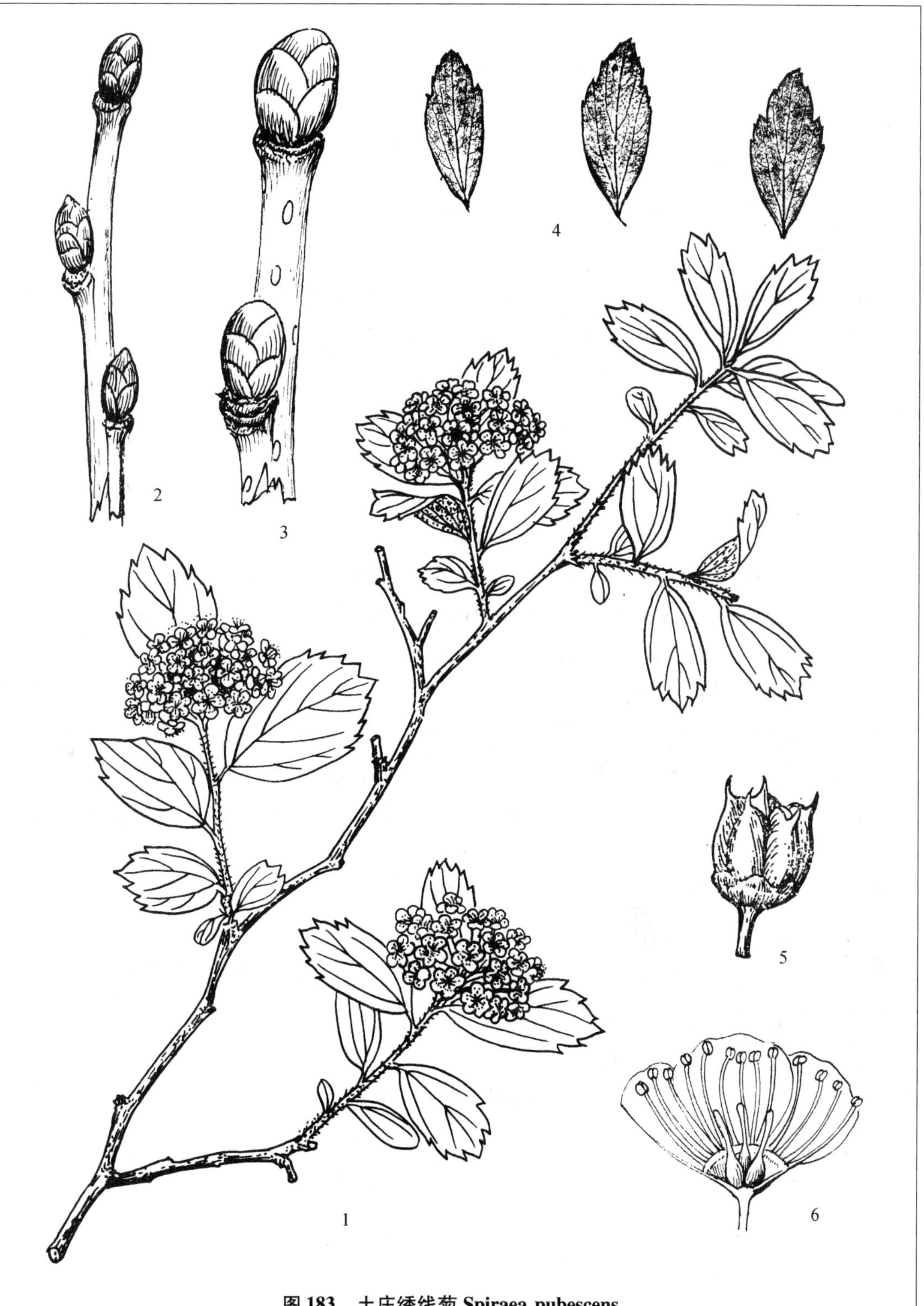

图 183　土庄绣线菊 Spiraea pubescens

1. 花枝　2. 冬季枝　3. 芽　4. 叶　5. 果　6. 花纵剖（1、5、6 自中国植物志）

柳叶绣线菊

科名： 蔷薇科（ROSACEAE）

中名：柳叶绣线菊 空心柳 图 184

学名：Spiraea salicifolia L.（种加词为“具柳树叶子的”）。

识别要点： 灌木；单叶，互生；圆锥花序，小花粉红色；结蓇葖果。

Diagnoses：Shrub；Leaves simple，alternate；Panicle，flowers pink；Fruits a compound follicle.

染色体数目： 2n＝36。

树形： 灌木，高 1～2m。

枝条： 黄褐色，有明显的纵棱，嫩枝有短柔毛，皮孔不明显。

芽： 卵形或长圆状卵形，红褐色，先端渐尖，芽鳞多片，互生，无毛。

叶： 互生；叶片长圆状披针形，基部楔形，先端渐尖，边缘密生锯齿或重锯齿，表面绿色，背面淡绿色，无毛，长 4～8cm，宽 1～2.5cm。

花： 圆锥花序生于茎顶部，长圆形或塔形，长 6～15cm，直径 5～7cm；小花粉红色，直径 5～7mm；萼片基部联合成钟形，上部 5 个裂片；花瓣倒卵形，爪部细，舷部圆钝头；雄蕊多数，比花瓣长；雌蕊由 5 个心皮组成，子房有短柔毛，花柱较短。

果： 由蓇葖果组成的圆锥形果序，宿存于枝顶端，直径可达 8cm，黄褐色，有光泽，宿存花柱略向外弯曲。

花期： 6～7 月；果期：8～9 月。

习性： 喜生于水边向阳处。

分布： 产于东北、华北；也产于朝鲜、俄罗斯、日本、蒙古等国；吉林省东部山区及中部半山区皆有分布。

抗寒指数： 幼苗期 I，成苗期 I。

用途： 植株适应性较强，可栽植于庭园供绿化观赏。

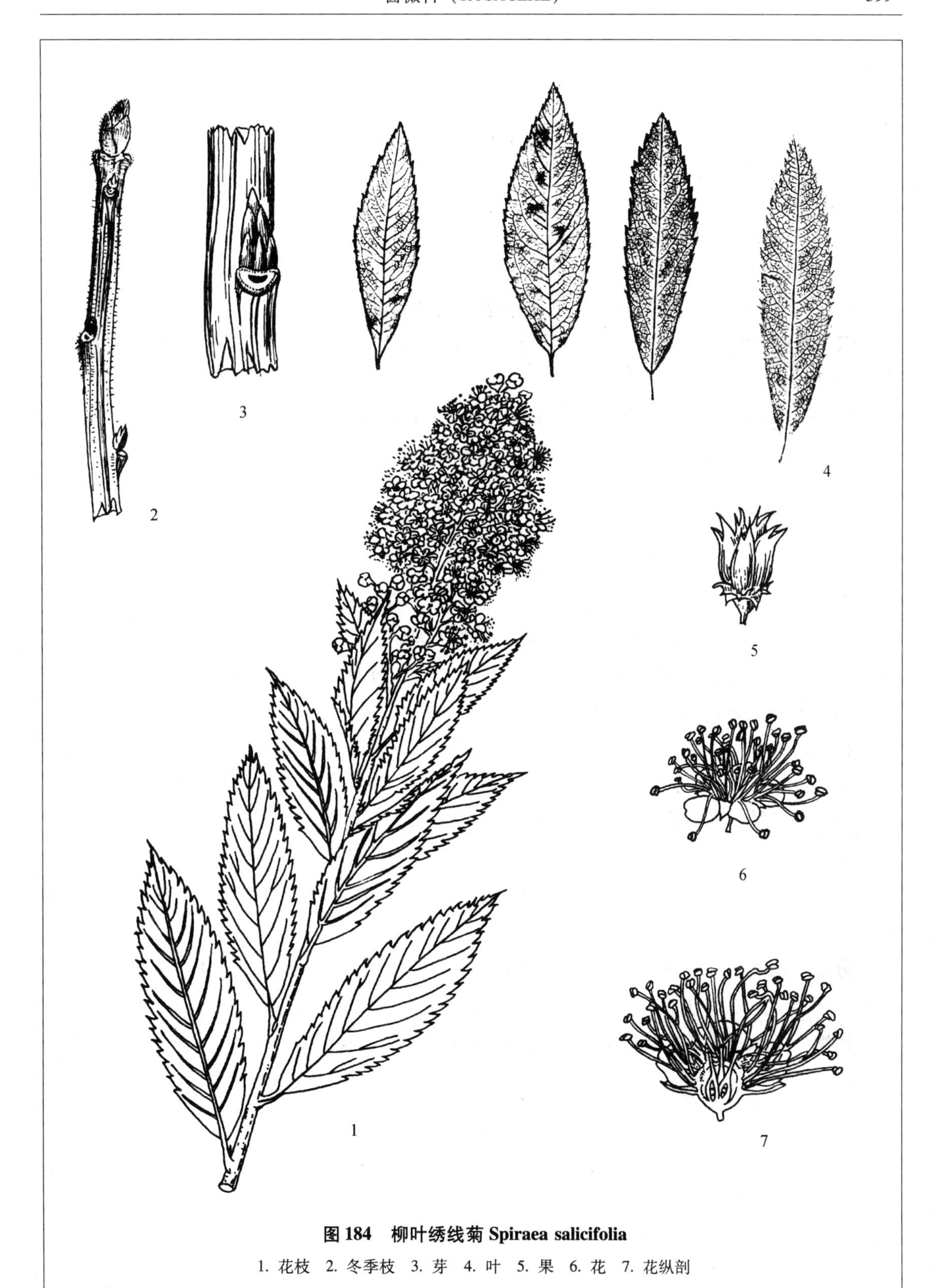

图 184　柳叶绣线菊 Spiraea salicifolia

1. 花枝　2. 冬季枝　3. 芽　4. 叶　5. 果　6. 花　7. 花纵剖

绢毛绣线菊

科名：蔷薇科（ROSACEAE）

中名：**绢毛绣线菊** 图185

学名：**Spiraea sericea Turcz.**（种加词为“有绢毛的”）。

识别要点：灌木；单叶互生；叶片卵状椭圆形或椭圆形，背面有灰白色的绢毛；伞房花序，花白色；蓇葖果有短柔毛。

Diagnoses：Shrub；Leaves simple，alternate；Blades ovate-elliptic or elliptic，tomentose beneath；Corymb，flowers white；Fruits follicles，pubescent.

树形：落叶灌木，高约2m。

树皮：老枝树皮棕褐色，条状剥裂。

枝条：幼枝有柔毛，棕褐色，有条状裂纹。

芽：长卵形，先端钝圆形，红褐色，芽鳞松散，有柔毛。

叶：单叶，互生；叶片椭圆形或卵状椭圆形，基部楔形，先端短尖头，全缘，偶于叶尖处有3～5个大齿，表面深绿色，有稀疏柔毛，背面灰绿色，密生灰白色的绢毛，长1.5～3cm，宽0.5～1.5cm。

花：伞房花序，生于枝端；小花白色，直径4～5mm；萼筒钟形，萼5裂，裂片卵状三角形；花瓣近圆形，有爪；雄蕊多数，不等长；雌蕊子房外被短柔毛，花柱比雄蕊短。

果：蓇葖果，被短柔毛，花柱宿存，并向斜上伸展，宿存的萼片反折。

花期：6月；果期：8～9月。

习性：喜光，耐寒，耐干燥、瘠薄土壤。常生于开旷多岩石的山坡、灌丛、林缘及疏林内。

分布：我国东北三省以及西北、西南各省；也产于俄罗斯、蒙古及日本；吉林省东部山区及中部半山区皆有分布。

用途：可供绿化观赏；是水土保持的好树种；可作蜜源植物。

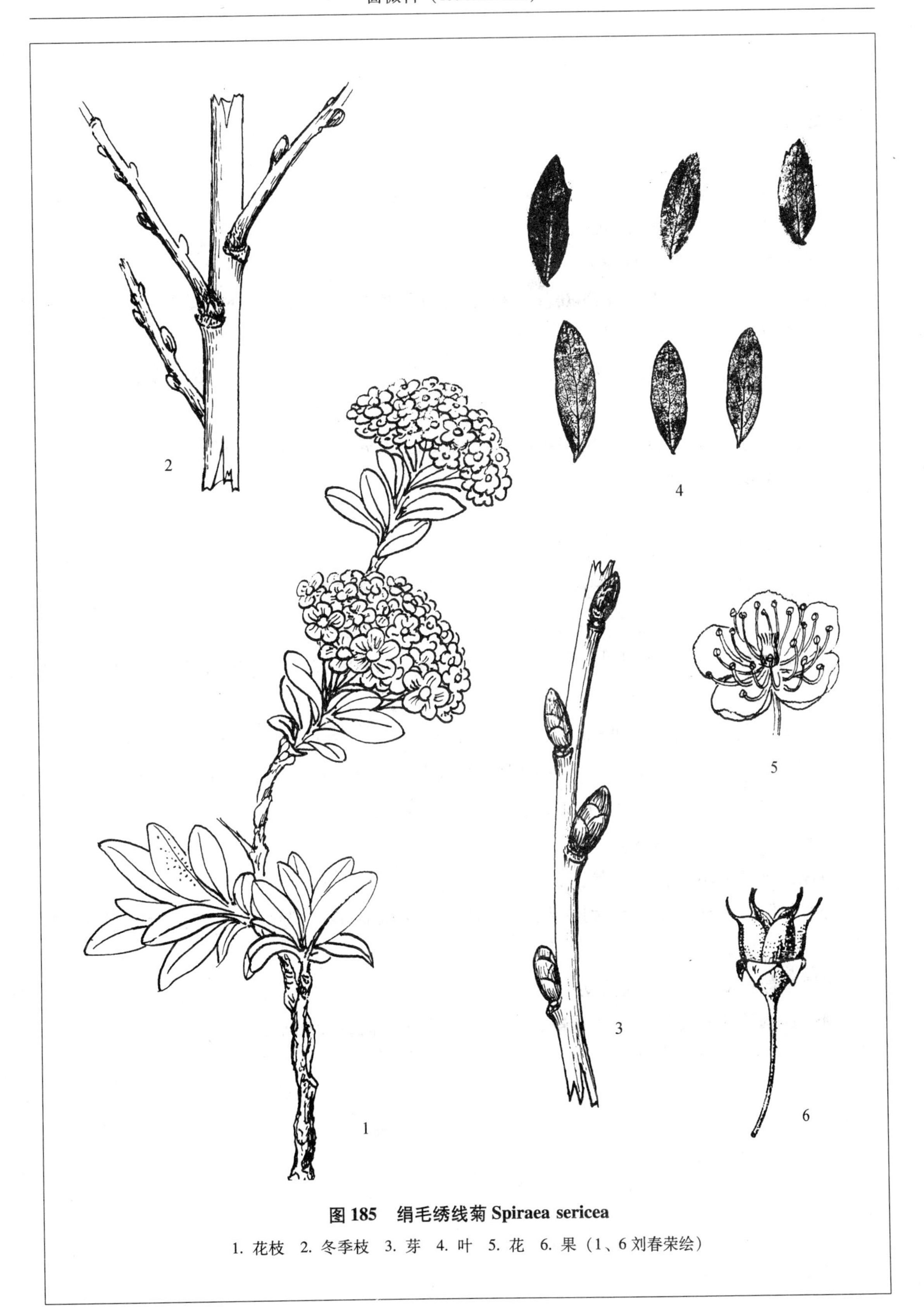

图 185　绢毛绣线菊 Spiraea sericea

1. 花枝　2. 冬季枝　3. 芽　4. 叶　5. 花　6. 果（1、6 刘春荣绘）

珍珠绣线菊

科名：蔷薇科（ROSACEAE）

中名：珍珠绣线菊　图 186

学名：Spiraea thunbergii Sieb. ex Blume（种加词为人名 C. P. Thunberg，1743～1828，瑞典植物学家）。

识别要点：落叶灌木；叶狭披针形，互生；伞形花序，具 3～7 朵花，花白色；结蓇葖果。

Diagnoses：Deciduous shrub；Leaves linear-lanceolate，alternate；Umbel；Flowers 3～7，white；Fruit follicles.

染色体数目：2n＝36。

树形：落叶灌木，高约 1.5m。

枝条：细长，开展，红棕色，树皮纵裂或条状，皮孔不明显。

芽：小，卵形，无毛，黄褐色，芽鳞多片，互生排列。

叶：单叶互生；叶片线状披针形，基部狭楔形，先端渐尖，边缘有细锯齿，叶柄极短或无叶柄，长 2.5～4cm，宽 3～7mm。

花：伞形花序，无总花梗，由 3～7 朵花组成；花柄长 6～10mm；萼筒呈钟状，萼裂片 5，三角形，绿色；花瓣 5，白色，倒卵形或近圆形；雄蕊多数；子房无毛或有微毛。

果：蓇葖果，5 枚聚生于一起，成熟时自腹缝线处张开。

花期：5 月；**果期：**6～7 月。

习性：喜光，耐旱，耐瘠薄土壤。

分布：原产于辽宁南部及大连等地；也产于朝鲜及日本；如今我国北方各地广泛栽培，单株栽植或组成绿篱。

抗寒指数：幼苗期 I，成苗期 I。

用途：本种花期较早，花朵密集，为绿化、彩化的优良花灌木。

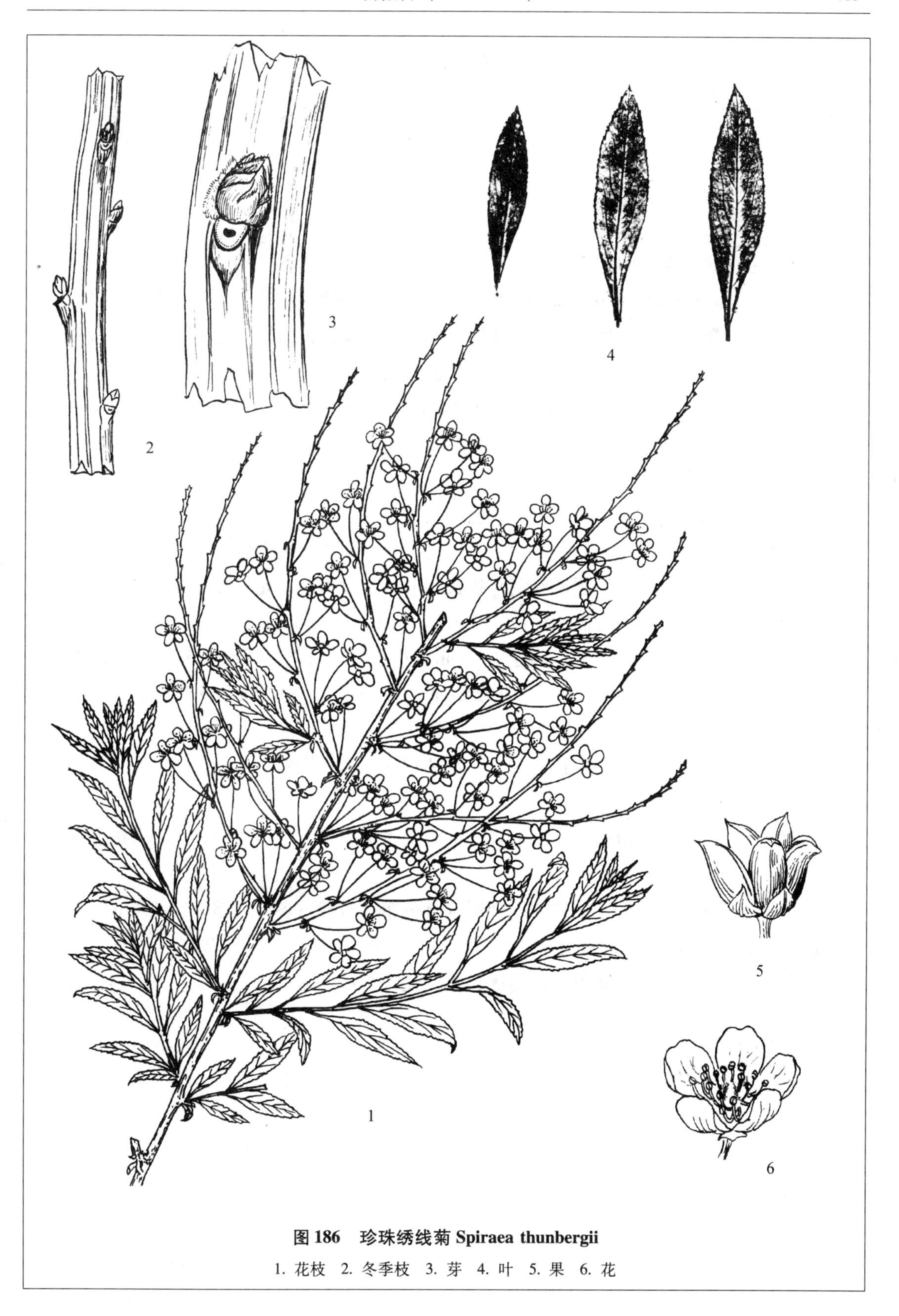

图 186 珍珠绣线菊 Spiraea thunbergii

1. 花枝 2. 冬季枝 3. 芽 4. 叶 5. 果 6. 花

毛果绣线菊

科名：蔷薇科（ROSACEAE）

中名：毛果绣线菊 图 187

学名：Spiraea trichocarpa Nakai（种加词为"有毛的果实的"）。

识别要点：落叶灌木；单叶互生，叶片长圆形或倒卵状长圆形，先端有数枚大齿；伞房花序生于侧枝上；花白色；果为蓇葖果，被黄色柔毛。

Diagnoses：Deciduous shrub；Leaves simple，alternate；Blades oblong or obvato-oblong，few serrates on leaf top；Corymb，flowers white；Fruit follicles covered with brown pubescent.

树形：落叶灌木，高约 2m。

枝条：黄褐色，有条棱，老枝变灰褐色，被短柔毛，皮孔灰白色，圆形。

芽：扁平，长圆形，略弯曲呈拱形，先端钝，芽鳞两片，黄褐色，无毛。

叶：单叶，互生；叶片长圆形或倒卵状长圆形，基部楔形，先端钝圆或急尖，仅叶先端有少数大齿，表面深绿色，背面灰绿色，长 1.5 ~4cm，宽 1.2 ~2.5cm。

花：伞房花序生于侧枝顶端，直径 3 ~5cm，花多数，白色，直径 0.5 ~0.7cm，花梗细而长；萼筒钟状，5 裂，裂片三角形；花瓣倒卵形或近圆形，先端微凹；雄蕊多数；花盘圆环形，有不规则的裂片；雌蕊 5，分离，子房有短柔毛。

果：蓇葖果，直立，被黄褐色短柔毛，花柱宿存，向外倾斜。

花期：5 ~6 月；**果期：**7 ~9 月。

习性：耐寒，喜光但也耐荫、耐干旱，喜肥沃土壤。多生于山沟、溪流附近的杂木林中及林缘。

分布：辽宁东部，也产于内蒙古；朝鲜也有分布；吉林省各地庭园常有栽培。

抗寒指数：幼苗期 I，成苗期 I。

用途：树形优美，叶、花美丽，是优良的绿化观赏花灌木。

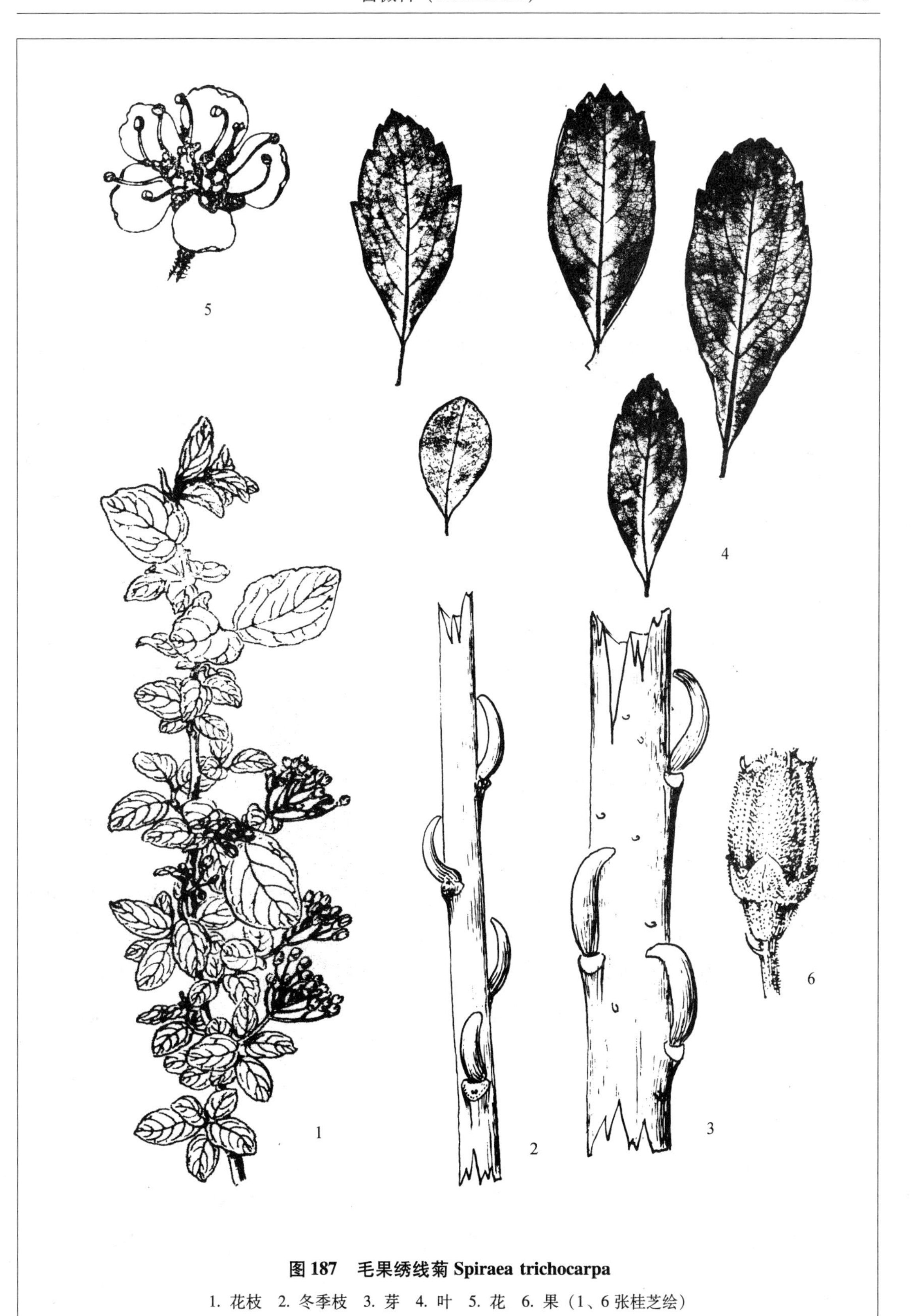

图 187 毛果绣线菊 Spiraea trichocarpa

1. 花枝 2. 冬季枝 3. 芽 4. 叶 5. 花 6. 果（1、6 张桂芝绘）

三裂绣线菊

科名：蔷薇科（ROSACEAE）

中名：三裂绣线菊 图 188

学名：Spiraea trilobata L.（种加词为“三裂的”）。

识别要点：灌木，叶互生，单叶；叶片圆形，3 裂；伞形花序，花白色；蓇葖果，先端钝尖，无毛。

Diagnoses：Shrub；Leaves simple，alternate；Blades orbicular，3 lobed；Umbel，flowers white；Fruit follicles，obtuse on tops，glabrous.

树形：落叶灌木，高 1 ~ 2m。

枝条：小枝细，开展，嫩时黄褐色，老枝淡褐色无毛。

芽：歪卵形，深褐色，先端钝或略尖。

叶：单叶互生；叶片近圆形，常 3 裂，基部圆形或心形，先端钝尖，中部以上有少数圆锯齿，长 1.7 ~ 3cm，宽 1.5 ~ 2.5cm。

花：伞形花序，生于侧枝顶端；花白色，直径 0.6 ~ 0.8cm；花瓣宽卵形，先端微凹；雄蕊多数，较花瓣略短；雌蕊子房有短柔毛。

果：蓇葖果，先端钝，无毛，宿存的萼片直立。

花期：6 ~ 7 月；果期：8 ~ 9 月。

习性：喜光，耐寒，耐干旱及瘠薄土壤。多生于多岩石的山阳坡或半阴坡，林间空地以及杂木林内。

分布：我国东北、华北、西北以及华中等地；日本、朝鲜及俄罗斯也有分布；吉林省尚未有野生的记录，多作为花灌木栽植于庭园及苗圃中。

抗寒指数：幼苗期 I，成苗期 I。

用途：栽植庭园供绿化观赏用。

图 188　三裂绣线菊 *Spiraea trilobata*

1. 果枝　2. 冬季枝　3. 芽　4. 叶　5. 花　6. 果

豆科（FABACEAE）

紫穗槐

科名： 豆科（FABACEAE）

中名： **紫穗槐**　图 189

学名： **Amorpha fruticosa L.**（属名为希腊文 Amophos 畸形的或变形的，指花瓣仅一枚；种加词的意思“灌木的”）。

识别要点： 落叶灌木；羽状复叶，互生，小叶片 11 ~ 25 枚；总状花序生于茎顶；花蓝紫色，只有一枚旗瓣；果为不开裂的荚果，密被瘤状腺点，内含 1 粒种子。

Diagnoses：Deciduous shrub；Leaves：Compound pinnate，leaflets 11 ~ 25；Raceme，on top of stems；Flowers：dark purple-blue with 1 standard；Fruit：Legume indehiscent，1 seed inside.

染色体数目： 2n = 20，38，40。

树形： 落叶灌木，高 1.5 ~ 4m，丛生。

树皮： 暗灰褐色。

枝条： 灰褐色，稍有棱，有凸起的锈褐色皮孔。

芽： 侧芽较小，常 2 个叠生，卵形，暗褐色，芽鳞多数，外有短柔毛。

叶： 奇数羽状复叶，互生；小叶片 11 ~ 25 枚，狭椭圆形至椭圆形，基部楔形或近圆形，先端圆形，微凹或有短尖头，表面深绿色，无毛，背面淡绿色，有短柔毛，长 1.5 ~ 4cm，宽 0.5 ~ 1.5cm。

花： 密集的总状花序数个生于茎顶端，长 7 ~ 15cm，花轴密生短柔毛；花柄甚短而细；花萼联合成钟形，5 齿裂，裂片三角形；花冠只有一枚旗瓣，暗蓝紫色，倒心形，长约 6mm；雄蕊 10 枚，花丝紫色，花药黄紫色。

果： 为不开裂的荚果，长圆柱形，略弯曲，密被瘤状腺点，长 0.7 ~ 1cm，内含 1 枚种子。

花期： 5 ~ 6 月；果期：7 ~ 9 月。

习性： 喜光，耐干旱，耐寒，耐瘠薄及轻盐碱土质。

分布： 原产于北美，目前北方各地广为栽植并有逸为半野生状态的；吉林省各地普遍栽植。

抗寒指数： 幼苗期 I，成苗期 I。

用途： 枝条可供编织及烧柴；叶可作饲料；根系发达，适应性强，各地栽植用于护坡以防治水土流失；果可提取精油，含量 2.5%；种子可榨油为干性油，可用于制造油漆涂料。

图 189　紫穗槐 Amorpha fruticosa

1. 花果枝　2. 冬季宿存的果枝　3. 冬季枝　4. 芽　5. 复叶　6. 花　7. 果（1、6、7 自中国高等植物图鉴）

树锦鸡儿

科名：豆科（FABACEAE）

中名：树锦鸡儿 图190

学名：Caragana arborescens（Amm.）L.（属名为鞑靼语锦鸡儿的原名；种加词为“树木状的”）。

识别要点：落叶灌木；偶数羽状复叶互生或簇生，小叶片10～14枚；花为蝶形花冠，黄色，1～4朵簇生于短枝上；荚果圆柱形，开裂，具多枚种子。

Diagnoses：Deciduous shrub；Leaves：paripinnately compound，alternate，or clustered，leaflets 10～14；Flowers papillionaceus，yellow，1～4 clustered on dwarf branches；Fruit：Legume，cylindic，dehiscent，few seeds inside.

染色体数目：2n＝16。

树形：落叶灌木或成小乔木状，高2～5m。

树皮：暗灰绿色，表皮不规则剥裂。

枝条：小枝绿褐色，有棱，有短柔毛，后无毛。老叶的托叶宿存成针刺状。

芽：卵圆形，暗褐色，有短柔毛。

叶：偶数羽状复叶，互生；小叶片10～14，椭圆形或倒卵形，基部近圆形，先端近圆形，有突尖，全缘，表面有短柔毛，深绿色，背面淡绿色，有柔毛。

花：蝶形花冠，1～4朵簇生于短枝顶端，黄色，萼片联合成钟形，边缘5裂；花瓣5，旗瓣1，宽卵形或近圆形，翼瓣2，长圆形，有距状的耳和爪，龙骨瓣2，较翼瓣宽而略短；雄蕊2体；子房有短柔毛。

果：荚果，圆柱形，成熟后深褐色，开裂，长4～6cm，内有种子数枚，种皮绿色。

花期：5月；果期：8～9月。

习性：喜光，但可适当耐阴，耐寒，耐干旱及瘠薄土质。

分布：华北及西北各地；俄罗斯、蒙古也有分布；吉林省各地均为引种栽植。

抗寒指数：幼苗期Ⅰ，成苗期Ⅰ。

用途：为优良的园林绿化树种；种子可榨油，含油量10%～14%，可供工业用。

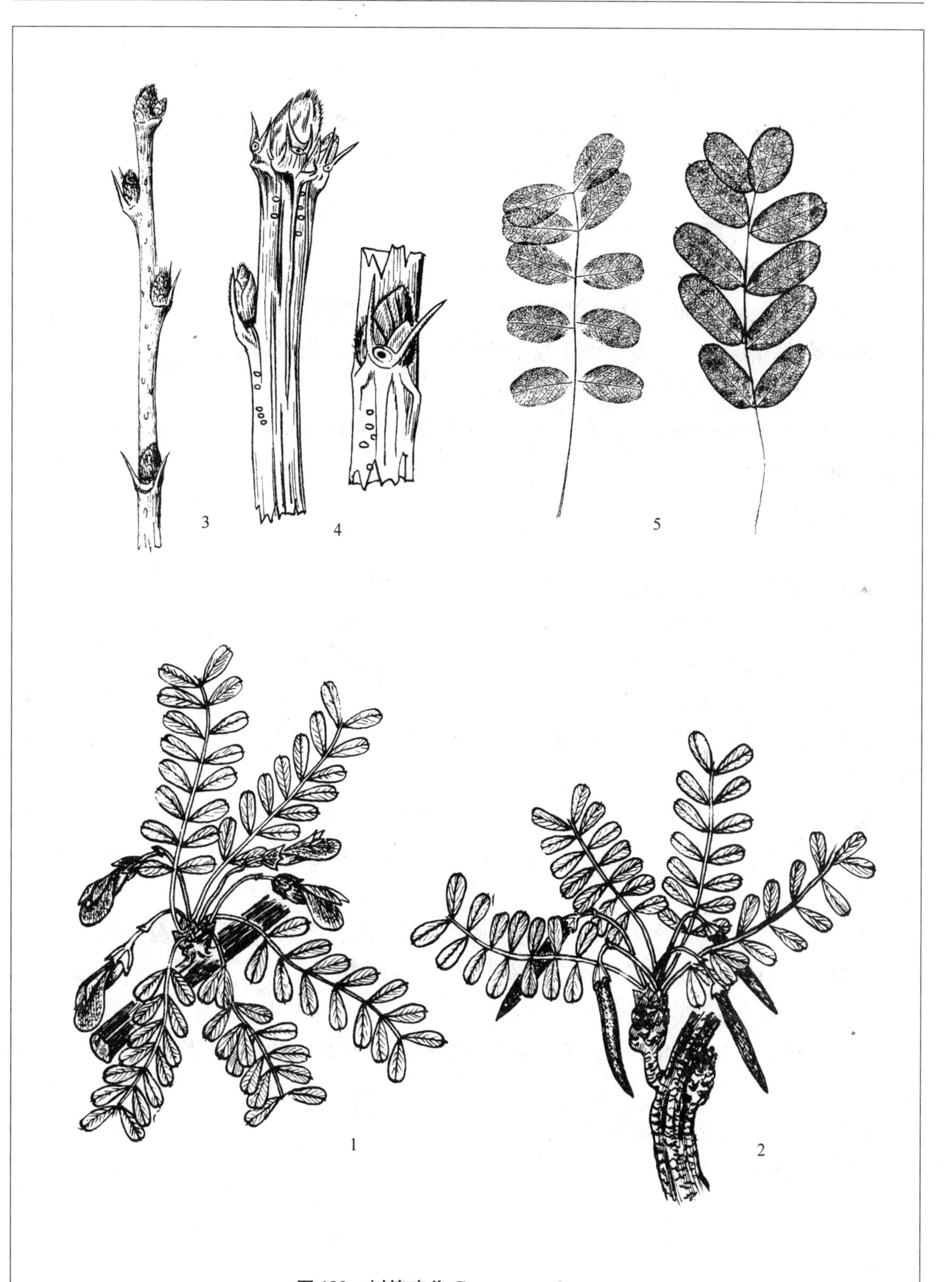

图 190　树锦鸡儿 Caragana arborescens

1. 花枝　2. 果枝　3. 冬季枝　4. 芽　5. 复叶

金雀锦鸡儿

科名：豆科（FABACEAE）

中名：金雀锦鸡儿　金雀花　图 191

学名：Caragana frutex（L.）K. Koch（种加词为“灌木的”）。

识别要点：落叶灌木；复叶由 4 枚小叶组成，互生，小叶片倒卵形；花单生，蝶形花冠，黄色，不带有粉红色；果为荚果，圆柱形。

Diagnoses：Deciduous shrub；Compound leaf with 4 leaflets，obovate；Flower：Solitary，corolla papillionaceus，yellow，without red margin；Fruit：Legume，terete.

染色体数目：2n = 32。

树形：落叶灌木，高 1 ~ 3m。

树皮：暗灰色，黄灰色或略带绿色。

枝条：当年生小枝黄褐色，2 至 3 年生枝褐色，有细棱。

芽：卵形，褐色，不明显。

叶：复叶，由 4 小叶组成，掌状排列，顶端小叶退化成针刺状；小叶片倒卵形，基部楔形，先端截形，中央略凹陷，有小刺尖，表面绿色，背面淡绿色，全缘，无毛，长 1.3 ~ 3cm，宽 0.7 ~ 1.5cm。

花：单生，少为 2 ~ 3 朵，集生于短枝顶端；花柄长 1.4 ~ 2.5cm，有关节；花黄色，蝶形花冠；萼片联合成杯状，有 5 齿裂；旗瓣圆形，有爪，翼瓣及龙骨瓣皆为长圆形，有耳及爪；雌蕊子房圆柱形。

果：荚果，圆柱形，略扁平，暗褐色，先端渐尖，成熟后 2 裂，内含数粒种子。

花期：5 月；**果期：**7 ~ 8 月。

习性：喜光，耐干旱及瘠薄土壤，自生于向阳山坡的灌木丛中。

分布：华北、华东各地；也产于中亚细亚各国及俄罗斯；吉林省多栽植在庭园及植物园中。

抗寒指数：幼苗期 II，成苗期 I。

用途：供绿化观赏。

图 191　金雀锦鸡儿 Caragana frutex

1. 花枝　2. 冬季枝　3. 芽　4. 复叶　5. 花瓣　6. 雄蕊　7. 花

小叶锦鸡儿

科名：豆科（FABACEAE）

中名：**小叶锦鸡儿** 图 192

学名：**Caragana microphylla Lam.**（种加词为“小叶片的”）。

识别要点：落叶灌木；偶数羽状复叶，互生，小叶片 12～20 枚，倒卵形，有丝状毛；花黄色，蝶形花冠；果为荚果，扁，长圆柱形。

Diagnoses：Deciduous shrub；Leaves：Paripinnately，alternate，leaflets 12～20，obovate，silky on both side；Flower：yellow，papillionaceus；Fruit：compressed terete.

染色体数目：2n＝16。

树形：落叶灌木，高 1～3m。

树皮：暗灰褐色，有浅裂纵沟。

枝条：黄褐色，有棱，幼枝有柔毛，有托叶刺，刺长约 1cm。

芽：较小，扁圆，卵形，红褐色。

叶：偶数羽状复叶，互生，有小叶片 12～20 枚，倒卵形或卵状长圆形，基部楔形，先端圆形，微凹，具小刺尖，全缘，两面密生丝状柔毛，长 0.5～1cm，宽 2～4mm。

花：单生或 2～3 朵簇生于短枝顶端；花黄色，蝶形花冠；花柄细，长 1.5～2.5cm；萼片联合成杯状，萼裂片三角形；旗瓣圆形或倒卵形，有爪，翼瓣及龙骨瓣长圆形，有耳及爪；雌蕊子房细圆柱形，有短柔毛。

果：荚果，扁平圆柱形，暗褐色，长 2.5～4cm。

花期：5 月；果期：8～9 月。

习性：喜光，耐干旱，耐瘠薄及沙、碱土壤。生于干燥山坡及固定沙丘上。

分布：东北三省西部以及华北、西北各地；蒙古也有分布；吉林省西部各县均产。

抗寒指数：幼苗期 I，成苗期 I。

用途：固定流沙，水土保持；可作饲料；栽植供绿化观赏。

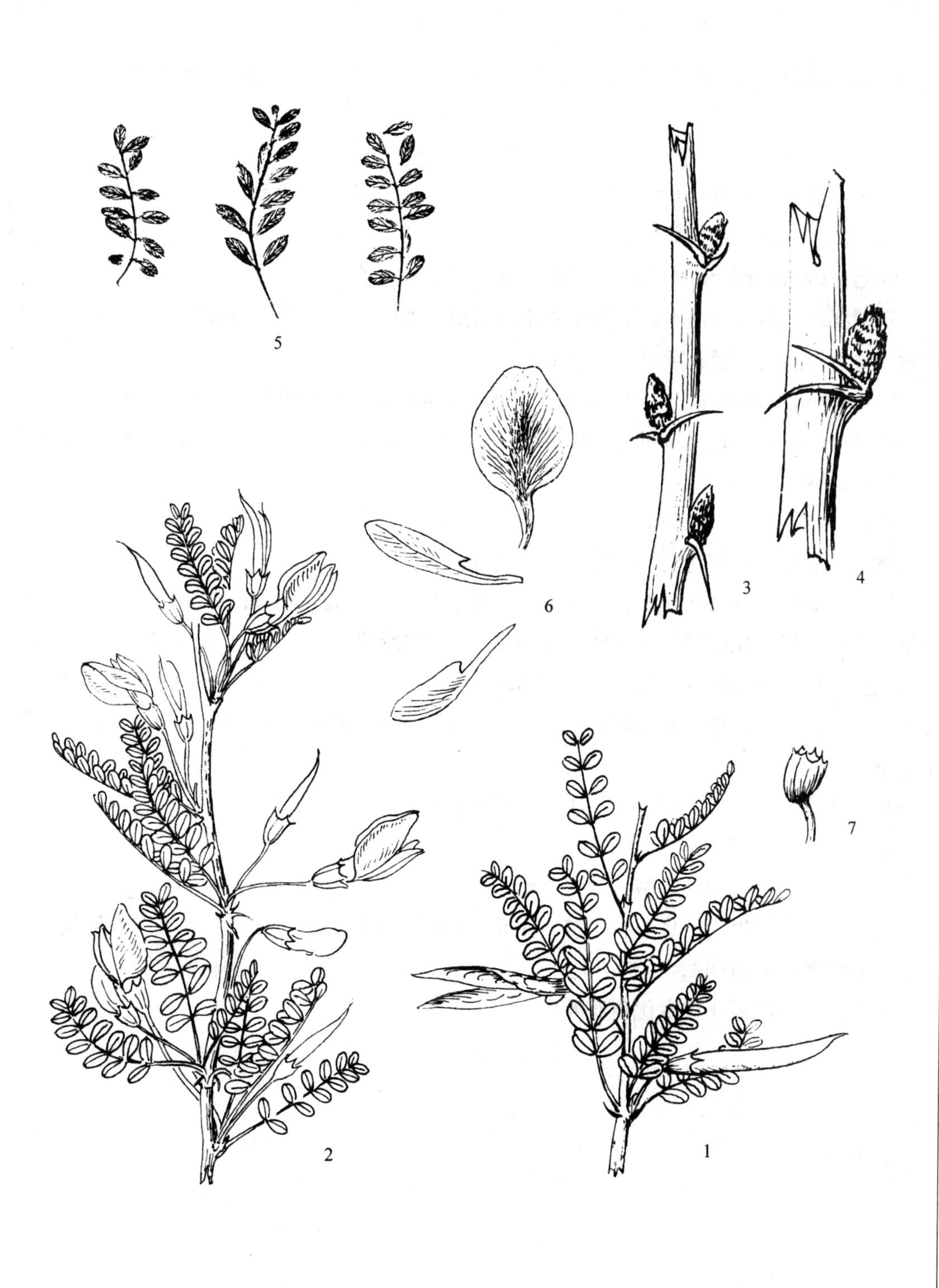

图 192　小叶锦鸡儿 *Caragana microphylla*

1. 果枝　2. 花枝　3. 冬季枝　4. 芽　5. 复叶　6. 花瓣　7. 萼筒（2 冯金环绘）

红花锦鸡儿

科名： 豆科（FABACEAE）

中名： **红花锦鸡儿** 紫花锦鸡儿 图193

学名： **Caragana rosea Turcz.**（种加词为“玫瑰红色的”）。

识别要点： 落叶小灌木，复叶由4小叶组成，互生，小叶片倒卵状匙形；花单生，蝶形花冠，黄色带有粉红色；荚果，圆柱形。

Diagnoses: Deciduous small shrub; Leaves: Compound leaf with 4 leaflets, obovately spoon formed; Flower: Solitary, corolla papillionaceus, yellow with pink margins; Fruit: Legume, terete.

染色体数目： 2n = 16。

树形： 落叶灌木，高约1m。

枝条： 棕褐色，有浅棱，无毛，托叶变成针刺状。

叶： 复叶由4枚小叶组成，掌状排列，顶端小叶退化成针刺状；小叶片近革质，倒卵状匙形，基部楔形，先端圆形或微凹，有小刺尖，边缘无齿，长0.7～3cm，宽0.4～1cm。

花： 单生于短枝顶端；花柄长6～13mm，中下部有关节；蝶状花冠，花黄色，通常在花瓣边缘处带有玫瑰红色；旗瓣卵圆形，基部成爪，翼瓣及龙骨瓣长圆形，有耳与长爪；雌蕊子房条形，无毛。

果： 荚果，圆柱形，先端尖，成熟时褐色；有种子4～10粒。

花期： 5月；果期：7～8月。

习性： 喜光，喜肥沃土壤，耐寒、耐干旱的能力强。

分布： 辽宁省以南至华北、华东、西北、西南；俄罗斯也有分布；吉林省常见栽种。

抗寒指数： 幼苗期Ⅰ，成苗期Ⅰ。

用途： 为庭园绿化观赏优良花灌木。

图 193　红花锦鸡儿 *Caragana rosea*

1. 果枝　2. 冬季枝　3. 芽　4. 复叶　5. 花枝

山皂角

科名：豆科（FABACEAE）

中名：**山皂角**　日本皂角　图 194

学名：**Gleditsia japonica Miq.**（属名为人名，J. D. Gleditsch 1714～1786，曾任德国柏林植物园主管；种加词的意思为“日本的”）。

识别要点：落叶乔木；树干上有分枝的刺，偶数羽状复叶，互生或丛生；雌雄异株，花小，黄色；果为荚果，扁平，扭曲。

Diagnoses：Deciduous tree，armed with branched thorns；Leaves：Paripinnate，alternate or clustered；Dioecious；Flower：Yellow，small；Fruit：Legume compressed，twisted.

树形：落叶乔木，高约 20m，树干直径可达 60cm。

树皮：黑灰色或稍带褐色，粗糙有纵裂口。

枝条：绿褐色，呈“之”字状，皮光滑，有光泽，皮孔近圆形，黄褐色，有分枝的长刺，黑褐色。

芽：生于枝的膨大节上，黑褐色，多枚丛生，芽鳞多枚，粗糙。

木材：黄褐色，纹理通直或斜伸，不易干燥，容易开裂。

叶：为偶数羽状复叶，互生或丛生于短枝顶端，新枝上偶有二回羽状复叶，小叶 6～8 对，长圆形或卵状披针形，基部广楔形，稍歪斜，顶端钝圆形，全缘或具疏锯齿，无毛，长 1～5cm，宽 0.7～1.5cm。

花：雌雄异株；雄花序穗状，花小，黄绿色，有 4 个萼和 4 个花瓣，花瓣卵状披针形或倒卵形，先端钝；雄蕊 8 枚，比花瓣略长；雌花序也为穗状，黄绿色，雌蕊 1，子房短柱形，柱头 2 裂。

果：荚果大，镰刀形，扁平，扭曲，长 18～30cm，宽约 3cm，黄褐色，无毛。

花期：6～7 月；果期：10 月。

习性：喜光，耐干旱，耐轻碱，适应性强。多生于林缘、丘陵、平原等处。

分布：产我国华北、江苏、安徽、辽宁等地；朝鲜及日本也有分布；吉林省各处庭园多见栽培。

抗寒指数：幼苗期 I，成苗期 I。

用途：木材质地坚硬，可制造农具、车辆及桩柱。皂刺入药有活血功效。果含皂素，可作洗涤用。树形美观，枝叶繁茂，是优良的绿化树种，又是很好蜜源植物。

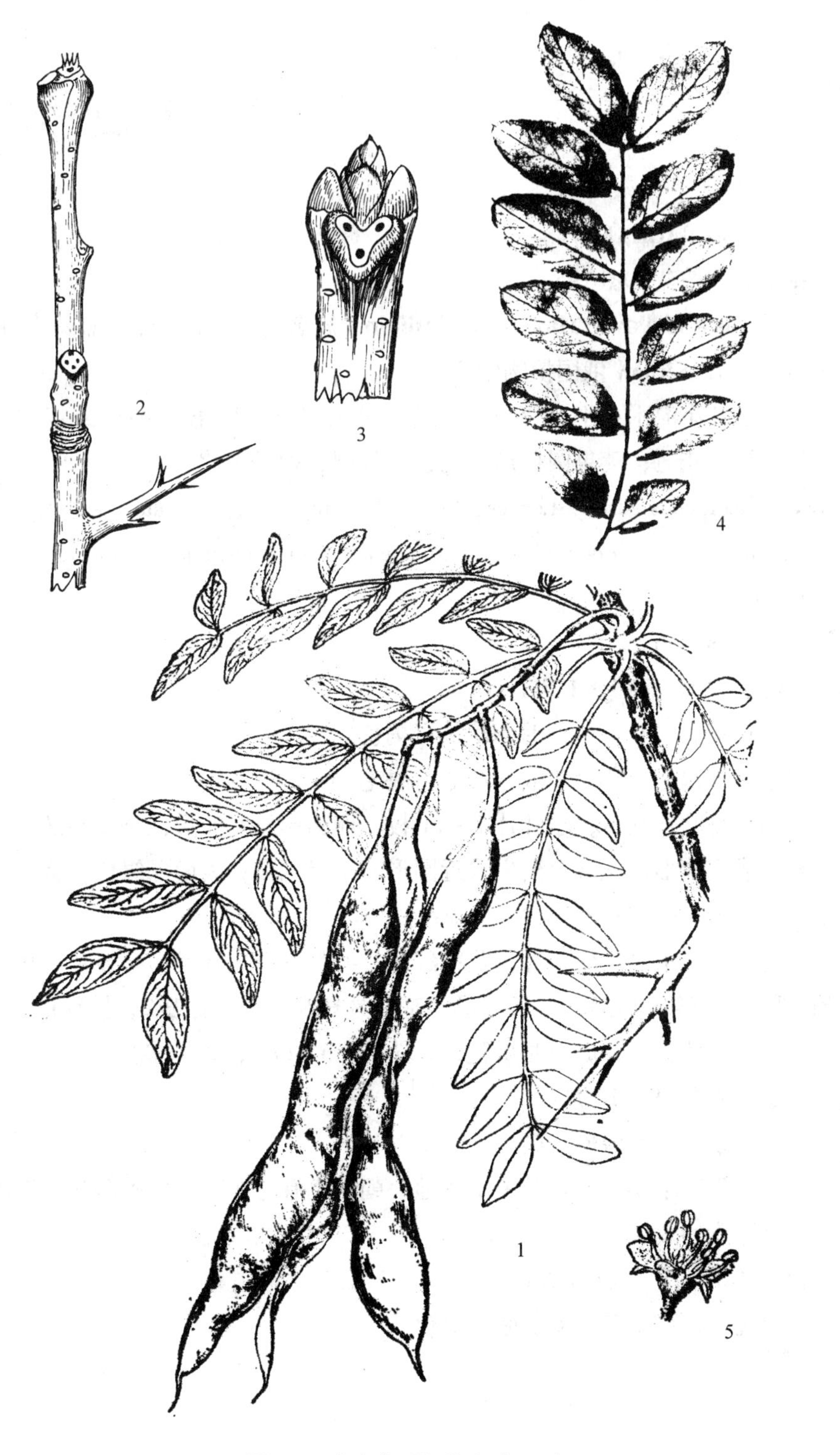

图 194　山皂角 Gleditsia japonica

1. 果枝　2. 冬季枝　3. 芽　4. 复叶　5. 花（1、5 张桂芝绘）

花木蓝

科名：豆科（FABACEAE）

中名：花木蓝 槐蓝 图 195

学名：Indigofera kirilowii Maxim. ex Palibin（属名为拉丁语 indigo 蓝靛色 + fero 具有；种加词为人名，P. Y. Kirilow 俄国植物学家）。

识别要点：落叶小灌木；羽状复叶，互生，小叶片 7 ~ 11 枚，卵形或宽卵形；总状花序，花粉红色，蝶形花冠；荚果圆柱形，褐色，开裂，种子多数。

Diagnoses: Deciduous shrub; Leaves: Pinnately compound, alternate, leaflets 7 ~ 11, ovate or broad-ovate; Raceme, flowers pink, papillonaceus; Fruit: Legume, cylindric, brown, dehiscent, few seeds inside.

染色体数目：2n = 16。

树形：落叶小灌木，高 1 ~ 1.5m。

枝条：老枝灰褐色，有棱，无毛，幼枝绿褐色。

芽：卵圆形，红褐色，芽鳞多数，边缘有睫毛。

叶：奇数羽状复叶，互生；小叶片 7 ~ 11 枚，卵圆形或宽卵形，小叶基部有线状的小托叶；基部宽卵形或宽楔形，先端短渐尖或近圆形，全缘无齿；表面深绿色，背面浅绿色，散生柔毛，小叶片长 1.5 ~ 2.5cm，宽 1.5 ~ 2cm。

花：总状花序，腋生；蝶形花冠，花粉红色，萼片联合成杯状，萼裂片三角形；花冠的旗瓣 1，卵圆形，爪甚短，翼瓣 2，长圆形，基部具耳及爪，龙骨瓣 2，披针形。

果：荚果，长圆状柱形，成熟时褐色，2 裂，长 3 ~ 6cm，种子多数。

花期：6 月；果期：9 ~ 10 月。

习性：喜光，耐干旱及瘠薄土壤。

分布：东北三省、华北、华东及中南各地；朝鲜也有分布；吉林省多分布于南部的集安市，目前各地庭园广为栽植。

抗寒指数：幼苗期 IV，成苗期 II。

用途：适应性强，可用于公路及庭园绿化。

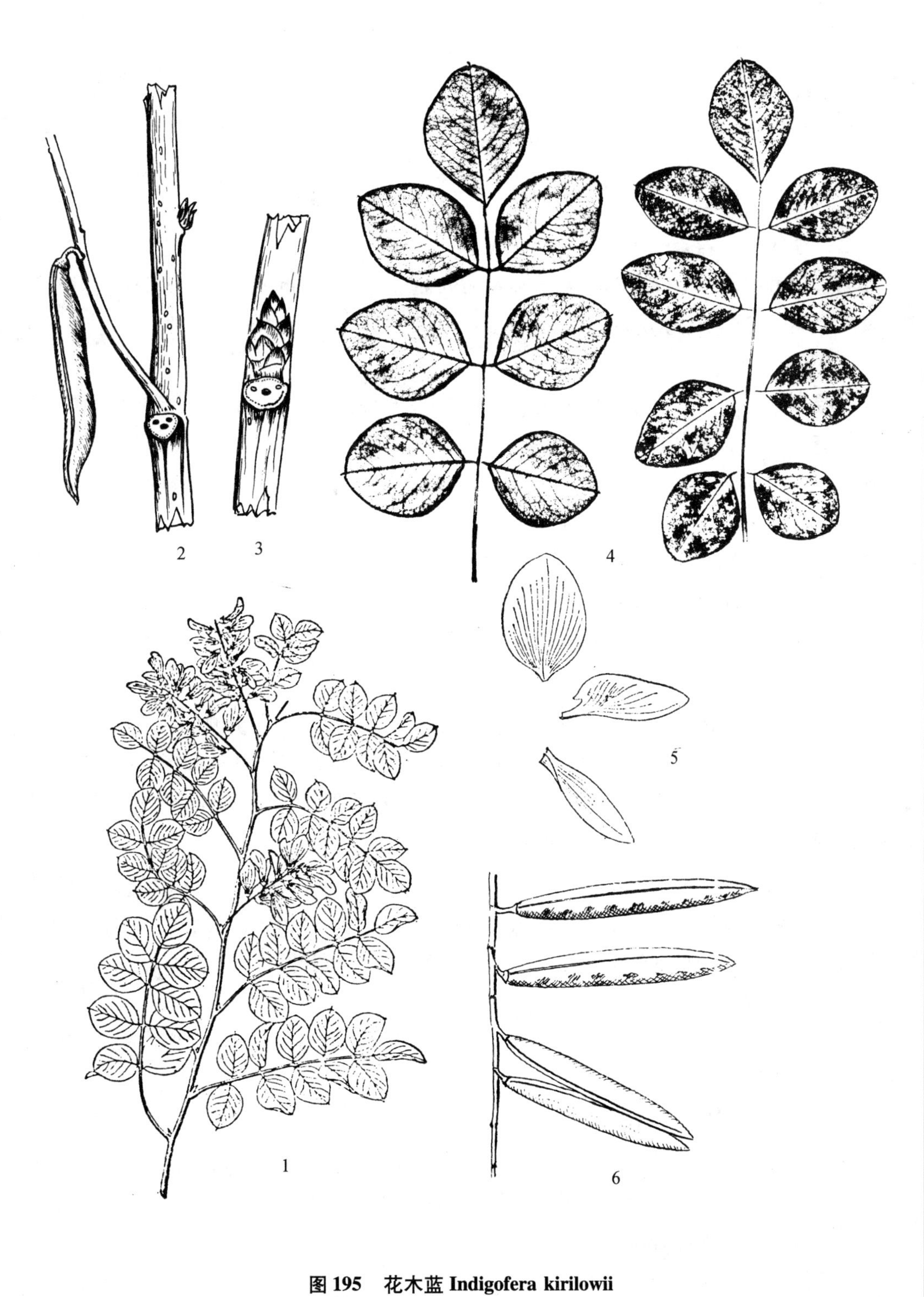

图 195　花木蓝 *Indigofera kirilowii*

1. 花枝　2. 冬季枝　3. 芽　4. 复叶　5. 花瓣　6. 果（1 仿内蒙古植物志）

胡枝子

科名： 豆科（FABACEAE）

中名：胡枝子 苕条 图196

学名：Lespedeza bicolor Turcz.（属名为人名 Vencent Manuel de Cespedes，西班牙人，曾任佛罗里达州的州长。因属名第一次发表时，将“C”误印为“L”，故流传至今；种加词为“二色的”）。

识别要点： 半灌木；三小叶组成复叶，互生；总状花序，花红紫色；荚果不开裂，歪卵形，表面有微柔毛。

Diagnoses： Subshrub；Leaves：compound，leaflets 3，ovate or round-obovate；Raceme，flowers pink；Pod indehiscent，lightly pubescent.

染色体数目： 2n = 18，22。

树形： 落叶半灌木，高1～3m。

枝条： 多分枝，小枝黄色或黄褐色，有棱，有短柔毛，当年生枝条细，淡黄褐色，未木质化，当年冻死。

芽： 宽卵形，红褐色，顶端秃钝，外被多枚芽鳞，常数枚丛生于侧枝基部。

叶： 复叶由3小叶组成，互生，有长柄；小叶片卵形，倒卵形或椭圆形，中间小叶片较大，长2～3cm，宽1～3.5cm，先端钝圆，有小尖头或微凹陷，基部近圆形或宽楔形，表面绿色，背面浅绿色，初有疏毛，后光滑。

花： 总状花序生于叶腋处，较复叶长，顶生圆锥花序；总花梗长4～10cm，小花梗短，被密毛；花萼联合成筒状，上部4裂，裂片较短，三角状，外被白色柔毛；蝶形花冠，紫红色或粉红色，旗瓣倒卵形，先端圆形，微凹，翼瓣较短，近长圆形，基部具耳和爪，龙骨瓣先端钝，基部爪较长。

果： 为不开裂的荚果，倒卵形，扁平，顶端有短尖，基部有宿存的萼筒；表面有网纹及柔毛；内含有1枚种子。

花期： 7月；果期：9～10月。

习性： 喜光，耐干旱及瘠薄土壤，多生于干山坡、草地、林缘或疏林内。

分布： 我国东北、华北、西北及西南各地；也分布于俄罗斯、朝鲜、日本及蒙古；吉林省东部山区及中部半山区普遍生长。

抗寒指数： 幼苗期Ⅰ，成苗期Ⅰ。

用途： 胡枝子的耐性较强，可用于水土保持；枝条可用于编织；嫩枝叶为牲畜优良饲料；是优良的蜜源植物；花、叶美观，又是优良的绿化观赏树种。

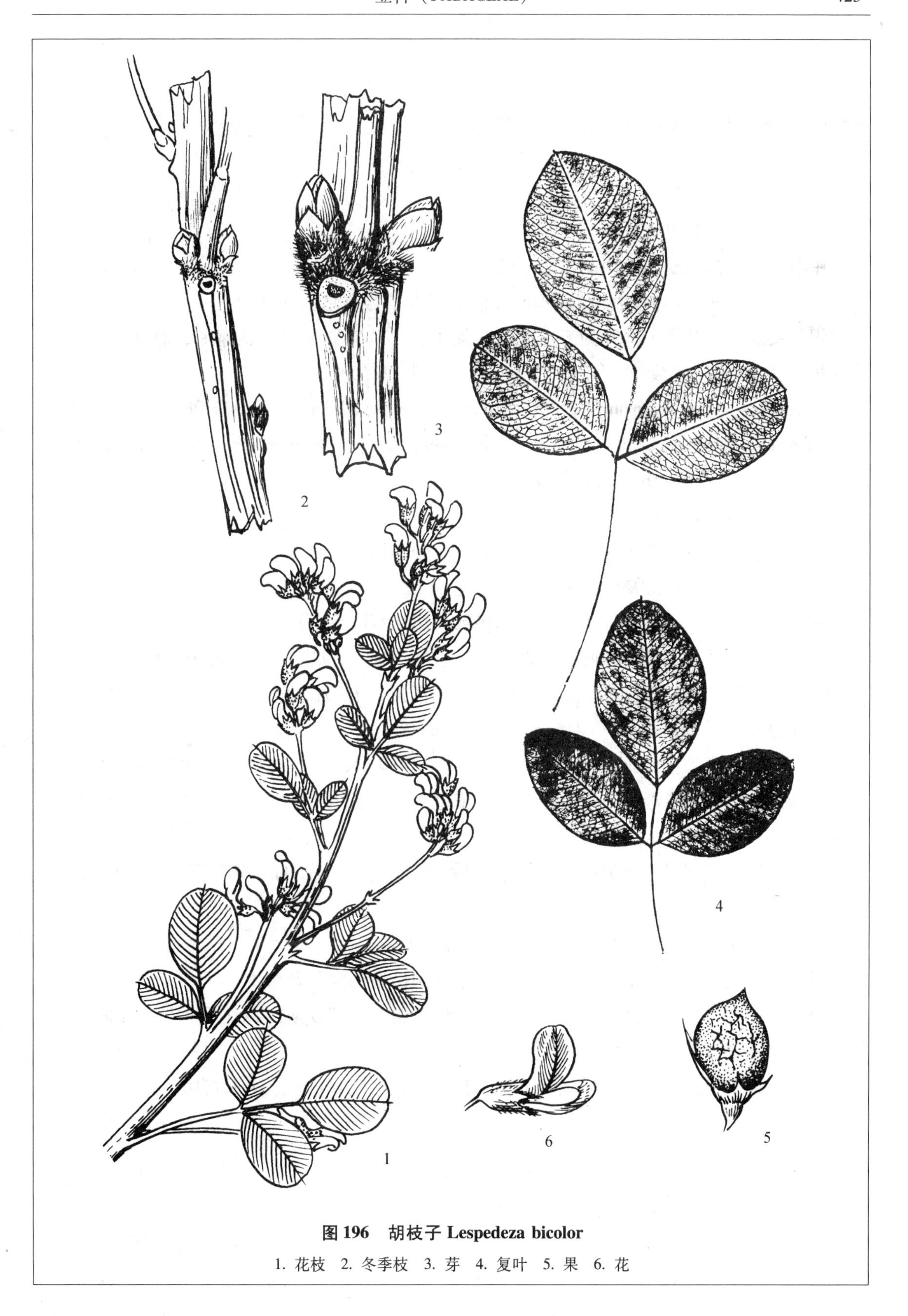

图 196　胡枝子 Lespedeza bicolor

1. 花枝　2. 冬季枝　3. 芽　4. 复叶　5. 果　6. 花

短梗胡枝子

科名：豆科（FABACEAE）

中名：短梗胡枝子　短序胡枝子　图 197

学名：Lespedeza cyrtobotrya Miq.（种加词为“弯曲总状花序”）。

识别要点：落叶灌木；叶为三出复叶，互生，小叶宽卵形或宽倒卵形；总状花序腋生，比叶短；蝶形花冠，紫红色；荚果，卵形，不开裂，1 粒种子。

Diagnoses: Deciduous shrub; Leaves terately compourd, alternate, leaflets broad ovate or broad obovate; Raceme, axillary, shorter than leaves, Flowers papillionaceus, purplish red; Fruit: Legume, ovoid, indehiscent, 1 seed inside.

染色体数目：2n = 18，22。

树形：落叶灌木，高 1 ~ 3m，树冠开展，多分枝。

枝条：小枝褐色或红褐色，有细棱及柔毛。

芽：卵圆形，先端圆，红褐色，芽鳞多数，边缘有睫毛。

叶：三出复叶，互生，托叶 2，细丝状，小叶片 3，宽卵形、宽倒卵形或倒心形，中间 1 枚较宽大，有长柄，基部圆形或宽楔形，先端圆形，有微凹，全缘，无齿，表面深绿色，背面淡绿色，有柔毛，长 1.5 ~ 4.5cm，宽 1 ~ 3cm。

花：总状花序腋生，比叶短或与叶等长，花冠蝶形，花冠红紫色；萼联合成杯状，4 裂，萼裂片披针形，长渐尖，表面有毛；旗瓣倒卵形，有短爪，翼瓣及龙骨瓣斜长圆形，有耳及长爪；雄蕊 2 体；雌蕊子房圆柱形。

果：荚果，卵圆形，有尖头，有柔毛及脉纹，外包有宿存的萼筒，不开裂，内有 1 粒种子。

花期：7 ~ 8 月；果期：9 ~ 10 月。

习性：喜光，耐干旱及瘠薄土壤，喜生于向阳山坡的灌丛及杂木林间。

分布：东北、华北、西北、华中、华东各地；也产于俄罗斯、朝鲜及日本；吉林省多生长在东部及中部各县（市）。

用途：枝条可供编织用，嫩枝叶可作饲料，可供绿化观赏及水土保持用。

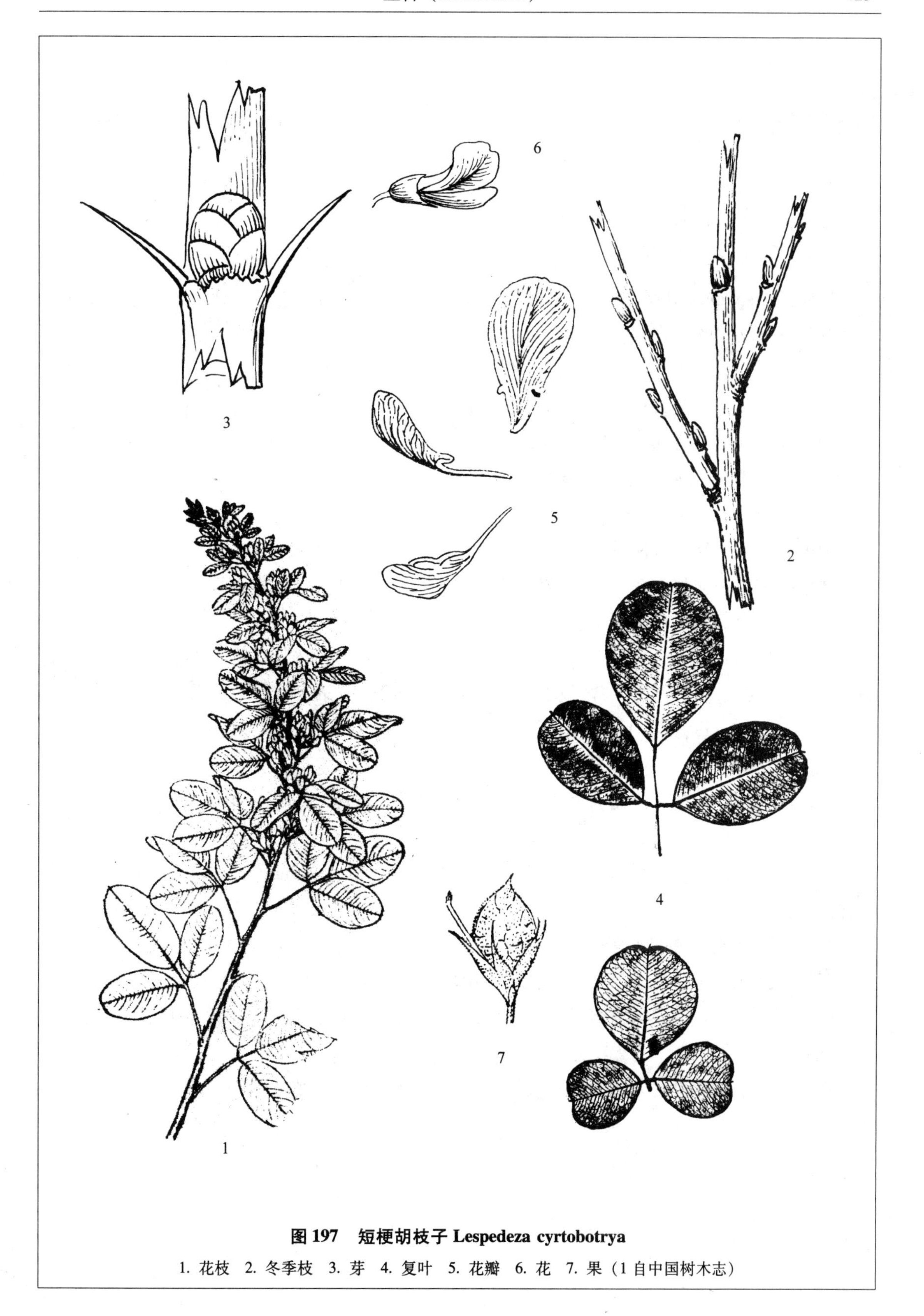

图 197　短梗胡枝子 *Lespedeza cyrtobotrya*

1. 花枝　2. 冬季枝　3. 芽　4. 复叶　5. 花瓣　6. 花　7. 果（1 自中国树木志）

兴安胡枝子

科名：豆科（FABACEAE）

中名：兴安胡枝子 图 198

学名：Lespedeza davurica（Laxm.）Schindl.（种加词为地名“达乌尔的”泛指东部西伯利亚及我国兴安岭一带）。

识别要点：落叶小灌木；复叶为三出羽状复叶，互生；小叶片长椭圆形或倒卵形；花冠蝶形，黄白色有紫色条纹；荚果，卵圆形，不开裂。

Diagnoses：Deciduous small shrub；Leaves：ternately pinnate，leaflets oblong-elliptic or obovate；Corolla：papillionaceus，paler yellow with purple stripes；Fruit：Legume，ovoid，indehiscent.

染色体数目：2n＝36，44。

树形：落叶小灌木，高约 1m。

枝条：茎单一或数个簇生；老枝黄褐色至红褐色，小枝绿色，有细棱，幼时有毛。

芽：卵圆形，密生白色柔毛。

叶：三出复叶，互生，托叶 2，线形，细丝状；小叶片椭圆形或长圆形，中间 1 枚有柄，两侧近无柄，基部圆形，先端圆头，有小刺尖，全缘，表面深绿色，背面浅绿色，有短柔毛，长 1～3.5cm，宽 0.4～1cm。

花：总状花序，腋生，花轴有毛；萼片联合，裂片长三角形，先端渐尖成刺毛状；蝶形花冠，黄白色至浅黄色，旗瓣长圆形，有爪；翼瓣及龙骨瓣长圆形，中央常带有紫色花斑，基部有耳状物及爪；雄蕊 2 体；子房圆柱形。

果：荚果，包于宿存的萼筒内，倒卵形，有柔毛，长 3～4mm，宽 2～3mm，不开裂，内含 1 枚种子。

花期：7～8 月；**果期：**9～10 月。

习性：喜光，耐瘠薄土壤。常生长于干山坡、草地、路旁以及固定沙丘上。

分布：东北三省以及华北各地；也产于日本、朝鲜及俄罗斯；吉林省各地普遍生长。

抗寒指数：幼苗期 I，成苗期 I。

用途：幼嫩枝叶可供家畜食用；又可作为水土保持的先锋植物。

图 198　兴安胡枝子 Lespedeza davurica

1. 花枝　2. 冬季枝　3. 芽　4. 复叶　5. 萼片　6. 花瓣　7. 花　8. 果（1、6、7 冯金环绘）

多花胡枝子

科名：豆科（FABACEAE）

中名：多花胡枝子 图 199

学名：Lespedeza floribunda Bunge（种加词为“多花的、繁花的”）。

识别要点：落叶灌木；三出复叶，互生，小叶片 3，椭圆形或倒卵形；总状花序，花冠蝶形，花紫色或蓝紫色；果：荚果，宽卵形，有网状纹及柔毛，不开裂，内有 1 枚种子。

Diagnoses：Deciduous shrub；Leaves：ternately pinnate，leaflets elliptic or obovate；Raceme，flower purple or violet；Fruit：Legume，broad ovoid，with reticulate veins，and pubescent，indehiscent，with 1 seed.

染色体数目：2n＝22。

树形：落叶灌木，高达 1m。

枝条：暗褐色，有细棱及短柔毛。

芽：小，卵形。

叶：三出复叶，互生，托叶 2，小，线形，细丝状，小叶片 3，椭圆形或倒卵形，中间 1 枚的叶柄较长，先端圆形或近截形，有小锐尖，基部楔形或近圆形，全缘，表面深绿色，背面密被白色柔毛，长 1～1.5cm，宽 0.6～1cm。

花：总状花序腋生，总花梗细长，比叶长，花多数，花冠蝶形，紫色或蓝紫色；萼片联合成杯形，萼齿 5 裂，裂片长三角形，先端长渐尖，旗瓣，有短爪，翼瓣及龙骨瓣长圆形，有耳及爪。

果：荚果，卵圆形，有网状脉纹及白色柔毛，下部有宿存的花萼，不开裂，内含 1 枚种子，长约 7mm。

花期：6～7 月；果期：9～10 月。

习性：喜光，耐寒性差，耐干旱及瘠薄土壤，自生于向阳山坡或石质山坡。

分布：东北东南部、华北、华中、西北、西南各地；吉林省南部有分布。

用途：幼嫩枝叶可作饲料；可用于绿化及水土保持。

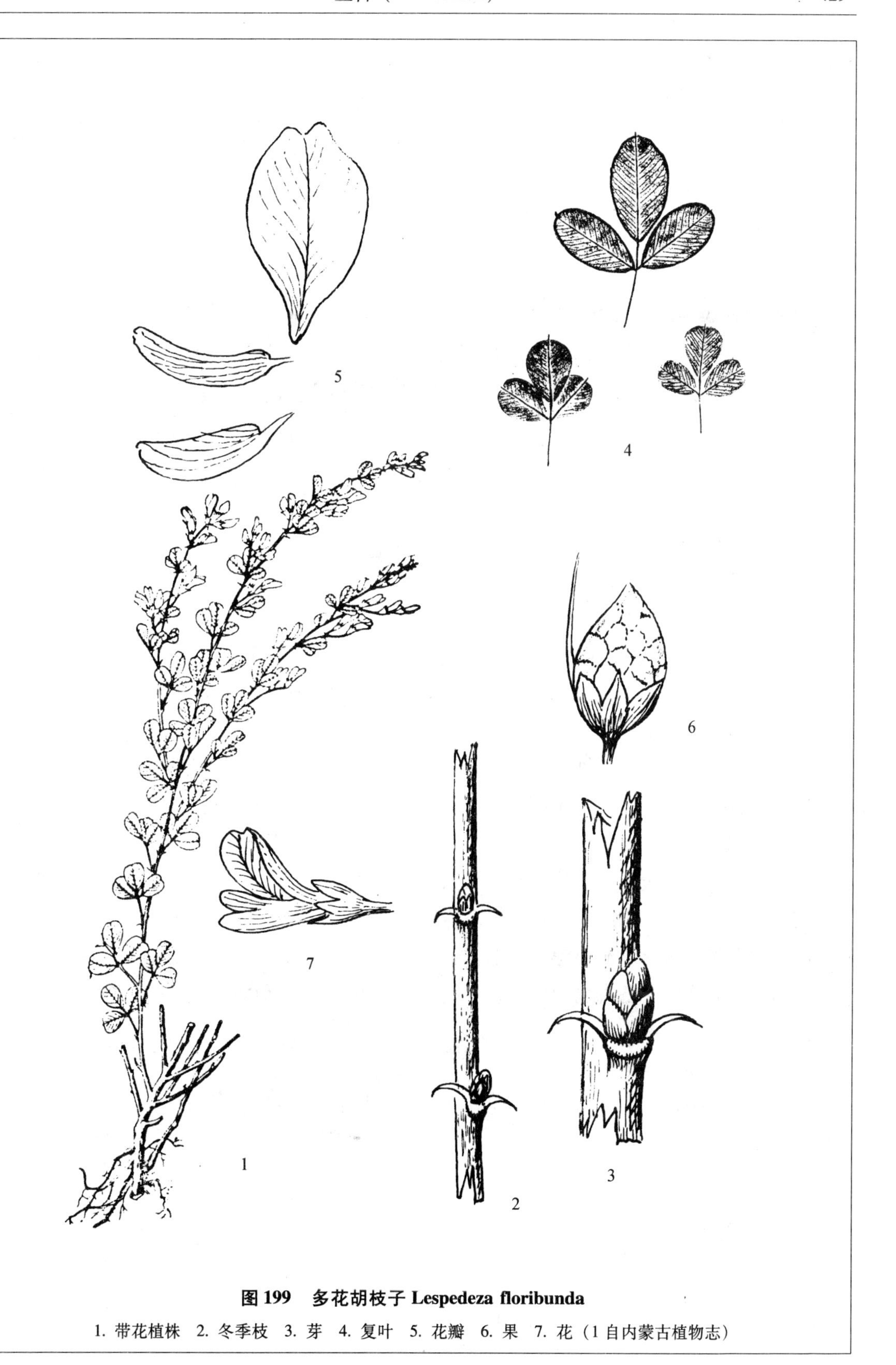

图 199　多花胡枝子 *Lespedeza floribunda*

1. 带花植株　2. 冬季枝　3. 芽　4. 复叶　5. 花瓣　6. 果　7. 花（1 自内蒙古植物志）

尖叶胡枝子

科名： 豆科（FABACEAE）

中名： **尖叶胡枝子**　图 200

学名： **Lespedeza juncea**（**L. f.**）**Pers.**（种加词的意思为“灯心草状的”）。

识别要点： 落叶小灌木；三出复叶，互生；小叶片长圆状狭条形；总状花序，花冠蝶形，白色或淡黄色；果为不开裂的荚果，密生白色绒毛。

Diagnoses：Deciduous smell shrub；Leaves：Ternately compound，alternate，leaflets oblong-linear；Flowers：Raceme，corolla papillionaceus，white or pale yellow；Fruit：Legume，indehiscent，tomentosed.

树形： 落叶小灌木，高可达 1m。

枝条： 多分枝，常成箒状，有细棱，有短柔毛。

芽： 小，不明显，卵圆形，先端钝头，黄褐色。

叶： 三出复叶，互生，托叶 2，线形丝状；小叶片 3，长圆状条形，基部狭楔形，先端近圆形或钝尖形，有小刺尖，表面绿色，无毛，背面密被短柔毛。边缘全缘，无齿，长 1.5 ~ 3cm，宽 3 ~ 7mm。

花： 总状花序腋生，花轴甚短，只有 1 ~ 4 朵花；花冠蝶形，白色至淡黄色；萼片联合，4 深齿裂，裂片长三角形，旗瓣长圆形或卵圆形，先端微凹，基部有爪，翼瓣及龙骨瓣长圆形，基部有耳及爪；雄蕊为 2 体；雌蕊子房圆柱状。

果： 荚果，不开裂，卵圆形，有小尖头，包于宿存的萼内，内含 1 粒种子。

花期： 7 ~ 8 月；果期：8 ~ 9 月。

习性： 喜光，耐寒、耐干旱、耐瘠薄土壤。生于向阳山坡草地或灌丛中。

分布： 东北及华北各省以及内蒙古；朝鲜、蒙古和俄罗斯也产；吉林省多产于中部及西部各县市。

抗寒指数： 幼苗期 I，成苗期 I。

用途： 幼嫩植株可作牲畜饲料；可作为水土保持的先锋植物。

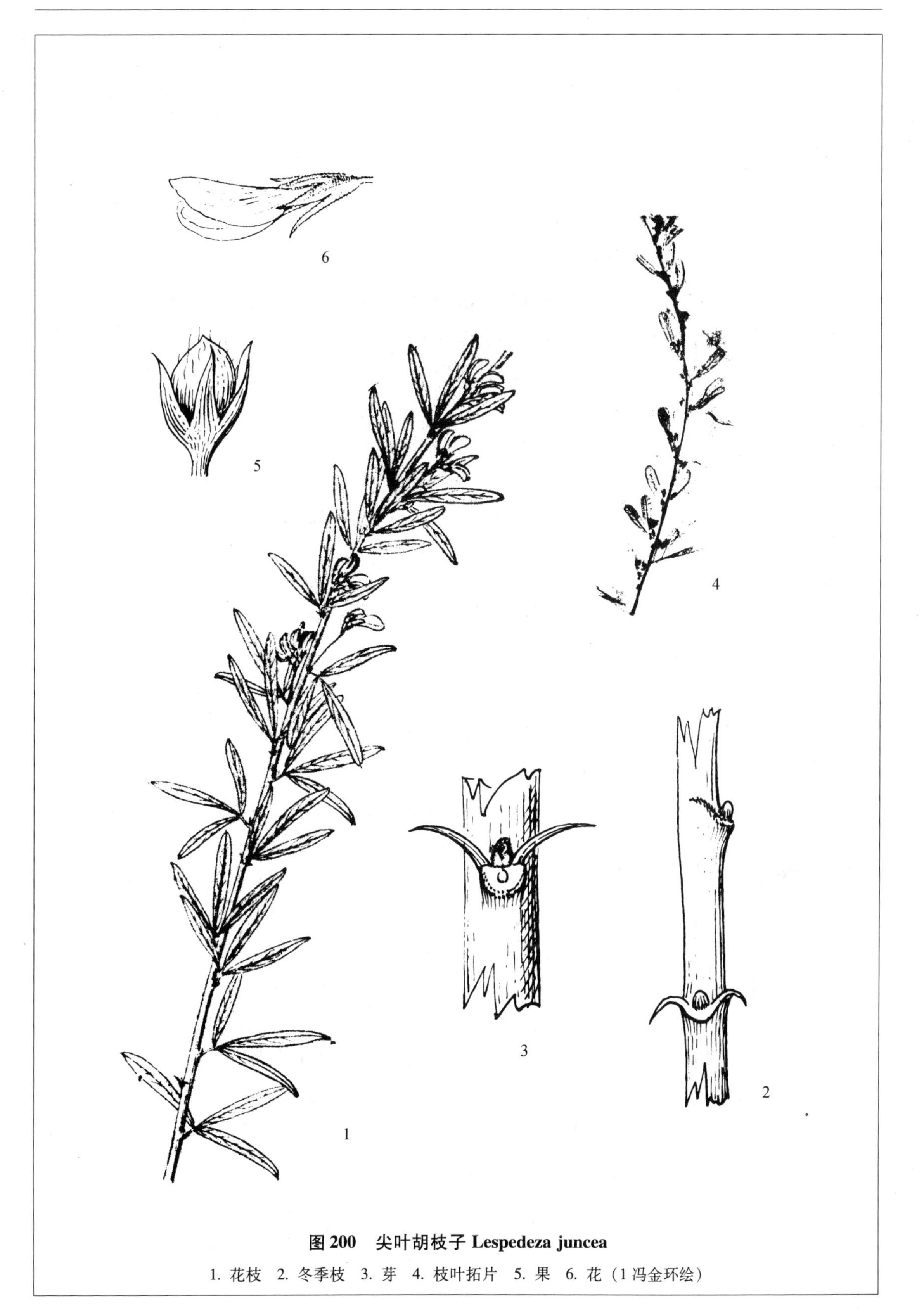

图 200　尖叶胡枝子 *Lespedeza juncea*

1. 花枝　2. 冬季枝　3. 芽　4. 枝叶拓片　5. 果　6. 花（1 冯金环绘）

绒毛胡枝子

科名：豆科（FABACEAE）

中名：绒毛胡枝子　图201

学名：Lespedeza tomentosa（Thunb.）Sieb. ex Maxim.（种加词为“被绒毛的”）。

识别要点：落叶小灌木，全株密被黄褐色绒毛；复叶由3小叶组成，互生；小叶片椭圆形，叶背部生有黄褐色绒毛；总状花序；蝶形花冠，黄白色；果为荚果，不开裂，倒卵形，有绒毛。

Diagnoses：Deciduous small shrub, covered with yellowish brown tomentose; Leaves: Compound, alternate, 3 leaflets, elliptic, yellowish brown tomentose beneath; Raceme: corolla papillionaceus, paler yellow; Fruit: Legume, indehiscent, obovate, tomentose.

染色体数目：2n＝20。

树形：落叶小灌木，高60～100cm。

枝条：直立，茎单一或上部有少量分枝，有细棱，密生黄褐色绒毛。

芽：长卵形，芽鳞黄褐色。

叶：三出复叶，互生；托叶线状，生于复叶基部的两侧；小叶片椭圆形或倒卵状椭圆形，基部圆形，先端近圆形，有小的突尖，边缘为全缘，表面暗绿色，有少量伏毛，背面叶脉明显突出，密被黄褐色绒毛，长3～6cm，宽1.5～3cm。

花：总状花序生于茎顶及上部的节处，总花梗粗壮，苞片披针形，有毛，花具短梗，密被黄色绒毛；花萼联合成杯状，上部5齿裂，萼齿狭披针形，有绒毛；花冠蝶形，黄色或黄白色，旗瓣椭圆形，有爪，翼瓣及龙骨瓣长圆形，有耳及爪；闭锁花生于茎上部的节处，由苞片及小花聚成球形。

果：荚果，倒卵形，不开裂，表面有黄褐色绒毛。

花期：6月；果期：8～9月。

习性：喜光，耐干旱、耐瘠薄及盐碱地土壤，多生于山坡草地及灌丛中。

分布：全国各地皆产；也产于日本、朝鲜及俄罗斯；吉林省各地皆有分布。

抗寒指数：幼苗期Ⅰ，成苗期Ⅰ。

用途：可作牲畜饲料；用于水土保持。

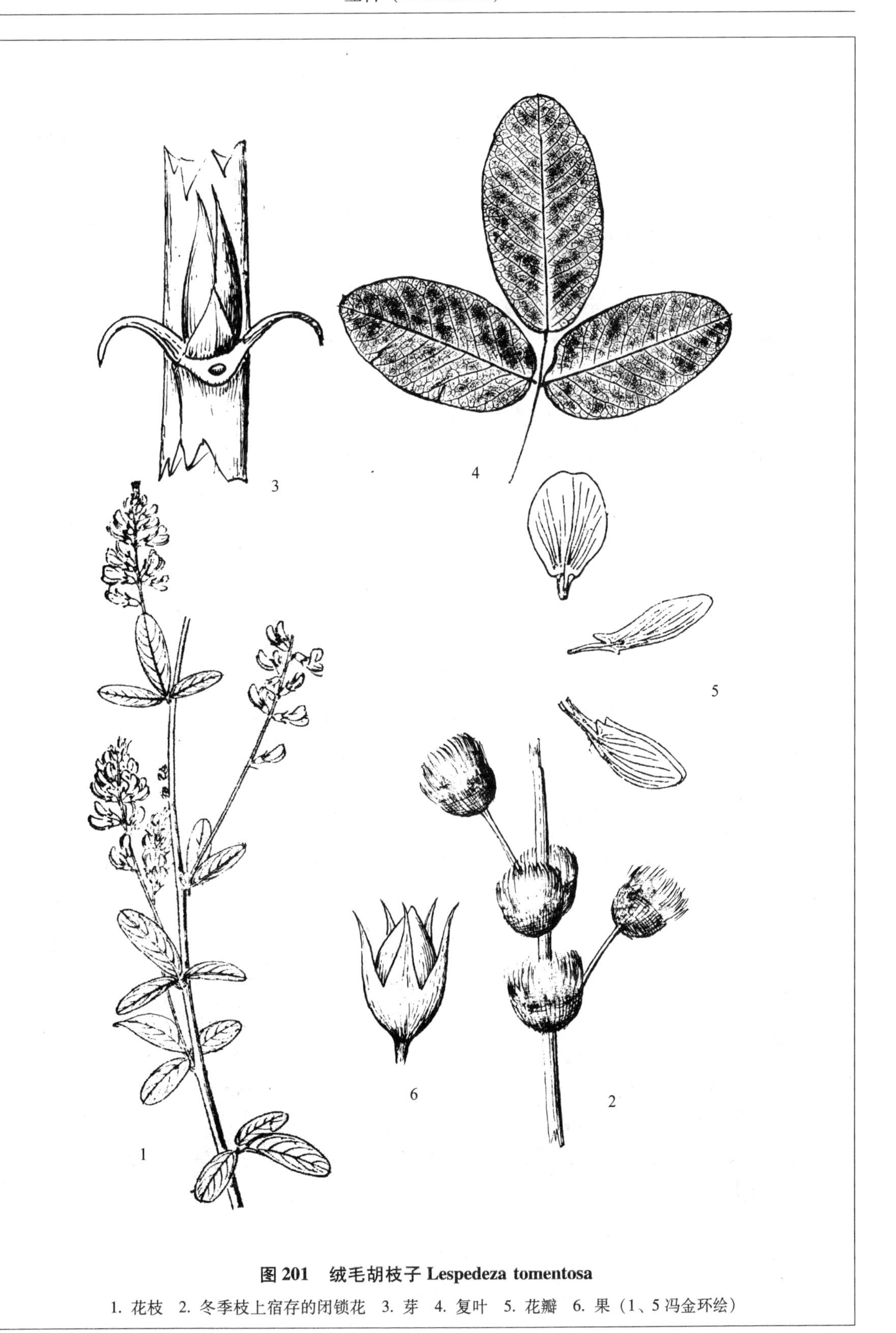

图 201　绒毛胡枝子 Lespedeza tomentosa

1. 花枝　2. 冬季枝上宿存的闭锁花　3. 芽　4. 复叶　5. 花瓣　6. 果（1、5 冯金环绘）

槐槐

科名：豆科（FABACEAE）

中名：**槐槐**　马鞍树　朝鲜槐　图 202

学名：**Maackia amurensis Rupr. et Maxim.**（属名为人名 Richard Maack，1825～1886，俄国博物学家及探险家；种加词为“黑龙江的”）。

识别要点：落叶乔木，羽状复叶，互生，小叶片 5～11 枚，卵圆形或椭圆形；花序顶生，总状或复总状，花白色；果为荚果，扁平。

Diagnoses：Deciduous tree；Leaves pinnately compound，alternate，leaflets 5～11，ovate or elliptic；Raceme or panicle，tipping，flower white；Fruit：Legume，compressed.

树形：落叶乔木，高达 15m，胸径约 40cm。

树皮：幼树皮暗灰绿色，老树皮暗灰色，常有菱形的斑痕。

枝条：灰绿色或灰褐色。

芽：卵圆形，黑褐色，外被 2～3 个芽鳞，边缘生有白色睫毛。

木材：边材红白色，心材黑褐色，质地坚硬，比重 0.89。

叶：奇数羽状复叶，互生；小叶片 5～11 枚，卵圆形或椭圆形，基部宽楔形或近圆形，先端短渐尖，边缘无齿，表面深绿色，无毛，背面淡绿色，沿叶脉有短柔毛，长 3～8cm，宽 1.5～5cm。

花：顶生的总状花序或复总状花序；花白色，萼筒杯状，萼齿 5 裂，旗瓣长卵圆形，有长爪，翼瓣及龙骨瓣长圆形，有耳及爪；雄蕊 10 枚，分离着生；雌蕊子房圆柱形，有短柔毛。

果：荚果，扁平，长圆形，褐色，边缘有突起的“脊”。

花期：6～7 月；果期：8～9 月。

习性：喜半光，耐寒，喜湿润、肥沃及排水良好的土壤，自生于杂木林内及林缘。

分布：东北三省以及华北、西北、华东等地；朝鲜和日本也有分布；吉林省东部山区及中部半山区各县（市）均有分布。

抗寒指数：幼苗期 I，成苗期 I。

用途：木材质地坚硬，花纹美观，适于制作家具的拼花图案及细木工、雕刻等。是优良的绿化观赏树种，但适于群栽。

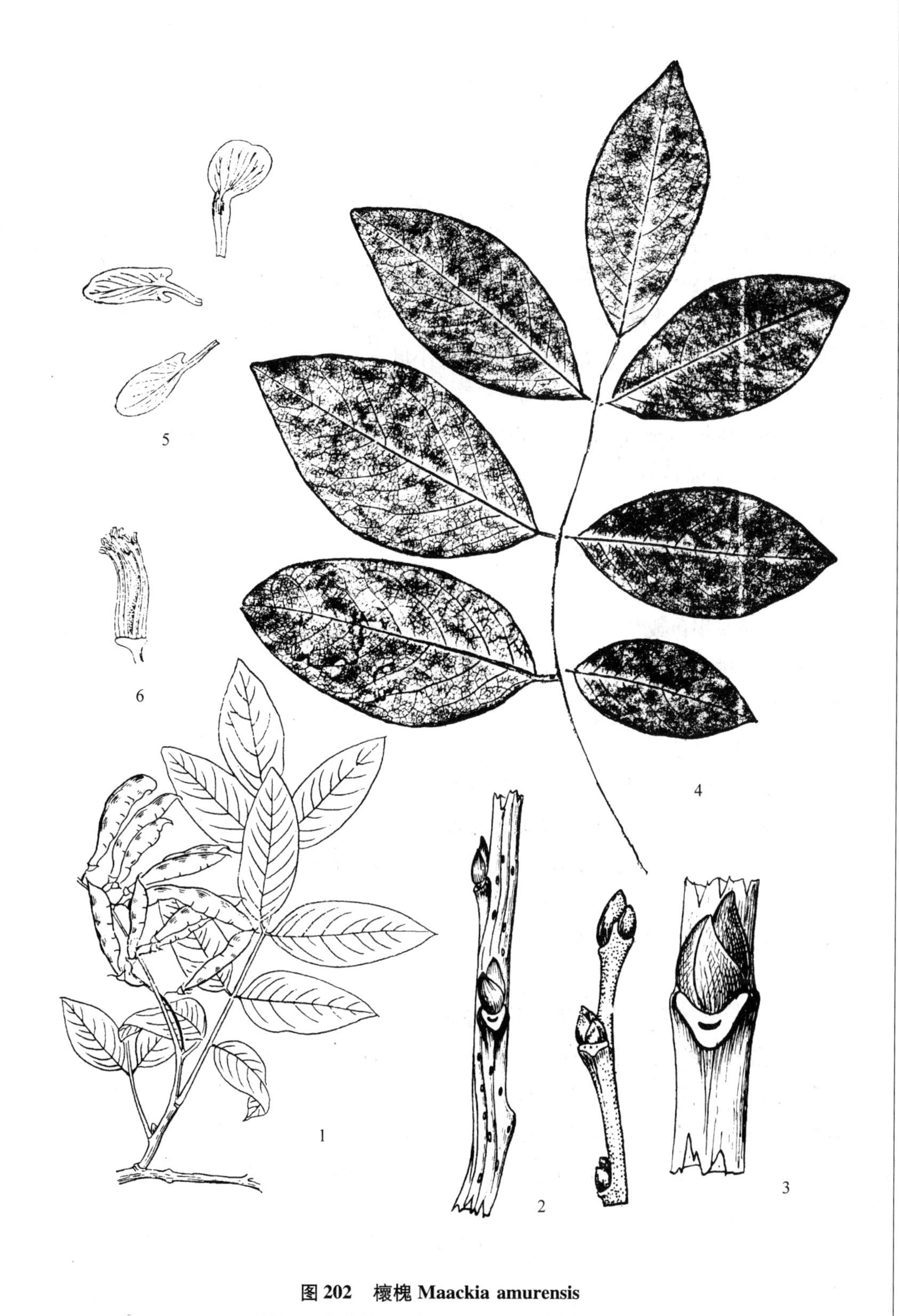

图 202 　槐槐 Maackia amurensis

1. 果枝 2. 冬季枝 3. 芽 4. 复叶 5. 花瓣 6. 雄蕊

洋槐

科名：豆科（FABACEAE）

中名：洋槐　刺槐　图203

学名：Robinia pseudoacacia L.（属名为人名 Jean Robin，1550～1629，法国植物学家，他成功地将洋槐从美洲大陆移栽到法国巴黎；种加词为“假的金合欢 Acacia”）。

识别要点：落叶乔木，羽状复叶，互生，小叶9～19枚，托叶变刺状；总状花序，下垂，花冠蝶形，白色；果为荚果，扁平。

Diagnoses：Deciduous tree；2 stipular spines at each node；Leaves pinnately compound，leaflets 9～19；Corolla papillionaceous，white；Fruit：Legume，compressed.

染色体数目：2n＝20，22。

树形：落叶乔木，高10～20m。

树皮：灰褐色，有浅裂纵沟。

枝条：小枝灰褐色或黄褐色，幼时有毛；每个节上有一对由托叶变态而成的扁刺。

芽：较小，被宽大的叶迹包围，扁卵形，灰褐色，有短柔毛。

木材：边材黄白色，心材黄褐色，纹理致密，弹性强，耐腐，比重0.85。

叶：奇数羽状复叶，互生；小叶片9～19枚，长圆形，卵状长圆形，基部圆形或宽楔形，先端圆形或微凹，有刺尖，全缘，幼时有毛，后无毛，长2～4.5cm，宽1～2cm。

花：总状花序，下垂，长9～13cm；花冠蝶形，白色，芳香；萼钟形，5裂；旗瓣近圆形，顶端略凹，基部有爪；翼瓣2，长圆形有耳及细长的爪；龙骨瓣2，向内弯曲；雄蕊二体；雌蕊子房线状长圆形，有短柔毛。

果：荚果扁平，长圆形，褐色，光滑，长3～11cm，内含3～10粒种子。

花期：5～6月；**果期：**8～9月。

习性：喜光，喜湿润、肥沃及排水良好的土壤，幼苗期不甚耐寒。

分布：原产北美，现全国各地皆有栽植；吉林省南部的集安市已成半野生状态。

抗寒指数：幼苗期Ⅴ，成苗期Ⅲ。

用途：木材可制家具、车船及用具；嫩叶及花可供食用；叶可作饲料；花可提供蜜源；皮、根、叶可入药，有利尿、止血之效；是绿化、观赏以及水土保持的优良树种。

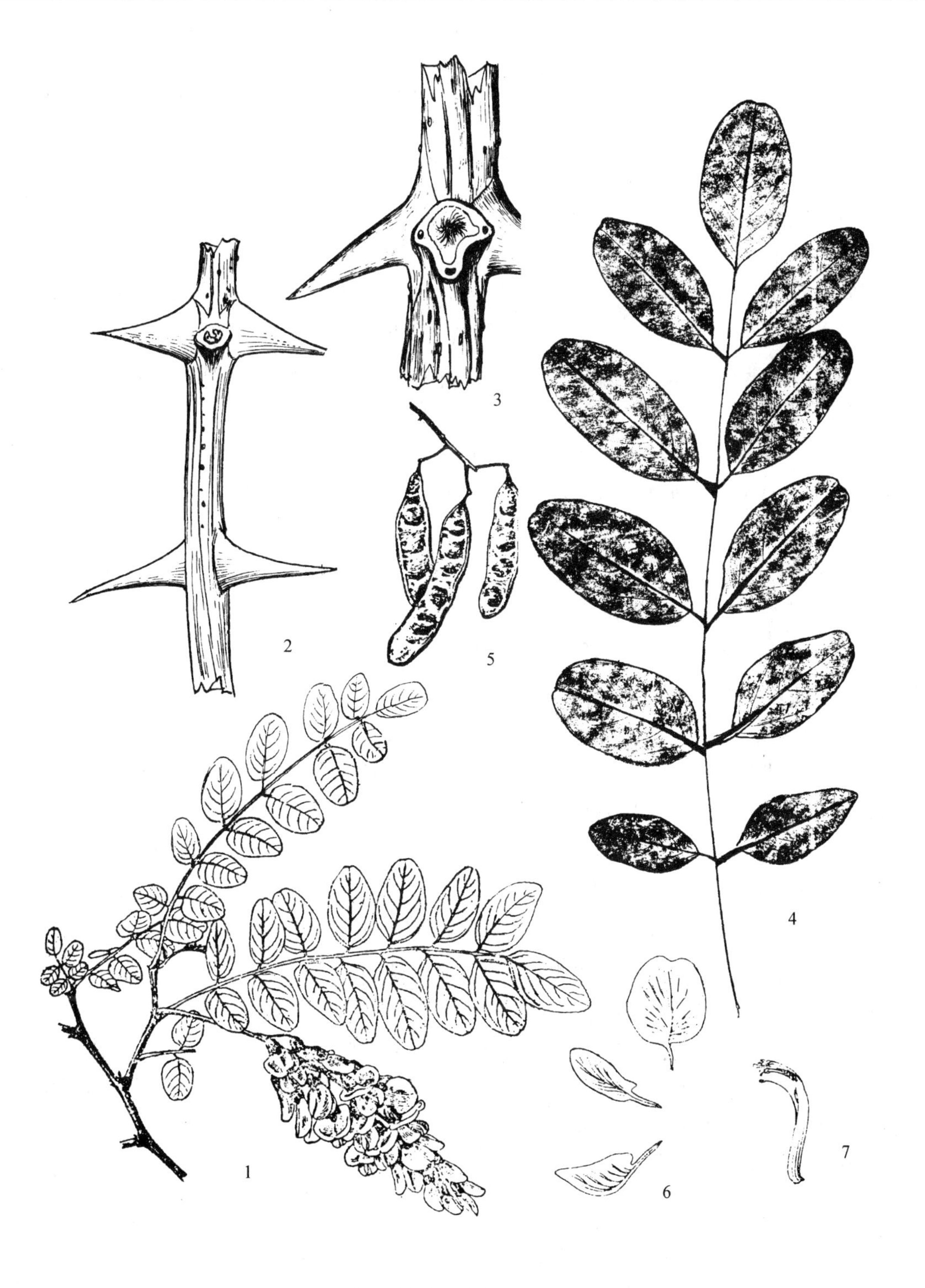

图 203 洋槐 Robinia pseudoacacia

1. 花枝 2. 冬季枝 3. 芽 4. 复叶 5. 果 6. 花瓣 7. 雄蕊（1 自浙江树木图谱）

槐

科名：豆科（FABACEAE）

中名：槐 国槐 图204

学名：Sophora japonica L.（属名为阿拉伯语 sophera，槐树的当地俗名；种加词为“日本的”）。

识别要点：落叶乔木；羽状复叶，互生，小叶片7～15枚，卵圆形或卵状椭圆形；圆锥花序顶生，花冠蝶形，黄白色；荚果，念珠状，不开裂。

Diagnoses：Deciduous tree；Leaves：Pinnately compound，alternate，leaflets 7～15，ovate or ovato-elliptic；Panicle tipping，corolla papillionaceous；yellowish-white；Fruit：Pod，moniliform，constricted between seeds，indehiscent.

染色体数目：2n＝28。

树形：落叶乔木，高达25m，胸径达60cm。

树皮：暗褐色或灰褐色，粗糙，有浅裂纵沟。

枝条：幼枝褐绿色，有黄褐色的皮孔。

芽：小，卵形或宽卵形，灰褐色，外被白色柔毛。

木材：边材淡黄色，心材暗褐色，纹理通直，富弹性，比重0.47。

叶：羽状复叶，互生；小叶片7～15枚，卵圆形或卵圆状椭圆形，基部宽楔形或近圆形，先端短渐尖，全缘，表面深绿色，背面灰绿色，有柔毛，长3～6cm，宽1.5～3cm。

花：圆锥花序，顶生；花冠蝶形，黄白色；萼联合成杯状，5齿裂；旗瓣近圆形，基部有短爪，翼瓣与龙骨瓣皆为长圆形，有耳及爪；雄蕊10枚，分离；雌蕊子房柱状，有柔毛。

果：荚果，肉质，种子间缢缩成念珠状，不开裂，长2.5～5cm。

花期：7～8月；果期：9～10月。

习性：喜光，耐干旱，抗污染，但不耐寒。

分布：辽宁东部、南部至华北各地，目前多为栽植；吉林省南部的集安市大量栽植。

抗寒指数：幼苗期III，成苗期II。

用途：木材可供建筑、农具及用具；花蕾供药用称“槐米”，有降血压之疗效；抗污染性强，又是很好的蜜源及绿化，观赏树种。

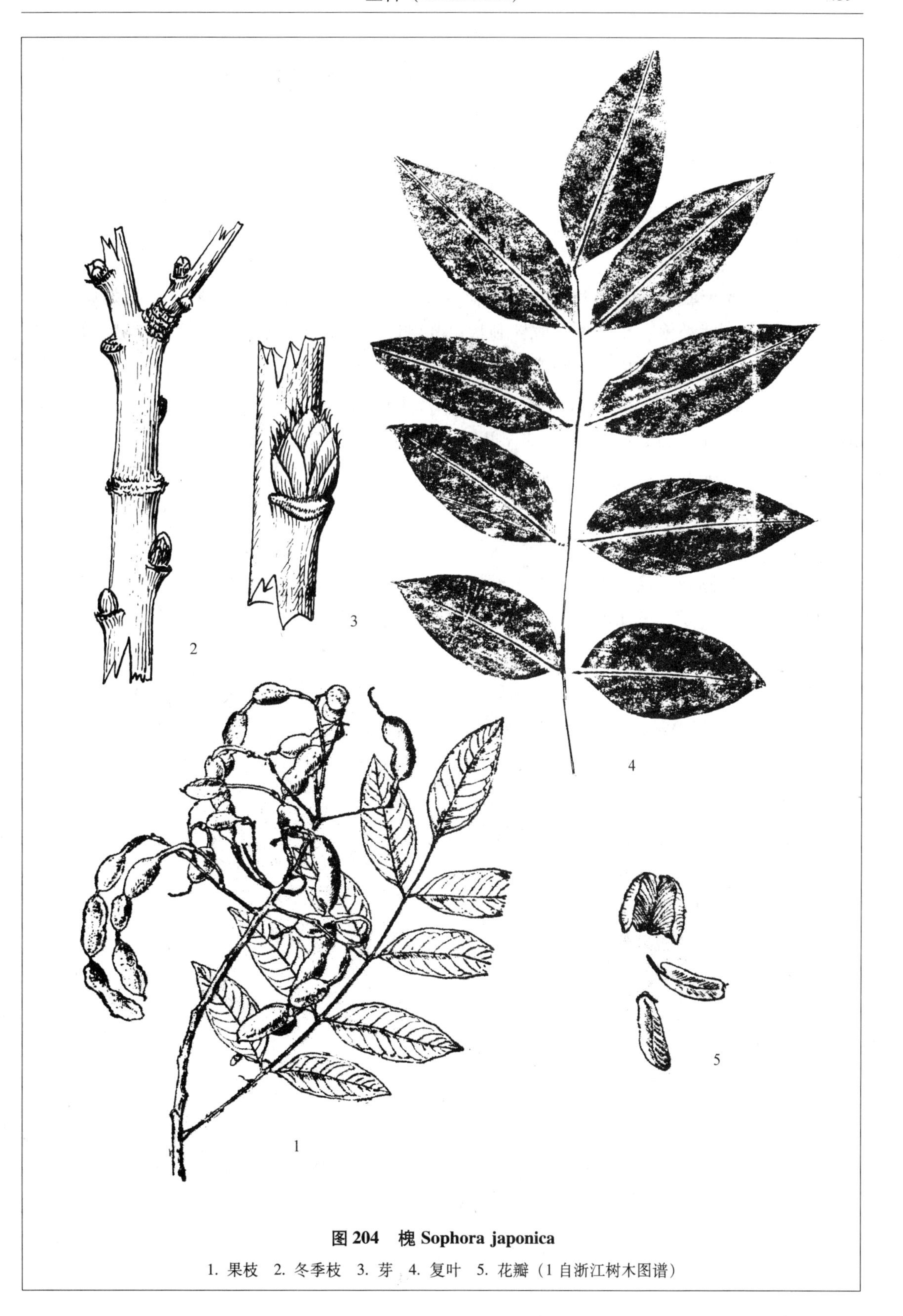

图 204　槐 Sophora japonica

1. 果枝　2. 冬季枝　3. 芽　4. 复叶　5. 花瓣（1 自浙江树木图谱）

蒺藜科（ZYGOPHYLLACEAE）

白刺

科名：蒺藜科（ZYGOPHYLLACEAE）

中名：白刺 图205

学名：Nitraria sibirica Pall.（属名为拉丁文nitrum碱、硝；种加词为“西伯利亚的”）。

识别要点：矮灌木；小枝先端成针刺状；叶倒卵形，肉质，全缘；顶生蝎尾状花序；花小，黄绿色，五基数；核果，卵圆形，深紫红色。

Diagnoses：Dwarf shrub；Branchlets top spiny；Leaves obovate，succulent，entire；Scorpioid cyme；terminal；Flowers small，greenish-yellow，pentamerous；Drupe，ovoid，dark purplish-red.

树形：落叶矮灌木，高20~50cm。

树皮：淡黄灰色，呈条状剥裂。

枝条：灰白色，幼时有绒毛，先端成尖刺状。

芽：小，扁圆形，淡黄褐色，有柔毛。

叶：簇生，肉质，倒卵形，无柄，基部狭楔形，先端钝圆，有小突尖，全缘，被有丝状毛，长2~3cm，宽3~6mm。

花：顶生蝎尾状花序；花小，黄绿色，直径约8mm；萼片5，三角形；花瓣5，长圆形；雄蕊10~15，与花瓣等长；雌蕊子房卵圆形，3室，每室有1枚胚珠，柱头3。

果：核果，卵圆形，长8~10mm，成熟时深紫红色，内有1枚种子。

花期：5~6月；果期：7~8月。

习性：喜光、喜盐碱，耐干旱。多生于沙地及盐碱地上。

分布：吉林、辽宁以及内蒙古、河北、甘肃、陕西等省（自治区）；吉林省西部乾安、大安、白城、通榆、镇赉等县。

用途：为改造盐碱地的优良树种；果酸甜可食。

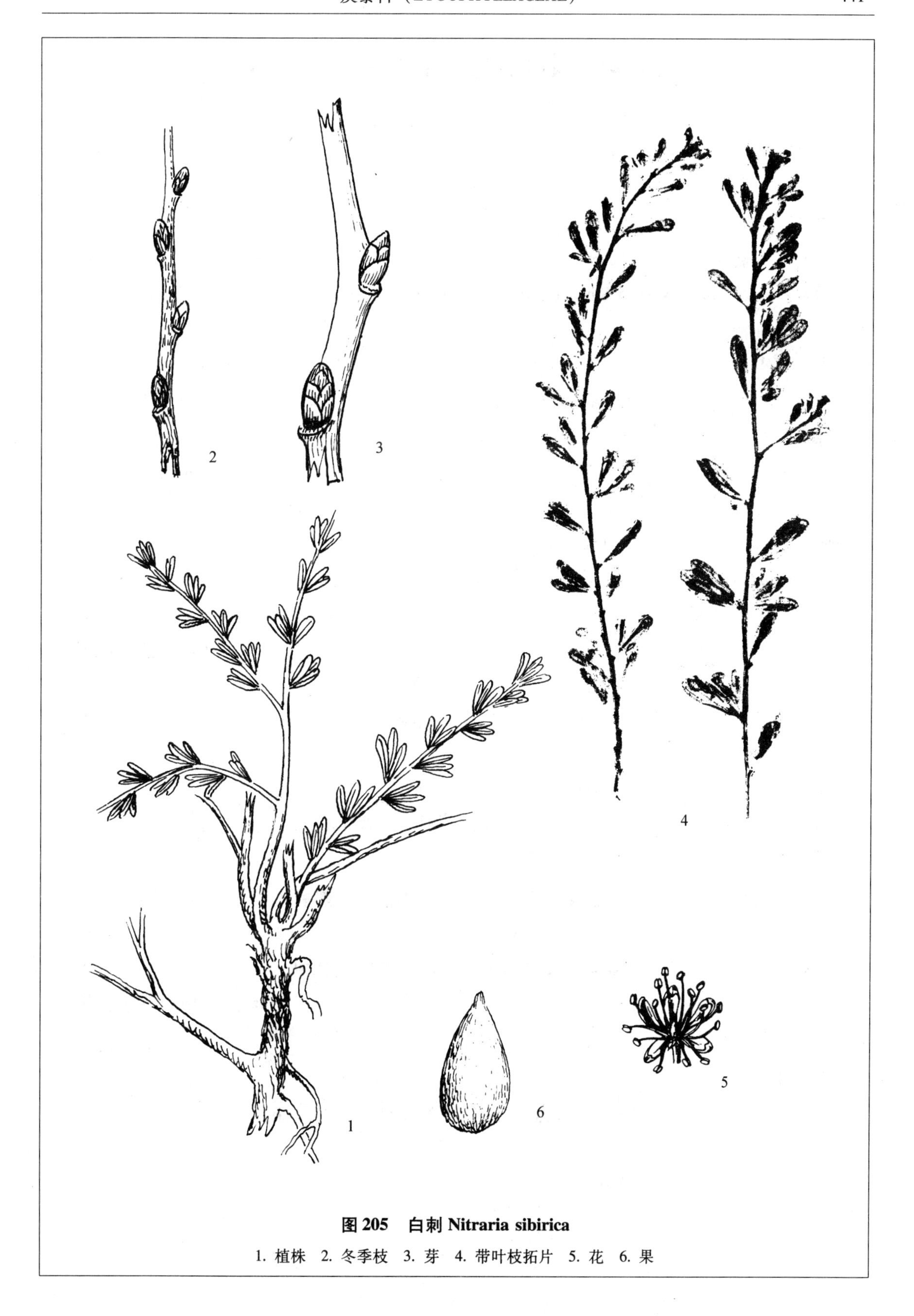

图 205　白刺 Nitraria sibirica

1. 植株　2. 冬季枝　3. 芽　4. 带叶枝拓片　5. 花　6. 果

大戟科（EUPHORBIACEAE）

叶底珠

科名： 大戟科（EUPHORBIACEAE）

中名：叶底珠　图 206

学名：Securinega suffruticosa（Pall.）Rehd.（属名为拉丁文 securis 斧子 + nego 抗拒；种加词为“亚灌木的”）。

识别要点： 落叶灌木；单叶，互生，叶片椭圆形、长圆形或卵状椭圆形；雌雄异株，花单性，花小，淡黄色，萼片 5，花瓣 0，雄花中有雄蕊 5；雌花中的雌蕊由 3 心皮组成；蒴果，球形，3 棱状。

Diagnoses： Deciduous shrub；Leaves：simple，alternate，Blades elliptical，oblong or ovate-elliptical；Dioecium；Flowers small，pale yellow，sepal 5，petal 0；Male flower with stamens 5；Female flower with pistil compound from 3 locules.

染色体数目： $2n = 26$。

树形： 落叶小灌木，高 1～2m；树形扩展。

枝条： 丛生，老枝灰褐色，小枝黄绿色，具棱，皮孔椭圆形；尚未木质化的幼嫩枝条于第二年春季自然脱落，（种加词“亚灌木的”由此而得名）。

芽： 卵圆形，先端钝，黄褐色，芽鳞多数，光滑无毛。

叶： 单叶，互生，叶片椭圆形、长圆形或卵状椭圆形；先端钝圆形，基部宽楔形或近圆形，全缘，表面绿色，背面黄绿色，无毛，长 3～6cm，宽 1.5～3cm。

花： 雌雄异株，花单性；淡黄色；雄花具萼片 5，花瓣 0，雄蕊 5 及 1 退化的雌蕊；雌花中的子房球形，柱头 3，顶端又 2 裂。

果： 只有雌株结果，蒴果扁球形，三棱状，黄褐色，成熟后三裂，内含 6 枚种子。

花期： 6～7 月；**果期：** 8～9 月。

习性： 喜光，耐干旱及瘠薄土壤，多生于向阳山坡的灌丛中。

分布： 东北三省、华北、西北及西南各地；也分布于朝鲜、日本、俄罗斯及蒙古等国；吉林省西部及中部的半山区普遍生长。

抗寒指数： 幼苗期 I，成苗期 I。

用途： 枝条供编织；花果可入药，可治疗眩晕、神经衰弱等症，对心脏及中枢神经系统有兴奋作用。

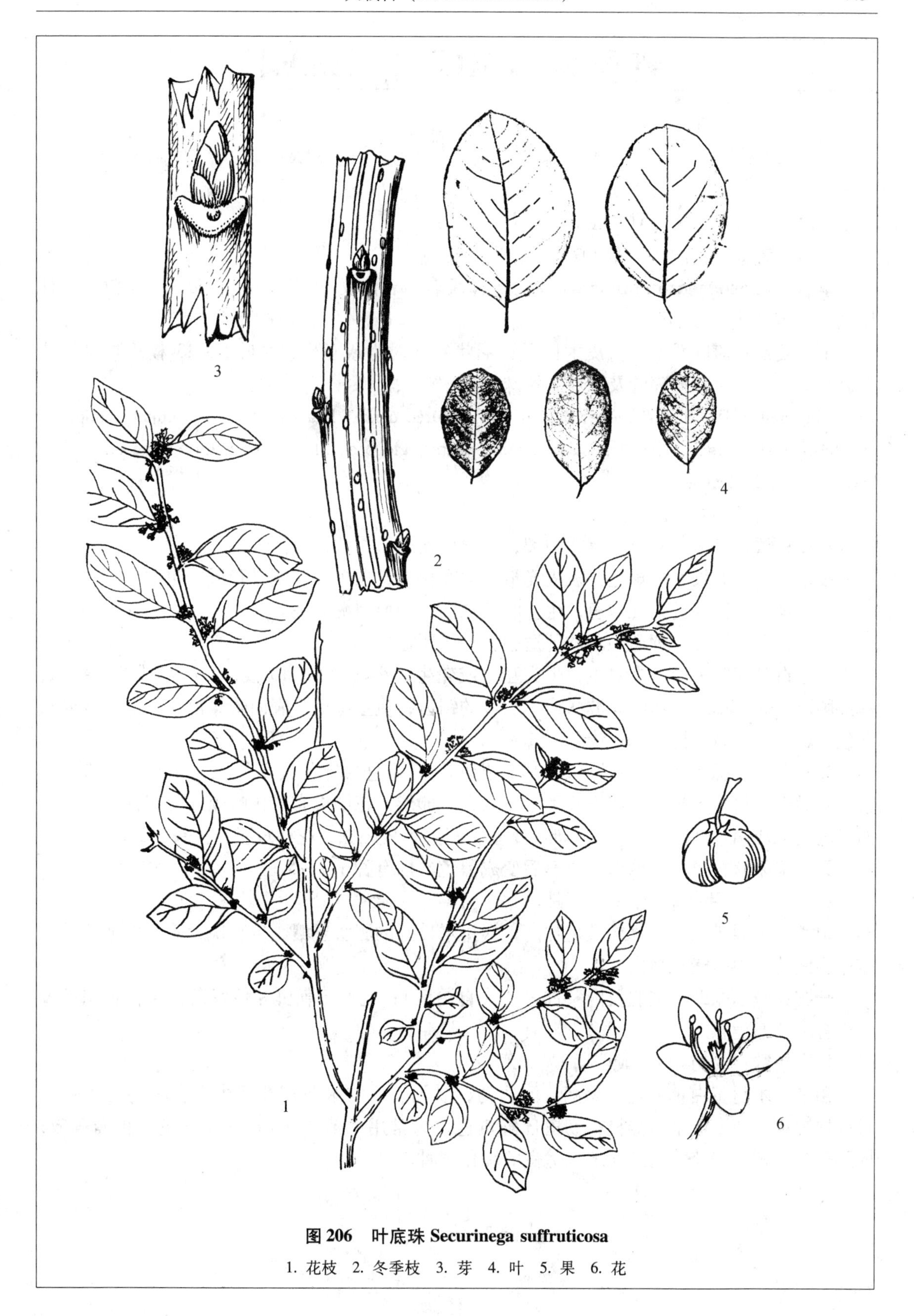

图 206 叶底珠 Securinega suffruticosa

1. 花枝 2. 冬季枝 3. 芽 4. 叶 5. 果 6. 花

芸香科（RUTACEAE）

黄檗

科名：芸香科（RUTACEAE）

中名：黄檗　黄波罗　图207

学名：Phellodendron amurense Rupr.（属名为希腊文 phellos 软木 + dendron 树木；种加词意思是“黑龙江的”）。

识别要点：落叶乔木；树皮木栓质；羽状复叶对生或互生；小叶5~13枚；浆果状核果，圆球形，黑色；揉碎叶及果后有特殊味道。

Diagnoses：Deciduous tree.；Bark deeply fissured corky；Leaves compound pinnate，opposite or alternate，leaflets 5~13；Fruit a berry-like drupe，globose，black；With turpentine odor when leaves and fruits bruised.

树形：落叶乔木，高10~15m。

树皮：浅灰色或灰褐色，有深沟裂，木栓层发达，柔软，有弹性。

枝条：粗大开展，橙黄色，表皮光滑，皮孔梭形，白色，叶痕马蹄形，包围芽。

芽：扁平，顶芽钝，红褐色，生于叶痕之内，表面粗糙无毛。

木材：黄白色，纹理通顺，软硬适中，年轮明显。

叶：奇数羽状复叶，多对生，少为互生或轮生；小叶片5~13枚，卵圆形或宽披针形，基部圆形，先端渐尖，边缘有波状或不明显的锯齿，疏生缘毛，表面暗绿色，无毛，背面灰绿色，长5~11cm，宽2~4cm。

花：雌雄异株，花单性；圆锥花序；花小，黄绿色；雄花具5枚三角形萼片；花瓣5枚，长圆形；雄蕊5枚，与花瓣互生，花药大，卵形，花中央有退化雌蕊，无花柱；雌花中的雄蕊退化成鳞片状物；子房倒卵形，5室，每室1枚胚珠，花柱短粗，柱头5裂。

果：浆果状核果，圆球形，成熟后变成黑色，内有种子2~5粒。

花期：5~6月；果期：9~10月。

习性：多生于山坡、林缘及疏林内，喜排水良好的肥沃土壤，生长快，萌发力强，幼树需适当庇荫，多生于疏林内。

分布：我国东北、华北及内蒙古等省（自治区）；也产于朝鲜和俄罗斯；吉林省东部及中部各地普遍生长。

抗寒指数：幼苗期Ⅰ，成苗期Ⅰ。

用途：木材黄白色，花纹美丽，耐腐朽，易加工，与水曲柳及胡桃楸合称为三大军用材；树皮可作瓶塞或绝缘器材；韧皮部鲜黄色，为常用中药“黄柏”，有消炎、止痛等效；树形美观，枝叶繁茂，为东北地区优良的绿化树种。

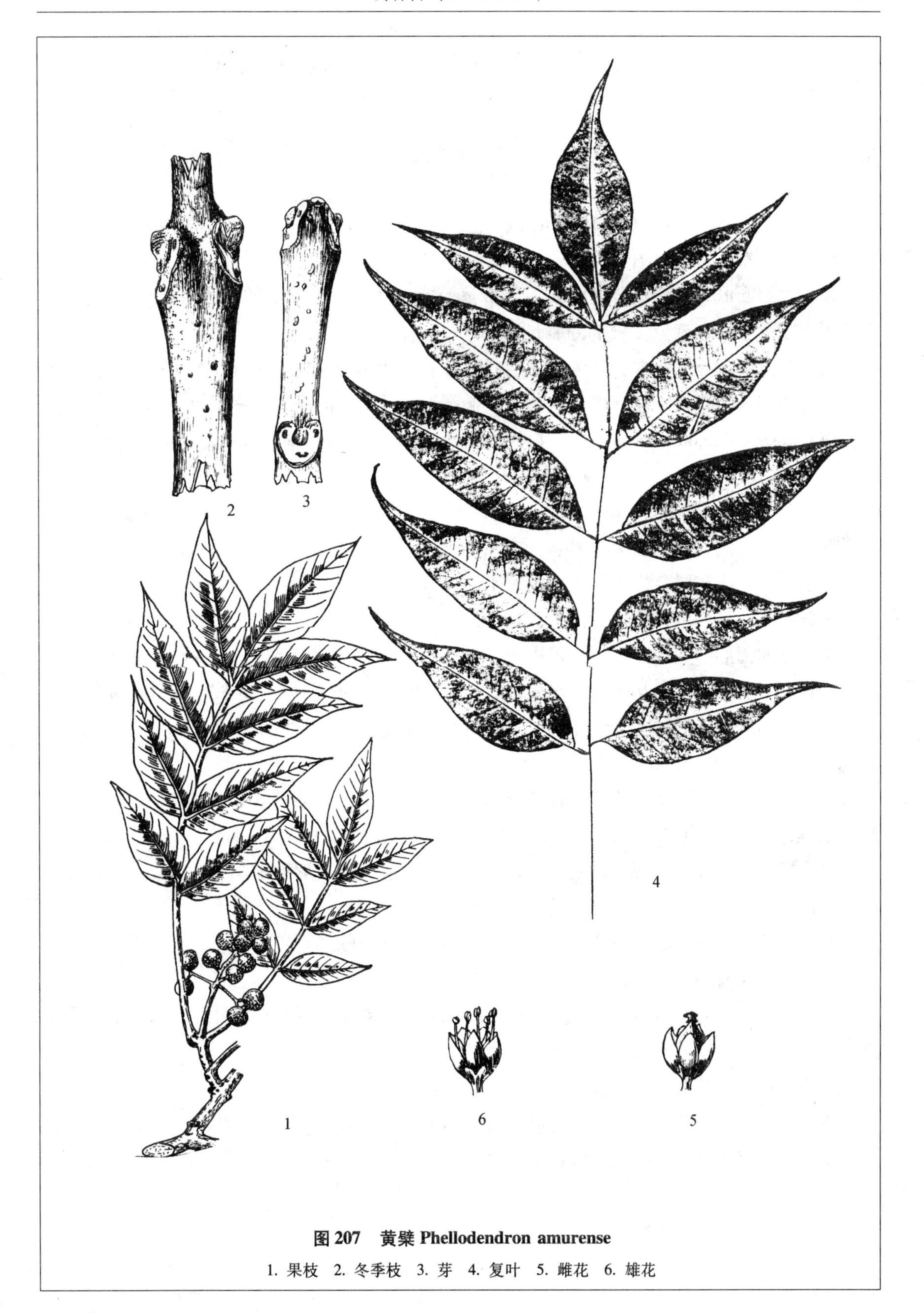

图 207　黄檗 Phellodendron amurense

1. 果枝　2. 冬季枝　3. 芽　4. 复叶　5. 雌花　6. 雄花

苦木科（SIMAROUBACEAE）

臭椿

科名：苦木科（SIMAROUBACEAE）

中名：臭椿　樗树　图 208

学名：Ailanthus altissima（Mill.）Swingle（属名为印度尼西亚的摩鹿语 ailanto，意即天堂的树木；种加词含意为“极高的、最高的”）。

识别要点：落叶大乔木；叶为大型羽状复叶，互生或近对生，小叶片 13 ~ 25 枚；雌雄异株，圆锥花序，花黄绿色；翅果，长圆状椭圆形，质薄，略扭曲，中间有 1 卵圆形种子。

Diagnoses：Deciduous large tree；Leaves large compound pinnate，alternate or near-opposite，leaflets 13 ~ 25；Dioecium；Panicle，flowers yellowish green；Fruit：Samara，oblong-lanceolate，thin，twisted，one seed on middle part.

树形：落叶大乔木，高 18 ~ 20m。

树皮：灰色或灰黑色，浅裂或不裂，平滑有灰色斑纹。

枝条：老枝红褐色，新枝灰褐色，密生柔毛。

芽：宽卵圆形，先端钝，芽鳞黄褐色。

叶：大型羽状复叶，互生或近对生，长 30 ~ 60cm；小叶片 13 ~ 25 枚，披针形或卵状披针形，基部不对称楔形，近基部有 2 ~ 3 个大齿，边缘微波状，生有短睫毛，表面绿色，背面灰绿色，长 7 ~ 12cm，宽 2.5 ~ 5cm。

花：圆锥花序，顶生，单性异株或杂性；小花黄绿色；雄花萼片 5，花瓣 5，有毛，雄蕊 10；雌花或两性花中的雄蕊较短，子房 3 ~ 5 裂，花柱小，柱头 3 ~ 5。

果：翅果，长圆状椭圆形，质薄，略扭曲，中间有 1 卵圆形种子。

花期：6 ~ 7 月；果期：9 ~ 10 月。

习性：喜光，喜温暖，不甚耐寒；生长快，适应性较强。

分布：东北南部、华北、华中、华东、西南各地皆有分布；朝鲜、日本也有分布；吉林省皆为栽培引种。初期耐寒性较差，枝梢部常冻死，但数年后逐渐适应并可在背风、向阳处正常生长过冬。

抗寒指数：幼苗期 V，成苗期 IV。

用途：木材淡黄色，有弹性，可制作家具及各种用具；叶可作“椿蚕”的饲料；根皮及树皮入药，有清热、利湿、收敛止痢之效。

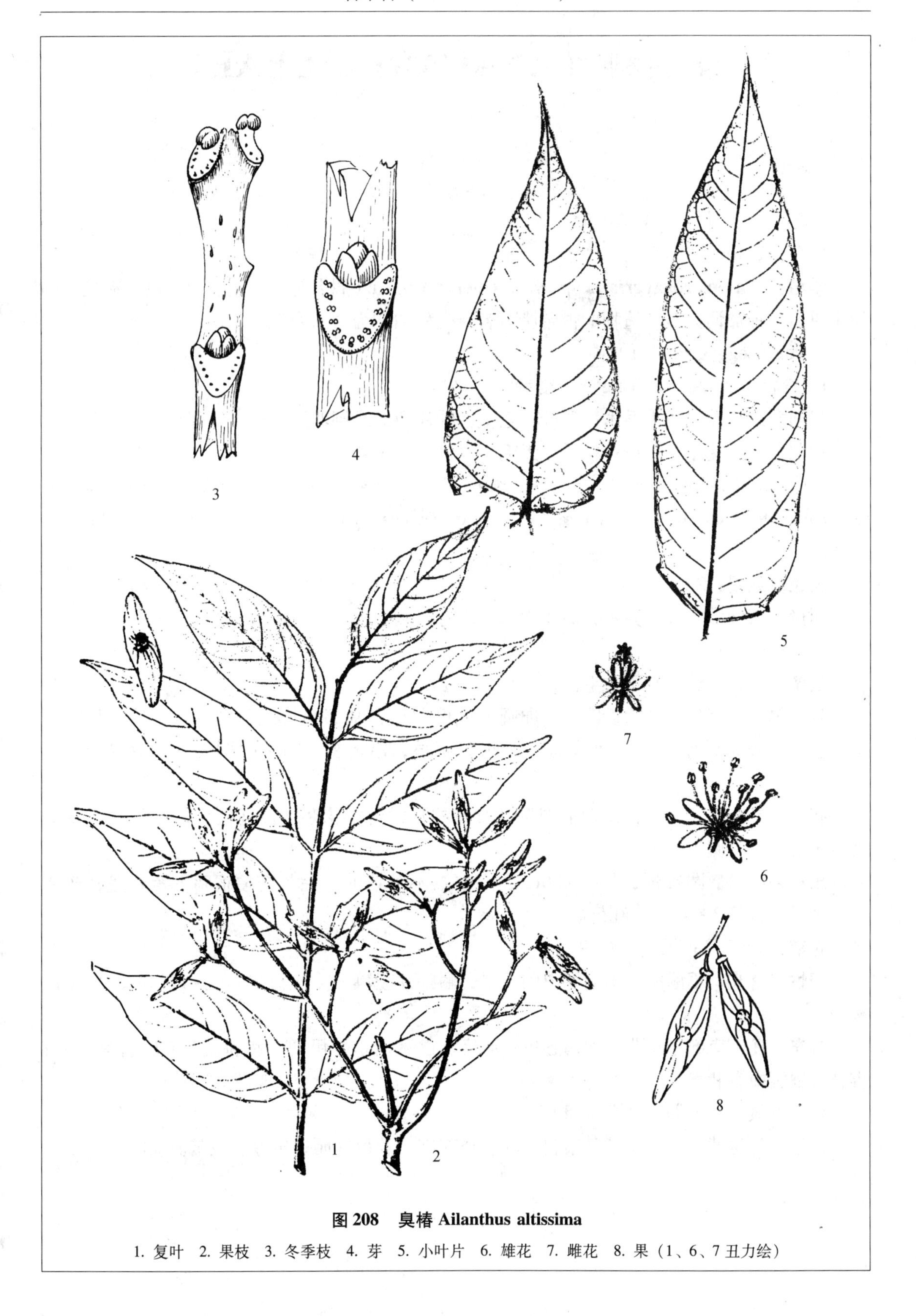

图 208　臭椿 Ailanthus altissima

1. 复叶　2. 果枝　3. 冬季枝　4. 芽　5. 小叶片　6. 雄花　7. 雌花　8. 果（1、6、7 丑力绘）

漆树科（ANACARDIACEAE）

黄栌

科名：漆树科（ANACARDIACEAE）

中名：**黄栌**　图 209

学名：**Cotinus coggygria Scop. var. cinerea Engler**（属名为一种能提取黄色染料植物的拉丁原名；种加词为黄栌植物的古希腊原名；变种加词为“灰色”）。

A. **var. coggygria**（原变种）

B. **黄栌 var. cinerea Engler**（变种）

识别要点：灌木或小乔木；单叶，互生；叶片卵形或倒卵形，全缘；圆锥花序有紫色长柔毛；花杂性，花小，黄色；核果，无毛，果皮干，歪卵形。

Diagnoses：Shrub or small tree；Leaves simple，alternate，ovate or obovate，entire；Panicle，terminal，with intensely purple hairs；Flowers polygamous，small，yellowish；Drupe dry obliquely obovoid，glabrous.

染色体数目：2n＝30。

树形：落叶灌木或小乔木，高 2～5m；树冠圆形。

树皮：灰褐色。

枝条：小枝灰色，有短柔毛。

叶：单叶，互生；叶片近圆形，卵圆形或倒卵形，基部圆形或宽楔形，先端圆形或钝尖，全缘，表面深绿色，背面浅绿色，侧脉明显，沿叶脉密生短柔毛，长 5～7cm，宽 4～6cm。

花：圆锥花序，顶生，花轴上密生红紫色的长柔毛；花杂性，直径约 3mm；花萼 5 齿裂；子房 1 室具侧生花柱。

果：果序松散圆锥形，长 5～20cm，有多数不孕花的羽毛状花梗宿存，紫红色；核果小，肾形，直径 3～4mm，红色。

花期：6～7 月；果期：8～9 月。

习性：喜光，不耐阴，不耐寒，耐干旱，耐瘠薄土壤。生于海拔 600～1500m 的向阳山林中。

分布：辽宁南部、华北、西南各省；印度、巴基斯坦、伊朗、叙利亚至南欧皆有分布；吉林省庭园中有栽培。

抗寒指数：幼苗期 V，成苗期 IV。

用途：木材黄色，可作黄色染料；叶秋季变红，栽植庭园中供绿化观赏。

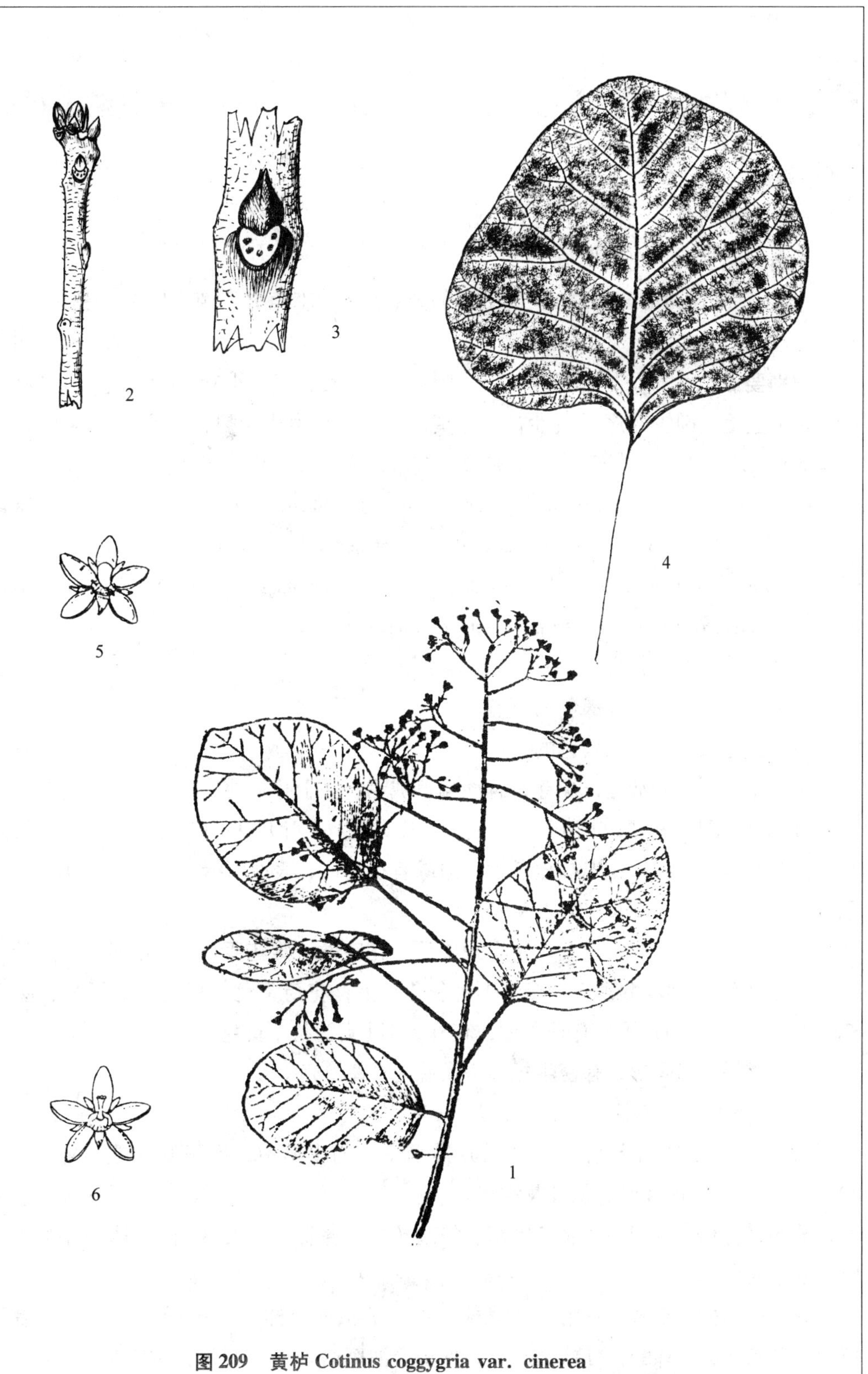

图 209 黄栌 Cotinus coggygria var. cinerea

1. 果枝 2. 冬季枝 3. 芽 4. 叶 5. 雄花 6. 雌花（1 自中国高等植物图鉴）

盐肤木

科名：漆树科（ANACARDIACEAE）

中名：盐肤木 图 210

学名：Rhus chinensis Mill.（属名为盐肤木的拉丁原名，源自凯尔特语 rhud 或希腊语 rhodon 红色；种加词为“中国的”）。

识别要点：乔木；奇数羽状复叶，互生，叶轴具狭翅；小叶 7 ~ 13 枚，卵状椭圆形，背面有灰褐色毛；圆锥花序，杂性花，花黄白色；雄花萼片 5 裂，长卵形；花瓣 5，倒卵形；雄蕊 5 枚；雌花具退化雄蕊，子房卵形；核果，扁球形，有毛，红色。

Diagnoses：Tree；Odd-pinnately compound leaf，alternate，rachis conspicuously winged，leaflets 7 ~ 13，ovate-elliptic，brownish-gray pubescent beneath；Panicle，polygamous；flowers creamy-white；Male flowers sepal 5，oblong-ovate，petals 5，obovate，stamens 5：Female flower with reduced stamens，ovary ovoid；Drupe oblate，pubescent，red.

树形：落叶乔木，高 2 ~ 5m。

树皮：灰褐色，有红褐色的斑点。

枝条：棕褐色，有红褐色的锈毛。

芽：半圆形，先端钝，裸芽，有淡褐色绒毛，生于叶腋处。

叶：奇数羽状复叶；叶轴上有狭翅，有短柔毛；小叶片 7 ~ 13 枚，卵圆形至长圆状卵圆形，基部宽楔形或圆形，先端短渐尖，边缘有粗锯齿，表面深绿色，脉上有柔毛，背面灰绿色，有密毛，长 4 ~ 12cm，宽 2.5 ~ 5cm。

花：圆锥花序，生于枝端，密生短柔毛；花杂性；雄花萼片 5，宽卵形，先端尖锐，有缘毛；花瓣 5，早落；雄蕊 5，着生于褐色花盘上，花药黄色，有退化的子房；两性花或雌花，萼片 5；花瓣 5；子房有长柔毛，花柱 3，柱头头状，黄色。

果：核果，扁圆形，有密生短柔毛及腺毛，暗红色。

花期：8 月；果期：10 月。

习性：喜光，喜生于湿润、肥沃并排水良好的土壤中，但耐寒性差。生于海拔 150 ~ 900m 之间的向阳山坡或半阳坡及沟谷。

分布：吉林、辽宁、华北、华东、华南及西南各省（自治区）；吉林省分布在老岭山脉以南的集安市。

用途：木材可制家具及用具；植株上寄生的虫瘿，称“五倍子”可入药，治肿毒、疗疮等；含有丰富的鞣酸，可鞣制皮革；种子含油率达 20% ~ 25%，可榨制工业用油。

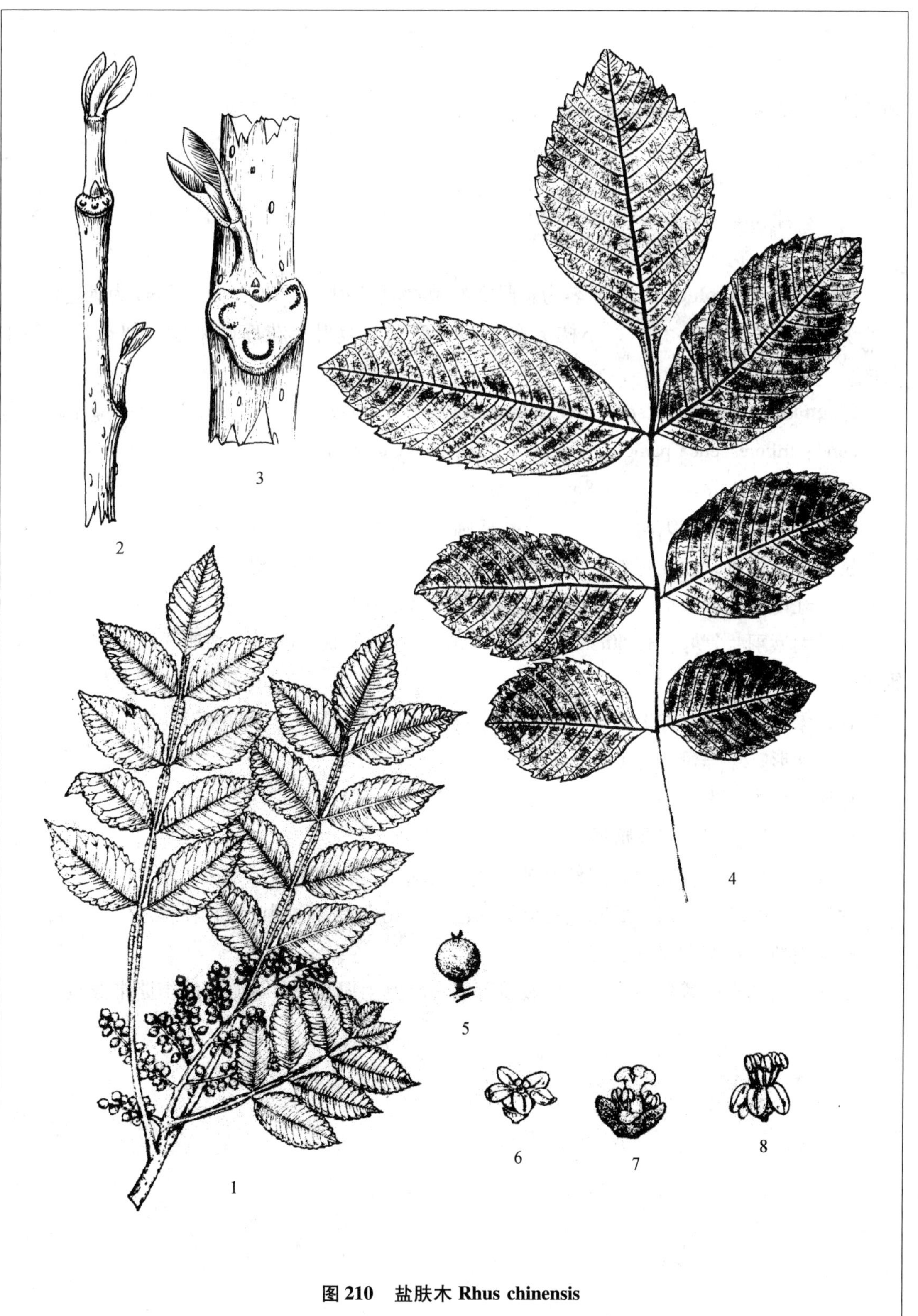

图 210　盐肤木 Rhus chinensis

1. 果枝　2. 冬季枝　3. 芽　4. 复叶　5. 果　6. 雌花　7. 雄花　8. 两性花（1、5、6、7、8 于长奎绘）

火炬树

科名：漆树科（ANACARDIACEAE）

中名：火炬树　图 211

学名：Rhus typhina L.（属名为希腊文的植物原名 Rhous；种加词 typhina 为烟色的）。

识别要点：落叶小乔木；小枝上有毛；大型羽状复叶；花序圆锥状，似火炬，冬季宿存。

Diagnoses：Deciduous small tree；Branches densely velvety-pubescent；Leaves big pinnately compound；Inflorescence panicle，torch-like，persistent in winter.

树形：落叶小乔木，高 5～8m。

树皮：灰褐色，有纵向的条纹，皮孔椭圆形，淡红色。

枝条：灰褐色，表皮有绒毛，不开裂，皮孔横椭圆形，略突出。

芽：红褐色，卵圆形，生于短枝顶端，芽鳞多数互生。

叶：大型羽状复叶，长 60cm；小叶 11～31 枚，披针状长圆形，基部圆形或楔形，有细锯齿。

花：雌雄异株，雌株上着生圆锥形顶生花序，长 10～25cm；雌花密生。

果：球形，红棕色，有毛。

花期：6 月；果期 9～10 月。

习性：耐寒、耐干旱及瘠薄土壤。

分布：原产北美；我国北方各地多引进作为绿化、彩化树种。

用途：耐寒性强，入秋后叶片变成鲜红色。为北方重要的观叶绿化树种。

抗寒指数：幼苗期 V，成苗期 II。

备注：它的根蘖繁殖力强，少量栽植可以自然蘖生成片林，但临近的街路常被破坏。

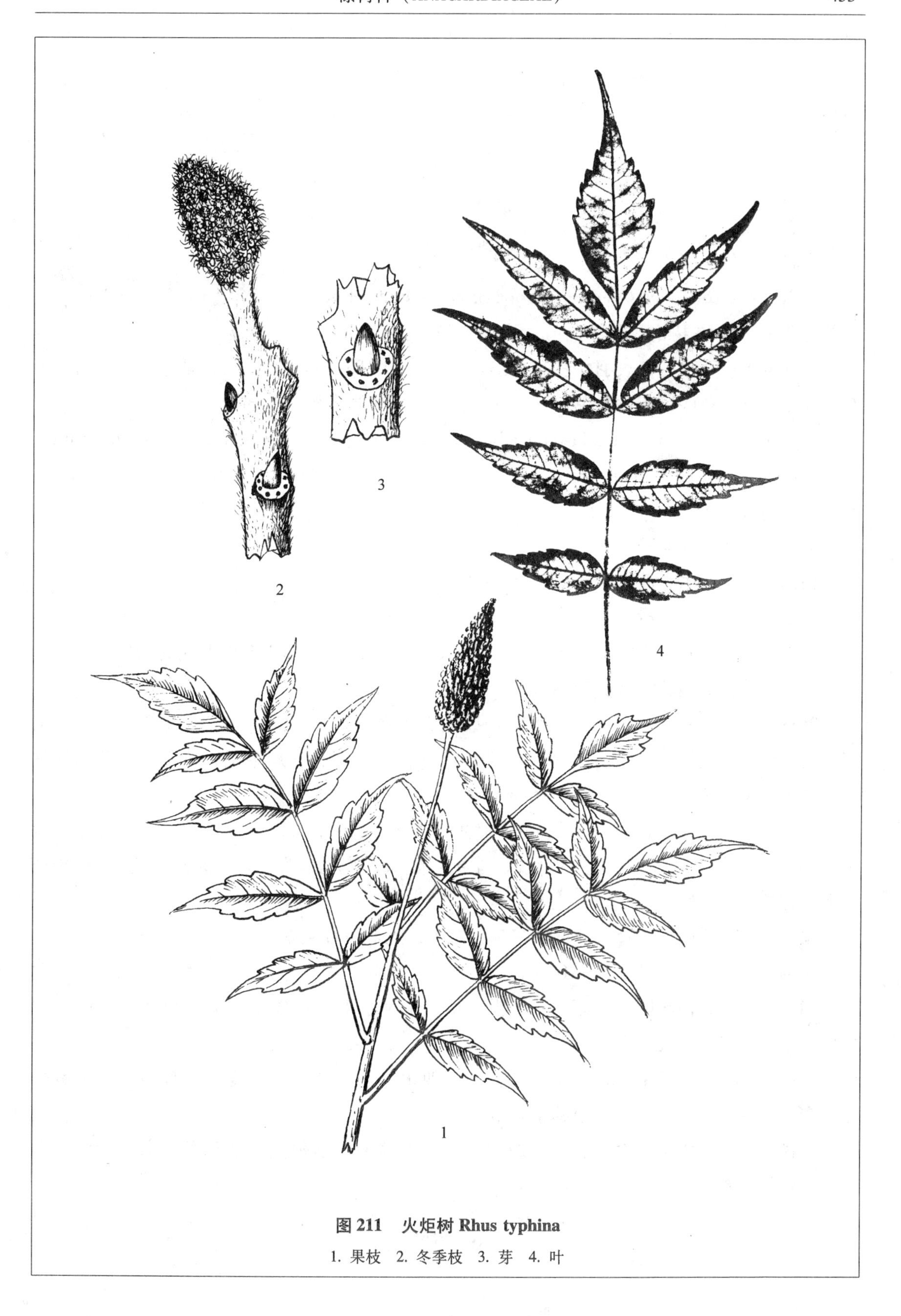

图 211　火炬树 Rhus typhina

1. 果枝　2. 冬季枝　3. 芽　4. 叶

漆树

科名：漆树科（ANACARDIACEAE）

中名：漆树　图 212

学名：Toxicodendron vernicifluum（Stokes）F. A. Barkl.（属名为希腊文 toxikos 箭头上的毒药 + dendron 树木；种加词为“产漆的”）。

识别要点：乔木；奇数羽状复叶；小叶 7～13 枚，卵圆形或长圆形，全缘，叶背面脉上有黄柔毛；圆锥花序，花黄绿色，五基数；核果，椭圆形或肾形，黄色。

Diagnoses：Tree；Leaves odd-pinnately compound；leaflets 7～13，ovate or elongate，entire，yellowish pubescent on veins beneath；Panicle，flowers yellowish-green，pentamerus；Drupe，elliptic or kidney-shaped，yellow.

染色体数目：2n＝30。

树形：落叶乔木，高达 20m。

树皮：暗褐色，平滑，皮孔横列，长条形，灰白色。

枝条：小枝粗壮，生有棕色柔毛，后无毛，具圆形或心形的大叶痕和突起的皮孔。

芽：顶芽大而显著，被黄灰色绒毛。

叶：奇数羽状复叶，互生；小叶片 7～13 枚，卵圆形或长圆形，基部圆形成宽楔形，偏斜，先端渐尖，全缘，侧脉 10～15 对，表面深绿色，沿中脉有短柔毛，背面淡绿色，叶脉上有黄色柔毛，长 7～13cm，宽 2～6cm。

花：圆锥花序；花杂性或雌雄异株，腋生，被黄色柔毛；小花黄绿色；花萼 5，无毛，裂片卵圆形；花瓣长圆形，有褐色的脉纹，外卷；雄蕊 5，花丝线形；花盘 5 浅裂，无毛；子房球形，花柱 3 枚。

果：核果，椭圆形或肾形，两侧略扁，黄色，无毛，有光泽，直径约 6～8mm。

花期：5～6 月；果期：8～10 月。

习性：喜光，但耐阴，喜肥沃、潮湿土壤，常生于 150～700m 之间的背风向阳的杂木林内、山野、路旁等处。

分布：吉林及辽宁南部直至华北、西北、西南、东南各地；印度、朝鲜和日本也有分布；吉林省分布于老岭山脉以南的集安市。

用途：产漆，为重要涂料及工业原料；种子可榨油、制肥皂、油墨等；木材可制造家具、乐器及用具。

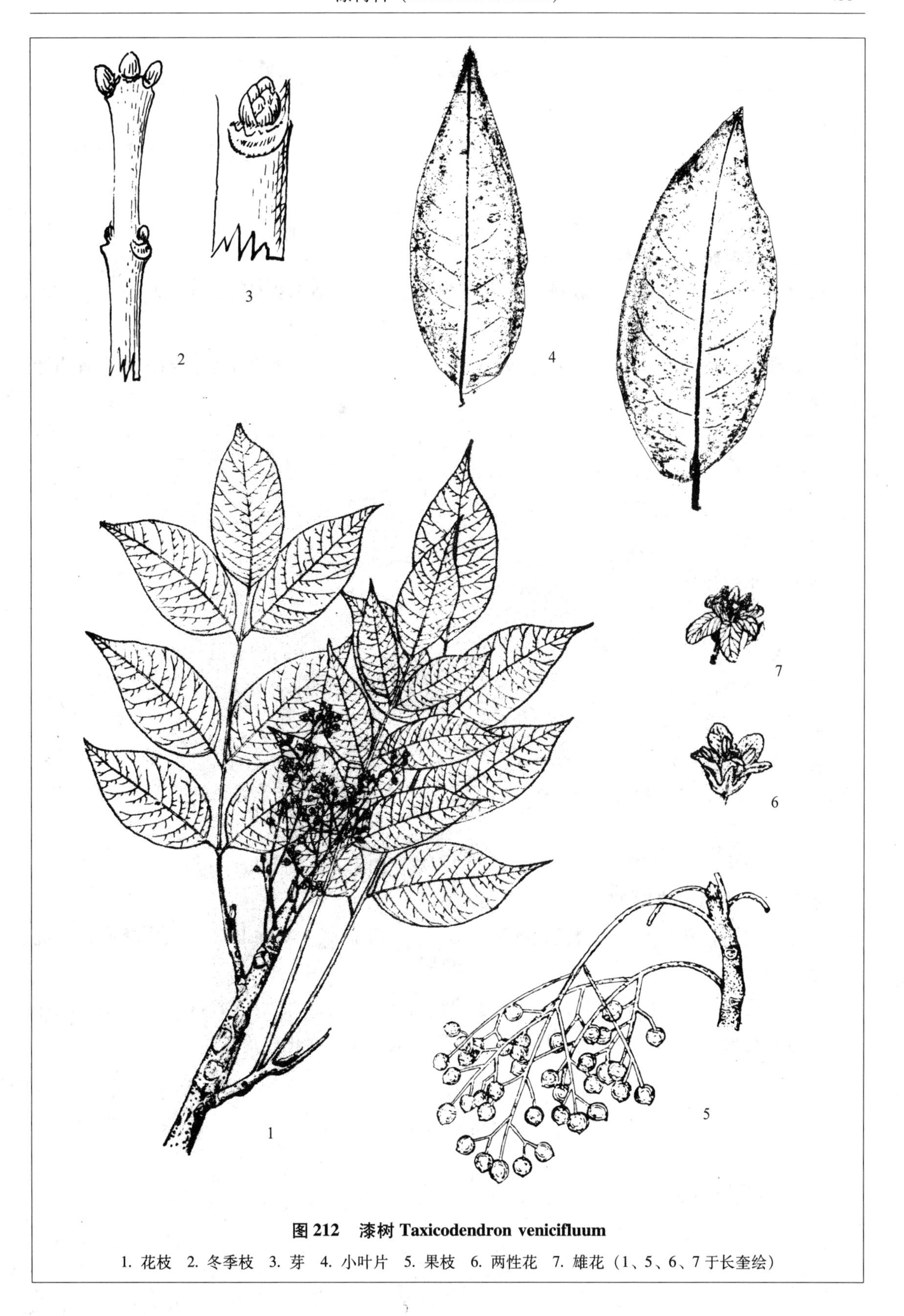

图 212　漆树 Taxicodendron venicifluum

1. 花枝　2. 冬季枝　3. 芽　4. 小叶片　5. 果枝　6. 两性花　7. 雄花（1、5、6、7 于长奎绘）

槭树科（ACERACEAE）

簇毛槭

科名：槭树科（ACERACEAE）

中名：簇毛槭　髭脉槭　图 213

学名：Acer barbinerve Maxim.（属名为槭树的拉丁文原名；种加词为"叶脉上有簇毛的"）。

识别要点：乔木；单叶，对生；叶片 3～5 裂，叶背面的脉上有密生黄毛，边缘有粗牙齿；双翅果，开展约为 120°角。

Diagnoses：Tree；Leaves simple，opposite，blades 3～5 lobes，yellowish pubescent on veins beneath，dentates on margin；Paired samaras，diverging about 120°angle.

树形：落叶乔木，高达 10m。

树皮：平滑，淡黄色或黄褐色。

枝条：小枝初有短柔毛，后变为无毛，红褐色。

芽：对生，较小，芽鳞 2，光滑无毛，红褐色。

叶：单叶，对生；叶片宽卵形，基部心形或截形，3～5 裂，中央裂片为卵圆形，先端尾状尖，两侧裂片较狭而小，边缘有粗锯齿，齿端有尖头，表面深绿色，近无毛，背面仅叶脉上生有黄色柔毛，长 4～8cm，宽 3～7cm。

花：雌雄异株；花单性，花黄绿色；雄花序为短总状；萼片 4，卵形；花瓣 4，倒卵形；雄蕊 4，比花瓣略长；雌花序伞房状；萼片 5；花瓣 5，倒卵形；子房平滑无毛，花柱无毛，柱头 2 裂，反卷。

果：双翅果，黄褐色，小坚果上有突起的脉棱，两翅果之间开展约 120°角。

花期：5～6 月；果期：9 月。

习性：耐阴，喜半光，喜肥沃、潮湿土壤。多生于海拔 1000m 以下的杂木林或针阔混交林内或林缘。

分布：我国东北三省的林区；也分布于朝鲜和俄罗斯；吉林省东部各县（市）皆产。

用途：材质较坚硬，可制造家具及细木工用；也可作为绿化观赏树种。

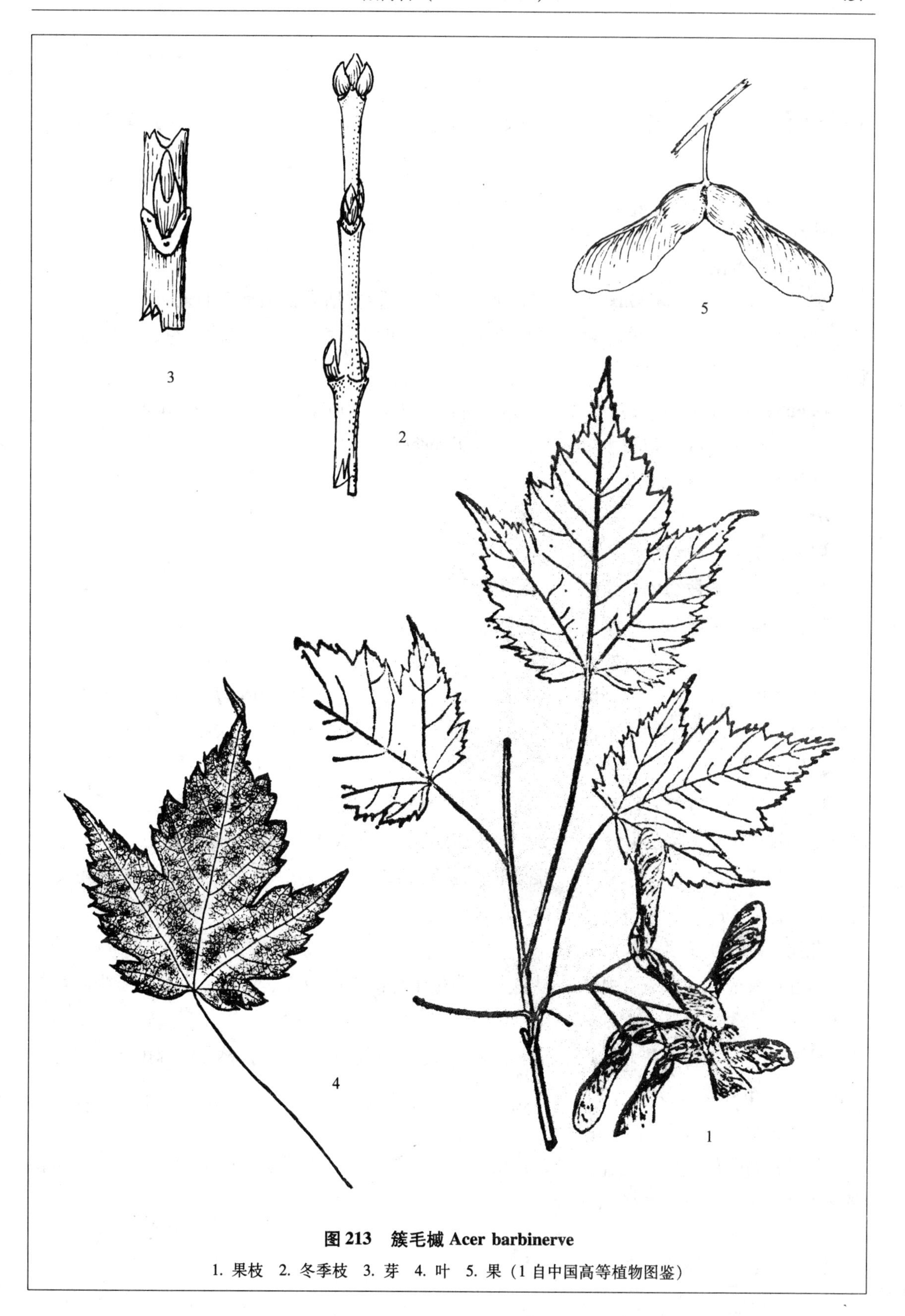

图 213 簇毛槭 Acer barbinerve

1. 果枝 2. 冬季枝 3. 芽 4. 叶 5. 果（1 自中国高等植物图鉴）

茶条槭

科名：槭树科（ACERACEAE）

中名：**茶条槭**　茶条　图214

学名：**Acer ginnala Maxim**.（种加词为茶条槭在俄罗斯东西伯利亚的土名）。

识别要点：小乔木；单叶对生，叶片3裂，中间裂片宽而大；花黄白色；双翅果，近平行。

Diagnoses：Small tree；Leaves simple，opposite，3 lobed，terminal lobe much elongated；Flowers yellowish white；Fruit paired samaras with nearly parallet wings.

染色体数目：2n＝26。

树形：落叶小乔木，高2～6m。

树皮：灰褐色，较平滑，老树干有纵的浅沟裂。

枝条：细，新枝绿色或紫绿色，老枝黄褐色。

芽：对生，宽卵形，深褐色，芽鳞数片，对生，无毛。

木材：灰白色，质地较坚硬。

叶：单叶对生 ；叶片卵状长椭圆形，3裂，中央裂片宽大，基部宽楔形或圆形，先端长渐尖，边缘为不规则的缺刻或重锯齿，表面深绿色，有光泽，背面淡绿色，两面无毛，长5～9cm，宽3～6cm。

花：杂性花，同株；伞房花序，顶生；花黄白色；萼片5，边缘有长柔毛；花瓣5，狭倒卵形；雄蕊8，插生在花盘上；雌蕊子房扁圆形，有长柔毛，柱头2裂，无毛。

果：为双翅果，小坚果扁平，长圆形，翅有脉纹，紫红色，两翅之间开展成锐角或平行，长2.5～3cm。

花期：5～6月；果期：9月。

习性：喜光，耐寒，喜肥沃、湿润土壤，生于低海拔的山坡、河岸，也常见于半阴坡的杂木林中。

分布：东北三省及华北、西北各地；朝鲜和俄罗斯也有分布；吉林省东部山区及中部半山区各县（市）均有分布。

抗寒指数：幼苗期Ⅰ，成苗期Ⅰ。

用途：材质较坚硬，可作器具、手杖、细木工等；幼叶可代茶；秋季叶片变鲜红，可供绿化观赏；也是优良的蜜源植物。

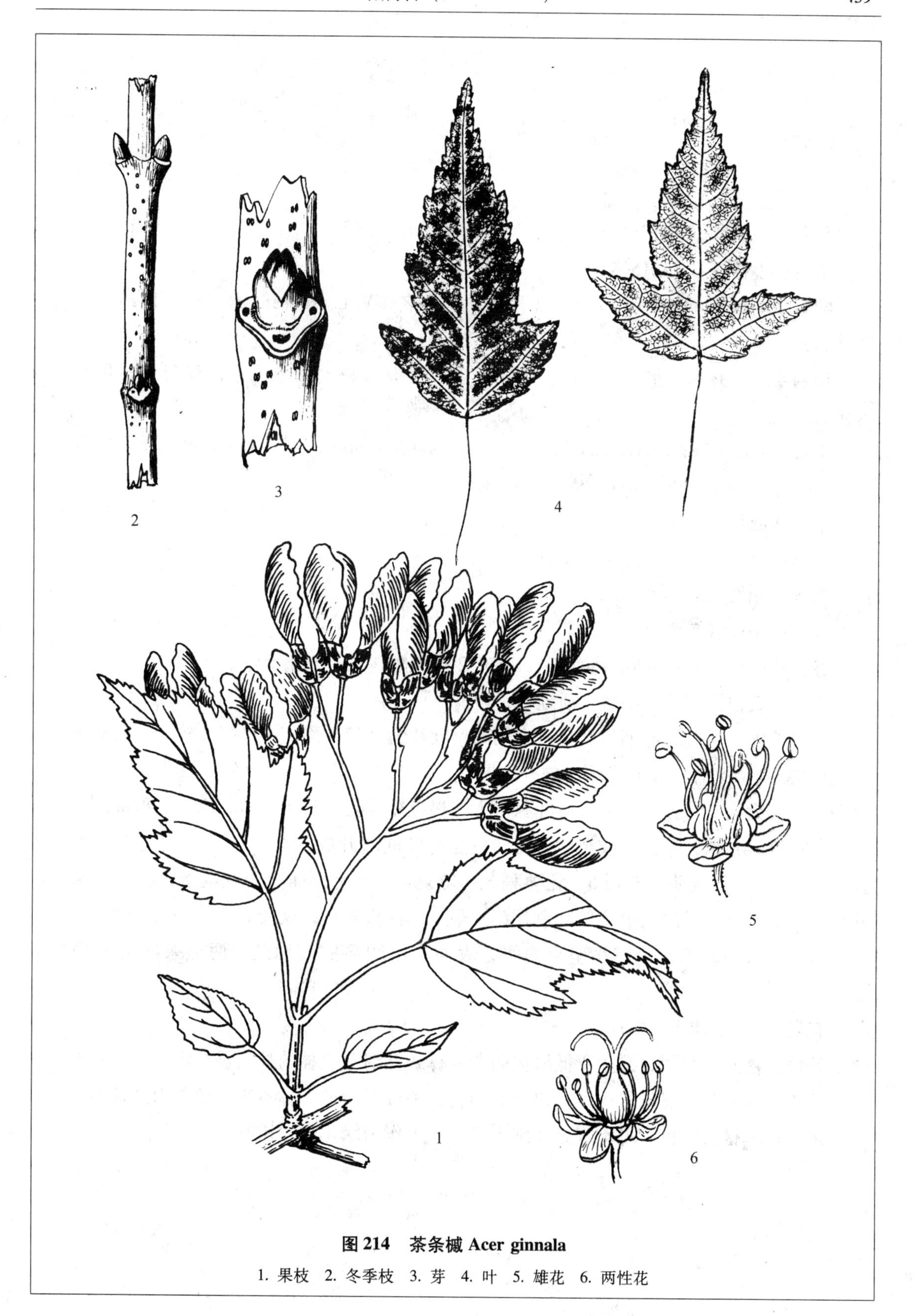

图 214　茶条槭 Acer ginnala

1. 果枝　2. 冬季枝　3. 芽　4. 叶　5. 雄花　6. 两性花

小楷槭

科名：槭树科（ACERACEAE）

中名：小楷槭 图 215

学名：Acer komarovii Pojark.（种加词为人名，V. L. Komarov，1869～1946，俄国植物学家）。

识别要点：乔木；单叶，对生；叶片 5 裂，边缘有缺刻状重锯齿；双翅果，开展近于直角。

Diagnoses：Tree；Leaves simple，opposite；blades 5 lobes，incised doublely serrates on margin；Double samaras，diverging about right angle.

染色体数目：2n＝26。

树形：落叶小乔木，高 5～6m。

树皮：光滑，灰褐色。

枝条：小枝红褐色。

芽：长卵形，先端钝圆，黄褐色，外有 2 片芽鳞包被，光滑无毛。

木材：黄白色，纹理细致，质地较坚硬。

叶：单叶，对生；叶柄红紫色，有柔毛；叶片为掌状 5 裂，中央裂片较大，长卵形，先端尾状尖，2 侧裂片三角状卵形，向外伸展，最下 2 个裂片最小，边缘具缺刻及重锯齿，表面深绿色，无毛，背面淡绿色，沿叶脉密生淡褐色短柔毛，长 4～8cm，宽 4～8cm。

花：雌雄异株；单性花或杂性；总状花序与叶同时开放，长 4～6cm；小花黄绿色，萼片 5，狭倒卵形，钝头；花瓣 5，比萼稍长；雄蕊 8，无毛，插生于花盘上，花药圆形；雌花中的雄蕊不育，子房扁平，紫红色，花柱很短，柱头 2 裂，反卷。

果：双翅果，黄褐色，小坚果扁平，表面有不明显的细脉纹，两翅果间的开角约为直角。

花期：5 月；果期：9 月。

习性：喜光也耐阴，喜生于低海拔的杂木林或针阔混交林的林内及林缘。

分布：我国东北三省的山区；也分布到朝鲜和俄罗斯；吉林省东部长白山区普遍生长。

用途：木材黄白色，可作家具及细木工；又可作为绿化观赏树种。

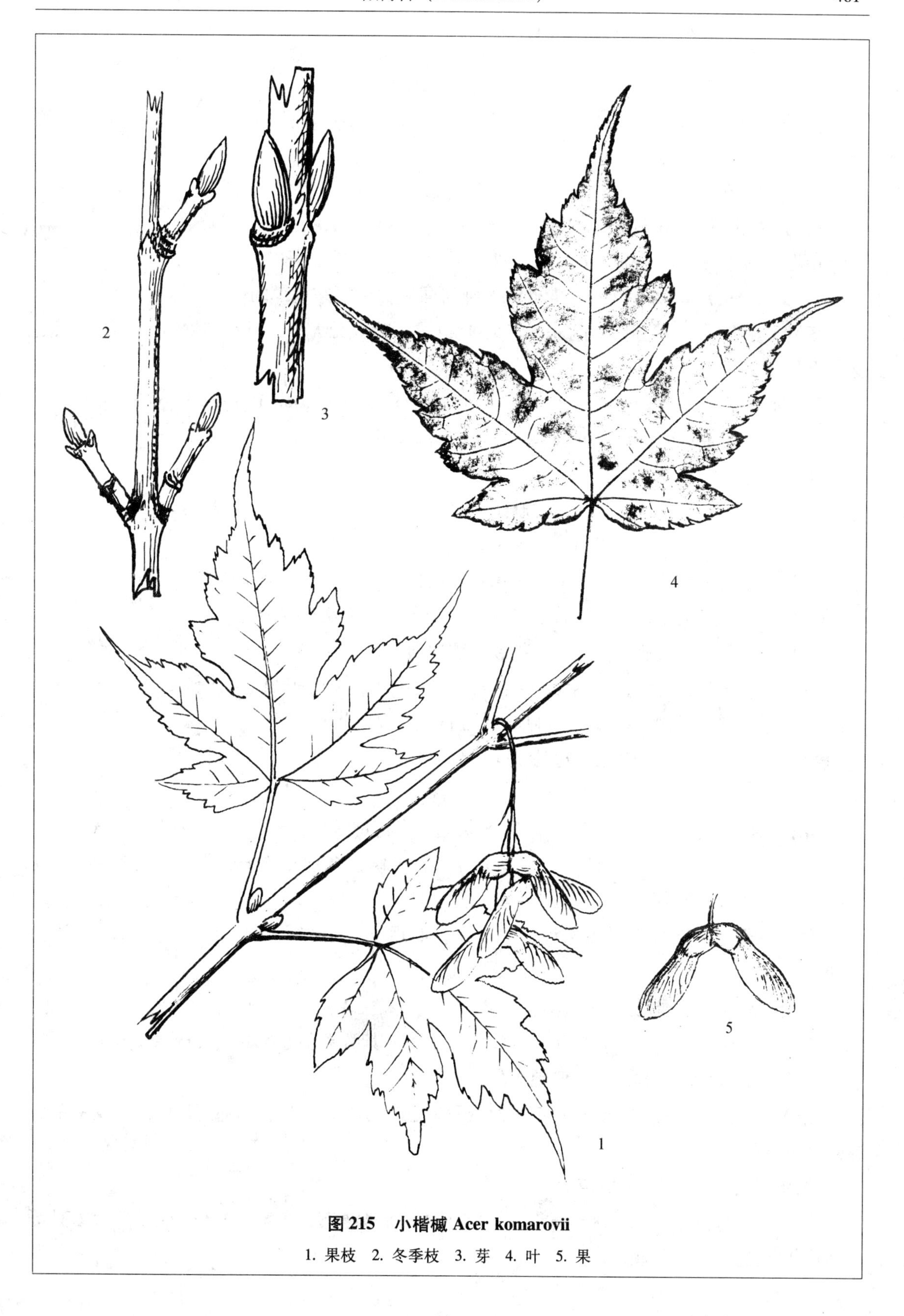

图 215　小楷槭 *Acer komarovii*

1. 果枝　2. 冬季枝　3. 芽　4. 叶　5. 果

白牛槭

科名：槭树科（ACERACEAE）

中名：白牛槭 东北槭 关东槭 图 216

学名：Acer mandshuricum Maxim.（种加词为“中国东北部的”）。

识别要点：乔木；复叶，对生；由 3 小叶组成，叶缘无大齿，只有细锯齿，无毛；双翅果，开展近直角。

Diagnoses: Tree; Leaves compound, opposite; 3 leaflets, no big serrates on margin, just small serrates, glabrous; Fruit paired samaras diverging about right angle.

染色体数目：2n = 26。

树形：落叶乔木，高约 20m；树冠卵圆形。

树皮：灰色或灰褐色，粗糙，浅纵裂。

枝条：小枝紫褐色，无毛，老枝灰褐色，皮孔长椭圆形。

芽：对生；卵圆形，先端尖，红褐色，芽鳞多片，交互对生排列。

木材：淡黄褐色或淡红色，结构细致，纹理通直，质地较硬，比重 0.68。

叶：三出复叶，对生；叶柄无毛，鲜红色；小叶片 3 枚，长圆状披针形，中央小叶有短柄，叶基部楔形，两侧小叶基部为圆形，无柄，先端皆为长渐尖，表面深绿色，背面淡绿色，沿主脉生有白色长柔毛，边缘为均匀的钝锯齿，无大齿或缺刻，长 5 ~ 10cm，宽 1.5 ~ 3cm。

花：杂性，同株；伞房花序，具 3 ~ 5 朵花；小花黄绿色；萼片 5，倒卵形；花瓣 5，倒卵形；雄蕊 8 ~ 10，插生在花盘上，比萼片略长，外露；两性花的子房紫色，光滑无毛，花柱短，柱头 2 裂，反卷。

果：双翅果，紫褐色，小坚果凸出，翅上有明显的脉纹，两果间开展的角度大约为直角。

花期：5 ~ 6 月；果期：9 月。

习性：喜半光，耐寒，喜肥沃、湿润的土壤，尤其喜潮湿温凉的气候条件，多生于海拔 1000m 左右的针阔混交林或林中旷地等处。

分布：我国东北三省的林区；朝鲜及俄罗斯也有分布；吉林省东部的长白山区及南部各县（市）皆有分布。

抗寒指数：幼苗期 I，成苗期 I。

用途：木材色泽美观，纹理通直，质地略硬，可供建筑、车船、细木工、乐器及家具等使用。也是优良的绿化观赏树种。

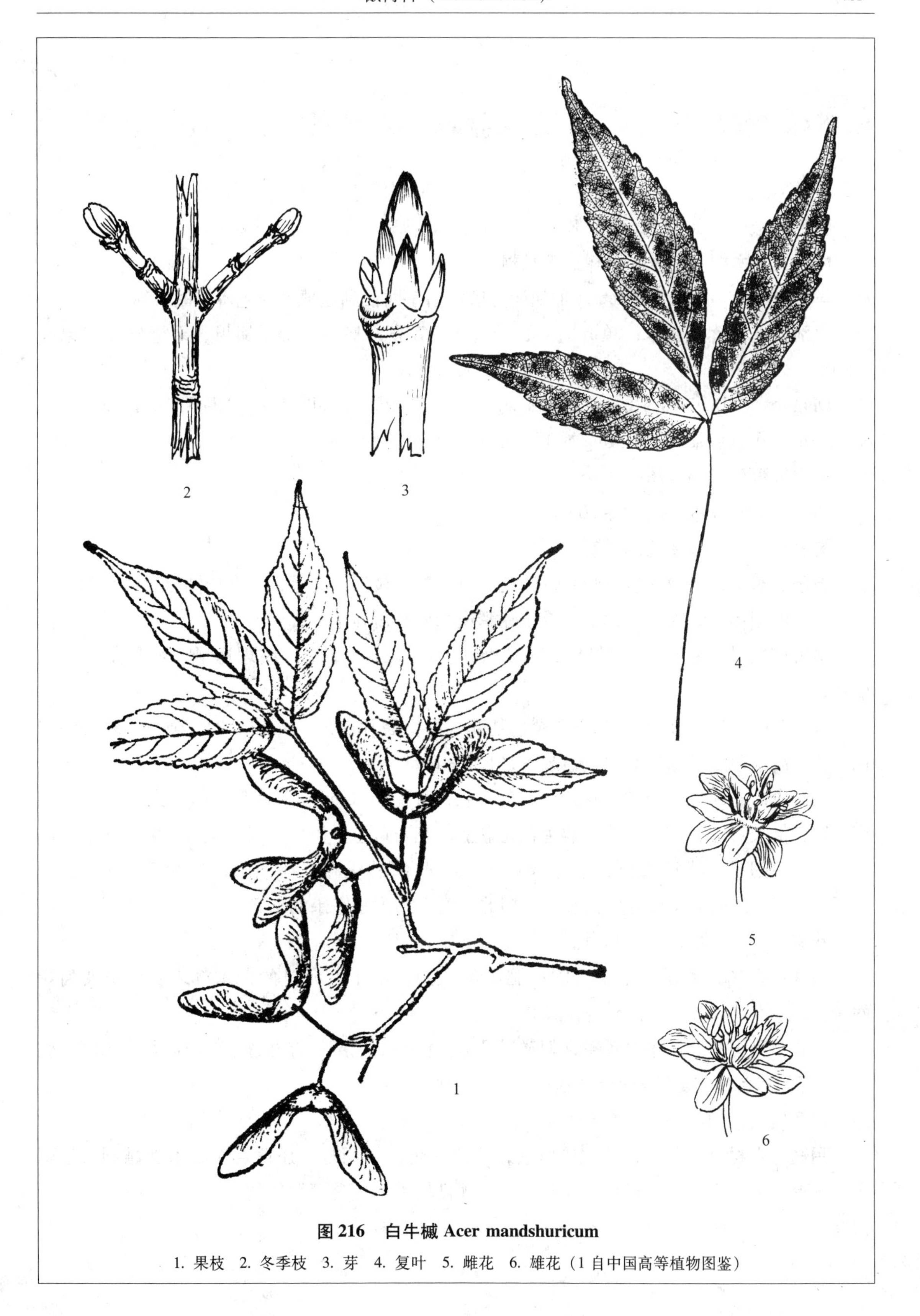

图 216　白牛槭 Acer mandshuricum

1. 果枝　2. 冬季枝　3. 芽　4. 复叶　5. 雌花　6. 雄花（1 自中国高等植物图鉴）

色木槭

科名：槭树科（ACERACEAE）

中名：**色木槭**　色木　色树　五角枫　图 217

学名：**Acer mono Maxim.**（种加词为俄罗斯东西伯利亚地区对色木槭的俗称）。

识别要点：落叶乔木；单叶对生；叶片 5～7 裂，基部心形；翅果，果翅比小坚果长 1.5 倍。

Diagnoses：Deciduous tree；Leaves opposite，simple，usually 5～7 lobed，heart-shaped in base；Fruits double samaras，wing as long as nut about 1.5 time.

染色体数目：2n＝26。

树形：落叶乔木，高 15～20m。

树皮：灰色或灰褐色浅纵裂，粗糙。

枝条：对生，老枝灰色或暗灰色，皮浅纵裂，幼枝细，无毛，皮孔长圆形，略突起。

芽：卵圆形，红褐色，无毛，或于芽鳞边缘处有短睫毛。

木材：边材黄白色，心材略带淡褐色，质地坚硬、致密，纹理通顺，容易加工，比重 0.71。

叶：单叶对生；叶片掌状 5～7 裂，基部心形，裂片卵形，先端渐尖，全缘，表面暗绿色，背面淡绿色，脉腋处有褐黄色柔毛，长 5～8cm，宽 7～11cm。

花：伞房花序生于枝端；花杂性，黄绿色，直径 6～8mm；萼片 5，长卵形；花瓣 5，淡黄绿色，倒披针形；雄蕊 8 枚，插生在花盘上，花药黄色；子房平滑，花柱 2 裂，无毛。

果：双翅果，淡黄褐色，小坚果扁平，有凸出的纵棱，卵圆形，长约 2.5cm，宽约 8mm；两翅果之间的角度开展为钝角，翅的长度大约为小坚果的 1.5 倍。

花期：5 月；果期：8～9 月。

习性：喜光且耐阴，生于湿润而肥沃的土壤；生于低海拔的杂木林内、林缘及河岸两旁。

分布：我国东北、华北各省；朝鲜、日本及俄罗斯也产；吉林省东部山区及半山区各县（市）都产；各城市庭园及街路多栽植。

抗寒指数：幼苗期 I，成苗期 I。

用途：木材色泽黄白，质地较坚硬，适合作炕沿、门槛，还适合作细木工雕刻及乐器用；树形优美，入秋后变黄色，为庭园绿化优良树种；还是蜜源植物。

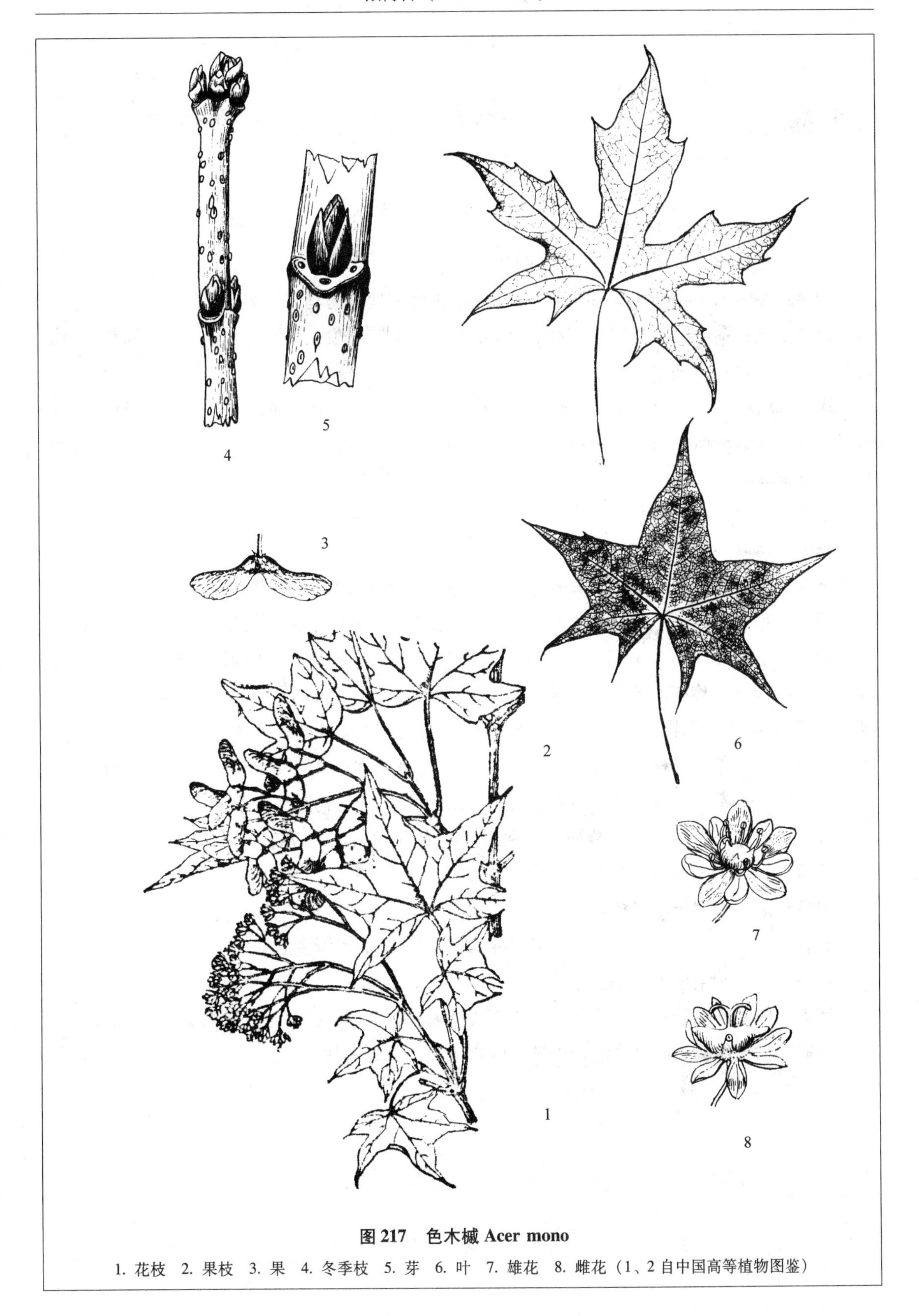

图 217　色木槭 Acer mono

1. 花枝　2. 果枝　3. 果　4. 冬季枝　5. 芽　6. 叶　7. 雄花　8. 雌花（1、2 自中国高等植物图鉴）

复叶槭

科名：槭树科（ACERACEAE）

中名：复叶槭 糖槭 梣叶槭 图 218

学名：Acer negundo L.（种加词为马鞭草科植物牡荆的马来语名）。

识别要点：落叶乔木；复叶对生；雌雄异株；雄花花柄细长，无花瓣，花丝细长；雌花只有雌蕊及萼片；双翅果。

Diagnoses：Deciduous tree；Leaves compound pinnate，opposite；Dioecious，；Flowers no petal；male flowers with long pedicels and long filaments；female flowers with pistil and calyx；Fruit double samaras.

染色体数目：2n＝26。

树形：落叶乔木，高 15～20m。

枝条：小枝光滑，有光泽，紫褐色，皮孔纵向，纺锤形，灰白色。

芽：对生，多生于小枝顶端，卵圆形，先端钝，有白色绒毛，芽鳞多片，对生。

叶：羽状复叶，小叶 3～7 枚；叶柄长 3～7cm；顶生小叶有柄，卵形，基部宽楔形，先端锐尖，边缘有不整齐的疏牙齿，侧生小叶的柄短，长约 3mm，小叶片歪卵状披针形，全缘，边缘有 3～5 个粗锯齿，表面绿色，背面黄绿色，长 5～8cm，宽 3～4cm。

花：单性，雌雄异株；雄花序成束，花柄细长呈丝状；花萼基部合生，5 裂，有毛，绿色，无花瓣；雌花序下垂；萼片基部合生，上部 5 裂；子房初有毛，后无毛。

果：为双翅果，扁平，淡黄褐色，两果翅间成 70°左右的夹角。

花期：4～5 月；果期：9 月。

习性：耐寒、耐干旱及瘠薄土壤。

分布：原产北美洲；现北方各地广为栽培，并逸生成半野生状态。

抗寒指数：幼苗期 I，成苗期 I。

用途：本种开花较早，花蜜丰富，是很好的蜜源植物；树冠开展，耐修剪，是良好的行道树、庭园树及绿篱；木材质地较松软，可供建筑、家具使用。

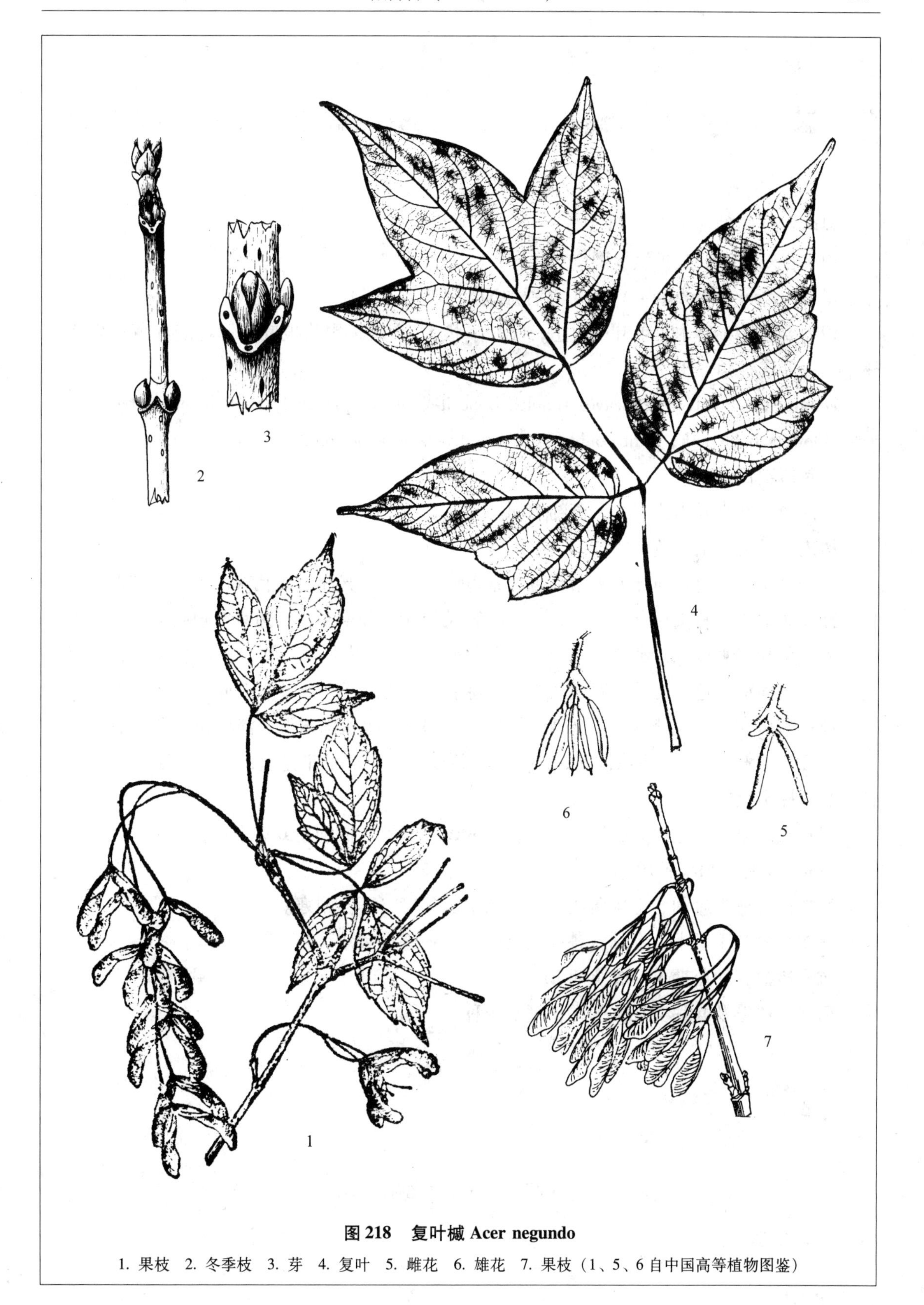

图 218　复叶槭 Acer negundo

1. 果枝　2. 冬季枝　3. 芽　4. 复叶　5. 雌花　6. 雄花　7. 果枝（1、5、6 自中国高等植物图鉴）

鸡爪槭

科名：槭树科（ACERACEAE）

中名：鸡爪槭 鸡爪枫 图 219

学名：Acer palmatum Thunb.（种加词为“掌状的”）。

识别要点：小乔木；单叶，对生；叶片掌状 5 ~9 裂，裂片披针形；花淡红色；果为双翅果，开展成钝角或平角。

Diagnoses：Small tree；Leaves simple，opposite，blades palmately 5 ~9 lobed，lobes acuminate；Flowers light pink；Fruit double samaras，diverging about obtuse angle or straight.

染色体数目：2n =26。

树形：落叶小乔木或灌木，高约 10m。

树皮：平滑，暗灰色。

枝条：小枝绿色，向光处为紫红色或紫色，光滑，有光泽，皮孔灰白色，椭圆形。

芽：对生；短圆锥形，紫红色，生于叶腋及枝端，芽鳞多片，边缘有短睫毛。

叶：单叶对生；叶片掌状 5 ~9 裂，裂片披针形，叶片基部心形，先端长渐尖，边缘有重锯齿，表面深绿色，无毛，背面淡绿色，脉腋处生有簇毛，长 4 ~10cm，宽 4 ~12cm。

花：伞房花序；花淡红色，杂性，同株；花萼 5，卵状椭圆形，淡红色，背面有白色柔毛；花瓣 5，宽倒卵形，边缘波状，淡红色；雄蕊 8，插生于花盘上；雌蕊子房有柔毛，花柱 2 裂，柱头反卷。

果：双翅果，小坚果卵圆形，翅狭长，两翅果间展开成钝角或近平角。

花期：5 月；**果期：**10 月。

习性：喜适当遮阴、土壤肥沃、潮湿的生长环境，不甚耐寒。

分布：原产于日本；吉林省各植物园或庭院中偶见栽培。

抗寒指数：幼苗期 V，成苗期 III。

用途：树形及叶片美观，为绿化观赏树种。

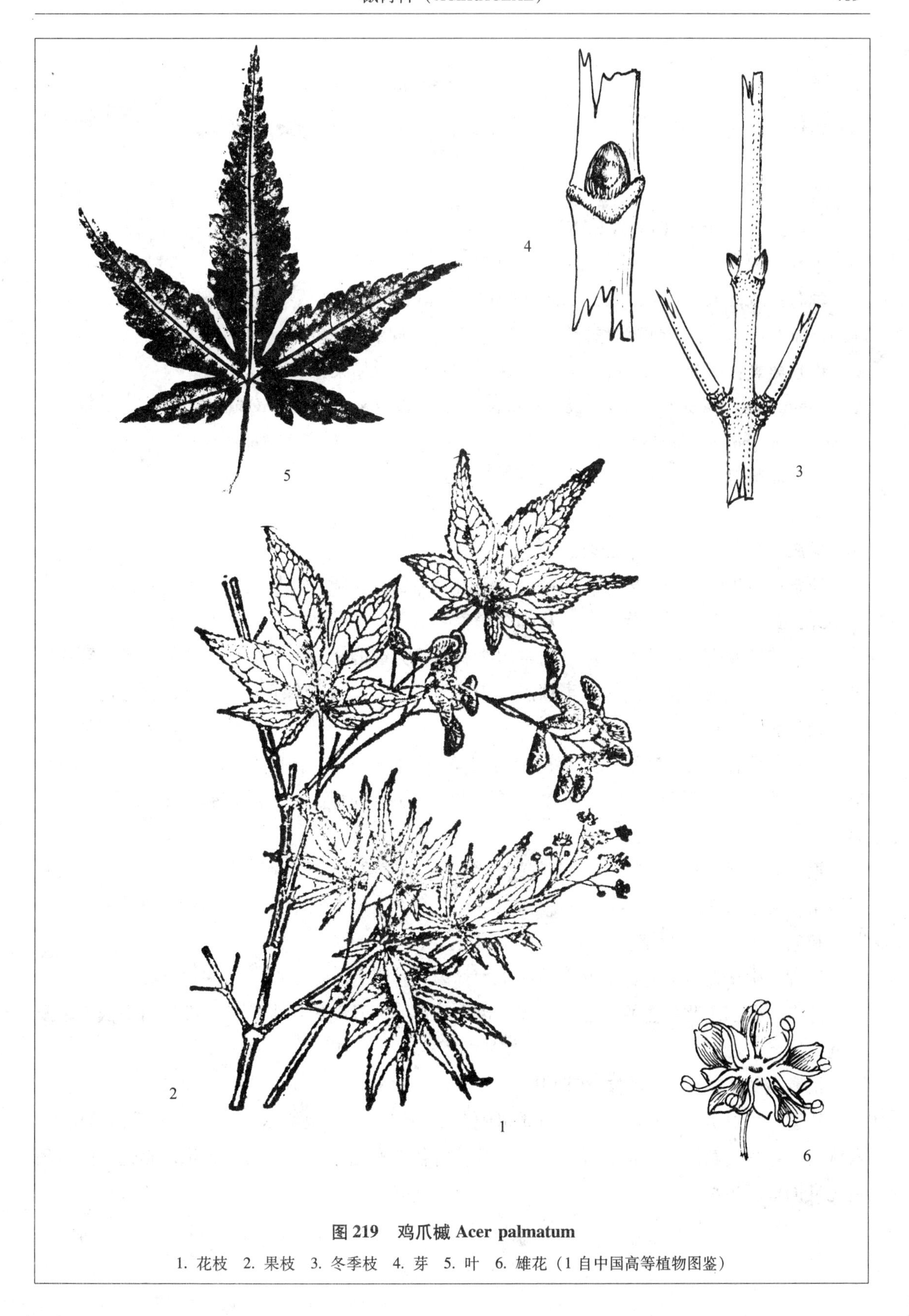

图 219 鸡爪槭 Acer palmatum

1. 花枝 2. 果枝 3. 冬季枝 4. 芽 5. 叶 6. 雄花（1 自中国高等植物图鉴）

假色槭

科名：槭树科（ACERACEAE）

中名：假色槭　紫花槭　九角枫　图 220

学名：*Acer pseudo-sieboldianum*（Pax）Kom.（种加词为人名，P. F. v. Siebold，1796～1866，荷兰植物学家，前面加前缀 pseudo-意思是“假的”）。

识别要点：落叶乔木，叶对生，掌状 7～11 裂，双翅果，展开成钝角。

Diagnoses：Deciduous tree；Leaves opposite，blade 7～11 lobes；Double samaras，wings diverging more than 90°angle.

染色体数目：2n＝26。

树形：落叶乔木，高达 8m，树冠整齐。

树皮：灰色，粗糙，不开裂。

枝条：对生，幼枝红褐色或绿褐色，光滑无毛，皮孔圆形或长圆形，黄褐色，不明显。

芽：宽卵状三角形，紫红色，基部有褐色绒毛，外被芽鳞 2 片，无毛，有光泽。

叶：单叶对生；叶片近圆形，通常边缘有掌状分裂的 9～11 个裂片，基部心形，裂片卵状披针形，先端长渐尖，边缘有重锯齿，表面鲜绿色，背面淡绿色，沿叶脉生有白色柔毛，长宽约为 6～11cm。

花：杂性，雄花与两性花并存；伞房花序，长 2～3cm，有花 10 余朵；萼片 5，紫色；花瓣 5，倒卵形，黄绿色；雄蕊 8 枚，花丝紫色，花药黄色；花盘微裂，无毛；子房扁圆形，花柱 1，顶端柱头 2 裂。

果：双翅果，长 2～2.5cm，紫色或红紫色，小坚果卵圆形，上有明显的脉纹，两果间开展角度大于直角。

花期：5～6 月；果期：9～10 月。

习性：生于低海拔的针阔混交林或杂木林内及林缘处。

分布：我国东北三省的东部及中部；也产于俄罗斯及朝鲜；吉林省东部长白山低山带及附近山脉皆产。

抗寒指数：幼苗期 IV，成苗期 II。

用途：木材黄白色至淡黄色，材质坚硬，纹理细腻，可做细木工、雕刻、乐器等用材；入秋后，叶片变鲜红色，特别鲜艳，目前吉林省各地竞相栽植，供庭园绿化及彩化；同时还是优良的蜜源植物。

图 220　假色槭 Acer pseudo-sieboldianum

1. 果枝　2. 冬季枝　3. 芽　4. 叶　5. 花（1 自中国高等植物图鉴）

青楷槭

科名：槭树科（ACERACEAE）

中名：**青楷槭**　青楷子　辽东槭　图 221

学名：**Acer tegmentosum Maxim**.（种加词为“具有内种皮的”）。

识别要点：落叶大型灌木；单叶对生；叶片宽卵形或近圆形；总状花序，顶生；双翅果，两翅间的开展角度成钝角或近于平直。

Diagnoses：Deciduous big shrub；Leaves simple，opposite，blades broad-ovate or nearly globular；Raceme，terminal；Fruit double samaras diverging by obtuse angle or nearly 180°angle。

树形：大型灌木，高 3～5m。

树皮：平滑，灰绿色，有黑色条纹。

枝条：幼枝灰绿色，老枝黄绿色或灰褐色。

芽：冬芽椭圆形，紫褐色或浅褐色，先端钝圆形。

木材：黄白色，质较软，纹理密而通顺，结构略粗，比重 0.64。

叶：单叶对生；宽卵形或近圆形，基部截形或略成心形，先端三浅裂，侧裂片较小，边缘还有 2 侧裂片，较小，叶缘有不整齐的重锯齿，表面深绿色，背面浅绿色，脉腋间有浅黄色的丛毛，长 10～15cm，宽 7～14cm。

花：总状花序，下垂，杂性花同株，有小花 10～20 朵；黄绿色；萼片 5，长卵状三角形；花瓣 5，倒卵形，先端钝尖，基部有爪；雄蕊 8，插生在花盘上；雌蕊子房扁平，无毛，花柱基部合生，柱头二裂，微有短柔毛。

果：双翅果，黄褐色，小坚果卵圆形，具不明显的脉纹，两翅间张开成钝角或近 180°角。

花期：5 月；果期：9 月。

习性：喜中等强度光照，喜潮湿、肥沃的腐殖土壤。多生在海拔 1000m 左右的针阔混交林或杂木林中。

分布：东北三省的山区；朝鲜和俄罗斯也有分布；吉林省东部山区各县（市）皆有。

抗寒指数：幼苗期 I，成苗期 I。

用途：木材可用于小器具、农具、手柄等；也可作庭园观赏树种。

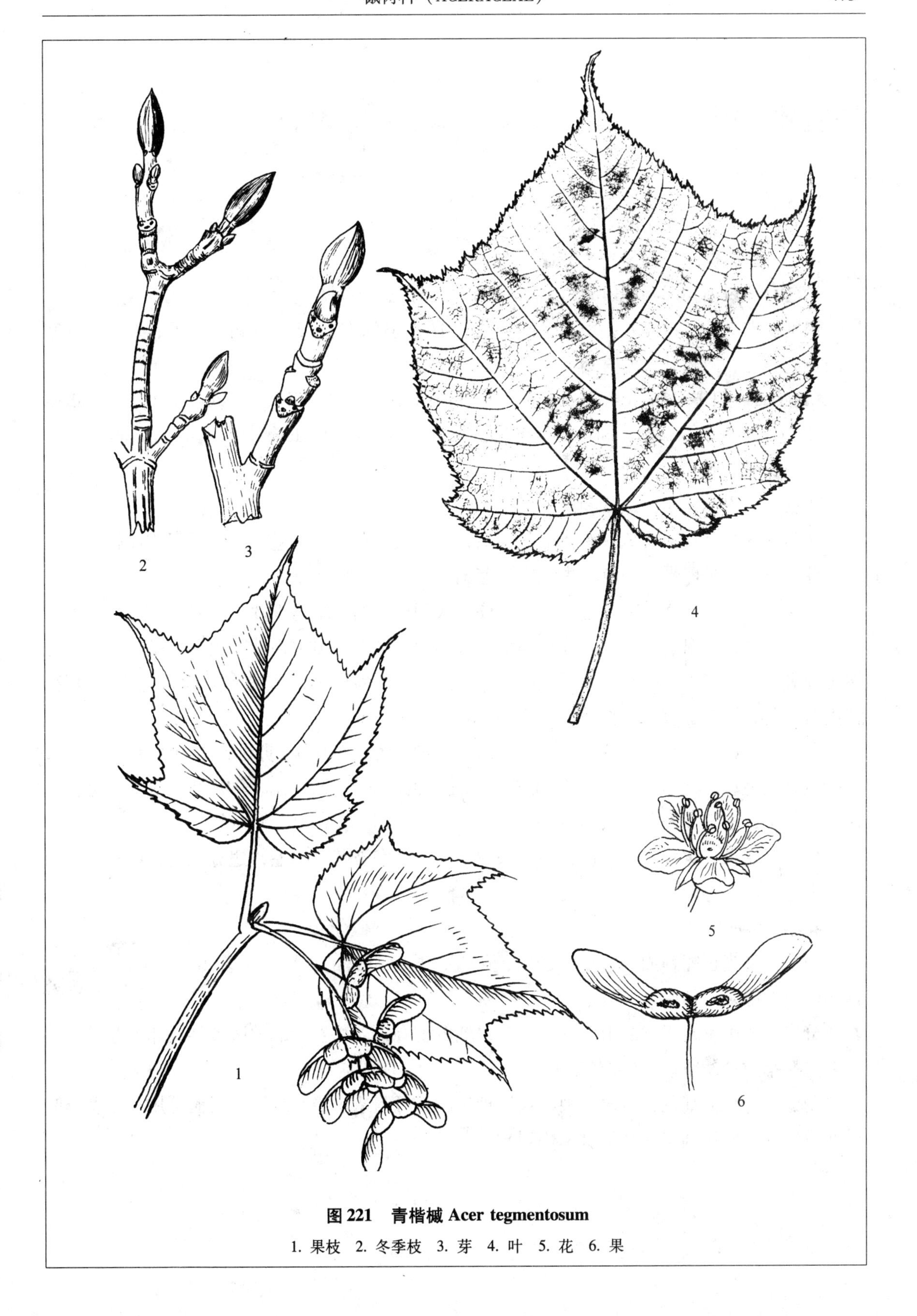

图 221　青楷槭 Acer tegmentosum

1. 果枝　2. 冬季枝　3. 芽　4. 叶　5. 花　6. 果

柠筋槭

科名：槭树科（ACERACEAE）

中名：柠筋槭 柠筋子 三花槭 图 222

学名：Acer triflorum Kom.（种加词为“具有三朵花的”）。

识别要点：乔木；复叶，由 3 小叶组成；对生；叶缘有 2 ~ 3 个大齿，有毛；双翅果，密生淡黄色柔毛，两翅开展近直角。

Diagnoses: Tree; Leaves compound, 3 leaflets; opposite; 2 ~ 3 big serrates on margin, pubescent; Fruits double samaras, covered with paler yellow pubescent, diverging about right angle.

树形：落叶乔木，高约 10m。

树皮：红褐色，常成片状剥落。

枝条：灰褐色或淡紫色，有稀疏的柔毛，老枝紫褐色或灰褐色，皮孔圆形或卵圆形。

芽：对生，长卵形，褐色，先端尖，芽鳞多数，交互对生排列，边缘有睫毛。

木材：淡黄色或略带粉红色，质地较硬，纹理多扭曲，结构细致，比重 0.81。

叶：对生，三出复叶；小叶片长卵形或长卵状披针形，顶生小叶有短柄，基部楔形，先端短渐尖，边缘有 1 ~ 3 个大齿；两侧小叶无柄，基部斜楔形，边缘有大齿；表面深绿色，背面黄绿色，沿叶脉有白色长毛，长 7 ~ 9cm，宽 5 ~ 7cm。

花：伞房花序，具三朵花；花杂性，同株；黄绿色；萼片 5，卵圆形，有柔毛；花瓣 5，黄绿色，无毛；雄蕊 10 ~ 12，花丝细长，两性花的雄蕊较短；雌蕊子房密被白色柔毛，花柱基部合生，上部 2 裂，柱头反卷。

果：双翅果，宽大，黄褐色，小坚果中央凸出，密被黄色柔毛，翅宽无毛，两翅果之间开展近直角。

花期：5 月；果期：9 月。

习性：喜光也能耐阴，喜生于肥沃而潮湿、排水良好的土壤中。多生于 1000m 左右的针阔混交林缘及疏林中。

分布：我国东北三省的山区都有分布；朝鲜也有；吉林省东部山区各县（市）皆产。

抗寒指数：幼苗期 I，成苗期 I。

用途：木材淡红色，质地坚硬，且纹理扭曲，可制造车船及炕沿、门槛等用；在秋季叶子变成鲜红，各地庭园多移栽供绿化观赏。

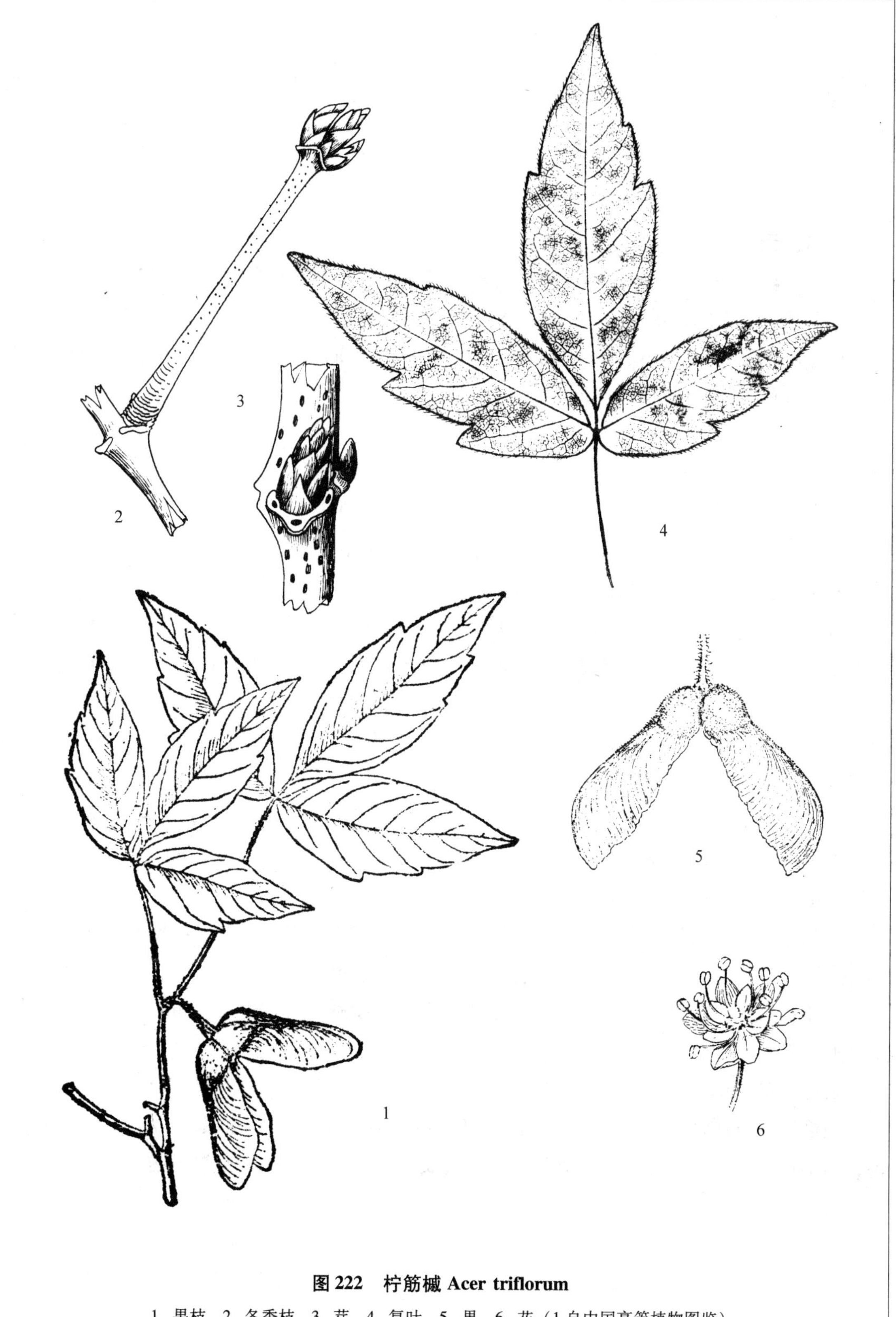

图 222　柠筋槭 Acer triflorum

1. 果枝　2. 冬季枝　3. 芽　4. 复叶　5. 果　6. 花（1 自中国高等植物图鉴）

元宝槭

科名：槭树科（ACERACEAE）

中名：元宝槭 平基槭 五角枫 图 223

学名：Acer truncatum Bunge（种加词为“截形的”，指叶基部）。

识别要点：乔木；单叶对生；叶片掌状 5 裂，基部截形，翅果，小坚果与翅近于等长。

Diagnoses：Tree；Leaves simple，opposite，usually 5 lobed，truncate in base；Fruits double samaras，wing as same length as nut.

树形：落叶乔木，高 6 ~ 8m。

树皮：灰褐色，有纵裂沟。

枝条：幼枝绿色，有光泽，老枝灰褐色，皮孔卵圆形，灰白色。

芽：卵圆形，对生，先端钝尖，灰褐色，芽鳞多片，对生，有短柔毛。

木材：材质坚硬，纹理通直，花纹美丽。

叶：单叶对生；叶片 5 裂，偶有 3 或 7 裂，裂片长三角形，先端尾状尖或锐尖，基部截形或近心形，边缘无齿，表面绿色，背面淡绿色，无毛，长 5 ~ 10cm，宽 7 ~ 13cm。

花：杂性花，雌雄同株；伞形花序，顶生；花黄绿色，直径约 8mm；萼片 5，长圆形，先端钝；花瓣 5，倒卵形，有爪；雄蕊 8，插生于花盘上，花药黄色；雌蕊子房扁圆形，无毛，花柱 2 裂，柱头无毛，反卷。

果：双翅果，幼时淡绿色，成熟时淡黄色或黄褐色，小坚果多边形，翅长圆形，有脉纹，本种的小坚果约与翅等长，两翅展开的角度为钝角。

花期：5 月；果期：8 ~ 9 月。

习性：喜光但可适当耐阴，喜肥沃及潮湿土壤。常生于海拔较低的阳坡或半阴坡，与其他针阔叶树混生。

分布：我国东北南部、华北、华东及西北各地；朝鲜及日本也有分布；吉林省南部老岭山区有分布。

抗寒指数：幼苗期 I，成苗期 I。

用途：木材质地坚硬，黄白色，心材略带红褐色，适合制造家具、门窗、细木工及乐器；树形优美，入秋后叶变黄，为庭园绿化优良树种；还是优良的蜜源植物。

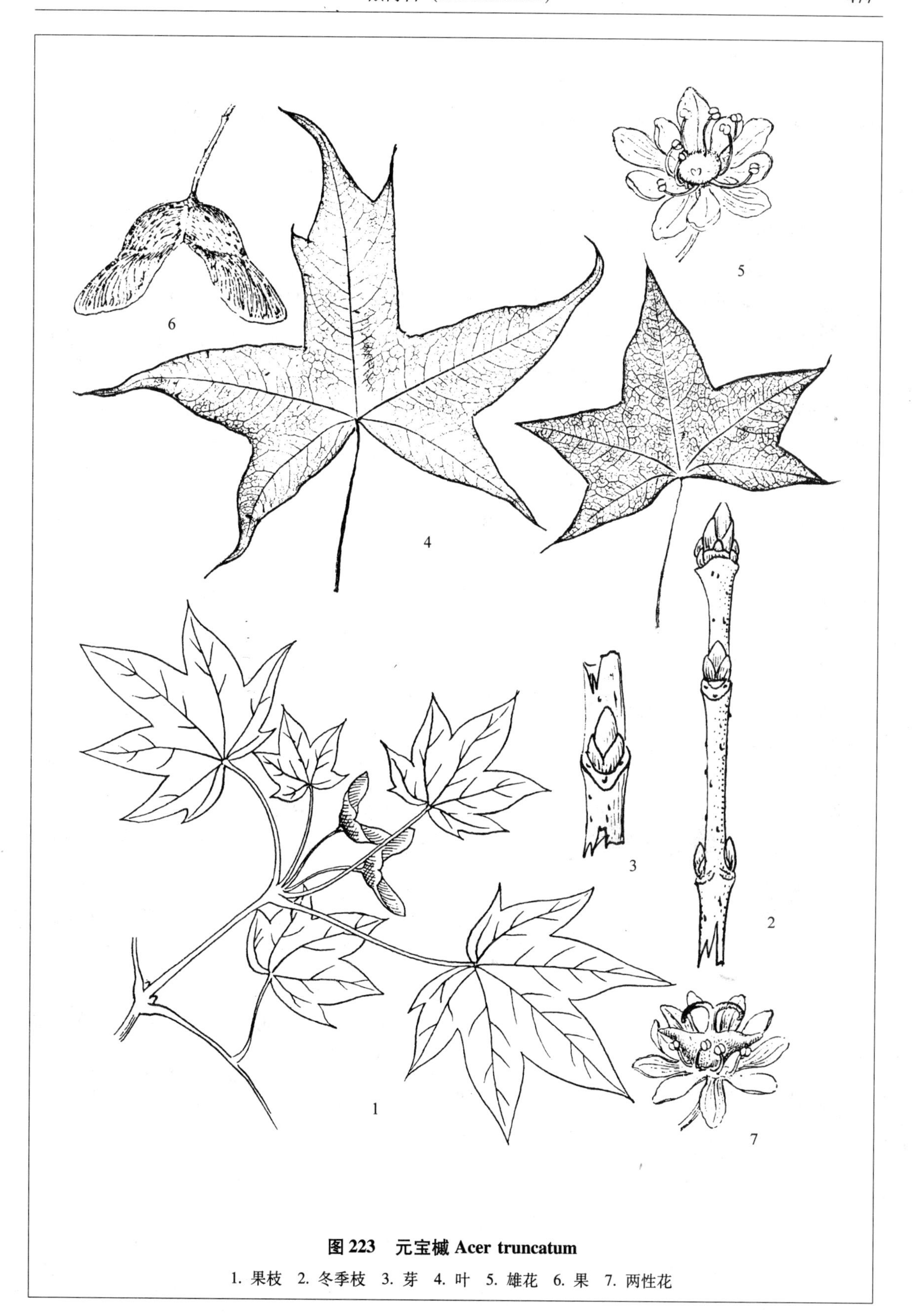

图 223　元宝槭 Acer truncatum

1. 果枝　2. 冬季枝　3. 芽　4. 叶　5. 雄花　6. 果　7. 两性花

花楷槭

科名：槭树科（ACERACEAE）

中名：**花楷槭**　花楷子　图 224

学名：**Acer ukurunduense Trautv. et Mey.**（种加词为俄罗斯东部的地名）。

识别要点：小乔木；单叶对生；叶片近圆形，5 裂，背面有淡黄色的绒毛；总状花序，雌雄异株；花黄绿色；双翅果，开展约 90°角。

Diagnoses：Small tree；Leaves simple，opposite，blades nearly orbicular，5 lobes，paler yellow tomentose beneath；Fruits double samaras，diverging by 90°angle.

树形：落叶小乔木，高约 10m。

树皮：灰褐色或深褐色，粗糙，常呈薄片状脱落。

枝条：幼枝红褐色，有光泽，幼时有柔毛，后无毛。

芽：冬芽对生，长椭圆形，先端钝尖，芽鳞 2 片，暗红色，有短柔毛。

木材：淡黄略带粉红色，材质轻软，纹理通直，结构略粗。

叶：单叶对生；叶片宽卵形或近圆形，5 裂，中央裂片较宽大，其余裂片较小，先端渐尖，基部心形，边缘有粗大锯齿，表面深绿色，背面黄灰色，被有厚的绒毛，长 6 ~ 12cm，宽 5 ~ 7cm。

花：雌雄异株；总状花序；花黄绿色；萼片 5，披针形，有短柔毛；花瓣 5，倒披针形；雄蕊 8，无毛，着生于花盘的边缘，花药黄色；雌蕊子房密被绒毛。

果：双翅果，幼时淡红色，成熟时黄褐色，果穗直立或斜上，小坚果卵圆形，有柔毛，两翅间展开角度约成直角。

花期：6 月；果期：8 ~ 9 月。

习性：喜中等光照及潮湿、肥沃的土壤。多生于海拔 1000m 以上的针阔混交林缘或疏林内。

分布：我国东北三省的林区；朝鲜、俄罗斯及日本也有分布；吉林省东部长白山区 1000m 以上有分布。

用途：木材可供制造家具及农具；也可作庭园绿化、观赏树种。

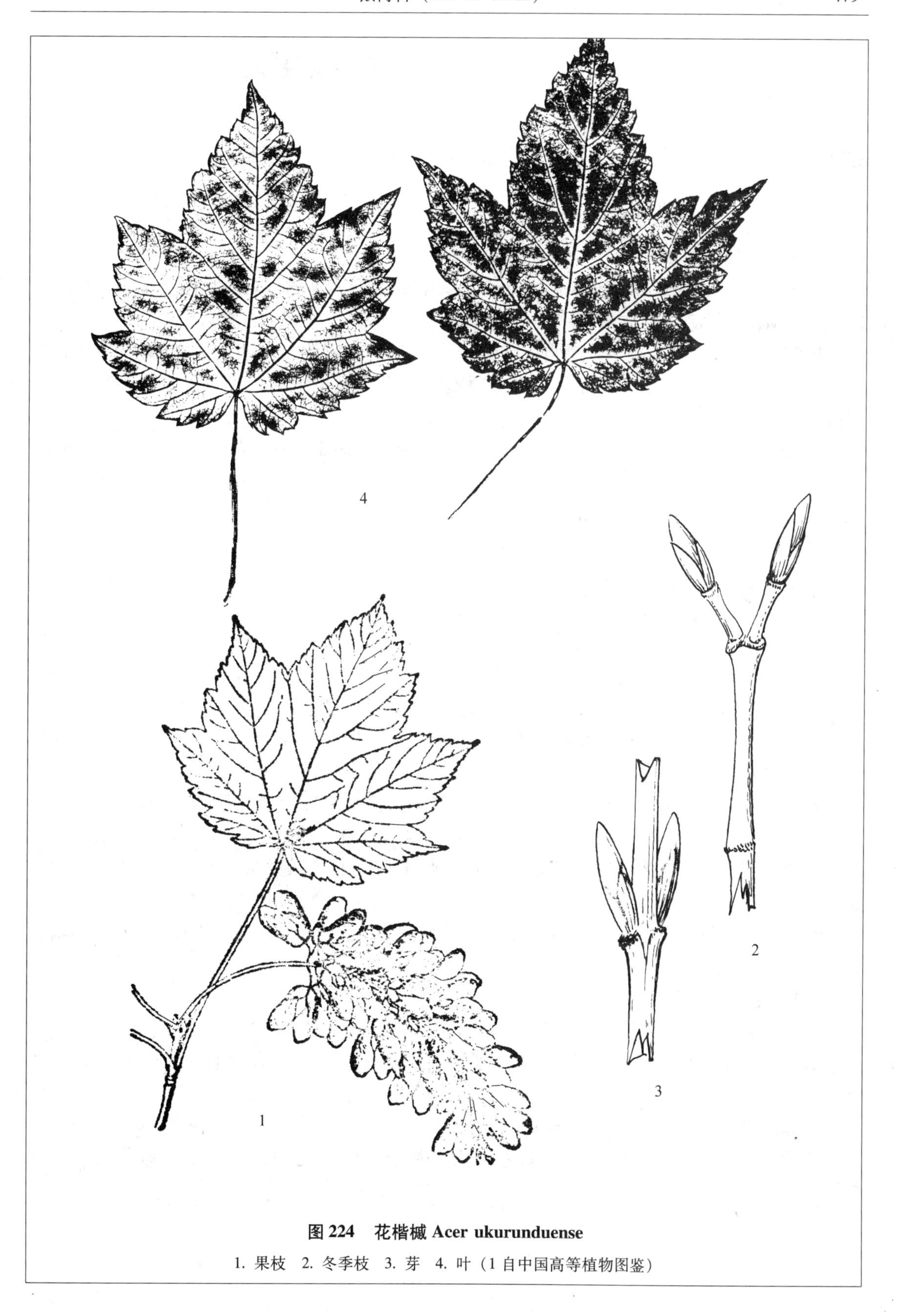

图 224　花楷槭 Acer ukurunduense

1. 果枝　2. 冬季枝　3. 芽　4. 叶（1 自中国高等植物图鉴）

无患子科（SAPINDACEAE）

栾树

科名：无患子科（SAPINDACEAE）

中名：栾树　图 225

学名：**Koelreuteria paniculata Laxm.**（属名为人名：Joseph Gottlieb Koelreuter，1733～1806，德国植物学家；种加词为"圆锥花序的"）。

识别要点：乔木；2 回羽状复叶，互生；小叶片 7～18 枚，卵圆形或宽卵形，有锯齿；圆锥花序，顶生；花黄色，萼片，花瓣 4，雄蕊 8；蒴果果皮纸质，成泡状；种子 3，黑色，近圆形。

Diagnoses：Tree；Odd-pinnate or bipinnate，alternate；Leaflets 7～18，ovate or broad-ovate，serrates；Panicle，terminate；Flowers yellow，calyx 5 lobed，petal 4，stamen 8；Capsule，bladdery，with papery walls；Seeds 3，black.

染色体数目：2n = 22，30。

树形：落叶乔木，高达 10m。

树皮：暗褐色，有浅裂纵沟。

枝条：小枝暗褐色，有密而突起的皮孔。

芽：冬芽外包有 2 枚较大的芽鳞，无毛。

叶：大形羽状复叶，部分叶为二回羽状复叶；小叶片 7～15 枚，卵圆形或卵状长圆形，楔形或圆形，先端渐尖，边缘有不整齐的粗锯齿或羽状分裂，表面绿色，背面淡绿色，疏生短柔毛，复叶总长 20～40cm。

花：圆锥花序，顶生，长 25～40cm；花黄色，萼 5 深裂，裂片椭圆状卵形，先端钝，有睫毛；花瓣 4，偏向一侧，狭长圆形，基部心形，两侧呈耳状，有爪，有灰白色长柔毛；雄蕊 8 枚，着生于花盘上，中下部密生灰白色长柔毛；子房三棱状卵形，有长柔毛，花柱短，柱头微 3 裂。

果：蒴果膜质，囊状，长三角状卵形，先端渐尖，长 4.5～5.5cm，宽 3.5cm，冬季在枝端宿存。

花期：6 月；**果期**：9 月。

习性：喜光也适当耐阴，喜肥沃而疏松土壤。生于杂木林缘或林内。

分布：辽宁以南至华北、西南及西北各地；朝鲜及日本也有分布；吉林省各地皆为栽植。

抗寒指数：幼苗期 IV，成苗期 I。

用途：木材可制农具；花可作黄色染料；种子可制工业用油；为庭园绿化观赏优良树种。

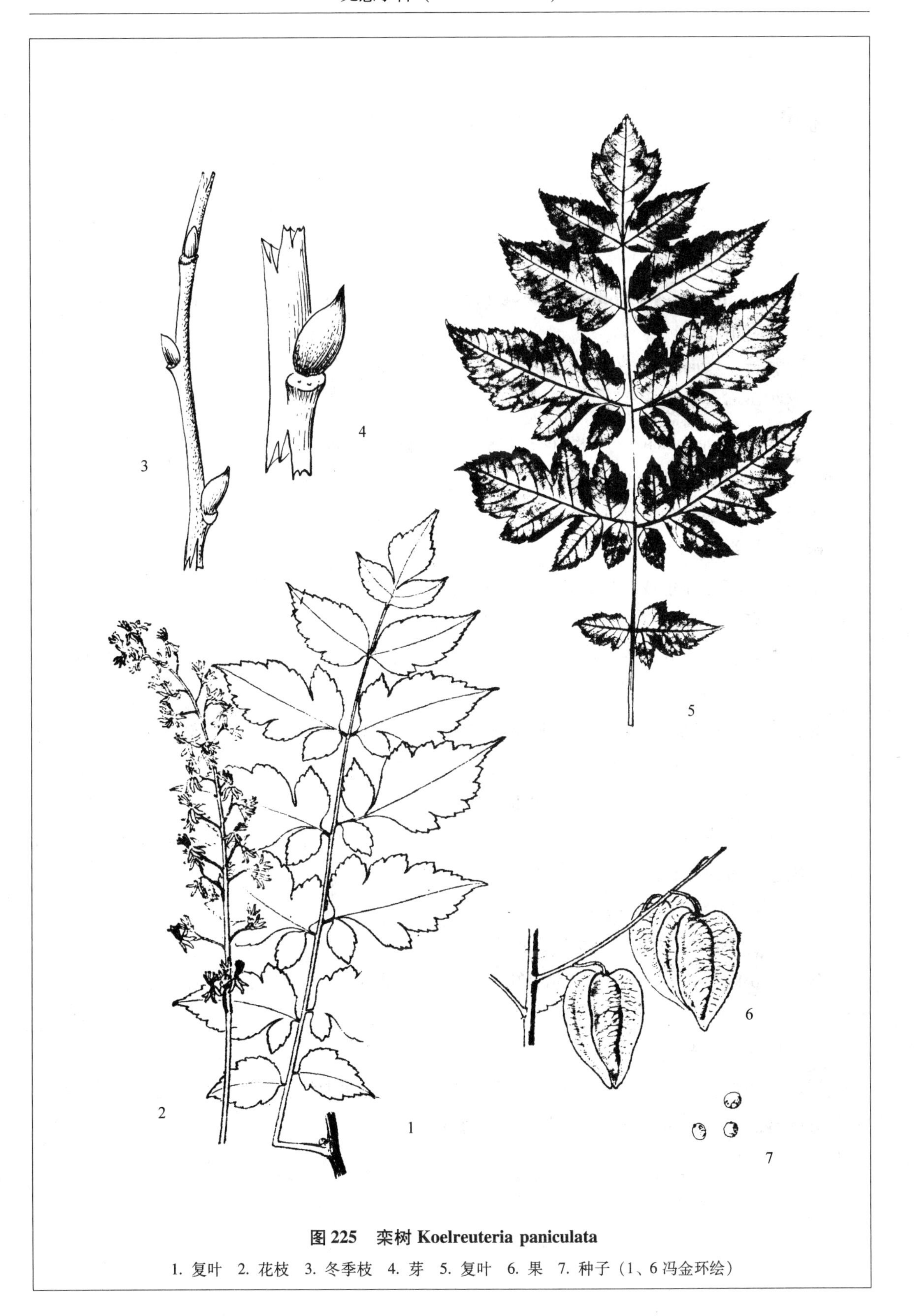

图 225 栾树 Koelreuteria paniculata

1. 复叶 2. 花枝 3. 冬季枝 4. 芽 5. 复叶 6. 果 7. 种子（1、6 冯金环绘）

文冠果

科名：无患子科（SAPINDACEAE）

中名：**文冠果**　文官果　图 226

学名：**Xanthoceras sorbifolia Bunge**（属名为希腊文 xanthos 黄色 + keras 角；种加词为“似花楸叶子的”）。

识别要点：落叶小乔木；叶为羽状复叶，互生；圆锥花序；花白色，喉部紫红色；蒴果大，球形，成熟后 3 裂。

Diagnoses：Deciduous small tree；Leaves compound pinnate，alternate；Panicle；Flowers white，pink in throat；Capsule large，globose，open to 3 lobes when maturity.

树形：落叶小乔木，高 3 ~ 8m。

树皮：灰褐色，纵条裂。

枝条：新枝呈绿色或红色，皮孔纵向排列，灰白色，明显，密被短柔毛。

芽：广卵形。

叶：奇数羽状复叶，长 15 ~ 30cm；小叶片 9 ~ 19 枚，披针形，有锯齿，先端尖锐，基部楔形，表面无毛，背面有柔毛，长 2 ~ 6cm，宽 1 ~ 2cm。

花：为大型圆锥花序，长 12 ~ 30cm；花大，直径 2 ~ 2.5cm；萼片长椭圆形，绿色；花瓣白色，花喉部红色或黄褐色；雄蕊 8 枚，长 7 ~ 8mm；子房卵形，长约 1cm，花柱柱头 3 裂；花盘 5 裂，生有角状的橙红色的附属物。

果：球形，有短尖嘴，成熟时黄绿色，直径 4 ~ 8cm，室背开裂为 3 个果瓣；种子圆球形，暗黑色，种脐灰白色，直径约 1cm。

花期：5 月；果期：7 ~ 8 月。

习性：耐寒性强，喜光，耐干旱及瘠薄土壤。

分布：我国北方的辽宁、河北、山东、山西、陕西、河南等地；吉林省西部曾大量栽植。

抗寒指数：幼苗期 I，成苗期 I。

用途：种仁含油率达 55% ~66%，可食用及工业用润滑油；花芳香、美丽供绿化观赏；为良好的蜜源植物；木材坚实、细致，可制家具。

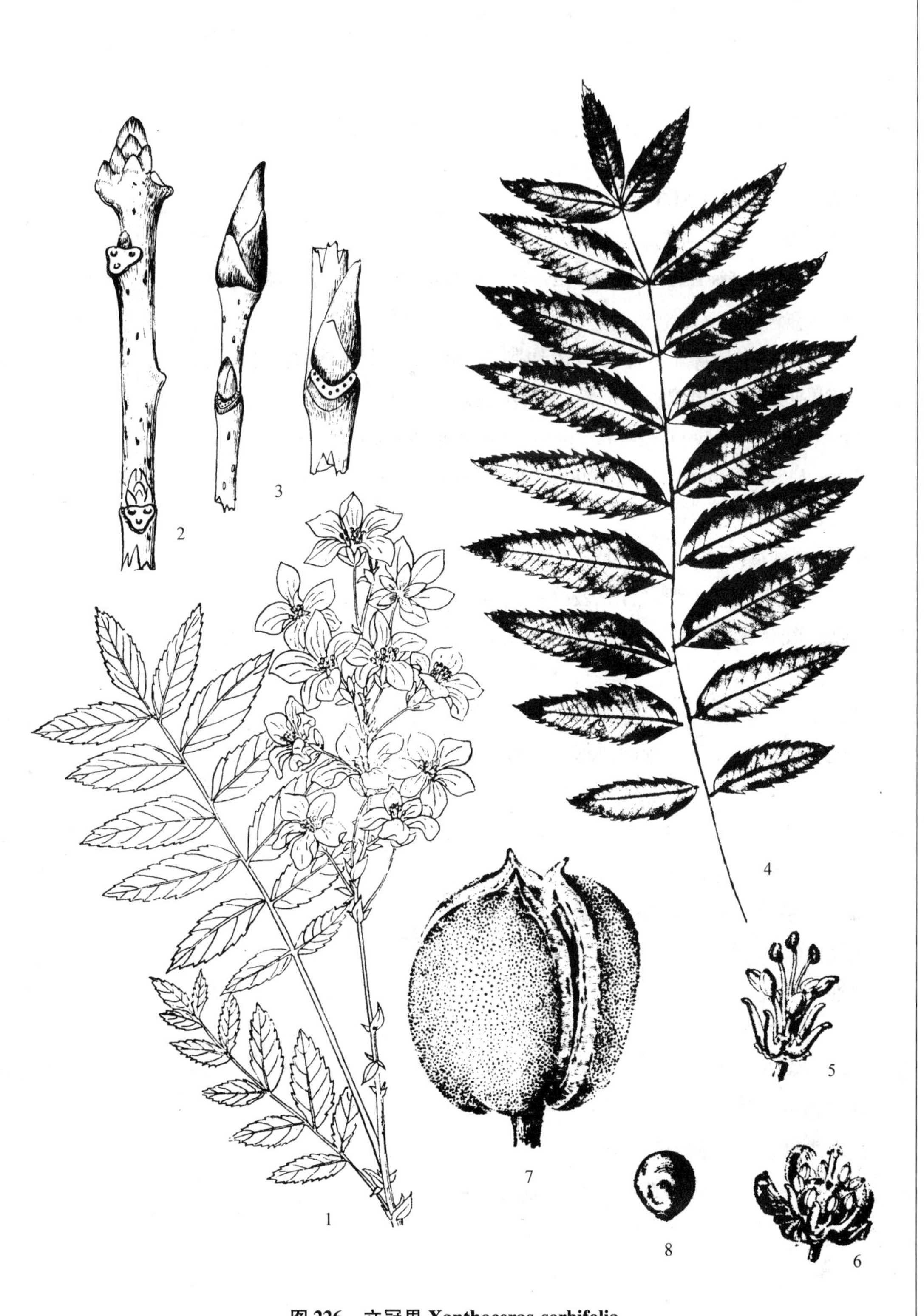

图 226 文冠果 Xanthoceras sorbifolia

1. 花枝 2. 冬季枝 3. 芽 4. 复叶 5. 雌花 6. 两性花 7. 果 8. 种子（5、6、7、8 张桂芝绘）

卫矛科（CELASTRACEAE）

刺南蛇藤

科名：卫矛科（CELASTRACEAE）

中名：刺南蛇藤　图 227

学名：Celastrus flagellaris Rupr.（属名为希腊文南蛇藤的植物原名；种加词为“鞭状的”）。

识别要点：木质藤本；小枝有短钩刺；单叶，互生；叶宽卵形或心形；花多为单生，黄白色；蒴果近球形，黄绿色，3 裂；假种皮深红色。

Diagnoses：Woody vine；Branchlets with short hooks；Leaves simple，alternate，broad-ovate or cordate；Flower solitary，pale yellow；Fruit capsule，nearly globose；Aril dark red.

染色体数目：2n＝46。

树形：落叶藤本，长达 10m。

树皮：红褐色，粗糙，有纵裂纹或浅沟。

枝条：幼枝绿褐色，节处生有托叶变成的钩状短刺及不定根，皮孔明显。

芽：卵圆形，淡褐色。

叶：单叶，互生；叶片宽卵形或心形，先端短渐尖或突尖，基部圆形或心形，边缘有刚毛状的细齿，表面绿色，背面淡绿色，脉上有短柔毛，长 3.5～10cm，宽 3～7cm。

花：多为单生，或 2～3 枚簇生；黄白色，具短梗；花单性；萼筒钟状，5 裂，裂片长圆形；花瓣长圆形；雄花雄蕊着生于花盘边缘，花丝伸出花瓣外，雌蕊退化；雌花中的雄蕊退化，子房 3 室，花柱圆柱状，柱头 6 裂。

果：蒴果扁球形，成熟时 3 瓣裂；假种皮深红色。

花期：6～7 月；果期：8～9 月。

习性：喜光，喜潮湿及肥沃土壤，常生于山谷、河岸低湿地的林缘或灌丛中，枝条缠绕或附着于其他树木上。

分布：东北、华北及浙江等地；朝鲜、日本及俄罗斯也有分布；吉林省多分布与东部山区各县（市）。

抗寒指数：幼苗期 I，成苗期 I。

用途：种子含油率达 50%，可榨制工业用油。

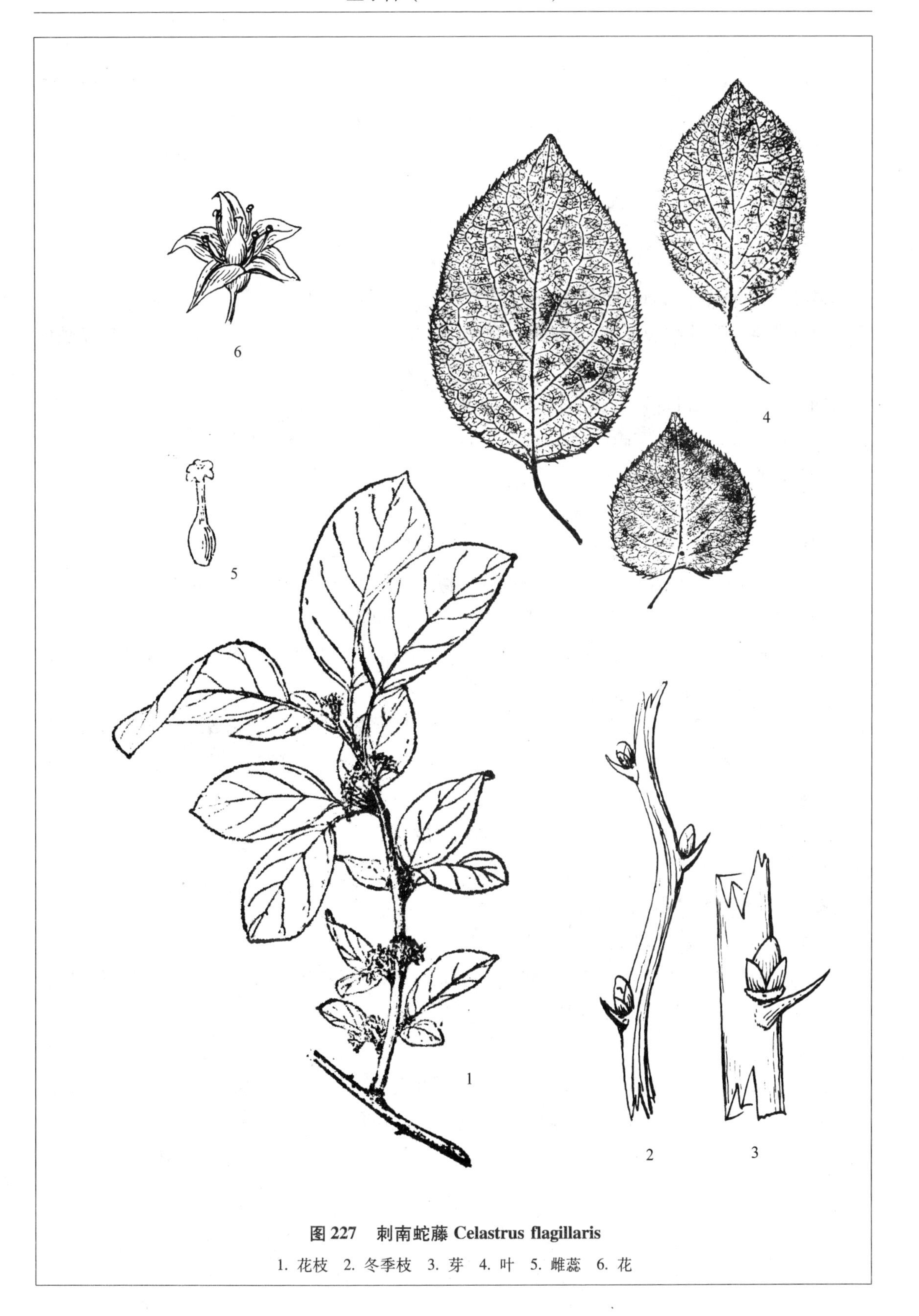

图 227　刺南蛇藤 Celastrus flagillaris

1. 花枝　2. 冬季枝　3. 芽　4. 叶　5. 雌蕊　6. 花

南蛇藤

科名：卫矛科（CELASTRACEAE）

中名：南蛇藤　金红树　图 228

学名：Celastrus orbiculatus Thunb.（种加词的意思为“圆形的”）。

识别要点：落叶缠绕藤本；叶互生，近圆形；蒴果球形，成熟时 3 裂；种子有橘红色的假种皮。

Diagnoses: Deciduous climbing vine; Leaves alternate, nearly orbicular; Fruit a capsule, globular, spiltting 3 lobes when maturity; Scarlet arils covering seeds.

染色体数目：2n＝46。

树形：为落叶缠绕藤本，长达 10m。

树皮：灰褐色，有纵棱及线条状裂，皮孔近椭圆形，淡红褐色。

枝条：灰褐色，纵裂明显，皮孔椭圆形，纵向排列；叶痕半圆形，束痕马蹄形。

芽：扁卵形，褐色，先端钝头，芽鳞多片，表面粗糙。

叶：近圆形或倒卵形，基部楔形或圆形，先端短渐尖，边缘有钝齿，表面绿色，背面淡绿色，无毛，长 4～8cm，宽 3～6cm。

花：聚伞花序顶生或腋生，有 5～7 朵花；杂性；萼片 5 裂；花瓣 5，长圆状卵形，淡绿色；雄花中有雄蕊 5 枚，发育正常；雌花中雄蕊发育不良，中间有 1 枚雌蕊，子房短圆柱形，花柱短，顶端 3 裂。

果：蒴果，近球形，橙黄色，直径约 1cm，成熟时 3 裂；种子的假种皮肉质，橘红色，种皮白色。

花期：5～7 月；**果期：**8～9 月。

习性：生于山坡林缘，多缠绕于灌丛上。

分布：我国东北、华北、华东、华中、西北、西南各省（自治区）；也产于朝鲜、俄罗斯及日本；吉林省中部半山区各市、县均产。

抗寒指数：幼苗期 I，成苗期 I。

用途：枝、藤可入药，称“冬青”，能祛风活血、消肿止痛；果实入药，主治神经衰弱、心悸、失眠、健忘等症；为庭院立体绿化的优良树种。

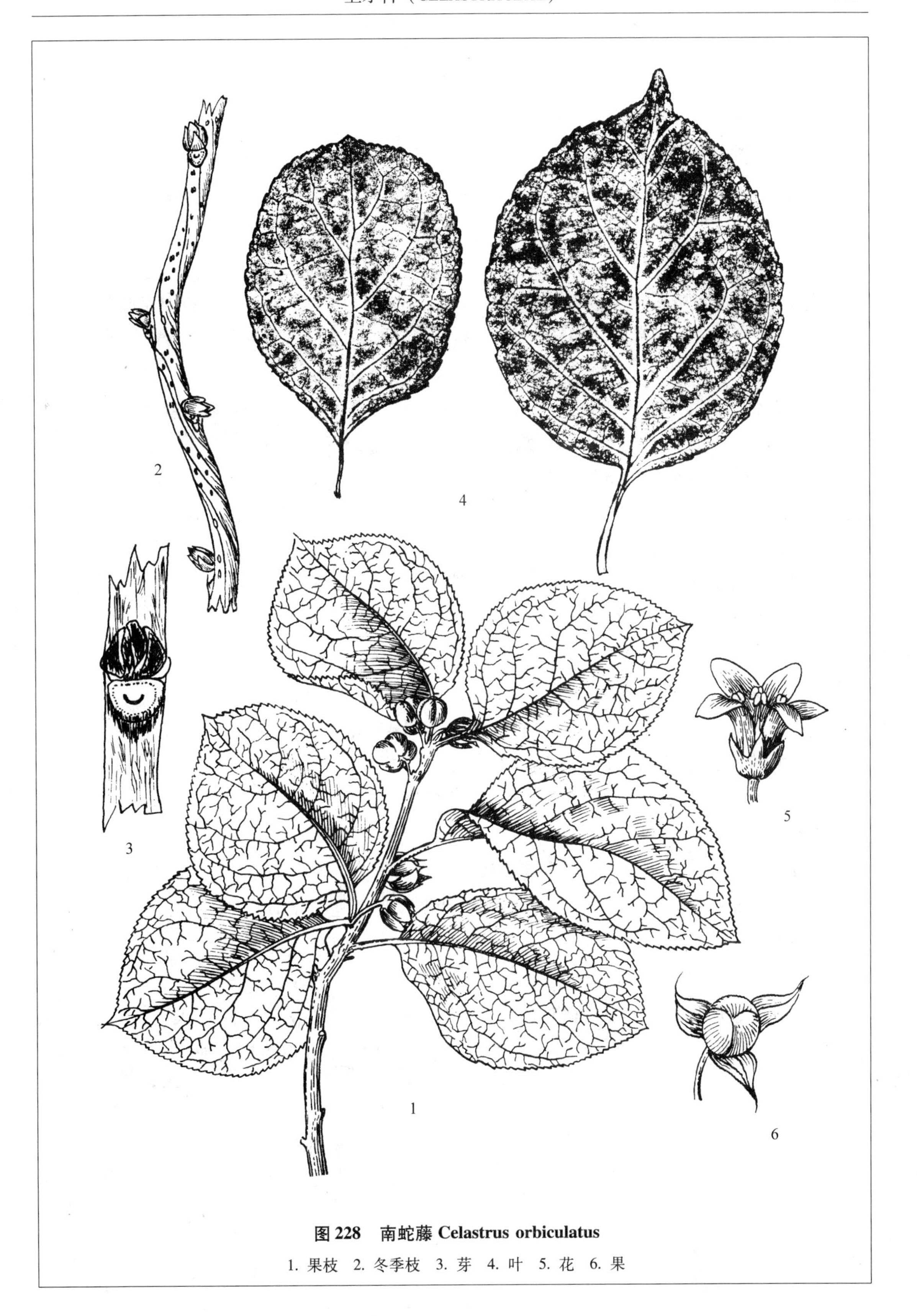

图 228　南蛇藤 Celastrus orbiculatus

1. 果枝　2. 冬季枝　3. 芽　4. 叶　5. 花　6. 果

卫矛

科名：卫矛科（CELASTRACEAE）

中名：卫矛　鬼箭羽　图 229

学名：**Euonymus alatus（Thunb.）Sieb.** —E. sacrosancta Koidz.（属名为希腊文 euonymus，是该植物原名，来自 eu 良好的 + onyma 名称；种加词为“高的”；异名种加词为“神圣的”）。

识别要点：落叶灌木；枝上有 4 条木栓质翅；单叶，对生，叶片椭圆形或倒卵形；聚伞花序；花黄绿色，花瓣 4，近圆形；雄蕊 4；蒴果；有橘红色的假种皮。

Diagnoses：Deciduous shrub；Branchlets usually with 4 broad corky wings；Leaves simple，opposite，blades elliptic or obovate；Cyme；Flowers greenish yellow；petals 4，nearly rounded；stamens 4；Capsule；Aril scarlet.

树形：落叶灌木，高 1～2m。

枝条：绿褐色，常具有四条的木栓质翅。

叶：单叶，对生；叶片椭圆形或倒卵形，基部楔形，先端短渐尖，边缘有细锯齿，两面无毛，表面深绿色，背面淡绿色，长 3～7cm，宽 1.2～3cm。

花：聚伞花序，有花 1～3 朵；花黄绿色；萼片 4；花瓣 4，近圆形；雄蕊 4，插生于花盘上，花药黄色；雌蕊子房包埋在花盘内，4 心皮，但只有 1～2 个发育。

果：蒴果，长圆形，成熟时开裂；假种皮橘红色。

花期：5 月；果期：8～9 月。

习性：喜光，但也耐阴，耐寒，喜肥沃及湿润的土壤。常生于阔叶林内或林缘。

分布：东北三省以及华北各省；朝鲜和俄罗斯及日本也有分布；吉林省分布于东部山区各县（市）。

抗寒指数：幼苗期 I，成苗期 I。

用途：木材质地较硬，纹理细致，色淡黄，可供木工雕刻用；枝条入药，名“鬼箭羽”，有破血、通经之效；入秋后叶片变鲜红色，是绿化、彩化的重要树种。

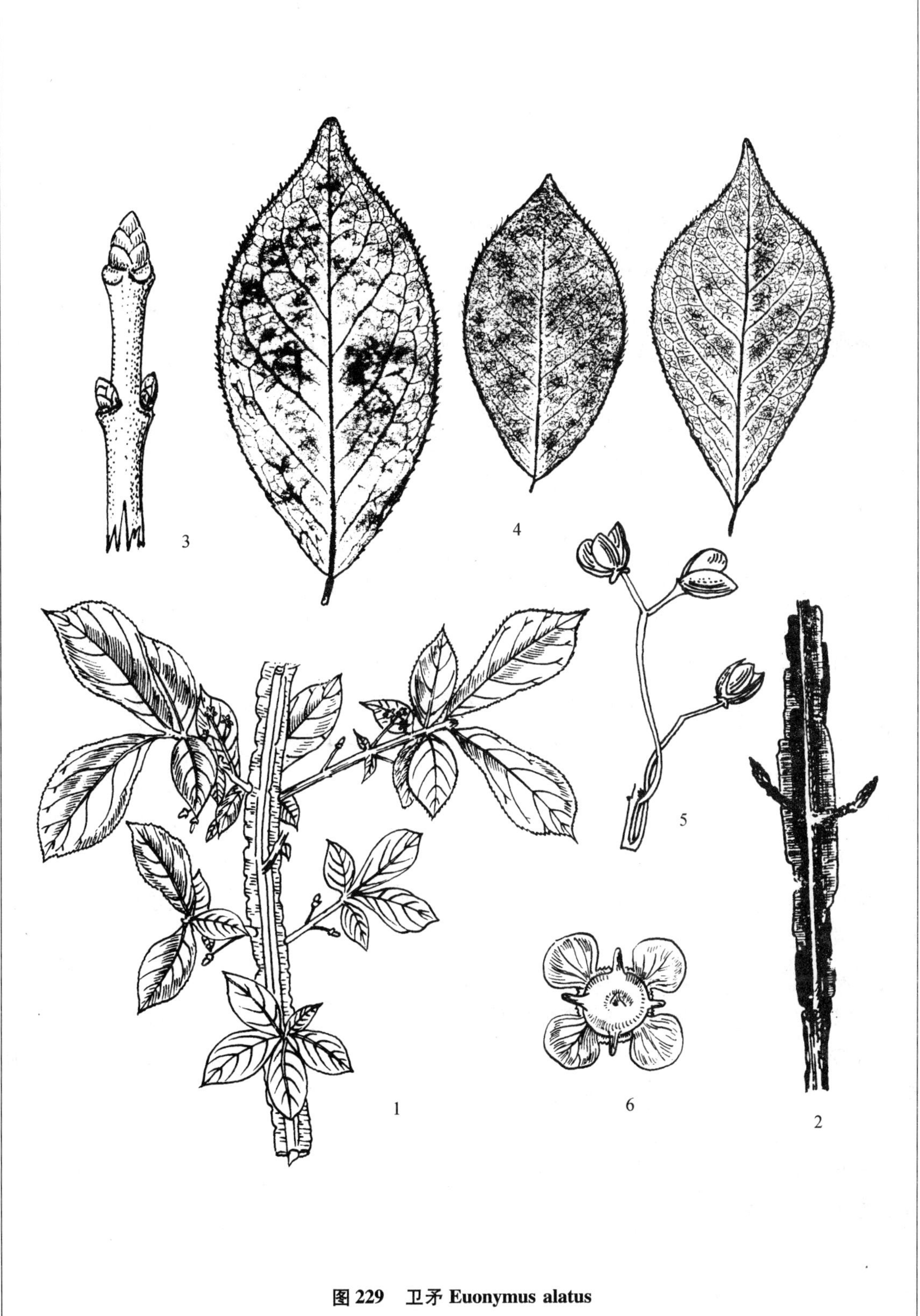

图 229　卫矛 Euonymus alatus

1. 带叶枝　2. 冬季枝　3. 芽　4. 叶　5. 果枝　6. 花

桃叶卫矛

科名： 卫矛科（CELASTRACEAE）

中名： **桃叶卫矛**　明开夜合　白杜　丝绵木　图230

学名： **Euonymus bungeanus Maxim.**（属名为希腊神话中的神名；又可解释为希腊文 eu 好的 + onyma 名字；种加词为人名，A. V. Bunge，1803～1890，爱沙尼亚植物学家）。

识别要点： 落叶小乔木；叶对生；叶片椭圆形；花黄绿色，4 花瓣；蒴果粉红色，4 深裂；假种皮橙红色。

Diagnoses： Deciduous small tree; Leaves opposite, blades elliptic; Flowers greenish yellow, petals 4; Capsule lightly pink, deeply 4 lobed; Aril scarlet.

树形： 落叶小乔木，高 2～6m。

树皮： 灰色，光滑，有浅裂纵沟。

枝条： 绿褐色，小枝对生，有不明显的纵沟，皮孔纺锤形，黄褐色。

芽： 小，淡褐色，卵圆形，先端钝，有芽鳞 9～10 片，对生。

木材： 黄白色，纹理细致。

叶： 对生；叶片椭圆形或狭卵形，基部楔形或宽楔形，先端渐尖，边缘有细锯齿，两面绿色，无毛，叶柄长 0.7～3cm，叶片长 2～8cm，宽 1.3～4cm。

花： 聚伞花序，由 3～7 朵花组成；花黄绿色，直径 0.6cm；萼片 4 枚；花瓣 4 枚，长圆形，长约 4mm；雄蕊 4，花药紫色；子房上位；花盘肥大，雄蕊的花丝及雌蕊的子房皆半埋于其中。

果： 蒴果，扁圆球形，直径约 1cm，果皮粉红色，成熟后 4 裂；假种皮橙红色，种皮淡粉红色或白色，光滑。

花期： 6 月；果期：9～10 月。

习性： 生于阔叶林缘或山地沟谷的肥沃、潮湿的土壤上。

分布： 我国东北、华北、西北、华东、华中及西南各地；也产于朝鲜及日本；吉林省为栽植。

抗寒指数： 幼苗期 I，成苗期 I。

用途： 木材纹理细致，黄白色，可作器具及供雕刻用；树皮含硬橡胶；叶、果美观，为北方理想的绿化树种。

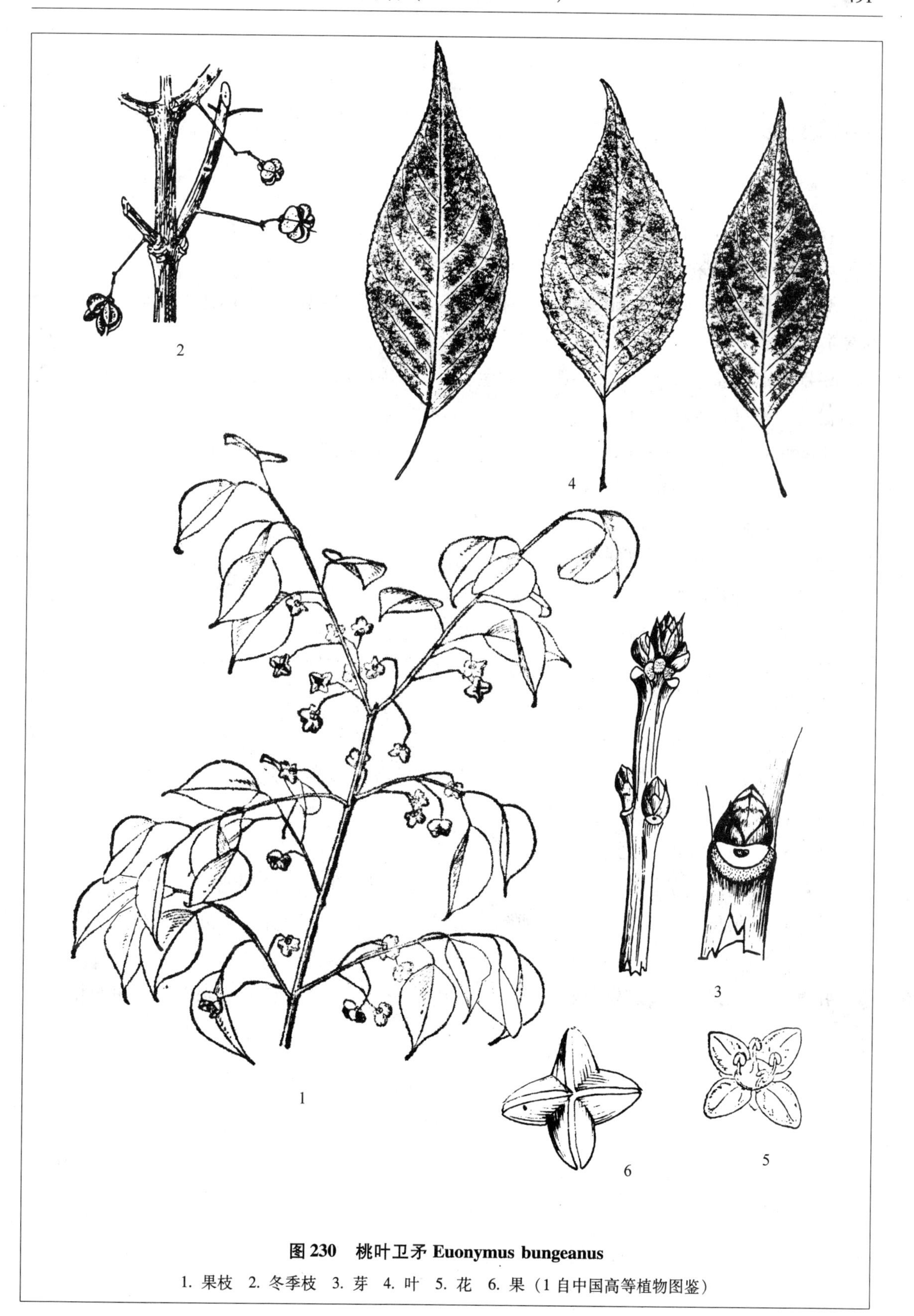

图 230　桃叶卫矛 Euonymus bungeanus

1. 果枝　2. 冬季枝　3. 芽　4. 叶　5. 花　6. 果（1 自中国高等植物图鉴）

华北卫矛

科名：卫矛科（CELASTRACEAE）

中名：华北卫矛 图231

学名：Euonymus maackii Rupr.（种加词为人名Richaid Maack，1825～1886，俄国博物学家）。

识别要点：灌木或小乔木；单叶，对生；叶片椭圆形或长圆形；聚伞花序，4基数；花瓣黄白色；蒴果；假种皮橙红色。

Diagnoses：Shrub or small tree；Leaves simple，opposite，blades elliptic or elongate；Cyme；Flowers tetramerous，petals pale yellow；Fruit capsule；Aril orange.

树形：落叶灌木或小乔木，高1～3m。

树皮：暗灰色并带有黑紫色，纵裂成浅沟。

枝条：圆柱状或近四棱形，灰褐色，幼枝灰绿色。

芽：卵状圆锥形，先端钝。

叶：单叶，对生；叶片椭圆形或长圆形，基部楔形或宽楔形，先端渐尖或短渐尖，边缘有细小锯齿，表面深绿色，背面淡绿色，长4～11cm，宽2～4cm。

花：聚伞花序，有花10余朵；花直径1～1.2cm；萼裂片4；花瓣4，黄白色，长圆状卵形，先端钝；雄蕊4，花药紫红色；花盘绿色，子房下部着生于其中，花柱圆柱形。

果：蒴果，倒圆锥形，直径约1cm，粉红色；种子2～3粒，假种皮橙红色。

花期：6月；果期：9月。

习性：喜光，喜潮湿及肥沃土壤。多生于河流两岸冲积土的开阔地或疏林内。

分布：东北及华北各地；日本、朝鲜及俄罗斯也有分布；吉林省多分布于东部山区各县（市）。

用途：木材黄白色，纹理致密，稍硬，可用于细木工雕刻；根皮含硬像胶；可栽培于庭园供绿化观赏。

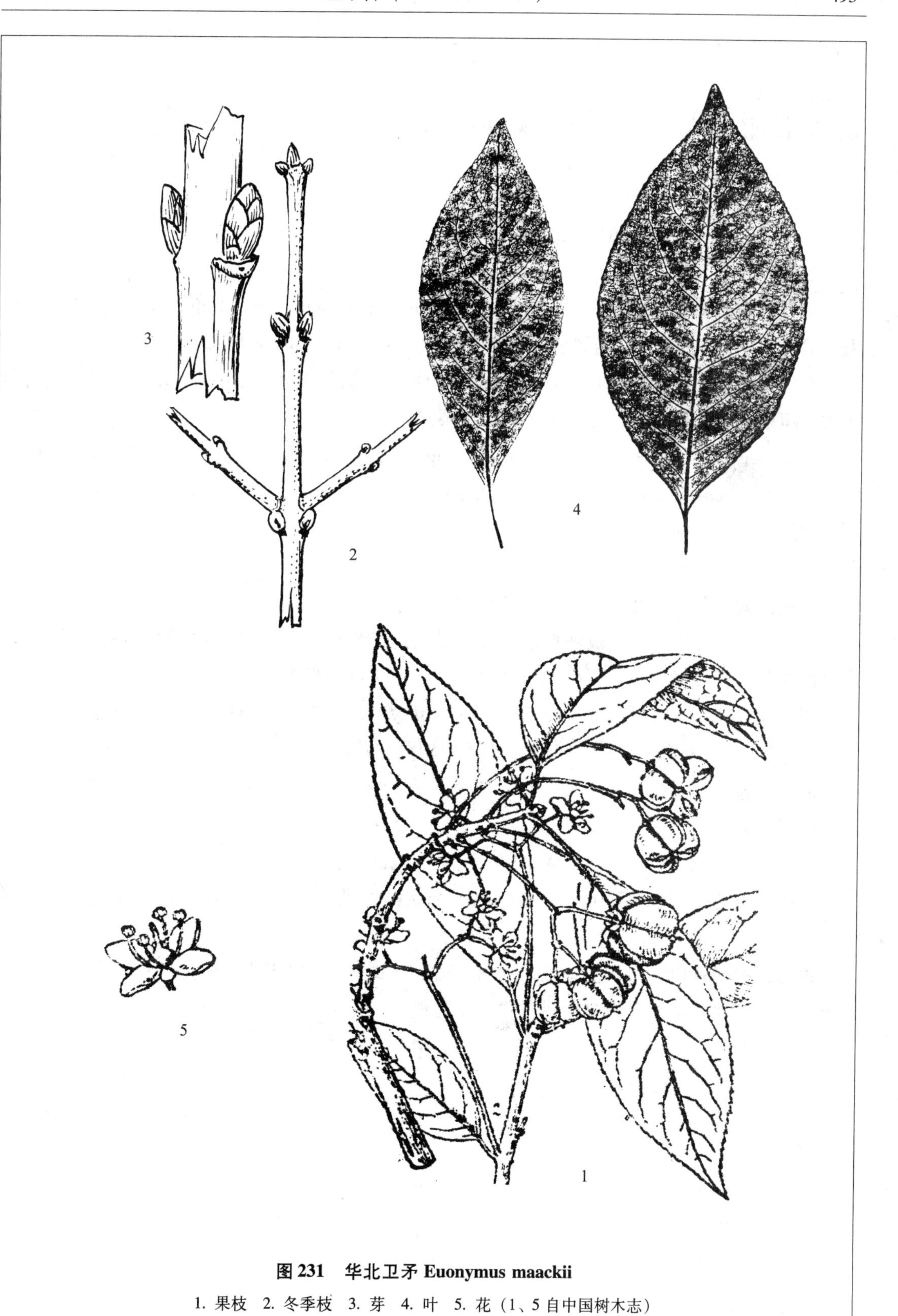

图 231　华北卫矛 Euonymus maackii

1. 果枝　2. 冬季枝　3. 芽　4. 叶　5. 花（1、5 自中国树木志）

翅果卫矛

科名： 卫矛科（CELASTRACEAE）

中名：翅果卫矛 黄瓤子 图 232

学名：Euonymus macropterus Rupr. —Kalonymus macroptera（Rupr.）Prokh.（种加词为“具有大型翅膀的”；异名属名为希腊文 kalo 美丽的 + onyma 名称）。

识别要点： 小乔木；单叶，对生；叶片倒卵形；聚伞花序，花梗细长；花浅黄绿色，4 基数；蒴果有 4 个长的翅，粉红色；假种皮橘红色。

Diagnoses: Small tree; Leaves simple, opposite, blades obovate; Cyme; Pedicel slinder; Flowers pale greenish yellow, tetramerous; Capsule, with 4 wings, light pink; Aril orange.

树形： 落叶小乔木，高 2 ~ 5m。

树皮： 灰褐色，较平滑。

枝条： 紫红色，粗壮，皮孔散生，灰白色。

叶： 单叶，对生；叶片倒卵形，基部楔形或宽楔形，先端渐尖，边缘有不明显的小齿，表面深绿色，背面淡绿色，两面光滑无毛，长 4 ~ 13cm，宽 2 ~ 6cm。

花： 聚伞花序，具多花，花梗细长；花浅黄绿色；萼 4 裂，裂片近圆形；花瓣长圆形或多边形；雄蕊 4，插生在肥厚的花盘上；子房埋藏在花盘中。

果： 蒴果，下垂，直径 2.5 ~ 4cm，有 4 个翅，翅长约 1cm；种子外有橙红色假种皮。

花期： 5 ~ 6 月；**果期：** 8 ~ 9 月。

习性： 喜半光，喜潮润及肥沃土壤。生于针阔混交林或杂木林内。

分布： 东北三省以及河北、甘肃；也产于朝鲜和俄罗斯；吉林省分布于长白山区各县（市）。

用途： 木材黄白色，质地细腻，致密，适于作细木工及雕刻；种子含油率达 48%，可用于制造肥皂及润滑油；为绿化观赏的优良树种。

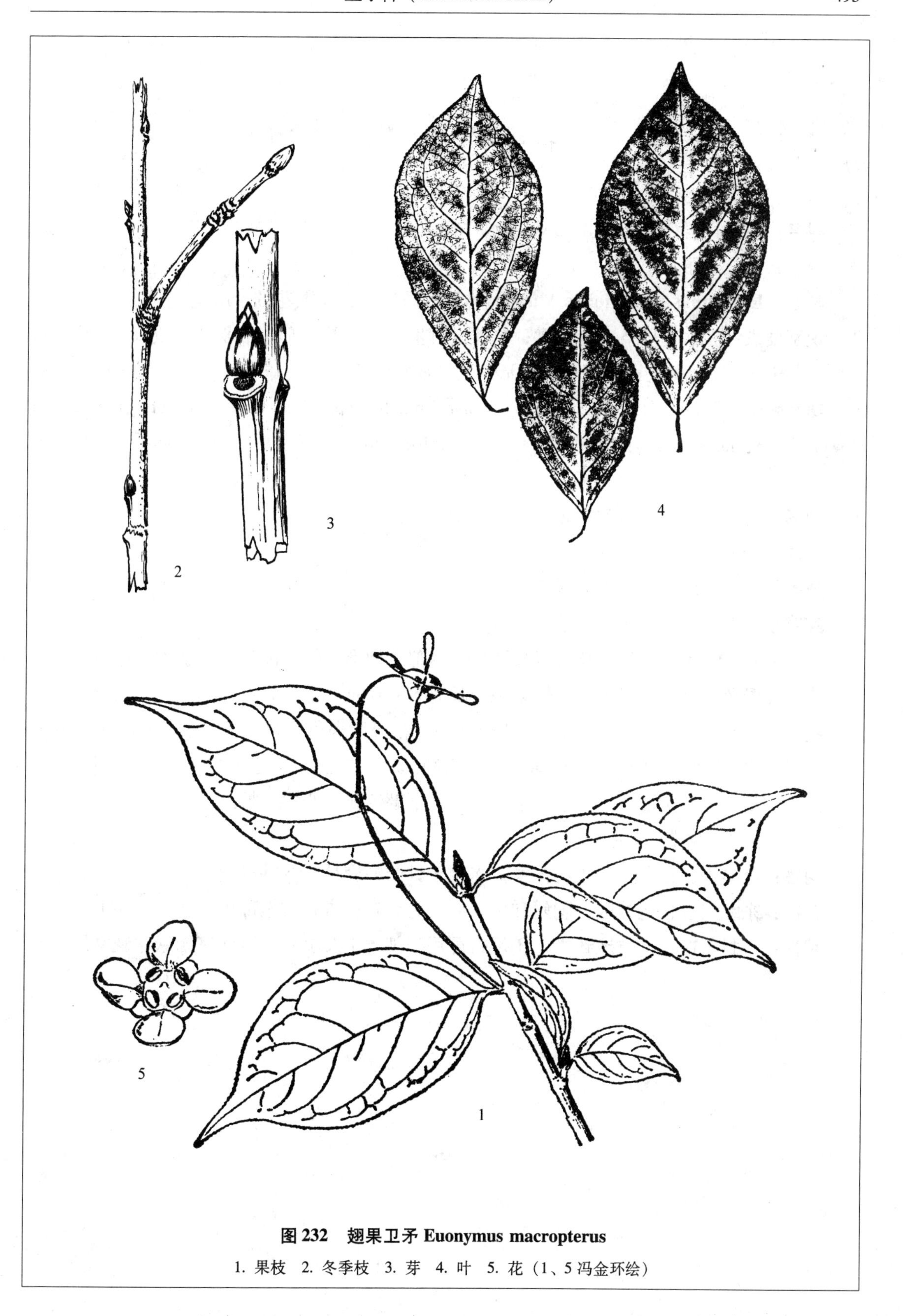

图 232　翅果卫矛 Euonymus macropterus

1. 果枝　2. 冬季枝　3. 芽　4. 叶　5. 花（1、5 冯金环绘）

瘤枝卫矛

科名：卫矛科（CELASTRACEAE）

中名：瘤枝卫矛 图 233

学名：Euonymus pauciflorus Maxim.（种加词为“具少数花的、疏花的”）。

识别要点：灌木；枝条上有小瘤；单叶，对生；叶片倒卵形或长圆形；花 1 ~ 3 朵，有长柄；花瓣 4，淡紫褐色；蒴果近倒卵形；假种皮橙红色。

Diagnoses：Shrub；Branchlets warty；Leaves simple，opposite，blades obovate or elongate；Flowers 1 ~ 3，long stalked；Petals 4，lightly purplish brown；Capsule，nearly obovate；Aril orange.

树形：落叶灌木，高 0.5 ~ 3m。

树皮：暗灰色，有纵裂的浅沟。

枝条：小枝黄绿色，密生黑褐色小瘤。

芽：小，对生，卵圆形，先端尖，紫红色，无毛。

叶：单叶，对生；叶片倒卵形或长圆形，基部宽楔形，先端渐尖或尾状尖，边缘有钝锯齿，表面深绿色，背面淡绿色，有短柔毛，长 2.5 ~ 10cm，宽 1.2 ~ 3.8cm。

花：花序腋生，有 1 ~ 3 朵花；总花梗纤细；花淡紫褐色；萼 4 裂，裂片近圆形；花瓣 4，近圆形；雄蕊 4，无花丝，花药黄色；子房基部着生于肥厚的花盘之内，花柱不明显。

果：蒴果，倒三角形，红黄色，上部扩大，下部渐狭；假种皮橘红色。

花期：6 月；果期：9 月。

习性：喜半光，喜潮湿、肥沃土壤。多生于针阔混交林或阔叶林内。

分布：东北三省各地林区；朝鲜和俄罗斯也有分布；吉林省东部山区各县（市）。

用途：木材黄白色，质地致密，稍硬，可用于细木工及雕刻；可作庭园绿化观赏用。

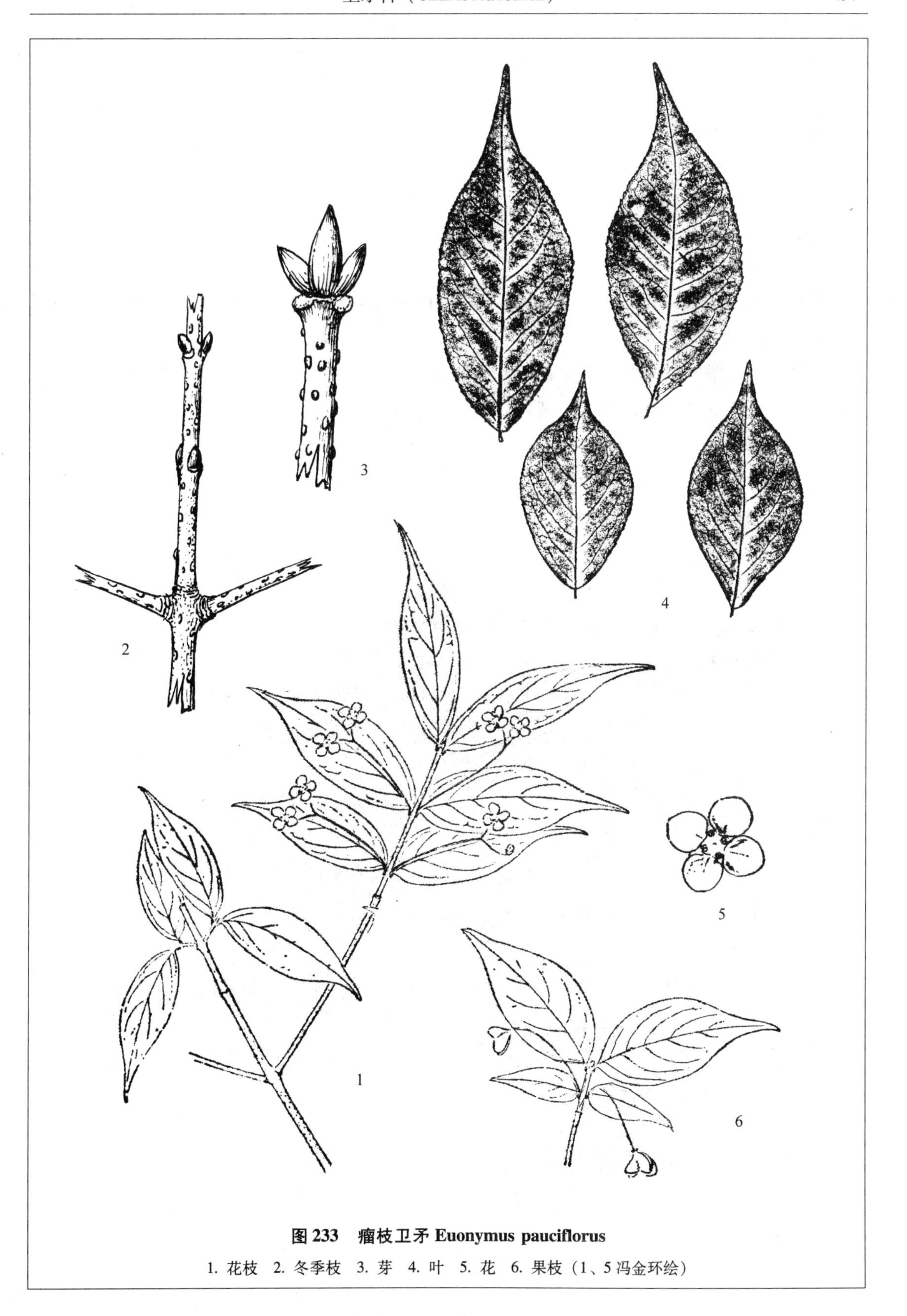

图 233 瘤枝卫矛 Euonymus pauciflorus

1. 花枝 2. 冬季枝 3. 芽 4. 叶 5. 花 6. 果枝（1、5 冯金环绘）

短翅卫矛

科名：卫矛科（CELASTRACEAE）

中名：短翅卫矛　图234

学名：**Euonymus planipes**（**Koehne**）**Koehne**—Kalonymus maximowiczii Prokh.（种加词为“具有扁平柄的”）。

识别要点：灌木；单叶，对生；叶片卵圆形或椭圆形；聚伞花序，花淡绿色，五基数；蒴果近球形，有5个短翅；假种皮黄色。

Diagnoses：Shrub；Leaves simple，opposite，blades ovate or elliptic；Cyme；Flowers pale green pentamerous；Capsule nearly globose，with 5 short wings；Aril yellowish.

树形：落叶灌木，高2～3m。

树皮：灰绿色，较平滑。

枝条：绿色，无毛。

芽：长圆锥形，先端尖，灰绿色，芽鳞边缘带紫褐色。

叶：单叶对生，叶卵圆形或椭圆形，基部宽楔形或近圆形，先端渐尖或短尾状尖，边缘有细小的齿，表面深绿色，背面淡绿色，长4～8cm，宽3～5.5cm。

花：聚伞花序，多花；花淡绿色，直径8～9mm；萼5裂；花瓣5，卵圆形，平展；雄蕊5，花丝短；子房埋于肥厚的花盘中。

果：蒴果，扁球形，有4～5个短翅，暗橙褐色；假种皮带黄色。

花期：5月；果期：9～10月。

习性：喜光但也耐阴，喜肥沃及潮湿的土壤。常生于山谷、林缘及灌丛中。

分布：东北三省的林区；朝鲜、日本及俄罗斯也有分布；吉林省主要分布在东部及南部各县（市）。

用途：木材黄白色，可供细木工雕刻用；可栽植于庭园供绿化观赏。

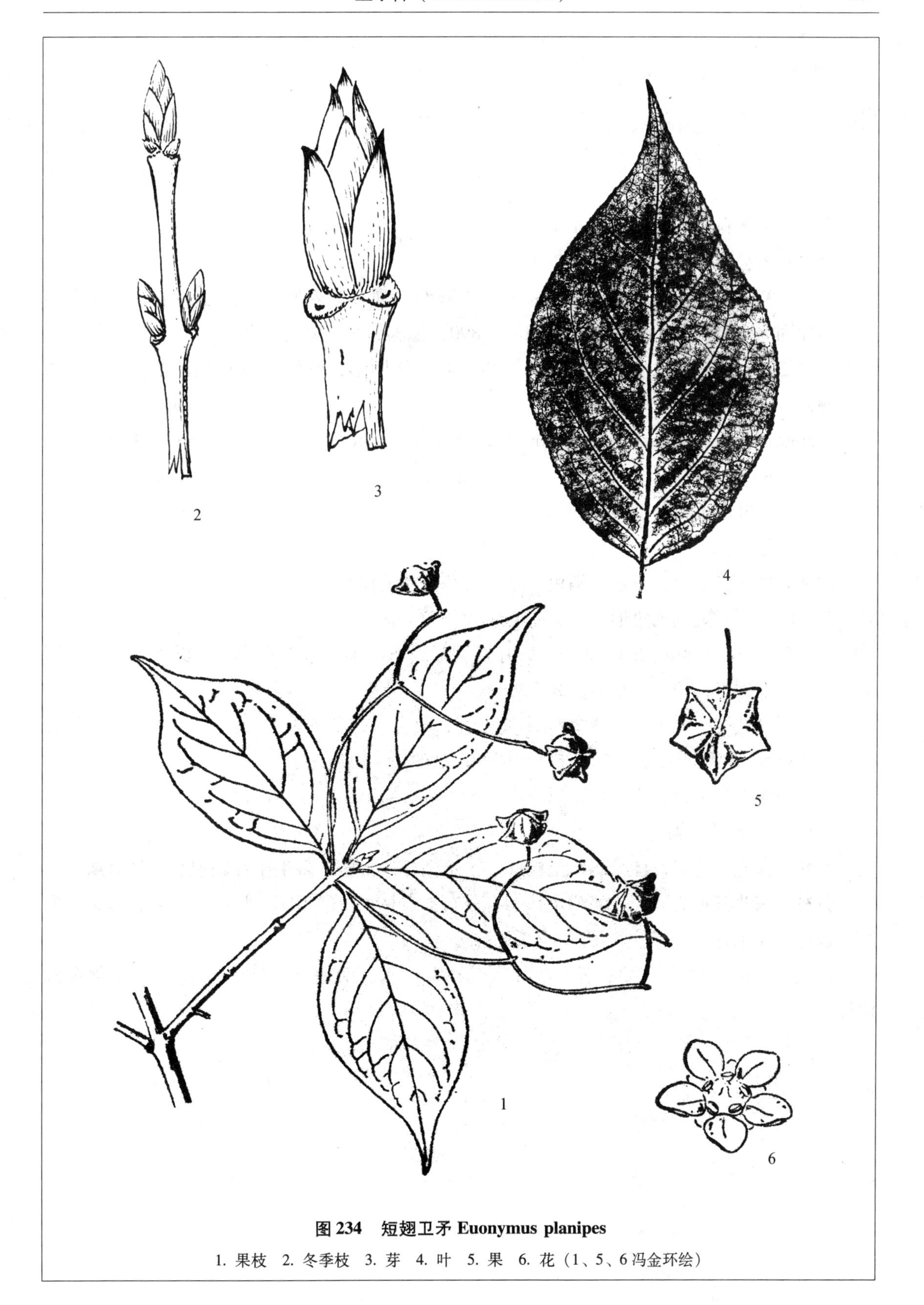

图 234　短翅卫矛 Euonymus planipes

1. 果枝　2. 冬季枝　3. 芽　4. 叶　5. 果　6. 花（1、5、6 冯金环绘）

雷公藤

科名：卫矛科（CELASTRACEAE）

中名：雷公藤 图 235

学名：Tripterygium regelii Sprague et Takeda（属名为希腊文 treis 三 + pterygion 小翅膀；种加词为人名 E. A. von Regel，1818～1890，德国植物学家）。

识别要点：落叶灌木或藤本；单叶互生，叶片椭圆形；圆锥花序顶生，杂性花，黄白色；翅果有 3 个膜质翅，内含 1 种子。

Diagnoses：Deciduous shrub or vein；Leaves simple，alternate，blades elliptical；Panicle terminal；Flowers polygamous，yellowish-white；Fruit a 3-winged samara，1 seed inside.

树形：落叶灌木或藤本，高约 2m。

树皮：红褐色。

枝条：老枝灰褐色，新枝红褐色，有楞及小疣状的皮孔。

芽：红褐色，短宽三角形，长 2～4mm。

叶：单叶互生；叶柄长 1～2cm，叶片椭圆形或卵圆形，基部宽楔形或圆形，先端短渐尖，边缘有钝锯齿，长 6～16cm，宽 5～7cm。

花：圆锥花序，顶生，长达 20cm；花杂性，黄白色，直径 6～7mm；萼片 5 裂，背面有微毛；花瓣 5，倒卵形；雌蕊 5，着生于杯状花盘的边缘；雌蕊子房上位，有 3 楞，花柱短。

果：翅果有 3 个翅，淡绿色，内有 1 粒种子。

花期：7～8 月；果期：10 月。

习性：喜光并耐阴，喜湿润，土层厚，排水良好的土壤。多生于针阔混交林的林缘。

分布：东北三省的林区；朝鲜及日本有分布；吉林省东部山区的长白、靖宇、延吉、安图、抚松、江源等县（市）均产。

用途：木材可制手杖及手柄；茎叶入药，有利水、活血之功效；为优良的绿化观赏树种。

图 235 雷松藤 Tripterygium regelii

1. 果枝 2. 冬季枝 3. 芽 4. 叶 5. 花

省沽油科（STAPHYLEACEAE）

省沽油

科名：省沽油科（STAPHYLEACEAE）

中名：**省沽油**　图 236

学名：**Staphylea bumalda DC**.（属名为希腊文 staphyle 一串葡萄；种加词为人名，J. A. Bumalda 1657 年出生，为意大利作家）。

识别要点：灌木；复叶由 3 小叶组成，对生；小叶片卵圆形或椭圆状卵形；圆锥花序，花黄白色；蒴果，扁平，先端 2 裂；种子圆球形。

Diagnoses：Shrub；Leaves compound from 3 leaflets，opposite；Blades ovate or elliptical ovate；Panicle；Flowers yellowish-white；Capsule compressed，2 lobed；Seed globose.

染色体数目：2n = 26。

树形：落叶灌木或小乔木；高 2 ~ 3m。

树皮：灰褐色。

枝条：细长，有棱线，无毛。

芽：卵圆形，对生，黄褐色。

叶：复叶，由 3 小叶组成，对生；小叶片卵圆形，中间的有长柄，基部圆形或宽楔形，先端渐尖，边缘有细小的锯齿，表面深绿色，背面淡绿色，小叶片长 2.5 ~ 8cm，宽 1.5 ~ 4cm。

花：顶生及腋生的圆锥花序；花黄白色；萼片 5，长圆形，绿白色；花瓣 5，长倒卵圆形；雄蕊 5，花丝有毛。

果：蒴果，扁平，2 裂，略膨胀，黄绿色，长 1.5 ~ 2cm；种子圆球形，淡黄色，光滑。

花期：5 月；果期：8 ~ 9 月。

习性：喜光，耐干。多生于山坡及山沟的杂木林中。

分布：吉林、辽宁以及华北、西北、华中、西南各地；日本及朝鲜也有分布；吉林省多分布于东部低海拔山区各县（市）。

抗寒指数：幼苗期 I，成苗期 I。

用途：木材黄白色，材质较硬，可供细木工雕刻用；花有香味，为优良的绿化观赏树种。

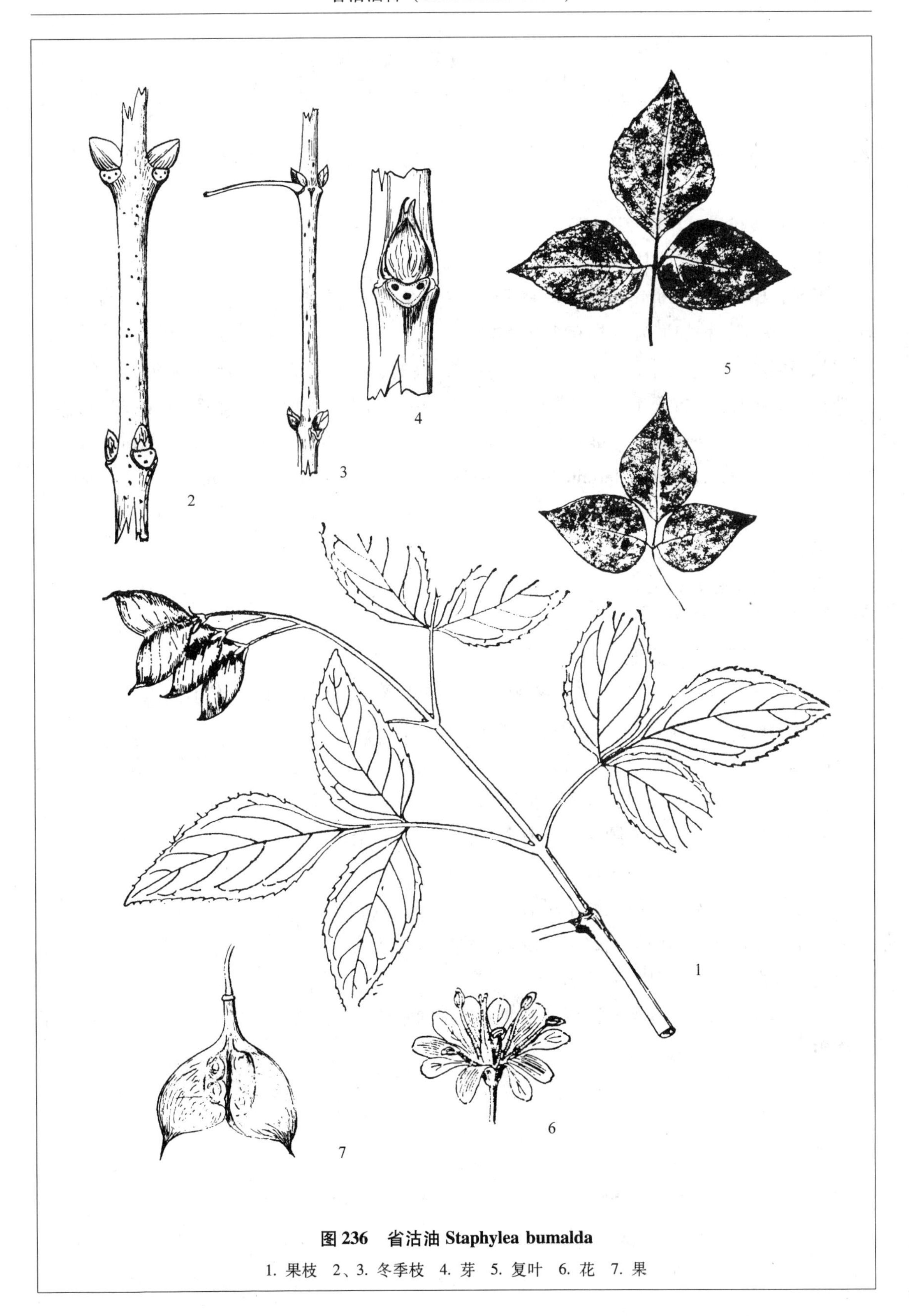

图 236　省沽油 *Staphylea bumalda*

1. 果枝　2、3. 冬季枝　4. 芽　5. 复叶　6. 花　7. 果

黄杨科（BUXACEAE）

小叶黄杨

科名：黄杨科（BUXACEAE）

中名：小叶黄杨 图 237

学名：Buxus microphylla Sieb. et Zucc.（属名为黄杨的拉丁原名，来源于希腊文 pyknos 茂盛、稠密；种加词为“具有小叶片的”）。

识别要点：常绿灌木；单叶，对生；革质，狭椭圆形，花簇生于叶腋或顶生；单性花，同株；雄花萼片 4，雄蕊 4；雌花萼片 6，子房 3 室；蒴果，球形或卵圆形，花柱 3，宿存。

Diagnoses：Evergreen shrub；Leaves simple，opposite；Blades leathery，narrowly elliptic；Flowers clustered，axillary or terminal；Monoecious unisexual；Male flowers sepals 4，stamens 4；Female flowers sepals 6，ovary 3 carpels；Capsule，globose or ovoid，styles 3，persistent.

树形：常绿灌木，高约 1m。

树皮：灰褐色，粗糙。

枝条：小枝四棱形，有短柔毛。

芽：花芽灰褐色，无毛。

叶：单叶，对生；叶片革质，狭倒卵形，基部楔形，先端钝圆，有小凹陷，全缘，无齿，表面绿色，有光泽，背面浅绿色，两面无毛，长 8～15mm，宽 4～8mm。

花：多花密集生于叶腋及顶端，呈头状；雄花具萼片 4，椭圆形至圆形，雄蕊 4 枚，不孕雌蕊 1；雌花萼片 6，长约 3mm，子房卵圆形，柱头 3，下延达花柱中部。

果：蒴果，近球形或卵圆形，上有 3 枚宿存花柱，全长 6～10mm。

花期：5 月；果期：7～8 月。

习性：喜光，不甚耐阴，耐干旱。

分布：原产于我国中部及北部，现各地庭园广为栽培。

抗寒指数：幼苗期 III，成苗期 II。

用途：叶常绿，惟冬季变黄绿，是北方少见的常绿阔叶植物，成株不必防寒，但枝梢略有冻害。

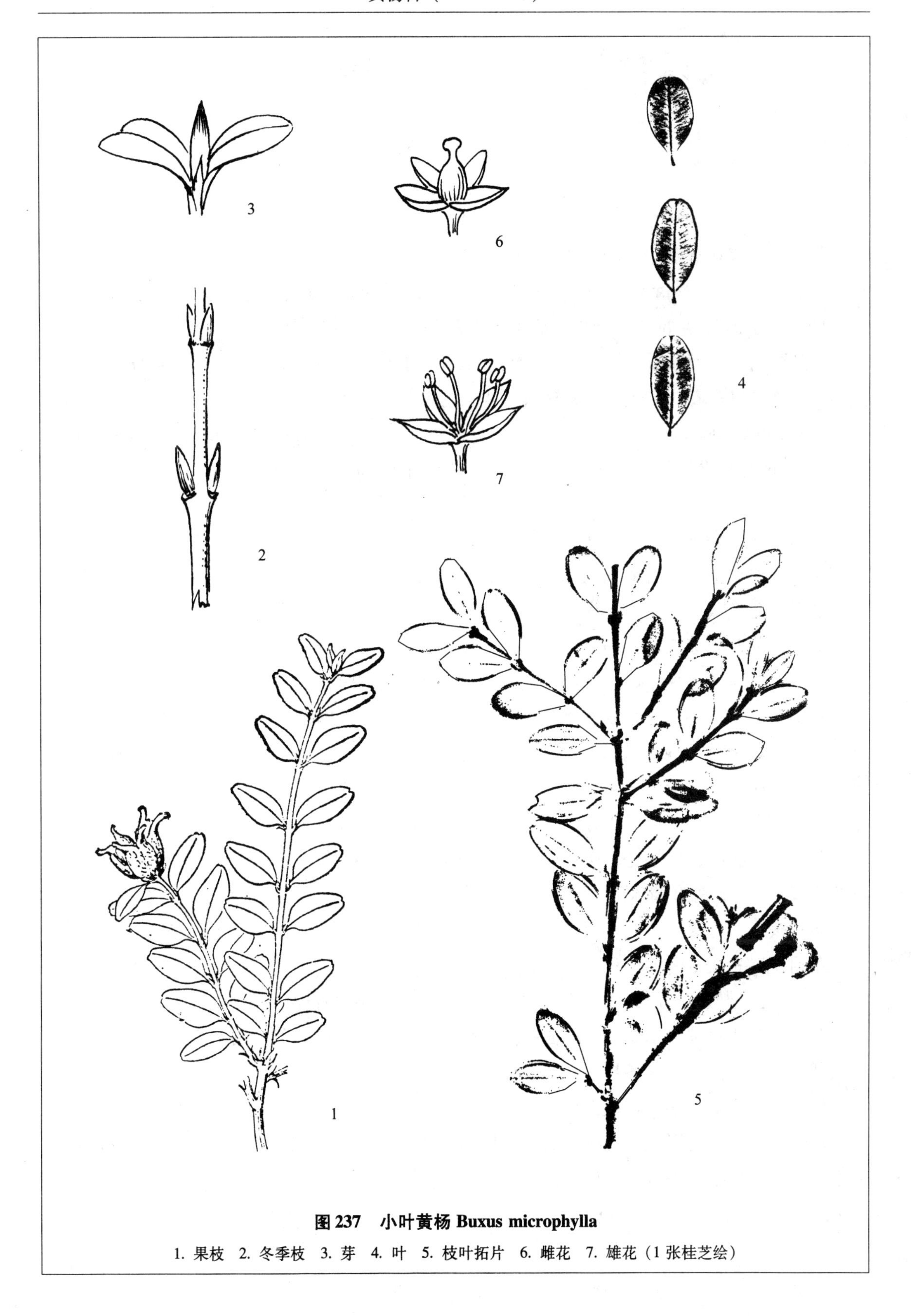

图 237　小叶黄杨 Buxus microphylla

1. 果枝　2. 冬季枝　3. 芽　4. 叶　5. 枝叶拓片　6. 雌花　7. 雄花（1 张桂芝绘）

鼠李科（RHAMNACEAE）

鼠李

科名：鼠李科（RHAMNACEAE）

中名：鼠李　老鸹眼　图 238

学名：Rhamnus davurica Pall.（属名为希腊语 rhamos，鼠李类植物的原名；种加词为地名“达乌尔的”泛指俄罗斯的东部西伯利亚及我国兴安岭一带）。

识别要点：落叶小乔木；小枝顶端具大的芽；单叶对生或近对生；叶片倒卵状或卵状椭圆形；雌雄异株；花小，黄绿色；核果，紫黑色。

Diagnoses：Deciduous small tree；A big bud on every top of branches；Leaves simple，opposite or nearly opposite；Blades ovate or obovato-elliptic；Dieocium；Flowers small，greenish yellow；Drupe dark purple.

树形：落叶小乔木，高可达 10m。

树皮：树干上的树皮暗灰褐色，浅纵裂。

枝条：对生或近对生，红褐色或暗褐色，有光泽，顶端有大形顶芽，不形成尖刺。

芽：顶芽及腋芽较大，褐色，长卵形，长圆状卵形，先端尖或钝尖。

木材：边材黄褐色，心材深红褐色，花纹美丽，材质坚硬，比重 0.74。

叶：单叶在长枝上对生或近对生，在短枝上簇生；叶片卵形、长圆状卵形或倒卵状椭圆形，先端短渐尖或突尖，基部圆形或楔形，边缘有不明显的细锯齿，齿端常有腺点，表面深绿色，背面淡绿色，无毛，或沿叶脉处生有白色疏毛，侧脉 4～5 条，弧形，长 4～13cm，宽 2～6cm。

花：雌雄异株，单性花；雄花萼片基部成筒，上部 4 裂，裂片卵形；花瓣 4，不明显；雌花萼裂片 4，子房近圆球形。

果：核果，近球形，成熟后紫黑色，直径 5～6mm，内有 2 分核，种子有明显的种沟。

花期：5～6 月；果期：9～10 月。

习性：喜光但也耐阴，喜生于向阳山坡或河沟边的杂木林中。

分布：东北三省及华北、内蒙古等地；也产于日本、朝鲜、蒙古及俄罗斯；吉林省分布于东部山区及中部半山区各县（市）。

抗寒指数：幼苗期 I，成苗期 I。

用途：木材质地坚硬，花纹美丽，可作细木工、雕刻、手杖等；果实可入药，有祛痰、治哮喘之效；是绿化观赏的优良树种。

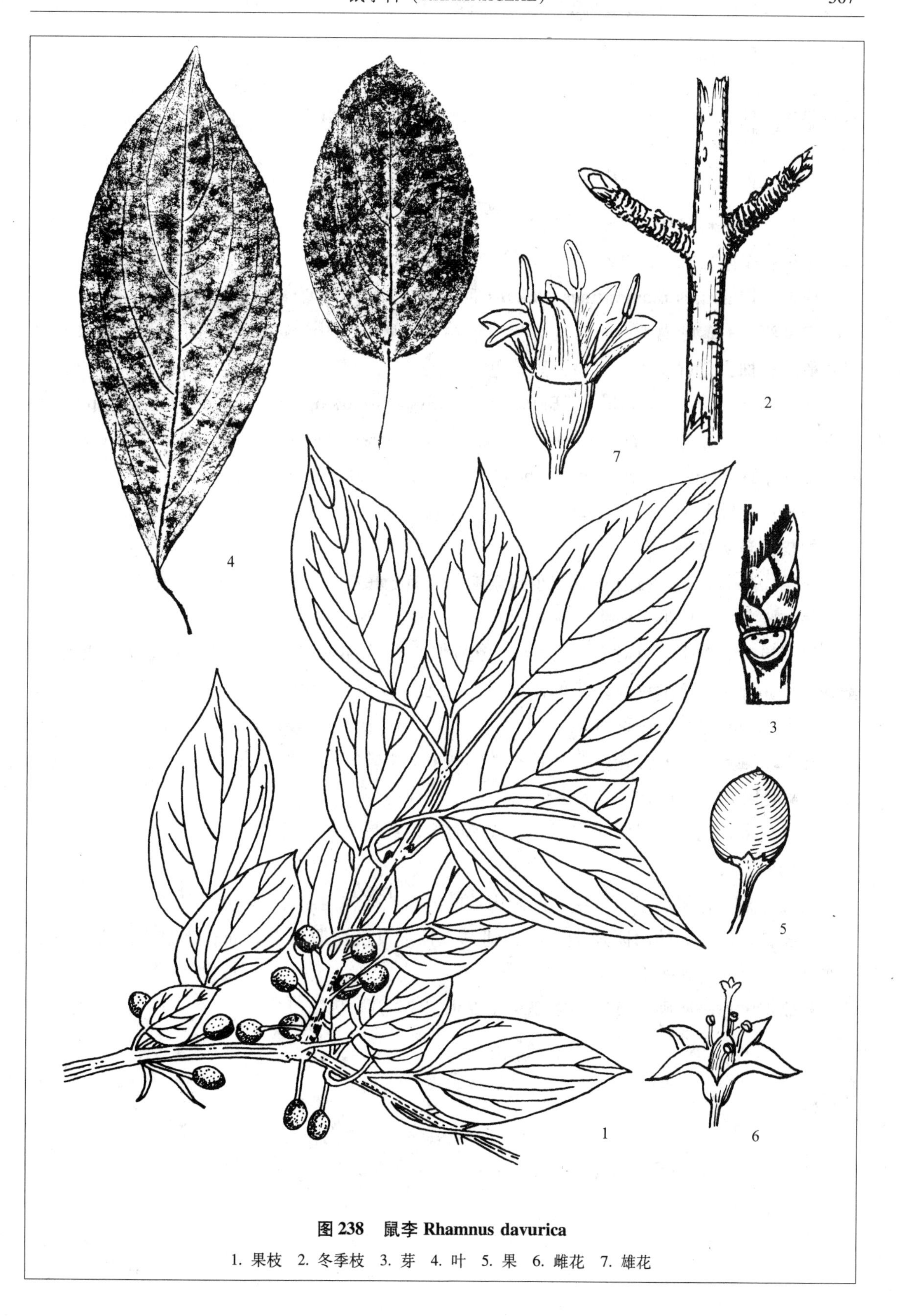

图 238　鼠李 Rhamnus davurica

1. 果枝　2. 冬季枝　3. 芽　4. 叶　5. 果　6. 雌花　7. 雄花

金刚鼠李

科名：鼠李科（RHAMNACEAE）

中名：金刚鼠李 图239

学名：Rhamnus diamantiaca Nakai（种加词来源于地名，朝鲜“金刚山的”）。

识别要点：落叶灌木；小枝近对生，顶端成针刺状；叶片宽卵形或倒卵形，侧脉4～5对；雌雄异株；花黄绿色；核果，黑紫色。

Diagnoses：Deciduous shrub；Branchlets nearly opposite，tip with spines；Leaves simple，opposite on long branchlets and clustered on dwarf branchlets；Blades ovate or obovate，lateral veins 4～5 pairs；Dioecium；Flowers greenish yellow；Drupe，dark purple.

树形：落叶灌木，高1～3m。

树皮：暗灰色。

枝条：多分枝，小枝近对生，小枝紫褐色，有长短枝之分，长枝顶端常成针刺。

芽：腋芽小，卵形，锐尖，灰褐色。

叶：单叶，对生或近对生，在短枝上簇生；叶片宽卵形或倒卵形，先端短渐尖或突尖，基部楔形，叶缘有圆形锯齿，表面深绿色，无毛，背面淡绿色，脉腋处有簇毛，侧脉4～5对，长2～7cm，宽1.5～3.5cm。

花：雌雄异株；单性花，黄绿色；萼筒钟状，4裂，裂片披针形；花瓣4；雄花中具雄蕊4，及退化雌蕊；雌花中具退化雄蕊。

果：核果，近球形或倒卵状球形，成熟时黑色或黑紫色。

花期：5～6月；果期：9月。

习性：喜光，耐干旱。多生于向阳山坡的林缘或疏林内。

分布：东北三省的山区及半山区；朝鲜、日本及俄罗斯也有分布；吉林省东部山区有分布。

用途：木质较坚硬，适于制造雕刻及细木工。

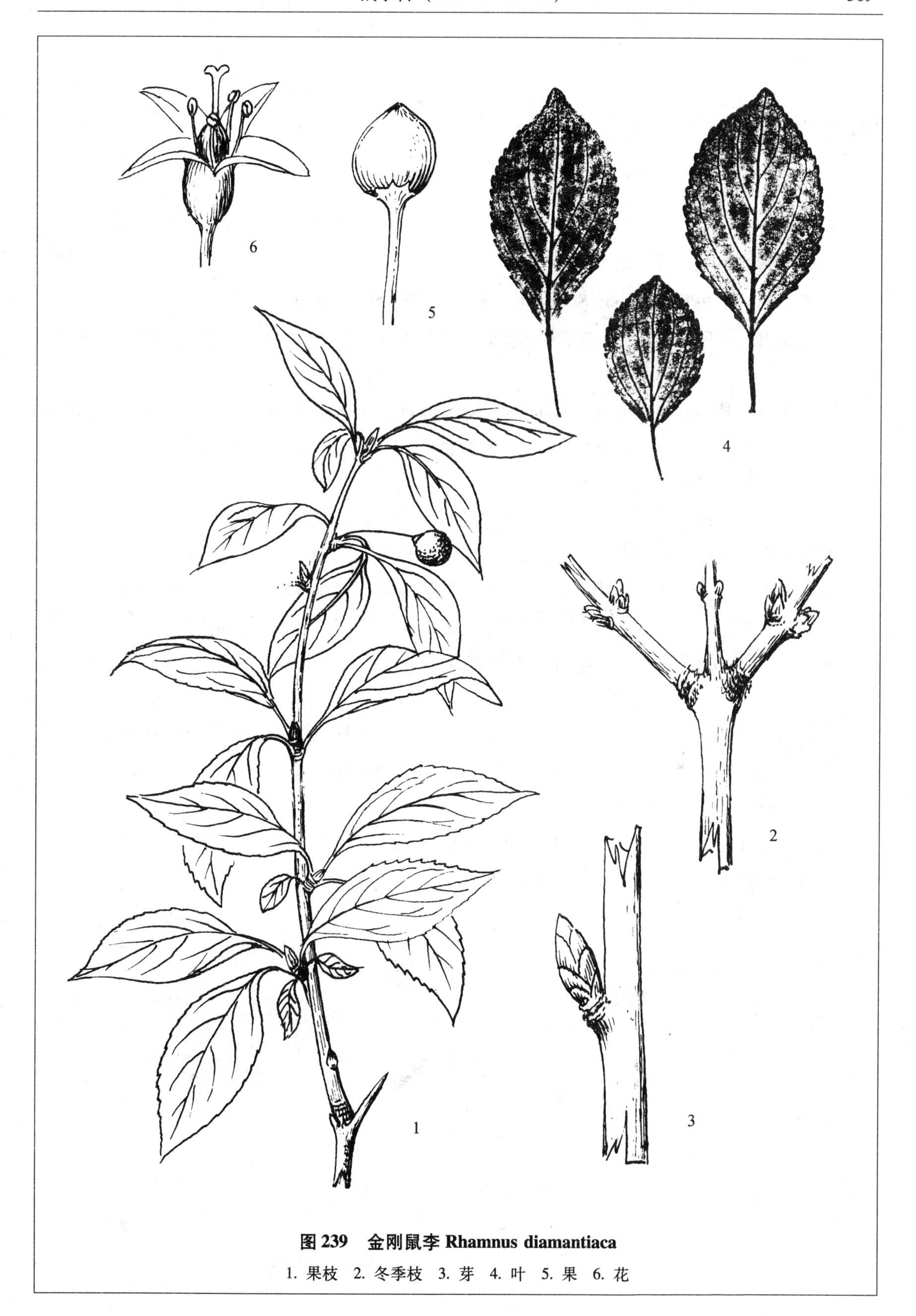

图 239　金刚鼠李 Rhamnus diamantiaca

1. 果枝　2. 冬季枝　3. 芽　4. 叶　5. 果　6. 花

朝鲜鼠李

科名：鼠李科（RHAMNACEAE）

中名：朝鲜鼠李 图 240

学名：Rhamnus koraiensis Schneid.（种加词为“朝鲜的”）。

识别要点：落叶灌木；小枝顶端为刺状；叶片互生，宽卵状椭圆形或宽倒卵形；核果，近球形，紫黑色。

Diagnoses： Deciduous shrub；Branches top spiny；Leaves alternate，broadovato-elliptic or broad obovate；Fruit drupe，nearly globose，dark purple.

树形：落叶灌木，高约 1.5m。

树皮：灰褐色或灰黑色。

枝条：小枝互生或近对生，黄褐色或褐色，有短枝，枝端成尖刺，无顶芽。

芽：卵圆形，先端尖，暗灰褐色，芽鳞复瓦状排列，边缘有睫毛。

叶：在长枝上互生，偶近对生，在短枝上丛生；叶片卵状椭圆形、倒卵形，基部宽楔形或近圆形，先端短渐尖，边缘有细锯齿，两面有短柔毛，侧脉 5～7 对，长 4～8cm，宽 2～4cm。

花：雌雄异株；花单性，黄绿色；花萼裂片 4；花瓣 4；雄蕊 4；雌花子房卵圆形。

果：核果，近球形，直径 5～7mm，熟后紫黑色，内具 1～2 个核。

花期：4～5 月；**果期：**8～9 月。

习性：喜光但也耐阴，喜生于湿润而肥沃的土壤中。自生在海拔较低的山坡杂木林中。

分布：吉林及辽宁；主要产于朝鲜；吉林省东部山区各县（市）皆产。

用途：与鼠李同。

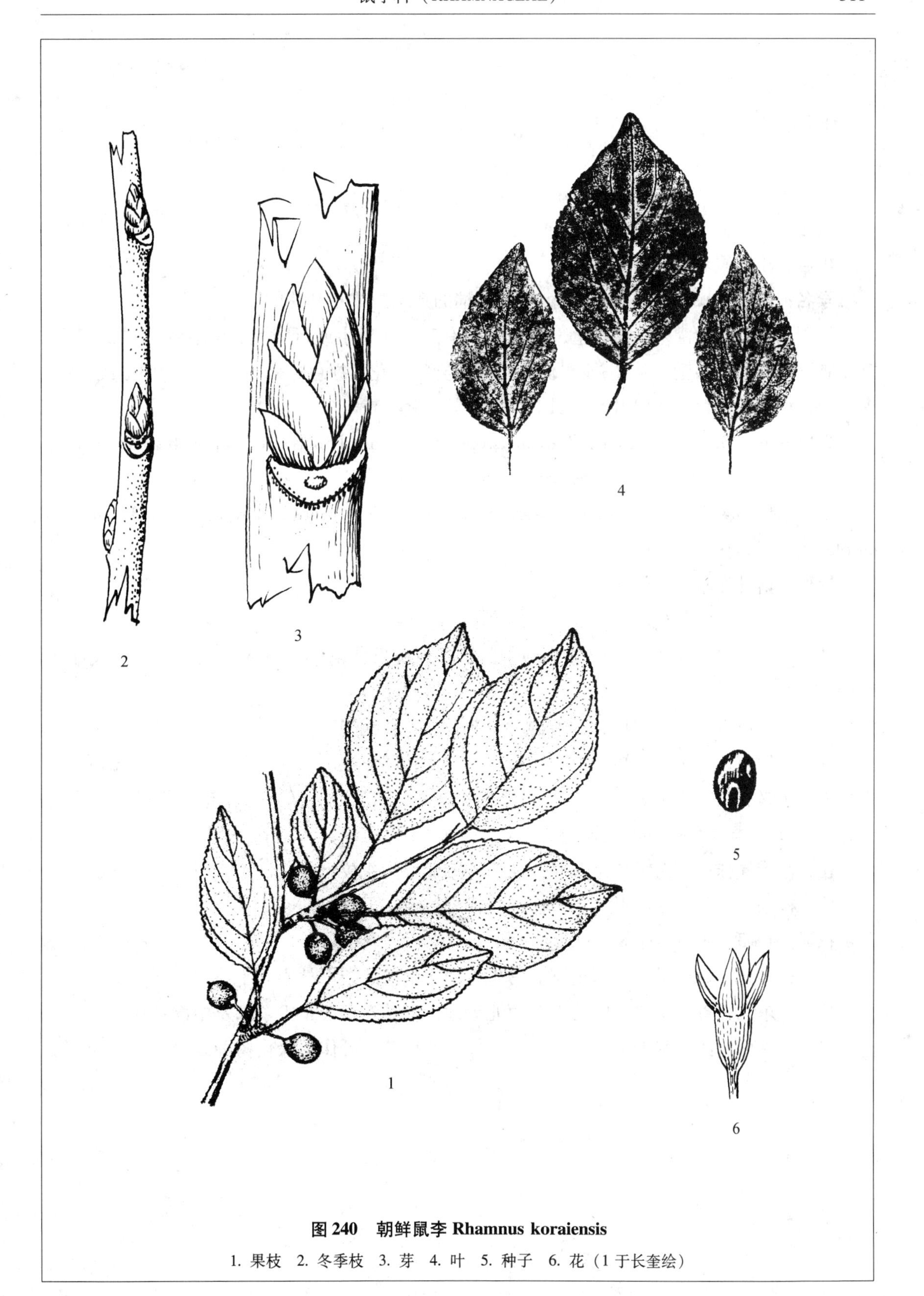

图 240　朝鲜鼠李 Rhamnus koraiensis

1. 果枝　2. 冬季枝　3. 芽　4. 叶　5. 种子　6. 花（1 于长奎绘）

小叶鼠李

科名：鼠李科（RHAMNACEAE）

中名：小叶鼠李 图 241

学名：Rhamnus parvifolia Bunge（种加词的意思为“小叶片的”）。

识别要点：落叶灌木；枝对生，短枝顶端有刺；叶对生或近对生，菱状卵形或倒卵形，背面脉腋处有簇生柔毛，具 2～4 对侧脉；雌雄异株；花黄绿色；果为核果，倒卵形或卵形，果皮淡绿色带紫黑色，干时开裂，具 2 核。

Diagnoses：Deciduous shrub；Branchlets opposite，or nearly opposite，top with spines；Leaves opposite or nearly opposite；Blades rhombic-ovate or obovate，with axillary tufts of hairs beneath，2～4 pairs of veins；Dioecium；Flowers greenish yellow；Fruit drupe，obovoid or ovoid，greenish purple，open when dried，with 2 seeds.

树形：落叶灌木，高约 2m。

树皮：灰色或深灰色。

枝条：对生或近对生，幼枝灰褐色，2 年以上枝条紫褐色，具光泽，无顶芽，枝端成刺状。

芽：对生或近对生；卵形，顶端钝尖，灰黄褐色，无光泽。

叶：对生或近对生，在短枝上为簇生；叶片菱状卵形或倒卵形，基部楔形，先端短渐尖或突尖，边缘有细锯齿，表面深绿色，背面淡绿色，脉腋处有成簇的柔毛，侧脉 2～4 对，长 1～2.5cm，宽 0.5～2cm。

花：雌雄异株；花黄绿色；花萼及花瓣、雄蕊皆为 4 枚；雌花柱头 2 裂。

果：核果，倒卵形或卵形，果肉淡绿色或紫黑色，干后易开裂。

花期：4～5 月；果期：8～9 月。

习性：喜光，耐干旱及瘠薄土壤。常生于向阳山坡的杂木林中。

分布：东北三省、华北、内蒙古及西北等地；吉林省多分布于东部及中部各地。

用途：果可入药；耐干旱，可用于水土保持及护坡；可作为绿化树种。

图 241　小叶鼠李 Rhamnus parvifolia

1. 果枝　2. 冬季枝　3. 芽　4. 叶　5. 种子　6. 花（1 于长奎绘）

乌苏里鼠李

科名：鼠李科（RHAMNACEAE）

中名：乌苏里鼠李 老鸹眼 图242

学名：Rhamnus ussuriensis J. Vassil.（种加词为"乌苏里江的"）。

识别要点：落叶小乔木；枝对生或近对生；先端成刺；叶对生或近对生，长椭圆形，有4~5对明显的侧脉；核果近球形，成熟时黑色。

Diagnoses：Deciduous small tree；Branches opposite or subopposite，spine on tip；Leaves opposite or subopposite，elongo-elliptic，4~5 pair of lateral veins；Fruit drupe globose，black when maturity.

树形：落叶小乔木或灌木，高3~5m。

树皮：灰褐色，有条状纵裂。

枝条：黄灰褐色，表面光滑，有光泽，皮孔纺锤形，纵向生长，灰白色，枝端变成刺状。

芽：近对生或互生；长卵形，先端钝尖，黄褐色，芽鳞表面有光泽，边缘有白色睫毛。

木材：心材黑褐色，边材黄白色，纹理细致。

叶：对生，近对生，偶有互生；叶片狭椭圆形或长圆形，基部楔形，先端短渐尖，边缘有钝锯齿，齿的顶端有紫红色的腺点，表面暗绿色，有光泽，背面淡绿色，有弧形弯曲的侧脉4~5对，长4~10cm，宽2~4cm。

花：单性，雌雄异株；10余朵花簇生于叶腋处；萼筒漏斗形，上部4裂；花瓣黄绿色，不明显；雌花有退化雄蕊；雌蕊花柱2裂。

果：核果，近球形，成熟时黑色，直径约0.6cm，内含2核；种子卵圆形，黑褐色，有光泽，有短沟。

花期：5~6月；果期：8~9月。

习性：喜光，喜生于较干燥的土壤中。生于山坡或土质较肥沃的河岸的林缘或杂木林内。

分布：产于我国东北及华北各地；朝鲜、日本及俄罗斯也有分布；吉林省多分布在东部的长白山区及中部的半山区各县（市）。

抗寒指数：幼苗期Ⅰ，成苗期Ⅰ。

用途：木质坚硬细密，可供制造手杖及细木工雕刻等。树皮及果实入药。为绿化优良树种。

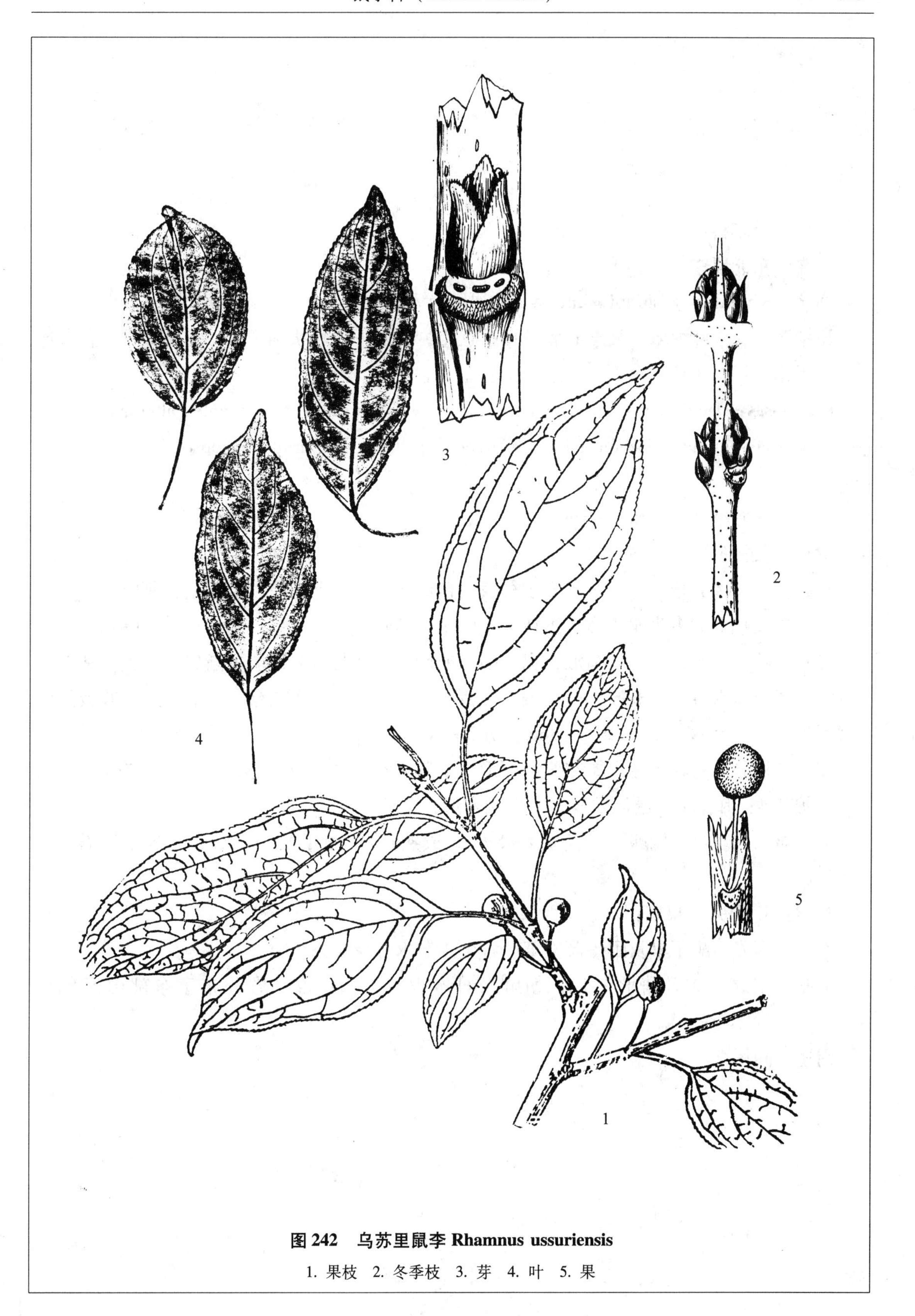

图 242　乌苏里鼠李 Rhamnus ussuriensis

1. 果枝　2. 冬季枝　3. 芽　4. 叶　5. 果

东北鼠李

科名：鼠李科（RHAMNACEAE）

中名：东北鼠李　图 243

学名：Rhamnus yoshinoi Makino（种加词为人名吉野善介，日本植物学家）。

识别要点：落叶灌木；枝端有刺；单叶互生，椭圆形或卵状椭圆形；雌雄异株，花黄绿色；核果圆球形，黑色。

Diagnoses：Deciduous shrub；Branchlets tipped with spines；Leaves simple，alternate，blades elliptic or ovate-elliptic；Dioecium；Flowers greenish yellow；Fruit drupe，globose，black when maturity.

树形：落叶小灌木，高 2～3m。

树皮：灰褐色。

枝条：分枝多，枝互生，无毛，小枝黄褐色或暗紫色，有光泽，枝端成针刺状。

芽：在长枝上的多为卵圆形，短枝顶端的多为扁圆形，暗褐色，鳞片边缘有睫毛。

叶：单叶，互生；叶片椭圆形，宽椭圆形或倒卵状椭圆形，先端短渐尖或突尖，基部楔形或近圆形，边缘有不明显的小齿，表面绿色，有白色毛，背面淡绿色，沿叶脉及叶腋处生有短柔毛，侧脉 5～6 对，长 2.5～8cm，宽 2～4cm。

花：雌雄异株，花单性；雄花萼筒杯形，上部 4 裂，裂片披针形，常反卷；花瓣 4，黄绿色；雄蕊 4；雌花常有退化雄蕊，子房倒卵形，花柱 2 裂。

果：核果圆球形或倒卵形，直径 4～5mm，成熟时黑紫色，内有 2 分核；种子深褐色有短的种沟。

花期：5～6 月；果期：9 月。

习性：喜光，耐干旱及耐瘠薄土壤。常生于杂木林缘及灌丛中。

分布：东北三省及华北各地；朝鲜及日本也有分布；吉林省分布于东部山区各县（市）。

用途：同鼠李。

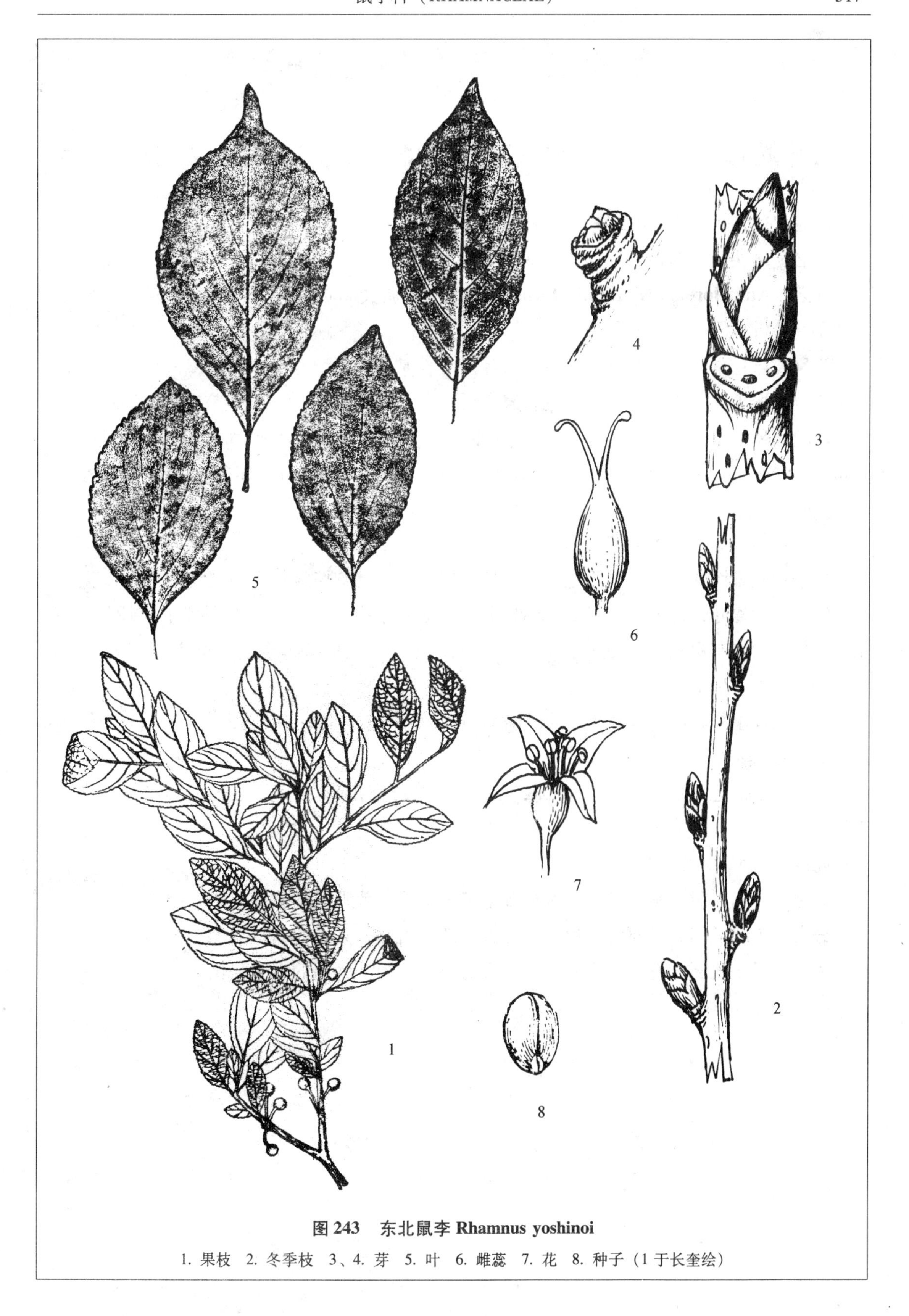

图 243　东北鼠李 Rhamnus yoshinoi

1. 果枝　2. 冬季枝　3、4. 芽　5. 叶　6. 雌蕊　7. 花　8. 种子（1 于长奎绘）

葡萄科（VITACEAE）

乌头叶蛇葡萄

科名：葡萄科（VITACEAE）

中名：乌头叶蛇葡萄　草白蔹　图 244

学名：Ampelopsis aconitifolia Bunge（属名为希腊文 ampelos 蔓藤 + -opsis 相似；种加词为"似乌头叶的"）。

识别要点：落叶木质藤本；有卷须与叶对生；掌状复叶，互生；小叶 3～5 枚，小叶片羽状深裂；聚伞花序；花小，黄绿色；浆果近球形，橙黄色。

Diagnoses：Deciduous woody vein；Tendrils opposited with leaves；Leaves palmately compound，alternate，leaflets 3～6，pinnatilobed；Cyme，flowers small，greenish yellow；Fruit berry，nearly globose，orange yellow.

树形：落叶木质藤本，高约 10m。

枝条：枝条淡灰色，平滑无毛，幼枝常带红褐色，具细棱线；卷须二歧，与叶对生。

叶：掌状复叶；宽卵形，具 3～5 小叶，中央小叶菱形，两侧小叶斜卵形，基部楔形，先端渐尖，两侧有深的羽状缺刻，表面深绿色，无毛，背面淡绿色，叶脉上稍有柔毛，长 4～7cm，宽 5～7cm。

花：二歧聚伞花序与叶对生；小花黄绿色；萼联合成杯状；花瓣 5；雄蕊 5；雌蕊子房 2 室，花柱细。

果：浆果，近球形，直径约 6mm，果皮薄，未成熟时蓝绿色，成熟时黄色或橙黄色，有斑点；种子 2，种皮坚硬。

花期：6 月；果期：8～9 月。

习性：喜光，耐干旱及瘠薄土壤。多生于干山坡、荒野或沙质地上。

分布：东北、华北及西北各地；吉林省中部及西部各县（市）。

用途：根皮入药，有消肿止痛、散瘀之功效；可用于庭园的立体绿化。

图 244　乌头叶蛇葡萄 Ampelopsis aconitifolia

1. 花枝　2. 冬季枝　3. 芽　4. 叶　5. 果

蛇葡萄

科名： 葡萄科（VITACEAE）

中名：蛇葡萄 蛇白蔹 图245

学名：Ampelopsis brevipedunculata（**Maxim.**）**Trautv.**（种加词为“具有短花序梗的”）。

识别要点： 落叶木质藤本，有卷须；单叶互生，叶片宽卵形，三浅裂；圆锥花序由二歧聚伞花序组成；果为浆果，球形，蓝色。

Diagnoses： Deciduous woody vein，twining；Leaves simple，alternate，broad ovate，3 lobed on top；Panicle by dichasial cymes；Fruit berry，globose，blue.

染色体数目： 2n＝40。

树形： 落叶藤本，高8～10m。

树皮： 褐色。

枝条： 淡黄色，具细条棱，幼时有淡褐色柔毛；卷须与叶对生，二歧式分枝。

芽： 卵圆形，红褐色，先端尖，被大形的叶痕所包围。

叶： 单叶，互生，与卷须对生；叶片宽卵形，3浅裂，偶有5浅裂，基部心形，顶端渐尖，边缘具粗牙齿，表面深绿色，背面淡绿色，有短柔毛，长宽各为4～9cm。

花： 二歧聚伞花序组成圆锥状，与叶对生；花小，黄绿色；萼片联合，萼齿5裂；花瓣5，长圆形；雄蕊5，与花瓣对生；雌蕊子房短圆柱形。

果： 浆果，球形，直径6～8mm，成熟时蓝色，果肉薄，内有2粒坚硬的种子。

花期： 6～8月；果期：9～10月。

习性： 喜光，耐寒，喜湿润、肥沃、排水良好的土壤。自生于山坡及林缘灌丛中。

分布： 东北、华北及华东各地；也产于朝鲜、日本及俄罗斯；吉林东部山区各县（市）都有分布。

抗寒指数： 幼苗期Ⅰ，成苗期Ⅰ。

用途： 根和茎可入药，有消肿祛湿之效，主治风湿关节炎。

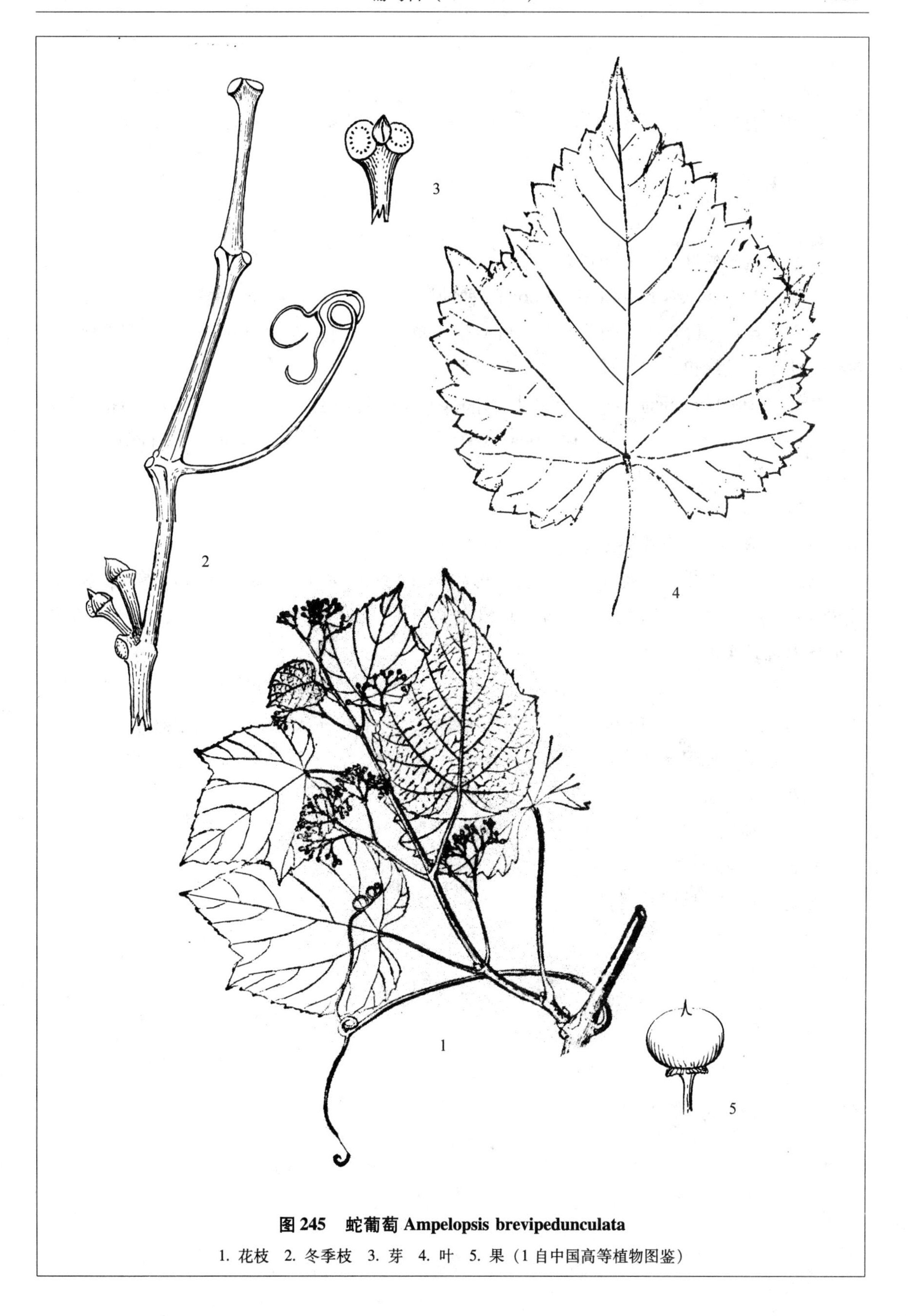

图 245　蛇葡萄 Ampelopsis brevipedunculata

1. 花枝　2. 冬季枝　3. 芽　4. 叶　5. 果（1 自中国高等植物图鉴）

葎叶蛇葡萄

科名：葡萄科（VITACEAE）

中名：葎叶蛇葡萄 七角白蔹 图246

学名：Ampelopsis humilifolia Bunge（种加词为“大麻科葎草叶子的”）。

识别要点：落叶藤本；有卷须，与叶对生；单叶，互生，叶片3~5裂；聚伞花序与叶对生；花小，黄绿色；浆果球形，淡黄色，直径6~8mm。

Diagnoses：Deciduous vein；Tendrils opposited with leaves；Leaves simple，alternate，3~5 lobed；Cyme opposited with leaves；Flowers small，greenish yellow；Fruit berry globose，paler yellow，6~8 mm in diameter.

树形：落叶木质藤本。

枝条：绿褐色，有浅棱及柔毛，卷须与叶对生。

叶：单叶，互生，有长柄；叶片长卵形或五角形，长宽近于相等，基部深心形，先端及边缘3~5中裂，裂片顶端短尖，边缘具粗大的锯齿，表面深绿色，有光泽，背面灰绿色，沿叶脉有稀疏柔毛，长7~9cm，宽7~9cm。

花：聚伞花序与叶对生，较稀疏；花小形，黄绿色；萼片基部合生，萼齿浅裂，不明显；花瓣5；雄蕊5，与花瓣对生；雌蕊子房2室，着生在杯状花盘上，花柱细长。

果：浆果，球形，淡黄色，直径6~8mm，果肉薄，内含2粒种子，种皮坚硬。

花期：6~7月；果期：8~9月。

习性：喜光，喜肥沃及潮湿土壤，但也耐干旱、耐寒。自生于山坡灌丛间。

分布：东北南部及华北各地；吉林省产于中部及南部各县（市）。

用途：可供立体绿化观赏。

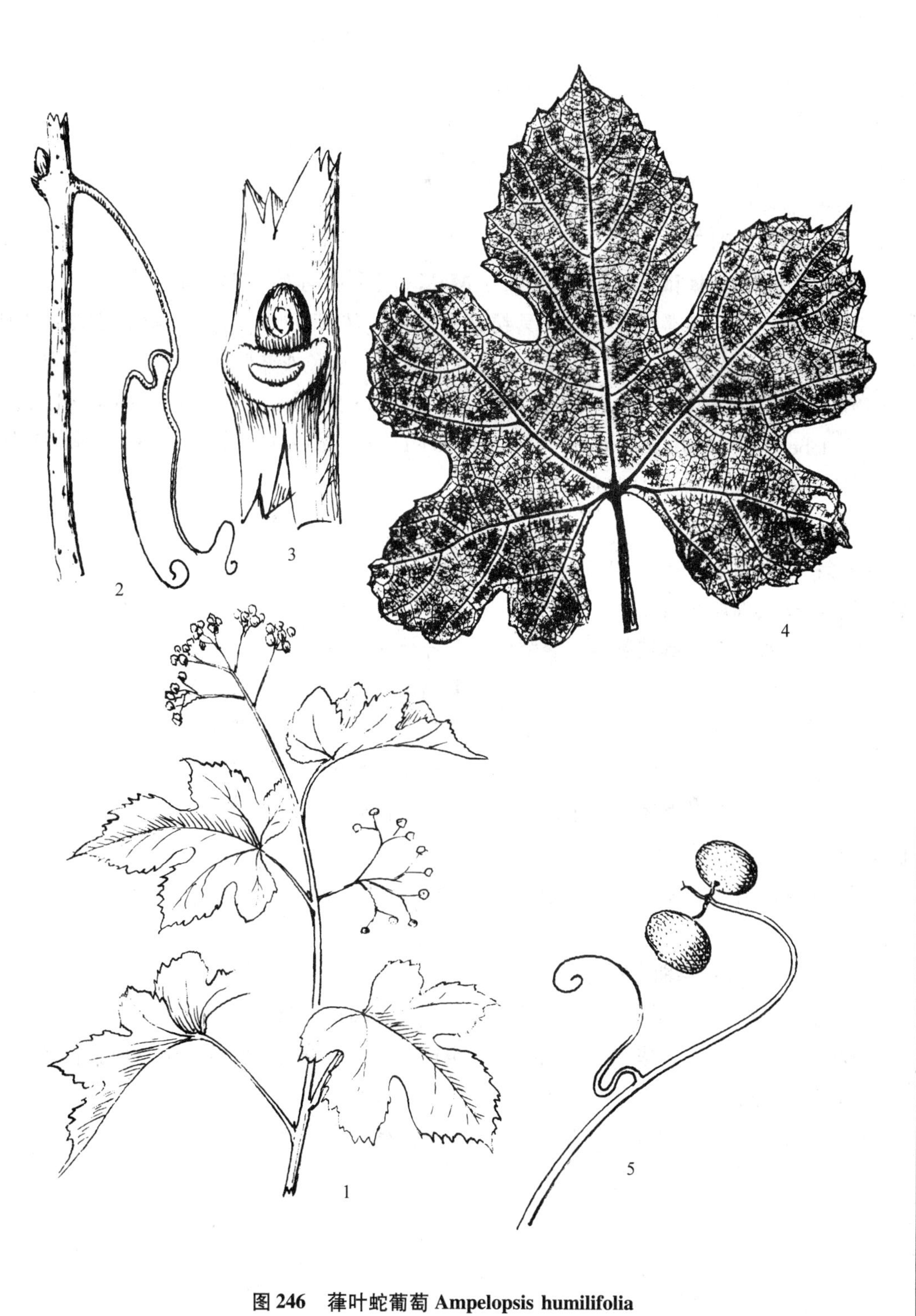

图 246　葎叶蛇葡萄 Ampelopsis humilifolia

1. 花枝　2. 冬季枝　3. 芽　4. 叶　5. 果

白蔹

科名：葡萄科（VITACEAE）

中名：白蔹 图 247

学名：Ampelopsis japonica（Thunb.）Makino（种加词为“日本的”）。

识别要点：落叶藤本；地下部分具纺锤形块根；掌状复叶，小叶片羽状分裂，叶轴有翅；聚伞花序与叶对生，花小，黄绿色；浆果，球形，蓝色或蓝紫色，散生暗色小点。

Diagnoses：Deciduous vein；Roots tuberous，fusiform；Leaves palmately compound，leaflets pinnately lobed，rachis winged；Cyme；Flowers small，greenish yellow；Fruit berry，globose，blue or bluish purple，varioles on surface.

染色体数目：2n =40。

树形：落叶灌木，高约 40cm。

根：纺锤形肉质块根。

枝条：幼枝光滑，具细条纹，淡紫色，有分枝的卷须与叶对生。

叶：掌状复叶，互生；小叶片 5 枚，最下侧两片较小，不分裂，其他叶片成羽状缺刻，叶轴和小叶柄上有狭翅，且具关节；小叶片椭圆形或卵形，基部楔形，先端渐尖，边缘有疏牙齿，表面深绿色，有光泽，背面淡蓝绿色，长 6 ~15cm，宽 7 ~12cm。

花：聚伞花序与叶对生；花小，黄绿色；萼基部联合，上部萼齿 5 裂；花瓣 5，卵状三角形；雄蕊 5；雌蕊子房短圆柱形。

果：浆果，球形，果皮薄，蓝色或蓝紫色，散生有暗紫色小点；种子 1 ~2 枚，种皮坚硬。

花期：6 ~7 月；**果期：**8 ~9 月。

习性：喜光，耐干旱。多生于多石质干山坡、荒山草地及灌丛间。

分布：东北、华北、华中及华东各省；也产于日本、蒙古、朝鲜及俄罗斯；吉林省产于中部半山区及西部平原区各县。

用途：块根入药，有清热解毒，消肿止痛的功效。

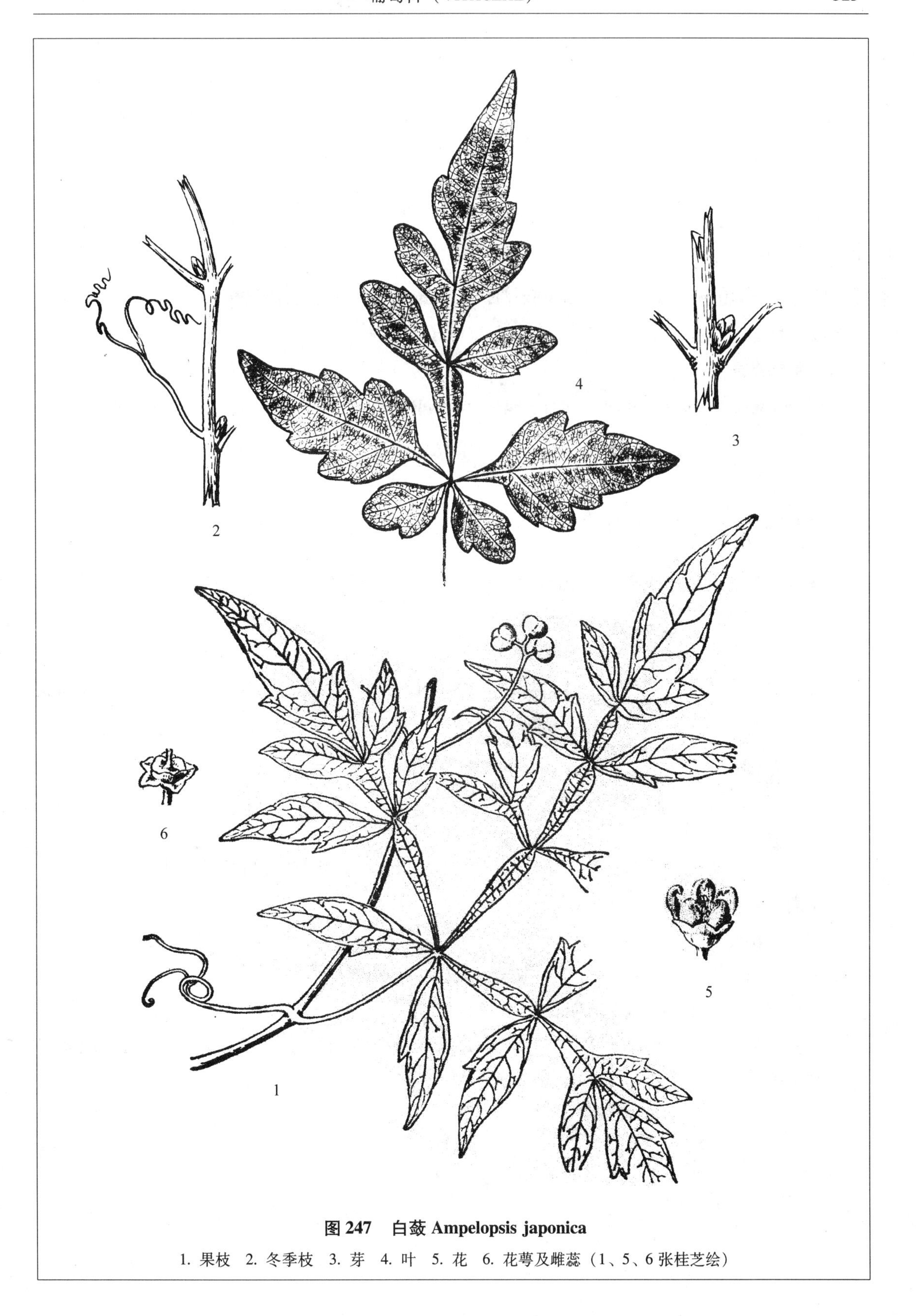

图 247　白蔹 Ampelopsis japonica

1. 果枝　2. 冬季枝　3. 芽　4. 叶　5. 花　6. 花萼及雌蕊（1、5、6 张桂芝绘）

五叶地锦

科名：葡萄科（VITACEAE）

中名：五叶地锦 图 248

学名：Parthenocissus quinquefolia（L.）Planch.（属名为希腊文 panthenos 处女 + kissos 常春藤；种加词为拉丁文“quinque 五 + folia 叶子”）。

识别要点：藤本攀援植物；叶片为 5 小叶组成的掌状复叶；果为浆果，蓝黑色。

Diagnoses：Climbing woody vine；Leaves palmately compound，leaflets 5；Fruit a berry，bluish black.

染色体数目：2n = 40。

树形：攀援落叶藤本，高可达 20m。

树皮：棕褐色，老茎树皮条状纵裂。

枝条：黄褐色，皮光滑，皮孔梭形，灰白色，节处略膨大；卷须与复叶对生，卷须上部多分枝，每分枝顶端着生有吸盘，借以附着于墙体。

芽：宽卵形，淡褐色，顶端钝尖，芽鳞 3～4 片。

叶：掌状复叶，互生，由 5 小叶组成；叶柄细长；小叶片具短柄，长圆状椭圆形或卵状长圆形，基部楔形，顶端渐尖，边缘有粗齿，表面暗绿色，平滑无毛，背面淡绿色，无光泽，秋季变鲜红色，长 4～10cm，宽 3～5cm。

花：聚伞状圆锥花序与叶对生，长 6～12cm；约有 50～150 朵花；花小，淡绿色，直径约 6mm；花瓣 5（稀 4）；雄蕊 5（4）。

果：浆果，近球形，成熟时紫黑色，直径 5～8mm；果柄鲜红色；有 1～4 粒种子；

花期：6～7 月；果期：9～10 月。

习性：喜光，耐干旱，耐瘠薄土壤。

分布：原产北美，现我国北方各地普遍栽植。

抗寒指数：幼苗期 I，成苗期 I。

用途：为城镇立体绿化优良树种，夏季绿叶布满墙，秋季经霜后，叶片变成红色或紫红色，甚为美观。

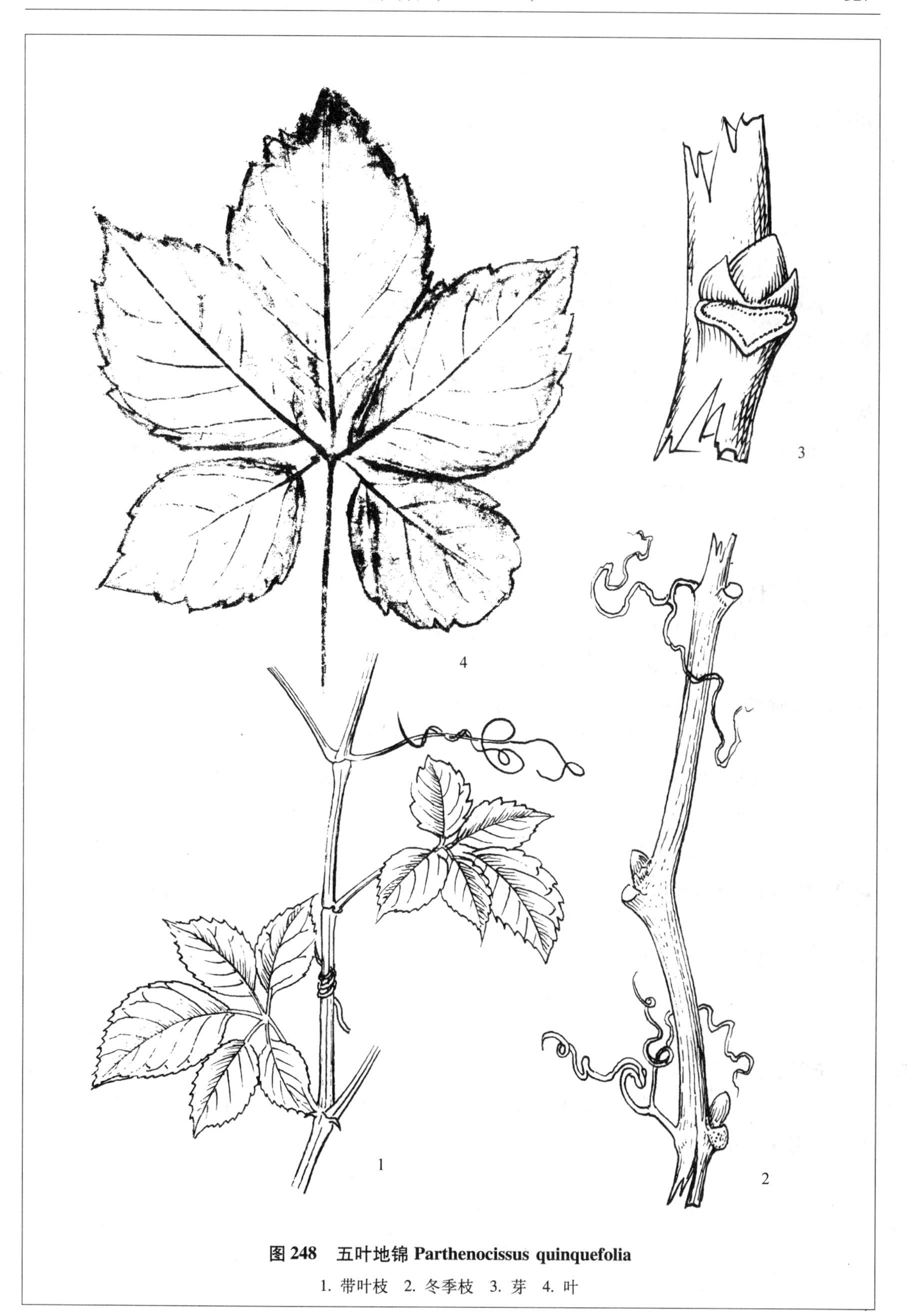

图 248　五叶地锦 *Parthenocissus quinquefolia*

1. 带叶枝　2. 冬季枝　3. 芽　4. 叶

地锦

科名： 葡萄科（VITACEAE）

中名： 地锦　爬山虎　图 249

学名： **Parthenocissus tricuspidata**（**Sieb. et Zucc.**）**Planch.**（种加词为“tri 三 + cuspidata 凸尖的”）。

识别要点： 攀援落叶藤本；单叶，顶端多 3 裂或具三小叶的复叶；浆果球形，成熟时蓝黑色。

Diagnoses： Climbing deciduous woody vine；Leaves simple，3 lobed，sometimes 3 leaflets；Fruit a berry，bluish black when maturity.

染色体数目： 2n = 40。

树形： 落叶攀援藤本，高可达 15m。

树皮： 棕褐色，老茎树皮条状纵裂。

枝条： 黄褐色，粗壮，多分枝，节处略膨大；卷须与叶片对生，卷须短小而多分枝，每分枝顶端着生有吸盘，借以附着于墙体。

芽： 宽卵形，淡褐色，顶端钝尖；芽鳞 3 ~ 4 片。

叶： 单叶，与卷须对生；叶片宽卵形，顶端通常 3 裂，但有的叶片不分裂，另有的叶片分裂成 3 枚小叶的掌状复叶；叶基部心形，边缘有锯齿，表面平滑无毛，背面浅绿色，叶柄长 8 ~ 20cm，叶片长 10 ~ 20cm，宽 8 ~ 17cm。

花： 聚伞状圆锥花序，腋生于短枝顶端；花两性，黄绿色，小形；萼片 5；花瓣 5；雄蕊 5；雌蕊 1，花盘贴生于子房上，子房 2 室。

果： 浆果，球形，成熟时蓝黑色具白霜，直径约 6 ~ 8mm，内含 1 ~ 2 粒种子。

花期： 6 ~ 7 月；果期：9 ~ 10 月。

习性： 附生于山地岩石上，耐寒，耐干旱。

分布： 我国华北、华东、华中各地；也产于朝鲜、日本；吉林省内各地常见栽培。

抗寒指数： 幼苗期 I，成苗期 I。

用途： 主要用于庭院的立体绿化，叶鲜绿色，秋季变鲜红色。根状茎供药用，有破淤血、消肿毒之效。

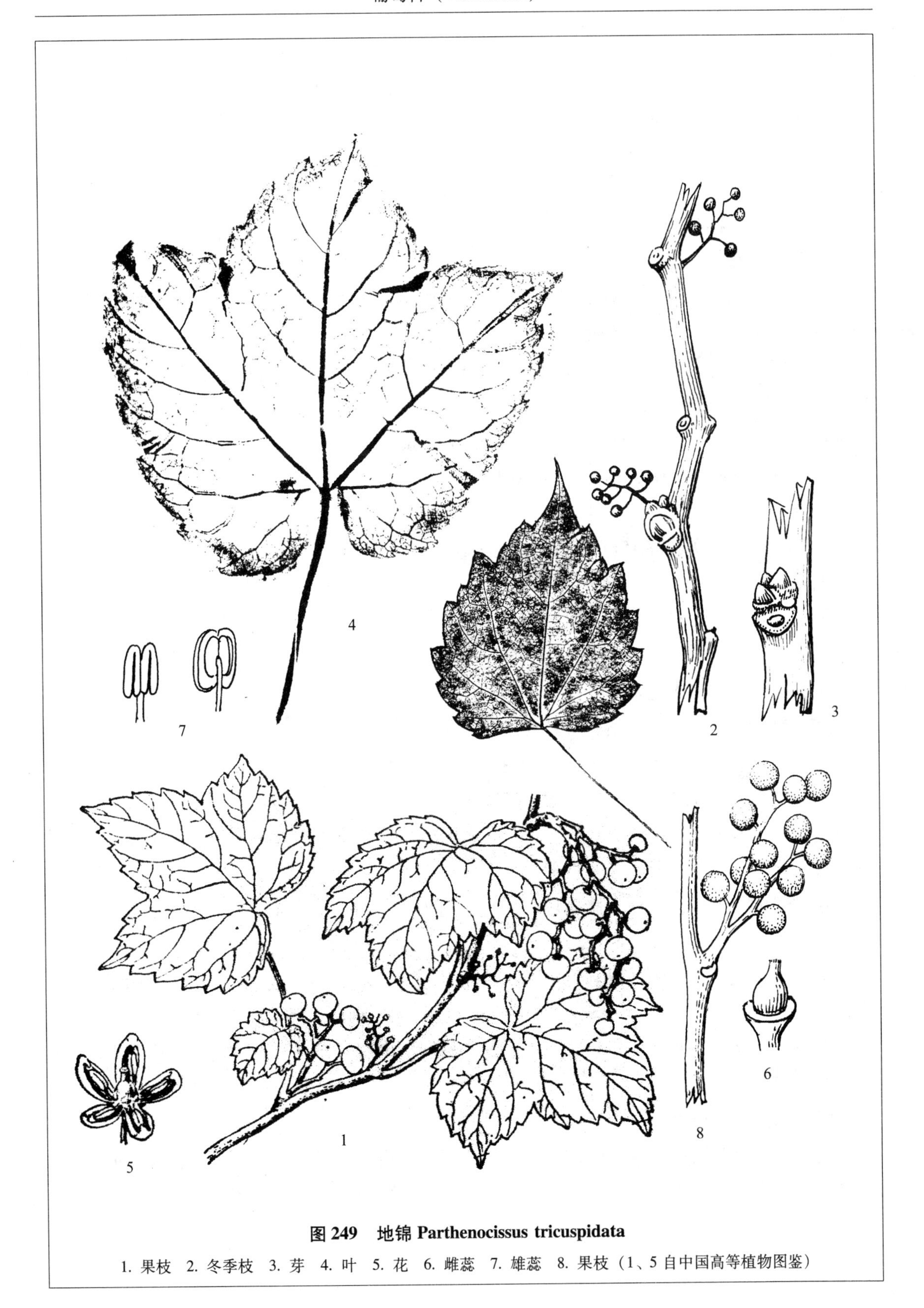

图 249　地锦 Parthenocissus tricuspidata

1. 果枝　2. 冬季枝　3. 芽　4. 叶　5. 花　6. 雌蕊　7. 雄蕊　8. 果枝（1、5 自中国高等植物图鉴）

山葡萄

科名： 葡萄科（VITACEAE）

中名： 山葡萄　图 250

学名： **Vitis amurensis Rupr**.（属名为葡萄的拉丁文原名；种加词为“阿穆尔的”，泛指黑龙江流域）。

识别要点： 落叶木质藤本；单叶，互生，有卷须，叶片大，宽卵形，3~5 裂；雌雄异株；圆锥花序；花小，黄绿色；浆果，紫黑色。

Diagnoses：Deciduous trailing woody vein；twining；Leaves simple，broad-ovate，3~5 lobed；Dioecium；Panicle；Flowers small，yellowish green；Fruit berry，purplish black.

染色体数目： 2n=38。

树形： 落叶藤本，高 15m 以上。

树皮： 暗红褐色，成片状纵向剥离。

枝条： 粗大，幼枝淡红褐色、绿色或黄褐色，有毛，后脱落无毛；皮孔黄褐色，椭圆形。

芽： 卵圆形，深褐色。

叶： 单叶，互生，有长柄；叶片宽卵形，质略厚，基部心形，先端 3~5 裂，边缘具粗牙齿，表面深绿色，无光泽，背面淡绿色，叶脉上有绒毛，长 10~15cm，宽 8~14cm。

花： 雌雄异株偶同株；圆锥花序与叶在节上对生；花小，多数，黄绿色；萼片联合成浅杯形，边缘 5 齿裂；花瓣 5，顶部愈合，下部分离；雄花中雄蕊 5，并有退化雌蕊；雌花中有 5 枚退化雄蕊，雌蕊子房卵圆柱形。

果： 浆果，黑紫色，外有腊质白霜，直径约 8mm；种子卵圆形，带红紫色。

花期： 5~6 月；果期：8~9 月。

习性： 喜光，也耐阴、耐寒，喜肥沃及潮湿土壤。生于杂木林缘或林内，攀缘于其他树木上。

分布： 东北、华北以及华东各地；朝鲜、俄罗斯也有分布；吉林省东部山区及中部半山区各县（市）皆产。

抗寒指数： 幼苗期 I，成苗期 I。

用途： 果可食用；造酒；叶可提取酒石酸；果入药，有清热利尿功能，枝和根也可入药有祛风止痛之效；可用于庭园的立体绿化；并可作为葡萄优良品种的嫁接砧木。

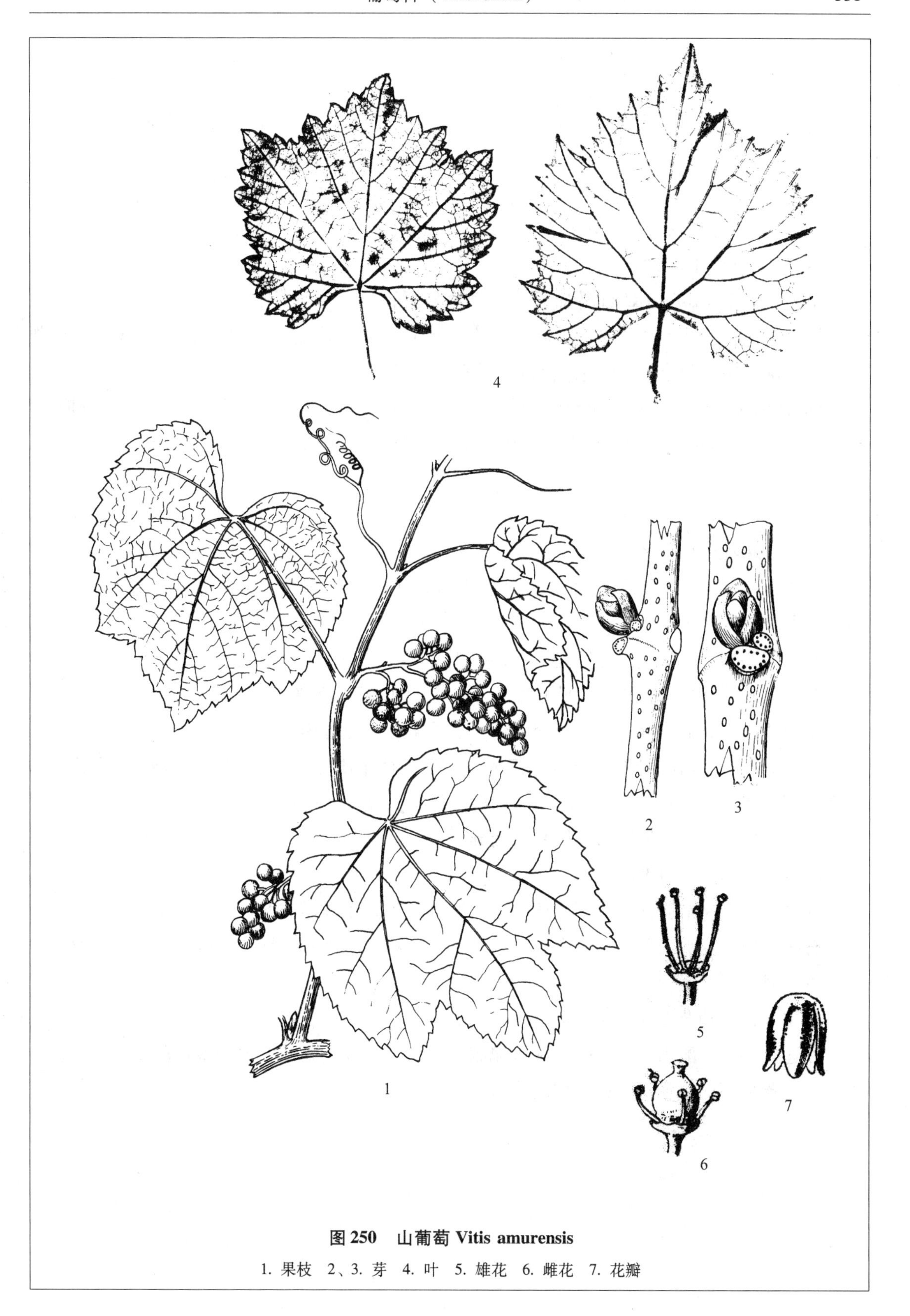

图 250　山葡萄 Vitis amurensis

1. 果枝　2、3. 芽　4. 叶　5. 雄花　6. 雌花　7. 花瓣

葡萄

科名：葡萄科（VITACEAE）

中名：葡萄 图 251

学名：Vitis vinifera L.（种加词为“产葡萄酒的”）。

识别要点：落叶木质藤本；单叶，互生，有卷须；叶片宽大，宽卵形，3～5 裂；雌雄同株；圆锥花序；花小，黄绿色；浆果，紫色或绿色。

Diagnoses：Deciduous woody trailing vein，twining；Leaves broad-ovate，3～5 lobed；Monoecium；Panicle；Flowers small，yellowish green；Fruit berry，purplish black or green.

染色体数目：2n＝38，40，57，76。

树形：落叶藤本，高达 30m。

树皮：暗红褐色，老树皮成片状纵向剥落。

枝条：略呈“之”字形弯曲，红褐色或黄褐色，具细条纹，节略膨大，卷须多分枝，生于节上，与叶对生。

芽：卵圆形，红褐色，芽鳞光滑，2～3 片。

叶：单叶，互生，有长柄，叶片宽卵形，基部心形，顶端 3～5 浅裂，裂片先端尖，边缘具粗大牙齿，表面深绿色，背面淡绿色，有柔毛，长宽各为 7～15cm。

花：圆锥花序与叶对生；花小，黄绿色；萼 5 愈合成浅杯形，萼齿小；花瓣 5，顶端愈合，下部分离，早落；雄蕊 5，花开后挺直；雌蕊子房短圆柱近球形。

果：浆果；球形或椭圆形，因品种而异，外有腊质白霜；种子 2～4 个，淡黄白色。

花期：5～6 月；**果期：**8～10 月。

习性：喜光，喜肥沃而湿润土壤，但耐寒性较差，冬季需防寒。

分布：原产亚洲西部，如今全世界温带普遍栽培；吉林省各地皆有种植，但优良品种需在冬季防寒。

抗寒指数：幼苗期 V，成苗期 III。

用途：果味甜酸为著名水果，并可酿制葡萄酒或制成葡萄干；根、茎可药用，用于制止呕吐；制葡萄酒的果粕可提取药用的酒石酸。

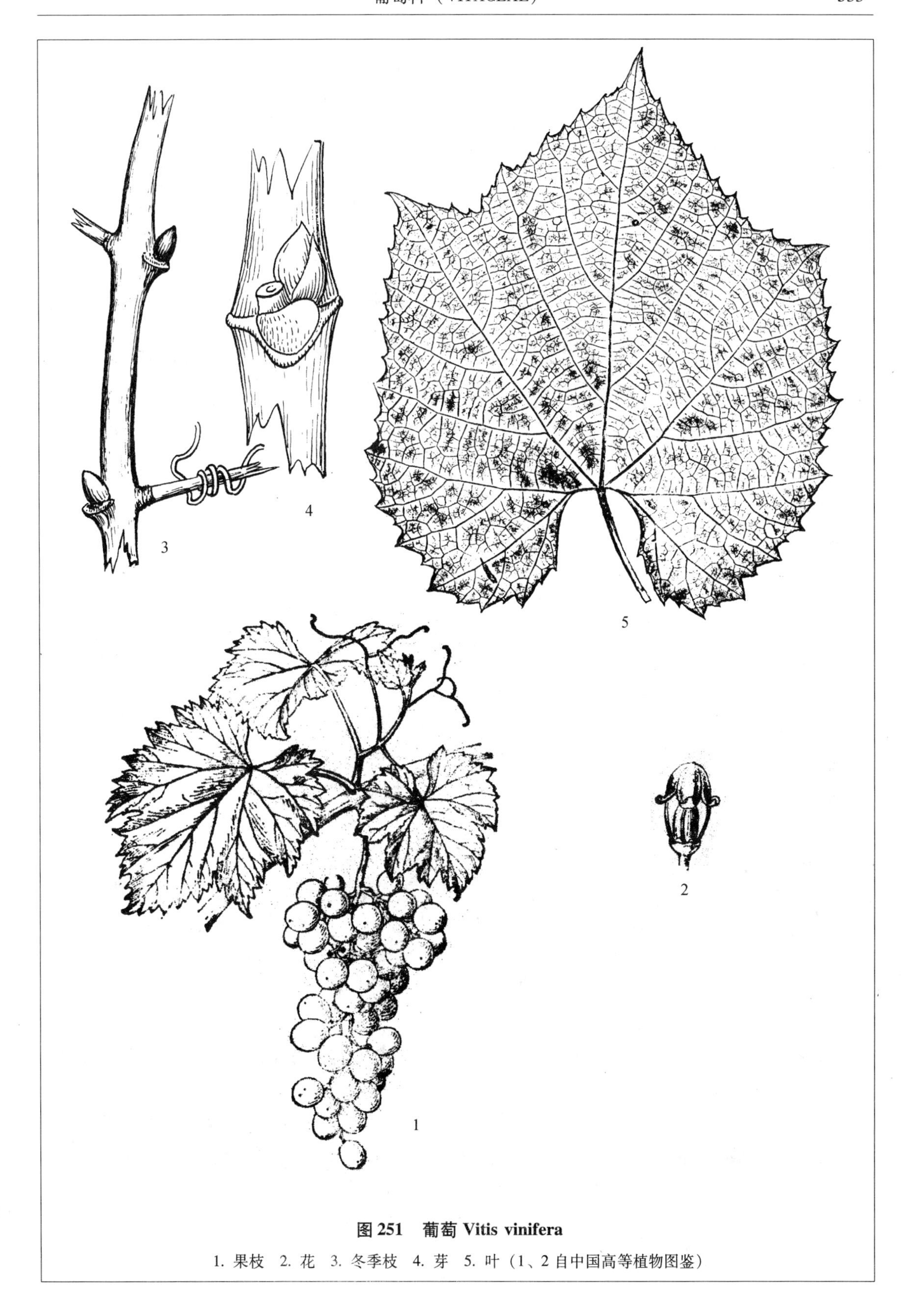

图 251　葡萄 Vitis vinifera

1. 果枝　2. 花　3. 冬季枝　4. 芽　5. 叶（1、2 自中国高等植物图鉴）

椴树科（TILIACEAE）

紫椴

科名：椴树科（TILIACEAE）

中名：紫椴　籽椴　图252

学名：Tilia amurensis Rupr.（属名为椴树的拉丁文原名；种加词为“黑龙江流域的”）。

A. **紫椴 var. amurensis**（原变种）

识别要点：落叶乔木；芽鳞2片，小的一片包于外侧；叶宽卵形或心形；聚伞花序，花序轴与总苞片的下部愈合；花黄色；果实为坚果状，近球形。

Diagnoses：Deciduous tree；Bud scales 2，large one covered with smaller one；Leaves broad-ovate or cordate；Cyme，lower part of rachis united with bract；Flowers yellow；Fruit a nut-like，nearly globular.

染色体数目：2n = 164。

树形：落叶大乔木；高约25m，胸径达1m；树冠卵形。

树皮：暗灰色，老时纵裂，并成条状脱落。

枝条：幼枝黄褐色或绿褐色，初有柔毛，后脱落，老枝棕褐色，皮孔灰白色，微凸。

芽：卵形，先端钝或稍尖，有2片芽鳞，红褐色，小的芽鳞在外，包在芽的一侧，无毛。

木材：淡黄白色或淡褐色，无边材与心材之别，有光泽；比重0.43。

叶：单叶互生，叶片宽卵形或心形，基部心形或近截形，先端渐尖，偶有成3或5裂，边缘有尖锯齿，表面深绿色，无毛，背面无毛，在脉腋处生有红褐色的簇毛，长4.5～6cm，宽4～5.5cm。

花：聚伞花序，花轴下部与总苞片的下部合生；花黄色，萼片5，宽披针形；花瓣5，狭卵形，无毛；雄蕊多数，无退化雄蕊；雌蕊1，子房球形，有柔毛，花柱短粗。

果：不开裂的坚果，球形或长圆形，被有灰褐色的柔毛；直径5～8mm。

花期：5～7月；果期：8～9月。

习性：喜光，也能适当耐阴，喜肥沃、排水良好的土壤，尤其要求气候温凉，空气湿度较大；自生于针阔混交林或杂木林内。

分布：东北三省以及华北各地；朝鲜、俄罗斯也产；吉林省东部山区各县（市）都产。

抗寒指数：幼苗期Ⅰ，成苗期Ⅰ。

用途：木材黄白色，软硬适中，纹理通顺，可制造家具、建筑、细木工、胶合板等；树皮可编织筐篓；椴树蜜色泽鲜明，香味醇正为上等蜜。树形美观，可供绿化，但不宜作行道树。

B. **裂叶紫椴 var. tricuspidata Liou et Li** 叶片先端3裂，图252-7。

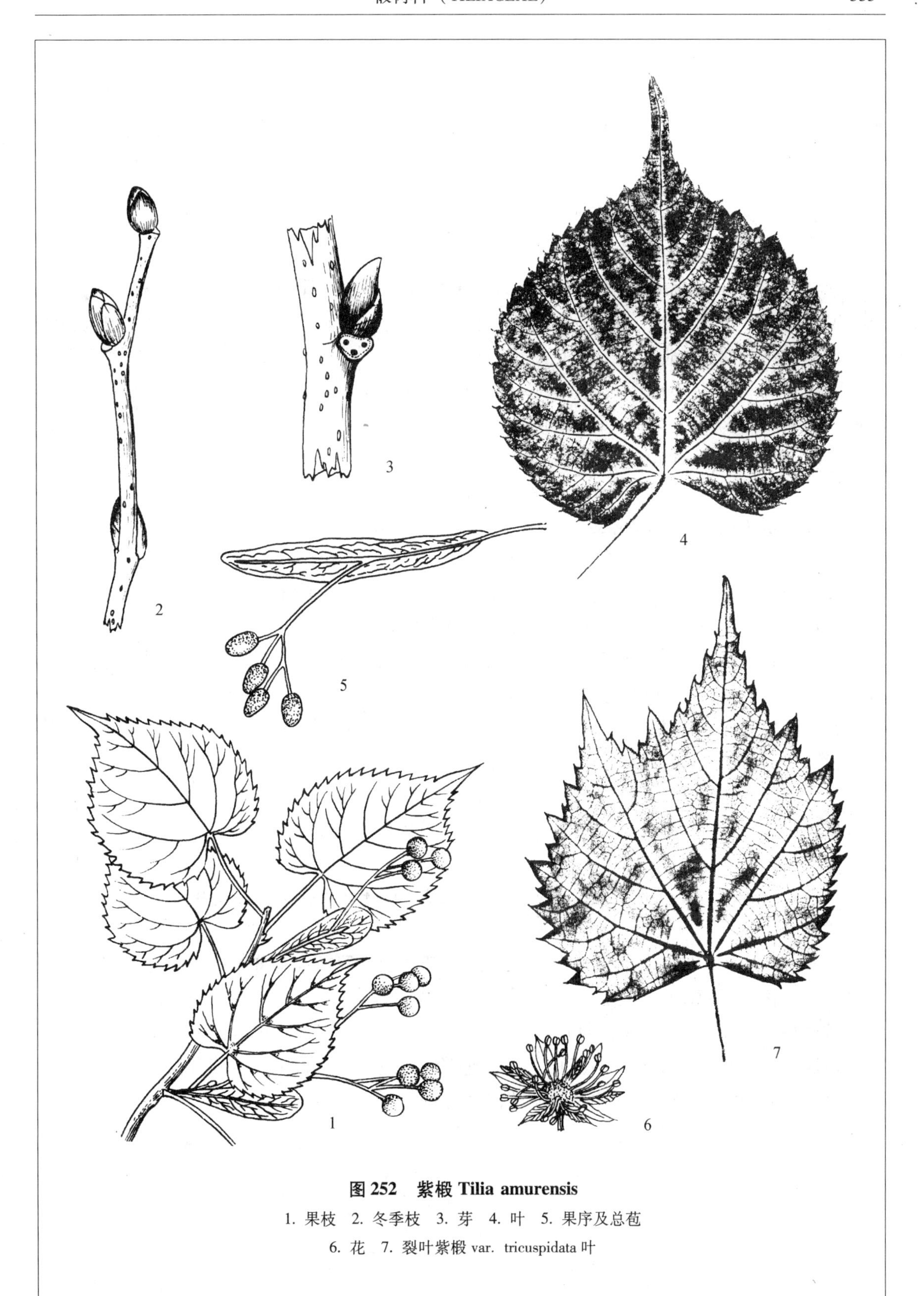

图 252　紫椴 Tilia amurensis

1. 果枝　2. 冬季枝　3. 芽　4. 叶　5. 果序及总苞

6. 花　7. 裂叶紫椴 var. tricuspidata 叶

糠椴

科名：椴树科（TILIACEAE）

中名：糠椴　大叶椴　图 253

学名：**Tilia mandshurica Rupr. et Maxim.**（种加词为“我国东北的”）。

识别要点：落叶乔木；小枝上密被灰白色的星状毛；叶宽卵形或心形，背面密被灰白色的星状毛；花黄白色，退化雄蕊成花瓣状；果为坚果状，不开裂，球形，外有灰白色柔毛。

Diagnoses：Deciduous tree；Branches covered with gray，stellate-tomentose；Leaves：broad-ovate or cordate，stellate-tomentose beneath；Flowers：paler yellow，reduced stamens petal-like；Fruit：nut-like，indehiscent，globular with gray tomentose.

树形：落叶乔木，高约 20m，胸径达 50cm。

树皮：暗灰色，老时纵浅裂。

枝条：当年生枝条黄绿色密生灰白色星状毛，2 年生枝条紫褐色，有密毛。

芽：卵形，外被芽鳞 2 片，较小一片在外，密被黄褐色星状毛。

木材：黄白色或浅黄褐色，边材与心材分界不明显，质地松软，比重 0.45。

叶：近圆形或歪心形，基部为斜心形或截形，先端渐尖，边缘有粗锯齿，尖端呈芒状，表面绿色，有光泽，背面灰白色，密被星状毛，长 8～12cm，宽 7～11cm。

花：聚伞花序，由 7～15 朵花组成，总花梗与匙形的总苞下部合生；花淡黄色；萼片 5，披针形，外被灰褐色短柔毛，内具白色柔毛；花瓣 5，倒狭卵形；雄蕊多数，有些变成花瓣状；雌蕊子房球形，花柱短，柱头 5 裂。

果：坚果，近球形，直径 8～10mm，密被浅黄褐色的星状柔毛。

花期：7 月；果期：9～10 月。

习性：喜光但也畏强光，喜生于肥沃及排水良好的土壤及湿润的环境中。常生于阔叶疏林中或林缘。

分布：我国东北三省的林区以及华北各地；朝鲜及俄罗斯也有分布；吉林省分布于东部及中部低海拔的夏绿阔叶林中。

抗寒指数：幼苗期 I，成苗期 I。

用途：木材质地较松软，不宜制造车船等构件，适于制造火柴杆、胶合板等；树皮的韧皮部可供编织或代麻用；是绿化及蜜源的优良树种。

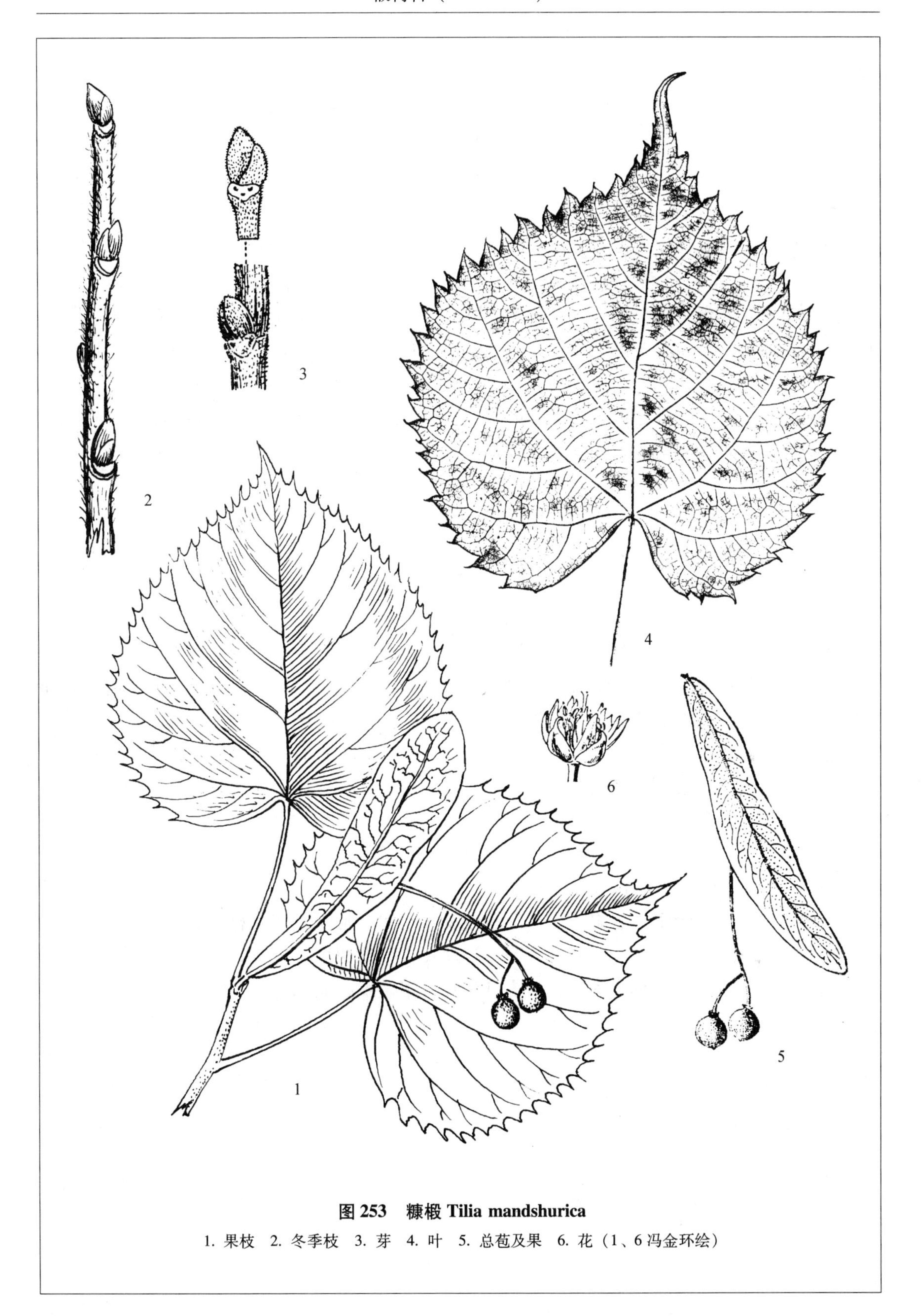

图 253　糠椴 Tilia mandshurica

1. 果枝　2. 冬季枝　3. 芽　4. 叶　5. 总苞及果　6. 花（1、6 冯金环绘）

蒙椴

科名：椴树科（TILIACEAE）

中名：蒙椴　白皮椴　图254

学名：Tilia mongolica Maxim.（种加词为“蒙古的”）。

识别要点：乔木；枝无毛；芽卵形，芽鳞2，小片在外；叶宽卵形或近圆形，无毛；聚伞花序，花序轴与总苞片下部合生；花黄白色，退化雄蕊成花瓣状；坚果，球形，有褐色短柔毛。

Diagnoses：Tree；Twigs glabrous；Bud：ovoid，bud scales 2，smaller one on the outside；Leaves：broad-ovate or nearly globular，glabrous；Cyme，lower part of rachis united with bract；Fruit：a nut-like，globular.

树形：落叶乔木，高约10m，胸径可达30cm。

树皮：灰褐色，老时纵裂成不规则的条状，剥落。

枝条：当年生枝黄褐色，老枝暗褐色，无毛。

芽：卵形，黄褐色，先端钝圆，芽鳞2片，小片在外侧，无毛。

木材：边材黄白色，心材淡褐色，质地轻软，有弹性，比重0.51~0.53。

叶：宽卵形或近圆形，基部心形，先端渐尖，有时常3裂，边缘有不整齐的粗齿，表面暗绿色，无毛，背面淡绿色，在脉腋处有褐色的丛毛，长3~5cm，宽3~4cm。

花：聚伞花序，花序轴下部与披针形的总苞片下部合生；有花6~12朵，淡黄色；萼片5，狭卵形，无毛；花瓣5，宽披针形，淡黄色；雄蕊多数，其中5枚退化雄蕊成花瓣状，线形；雌蕊子房球形，密被灰白色柔毛，花柱短，柱头5浅裂。

果：坚果状，不开裂，倒卵形，长约7mm，有淡褐色绒毛。

花期：7月；果期：9月。

习性：喜光，较耐干旱。多生于向阳山坡及岩石间，常生于阔叶林内及林缘。

分布：东北三省西部以及华北、内蒙古等地；吉林省西部有分布。

用途：木材可制造炊具及家具；树皮可代纤维用做编织品；是优良的蜜源植物。

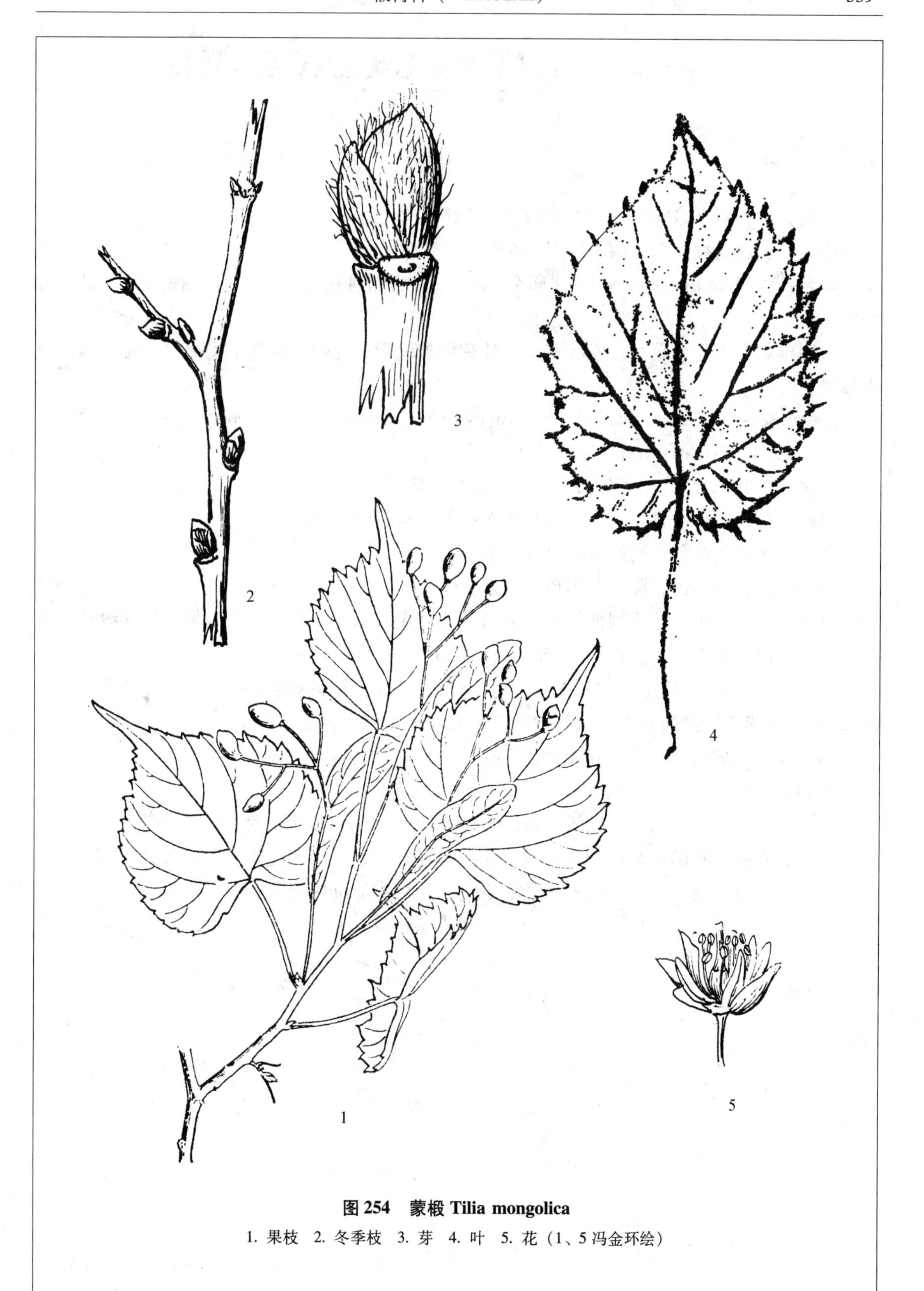

图 254　蒙椴 Tilia mongolica

1. 果枝　2. 冬季枝　3. 芽　4. 叶　5. 花（1、5 冯金环绘）

瑞香科（THYMELAEACEAE）

长白瑞香

科名：瑞香科（THYMELAEACEAE）

中名：长白瑞香　朝鲜瑞香　图 255

学名：Daphne koreana Nakai（属名 Daphne 为希腊神话中的女神名；种加词为“朝鲜的”）。

识别要点：落叶小灌木；单叶互生；叶片倒披针形；花数朵簇生；萼片 4；无花瓣；果为浆果，红色。

Diagnoses：Deciduous small shrub；Leaves simple，alternate，oblanceolate；Few flowers clustered；Sepals 4；Petal 0；Fruit berry，red.

树形：落叶小灌木，高 30 ~ 50cm，上部有少量分枝。

树皮：灰色，平滑或微皱，有光泽，皮孔倒三角形或半月形。

枝条：老枝灰黄色，幼枝黄褐色，无毛。

芽：卵形，先端钝，芽鳞黄褐色，多数。

叶：单叶，互生；叶片倒披针形，先端钝或急尖，基部楔形，全缘无齿，表面绿色，背面淡绿色，两面光滑无毛，长 2.5 ~ 8.5cm，宽 0.5 ~ 2.5cm。

花：3 ~ 6 朵簇生于茎顶；淡黄色，先叶开放；花萼基部联合成筒形，上部 4 裂；花瓣 0；雄蕊 8 枚成 2 轮排列着生在花萼的内壁；雌蕊子房卵形，花柱甚短，柱头扁平。

果：浆果，球形，红色，有光泽，直径约 8mm，内含 2 粒种子。

花期：4 月；果期：8 ~ 9 月。

习性：喜半光，喜潮湿及肥沃土壤。常生于海拔 1500m 以上的针叶林或混交林下。

分布：东北三省的山区；朝鲜也有分布；吉林省分布于东部的长白山区各县（市）。

用途：全株入药，可治疗气管炎及心脏病，还可增加抗寒能力。

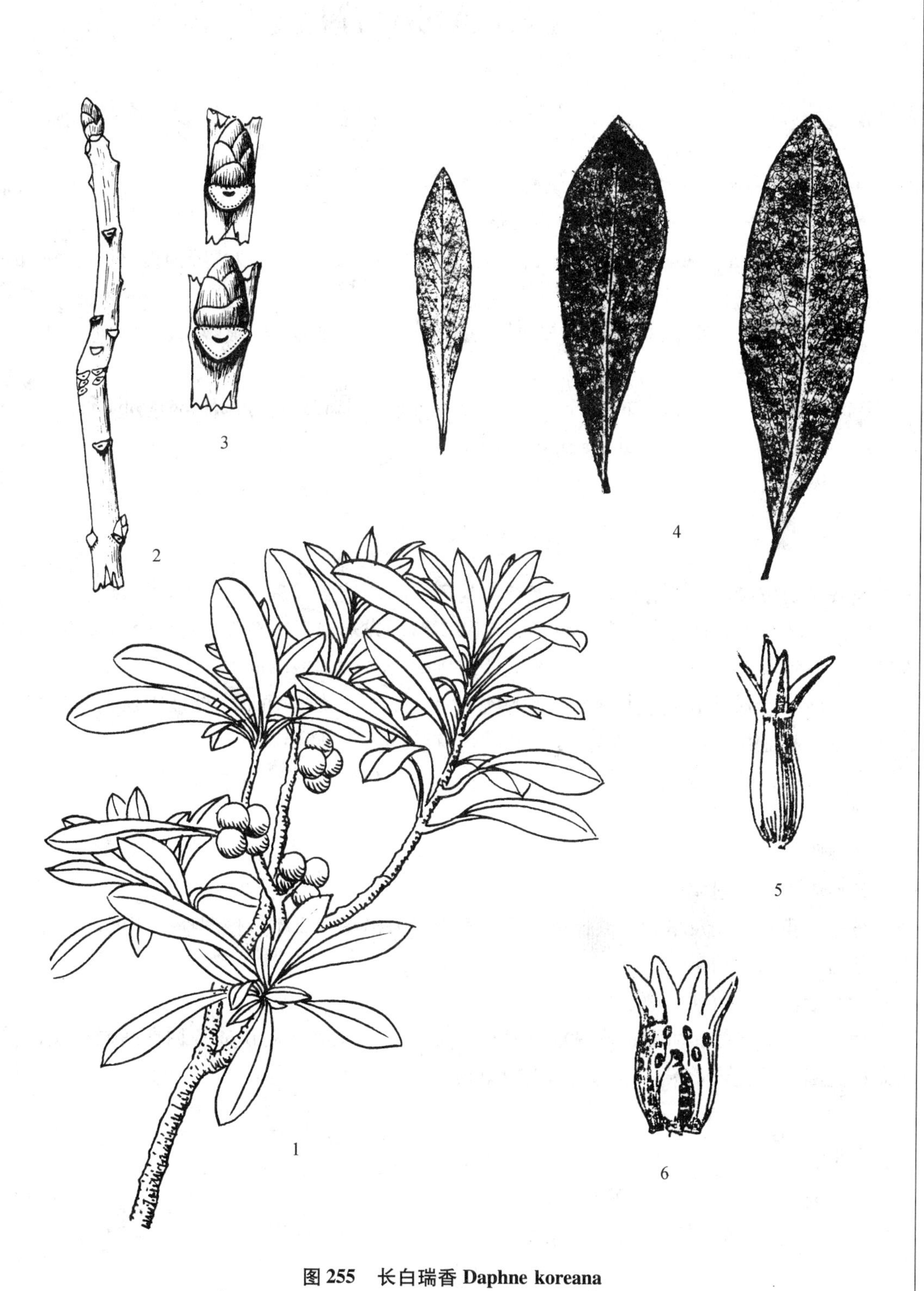

图 255　长白瑞香 Daphne koreana

1. 果枝　2. 冬季枝　3. 芽　4. 叶　5. 花　6. 花冠纵剖

胡颓子科（ELAEAGNACEAE）

银柳

科名：胡颓子科（ELAEAGNACEAE）

中名：**银柳**　沙枣子　桂香柳　图 256

学名：**Elaeagnus angustifolia L.**（属名来自希腊文 elaiagnos，为胡颓子的原名；种加词为“狭窄叶子的”）。

识别要点：落叶乔木；叶互生，单叶，披针形或狭长圆形，密被银白色星状毛；果为核果，被有银白色毛。

Diagnoses：Deciduous tree；Leaves alternate，simple，lanceolate or narrowly oblong，covered with silvery scales beneath；Fruit：a drupe，coated with silvery scales.

染色体数目：2n＝12，28。

树形：落叶乔木，高 6～7m。

树皮：暗灰色，片状纵裂。

枝条：幼枝被银白色鳞片状毛，老枝红褐色；有的枝变成短刺。

叶：单叶互生；披针形或狭披针形，基部楔形，先端钝或短渐尖，边缘全缘无齿，叶两面都有银白色鳞片状毛，叶背部尤为明显，长 4～8cm，宽 1～2cm。

花：1～3 朵腋生；花被筒钟形，顶端萼片 4 裂，裂片长三角形，外被银白色鳞片状毛，内侧黄色；无花瓣；雄蕊 4；雌蕊子房卵圆形，花柱短，不伸出花外。

果：核果，椭圆形或近圆形，长 1～2cm，直径 0.8～1cm，萼筒下部包于果外，肉质化，黄色，外包有银白色或褐色的鳞片状毛。

花期：6 月；果期：8～10 月。

习性：喜光，耐寒、耐干旱及盐碱，喜生于砂质地上。

分布：我国西北及华北等地；也产于欧洲地中海沿岸、日本、俄罗斯、印度；吉林省内常见栽培，但未见结果。

抗寒指数：幼苗期 I，成苗期 I。

用途：木材坚韧，可制造家具或农具；果可食用、酿酒或制作成各种食品；适应性强，可栽植庭园供绿化观赏；又是优良的蜜源植物。

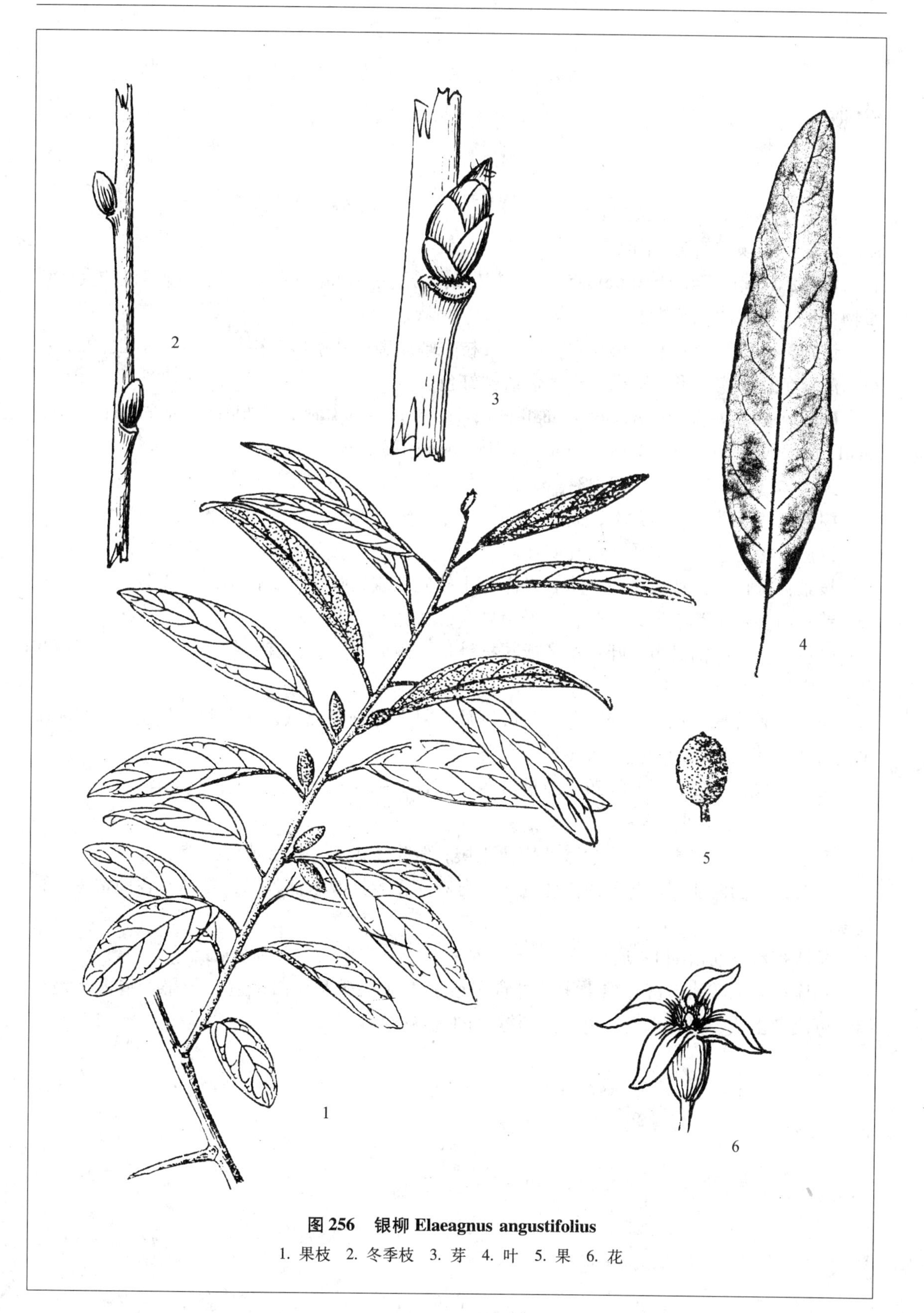

图 256　银柳 Elaeagnus angustifolius

1. 果枝　2. 冬季枝　3. 芽　4. 叶　5. 果　6. 花

沙棘

科名：胡颓子科（ELAEAGNACEAE）

中名：沙棘 醋柳 图257

学名：Hippophae rhamnoides L.（属名来自希腊古名 hippophaes，指一种多刺的大戟科植物；种加词是“似鼠李的”）。

识别要点：落叶灌木或小乔木；小枝及枝先端成刺；叶条形或狭披针形；雌雄异株，花小，淡黄色；果实球形，浆果，橙黄色或橘红色。

Diagnoses：Deciduous shrub or small tree；Top of branches as a spickle；Monoecium；Flowers small，paler yellow；Fruit：Berry，orange yellow or scarlet.

染色体数目：2n＝12，20，24。

树形：落叶灌木或小乔木，高5～8m。

树皮：深褐色，有光泽，皮孔明显。

枝条：灰色，密被星状毛，略有光泽；小枝先端成尖刺状；皮孔小，近圆形。

芽：由多数小芽集生成椭圆状球形，外有红褐色的柔毛。

叶：互生，叶柄极短，叶片条形或狭披针形；表面深绿色，有白色鳞片状毛，叶背面灰白色，密被鳞片状毛，长2～6cm，宽0.4～1.2cm。

花：雌雄异株；花小，淡黄色，先叶开放，雄花花被筒囊状，萼2裂，雄蕊4，花序轴在花后即脱落；雌花期较晚，具短梗，花萼2裂。

果：浆果，果皮光滑，橙黄色或橘红色，直径5～8mm；种子褐色，有光泽。

花期：5月；果期：8～9月。

习性：喜光，耐干旱、耐盐碱及瘠薄土壤；常生于山坡、沟谷或河漫滩。

分布：我国西北、华北及西南各地；也分布于俄罗斯及欧洲各国；吉林省各地常见引种栽培。

抗寒指数：幼苗期Ⅰ，成苗期Ⅰ。

用途：果味酸甜，富含维生素，可食用或加工成饮料及果酱；适合干旱、瘠薄土地种植，可改良土质，保持水土；也是庭园绿化的优良树种。

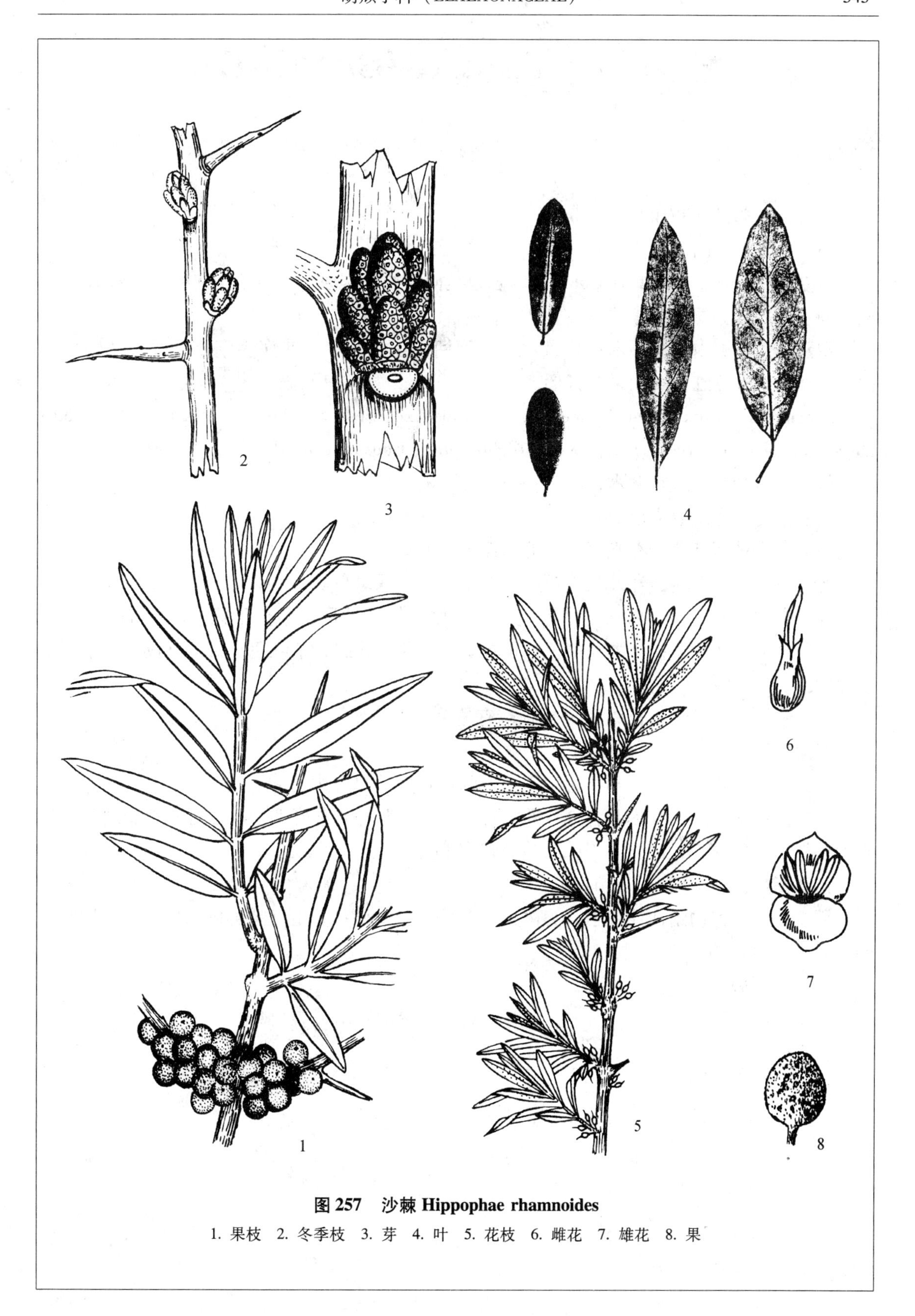

图 257　沙棘 Hippophae rhamnoides

1. 果枝　2. 冬季枝　3. 芽　4. 叶　5. 花枝　6. 雌花　7. 雄花　8. 果

柽柳科（TAMARICACEAE）

柽柳

科名：柽柳科（TAMARICACEAE）

中名：柽柳　图 258

学名：**Tamarix chinensis Lour**.（属名为柽柳的拉丁文原名，源于比利牛斯山的 Tamaris 河；种加词为“中国的”）。

识别要点：灌木或小乔木；叶鳞片状，无柄，互生；圆锥花序生于茎顶部，花辐射对称，五基数，淡粉红色；蒴果圆锥形。

Diagnoses：Shrub or small tree；Leaves scale-like，sessile，alternate；Panicle，terminate；Flowers radial symmetrical，pentamerous，lightly pink；Capsule conical.

树形：落叶灌木或小乔木，高 3～5m。

树皮：红褐色，老皮成条状剥裂。

枝条：小枝红紫色，有光泽，无毛，细弱，下垂。

叶：鳞片状，无柄，叶片长披针形，先端渐尖，深绿色。

花：圆锥花序由多个总状花序组成；总苞片线状披针形，略长于花梗；萼片 5 枚，绿色，基部合生；花瓣 5 枚，淡粉红色，顶端 2 裂；花盘 5 裂，紫红色；雄蕊 5 枚，生于花盘裂片间。

果：蒴果，圆锥形，长约 4mm，顶端有丛毛。

花期：5 月；果期：6 月。

习性：喜光树种，不耐阴。喜生于潮湿的盐碱地及河岸边的冲积地。

分布：辽宁南部以及华北各地；欧洲各地也有分布；吉林省西部平原区的盐碱地及河岸常见栽植。

抗寒指数：幼苗期 I，成苗期 I。

用途：本种植物耐盐性很强，为改良盐碱地先锋树种；栽植庭园可供绿化观赏；枝叶入药，可用于表疹。

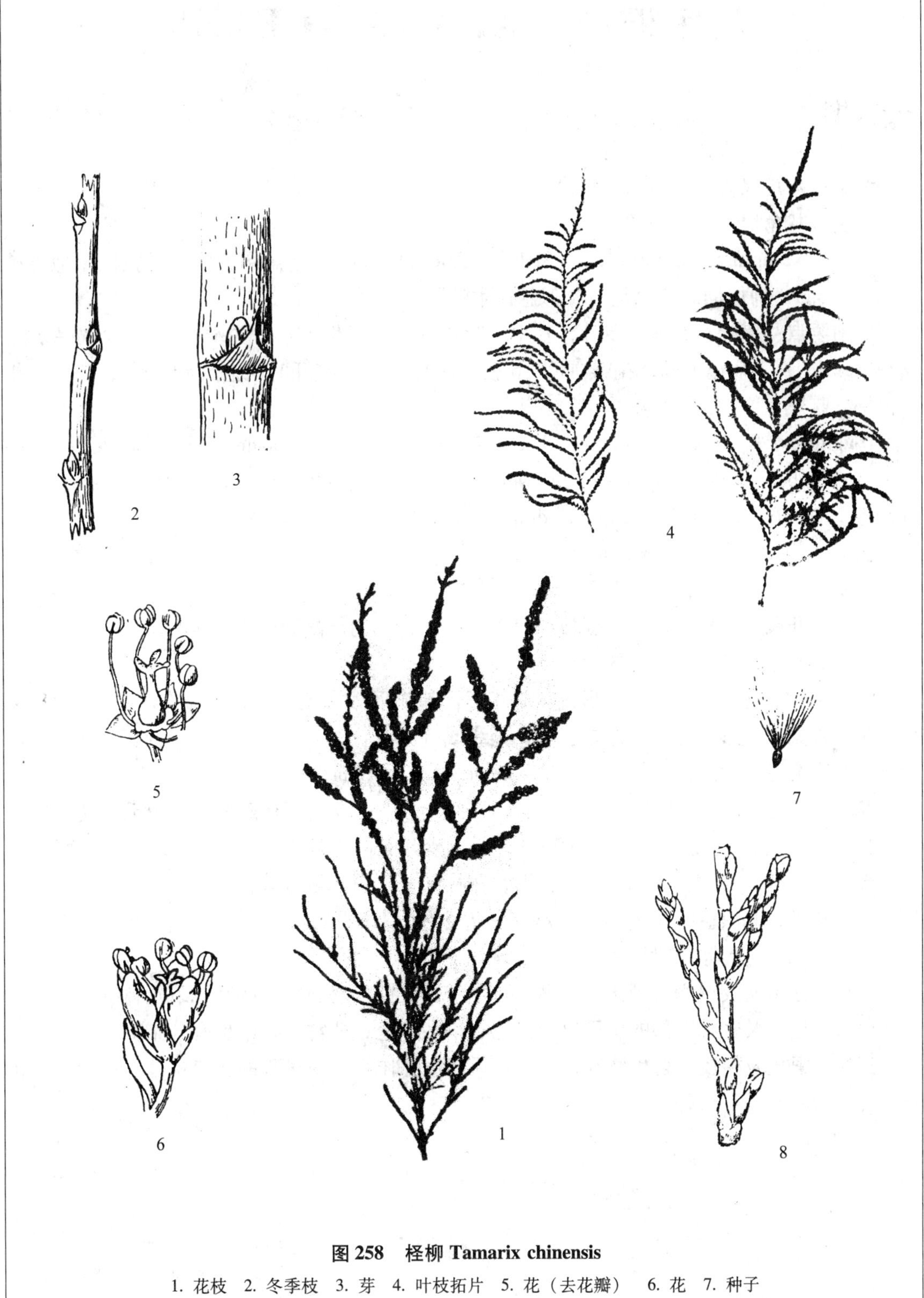

图 258　柽柳 Tamarix chinensis

1. 花枝　2. 冬季枝　3. 芽　4. 叶枝拓片　5. 花（去花瓣）　6. 花　7. 种子
8. 枝叶放大图（1 自中国高等植物图鉴）

八角枫科（ALANGIACEAE）

八角枫

科名： 八角枫科（ALANGIACEAE）

中名： **八角枫**　瓜木　图259

学名： **Alangium platanifolium（Sieb. et Zucc.）Harmus**（属名为印度马拉巴尔地方植物原名alangi；种加词的意思是"叶似悬铃木的"）。

识别要点： 落叶小乔木；单叶，互生，叶片近圆形或倒卵形，先端有3～5个裂片；聚伞花序，由1～7朵花组成，花瓣白色，6枚，基部合生，盛开时向上反卷；雄蕊7～9；果为核果，蓝黑色。

Diagnoses：Deciduous small tree；Leaves：simple，alternate，blades nearly rounded or obovate，3～5 lobed on top；Flowers：cyme，with 1～7 flowers，petals white，6，united at base，reflex when full bloom；Stamens 7～9；Fruit：drupe，dark blue.

树形： 落叶小乔木，高约3m。

树皮： 浅灰色，光滑，不开裂。

枝条： 开展，老枝灰褐色，新枝绿色，圆柱形，无毛，髓为白色，实心。

芽： 宽卵形，灰褐色，外被短柔毛。

叶： 单叶，互生；叶片近圆形或宽倒卵形，基部平截或近心形，先端有3～5浅裂，裂片三角形或宽三角形，先端呈短尾状尖，全缘或有微波状缘，表面深绿色，背面淡绿色，仅叶脉上有短柔毛，脉腋处有簇毛，长7～25cm，宽7～18cm。

花： 聚伞花序由1～7朵花组成；花萼钟形，6～7个浅裂，有短柔毛及睫毛；花瓣通常6，白色或黄白色，基部合生，长2.5～3cm，花盛开时向上反卷；雄蕊7～9，花丝微扁平，中下部有毛，基部略宽；雌蕊子房圆柱形，花柱细长，与花瓣近等长。

果： 核果，蓝黑色，卵圆形，有光泽，直径约0.7cm。

花期： 6月；果期：9月。

习性： 喜半光及湿润、肥沃的土壤；自生于山坡针阔混交林或阔叶林下及林缘。

分布： 辽宁及吉林东部的山区以及华北、华东各地；朝鲜及日本也有分布。

用途： 根皮及树皮中含生物碱，可治疗风湿病并作为手术过程的肌肉松弛剂；叶大，花香，可作为庭园观赏树种。

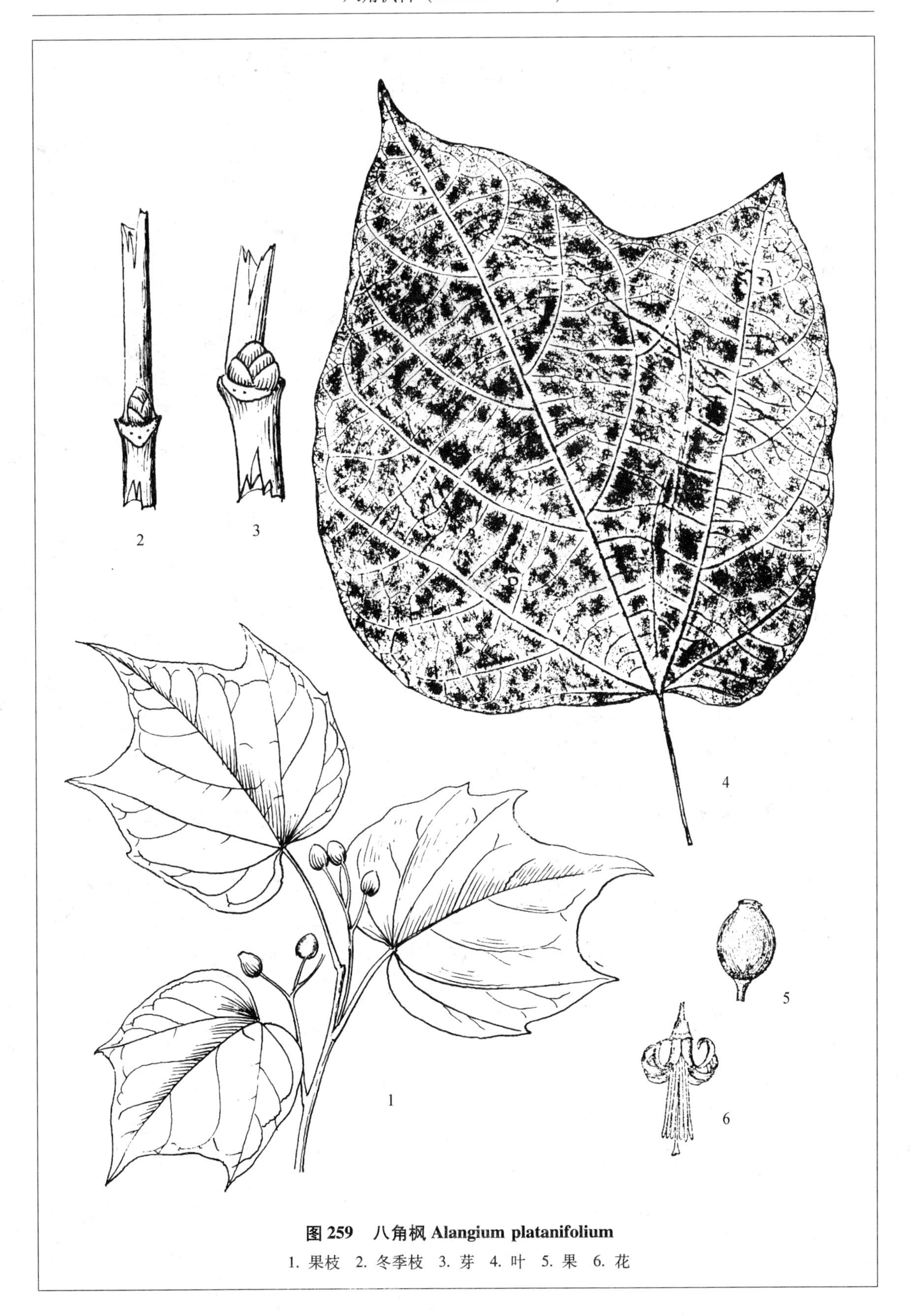

图 259　八角枫 Alangium platanifolium

1. 果枝　2. 冬季枝　3. 芽　4. 叶　5. 果　6. 花

山茱萸科（CORNACEAE）

红瑞木

科名：山茱萸科（CORNACEAE）

中名：红瑞木　图 260

学名：**Cornus alba L.**（属名为拉丁文“角状的”；种加词为“白色的”）。

识别要点：落叶灌木；茎红色或暗红紫色；叶片大，椭圆形，对生；伞房花序生于茎顶；花白色；核果白色。

Diagnoses：Deciduous shrub；Stems red or dark red；Leaves elliptic，opposite；Cyme on top；Flowers white；Fruit drupe，white.

染色体数目：2n = 22。

枝条：暗红色，光滑，有光泽，不开裂，皮孔圆形，白色，生长稀疏。

芽：对生；为有柄芽，向内弯曲，柄细长，芽卵形，先端尖，芽鳞对生。

叶：单叶，对生；叶片卵形或椭圆形，基部通常为圆形，宽楔形，先端渐尖或短渐尖，全缘无齿，表面深绿色，有散生的伏毛，背面灰白色，有疏毛，侧脉 5 ~ 6 对，弧形，明显，长 4 ~ 10cm，宽 2 ~ 5cm。

花：伞房状聚伞花序，顶生；花轴与花柄上有密毛；花萼筒形，包住子房，萼齿 4 裂，不明显；花瓣 4，白色，长卵形或长圆状卵形；雄蕊 4，花丝细长，花药长圆形；雌蕊子房下位，倒卵形，外有伏毛，柱头头状。

果：核果，白色，卵圆形，两侧略扁，长 5 ~ 8mm，花柱宿存于果实顶端，核扁平。

花期：5 ~ 6 月；果期：8 ~ 9 月。

习性：喜光但也耐阴，喜生于潮湿、肥沃及排水良好的土壤。自生于杂木林内或林缘的较湿润处。

分布：东北三省及华北、西北及华东各地；也产于朝鲜、日本和俄罗斯；吉林省多产于东部长白山区各县（市）。

用途：枝条红色，果白色，可供绿化观赏用；种子含油量 30% 左右，可以榨油。

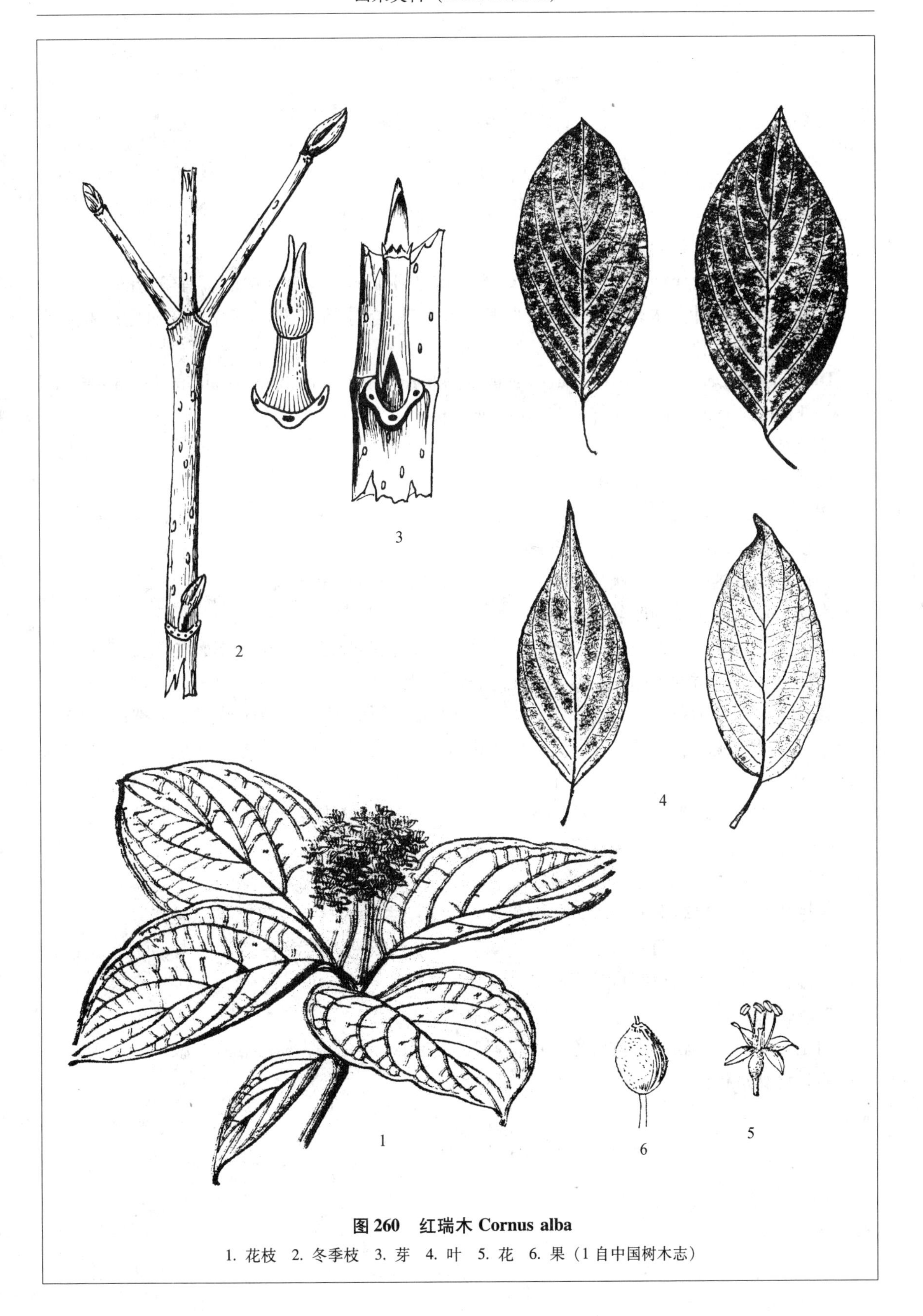

图 260　红瑞木 Cornus alba

1. 花枝　2. 冬季枝　3. 芽　4. 叶　5. 花　6. 果（1 自中国树木志）

灯台树

科名： 山茱萸科（CORNACEAE）

中名：灯台树 灯台山茱萸 图 261

学名：Cornus controversa Hemsl. ex Prain.（种加词为“有问题的、有争论的”）。

识别要点： 落叶乔木；单叶互生；叶片宽卵形或宽椭圆形；聚伞花序；花白色；果为核果，近球形，黑紫色。

Diagnoses: Deciduous tree; Leaves simple, alternate; Blades broad-ovate or broad-elliptic; Cymes; Flowers white; Fruit drupe globose, dark purple.

染色体数目： 2n = 20。

树形： 落叶乔木，高 4 ~ 10m。

树皮： 暗灰色，浅裂。

枝条： 小枝暗红色，无毛，皮孔多，灰黄色。

芽： 宽卵状椭圆形，芽鳞紫红色，复瓦状排列，有短柔毛。

木材： 黄白色，质地较软，比重 0.63。

叶： 单叶，互生，常簇生于枝梢；叶片宽卵形，宽椭圆形，基部圆形，先端短渐尖，全缘，表面深绿色，背面灰绿色，有短柔毛，侧脉弧形，6 ~ 8 对，长 6 ~ 15cm，宽 3 ~ 8cm。

花： 伞房状聚伞花序，生于茎顶；花小，白色；萼筒卵形，有白色绒毛，4 裂；花瓣 4，宽披针形；雄蕊 4，花丝比花瓣略长，花药背着；雌蕊子房倒卵形，外被灰色绒毛，花柱细长，柱头头状。

果： 核果，近球形，直径 5 ~ 7mm，幼时为紫红色，成熟后变为紫黑色，核扁球形，有条纹。

花期： 5 ~ 6 月；果期：9 ~ 10 月。

习性： 喜光，喜较湿润土壤，耐寒性差。生于杂木林的林缘或河流谷地溪流旁。

分布： 辽宁及吉林南部直至华北、华东、华中、东南、西南各地；日本、朝鲜也有分布；吉林省南部的集安市有自然生长。

抗寒指数： 幼苗期 V，成苗期 III。

用途： 木材质地较软，黄白色，可供建筑、器具、雕刻等；树形壮观，枝叶花果美，为优良的绿化观赏树种。

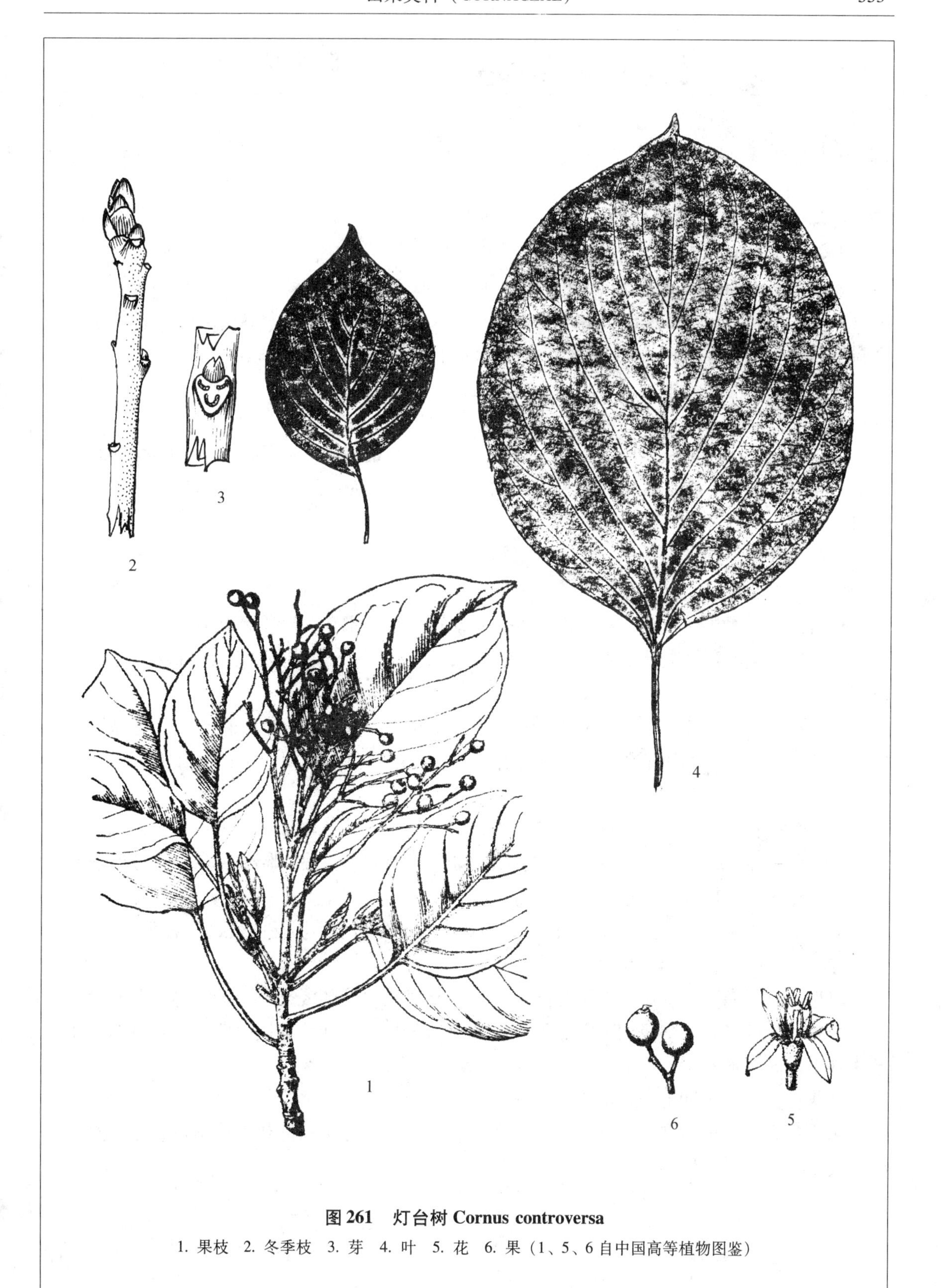

图 261　灯台树 Cornus controversa

1. 果枝　2. 冬季枝　3. 芽　4. 叶　5. 花　6. 果（1、5、6 自中国高等植物图鉴）

五加科（ARALIACEAE）

刺五加

科名： 五加科（ARALIACEAE）

中名：刺五加　刺拐棒　图 262

学名：Acanthopanax senticosus（Rupr. et Maxim.）Harms. —Eleutherococcus senticosus（Rupr. et Maxim.）Maxim.（属名为希腊文 akanthos 刺 + panax 人参；属名异名的意思是希腊文 eleutheros 自由的 + kokkos 浆果；种加词为“多刺的”）。

识别要点： 落叶灌木；枝茎上有针状刺；叶为 5 小叶组成的掌状复叶，互生；伞形花序，顶生，花柄长 1 ~ 2.5cm；浆果，黑色。

Diagnoses： Deciduous shrub；Branches armed with needle-like prickles；Leaves palmately compound，5 leaflets，alternate；Flowers umbel，terminal；Peduncles 1 ~ 2.5 cm long；Fruit berry，black.

染色体数目： 2n = 48。

树形： 落叶灌木，高 1 ~ 2m。

枝条： 老枝树皮浅灰色，有纵的浅沟裂；幼枝皮浅红褐色，密生针状刺。

芽： 顶芽倒卵形，较大，褐色或红褐色，有 5 ~ 6 个芽鳞，边缘生有白色睫毛；侧芽较小。

叶： 掌状复叶，互生，具 5 枚小叶；小叶柄长 0.5 ~ 2cm，小叶片椭圆形、宽卵形或倒卵形，基部楔形，先端短渐尖，边缘有锐锯齿，表面深绿色，背面淡绿色，脉上有糙毛及小刺，长 5 ~ 12cm，宽 3 ~ 8cm。

花： 伞形花序，顶生，成球形；花梗细长，无毛；花黄色略带有紫色；萼筒近圆形，萼 5 裂，裂片三角形；花瓣 5，倒卵形，有爪；雄蕊 5，超出花冠；雌蕊 5 室，子房包埋于近圆形的花托内，花柱合生，成柱状。

果： 浆果，紫黑色，近球形，直径 0.5 ~ 0.9cm，有 5 个不明显的棱，内有 5 个小核。

花期： 7 月；果期：8 ~ 9 月。

习性： 耐阴灌木，喜肥沃及潮湿土壤。生于低海拔的针阔混交林、杂木林中及林缘。

分布： 我国东北三省及河北、山西等；也分布于日本、朝鲜和俄罗斯；吉林省东部山区及中部半山区各地林中皆有分布。

抗寒指数： 幼苗期 I，成苗期 I。

用途： 全株皆可入药，有强壮体力，提高抗病能力，促进新陈代谢，增进食欲，对冠心病有较高疗效。

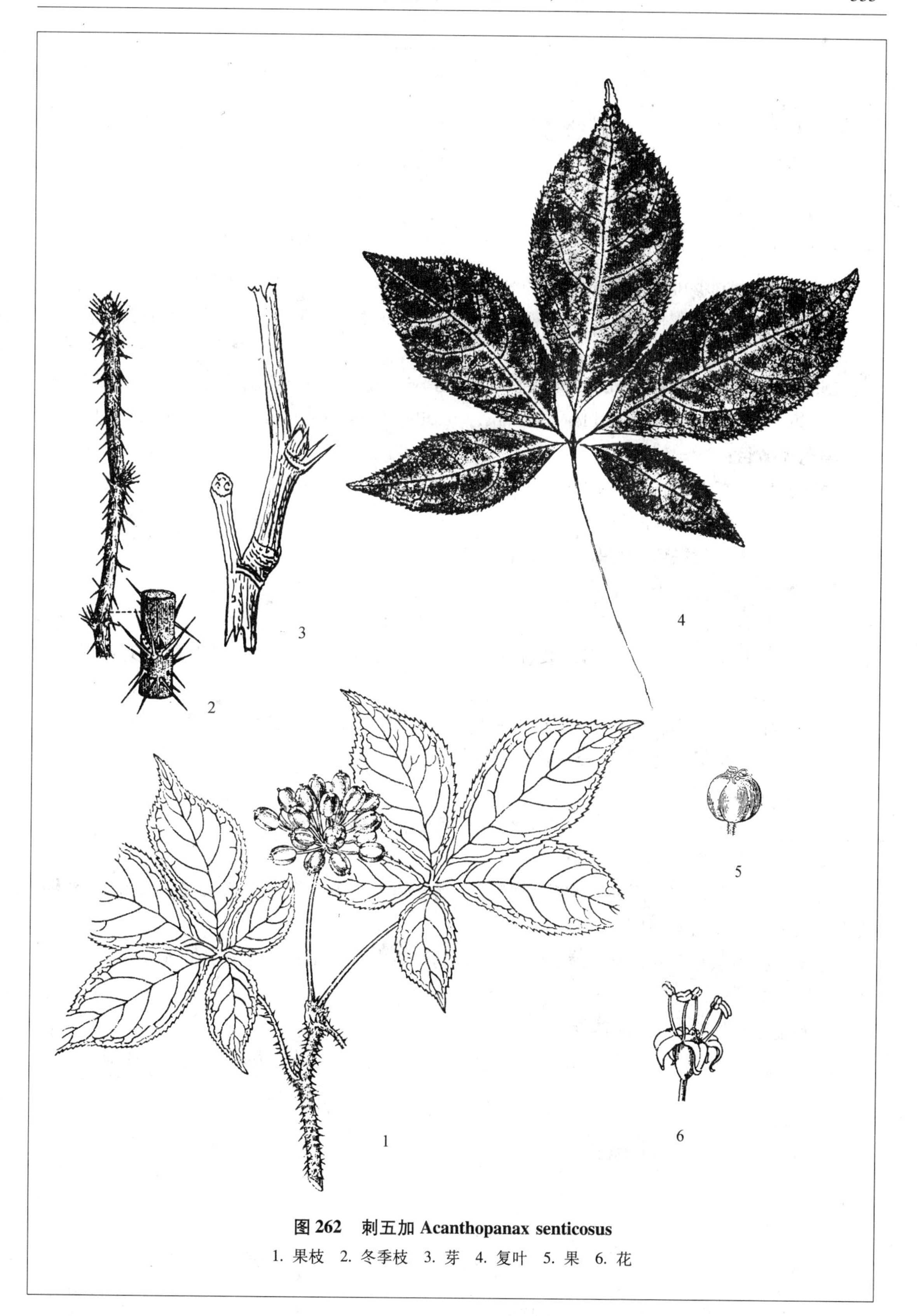

图 262　刺五加 Acanthopanax senticosus

1. 果枝　2. 冬季枝　3. 芽　4. 复叶　5. 果　6. 花

短梗五加

科名：五加科（ARALIACEAE）

中名：短梗五加 五加皮 图263

学名：Acanthopanax sessiliflorus Seem.（种加词为“具有无柄花的”）。

识别要点：落叶灌木；枝上有扁刺；掌状复叶，互生；伞形花序无柄，集成头状；花紫色；浆果，黑色。

Diagnoses：Deciduous shrub；Branches armed with flatten prickles；Leaves palmately compound，alternate，3～5 leaflets；Flowers umbel，sessile，head-like，purple；Fruit berry，black.

染色体数目：2n＝54。

树形：落叶灌木，高1.5～3m。

树皮：淡灰色，有纵的浅裂。

枝条：小枝淡灰褐色，有基部扁平的皮刺。

芽：卵形，褐色，光滑无毛。

叶：掌状复叶，互生，小叶3～5枚；小叶片卵形，倒卵形或椭圆形，基部楔形，先端短渐尖，边缘有不整齐的重锯齿，表面深绿色，无毛，背面淡绿色，沿叶脉生有小刺，长7～18cm，宽3～8cm。

花：伞形花序，小花无柄集成圆球形；花深紫色，萼筒近球形，生有白色绒毛，萼5裂，裂片小，三角形；花瓣5，倒卵形；雄蕊5，黄白色，比花瓣略长；雌蕊子房下位，2室，花柱合生，先端2裂。

果：浆果，黑色，长圆形，先端有宿存的花柱及萼裂片。

花期：7月；**果期：**8～9月。

习性：喜光但耐阴、耐寒，多生于肥沃而潮湿的土壤中。常见于低海拔的针阔混交林及杂木林内及林缘或河岸两侧的低湿地。

分布：我国东北三省及华北各地；朝鲜、俄罗斯也有分布；吉林省分布于东部山区及中部半山区的县、市。

抗寒指数：幼苗期Ⅰ，成苗期Ⅰ。

用途：根皮入药，为“五加皮”，有祛风湿、强筋骨等功效，并有健胃、利尿等效。

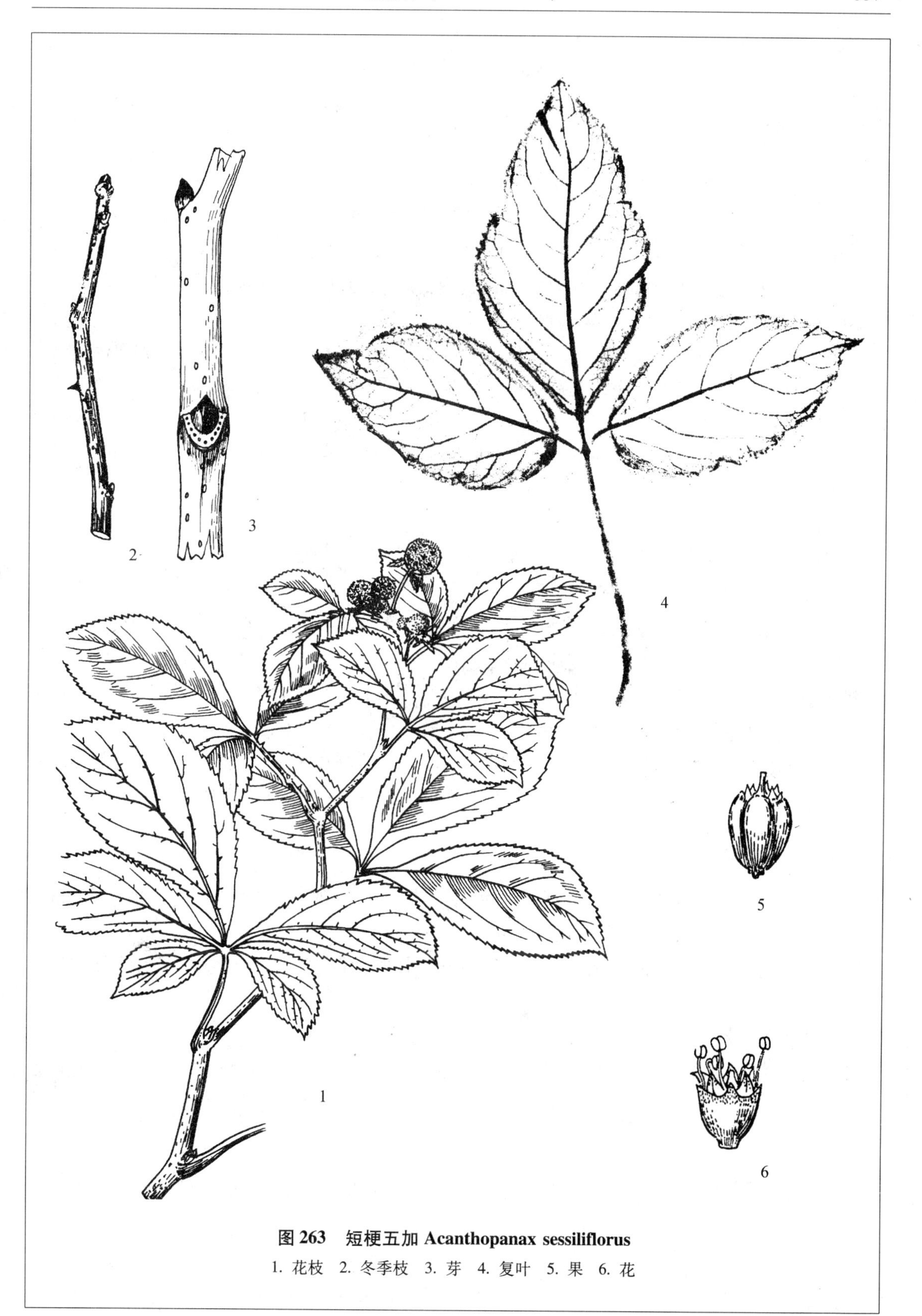

图 263　短梗五加 Acanthopanax sessiliflorus

1. 花枝　2. 冬季枝　3. 芽　4. 复叶　5. 果　6. 花

龙芽楤木

科名：五加科（ARALIACEAE）

中名：龙芽楤木　刺老鸦　刺龙芽　图264

学名：Aralia elata（Miq.）Seem.（属名为加拿大魁北克一种楤木的原名；种加词为“高大的”）。

识别要点：大灌木；枝干上密生坚刺；叶为大型2～3回羽状复叶，小叶片卵形；花序为小伞形花序组成的圆锥花序；花黄白色；浆果状核果，黑色。

Diagnoses：Large shrub；Stem armed with dense prickles；Leaves compound bi-tripinnate，leaflets ovate；Panicle compound with many little umbels；Flowers paler yellow；Fruit drupe，berry-like，black.

树形：落叶大灌木，高2～3m，直径4～9cm。

树皮：灰色，不裂，密生有坚刺，刺基部略扁平。

枝条：小枝灰褐色，密生针刺。

芽：顶芽宽卵形，紫褐色，侧芽较小，卵形，芽鳞多片，周围有多数灰黄色的针刺。

叶：大型2～3回羽状复叶；总叶柄及分枝叶柄上都有刺，小叶片卵形或宽椭圆形，基部圆形或略歪斜，先端渐尖，边缘有粗锯齿，表面深绿色，背面淡绿色或灰绿色，沿叶脉伏生短柔毛，长6～12cm，宽2.5～7cm。

花：由小的伞形花序聚生成为顶生的圆锥花序；小花淡黄白色；萼杯状，顶端5裂，裂片三角形；花瓣5，卵状三角形；雄蕊5；子房下位，5室，花柱5，基部合生，上部5裂。

果：浆果状核果，近球形，花柱及萼片基部宿存于果实顶部，黑色。

花期：7月；果期：9～10月。

习性：耐寒，喜半光，喜生于肥沃而潮湿的排水良好的土壤中。常生于海拔250m～1000m的阴坡或半阴坡的杂木林中以及针阔混交林的林缘处。

分布：我国东北三省的林区；也分布于日本、朝鲜和俄罗斯；吉林省东部山区及中部半山区各县（市）均产。

抗寒指数：幼苗期Ⅱ，成苗期Ⅰ。

用途：为著名山野菜，可与香椿芽媲美；根皮可入药，有祛风、活血、利尿、止痛等功效。

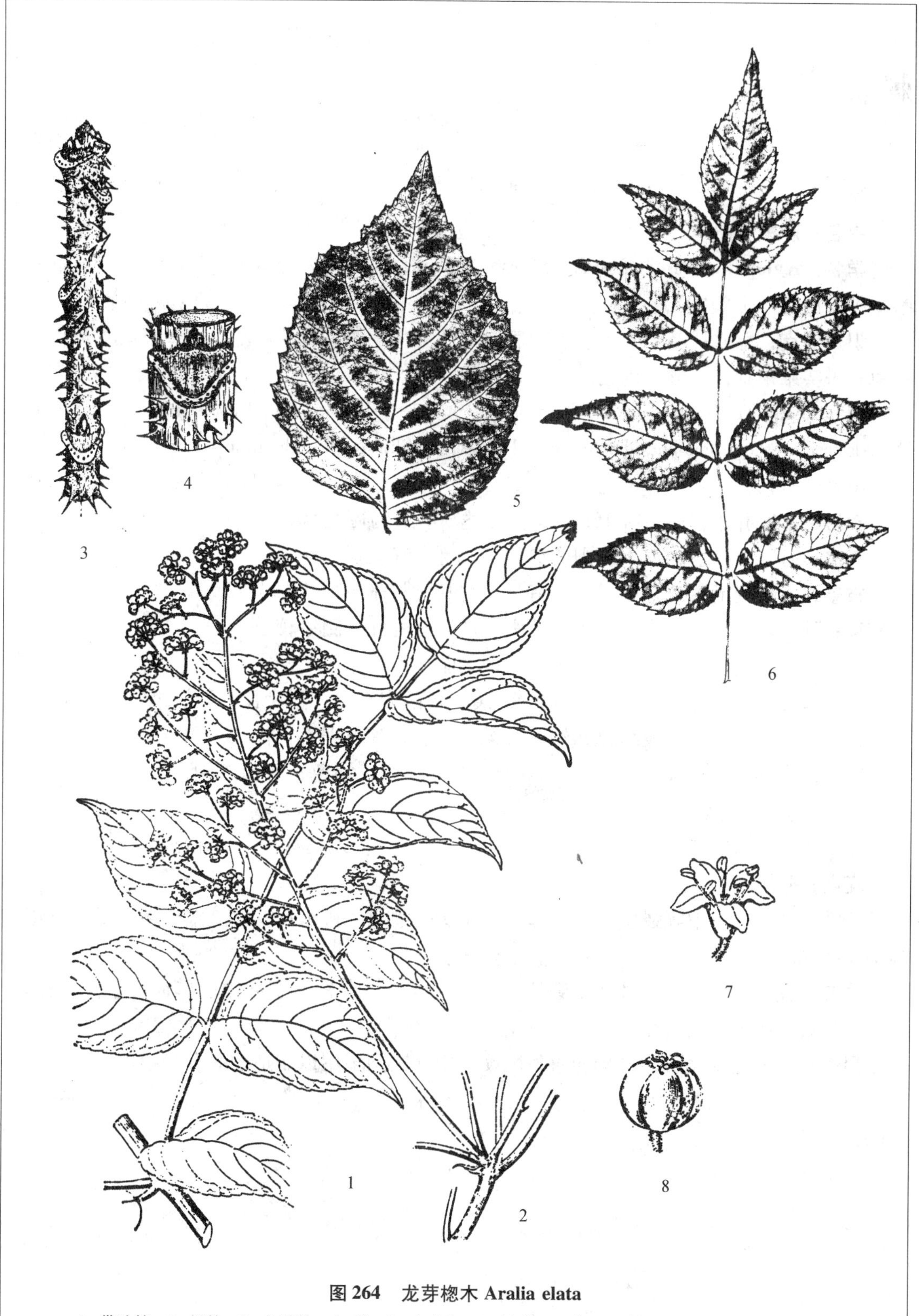

图 264　龙芽楤木 Aralia elata

1. 带叶枝　2. 果枝　3. 冬季枝　4. 芽　5. 小叶片　6. 复叶　7. 花　8. 果（1、2、7、8 张桂芝绘）

刺楸

科名：五加科（ARALIACEAE）

中名：刺楸 图 265

学名：Kalopanax septemlobus（Thunb.）Koidz.（属名为希腊语 kalos 美丽的 + panax 人参；种加词为“七裂的”）。

识别要点：乔木；茎干上有坚硬的刺；单叶互生，掌状 5～7 裂；复伞形花序，花小白绿色；果实浆果状，球形，黑色。

Diagnoses：Tree；Stem armed with strong prickles；Leaves simple，alternate，5～7 lobed；Umbels forming large compound panicles；Fruit berry-like drupe，globular，black.

染色体数目：2n = 48。

树形：落叶乔木，高 10～15m，最高可达 30m，胸径达 50cm。

树皮：暗灰色褐色，有不规则的深沟裂，上生有坚硬的扁刺。

枝条：幼枝灰褐色或暗红褐色，有坚硬的刺，刺扁平，基部略扩大。

芽：顶芽较大，卵圆形，钝头，芽鳞多片，紫褐色，侧芽较小。

木材：边材黄褐色，心材暗褐色，纹理美丽，比重 0.6。

叶：单叶互生；叶片宽卵形，有 5～7 裂，基部为心形，裂片长三角状卵形，先端渐尖，表面深绿色，无毛，背面浅绿色，幼时有柔毛，边缘有锐锯齿，长 7～20cm，宽 8～25cm。

花：复伞形花序，顶生，长 20～30cm；花白色或黄绿色；萼齿 5 裂，三角形；花瓣 5，倒卵形；雄蕊 5；雌蕊子房 2 室，花盘隆起，花柱合生，柱头分离。

果：为浆果状核果，球形，直径 4～5mm，紫黑色，顶端有宿存的花柱及萼齿。

花期：8 月；果期：9～10 月。

习性：耐寒，喜中等强度光照，喜生于肥沃、潮湿、排水良好的土壤。多生于山坡阔叶林中及林缘。

分布：我国东北三省的林区；朝鲜及俄罗斯也有；吉林省东部山区桦甸、敦化、安图、长白、抚松、靖宇等县（市）。

用途：木材花纹美丽，纹理通直，软硬适中，民间多用以制造家具及箱柜。

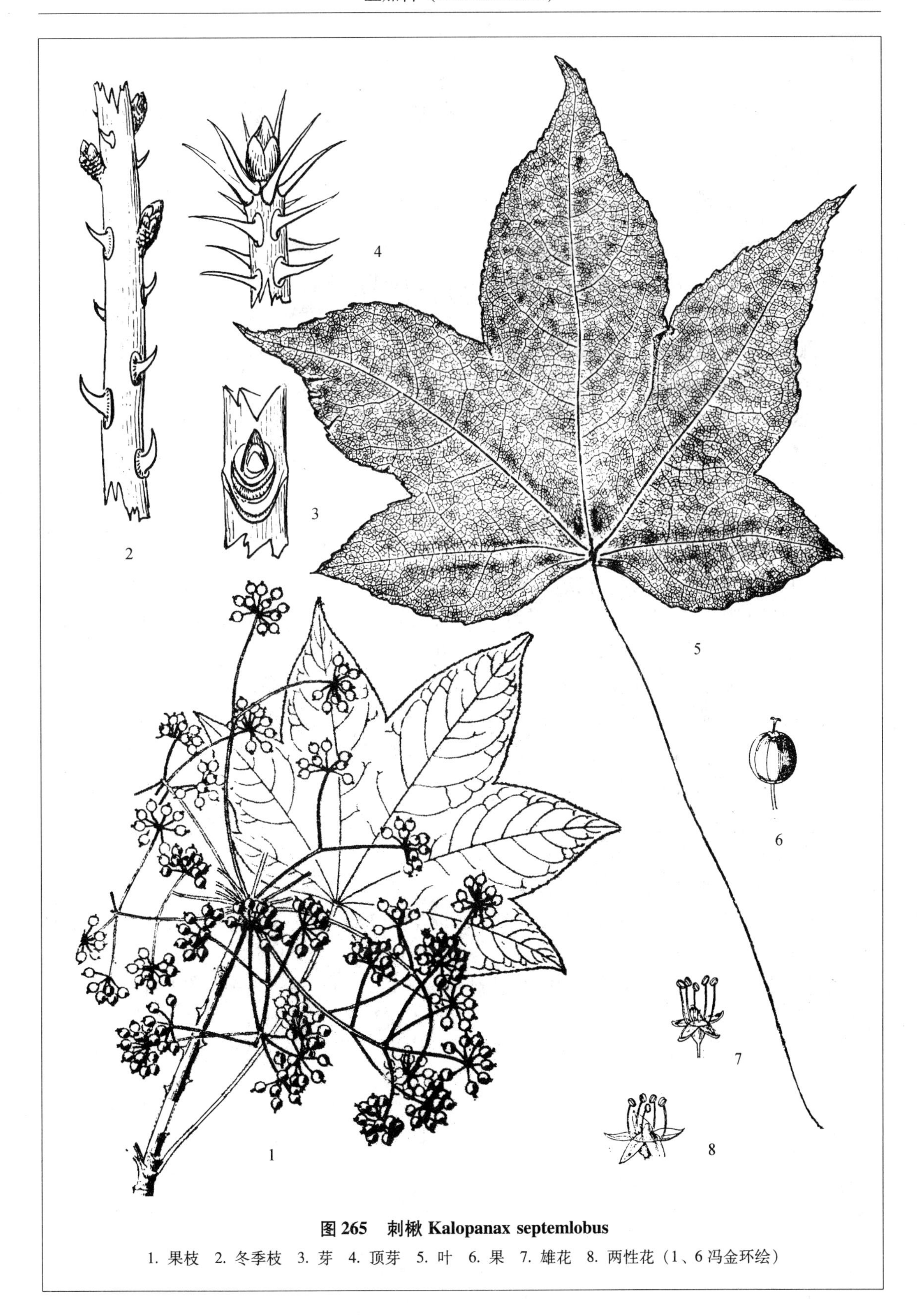

图 265　刺楸 Kalopanax septemlobus

1. 果枝　2. 冬季枝　3. 芽　4. 顶芽　5. 叶　6. 果　7. 雄花　8. 两性花（1、6 冯金环绘）

刺参

科名： 五加科（ARALIACEAE）

中名： **刺参** 东北刺人参 图 266

学名： **Oplopanax elatus Nakai**（属名为希腊文 hoplon 甲胄、武装 + panax 人参；种加词为“高的”）。

识别要点： 落叶灌木；茎上多针状刺；单叶互生，叶片大，3～5 裂；花序由许多小的伞形花序集成圆锥花序；花浅绿色；浆果，黑红色，扁球形。

Diagnoses： Deciduous shrub；Stem armed with many needle-like prickles；Leaves simple，alternate，large，3～5 lobed；Inflorence many umbels compound to panicle；Flowers paler green；Berry，black-red，flatten globular.

树形： 落叶灌木，高约 2m。

枝条： 少分枝，全株生有针状刺，尤以节部刺最多，树皮呈灰黄色，髓部多呈白色。

芽： 较大，宽卵形，褐色，密生有刺毛。

叶： 单叶互生；叶柄密生针刺，基部膨大抱茎；叶片近圆形或扁圆形，掌状 5～7 裂，质地薄，基部心形，裂片顶端急尖或短渐尖，边缘有不整齐的锯齿，表面深绿色，主脉突出，有刺毛，背面淡绿色，沿叶脉密生刺毛，长 8～22cm，宽 10～35cm。

花： 由许多小伞形花序呈总状排列于总轴上，成大型圆锥花序，顶生，密生黄褐色刺毛；花淡绿色；萼裂片、花瓣、雄蕊各 5 枚；雌蕊子房下位，花柱合生，柱头 2 裂。

果： 浆果，成熟时黑红紫色，略呈扁球形，顶端有宿存的花柱。

花期： 7～8 月；果期：9～10 月。

习性： 耐寒，喜半光，喜肥沃、湿润并排水良好的腐殖土；多生于海拔 800～1500m 的针阔混交林中，常成片生长。

分布： 我国东北；朝鲜及俄罗斯也有分布；吉林省东部长白山区抚松、长白、安图各县及南部集安市。

用途： 刺参有类似人参的药用效果，对神经衰弱、低血糖、阳痿、糖尿病等有一定疗效。

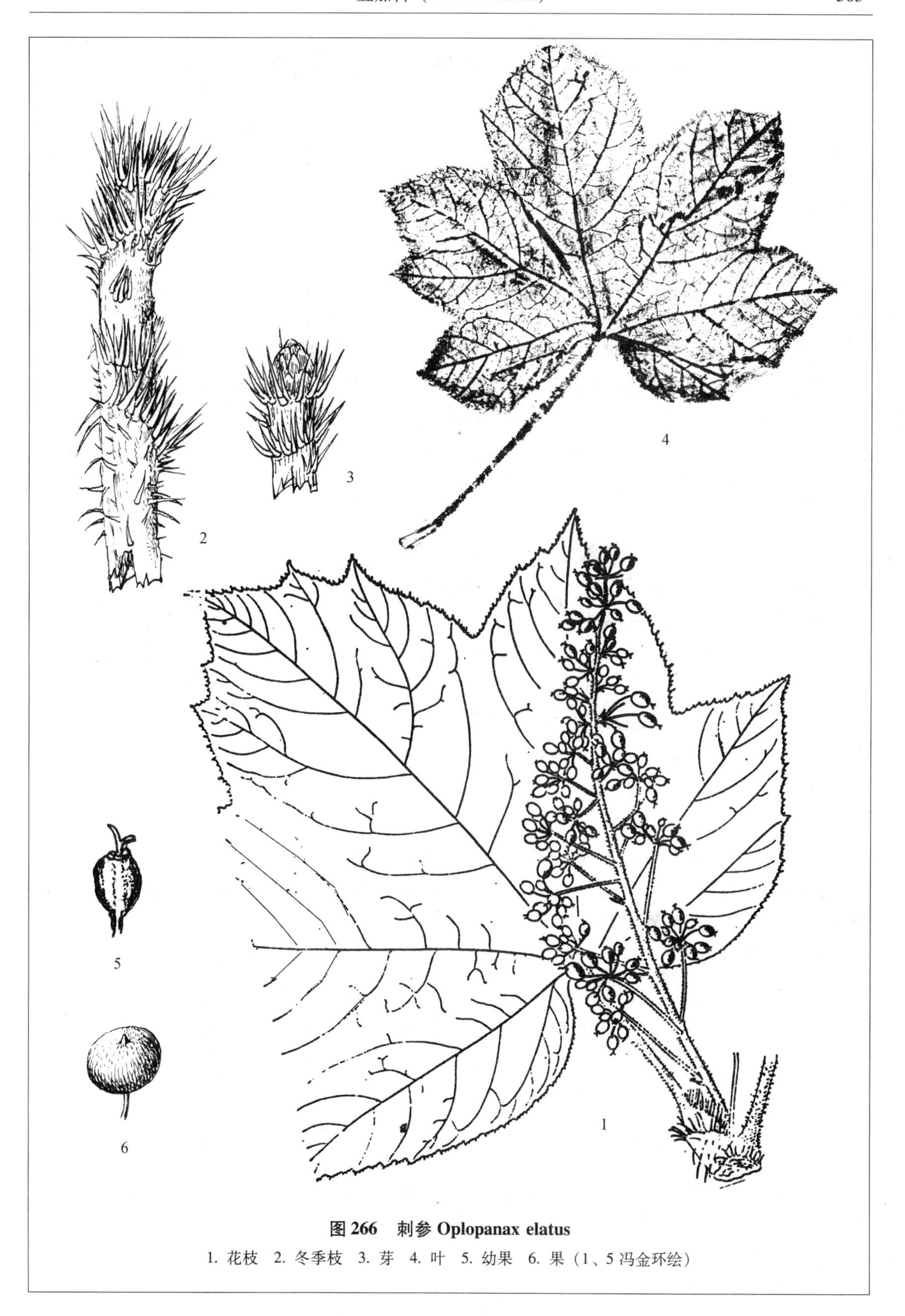

图 266　刺参 Oplopanax elatus

1. 花枝　2. 冬季枝　3. 芽　4. 叶　5. 幼果　6. 果（1、5 冯金环绘）

杜鹃花科（ERICACEAE）

天栌

科名：杜鹃花科（ERICACEAE）

中名：天栌　红北极果　图 267

学名：Arctous ruber（Rehd. et Wils.）Nakai（属名为希腊文 arktoos 北极的、北方的；种加词为“红色的”）。

识别要点：灌木，主茎匍匐；单叶，簇生于茎顶，叶片倒披针形或倒卵形；花 1 ~ 3 朵形成短总状花序；花冠壶状，下垂，淡黄绿色，雄蕊 10 枚；浆果，球形，鲜红色。

Diagnoses：Shrub，main stem creeping；Leaves：simple，clustered on top，blades oblanceolate or obovate；Flowers 1 ~ 3，short raceme；Corolla pitcher-shaped，pendulous，pale greenish-yellow；stamens 10；Berry，globose，phoeniceous.

染色体数目：2n = 26。

树形：落叶灌木，主茎匍匐地面，其他分枝直立，高约 10cm。

枝条：暗褐色，树皮成片状剥离，并有残留的叶柄。

芽：长卵形，褐色，芽鳞少数，无毛。

叶：单叶，簇生于茎顶部；叶片倒披针形或倒卵形，基部狭楔形，先端钝尖，边缘有细锯齿，表面深绿色，有皱纹，无光泽，背面灰白色，长 2.5 ~ 4cm，宽 1 ~ 1.5cm。

花：1 ~ 3 朵，组成短总状花序，生于茎上部的叶丛中；花冠壶形，下垂，淡黄绿色；雄蕊 10 枚，花丝有毛，花药背部有两个小突起。

果：浆果，鲜红色，球形，直径 9 ~ 13mm。

花期：7 月；果期：8 月。

习性：喜光，耐寒，喜潮湿而冷凉气候。多生于高山冻原带。

分布：吉林省东部长白山海拔 1800m 以上的高山带，甘肃南部及四川北部也有分布；朝鲜、俄罗斯及北美的阿拉斯加也有分布。

用途：果酸甜可食。

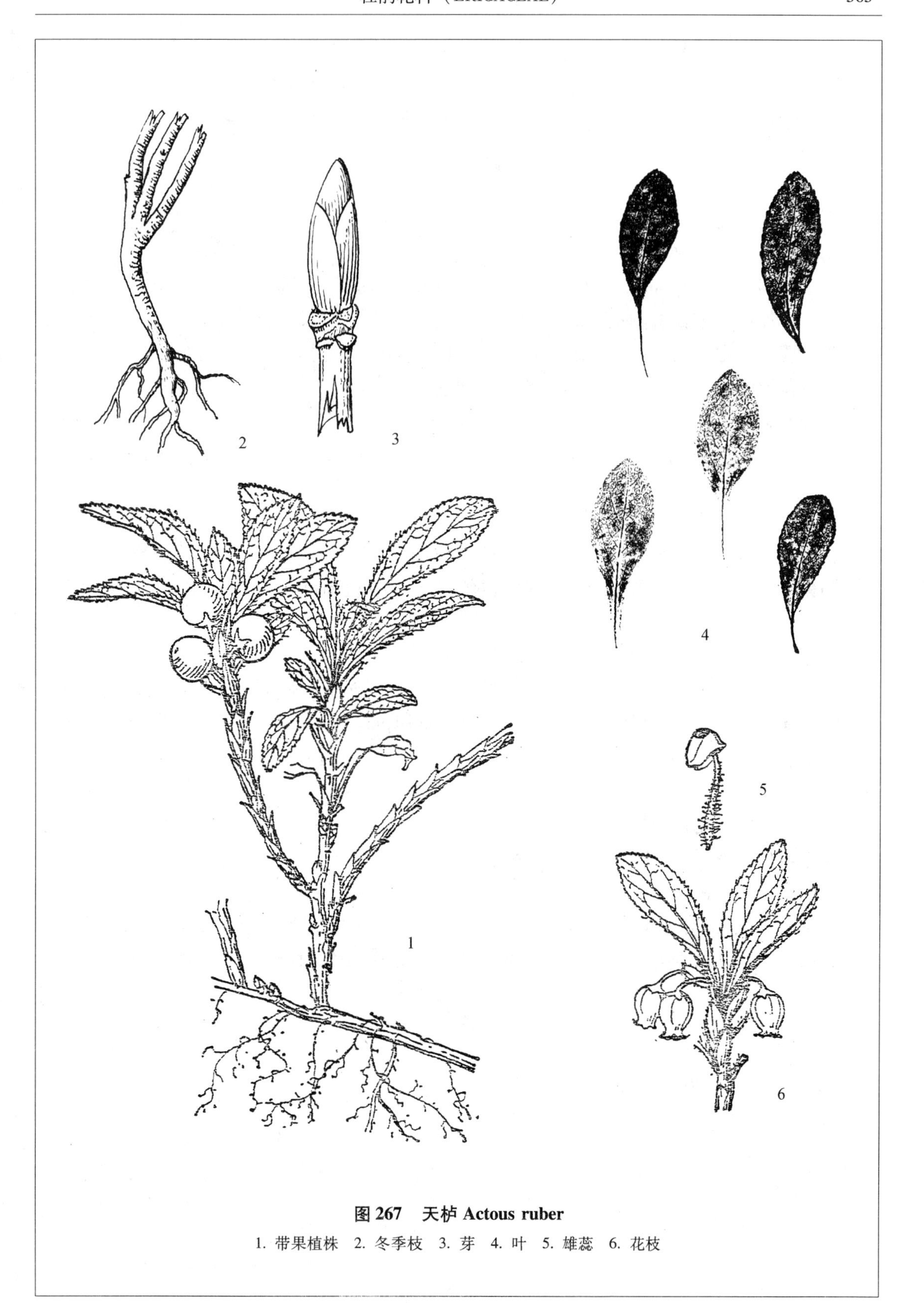

图 267　天栌 Actous ruber

1. 带果植株　2. 冬季枝　3. 芽　4. 叶　5. 雄蕊　6. 花枝

甸杜

科名：杜鹃花科（ERICACEAE）

中名：甸杜 湿原踯躅 图268

学名：Chamaedaphne calyculata Moench（属名为希腊文 Chamai 矮小 + daphne 瑞香科的瑞香；种加词为“具有副花萼的”）。

识别要点：常绿灌木；叶长圆形或倒披针形，有鳞片；总状花序，顶生；花冠近钟形，白色，雄蕊10，花药长，顶孔开裂；蒴果扁球形。

Diagnoses：Evergreen shrub；Leaves：oblong-oblanleolate，with scales；Raceme on top；Corolla nearly campanulate，white，stamens 10，anther long，porous dehiscent；Capsule，compressed globose.

染色体数目：2n＝22。

树形：常绿灌木，半伏卧或直立，高17～50cm。

枝条：老枝紫褐色，有光泽，2年生枝的树皮纤维状剥落，黄褐色，密生小鳞片及小柔毛。

芽：小，带褐色，有鳞片。

叶：单叶，互生，革质，长圆状或倒披针形，基部楔形，先端钝，具微尖，边缘近全缘，表面深绿色，背面淡绿色，两面均有灰白色鳞片，长3～4cm，宽1～1.2cm。

花：总状花序，顶生，长12cm，苞片长圆形，花生于苞腋内，稍下垂，偏向一侧，萼片5，锐尖，背面有柔毛和鳞片；花冠近钟形，白色，5裂；雄蕊10枚，花丝基部膨大，花药长，顶孔开裂；花柱圆柱形，比雄蕊稍长。

果：蒴果扁球形，直径约4mm，5室，室背开裂。

花期：6月；果期：8月。

习性：喜光，耐水湿环境。常生于长白山区复满苔藓的沼泽地或沼泽地落叶松林下。

分布：黑龙江及吉林省（靖宇）；朝鲜、日本、俄罗斯以及欧洲、北美均有分布。

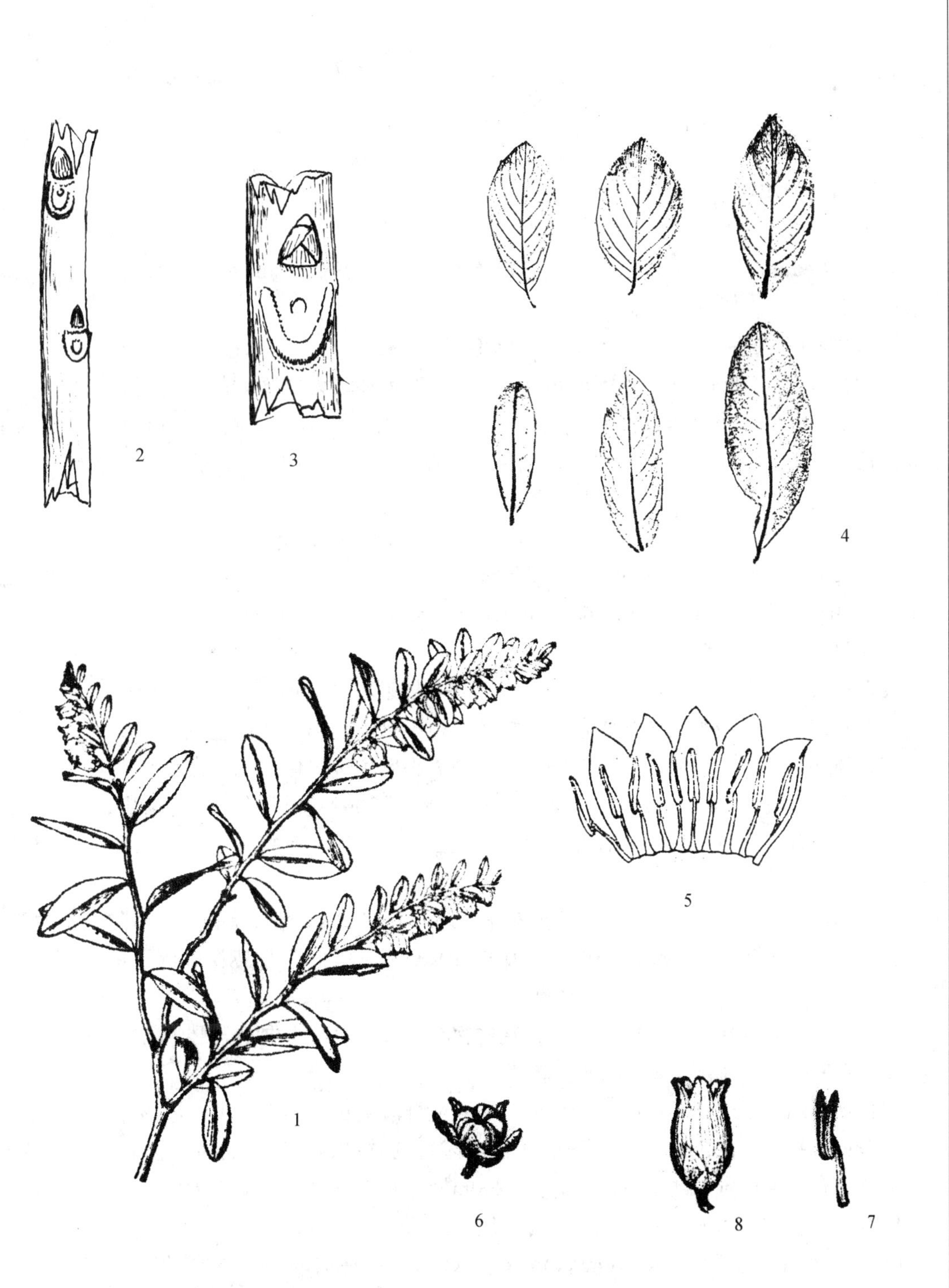

图 268　甸杜 Chamaedaphne calyculata

1. 花枝　2. 冬季枝　3. 芽　4. 叶　5. 花冠展开图　6. 果

7. 雄蕊　8. 花（1、6、7、8 自中国高等植物图鉴）

杜香

科名：杜鹃花科（ERICACEAE）

中名：杜香 图269

学名：Ledum palustre L.（属名为希腊文ledon为岩蔷薇Cistus ledon的古名；种加词为“沼泽地的”）。

A. **杜香**（原变种）**var. palustre**（我国不产）

B. **宽叶杜香**（变种）**var. dilatatum Wahl.**（变种加词为“膨大的、变宽的”）。

识别要点：常绿小灌木，单叶，互生，革质，叶片狭披针形，宽0.5～0.8cm，背面密生红褐色的绒毛，叶缘稍反卷；伞房花序生于枝端，花白色，花冠5深裂，雄蕊10，顶孔开裂，雌蕊花柱细长，圆柱形；蒴果卵圆形。

Diagnoses: Evergreen shrub; Leaves: simple, alternate, leathery, narrowly lanceolate, 0.5～0.8 cm broad, red-brown tomentose beneath, margin slightly revolute; Corymbose on top, flowers white, corolla 5 lobed, stamens 10, porus dehiscent, style terete; Capsule ovoid.

染色体数目：2n=52。

树形：常绿小灌木，下部枝条平卧，上部直立枝条高约50cm。

枝条：多分枝，枝细长，灰褐色，幼枝黄褐色，密生锈褐色及白色毛。

芽：顶芽长卵形，一般侧芽扁卵圆形，芽鳞表面密生红褐色绒毛和白色长缘毛。

叶：单叶，互生，叶片质厚，革质，狭披针形，基部狭楔形，先端短渐尖，叶缘略反卷，全缘，表面深绿色，背面生有红褐色绒毛及白色长柔毛，有特殊香味，长3.5～4.5cm，宽0.5～0.8cm。

花：伞房花序，生于去年枝的顶端，花梗细长；花多数，小形，白色，萼片5，有锈毛，宿存，花瓣5，基部联合，裂片长卵形，雄蕊10枚，花药顶孔开裂；雌蕊子房狭圆锥形，花柱宿存。

果：蒴果，卵圆形，生有褐色柔毛，花柱宿存，成熟时自下向上开裂。

花期：6～7月；果期：8～9月。

习性：耐阴、耐寒，喜水湿阴冷环境；常成纯群落生长于阴湿的山坡或沼泽地。

分布：吉林、内蒙古、黑龙江等省（自治区）的林区；朝鲜、日本、俄罗斯、北欧及北美皆有分布；吉林省东部长白山区海拔1200m以上的林区各县（市）皆有分布。

用途：含有丰富的挥发油，可提取香料用于医药及化妆品。

C. **狭叶杜香**（变种）**var. angustum E. Burch**（变种加词为“狭窄的”）（图269-6、7、8）。

本变种的叶片狭长条形，长2～8cm，宽2～5mm，其他特征与宽叶杜香相同。

图 269　宽叶杜香 Ledum palustre var. dilatatum

1. 果枝　2. 花　3. 冬季枝　4. 芽　5. 叶　6. 狭叶杜香 var. angustum 花枝

7. 叶　8. 枝叶拓片　9. 果

毛蒿豆

科名：杜鹃花科（ERICACEAE）

中名：毛蒿豆 图 270

学名：Oxycoccus microcarpus Turcz. et Rupr.（种加词为“小的果实的”）。

识别要点：匍匐性小灌木；单叶，互生，革质，无柄；花单朵，生于茎顶，下垂；萼裂片 4；花冠淡红色，4 裂，裂片反卷；雄蕊 8，花药长形，顶孔开裂；子房 4 室；浆果，球形，红色，直径约 6mm。

Diagnoses: Creeping shrub; Leaves: simple, alternate, leathery, sessile; Flower: solitary on top, pendulous; Sepels 4 lobed; Corolla lightly red, 4 lobed, lobes revolute; Stamens 8, anther elongate, porus dehiscent; Ovary 4 chambers; Berry, globose, red, ca. 6 mm in diameter.

染色体数目：2n = 24。

树形：常绿性匍匐小灌木，直立部分约 5 ~ 10cm。

枝条：纤细，幼嫩时褐色，有细毛；枝条下部密生有不定根。

芽：小，卵圆形，褐色，先端钝圆。

叶：单叶，互生，革质，小，叶片卵圆形或椭圆形，无柄，基部近圆形，先端尖锐，全缘，叶缘稍向后反卷，表面暗绿色，背面稍带白色，长 3 ~ 6mm，宽 1.5 ~ 2mm。

花：单生于茎顶；花柄细长，先端下垂，中部有 2 个小苞片；萼 4 裂，宿存；花冠淡红色，裂片 4，向上反卷；雄蕊 8，花药长形，顶孔开裂；子房 4 室，花柱细长而宿存。

果：浆果，小球形，红色，直径约 6mm。

花期：6 ~ 7 月；**果期：**7 ~ 8 月。

习性：喜湿，耐寒，稍耐阴，多生于泥炭藓沼泽地中。

分布：黑龙江、吉林及内蒙古；也分布于朝鲜、日本及俄罗斯，以及欧洲、北美各地；吉林省主要分布于东部长白山区各县（市）。

用途：果酸甜可食。

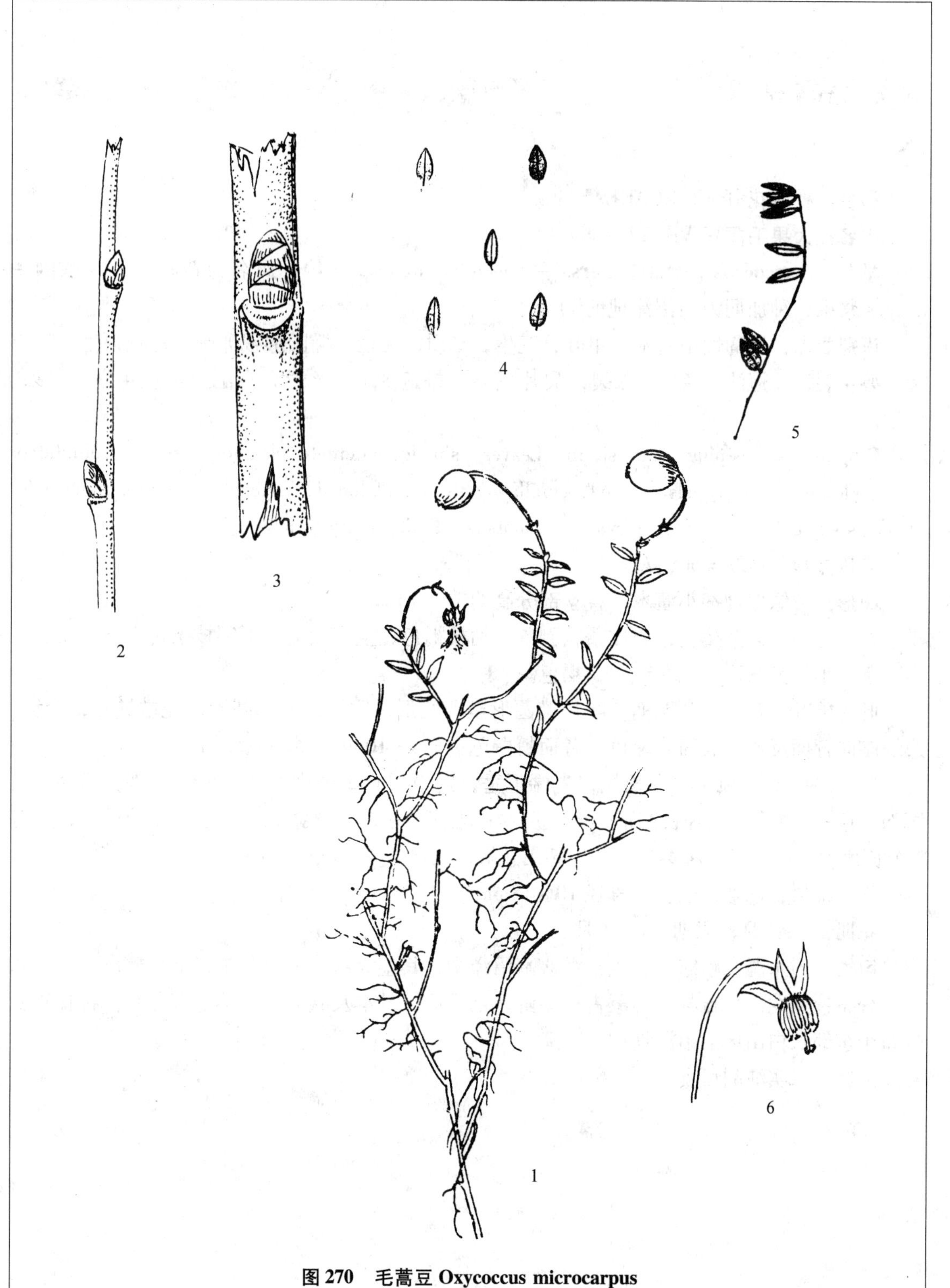

图 270　毛蒿豆 Oxycoccus microcarpus

1. 带花果植株　2. 冬季枝　3. 芽　4. 叶　5. 枝叶拓片　6. 花（1 自黑龙江树木志）

大果毛蒿豆

科名： 杜鹃花科（ERICACEAE）

中名：大果毛蒿豆 图271

学名：Oxycoccus palustris Pers. —Vaccinium oxycoccus L.（属名为希腊文 oxys 酸的 + kokkos 浆果；种加词为“沼泽地的”）。

识别要点： 匍匐性小灌木；单叶，互生，革质，无柄，椭圆形或卵圆形；花顶生，5～7朵，萼4裂，花冠淡红色，4深裂，裂片反卷；雄蕊8，花丝膨大有毛；子房4室；浆果，球形。

Diagnoses： Creeping small shrub；Leaves：simple，alternate，leathery，sessile，elliptic or ovate；Flowers 5～7，sepels 4 lobed，corolla lightly red，4 lobed，segments revolute；Stamens 8，filaments expanded，pubescent；ovary 4 chambers；Fruit：berry，globose。

染色体数目： 2n＝50，72。

树形： 常绿性匍匐小灌木，直立部分高约10～15cm。

枝条： 细长，紫褐色，树皮条状剥落，幼枝褐色，生有细毛，下部枝条密生不定根。

芽： 小、卵圆形，先端钝圆，褐色。

叶： 单叶，互生，几无柄，叶片椭圆形至卵圆形，质厚，基部圆形，先端钝圆，全缘，边缘略向背面反卷，表面暗绿色，背面粉白色，长8～10mm，宽3～5mm。

花： 5～7朵，顶生，有长柄，先端下垂，近中部有2个小苞片；萼筒4裂，宿存；花冠淡红色，4深裂，裂片长圆形，向上反卷；雄蕊8枚，花丝膨大，有毛，花药长形，具有2个长角状物；雌蕊子房4室，花柱超出花冠。

果： 浆果，球形，红色，直径10～18mm。

花期： 6～7月；果期：7～8月。

习性： 耐水湿、耐寒，多生于泥炭藓沼泽中，其茎大部分埋于其中，上部露出。

分布： 黑龙江、吉林及内蒙古；朝鲜、俄罗斯、日本及欧洲、北美也有分布；吉林省多分布于东部长白山区的沼泽地中。

用途： 果实酸甜可食。

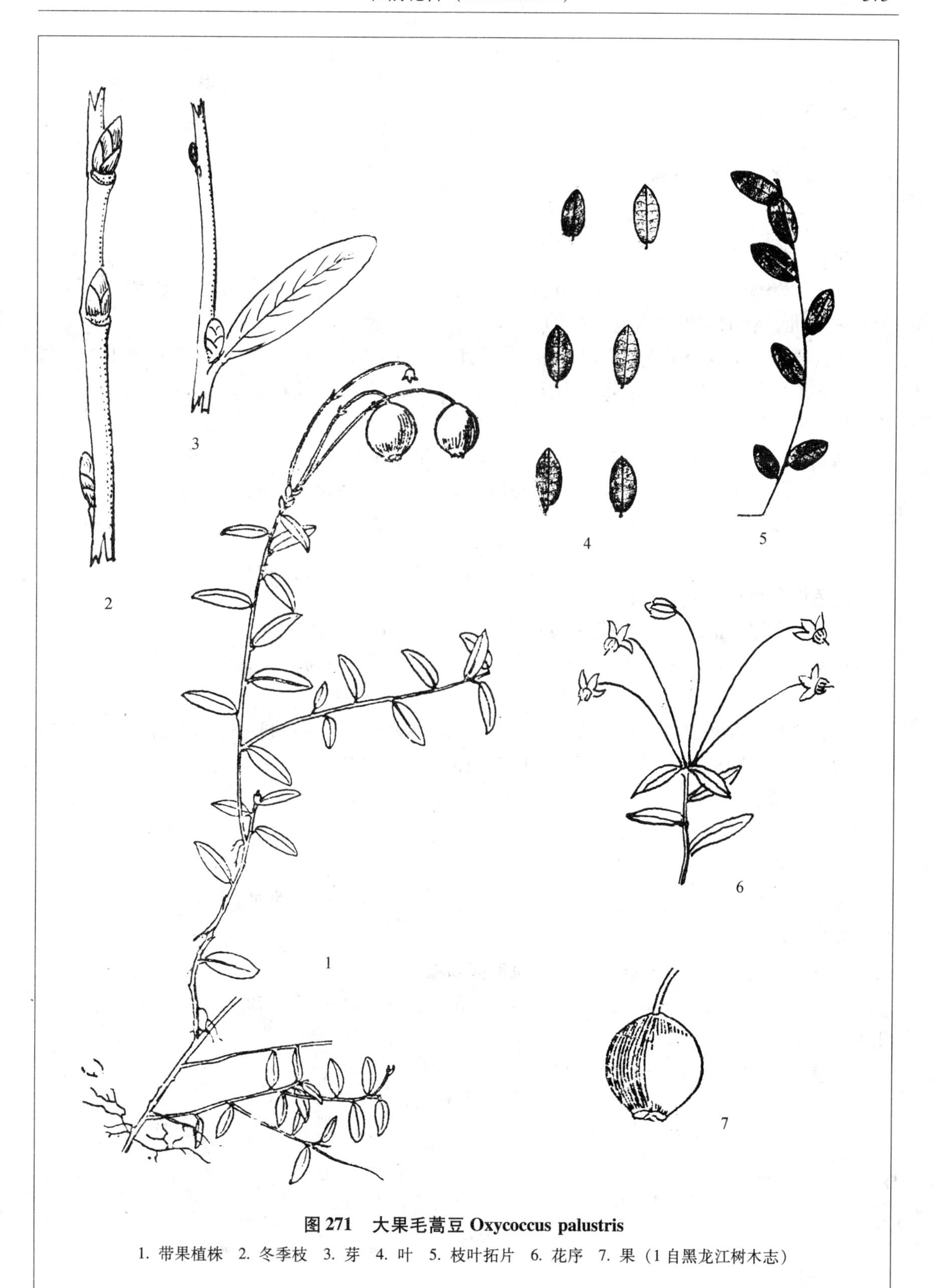

图 271 大果毛蒿豆 Oxycoccus palustris

1. 带果植株 2. 冬季枝 3. 芽 4. 叶 5. 枝叶拓片 6. 花序 7. 果（1 自黑龙江树木志）

松毛翠

科名：杜鹃花科（ERICACEAE）

中名：**松毛翠** 图 272

学名：**Phyllodoce caerulea Babington**（属名为希腊神话中的魔女名，是海神 Nereus 和 Doris 的女儿；种加词为“天蓝色”的）。

识别要点：常绿小灌木；单叶互生，近无柄，叶片条形，革质；花 1 ~ 5 个顶生，萼裂片 5；花冠壶形，粉红色，下垂，5 裂；雄蕊 10，花药长形，紫色，顶孔开裂；子房 5 室；蒴果近球形。

Diagnoses：Evergreen small shrub；Leaves：simple，alternate，nearly sessile，blades linear，leathery；Flowers 1 ~ 5 on top；Sepels 5 lobed；Corolla pitcher-shaped，pink，pendulous，5 lobed；Stamens 10，anther elongate，purplish，porus dehiscent；Ovary 5 chambers；Capsule nearly globose.

染色体数目：2n = 12（?），24。

树形：常绿小灌木，直立枝高 10 ~ 30cm。

枝条：多分枝，幼枝褐色，老枝上密生有老叶脱落后的叶痕。

芽：卵圆形，呈褐色。

叶：单叶，互生，近无柄，条形，革质，基部楔形，先端钝圆，边缘无齿，表面深绿色，有光泽，背面淡绿色，主脉明显，长 5 ~ 10mm，宽约 1mm。

花：单生或 2 ~ 5 朵簇生于茎顶，每朵花下有 2 个小苞片；萼 5 裂，披针形，有腺毛；花冠壶形，粉红色或略带紫黑色，5 裂；雄蕊 10 枚，花药长，紫色，顶孔开裂；子房 5 室，上部生有多数腺毛。

果：蒴果近球形，直径约 5mm，花柱宿存其上，成熟后自顶端向下沿室间开裂。

花期：7 月；果期：8 ~ 9 月。

习性：喜光，耐寒。生长于高山冻原带向阳处。

分布：吉林省长白山海拔 2000m 以上的高山无林带；也产于朝鲜、俄罗斯、日本及北美。

用途：供观赏；高山带水土保持。

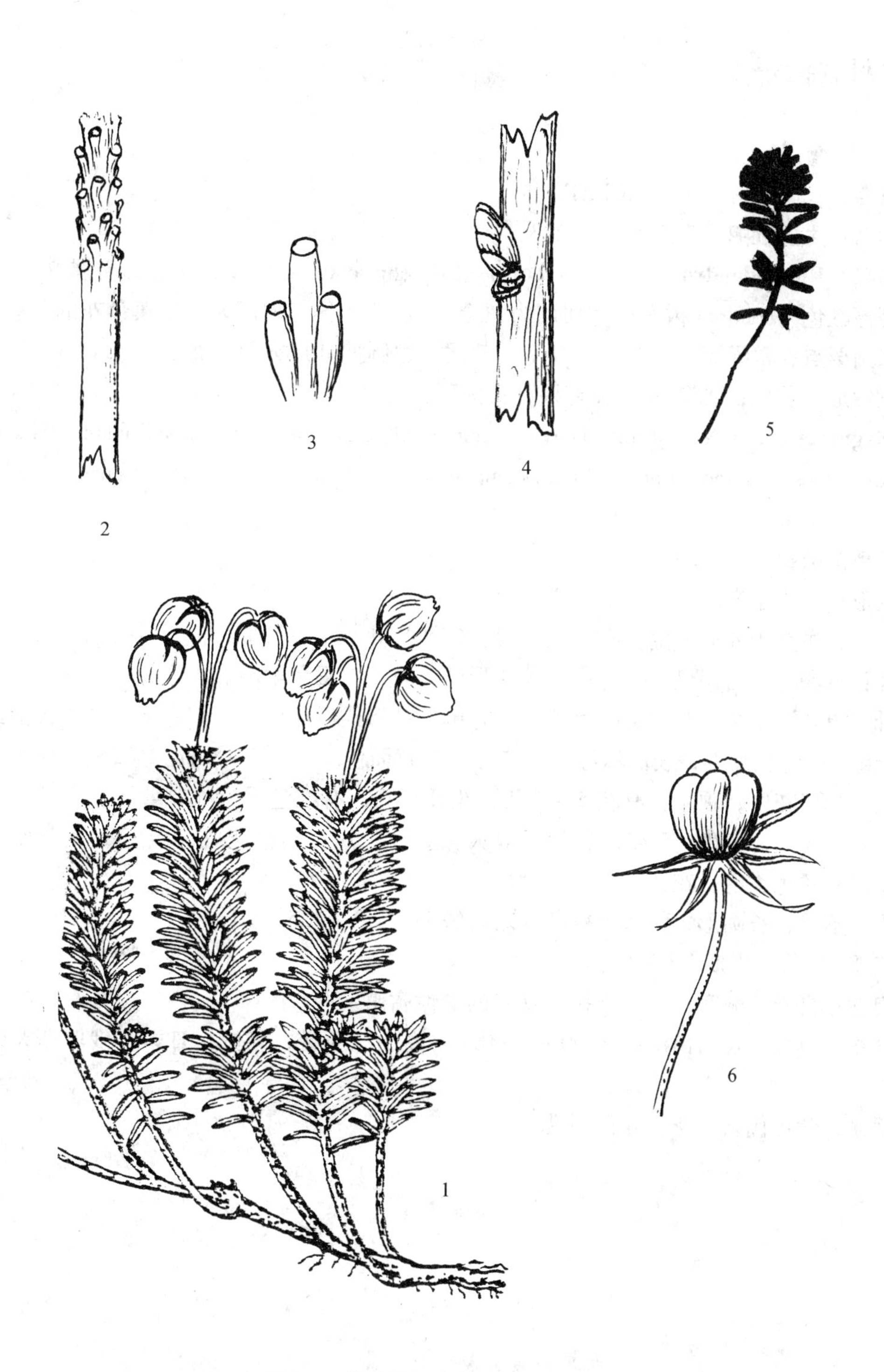

图 272　松毛翠 Phyllodoca caerulea

1. 带花植株　2. 冬季枝　3. 茎上的叶痕　4. 芽　5. 枝叶拓片　6. 果（1 仿牧野植物图鉴）

牛皮杜鹃

科名：杜鹃花科（ERICACEAE）

中名：**牛皮杜鹃** 牛皮茶 图273

学名：**Rhododendron aureum Georgi**—Rh. chrysanthum Pall.（属名为希腊文 rhodon 红色、蔷薇红色 + dendron 树木；种加词为"金黄色的"；异名加词为"金黄色花的"）。

识别要点：常绿灌木；单叶，互生，革质，宽倒披针形或倒卵形；伞房花序生于茎顶；花冠宽钟形，黄色；雄蕊10枚；蒴果，长圆形，5裂。

Diagnoses：Evergreen shrub；Leaves：simple，alternate，leathery，broad-oblanceolate or obovate；Corymbose on top；Corolla broad-campanulate，yellow；Stamens 10；Capsule，oblong，5 lobed when maturity.

染色体数目：2n = 26。

树形：常绿小灌木，直立部分高约10～25cm。

枝条：主茎于地面横生，有多数黑褐色的鳞片叶，小枝粗带绿色，有短毛。

芽：宽卵形，暗褐色，外包有两枚卵形的芽鳞，有褐色柔毛。

叶：单叶，常绿，互生，叶片革质，宽倒披针形或倒卵形，基部楔形，先端钝圆或有突尖，全缘，叶缘稍反卷，表面深绿色，有皱纹，背面色淡，长5～8cm，宽2～3.5cm。

花：伞房花序，顶生，有花5～8朵，花梗直立，有红色柔毛；花萼小，有毛；花冠宽钟形，长约3cm，黄色，5裂，裂片不等大，上方一片有褐色花斑；雄蕊10，花丝下部有毛；子房有锈色柔毛；花柱无毛。

果：蒴果，长圆形，熟时黄褐色，略有绒毛，长1～1.5cm。

花期：7月；果期：8～9月。

习性：喜光，耐寒，喜生于排水良好的酸性腐殖土中。

分布：吉林省长白山海拔1500～2300m的高山冻原带；朝鲜、日本、俄罗斯及蒙古也有分布。

用途：叶可代茶；花、叶供观赏。

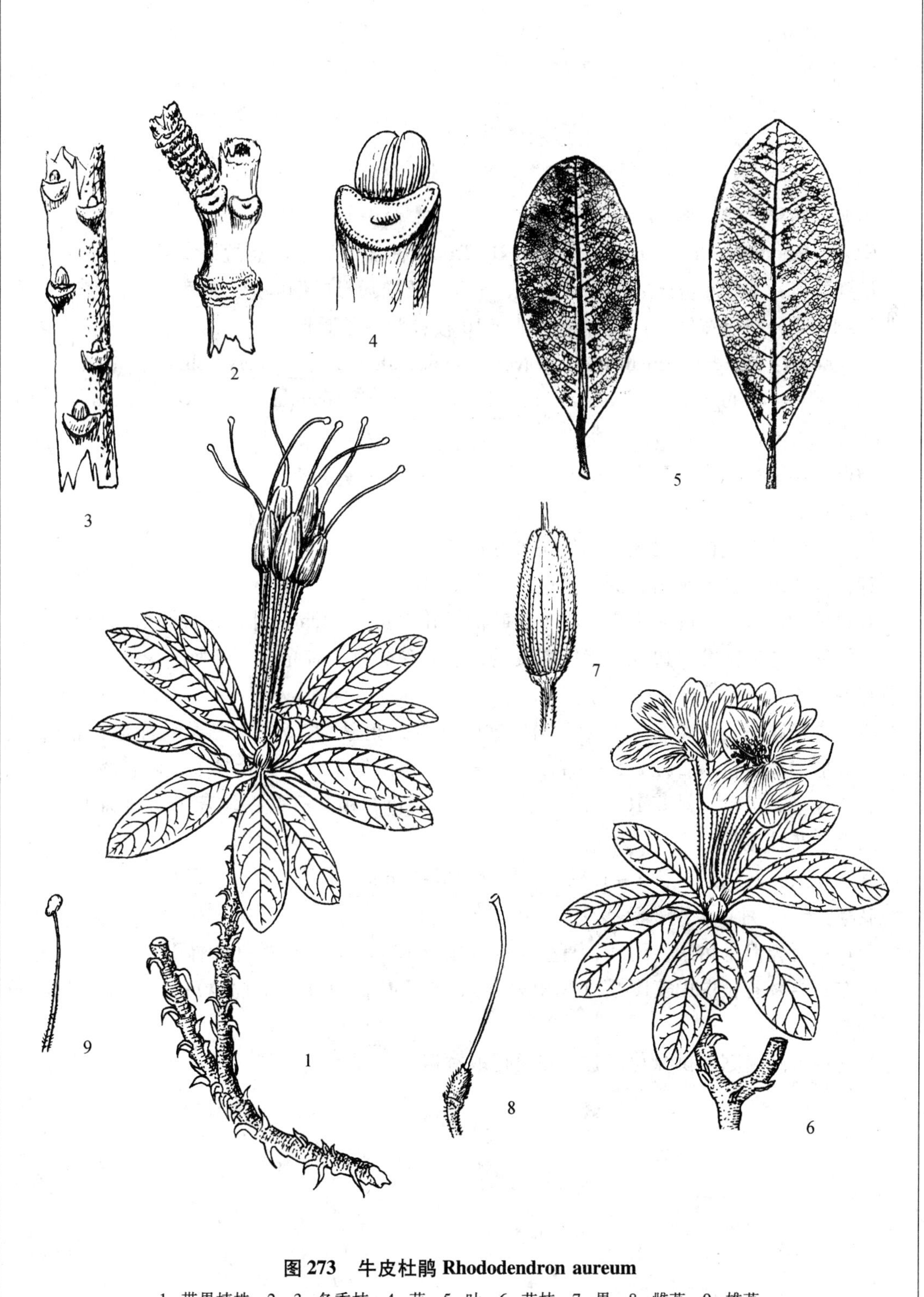

图 273 牛皮杜鹃 Rhododendron aureum

1. 带果植株 2、3. 冬季枝 4. 芽 5. 叶 6. 花枝 7. 果 8. 雌蕊 9. 雄蕊

短果杜鹃

科名：杜鹃花科（ERICACEAE）

中名：短果杜鹃 图 274

学名：Rhododendron brachycarpum D. Don（种加词为“具有短果实的”）。

识别要点：常绿小乔木；单叶，互生，革质，长椭圆形或倒卵形；伞房花序，生于茎顶，有花 5 ~ 15 朵，花冠宽钟形，黄白色，雄蕊 10 枚；蒴果长圆形。

Diagnoses：Evergreen small tree; Leaves: simple, alternate, leathery, oblong-elliptic or obovate; Corymbose on top, with flowers 5 ~ 15; Corolla broad-campanulate, pale yellow; Stamens 10; Capsule elongate.

树形：常绿小乔木，高 1.5 ~ 4m。

树皮：灰褐色。

枝条：粗壮，老枝灰褐色，幼枝略带红褐色。

芽：宽卵形，先端钝圆，深红褐色，外有短柔毛。

叶：单叶，互生，叶多集生于枝端，叶柄粗壮，长 1 ~ 3cm，叶片长椭圆形，长倒卵形，基部近圆形，先端钝圆，边缘无齿，略反卷，表面深绿色，有光泽，背面淡绿色，有少量淡褐色绵毛；长 8 ~ 15（20）cm，宽 5 ~ 8cm。

花：伞房花序，有花 5 ~ 15 朵，与叶同时开放，花萼小，5 裂，三角状卵形，有柔毛；花冠宽钟形，黄白色，直径 2.5 ~ 4cm，花冠裂片 5，不等大，有一片较大，内有淡绿褐色的花斑，边缘呈皱折状；雄蕊 10 枚，不等长，花药黄色，顶孔开裂；雌蕊子房狭圆锥形，有褐色绒毛，花柱无毛。

果：蒴果，圆柱形，长 1 ~ 1.7cm，直径 0.5 ~ 0.6cm，5 裂。

花期：6 ~ 7 月；果期：8 ~ 9 月。

习性：喜光但也耐阴，耐寒，喜生于亚高山带 1200 ~ 1800m 的针叶林下。

分布：吉林省长白山安图县（高山冰场）、抚松及长白县（撂荒地）；也分布于日本及朝鲜。

用途：可栽植庭园供绿化观赏。花可提取香精。

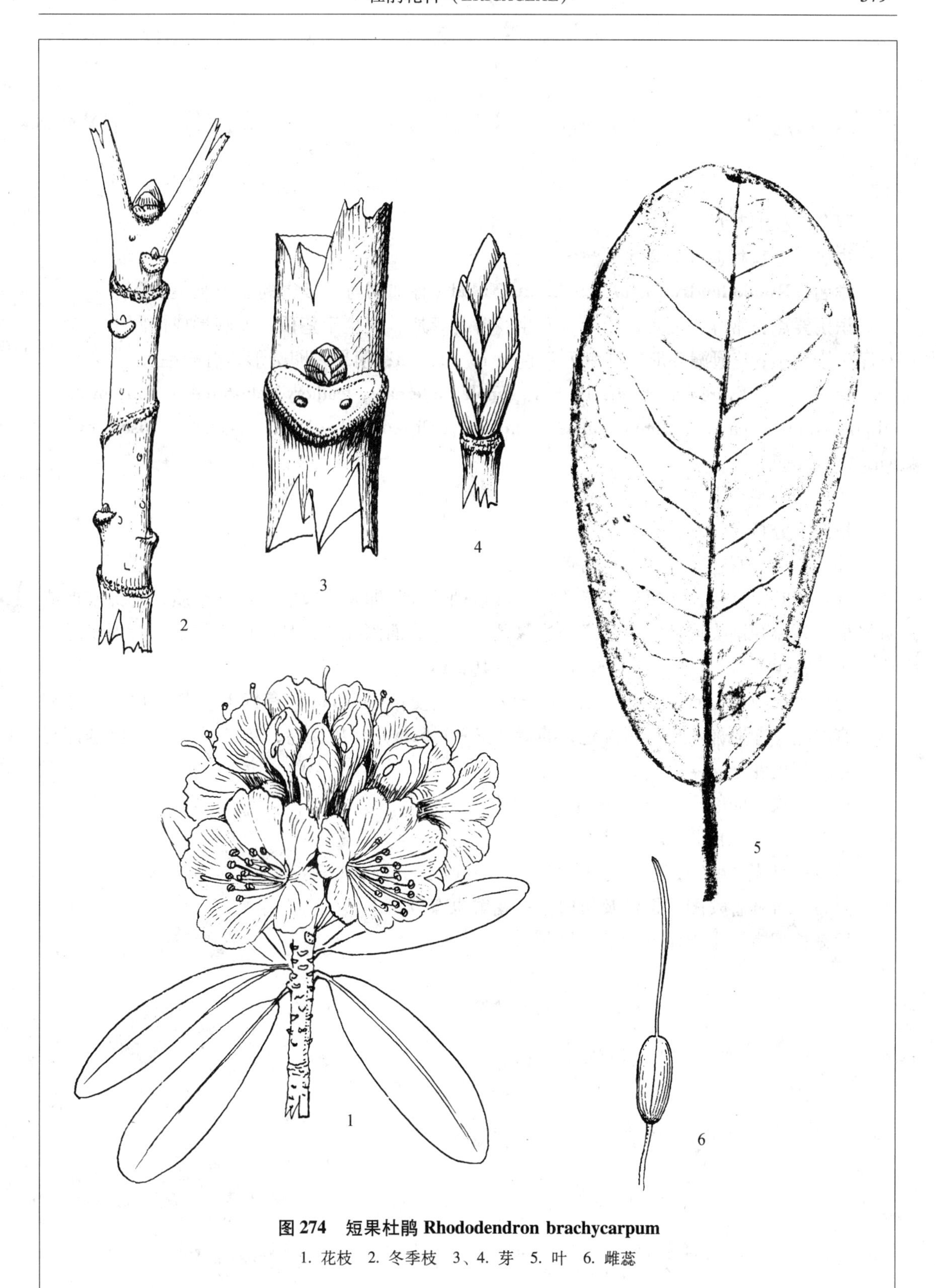

图 274　短果杜鹃 Rhododendron brachycarpum

1. 花枝　2. 冬季枝　3、4. 芽　5. 叶　6. 雌蕊

毛毡杜鹃

科名：杜鹃花科（ERICACEAE）

中名：毛毡杜鹃 图 275

学名：Rhododendron confertissimum Nakai（种加词为“极密的、极密集的”）。

识别要点：常绿小灌木；单叶，互生，叶片革质，集生于茎顶，卵圆形或椭圆形；伞形花序生于茎顶；花冠漏斗形，红紫色，直径 10～15mm；蒴果，卵圆形，有鳞毛。

Diagnoses：Evergreen shrub；Leaves：simple，alternate，leathery，clustered on top，ovate or elliptic；Umbel，on top；Corolla funnel-form，purplish-red，10～15 mm across；Capsule ovoid，with white scales.

树形：常绿小灌木，高 10～30cm。

枝条：分枝多，幼枝有鳞毛。

芽：卵形，褐色，芽鳞上有白色细毛。

叶：单叶，互生，多集生于茎顶部，具短柄，叶片卵圆形或椭圆形，革质，基部楔形或宽楔形，先端短渐尖或钝圆，全缘，边缘稍反卷，表面深绿色，具有白色腺鳞，背面淡绿色或褐色，密生腺鳞，长 0.7～1.3cm，宽 5～10mm。

花：伞形花序，有花 1～3 朵，生于枝端，花梗长 5～8mm，有细毛，萼裂片短，宽卵形，有缘毛；花冠漏斗形，紫红色，直径 1.2～1.5cm，裂片反卷；雄蕊 7 枚，花丝基部有毛；花柱超出花冠。

果：蒴果，卵圆形，长 4mm 左右，外被宿存的萼片。

花期：7 月；果期：8～9 月。

习性：喜光、耐寒，生于海拔 2000～2500m 之间的高山冻原带上，成纯群落。

分布：吉林省安图、抚松及长白县；朝鲜也有分布。

用途：观赏；水土保持。

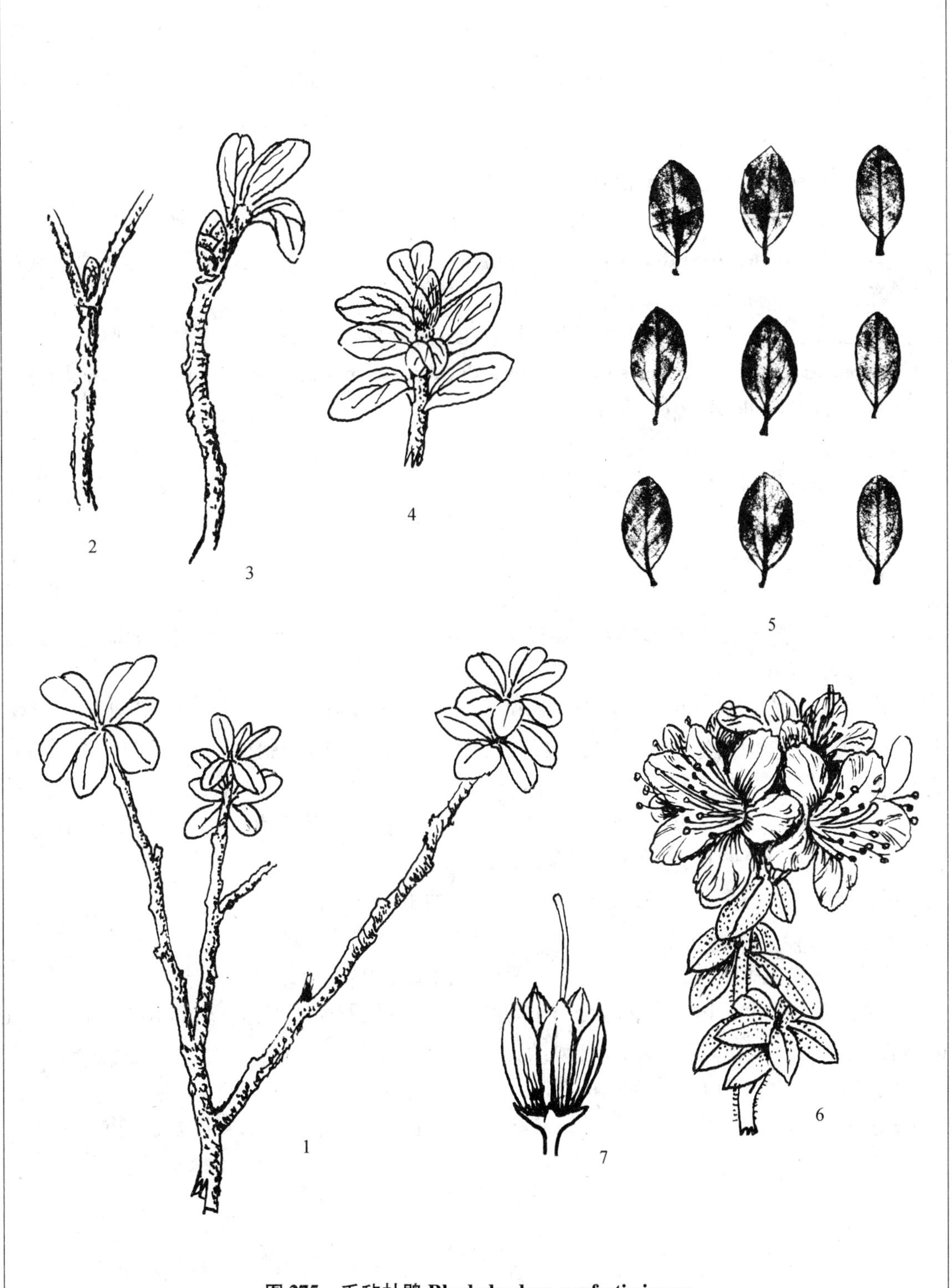

图 275　毛毡杜鹃 Rhododendron confertissimum

1. 带叶枝　2. 冬季枝　3、4. 芽　5. 叶　6. 花枝　7. 果

兴安杜鹃

科名：杜鹃花科（ERICACEAE）

中名：**兴安杜鹃** 达字香 图276

学名：**Rhododendron dauricum L.**（种加词为“达乌尔的”，泛指俄罗斯的东西伯利亚以及我国兴安岭一带）。

识别要点：半常绿灌木；叶厚，有鳞片；花先叶开放，紫红色；蒴果短圆柱形。

Diagnoses：Semi-evergreen shrub；Leaves thicker，lepidotis；Flowers bloom before leaves，purplish pink；Capsule short-cylindrical.

染色体数目：2n＝26。

树形：半常绿灌木，高1～2m。

树皮：灰褐色或淡灰色。

枝条：细而弯曲，灰色或紫褐色，2年以上枝树皮纵裂，有绒毛及腺毛，叶痕三角状半圆形。

芽：侧芽宽卵形，芽鳞紫褐色，芽鳞4～5片，边缘有短睫毛，顶芽大，卵圆形，红褐色，芽鳞多数螺旋排列，边缘有白色短睫毛。

叶：互生，有短柄；叶片近革质，椭圆形至卵状椭圆形，基部宽楔形，顶部钝圆或钝尖，全缘无齿，表面暗绿色，有白色鳞片，背面淡褐色，有腺毛及鳞片状毛，长2～5cm，宽1～1.5cm。

花：生于枝顶，先叶开放；萼片5，有毛；花冠成阔漏斗形，直径2.5～3.5cm，红紫色或紫红色，5裂；雄蕊10枚，花药红紫色，顶孔开裂。

果：蒴果，长圆形，灰褐色，长1～1.5cm，由上向下开裂。

花期：5月；果期：7月。

习性：喜光，耐干旱，耐瘠薄土壤。喜生于向阳的山坡或石砬间土壤稀少处。

分布：我国东北及内蒙古；也分布于朝鲜、日本及俄罗斯；吉林省东部山区及中部半山区均有生长。

抗寒指数：幼苗期Ⅰ，成苗期Ⅰ。

用途：叶可入药；春季花朵鲜艳，夏秋还可欣赏绿叶，为优良的绿化观赏植物。

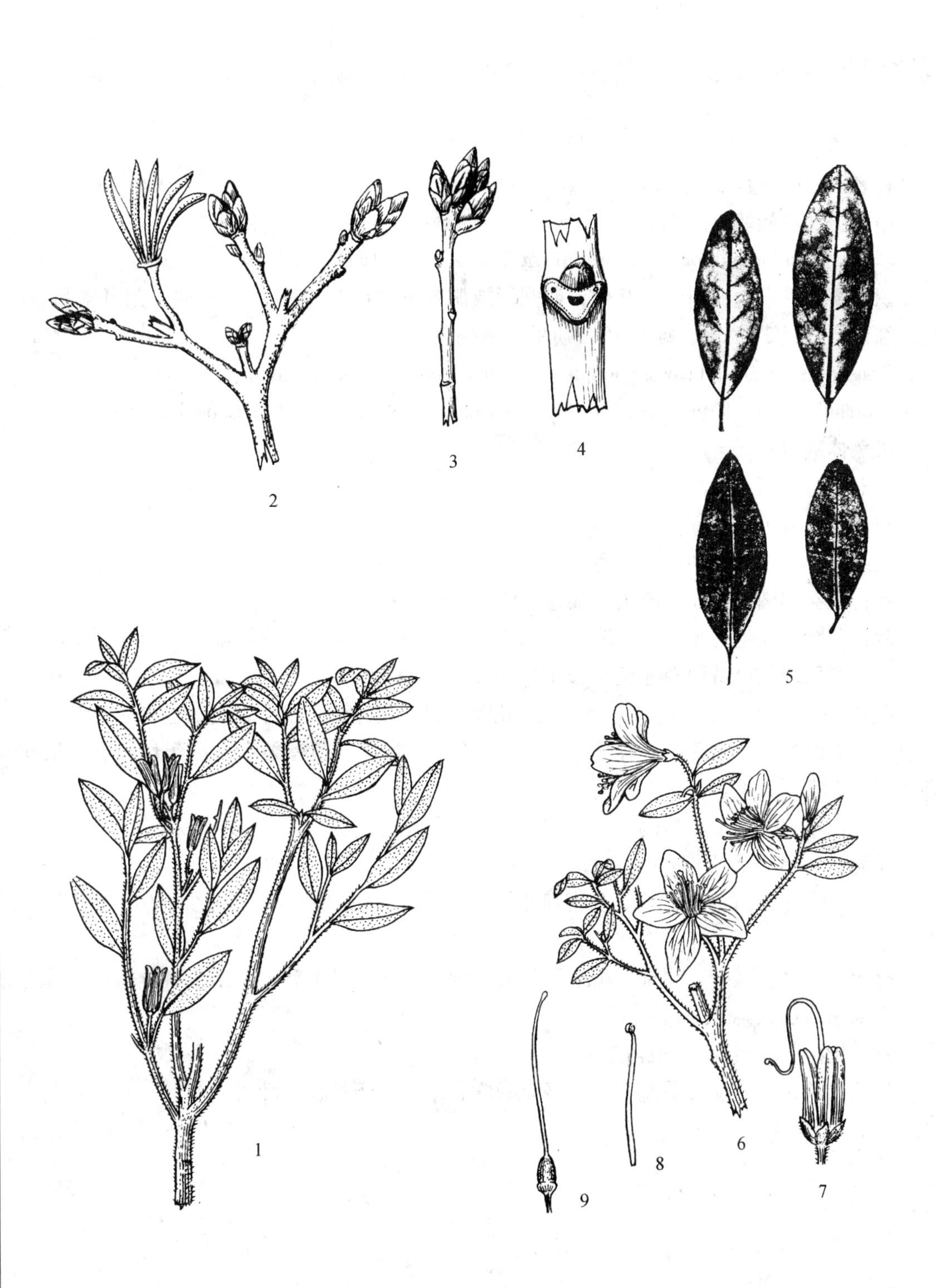

图 276　兴安杜鹃 Rhododendron dauricum

1. 果枝　2. 冬季枝　3～4. 芽　5. 叶　6. 花枝　7. 果　8. 雄蕊　9. 雌蕊

迎红杜鹃

科名：杜鹃花科（ERICACEAE）

中名：迎红杜鹃 图277

学名：Rhododendron mucronulatum Turcz.（种加词为“具有小短尖头的”）。

识别要点：灌木；单叶，互生，卵圆形或椭圆形；花1～3朵生于枝端，花冠宽漏斗形，淡紫红色，直径3～4cm；雄蕊10；蒴果，暗褐色。

Diagnoses: Shrub; Leaves: simple, alternate, blades ovate or elliptic; Flowers 1～3, on top; corolla broadly funnel-form, purplish-red, 3～4 cm across; stamens 10; Capsule, dark brown.

染色体数目：2n＝26。

树形：落叶灌木，高1～2m。

树皮：浅灰色或暗灰色。

枝条：小枝较粗，幼枝带绿色。

芽：花芽卵圆形，先端渐尖，褐色。

叶：单叶，互生，纸质，卵圆形至椭圆形，基部宽楔形，先端短渐尖，全缘，幼叶两面被腺鳞；表面绿色，背面淡绿色，长4～8cm，宽1.5～3cm。

花：1～3朵集生于茎顶，花梗甚短；花萼5裂，裂片长三角形，有白色缘毛；花冠宽漏斗形，淡紫红色，直径3～4cm；雄蕊10，不等长，花丝下部有柔毛，花药长圆形，顶孔开裂；子房5室，无毛。

果：蒴果短圆柱形，暗褐色，密被褐色腺鳞，花柱宿存。

花期：4～5月；果期：6～7月。

习性：喜光，耐寒、耐干旱及瘠薄土壤；多生于海拔300～900m之间的山地灌丛中及石砬子上。

分布：吉林、辽宁、北京、山东及江苏等地；朝鲜、日本和俄罗斯也有分布；吉林省分布于东部长白山区各县（市）。

抗寒指数：幼苗期Ⅰ，成苗期Ⅰ。

用途：花、叶及株形美观，可供绿化观赏；早春蜜源植物；叶可入药。

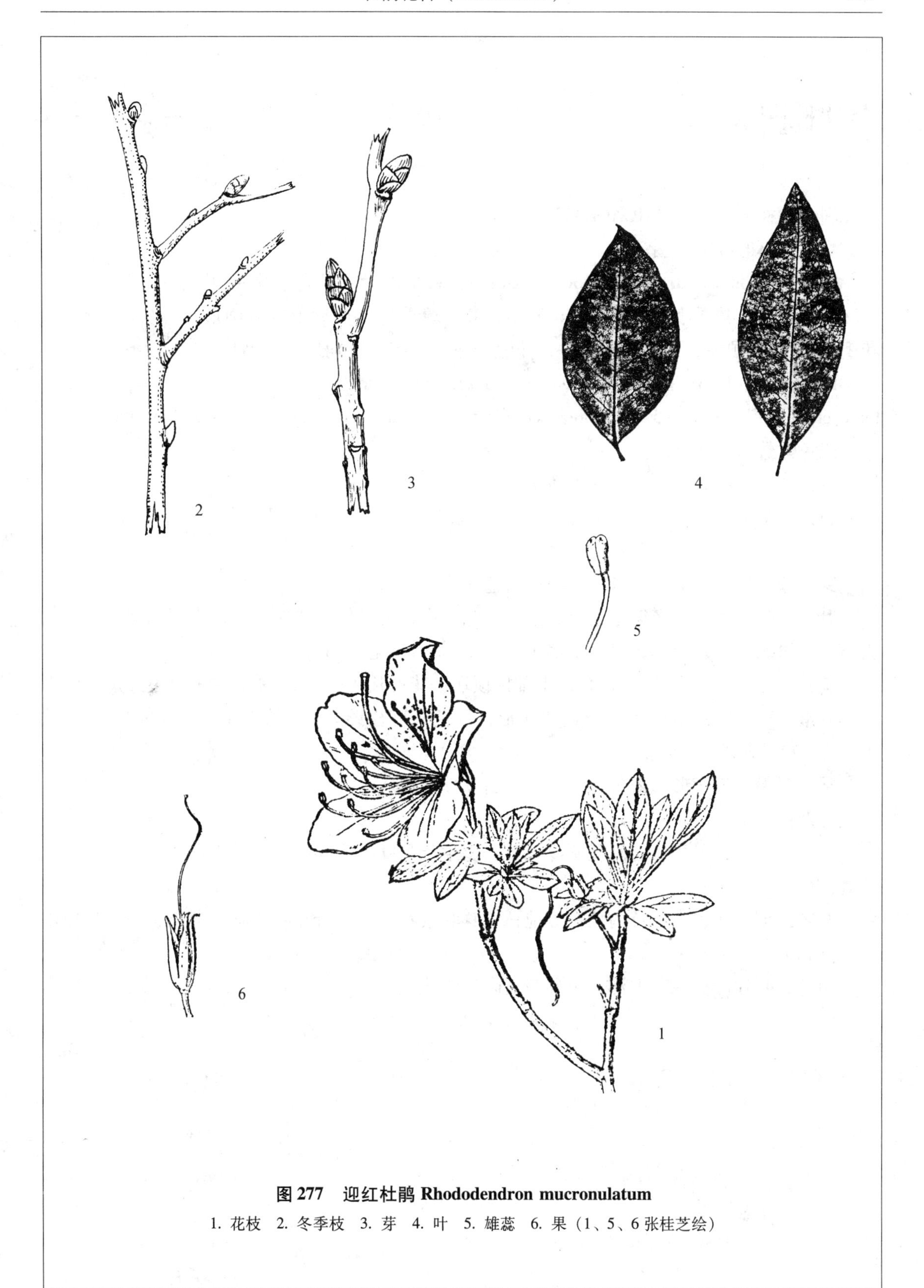

图 277　迎红杜鹃 Rhododendron mucronulatum

1. 花枝　2. 冬季枝　3. 芽　4. 叶　5. 雄蕊　6. 果（1、5、6 张桂芝绘）

小叶杜鹃

科名：杜鹃花科（ERICACEAE）

中名：小叶杜鹃 图 278

学名：Rhododendron parvifolium Adams（种加词为“具有小叶片的”）。

识别要点：常绿小灌木；单叶，互生，叶片革质，倒披针形或椭圆形，有灰白色鳞片；花 1 ~ 5 朵集生顶端，形成伞形花序，花冠漏斗状，红色；蒴果，长卵形。

Diagnoses：Evergreen shrub；Leaves：simple，alternate，blade leathery，oblanceolate，clustered on top；Flowers 1 ~ 5，as umbel，corolla funnel-form，red；Capsule，elongato-ovoid.

染色体数目：2n = 26。

树形：常绿小灌木，高 60 ~ 150cm。

枝条：多分枝，枝条细，灰黑色，表皮条状剥裂，小枝带绿色或灰褐色，有腺鳞和柔毛。

芽：卵圆形，被褐色芽鳞，边缘有白色睫毛。

叶：单叶，互生，多集生于枝的上部，叶片小，倒披针形或椭圆形，先端钝圆，边缘无齿；表面深绿色，有腺鳞，背面淡褐色，长 1 ~ 2cm，宽 3 ~ 10mm。

花：伞形花序，具花 1 ~ 5 朵，生于枝顶端，花梗长 4 ~ 6mm，有腺鳞；萼裂片短，圆形至卵圆形，边缘有白色睫毛；花冠漏斗形，红色，直径约 2cm；雄蕊 10，花丝基部有长柔毛；花柱较雄蕊长。

果：蒴果，长卵形，褐色，有腺鳞，由顶部开裂。

花期：6 月；果期：7 月。

习性：喜光，耐寒，喜潮湿阴冷气候；多生于 700 ~ 1200m 的混交林或针叶林内、林缘等处。

分布：黑龙江、吉林及内蒙古等地；朝鲜和俄罗斯也有分布；吉林省分布于东部长白山各县（市）。

用途：叶片可提取芳香油；可移栽庭园供绿化观赏。

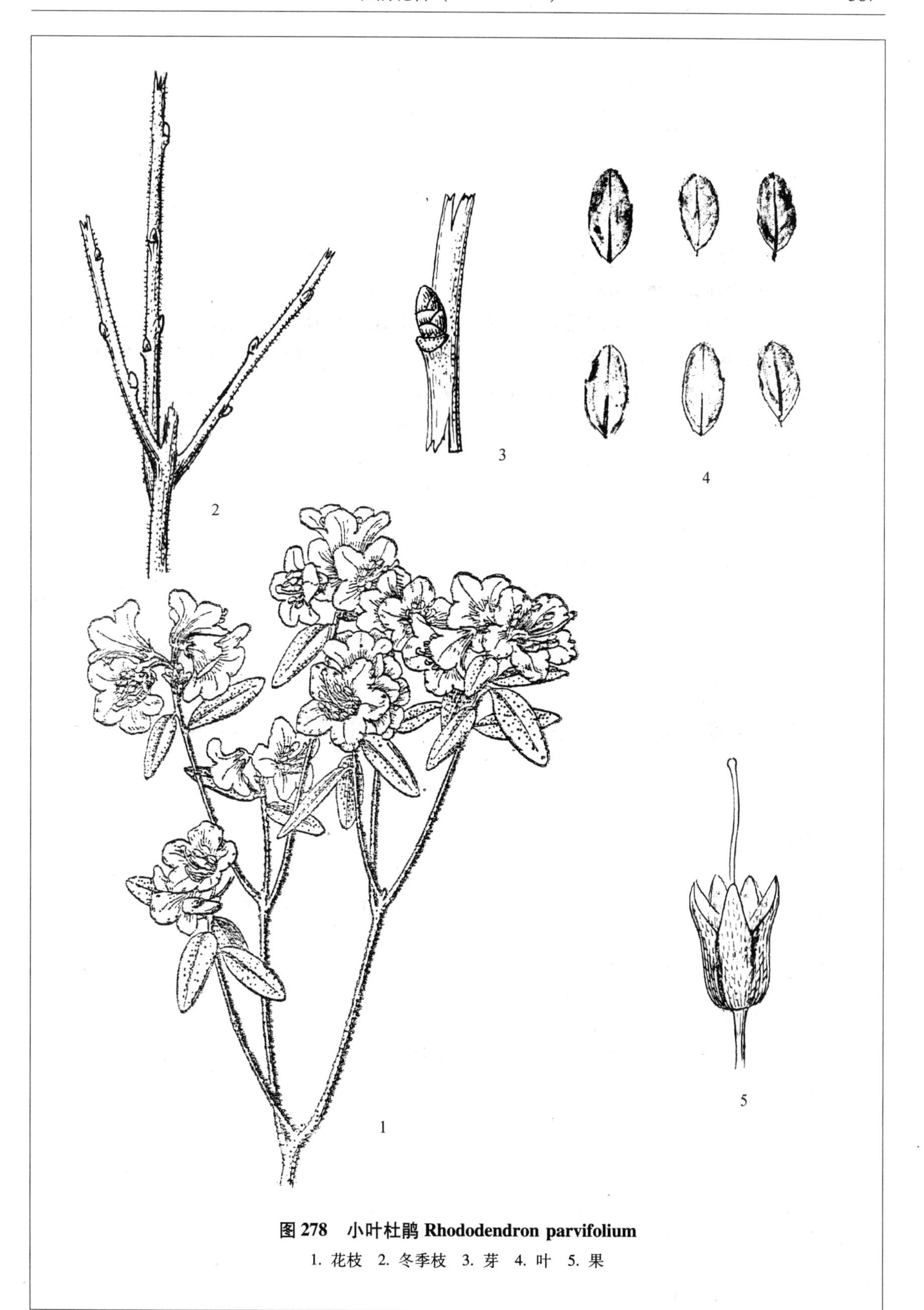

图 278　小叶杜鹃 Rhododendron parvifolium

1. 花枝　2. 冬季枝　3. 芽　4. 叶　5. 果

苞叶杜鹃

科名：杜鹃花科（ERICACEAE）

中名：苞叶杜鹃　云间杜鹃　图 279

学名：Rhododendron redowskianum Maxim.（种加词为人名 Redowsky，俄国人）

识别要点：小灌木；单叶，互生，叶片倒披针形或倒卵形，叶缘有睫毛；花 2～3 组或总状花序，花冠紫红色，掌状分裂，花瓣偏向上方；雄蕊 10，花丝有毛；蒴果，卵圆形。

Diagnoses：Small shrub；Leaves：simple，alternate，blade oblanceolate or obovate，margin ciliate；Flowers 2～3，short raceme；Corolla purplish red，palmatly lobed，petals on up side；Stamens 10，filaments pubescent；Capsule ovoid.

树形：落叶小灌木，高约 10cm。

枝条：幼枝疏生腺毛，褐色，老枝灰白色。

芽：顶芽宽卵形，红褐色，侧芽小，不明显。

叶：单叶，互生，多簇生于茎上部，纸质，倒披针形或倒卵形，基部楔形，先端短渐尖或突尖，边缘有纤毛，长 5～15mm，宽 3～6mm。

花：2～3 朵或短总状花序，生于当年枝顶端；总柄长达 3cm，花梗长达 5～10mm，具有几个有毛的叶状苞片；花萼大，5 裂，裂片长圆形，有腺毛；花冠长达 1.5cm，紫红色，5 裂，裂片偏向上方，成掌状；雄蕊 10 枚，花丝下部有长柔毛；子房有密毛，花柱从下侧裂片间伸向外面，下半部有柔毛。

果：蒴果，卵圆形。

花期：7～8 月；果期：8～9 月。

习性：喜光，耐寒。生于海拔 2000～2500m 之间的高山冻原带，成片生长成纯群落。

分布：吉林省长白山区的抚松、安图、长白等县；黑龙江也有分布；朝鲜和俄罗斯也有。

用途：花美丽，观赏；高山带的水土保持。

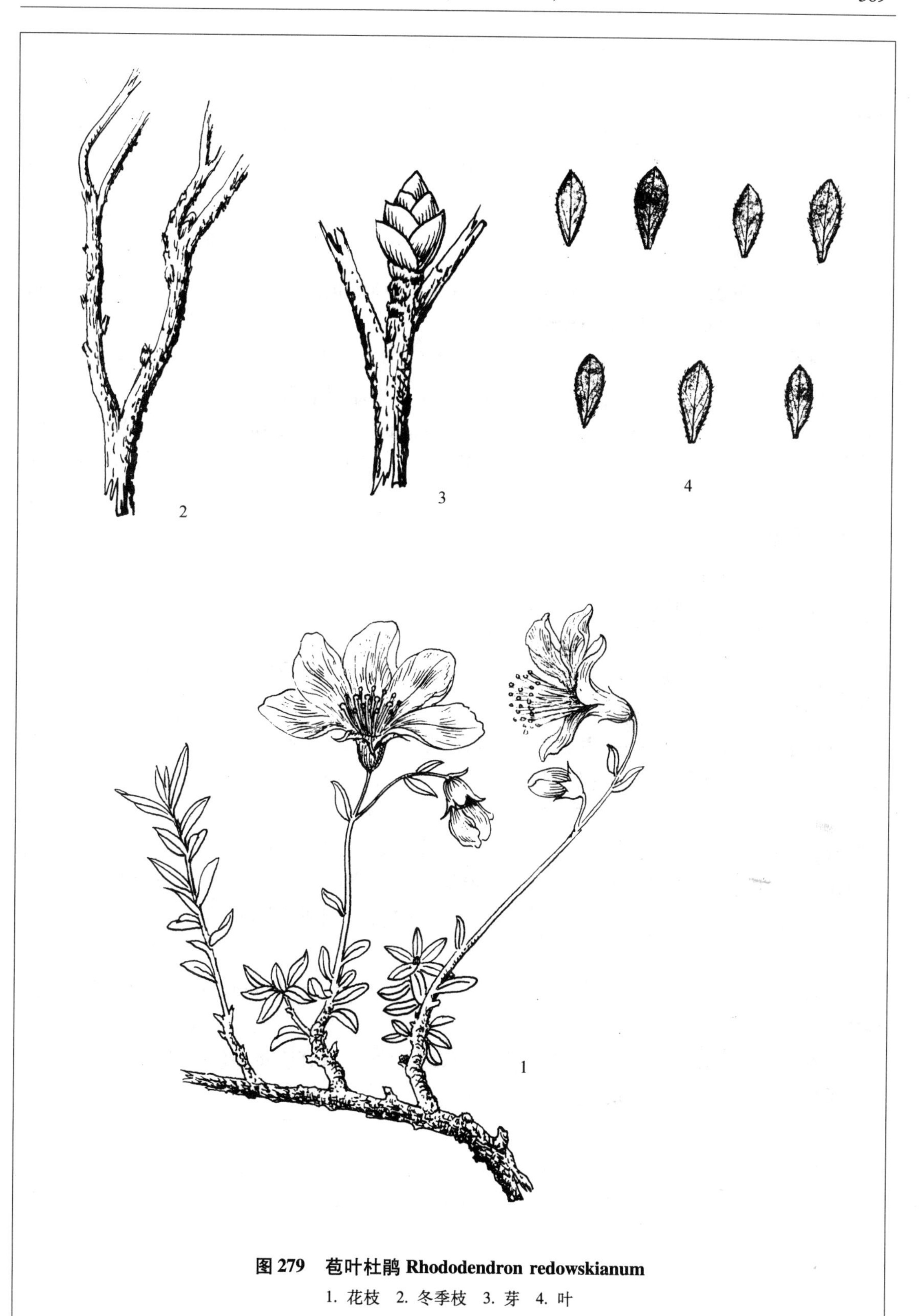

图 279　苞叶杜鹃 Rhododendron redowskianum

1. 花枝　2. 冬季枝　3. 芽　4. 叶

大字杜鹃

科名：杜鹃花科（ERICACEAE）

中名：大字杜鹃 图 280

学名：Rhododendron schlippenbachii Maxim.（种加词为人名 Boron A. von Schlippenbach，德国人，1854 年采集到此植物）。

识别要点：灌木；单叶，互生，多集生于枝端，叶片纸质宽倒卵形；伞形花序，2～5 朵花，花冠大，宽钟形，粉红色，内有紫红色花斑，雄蕊 10；蒴果长卵形。

Diagnoses：Shrub；Leaves：simple，alternate，clustered on top；Blades papery，broadly obovate；Umbel，2～5 flowers，corolla large，broadly-campanulate，pink with brown spotted；Stamens 10；Capsule，elongato-ovoid.

染色体数目：2n＝26。

树形：落叶灌木，高 1～2m。

树皮：灰黑色，剥裂。

枝条：小枝灰褐色，分枝多，密生腺毛。

芽：顶芽长卵形，长 1cm 左右，芽鳞三角状长卵形，淡褐色，伏生毛，中肋突出，先端稍有白色柔毛。

叶：单叶，互生，常 4～5 片集生于茎顶，近轮生状，形成"大"字状，叶片纸质，较薄，宽倒卵形，基部楔形，先端钝圆或微凹，全缘，长 5～9cm，宽 3～5cm。

花：伞形花序，具 2～5 朵花，生于茎顶部，花梗长 1～1.5cm，具腺毛；萼 5 裂，裂片长圆形，边缘有腺毛；花冠大，宽钟形，直径约 5cm，花冠粉红色，稀为白色，内有红紫色的花斑；雄蕊 10，花丝不等长，中下部有细毛，花药长圆形，顶孔开裂；子房卵形。

果：蒴果长卵形，暗褐色，长 1～1.5cm，被腺毛，自上向下开裂。

花期：5～6 月；果期：7～8 月。

习性：喜光也耐阴，耐干旱及瘠薄土壤。生于海拔 500～800m 的干燥多石山坡上、疏林内或林缘。

分布：辽宁、吉林；朝鲜、俄罗斯及日本也有分布；吉林省东部长白山区各县（市）。

用途：花大，美丽，花期较长，可栽植于庭园及花坛供绿化观赏。

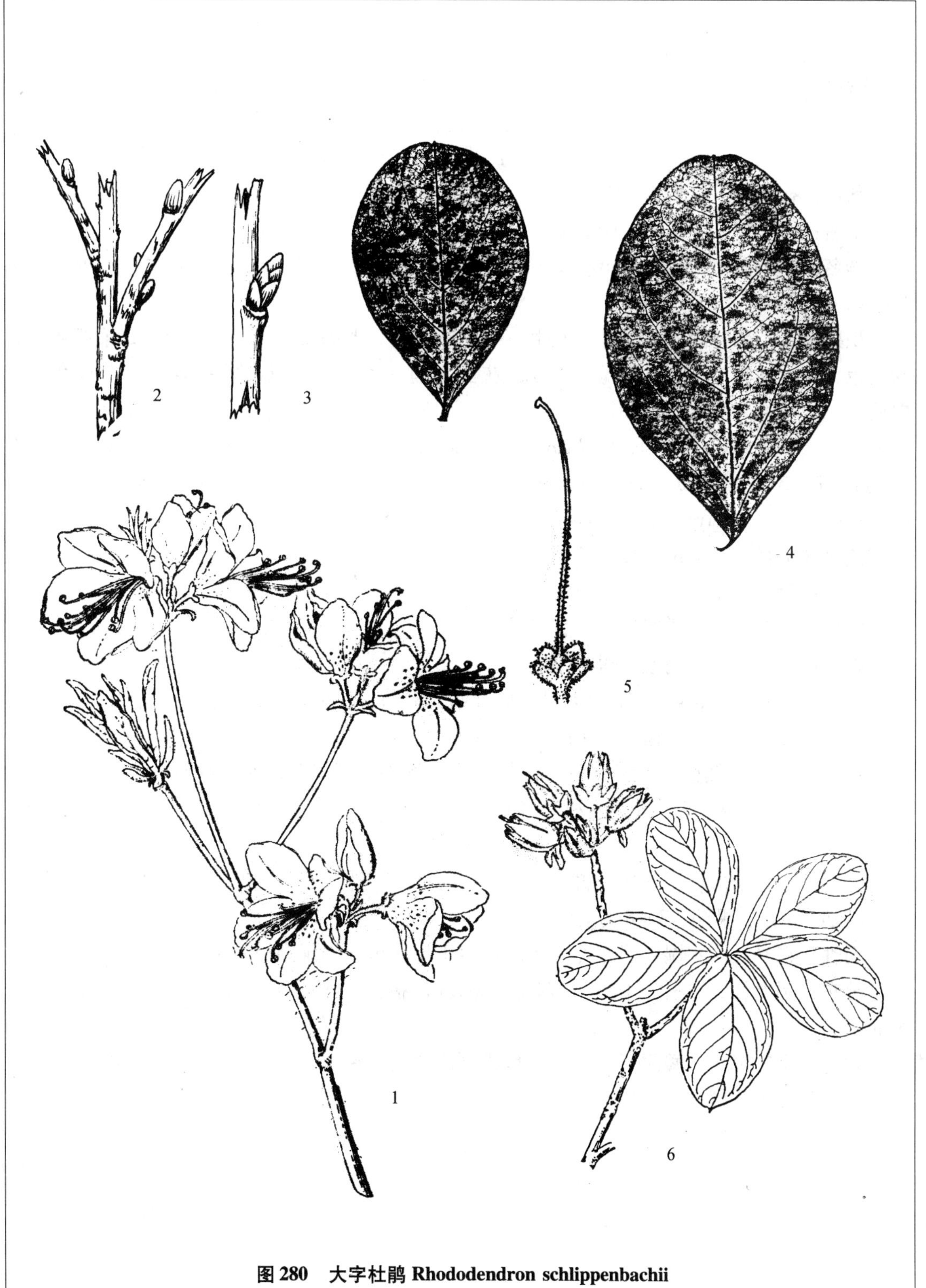

图 280　大字杜鹃 Rhododendron schlippenbachii

1. 花枝　2. 冬季枝　3. 芽　4. 叶　5. 雌蕊　6. 果枝（1、5、6 张桂芝绘）

笃斯越橘

科名：杜鹃花科（ERICACEAE）

中名：笃斯越橘 笃斯 图281

学名：Vaccinium uliginosum L.（属名为拉丁文乌饭树 V. myrtillus 的原名；种加词为“沼泽地的”）。

识别要点：落叶灌木；单叶，互生，叶片椭圆形、倒卵形或圆形；花1~3朵簇生，花绿白色，花冠钟形，下垂；雄蕊10枚，花药上有2个长“角状物”；浆果，紫黑色，有白粉。

Diagnoses：Deciduous shrub；Leaves：simple，alternate，blades elliptic obovate or rounded；Flowers：1~3，clustered，corolla campanulate，greenish white，pendulous；Stamens 10，anther with 2 long horns；Berry purplish black，white powder covered.

染色体数目：2n＝24，48，72。

树形：落叶灌木，高15~80cm。

树皮：树皮红褐色或紫红色，有光泽。

枝条：紫褐色，无毛或有短柔毛。

叶：单叶，互生，叶片倒卵形、椭圆形或长卵形；基部宽楔形，先端钝或微凹，表面绿色，背面灰绿色，全缘无齿，长1~3cm，宽1~1.5cm。

花：1~3朵，簇生，花绿白色，花萼小，4~5裂，裂片三角形或宽卵形；花冠壶形，下垂，边缘有4~5裂；雄蕊8~10枚，花药背部有一对角状突起，顶孔开裂；子房下位，4~5室。

果：浆果，球形或扁球形，直径达1cm，紫黑色，外被白色粉末，味酸甜。

花期：6月；**果期：**7~8月。

习性：喜光，耐水湿、耐寒冷。多成片生于沼泽地或阴湿山坡及疏林下。

分布：黑龙江、吉林及内蒙古东部的林区；朝鲜、俄罗斯、日本、欧洲、北美也有分布。

用途：果味鲜美，酸甜可口，可生食或制成果酱或果酒。

图 281　笃斯越橘 Vaccinium uliginosum

1. 花枝　2. 冬季枝　3. 芽　4. 叶　5. 果　6. 花　7. 雄蕊（1、5、6 自长白山植物药志）

越橘

科名：杜鹃花科（ERICACEAE）

中名：越橘 图282

学名：Viccinium vitis-idaea L．（种加词为“希腊伊达山的葡萄”）。

识别要点：常绿小灌木；叶互生，革质，倒卵形；总状花序，少花；花冠钟形，下垂，白色或淡粉红色，4裂；雄蕊8枚，花药长，顶孔开裂；浆果，球形，鲜红色。

Diagnoses：Evergreen shrub；Leaves：alternate，leathery，obovate；Raceme with few flowers；Corolla campanulate，pendulous，white or pale pink，4 lobed；Stamens 8，anther long，porus dehiscent；Berry globose，red.

染色体数目：2n＝24。

树形：常绿小灌木，主茎匍匐，地上直立茎高10～15cm。

枝条：细长，灰褐色，有白细毛。

叶：常绿，革质，互生，有短柄，叶片倒卵形，基部楔形，先端钝圆或有微凹，全缘，边缘略反卷，表面深绿色，有光泽，背面色淡，散生腺点，长1～2.5cm，宽8～15mm。

花：短总状花序，有2～8朵花，生于枝端，苞片红色，卵形，早落；萼筒短钟形，4裂，裂片三角形；花冠钟形，先端4裂，白色或淡粉红色；雄蕊8枚，花药有长附属物，顶孔开裂；雌蕊花柱伸出花冠之外。

果：浆果，球形，红色，有光泽，直径5～7mm，味道甜酸。

花期：6～7月；**果期：**8月。

习性：喜光但也耐阴，喜生于排水良好，土质肥沃的酸性土壤中，也生长于2000m以上的高山冻原带。

分布：吉林、黑龙江及内蒙古的林区；朝鲜、俄罗斯、蒙古、日本以及欧洲、北美等地也有分布。

用途：果味甜酸，可生食、酿酒或制果酱。

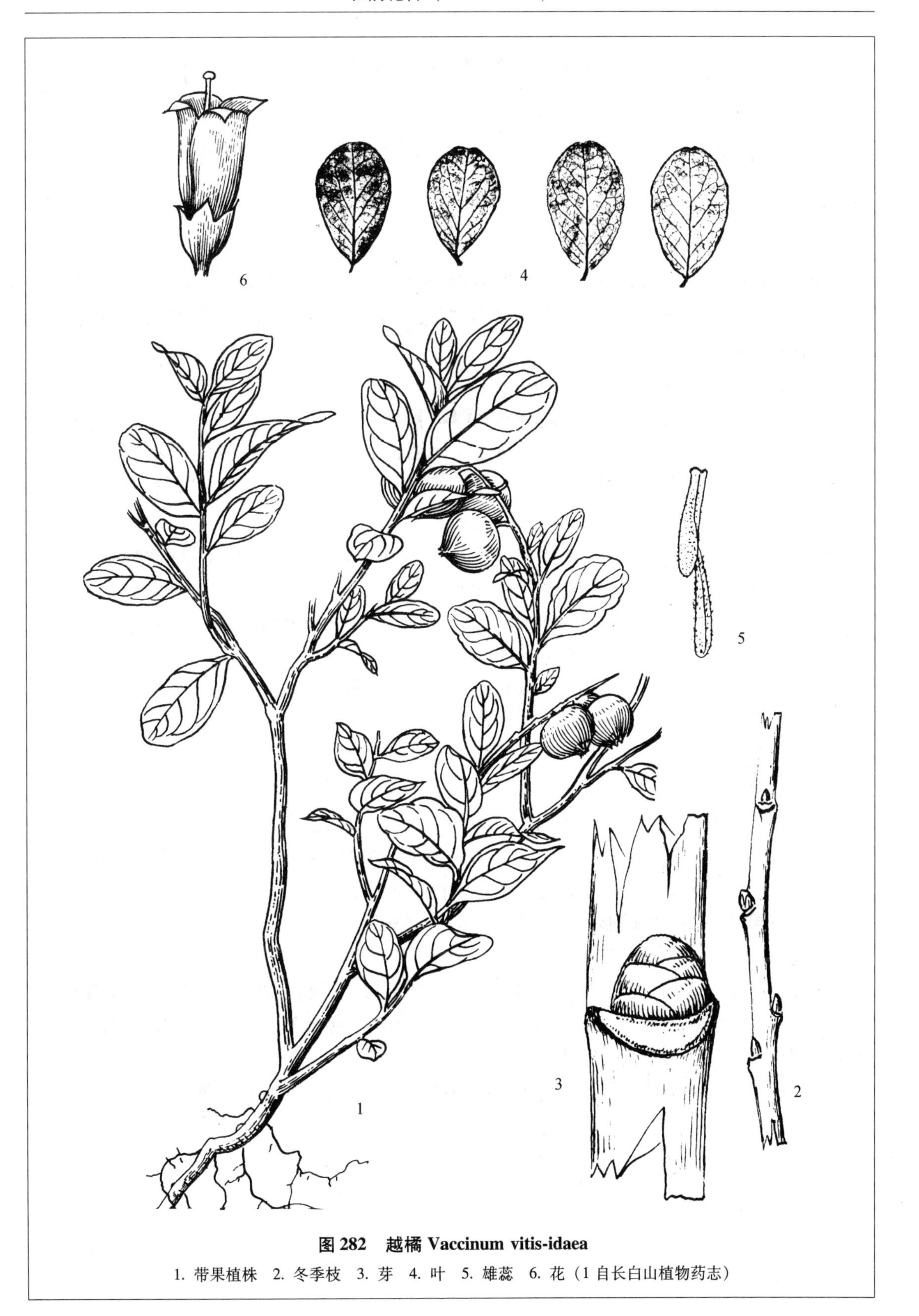

图 282　越橘 Vaccinum vitis-idaea

1. 带果植株　2. 冬季枝　3. 芽　4. 叶　5. 雄蕊　6. 花（1 自长白山植物药志）

岩高兰科（EMPETRACEAE）

东北岩高兰

科名：岩高兰科（EMPETRACEAE）

中名：东北岩高兰　图283

学名：Empetrum nigrum L. var. japonicum K. Koch—E. sibiricum V. Vassil.（属名为希腊文：en 在…上 + petros 岩石；种加词为“黑色的”；变种加词为“日本的”；异名种加词为“西伯利亚的”）。

A. **岩高兰**（原变种）**var. nigrum** 中国不产

B. **东北岩高兰**（变种）**var. japonicum K. Koch**

识别要点：常绿匍匐状小灌木；叶互生；无柄，条形；花单性或两性，腋生；雄花萼片3～4，黄绿色，花瓣3～4，紫红色，雄蕊3；雌花中雄蕊退化，柱头6～9裂；浆果状核果，扁球形，黑色。

Diagnoses：Evergreen creeping shrub; Leaves alternate, sessile, linear; Flowers unisexual or bisexual, axillary; Male flower sepals 3～4, yellowish green, petals 3～4, purplish, anthers 3; Female flowers stamens reduced, stigma 6～9 lobed; Fruit berry-like drup, oblate, black.

树形：常绿匍匐状小灌木，高20～50cm。

枝条：分枝多而稠密，红褐色，幼枝具白色短柔毛及黄色腺点。

芽：卵圆形，小，黄绿色。

叶：单叶，互生；叶片条形，无柄，先端钝尖，边缘略反卷，表面深绿色，无毛，有光泽，背面叶脉凹陷成沟状，长3～5mm，宽1～1.5mm。

花：单性或两性，雌雄异株或同株；小型，腋生；雄花具短梗，苞片4，鳞片状，萼片3～4，卵形，黄绿色，花瓣3～4，红紫色，倒卵形，雄蕊3，花药椭圆形，子房退化；雌花无梗，花瓣长圆形，雄蕊不发育，花柱很短，柱头6～9裂。

果：浆果状核果，扁球形，直径5～8mm，成熟时黑色。

花期：6～7月；果期：7～8月。

习性：喜光，耐寒、耐干旱。多生于海拔1500m以上的高山冻原或疏林下的岩石上。

分布：黑龙江、吉林及内蒙古林区；朝鲜、俄罗斯、蒙古及日本也有分布；吉林省主要产于东部长白山区，海拔2000m左右的针叶林带。

用途：果味酸甜，可食；为亚高山带的地被植物，对水土保持有重要作用。

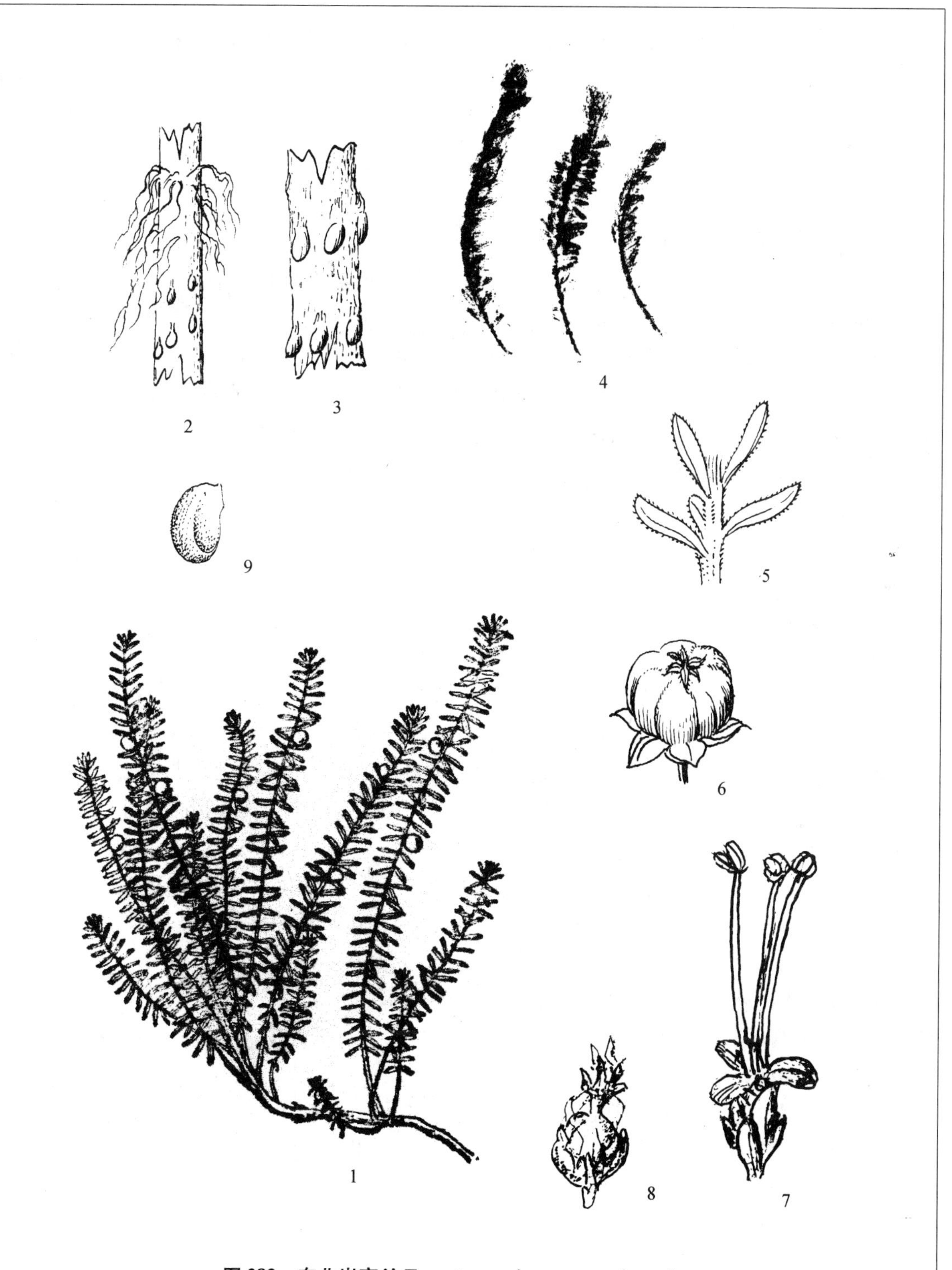

图 283 东北岩高兰 Empetrum nigrum var. japonicum

1. 植株 2. 冬季枝 3. 芽 4. 枝叶拓片 5. 枝叶（放大） 6. 果 7. 雄花 8. 雌花 9. 种子（1 自中国高等植物图鉴，5、6、7、8、9 自黑龙江树木志）

安息香科（STYRACACEAE）

玉玲花

科名：安息香科（野茉莉科）（STYRACACEAE）

中名：玉玲花　玉玲野茉莉　图 284

学名：Styrax obassia Sieb. et Zucc.（属名为一种野茉莉的希腊原名；种加词为日语对野茉莉的俗称）。

识别要点：落叶小乔木；叶片互生或对生，叶片椭圆形至宽倒卵形，背面密被星状绒毛；总状花序下垂；花白色，花瓣基部合生；果实卵形，成熟后不规则开裂，种子 1。

Diagnoses: Deciduous small tree; Leaves alternate or opposite, blades elliptic or broad-obovate, starlike tomentose beneath; Raceme, pendulous, flowers white, petals connected base; Fruit: ovoid, irregularly dehiscent when ripe.

染色体数目：2n = 16。

树形：落叶乔木，高 2 ~ 10m。

树皮：暗灰褐色，剥裂。

枝条：新生枝条褐色，并有短柔毛及刚毛，后脱落无毛。

芽：宽卵形，有大量黄白色柔毛。

木材：边材及心材皆为黄白色，纹理致密，富有弹性。

叶：单叶，互生或对生，上部叶较大，互生，下部叶较小，常对生，叶片宽卵形、宽倒卵形或圆形，基部圆形，先端短渐尖或突尖，叶缘中部以上有稀疏的锯齿，表面深绿色，沿主脉处有星状绒毛，背面灰白色，密被星状绒毛，长 7 ~ 20cm，宽 7 ~ 14cm。

花：总状花序，下垂，长约 10cm；花两性，花萼联合成钟形；萼 5 ~ 9 裂，外被灰白色绒毛；花直径 2cm，花瓣白色，基部联合，上部 5 裂，裂片长，卵圆形；雄蕊 10 枚，花药黄色，花丝细长；雌蕊子房卵形，花柱单一，柱头头状；有香味。

果：为干果，卵形，长约 2cm，基部有宿存花萼，先端尖锐，密生短柔毛，果皮灰绿色，光滑，成熟时不规则开裂；种子 1 枚，卵形。

花期：5 ~ 6 月；果期：8 月。

习性：喜光也耐阴，喜生于潮湿、肥沃、排水良好的土壤中。多生于山地杂木林中。

分布：东北南部；日本、朝鲜也有分布；吉林省南部的集安市有分布，为本种植物分布的最北界。

用途：木材细致，可作细木工原料；种子可榨油；为优良的绿化观赏树种。

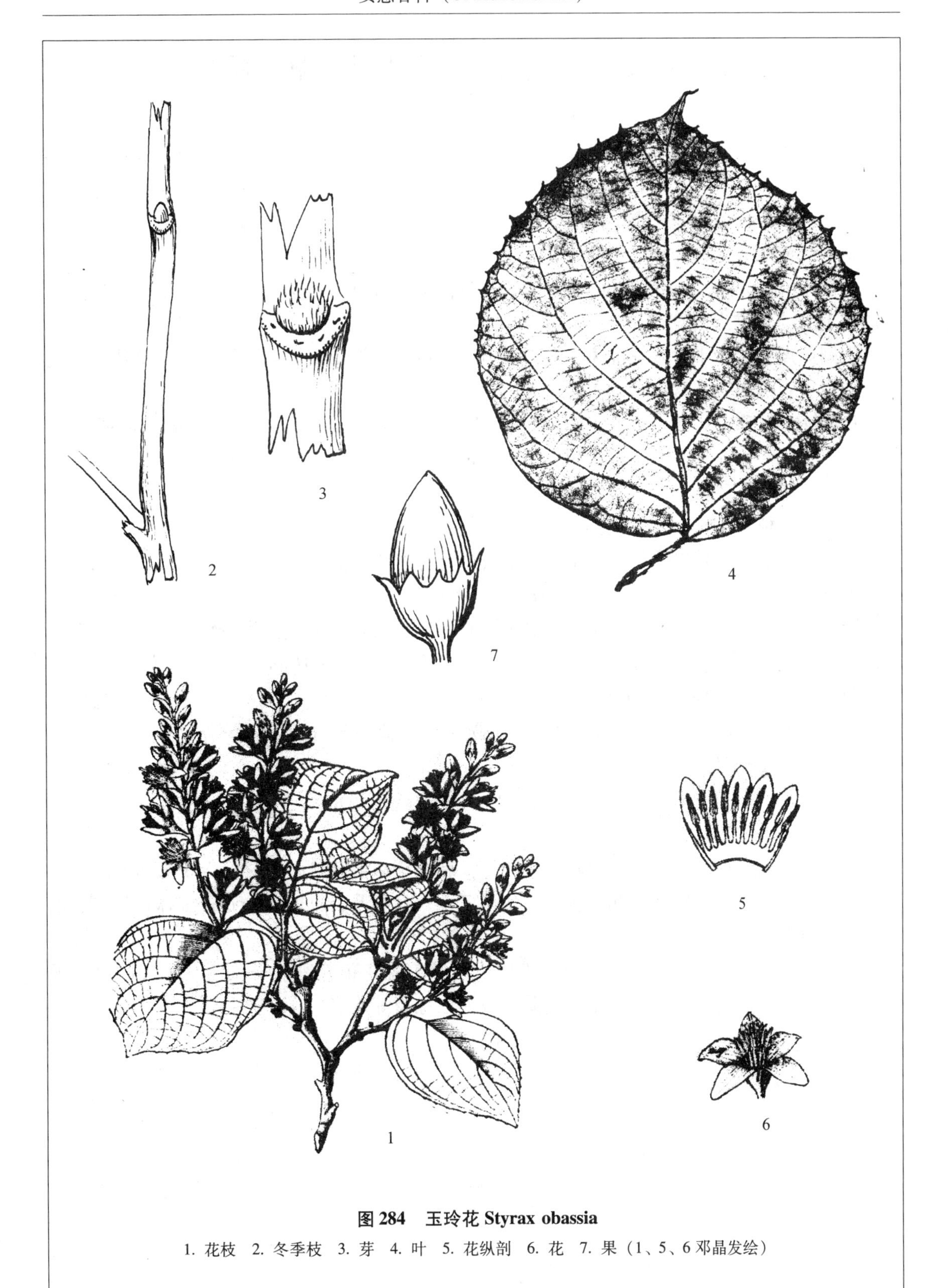

图 284 玉玲花 Styrax obassia

1. 花枝 2. 冬季枝 3. 芽 4. 叶 5. 花纵剖 6. 花 7. 果（1、5、6 邓晶发绘）

山矾科（SYMPLOCACEAE）

白檀

科名：山矾科（SYMPLOCACEAE）

中名：白檀　白檀山矾　图 285

学名：Symplocos paniculata（Thunb.）Miq.（属名原为希腊文 symploke 聚生或合生；种加词意为“圆锥形的”）。

识别要点：落叶小乔木或灌木；单叶，互生；叶片椭圆形或卵状椭圆形；圆锥花序，花小，黄白色；核果，卵状球形，蓝色。

Diagnoses：Deciduous small tree or shrub；Leaves simple，alternate，elliptic or ovato-elliptic；Panicle；Flowers pale yellow；Drupe ovoid-globose，blue.

树形：落叶小乔木，高可达 12m。

树皮：灰色，有纵向不规则的条裂。

枝条：开展，老枝灰紫红色，无毛，幼枝绿色有白色柔毛。

芽：较小，卵形，红褐色，芽鳞多数，光滑无毛。

叶：单叶，互生；叶片椭圆形或卵状椭圆形，基部楔形，先端渐尖或短渐尖，边缘有细小的锯齿，表面深绿色，背面淡绿色，沿叶脉有疏柔毛，长 3～10cm，宽 2～5cm。

花：圆锥花序，顶生或侧生；小花黄白色，有香味，直径 6～8mm；萼片联合包住子房，5 齿裂，有睫毛；花瓣 5，基部联合，卵圆形；雄蕊约 30 枚，不等长，花丝基部结合，形成 5 束；雌蕊子房下位，2 室。

果：核果，卵状球形，偏斜，深蓝色，有光泽，长约 8mm。

花期：5 月；果期：8 月。

习性：喜光，喜湿润及肥沃土壤，不耐寒。自生于山坡疏林下、林缘以及灌丛间。

分布：辽宁、吉林以及华北、华中、华南各地；日本及朝鲜也有分布；吉林省分布于南部的集安市。

用途：木材细密，可供雕刻及细木工用；树形美观，花芳香，果实蓝色，可供绿化观赏；全株入药，可消炎、调气，主治乳腺炎及淋巴腺炎等疾病。

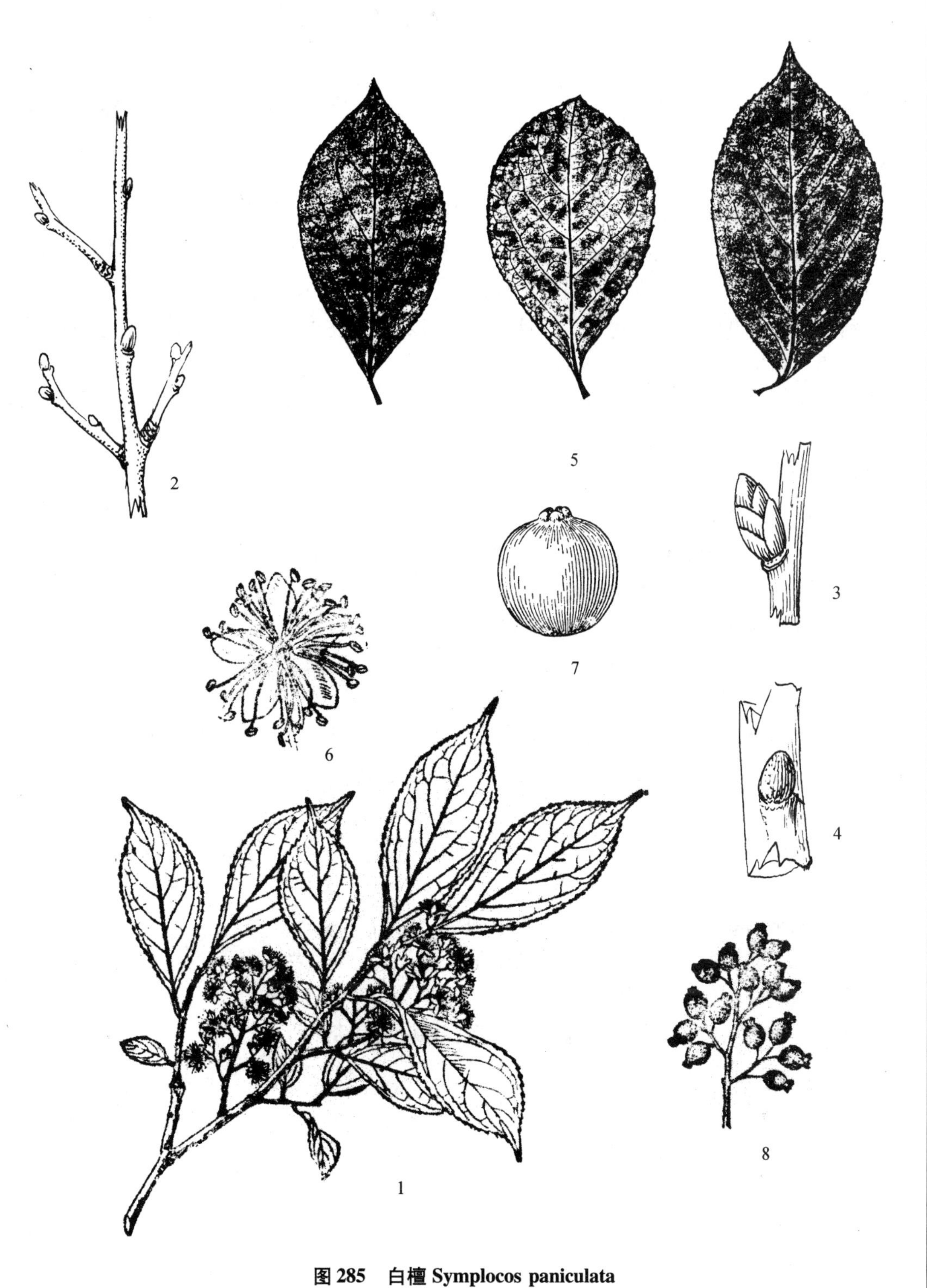

图 285　白檀 *Symplocos paniculata*

1. 花枝　2. 冬季枝　3、4. 芽　5. 叶　6. 花　7. 果　8. 果枝（1、7 余峰绘）

木犀科（OLEACEAE）

雪柳

科名：木犀科（OLEACEAE）

中名：**雪柳**　图286

学名：**Fontanesia fortunei Carr**.（属名为人名 Rene-Louiche Desfontaines，1750～1833，法国植物学家；种加词也为人名，Robert Fortune，1812～1880，英国植物学家）。

识别要点：落叶灌木；叶对生，披针形；圆锥花序；花白色，花冠4裂，雄蕊2；果实卵形，有翅，扁平。

Diagnoses：Deciduous shrub；Leaves opposite，lanceolate；Panicle；Flowers white，corolla 4 lobed；Stamens 2；Fruit ovoid，winged，depressed.

染色体数目：2n＝26。

树形：落叶灌木，高3～5m。

树皮：灰褐色，常成条状剥裂。

枝条：直立或成拱形，略带红褐色，细长，略呈四棱形。

芽：对生，卵状球形，芽鳞4～6片对生，黑褐色。

叶：对生，叶片披针形或宽披针形，先端渐尖，基部宽楔形或近圆形，全缘，表面深绿色，背面淡绿色，中脉隆起，两面光滑无毛，长3～15cm，宽1～3.5cm。

花：白色，组成顶生或腋生的圆锥花序；花萼小，4裂，淡绿色；花冠4深裂，裂片卵形或披针形，长约2mm；雄蕊2，花丝长，伸出花冠之外；雌蕊子房上位，2室，柱头2浅裂。

果：卵形或倒卵形，扁平，四周有狭翅，先端有宿存的花柱，成熟时2裂。

花期：5～6月；果期：9～10月。

习性：生于山坡灌丛中，喜光但也较耐阴。

分布：产于辽宁南部、华北、西北及华中各地；吉林省皆为栽培。

抗寒指数：幼苗期Ⅰ，成苗期Ⅰ。

用途：可供栽培做成绿篱；枝条可编筐篓；嫩叶可代茶。

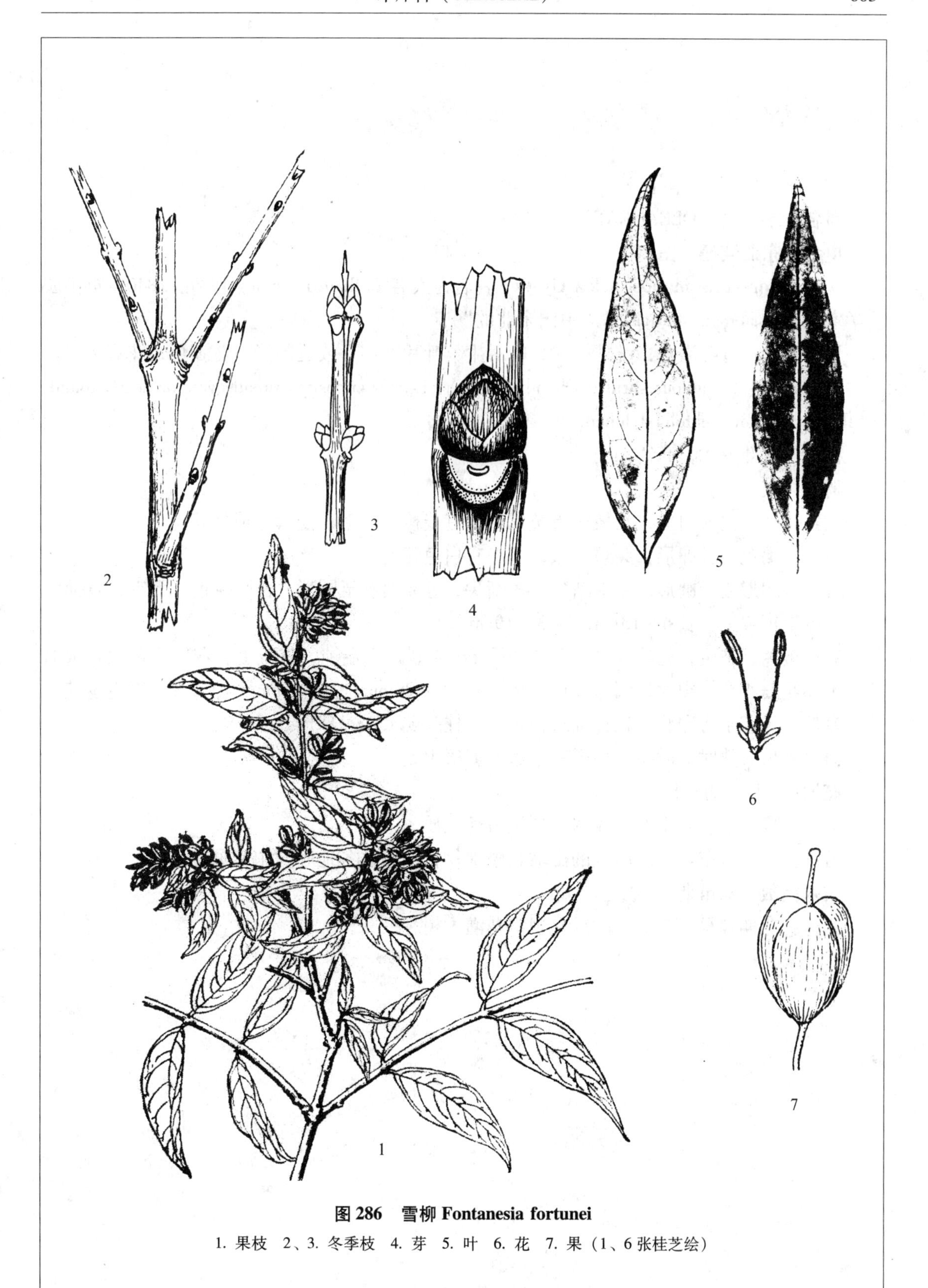

图 286　雪柳 Fontanesia fortunei

1. 果枝　2、3. 冬季枝　4. 芽　5. 叶　6. 花　7. 果（1、6 张桂芝绘）

东北连翘

科名：木犀科（OLEACEAE）

中名：东北连翘 图 287

学名：Forsythia mandshurica Uyeki（属名为人名 William Forsyth，1737～1840，英国园艺学家；种加词 mandshurica 即“中国东北的”）。

识别要点：落叶灌木；髓部梯状；叶对生，叶片宽卵形或近圆形；花黄色，花冠 4 裂。

Diagnoses：Deciduous shrub；Chambered pith；Leaves opposite，broad-ovate or nearly rounded；Flowers yellow，corolla 4 lobed.

树形：落叶灌木，高约 2m。

树皮：灰褐色。

枝条：枝直立或斜上，幼枝略带黄褐色，有浅棱，无毛，髓薄片或梯状。

芽：黄褐色，长卵形，芽鳞多数，边缘有白色睫毛。

叶：宽卵形或近圆形，先端渐尖或短渐尖，基部楔形至圆形，表面绿色，无毛，背面浅绿色，疏生短柔毛，长 6～13cm，宽 3～10cm。

花：黄色，腋生，先叶开放；萼片卵圆形，4 裂，先端钝，有缘毛；花冠基部联合成筒状，上部花瓣 4 裂，裂片长圆形或披针形，长 15～20mm，宽约 5mm；雄蕊 2，着生于花冠管的基部；雌蕊子房卵状，花柱细长，顶生，柱头膨大或扁球形。

果：蒴果成熟时 2 瓣裂；种子有小翅。但很少见。

花期：4 月中旬；果期：8 月。

习性：喜生于向阳山坡，较耐干旱及瘠薄土质。

分布：产于丹东至沈阳沿线的山坡丘陵地；目前东北各地庭园中常见栽培。

抗寒指数：幼苗期 I，成苗期 I。

用途：花期较早，为优良的绿化观赏花灌木树种。

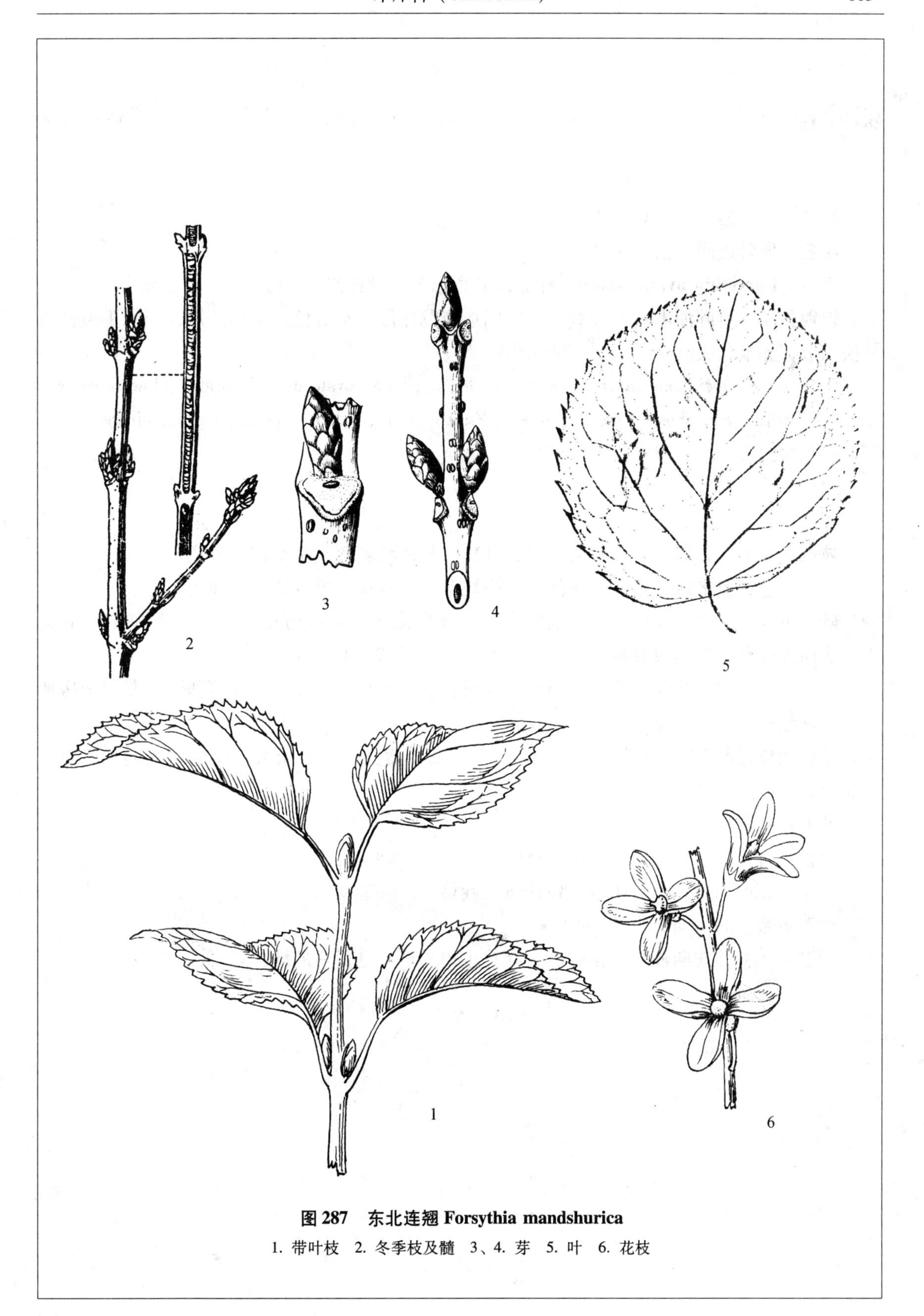

图 287　东北连翘 Forsythia mandshurica

1. 带叶枝　2. 冬季枝及髓　3、4. 芽　5. 叶　6. 花枝

卵叶连翘

科名：木犀科（OLEACEAE）

中名：**卵叶连翘** 图 288

学名：**Forsythia ovata Nakai**（种加词的意思为“卵圆形的”）。

识别要点：落叶灌木；单叶对生，卵圆形或宽卵形；花黄色，花柄甚短，花冠 4 裂；蒴果狭卵形，先端长尖渐。

Diagnoses：Deciduous shrub；Leaves simple，opposite，ovate or wide-ovate；Flowers yellow，solitary；Pedicel very short；Corolla 4 lobed；Fruit capsule，narrowly ovoid，top acuminate.

染色体数目：2n = 28。

树形：落叶灌木，高约 2m。

树皮：灰色或暗灰色。

枝条：对生，开展，皮孔不甚明显，外表皮呈片状剥落，髓呈梯状分离。

芽：对生，黄褐色，卵形或狭卵形，先端渐尖，芽鳞光滑，边缘有睫毛。

叶：单叶，对生；叶片卵圆形或宽卵形，先端渐尖，基部近圆形，边缘除基部外有锯齿，表面深绿色，背面淡绿色，无毛，长 5 ~ 7cm，宽 2 ~ 4.5cm。

花：先叶开放，黄色，单生；萼片联合成杯状，边缘有 4 裂，裂片宽卵形；雌蕊子房卵形，花柱细长，柱头 2 裂。

果：蒴果，卵形或狭卵形，长 1 ~ 2cm，先端长渐尖，表面光滑，无疣状突起；成熟后开裂，裂片向外反卷。

花期：4 月中旬；**果期**：8 月。

习性：喜光，耐旱，生于山坡灌丛间。

分布：原产朝鲜；目前在东北各地屡见栽培。

抗寒指数：幼苗期 I，成苗期 I。

用途：本种的花期较早，花谢后，叶片也很美观，是优良的绿化观赏植物。

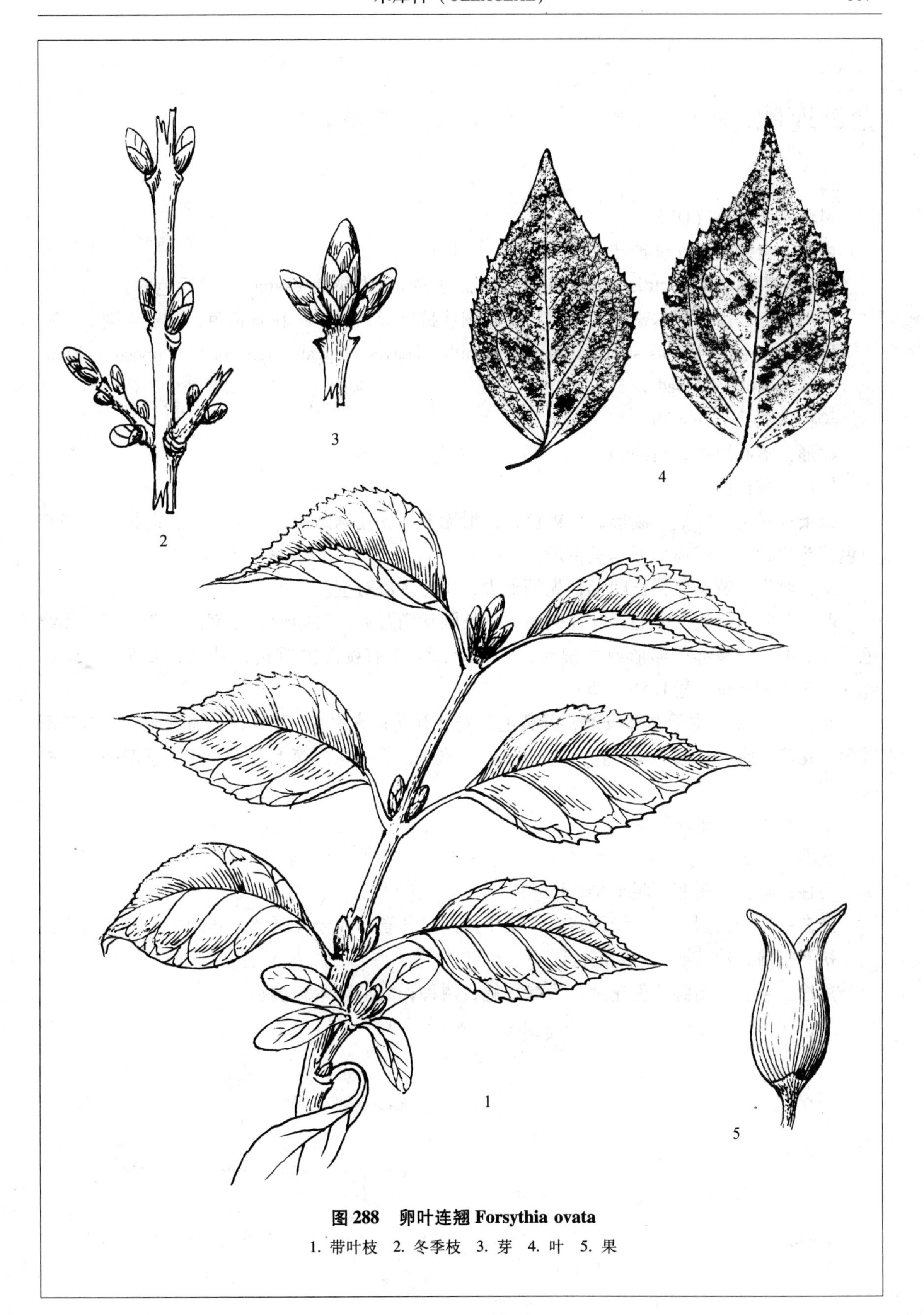

图 288　卵叶连翘 Forsythia ovata

1. 带叶枝　2. 冬季枝　3. 芽　4. 叶　5. 果

金钟连翘

科名：木犀科（OLEACEAE）

中名：**金钟连翘**　金钟花　图 289

学名：**Forsythia viridissima Lindl.**（种加词 viridis 为绿色 + ssima 为最绿色的）。

识别要点：落叶灌木，髓部梯状，叶长圆状披针形，对生；花鲜黄色，花冠 4 裂。

Diagnoses：Deciduous shrub；Chambered pith；Leaves elongated-lanceolata，opposite；Flowers yellow，corolla 4 lobed. .

染色体数目：2n = 28。

树形：落叶灌木，高约 3m。

树皮：灰褐色。

枝条：对生，略呈四棱形，紫褐色，光滑无毛，皮孔椭圆形，灰白色，纵向排列；髓灰白色，薄片状，小枝顶端下垂呈拱形。

芽：对生，黄棕色，长卵形，先端渐尖，鳞片多数对生。

叶：单叶，对生，无毛；叶片椭圆形，长圆状椭圆形或狭卵形，表面深绿色，背面浅绿色，先端渐尖，基部狭卵形或宽楔形，叶缘上部 2/3 有稀疏的锯齿，叶柄长 0. 5 ~ 1. 5cm，叶片长 3. 5 ~ 10cm，宽 1. 5 ~ 3. 5cm。

花：1 ~ 3 朵花生于上部枝条，鲜黄色，先叶开花；萼片 4，黄绿色，有睫毛；花冠基部成筒，花瓣 4 裂，长约 2cm，直径 2 ~ 3cm；雄蕊 2，着生花冠筒上，花丝短；子房卵形，柱头 2 裂。

果：在吉林省未见结果。

花期：4 月中旬。

习性：喜光，耐寒、耐干旱。

分布：原产我国长江流域及华东、华中及西南各省，如今我国北方各地常见栽培。

抗寒指数：幼苗期 I，成苗期 I。

用途：早春开出鲜黄色花朵，为绿化优良树种；为早春蜜源植物。

图 289　金钟连翘 Forsythia viridissima

1. 带叶枝　2. 花枝　3. 冬季枝　4. 芽　5. 叶　6. 花（1、2、6 张桂芝绘）

水曲柳

科名： 木犀科（OLEACEAE）

中名：水曲柳　图 290

学名：Fraxinus mandshurica Rupr.（属名为梣属的拉丁文植物原名；种加词为“我国东北地区的”）。

识别要点： 落叶大乔木；羽状复叶；小叶 7～13 枚，对生；雌雄异株；果为翅果，长披针形。

Diagnoses: Deciduous large tree; Leaves pinnately compound, opposite, leaflets 7～13; Dioecious; Fruit samara, long-lanceolate.

染色体数目： 2n＝46。

树形： 高大落叶乔木，高可达 35m，胸径可达 1m。

树皮： 灰褐色，纵向浅裂。

枝条： 对生，光滑，黄棕色，光滑无毛，有不明显的纵棱，皮孔纺锤形，纵向生长，灰褐色。叶痕近心形，束痕排成半圆形。

芽： 对生，黑褐色，宽卵形，先端钝，外有 2 片大而粗糙的芽鳞包被。

木材： 边材色白而微黄，心材颜色较深为浅棕色，木纹通直，致密，坚固有弹性，韧性强，软硬适中，比重 0.7。

叶： 奇数羽状复叶，对生，总叶柄有狭沟及狭翼；小叶 7～13 对，近无柄，卵状长圆形或椭圆状披针形，顶生小叶较小，叶基楔形或宽楔形，先端长渐尖，边缘有锯齿，表面暗绿色，无毛，背面淡绿色，沿主脉密生有黄褐色绒毛，长 5～6cm。

花： 雌雄异株，先叶开放；圆锥花序生于去年枝上，花序轴无毛，有狭翼；花萼钟状，4 裂；无花瓣，雄花具 2 个雄蕊；雌花有 1 枚雌蕊，子房卵形，花柱 2 裂，下面生有 2 个退化的雄蕊。

果： 翅果，长披针形，基部渐狭，先端钝圆或微凹，冬季不脱落，仍挂枝头，长 3～4cm，宽约 7mm。

花期： 5 月；果期：9～10 月。

习性： 喜生于土壤肥沃、潮湿的缓坡、山谷的较湿润处。

抗寒指数： 幼苗期 I，成苗期 I。

分布： 水曲柳为吉林省东部山区的乡土树种，黑龙江及辽宁东部也有分布；也生于朝鲜、俄罗斯及日本。

用途： 水曲柳木材软硬适中，弹性强，花纹美丽，容易加工，与胡桃楸、黄波罗合称三大军用材。树形美观，现多做庭园绿化树种。

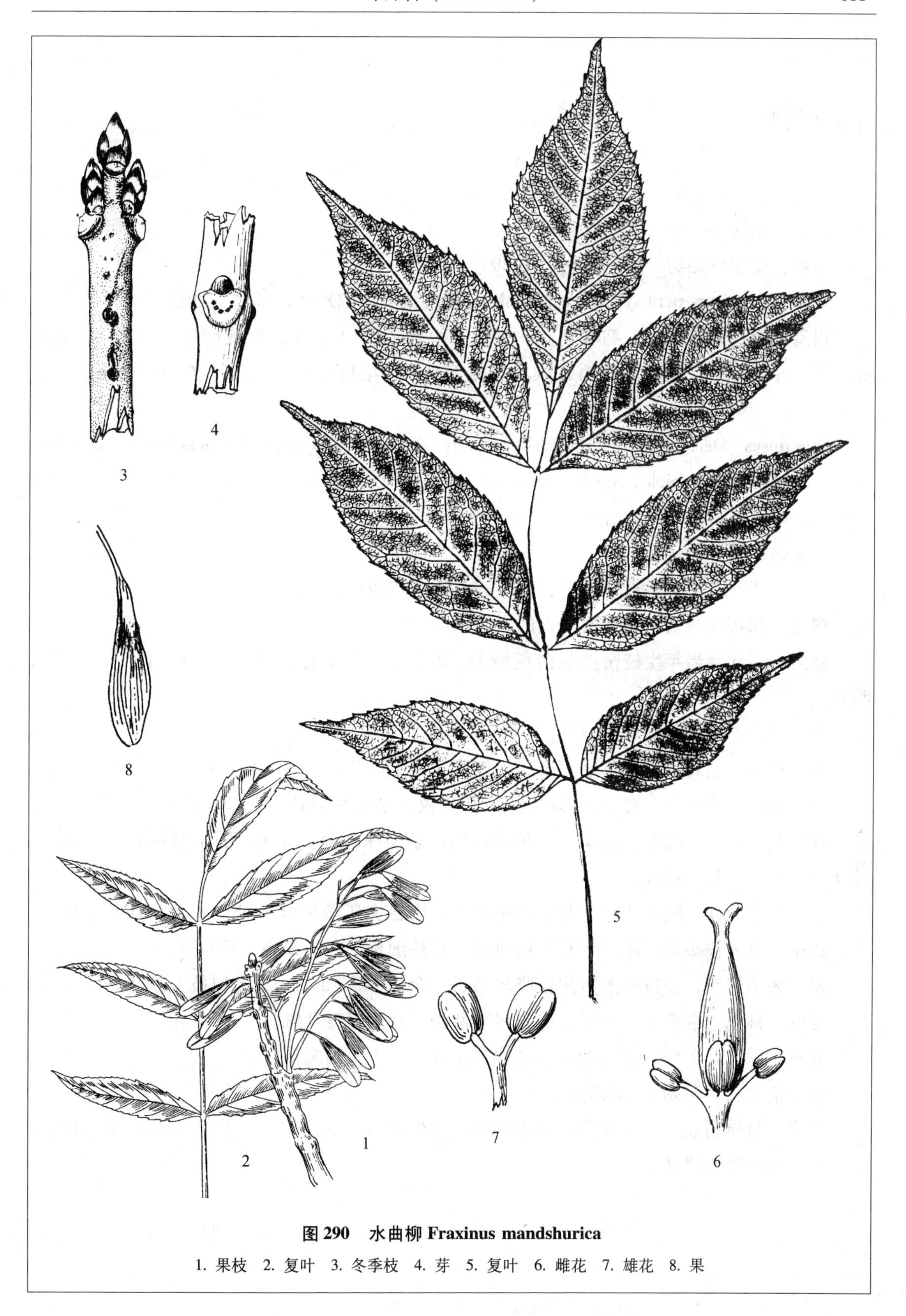

图 290　水曲柳 Fraxinus mandshurica

1. 果枝　2. 复叶　3. 冬季枝　4. 芽　5. 复叶　6. 雌花　7. 雄花　8. 果

美国白蜡树

科名：木犀科（OLEACEAE）

中名：美国白蜡树 洋白蜡树 图 291

学名：Fraxinus pennsylvenica Marsh.（种加词为美国地名，即“宾西法尼亚州”的）。

识别要点：落叶乔木；羽状复叶，对生；小叶片 5 ~ 9，披针形或卵状披针形；雌雄异株；圆锥花序；萼 4 裂，无花瓣，雄花有雄蕊 2；雌花只有 1 枚雌蕊；果为单翅果，长披针形。

Diagnoses：Deciduous tree；Leaves pinnately compound，opposite；Leaflets 5 ~ 9，lanceolate or ovato-lanceolate；Panicle，sepals 4，petal 0，male flower stamens 2；Female flower pistil 1；Fruit samara，elongato-lanceolate.

染色体数目：2n = 46。

树形：落叶乔木，树冠宽卵形，高可达 20m，胸径可达 50cm。

树皮：深灰或灰褐色，有不规则的纵裂条纹。

枝条：粗壮，当年生枝密被灰白色绒毛，2 年生枝常带有白粉，皮孔灰白色，椭圆形，明显。

芽：卵形，深褐色，外被绒毛。

木材：纹理通直，质地较硬而重，但较脆，边材淡黄色，心材淡褐色。

叶：奇数羽状复叶，对生；具小叶片 5 ~ 9 枚，小叶片披针形或卵状披针形，先端短渐尖，基部宽楔形或近圆形，边缘有稀疏的钝齿，表面深绿色，无毛，背面淡绿色，有柔毛，长 5 ~ 12cm，宽 1.5 ~ 4cm。

花：雌雄异株；圆锥花序，花轴密生绒毛；出自去年枝的叶腋处；萼片杯状，绿色，4 裂；雄花只有两枚雄蕊；雌花只有 1 枚雌蕊，花柱细长，柱头 2 裂，且开展。

果：为单翅果，长披针形，翅较坚果略长，全长 2.5 ~ 5cm，果在树枝上越冬。

习性：喜光，喜肥沃、潮湿土壤，耐寒性强，并耐轻度盐碱。

分布：原产北美洲，现我国北方各地常见栽培，生长情况良好。

抗寒指数：幼苗期 I，成苗期 I。

用途：材质稍硬，纹理通直，花纹美观，可供家具、建筑等用；树形美观，耐寒性强，是北方绿化的理想树种。

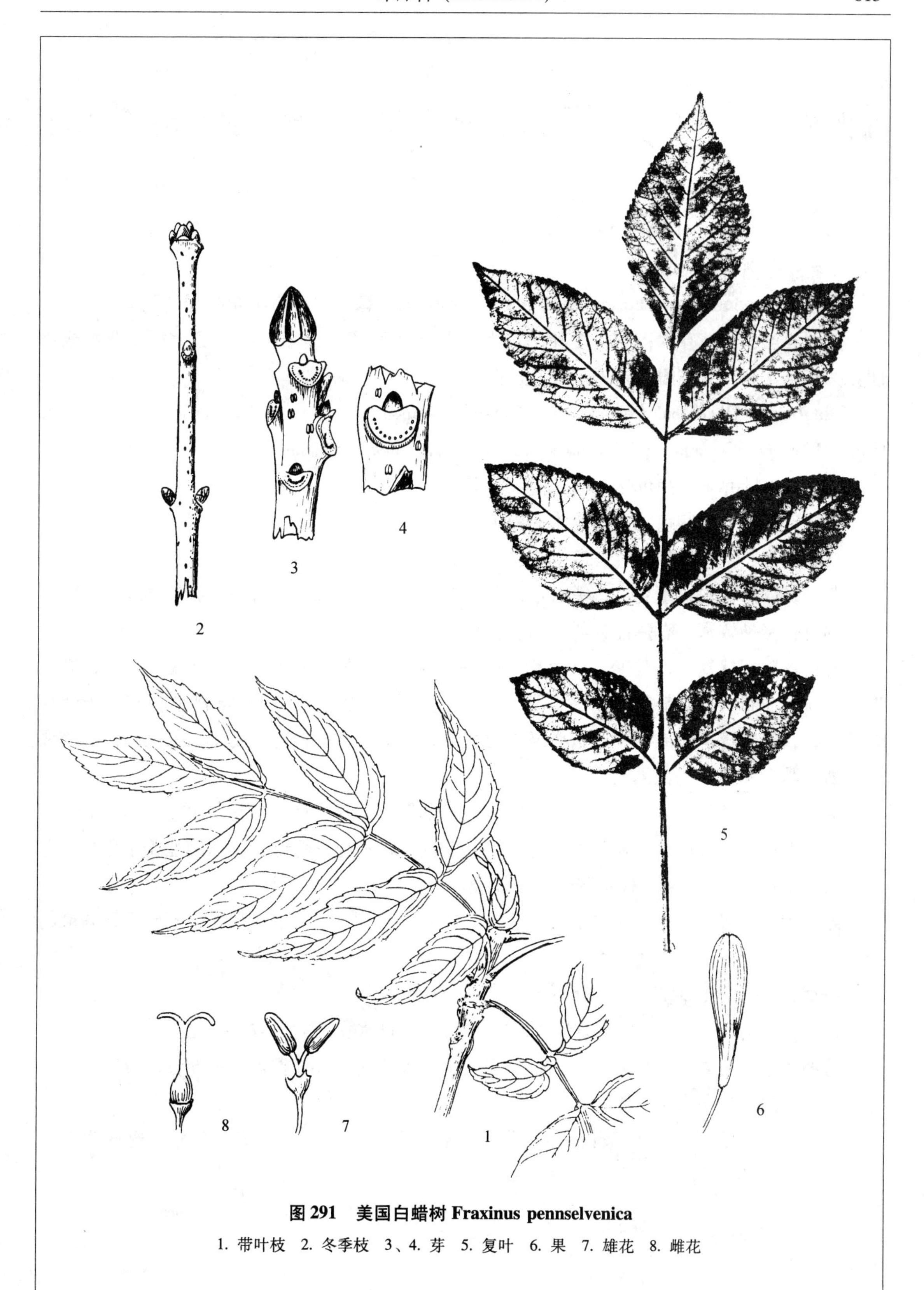

图 291　美国白蜡树 Fraxinus pennselvenica

1. 带叶枝　2. 冬季枝　3、4. 芽　5. 复叶　6. 果　7. 雄花　8. 雌花

花曲柳

科名：木犀科（OLEACEAE）

中名：花曲柳 图 292

学名：Fraxinus rhynchophylla Hance（种加词的意思为“具有喙状叶子的”）。

识别要点：落叶乔木；羽状复叶，对生，小叶片 3 ~7，顶端小叶较宽大；花杂性或单性异株；萼 4 裂，无花瓣；果为翅果，长披针形。

Diagnoses：Deciduous tree；Leaves pinnately compound，opposite，leaflets 3 ~7，top one is larger；Flowers polygamous or dioecious；Fruit samara，long-lanceolate.

树形：落叶乔木，高可达 15m。树冠卵形。

树皮：灰色或暗灰色，常有片状的白色斑块。

枝条：当年生枝略带绿色，后变灰色，皮孔明显，无毛。

芽：宽卵形，先端短突尖，黑褐色，外包有 2 ~3 片芽鳞，上有黄褐色或黑褐色短绒毛。

木材：坚硬致密，有弹性，淡黄白色，比重 0. 7。

叶：奇数羽状复叶，对生；小叶片 3 ~7 枚，通常 5 枚，有短柄，卵形或倒卵形、椭圆形，长 5 ~15cm，宽 2. 5 ~7cm，顶端小叶特别宽大，顶端短渐尖，基部楔形，其他小叶片先端突尖，基部近圆形或宽楔形，全缘或上半部有不整齐的粗锯齿，表面深绿色，背面淡绿色，沿中脉两侧有黄褐色柔毛。

花：圆锥花序顶生或腋生，长 5 ~7cm，杂性花或单性异株；花萼钟状，4 裂，长 1 ~1. 5mm；无花瓣；雄花中具雄蕊 2 枚，长约 3. 5mm，花丝与花药近等长；两性花中除具雄蕊外，雌蕊子房上位，2 室，柱头膨大，浅 2 裂。

果：为单翅果，下垂，倒披针形，长 3 ~4cm，宽约 4mm，两侧的果翅下延至坚果的中部。

花期：5 ~6 月；果期：9 ~10 月。

习性：喜光，稍耐阴，喜生于土质肥沃、湿润、排水良好的山坡或谷地。

分布：东北三省以及华北各地；也产于朝鲜、俄罗斯；吉林省东、中部各地皆有分布。

抗寒指数：幼苗期 I，成苗期 I。

用途：木材坚硬、致密，有弹性，花纹美丽，可制造家具、建筑、车船；树皮为中药“秦皮”，有清肝、明目、止泻、止痢的功效。

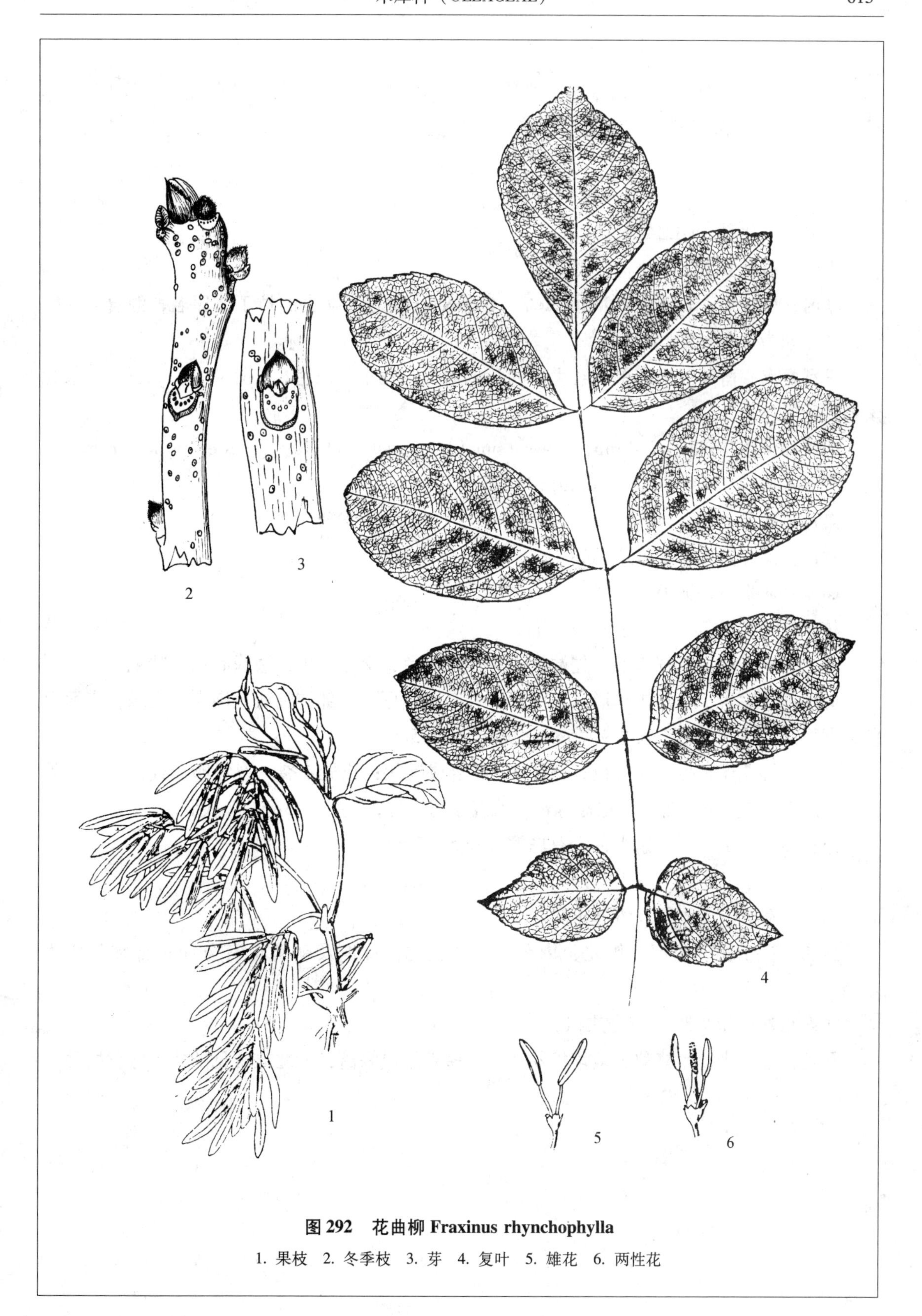

图 292　花曲柳 *Fraxinus rhynchophylla*

1. 果枝　2. 冬季枝　3. 芽　4. 复叶　5. 雄花　6. 两性花

小叶女贞

科名：木犀科（OLEACEAE）

中名：**小叶女贞** 水蜡树 图293

学名：**Ligustrum obtusifolium Sieb. et Zucc.**（属名为女贞的拉丁文原名，源自ligo捆绑；种加词为“钝叶的”）。

识别要点：落叶灌木；单叶对生；叶片倒卵形；花小，白色，花冠4裂；雄蕊2；果为核果，紫黑色。

Diagnoses：Deciduous shrub；Leaves simple，opposite，obovate；Flowers white，corolla 4 lobed；Stamens 2；Fruit drupe，purplish-black.

染色体数目：2n＝46。

树形：落叶灌木，高可达3m。

树皮：灰褐色，无毛。

枝条：淡灰褐色，幼枝上有短柔毛。

芽：对生，卵形或宽卵形，先端钝；芽鳞灰褐色，交互对生，边缘有白色睫毛。

叶：单叶对生；叶片狭卵形或长圆形，叶基部楔形，顶部钝圆或短渐尖，全缘，表面绿色，背面淡绿色，无毛，长3～7.5cm，宽0.5～2.5cm。

花：圆锥花序顶生；花白色；萼片4，联合成钟状；花冠4裂，裂片卵形或披针形，外展；雄蕊2，花丝短，花药与花冠等长；雌蕊子房上位，2室，每室具2枚胚珠。

果：核果，倒卵形，紫黑色，有白霜，长5～7mm。

花期：6月；果期：9～10月。

习性：喜光，耐干旱及瘠薄土质。

分布：产于辽宁南部、华北、华东、华中各地；日本及朝鲜也有分布；吉林省皆为栽培。

抗寒指数：幼苗期Ⅰ，成苗期Ⅰ。

用途：性喜光，耐修剪，栽培极易成活，多栽培成绿篱，为北方常见的优良绿化树种。

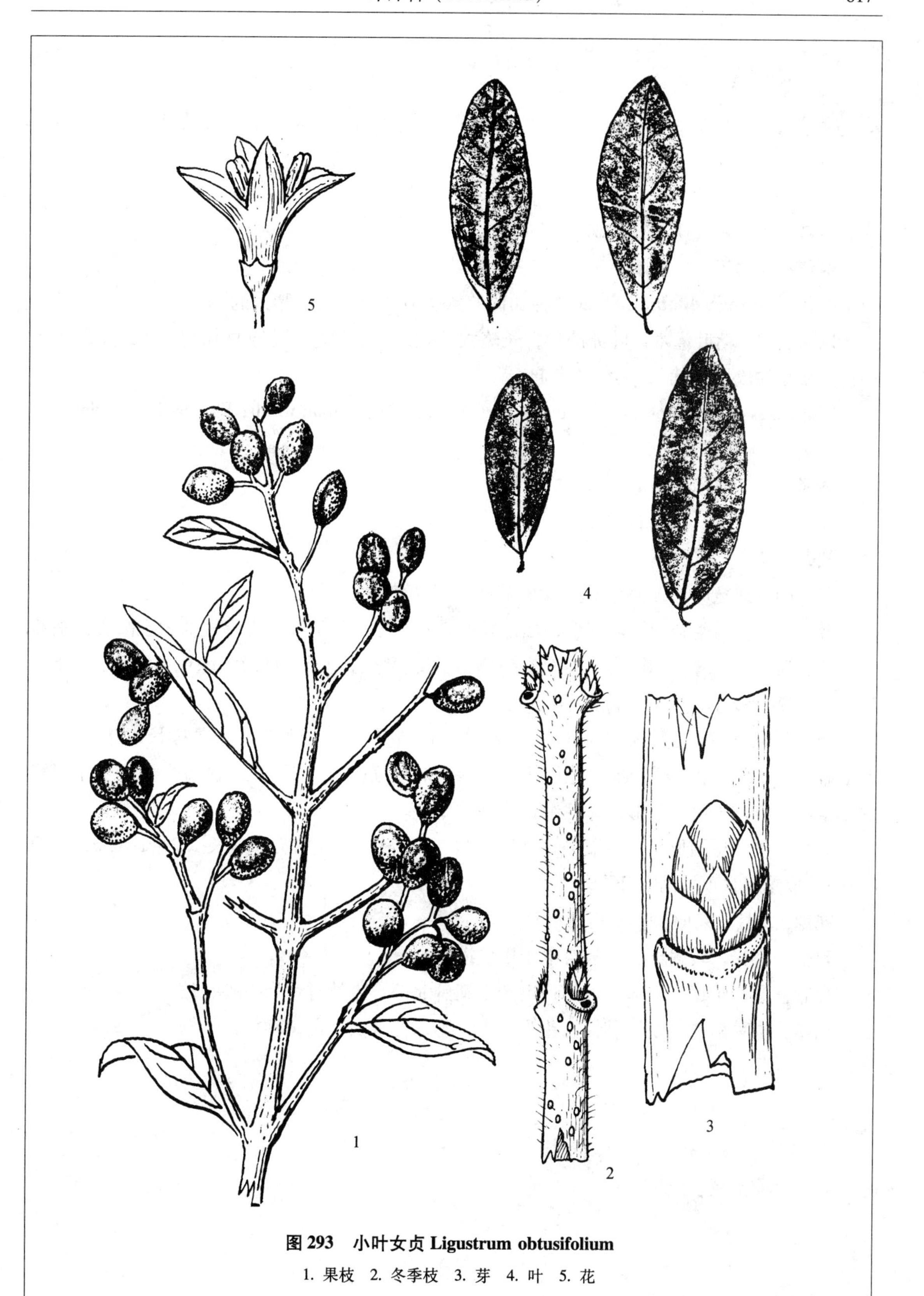

图 293　小叶女贞 Ligustrum obtusifolium

1. 果枝　2. 冬季枝　3. 芽　4. 叶　5. 花

朝鲜丁香

科名：木犀科（OLEACEAE）

中名：朝鲜丁香 朝阳丁香 图294

学名：Syringa dilatata Nakai（种加词的意思为“变宽的、膨大的”）。

识别要点：落叶灌木，叶卵圆形，长略大于宽，花淡紫色，花冠直径约1cm；蒴果椭圆形，先端渐尖成“喙状”，无疣状突起。

Diagnoses：Deciduous shrub；Leaves ovate，length longer than width；Flowers light violet，corolla ca 1 cm in diam；Fruit capsule，elliptic，top acuminate as a“beak”，no wart.

树形：落叶灌木，高1～3m。

树皮：暗灰色，有浅的纵裂沟。

枝条：灰色，皮孔不明显。

芽：卵形或宽卵形，褐色，芽鳞6～8片，交互对生，无毛。

叶：单叶，对生；叶片卵圆形，质地较厚，长度略大于宽度，先端短渐尖至渐尖，基部截形至宽楔形，全缘，无锯齿，表面深绿色，平滑，略有光泽，背面淡绿色，无毛，长6～10cm，宽4～6cm。

花：圆锥花序生自枝顶端的侧芽，长约15cm；花较大，淡紫色；花萼杯状，有3浅裂；花冠直径约1cm，裂片椭圆形，花冠筒细长，上部渐宽；雄蕊2，花丝极短，着生于花冠筒的中上部；雌蕊子房卵圆形，花柱细长，柱状2裂。

果：蒴果，椭圆形，先端渐尖，呈“喙状”，平滑，无疣状突起，长1.2～1.8cm，宽约0.7cm，成熟时自顶端向下开裂。

花期：5月；**果期：**9月。

习性：喜光，较耐干旱，多自生于山坡灌丛中。

分布：原产于辽宁西部及南部；也产于朝鲜北部；吉林省皆为引种栽培。

用途：本种植物花期较早，且花朵较大，为绿化观赏优良树种。

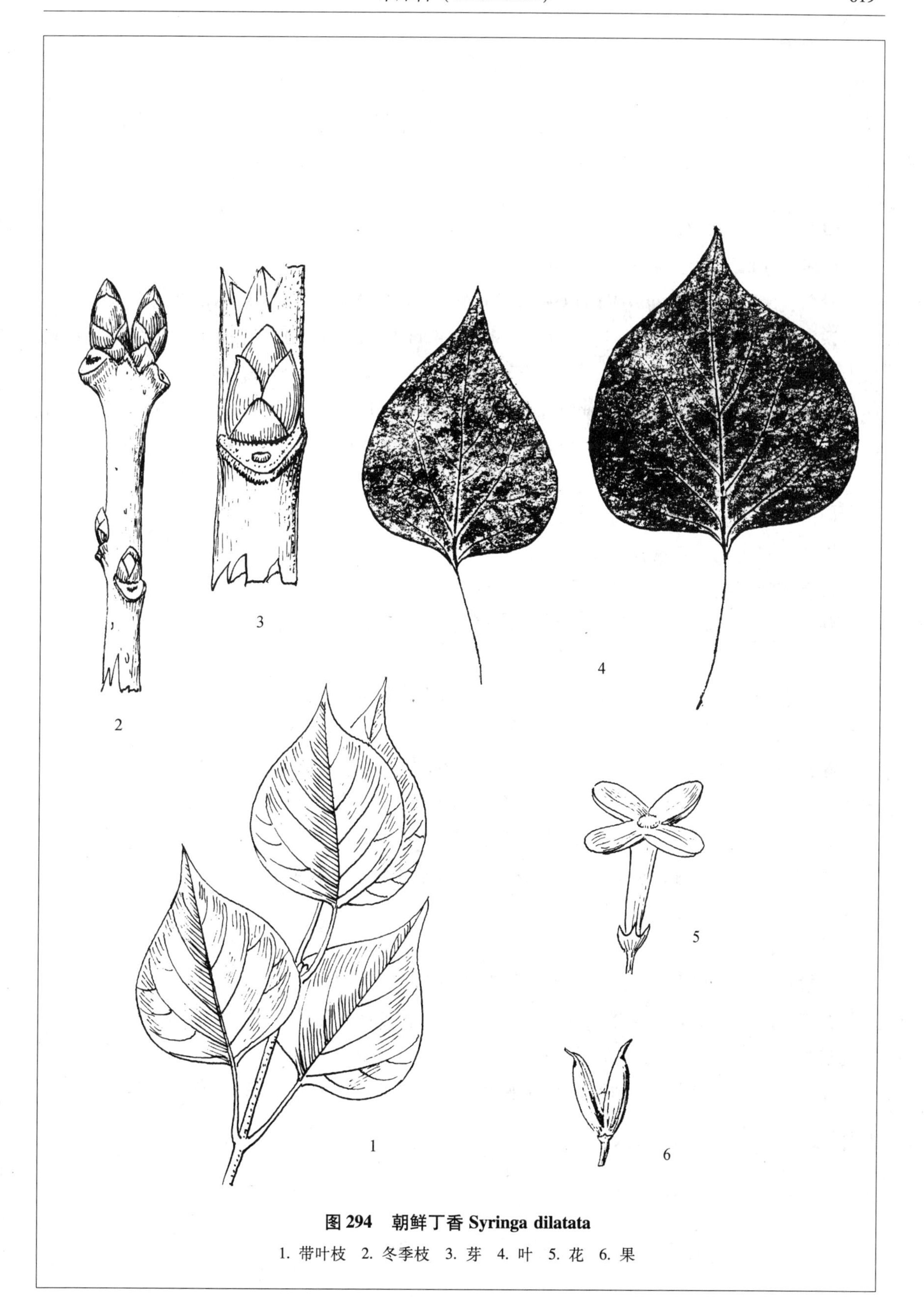

图 294　朝鲜丁香 *Syringa dilatata*

1. 带叶枝　2. 冬季枝　3. 芽　4. 叶　5. 花　6. 果

小叶丁香

科名：木犀科（OLEACEAE）

中名：小叶丁香 四季丁香 图295

学名：Syringa microphylla Diels（种加词的意思为“micro微小+phylla叶子”）。

识别要点：落叶小灌木；叶对生，长1.5～4cm，近圆形；圆锥花序小，花筒细长；蒴果上有明显的疣状突起。

Diagnoses: Deciduous small shrub; Leaves opposite, blades almost rounded, 1.5～4 cm long; Panicle small, flower tube long and thin; Capsule with warts on surface.

染色体数目：2n=48。

树形：矮小落叶灌木，高1.5m。

树皮：暗褐色，有纵裂条纹。

枝条：淡灰褐色，光滑，无毛，皮孔黄白色，椭圆形，略突出。

芽：无顶芽，其他芽对生，卵形，黑褐色，光滑无毛，枝端芽略大，芽鳞对生，有稀疏的柔毛。

叶：近圆形，长1～3（4）cm，宽1～3cm，顶端突尖，基部近圆形，表面绿色，背面淡绿色，全缘，叶柄长5～10mm，具短柔毛。

花：圆锥花序小，长4～9cm，花密集，自侧芽生出；花紫红色；萼4浅裂，绿色；花冠4裂，长约9～13mm，直径约7mm，裂片长圆形；花筒细而长，向上渐宽；雄蕊2枚，生于花冠筒的中上部；子房卵形，花柱细长，2裂。

果：蒴果，圆柱形，略弯曲，表面有多数明显的白色疣状突起，长1.2～1.5cm，直径2～4mm。

花期：5月；果期：6～9月。

习性：喜光，耐干旱，耐瘠薄土质。多自生于石质山坡上。

分布：原产于华北、西北、华中各地；现吉林省各地常见栽培。

抗寒指数：幼苗期Ⅰ，成苗期Ⅰ。

用途：株型紧密，叶片葱绿，花鲜艳美丽，为优良的绿化树种，多修剪成绿篱；又为蜜源植物。

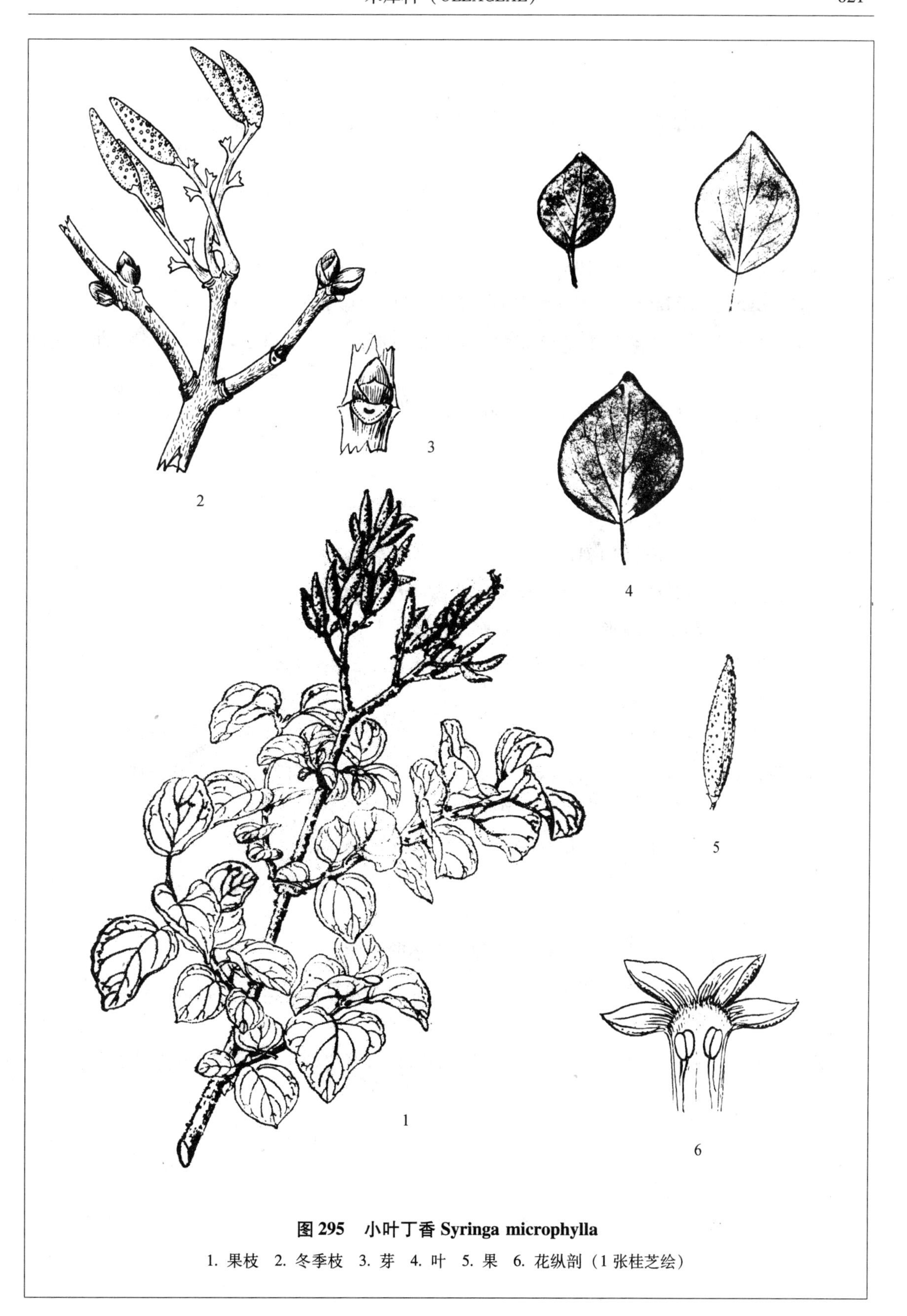

图 295　小叶丁香 Syringa microphylla

1. 果枝　2. 冬季枝　3. 芽　4. 叶　5. 果　6. 花纵剖（1 张桂芝绘）

丁香

科名：木犀科（OLEACEAE）

中名：丁香　紫丁香　图296

学名：Syringa oblata Lindl.（种加词意思为“扁圆形的”）。

识别要点：落叶灌木；叶对生，宽卵圆形；圆锥花序；花紫红色，花冠4裂；蒴果长圆形，先端渐尖。

Diagnoses：Deciduous shrub；Leaves opposite，broadly ovate；Panicle；Corolla 4 lobes；Capsule，ovoid，top acuminate.

染色体数目：2n＝48。

树形：落叶灌木，高4～5m。

树皮：暗褐灰色，有浅沟裂。

枝条：灰色，不裂，光滑，无光泽，皮孔纵向长椭圆形，不明显。

芽：对生，宽卵形或球形，褐色，芽鳞多对，对生。

叶：单叶对生，全缘，宽卵形至肾形，宽大于长，长4～9cm，宽4～10cm，先端渐尖，基部近心形，叶柄长1.5～3cm。

花：圆锥花序自侧芽处生出，长可达20cm，宽可达10cm；花萼绿色，4浅裂；花紫红色或淡紫色，花冠筒细长呈管状，长15～20mm，4裂，裂片广椭圆形，开展；雄蕊2，着生在花冠筒上；雌蕊子房卵状球形，花柱细长。

果：蒴果长圆形，长1.5～1.8cm，直径约5mm，先端渐尖，表面平滑，无疣状突起，成熟时2裂。

花期：5月；果期：9月。

习性：喜生于山坡、灌丛中，性耐干旱、耐瘠薄土质。

分布：原产于辽宁南部、华北、西北及西南各地；朝鲜也有分布；目前吉林省各地城镇广为栽培。

用途：花色美丽、芳香，花期早，为优良的绿化观赏树种；花又可提取芳香油。

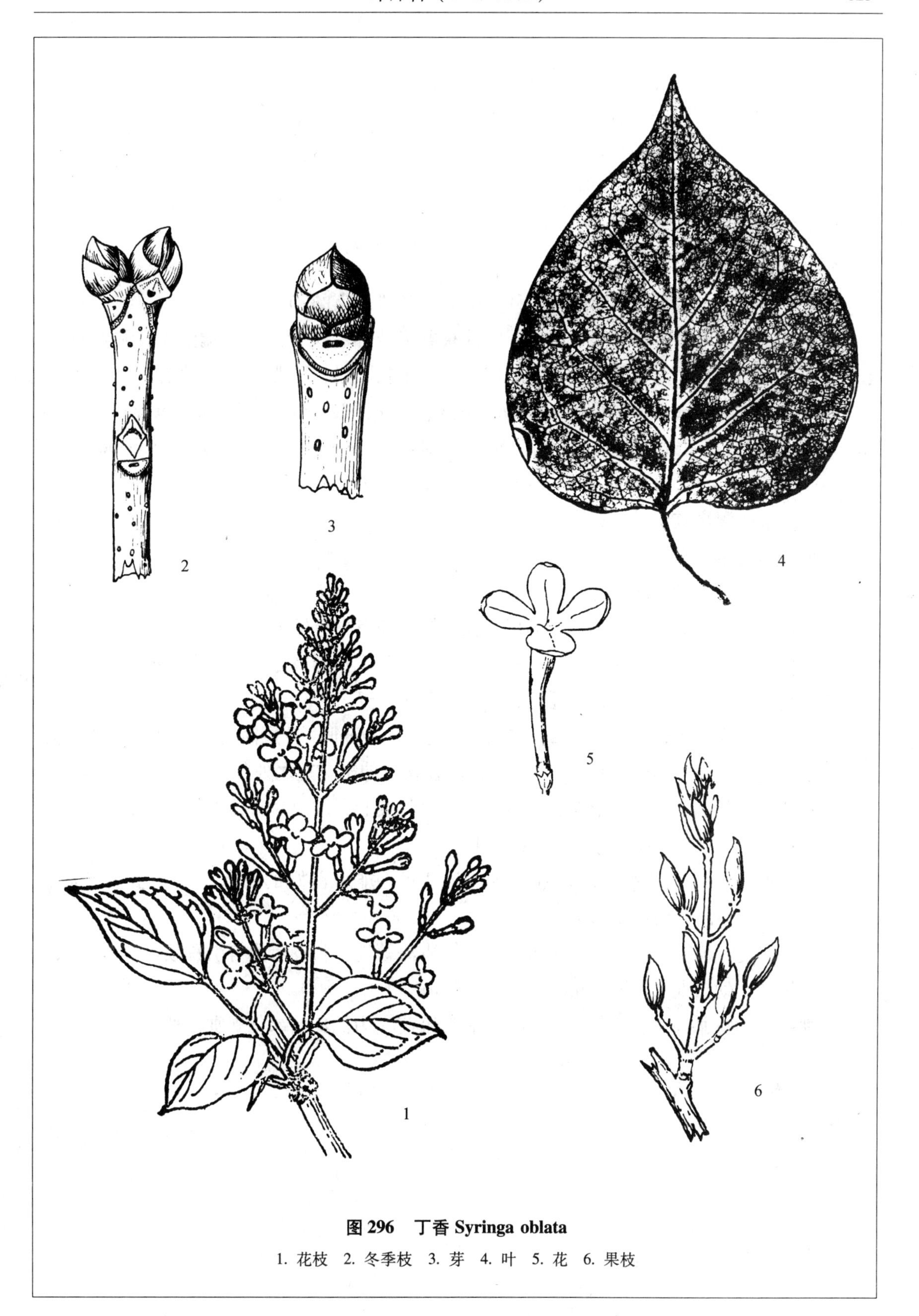

图 296 丁香 Syringa oblata

1. 花枝 2. 冬季枝 3. 芽 4. 叶 5. 花 6. 果枝

北京丁香

科名： 木犀科（OLEACEAE）

中名： 北京丁香　图 297

学名： **Syringa pekinensis Rupr**.（种加词为地名“北京的”）。

识别要点： 落叶灌木；单叶，对生；叶片狭卵形或卵状披针形，先端渐尖；圆锥花序，花白色，花冠筒甚短，与花萼等长，花丝细长；蒴果长圆形，平滑或有少量突起。

Diagnoses: Deciduous shrub; Leaves simple, opposite, blades narrowly ovate or ovato-lanceolate, acuminate; Panicle; Flowers white, tube very short, same length as sepals, filaments longer and thin; Fruit capsule, oblong, glabrous or few warts on surface.

树形： 落叶灌木或小乔木，高约 5m。

树皮： 暗灰色，有纵裂浅沟。

枝条： 红褐色，细长向外伸展。

芽： 较小，不明显，淡红褐色，卵形，先端钝，被有白色绒毛。

叶： 单叶，对生；叶片狭卵形或卵状披针形，基部宽楔形或近圆形，先端渐尖，全缘无齿，表面暗绿色，背面带灰绿色，无毛，长 5 ~ 10cm，宽 2.5 ~ 5cm。

花： 圆锥花序，大，长 8 ~ 15cm；花白色，直径 5 ~ 6mm；花冠筒甚短，萼联合呈杯状，边缘 4 裂，裂片与花冠筒近等长；雄蕊 2，花丝较长，伸出花冠之外或与花冠等长。

果： 蒴果，长圆形，先端短渐尖，平滑或有疣状突起，成熟时自顶端向下开裂。

花期： 5 月下旬至 6 月上旬；**果期：** 9 月。

习性： 性喜光，也耐阴、耐旱和耐寒，喜湿润、排水良好的肥沃土壤，多生于海拔 600 ~ 700m 之间的向阳坡地及山沟中。

分布： 河北、河南、陕西、内蒙古、甘肃及青海等地；长春市偶有引种栽培。

抗寒指数： 幼苗期 I，成苗期 I。

用途： 本种与暴马丁香近似，但开花比后者繁茂，为优良的绿化观赏树种。

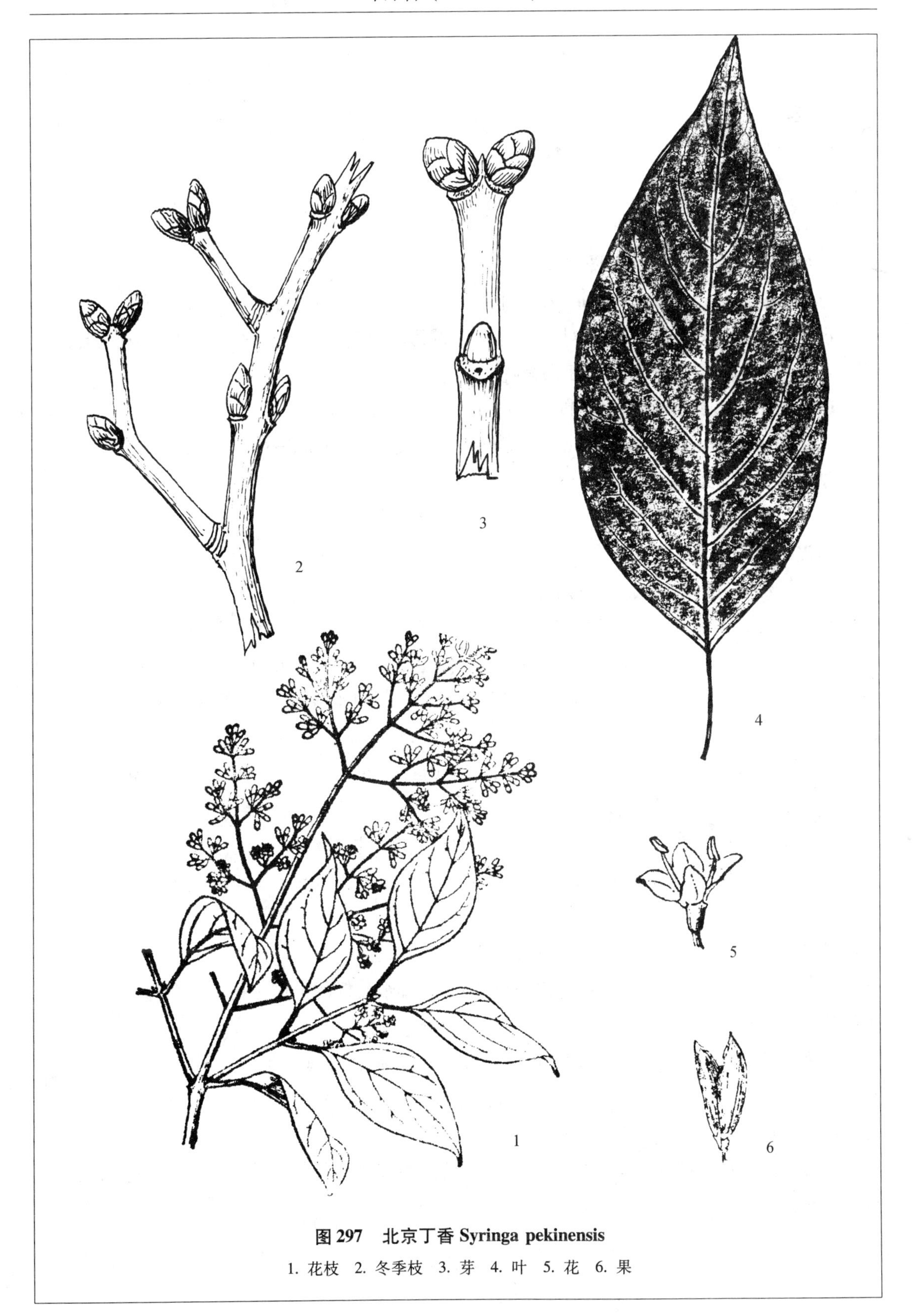

图 297　北京丁香 Syringa pekinensis

1. 花枝　2. 冬季枝　3. 芽　4. 叶　5. 花　6. 果

毛丁香

科名：木犀科（OLEACEAE）

中名：毛丁香　巧玲花　图298

学名：**Syringa pubescens Turcz.**（种加词的意思是“被有短柔毛的”）。

识别要点：落叶灌木；单叶对生，叶片卵圆形，叶背面主脉上有白色短柔毛；圆锥花序，花淡紫色；蒴果圆柱形，表面密被疣状突起。

Diagnoses：Deciduous shrub；Leaves simple，opposite，blades ovate，with white pubescent on mid-vein beneath；Panicle，flowers light violet；Fruit capsule，cylindric dense warts on surface.

染色体数目：2n＝48。

树形：落叶灌木，高约1～3m。

树皮：暗灰褐色。

枝条：细长灰褐色，无毛，微具棱。

芽：卵形，褐色，先端钝尖，芽鳞多数，交互对生，外被短柔毛，边缘并有睫毛。

叶：单叶，对生；叶片宽卵形或卵圆形，稀为菱状卵形，先端渐尖或短渐尖，基部宽楔形或圆形，全缘，表面深绿色，无毛，背面淡绿色，沿叶脉密生白色柔毛，花3～7cm，宽2.5～5.5cm。

花：圆锥花序，由枝端的侧芽发出，长5～10cm；花密集，花冠淡紫色或紫色，直径约8mm；花萼杯状，4裂；花冠筒细长，长1～1.5cm；花瓣4裂，裂片狭长圆形，外展；雄蕊2枚，着生于花冠筒上部；雌蕊子房卵圆形，花柱细长，柱头2裂。

果：蒴果，圆柱形，先端渐尖，表面密被疣状突起，长1～1.5cm；成熟时由顶端向下开裂。

花期：4月中下旬至5月上旬；果期：8～9月。

习性：性喜阳光，但也耐阴，喜疏松、湿润、排水良好的土壤，但也很耐寒、耐旱及耐土壤瘠薄。

分布：辽宁南部、河北、河南、山西、陕西、甘肃、青海等地；吉林省各地庭院常见栽培。

抗寒指数：幼苗期Ⅰ，成苗期Ⅰ。

用途：本种植物耐寒、耐旱、耐瘠薄土壤的性能较强，花色、花香宜人，为绿化观赏的优良树种。

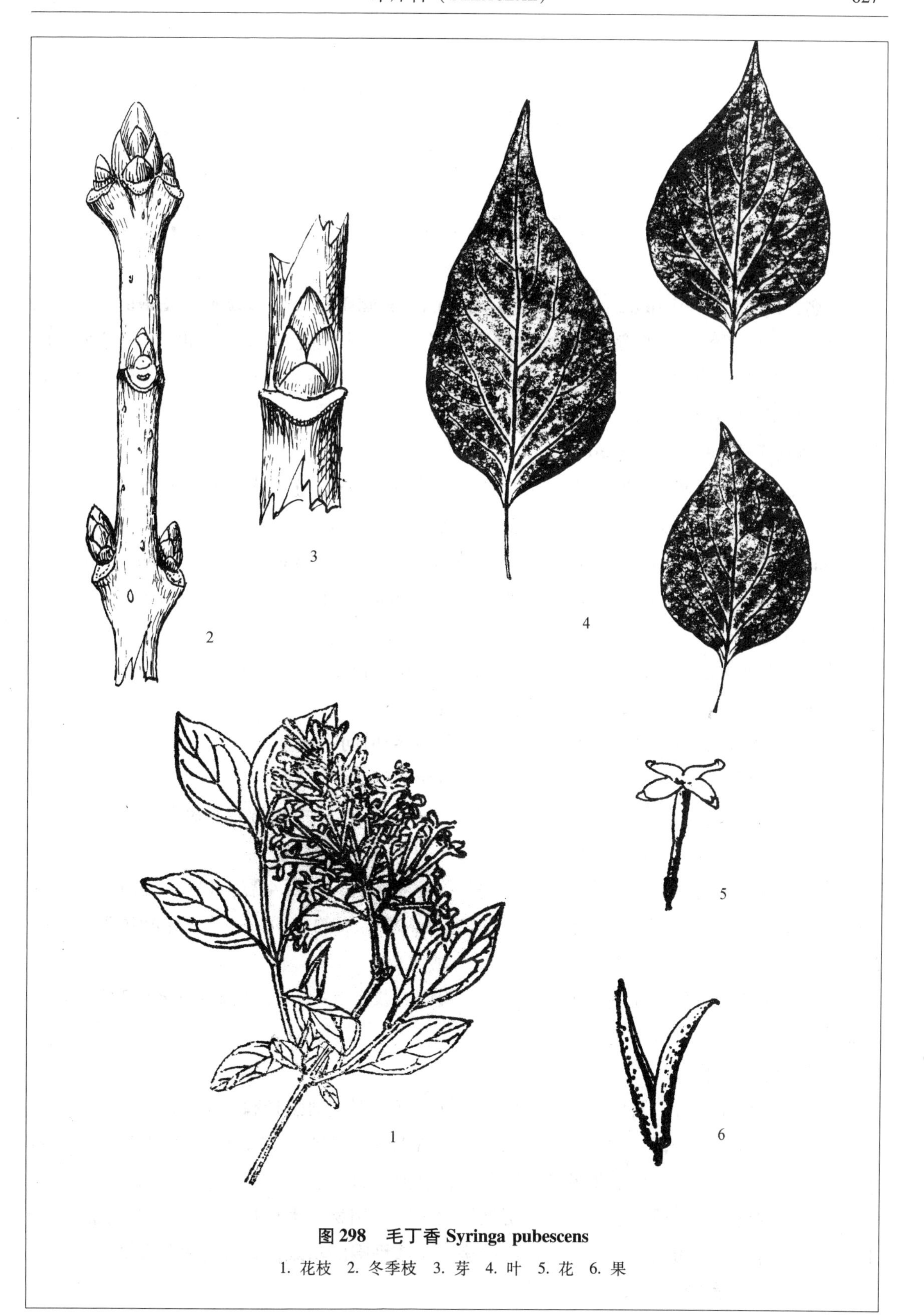

图 298　毛丁香 Syringa pubescens

1. 花枝　2. 冬季枝　3. 芽　4. 叶　5. 花　6. 果

暴马丁香

科名：木犀科（OLEACEAE）

中名：暴马丁香　暴马子（东北俗称）　图 299

学名：Syringa reticulata（Blume）Hera var. mandshurica（Maxim.）Hara —Syringa amurensis Rupr.（种加词的意思是“具网状脉的”；变种加词为“我国东北的”；异名中的种加词为“黑龙江的”）。

A. **日本丁香 var. reticulata** 中国不产

B. **暴马丁香 var. mandshurica**

识别要点：大型灌木；叶对生，卵形或宽卵形；花白色，组成大而稀疏的圆锥花序，花瓣 4 裂，花筒甚短，果实顶端圆头，成熟时 2 裂。

Diagnoses： Large shrub；Leaves opposite，ovate or broadly ovate；Flowers white，large and spars panicles，petals 4，tubes very short；Fruits top rounded，spilt open 2 when ripe.

染色体数目：44。

体态：大灌木或为多条主干的亚乔木。高 6～8m，胸径可达 20cm。

树皮：紫灰色或红褐色，具细裂纹，不开裂。

枝条：紫褐色，有光泽，皮孔灰白色，长 2～4 个横向连接。

冬芽：芽小，卵形，棕褐色，芽鳞多数，边缘有疏散的睫毛。

叶：单叶对生；叶柄长 1～2. 2cm；叶片卵形或宽卵形，先端凸尖或短渐尖，基部圆形或宽楔形，无毛，表面绿色，背面浅绿色，长 5～10cm，宽 3～4cm。

花：花白色，组成大型而疏散的圆锥花序：花萼 4 裂，花冠 4 裂，裂片长圆形，长 3～4mm，宽 2～4mm；花冠筒短，长 3～5mm；雄蕊 2 枚，长约 1. 5cm；子房卵状球形，柱头 2 裂。

果：蒴果长椭圆形，顶端钝圆，外被疣状突起，长 1. 5～2cm，宽 5～8mm，2 室，每室有 2 枚种子。种子的周围有小翅。

花期：6 月；果期：9 月。

习性：为中生树种，喜中等光照、中等土壤湿度，但也耐强光和干旱。

分布：吉林省的中部半山区和东部山区各市（县）；东北各省以及华北、西北及华中各地皆有分布；也分布于朝鲜、俄罗斯的东部西伯利亚及日本。

用途：木材质地坚硬，纹理均一，可做细木工雕花用材，木材有特殊的香味，民间常用来制造茶叶筒；幼叶可代茶饮用；有清肺祛痰，止咳平喘的功效；花可提取芳香油；为优美的庭院或街道的绿化树种。

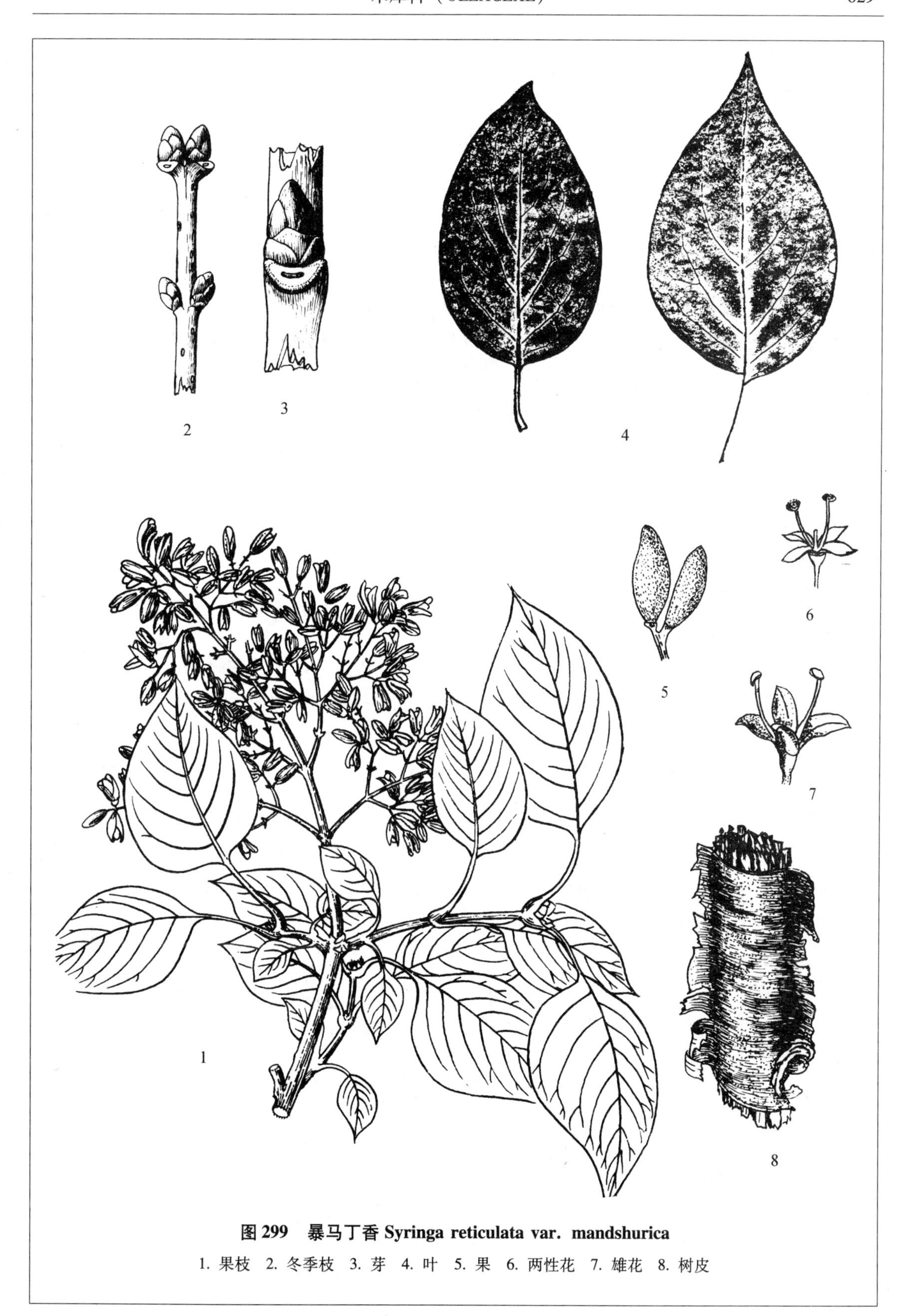

图 299　暴马丁香 Syringa reticulata var. mandshurica

1. 果枝　2. 冬季枝　3. 芽　4. 叶　5. 果　6. 两性花　7. 雄花　8. 树皮

关东丁香

科名：木犀科（OLEACEAE）

中名：关东丁香　图300

学名：Syringa velutina Kom.（种加词的意思为"被短绒毛的"）。

识别要点：落叶灌木；单叶，对生，叶片椭圆形、卵状长圆形，先端短渐尖，基部宽楔形或圆形，表面有疏毛，背面脉上有短绒毛。蒴果披针形，有疣状突起。

Diagnoses：Deciduous shrub；Leaves simple，opposite，blades elliptic or ovate-oblong，acute，base wide cuneate or rounded，pubescent on surface，tomentose on veins beneath；Capsule，lanceolate，with dense warts.

染色体数目：2n＝46。

树形：落叶灌木，高约3m，多分枝。

树皮：暗灰色。

枝条：细而直立。

芽：卵形，对生，深褐色，芽鳞多数，交互对生，边缘有灰白色的睫毛。

叶：单叶，对生，叶片椭圆形或卵状长圆形，先端短渐尖，基部宽楔形，边缘无齿，表面深绿色，有稀疏的柔毛，背面中脉或侧脉隆起并有柔毛，长2.5～7cm，宽2～3.5cm。

花：圆锥花序自枝端的侧芽发育而成；长6～16cm，花淡紫色或白色；花萼杯状，有4浅裂，花冠筒细长约1cm；花冠裂片4，向外弯，花药位于花冠筒口稍下方，淡紫色。

果：蒴果披针形，顶端渐尖，表面有灰白色的疣状突起，长约1cm。

花期：4月中旬或下旬；**果期：**9月。

习性：喜充足阳光，但也较耐阴，耐旱和耐寒的性能较强。多生于海拔2000m左右的山坡地，形成小群落。

分布：辽宁及吉林省长白山区；朝鲜北部也有分布。

用途：树形及花美观，耐寒性强，为绿化观赏的优良树种。

图 300　关东丁香 *Syringa velutina*

1. 花枝　2. 冬季枝　3. 芽　4. 叶　5. 果　6. 花冠纵剖

红丁香

科名：木犀科（OLEACEAE）

中名：红丁香　图 301

学名：**Syringa villosa Vahl.**（种加词为“被长柔毛的”）。

识别要点：落叶灌木；单叶对生，椭圆形或长圆形；圆锥花序顶生，花粉红色，花冠筒细长，花瓣 4 裂，裂片外展；果圆柱形，无疣状突起。

Diagnoses：Deciduous shrub；Leaves simple opposite，elliptic or oblong；Panicle；Flowers pink，tube slender，petals 4，spread；Fruit cylinder，no warts.

染色体数目：2n＝46～48，48。

树形：落叶灌木，高可达 3m。

树皮：灰褐色或深褐色。

枝条：幼枝淡褐色，无毛，皮孔椭圆形，灰白色。

芽：卵形或宽卵形，红褐色，芽鳞多数，交互对生，边缘有稀疏的短睫毛。

叶：单叶对生，叶片椭圆形、长圆形，先端钝尖，基部宽楔形；表面暗绿色，脉凹陷，形成明显的皱褶，背面淡绿色，常有白粉，叶脉突起呈网状，疏生短柔毛，全缘，长 5～18cm，宽 3～8cm。

花：圆锥花序顶生，长达 25cm，宽达 15cm；花粉红色或浅粉红色；萼片联合成杯状，4 浅裂；花冠筒细长，长 1.2～2cm，花瓣 4 裂，裂片卵状长圆形，明显开展；雄蕊 2，黄色，花丝极短，着生于花冠筒内侧的上部；雌蕊子房卵状球形，花柱细长，柱头 2 裂。

果：蒴果圆柱形，先端钝头，无疣状突起，长 1～1.7cm，直径约 4mm；成熟时上部 2 裂。

花期：6 月；果期：9～10 月。

习性：喜光，也耐阴，也能耐瘠薄及干燥土质，多自生于山区的山坡砾石地。

分布：东北三省以及河北、内蒙古；朝鲜也有分布；吉林省东部山区各县（市）皆产。

抗寒指数：幼苗期Ⅰ，成苗期Ⅰ。

用途：本种植物花大美丽且具香味，适应性强，是优良的绿化观赏植物。

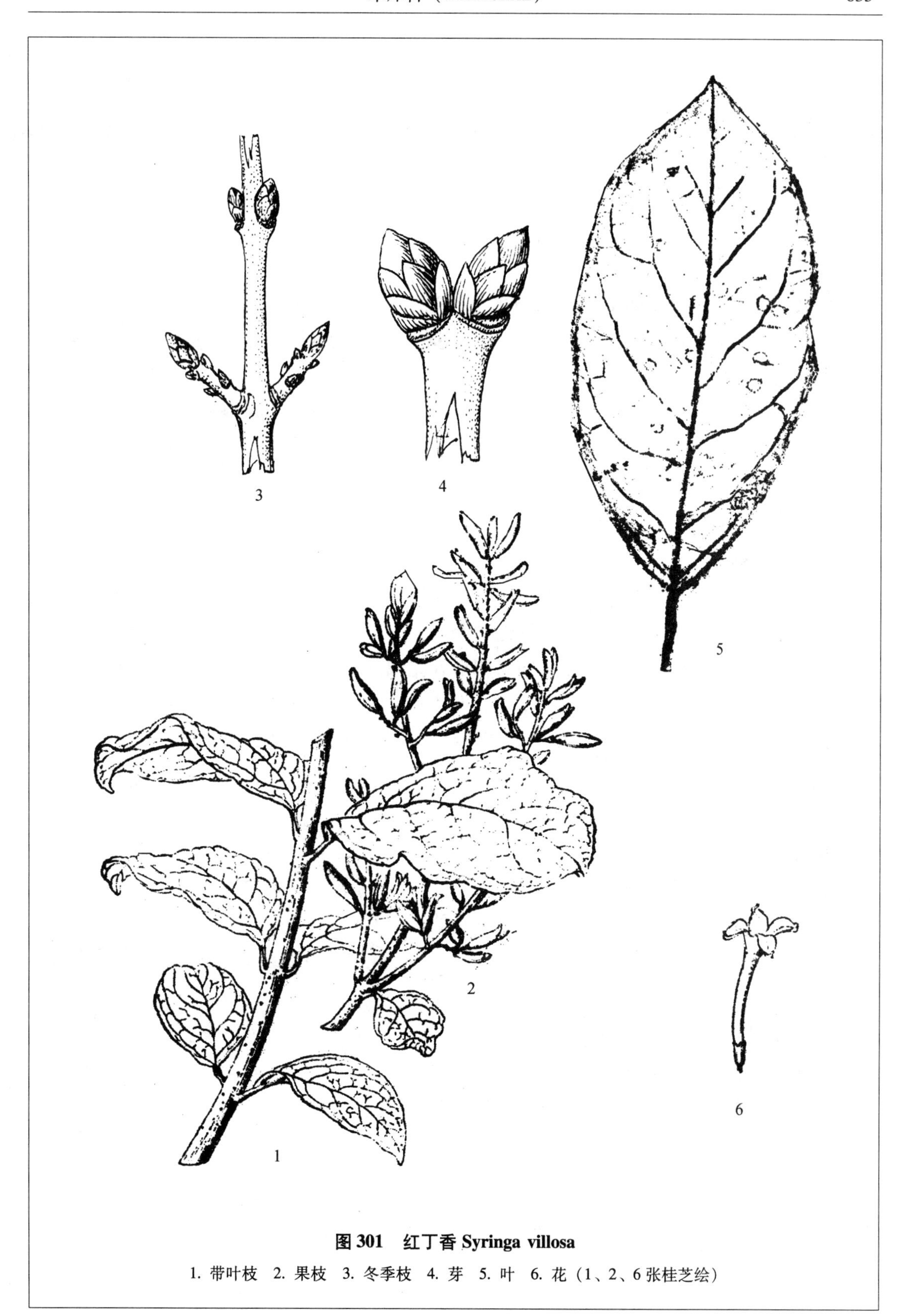

图 301　红丁香 *Syringa villosa*

1. 带叶枝　2. 果枝　3. 冬季枝　4. 芽　5. 叶　6. 花（1、2、6 张桂芝绘）

洋丁香

科名：木犀科（OLEACEAE）

中名：洋丁香　图 302

学名：*Syringa vulgaris* L.（种加词的意思是“常见的、普通的”）。

识别要点：落叶灌木；叶对生，宽卵形，基部近心形或圆形，无毛；花序自侧芽生出；花冠管较长；蒴果，成熟 2 裂。

Diagnoses：Deciduous shrub；Leaves opposite，broadly ovate，base subcordate or rounded，glabrous；Panicle from lateral-buds；Perianth tube longer.

染色体数目：2n = 44，46，46 ~ 48。

树形：落叶灌木，高 3 ~ 5m。

树皮：灰褐色。

枝条：棕灰色，有纵棱，光滑无毛，皮孔椭圆形，灰白色，不突出。

芽：宽卵形，褐色或绿褐色，芽鳞光滑无毛，8 片，交互对生，边缘略带红褐色。

叶：单叶对生；叶片宽卵形至长圆状卵形，先端渐尖，基部圆形或近心形，叶缘无齿，全缘，长 6.5 ~ 12cm，宽 4.5 ~ 7.5cm；叶柄长 1.5 ~ 3cm，光滑无毛。

花：圆锥花序，长达 20cm，顶生，自侧芽发育而成；花淡紫色，花萼 4 裂，裂片三角形，无毛；花冠筒细长，长约 13mm，舷部 4 裂，先端钝圆形，外展；雄蕊 2，着生在花冠筒内部，花丝极短；子房卵形，花柱细长，柱头 2 裂。

果：蒴果，长 12 ~ 15mm，光滑无毛，无疣状突，成熟时黄褐色。

花期：5 月；果期：8 ~ 9 月。

习性：喜光，喜生于土壤肥沃、排水良好处。

分布：原产北欧、巴尔干半岛至小亚细亚；目前我国北方各地普遍栽培；吉林省各地常见栽培。

抗寒指数：幼苗期 I，成苗期 I。

用途：花色美丽、芳香，为优良的绿化树种。

备注：洋丁香的品种很多，最常见栽培的有白花、蓝花和紫色花的品种。

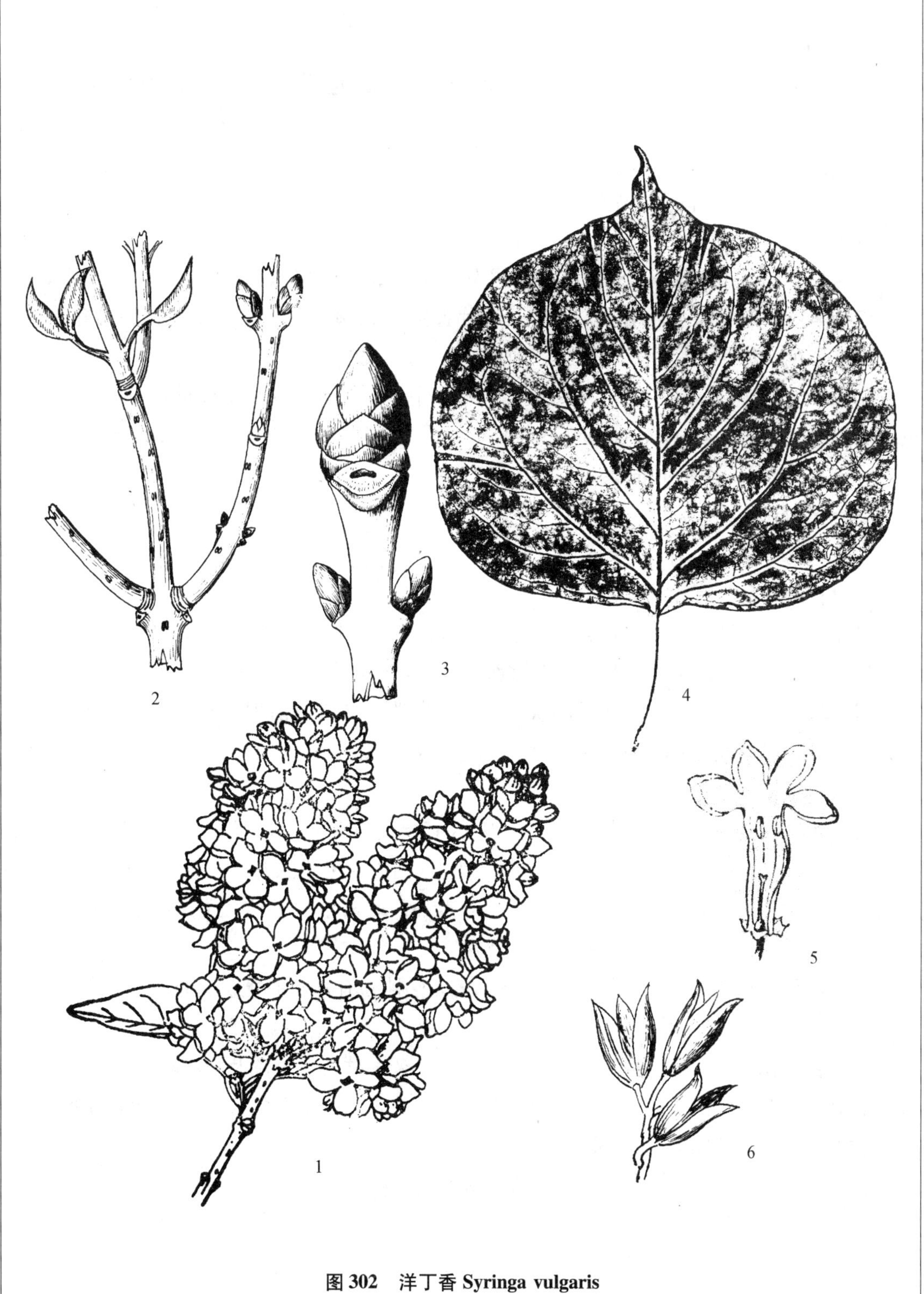

图 302　洋丁香 Syringa vulgaris

1. 花枝　2. 冬季枝　3. 芽　4. 叶　5. 花纵剖　6. 果枝

辽东丁香

科名：木犀科（OLEACEAE）

中名：**辽东丁香** 图 303

学名：**Syringa wolfi Schneid**.（种加词为人名：Fr. Th. Wolf，1841～1924，德国人）。

识别要点：落叶灌木；单叶，对生；叶片长圆形或卵状长圆形，全缘；圆锥花序，顶生；花红紫色，花筒细长，花瓣 4 裂；蒴果长圆柱形，先端钝头，成熟时 2 裂。

Diagnoses：Deciduous shrub；Leaves simple，opposite，blades oblong or ovato-oblong，entire；Panicle，terminal；Flowers red-purple，tube slender，petal 4 lobed；Fruit capsule，long-cylindrical，obtuse on top，2 lobed when maturity.

染色体数目：2n＝48。

树形：落叶灌木，高可达 5m。

树皮：暗灰色，有浅的纵沟。

枝条：粗壮，圆柱形，灰色至灰褐色，有灰白色的长圆形皮孔。

芽：较大，宽卵形或长卵形，芽鳞多数，交互对生，灰褐色，外被灰白色短柔毛。

叶：单叶对生；叶片长圆形或卵状长圆形，先端突尖或短渐尖，基部宽楔形或近圆形，表面深绿色，叶脉略凹陷，无毛，背面灰绿色，沿叶脉生有短硬毛，全缘无锯齿，长 8～16cm，宽 4～7.5cm。

花：大型圆锥花序顶生；长达 25cm，宽达 15cm；花红紫色；萼片杯状，4 裂；花冠筒细长，漏斗形，花瓣 4 裂，裂片卵形，先端直立或内曲，绝不张开，长 1.3～2cm，直径 5～7mm；雄蕊 2，花丝极短，着生在花冠管的中上部；雌蕊子房上位，子房卵形，花柱细长，柱头 2 裂。

果：蒴果，狭长圆柱形，长 1.3～1.5cm，先端钝，有稀疏的疣状突起。

花期：6 月；果期：9～10 月。

习性：喜光但也耐阴，且喜水湿环境，多生于杂木林内，小溪及河流附近。

分布：东北三省以及河北；朝鲜也有分布；吉林省东部山区各县（市）皆有分布。

抗寒指数：幼苗期 I，成苗期 I。

用途：花色鲜艳，花味芳香，是优良的绿化观赏树种。

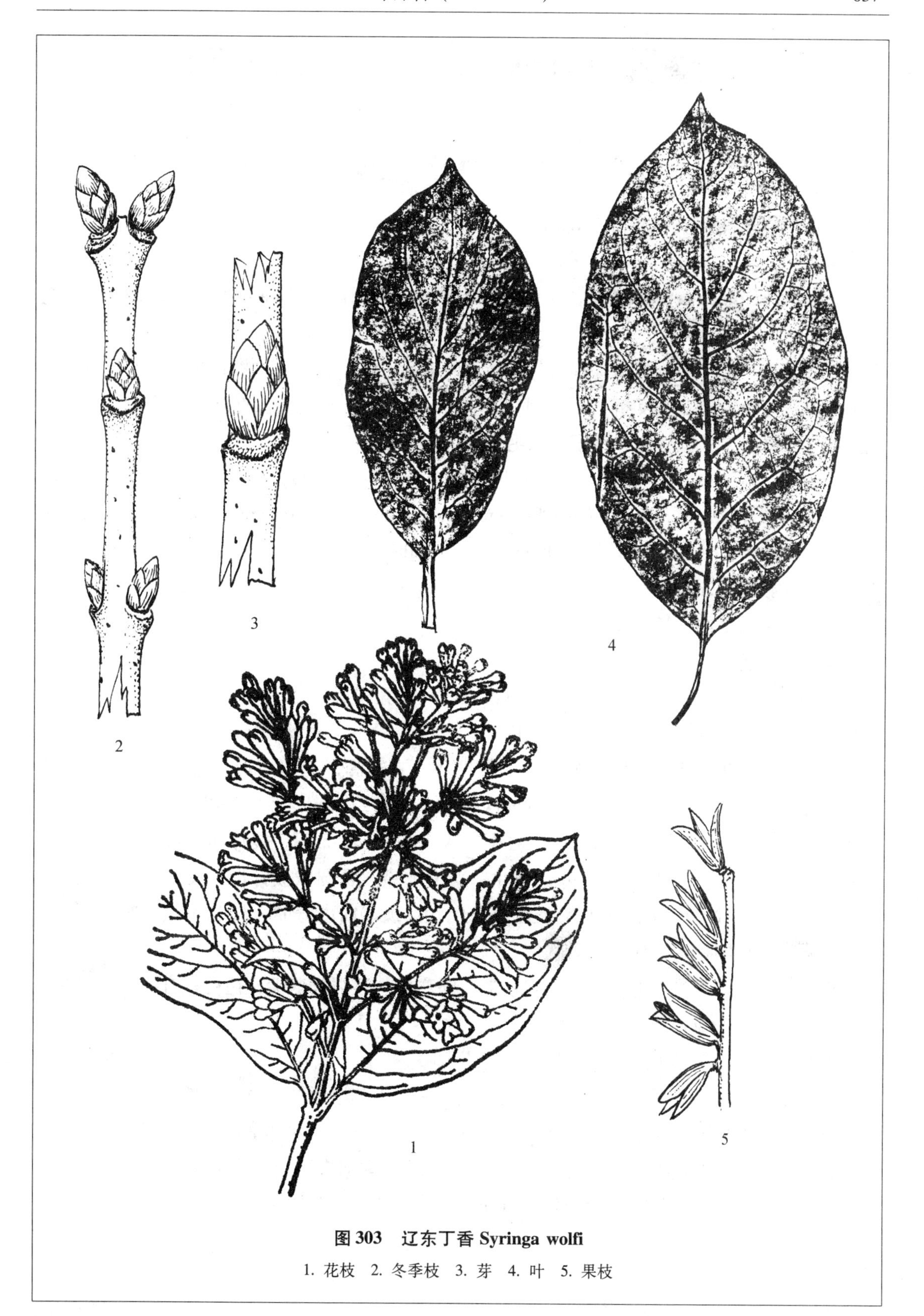

图 303　辽东丁香 Syringa wolfi

1. 花枝　2. 冬季枝　3. 芽　4. 叶　5. 果枝

萝藦科（ASCLEPIADACEAE）

杠柳

科名： 萝藦科（ASCLEPIADACEAE）

中名： 杠柳　图 304

学名： **Periploca sepium Bunge**（属名为希腊文 peri 周围 + ploke 缠绕；种加词为“篱笆的”）。

识别要点： 落叶木质藤本；有白色乳汁；叶对生，叶片近革质，披针形；聚伞花序，生叶腋处；花暗紫色，花瓣反折，副花冠，10 裂，其中 5 个成丝状，直立并向内弯曲；雄蕊花药联合；蓇葖果长圆柱形；种子有长毛。

Diagnoses：Deciduous woody vine；with milky juice；Leaves simple，opposite，nearly leathery，lanceolate；Cyme，in axil of leaves；Flowers dark purple，corolla revolute，corona 10，5 as silky，curved in side；Anthers united；Follicle long，cylindic.

染色体数目： 2n = 22。

树形： 木质藤本，高达 2m。

树皮： 灰褐色，有白色乳汁。

枝条： 小枝无毛，对生，黄褐色，有细条纹，皮孔圆形。

芽： 不明显，隐藏在半圆形的叶痕内。

叶： 单叶对生；叶片质厚，披针形，似革质，有光泽，基部楔形或近圆形，先端长渐尖，全缘或有波状缘，表面深绿色，背面淡绿色，长 4 ~ 10cm，宽 1.5 ~ 3cm。

花： 聚伞花序腋生，苞片 2，小，对生；萼筒浅钟形，5 裂，裂片卵圆形，有缘毛，内部有 10 个小腺体；花冠暗紫色，基部合生，花瓣 5 裂，长圆状披针形，反折，内密生有白绒毛，副花冠环状，10 裂，其中 5 个延伸成丝状，顶端向内弯曲；雄蕊 5 枚，花丝短，花药相互联合，包围柱头；柱头呈盘状。

果： 蓇葖果，成对着生，细长，圆柱形，略弯曲，顶端长渐尖，往往联合，无毛，具纵细条纹，长 10 ~ 15cm。

花期： 5 ~ 6 月；**果期：** 8 ~ 10 月。

习性： 喜光，耐干旱、耐瘠薄及盐碱土壤。多生于草原区的山坡、谷地及沙质地。

分布： 东北西部以及华北、西北、华东各地；吉林省产于西部平原地区各县（市）。

用途： 根皮及茎皮可八药，称“北五加皮”或“香加皮”能祛风除湿，强壮筋骨，但有毒性，不宜多服。茎粗壮，叶光亮，可作为立体绿化的优良树种。

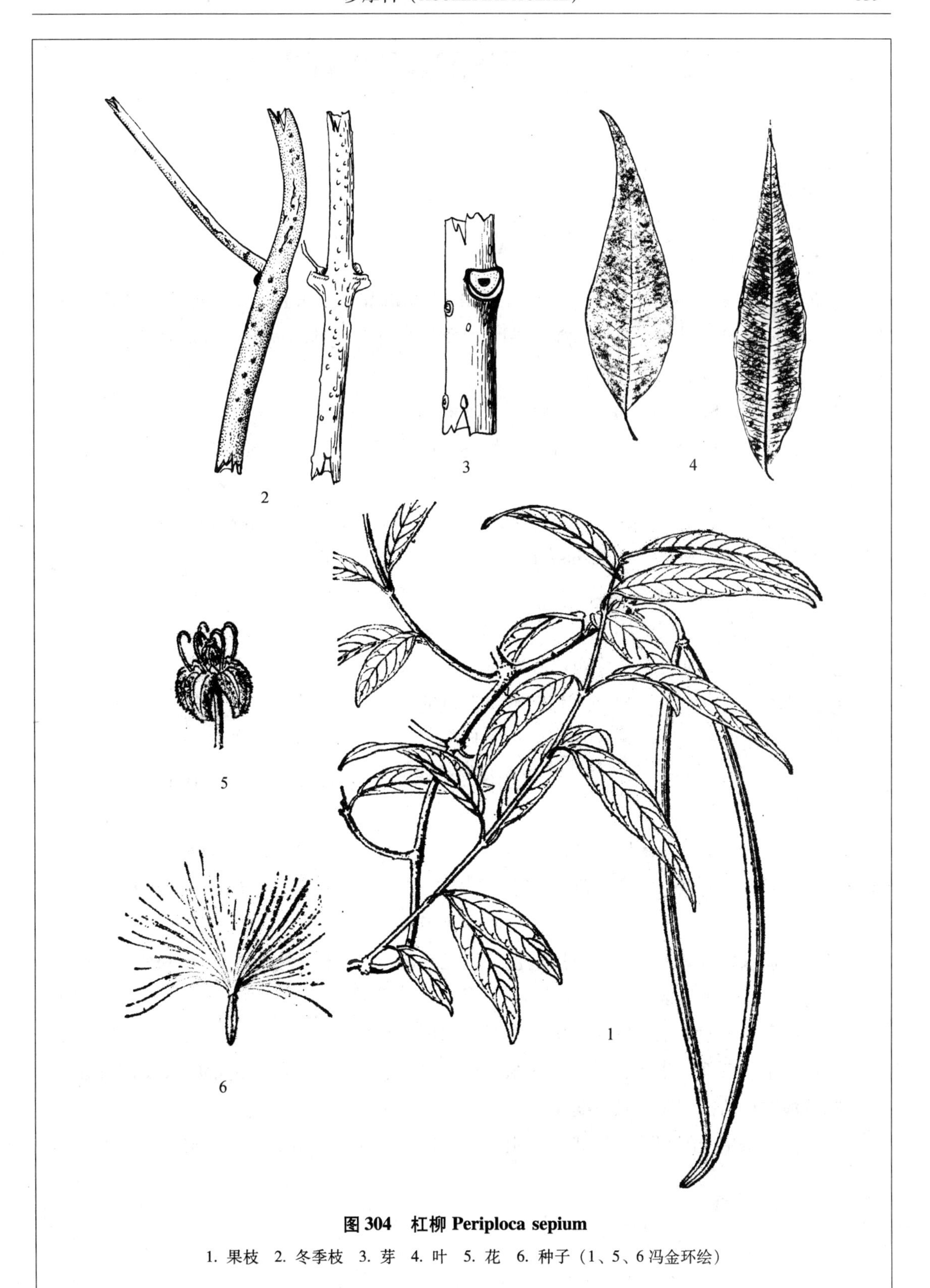

图 304　杠柳 Periploca sepium

1. 果枝　2. 冬季枝　3. 芽　4. 叶　5. 花　6. 种子（1、5、6 冯金环绘）

马鞭草科（VERBENACEAE）

牡荆

科名： 马鞭草科（VERBENACEAE）

中名：牡荆 荆条 图 305

学名：Vitex negundo L. var. heterophylla（Franch.）Rehd.（属名为牡荆的拉丁文原名，原意为 vieo 编、扎绑；种加词为黄荆的马来语俗称；变种加词为“异形叶的”）。

A. **黄荆 var. negundo** 吉林省不产

B. **牡荆 var. heterophylla（Franch.）Rehd.**

识别要点： 落叶灌木；掌状复叶，对生；圆锥花序，顶生，花冠淡蓝色，5 裂；果为小核果。

Diagnoses: Deciduous shrub; Leaves: palmatly compound leaves, opposite, usually 5, nearly pinnatifid with narrow remote segments; Panicle on top; Corolla lilac, 5 lobed; Fruit small drupe.

树形： 落叶灌木，高约 2m。

树皮： 灰褐色，有浅纵沟裂。

枝条： 小枝略呈四棱形，褐色，幼时有柔毛。

芽： 芽卵形或宽卵形，对生，外密被灰白色绒毛。

叶： 掌状复叶，对生，具 5 小叶，小叶片长圆状披针形，两侧小叶片较小，基部楔形，先端渐尖，边缘有缺刻状的锯齿，表面深绿色，背面密被灰白色绒毛，小叶片长 4 ~ 7cm，宽 1 ~ 3cm。

花： 由聚伞花序组成的圆锥花序顶生，长 6 ~ 11cm，花萼联合成钟形，边缘 5 齿裂，外被灰白色绒毛；花冠联合，淡蓝色，5 裂，形成二唇形；雄蕊 4，二强；雌蕊子房 4 室，柱头 2。

果： 小核果，近球形，成熟时黑褐色，直径约 2mm，4 枚合生，包于宿存的萼筒内。

花期： 6 ~ 7 月；果期：7 ~ 8 月。

习性： 喜光，耐干旱及瘠薄土壤，生于山阳坡的灌丛中。

分布： 东北南部、华北、西北、华东各地；也产于日本；吉林省南部的集安市有分布。

抗寒指数： 幼苗期 V，成苗期 VI。

用途： 枝条用于编织及作烧柴；可用于水土保持；并可栽植供绿化观赏。

图 305　牡荆 Vitex negundo var. heterophylla

1. 花枝　2. 冬季枝　3. 芽　4. 叶　5. 花冠纵剖　6. 萼片展开（1、2、3 张桂芝绘）

唇形科（LABIATAE）

兴安百里香

科名： 唇形科（LABIATAE）

中名：兴安百里香 图306

学名：Thymus dahuricus Serg.（属名为希腊文thymos百里香的原名，来自thyo烧香、供奉，因植物体有香味，用于古代祭坛上焚烧；种加词为地名“达乌尔的”）。

识别要点： 小灌木，有香味，茎多分枝；密生白色柔毛；单叶，对生，狭披针形或倒披针形，全缘，有腺点；轮伞花序密集成头状；花粉紫色。

Diagnoses: Small prostrate shrub; Aromatic odor, stem multiple branches, usually whitish pubescent; Leaves: simple, clustered, narrow-lanceolate or oblanceolate, entire, with glands; Floral whorls, axillary and distant forming terminal clusters or short spikes, corolla pinkish purple.

树形： 小灌木；密生，匍匐，高3～10cm。

枝条： 直立或斜生，密被白色长柔毛。

叶： 具短柄，叶多丛生；叶片狭披针形或倒披针形，基部楔形，先端钝尖，边缘全缘或稍具微齿，表面有微毛，有腺点，长1～1.5cm，宽1～2mm。

花： 轮伞花序腋生或顶生，集成头状；萼片联合成二唇形，上唇3裂，三角形，下唇披针形，有睫毛；花冠粉紫色，二唇形，上唇2裂，下唇3裂，中裂片稍长；雄蕊伸出花冠，4枚，前雄蕊较长；雌蕊子房成4小球状，柱头2裂。

果： 4枚小坚果，直径约1mm，黑褐色，卵圆形。

花期： 6月；**果期：** 9月。

习性： 生于砂质地、固定砂丘及干燥山坡上。

分布： 东北三省及内蒙古各地平原区；蒙古、朝鲜及俄罗斯也有分布；吉林省西部草原区白城、通榆、大安、镇赉等市、县皆产。

用途： 生性耐旱、耐瘠薄，可用于水土保持、固定流沙；全株入药可用于驱寒解表；可作食品香料。

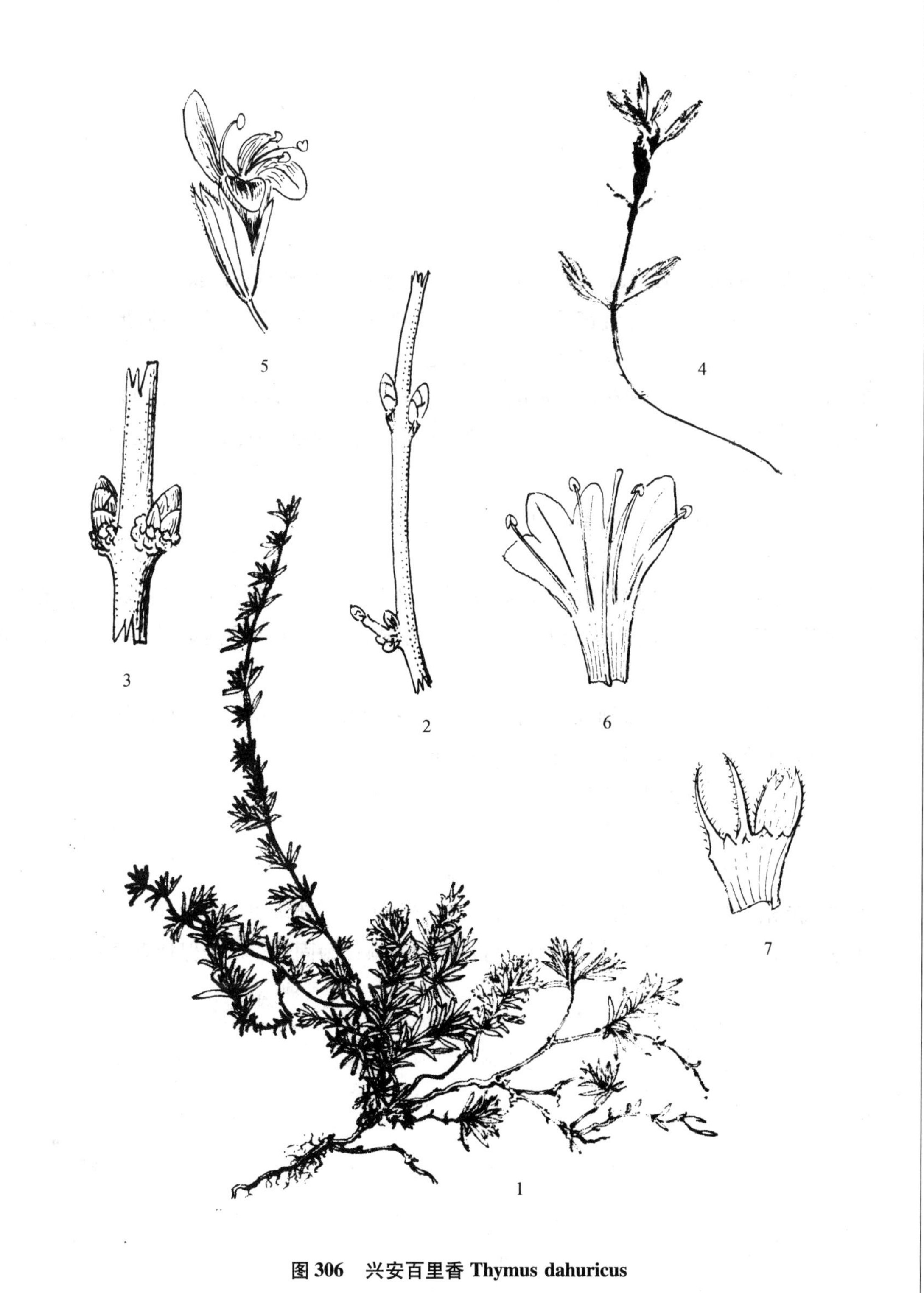

图 306　兴安百里香 Thymus dahuricus

1. 植株　2. 冬季枝　3. 芽　4. 枝叶拓片　5. 花　6. 花冠纵切

7. 萼片（1、5、6、7 自中国高等植物图鉴）

兴凯百里香

科名： 唇形科（LABIATAE）

中名： **兴凯百里香** 图 307

学名： **Thymus przewalskii（Kom.）Nakai**（种加词为人名 Przewalsk，俄国植物学家）。

识别要点： 矮小灌木，茎匍匐平卧，有柔毛；叶对生，无柄，长圆状椭圆形；轮伞花序集成头状，花淡紫红色；小坚果近球形。

Diagnoses：Small shrub；Stem creeping pubescent；Leaves opposite，sessile，blades oblongo-elliptical；Verticillaster，compound as a head，flowers pale purplish-red；Nutlet nearly globose.

树形： 矮小灌木，茎匍匐，平卧，有柔毛。

树皮： 灰褐色，有柔毛，茎梢部直立或斜上。

枝条： 四棱形，褐色，有密长毛。

叶： 长圆状椭圆形，或椭圆形，基部狭楔形，先端钝，边缘全缘无齿或有 2～3 疏锯齿，有密生缘毛，表面深绿色，背面淡绿色，有明显的 3～4 对侧脉，长 6～8mm，宽 3.5～4.5mm。

花： 轮伞花序集成头状或椭圆状；花柄长 1.5～2.5mm，有密柔毛，萼筒管状钟形，有密生柔毛及黄色腺点；花冠淡紫红色，长 8～10mm。

果： 小坚果，近球形，暗褐色，直径 0.7～0.8mm。

花期： 7 月；果期：8～9 月。

习性： 喜光，耐干旱及瘠薄土壤，多生于固定沙丘。

分布： 黑龙江及吉林；朝鲜也有记载；吉林省分布于西部草原区各县（市）。

用途： 全株入药，有解表祛风之效；可作食用香料；为固沙、水土保持重要树种。

图 307 兴凯百里香 Thymus przewalskii

1. 带花植株 2. 冬季枝 3. 芽 4. 叶 5. 枝叶拓片（1 自黑龙江树木志）

茄科（SOLANACEAE）

枸杞

科名：茄科（SOLANACEAE）

中名：枸杞　枸杞子　图 308

学名：Lycium chinensis Mill.（属名为希腊文 lykion，是一种多刺的植物；种加词意思为“中国的”）。

A. **枸杞 f. chinensis**（原变型）

识别要点：落叶灌木，多刺；叶卵状披针形，互生；花淡紫色；浆果，橘红色，长圆形或卵形，萼片宿存。

Diagnoses：Deciduous shrub；Thorny；Leaves alternate，ovato-lanceolate；Flowers lightly purple；Fruit berry，ovoid or oblong，scarlet or orange-red.

染色体数目：2n = 24。

树形：落叶灌木，高 0.5 ~ 2m。

枝条：枝条细，多分枝，皮灰色，老枝有纵条裂，新枝上有纵棱，皮孔不明显；有尖刺，不分枝，也有能生叶、长果的枝状刺。

叶：互生或数枚簇生；长椭圆状披针形或卵状披针形，基部楔形，先端短渐尖，全缘；长 2 ~ 5cm，宽 0.5 ~ 2cm。

花：在长枝上单生，在短枝上簇生；花淡紫色；萼联合成杯状，顶端 3 ~ 5 齿裂；花冠联合成漏斗状，5 裂，裂片卵形，花冠内壁生有一圈绒毛；雄蕊伸出花冠之外，花丝基部生有柔毛；雌蕊子房卵形，花柱略较雄蕊长，柱头绿色。

果：浆果，卵形或长圆形，橘红色或鲜红色，果基部有宿存的花萼。

花期：6 月；**果期：**8 ~ 11 月。

习性：喜光树种，喜光，耐干旱、耐盐碱及瘠薄土壤。多生于山坡、丘陵、林缘或疏林下。

分布：我国东北、华北、西北、华中、华南各地；吉林省西部草原区及中部丘陵半山区多野生；各地庭园中常见栽培。

抗寒指数：幼苗期 I，成苗期 I。

用途：枝叶繁茂、花淡紫，果橘红，是很好的观赏植物及水土保持植物；果可食用，又有滋补强壮之效；根皮入药叫“地骨皮”，具清凉解热、止咳、化痰及降血压的功效。

B. **菱叶枸杞 f. rhombifolium（Dip.）S. Z. Liou**（变型）

本变型的叶片为卵圆形（图 308-9）。

图 308　枸杞 Lycium chinensis

1. 果枝　2、3. 冬季枝　4. 芽　5. 叶　6. 花　7. 花纵剖　8. 果

9. 菱叶枸杞 f. rhombifolium 叶（7 张桂芝绘）

紫葳科（BIGNONIACEAE）

梓树

科名：紫葳科（BIGNONIACEAE）

中名：梓树　臭梧桐　图309

学名：Catalpa ovata G. Don（属名为印第安语植物的原名；种加词为“卵形的”）。

识别要点：小乔木；叶片大，对生或轮生；圆锥花序；花浅黄色，二唇形；蒴果长圆柱形，长20～30cm。

Diagnoses：Small Tree；Leaves large，opposite or whorled；Panicle；Corolla slightly yellow，2-lipped；Fruit capsules long，thin，20～30cm long.

染色体数目：2n＝40。

树形：落叶小乔木，高约6m。

树皮：平滑，暗灰色或浅灰色，浅纵裂。

枝条：小枝粗壮，绿色，有柔毛，老枝淡灰色或淡灰褐色，无毛。

芽：紫褐色，卵圆形，有4～5对芽鳞，无毛。

叶：单叶，对生或3叶轮生；宽卵形或近圆形，基部浅心形或圆形，先端3裂，渐尖或短尖，有缘毛，表面深绿色，背面黄绿色，仅叶脉上有灰白色柔毛，脉腋处有褐色簇毛并有1～4个腺点，叶片长10～20cm，宽8～18cm。

花：圆锥花序，顶生；花浅黄色；萼片合生，边缘2裂，裂片宽卵形，先端锐尖；花冠联合成筒形，上唇2裂，下唇3裂，边缘波状，花冠筒内有褐色花斑；雄蕊5枚，能育雄蕊2枚，不育的3枚；子房卵形，2室，花柱丝状，柱头2裂。

果：蒴果，长圆柱形，略弯曲，深褐色，长20～30cm，宽约3mm。

种子：长椭圆形，两端密生长软毛，全长约3cm。

花期：6～7月；果期：8～10月。

习性：喜光，耐水湿及轻度盐碱土质，不甚耐干旱。

分布：东北南部、华北、西北、华中及西南各地；吉林省各地皆为栽植。

用途：木材轻软，可制家具、乐器等；果实入药即“梓实”，有利尿功效；常栽植于庭园及街路供绿化观赏。

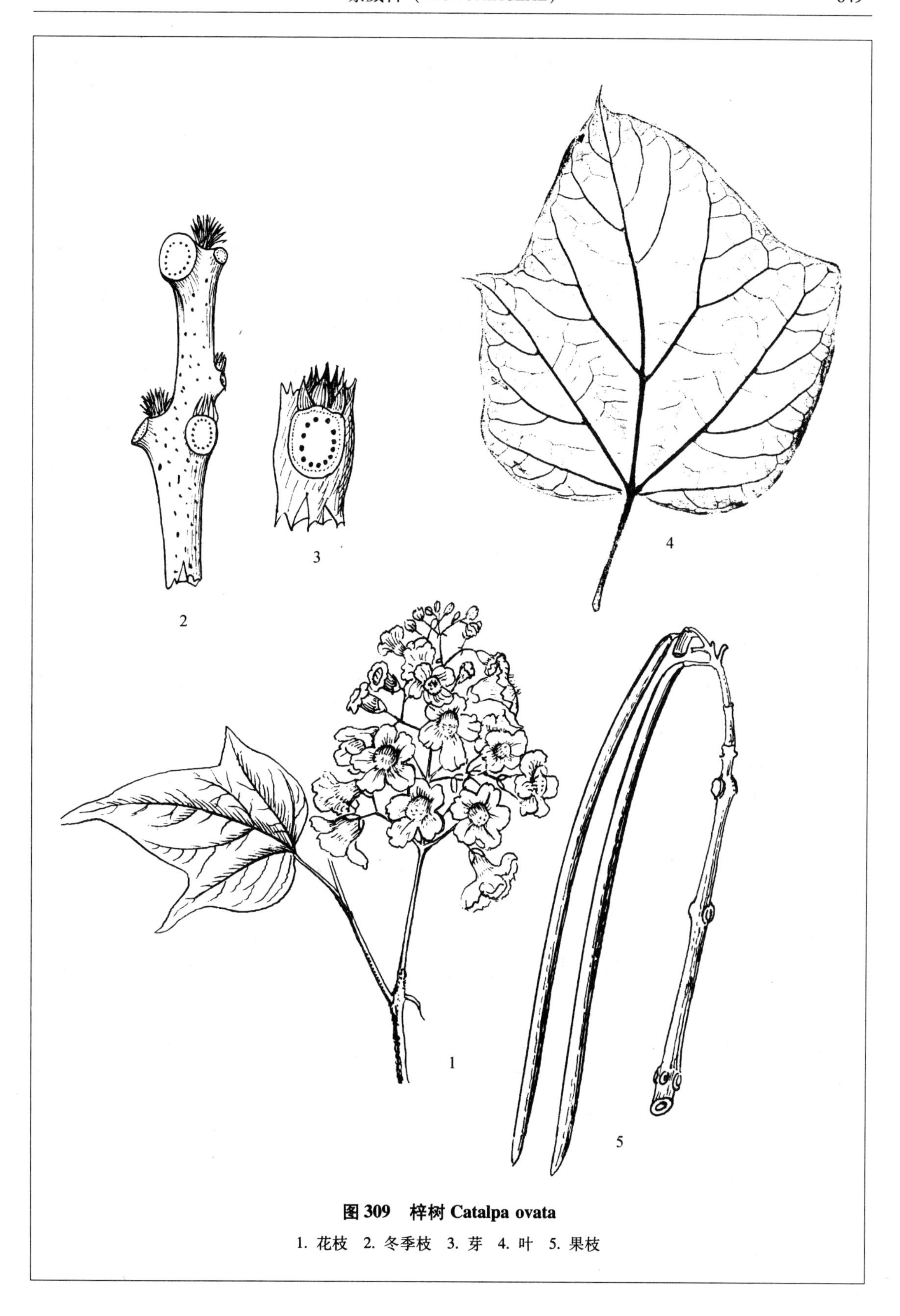

图 309 梓树 Catalpa ovata

1. 花枝 2. 冬季枝 3. 芽 4. 叶 5. 果枝

忍冬科（CAPRIFOLIACEAE）

林奈木

科名：忍冬科（CAPRIFOLIACEAE）

中名：林奈木　双花蔓　北极花　图 310

学名：**Linnaea borealis L.**（属名为人名 Carl von Linne，1707～1778，瑞典植物学家。瑞典皇家科学院为了表彰他的功勋，决定以他的名字命名一个新属，荷兰植物学家 J. F. Gronovius 与他商定，以他的名字为世界上最小的灌木来命名；种加词为“北方的”）。

识别要点：常绿匍匐小灌木；叶革质，对生；叶片近圆形；花成对着生于枝端，花冠钟形，下垂，淡粉红色；浆果，卵形，黄色。

Diagnoses：Evergreen creeping small shrub；Leaves leathery，opposite；Blades nearly rounded；Flowers paired on top；Corolla campanulate，pendulous，pale pink；Fruit berry，ovoid，yellow.

染色体数目：2n＝32。

树形：常绿匍匐性小灌木，高 5～10cm。

树皮：主茎横卧，纤细，红褐色，老皮成条状剥裂。

枝条：纤细，红褐色，微有柔毛。

叶：单叶，对生；叶片近圆形或宽倒卵形，基部宽楔形或近圆形，先端钝，有 2～3 个不明显的浅裂；表面深绿色，背面淡绿色，两面有疏毛，长 0.8～1.5cm，宽 0.6～1.2cm；叶柄长 3～5mm。

花：成对着生于总花梗顶端；总花梗长 4～8cm，花基部具 6 个小苞片成总苞状，最内侧的 2 片较大，密生腺毛；花萼 5 深裂，裂片披针形，萼筒卵形，有腺毛；花冠钟形，粉红色或淡红色，有紫色条纹，内有柔毛；雄蕊 4，比花冠短；子房 3 室，下位，花柱细长。

果：浆果，卵圆形，黄色，长约 3mm。

花期：6～7 月；果期：8～9 月。

习性：耐寒，喜阴湿环境。成片生长于海拔 1000～2000m 之间的针叶林及岳桦林下的苔藓中。

分布：吉林、黑龙江、内蒙古、新疆等省（自治区）；朝鲜、俄罗斯、蒙古、北美、北欧都有分布；吉林省安图、长白、临江、抚松等县有分布。

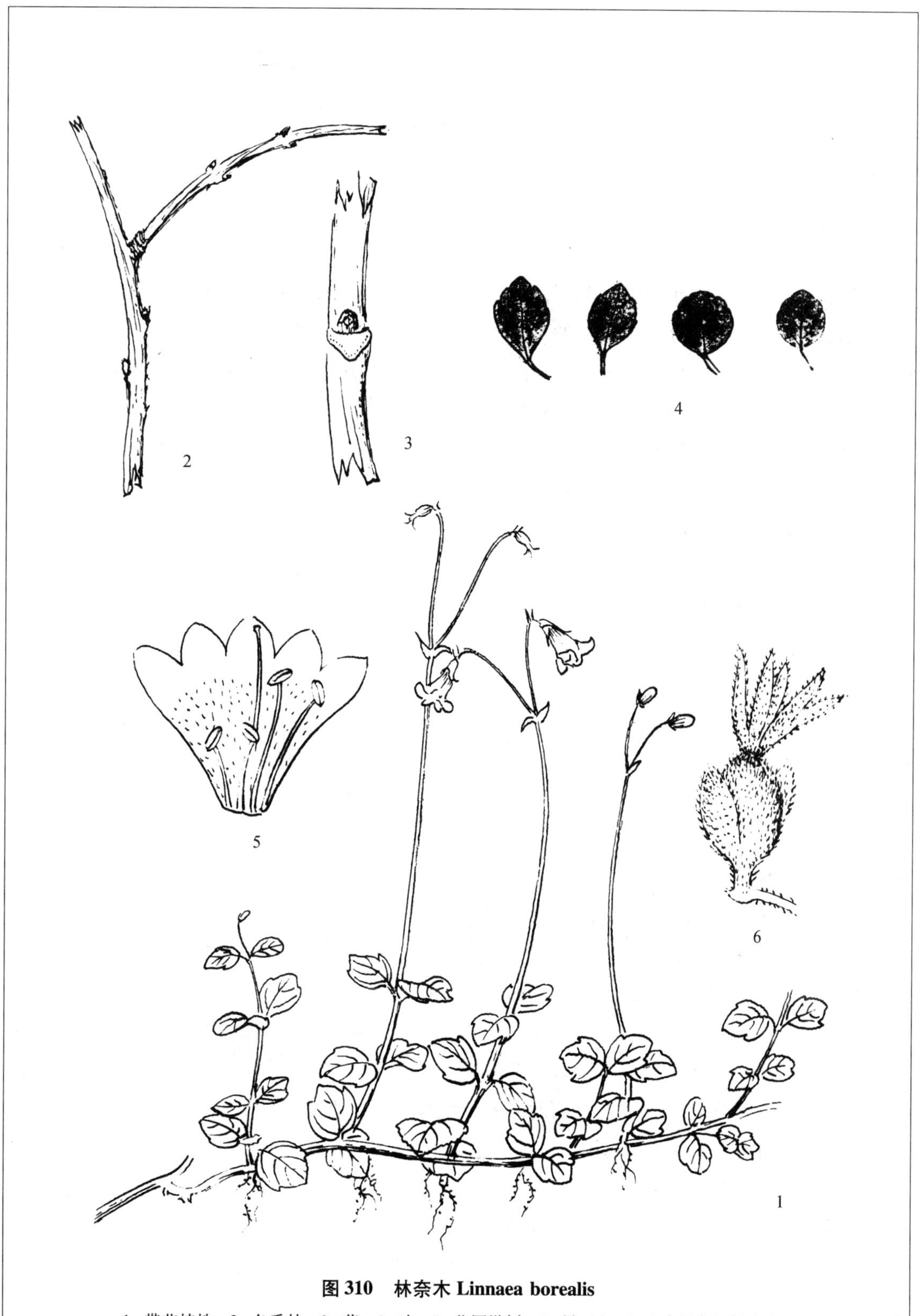

图 310　林奈木 Linnaea borealis

1. 带花植株　2. 冬季枝　3. 芽　4. 叶　5. 花冠纵剖　6. 果（1、5、6 自黑龙江树木志）

黄花忍冬

科名：忍冬科（CAPRIFOLIACEAE）

中名：黄花忍冬　图 311

学名：Lonicera chrysantha Turcz.（属名为人名：Adam Lonitzer，1528～1586，德国植物学家兼医生；种加词为“黄色花的”）。

识别要点：灌木；单叶，对生；叶片长卵形或卵状披针形；花成对，花梗长 1.5～2.5cm；花冠 2 唇形，黄色；浆果，球形，红色。

Diagnoses：Shrub；Leaves simple，opposite，blades elongate-ovate or ovato-lanceolate；Flowers paired，stalk 1.5～2.5 cm long，corolla 2 lips，yellow；Berry，globose，red.

染色体数目：2n＝18。

树形：落叶灌木，高达 4m。

树皮：灰色或暗灰色。

枝条：幼枝通常有毛，2 年以上枝无毛。

芽：狭卵形，有长纤毛。

叶：单叶，对生；叶柄长 3～7mm；叶片长卵形或卵状披针形，基部宽楔形，先端长渐尖，全缘，有缘毛，表面深绿色，近无毛，背面淡绿色，沿叶脉生有长柔毛，长 6～12cm，宽 1.5～4cm。

花：2 朵花并生；总花梗长 1.5～2.5cm，有柔毛；小苞片卵状长圆形至圆形；花冠 2 唇形，黄色，上唇裂片与筒部等长，花冠筒基部隆起；花丝有绒毛；子房通常椭圆状卵形，互相分离；花柱较花冠短，柱头头状。

果：浆果，球形，直径 7mm，红色。

花期：6 月；**果期：**9～10 月。

习性：喜光但也耐阴、耐寒，喜生于肥沃、排水良好的土壤中。生于海拔 200～1000m 之间的阔叶林下、灌丛间以及河岸湿地等。

分布：东北、华北、内蒙古及西北各省（自治区）；朝鲜、日本及俄罗斯也有分布；吉林省东部山区各县（市）均有分布。

抗寒指数：幼苗期Ⅰ，成苗期Ⅰ。

用途：根入药可杀菌、治疟；重要蜜源植物；可栽植庭园供绿化观赏。

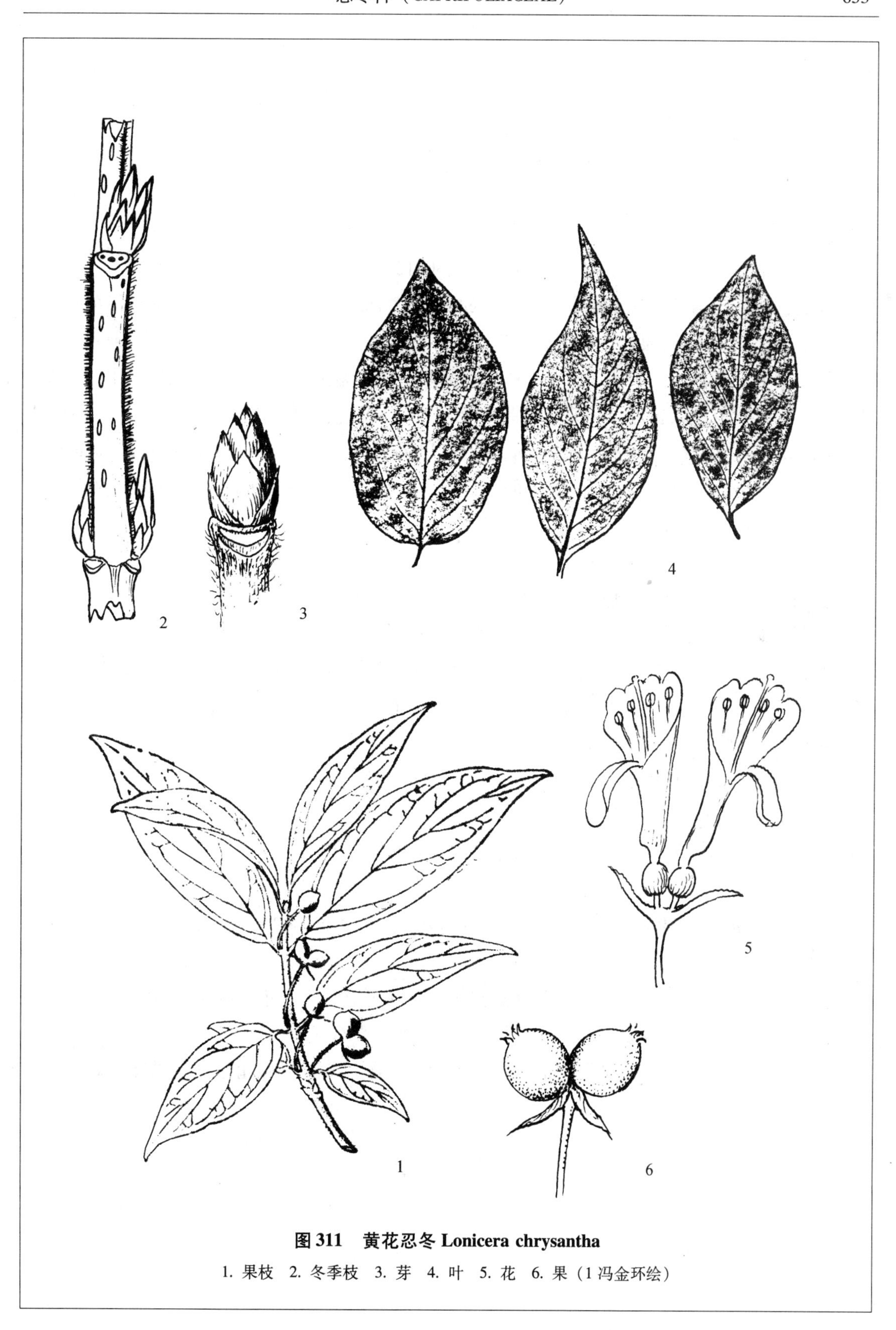

图 311　黄花忍冬 Lonicera chrysantha

1. 果枝　2. 冬季枝　3. 芽　4. 叶　5. 花　6. 果（1 冯金环绘）

蓝靛果忍冬

科名：忍冬科（CAPRIFOLIACEAE）

中名：**蓝靛果忍冬** 蓝靛果 黑瞎子果 图 312

学名：**Lonicera edulis Turcz.** —L. caerulea L. var. edulis（Turcz.）Regel（种加词为“可食用的”；异名种加词为“天蓝色的”）。

识别要点：灌木；单叶，对生；2 托叶基部联合成盘状；叶片长圆形、长卵形或卵状倒披针形；花冠黄白色，钟形，下垂；浆果，椭圆形，深蓝色，有白粉。

Diagnoses：Shrub；Leaves simple，opposite；Blades oblong，elongato-ovate or ovato-oblanceolate；2 stipules united as disc；Corolla pale yellow，campanulate，pendulous；Berry，elliptic，dark blue，with white powder.

树形：落叶灌木，高 1.5m。

枝条：直立，老枝红棕色，树皮条状剥裂，幼枝红褐色，有柔毛。

芽：卵圆形，暗紫色，外被两片大芽鳞，常有副芽。

叶：单叶，对生；叶片长圆形、长卵形或卵状倒披针形，基部圆形，先端短钝尖，全缘，有缘毛，表面深绿色，背面淡绿色，两面均有毛，长 2～7cm，宽 1～2.5cm；萌枝上的托叶半圆形，2 托叶基部联合成盘状，宿存。

花：生于叶腋，具短柄；花冠钟形，下垂，黄白色，常带粉红色或淡紫色，裂片 5；雄蕊 5，相邻两朵花的子房联合，萼齿小。

果：浆果，长椭圆形或长圆形，深蓝色，外被白粉，长 6～12mm。

花期：5～6 月；果期：8 月。

习性：喜光、喜湿润、肥沃的酸性土壤；多生于海拔 600～1900m 间的沼泽地、河岸及山坡林缘等处。

分布：吉林、黑龙江、内蒙古以及华北各地；朝鲜、日本、俄罗斯也有分布；吉林省主要分布在东部长白山区各县（市）。

用途：果实酸甜可食，又可制造饮料及果酒；蜜源植物；可栽植于庭园供绿化观赏。

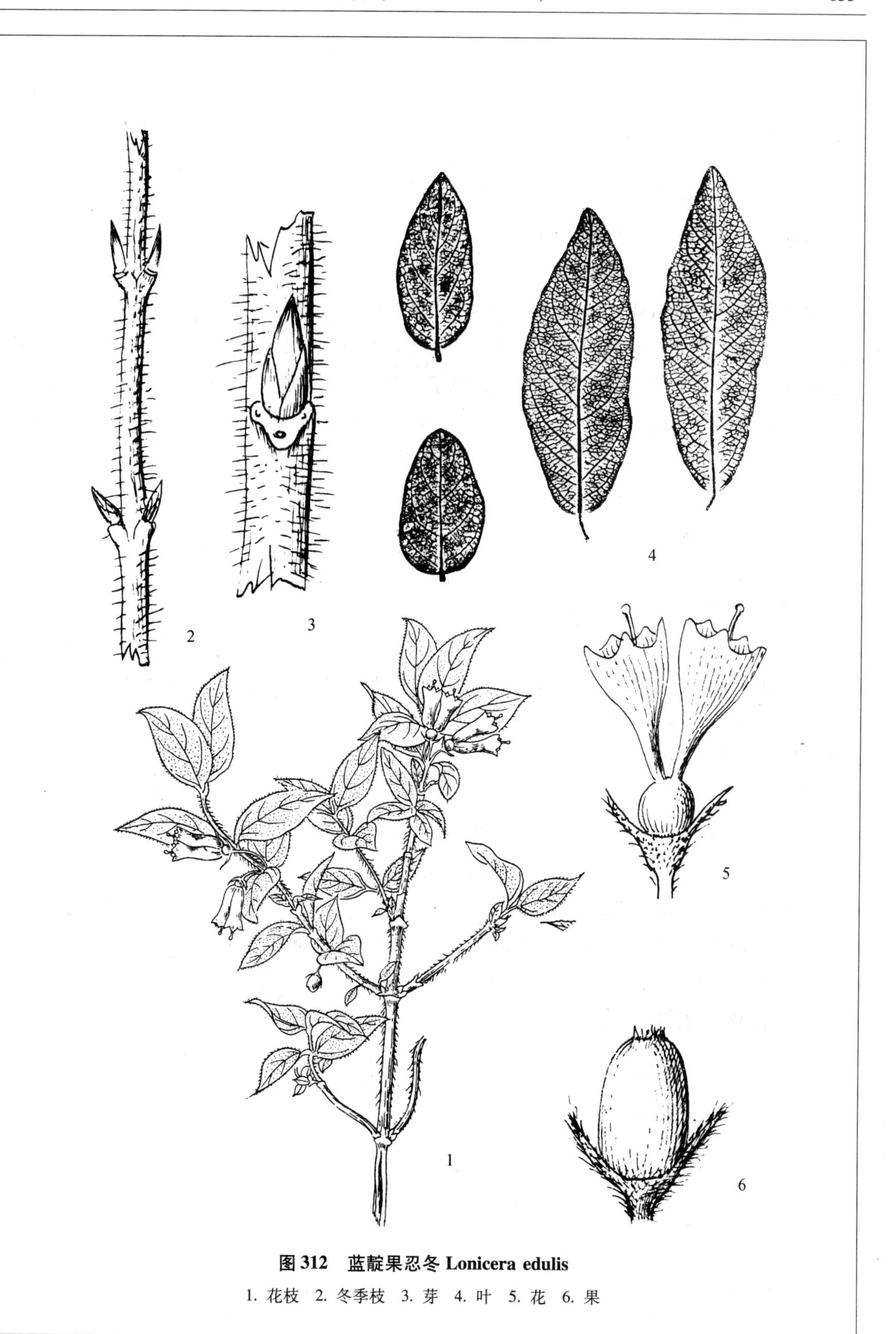

图 312 蓝靛果忍冬 Lonicera edulis

1. 花枝 2. 冬季枝 3. 芽 4. 叶 5. 花 6. 果

波叶忍冬

科名：忍冬科（CARPRIFOLIACEAE）

中名：**波叶忍冬**　图 313

学名：**Lonicera vesicaria Kom.**（种加词为属于膀胱状的）

识别要点：灌木；叶对生，叶片卵形或长圆状披针形，2 枚托叶合生，成椭圆形；花 2 朵，花冠 2 唇形，淡黄色；浆果红褐色，包于小苞片合生的壳斗状内。

Diagnoses：Shrub；Leaves opposite，blades ovate or oblongo-lanceolate，rounded to broad-cuneate at base；Stipules often present on vigorous branches，connected；Corolla 2 lipped，paler yellow；Fruit reddish brown，surrounded by split cupula.

树形：灌木，高达 3m。

树皮：条状剥落。

枝条：淡灰褐色，幼枝有刺毛。

芽：长卵形，外有 2 枚舟形的鳞片。

叶：卵形或长圆状披针形，基部圆形或心形，先端秃尖，全缘或有浅波状，有较长的缘毛，表面灰绿色，生有粗硬毛，背面浅绿色，长 5～10cm，宽 3～5cm；有托叶，壮枝的托叶基部合生，椭圆形，枝条贯穿其中。

花：花总梗有刺毛，顶端有 2 花，苞片叶状，卵形，小苞片合生成壳斗状，包围子房，有长柔毛；花冠 2 唇形，淡黄色，花筒基部的一侧微隆起。

果：浆果红褐色，卵圆形，成熟时壳斗破裂，露出浆果。

花期：5 月下旬；果期：9 月。

习性：较耐旱，也较耐寒，生于暖温带的山地、丘陵灌丛中。

分布：东北南部以及华北；吉林省皆为引种栽培。

耐寒指数：幼苗期 II，成苗期 I。

用途：供绿化观赏。

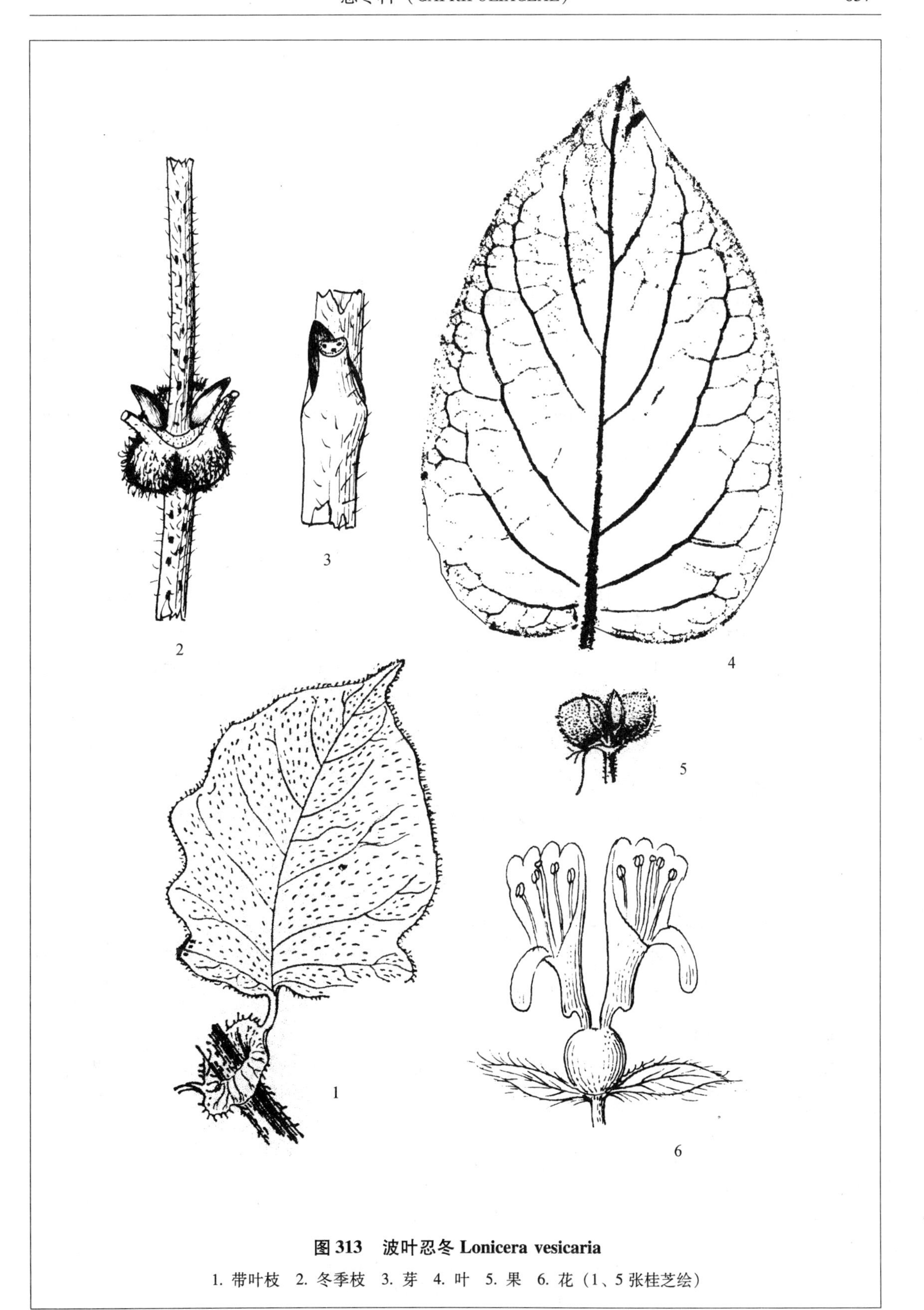

图 313　波叶忍冬 Lonicera vesicaria

1. 带叶枝　2. 冬季枝　3. 芽　4. 叶　5. 果　6. 花（1、5 张桂芝绘）

金银花

科名： 忍冬科（CAPRIFOLIACEAE）

中名：金银花 忍冬 图 314

学名：Lonicera japonica Thunb.（种加词为“日本的”）。

识别要点： 落叶藤本；枝上有毛；叶卵圆形，全缘，对生；花 2 唇形，白色后变黄色，有香味。

Diagnoses：Deciduous vine；Stems hairy；Leaves ovate，entire，opposite；Flowers 2 lipped，white become yellow，rich fragrance.

染色体数目： 2n = 18。

树形： 落叶缠绕藤本，长约 15 ~ 20m。

枝条： 红褐色，有纤毛及少量腺毛，皮孔不明显，常有条形纵裂纹。

芽： 对生；黄绿色，卵圆形；外侧芽鳞短，黄褐色，里面的芽鳞多为绿色，有绒毛。

木材： 茎中空，有灰白色片状的髓。

叶： 对生；叶片卵圆形，椭圆形或宽披针形，有毛，全缘，基部心形，先端钝圆，有纤毛，表面深绿色，背面浅绿色，长 4 ~ 10cm，宽 2.5 ~ 5cm。

花： 花梗单一，生叶腋处；花梗顶端生有 2 朵花，花基部有 2 枚离生的苞片，长条形，绿色；花冠筒长，上部裂成 2 唇形，长 3 ~ 4cm，外侧有柔毛及腺点，初开时为白色，后变黄色，有香味；雄蕊 5，花药黄色；雌蕊子房卵圆形，花柱 1，与花冠等长或略伸出于花外。

果： 浆果球形，黑色，直径 7 ~ 8mm。

花期： 5 ~ 6 月；**果期：** 8 ~ 9 月。

习性： 喜光及肥沃土壤；生于山坡、林缘。

分布： 我国华北、西北、华南等地；日本及朝鲜也有分布；吉林省各地常见栽培，过冬情况良好，当年未木质化的嫩枝易受冻害。

抗寒指数： 幼苗期 II，成苗期 I。

用途： 为庭园立体绿化优良树种，花黄白相间，香味宜人；花药用，俗称“双花”，有消炎、解毒、祛热、利尿等作用。

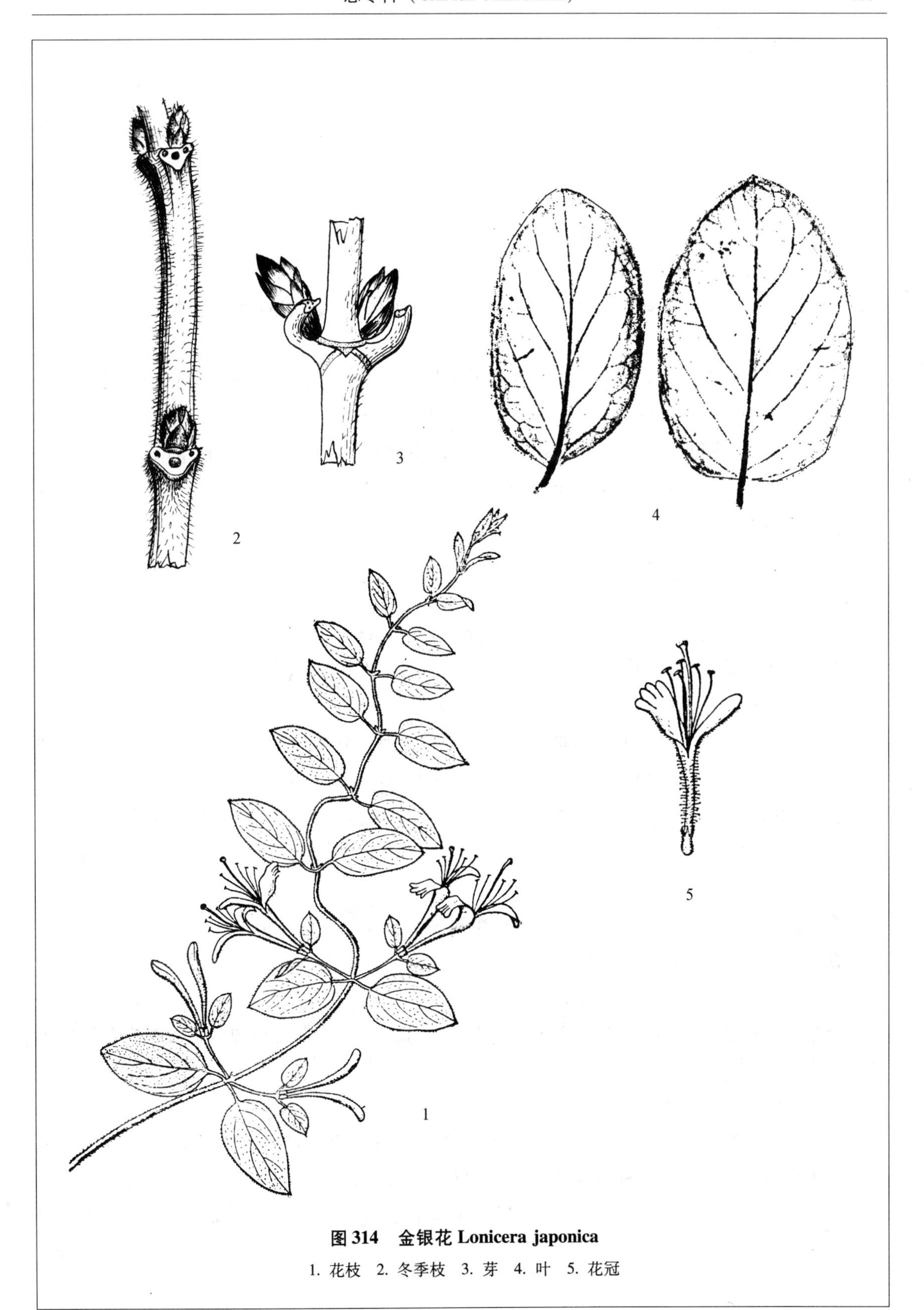

图 314　金银花 Lonicera japonica

1. 花枝　2. 冬季枝　3. 芽　4. 叶　5. 花冠

金银忍冬

科名：忍冬科（CAPRIFOLIACEAE）

中名：金银忍冬　金银木　图 315

学名：Lonicera maackii（Rupr.）Maxim.（种加词为人名 Richad maack，1825 ~ 1886，俄国人）。

识别要点：落叶灌木；单叶对生；叶片椭圆形；花梗甚短，花成对，白色变黄色；果球形，鲜红色，浆果。

Diagnoses：Deciduous shrub；Leaves simple，elliptic，opposite；Flowers paired on a short stalk，white become yellow；Fruit berry，globose，red.

染色体数目：2n = 18。

树形：落叶灌木，高 3 ~ 6m。

树皮：灰色，老树皮常条状纵裂。

枝条：黄灰褐色，光滑，有多数纵裂的条纹；皮孔细小，黑褐色。

芽：对生，黄褐色，卵形，先端略尖，芽鳞多数，对生排列。

木材：黄白色，髓部中空。

叶：叶片卵圆状椭圆形或卵状披针形，基部阔楔形，先端渐尖，全缘无锯齿，表面暗绿色，背面浅绿色，两面有短柔毛，长 5 ~ 8cm，宽 2 ~ 4cm。

花：总花梗短，上生有互相分离的两朵花；萼筒钟形，上部 5 裂，边缘有长毛；花冠下部长筒形，上部二唇裂，长达 2cm，花白色后变黄色，有香味；雄蕊 5；雌蕊 1，均较花冠短。

果：浆果，鲜红色，球形，2 果生于一个短柄上，直径 5 ~ 6mm。

花期：5 ~ 6 月；果期：6 ~ 9 月。

习性：喜光及肥沃土壤。生于山坡林缘。

分布：我国东北、华北、西北各地；也分布于朝鲜及俄罗斯远东地区；吉林省东部山区各县（市）均有分布。

抗寒指数：幼苗期 I，成苗期 I。

用途：叶片葱绿，花由白变黄，秋、冬季果实鲜红，为街道及庭园绿化、彩化优良树种；又为优良的蜜源植物；种子含油量 35.785%，可榨油。

注：中草药中的“双花”或“金银花”，是金银花（Lonicera japonica）的花，非本种植物的花。

图 315　金银忍冬 Lonicera maackii

1. 花枝　2. 冬季枝　3、4. 芽　5. 叶　6. 花　7. 果（1. 张桂芝绘）

紫枝忍冬

科名：忍冬科（CAPRIFOLIACEAE）

中名：**紫枝忍冬** 图316

学名：**Lonicera maximowiczii**（**Rupr.**）**Regel**（种加词为人名：C. J. Maximowicz，1827～1891，俄国植物学家）。

识别要点：灌木；单叶，对生；叶片椭圆形，卵状长圆形或披针形；花成对，花冠紫红色；相邻2花子房合生；浆果卵形，红色。

Diagnoses：Shrub；Leaves simple，opposite；Blades elliptic，ovato-oblong or lanceolate；Flowers paired；Corolla purplish-red；Ovaries connacte；Berry ovoid，red.

染色体数目：2n=18。

树形：落叶灌木，高达3m。

枝条：幼枝黄褐色或深褐色，有柔毛，后变灰褐色，无毛。

芽：长卵形，暗褐色，先端尖锐。

叶：单叶，对生；叶片纸质，椭圆形、卵状长圆形或披针形，基部圆形或宽楔形，先端长渐尖或渐尖，全缘或略有波状缘，有缘毛，表面深绿色，背面淡绿色，脉上有柔毛，长3～8cm，宽1.5～3cm。

花：总花梗上具2花；苞片长三角形；花冠紫红色，长约1cm，2唇形，花瓣裂片较花冠筒长，反卷，相邻2花的子房合生。

果：浆果，2果实在中部以上合生，卵圆形，红色。

花期：5～6月；果期：8月。

习性：喜半光，耐寒，喜肥沃及潮湿土壤。生于海拔800～1300m之间杂木林内或灌丛中。

分布：吉林、黑龙江、陕西、甘肃等省的林区；俄罗斯及朝鲜也有分布；吉林省分布于东部长白山区的临江、长白、抚松、安图、靖宇等地。

抗寒指数：幼苗期Ⅰ，成苗期Ⅰ。

用途：可供绿化观赏。

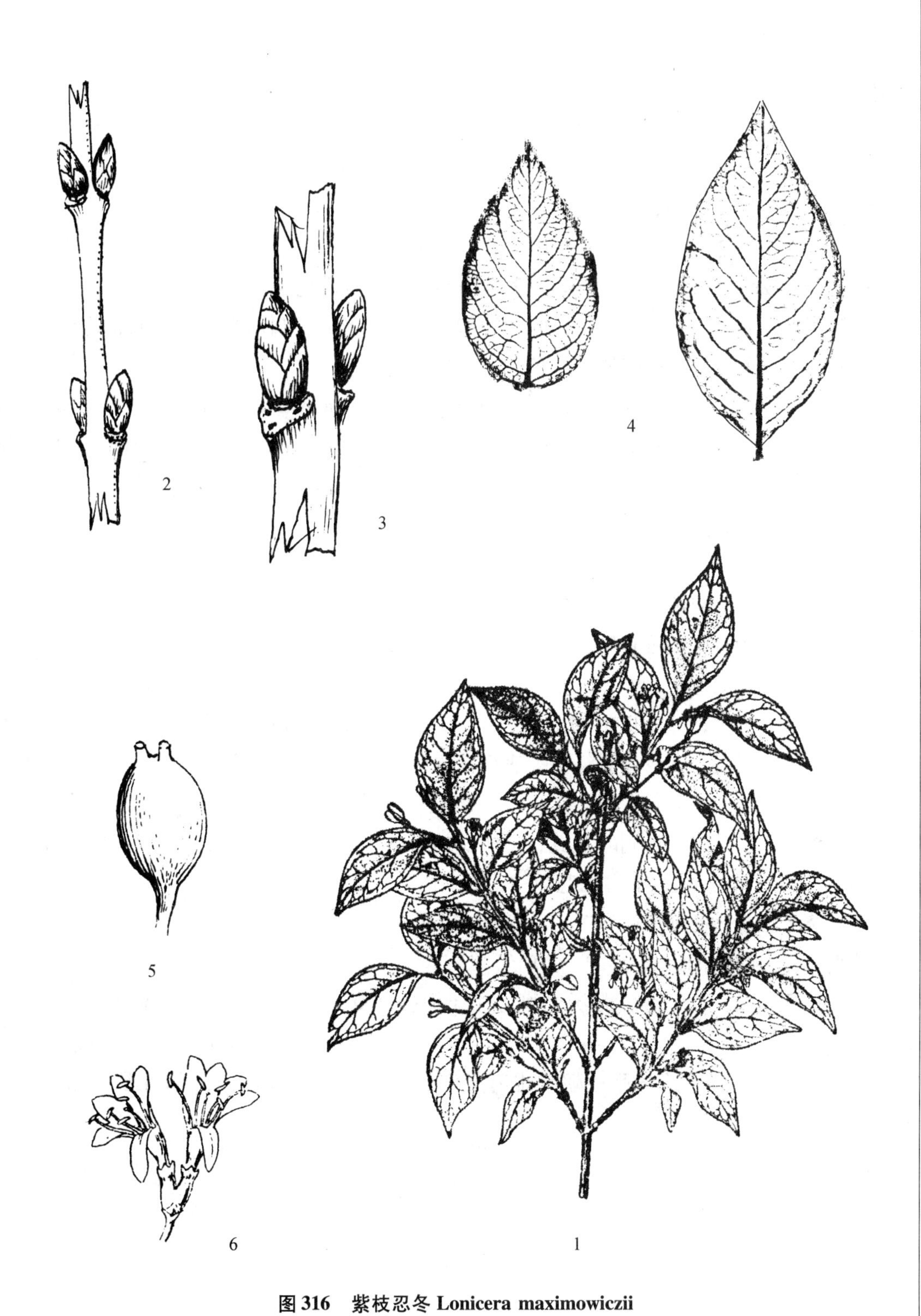

图 316　紫枝忍冬 Lonicera maximowiczii

1. 花枝　2. 冬季枝　3. 芽　4. 叶　5. 果　6. 花（1 自中国树木分类学）

单花忍冬

科名：忍冬科（CAPRIFOLIACEAE）

中名：单花忍冬 图317

学名：Lonicera monantha Nakai（种加词为“单花的”）。

识别要点：灌木；单叶，对生；叶片宽卵形、倒卵形或长圆形，两面有毛；花单生于叶腋，花冠筒黄白色或白色；浆果，红色，椭圆形或纺锤形。

Diagnoses：Shrub；Leaves simple，opposite；Blades broadly ovate，obovate，or oblong，pubescent on both sides；Flower solitary axillary；Corolla yellowish white or white；Berry，red，elliptic or fusiform.

染色体数目：2n =18。

树形：落叶灌木，高1～1.5m。

树皮：灰色或暗灰色，老皮纵裂。

枝条：小枝灰色，嫩枝有毛，后脱落，常有小突起。

芽：卵形，灰褐色。

叶：单叶，对生；叶柄长4～7mm，有毛；叶片宽卵形、倒卵形或长圆形，基部宽楔形或楔形，先端短渐尖，全缘，有缘毛，表面深绿色，背面淡绿色，两面都有毛，长4～9cm，宽1.5～5cm。

花：单生于叶腋，与叶同时开放；花梗长约1cm，下垂；花冠筒淡黄色或白色，长1～2cm，花瓣裂片近辐射状；子房无毛。

果：浆果红色，椭圆形或纺锤形，长8～14mm。

花期：5月初；**果期：**6月。

习性：喜半光，喜潮湿、肥沃土壤。生于海拔400～1000m的阔叶杂木林及针阔混交林下。

分布：吉林及辽宁的林区；朝鲜也有分布；吉林省东部长白山区的各县（市）均有分布。

用途：供绿化观赏。

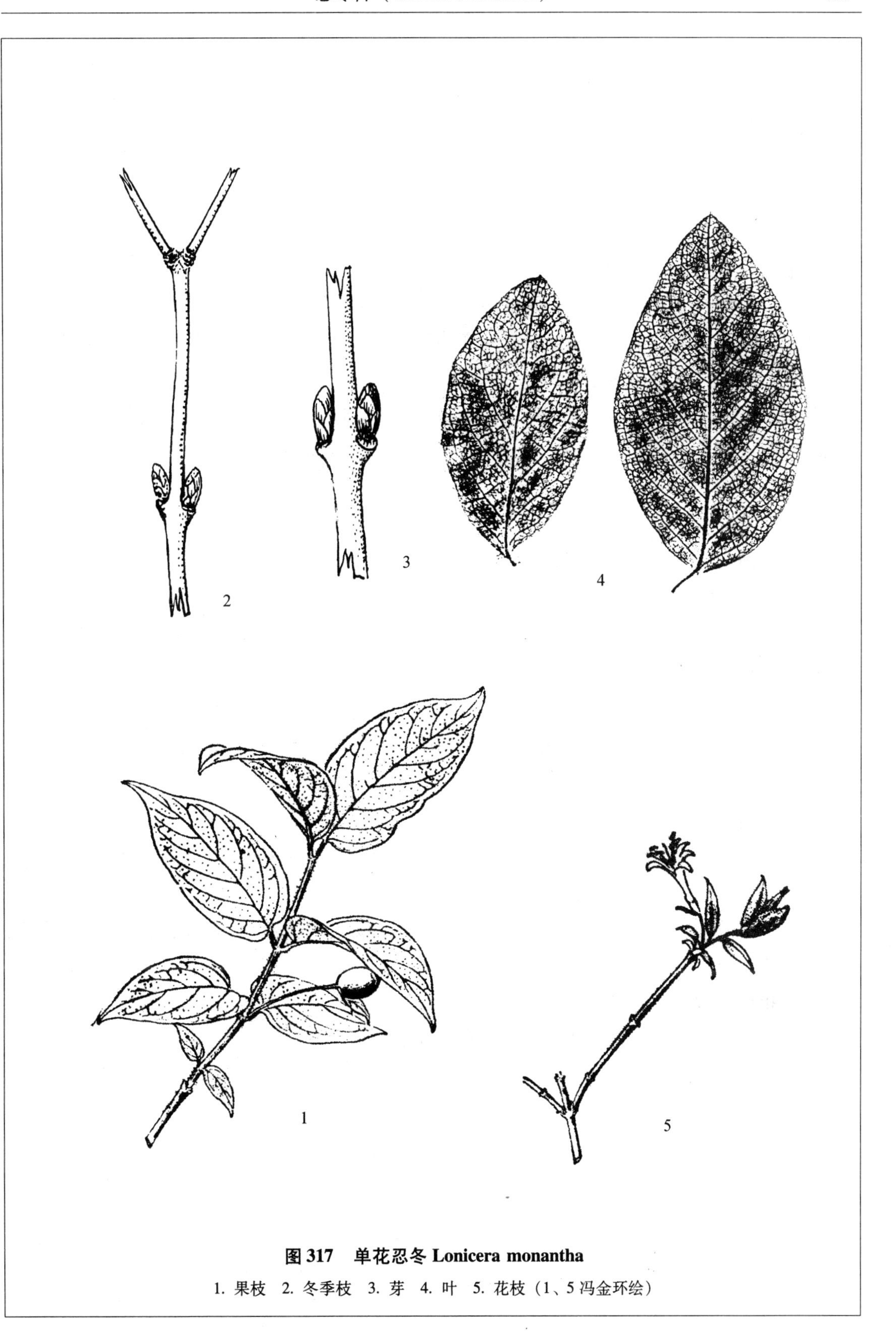

图 317 单花忍冬 Lonicera monantha

1. 果枝 2. 冬季枝 3. 芽 4. 叶 5. 花枝（1、5 冯金环绘）

早花忍冬

科名：忍冬科（CAPRIFOLIACEAE）

中名：早花忍冬 图 318

学名：Lonicera praeflorens Batalin（种加词为“早期开花的”）。

识别要点：灌木；单叶，对生；叶片宽卵形至椭圆形；花先叶开放，成对，花淡紫色，总花梗短；浆果红色，萼宿存。

Diagnoses：Shrub；Leaves simple，opposite；Blades broadly ovate or elliptic；Flowers before leaves，paired，pale purple，pedunculate short；Berry，red，calyx persistent.

染色体数目：2n = 18。

树形：落叶灌木，高约 2m。

树皮：灰褐色，有不规则开裂。

芽：卵形，褐色，先端尖。

叶：单叶，对生；叶片宽卵圆形至椭圆形，基部宽楔形至圆形，先端尖，全缘，有缘毛，表面绿色，背面苍白色，两面都有长柔毛，长 4 ~ 7cm，宽 2 ~ 4. 5cm。

花：先于叶开放，成对生于总花梗上；花梗很短，苞片卵形至披针形，有长毛；萼裂片卵形；花冠较整齐，淡紫色，花筒短；花柱及雄蕊伸出花冠之外，花药紫色；子房无毛。

果：浆果，红色，萼宿存，有 3 粒种子。

花期：4 ~ 5 月；果期：5 ~ 6 月。

习性：耐阴，喜肥沃、排水良好的土壤。多生于海拔 100 ~ 900m 之间的阔叶杂木林下、灌丛间及荒山坡、河岸湿地上。

分布：东北三省的林区；朝鲜、俄罗斯及日本有分布；吉林省东部山区的抚松、靖宇、通化、集安等地。

抗寒指数：幼苗期 I，成苗期 I。

用途：可用于庭园绿化观赏；又是早春蜜源植物。

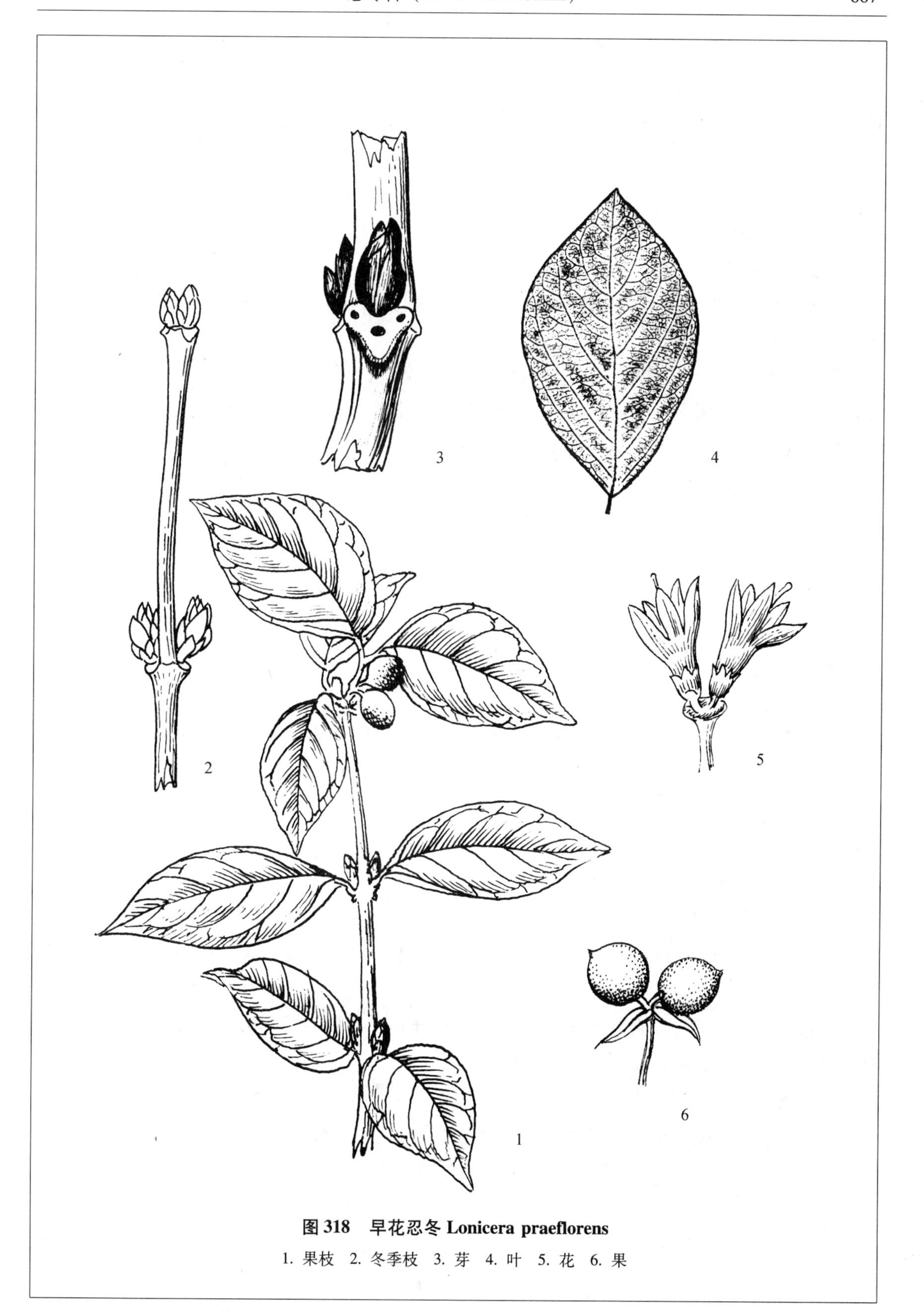

图 318　早花忍冬 Lonicera praeflorens

1. 果枝　2. 冬季枝　3. 芽　4. 叶　5. 花　6. 果

长白忍冬

科名： 忍冬科（CAPRIFOLIACEAE）

中名： **长白忍冬** 图 319

学名： **Lonicera ruprechtiana Regel**（种加词为人名：Fr. J. Ruprecht，1814～1870，俄国植物学家）。

识别要点： 灌木；单叶，对生；叶片长卵形或宽披针形，基部宽楔形至圆形；花成对，总花梗长 1～2cm，花冠 2 唇形，初白色后变黄；浆果球形，红色，有光泽。

Diagnoses： Shrub；Leaves simple，opposite；Blades elongato-ovate or broadly-lanceolate，base broadly cuneate；Flowers paired，white become yellow；ovary separeted；Berry，globose，red，glossy.

染色体数目： 2n = 18。

树形： 落叶灌木，高 3～5m。

树皮： 灰色，条状剥裂。

枝条： 小枝灰褐色，直立或开展，有短柔毛。

芽： 冬芽小，先端钝，芽鳞无毛。

叶： 单叶，对生；叶片质地较厚，长卵形或宽披针形，基部宽楔形至圆形，先端渐尖，全缘无齿，表面暗绿色，无毛，背面灰绿色有短柔毛，长 5～10cm，宽 1.4～2cm。

花： 成对生长；总花梗长 1～2cm，有短柔毛；花冠长 1.5～1.8cm，初白色后变黄，花冠筒粗而膨大，2 唇形；雄蕊花丝有柔毛；子房离生，无毛。

果： 浆果，球形，红色，有光泽。

花期： 6 月；**果期：** 7 月。

习性： 喜光但也耐阴，喜肥沃、排水良好的土壤。常生于海拔 600～1200m 间的杂木林缘或疏林内、山坡、灌丛处。

分布： 东北、华北各地；俄罗斯、朝鲜也有分布；吉林省东部山区的长白、靖宇、安图、通化、临江、蛟河、敦化、蛟河等县。

抗寒指数： 幼苗期 I，成苗期 I。

用途： 枝叶繁茂，花果鲜艳美观，为绿化观赏的优良树种。

图 319 长白忍冬 Lonicera ruprechtiana

1. 果枝 2. 冬季枝 3、4. 芽 5. 叶 6. 花冠纵剖 7. 幼果（1、6、7 张桂芝绘）

藏花忍冬

科名：忍冬科（CAPRIFOLIACEAE）

中名：藏花忍冬 图 320

学名：Lonicera tatarinowii Maxim.（种加词为人名：Tatarinov，俄国人）。

识别要点：灌木；单叶，对生；叶片质厚，长圆状披针形，背面有灰绿色的绒毛；花成对着生，花冠暗紫色；浆果，近球形，由 2 个果实基部联合而成，红色。

Diagnoses：Shrub；Leaves simple，opposite；Blades thick，oblongo-lanceolate，glaucous tomentose beneath；Flowers paired；corolla dark purple；Berry nearly globose，2 fruits connected at base，red.

树形：落叶灌木，高约 2m。

枝条：褐色或紫褐色，光滑无毛。

芽：卵圆形，芽鳞对生，褐色，光滑无毛。

叶：单叶，对生；叶片质地厚，长圆状披针形，基部圆形或宽心形，先端渐尖，全缘，叶缘略反卷，表面深绿色，略有皱纹，叶背有灰绿色的绒毛，长 3 ~7.5cm，宽 1.5 ~3cm。

花：成对生于总花梗上，总花梗长 1 ~2.2cm，小苞片合生成杯状，包围住子房的基部；花冠 2 唇形，暗紫色，上唇 4 裂，下唇长圆形，花冠筒较裂片短，基部略膨大；雄蕊及花柱均生有短柔毛。

果：浆果，近球形，相邻两个果实基部联合，红色。

花期：5 ~6 月；果期：7 ~9 月。

习性：喜半光，不甚耐寒，喜潮湿，但也耐干旱，喜生于排水良好土壤。生长在阔叶林下或林区沟谷中。

分布：吉林、辽宁、内蒙古、陕西、甘肃、四川及湖北等省（自治区）；吉林省生长于东部长白山区各县（市）。

用途：供绿化观赏。

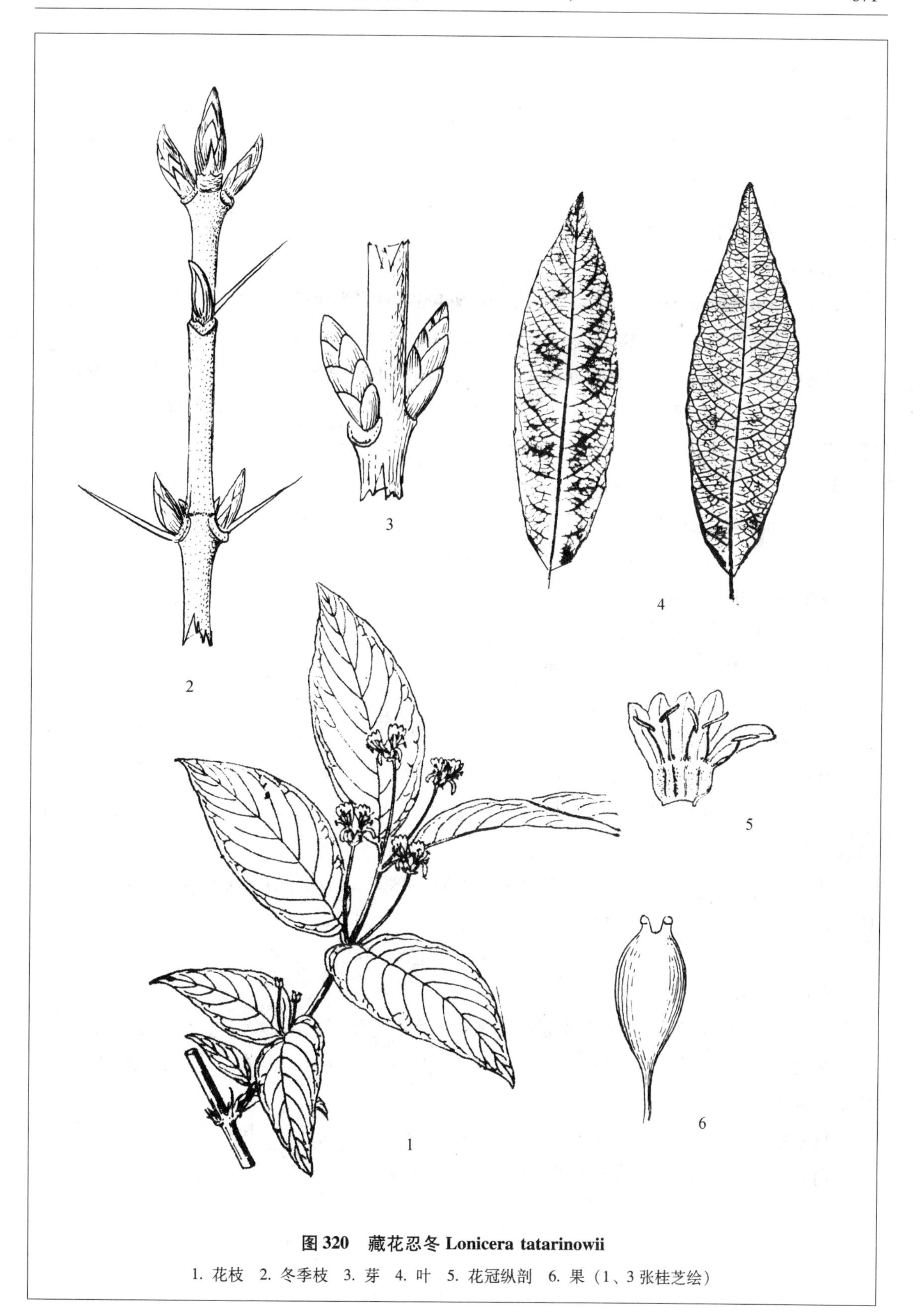

图 320　藏花忍冬 Lonicera tatarinowii

1. 花枝　2. 冬季枝　3. 芽　4. 叶　5. 花冠纵剖　6. 果（1、3 张桂芝绘）

毛接骨木

科名：忍冬科（CAPRIFOLIACEAE）

中名：毛接骨木　图 321

学名：Sambucus buergeriana Blume ex Nakai（属名为接骨木的拉丁文原名；种加词为人名：H. Buerger，1804～1858 年，德国植物学家）。

识别要点：灌木；羽状复叶，对生；小叶片 5～7 枚，长圆形至椭圆形；顶生圆锥花序，近球形，花序轴及花柄都有毛；花小，黄绿色，花药黄色；核果，球形，直径约 5mm，熟时红色。

Diagnoses：Shrub；Odd-pinnate compound leaves，opposite；Leaflets 5～7，oblong or elliptic；Panicle，terminate，nearly globose，peduncle and pedicel pubescent；Flowers small greenish-yellow，anthers yellow；Small drupe，globose，5 mm across，red when maturity.

染色体数目：2n＝38。

树形：落叶灌木，高 2～4m。

树皮：灰褐色，有较厚的木栓层。

枝条：小枝黄褐色或略带紫色，有棱。

芽：卵形，紫褐色。

叶：奇数羽状复叶，对生；叶柄有柔毛，小叶片 5～7 枚，长圆形、椭圆形或长圆状卵形，最宽处在中下部，基部楔形或圆形，先端渐尖或尾状尖，表面深绿色，背面淡绿色，两面有伏毛，长 5～9cm。

花：圆锥花序，顶生，球形或椭圆形；花序、总轴及花柄都有柔毛；花黄绿色；花药黄色；花柱短，柱头有浅裂，紫色。

果：核果，小，球形，直径约 5mm，熟时红色至暗红色。

花期：5～6 月；果期：8 月。

习性：喜光，耐寒，喜肥沃及潮湿土壤。多生于低海拔杂木林缘、疏林下或河流附近。

分布：东北三省及内蒙古；朝鲜、俄罗斯及日本也有分布；吉林省分布于东部山区及中部半山区各县（市）。

抗寒指数：幼苗期 I，成苗期 I。

用途：枝叶可入药，主治筋骨伤折；种子可榨油；又是绿化观赏的优良树种。

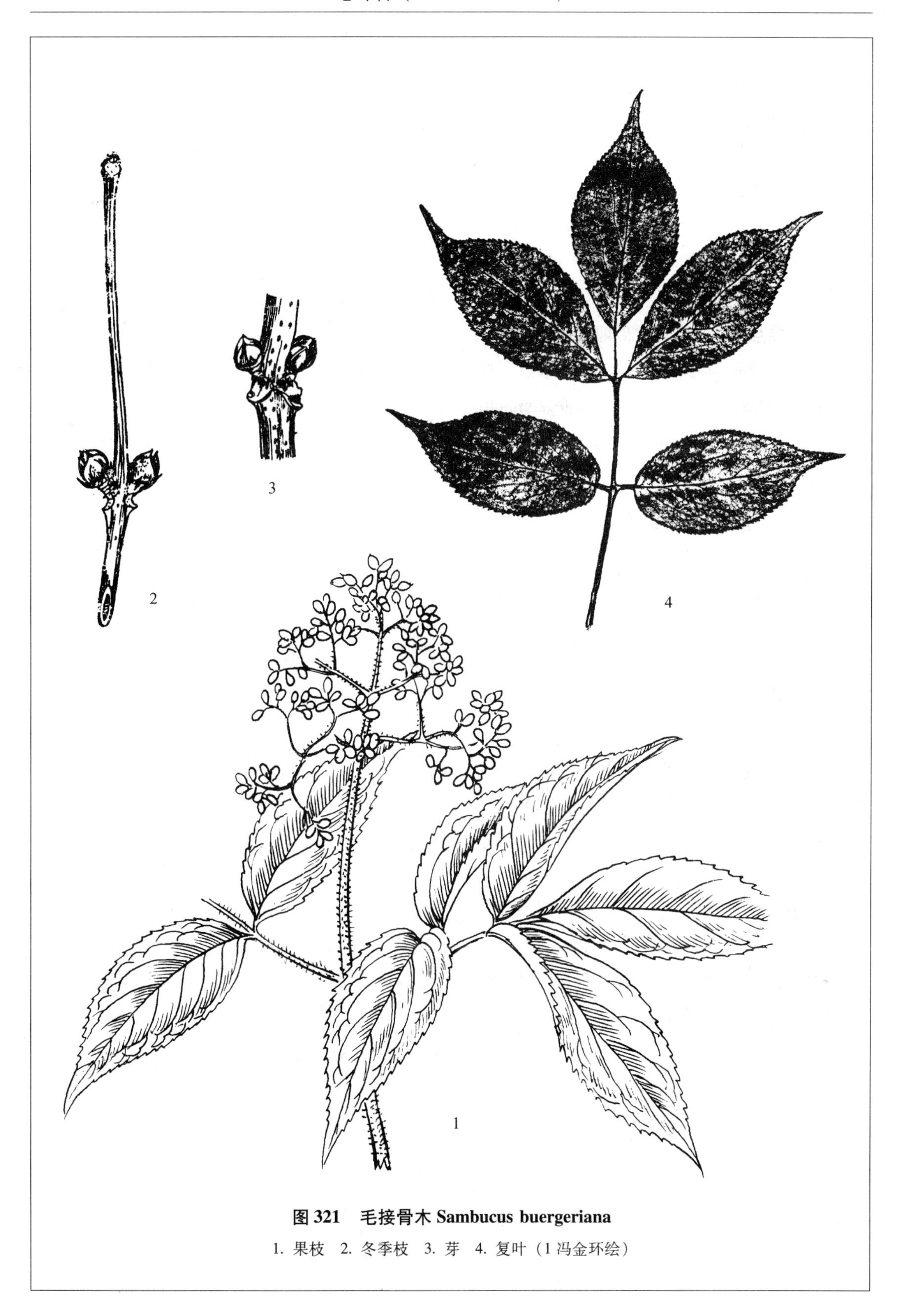

图 321 毛接骨木 Sambucus buergeriana

1. 果枝 2. 冬季枝 3. 芽 4. 复叶（1 冯金环绘）

朝鲜接骨木

科名：忍冬科（CAPRIFOLIACEAE）

中名：朝鲜接骨木 图322

学名：Sambucus coreana（Nakai）Kom. et Alis.（种加词为地名或国名“朝鲜的”）。

识别要点：灌木；奇数羽状复叶，对生，小叶片5枚，披针形或宽披针形；圆锥花序，顶生，卵形或近球形，无毛；花黄绿色，花药黄色；核果，小，近球形，成熟时红色。

Diagnoses：Shrub；Odd-pinnate compound leaves，opposite，leaflets 5，lanceolate or broadly lanceolate；Panicle，terminal，ovoid or nearly globose，glabrous；Flowers greenish yellow，anther yellow；Drupe，small，nearly globose，red when maturity.

树形：落叶灌木，高3~5m。

树皮：暗褐色。

枝条：小枝无毛，紫褐色，条棱及皮孔明显，髓淡褐色。

芽：卵圆形，对生，无毛。

叶：奇数羽状复叶，对生，小叶片5枚，披针形或宽披针形，无毛，基部楔形，先端长渐尖，两侧小叶基部常不对称，边缘有细锯齿，表面深绿色，背面淡绿色，长4.5~7cm，宽1~2cm。

花：圆锥花序，顶生，卵圆形或近圆球形，无毛，花密集，花序轴上最下一对分枝常成水平开展或稍向下伸展；花黄绿色，花药黄色，花柱短。

果：核果，小，球形，成熟时鲜红色。

花期：5~6月；果期：7~8月。

习性：为喜光树种，喜生于海拔300~1000m的杂木林或针阔混交林的林缘。

分布：东北三省的林区；朝鲜和俄罗斯也有分布；吉林省东部山区各县（市）均产。

用途：种子含油率为18.8%，可榨油供工业用及制肥皂等。枝、叶可入药，主治筋骨伤折。又是优良的绿化观赏树种。

图 322　朝鲜接骨木 Sambucus coreana

1. 花枝　2. 冬季枝　3. 芽　4. 复叶　5. 果　6. 花

东北接骨木

科名：忍冬科（CAPRIFOLIACEAE）

中名：东北接骨木 图 323

学名：Sambucus mandshurica Kitag.（种加词为“我国东北的”）。

识别要点：灌木；奇数羽状复叶；小叶片 5～7 枚，长圆形至椭圆形；圆锥花序，顶生，椭圆形或卵圆形；花黄绿色；核果，球形，约 5mm，成熟时红色。

Diagnoses：Shrub；Odd-pinnate compound leaves；Leaflets 5～7，oblong or elliptic；Panicle，terminal，elliptic or ovoid；Flowers greenish yellow；Drupe，globose，ca. 5 mm across，red when maturity.

树形：落叶灌木，高 2～4m。

树皮：灰褐色，平滑。

枝条：幼枝绿色，有柔毛，老枝灰褐色，皮孔灰白色，明显。

芽：卵圆形，基部较细，先端渐尖，黄褐色，无毛。

叶：奇数羽状复叶，对生；小叶 5～7 枚，有短柄或无柄，长圆形，基部楔形或近圆形，边缘有细锯齿，表面深绿色，沿叶脉处有微毛，背面淡绿色，初有毛，后光滑，长 6.5～8.5cm，宽 2～3cm。

花：圆锥花序，顶生，椭圆形；花序总梗及小花梗无毛，最下一对分枝常向下斜伸，第二对分枝最长；萼裂片卵圆形，5 裂；花瓣 5，长圆形，黄绿色，盛开时花瓣反折；雄蕊 5，花药黄色；雌蕊子房下位，花柱较短。

果：小核果，球形，直径约 5mm，成熟后红色。

花期：5～6 月；果期：7～8 月。

习性：喜阳，耐寒，喜肥沃而排水良好的土壤。多生于低海拔的杂木林缘或疏林内。

分布：东北三省、内蒙古以及华北各地；朝鲜、俄罗斯及蒙古也有分布；吉林省多分布于东部山区及中部半山区各县（市）。

抗寒指数：幼苗期 I，成苗期 I。

用途：枝叶可入药，主治跌打损伤及骨折；树形美观，可作庭园绿化观赏树种。种子可榨油，供工业用。

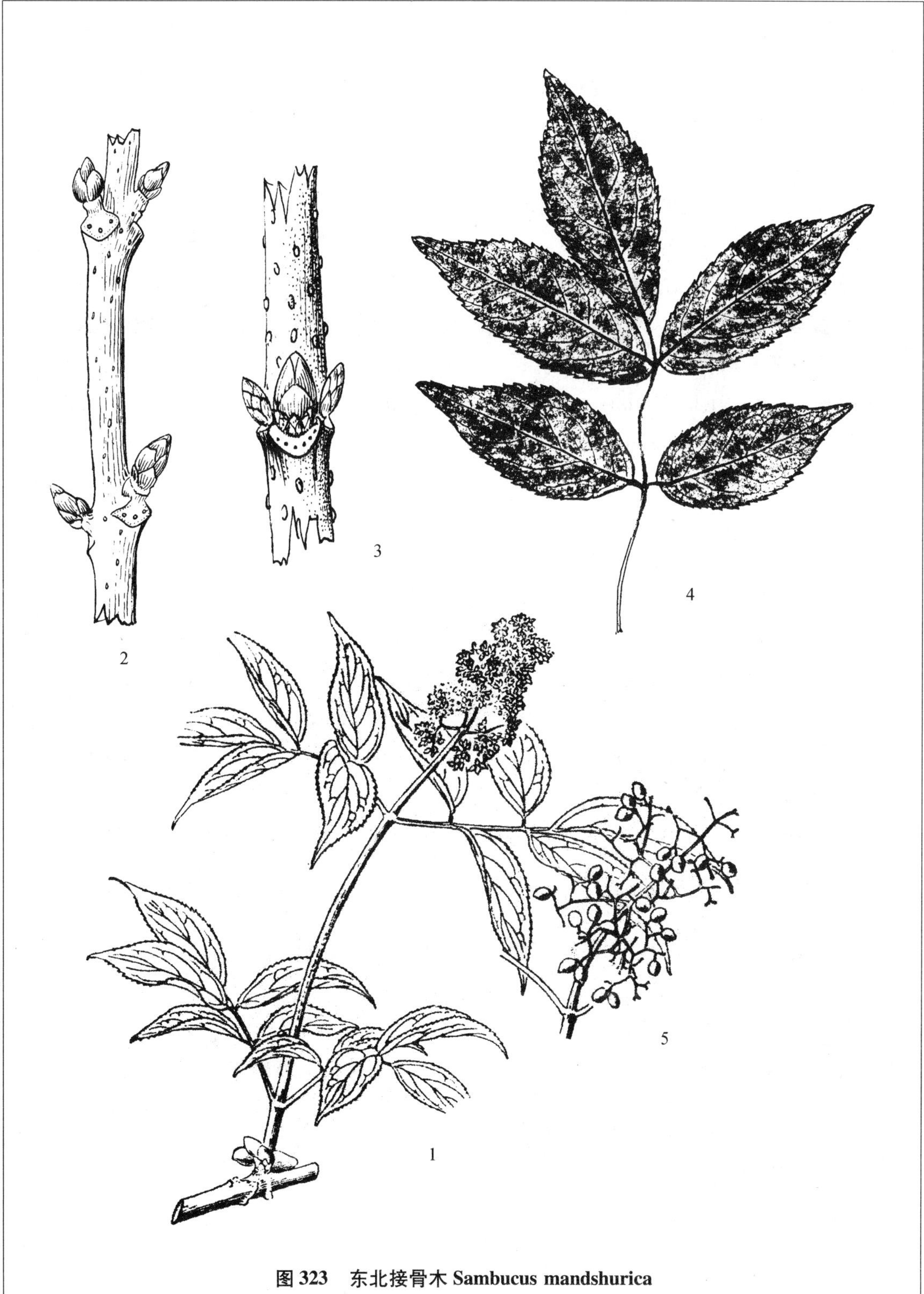

图 323　东北接骨木 Sambucus mandshurica

1. 花枝　2. 冬季枝　3. 芽　4. 复叶　5. 果枝（1、5 冯金环绘）

接骨木

科名：忍冬科（CAPRIFOLIACEAE）

中名：接骨木 图 324

学名：Sambucus williamsii Hance（种加词为人名 B. S. Williams 1824 ~ 1890，英国人）。

识别要点：落叶灌木；羽状复叶，对生；小叶 5 ~ 7，椭圆形或倒卵状长圆形；圆锥花序顶生，花黄白色；核果近球形，紫黑色。

Diagnoses：Deciduous shrub；Leaves compound pinnate，opposite；Leaflets 5 ~ 7，elliptic or obvato-elongate；Panicle，terminal；Flowers yellowish white；Fruit a drupe，globose，purplish black.

树形：落叶灌木，高 2 ~ 6m。

树皮：灰褐色，有菱形的皮孔。

枝条：棕灰色，光滑无毛，有明显的皮孔。

芽：对生，黑褐色，球形，有短柄，芽鳞 3 ~ 4 对。

叶：奇数羽状复叶，对生；小叶 5 ~ 7 枚，具柄，椭圆形或倒卵状长圆形，先端渐尖，基部楔形，边缘有锯齿，表面深绿色，背面浅绿色，无毛，长 4. 5 ~ 6. 5cm，宽 2 ~ 3. 5cm。

花：顶生圆锥花序，无毛；萼筒杯状，裂片 5，三角形；花冠辐状，白色至黄白色裂片 5；雄蕊 5 枚。

果：浆果状核果，近圆球形，直径 3 ~ 5mm，成熟时为紫黑色，内有 2 ~ 3 个核。

花期：5 月下旬；**果期：**6 月至 8 月。

习性：自生于林缘、山坡草地。

分布：我国东北、内蒙古、西北以及云南、四川；日本、朝鲜及俄罗斯也有分布；吉林省东部山区及中部各县（市）均有分布。

抗寒指数：幼苗期 I，成苗期 I。

用途：供绿化观赏；种子含油量 22. 4%，可供食用；枝条可入药。

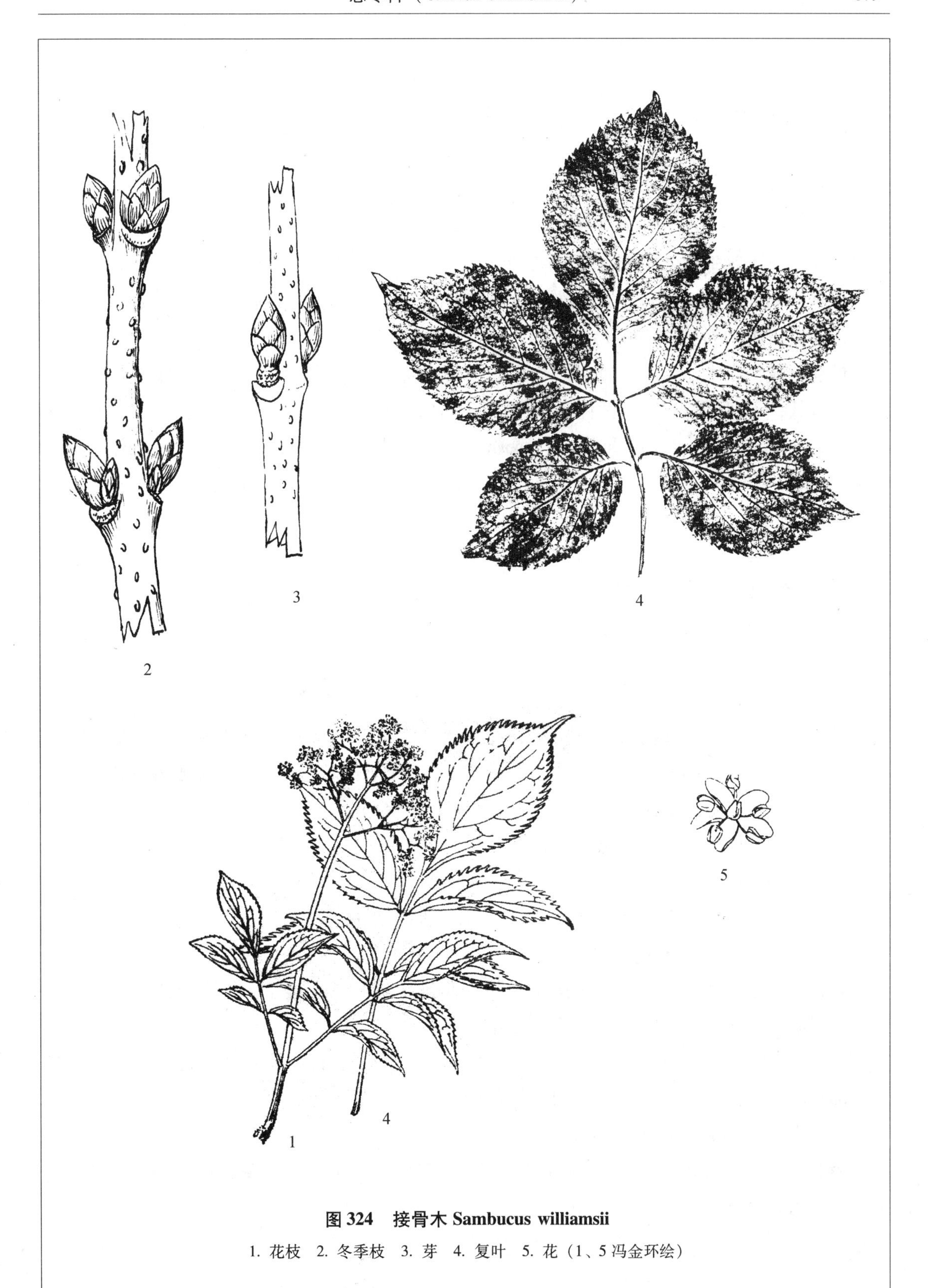

图 324　接骨木 Sambucus williamsii

1. 花枝　2. 冬季枝　3. 芽　4. 复叶　5. 花（1、5 冯金环绘）

暖木条荚蒾

科名：忍冬科（CAPRIFOLIACEAE）

中名：暖木条荚蒾 暖木条子 图325

学名：Viburnum burejaeticum Regel et Hard.（属名为荚蒾植物的拉丁原名；种加词为地名俄罗斯境内“布列亚山的”）。

识别要点：灌木；单叶，对生；叶片椭圆形或卵圆形；聚伞花序顶生；花冠钟形，白色，五基数；子房下位；核果两侧扁，椭圆形，蓝黑色。

Diagnoses：Shrub；Leaves simple，opposite；Blades elliptic or ovate；Cymose on top；Corolla campanulate，white，pentamerous；Ovary inferior；Fruit drupe，flatten on both sides，elliptic，bluish black.

染色体数目：2n = 18。

树形：落叶灌木，高2～4m。

树皮：暗灰色，较软。

枝条：幼枝有星状短柔毛，2年生枝淡灰色，无毛。

芽：冬芽为裸芽，红褐色，长圆形。

叶：单叶，对生；叶柄长3～10mm，有短粗柔毛；叶片椭圆形或椭圆状倒卵形，基部圆形或近歪心形，先端短渐尖至钝圆，边缘有波状齿，表面暗绿色，有稀疏柔毛，背面淡绿色，有稀疏的星状毛，后无毛，长4～10cm，宽1.8～4cm。

花：聚伞花序生于茎顶；花冠钟形，白色，花瓣裂片5，辐射状开展；雄蕊5，花药黄色；花柱短，子房下位，长圆形，有微毛。

果：核果，两侧扁，椭圆形，长约1cm，成熟时紫黑色。

花期：5～6月；**果期：**8～9月。

习性：耐寒，喜半光，喜生于潮湿、肥沃而排水良好的土壤中。生于海拔200～900m间的针阔混交林或杂木林内、林缘或山坡灌丛间。

分布：东北、华北及内蒙古等省（区）的林区；朝鲜、日本及俄罗斯也有分布；吉林省东部及南部长白山区各县（市）均有分布。

抗寒指数：幼苗期Ⅰ，成苗期Ⅰ。

用途：枝条柔软有韧性可供编织；种子含油率达17.02%，可榨制工业用油；可供庭园绿化观赏用。

图 325　暖木条荚蒾 Viburnum burejaeticum

1. 花枝　2. 冬季枝　3、4. 芽　5. 叶　6. 果枝（1、6 冯金环绘）

朝鲜荚蒾

科名：忍冬科（CAPRIFOLIACEAE）

中名：朝鲜荚蒾 图 326

学名：Viburnum koreanum Nakai（种加词为地名或国名“朝鲜的”）。

识别要点：灌木；单叶，对生；叶片近圆形或宽椭圆形，3 浅裂；复伞形花序，顶生；花冠白绿色；核果近球形，红色。

Diagnoses：Shrub；Leaves simple，opposite；Blades nearly rounded or broadly elliptic，3 lobed on top；Compound umbel，terminal；Corolla greenish-white；Drupe，nearly globose，red.

树形：落叶灌木，高 1 ~ 2m。

树皮：灰褐色。

枝条：幼枝褐绿色。

芽：卵圆形，先端尖，红褐色，无毛。

叶：单叶，对生；叶片近圆形或宽椭圆形，先端有 3 浅裂，基部圆形、截形或近心形，先端渐尖，边缘有不整齐的浅锯齿，表面深绿色，初有稀疏的柔毛，背面浅绿色，脉上有柔毛，脉腋处有褐色毛丛，长 3.4 ~ 13cm，宽 2 ~ 10cm。

花：为顶生的复伞形花序；总花梗具 5 ~ 7 朵花；花冠绿白色，直径 6 ~ 7mm；雄蕊 5，花丝短。

果：核果近球形，长 7 ~ 11mm，宽 5 ~ 8mm，红色，核卵状长圆形，腹面有宽沟。

花期：6 ~ 7 月；果期：8 ~ 9 月。

习性：性耐寒，喜半光，喜潮湿、肥沃并排水良好的土壤。生于海拔 1300 ~ 1900m 间的针叶林或岳桦林下及林缘。

分布：吉林及黑龙江省的林区；朝鲜及俄罗斯也有分布；吉林省分布于东部长白山区抚松、靖宇、长白、安图各县。

用途：花、果及树形优美，可作为绿化观赏树种栽植。

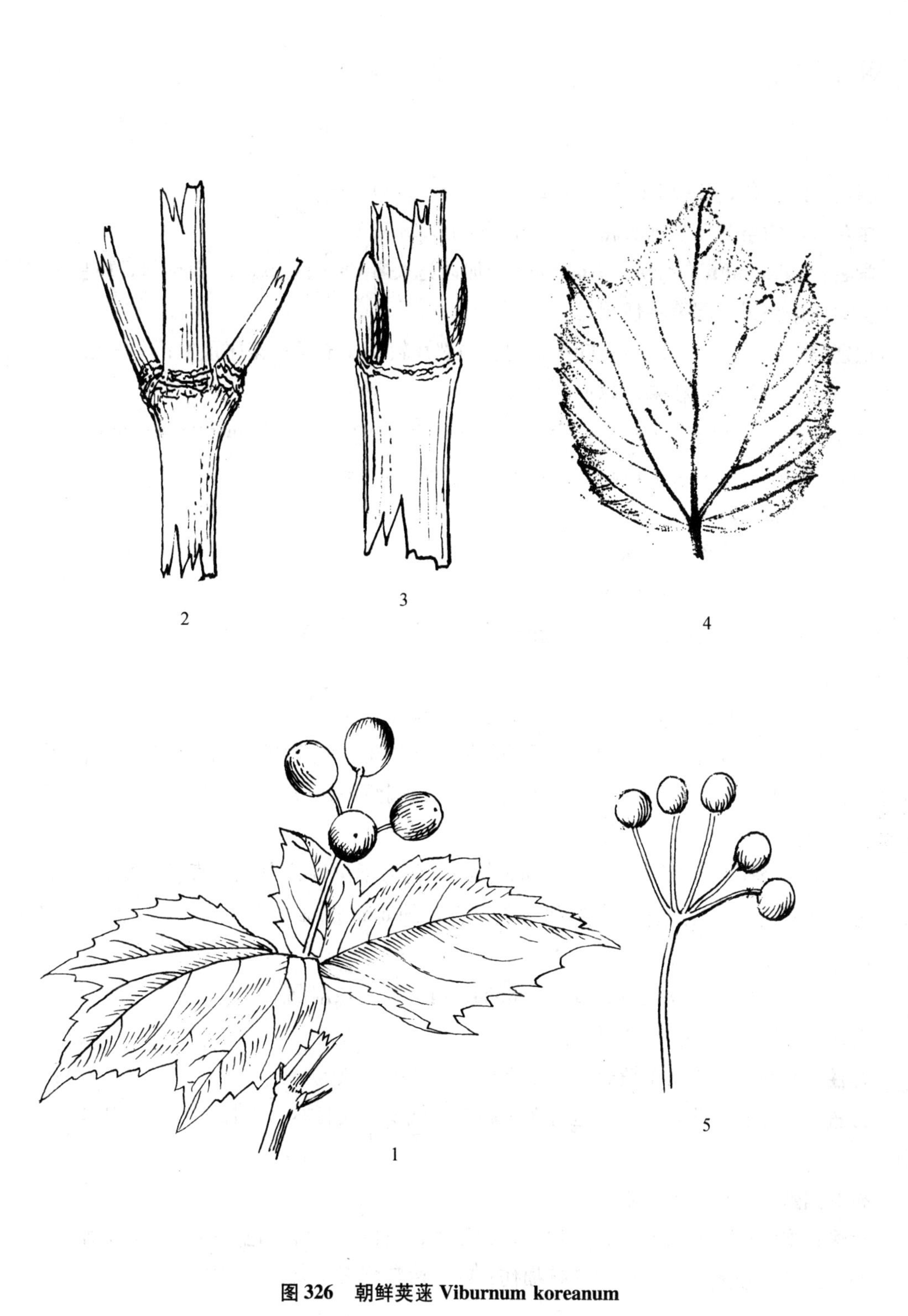

图 326 朝鲜荚蒾 Viburnum koreanum

1. 果枝 2. 冬季枝 3. 芽 4. 叶 5. 果枝

鸡树条荚蒾

科名：忍冬科（CAPRIFOLIACEAE）

中名：鸡树条荚蒾　佛头花　天目琼花　图 327

学名：Viburnum sargentii Koehne（种加词为人名 Charles Sprague Sargent，1841～1927，曾任美国阿诺德树木园第一任园长）。

识别要点：灌木；叶对生；叶片 3 裂，中裂片较大，全缘；花序顶生；伞房花序，边缘花大，白色，不孕性；核果，球形，鲜红色。

Diagnoses：Shrub；Leaves opposite；Blades with 3 teethed lobes，middle lobe larger，entire；Flowers corymb，border of sterile white flowers；Fruit，drupe，globose，red.

染色体数目：2n＝18。

树形：灌木，高约 2～3m。

树皮：灰褐色，有明显的纵条裂。

枝条：2 年以上枝棕褐色，纵裂条纹明显，当年生枝黄褐色，光滑，有少量裂隙，皮孔不明显。

芽：对生，长卵圆形，先端钝，黄褐色，芽鳞为 2 片。

叶：对生；叶柄粗壮，有两个明显的腺体；叶片宽卵形或卵圆形，顶端 3 大裂，中间裂片宽大，侧裂片向两侧伸展，基部圆形或截形，顶端渐尖，边缘有不整齐的大牙齿，表面暗绿色，背面黄绿色，长 6～12cm，宽 5～10cm。

花：伞房花序，顶生，直径 8～10cm；外侧花为不孕性，白色，直径 1.5～2cm，中央花为可孕性，花瓣联合成杯状，上部 5 裂，直径约 5mm；雄蕊 5，花药紫黑色，超出花冠之外。

果：核果，球形，鲜红色，直径约 8mm，有光泽；核扁圆形。

花期：6 月；果期：8～9 月。

习性：喜光，喜肥沃土壤，多生于天然林的林缘，或疏林中。

分布：华北、东北各省区；也分布于朝鲜、俄罗斯及日本；吉林省东部及中部山区、半山区皆有分布。

抗寒指数：幼苗期 I，成苗期 I。

用途：本种植物枝条伸展，叶片大，花序大，白色，果鲜红色，栽培容易成活，为常见的花灌木树种；枝入药，可治疗跌打损伤；叶可治疗疔毒，果可治气管炎。

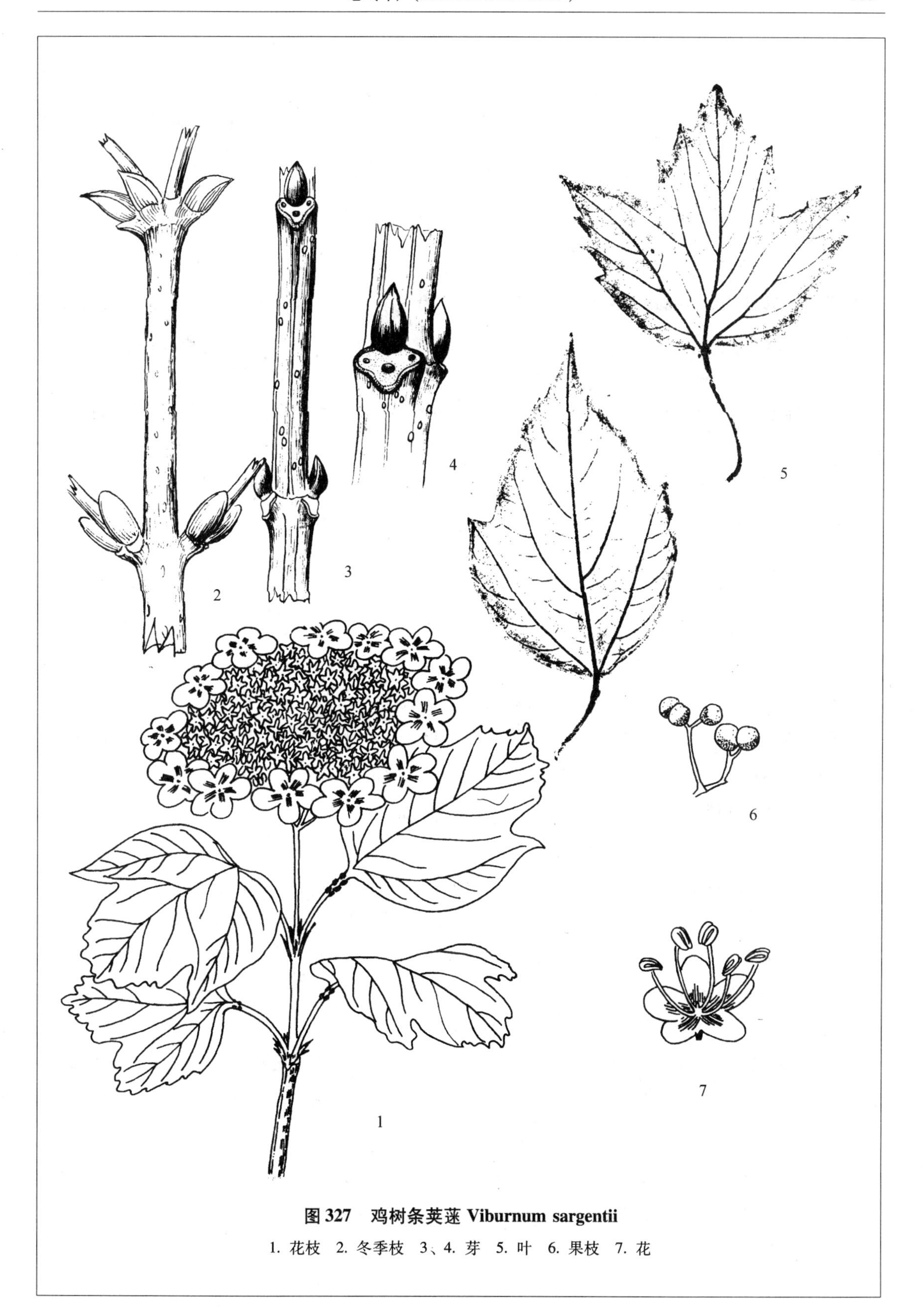

图 327　鸡树条荚蒾 Viburnum sargentii

1. 花枝　2. 冬季枝　3、4. 芽　5. 叶　6. 果枝　7. 花

锦带花

科名：忍冬科（CAPRIFOLIACEAE）

中名：**锦带花** 图 328

学名：**Weigela florida（Bunge）DC**.（属名为人名 C. E. Weigel 1780～1831，德国人；种加词意思是“多花的”）。

A. **锦带花 Weigela florida f. florida**（原变型）

识别要点：落叶灌木；幼枝上有 2 条棱；单叶，对生；叶片椭圆形，有短柄；花漏斗状钟形，紫红色；蒴果圆柱形。

Diagnoses：Deciduous shrub，2 ridges on young branches；Leaves simple，opposite，elliptic，petiole short；Flowers purple-pink，campanulate；Capsule cylindric.

树形：落叶灌木，高 1～2m。

枝条：黄棕褐色，光滑，不开裂，有楞 2 条，皮孔不明显。

芽：对生，长椭圆形，尖头，灰白色，芽鳞 3～4 对，对生。

叶：对生；椭圆形或倒卵形，基部圆形或楔形，先端渐尖，边缘有锯齿，表面绿色，中脉上有白色短柔毛，背面浅绿色，中脉有白毡毛，长 5～10cm，宽 4～6cm。

花：聚伞花序或圆锥花序；花大，花冠红紫色，狭钟形，长 3～4cm，有 5 个花瓣裂片；雄蕊 5，花药长形，纵裂；雌蕊的子房下位，柱头近球形。

果：蒴果，圆柱形，成熟后 4 裂，长 1.5～2cm。

花期：5～6 月；果期：6～7 月。

习性：喜光，耐寒，耐干旱。生于山坡石砬子上。

分布：我国北方各省皆有分布；日本、朝鲜及俄罗斯也有分布；吉林省多分布于东部山区各县（市）。

抗寒指数：幼苗期 I，成苗期 I。

用途：花美丽、鲜艳，叶片葱绿，为优良观赏绿化树种。

B. **白锦带花 f. alba（Nakai）C. F. Fang** 与原变型的区别为花冠白色。吉林省各地偶有栽培。其他各项与原变型相同。

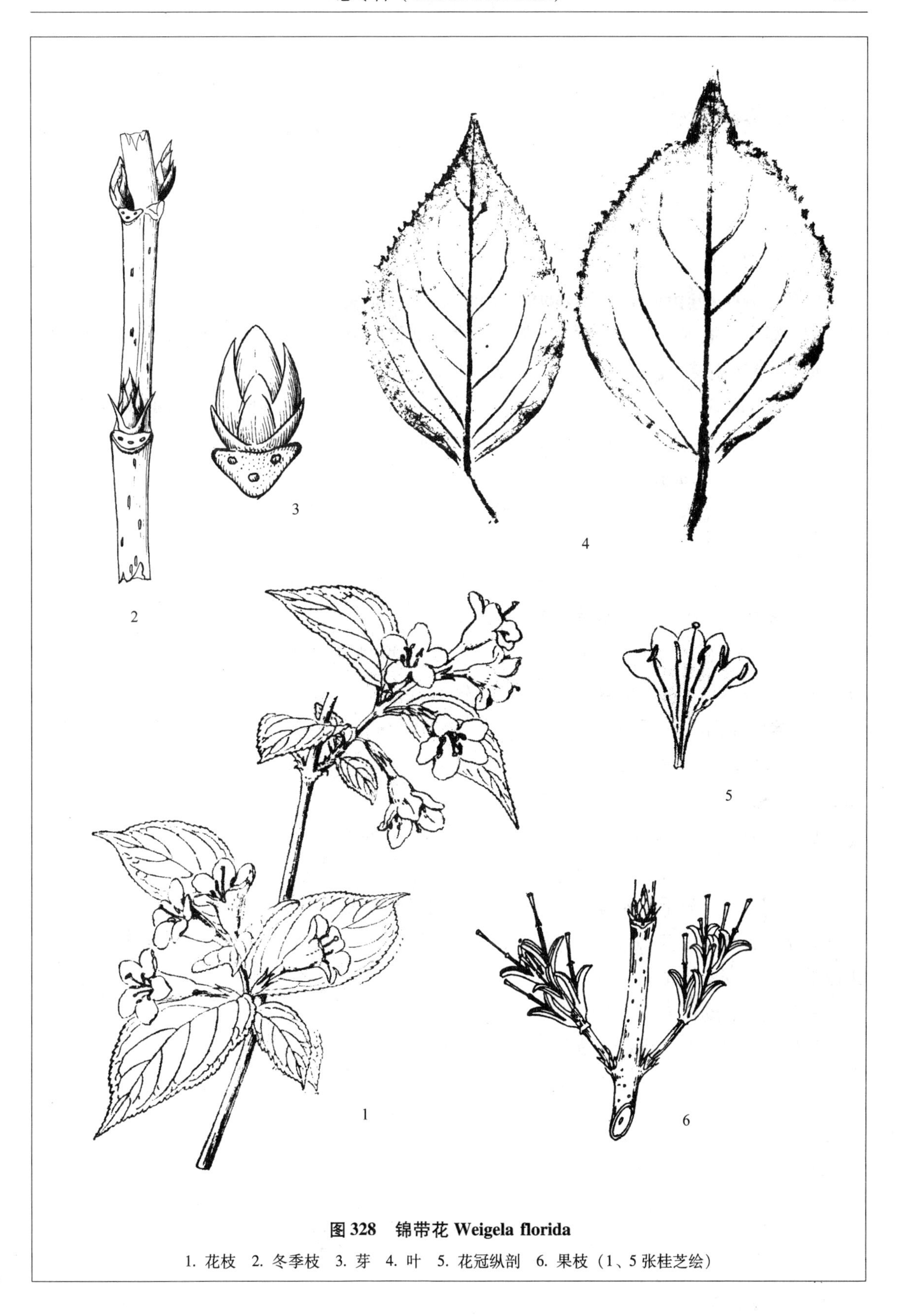

图 328　锦带花 *Weigela florida*

1. 花枝　2. 冬季枝　3. 芽　4. 叶　5. 花冠纵剖　6. 果枝（1、5 张桂芝绘）

早锦带花

科名：忍冬科（CAPRIFOLIACEAE）

中名：**早锦带花** 图 329

学名：**Weigela praecox（Lemoine）Bailey**（种加词为“早生的、早熟的”）。

识别要点：灌木；单叶，对生；叶片倒卵形或椭圆形，叶柄极短或无柄；聚伞花序，花冠钟形，粉红色或粉紫色；蒴果，圆柱状，2 裂。

Diagnoses：Shrub；Leaves simple，opposite；Blades obovate or elliptic，petiole very short or absent；Cymose；Corolla campanulate，pink or purplish pink；Capsule cylindrical，2 lobed.

染色体数目：2n = 36。

树形：落叶灌木，高 1 ~ 2m。

树皮：灰褐色。

枝条：红褐色，无光泽，无棱或有 2 列短柔毛。

芽：长卵形，先端尖，被有短柔毛。

叶：单叶，对生，叶柄极短或无；叶片倒卵形或椭圆形，基部楔形，先端渐尖，表面鲜绿色，背面浅绿色，两面都有柔毛，长 5 ~ 8cm，宽 2.5 ~ 3.5cm。

花：聚伞花序，3 ~ 5 朵花；花梗短，有 2 个苞片；花冠漏斗状钟形，长 3 ~ 4cm，基部变细，粉红色或紫粉色，花喉部呈黄色，5 浅裂；雄蕊 5，比花冠短；雌蕊子房下位，花柱细长，柱头头状。

果：蒴果长 1.5 ~ 2.5cm，圆柱形，褐色，成熟四瓣裂。

花期：5 ~ 6 月；果期：7 ~ 8 月。

习性：喜光，耐干及瘠薄土壤。常生于山坡的石砬子上。

分布：吉林、辽宁以及河北北部；也产于朝鲜、俄罗斯及日本；吉林省分布于东部长白山区的集安、安图、龙井等县。

抗寒指数：幼苗期 I，成苗期 I。

用途：为优良的绿化观赏植物。

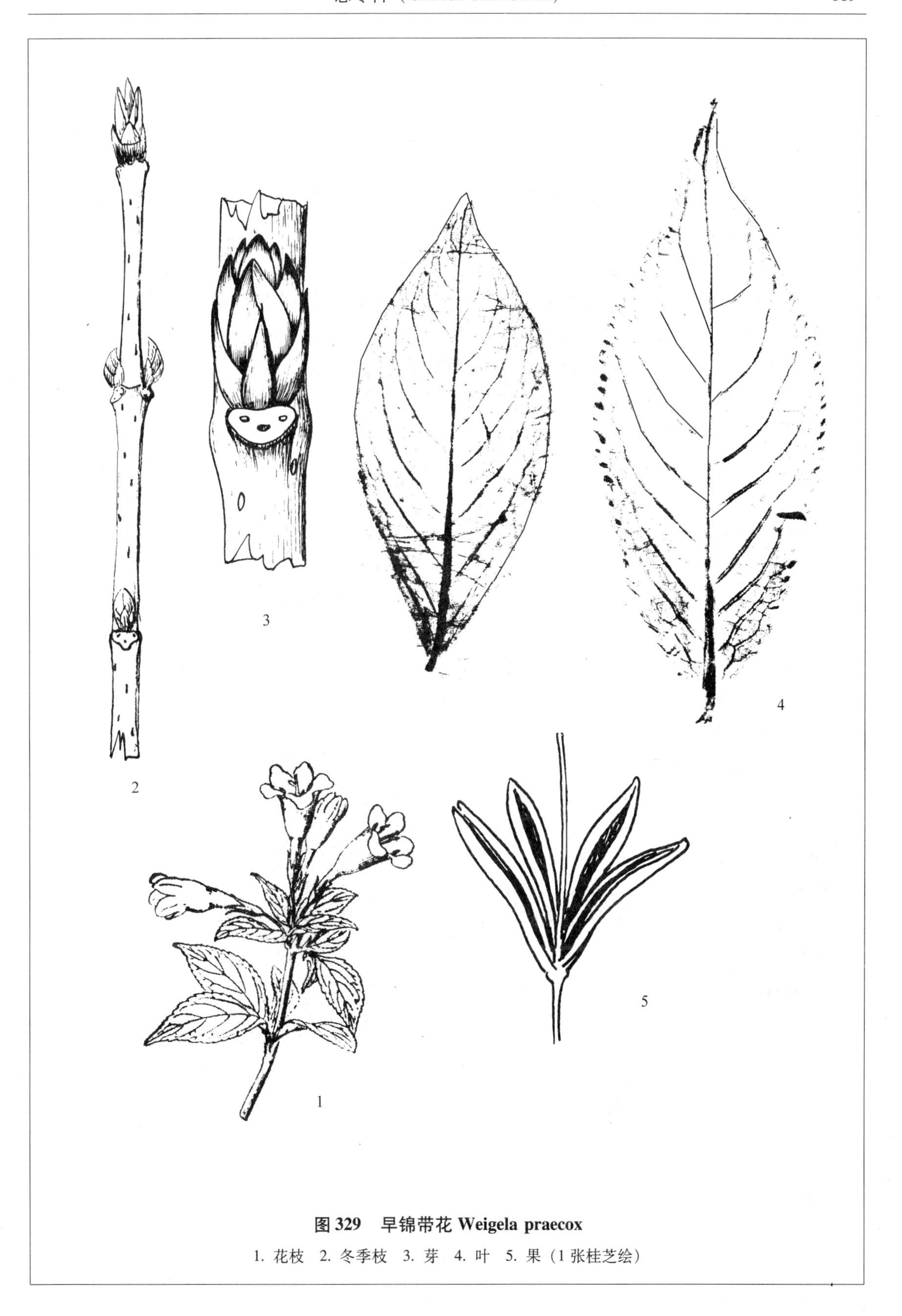

图 329　旱锦带花 Weigela praecox

1. 花枝　2. 冬季枝　3. 芽　4. 叶　5. 果（1 张桂芝绘）

参考文献

大井次三郎 . 1956. 日本植物志 .

付沛云 . 1995. 东北植物检索表（第二版）. 北京：科学出版社 .

黄普华 . 2005. 汉英拉植物分类群描述常见词汇 . 哈尔滨：东北林业大学出版社 .

贾祖璋 . 1955. 中国植物图鉴 . 北京：中华书局股份有限公司 .

金春星 . 1989. 中国树木学名诠释 . 北京：中国林业出版社 .

李书馨 . 1992. 辽宁植物志（上下册）. 沈阳：辽宁科技出版社 .

李永鲁 . 2006. 韩国植物图鉴 . 韩国（株）教学社

刘慎谔 . 1955. 东北木本植物图志 . 北京：科学出版社 .

卢炯林 . 1998. 河南木本植物图鉴 . 香港：新世纪出版社 .

马毓泉 . 1985. 内蒙古植物志（第一卷）. 呼和浩特：内蒙古人民出版社 .

牧野富太郎 . 1963. 新日本植物图鉴 . 东京：北隆馆株式会社 .

王秉才等 . 1998. 长春市主要木本植物越冬力分级 . 长春：东北师范大学学报，12.

赵士洞译 . 1984. 国际植物命名法规 . 北京：科学出版社 .

赵毓棠 . 1988. 拉汉植物学名辞典 . 长春：吉林科技出版社 .

中国树木志编委会 . 1985. 中国树木志（1－2 卷）. 北京：中国林业出版社 .

中科院植物所 . 1972. 中国高等植物图鉴（1－5 卷）. 北京：科学出版社 .

周繇 . 2006. 中国长白山观赏植物图志 . 长春：吉林教育出版社 .

周以良 . 1986. 黑龙江树木志 . 哈尔滨：黑龙江科技出版社 .

Alfrad Rehder. 1951. Manual of Cultivated Trees and Shubs.

B V Barnes & W H Wagner. 1981. Michigan Trees. Michigan Univ. Press

L H Bailey. 1949. Manual of Cultivated Plants.

前苏联科马罗夫植物研究 . 1969. Reprint in 1974 Chromosome Numbers of Flowering Plants. 德国 Otto Koeltz Science Publisher

M Kitagawa. 1979. Neo-Lineamenta Florae Manshuricae . 德国 J. Cramer

中文名索引

K

L

M

N

O

P

Q

R

S

T

W

X

拉丁名索引

A

B

C

D

E

F

G

H

I

J

K

L

M

O

P

Q

R

S

T

U

V

W

Z